■ 2013年11月，国务院南水北调工程建设委员会第七次全体会议在北京市召开，中共中央政治局常委、国务院副总理、国务院南水北调工程建设委员会主任张高丽主持会议并讲话，中共中央政治局委员、国务院副总理、国务院南水北调工程建设委员会副主任汪洋出席会议。

（新华社　供稿）

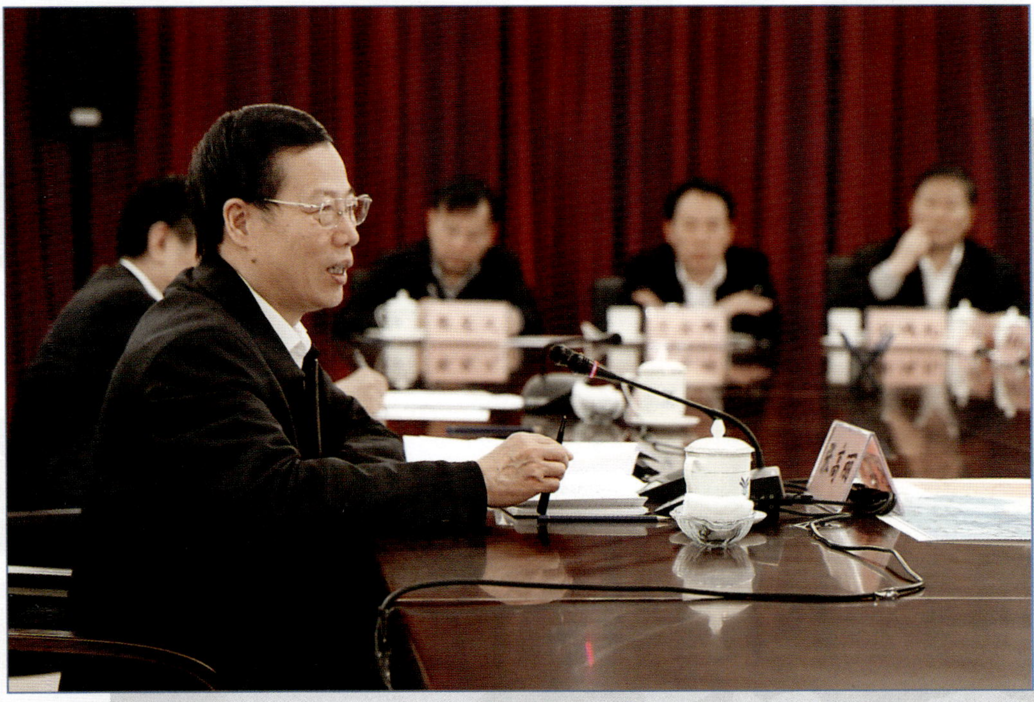

■ 2013年3月，中共中央政治局常委、国务院副总理、国务院南水北调工程建设委员会主任张高丽在国务院南水北调办调研。

（新华社　供稿）

■ 2013年3月，国务院南水北调办主任鄂竟平率队赴南水北调中线一期工程午河渡槽和安阳七标工程现场，进行“飞检式”突击质量检查。（国务院南水北调办综合司 供稿）

■ 2013年3月，国务院南水北调办副主任张野督导南水北调中线一期工程黄河南段工程建设。（国务院南水北调办综合司 供稿）

■ 2013年5月，国务院南水北调办副主任蒋旭光暗访南水北调中线一期工程荥阳1标。

（国务院南水北调办综合司 供稿）

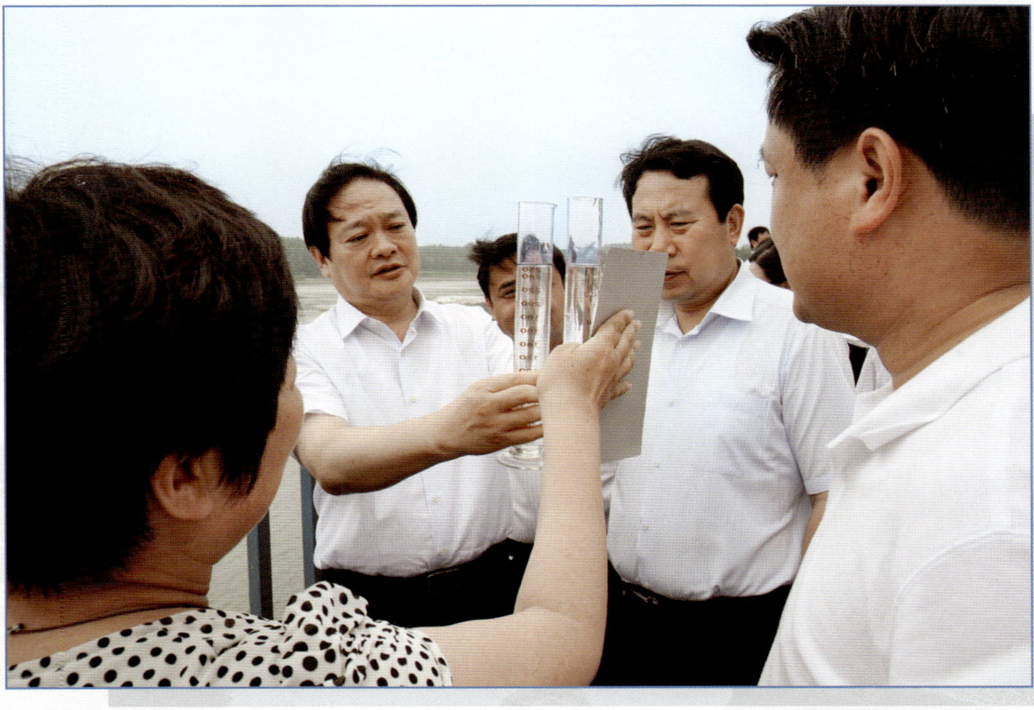

■ 2013年6月，国务院南水北调办副主任于幼军在南水北调东线一期工程二级坝泵站查看水质。

（牛晓东 摄）

2013年8月，江苏省省委书记罗志军检查南水北调东线一期工程淮安四站运行情况。

（江苏省南水北调办 供稿）

2013年9月，河北省省长张庆伟调研南水北调中线一期工程邯石段工程建设情况。

（邵玉恩 摄）

■ 2013年5月，河南省省长谢伏瞻调研南水北调中线一期工程焦作城区段工程建设情况。

（郭　宇　摄）

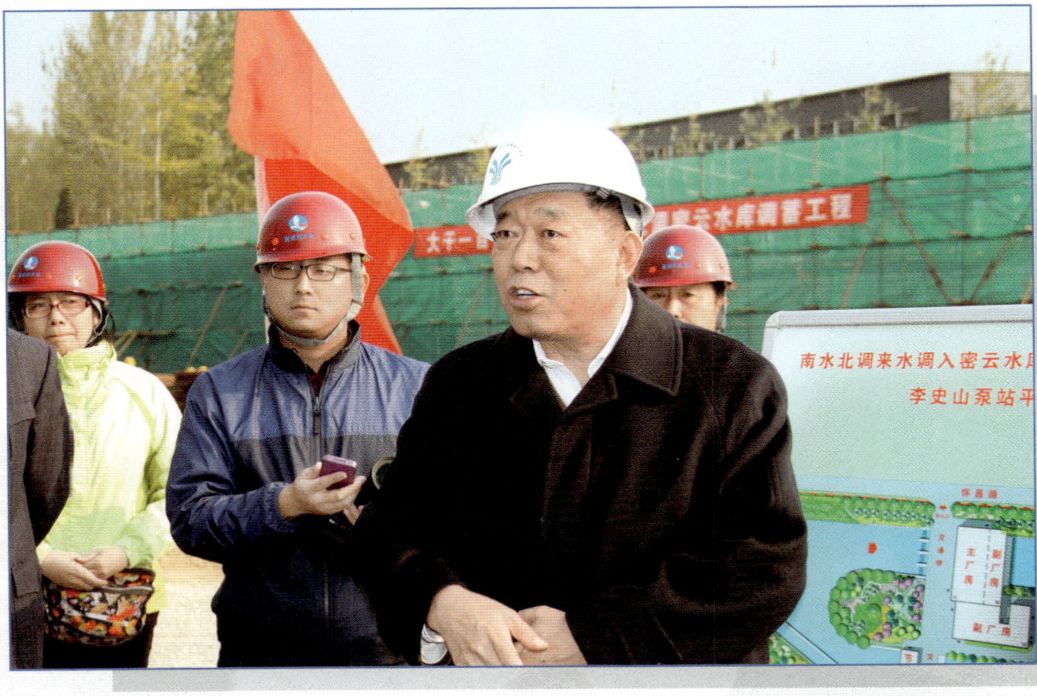

■ 2013年11月，北京市政府党组成员夏占义调研北京市南水北调配套工程施工现场。

（北京市南水北调办 供稿）

2013年3月，天津市副市长熊建平主持召开南水北调工程建设专题推动会。

（商　涛　摄）

2013年3月，山东省副省长赵润田调研南水北调东线一期工程滕州截污导流工程。

（牛晓东　摄）

■ 2013年7月，国务院南水北调工程建设委员会专家委员会专家调研南水北调中线一期工程河北石质渠道边坡稳定情况。（冯晓波 摄）

■ 2013年1月，2013年南水北调工程建设工作会议在山东省济南市召开。

（国务院南水北调办综合司 供稿）

■ 2013年10月，国务院南水北调办会同国家发展改革委、财政部、环境保护部、住房和城乡建设部、水利部，在陕西省西安市联合召开丹江口库区及上游水污染防治和水土保持“十二五”规划实施考核工作座谈会。

（国务院南水北调办综合司 供稿）

■ 2013年12月，中国文联慰问团赴南水北调中线一期工程河南段湍河渡槽施工现场慰问演出。

（余培松 摄）

■ 2013年4月，溪山行旅—南水北调工程中国画家写生采风活动在南水北调东线一期工程济平干渠启动。

（山东省南水北调建管局 供稿）

■ 2013年8月，南水北调中线一期工程丹江口库区移民安置工程通过蓄水前终验。图为验收会议现场。

（国务院南水北调办综合司 供稿）

2013年8月，南水北调东线一期工程通过全线通水验收。图为验收会议现场。

（江苏省南水北调办　供稿）

2013年10月，南水北调东线一期工程开始全线试运行。

（楼　峰　摄）

■ 2013年5月，南水北调东线一期工程江都水利枢纽三号泵站开机输水。

（缪宜江 摄）

■ 2013年5月，通水运行中的南水北调东线一期工程泗洪泵站清污机。

（江苏水源公司 供稿）

2013年6月，运行中的南水北调东线一期工程台儿庄泵站工程。

（杨建伟 摄）

2013年10月，南水北调东线一期工程万年闸泵站通水试运行。

（山东省南水北调建管局 供稿）

■ 2013年10月，南水北调东线一期工程山东段工程备调中心启用。

（山东省南水北调建管局 供稿）

■ 2013年5月，加高后的南水北调中线一期工程丹江口大坝全景。

（班静东 摄）

2013年11月，建成后的南水北调中线一期工程陶岔渠首枢纽工程。

（南水北调宣传中心 供稿）

2013年11月，南水北调中线一期工程澧河渡槽开始充水试验。

（南水北调宣传中心 供稿）

■ 2013年7月，南水北调中线一期工程沙河渡槽梁式渡槽工程架设全部完成。（李 萌 摄）

■ 2013年5月，冀水经过南水北调中线一期工程京石段（河北省唐县境内）流向北京。
（南水北调宣传中心 供稿）

■ 2013年8月，南水北调中线一期工程丹江口大坝加高工程验收委员会专家查看施工现场。

（班静东 摄）

■ 2013年3月，南水北调中线一期工程方城段施工现场。

（余培松 摄）

■ 2013年5月，南水北调中线一期工程穿黄工程南岸进水口施工现场。

（余培松 摄）

■ 技术人员正在施工现场开展勘测工作。

（缪宜江 摄）

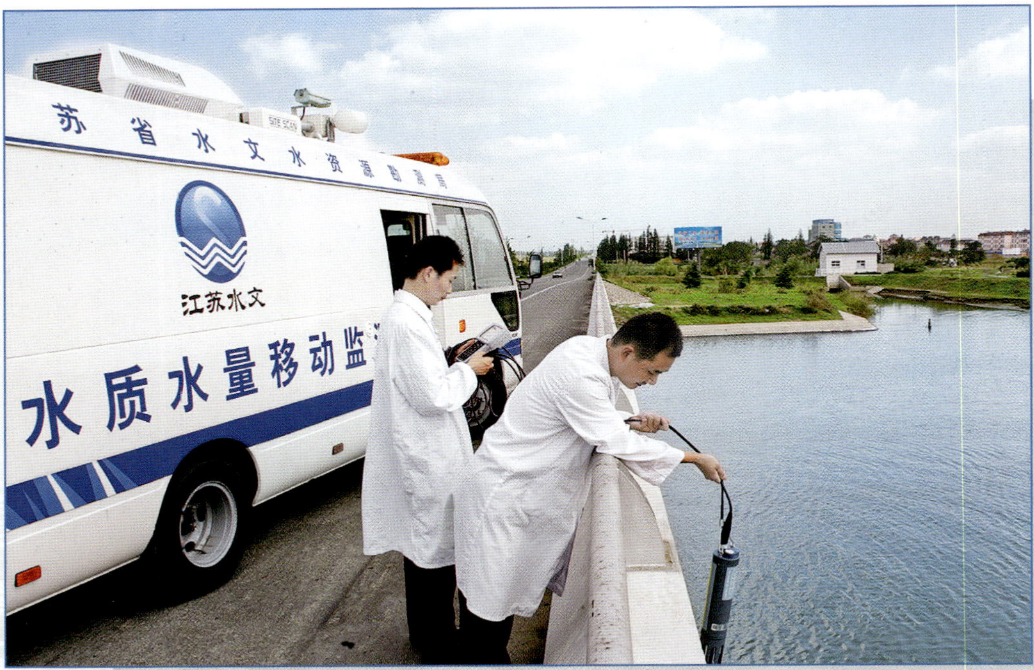

■ 南水北调东线一期工程输水渠道水质监测。

（缪宜江 摄）

■ 2013年11月，北京市南水北调配套工程大宁调蓄水库水波荡漾。

（北京市南水北调办 供稿）

中国南水北调工程建设年鉴

2014

《中国南水北调工程建设年鉴》编纂委员会

中国电力出版社
CHINA ELECTRIC POWER PRESS

图书在版编目(CIP)数据

中国南水北调工程建设年鉴. 2014/《中国南水北调工程建设年鉴》编纂委员会编. —北京：中国电力出版社，2014.11

ISBN 978-7-5123-6660-2

Ⅰ.①中… Ⅱ.①中… Ⅲ.①南水北调-水利工程-中国-2014-年鉴 Ⅳ.①TV68-54

中国版本图书馆 CIP 数据核字(2014)第 246657 号

中国电力出版社出版、发行
(北京市东城区北京站西街 19 号 100005 http://www.cepp.sgcc.com.cn)
北京盛通印刷股份有限公司印刷
各地新华书店经售

*

2014 年 11 月第一版 2014 年 11 月北京第一次印刷
787 毫米×1092 毫米 16 开本 45.75 印张 1105 千字 9 彩页
印数 0001—4000 册 定价 **300.00** 元

《中国南水北调工程建设年鉴》
编纂委员会

《中国南水北调工程建设年鉴》编纂委员会办公室

编　辑　部

编 辑 说 明

一、《中国南水北调工程建设年鉴》是由国务院南水北调工程建设委员会办公室主办的专业年鉴，是逐年集中反映南水北调工程建设、治污环保、征地移民以及运行管理等过程中的重要事件、技术资料、统计报表的资料性工具书，自2005年起每年编印一卷。

二、《中国南水北调工程建设年鉴2014》记载2013年的重要事件，重点反映工程建设进度、质量安全、投资控制、征地移民、治污环保、重大技术攻关和运行管理等方面工作的开展情况。共设17个篇目，包括领导视察、重要会议、重要讲话、政策法规、重要文件、考察调研、专题办公会、重要事件、文章与专访、综合管理、东线工程、中线工程、西线工程、配套工程、队伍建设、统计资料、大事记。另有重要活动剪影和英文目录。

三、本年鉴所载内容实行文责自负。年鉴内容、技术数据及是否涉密等均经撰稿人所在单位把关审定。

四、本年鉴一律使用法定计量单位。技术术语、专业名词、标点符号等使用力求符合规范要求或约定俗成。单位名称首次出现时使用全称，再次出现时使用规范的简称。

五、本年鉴力求内容全面、资料准确、整体规范、文字简练，并注重实用性、可读性和连续性。

《中国南水北调工程建设年鉴》编辑部

2014年9月

篇　目

目　录

叁 重要讲话

肆 政策法规

伍 重要文件

陆 考察调研

柒 专题办公会

捌 重要事件

玖 文章与专访

拾 综合管理

拾壹 东线工程

拾贰 中线工程

拾叁 西线工程

拾肆 配套工程

拾伍 队伍建设

拾陆 统计资料

拾柒 大事记

壹 领导视察

INSPECTION

刘云山等中央领导同志参观 2013 年全国科普日北京主场北京南水北调工程展区

2013 年 9 月 14 日上午，全国科普日北京主场活动在园博园拉开帷幕，北京南水北调工程作为 6 个重点展区之一参展。开展日上午，中共中央政治局常委、中央书记处书记刘云山和国家副主席李源潮，中央书记处书记、中组部部长赵乐际等领导同志先后到北京南水北调工程展区参观，北京市市委书记郭金龙、市长王安顺陪同参观。

在南水北调展台，郭金龙同志结合首都水资源形势，向刘云山等领导介绍了北京市南水北调工程建设情况和调水情况。北京南水北调工程主设计师就中线干线北京段工程、市内配套工程、工程难点与科技创新等情况向参观领导进行了详细汇报。刘云山同志对中线工程的工期控制节点、水量分配、来水后的使用，以及老百姓关心的水价、水质等问题进行了询问，北京市南水北调办负责同志对领导提出的问题进行了一一解答。刘云山同志高度评价了南水北调工程为缓解首都水资源短缺形势做出的突出贡献，他强调促进经济社会发展和生态文明建设，还需要提高水资源利用效率，增强全民节水意识。

本届科普日主题为“保护生态环境，建设美丽中国”，北京主场活动为期一周。北京市南水北调办秉承科学严谨、简约高效的原则，认真策划并制作了北京南水北调宣传手册、宣传视频和宣传展板，在活动全程设置讲解员、技术人员等，为参观群众进行细致讲解，至 9 月 20 日活动结束时累计接待来自全国各地的参观者 18 万人次，从“水怎么来的、水怎么用的、水的保护与管理、技术创新”4 个方面展示南水北调，使百姓进一步了解和支持南水北调工程，营造全社会爱水、惜水、节水、护水的良好氛围。

（袁红琳）

张高丽到南水北调办等有关部门调研

2013 年 3 月 18 ~ 22 日，中共中央政治局常委、国务院副总理张高丽先后到国家发展改革委、财政部、住房和城乡建设部、环境保护部、国土资源部、国务院发展研究中心、国家税务总局、国家统计局、三峡办、南水北调办调研，看望干部职工，同部门负责同志共商贯彻落实中央经济工作会议、“两会”和国务院第一次全体会议精神，做好 2013 年经济社会发展工作。

张高丽说，在党中央、国务院的坚强领导下，这些年来，各部门围绕中心，服务大局，勤奋工作，履行职能，为促进经济持续健康发展和社会和谐稳定发挥了重要作用，做出了重要贡献。

张高丽指出，2013 年，是为全面建成小康社会奠定坚实基础的重要一年，是新一届政府的开局之年。要卓有成效地做好各方面工作，必须坚定理想信念，坚定不移地同以习近平同志为总书记的党中央保持高度一致，以邓小平理论、“三个代表”重要思想、科学发展观为指导，全面贯彻落实党的十八大精神，保持工作、政策的连续性稳定性，增强忧患意识和责任意识，把握好稳中求进的工作总基调，求真务实，开拓创新，努力实现良好开局。

张高丽强调，各部门要明确责任，恪尽职守，重在落实，既要稳得好，也要进得好。要善于把握大局，善于底线思维，善于宏观思考，提高政府管理科学化水平。要稳增长、防通胀、控风险，充分挖掘三大需求潜力，特别是进一步扩大内需，提高增长质量和效益，推动经济持续健康发展；要突出转变经济发展方式这条主线，强化创新驱动，着力化解产能过剩，加快调整优化经济结构，增强综合国力和国际竞争力；要大力节约能源资源，加强生态环境保护，努力建设天蓝水清地绿的美好家园；要坚持科学规划、因地制宜，从实际出发，积极稳妥推进城镇化；要区别对待、分类指导，统筹东中西、协调南北方，促进区域经济协调发展；要牢固树立以人为本的执政理念，高度关心群众疾苦，认真解决实际困难，切实做好保障改善民生工作；要把握新形势新特征新要求，全面深化改革开放，创新和完善体制机制，培育形成发展的新活力、新动力、新优势。

张高丽指出，各部门要抓紧实施机构改革，加快转变政府职能，下决心再减少一批行政审批事项，重在向市场、社会、企业放权，该管的要切实管住、管好、管出水平；要加强基础性工作，摸清底数搞准情况，创新管理理念，改进工作方式，加强领导班子和干部队伍建设，弘扬敬业奉献精神，形成团结、坚强、温暖的集体；要切实改进工作作风，认真落实中央“八项规定”，踏踏实实工作，清清白白做人，以工作的实际成效取信于民。

沈跃跃调研山东段水源地保护工作

2013 年 9 月 23 日，全国人大常委会副委员长沈跃跃率调研组，到山东省就水源地保护工作进行专题调研，并赴南水北调东湖水库考察。

沈跃跃一行查看了水库规划建设情况，详细了解了水库在调蓄水资源方面的作用。沈跃跃指出，山东省高度重视水污染治理工作，切实加强饮用水水源地保护，规划早、标准高、要求严，采取倒逼机制促进企业转型升级，取得明显成效，在这方面有很多的经验和做法，值得总结推广。调研组将通过这次实地调研，认真听取各方面的意见和建议，进一步推动解决群众关心的水污染问题，保护好饮用水水源地，确保饮用水安全。

全国人大环资委副主任委员蒋巨峰、委员周来强，山东省省委常委、济南市市委书记王敏，山东省人大常委会副主任贾万志陪同考察。

杜青林率团视察调研丹江口水源地

2013 年 5 月 13 ~ 17 日，中共中央书记处书记、全国政协副主席杜青林率领全国政协特邀常委视察团先后到河南、湖北两省考察丹江口水源地资源保护和利用情况。视察团实地察看了工程现场、水质情况、污染治理和小流域治理、产业基地情况，走访了移民新村，与干部群众座谈交流，听取了国家有关部委和河南、湖北、陕西省负责同志的情况介绍。

杜青林在交流座谈中说，南水北调工程是战略性、历史性工程，事关中华民族长远发展，举世瞩目。目前，丹江口水源地资源保护工作取得阶段性重要成果，这得益于党中央、国务院的正确领导，得益于各级党委、政府团结带领人民群众共同为工程建设贡献智慧和力量，得益于广大移民群众舍小家、顾大家、为国家的奉献精神。

杜青林强调，要坚持把“一库清水永续北送”作为工作追求的目标。“一库清水”是核心，“永续北送”是关键，要守住底线，设置“高压线”，坚持标准线，确保水质长期稳定。他指出，污染治理难点在“治”，要早治、治早、治出成效；重点在“理”，要抓、要管、理出头绪、理得科学，源头把关与沿途保护相衔接，点线面相协调。关键是构建长效机制，坚持保护水质、发展经济、富裕人民，实现环境美、人要富。

CHINA SOUTH-TO-NORTH WATER DIVERSION PROJECT CONSTRUCTION YEARBOOK

贰 重要会议

IMPORTANT MEETING

国务院副总理张高丽主持召开国务院南水北调工程建设委员会第七次全体会议，国务院副总理汪洋出席会议

2013 年 11 月 18 日，国务院南水北调工程建设委员会第七次全体会议在北京市召开，中共中央政治局常委、国务院副总理、国务院南水北调工程建设委员会主任张高丽主持会议并讲话。他强调，党中央、国务院高度重视南水北调工程建设，历届中央领导集体都非常关心、支持，社会各界也非常关注。各有关部门和地方要全面贯彻党的十八大和十八届三中全会精神，认真落实习近平总书记、李克强总理重要批示要求，以对国家和人民高度负责的态度，再接再厉，扎实做好工程建设、运行管理、环境保护和移民安置等各项工作，充分发挥工程经济和社会效益，促进科学发展，造福人民群众。

中共中央政治局委员、国务院副总理、国务院南水北调工程建设委员会副主任汪洋出席会议。

张高丽指出，南水北调工程是优化我国水资源配置、促进经济社会可持续发展的重大战略性基础工程，关系国计民生和中华民族长远发展。工程自 2002 年开工以来，经过各方面的共同努力，建设进展顺利，质量总体良好，治污工程和水源保护有序推进，移民搬迁安置任务全面完成，应急供水、防洪抗旱、生态保护等综合效益初步显现，工程取得重要阶段性成果。

张高丽要求，当前南水北调东、中线一期工程已进入收尾阶段，要着力提高工程建设管理水平，加快中线主体工程和配套工程建设，建立科学合理的管理体制机制，确保工程运行平稳、顺畅。统筹做好蓄水、调水准备工作。加强人员培训，抓好工程维修养护、水量配售和地下水压采。以特色产业发展和就业服务为重点，切实安排好移民群众的生产、生活和长远生计。牢固树立过紧日子的思想，严格资金管理，真正把钱用在刀刃上。

张高丽强调，质量、环保、安全是工程成败的关键，要始终坚持高标准、严要求。要严格执行质量标准，加强全过程、全方位监管；坚持预防为主，确保施工、运行安全，建设精品工程、放心工程和安全工程。加强水环境综合治理，推进工程沿线生态带建设，强化水质监测和考核，加大生态保护转移支付力度，建立治污环保长效机制，确保水质稳定达标。

汪洋充分肯定了南水北调工程建设取得的显著成绩。他指出，要科学安排好收尾阶段各项工作，坚持节水与调水并举，统筹解决好生活、生产和生态用水，扎实开展对口协作，促进移民群众生产生活良性发展。

国务院南水北调办和有关部门负责人在会上汇报了南水北调工程建设和运行管理工作有关情况。国务院南水北调工程建设委员会各成员单位负责人参加了会议。

国务院南水北调办传达贯彻国务院南水北调工程建设委员会第七次全体会议精神安排部署南水北调工作

2013 年 11 月 19 日，国务院南水北调办召开办务扩大会议，传达贯彻张高丽副总理、汪洋副总理在国务院南水北调工程建设委员会（简称建委会）第七次会议上的重要讲话，安排部署近期有关工作。国务院南水北调办主任鄂竟平主持会议并讲话。国务院南水北调办副主任张野、蒋旭光传达国务院领导重要讲话精神。

鄂竟平在讲话中指出，建委会第七次会

议召开得非常及时，也十分成功。张高丽、汪洋副总理在会上作了重要讲话，充分肯定了建委会第六次会议以来的南水北调工程建设成绩，对下一阶段的工作提出了明确要求，为南水北调工程下一步工作指明了方向。南水北调参建单位和建设者深受鼓舞，进一步增强了干好南水北调工程的决心和信心。

鄂竟平强调指出，一是学习领会和贯彻落实建委会第七次会议精神，将其作为当前南水北调系统的重要任务，切实组织好学习。二是分清轻重缓急，以务实的态度抓紧开展各项工作。按照“决战三个月、实现大目标”的有关安排，在保证质量的前提下加快工程建设进度，为确保南水北调工程如期通水奠定坚实基础。三是按照建委会部署，尽快研究并提出重要事项的分工落实意见和工作计划，统筹协调各有关部门、沿线各省市把各项工作落实到位。

国务院南水北调办总工程师沈凤生，机关全体公务员，各事业单位及中线建管局负责同志参加会议。

2013 年南水北调工程建设工作会议在济南市召开

2013 年 1 月 15 ~ 16 日，2013 年南水北调工程建设工作会议在山东省济南市召开，深入贯彻落实党的十八大、中央经济、中央农村工作会议精神，系统总结建委会第六次全体会议和 2012 年建设工作会议以来的建设成果，客观分析南水北调工程建设面临的新形势，安排部署 2013 年工作任务，确保东线工程三季度通水、中线主体工程基本完工。国务院南水北调办主任鄂竟平出席会议并讲话。国务院南水北调办副主任张野、蒋旭光、于幼军出席会议。

鄂竟平在讲话中指出，2012 年，南水北调各项工作有新进展。全年完成投资 652. 85 亿元。东线 68 项设计单元工程，已完工 41 项，与通水直接相关的主体工程基本完工。中线陶岔混凝土坝段已封顶，穿黄隧洞工程洞身内衬提前完工，铁路交叉工程有效推进，京石段自动化调度系统顺利启用。配套工程陆续开工建设，累计完成投资 158 亿元。中线京石段第四次向北京应急调水，东线完建工程继续发挥防涝抗旱效益。继续开展安全生产年活动，保障了工程建设安全顺利进行。工程质量继续向好。丹江口库区移民搬迁任务全部完成。库底清理工作按计划推进，移民帮扶工作深入开展。干线征迁满足了建设需要，临时用地退还复垦工作有序进行。东线干线治污规划确定的 36 个考核断面水质全部达标，输水干线水质基本达到规划要求。中线水源区水质保护工作继续深化。切实加强资金监管，有效控制投资规模，提高资金使用效益，保证了资金使用安全。东线工程通水各项筹备工作有序开展。

鄂竟平指出，当前，南水北调工程建设有许多有利条件：一是党中央、国务院对南水北调工程高度重视；二是中央有关部门和沿线各省（市）在南水北调工程建设中形成了好的合作协调机制；三是制约工程建设的关键障碍逐步减少；四是质量监管高压模式渐趋成熟，制度日益完善；五是参建单位及全体建设者责任心进一步增强。鄂竟平同时指出，在通水目标日益逼近的紧要关头，也面临各种困难和风险：一是工程进度风险依然存在；二是质量监管仍待加强；三是移民稳定发展任务艰巨；四是治污环保有待深化；五是投资控制仍有压力。

2013 年，南水北调工程建设计划全年完成投资 420 亿元，东线二季度试通水，三季度努力实现正式通水；中线主体工程基本完工，渠道衬砌、大型建筑物、自动化系统等重要工程建设形象满足 2014 年汛后通水要求。征地移民方面，6 月底前全面完成库底清理，9 月底前完成库区移民蓄水前验收，为水库蓄水创造条件；全面完成干线征迁扫尾任务。治污环保方面，东线治污补充规划骨干项目基本建成发挥作用，输水干线考核断面全部稳定达标；加快实施中线水源区水污染防治“十二五”规划、经济社会发展规划及干线生态带建设规划和对口协作方案，落实“一河一策”治理方案，推动尾矿治理，确保丹江口水库水质越来越好。

鄂竟平强调，2013 年是南水北调工程开工以来最为特殊、最为关键的一年，既有东线工程通水的硬任务，也有中线主体工程基本完工的阶段性硬约束，是南水北调工程建设冲刺冲锋、决战决胜年。总体上要实现“四个转变”，即工程建设要实现主体工程从建设为主向建设、管理统筹转变，从主体工程建设向主体与配套工程建设统筹转变；治污环保要实现从污染治理向污染治理、环境保护并重转变；征地移民要实现从征迁安置向稳定发展转变。

鄂竟平指出，2013 年着力抓好以下工作：一是紧盯重点大推进度，抓重点、抓节点，东线保通水、中线保收尾；二是再加高压严管质量，围绕“高压高压再高压，延伸完善抓关键”，提高质量监管的主动性、针对性和时效性，严格责任，严控过程，严管重点；三是落实帮扶稳定移民，促发展保稳定，抓验收保蓄水，盯尾工保进度；四是治保并重提升水质，治污环保两手抓，促水质持续向好，保证通水需要；五是安全高效监控资金，扎实做好工程建设资金供应和监管，在全力促进工程建设按期通水的同时，加强资金使用全过程管理，确保资金都用在刀刃上。同时，要强化协调促东线顺利通水。

鄂竟平最后要求，落实责任，讲究方法，全面完成 2013 年各项任务。一是强化风险意识。要正确分析、积极应对风险项目、风险因素，把风险发生几率降到最低水平。二是建立应急机制。要建立快速反应和应急处置机制，建立严格的信息报告制度，健全应急处置联动机制，遇有突发事件要立即请示报告，并及时妥善处置。三是注意工作方法。通水目标日益迫近，工作头绪多、任务重、时间紧，必须掌握全面统筹、分工协作、督促检查的工作方法。四是发扬优良作风。要切实增强紧迫感和责任感，大力倡导务实、高效的工作作风。

会议对 2012 年南水北调工程建设先进单位进行了表彰，并向各项目法人颁授了 2013 年工程建设目标责任书。会议特邀南水北调工程建设者优秀代表、中线方城段 6 标项目经理陈建国作典型发言。

公安部、监察部、财政部、国土资源部、环境保护部、交通运输部、铁道部、水利部、审计署等有关司局负责同志出席会议。国务院南水北调办总工程师沈凤生，机关各司、各直属单位，南水北调工程沿线各省（直辖市）南水北调办事机构、移民机构、环保机构和项目法人负责同志参加会议。

国务院南水北调办与国家发展改革委稽察办联合召开南水北调工程建设稽察工作座谈会

2013 年 1 月 17 日，国务院南水北调办与国家发展改革委稽察办召开南水北调工程建设稽察工作座谈会。国务院南水北调办副主任蒋旭光出席并讲话。

会上，国务院南水北调办监督司和监管中心介绍了 2012 年南水北调工程建设质量监管工作情况，以及落实国家发展改革委对南水北调工程稽察有关工作要求的情况。国家发展改革委稽察办介绍了 2012 年对南水北调工程开展稽察工作情况，通报了 2013 年对南水北调工程稽察工作要点。

蒋旭光指出，2012 年国家发展改革委对南水北调东、中线工程组织了 5 组次专项稽察，对南水北调工程建设提出了许多好的建议和意见，对加快工程建设进度、保证工程质量起到了十分重要的作用。国务院南水北调办高度重视，组织有关项目法人认真做好稽察整改工作，并采取风险项目挂牌督导、关键事项督办、建立联席会议制度等，加强工程组织建设，确保了年度建设目标的实现。

蒋旭光指出，质量是南水北调工程的生命。2012 年，国务院南水北调办对工程质量高度重视，通过建立“三位一体”质量监管体系、实施“三查一举”质量监管措施，及时发现质量问题，消除质量隐患，开展质量问题责任追究，加强质量问题整改，使南水北调工程质量继续向好。

蒋旭光强调，2013 年，为确保南水北调工程东线要通水、中线要收尾，加强南水北调工程质量监管，国务院南水北调办与国家发展改革委稽察办密切合作，有针对性地开展重点项目的稽察工作，确保南水北调工程质量和工程建设目标的实现。

国务院南水北调办监督司、监管中心、稽察大队负责同志参加会议。

国务院南水北调办召开第八至十一次南水北调工程建设进度协调会

2013 年，国务院南水北调办先后组织召开了 4 次工程建设进度协调会，有力推动了工程建设步伐。

一、南水北调工程建设进度（第八次）协调会

2013 年 1 月 20～21 日，国务院南水北调办在河南省南阳市组织召开工程建设进度（第八次）协调会。国务院南水北调办副主任张野主持会议并讲话。

会议总结了工程建设进展情况，通报了 2012 年度和第四季度考核结果，分析了当前影响工程建设进度的主要困难和问题，研究部署了 2013 年重点工作。

张野指出，2012 年是南水北调工程建设艰苦卓绝的一年，也是成绩辉煌的一年。一年来，在党中央、国务院的正确领导下，在有关部门的大力支持、沿线各地党委政府和人民群众的积极配合下，全体建设者开拓进取、攻坚克难、努力工作，全年完成投资 653 亿元、土石方开挖 22 564 万 m^3、土石方填筑 16 648 万 m^3、混凝土浇筑 1188 万 m^3，不仅超额完成了各项任务，也在中外水利建设史上创造了新纪录、谱写了新的篇章。

张野强调，2013 年是南水北调工程建设决战决胜的关键之年，也是进度管理从以建设为主向建设、验收并重转变的转折之年，要全面实现东线保通水、中线保完工的建设目标，既有许多有利条件，也存在不少困难和风险。要清醒地认识到，当前制约工程建设进度的困难仍然存在，随着工程建设新高峰的到来和通水目标日益临近，各种困难和矛盾将更加突出，完成年度建设目标的形势依然严峻。

张野要求各有关单位，认真贯彻落实 2013 年南水北调工程建设工作会议精神，进一步统一思想，提高认识，坚定信心，统筹协调，科学组织，攻坚克难，全面抓好工程建设各项工作。一是要高度重视工程进度管理。要清醒认识到桥梁进度滞后、征迁问题影响、现场资金紧张、质量和安全压力增大等因素仍然制约工程建设，完成年度目标仍需攻克重重难关，必须思想上重视、组织上到位、投入上及时，一丝不苟地严格执行进度计划。东线工程验收，要细化验收计划，认真组织，科学安排，确保一季度基本完成设计单元工程通水验收，二季度完成全线通水验收；中线干线工程建设，各单位要严格落实进度责任和考核激励措施，重点突破膨胀土处理、桥梁通车、渠道衬砌难题，带动工程建设全面推进；丹江口大坝加高工程 2013 年的工作重点是库区验收、试验性蓄水，要精心组织、科学安排蓄水准备工作，确保顺利蓄水。二是要进一步加强工程质量管理。工程质量监管要坚持“高压高压再高压”不放松，以质量促进度，全力配合质量监督工作，达不到标准的坚决整改，决不能以牺牲质量换取进度；验收工作中，要严格保证验收资料、验收报告、验收工作质量，全面准确反映工程建设真实面貌；要认真抓好丹江口水库库底清理工作，保护好蓄水水质，并做好蓄水后漂浮物清理准备。三是要进一步加强安全生产管理。一定要坚持安全第一、预防为主，提高安全生产意识，克服麻痹大意思想；要贯彻全国安全生产电视电话会议精神，坚决杜绝重特大事故，减少一般事故，尽可能不发生事故；要认真总结安全生产管理工作经验和教训，发扬成绩，吸取教训，找出差距，克服困难，推动安全生产工作再上新台阶；要高度重视防洪度汛工作，既要重视工程度汛，还要保证左岸排水不危及沿线安全，早谋划、早部署，确保度汛安全。

二、南水北调工程建设进度（第九次）协调会

2013 年 4 月 17～19 日，国务院南水北调办在河南省许昌市组织召开工程建设进度（第九次）协调会。国务院南水北调办副主任张野主持会议并讲话。许昌市市委书记王树山到会致辞。

会议总结了 2013 年第一季度建设进展情况，通报了第一季度考核结果，分析了当前影响工程建设进度的主要困难和问题，研究部署了第二季度重点工作。

张野指出，第一季度，参建各方认真落实 2013 年南水北调工程建设工作会议总体安排部署，按照“东线保通水、中线保完工”的工作思路，明确年度方案和阶段目标，加强组织领导，突出形象考核及奖惩，建立应急预警及响应机制，开展全线分片督导，组织桥梁等专项检查，季度进度计划总体超额完成，取得了很好的效果。

张野强调，随着施工高峰到来和通水目标临近，第二季度工程建设任务更加艰巨，各种困难和矛盾将更加突出，有些问题还会反复，主要存在以下 8 个方面。一是东线工程通水前，还有大量的组织协调工作要做，部分工程进度滞后，面临严峻的考验和挑战。二是在建桥梁中，存在的问题仍然较多。三是变更引起的二次征迁、电力污水等专项迁建仍未完成，制约进度的环境问题依然存在。四是部分标段技术人员和熟练工人不足，组织不到位，施工效率偏低。五是部分一般变更类遗留方案仍未解决，个别久拖不决。六是资金结算不及时，供应紧张问题对工程建设影响更加突出。七是防洪度汛工作仍要引起高度重视。八是安全生产和质量管理压力增大。

张野要求各有关单位，第二季度要继续深入贯彻落实 2013 年南水北调工程建设工作会议精神，按照东线“抓验收、保通水”，中线“抓形象、保完工”的工作思路，进一步突出重点，抓紧抓牢，再加压力，毫不松手，全面抓好工程建设各项工作。一是要紧盯重点大推进度。要明确目标，落实责任，确保上半年东线工程完成通水验收，中线工程完成渠道填筑和桥梁通车目标。同时，继续发挥好风险项目挂牌督办、关键事项督办、重点项目半月会商、进度协调会、铁路交叉工程联席会等已有机制作用，加强对进度计划、形象进度节点目标和关键事项督办考核工作。二是要高度重视通水验收工作。要按照计划，严格标准，专人负责，合理组织，以高度负责的精神，确保 6 月底完成东线通水验收，重点做好陶岔渠首枢纽及丹江口水库蓄水验收，同时做好中线工程通水验收导则编制工作。三是要进一步加强安全质量监管。坚定通水目标不动摇，要如期实现通水，安全、质量问题出不起、出不得。要充分认识安全生产和质量管理的重要性，继续加强管理，高标准、严要求，在确保质量、安全的前提下加快工程建设进度，各有关部门要加强督促检查，严防各类事故的发生。四是要扎实做好防汛工作。各参建单位在保证红线内自身安全的基础上，做好红线外沟通协调，河北、河南两省有关部门要高度重视并做好左岸排水工程配套工作。各有关单位要认真做好防汛责任制落实、防汛物资储备、度汛预案编制、应急演练、汛期值班等有关工作，确保工程汛期安全无事故。五是要切实做好维稳各项工作。工程建设进入后期阶段，各方利益诉求和矛盾多发。要主动深入了解，避免激化扩大，及时报告，正确处理，积极妥善解决矛盾纠纷。特别要重视做好合同价差调整、变更批复、工程量计量核定、资金结算拨付工作，为加快工程建设创造条件。

三、南水北调工程建设进度（第十次）协调会

2013 年 7 月 16 ~ 17 日，国务院南水北调办在河南省郑州市组织召开工程建设进度（第十次）协调会。国务院南水北调办副主任张野主持会议并讲话。

会议总结了上半年工程建设情况，通报了第二季度进度考核结果，分析了当前工程建设形势及存在的主要问题和困难，研究部署了下季度工程建设的重点工作。

张野指出，2013 年以来，各单位深入贯彻落实 2013 年南水北调工程建设工作会议“紧盯重点大推进度”的部署和“东线保通水、中线保完工”的年度目标，扎实落实各项工作任务，突出工作重点，健全考核体系，完善协调机制，构建风险防控体系，加强进度专项督导，推动通水验收。经过全体建设者的不懈努力，东线工程已完成试通水，中线工程建设进展顺利，上半年建设任务基本按计划完成，为完成全年任务创造了有利条件。

张野强调，在看到成绩的同时，也要清醒地认识到面临的困难。下半年剩余工作量仍较大，制约工程建设进度的困难仍然不少，随着工程建设进入收尾阶段和通水目标的日益临近，工程全面从以建设为主向建设、验收并重转变，进度管理面临新形势、新问题，有些矛盾会更加突出，全面完成年度目标的形势依然严峻。

张野要求各单位，下半年要继续认真贯彻落实 2013 年南水北调工程建设工作会议精神，统一思想，提高认识，坚定信心，齐抓共管，攻坚克难，全面抓好工程建设各项工作，确保东线通水和中线主体工程基本完工年度目标如期实现。一是要紧盯重点，加快推进工程建设进度。继续盯紧剩余桥梁、渠道衬砌、重点项目的建设进度，强化应急预警机制，严防意外；发挥办省联席会议作用，解决好征迁、阻工等建设环境保障问题；重点关注高填方加固处理，完善技术方案，衔接处理过程，保证施工质量和工期；加强雨季施工管理，确保工程建设进度；强化监督，进一步加强进度计划、形象进度节点和关键事项的督办考核工作。二是要抓好工程建设与验收工作的统筹，积极促进工作重心向建设与验收工作并重转变。东线工程要高度重视工程设施功能完善，加快处理前期验收的遗留问题，完善验收材料，切实做好全线通水验收准备，不给验收、更不给工程运行管理留下后遗症；中线工程的各省（直辖市）南水北调办、项目法人要高度重视通水验收工作，加强领导力量、技术力量，形成上、下一致的验收组织体系，完善和细化验收计划，尽快形成专家咨询审查等工作保障体系和机制，切实抓好验收工作。三是要加强质量安全监管。项目法人和各建管单位要在抓好工程建设进度的同时，统筹好质量、安全各项工作，近期要重点抓好高温、高空、高强度施工安全。各有关部门要加强质量安全管理和监督，深化隐患排查治理，严防出现影响工程通水的意外情况发生。四是要扎实做好防汛工作。目前，工程沿线均已进入主汛期，各单位要以加强左岸排水建筑物管理、整治威胁建筑物安全的采砂取土行为等为重点，层层落实防汛责任和措施，严阵以待，确保施工人员和沿线人民群众生命财产安全。五是要严格合同管理和履约。项目法人要重点加强进度滞后标段的管理，实事求是地处理好合同变更索赔，调动施工企业加快工程进度的积极性，顺利完成工程后期施工。

四、南水北调工程建设进度（第十一次）协调会

2013 年 10 月 17 日，国务院南水北调办在河南省郑州市组织召开工程建设进度（第十一次）协调会。国务院南水北调办副主任张野主持会议并讲话。

会议总结了前三季度工程建设情况，通报了第三季度进度考核结果，分析了当前工程建设形势及存在的主要问题和困难，研究部署最后 3 个月工程建设的重点工作，再一次坚定年底目标任务完成的决心和信心。

张野指出，2013 年以来，各单位深入贯彻落实 2013 年南水北调工程建设工作会议“紧盯重点大推进度”的部署和“东线保通水、中线保完工”的年度目标，扎实落实各项工作任务，突出工作重点，健全考核体系，完善协调机制，构建风险防控体系，加强进度专项督导，推动通水验收。经过全体建设者的不懈努力，东线工程已经建成并完成通水验收，具备通水条件。中线工程建设进展顺利，制约工程建设的一批控制性项目在广大建设者的努力下基本得到解决，为实现中线主体工程基本完工的目标创造了有利条件。

张野指出，在看到成绩的同时，我们也要清醒地认识到面临的困难。目前，中线工程还有多个风险标段和重点标段，工程建设任务仍然十分繁重。特别是外部环境、气候条件、意外情况等潜在风险存在，如果处理不及时，极有可能影响到工程建设进度。一是缺口填筑滞后，解决沉降期需要技术支撑。二是渠道衬砌任务量依然很重，需要强力组织。三是外部环境干扰仍然存在，不可大意。四是合同纠纷增加，合同管理不容忽视。五是安全生产和工程质量监管仍不能松懈。六是中线工程验收任务繁重。七是东线通水既要保证工程安全，还要确保水质不受污染。八是工程运行的安全防护工作需要跟上。这些问题和矛盾，都需要充分考虑，提前应对。

张野要求各单位，全面贯彻和落实 10 月 10 日国务院南水北调办办务扩大会议上鄂竟平主任提出的“决战三个月，实现大目标”的会议精神，统一思想，提高认识，坚定信心，齐抓共管，攻坚克难，全面抓好工程建设各项工作，确保东线通水和中线主体工程基本完工年度目标如期实现。

一是千方百计大抓进度，盯风险，除障碍。死死盯住影响进度的障碍，挂牌督办风险项目，通过一线蹲点督办，加强巡视缺口填筑、渠道衬砌等重点项目，密切跟踪，加快推进工程建设。二是加强现场施工组织。通过各种行政、经济和政治等手段，调动参建单位的积极性加快施工进度。三是强化应急预警机制，严防意外。从总体上把握，必须时候要果断采取措施，确保工程建设进度按计划完成。四是质量上要抓要害，抓重点，死死盯住要害部位。统筹做好进度、质量安全和投资控制三者之间的关系，实现齐头并进。五是继续解决好征迁、阻工等建设环境保障问题。六是严格按照计划做好通水验收各项工作。各省（直辖市）南水北调办、项目法人要高度重视通水验收工作，成立专门机构，加强领导力量和技术力量，形成上、下一致的验收组织体系。加快处理前期验收遗留问题，确保工程的验收质量，绝不给工程运行管理留下后遗症。七是项目法人要加强合同管理工作。重点关注投资控制，严格以施工合同为依据，以承包商履约为原则，做好资金结算支付以及差价补偿工作，合理合规、实事求是地处理好合同变更索赔。八是确保东线通水运行安全。要周密安排，密切关注，决不能出现任何闪失和意外。

张野最后号召大家再接再厉，以饱满的

热情全身心投入大干最后3个月的各项工作中，一鼓作气，完成主体工程完工的各项建设任务，夺取工程建设新的胜利。

国务院南水北调办召开南水北调工程质量监管座谈会

2013年1月31日，国务院南水北调办召开南水北调工程质量监管座谈会。国务院南水北调办副主任蒋旭光出席并讲话。

会议学习传达了南水北调工程建设工作会议精神，围绕2013年“东线要通水，中线要收尾”的工程建设目标，分析质量监管面临的形势和风险，部署2013年质量监管重点措施。监督司通报了2013年南水北调工程质量监管工作方案、质量监管工作要点及一季度工作安排；监管中心、稽察大队通报了2013年质量监督检查工作计划和近期工作安排。会议宣贯了《关于加强南水北调工程质量关键点监督管理工作的意见》、《南水北调工程建设信用管理办法》等质量监管制度，研讨了2013年质量监管工作机制、措施和方法。

蒋旭光指出，质量监管工作是2013年南水北调工程建设的重头戏，任务繁重，责任重大。各级质量监管岗位上的同志一定要认清使命，忠诚履职。要全面深入贯彻南水北调建设工作会议精神，深刻领会“东线保通水、中线保收尾”、“依靠制度，严防意外”等工作思路，狠抓落实，层层负责，实化细化工作措施。要清醒认识质量监管工作面临的严峻形势，切实提高各级管理人员的责任意识；要严格责任，严控过程，严管重点，严控风险，对质量问题要早发现、早鉴定、早处理，对各种违法违规行为绝不姑息，在处罚上绝不手软，做到刚性制度、刚性落实、刚性奖惩，一把尺子量到底；要狠抓关键、狠抓一线，不折不扣地落实国务院南水北调办部署的2013年质量监管工作方案，尤其是一季度工作，开好局、起好步；要加强配合、发挥合力，国务院南水北调办、省（直辖市）南水北调办（建管局）、项目法人要各司其职，各负其责，上下联动，全面协调，畅通信息渠道，加强沟通，做到各类信息传递快速、准确，确保2013年工程建设目标的实现。

国务院南水北调办监督司、监管中心、稽察大队、各省南水北调办（建管局）、项目法人等单位负责同志参加会议。

国务院南水北调工程建设委员会专家委员会召开2013年工作会议

2013年2月21日，国务院南水北调工程建设委员会专家委员会（简称专家委）在北京市召开2013年工作会议，专家委主任陈厚群院士、南水北调办主任鄂竟平出席会议并讲话，国务院南水北调办副主任、专家委副主任张野出席。

专家委主任陈厚群院士在讲话中说，2012年，专家委在国务院南水北调办等有关单位的大力支持和配合下，先后开展了咨询、评审、调研和检查等活动共计31次，解决了一批影响工程质量、制约工程进度的技术难题，圆满完成了2012年的工作任务。2013年专家委的工作任务将更加繁重，责任更加重大。他要求专家委紧紧围绕工程建设的大局，以“促进度、保通水、保质量”为目标，继续深化“准、快、实”措施，特别要紧盯“严防意外”，找准并及时解决工程建设过程中的技术难题，预防“意外”发生。对于“意外”出现的技术问题，要及时提出解决方案，避免因“意外”影响工程质量和进度。重点要做好东线运行管理和中线工程建设进度等方面的咨询工作。

会上，鄂竟平主任对专家委2012年的工作给予了高度评价，并代表国务院南水北调办对专家委为南水北调工程做出的贡献表示诚挚的感谢，对专家们强烈的责任心和敬业精神表示赞赏和钦佩。鄂竟平主任向专家们介绍了南水北调工程全面完成2012年建设任务的情况和取得的成绩。他指出，国务院南水北调办取得这样骄人的成绩，离不开党中央、国务院对南水北调工程的高度重视和正确领导，离不开有关部委、省市和全社会的大力支持，离不开各参建单位的积极努力，也离不开专家委的支持和支撑。

鄂竟平主任强调，2013年是南水北调工程开工以来最为特殊、最为关键的一年，是南水北调工程建设冲刺冲锋、决战决胜年。既有东线工程通水的硬任务，也有中线主体工程基本完工的阶段性硬约束，同时会面临工程和管理上的意外风险。针对这些情况，国务院南水北调办2013年的工作重点在确保“东线通水，中线收尾”的基础上，依靠机制，严防意外。进度上，抓重点和节点，建立预警机制和奖罚机制；质量上，再高压、抓关键；移民上，清库工作紧抓不动摇，移民后扶持不放松；环保上，东线分区监控，建立应急机制，中线“盯重点，强考核”；投资上，“收口关闸，狠查内纠”。

鄂竟平主任指出，南水北调2013年的工作难度会很大，想做好，极不容易，迫切希望能得到专家委的支持和支撑。同时，对专家委工作提出3点建议：一是在重视工程施工技术咨询的同时，还要重视运行管理领域的咨询；二是不但要解决技术方面的突出问题，还要发挥专家委的独特作用；三是不但要深入研究重大、关键的技术难题，还要为严防意外多做贡献。

会上，专家委秘书长沈凤生汇报了2012年工作情况和2013年工作安排。

与会专家认为，2012年南水北调工程建设成绩骄人。大家一致表示，要集中各位专家的集体智慧和力量，求真务实，调整重点，努力做好2013年南水北调工程的咨询工作。

专家委专家委员出席会议，国务院南水北调办机关各司及直属事业单位、中线建管局主要负责同志参加了会议。

国务院南水北调办安全生产领导小组和重特大事故应急处理领导小组召开第十二次全体会议

2013年2月25日，国务院南水北调办安全生产领导小组和重特大事故应急处理领导小组（简称领导小组）召开第十二次全体会议。国务院南水北调办副主任、领导小组组长张野主持会议并讲话，领导小组全体成员参加会议。

会议传达学习了全国安全生产电视电话会议精神，听取了领导小组办公室关于2012年南水北调工程建设安全生产工作情况和2013年安全生产工作安排的汇报，对南水北调工程2013年安全生产工作进行了研究。

张野在讲话中肯定了2012年南水北调工程建设安全生产工作取得的成绩。2012年，在工程施工全面进入高峰期和关键期、参建人员多、施工任务重、设备密集的复杂形势下，办公室按照工作计划，深入贯彻落实国务院关于安全生产工作的各项部署，采取有效措施，不断加大安全生产监督管理力度，有针对性地开展了多项安全生产专项治理活动，有力保证了工程建设的顺利进行。

张野强调，2013年南水北调工程建设任务繁重，安全生产管理工作既有工程建设管理任务，也有运行管理任务，安全生产形势依然十分严峻。各单位要时刻绷紧安全生产这根弦，以高度负责的精神，继续下大力气全面做好南水北调工程建设安全生产各项工作。

对于2013年安全生产工作，张野指出，要认真贯彻落实全国安全生产电视电话会议精神，全面落实“安全第一、预防为主、综合治理”的工作方针，紧密结合工程建设实际，以强化预防、落实责任、加强培训等为主要措施，坚决杜绝群死群伤重特大事故的发生，为工程顺利建设创造良好环境。

张野强调，2013 年要继续深入开展好“打非治违”等专项治理行动，严厉打击违法违规行为，确保工程安全；要进一步加大安全生产危险源排查力度，加强危险源的分析、管理，制定严格有效的防范措施，严防各类事故的发生；要高度重视防洪度汛工作，对全年的工程度汛工作，要早部署，早检查，保证工程度汛安全；要加强对大型施工机械设备的安全管理，重点关注机械设备搬运、转移、拆装等环节的安全管理，严防意外；要强化安全教育培训，努力增强参建人员的安全生产意识，提高安全防范能力；要加大安全生产监督力度，督促参建单位切实履行安全职责，确保安全措施落实到位。

国务院南水北调办组织召开南水北调工程质量管理专题约谈会

2013 年 3 月 8 日，国务院南水北调办党组书记、主任鄂竟平在北京专题约谈 139 家参建单位主要负责人。他强调，工程质量监管要“高压高压再高压、延伸完善抓关键”。通过不断强化查、认、罚，督促各参建单位诚实守信，严格责任、严控过程、严管重点，以刚性制度、刚性落实、刚性奖惩，确保工程质量。

国务院南水北调办副主任蒋旭光主持专题约谈会。省（直辖市）南水北调办（建管局）、项目法人、建管、设计、监理、施工等 139 家参建单位的主要负责人参加约谈。约谈会播放了工程质量问题警示纪录片，通报了 2012 年质量管理责任追究情况。2012 年，对 88 家（次）责任单位进行了责任追究。其中，通报批评 20 家并上网公示，责成省办、项目法人责任追究 68 家，处罚直接责任者 11 人。

鄂竟平在约谈中指出，南水北调工程经过 10 多年的建设，已经迎来了胜利的曙光，东线三季度通水，中线年底基本完工，工程质量形势明显向好。但是，工程建设中质量常见病和多发病仍屡见不鲜，混凝土建筑物和渠道填筑的质量问题还不少，有的质量问题令人触目惊心。问题产生的主要原因是施工单位在利益驱动下，不兑现承诺，野蛮施工，偷工减料，管理缺失；监理单位在利益诱惑下，不认真履行职责，现场监管不到位，当老好人；设计单位技术交底不够，技术服务不及时；建管单位有的责任心不够，人员素质不高。

鄂竟平强调，党中央、国务院始终高度重视南水北调工程建设，多次强调质量是生命线，是核心任务，不能给工程留隐患，不能给后代留遗憾。党的十八大有很多重大理论创新，选出了以习近平同志为总书记的新的中央领导集体，党和国家提出的很多新要求与南水北调直接相关，使得南水北调工程在国家发展全局里的战略地位更加突出。所以，必须从维护党和国家、人民利益的高度认识南水北调工程质量问题。

鄂竟平说，南水北调工程经过了几代人的努力才取得今天的成果，来之不易。这里饱含着 20 多万建设者奋斗的汗水，饱含着 45 万移民群众的艰辛，饱含着 10 多万移民干部的奉献。工程能否顺利通水，关键在质量。越是临近通水目标，社会关注度越高，时间越紧迫，回旋余地越小。他要求，各单位要切实负起责任，牢记使命，不负重托，确保通水目标按期实现，确保工程质量满足要求。设计单位要人员到位、服务到位，及时解决现场技术问题。施工单位要兑现承诺，加强现场监管，管好分包队伍，坚决整改质量问题。各企业总部要关心支持南水北调工程，高度重视今年的质量监管。对已完工工程项目要全面复查，尤其是重点工程和关键部位，排除质量隐患。监理单位要按照合同配齐人员，严格按制度办事，千万不能当老好人。项目法人及建管单位都要加强管理力量，前移控制关口，做好过程控制，突出抓重点标段，多注意普遍性问题，一定要敢说敢管，负起责任。

鄂竟平指出，面对工程建设和质量监管形势，国务院南水北调办只能毫不留情地、刚性地、下狠手抓质量，只能坚持“高压高压再高压，延伸完善抓关键”。所谓高压，就是严查严处严罚，绝不手软，从重从速处理质量问题。过去一季度处罚一次，今年要一个月处理一次，并通告主管单位，通报全线。所谓延伸，就是向两头延伸。一是往前延伸，将过去对半成品、产品的检查，延伸到施工环节，对关键工序开展考核奖惩和检查；二是往后延伸，实施质量终身责任制，留存参建单位信息，一旦出现事故，就要追究终身责任。所谓完善，主要措施是实行重点工程派驻制和质量问题挂牌督办制；简化处罚程序，快速准确认证质量问题，从快从重处罚；实行信用管理办法，将施工、监理单位分为优秀、可信、基本可信、不可信4个信用等级，实施季度和年度信用评价，上网公示评价结果。哪个单位在南水北调工程这个国家头号重点工程上干不好，就必将付出信用上的沉重代价。抓关键就是盯住关键项目，盯住重要建筑物、高填方渠道、桥梁，不能出问题，严防意外。同时，还要对质量管理好的单位实施重奖。

蒋旭光在约谈总结时指出，这次工程质量约谈是南水北调开工建设10年以来第一次，是国务院南水北调办党组对工程高度负责的重要举措，也是对各参建单位的关心爱护。质量是南水北调的生命，确保质量是全体参建者的重大政治责任和任务。各参建单位要尽快将会议精神传达到全体建设者，尽快完善加强质量监管的措施，各负其责，狠抓落实，向党、向国家、向人民交上一份满意的答卷。

国务院南水北调办召开南水北调系统劳动竞赛评选工作总结会

2013年4月24日，国务院南水北调办副主任于幼军主持会议，总结南水北调工程“创先争优保通水，岗位建功做贡献，向党的十八大献礼”劳动竞赛评选情况，并对下一步工作进行了研究部署。

于幼军在讲话中指出，自2012年以来，南水北调系统各参建单位紧紧围绕国务院南水北调建委会的决策，认真落实国务院南水北调办党组“突出重点推进度，突出高压抓质量，突出帮扶稳移民，突出深化保水质，突出监控管资金”的部署，积极组织开展劳动竞赛活动，充分调动广大干部职工的积极性、主动性和创造性，为加快工程建设、提高工作质量、促进社会和谐稳定发挥了重要作用。广大工程建设者积极投入劳动竞赛，精神面貌焕然一新，迸发了新的生机和活力，各项工作突飞猛进，工作质量和效率明显提高，满足工程建设各项工作的需要。

于幼军强调，各单位推荐的劳动竞赛先进集体、先进个人候选人具有很强的代表性，其事迹值得全系统学习，其精神值得大力倡导。下一步，要继续深入开展劳动竞赛，通过各种有效方式，进一步调动广大建设者的积极性，为南水北调东、中线一期工程如期通水做出贡献。

会议对各单位推选的劳动竞赛先进集体、先进个人材料进行了审查，并就表彰等工作进行了安排。

国务院南水北调办组织召开南水北调工程干线征迁安置工作商促会

2013年，国务院南水北调办先后在河北、天津、江苏，3次组织召开南水北调工程干线征迁安置工作商促会，确保了干线征迁安置工作的顺利开展，有力推动了工程建设步伐。

一、在河北省邢台市召开南水北调工程干线征迁安置工作商促会

2013年4月25日，国务院南水北调办在河北省邢台市召开南水北调工程干线征迁安置工作商促会。国务院南水北调办副主任蒋旭光出席会议并讲话。

会议听取了有关省（直辖市）征迁部门和项目法人的征迁工作进展情况汇报，围绕干线征迁工作主要任务和存在的问题进行了分析和讨论，协调问题，明确任务，落实工作措施。

蒋旭光强调，随着工程建设进入决战期，征迁工作也进入最后决战阶段，出现一些新情况、新问题，要迎难而上、强化责任，狠抓落实、彻底解决，保障工程建设用地，保障通水目标实现。

蒋旭光指出，征迁工作政策性、社会性、群众性很强，各级征迁机构和项目法人要珍惜已有成果、勇于承担，主动推进征迁工作，全力保工程建设。一是强化用地保障，及时交付新增用地。各级征迁机构要做好专项设施迁建、附着物清理等工作，及时做好征迁遗留问题的处理，提高供地质量，防止因交地质量不高影响工程建设。二是做好信访稳定。充分发挥已建立的矛盾纠纷排查化解长效机制作用，主动化解矛盾；高度重视群众信访反应的问题，及时妥善处理，做好解释说明；防止群体性事件的发生。三是完善临时用地管理。项目法人和征迁机构要加强协作，全面梳理和掌握临时用地使用情况，切实加强管理，强化建管单位和施工单位临时用地规范管理意识，保障临时用地按照计划保质保量退还复耕，避免延期。四是加快用地组卷和征迁专项验收工作。积极配合国土部门开展用地手续报批，力争在2013年取得较大进展。对征迁专项验收工作，要早谋划、早部署，主动协调文物、档案等部门开展专项验收工作，对具备条件的，抓紧开展征迁专项验收，满足工程完工验收需要。五是加强征迁资金管理，加大监管力度，防止资金使用不规范的问题。六是认真做好征迁总结和宣传工作。

会后，蒋旭光一行实地考察调研了内丘县的征迁工作。

国务院南水北调办投资计划司、经济与财务司、建设管理司、征地移民司，沿线各省（直辖市）南水北调办（建管局），河南省移民办、中线建管局、安徽省南水北调项目办分管负责同志和有关人员参加会议。

二、在天津市组织召开南水北调工程干线征迁安置工作商促会

2014年8月1日，国务院南水北调办在天津市召开南水北调工程干线征迁安置工作商促会，研究落实近期干线征迁安置重点工作。会议由征地移民司主持，投资计划司、经济与财务司、建设管理司，沿线各省（直辖市）南水北调办（建管局），河南省移民办、中线建管局、安徽省南水北调项目办分管负责同志和有关人员参加会议。国务院南水北调办副主任蒋旭光出席会议并讲话。

会议听取了干线工程沿线各省（直辖市）征迁部门和项目法人的征迁工作进展情况汇报，梳理2013年上半年干线征迁工作情况，以保障工程建设和通水要求为目标，围绕干线征迁工作主要任务和存在的问题进行了分析讨论，研究解决有关遗留问题。

蒋旭光强调，要结合当前开展的群众路线教育实践活动，进一步落实以人为本的宗旨，对征迁安置工作再思考、再梳理。南水北调工程的根本目的是为了造福人民群众，通水使受水区广大群众直接受益，搬迁安置也为水源地和建设区的移民征迁群众谋福利。要以群众观点、群众标准和群众口碑，统筹广大群众的整体利益、长远利益和当前利益，及时教育、引导和组织群众，及时处理新问题，为工程建设大局服务，维护沿线群众的合法利益和社会稳定。

蒋旭光要求，继续集中做好干线征迁安置工作，严防意外。一是妥善处理征迁遗留问题，及时提交新增用地；做好专项设施迁建、桥梁引道征迁工作，维护良好的建设环境，保证工程建设需要。二是重点做好临时用地复垦退还工作。项目法人和征迁机构要充分沟通协作，落实奖惩措施，力争在规定的时间节点完成临时用地退还。三是加大用地手续办理力度，扎实做好基础工作，整理完善基础资料，协调落实占补平衡。四是及时开展征迁专项验收，积极推进征迁财务决算、档案验收、县级自验等工作，为工程完工验收打下基础。五是加强征迁资金管理，严加控制，防范风险，确保资金安全、干部安全。六是加强宣传工作，主动宣传征迁工作中涌现出来的优秀典型事迹和人物。七是继续做好矛盾纠纷排查化解，维护征迁群众社会稳定，要畅通群众反映问题的渠道，不回避矛盾，本着事要解决的原则，合理合法地予以解决。八是做好配套工程的征地工作，保障配套工程顺利实施。

蒋旭光最后强调，征迁工作与工程建设是不可分割的整体，各方要加强沟通和交流，团结协调、密切合作，相互包容、支持，相互信任、依靠，共同服务工程建设大局。

会后，蒋旭光一行实地考察调研了天津市配套工程建设和征迁工作。

三、在江苏省南京市组织召开南水北调工程干线征迁安置工作商促会

2013 年 11 月 29 日，南水北调工程干线征迁安置工作商促会在江苏省南京市召开，贯彻建委会第七次全体会议精神，研究落实近期干线征迁安置重点工作。沿线各省（直辖市）南水北调办（建管局）、河南省移民办、中线建管局、安徽省南水北调项目办分管负责同志和有关人员参加会议。国务院南水北调办副主任蒋旭光出席会议并讲话。

会议听取了南水北调干线工程沿线各省（直辖市）征迁部门和项目法人的征迁工作情况汇报，按照建委会第七次全体会议要求，落实国务院南水北调办“决战三个月，实现大目标”的总体部署，围绕干线征迁工作主要任务和遗留问题进行了分析讨论，对干线征迁验收、临时用地复垦退还、用地手续办理、维护社会稳定、加强政策学习研判、做好经验总结、规范财务决算等 7 个方面的工作做出安排。

蒋旭光强调，要深入学习党的十八届三中全会精神，领会精神，正确把握工作方向，做好征迁工作预判。要深入贯彻落实建委会第七次全体会议精神，从南水北调大局中把握征迁维稳工作，确保工程需要，确保群众合法权益，确保社会稳定。

蒋旭光分析了当前南水北调征迁工作面临的形势，由于土地政策、信访政策、群众诉求都在发生变化，情况更加复杂，需要更加严格依法征迁、和谐征迁。也要看到，南水北调工程建设 10 年来，征迁工作积累了经验，沿线干部精神状态始终保持昂扬，没有松懈，各方支撑有力，东线试运行成功也增强了进一步做好各项工作的信心。

对于下一步工作，蒋旭光要求，一是毫不松懈，巩固和谐征迁的成果，要深刻认识当前面临的任务，防控风险，把各项业务工作一一从细、从严做好。二是把握大局，从南水北调工程的大格局来认识征地拆迁工作，保完工、保通水、保运行、保效益发挥、保群众的合法利益，实现工程用地、社会稳定、群众利益三位一体，共进共赢。三是系统推进，对保证工程用地、保障和谐建设环境、加快临时用地退还、做好专项验收、促进用地手续办理、维护稳定、强化征迁资金监管等工作，要统筹安排，突破重点，积极推进，扎实完成当前的征迁任务。对存在的问题要创造条件逐项予以解决。四是标本兼治，深入做好维护社会稳定工作，按照抓源头、抓化解的要求，把矛盾纠纷化解在基层。五是立足长远，谋划和把握好深层次的问题，确保长治久安。

会议期间，蒋旭光会见了江苏省副省长徐鸣，并就有关问题交换了意见。

南水北调中线河北段工程建设进度第一次联席会议召开

2013年5月3日，国务院南水北调办、河北省政府在河北省石家庄市召开南水北调中线河北段工程建设进度第一次联席会议。国务院南水北调办副主任张野、河北省政府特邀咨询张和共同主持会议并讲话。

为适应南水北调工程建设新形势、新要求，国务院南水北调办和河北省政府经协商，决定建立办省联席会议制度。本次会议听取了南水北调中线建管局和河北省南水北调办关于工程建设情况的汇报，总结分析了近一段时期河北段工程建设形势，研究协调了影响河北段工程建设进度和安全的重大问题。

张野在讲话中充分肯定了河北省境内工程建设取得的成绩。同时指出，在看到成绩的同时，也要清醒认识到，要实现邯石段主体工程年内完工的目标，工程建设进度仍面临不少困难和问题，且随着工程建设新高峰到来和通水目标日益临近，这些困难和矛盾将更加突出。

张野强调，如期实现南水北调工程通水目标，既是贯彻落实党中央、国务院决策部署的需要，也是及早发挥工程效益的需要。各参建单位要坚定中线工程2013年完成主体工程建设、2014年汛后通水的目标不动摇，坚决完成工程建设任务。

对于下一步工作，张野要求有关各方面和参建单位要进一步统一思想，坚定信心，齐抓共管，精心组织，全面抓好工程建设各项工作。一是突出重点，落实机制，加快工程建设进度。邯石段工程建设上半年工作重点是抓好桥梁建设，下半年工作重点是抓好渠道衬砌。要建立应急预警处理机制，加强过程管理和风险控制，严防意外；要严格奖惩机制，强化责任落实，加快工程建设进度。二是分工负责，密切协作，消除工程建设制约因素。工程沿线各级地方政府及相关部门，项目法人与参建单位，都要以高度的使命感和责任感，胸怀全局，各司其职，密切协作，形成合力，限时协调解决影响工程建设的各项关键事项，及时消除制约因素，确保工程顺利推进。三是加强质量安全监管，确保工程、人身安全。项目法人和各建管单位要统筹好工程建设进度与质量、安全的关系，在确保质量、安全前提下加快工程建设进度。各级地方政府和有关行业主管部门，要加强质量安全监督，深化安全隐患排查治理，特别是要进一步加大对危及南水北调工程安全的非法采砂取土、违规穿越和超载通过桥梁等违法违规行为的整治力度，严防事故发生。四是扎实做好防汛各项工作。南水北调渠道工程已基本成型，防汛形势比往年更加严峻。工程参建各单位要认真做好防汛责任制落实、防汛物资储备、度汛预案编制、应急演练、汛期值班等有关工作，确保工程红线内工程度汛安全。同时，要积极配合地方政府和水行政主管部门，做好红线外防汛各项工作，以策安全。五是加快配套工程建设。主体工程与配套工程同步建成，同步投入使用，是发挥工程整体效益的前提。各有关方面要进一步加大配套工程建设力度，加快建设步伐，确保南来之水下得去、用得上。

张和强调，南水北调工程建设已经进入攻坚克难的关键阶段，各级各有关部门要高度重视，真抓实干，确保按期完成任务。要以人为本，实事求是，抓紧研究解决永久征地组卷、新增临时用地方案以及防洪影响处理工程和配套工程推进等问题。

国务院南水北调办有关司局，河北省有关厅局、沿线地方政府及南水北调办负责同志参加会议。

国务院南水北调办召开务虚及宣传工作会

2013年5月9日，国务院南水北调办召开全系统务虚及宣传工作会。国务院南水北调办主任鄂竟平主持会议并作重要讲话，指出当前南水北调工程建设进入了开工建设以来最关键、最较劲、最富有挑战的时期，全体建设者要坚定通水目标不动摇，继续抓好"五突出"，努力奋斗，攻坚克难，圆满实现年度建设目标。同时，在南水北调即将建成通水的关键时期，各单位和部门要高度重视宣传工作，要将其作为一项重要工作来抓，努力开拓南水北调宣传工作新局面。国务院南水北调办副主任张野、蒋旭光、于幼军出席会议。

会上，各省（直辖市）南水北调办（建管局）、移民机构、项目法人分别汇报了2013年前4个月的工作和后8个月的安排，分析了存在的问题，提出了加强有关工作的意见和建议。

鄂竟平指出，前4个月南水北调各方面工作开局良好。工程进度进展顺利，按照既定目标有序推进。工程质量监管继续保持高压态势，质量明显向好。投资控制从严从紧，安全可靠。移民帮扶工作有序开展，基本保持稳定。治污环保不断深化，各项措施有效落实。但是不可控因素依然很多，各种风险并存，存在的问题还不少，在今后的工作中需要高度重视，提高警惕。

在谈到2013年工作计划时，鄂竟平强调，实践表明年初确定的工作思路符合工程建设实际，2013年的工作计划不变，年度目标不可动摇。全体建设者要进一步统一思想，提高认识，排除各种障碍和干扰，抓住主要矛盾，主攻薄弱环节，发挥各方作用，形成工作合力，全面推进南水北调工程建设。

具体讲，工程进度方面，要突出重点和节点。对影响工程进度的重点工程和关键节点要死盯不放，全程跟踪，及时发现问题，及时应变处理，处理不好的要及时报告。切不可因为发现不及时，报告不及时，让一些问题久拖不决，成为影响工程进度的重要障碍。

质量安全方面，要"高压高压再高压、延伸完善抓关键"。要紧盯要害工程和工程要害部位，要通过不断强化查、认、罚，严格责任、严控过程、严管重点，以刚性制度、刚性落实、刚性奖惩，确保工程质量安全。

移民征迁方面，在继续深化做好移民发展致富工作的同时，要把移民工作做得更细、更实。本着"事要解决，源头控制"的原则，主动走近群众，充分沟通交流，妥善处理移民合理诉求，在源头解决问题，维护大局稳定，实现长治久安。

治污环保方面，要进一步深化治污措施，建立长效机制，确保水质长期稳定达标。东线在通水前，要建立健全水质监测工作体系，沿线排污口关闭、航运污染治理等措施要全部到位，确保正式通水时全线水质稳定达标。中线要尽快启动实施丹江口库区及上游水污染防治和水土保持"十二五"规划和经济社会发展规划，争取在2014年正式通水前，大部分治污项目完工见效。

投资控制方面，越到工程建设后期，复杂问题和矛盾处理的难度越大。要一如既往严把资金关，要根据最终核定的工程总投资，收口关闸，加强变更管理，统筹考虑，慎重对待，保证资金合理使用。

在谈到宣传工作时，鄂竟平指出，当前工程建设已经进入尾声，经过数十万建设者10多年的共同努力，工程即将通水见效，在这样一个特殊的时期，加大南水北调宣传是大势所趋、人心所向，我们有必要、也有责任向全社会、全国人民交代好，向全世界宣传好，让更多的人了解、关心、支持南水北调。

鄂竟平强调，各单位、各部门在做好自己业务工作的同时，要多发出自己的声音，积极主动地宣传；宣传工作要做到实事求是，科学严谨，切不可夸大其辞；要紧盯受众对象，入情入理，生动形象，让群众喜闻乐见；接下来要找准宣传亮点和社会舆论热点，以工程节点宣传为切入点，分阶段、分步骤地有序推进。

就下一步宣传工作，鄂竟平提出了4点要求。一是高度重视。各单位、各部门要把宣传工作摆在重要位置，与业务工作一同研究部署，一同检查落实。要强化领导责任，主要领导要亲自过问，分管领导要具体负责，职能部门要分工落实。要明确宣传责任部门，充实宣传队伍力量，建立稳定、可靠的经费投入渠道，要在人、财、物方面提供充分保障。二是进一步选好宣传亮点。要以工程关键节点为由头，统筹策划，充分利用新闻线索，重点宣传好南水北调的效益、广大建设者和移民的奉献、先进感人的事迹、治污环保的成效等。三是丰富创新宣传手段。要尽可能利用一切可以利用的宣传手段加强南水北调宣传。在进一步加强电视、广播、报纸等传统媒体宣传的同时，重视和发挥网络媒体、手机报等新兴载体的作用。在做好新闻宣传报道的同时，进一步加强文化、文艺作品的创作和宣传。四是研究提出宣传实施方案。各单位要结合工作实际，研究加强宣传工作的具体实施方案，确保各项宣传工作取得实效。

在这冲锋冲刺的关键时期，鄂竟平希望全系统各单位齐心协力、上下同心，心往一处想，劲往一处使，激发出更加昂扬的斗志，坚定信心、提振精神、攻坚克难、锐意进取，保质保量完成2013年各项建设任务和宣传工作任务。

国务院南水北调办总工程师沈凤生，机关各司、直属事业单位，工程沿线各省（直辖市）南水北调办（建管局）、移民机构及各项目法人负责同志参加会议。

南水北调中线河南段工程建设进度第一次联席会议召开

2013年5月17日，国务院南水北调办、河南省政府在河南省郑州市召开南水北调中线河南段工程建设进度第一次联席会议。国务院南水北调办副主任张野、河南省副省长王铁共同主持会议并讲话。河南省政府党组成员、省委农村工作领导小组副组长赵顷霖出席会议。

为适应南水北调工程建设新形势、新要求，国务院南水北调办和河南省政府经协商，决定建立南水北调中线河南段工程建设进度办省联席会议制度，并召开第一次会议。会议听取了南水北调中线建管局和河南省南水北调办、移民办关于工程情况的汇报，总结分析了河南段工程建设形势，研究协调了影响工程建设进度和安全的重大问题。

张野在讲话中充分肯定了河南段工程建设取得的成绩。同时指出，要实现河南段主体工程年内完工的目标，工程建设仍面临不少困难和问题，且随着工程建设新高峰的到来和通水目标日益临近，这些困难和问题将更加突出。

张野强调，要坚定通水目标不动摇。根据建委会确定的中线一期工程2013年完成主体工程建设、2014年汛后通水的目标，2013年是中线工程建设决战决胜的关键时期，没有任何退路，更容不得半点懈怠，必须坚定通水目标不动摇，拿出破釜沉舟的勇气，努力奋斗，攻坚克难，圆满完成工程建设任务。

对于下一步工作，张野要求有关各方面和参建单位要进一步统一思想，坚定信心，齐抓共管，精心组织，全面抓好工程建设各项工作。一是突出重点，落实机制，加快工程建设进度。要按照“紧盯重点大推进度”部署，抓好重点、节点，落实应急预警处理机制和奖惩机制。河南段工程上半年工作重点是抓好桥梁建设，下半年工作重点是抓好渠道衬砌。要落实应急预警处理机制，加强过程管理和风险控制，严防意外；要严格奖惩机制，强化责任落实，加快工程建设进度。二是分工负责，密切协作，消除工程建设制约因素。目前，工程建设中仍存在桥梁建设滞后、变更桥梁地方分摊投资不到位、局部征迁问题未解决等制约工程建设的因素。工程沿线各级政府及相关部门，项目法人与参建单位，都要以高度的使命感和责任感，胸怀全局，各司其职，密切协作，形成合力，限时协调解决影响工程建设的各项关键事项，及时消除制约因素，确保工程顺利推进。三是加强质量安全监管，确保工程、人身安全。项目法人和各建管单位要统筹好工程建设进度与质量、安全的关系，在确保质量、安全的前提下加快工程建设进度。各级地方政府和有关行业主管部门，要加强质量安全监督，深化安全隐患排查治理，特别是要进一步加大对危及南水北调工程安全的非法采砂取土、违规穿越和超载通过桥梁等违法违规行为的整治力度，严防事故发生。四是扎实做好防汛各项工作。南水北调中线渠道工程已基本成型，防汛形势比往年更加严峻。工程参建各单位要认真做好防汛责任制落实、防汛物资储备、度汛预案编制、应急演练、汛期值班等有关工作，确保工程红线内工程度汛安全。同时，要积极配合地方政府和水行政主管部门，做好红线外防汛各项工作。河南省有关部门要加快左岸防洪影响处理工程水保、环评和土地预审相关编制和报审工作，国务院南水北调办进一步加大协调力度，加快推动立项审批。五是加快配套工程建设。要进一步加大配套工程建设力度，加快建设步伐，确保配套工程与主体工程同步建成，同步投入使用。

王铁在会上转达了河南省省长谢伏瞻对河南段南水北调工程建设“两个如期，一个落实”的要求，即如期实现主体工程完工、如期实现总干渠通水目标，坚决落实好河南段工程建设进度联席会议精神。王铁强调，在今后的工作中，要做到“四个确保”。一是确保环境造好。河南是南水北调中线工程的主战场，越到工程后期，各级政府和有关部门越要提高责任意识和大局意识，始终如一地为工程建设营造良好建设环境。二是确保难题解好。要重点解决好跨渠桥梁建设问题，各地方政府分摊投资要抓紧筹集，尽快拨付。要高度重视工程防汛问题，加强对工程防汛措施的检查，做好防汛准备，决不能出任何问题。三是确保质量管好。要加强对工程质量的检查力度，加大飞检频次，各有关部门都要把质量始终挂在嘴上、落实在行动上，同心协力，把南水北调工程建成一流工程、优质工程。四是确保主体干好。各部门要集中精力，尽职尽责，克难攻坚，团结拼搏，切实抓紧抓好工程建设，实现年底主体工程基本完工的任务目标。

国务院南水北调办有关司局，河南省有关厅局、沿线地方政府及南水北调办，中线建管局负责同志参加会议。

北京市召开研究推进南水北调工作专题会

2013 年 5 月 25 日，北京市市委副书记、市长王安顺主持召开会议，专题研究推进南水北调工程有关工作。

会议强调，水资源对首都发展具有特殊重要的战略意义。北京市市委、市政府历来高度重视水资源工作，科学规划地下水、地表水的利用与管理，大力加强水源地保护；积极推进南水北调北京段及配套工程建设，科学合理制定工程规划，综合施策加快工程进度，对推动首都生态文明建设和经济社会发展发挥了重要作用。

会议要求，一是要继续加快南水北调北京段及配套工程建设进度，各有关区县要按照市政府统一部署，严密组织，科学调度，确保按计划完成任务；二是要确保水质安全，针对管道、明渠输送中可能出现的工业、生活等污染或人为破坏，采取切实有效措施加以防范，保证到京水质达标；三是要确保工程质量，树立安全第一、质量第一的理念，高标准，严要求，针对工程路径中与地铁线路、水电气热等地下管网的交汇点，制定专门的工程方案，精心施工，严格按规范操作，保证不出现安全问题；四是要认真研究南水北调的调水水价，立足北京实际，加强与中央有关部门的沟通，争取科学、合理的水价定位，要积极倡导节约、集约使用资源，提高全民节约用水意识，为首都城市可持续发展提供良好的水资源保障。

国务院南水北调办在郑州市组织召开南水北调工程监理专项整治工作会

2013年5月28日，国务院南水北调办在河南省郑州市召开南水北调工程监理专项整治工作会，动员部署“三清除一降级一吊销”监理整治行动，坚决遏制监理违规行为，促进南水北调工程质量形势稳定好转。国务院南水北调办副主任蒋旭光出席会议并讲话。

会议宣读了国务院南水北调办《关于开展以“三清除一降级一吊销”为核心的监理整治行动的通知》。

蒋旭光在讲话中分析当前南水北调工程质量管理面临的形势和监理工作现状，强调指出，开展以“三清除一降级一吊销”（即针对不同的违规行为和质量事故，实施清除监理单位、清除总监理工程师、清除监理工程师，降低监理单位资质等级，吊销资质资格证书等处罚）为核心的监理整治行动，是加强南水北调工程质量管理的重要举措，是扭转当前监理工作被动局面的重要切入点和突破口。整治行动中，一是严查严处违规行为。对情节严重的监理单位和监理人员，要清除出场，实施五部联处，按规定降低监理单位资质等级，吊销监理单位资质证书，注销监理工程师注册证书。二是严肃连带责任追究。凡监理单位和监理人员被国务院南水北调办实施“三清除一降级一吊销”责任追究的，相关项目法人、建管单位、现场建管部门将实施连带责任追究。

蒋旭光要求项目法人、建管单位共同努力，做好“三清除一降级一吊销”监理整治行动。要立即行动起来，认真开展好监理检查整顿和自查自纠工作。项目法人和建管单位要多想办法，维护监理单位和人员的合法权益，及时解决其合理诉求，保障监理工作条件。监理单位要采取措施切实加强现场监理工作，把水平高、能力强、负责任的人员投入到南水北调工程中来，确保现场监理人员数量和素质满足高峰期工程建设需要；要加强现场监理人员管理，搞好业务培训，提高监理人员的责任心和工作能力；要严格执行监理规范和各项规章制度，把握质量控制要点，提高现场的监管水平。

蒋旭光强调，务必强化责任，“严”字当头，确保整治行动各项措施落实到位，取得实效。一要严格检查。在为期10个半月的整治行动中，国务院南水北调办要加大对监理单位质量管理行为的监督检查力度，抽查重点项目，严防意外。特别是对发现工程实体质量问题的，绝不放过追查监理违规行为。各省南水北调办也要加强对委托项目监理行为的监督检查，立足于早发现问题，早消除隐患。二要严肃整改。整治行动期间，监理单位严重质量管理违规行为一经查实，均要立即整改，并要举一反三，不允许再次发生相同性质的违规行为。对自查自纠发现并整改到位的问题，既往不咎。对整改不到位、逾期不整改的，在采取措施督办整改的同时，要严厉追究责任。三要严厉处罚。在整治行动中，对符合“三清除一降级一吊销”处罚条件的责任监理单位和人员，绝不手软，一律按规定给予处罚。对问题严重并整改不到位的，还要加重一等，从严从重处罚。

国务院南水北调办投资计划司、建设管理司、监督司、监管中心、稽察大队，河北、河南、湖北、山东省南水北调办（建管局），各项目法人，中线工程建管、监理单位主要负责人参加会议。

南水北调东线一期工程江苏段试通水现场会召开

2013 年 5 月 30 日上午 11 时，国务院南水北调办和江苏省人民政府在江苏省江都水利枢纽召开南水北调东线一期工程江苏段试通水现场会。国务院南水北调办副主任张野、江苏省副省长徐鸣出席会议并讲话，会议由国务院南水北调办总工程师沈凤生主持。随着张野副主任宣布南水北调东线一期工程江苏段试通水开始，东线一期工程江苏境内 9 级梯级泵站开始分段联调联动，全线开机调水。此次试通水拉开了南水北调工程从开工建设向通水达效转变的大幕。

张野首先代表国务院南水北调办党组对江苏段工程顺利建成试通水表示热烈祝贺，并向支持工程建设的江苏省各级党委政府、各有关部门、社会各界和全体工程建设者表示衷心感谢。张野指出，按照建委会第六次全体会议的总体部署，2013 年东线一期工程将通水运行。这次试通水的主要目的，就是要检验各级提水泵站的运行安全可靠性，为第三季度全线通水联合运行奠定基础。张野强调，江苏省既是东线工程的水源地，也是受水区，境内泵站数量多、扬程低、流量大，要满足调水、灌溉、航运等多种需要，调度运行十分复杂。希望各有关地区和部门顾全大局、团结协作、紧密配合、共同努力，全力保障试通水任务顺利完成。

徐鸣代表中共江苏省委、江苏省人民政府，对东线一期工程江苏段率先建成通水表示热烈祝贺。他表示，江苏省将以此次试通水为契机，进一步增强责任感和紧迫感，密切协调配合，强化措施落实，坚决打赢南水北调东线工程全线通水攻坚战。一是抓紧进行工程建设扫尾。二是确保水质持续稳定达标。三是进一步研究落实管理体制。四是做好正式通水准备，确保如期实现通水目标，全面发挥工程效益。

会上，江苏水源公司汇报了江苏段工程建设总体情况，各梯级泵站现场负责人报告试通水准备情况，与会代表查看了江都三、四站工程运行情况。

南水北调东线一期工程江苏境内工程，主要包括调水工程和治污工程两大部分，工程总投资约 183 亿元。其中调水工程总投资约 124 亿元，主要用于扩建、改造运河一线调水工程，新辟、建设三阳河、金宝航道、徐洪河一线调水工程，新建 14 座、改造 4 座大型泵站，形成以运河线为主线，运西线为辅线的双线输水格局。治污工程总投资约 59 亿元，结合实施淮河流域水污染治理规划，新建城市污水处理厂 26 座，建设江都、淮安、宿迁、徐州等市截污导流工程，实施产业结构调整、工业污染源治理和流域综合整治等 102 个项目，实现南水北调江苏段水质达到地表水Ⅲ类标准。

此次试通水目的，是检验东线一期工程江苏段新建及改扩建的泵、渠、湖、库工程的运行安全可靠性，并获取相关工况、水质、水量监测数据和技术参数，为全线正式通水奠定基础。试通水是对工程运行、水量调度、水质监测、电力保障等工作的一次全面检验，江苏段各泵站机组将带额定负荷连续运行24h。

此次试通水成功，将标志着南水北调东线一期工程江苏段建设率先完工并具备正式通水条件，也将为东线一期工程全线通水创造条件。

国务院南水北调办建设管理司、环境保护司、征地移民司、监督司、东线运行管理机构筹备组的主要负责人，江苏省政府办公厅、发展改革委、财政厅、交通厅、水利厅、环保厅、南水北调办、电力公司、水源公司的主要负责人，东线一期工程沿线徐州、淮安、扬州、宿迁市政府负责人和南水北调办、水利局负责人以及参建单位代表参加会议。

南水北调工程建设安全生产工作会议在北京市召开

2013年6月6日，南水北调工程建设安全生产工作会议在北京市召开，国务院南水北调办副主任张野出席会议并讲话。

张野在讲话中指出，2012年，在建委会的正确领导下，在有关部门和地方各级政府的大力支持下，南水北调工程参建各方准确把握工程建设高峰期、关键期的特点，坚持“安全第一、预防为主、综合治理”的方针，全面贯彻落实国家安全生产法律法规及工作部署，进一步加大安全生产监督管理和检查力度，安全生产管理工作取得了显著成绩，有力地保障了工程建设的顺利进行。

张野在肯定成绩的同时，客观分析了南水北调工程安全生产工作面临的形势，明确了2013年安全生产管理工作的总体思路和目标任务。他强调，当前南水北调工程建设已进入开工以来最关键、最较劲、最富有挑战的重要时期，安全生产形势严峻，各有关单位务必要进一步增强安全责任意识，继续加强对安全生产工作的组织领导，强化管理，狠抓落实，严防各类事故的发生，推动南水北调工程又好又快建设。

对2013年南水北调工程安全生产工作，张野要求重点抓好以下几方面：一是严格落实安全生产管理制度。各参建单位要坚决克服麻痹思想，切实加强安全生产组织管理，严格落实各项管理制度，确保安全生产工作有序推进。二是严格落实安全生产责任。各省（直辖市）南水北调办（建管局）、项目法人、项目管理单位、监理单位、施工单位要认真履行安全生产职责，全面加强安全生产责任落实和监督检查。三是深入开展隐患排查活动。要加大排查力度，认真组织开展好各类专项整治活动，切实消除事故隐患，保证工程安全。四是抓好重大危险源监控与管理。要加强对重大危险源的动态管理，确保各类危险源处于可控状态，严防事故发生。五是完善应急预案体系，提高应急管理水平。要结合工作实际，分门别类制定应急预案，加强救援能力和应急队伍建设，构建反应灵敏、协调有序、运转高效的管理机制。六是加强安全生产宣传教育培训。要深入宣传安全生产知识，强化安全生产教育培训，切实增强从业人员的安全意识和遵章守纪意识，提高安全防护能力。七是继续开展好文明工地创建活动。要进一步加强对文明工地创建工作的组织领导，将文明工地创建始终贯穿于工程建设的全过程，减少扰民、民扰等现象的发生，努力营造和谐施工环境。八是狠抓防汛工作，严防意外发生。目前，南水北调工程建设全线成型，2013年防汛异常严峻，要科学安排，扎实做好防汛责任落实、预案编制、防汛值班、抢险物资储备和防汛队伍建设等各项防汛准备工作，保证工程度汛安全。

国务院南水北调工程安全生产领导小组成员，各省（直辖市）南水北调办（建管局）、各项目法人有关负责同志，以及部分项目管理、监理、施工单位代表参加了会议。

国务院南水北调办召开党的群众路线教育实践活动动员大会

2013年7月4日，国务院南水北调办召开党的群众路线教育实践活动动员大会。国务院南水北调办党组书记、主任，国务院南水北调办党的群众路线教育实践活动领导小组组长鄂竟平主持会议并作动员讲话。鄂竟平强调，开展党的群众路线教育实践活动是促进南水北调工程又好又快建设的难得机遇和强大动力，国务院南水北调办各单位、各部门要把党的群众路线教育实践活动作为当前头等大事和重要工作，加强组织领导，精心组织实施，用教育实践活动的优异成绩推动南水北调工程又好又快建设。

中央第31督导组组长令狐安、副组长傅雯娟出席会议并讲话。国务院南水北调办党组成员、副主任张野、蒋旭光、于幼军，国务院南水北调办原党组成员、副主任李铁军，中央督导组全体成员出席会议。

鄂竟平在讲话中强调，在全党深入开展以为民务实清廉为主要内容的党的群众路线教育实践活动，是党的十八大做出的一项重大部署，是实现党的十八大确定的奋斗目标的重要保障，是保持党的先进性和纯洁性、巩固党的执政基础和执政地位的必然要求，是解决群众反映强烈的突出问题的重要举措。开展好群众路线教育实践活动，是又好又快建设南水北调工程的迫切需要，正是因为我们坚持了群众路线，并发扬“严、深、细、实、廉”的作风，才保证了前一阶段南水北调工程建设顺利推进，我们要通过开展群众路线教育实践活动，继续发扬求真务实、敢抓敢管的优良作风，确保工程又好又快建设，如期实现通水目标。

鄂竟平指出，按照中央的安排部署，国务院南水北调办党的群众路线教育实践活动参加范围为办机关、各直属单位的全体党员干部，重点是司局级以上领导班子和处级以上党员领导干部。整个活动从2013年7月初开始，每个单位集中教育时间不少于3个月。教育实践活动分学习教育、听取意见，查摆问题、开展批评，整改落实、建章立制3个环节进行。

鄂竟平在讲话中明确了教育实践活动的指导思想、主要任务和目标要求。他指出，国务院南水北调办开展教育实践活动的主要任务是教育引导党员干部树立宗旨意识，增强群众观点，弘扬优良作风，解决突出问题，保持清廉本色，使党员干部思想进一步提高、作风进一步转变，党群关系进一步密切，为民务实清廉形象进一步树立。总体目标是“党员干部受教育、工程建设上水平、人民群众得实惠”。

鄂竟平强调，在整个教育实践活动中，要切实注意几个方面。一是把握好教育实践活动“照镜子、正衣冠、洗洗澡、治治病”的总要求。二是要以贯彻落实中央八项规定为切入点，以加强作风建设为聚焦点，突出反对形式主义、官僚主义、享乐主义和奢靡之风。三是要把整风精神贯穿始终，坚持正面教育为主，坚持批评和自我批评，坚持开门搞活动。四是要着力解决影响和制约南水北调工程又好又快建设的突出问题，着力解决党员干部党性党风党纪方面群众反映强烈的突出问题。五是要通过教育实践活动，提高南水北调工程建设水平，努力把南水北调工程建设成一流工程、廉洁工程、生态工程、利民工程、和谐工程。

鄂竟平要求，要采取切实措施，保障活动取得实效。一是提高思想认识，务求活动实效，各单位要把群众路线教育实践活动作为当前头等大事、重要工作，确保活动健康深入开展。二是加强组织领导，精心组织实施，国务院南水北调办专门成立了教育实践活动领导小组及其办公室，领导小组将派出督导组督促各单位活动的组织开展，各单位一把手是教育实践活动的第一责任人，要带头学习，带头实践，务求实效。三是科学统筹协调，扎实有效推进，坚持用好的作风开展教育实践活动，充分发挥党支部的战斗堡垒作用和党员的模范带头作用，坚持领导带头，以整风精神开展批评和自我批评。四是注意学习研究，注重舆论宣传，认真学习领会中央精神，注重调查研究，把研究成果转化为推动工作的实际举措，充分利用南水北调网、报等宣传载体创造良好的舆论环境和文化氛围。五是结合业务工作，保障工程建设，坚持两手抓、两手硬、两不误、两促进，以活动实效、良好作风全面完成南水北调工程建设的目标任务。

令狐安在动员会上作了重要讲话。他首先传达了中央关于开展教育实践活动的基本要求。他说，中央《关于开展党的群众路线教育实践活动的指导意见》和习近平总书记等中央领导同志的一系列重要讲话精神，为开展教育实践活动指明了方向。中央对这次教育实践活动的基本要求，主要体现在5个方面：一是贯彻“照镜子、正衣冠、洗洗澡、治治病”的总要求；二是聚焦作风建设，坚决反对“四风”；三是以整风精神开展批评和自我批评；四是坚持领导带头；五是注重建立长效机制。

令狐安充分肯定了国务院南水北调办党组在教育实践活动前期准备过程所做的工作和鄂竟平所作的动员报告。令狐安代表中央督导组就全力以赴搞好教育实践活动提出4点要求。一要深入学习领会中央精神，把思想和行动统一到习近平总书记重要讲话精神上来，统一到中央决策部署上来。二要保持良好精神状态，切实增强思想自觉和行动自觉，积极参加教育实践活动。三要采取务实管用措施，把规定动作抓到位，把自选动作抓扎实。四要坚持两手抓两促进，在又好又快推进南水北调工程建设中深化活动，借实践活动之力破解工作难题，用南水北调事业的发展成效检验实践活动成效。

令狐安表示，督导组将按照中央要求，履职尽责，积极作为，扎实做好督导工作。一是紧紧依靠国务院南水北调办党组开展工作，做到尽职不越位，督导不包办；二是认真履行督导工作职责，在全程督导、全面督导的同时，抓住重点对象、重点要求和重点环节，加强督促检查和具体指导，注意发现总结典型，推动整个教育实践活动健康有序发展；三是坚持以好的作风抓督导，坚持把学习放在首位、提高督导工作能力，发扬钉子精神、专心致志抓好督导任务落实，自觉遵守中央八项规定、树立中央督导组良好形象。

傅雯娟在会上详细介绍了中央督导组的职责，并就有关问题作了说明。

国务院南水北调办机关全体党员干部和各直属单位领导班子成员，以及部分党外同志参加动员大会。

国务院南水北调办在武汉市召开南水北调工程质量监管专项工作会议

2013年7月24日，国务院南水北调办在湖北省武汉市召开南水北调工程质量监管专项工作会议，集中部署质量监管再加高压的工作措施。国务院南水北调办副主任蒋旭光出席会议并讲话。

会议集中观看了2013年以来工程质量问题警示录像片，部署了国务院南水北调办关于下一步质量监管再加高压的措施。蒋旭光在讲话中分析了质量监管存在的问题，并强调指出，百年大计，质量第一。对质量监管高压的基础上再加高压，是落实中央领导对南水北调工程严控质量指示的需要，是确保工程通水、严防意外的需要，是解决工程存在质量问题、确保南水北调工程长期发挥效益、为人民群众造福的需要，也是树立南水北调系统形象、保证参建单位干部安全的需要。当前，在工程建设的决战决胜阶段，必须把高压监控质量进行到底，要在确保质量安全的前提下，加快工程施工进度。质量监管再加高压的具体措施：一是严查质量问题；二是快速质量认证；三是从重责任追究；四是实施监管奖罚。其核心在于从重责任追究。

蒋旭光强调，质量是南水北调工程的生命。各单位一是要把严查质量问题当作重要任务来抓，要深入查找质量问题，重点查找影响工程结构安全、可能引发严重后果的不放心质量问题以及恶性质量管理违规行为，高频次、不间断；二是要认真做好质量问题认证工作，快捷、科学、公正；三是要严格按照新标准实施责任追究，从严、从重、从快，增加责任追究手段，扩大警示作用；四是鼓励质量检查人员查找质量问题，对举报质量问题并经查证属实的举报人，给予加倍奖励。

蒋旭光强调，形势逼人，时不我待。沿线各省南水北调办和项目法人要齐抓共管，确保质量监管再加高压的措施取得实效：一是加强组织领导，加强质量监管力度，形成合力；二是各司其职，重点抓好责任落实；三是处理好工程进度、安全与质量的关系，在确保质量的前提下尽全力加快进度，确保工程按时完工，保证施工安全；四是做好已完工项目的质量排查工作，高度重视配套工程的质量监管，转变“重建轻管”的思想，高度重视工程运行管理工作。

会上，国务院南水北调办监管中心、稽察大队作了质量监管专题报告。国务院南水北调办机关有关司、直属事业单位，各省（直辖市）南水北调办（建管局）、各项目法人负责同志以及河北、河南、湖北境内工程现场建管处长参加会议。

会后，蒋旭光赴兴隆水利枢纽、高石碑枢纽、引江济汉渠道工程等工地一线实地调研。在兴隆水利枢纽，深入了解工程建设收尾工作及枢纽运行管理等情况，详细询问大坝沉降、位移观测、船闸渗漏水以及蓄水对库区周边安全影响问题。在引江济汉渠道工程建设现场，详细查看现场渠道施工质量，了解监理单位关于监理“311”整治行动自查自纠情况，询问施工人员防暑降温防护措施。要求施工、监理单位和参建者进一步严管质量，加强桥梁占压段、缺口段施工质量控制，加快进度，确保工程建设目标。

湖北省省委省政府在十堰市召开现场办公会　支持丹江口库区转型发展

2013年8月13日，湖北省省委、省政府就服务南水北调工程大局、全力支持丹江口库区转型发展，在十堰市召开现场办公会。湖北省省委书记李鸿忠、省长王国生在会上讲话。湖北省省委副书记张昌尔主持会议。湖北省省领导王晓东、傅德辉、郭有明、甘荣坤出席会议。

在听取有关工作情况汇报后，李鸿忠对十堰经济社会发展取得的成绩和干部群众抢前争先、干劲十足的精神状态给予充分肯定，并对下一步工作做出安排部署。他说，湖北省是南水北调中线工程核心水源区、库区和坝区，2012年全省移民搬迁任务圆满完成，广大移民群众舍小家、顾大家，为国家重点工程建设做出了巨大牺牲，充分彰显了全省干部群众讲政治、顾大局的宽广胸怀和精神风貌。下一步，湖北省要再接再厉，坚决按时保质保量完成党中央、国务院交付的各项任务，确保丹江口库区如期蓄水、顺利送水，同时要坚持绿色发展，搞好污染防治和生态建设，确保青山常在、绿水长流，保证一库清水永续北送。他强调，这是湖北省的政治责任、工作职责，也是作为中国特色社会主义大家庭一员应尽的义务。

李鸿忠指出，要充分认识到，南水北调工程的实施也是十堰市乃至全省开放发展的重大机遇、历史性机遇、时代性机遇。湖北省省委、省政府全力支持十堰市抢抓机遇、乘势而上，以水为媒，在京津冀等受水区广泛寻求交流合作之缘，凝聚要素资源，推动科学发展、跨越式发展。希望十堰市坚持自强自立，发扬自力更生、艰苦创业精神，增强自我发展能力，加快推动经济转型升级，奋力实现水质保护和库区发展双赢。湖北省有关部门和汉江沿线各市县要加强研究、统筹谋划，整合资源、共同推进，进一步做好汉江中下游综合开发的“大文章”，把汉江流域打造成全省经济社会发展新的增长带。

王国生在讲话中说，十堰市抢抓机遇、迎难而上，在支持国家重大工程建设的同时，经济发展实现新突破，城乡面貌发生新变化，干部精神状态展示出新风貌。随着南水北调中线工程即将蓄水，为进一步提高十堰市知名度、加快产业结构调整、加强基础设施和生态文明建设等，带来了更多的发展机遇。站在新的发展平台上，十堰市要抢抓难得的历史性机遇，既要拓宽公路，又要拓宽思路；既要增加库容，又要开阔胸襟，以更加开放的意识，敢于突破创新，打破传统思维，做活水文章，打响生态牌，奋力实现新发展。当前，要不折不扣落实中央“确保一库清水北送”的要求，抓紧做好库底清理、移民后期扶持、水源地生态治理等工作，确保按时蓄水；要进一步解放思想，坚持应急谋远相结合，认真谋划、科学制定好库区长远发展规划，着力推动库区科学发展；要借蓄水、送水的有利时机，加大对外宣传力度，树立水源地良好形象，推动与受水地对口协作，为支持库区发展凝聚共识、争取更多资源。湖北省直部门要大力支持库区经济社会发展，积极争取中央部委支持，为库区持续健康发展提供强力支撑。

会前，李鸿忠、王国生一行实地考察了郧县柳陂镇垭子村库底清理工作、茅箭区茅塔河和马家河生态综合治理情况、武当山机场建设工地。在垭子村库底清理现场，李鸿忠、王国生详细询问了库底清理工作情况，并叮嘱正在施工的原博达丰公司负责人一定要严格按照国家验收标准，不计成本，做到清理不留死角，确保蓄水绝对安全。为确保一库清水北送，十堰市正加大力度，对境内汇入丹江口水库的河流进行水污染防治和河道清理。李鸿忠、王国生来到茅塔河和马家河生态综合治理现场，实地察看生态治理和河道清淤情况，强调要按照“河畅水清、岸绿景美”的标准，在确保水源区生态环境安全的前提下，将其建成居民休闲娱乐的民生工程。

南水北调东线一期工程全线通水验收会议在徐州市召开

2013年8月15日，南水北调东线一期工程在江苏省徐州市通过全线通水验收。国务院南水北调办副主任张野主持验收会议。江苏省副省长徐鸣出席会议并讲话。国务院南水北调办总工程师沈凤生，江苏省人大常委会秘书长、省南水北调办主任吕振霖参加验收。

为确保验收工作质量，在通水验收之前组织开展了技术性检查。验收成立了由国务院南水北调办、江苏省南水北调办、山东省南水北调建管局、南水北调工程江苏质量监督站、南水北调工程山东质量监督站、水利部淮河水利委员会等有关单位的代表及特邀专家组成的验收委员会。验收委员会查看了工程现场，查阅了验收资料，观看了工程建设专题片，听取了工程建设管理、运行管理准备、质量监督和技术性检查等工作报告的汇报，讨论形成了《南水北东线一期工程全线通水验收鉴定书》。验收委员会认为，南水北调东线一期工程与通水有关的55个设计单元工程已基本完工，工程形象面貌满足全线通水条件，并均已通过通水（完工）验收，试通水期间运行正常，满足通水要求，同意通过全线通水验收。张野首先代表国务院南水北调办党组对东线一期工程顺利通过全线通水验收表示热烈祝贺，向支持工程建设的东线一期工程沿线各级党委政府、各有关部门、社会各界和全体工程建设者表示衷心感谢。

张野指出，东线一期工程通过通水验收，标志着东线一期工程经过11年的建设已取得了重要的阶段成果，是一个具有历史意义的里程碑。东线一期工程通过通水验收，是落实党中央、国务院关于南水北调工程建设战略部署的重要体现，也是对社会各界长期以来关心和支持南水北调工程建设给予的积极回应，具有十分重要的意义。

张野指出，南水北调东线一期工程在国家有关部委、地方各级党委政府和有关部门的大力支持配合下，全体工程建设者团结协作，精心组织，严格管理，攻坚克难，工程建设各项工作取得了显著成绩。工程沿线泵站、闸站等全面建成，输水河道全线贯通，一批已建工程已提前投入地方防洪、排涝和抗旱调水。征迁安置工作严格执行征迁政策，依法规范用地，为工程建设创造了和谐的施工环境。各单位加大科技创新力度，加强关键技术研究攻关，解决了诸多技术难题，提高了工程建设的技术和管理水平。

张野强调，东线一期工程通过全线通水验收后，将全面转入以运行管理为主的新阶段，后续运行管理任务极为繁重。各单位必须在优质高效地完成工程建设任务的同时，强化工程运行调度和管理维护，确保工程长期安全运行和持续发挥效益。

张野要求，参建各方一要认真落实本次验收提出的建议和意见，认真研究，扎实落实，确保各项工作落到实处，确保通水任务圆满完成；二要切实做好工程运行工作，高度重视工程的运行管理，加强对工程运行状况的日常监测和巡查，确保工程安全，加强对相关设施设备的维修保养，保证工程效益的发挥，注重对运行人员的培训管理，努力提高工程管理水平；三要加快后续工程建设，参建各方加强领导，科学组织，认真做好工程后续工程建设，为工程早日全面完工创造条件。

徐鸣代表江苏省人民政府，对工程顺利通过验收表示热烈祝贺，向为工程建设做出贡献的沿线干部群众和全体工程建设者致以崇高敬意，向各位专家和领导表示衷心感谢。

徐鸣指出，江苏省是南水北调东线工程的源头地区，在国家南水北调总体格局中承担重要职责，肩负着重大使命。江苏境内工程自2002年开工以来，认真贯彻党中央、国务院的决策部署，紧紧围绕“工程按期通水、水质全面达标”的目标，切实加强领导，采取有效措施，全面推进工程建设、治污环保等各项工作，如期完成了工程建设任务，实现了水质全面达标，并于2013年5月30日成功进行了试通水。他说，此次国务院南水北调办组织的全线通水验收，是对工程的一次全面检阅，也是为工程全线通水做好充分准备。现在距离全线通水为期不远，各项工作进入最后冲刺阶段，对专家们此次验收提出的意见和建议，他表示江苏省将抓紧梳理，落实整改，要以此次验收为契机，按照国务院南水北调办的部署安排，紧紧围绕工程全线通水时间节点，进一步增强责任感和紧迫感，密切协调配合，强化措施落实，确保通水目标如期实现。

东线一期工程建设管理以及工程质量监督、勘测设计、监理等有关单位的代表参加了验收会议。

国务院南水北调办在郑州市召开南水北调在建项目质量监管会议

2013年9月12日，国务院南水北调办在河南省郑州市召开南水北调在建项目质量监管会议，进一步落实和强化项目法人、建管单位的质量职责，部署质量监管“回头看”集中整治活动。国务院南水北调办副主任蒋旭光出席会议并讲话。

蒋旭光指出，离2013年底主体完工还有大约100天的时间，目前正是中线工程的黄金施工期，要坚定再加高压严控质量决心不动摇。2013年以来，国务院南水北调办一如既往把质量监管当作核心任务来抓，实施了信用管理办法，增强了参建单位的诚信意识；开展了以“三清除一降级一吊销”为核心的监理整治行动，从监理治理入手，对建管实施连带责任，加大对监理单位的监管力度；下发第167号文，对质量监管再加高压，以对施工单位严管严控入手，涉及监理、建管，从查、认、罚3个环节上予以强化。通过这3阶段部署，质量监管保持了持续高压态势，南水北调工程质量持续向好，总体可控。

蒋旭光指出，从2013年1~7月份质量问题综合分析来看，当前工程质量形势仍然不容乐观，必须强化项目法人质量管理的责任，形成监管的合力。一是统一认识，加强领导。项目法人、建管单位要将对当前再加高压开展质量监管工作的认识，统一到建委会对工程质量的要求上来，统一到国务院南水北调办党组对质量监管的要求上来，尽可能消除畏难情绪、侥幸心理、从众心理、自满情绪、强调客观等不良倾向和不正确认识，把质量监管各项措施贯彻到底、落实到位。二是逐级细化各级质量管理的责任。要认真学习质量监管方面的各项制度和办法，吃透精神，强化责任。要加大质量监管人力、物力投入，统筹安排好工程进度、投资控制等事项，切实负起质量监管责任来。三是加大质量检查排查的力度。对重点标段、不放心类项目反复查，实施零报告制度。将巡查、驻点监管、抽查相结合，加大检查的密度和频次，绝不漏过一个质量问题。四是加强质量问题的整改。对集中发生或反复出现的质量问题，要组织认真分析，提出预防措施，在不同部位、不同标段，举一反三，不留隐患，不允许一些问题反复出现。

蒋旭光强调，要认真做好质量监管“回头看”集中整治工作。从9月15日开始，国务院南水北调办以“三位一体”为主，各省南水北调办和项目法人参与，利用一个月的时间，通过飞检的方式，重点检查被国务院南水北调办责任追究或责成有关单位处罚的质量问题整改情况，深入查找不放心类质量问题，消除质量隐患。对“回头看”集中整治发现的质量问题，严格实施责任追究。

蒋旭光最后强调，要处理好质量与资金、进度、安全之间的关系，在确保质量的前提下，加快工程进度，确保主体工程如期完工。越到工程建设后期，矛盾越多，要统筹兼顾，做好已完工程质量的排查工作。百年大计，质量第一。项目法人和建管单位要本着对人民高度负责的精神，齐心协力，攻坚克难，为又好又快建设南水北调工程做出新的更大的贡献。

会上，监管中心、稽察大队、中线建管局，河北、河南、湖北省南水北调办，中线建管局河南直管局等单位就质量监管工作作了交流发言。国务院南水北调办有关部门和单位，河北、河南、湖北省南水北调办，中线工程各项目法人和建管单位负责同志参加了会议。

会议期间，蒋旭光调研了新郑南段十里铺东南公路桥和双洎河支渡槽工程建设情况，现场察看了工程建设进度、质量、施工安全等情况，听取了参建单位的意见和建议。有关部门负责同志参加调研。

丹江口库区及上游地区对口协作工作协调小组第一次全体会议在北京市召开

2013年9月18日，丹江口库区及上游地区对口协作工作协调小组第一次全体会议在北京市召开。会上，国务院南水北调办副主任于幼军首先讲话。国家发展改革委地区司负责同志介绍了对口协作协调小组组成及工作职责。会议听取了南水北调中线水源区河南、湖北、陕西三省及受水区北京、天津两市关于开展对口协作工作情况和意见建议，研究贯彻落实《国务院关于丹江口库区及上游地区对口协作工作方案的批复》精神，部署开展对口协作实施工作。国家发展改革委副主任杜鹰作总结讲话。

于幼军在讲话中介绍了南水北调工程建设、治污环保工作进展情况。他指出，南水北调工程建设进入决战收官的关键一年，工程进展顺利，东线工程年内实现全线通水，中线工程也将于明年汛后通水。东线全线水质已实现稳定达标，中线水源地丹江口库区及上游地区治污环保工作也正在提速冲刺，丹江口水库水质总体保持优良。

于幼军在充分肯定有关方面工作成绩的基础上，指出受水区北京、天津两市近期开展对口协作的主要任务：一是帮助水源区三省加快淘汰落后产能，降低结构性污染比重，逐步实现工业污染物“削减存量、控制增量”的目标；二是帮助水源区加大农村种养殖业结构调整的力度，发展生态型农林产业，集约发展特色畜禽养殖业，实施以库周生态隔离带建设、农业面源污染防治建设为载体的农业面源污染控制项目；三是帮助水源区各地增强造血功能，推动水源区努力实现跨越式发展，调动社会各方面保护水源的积极性和主动性。

于幼军强调，水源区与受水区第一轮对口协作，要把握好以下重点。一要着力推进与改善水质直接相关项目的实施，帮助水源区选择合适的、先进的城镇污水和垃圾处理设施及工艺技术；支持丹江口水库库周退耕还林（草）、调整农业种植结构和生态隔离带的建设；帮助十堰市和南阳市搞好神定河、泗河、犟河、官山河、剑河、老灌河等6条重污染河道内源治理；对于国家“十二五”水污染防治规划没有涵盖的问题，也要通过对口协作加强支持。二要着力开展受援双方互利共赢的项目建设。三要着力加强人才交流和劳动力培训。

于幼军要求，下一步应着重做好以下几项工作：一是加强协调，落实对口协作资金，尽快启动一批项目；二是统筹安排，加快实施水源区及上游地区经济社会发展规划；三是落实工作责任，加强监督检查。

杜鹰在讲话中指出，丹江口库区及上游地区对口协作是保证南水北调中线水源区水质安全、促进水源区经济社会可持续发展的重要举措。杜鹰就对口协作工作内容、协作范围、资金落实、目标任务等作了说明。杜鹰还就开展对口协作提出了工作要求：一是认真组织，狠抓落实；二是受援双方要加快对口协作规划编制；三是加快治理神定河等6条不达标河流，抓紧实施“十二五”水污染防治规划；四是研究建立水源保护长效机制；五是落实对口协作资金和项目；六是国务院有关部门要加强指导，提出对口协作工作方案；七是做好对口协作协调小组办公室工作，建立工作制度。

国家发展改革委、国务院南水北调办、教育部、科技部、工业和信息化部、民政部、财政部、人力资源社会保障部、国土资源部、环境保护部、住房和城乡建设部、交通运输部、水利部、农业部、商务部、文化部、卫生计生委、国资委、新闻出版广电总局、国家林业局、国家旅游局、国务院扶贫办、中科院、社科院、工程院以及北京、天津、河南、湖北、陕西三省、两市人民政府等协调小组成员出席会议。南水北调中线水源区和受水区三省、两市人民政府有关部门及相关地市负责同志列席会议。

国务院南水北调办在北京市召开南水北调配套工程建设座谈会

2013年9月23日，国务院南水北调办在北京市召开南水北调配套工程建设座谈会。国务院南水北调办副主任张野出席会议并讲话。

会上，北京、天津、河北、河南、江苏、山东等省（直辖市）南水北调办（建管局）负责人介绍了配套工程各项工作进展情况，就前期工作、资金筹措、征地拆迁等相关问题进行了研究讨论，提出了下一阶段工作计划。

张野指出，经过各方共同努力，南水北调主体工程进展顺利，工程进度、质量安全、征地移民、治污环保等总体受控，取得了重大阶段性进展。在主体工程建设形势明朗的形势下，各省（直辖市）扎实推进配套工程建设，围绕通水目标，紧盯骨干项目，各项工作取得了明显进展。一是骨干项目前期工作基本完成。目前，6省（直辖市）配套工程总体规划均已批复。二是骨干项目全面开工。2013年各省（直辖市）均有新开工项目，累计开工项目从2012年的18项，增加至2013年的44项，2013年前8个月新开工项目是前几年累积开工项目的1.5倍。三是建设目标明确。6省（直辖市）明确“东线2013年通水，中线2014年汛后通水”目标，制定了配套工程建设进度计划，配套工程建设已经进入高峰期和关键期。

张野强调，与主体工程建设明朗的形势相比，当前配套工程形势依然不容乐观，面临着任务重、责任大、资金紧、工期短的形势。针对下一阶段配套工程建设，要增强配套工程建设的责任感和紧迫感，坚定信心，凝心聚力，克难攻坚，确保按期建成配套工程。一是统一思想，坚定信心，打好配套工程建设攻坚战。二是发扬“蚂蚁啃骨头”精神和“钉子”精神，确保配套工程和主体工程同步建成，同步发挥效益，实现南水北调水的科学合理调配，为南水北调受水区经济社会发展做出积极贡献。

国务院南水北调办投资计划司、经济与财务司、建设管理司、征地移民司，沿线省（直辖市）南水北调办（建管局）负责同志参加了会议。

国务院南水北调工程建设委员会专家委员会召开质量检查总结汇报会

2013年9月23～28日，国务院南水北调工程建委会专家委员会开展了南水北调中线工程质量检查活动；9月29日，在北京市召开了此次质量检查活动的总结汇报会。国务院南水北调办副主任张野出席并讲话。

张野首先代表国务院南水北调办向参加此次检查的专家表示衷心感谢。他指出，专家委专家们不顾年事已高，在南水北调最关键的决战期，深入工程一线，开展质量检查活动，为南水北调工程把关，献计献策，他们高度负责的态度、兢兢业业的精神值得我们敬佩和学习。专家委对国务院南水北调办自始至终以质量为中心，不断创新监管方式，狠抓管理，使南水北调工程总体质量不断提高的做法给予了高度评价，是对南水北调工程建设的一种鞭策和鼓励，将进一步增强参建单位做好南水北调工程的信心。他强调，从专家委检查的结果来看，工程质量通病还时有发生，需要参建单位给予重视，进一步强化质量意识，提高管理水平，完善薄弱环节。同时，他要求有关单位认真落实专家委的意见和建议，对存在的质量问题限时整改，并把整改结果报告专家委。

会上，张野介绍了南水北调工程东中线进展情况及国务院南水北调办下一步的工作打算。国务院南水北调办2013年还将继续保持高压态势，开展“三清除一降级一吊销”责任追究、“再加高压奖惩并重”、“质量监管回头看”等专项活动，加大奖惩力度，严防和避免严重质量问题发生，确保工程质量。最后，在国庆节来临之际，张野代表国务院南水北调办向各位专家委专家表示节日的祝贺。

国务院南水北调办投资计划司、建设管理司、监督司、监管中心、设管中心，中线建管局负责同志参加了会议。

国务院法制办召开《南水北调工程供用水管理条例（草案）》专家论证会

2013年9月27日，国务院法制办在北京市召开专家论证会，对《南水北调工程供用水管理条例（草案）》进行咨询。国务院南水北调办副主任张野出席并讲话。

论证会上，专家们认真讨论了《南水北调工程供用水管理条例（草案）》有关内容，提出了修改意见和建议。

张野在讲话中指出，出台《南水北调工程供用水管理条例》，对规范和加强南水北调工程运行管理，充分发挥工程经济效益、社会效益和生态效益十分必要，希望尽快按程序推动相关立法工作。专家所提意见和建议是建设性的，不仅对修改完善条例具有重要参考价值，而且对目前正在开展的工程建设管理工作也具有很好的借鉴意义。

据悉，自2011年以来，《南水北调工程供用水管理条例（草案）》已多次征求国务院有关部门、地方政府和社会各界的意见和建议，目前正在进一步修改完善。

国务院南水北调办召开办务扩大会议　总结前三季度工作部署第四季度工作任务

2013年10月10日，国务院南水北调办召开办务扩大会议，系统总结2013年前三季度工作，安排部署第四季度各项工作。国务院南水北调办主任鄂竟平出席会议并讲话。国务院南水北调办副主任张野主持会议，副主任蒋旭光、于幼军出席会议。

鄂竟平首先明确了此次办务扩大会议“决战三个月，实现大目标”的主题，并对“大目标”、“三个月”“决战”以及如何决战决胜进行了说明，对第四季度工作进行部署。

鄂竟平指出，南水北调工程的大目标就是确保东、中线一期工程如期通水。南水北调工程通过近11年的建设，目标十分明确，要旗帜鲜明地追求这个目标。按照国务院要求，东线一期工程今年要通水，中线一期工程明年汛后通水。目前，东线主体工程完工，治污项目全部完成，36个监测断面全部达标，分区段试通水均已成功，表明东线一期工程经过艰苦奋斗具备了通水条件，将相机正式通水。中线一期工程2014年汛后通水，2013年底前基本完工，只剩3个月时间。尽管前三季度各项工作取得了很大进展，但在进度、质量、移民、环保、投资等方面仍然存在一些问题、难题和风险。

针对2013年第四季度工作，就如何决战决胜，鄂竟平要求，要全面进入决战状态，加强督战，想方设法采取有效举措取得决战胜利：

第一，对机关干部工作提出3点要求。一是心往一处想。认清面临的问题、难题和风险，明确肩负的责任，切实做好奋斗、决战的准备。二是劲往一处使。要求全体干部职工说话、做事着眼通水大目标，服从服务通水大目标，破解各种难题和风险，做到全神贯注、心无旁骛。三是真心实意做好本职工作，以更加良好的精神状态投入到这3个月的工作中。

第二，采取可行的战略战术。总的思路仍然是年初确定的“依靠机制、严防意外”等工作思路。进度方面，要盯风险，除障碍。重新梳理影响进度的风险项目，死死盯住影响进度的障碍，挂牌督办处理。质量方面，要抓要害，抓重点。抓住有可能影响通水的标段，盯住要害部位。移民方面，要收好尾，保长远。做好库区清理和临时用地收尾工作，做好移民后扶的大文章。环保方面，要促进度，抓热点。抓好中线《丹江口库区及上游水污染防治和水土保持“十二五”规划》实施和“一河一策”制定工作以及东线水质监测工作。投资方面，要咬紧牙关不松口。原则上近期不处理投资增加事项，一切按规定办事；保证资金供应，做好严查内纠，确保资金不出问题。

第三，加强督战。以落实责任制为核心，通过干部考核、督办等各项手段加强督查。进一步明确了进度、质量、移民、环保、投资各方面负责单位，将责任落实到人。

鄂竟平最后强调，前三季度的努力已经为实现年度目标打下了良好基础，但“行百里者半九十”，第四季度的工作任务仍然很重，希望大家凝心聚力，提振精神，继续以饱满的热情，团结奋进，大干3个月，实现年度各项工作目标。

国务院南水北调办总工程师沈凤生，机关全体公务员，各直属单位领导班子同志参加会议。

国务院南水北调办在新乡市召开南水北调工程征地移民维护稳定工作会

2013年11月12日，国务院南水北调办在河南省新乡市召开南水北调工程征地移民维护稳定工作会。会议传达了中央有关文件精神，交流总结了2013年来各地开展矛盾纠纷排查化解工作成果，在分析形势、梳理问题的基础上，研究部署了近期重点工作。国务院南水北调办副主任蒋旭光、河南省人民政府副省长王铁出席会议并讲话。

听取各地情况汇报后，蒋旭光充分肯定了各地近些年征地移民维护稳定工作的成效，着重分析了南水北调工程建设及征地移民稳定形势，强调要清醒认识征地移民维稳工作的复杂性、艰巨性和长期性以及维护稳定工作的动态性。

蒋旭光要求，为做好征地移民稳定工作，要明确工作目标，通过有效工作，努力减少信访量，确保不出现大规模群体事件和极端恶性事件，确保不产生重大负面影响。要深化源头治理，促进群众生产生活水平提高，通过发展促稳定，真正实现移民征迁群众的长治久安。要明确工作思路。征地移民维稳工作是一项关系群众切身利益的社会性系统工作，要坚持以人为本、标本兼治、有效管控、长治久安的思路，努力实现动态维稳、科学维稳、依法维稳。

蒋旭光强调，为落实好国务院南水北调办党组确定的“决战三个月，实现大目标”的有关要求，要做到“五个坚持”：一要坚持群众观点，强化宗旨意识，站在群众的角度去思考、处理问题；二要坚持创新观点，面对新情况新问题，在坚持现有政策规定的基础上，思考如何创新和改进；三要坚持强化现有体制机制，对于在实际工作中被证明是有效的工作体制机制，要坚持、深化、完善；四要坚持远近结合、突出重点，对于当前剩余工作，要不折不扣地完成，同时要积极谋划，立足长远，实现长治久安；五要坚持齐抓共管、形成合力，征地移民工作是一项系统工作，需要各地各部门通力配合，形成合力，才能确保实效。为此，对于所部署的工作，要狠抓落实：责任要落实，明确责任，层层分解；源头预防措施要落实，定期排查化解，从源头上解决问题；重点问题解决措施要落实，一盯到底，直至彻底解决；协同措施要落实；督办追责要落实。

王铁在讲话中要求，丹江口库区移民搬迁后，后续稳定发展工作仍很艰巨，形势不容乐观。有关地市和省直有关部门要从源头上预防和化解矛盾，加强部门配合，形成合力，把群众工作做扎实、做深入。同时，要花更大力气做好移民后续发展工作，通过发展促进稳定。在前期工作成果的基础上，把南水北调工程移民工作做成精品工程。

会上，沿线各省（直辖市）南水北调办（建管局），河南省移民办、湖北省移民局，各项目法人等单位做了交流发言。

河北省召开省南水北调工程建设委员会第五次全体会议

2013 年 11 月 26 日，河北省省长张庆伟主持召开河北省南水北调工程建设委员会第五次全体会议。他强调，要倒排工期，突出重点，确保配套工程建设如期完工。河北省政府特邀咨询张和、省政府秘书长朱浩文出席会议。

会上，河北省南水北调办主任袁福传达了国务院南水北调工程建设委员会第七次全体会议精神，汇报了河北省南水北调工程建设情况，工程沿线 7 市政府及省直有关部门主要负责同志发言。会议总结了南水北调河北段工程前一阶段工作，重点就下一阶段配套工程建设进行了安排部署。

在认真听取汇报后，张庆伟对前一阶段南水北调河北段工程建设工作给予充分肯定。他指出，南水北调是一项打基础利长远的重点工程，目前，南水北调河北段干线工程进展顺利，可如期完成全部建设任务，但配套工程建设形势十分严峻。按时完成配套工程建设任务，是党中央、国务院对河北省提出的明确要求，也是河北省经济社会发展的迫切需要。各级各部门和各参建单位要明确目标，落实责任，倒排工期抓进度，突出重点解难题，确保配套工程建设如期完工。第一，坚持以人为本，积极做好征迁安置。要按照“省建委会领导、市政府负责、县为基础、投资和任务包干”的原则，积极稳妥推进征地拆迁安置工作，及时解决群众合理诉求，争取群众理解和支持。要严格资金监管，决不允许挤占、挪用、套取、滞留征迁安置资金。第二，坚持统筹推进，全面加快工程建设。要尽快完成配套工程土地预审、环评、水土保持等专项审批，统筹建设时序，优化施工方案，充实建管力量，突出抓好控制工期的节点，全面加快工程建设步伐。第三，坚持建管并重，健全完善管理机制。要统筹考虑资源配置、产权关系、供求关系等影响因素，确保配套工程运行平稳顺畅。河北省南水北调办、水利厅、法制办、发展改革委以及各受水区要按照职责目标，各司其职，协调联动，全力以赴做好建设管理各项工作。第四，坚持优质高效，全力打造放心工程。要始终坚持高标准、严要求，坚持工程建设和环保治污同步推进，坚持市场准入制度，严格执行质量标准，加强工程招投标等重点领域、关键环节的制约监督，严控原材料及中间产品质量，切实加强资金监管，努力把南水北调工程打造成放心工程、廉洁工程。

张庆伟强调，加快推进南水北调工程建设，事关全省经济社会发展大局。受水区各设区市和各有关部门要坚持既定通水目标不动摇，坚决打赢南水北调配套工程建设这场硬仗。一要加强组织协调。河北省南水北调办要充分发挥牵头作用，加强计划管理和控制。省有关部门要简化工作流程，在审批、资金等方面给予重点支持。各设区市要制定辖区内配套工程建设的具体操作方案和工作推进时间表，落实目标任务，落实责任单位和责任人员。二要严格考核奖惩。要按照河北省政府与各市政府签订的责任书约定加大督查力度，对配套工程建设工作不力、进展缓慢的要及时督促整改，对没有按时完成建设任务、造成严重影响的要追究有关领导责任。各市政府要把南水北调配套工程建设进展情况列入对各县（市、区）及有关部门考核的重要内容，及时督促落实。三要营造良好氛围。要广泛宣传南水北调的重大意义、征迁政策、先进典型、经验做法、节点进展及工程效益等，为工程建设造势鼓劲。要加强法制宣传教育，严厉打击干扰破坏南水北调工程建设的违法行为，努力创造无障碍施工环境。

张和就做好下一阶段南水北调配套工程建设讲了 5 点意见。第一，要高度重视，切实把南水北调配套工程建设当作当前的一项重要工作，摆上日程。南水北调可为河北省经济社会发展提供战略资源支持，是调结构、稳增长的重要举措，是普惠的民生工程。南水北调配套工程建设事关全线通水，责任重大。各级各有关部门要从全局的、国家的、大局的高度认识问题，真正工作上位、措施到位，保证按时如期完成任务。第二，要抓住当前黄金季节，做好施工和征迁工作。要充分利用冬季时间，加快推进前期工作，抓紧完成各项审批，做好征迁兑付和各项施工准备，2014 年 3 月配套工程全面开工建设，汛前主体工程基本完工，汛后收尾验收。第三，水厂以下工程是通水的关键所在和薄弱环节。各市主要负责同志要切实重视，抓在手上，积极落实水厂及配水管网工程建设资金，抓紧开展前期工作，确保工程早日开工建设。第四，引黄入冀补淀工程主要解决农业和环境用水，对河北省发展非常重要，要下决心大力推进，造福全省人民。第五，省、市、县 2014 年财政预算都要提前考虑、统筹安排南水北调配套工程建设资金，为工程建设提供有力保障。

河北省南水北调工程建设委员会成员单位主要负责同志，工程沿线各市政府分管副市长、市南水北调办主任等参加了会议。

河南省召开省南水北调中线工程建设领导小组全体会议

2013 年 11 月 28 日，河南省政府召开河南省南水北调中线工程建设领导小组全体会议，贯彻落实国务院南水北调工程建设委员会第七次全体会议精神，总结工作，分析形势，安排部署河南省下一步工作。

河南省省长、省南水北调中线工程建设领导小组组长谢伏瞻讲话。河南省副省长、领导小组副组长赵建才、张维宁出席会议并讲话，副省长、领导小组常务副组长王铁主持会议并传达了国务院南水北调工程建设委员会第七次全体会议精神。

谢伏瞻在讲话中充分肯定了南水北调中线工程河南段建设取得的成绩。他说，南水北调工程是优化我国水资源配置，促进经济社会发展的重大战略性基础设施，是一项造福当代、惠及后世的重大民生工程。开工以来，全省各级各有关部门配合联动、合力攻坚，各项工作进展顺利，取得了重大阶段性成果。但是，要清醒看到，现在距离国务院要求主体工程基本完工只有 1 个月时间，到明年通水也不到 1 年时间，我们还面临诸多困难和挑战。要强化大局意识、责任意识、进取意识，以解决突出问题为着力点，按照职责分工，全力抓好各项工作，齐心协力打好攻坚战，实现“四个确保”目标。

谢伏瞻要求，一要确保实现干线和配套工程建设目标。国家要求，2013 年底前主体工程基本完工、明年汛后通水，配套工程同步建成、同步达效。要科学组织、有序推进，确保按时完成建设任务。对工程质量实施全程有效监控，确保把南水北调工程建成质量可靠放心的精品工程。二要确保水质稳定达标和调水安全。要将治污环保和水质保护放在更加突出的位置，坚持“先节水后调水、先治污后通水、先环保后用水”的原则，把工程建设与节水、治污、生态建设有机结合起来，切实防治污染，加强沿线安全防护，确保调水安全。三要确保丹江口库区移民和谐稳定。要认真落实各类帮扶政策和措施，努力把涉及移民群众的事情办得更扎实更有成效，使移民群众真正成为南水北调工程建设的受益者，确保移民群众“搬得出、稳得住、能发展、快致富、可持续”。四要确保资金安全。要采取有效措施，确保财政资金和基金足额筹集到位，加强资金管理和审计监督，提高资金使用效益，把钱用在刀刃上，切实把南水北调工程建成阳光工程、廉政工程。对运营管理体制、对口协作、配套工程供水水厂及管网建设、加大水源保护力度等，要认真研究相应对策，切实解决突出问题，齐抓共管，形成全省一盘棋的工作格局。

谢伏瞻强调，南水北调工程是一项世纪工程、千秋伟业，意义重大，使命光荣。要按照党中央、国务院的统一部署，认真落实国务院南水北调工程建设委员会第七次全体会议精神，圆满完成各项任务，确保如期实现通水目标。

河南省南水北调办在会上介绍了全省南水北调中线工程建设情况；有关省直部门和省辖市作了发言。

国务院南水北调工程建设委员会专家委员会组织召开东线一期工程质量评价意见交换会

2013年12月4日，国务院南水北调工程建委会专家委主任委员陈厚群院士主持召开东线一期工程质量评价意见交换会，国务院南水北调办副主任蒋旭光出席会议并讲话。国务院南水北调工程专家委质量评价专家组成员，监督司、监管中心，江苏、山东省南水北调办（局）、项目法人有关负责同志参加会议。会议期间，蒋旭光会见了山东省副省长赵润田，并就有关问题交换了意见。

2013年11月27日～12月4日，国务院南水北调工程建委会专家委组织对东线一期工程开展质量评价工作。专家组由专家委主任委员陈厚群院士任组长，土建、机电、金属结构、安全监测等专业多位专家参加。专家组现场检查了东线一期工程江苏、山东段内主要节点工程，听取了两省有关工程建设、验收、试通水和试运行情况的专题汇报，查阅了相关资料，对质量管理成效和工程质量进行总体评价。专家组最终评价东线一期工程经受了试通水、试运行的检验，质量总体优良，具备全线通水运行条件。

蒋旭光首先代表国务院南水北调办和鄂竟平主任向参加此次质量评价的专家表示感谢。他指出，专家委在工程前期论证、重要工程咨询、定期质量检查、重大问题决策等方面给予南水北调工程一贯的关心、支持与指导。此次质量评价，专家们更是不辞劳苦，长途跋涉，白天看工程现场，晚上查阅资料，认真讨论形成评价意见。评价意见对国务院南水北调办“突出高压抓质量”的部署措施、两省强化监督、项目法人及参建单位管理行为以及工程实体质量给予了充分肯定，也提出在运行期间需要加强管理的意见和建议，对充分发挥工程建设效益、指导工程良性运行具有重要意义。同时，他希望专家委继续关心指导、帮助南水北调工程质量监管工作。

蒋旭光强调，国务院南水北调办高度重视工程质量，严格落实党中央、国务院和建委会决策部署，突出高压抓质量，构建“发现问题、认证问题、责任追究”三位一体质量监管体系，创新一系列加强质量管理的措施，全力查找质量问题，消除工程隐患，形成持续质量高压监管态势，工程质量管理行为不断规范，工程实体质量不断向好。江苏、山东两省南水北调办（局）、项目法人及各参建单位认真落实质量管理责任，严格过程控制，确保工程质量。

对专家委在质量评价中提出的意见与建议，蒋旭光要求江苏、山东两省要本着持续改进的原则，认真分析研究，切实消化吸收，确保工程安全可靠运行。

会前，蒋旭光检查了南水北调东线一期工程济南市区段工程，查看工程质量和通水运行情况。

国务院南水北调办组织召开陶岔渠首枢纽工程通水验收会议

2013 年 12 月 20 日，国务院南水北调办副主任张野主持召开南水北调中线一期陶岔渠首枢纽工程通水验收会议。

验收会上，验收委员会通过听取工程建设管理、质量监督和技术性初步验收工作报告，查看工程现场，查阅工程资料，讨论形成了《南水北调中线一期陶岔渠首枢纽工程通水验收鉴定书》。验收委员会成员一致认为，陶岔渠首枢纽工程满足通水要求，同意通过通水验收。

张野在讲话中指出，陶岔渠首枢纽工程作为南水北调中线干线工程的龙头，顺利通过通水验收，标志着工程已具备向南水北调中线总干渠输水的条件，为中线工程实现通水目标奠定了良好基础，意义重大。在陶岔渠首枢纽工程建设过程中，参建各方始终本着对国家和人民负责的态度，科学管理、认真负责、扎实工作，为工程建设做出了巨大贡献。他代表国务院南水北调办和通水验收委员会向为工程建设付出辛勤劳动的全体建设者表示衷心的感谢和崇高的敬意！

对于下一步工作，张野强调，各有关单位要加强领导，科学组织，认真落实好本次验收提出的意见和建议，对有关遗留问题要抓紧组织整改、完善；要继续加强与地方的协调配合，扎实做好工程建设扫尾工作，努力营造优美的工程建设管理环境；要切实做好工程运行的各项准备工作，采取有效措施，加强对工程设施设备的维护保养和巡视检查，确保工程安全。

CHINA SOUTH-TO-NORTH WATER DIVERSION PROJECT CONSTRUCTION YEARBOOK

叁 重要讲话

IMPORTANT SPEECHES

国务院南水北调办主任鄂竟平在国务院南水北调工程建设委员会第七次全体会议上的汇报

（2013年11月18日）

根据会议安排，我代表南水北调办向建委会作工作汇报。

一、关于工程建设情况

自2002年开工以来，经过近11年努力，南水北调工程建设大局基本明朗，工程进度、质量安全、征地移民、治污环保、投资控制等工作总体受控。东线一期工程已于今年11月15日正式通水，如无意外，中线一期主体工程也可如期实现建委会确定的通水目标：今年年底基本完工、明年汛后通水。这个判断主要基于以下几个方面的分析：

从工程进度看。截至10月底，累计完成投资2289亿元（今年前10个月260亿元，2012年653亿元，2011年578亿元，2010年408亿元，2009年前8年共390亿元），现原批复的总投资已全部用完。土石方、混凝土已分别完成总量的99.7%、99.1%。东线主体工程经通水验收后，先后进行了试通水、试运行。经为期28天的试运行监测显示，工况良好，水质达标，输水河道航运平稳，电力保障充分，交通、水利设施和沿线群众日常生活等均未受影响，11月15日正式通水后，运行仍正常。中线丹江口大坝加高工程通过蓄水验收，渠道衬砌进入最后冲刺阶段，穿黄隧洞、湍河渡槽等特大型建筑物主体工程已基本完工，在铁路、交通等部门的支持下，各类交叉工程也按照既定计划推进，全部主体工程年底可基本完工。中线已建成307.5公里的京石段工程自2008年至今4次从河北向北京调水，截至10月31日，累计入京水量14.54亿立方米。受水区6省（市）配套工程建设全面推进，北京、天津境内部分工程已经建成，河南境内工程全部开工，河北、山东、江苏境内工程也已陆续开工。

从工程质量看。全面创新质量监管机制，形成了高压态势，工程质量总体受控并持续向好。近三年来，南水北调办实施了具有南水北调特色的查、认、罚新机制。先后出台质量责任追究、信用管理、质量责任终身制等一系列以责任制为核心的质量监管新办法和新措施，并联合水利部、住房城乡建设部、工商总局、国资委建立质量监管联席会议制度。通过举报、飞检、驻地监督、专项稽察、质量巡查、质量集中整治、监理整顿等多种手段，加密质量检查频次，加大质量检查力度，专门邀请6家国内一流的设计、科研单位细化质量责任认定。坚持快速、从重处置质量问题，严肃处理责任单位和责任人。自2010年至今，仅南水北调办本级就组织质量飞检391组次，调查群众举报268项，通过约谈诫勉、通报、清退出场等措施，处理参建单位273家、各级人员154名，这三年质量责任追究态度之坚决，处罚之严厉，涉及面之广，数量之多，是工程开工以来少有的。从今年起，还创新警示和震慑机制，每处理一批责任单位和个人，全部上政府网和南水北调手机报，通告所有参建单位责任人。对各参建单位触动很大，效果良好。

从征地移民看。从2010年起，河南、湖北两省集中力量，在试点移民的基础上启动了丹江口库区移民大规模集中搬迁，到2012年9月34.5万移民全部搬迁完毕，实现了建委会确定的“四年任务、两年基本完成”的目标，并且没有出现大的群体性事件或个人极端事件，这非常不容易。目前，移民在安置地生产、生活稳定。在国土资源部门的支持下，沿线各地创造性地开展工作，丹江口库区移民安置永久征地56万亩，干线累计完成永久征地43万亩，临时用地44万亩，搬迁人口9万人，满足了工程建设需要。临时用地复垦退耕已完成20万亩。丹江口库区移民安置工作通过验收。现场考古发掘、文物保护工作已完成。

从治污环保看。东线方面，在环境保护部和江苏、山东两省的努力下，到2012年底，规划确定的426个治污项目全部建成。针对不稳定达标断面，补充的200亿元治污项目全部纳入重点流域水污染防治“十二五”规划，目前已全面开工。沿输水干线排污口已于2012年底全部关闭。水质明显改善，36个水质考核断面自2012年11月至今持续实现全达标（规划实施前仅1个达标）。中线方面，“十一五”期间，丹江口库区及上游水污染防治和水土保持规划中具备实施条件的项目全部实施，“十二五”规划已经获批并实施。目前，丹江口库区水质总体保持在地表水Ⅱ类标准。中央财政对中线水源重点生态功能区实行转移支付制度，自2008年起累计转移支付112.52亿元。针对湖北、河南若干入库支流水质不达标状况，研究提出了“一河一策”治理措施。丹江口库区及上游地区经济社会发展规划、对水源区的对口协作工作方案已批复并启动实施。为推动中线干线生态建设，南水北调办组织编制了中线干线生态带建设规划，发展改革委已组织审核。现在看，通过标本兼治、综合施策，可保证一渠清水北上。

从投资控制看。南水北调办始终严把关口，严格初步设计和变更审查，严格管理资金收支，严肃执行财经纪律，严控账面资金，投资规模总体受控。据测算，仅通过管理调度资金，就节约银行利息几十亿元。这次报请增加的投资中，因工程量增加和设计方案变更增加的投资只占可研总投资的5.9%。我们和最高人民检察院联合建立了惩治和预防工作联系机制，通过源头控制、一线举报、严防腐败等举措，形成了一套严控投资、严管资金的工作体系。2012年审计署对工程进行了开工以来全面审计，未发现重大违规违纪行为，近11年来南水北调系统没有干部因资金问题被查处。

综上可见，如下一阶段无意外，建委会确定的通水目标可如期实现。这得益于党中央、国务院的正确领导，得益于建委会各成员单位的支持配合，得益于各地党委、政府和沿线广大人民群众的努力和理解，得益于全体建设者的敬业拼搏。长期以来，党中央、国务院领导一直非常关心南水北调工作，历届建委会领导多次就南水北调工程作出重要批示、指示，提出明确要求，为我们指明了方向，提供了保障，注入了强大动力。中央有关部门在计划安排、资金筹集、用地保障、治污环保措施落实、跨渠桥梁建设管理、治安管理、文物保护、舆论支持和铁路、电力、通信等专项设施迁建等诸多工作中，给予了大力支持、重点倾斜；沿线各级党委和政府在工程建设、库区移民、干线征迁、治污环保、建设环境维护、配套工程建设等各个方面都付出了艰辛努力，创造了良好条件。对此，南水北调办深表敬意和谢意。今天，高丽副总理主持、汪洋副总理亲自到会召开七次建委会议，研究部署工作，充分体现了党中央、国务院对工程的重视与关心，必将进一步推动工程又好又快建设，也是对广大建设者的鞭策与鼓励。

二、全力攻坚，高质量做好下阶段重点工作

2013年和2014年是南水北调工程建设最为特殊、最为关键的年份，工程建设过程中会面临很多挑战。在工程进度上，部分关键项目工期仍偏紧。在质量安全上，必须确保不出问题，否则将对工程如期通水造成巨大影响。质量是我们最关心的问题，如哪个部委掌握质量问题线索，希望能直接告诉我们，我们将负责到底。在治污环保上，按环境保护部的24项指标，东线仍有部分监测断面需高度关注，中线水源区部分入库支流水质不达标，近期各界对工程水质的担心不断见诸国内外媒体，也应引起关注。在移民稳定上，后扶维稳任重道远。

2013年我们依靠机制，严防意外，进度上，抓重点和节点，建立预警机制和奖罚机制；质量上，再高压、抓关键；移民上，完成验收，紧抓后扶；环保上，东线分区监控，建立应急机制，中线盯重点、强考核；投资上，“收口关闸，狠查内纠”，现在看，各项工作按计划全面推进，比较顺利，实现了东线通水，可确保中线收尾。

2014年的工作任务将更加繁重并复杂，要确保东线供水安全；要确保完成中线通水前的各项准备工作，实现从施工管理向运行管理转变的难度将很大。为此，我们将精心策划，全力攻坚，同时，特别需要中央各有关部门和沿线各省（市）的支持配合和共同努力。在此提几点建议：

对中央有关部门的建议。一是请发展改革委协调加快中线干渠防洪影响处理工程可研批复工作。由于中线总干渠全线连通后，改变了原有山区排水体系，左岸洪水需集中下泄，影响处理工程须尽快实施，否则将严重影响工程安全和沿线群众生命财产安全。对此，我们很着急。二是请发展改革委尽早提出中线工程水价方案，建议在中线水价中考虑水源区生态保护和汉江中下游治理工程运行管理费用；尽早批复中线干线生态带建设规划；继续支持地方配套工程建设。三是请水利部加快中线干渠防洪影响处理工程方案编制及组织实施工作；在建立中线运行管理体制方面继续给予支持；加快东线二期和西线前期工作。四是请科技部继续支持南水北调工程运行管理若干关键技术研究工作。五是请财政部完善对中线水源区和影响区以及干线保护区的转移支付政策；继续支持地方配套工程建设。六是请国土资源部在工程用地占补平衡、用地手续办理等有关方面继续给予支持。这在当前是很棘手又非办不可的事。七是请环境保护部继续加强工程沿线及水源区水质监测和评价工作，加快建设中线水源监控中心和应急处理中心，加大对中线水源区污染治理力度。八是请林业局加大工程干线和丹江口水库库周生态带建设支持力度。九是请法制办早日出台南水北调工程供用水管理条例，建议进一步加大工程设施保护和水质保护力度。十是请适当时机开展征地移民表彰工作。

对宣传、筹资、治安等方面的工作，也请有关成员单位继续支持。

对沿线有关省（市）的建议。一是加快配套工程建设，确保与主体工程同步发挥效益。特别是东线两省要做好下一阶段东线工程的输收水工作。二是加强跨渠桥梁移交和运行管理。三是积极化解矛盾，进一步维护良好的施工和运行环境。四是处理好水质保护与经济发展的关系，切实加大水源保护力度。五是妥善处理好移民群众反映强烈的突出问题，促进移民和谐融入、发展致富。六是请目前仍未完成基金上缴任务的省市抓紧上缴欠缴基金。

三、提请建委会审议的问题

根据南水北调工作需要，经与建委会各成员单位沟通，现将以下5个问题提请建委会审议。

（一）关于2013年投资计划。根据工程通水需要，2013年计划完成投资400亿元，力争完成420亿元。其中申请新安排投资305亿元（南水北调基金37亿元，重大水利基金253亿元，银行贷款15亿元），消化以前年度结余投资95亿元以上。400亿元建设资金中，建安投资204亿元，征地移民投资58亿元，预备费和独立费用等37亿元，价差35亿元，建设期贷款利息30亿元，待运行期管理维护费用6亿元，过渡性融资费用30亿元。如能实现此投资计划，除东线正式通水外，中线工程可以完成土石方和混凝土近100%，主体工程基本完工。2013年所需投资已经纳入发展改革委和财政部年度投资计划盘子内。建议建委会核准2013年度投资计划。

（二）关于增加投资及筹资方案。按照六次建委会议要求，我办对工程增加的投资进行了测算，有关方案已报发展改革委。发展改革委、审计署做了大量工作，中咨公司也作了评估，增加投资及筹资方案已上报国务院，发展改革委将作详细汇报。建议建委会审议通过该方案，会后请有关部门按程序报批。

（三）关于东线一期工程运行管理机构。按照六次建委会议要求，国务院办公厅、南水北调办与有关部门和省政府多次磋商，本着“服从国家大局，兼顾两省利益，确保安全有序、高效科学运行”的原则，提出了东线工程运行管理机构组建方案：成立南水北调东线总公司（以下简称东线总公司），负责东线一期工程的运行管理和偿还贷款，承担东线一期工程新增国有资产的综合经营、保值增值。东线总公司暂直属于南水北调办。待工程竣工验收后，运行管理移交水利部，由国资委履行出资人代表职责。东线总公司统一管理东线一期新增工程，将与地方事权关系密切的部分工程委托相关省实施运行管理，办公地点设在北京市。建议建委会审议通过该方案，会后我办将按程序报批组建。

（四）关于东线一期工程水量调度方案。按照六次建委会议要求，水利部编制完成了东线一期工程水量调度方案，水利部将作详细汇报。我办原则同意该方案，建议建委会审议。

（五）关于东线一期工程水价方案。按照六次建委会议要求，发展改革委已研究提出了东线一期工程水价方案，发展改革委也将作详细汇报。我办原则同意该方案，建议建委会审议。

今、明两年是南水北调工程的冲刺年。我们将认真贯彻建委会的各项决议，恪尽职守，团结协作，克难攻坚，把好工程建设的收尾关口，按期实现通水目标。

国务院南水北调办主任鄂竟平在2013年南水北调工程建设工作会议上的讲话

（2013年1月15日）

同志们：

这次会议在南水北调工程建设进入冲刺冲锋、决战决胜的关键时期召开，主要任务是：深入贯彻落实党的十八大、中央经济工作会议、中央农村工作会议精神，系统总结建委会第六次全体会议和2012年建设工作会议以来的建设成果，客观分析南水北调工程建设面临的新形势，进一步统一思想，鼓舞干劲，明确责任，落实措施，推动南水北调工程优质高效建设，全面完成2013年工作任务，确保今年东线工程三季度通水、中线主体工程基本完工。

一、2012年工作总结

2012年，是南水北调工程开工建设以来，任务最重、难度最大、建设管理强度最高的一年。一年来，在党中央、国务院的正确领导、中央有关部门的大力支持和沿线各地的积极配合下，南水北调系统紧紧围绕年度目标任务，全面贯彻落实建委会第六次全体会议和2012年建设工作会议精神，按照“突出重点推进度、突出高压抓质量、突出帮扶稳移民、突出深化保水质、突出监控管资金”的总体部署，加强统筹协调，细化实化措施，携手通力攻坚，扎实推进建设，各项工作进展顺利，总体形势持续向好，实现了年初确定的“进度更快、质量更好、投资更省、移民更稳、水质更优、战斗力更强”的目标，为如期实现通水目标奠定了坚实基础。

（一）工程建设全面推进

围绕“突出重点推进度”，抓重点、抓关键、抓责任落实，死盯重点项目，盯死关键节点和责任单位，工程建设全面推进，制约因素大幅减少，形象面貌大为改观，进度总体满足要求。一是建立风险项目挂牌督导制度。对风险项目分区分片，由办领导率队现场督导，对影响工程建设进度的突出问题进行现场协调，落实责任单位，并督促限期解决。二是建立关键事项督办制度。逐一梳理影响重点项目进度的关键事项，明确解决问题的节点目标、责任单位和完成时限，对存在问题的责任单位进行约谈。三是建立铁路交叉工程部办联席会议制度。加强与铁道部的协调，加强信息快报和问题快速处置，加快了铁路交叉工程建设。四是通过季度协调会、重点项目半月会商会，及时发现影响进度的关键问题，定期检查重点项目、重点监控桥梁关键节点事项落实情况和进度计划目标执行情况，促进了工程建设提速。五是开展安全生产年活动，通过组织“预防坍塌”、“打非治违”、安全生产隐患排查等专项治理，规范安全生产管理，保障了工程建设安全顺利进行。六是组织开展膨胀土、高填方施工技术研讨和现场技术协调，及时梳理和解决技术问题，推进了相关工程的建设。同时，加强合同监督管理，加快价差调整和资金拨付进度，发挥跨渠桥梁建设和设计变更快速处置机制，为工程建设赢得了时间。发挥应急机制作用，妥善处理了北京“7.21”洪水引发的中线北拒马河暗涵险情。

全年共召开27次工程进度主任办公会或专题办公会；梳理影响工程建设的关键事项171项，一些制约工程进度的关键因素正在逐步消除，重点项目由年初的25项削减为目前的16项。全年完成投资652.85亿元（占年度计划的102%）；完成土石方开挖22 586万方（完成率113%）、土石方填筑16 638万方（完成率113%）、混凝土浇筑1188万方（完成率109%），综合考核指标$K=1.15$，重点项目综合考核指标$K=1.18$。东线68项设计单元工程，已完工41项，与通水直接相关的主体工程基本完工。中线丹江口大坝溢流堰面加高工程完成量过半，陶岔渠首混凝土坝段已封顶，穿黄隧洞工程洞身内衬已提前完工，沙河渡槽完成槽身预制188榀（占比82%），铁路交叉工程大部分能够按计划或提前完成建设任务，京石段自动化调度系统顺利启用。

受水区6省（市）配套工程总体规划均已批复，北京、天津部分工程已经建成，河南全部开工，河北、山东、江苏骨干工程开工，截至2012年底累计完成投资158亿元。

已建工程继续发挥效益。中线京石段于2012年11月22日第四次向北京应急调水，前三次已累计供水约13.8亿m^3。高峰时期，南水北调所调之水约占北京地区用水的60%，极大缓解了首都高峰期的用水压力。东线完建工程继续发挥防涝抗旱效益。

（二）工程质量继续向好

围绕“突出高压抓质量”，强化质量管理意识，规范质量管理行为，完善质量监管体系，提高质量监管效力，保持监管高压态势，发现并消除了一批重大隐患，不负责任的行为受到应有处罚，质量监管不断加强，工程质量继续向好。一是通过建立“三位一体”的监管体系、实施“三查一举”（飞检、专项稽察、站点监督和有奖举报）的工作方法发现质量问题，依靠权威机构快速认证质量问题的性质，把现场处罚、责成处罚和每季度国调办层面的集中处罚结合起来，对各类质量问题进行了严肃追责。二是建立健全了质量监管制度体系，实现了质量监管制度化。根据质量监管工作的实际需要，修订了质量责任追究办法、合同监督规定和关键工序考核办法，研究制定了有奖举报、站点监督、质量终身责任制等专项管理办法，组织编制桥梁桩柱质量问题认鉴标准，开展信用管理、质量会商、责任约谈等制度的专项研究，为质量监管提供了有力的制度保障。三是全系统协同监管，形成区片联合、上下联动、合力管控工程质量的有利局面。充分发挥一线站点监督的作用，提高监督的有效性。加强与水利部、住建部、工商总局、国资委的沟通联系，充分发挥五部委联席议事机制的重要作用。四是通过开展质量集中整治和专项检查活动，发现并整改了一批质量问题，进一步提高了全系统的质量意识，强化了各参建单位的质量责任。五是加强对质量关键点的监督检查，研究确定工程关键部位、关键工序和关键质量控制指标作为工程质量关键点，明确质量管理责任和监督管理职责与措施。六是对高填方渠段工程实施派驻质量监管员、挂牌督办和四级联保制度，对跨渠桥梁、建筑物混凝土开展质量问题专项排查，确保了工程质量。

全年共召开52次工程质量主任办公会或专题办公会；组织受理、调查核实群众举报事项135项，涉及67个标段，已反馈调查结果113项；对344个标段进行质量集中整治和专项检查；组织质量飞检148组次，核发整改报告297份，涉及371个标段；组织开展桥梁、隐蔽建筑物工程、混凝土工程等专项稽察，对1752座桥梁和1931座混凝土建筑物组织开展质量问题普查；共处理参建单位88家、各级人员11名。一年来，工程质量总体受控，未发生较大以上质量事故。截至2012年底，东、中线一期工程单元工程评定合格率100%，优良率91%。

（三）征地移民任务完成

围绕“突出帮扶稳移民”，扎实做好库区移民和干线征迁扫尾，深入开展帮扶维稳。移民和谐搬迁、保持稳定，库区后续工作稳步推进，干线征迁顺利进行，为工程建设提供了可靠保障。一是丹江口库区移民搬迁任务全面完成。全年完成剩余1.5万人搬迁、16个城集镇迁建和若干专项、工业企业迁复建，丹江口库区34.5万移民全部搬迁，实现了建委会确定的“四年任务、两年基本完成”的目标。二是干线征迁及时提交新增用地，满足了建设需要。全年累计解决143项征迁难点，合计新交永久用地0.6万亩，临时用地2.3万亩，累计交付建设用地约86.7万亩（其中永久用地43.3万亩，临时用地43.4万亩）。三是通过深化矛盾纠纷排查化解确保了稳定。通过经常性矛盾纠纷排查化解、突出问题专项检查、重点问题督办落实等措施，促进“事要解决”；通过进度商处、专题会议布置、重要时点下发通知强调，落实属地责任；加强上下联动处置和政策解释，做好信访接待。移民群众总体稳定，没有出现大的问题，群众反映强烈的问题和矛盾纠纷都得到了及时处理和化解。四是库底清理工作按计划推进。面上构筑物、卫生清理基本完成，重点污染源的清理正抓紧进行，进度基本满足计划要求。五是临时用地退还复垦工作取得进展。通过开展“一查四定”（查清临时用地现状，定退还复垦计划、定责任内容、定责任单位、定奖罚事项），目前已完成复垦10.7万亩。六是移民帮扶工作深入开展。豫鄂两省相继出台帮扶政策，采取有效措施，为移民稳定发展增添了后劲。

文物保护工作任务基本完成。东、中线干线工程累计完成考古发掘面积102.8万m^2，占规划总量的100.4%；库区累计完成考古发掘面积63.5万m^3，占总量的96%。武当山遇真宫保护方案实施顺利。国家文物得到妥善保护，文物保护工作未影响工程建设。

（四）治污环保继续深化

围绕“突出深化保水质”，落实补充措施，加快相关规划的实施，加大考核力度，东线水质继续向好，中线水质总体可控。

东线治污。以江苏境内3个不稳定达标考核断面和山东境内6个不达标考核断面治理为重点，2011年下半年确定的一批补充治污重点项目已全部开工，沿输水干线排污口已全部关闭，航运污染深化治理与交通运输部门取得共识，有关综合治理措施已纳入交通运输部“十二五”规划。同时，主要治污控制断面水质自动化监测网络建设步伐加快，农业面源污染防控力度进一步加大，城市污水和垃圾收集处置机制已经形成。目前，规划确定的36个考核断面全部达标，输水干线水质基本达到规划要求。

中线水源保护。一是国务院批复《丹江口库区及上游水污染防治和水土保持“十二五”规划》和《丹江口库区及上游地区经济社会发展规划》后，召开部际联席会议进行贯彻部署，推进水源区水质保护和经济社会发展。二是与水源区三省签订了水源保护目标责任书，对三省规划实施进行检查考核，建立了监督检查与目标考核工作体系。三是对丹江口库区不达标入库河流，确定了“一河一策”治理方案，今年可全面实施。四是建立了水源保护生态补偿机制。对水源区生态环境工程地方负责安排资金和污水垃圾处理费用，在中央财政重点生态功能区转移支付中予以补助。受水区对水源区的对口协作方案基本确定。五是推动中线干线生态建设，生态带建设规划已编制上报，生态文化旅游产业带规划纲要已编制印发。六是加强水质安全风险防范，严格控制在中线干线两侧保护区内新上产生污染的项目，会同安监总局加强对水源区尾矿库安全风险防范。

（五）资金使用规范高效

围绕“突出监控管资金”，有效控制投资规模，切实加强资金监管，提高资金使用效益。一是进一步规范设计变更程序，减少随意性。在深入调查研究的基础上，进一步明确重大设计变更的确认、申报审批、投资控制等管理程序和办法，减少了重大设计变更数量，节约了投资。二是深入开展人工和砂石料价差调整问题专题调研，合理确定价差调整标准，加快价差审核审批步伐，及时足额拨付资金，保证了工程建设需要。三是严格资金拨付管理，积极消化存量资金，账面积存资金从2010年底的270亿元下降至目前的57亿元，大大提高了资金使用效益。四是加强资金监管，在系统内开展全面内审，堵塞管理漏洞，确保资金安全。五是兑现投资控制考核奖励，调动参建各方主动控制投资、节约建设成本的积极性。六是编制完成南水北调工程投资总规模测算（增加投资）报告，报发展改革委审批，现已完成咨询评估工作。七是在及时开展内部审计的基础上，全系统配合审计署对南水北调工程进行了开工以来规模最大、内容最全的全面审计。审计结果总体较好，未发现重大违纪问题。

同时，东线工程通水各项筹备工作有序开展。管理机构筹建方案上报待批，通水验收、水价制定、运管办法制定、运管人员培训等有序推进。此外，为加强内部运行机制建设，强化干部作风建设，完善了办管干部考核办法和督办办法，出台了工程建设管理典型案例管理办法和办管干部问责办法，通过督察、考核、奖罚，建立公开、公平、公正的良性运行机制。宣传工作也迈上了新台阶，通过主动策划、积极协调，广泛宣传了工程建设的重大意义、综合效益、艰辛历程和广大建设者的辛勤奉献，为优质高效又好又快推进工程建设提供了强大精神动力，树立了良好的社会形象，营造了浓厚的社会氛围。

这些成绩的取得，是党中央、国务院正确领导的结果，是中央各部门协调配合、沿线各地重视支持的结果，也是各级办事机构和项目法人及全系统广大干部职工发扬“负责、务实、求精、创新”精神，团结拼搏、协力攻坚的结果。尤其需要指出的是，公安部、监察部、财政部、国土资源部、环境保护部、交通运输部、铁道部、水利部、审计署等单位的有关负责同志，在百忙之中亲临指导，给予真诚的关心与帮助。在此，我代表国调办党组对大家多年来的大力支持、积极努力和辛勤奉献表示衷心的感谢！

二、2013年形势分析

2013年，是南水北调工程开工以来最为特殊、最为关键的一年，既有东线工程通水的硬任务，也有中线主体工程基本完工的阶段性硬约束，是南水北调工程建设冲刺冲锋、决战决胜年。充分发挥综合效益是南水北调工程建设的最终目的，而工程全面建成、水质稳定达标、移民安居乐业、投资使用合理是南水北调发挥综合效益的前提和基础。任何一项任务不能如期完成，都无法保证按时通水，无法发挥工程综合效益。可以说，完成各项任务不能动摇、不容商量，到了慢不得、等不得、松不得的地步，必须确保各项任务有效衔接、相辅相成、整体推进。为此，要坚持工程建设、治污环保、征地移民三大任务齐头并进。总体上要实现“四个转变”，在工程建设方面：要实现主体工程从建设为主向建设、管理统筹转变，从主体工程建设向主体与配套工程建设统筹转变；在治污环保方面：要实现从污染治理向污染治理、环境保护并重转变；在征地移民方面：要实现从征迁安置向稳定发展转变。

当前，南水北调工程建设具备许多有利条件：

一是党中央、国务院对南水北调工程高度重视。去年，家宝总理，克强、良玉副总理就工程建设、移民稳定、中线水源保护等问题多次作出重要批示，提出殷切希望；良玉副总理百忙之中视察中线工程、丹江口水库水质和库区移民新村，对南水北调工作提出明确要求。中央领导同志的关怀，为我们的工作提供了有力支持，注入了强大动力。党的十八大提出经济、政治、文化、社会、生态文明建设“五位一体”的总体布局，进一步提升了全社会对加强水资源开发利用保护工作重要性、紧迫性的认识。南水北调工程是生态文明建设的重要基础，在建设“美丽中国”进程中将发挥其独特的重要作用。

二是南水北调部分已建工程已开始发挥实实在在的效益，对沿线经济社会发展和生产生活发挥了保障和促进作用，在社会上产生了重大影响。沿线各省（市）对南水北调工程建设的必要性、紧迫性的认识进一步增强，各地认真贯彻建委会全体会议和中央领导批示精神，充分发挥各级党委和政府的工作优势，全力推进征地移民、治污环保、基金征收、建设环境维护等工作，付出了艰辛努力，创造了良好条件。

三是中央有关部门思想进一步统一，为工程建设提供了强有力的支援，建设氛围浓厚。中央有关部门按照职责分工，加强协调配合，共同做好投资计划、资金安全、征地移民、污染治理、跨渠桥梁建设、铁路交叉工程建设、水土保持、治安管理、文物保护、舆论支持等工作，形成了推进工程建设的合力。去年，铁道部盛光祖部长还专门到访国调办，商议共同推进工程建设的机制和措施，加快铁路交叉工程建设。

四是经过十年特别是近两年的艰辛付出，整个工程建设形势已经明朗，制约工程建设进度的关键障碍逐步减少：膨胀土、高填方、渡槽、预应力等关键技术解决方案均已落实并应用；跨渠桥梁、铁路交叉工程建设协调机制已经建立，铁路交叉工程建设取得重要突破，为如期实现通水目标提供了条件。

五是质量监管高压模式渐趋成熟，制度日益完善，监管队伍不断壮大。监管措施和经验更加丰富，保持了监管的独立性，掌控了监管的主动权。参建各方敬畏质量、重视质量、主动查找质量问题的氛围已经形成，建一流工程、精品工程的责任感、使命感日益增强。工程质量不断向好，为建设优质工程提供了可靠保障。

六是参建单位及全体建设者投身南水北调事业的热情进一步高涨，责任心进一步增强，精神面貌、工作状态有了质的变化，同时，一系列行之有效的工作方法已经形成，内部管理逐步加强，驾驭复杂工程建设局面的能力不断强化，提升服务水平、提高工作效能的手段已经具备，为工程建设提供了有效保证。

客观地分析形势、展望未来，我们对如

期实现通水目标信心更加坚定、态度更加坚决。在看到有利条件的同时，我们更应清醒地认识到，在通水目标日益逼近的紧要关头，也面临各种困难和风险。

（一）工程进度风险依然存在

一是东线工程通水前，还有大量组织协调和治污工作要做，任务十分繁重。二是中线跨渠桥梁建设进度滞后，石家庄以南有27座跨渠桥梁影响渠道工程完工时间超过2013年9月份，严重影响了渠道开挖、填筑和衬砌。部分专用光缆、治污管道专项设施迁改建及中线干渠防洪影响处理工程建设缓慢。三是管理不作为、乱作为，野蛮施工、监管缺失，随时可能冒出新的风险项目，影响工程建设进度，产生不可预见的严重后果。四是配套工程建设滞后。河南、河北、山东部分项目开工较晚或至今仍未开工，如不加紧建设，不能及时消纳来水，可能影响工程总体效益的发挥。另外，工程安全形势不容乐观，不少施工作业人员缺乏必要的安全知识和相关经验，安全意识薄弱，置身危险而不觉，发生危险就慌乱，安全生产压力增大。

（二）质量监管仍待加强

一是部分参建单位质量管理不到位，质量控制“稻草人”现象仍比较严重，恶意偷工减料、擅自修改施工方案或调整施工工艺、第三方实验室造假、篡改原始数据等现象仍然存在。二是“市场”、“现场”不联动，企业违法违规成本过低，缺乏搞好工程质量的外部压力，往往只在监管下被动作为，存在你查我改、不查不改，甚至查还不改的现象。三是大型输水渡槽混凝土强度、高填方土方压实度、桥梁质量等严重实体质量问题仍时有发生，有的质量问题往往错过最佳整改期。四是个别单位对有关责任单位和责任人的处罚执行不到位，整改意见落实不及时、不彻底，质量问题举一不反三，削弱了处罚的严肃性和惩戒警示作用。五是质量问题检查和质量监管工作的前瞻性、针对性、时效性，以及质量监管覆盖面、监管深度，与当前工程建设形势需要尚有一定的差距。

（三）移民稳定发展任务艰巨

一是随着时间推移，房屋质量、文化融合、基层政权建设等深层次问题逐步显现。原有社会经济体系被打破，因资源竞争、风俗习惯、身份认同等，与原住民发生冲突、摩擦的现象时有发生。二是移民搬迁结束后，地方移民安置指挥机构逐步解散，各地重视程度有所下降，部分干部思想有所懈怠，对移民搬迁后生产生活管理缺位，帮扶协调、资源整合的难度相应加大。三是丹江口库区部分线上留置人口交通阻隔、资源短缺，生活不便、生产不易，矛盾和问题日益突出。四是征地补偿政策的调整，可能引发已征迁群众的攀比。同时，库底清理时间紧迫、责任重大，用地手续办理存有困难。

（四）治污环保有待深化

东线36个考核断面水质全部达标，但尚不稳定，有的断面部分时段不达标，农业面源污染、养殖污染、航运污染等问题依然严重，城市污水直排问题没有根本解决。中线水源区尚有9个考核断面不达标，部分入库支流水质未明显好转，面源污染日益突出，防治措施尚不完善。同时，国家实施新的水源水质标准，大幅增加了水质指标，对东中线治污环保提出了新的更高的要求。沿线经济社会发展也对水质保护提出了新的挑战。

（五）投资控制仍有压力

一是工程建设中不可预见因素造成设计变更，增加投资。二是工程临近尾声，因方案变化、工期延长、高地下水位影响施工等引致的索赔随之而来。三是工程建设后期需要专门研究处理的特殊问题增多，资金监管难度增大。四是资金管理仍有薄弱环节，分包转包、招投标、征迁结余等一些隐蔽性问题会逐步显现。

此外，南水北调工程因其自身特殊性，在建设期内待运行管理上没有既有先例可循，也没有现成经验可以借鉴，需要不断地进行探索和总结。要适应运行管理过渡需要，防止工程建好后出现“真空期”。

通水在即，我们必须勇于正视、正确分析面临的各种困难和问题，及时采取有针对性的措施，解决问题，化解矛盾，推进工作。

三、2013年工作部署

2013年，要围绕工程如期完工、水质稳定达标、移民稳定发展、资金安全高效、运行管理到位的总体要求，进一步统一思想认识，明确工作责任，加强协调配合，强化措施落实，确保完成各项任务。

国调办党组研究确定了2013年南水北调工程建设目标：计划全年完成投资420亿元，确保东线工程通水，中线工程绝大多数标段完工，为2014年汛后通水奠定坚实基础。

工程建设：东线二季度试通水，三季度正式通水；中线主体工程基本完工，渠道衬砌、大型建筑物、自动化系统等重要工程建设形象满足2014年汛后通水要求。

征地移民：6月底前全面完成库底清理，9月底前完成库区移民蓄水前验收，为水库蓄水创造条件；全面完成干线征迁扫尾任务，加快用地手续办理和临时用地复垦。

治污环保：东线治污补充规划骨干项目基本建成发挥作用，输水干线考核断面全部稳定达标；加快实施中线水源区水污染防治“十二五”规划、经济社会发展规划及干线生态带建设规划和对口协作方案，落实“一河一策”治理方案，推动尾矿库治理，确保丹江口水库水质越来越好。

为此，2013年要着力抓好以下工作：

（一）紧盯重点大推进度

现在距离东线通水只有350天，距离中线通水也只有21个月，容不得瞻前顾后、左顾右盼。当务之急就是要全力以赴加快工程进度，确保按期通水。

要抓重点、抓节点、抓要点，东线保通水、中线保完工。一是实行“差别化”管理，把力量集中在高风险工程上和主要问题上。在抓好面上工作的同时，排查重点项目，分解关键节点，划清责任单位，死盯重点项目和关键节点，盯死各个节点的责任单位，对青兰高速等工期特别紧张的项目要派驻专门力量，全程紧盯，实时跟踪。二是继续发挥好风险项目挂牌督导、关键事项督办、重点项目半月会商、进度协调会、铁路交叉工程部办联席会等已有机制作用，及时协调解决资金供应、设计变更、干线征迁、建设环境保障等问题。三是建立进度计划考核、形象进度节点目标考核和关键事项督办考核相结合的考核管理体系，重点抓好渠道成型和衬砌、桥梁通车、膨胀土改性施工、大型建筑物和自动化建设等主要工程建设目标考核，以奖惩促落实。四是落实东线通水目标保障措施方案，建立东线通水工作应急预警机制和中线建设形象目标保障应急预警机制，对进展滞后的工作和意外事件及时预警、响应和处置，确保东线通水目标和中线建设形象目标实现。五是加强施工组织，合理安排工序，加大人员、设备投入，实施立体交叉平行流水作业。抢抓施工时机，开展大抓进度专项行动。六是高度重视通水验收工作，适应工程项目大批量、成规模建成的形势，把通水验收作为检验质量、查找问题、补救缺陷的重要环节，通过精心策划、认真组织、把好关口，推动通水验收工作进入快车道，确保东线3月底前完成各设计单元工程通水验收，4月～5月区域联调试通水，6月底前完成全线通水验收。七是加强安全教育培训，加大安全生产监督检查力度，强化重大危险源管理，深入开展“防坍塌、防冰冻、防触电、防中毒、防淹溺、防坠落、防透水、防机械伤害”等安全生产专项治理行动。八是加快配套工程和中线干渠防洪影响处理工程建设的组织协调工作。

（二）再加高压严管质量

质量是工程的生命线。越是工期紧张，

越要注意质量管控。对建设质量问题要不枉不纵，严格监管、严肃处理，做到刚性制度、刚性落实、刚性奖惩。

要围绕“高压高压再高压，延伸完善抓关键”，提高质量监管的主动性、针对性和时效性，严格责任，严控过程，严管重点，杜绝重大事故，减少一般问题。一是对已建工程组织全面排查，消除东线工程质量隐患，避免中线工程质量问题叠加。二是前移质量监管关口，加强工程建设现场一线质量管理，保障质量管理人员充足配置，从设计交底、原材料进场到施工环节、监理验收等进行全过程控制。三是贯彻落实质量问题责任追究、关键工序考核奖惩、质量信用管理、质量关键点管理等方面的制度和办法，采取专项监管措施。四是突出薄弱环节监管，强化高填方、改性土、跨渠桥梁、大型控制性建筑物、隐蔽性工程等重点工程实体质量管理，将质量隐患解决在建设过程中。五是实行“差别化”监管，对关键工序、重点监管项目和质量关键点，加强质量监管，实行严管严控。对可能因质量问题引发进度风险、影响通水大局的项目，更要派驻力量专门负责，全方位、全天候跟踪监督，死看死守，严防意外。六是强化“三位一体”的质量监管体系作用，加密检查频次，扩大覆盖范围，强化检查手段，全力发现深层次质量问题。对发现的问题，加快认证速度，加大处罚力度，严惩恶意质量违规行为，并举一反三，限期整改，追踪结果，确保各类质量问题整改到位。七是开展季度、年度质量信用评价，建立完善质量评价警示机制和质量管理信用档案，构建施工、监理单位质量信誉平台，并强化质量问题约谈工作机制。对质量管理先进单位和个人进行表彰，树立质量管理标杆，及时组织现场观摩学习，提高工程质量管理水平。八是加强质量监管队伍作风建设，不断提高队伍素质，切实维护监管工作独立性，提高工作质量和效率。

（三）落实帮扶稳定移民

发展是解决一切矛盾和问题的关键。巩固移民搬迁成果，帮助移民发展生产，促进移民增收致富，使其通过搬迁，发展得更快，生活得更好，幸福感更强，是我们义不容辞的责任。

要促发展保稳定，抓验收保蓄水，盯尾工保进度。一是豫鄂两省要出台帮扶政策，建立长效工作机制，帮助移民就业创业，积极培育优势产业，促其生产生活发展。二是在科学预判的基础上，本着“事要解决、源头控制”的原则，主动走近群众，敢于触及矛盾，认真研究、积极回应、妥善处理移民群众合理诉求，解决移民实际困难，维护大局稳定，实现长治久安。三是教育引导移民群众发扬自力更生、艰苦创业的精神，依靠自己的聪明才智，勤俭创业，勤奋劳动，勤建家园，避免出现等、靠、要的倾向。要以“种养加”为重点，鼓励移民发展各类项目，使项目延伸到村、效益覆盖到户。四是认真研究、提前谋划丹江口库区留置人口生产生活发展问题，确保库区社会稳定。五是在全面完成一般清理的基础上，集中精力清理重点污染源，确保6月底前全面完成库底清理工作，并通过省级初验。六是抓紧遗留问题处理和专项设施迁建，及时协调新增用地交付，保障工程建设用地需要。七是规范使用、及时退还复垦临时用地，认真做好用地组卷报批工作，及时做好干线征迁专项验收，为工程完工验收创造条件。八是及时研究有关措施，积极应对土地管理法修正案通过后，征地移民群众因攀比而引发的潜在不稳定问题。

（四）治保并重提升水质

治污环保事关南水北调工程成败，事关水源区及沿线地区民生改善和社会稳定。通水大考临近，时间十分紧迫。必须进一步深化治污措施，建立长效机制，实现当前和长久的水质目标，确保一渠清水永续北送。

东线方面，要治污环保两手抓，促水质持续向好，保证通水需要。一是6月底前对治污规划实施情况进行评估验收。二是协调环保部门在试通水期间开展水质监测工作，组织第三方对治污规划确定的控制断面水质进行跟踪监测。三是协调督促重点治污补充项目建设，发挥已建项目治污功效。四是强化环境执法监管，保持对各类工业园区、重点排污单位、航运船舶环境监管的高压态势，严厉打击违法排污行为。五是抓好已建项目的运行维护和配套设施的完善，确保各类设施正常运转和达标排放。六是做好工程建设中的环保和水保工作。七是苏鲁两省要抓紧制定工程沿线区域水污染防治管理办法，为治污环保提供法制保障。

鉴于东线治污的特殊性，为确保东线通水水质，就要实行分区防控、应急管理的新机制。

中线方面，一是推动落实丹江口水库不达标入库河流“一河一策”治理方案和尾矿库治理工作。二是督促加快实施《丹江口库区及上游水污染防治和水土保持“十二五”规划》、《丹江口库区及上游地区经济社会发展规划》，并建立健全实施考核办法。三是协调落实对口协作方案，推动水源区与受水区互助合作。四是推动库区及上游水环境监测能力建设，加强水质变化趋势预测与评估。五是推动开展中线干线生态带建设和生态文化旅游产业带建设，落实总干渠两侧水源保护区划定方案。

鉴于中线入库河流水质现状，为确保水源区水质不恶化，就要死盯超标河流，实行严格考核。

同时，要开展对国家实施新的水质监测标准后产生影响的研究。

（五）安全高效监控资金

越到工程建设后期，各种利益博弈就越激烈，复杂问题和矛盾的处理难度就越大。要一如既往地严把最后关口，保证资金合理使用，并针对审计发现的各种问题，加强整改，堵塞漏洞，确保按规定的程序和制度办事。

要扎实做好工程建设资金供应和监管，在全力促进工程建设按期通水的同时，加强资金使用全过程管理，确保投资都用在刀刃上。一是根据工程建设进度和最终核定的总投资，优化筹资方案，统筹安排南水北调基金、重大水利建设基金、过渡性资金和项目法人贷款，确保资金供应。二是加快价差处理、设计变更和合同资金结算速度，保障一线资金及时、足额供给，防止出现因为资金供应中断而影响建设进度的问题。三是加强变更管理，原则上设计变更不再增加投资。加强工程价款结算管理，特别是对变更索赔项目，要严格支付审核，切实控制工程索赔。四是落实投资控制奖惩办法，在做好已建项目完工决算的基础上，兑现投资节余奖励，调动各参建单位主动节约的积极性。五是完善资金使用和监管制度，堵塞管理漏洞，确保资金安全。特别要巩固违法分包、转包专项整治成果；要尽快研究出台征地移民资金结余使用政策；要对全部招投标工作进行清理总结。六是继续加强账面资金的控制，将存量控制在最低限度，不断提高资金使用效益。七是加大查处力度，有针对性地查办案件，严肃财经纪律，建设廉洁工程。

与此同时，要强化协调，促东线顺利通水。一是3月底前基本完成主体工程建设和有关水质达标工作，6月底前完成全线通水验收。二是组建运行管理机构，制定运行管理办法，培训运行管理人员，确保工程长期良性运行，充分发挥效益。三是通过深入细致的工作，建立科学、合理、有效的调度方案和水价政策。四是抓紧制定工程设施管护办法。

四、落实责任，讲究方法，全面完成2013年各项任务

（一）强化风险意识

确保南水北调工程如期安全通水、永续发挥效益是南水北调工作的立足点和出发点，是南水北调人肩负的庄严使命和神圣任务。通水是对十年劳动成果的集中检阅，是对工程质量的实际检验。工程要通水，必须具备若干条件：全线贯通具备过水条件，水质稳定达标等等。任何条件保证不充分，任何环节衔接不到位，都无法保证通水安全。2013年南水北调工程建设任务之重、情况之复杂、难题之多、风险之大，是工程开工建设以来少有的。毫不夸张地说，风险无处不在、无时不有。在这关键时刻，各项工作都必须有序推进，不能有任何的意外和闪失，不能有任何节外生枝的事情出现。任何一个环节工作不到位、出差错，都可能引起连锁反应，影响工程建设大局，导致不能如期通水的灾难性后果，南水北调人十多年的辛勤付出就会功亏一篑，无法兑现向党中央、国务院和全国人民的庄严承诺。通水后，泵站能否安全运转，渠道能否经受过水检验，水质是否稳定达标，全线能否协调运行，事关南水北调工程形象，事关工程效益发挥，事关工程沿线群众生命财产安全。如通水期间发生突发性事故，同样有可能造成难以挽回的灾难性后果。因此，必须强化风险意识，正确分析、积极应对风险项目、风险因素，把风险发生几率降到最低，确保工程建设过程中不出现大的意外和反复。

（二）建立应急机制

意外不能出，意外出不起。为有效规避风险，把风险发生几率降至最低，就要建立快速反应和应急处置机制，严防意外发生。要立足解决源头性、根本性、基础性的问题，经常梳理排查，及时发现可能影响建设目标完成的困难和问题，及早黄灯警示。要建立严格的信息报告制度，遇有紧急、重要事项或重大突发事件，要立即请示报告，并及时妥善处置，决不允许迟报漏报瞒报，决不能推诿扯皮、拖而不办。要建立健全应急处置联动机制，做好纵向和横向的协同配合工作，明确各方职责，确保一旦有事，能够快速反应、有效组织、高效运转、临阵不乱，共同应对和处置。要切实落实各项应急预案，准备好随时处置应急事件的机动力量。对因领导不力、失职渎职、信息沟通不到位而贻误战机、造成严重后果的要坚决追究责任。对存在严重问题的项目，要及时约谈相关单位负责人，落实整改措施。对管理薄弱、隐患较多、整改措施不力的项目要及时开展专项治理。

（三）注意工作方法

方法对头，事半功倍；方法不对，事倍功半。通水目标日益迫近，工作头绪多、任务重、时间紧、要求高。为此，必须掌握科学的工作方法。

一要全面统筹。一是根据南水北调工作的阶段性特点，统筹处理好质量与进度，工程与征地移民、治污环保，主体与配套，重点项目与一般项目，关键节点与一般流程等关系，分清轻重缓急，科学统筹安排，以主带次，以次促主，主次配合，相得益彰。二是坚持实事求是、与时俱进的原则，围绕通水大局，突出工作重点，狠抓薄弱环节，实行差别管理，努力补齐“短板”，把力量集中在影响通水目标实现的关键工程和主要问题上。三是坚持质量至上的原则，对不影响通水目标的标段和项目，严禁随意抢工期，以致埋下质量隐患、增加工程投资。确需调整的，必须经过充分论证，并采取相应措施，确保工程质量，节约工程投资。四是质量监管模式与方法必须适应建设形势、监管对象和工作任务的需要，不断增强监管工作的适应性、有效性和科学性，充分发挥监管效能，保证和提高工程质量。

二要分工协作。南水北调工程是个有机整体，南水北调系统是个完整团队。一段不通，全线无功。成功是每个人的光荣，失败是大家的耻辱。要充分调动、激发每个参建者的工作积极性和创造热情，以高度的集体荣誉感和责任感，胸怀全局，各司其职，密切配合，形成统一指挥、整体联动、运转高效的工作体系，难题共解、难关共闯，推动南水北调工作扎实有序进行。

三要督促检查。督促检查是促进工作落实的一个重要环节。一是通过强化责任目标、考核评价、监督制约、工作保障等机制，自觉做到责无旁贷、抓紧不放、跟进指导、靠前指挥，推进工作向更高层次迈进。二是对重点工作、重大节点、重要指标，要坚持结果倒逼，以督查推进度、保质量、促落实。三是完善督促检查方式，做到专项治理与日常督查相结合、告知性检查与突击性检查相结合、综合检查与专项检查相结合、巡查与层级督查相结合、行为监督与实体监督相结合，做到重点突出、过程扎实，避免出现死角盲区。四是敢于动真碰硬，既要督不落实的事、不落实的人，更要督不落实背后的作风，真正督出压力、督出动力、督出合力，督而有效。对监督检查中发现的风险隐患，要及时排除，不能放任风险隐患的存在和发展；对发现的违法违规行为，要发现一件，查实一件，追究一件，必须让责任单位和人员付出相应代价。

（四）发扬优良作风

事业成败关键在人，关键在干部，关键在干部的精神状态和工作作风。南水北调工程是国家重大基础性战略工程，各界关注，举世瞩目，特别是工程通水在即，社会关注度越来越高，工作的组织难度和风险考验不断加大，留给我们的余地越来越小，面临的困难、承受的压力越来越大。能不能胜利完成任务，关键就在我们这支队伍有没有优良过硬的作风。从总体上看，同志们的作风是好的，国调办党组是肯定的。但当前系统内仍有个别干部存在作风问题，不能胜任当前形势需要，该管的事儿不认真管，该抓的工作不主动抓，该负的责任不自觉负，该完成的任务不及时完成。

在工程建设决战决胜的形势下，个别干部的这些作风问题将是我们工作上的最大障碍，甚至影响整个目标的实现。为此，要切实增强如履薄冰、如临深渊、如坐针毡的危机感、紧迫感和责任感，大力倡导“严、细、实、快”的工作作风。一是严。就是严格、严谨，严之又严。要胸怀大局、注重协作、主动服务，高标准、严要求，不置身事外，不满足于差不多、过得去、还可以。要避免埋身于繁杂的事务性工作，但也不能当甩手掌柜，既要挂帅，更要出征，深入前沿一线，解决实际问题。要始终保持平常之心、平淡之欲、平实之风，确保在冲刺决战过程中多流汗、少“流血”，不“受伤”、不掉队。二是细。就是细致、细心，细之又细。要始终强化细节意识，自觉养成抓细节的习惯，切实增强善抓细节的本领，把细节谋划好、打造好、展示好。要大处着眼、细处着手，处处留心，时时细心，事事精心，严防大而化之。在推进工作时，对当前情况是什么样子，有哪些瓶颈制约因素，下步的着力点和突破口在哪里，工作如何分阶段有序实施等，都要深入思考，细致盘算。三是实。就是扎实、务实，实之又实。要把抓落实作为工作的核心，静下心来、扑下身子，深入基层、深入一线，摸实情、出实招、办实事、求实效。要实事求是、与时俱进，适应新形势，研究新思路，探索新方法。要咬紧目标不放松，善于攻坚克难，敢于担当责任，勇于动真碰硬。四是快。就是快捷、快速，快之又快。一切工作都要从早从快，做到措施第一时间到位，问题第一时间反馈，任务第一时间办结，以每一个节点的完成确保整体任务的完成。对国调办党组的决策和部署，要坚决执行、贯彻得力。遇到超出自身处置能力的问题，要及时向上报告，有关方面必须快速研究解决，决不允许拖而不决。

国调办2012年修订完善了督办办法、干部考核办法，研究制定了典型案例管理办法、干部问责办法，就是要在责任清晰化的基础上，盯住不落实的事，追究不落实的人，使更多的人集中更多时间更大精力，全力保证各项目标任务的实现。以往，我们在问责上，还或多或少地存在失之于软、失之于宽的现象。现在看，着眼于抓落实的现实需要，必须在严肃问责、严肃追责上动真格的。

同志们！通水日期日益逼近，让我们在党中央、国务院的坚强领导下，以贯彻落实党的十八大精神为强大动力，准确把握形势，牢记肩上重任，坚定信心、提振精神，团结一心、戮力攻坚，坚决打赢南水北调工程建设攻坚战，不折不扣、保质保量完成各项工作任务，确保清水早日北送、永续发挥效益。

谢谢大家！

国务院南水北调办主任鄂竟平在国务院南水北调工程建设委员会专家委员会2013年工作会议上的讲话

（2013年2月25日）

尊敬的陈院士、尊敬的各位专家：

我们非常高兴参加今天这次会议！因为：第一，去年整个南水北调工程建设任务完成得不错，想起来令人高兴；第二，专家委员会在去年对工程的建设提供了及时且强有力的支持和支撑，回顾起来也令人十分高兴。下面我汇报四个方面的情况：一是说说去年的工程建设情况；二是谈谈对专家委员会去年工作的评价；三是概要汇报一下国务院南水北调办对今年工作安排部署；四是想对专家委员会2013年的工作提几点希望。

一、去年工程建设的情况

简单地用一句话概括，叫“全面完成了年度建设任务”。什么叫“全面完成”？主要体现在五个方面：

（一）关于投资。去年年初给我们确定应完成的工程建设任务是640亿元，那就是工程量和各项工作的工作量加在一起是640亿元。经过奋斗，到年底一拢账，一共完成653亿元。实际我们完成了664亿元。这里面有11亿元需要解释，去年640亿元的任务指标里面有30亿元的利息，因为国家财政在工程建设过程中，一下子拿不出这么多钱来，需要我们从银行借了一大笔钱，去年要付给人家30亿元的利息，最后实际上就付了19亿元，主要因为我们压缩了库存资金等等，采取资金强化管理，少借了银行一笔钱，这样我们去年少付了11亿元利息，省了一笔钱，实际上总投资一下子少了11亿元，去年把这11亿元加上就是664亿元。

同志们，这个形势是不错的，这664亿元对整个南水北调工程来说意义重大。实际上这664亿元就奠定了今年东线通水，明年中线有可能通水的坚实基础。现在总的情况是这样：国务院2008年批复（治污、生态不算）我们管的工程这块钱是2289亿元。到去年底，我们一共完成了2029亿元。各位专家，这个数字就很简单了，就剩下260亿元了。当然由于这几年物价上涨，加上我们又从银行借钱，又有利息的问题，可能要增加一笔钱，现在财政部、国家发展改革委正在核这个数字，这里边在工程方向增加的钱没有多少，大概一百多亿元，这样算下来剩给我们工程量和工作量已经没有多少了，也就是说到去年为止，大部分工程都基本干完了，所以我说去年664亿元对我们来说太重要了。奋斗了一年，有这么一个结果，应该是令人高兴的。

（二）关于质量。也是一句话的评价，叫“去年的质量在前年的基础上继续持续向好”。怎么得来的？就是因为我们去年制度更完善了，找得更准了，查得更狠了，处罚得更严厉了。去年，我们前前后后查出来大概有七千个左右的问题，发现问题，立马盯住整改。拆的、扒的、返工的、挖了重来的不计其数，反正我们盯着要整改。所有的混凝土建筑物大概1900多座，我们已查了有2/3左右了，要一个一个地查，还在继续查呢，全面地查，盯住那些重点要害狠狠地查，一旦查着，绝不手软，不但要整改，相关单位还要受到严厉处罚。去年我们一共处罚了88家施工企业和有关单位。今年年初在总结去年工作的时候，大家反复在琢磨这个事，我们也想明白了，就当前这个大形势，也没有别的好办法，就是盯住查，认真地查，不走过场地查，查到之后，黑下脸来改、罚，只有这种办法。去年年初也跟各位汇报了，当时我们组织了40人的稽查大队，现在已经到了50人了，3人一个组，绝不跟施工单位、监理单位发生任何联系，也不告诉你，就突然到你这个工地去查，自己带着设备，自己带着车，吃饭、住宿自己安排，什么都不跟你联系，到那儿就查，查着有问题立刻取证，小问题现场改，大问题拿回来认证，我们有一套认证系统，查到的到底是什么问题，主要是靠这一套系统去认证。认证后不但要马上整改，还要严厉处罚。稽查大队去年大概查出四千多个问题。我们就是用这样一套东西去查证改罚，来真的。正是因为去年我们用高压的措施，大家的评价认为质量明显地要好于上一年，也就是继续持续向好。

（三）关于移民。经过去年努力，移民的形势也是相当不错的。到去年9月底，所有丹江口水库的移民全部搬迁完毕，34万5千人全部搬迁完毕。可喜的是从三年前开搬到去年9月份搬完，没有发生群体性事件，小来小去的事有，到我们这儿上访的也有，但是都是一些个体问题，有一些是来咨询移民政策的，有一些是房屋问题，还有一些是土地补偿不及时等，整体是稳定的。这可是来之不易啊！去年我们总结的时候，特别讲这件事，湖北、河南两省的省委省政府下了大工夫，人家的工作是非常得力，真心抓，河南省率先提出四年任务二年完成，下了大工夫。湖北省委提出他们省有三件天大的事，其中一件就是丹江口水库移民。两者用这种态度来对待移民工作，所以才把移民工作抓到我说的全搬迁完没有出啥事，抓出这么好的结果。因此我们准备给国务院报告，希望很好地总结一下南水北调工程的移民工作，值得总结和表扬，这些事都是在去年扫尾完成的。

（四）关于治污和水质。这方面也是好消息，先说东线。东线经过这八年左右的努力，到去年的11月份，国家规定的36个水质考核断面全部达标，这是环保部门说的，我们不考核，我们只要数字。在治理前，36个断面只有一个断面达标，35个断面超标，经过这七八年的治理，尤其是这三年加大力度、深化治理，去年第一次全部达标。这个达标太有意义了，国务院要求我们今年通水，我们今年也准备通水，如果水质不达标，那是绝对不好交代的。这一达标，我们心里就有数了。当然我后边还要说，很可能这个达标是不稳定的，但是不论怎么讲，基本达标了。绝大多数断面都稳定达标了，这是东线的情况。

再说中线，去年我们也是经过几家的努力，包括环保部、水利部、国家发展改革委、财政部等几家的努力，终于把丹江口水库和上游区域的“十二五”水污染防治规划编完，并且得到国务院的批准。去年下半年还正式把这个规划启动了，这个规划对整个中线水源区的水资源保护和污染治理具有重大意义。这里面有很多实实在在的东西，去年又加了一把劲，把它启动了。这个规划对下一步中线的水资源保护和污染的治理是具有决定作用的。

（五）关于投资控制。这个问题不光有些专家关心，社会也很关注。平时我碰着一些其他部委的领导和省市的领导，他们经常问我一个题目，你这南水北调工程到底花了多少钱？到底花了国家多少钱？经常问我这个题目，我不厌其烦，不知道回答了多少回了。我知道人家脑袋里大多有一个问号：你们是不是又大量地超概算地花国家的钱了？动不动还拿三峡工程跟我们比，说三峡工程没超，你们怎么样？但今天，我可以负责任地告诉大家，去年下半年开始，我们把前边所有已花的投资和工程竣工通水前剩下的工程所需要的投资，就是保通水还剩下一块工程量所需要的投资拢了一次。从最后拢的结果看，上上下下还都比较满意。也就是最后有可能还要增加550亿元左右，就是在原来概算的基础上有可能还要增加550元亿左右，但是这里面因为工程变更、增加工程量等而增加的投资占的比重很小，也就百八十亿元。最后算下来，整个南水北调工程方面超概算大概也就是3%多些，不会超过5%。其他增加的钱都是因为物价上涨和我们借钱的成本等，也就是前边说的要给人家付的利息，增加都是这些钱，当然最后国家发展改革委还得组织审。那这个结果，各位听了之后，我估计会有一个判断，应该是大家都会接受的。

为了这件事，去年在国务院领导安排下，审计署还专门审了一下我们增加这550多亿元投资的合理性。最后审的结果是，绝大部分是认可的。所以今天我可以在这儿负责任地跟各位汇报，经过我们的努力，在控制投资上，结果还是不错的。没有大量地超概算，至少现在没有，这是投资控制的一个方面。

另一个方面，去年我们也没有在资金使用上发生腐败方面的大案要案。前边我说了，审计署大概四五百人审了我们三个多月，头一回全面地审计，把所有花的钱都审了一下，查出了一些问题，这对我们是很大的帮助，帮我们堵塞了不少漏洞，但是确实没有大案和要案，也就是大量贪污钱、挪用资金、不合理地用钱，没有发现这类大的问题。

正因为有以上五个方面的情况，所以我说去年整个南水北调工程建设叫做“全面地完成了年度建设任务”，整体形势的确还是不错的。这是我跟大家汇报的第一方面，就是关于整个工程建设的概况。

二、关于去年专家委员会的工作

去年整个南水北调工程建设的情况的确不错，今天我特别想说的是，能够有这么一个好形势，认真总结起来，除了我们南水北调系统自身的努力之外，还得益于党中央、国务院的正确领导，得益于各部委和各省市的支持，得益于社会各界和广大民众的理解，当然很重要的也得益于专家委员会强有力的支撑和及时的支持。

刚才听了陈院士的讲话，也听了沈总的汇报，当然会前我也把专家委员会的总结找来看了看，看得还是比较认真的，我跟凤生同志还面对面交换了一次意见，我又问了一些情况。感受颇多，这里面最大的感受是去年我们专家委员会对南水北调工程的支持、支撑确实是及时的、强有力的、前所未有的。主要体现在这么两个方面：

（一）支持、支撑的力度更大。去年专家委员会在工作上有三个方面跟过去比是明显地增多了。一是咨询活动的次数增多了，刚才陈院士和凤生都讲了去年一共咨询了31次，平均每个月有2.6次，这比2011年增加了30%，明显地增多了；二是现场调研和勘察的次数也增多了，去年专家委员会充分发挥了深入基层机制，除少数研究成果、技术咨询没有在现场开展活动外，多数咨询活动都安排到了现场，到现场查勘，次数明显比过去多；三是质量检查的内容也增多了，去年专家委员会质量检查工作中，抽查的工程项目类型，还有抽查的范围都比以往要多，抽查的工程项目类型包括了高填方、膨胀土、穿黄、渡槽、倒虹吸、陶岔，等等，重点工程都囊括在内，工程模式包括了直管、委托、代建三个模式；工程地域也包括了江苏、山东、河北、河南四个省，检查的范围更大了。支持、支撑的力度更大就体现在这“三个增多”上，次数多了，内容和范围也广了。

（二）支持、支撑的水平明显提高。这体现在“三个转变”上，我跟凤生特别讨论了这个问题。一是咨询工作的重心发生了转变，从以重大的技术方案和关键技术问题咨询为主转向对工程施工过程中存在的重大关键技术问题和普遍的技术难题进行咨询。这个转变非常重要，盯住工程建设过程中的要害调整工作重心。实践证明，这个转变是非常必要的，正是因为这个转变才使得我们在工程建设过程中迫切需要解决的一些难题解决的比较及时。二是工作方法的转变，咨询项目选题从以往以有关单位提出申请为主，转变到专家委员会主动地查找问题、开展咨询。这一年来，专家委员会建立并充分发挥深入基层机制和沟通机制的作用，通过到工地调研和与有关单位沟通，主动查找、主动提出咨询内容和咨询意见。去年调研活动组织了6次，正是因为这个改变，使我们的咨询更主动了，问题找得更准了，针对性更强了，支撑的也就更及时有力了。三是咨询意见形成方式的转变，这个转变也是很有新意的，从以往直接形成最终的咨询意见转变为把专家委员会的咨询意见与参建各方事先充分的交流、沟通之后再提出咨询意见。这个转变也是很有实效的，过去专家委员会到一个地方看完之后，形成一个咨询意见，至于这个咨询意见有关单位是不是能接受？是不是真正地去按照咨询意见调改？就不太关心了，所以过去我们有些咨询意见落实不是太好，是两张皮。而去年这个方面有重大的变化，因为我们有沟通的环节，所以我们的咨询意见绝大多数都被所关联的单位理解、接受，这样的咨询意见出来之后，落实得也比过去明显要好，更有实效。

所以在我看来，正是因为“三个增多”、“三个转变”，就使得专家委员会去年的工作更有成效，解决了一大批技术方面的难题，有力地保障了去年南水北调工程建设顺利进行，那也就是说，去年653亿元的建设任务能够最终完成，专家委员会在这里面的贡献是重要的，功不可没。

这里面特别令我感动的是专家委员会的主任陈院士，前两天凤生同志告诉我，说陈院士去年一年参加了13次咨询活动。去年总共31次专家活动中，陈院士参加了13次，凤生很受感动，他说了之后我也很受感动。我们陈院士，针对这么一个工程，一年去了13次，我没想到，第一次听了之后还不相信，我还特别又问了一次，确是13次。我真是没想到。这就足以看出，陈院士对南水北调工作的重视。陈院士为去年的专家委员会的工作、整个南水北调工程的建设确实是倾注了大量的心血，令我十分钦佩。

此外，还有不少专家，尤其是一些老人家，不顾年事已高，不辞辛苦，冒酷暑、顶风冒雨深入到工地，深入到最前沿，也令我们十分感动。正是因为这样高度敬业和无私奉献的精神，才支持、支撑了南水北调工程建设有这么一个好的局面。这种精神令我们敬佩，也值得我们学习。所以在此，我代表国务院南水北调办对各位专家长期以来，尤其是去年对我们的支持和做出的贡献表示敬意和由衷的感谢！

三、今年工作的安排部署

在前几天的南水北调系统工作会议上我讲了一句话，“南水北调工程今年将是最特殊、最关键的一年”，所以还需要努力奋斗。

何为特殊？至少有这三个方面跟过去不同。第一，今年不但有工程施工方面的任务，还有工程运行管理方面的任务。这在过去几乎是没有的。因为今年东线三季度左右就要通水，现在我们就要针对运行管理做大量的工作。过去京石段300多公里是临时运行，并没有多少太复杂的因素，但今年不同了，东线要通水，要进行正规管理，中线也要为明年通水提前做准备，因此，管理任务在今年占的分量很重。第二，几乎所有的工程在今年都要进入收尾阶段，因此，问题要大暴露，矛盾要大暴露。多年积累的问题到最后已经到了不解决不行的程度了，要暴露。我们也不知道还有多少问题要暴露。这跟过去任何一年都不同。概念是这样的，按照我们的施工安排，到今年年底所有的混凝土工程都要搞完，就是百分之百要完成任务。土石方工程，包括挖方和填方要完成99%，几乎所有的工程今年都要完了，进入到尾声了，有问题肯定要暴露出来。这跟过去有很大的区别，可能会出现什么样的问题和矛盾我后面再讲。第三，所谓特殊年，还体现在时间上已经到了没有任何调整余地了。时间上已经定死了，就是今年要东线通水，明年中线通水，给我们的只有东线不到一年，中线一年多一点的时间，没有调整余地了。这跟过去也不同。三五年前，某个方面遇到问题还可以调整调整，到今年已经没有任何时间余地了。所以我们说，今年是南水北调工程建设以来最特殊的一年。

那什么叫关键呢？我们说所谓的关键就是既有东线通水的硬任务，也有中线主体工程要基本完成的硬约束，“两个硬”。我们说得通俗一些，今年的目标就是东线要通水，中线要收尾。硬任务必须要在今年完成。你完成了，东线就能通水，中线也差不多，完不成，那就是功亏一篑。行还是不行，就在今年。这能不叫关键吗？肯定关键。刚才陈老也说了，就是冲锋冲刺、决战决胜，就是这么一个年头。冲一下子，上去了，占领山头了，你就赢了，你要占领不了，你就败了，反正关键就这么一下子。所以我们把今年说成是关键的一年，这就叫做最特殊、最关键的一年。那到底能不能实现东线通水、中线收尾的目标呢？到底行不行呢？今天我在这里不敢说大话，行还是不行，我不敢说大话。为什么不敢说大话？因为就目前来看，的确在工程建设和相关工作上有不少风险，有很大的风险，这些风险就决定如果搞不好，也可能在关键之年出问题。我之所以不敢说大话，因为至少在以下五个方面有风险，这也是我们工作上面临的问题。

（一）进度上的风险。到目前看，确实还存在着个别标段有可能拖工期的风险。前天我们还在分析这个事，确实有，东线有，中线也有。原来我们说 3 月底前东线所有的工程都完，现在看至少有两个标段要悬。中线也有这么一批工程，还不是一个两个，别的不说，有 27 座桥就要有麻烦，有的专家到一线去过，可能会有些体会。还有不少拆迁、征地问题没有解决，以及一些施工方案没有落实，我们要准备搞预警，要跟他较真。工程如果拖工期，那如期通水不就是空话吗？

（二）质量方面的风险。这个风险更是难以放心的，无法预料的。我前边跟各位汇报，去年我们真是下狠茬子了，管用，可是各位专家一定也会体会到，这个管用可就是一时管用，并没有从根本上解决问题。有很多深层次的问题我们国务院南水北调办是解决不了的，实际上有些施工企业和监理公司是在跟我们博弈，我们看得紧、罚得狠，他就往后缩缩，收敛收敛，但是追求利益最大化始终是他要考虑的第一因素。因此在质量方面并没有从根本上解决问题，我们看住了 99 个，有一个没有看住，如果还是较劲的关键的标段，那很可能就出事了，现在还有一个渡槽的混凝土强度竟然不够。我们搞了两次权威认证，一次请水科院，一次请中国建筑研究院，两次权威认证的强度都不够。结局就是或者拆掉，或者用什么办法加固，很快就要定论了。这个渡槽是大渡槽，要是去年没有发现这个渡槽有问题，今年下半年才发现那就毁了，再拆除重修时间已来不及了。去年我们还发现了一处重大的质量问题，是高速公路，穿越我们渠道下边，他先修，我们后修，他修完了交给我们，我们派咱们的人一查，质量上有严重问题，不是一般的问题，我们要求他赶快扒掉，扒掉我好重弄，这是去年年中发现的，下半年全扒掉了，我现在在它上面改变原来的设计，由长江委设计院改变原来的设计，一个大渡槽架过去，不再堆土，不再高填方，这是随机的实事求是调整设计，这才把这件事处理过去了。不然这个东西要按照他那套扒掉再重新建，就可能搞到明年上半年去了，就会影响通水。这都是实实在在发生的，各位专家，这是去年，那今年还不知道怎么样呢，所以这个风险想起来，确实是坐立不安的，始终存在。

（三）关于移民的风险。我前边汇报了，搬是都搬完了，前年、去年没出现大的问题，今年怎么样？我不知道。由于移民从老的地方搬到新的地方要磨合，很多事跟原来大不一样，不是想象的那么简单。原来我觉得国家出钱把房子给你盖那么好，比原来不知道好多少，不应该再发生大问题。我也数不清我去了几个移民点，那房子盖的有的跟城里连排别墅差不多，二层楼的，还有三层楼的，那房子确实不错，质量也不错，因为我们搞了一套监管办法，移民现场去监督，他们都觉得没大问题。再有耕地，移民到那儿一般两个月内就把地划给他，原来一亩零四，到新地方还是一亩零四，原来是坡地现在是平地，原来没有水利设施的，现在还有水利设施，这个都行了，确实很稳定，到移民新区看着都挺好，加上又是整村移，这个村子要移八百人，就八百人一起移到一个村，你这个村子移前叫石家村，到新的地方就叫石家新村，村委会还是原来那帮人，这个确实不错。所以去年、前年都稳。但是现在问题来了，到一个新地方移民首先要挣钱，原居住地有门路，能挣钱，到新地方一下子找不着门路，影响他挣钱了。还有到新地方，支出大了，现在都是新农村建设模式，都是集中管，包括治污、用水等等，也要花钱了，不像在老地方用水打个井就行了，所以很多支出又增加了，这对农民来说，挣钱少了，支出增加多了，久了哪能没意见呢？诸如此类的事还不少。所以我们今年心里头还是没底，还是担心。如果处理不好、磨合不好的话，仍然有不稳定因素，仍然有可能出不稳定的问题。移民一旦出问题，那影响也是很大的。

（四）治污方面的风险。一个东线，一个中线，我们最担心的是东线，去年 10 月份虽然达标了，但是我也知道，可能有那么两三个断面很不稳定，来水少了，排污多了，很可能就又要超标，这样的超标也说不过去，东线今年三季度要正式通水了，考核断面要超标，这可是很难交代的。污水北上，这是很多人怀疑、担心的一个焦点。我们很担心这个，有没有这种可能？的确有这种可能。

中线，原来大家关注的不是那么强烈，但是因为你明年就要通水了，所以中央、国务院对中线水质十分关心，受水区民众和社会上对水质关注度也开始上升了。明年就要通水了，到底行不行？现在只能说就目前来看中线的水质还是不错的，但是有些支流的水质有恶化的趋势，个别河流已经在恶化。总共 19 条入丹江口水库的河流，现在至少有 5 条河水质超标，个别还是劣五类，当然这 5 条河的入库流量、水量不是很大，要大就糟糕了，但是这也不行。大家都在关注它，如果还在继续超标，比原来还要更严重的超标，这个就不好交代了。这也是我们今年特别担心的风险，因此必须要有一套防治措施跟上。

（五）关于投资规模控制的风险。现在大的方面已经说得清楚了，工程本身增加投资不会有太多了，可是前边我说的，所有工程都进入到了尾声，设计变更、合同变更、索赔等全出现了，他们告诉我，这些问题可能有几万个，大大小小的。仅河南代管的几个工程，前天告诉我就有五百多个要马上处理，我现在还不知道众多的变更索赔到底有多大量，能不能鼓包？这鼓包可就不好交代了，这就是我们投资上担心的风险，当然也要严防资金方面的大案要案，不能乱花国家的钱。

所以我们说，南水北调工程进行到今天，已经到了最关键的年度，我们确确实实还面临着一些风险，这五个方面是实实在在的。正因为有这五个方面的风险，所以我是不敢说大话的，这五个方面哪一个方面冒出来一件大事，都不知道是什么结果。因此，我们在今年1月份的工作会议上，提出了今年的工作思路，其中“依靠机制，严防意外”是要点，下面我给大家报告报告。

大的思路是，工作重点要从施工为主向施工与运行并举转变，就是要重视一下运行管理；从水污染治理向治理与保护并重转变，就是要强化保护，尤其是中线；从移民拆迁安置向稳定发展转变；从主抓干线工程向统筹干线与配套工程转变。最后这句话是针对地方的，因为东线今年通水了，有的省还有些配套工程没修呢，到时候光干线通水了那也没用，中线明年通水了，四个省市尤其是河南、河北还有一大批工程没修呢，这里面配套工程修的最好是北京、天津。这是大的工作思路。思路里边还有一句已经被我们系统广泛接受的话，就叫做“依靠机制、严防意外”，这个“严防意外”就是针对那五个方面的风险说的，这个“严防意外”是我们从实际出发提出来的。怎么叫从实际出发？我给各位专家报告一些数字，今年我们按照保东线通水、中线工程收尾的要求排来排去，满打满算，再有240亿元就行了，也就是今年我们再完成240亿元的工程量，实现既定目标应该没大问题。去年653亿元，今年240亿元，还不到去年的一半，工程量、工作量确实不是很大，用不着像前两年的大抓、狠抓、突出重点抓，不用这个抓法了。但是距通水时间越近，越怕出现影响通水的大问题，所以，今年要关注的就是严防意外，盯住五个方面的风险别出毛病，这就是我们今年工作思路中最要害的一句话，或者叫要点。这是上上下下都一致的，一切工作都是围绕这个，千万别出大事，我们只要按照年初定的计划按部就班弄，别出大问题，今年就能有一个好结果。因为工程量不是很大，因为风险还确实蛮多蛮大的。到底靠什么严防意外？就是依靠机制。而不是一出一猛的抓，不是靠大忽悠，不是搞活动去抓。

为此，我们提出了今年工作的安排部署意见，我概要给各位汇报一下：

（一）关于进度。在进度上我们的部署是抓两点、建立两个机制。所谓抓两点，就是抓重点和节点。把可能要拖工期的标段找出来，作为我们的重点盯死，主要是抓重点工程，一般性的工程就一般性地抓。抓这些重点工程抓什么，我们要抓节点。如一个桥分若干节点，桩到地面是一个节点，柱子升到横梁高度是一个节点，等等若干个节点，每个节点要明确必须什么时候完成，就抓这个，就不是一般性的说了，工程施工到节点了，就派人去看，今年的进度就要这么抓。依靠什么才能把进度抓上去？要靠建立两个机制，一个是预警机制，一个是奖罚机制。什么叫预警机制？就是如果你到节点没完成，我就预警你，这个预警有一套说法，即先警告你，如还不行就通知你上级单位，再不行就处罚，就这一套东西，形成预警机制。奖罚机制就不用细说了，你要是完成任务了，好说，出点钱奖你都行，完不成你有保证金在我这儿，我就对不住了，这就是抓进度。

（二）关于质量。我们提出“高压、高压、再高压，延伸、完善、抓关键”。这句话什么意思呢？就是我们今年还是要靠严查、严处这一套高压政策来监管质量，没什么别的办法，说服教育工作还要做，但主要是严查、严处，延伸到施工第一线，施工的第一个环节、在第一环节来控制质量。同时还要延伸到你施工竣工后实行终身制，很具体的。两头延伸，你质量有问题，施工过程中有问题我延伸抓你，你以后有问题，我肯定也不放过你，靠这个把质量抓得再细、再狠一点。所谓的完善就是把能想到的措施、办法，今年起要都摆上。比如准备搞信用管理，所有在南水北调施工的企业都要给你评级，今年开始评，有的施工单位在我们这儿认为是最后一年，今后也没有什么标可招了，今后没什么油水给他了，就很可能最后要搞一些名堂。对不住，我们今年要出信用管理机制，你要搞名堂，我就在网上公布你是不可信任企业。我们把能想的办法都想了，要对一些我们认为重点的项目，就是所谓关键的项目，也就是如果这个标段出问题，影响通水的关键项目我们派人现场盯着，这就叫抓关键。我们最近正在排一季度的工作计划，总的说，国务院南水北调办能用的办法、权限内能使的手段都使了。今年准备这么干一年。

（三）关于移民。我们叫“两个不动摇，一个不放松”，一是清库的时限不动摇。就是关于丹江口水库清库，今年要完成。第二个是清库的标准不动摇。不要简单地看这两句话，实际上这对整个中线来说很重要的。还有一个不放松，就是对移民后扶持要像搬迁一样重视，一点都不能放松。主要是想方设法让移民多挣钱，让他能稳定在那儿，现在已经开展这方面工作了，争取用这一套让移民渡过磨合期，尽快地渡过。这是关于移民。

（四）关于环保。东线，我们叫分区监控，建立应急机制。什么叫分区监控？就是对36个考核断面我们要分区的实施监控。就是把有可能不稳定达标和造成污染的区域作为监控重点来监控，一旦有污染了，我们有一个应急的机制，用这个机制能把这个污染源给查出来。不让你排出来，再不行就用别的办法调走，保证在三季度通水的时候，东线在水质上不出事。

中线，叫做“盯重点，强考核”，也就是盯住我刚才说的五条超标的河流，都在湖北省，要靠考核来不断地促治污、促保护。这是关于治污。

（五）关于投资控制。两句话：第一句话，“收口关闸”；第二句话，“狠查内纠”。什么意思？我们要制定一个设计变更和索赔收口关闸的期限，到这个期限以后谁都别弄了，有事再说，准备要关闸，现正在考虑制定一个合理的关闸指标。有事慢慢说。资金使用上严防出事，不能发生大的挪用、挤占、贪污等问题，大案要案要靠内查，有事内部先纠正。通过这一套，保证在钱上别出事。

这就是我们今年整个安排部署和大的思路。在这里给各位专家概要汇报一下，希望各位专家知道我们的情况，支持、支撑起来更有针对性。这是说的第三个方面。去年专家给我们这么有力的支撑，我们想多汇报几句。

四、对专家委员会2013年工作的建议

下面说说对专家委员会工作方面的几点建议。南水北调今年的工作难度会很大，想做好，极不容易。因此，迫切希望能得到专家委员会的支持和支撑。

前两年，在参加专家委员会工作会议的时候，我提出来一些建议。过去提的建议，今天不再重复，今天只想说三个方面的建议，我只是建议。根据我们的工作安排和需求，我不客气地提三条建议，供专家委员会参考。

这三个建议的题目是这样的：第一，建议不但要重视工程施工，还要重视工程建成后的运行管理；第二，建议不但要解决工程方面的突出问题，还要发挥专家委员会其他独特的作用；第三，建议不但要深入研究重大、关键的技术难题，还要为严防意外多做贡献。

（一）第一个建议是不但要重视施工，还希望能够重视一下运行管理。今年运行管理的事，不干不行了，干起来还真不太容易。所以我希望今年专家委员会在工作过程中要重视一下这个领域的一些难题。

主要有这么几个难题，我就说题目了。一是通水验收。现在我们是按照我们这一套在搞，行还是不行？当然有些验收还请专家直接支持了；二是关于清库，丹江口水库清库，河南省清得差不多了，湖北省正在清。作为一般的水库清库有一套规范，但丹江口水库不同。这是给北京、天津生活供水的水库，要求要高。还要在老水库的基础上清，这里面还有什么问题没有？三是调度方案。东线有，中线也有，有水资源调度方案，也有工程自身的调度方案。去年我们与王浩院士合作了一下，对我们帮助很大，在水资源调度上给我们提出很好的建议。今年需要提出调度方案；四是自动化系统。现在我们中线建管局自动化系统正在建设，批是批了一个方案，但是这个方案到底怎么样？我们还是想多听听意见，现在等是等不了了，因为要赶快建，要保明年通水，当然在过程中还能调整，迫切希望能多听到一些意见和建议；五是运行风险。过去这方面研究得不多，东线、中线都有，尤其是中线。去年水科院帮我们做了一件事，很有意义，他们对所有高填方渠道进行了一次溃口分析，这个渠段如果一旦溃渠、溃口了，淹多大范围，水深多少，多长时间能到哪儿？都给我们做了研究。这个成果很有价值，正是因为有这个成果，我们才决定对有些高填方渠道要额外地增加加固保险措施，宁可多花几个钱。首先是在焦作市搞，大概花了一两亿元，重新加固了一下。不敢说万无一失，但比过去要安全多了。这类东西我们还是希望能得到专家的继续关注；六是生态环境。这个问题已经开始突出了。我们搞南水北调工程，既有正面的效益，为“美丽中国”，为生态文明建设做了贡献，但也有负面的影响。这个方面到底怎么评价？这都是重大问题；七是防洪安全，涉及水利部门，正在处理。要干的事不少，这是第一块，希望能够重视一下运行管理。

（二）第二个建议是不但要解决工程方面的突出问题，还要发挥专家委员会独特的作用。这话指的是什么呢？我把它说得直白一点，所谓独特的作用就是国务院南水北调办所力所不能及的事，而专家委员会的身份又是力所能及的。我们希望在我们不行的领域，专家委员会多发挥作用。

（1）运行管理体制问题。在这方面现在跟其他部委的意见还不一致，到底成立公司，还是成立管理局，大家想法、说法也不一样。我相信专家们对这个问题的看法更客观、更公正。如果专家委员会能对这个事有一个看法，那比我们这些人去说可能更能说服人，就算专家委员会提出的意见，否定我们，也都没有关系。我相信专家委员会更公正。

（2）水价问题。去年宁远同志专门为水价下了很大工夫，但现在看，水价的问题仍然是一个争论的焦点，不论是中线还是东线。原来我认为东线可能问题不是很大，但是没想到马上要通水了，东线水价的问题也上来了，也在争论。春节前，有的省里同志到北京，一说就说水价，意见很大。那这个水价到底怎么叫合适呢？就说东线，山东跟江苏怎么叫合适呢？中线的问题就更大了，由国家发展改革委负责计算水价，他们在计算过程中出过一个报告，讲了不少问题，不好处理。那么这件事，能不能从专家委员会的角度对它有一个说法呢？因为专家委员会不代表任何一个部门和地方的利益，就从技术上、理论上、道理上去说它，那我认为说的可能会更客观。不然这个问题仍然是个事。东线要通水了，原来说9月份左右通水，三季度，现在已经2月份过去了，剩下7个月，水价还没定下来呢，有很多事都是我们很担忧的。

（3）东线、中线二期的问题。现在建的是东线、中线一期，我们希望尽快上二期，听说水利部在做前期工作，还有难题需要破解，在这个过程中，专家委员会的独特作用应该是会引起重视的。专家委员会讲东线、中线二期更有资格，能不能实事求是地促一促，尤其是东线二期。现在天津已经是积极要求，正式写报告要水，一期到德州那个地方不往北走了，能不能把二期尽快干起来，因为目前我们工程还在施工，有继续干下去的条件。

（4）西线问题。西线恐怕也需要早决策，但是据我所知，现在有分歧，但是分歧再大也得要拿出大主意。现在黄河一年入海就百八十亿立方米，大量的水都被两岸用了。而在西北地区搞能源开发，大量地需要水，按照分配的那点水量根本满足不了。调水的事如果不寻下手，就可能会有后患。我们搞这个工作的心里头挺着急，所以我去年跑了两个省，几个主任也都分头跑西线看了看，我们也只能这么吆喝吆喝，促一促，拢拢几个省让大家一块呼吁呼吁，但实质性的工作现在看进展不快，需要早决策。我们这些人应该切实负起责任来，把我们该参谋的意见明确地参谋上去，争取国家早些决策。

我认为，以上这几方面，国务院南水北调办想深入地、大张旗鼓地开展工作不大方便，搞不好人家可能也认为你带色彩。但我想了想，我们专家委员会可能行，因此我特别迫切地希望专家委员会能在这些领域多做些事，充分发挥独特的作用。

（三）第三个建议是不但要深入研究解决重大关键技术难题，还要为严防意外做贡献。这话指的就是前边我说的意思，那几个风险，尤其是工程建设过程中的风险，主要是围绕进度，盯住质量方面的风险，建议我们专家委员会能处理得更快一些、更果断一些。例如丹江口大坝加高工程、大型混凝土建筑物、高填方、桥梁，等等，因为这些方面一旦出问题，很可能不光是质量方面的事故了，要影响整个进程。因此只要出来这方面问题，尤其大坝加高、大渡槽这类十分复杂的巨型建筑物，如果出现技术难题可能就不是一般的题目了，我们迫切地希望只要出现问题，专家委员会能够快速地上去，果断地有个处理意见，这样我们这些人也能及时地把措施摆上去。

我这三方面的建议，说得实实在在，我确实站在需求方说了点心里话，提请专家委员会考虑。当然，今年是一个复杂的年度，过程中肯定会冒出来一些新情况、新问题，到时候再商量。

今年商请专家委员会支持的事会很多，所以特别要求秘书处切实负起责任来，你们要加强沟通，做好服务，尤其是要做好服务。刚才陈院士表扬秘书处了，争取明年还要多听到表扬的声音，而不要多听到批评方面的意见，因为你们太关键了，老人家哪有工夫搞服务上的事，一定要把服务弄好。

最后，再次感谢各位专家对我们南水北调工程的支持，并祝福同志们在新的一年里身体健康，工作顺利，家庭美满，生活幸福！谢谢各位！

国务院南水北调办主任鄂竟平在南水北调工程质量管理专题约谈会上的讲话

（2013 年 3 月 8 日）

这次请中线施工、监理、设计等各参建单位，东、中线项目法人和建管单位共 139 家单位的一把手，参加今天的约谈会，是事出有因的。办公室决定由我来主谈，也是经过慎重考虑的。

一、为什么这个时候请这么多同志来参加质量管理专题约谈，而且非要由我来主谈。

原因有四：

（一）南水北调工程在工程质量方面确实有令人不放心的问题

刚才大家看了质量警示的两个纪录片，相信都会有很深的感触。2011 年和 2012 年，仅国调办检查出的大大小小质量问题数量之多，让人揪心，有些问题不是一般的严重，不认真处理会出大事。如桥梁桩柱结合问题，有的桩柱偏心几十厘米；有的桩柱结合部烂根，中间有空洞，夹杂的杂物手一扒拉就能扒拉下来；有的桩基偏心后，在复位过程中直接弯折桩顶钢筋使柱位归正，这样还能受力么？这样存在隐患的桥梁不处理，运行后不知道什么时候就会垮塌。

2012 年检查发现 28 个大型建筑物存在不同程度的质量问题。最让人不能容忍的是混凝土强度和受力钢筋存在问题。河南有一个倒虹吸工程混凝土底板强度不足，进行了拆除；去年在河北又发现一座大渡槽，经过权威部门反复认证，确认部分底板混凝土强度不够，也要拆除。这些绝不是一般的质量问题，这些质量隐患如果没有查到，运行中出事，就是重大新闻。

这样的质量问题能放心么？不开这个会专门说这个事能行么？除此之外，还有渠道高填方标段，也查到了不少回填压实度不够等严重问题。2008 年 11 月份，河北涞水跑水事件，干渠 6、7 个流量就造成堤防溃决，好在 11 月份地里没有人，好在水小，好在跑水地点附近有个小河沟，所以才未造成人员伤亡。河北涞水填方高度才将近 6m，现在南水北调工程填方最高达 23m，超过 6m 高的填方渠道就有 137km。所以说当前的确还有很多令人不放心的质量问题，值得我们认真对待。

（二）在座的各位与这些质量问题是有关系的，是负有直接责任的

国调办反复分析认为，出这么多、这么严重的质量问题，是不应该、不正常的。第一，南水北调在建的大部分工程没有重大技术难题，是常规工程，出现的质量问题大多是低级错误造成的；第二，这几年没有发生重大自然灾害，出事赖不着老天爷；第三，国调办该给的钱都给了，去年还破天荒地打破常规扩大了价差调整范围，增加了材料价差费用，我们没有拖欠工程款；第四，施工环境也不错，沿线的政府和老百姓总体支持，有一些问题对工程建设影响不是太大；第五，国调办对质量方面的要求不过分，我们认定的问题个顶个都能叫得准。

基于这五方面的原因，我们认为，出这么多、这么重的质量问题不正常，不应该。但为什么出现了呢？分析原因，有如下几条：

第一，施工单位在利益驱动下，不兑现承诺，野蛮施工，偷工减料，管理缺失。你投标时怎么承诺的，现场管理人员够不够，你承诺的质量管理措施到位不到位，受力钢筋都敢割断，一割上百根，是不是野蛮施工？

第二，监理单位在利益诱惑下，不认真履行职责，现场监管不到位，当老好人。有的监理单位真不像话，两头吃，形同虚设，要么不去现场，坐在屋里填假的检查表，要么就像稻草人，在现场不顶用，对质量问题视而不见。

第三，设计单位技术交底不够，技术服务不及时。相当多的质量问题涉及到设计工作。

第四，建管单位有的责任心不够，人员素质不高。施工企业同志向我反映，有的建管单位人员不好好监管，净在自己的私利上打主意，帮分包队伍揽项目，不但不好好管，还搞小名堂。这样的问题不止一个，不止一处。

以上四方面的原因造成了这些不正常、不应该出现的质量问题。直白一点，与会的各位应该对质量问题负有直接责任，所以今天要你们来参加这次约谈会。今天要求各单位一把手来，绝大多数一把手都来了，但有些单位一把手没有参加，没来的大部分有正当理由请假了，不过据我知道，还有 4 家单位一把手没有来，也没有请假。南水北调工程是国家重大工程，质量是生命，我们请你来，为什么不来？要看看都是哪几家，要另眼看待。国调办要将这 4 家作为重点监控对象，会后立即去查。

（三）南水北调工程通水后，如果因为质量问题发生严重事故，我们对不起党中央、国务院和广大人民群众

南水北调工程经过几代人努力，形成现在来之不易的局面。1952 年，毛主席提出“南方水多，北方水少，如有可能，借一点来也是可以的”这一设想，由此，南水北调工程经过三代中央领导集体决策，两届中央领导集体努力，才有了现在这个成果。

南水北调一期工程通水后，对京津冀等 8 个省的民生、经济、社会、环境等方面的效益非常巨大。它不是一个简单水利工程，是

公益性、基础性、战略性的伟大工程。这样的工程能出大事么？出了大事对党、对国家、对全社会有怎样的影响？在座的各位都要站在这样的高度上来认识工程质量。

中央领导同志十分关注工程质量。2003、2004 年，温总理就讲：坚持质量第一，高标准，高效率地搞好工程建设。要求建立质量责任制和责任追究制，实施全过程质量监督。

2004 年，胡锦涛总书记也要求一定要高质量地完成各项建设任务。

特别是 2008 年以来，李克强总理和回良玉副总理每年都对南水北调工程质量做出明确指示，并且份量一年比一年重，强调：质量是生命线，是核心任务；容不得半点疏忽，不能给工程留隐患，不给后代留遗憾。

大家要用心体会党中央、国务院领导的重要指示，清醒认识南水北调工程质量绝不是小事。

社会和公众会对南水北调工程质量问题持什么态度？当今的中国，不光经济发展了，社会也有巨大进步，现在是信息社会，如果像南水北调这样的国家头号重点工程都出大事故，影响该有多大？不知道有多少人谴责咱们，如果造成重大人员伤亡，在座的谁还能稳稳当当坐着呢？

所以，我们一定要从维护党和国家、人民利益的高度认识南水北调工程质量问题。工程质量太重要了，我们再精简会议，也要开这个会，因为它值。

（四）一旦出现质量事故，将会给在座的各位所代表的单位造成重大的负面影响，甚至是毁灭性的影响

为了各参建单位你们自身的利益，也要保证质量。分两种情况讲，第一种是：一旦南水北调工程投入运行后，如果因质量原因出现严重事故，你们的日子肯定不会好过。大家应该清楚，质量事故在现行的体制下，一定会事后从重处理，并且有可能不是一般的重。第二种情况是：一旦在工程建设过程中，被发现有严重质量问题，你们的日子也不会好过。因为国调办绝不姑息，绝不手软，一定会从严从重处理。过去是八种处理措施，碰上那种都会很难受，今年我们又要实施信用管理办法，如果真让国调办公示你为不可信企业，意味着在国家第一号重点工程中得到一个不可信任的结论，今后在业内你还想投其他工程的标么，不中标没有后续工程来建你的日子还怎么过啊，这不是毁灭性打击么？这可不是一般的影响。

显而易见，如果出了质量问题，我们大家的日子都不好过。国调办的日子也不好过，我们要向国务院去请罚。当然你们日子会更不好过。因此，为了你们的前途，也要加强质量方面的管理。

以上四点是召开这次约谈会的原因，所以说开这次会是很必要的，实际上就是鉴于南水北调工程质量的极端重要性。

二、怎么做才能保证工程质量

只要各单位都能切实负起责任，做好自己的事，工程质量就不会差，更不会出大的问题。为此我对在座的各单位提出以下要求：

（一）设计单位

第一，人员要真正到位。不仅数量到位，还要保证人员素质，能够切实解决现场的问题。

第二，服务要到位。技术交底要及时，释疑解惑要跟上，及时解决现场意外出现的技术问题。

（二）施工单位

对正在施工的工程有五条要求：

第一，要兑现承诺。要按照合同要求配足质量管理人员和设备设施，主要管理人员不能离岗。工程建设越到最后，质量越较劲，管理人员越不能抽走。

第二，现场监管要来真的。尤其要做好关键工序的考核工作，考核到位，质量能基本有保证；要严格三检制，做好质量问题的内部自查自纠。

第三，要坚决整改所查到的问题。尤其

是国调办监管单位、项目法人查到的问题，要坚决整改，不打折扣。

第四，管好分包队伍，不能以包代管。有的项目经理管理分包队伍感到很费劲，因为很多分包队伍都有背景。沙河渡槽钢筋制安分包队伍擅自割断受力钢筋就是例子。请大家注意，擅自割断钢筋的问题是国调办检查到的，这类问题如果检查不出来，工程建成投入运行后要出大问题。但仅靠国调办查出问题的比重是有限的，而没查出的问题可能已在地下、在混凝土里面，就会是隐患。所以拜托各个施工企业，对工程分包尤其是较劲的分包队伍一定要管理好，今后出现问题就要找你中标单位负责。

第五，要求各个施工企业总部，要真心支持南水北调工程，高度重视今年的质量监管。工程建设就剩一年左右的工期了，同志们，这一年怎么叫重视？我认为各个企业的一把手今年能分管南水北调工程，这就是重视。就今年一年，一把手分管了，形势就会有很大的变化。有的现场项目经理给后方报喜不报忧，不反映问题，淡化被处罚，给施工企业带来了信誉影响，而施工企业总部却不知情，这是造成这些工地屡罚屡犯的重要原因。希望各施工企业调整分工，一把手直管南水北调工程，这就是真正重视质量。

对已完工工程项目，中线各个施工企业都要复查一下施工质量，尤其是重点工程和关键部位。东线项目法人和建管单位也要注意把完工的工程再查一遍。东线要通水，中线要收尾，今年年底前，中线100%混凝土工程，99%的土方工程要完成，现在有问题整改还来得及，千万不要拖到下半年，那就真来不及了。

（三）监理公司

第一，按合同配够监理人员，数量要够，素质要保证。最后一年了，不要派一些一问三不知监理人员，要派能顶事的人员。这项工作，国调办要专门检查。

第二，严格按规矩办事。什么叫按规矩办事？要求你旁站的，一定要旁站；要求你检验的，一定要检验；要求你查的，一定要查；需要你签字的，你现场看清楚了再签。今年监理单位不按规矩办事，被查到后要严处。

第三，千万不能当老好人。要与施工企业划清界限，决不能吃拿施工企业，只有这样才能真正履行职责。这是关键。

（四）建管单位

第一，今年都要增加质量监管人员。尤其是委托和代建单位，现场管理人员太少，一定要加人，并且要增加明白人。就今年一年了，要想方设法，确保质量监管人员到位。今年，国调办稽察大队又增加了10人，国调办今年还要对有些工程派驻人员，死盯、盯死。

第二，要关口前移，做好过程控制。要在过程中发现问题，纠正问题，不然事后就来不及了，而且大家都会不愉快。

第三，突出抓重点标段，多注意普遍性问题。什么是重点标段，不是一般的挖方段，像渡槽、高填方、交叉建筑物这些标段就是重点。

第四，希望项目法人和建管单位一定要敢说敢管。这一条十分重要，很多质量问题大事化小、小事化了，就是我们态度不够坚决，老碍着情面。

三、国调办如何加强质量监管

今年南水北调工程质量监管工作就两句话，高压高压再高压，延伸完善抓关键。这就是国调办今年质量监管的总基调。什么意思，我给大家说一说。

高压，就是严查严处严罚，绝不手软。国调办费了很大劲编制了《质量责任追究办法》，这个办法几易其稿，又细又实，共列出900多个问题类型，8种处罚措施。所谓高压，就是国调办依据这个办法来严查，只要是问题就要毫不含糊地进行处罚。今年要比过去更加严厉，要高压高压再高压。第一，过去是一季度处罚一次，今年是一个月处罚一次；第二，今年要简化程序，快速处理现场质量问题；第三，不但要现场处理，还要通报给受罚的上级单位，通报给东中两条线。总之，就是你如干坏事绝对不让你好过，并以儆效尤，这就是高压。

延伸，就是改变过去只对半成品、成品质量检查和处罚，而向两头延伸。向前延伸到施工环节，对施工的关键工序开展考核奖惩，同时质量检查也要延伸到工序质量控制；往后延伸，就是实施质量终身责任制，这个方面国调办搞了个实实在在的办法。如果工程建成后，运行期间一旦出现事故，我们要检查分清是运行方面的问题，还是施工阶段的质量问题造成的，如是施工阶段质量问题造成的，那就要溯源追究，谁干的工程谁负责。办法规定现在就要留存必要的信息，为了以后追究终身责任。

完善，今年国调办要采取一些新的措施完善质量监管体系抓质量。哪些新措施呢？有不少，比如，我们考虑要实行派驻制，对不放心的工程派驻人员；要实施质量问题挂牌督办制；要简化处罚程序，快速处理质量问题；再比如今年要实施信用管理办法。请大家注意，我认为信用管理办法是“完善”方面的重要手段。为什么实施这个办法？这也是南水北调工程建设到今天大形势逼出来的。工程就剩下一年了，我们没有新的工程让大家继续投标，只有靠互相信任了。怎么才叫互相信任，就靠这个信用管理办法。多数单位我们是信任的，但很难说所有的单位都值得信任。国调办做事先讲理，讲理是现在做事的最基本着眼点。国调办一定会讲理，我们希望大家都要讲理，要讲大道理，讲情分。要互相信任，对于不值得信任的，就靠信用管理办法了。这个办法的核心是确定了优秀、可信、基本可信、不可信四类信用等级，只要大家认真履职，差不多的都能评为基本可信之上；但太过分的，就没有办法了，只能叫不可信单位。同志们，我们不想干这种事，哪个单位真的被国调办评为不可信企业，在网上挂1年，查询5年，你说这个企业还想参加今后其他工程的招标么？结果就非常糟糕了。希望这个办法有而不用，希望大家互相理解，互相信任。但对极个别的单位，除了用信用管理办法，没有更好的办法了。今年是南水北调工程最后一年，我们一不能给你新的工程，二不能管你的官帽。只能靠相互信任，所以就搞了这个信用办法。我再重复说一遍过去讲过的话：你要是在国家头号重点工程上干不好，国调办绝不会让你过得好。咱们今天把这句丑话说在前面。

抓关键，什么叫关键，一旦这个标段出现质量事故，就会影响通水目标，这是决不允许的，这就是关键。今年国调办抓质量的主要着眼点就在这些关键点上，今年重点不会对混凝土工程的蜂窝麻面等感兴趣，但干线的重要混凝土建筑物、高填方渠道、桥梁等决不能出大的质量问题。按照这个原则，我们确定了16个大型建筑物，140个高填方缺口段、若干桥梁作为今年监管的重点。

总之，国调办今年要强化查、认、罚这三个环节，靠三查一举（质量飞检、质量巡查、专项稽察、有奖举报）去发现问题。靠快速准确的权威认证，迅速认定质量问题性质和造成的后果。靠从快从严从重处罚，毫不手软地处罚责任单位，毫不手软地监督整改。这就是国调办今年质量监管的一整套思路。同时，国调办也要对质量管理好的单位实施重奖，今天这类话不多说。今年的处罚一定是动真的，而且从重、从严、从快，对关键工程和有可能对今后形成严重隐患的质量问题的处罚要罪加一等。

四、为什么要这么干

大家肯定在想，今年国调办为什么这么杀气腾腾。我们之所以这么办，理由是十分充分的。工程建设就剩一年时间了，担负的重大责任要求我们必须这么干。

第一，南水北调经过几十年的努力，很快就要见成果了。我们要珍惜这几十年的努力，从1952年算起有60多年了，工程建设高峰期有20多万人奋战在工程一线，前前后后几十万人为南水北调工程出过力，流血流汗；移民方面，南水北调一期工程有近45万移民群众背井离乡，无私奉献，10万多移民干部无悔无怨，仅移民干部就牺牲了18位。在几代人共同奋斗下，南水北调工程快有成果了。要是因为我们出现重大质量事故，毁坏南水北调的名声和来之不易的成果，同志们，我们对得起谁啊？为了这几十万移民群众，为了流血流汗的基层干部、建设者们，在监管质量上，我们也要狠起来。

第二，党的十八大有很多重大理论创新，选出了以习近平同志为总书记的新的中央领导集体，党和国家提出的很多新要求与南水北调直接相关，可以说对我们有了新的、更高的要求，使得南水北调工程在国家发展全局里的战略地位更加突出。今年东线工程通水，明年中线工程通水，社会高度关注。最近，多家大媒体多次要求采访我，这实质上体现了南水北调工程受到前所未有的关注。如果这个时候，出了重大质量事故，就是给党中央国务院抹黑，给社会添乱，给人民群众添堵。从这个方面讲，在监管质量上抓得狠点也是必要的。大的政治责任，要求国调办必须狠。

第三，东线工程建设基本结束，中线工程建设就剩1年了，我们还有回旋余地吗？我们还有时间做深入细致地思想工作么？我们没有这个时间了。只有靠大家齐心努力，严格控制质量，发现问题立即处理，来求得一个好结果。处罚不是目的，处罚是让人们看的，都别再干坏事了。国调办想来想去，实在想不出其他好办法，所以就是高压高压再高压，延伸完善抓关键。

这里顺便报告一下去年工程建设情况。去年南水北调工程建设任务完成得不错，共完成投资653亿元，是历年完成投资最多的一年。前年是578亿，大前年是408亿，工程质量也明显向好。总之，经过这些年的努力，现在看，实现通水目标心里有些底了，但不敢把话说死，因为还有些不可预测的隐患。就工程量而言，今年再完成400多亿元，就能实现两线通水目标。现在怕就怕出现意外，尤其是质量方面的意外。所以今年国调办的工作思路中很重要的一条就是“严防意外”！

质量出现意外很要命，通水目标可能就会毁于一旦。因此，抓质量的责任非常重大。我们只能毫不留情的，刚性的，下狠手抓质量。

以上就是我今天代表国调办向大家说的话。同志们，我们已经合作了多年，总体上国调办是相信大家的，相信绝大多数单位会端正态度，会正确对待，会真心实干。只要我们齐心协力，团结奋斗，一定会取得令各方面都能满意的结果。

希望我今天这番话没有白说，希望大家能听得进去。如果大家听了我的话，有什么想法，可以找国调办监督司，也可以找各项目法人反映情况。

谢谢大家！

国务院南水北调办主任鄂竟平在南水北调办党的群众路线教育实践活动动员大会上的讲话

（2013年7月4日）

同志们：

围绕保持党的先进性和纯洁性，在全党深入开展以为民务实清廉为主要内容的党的群众路线教育实践活动，是党的十八大作出的一项重大部署。根据中央统一部署，办机关、各直属单位安排在第一批开展群众路线教育实践活动。我们今天召开动员大会，进行动员和部署。下面，我讲几点意见。

一、充分认识开展群众路线教育实践活动的重大意义

（一）开展群众路线教育实践活动，是实现党的十八大确定的奋斗目标的重要保障

能否保持党同人民群众的血肉联系，决定着党的事业的成败。要实现党的十八大确定的奋斗目标和中国梦，必须紧紧依靠人民，充分调动广大人民群众的积极性、主动性、创造性。开展群众路线教育实践活动，就是要使全党同志恪守根本宗旨，发扬优良作风，为实现十八大确定的奋斗目标而凝聚力量。

（二）开展群众路线教育实践活动，是保持党的先进性和纯洁性、巩固党的执政基础和执政地位的必然要求

保持党的先进性和纯洁性、巩固党的执政基础和执政地位，最重要的就是要靠党的群众路线。能否坚守群众路线这条“执政生命线”，检验着我们党的执政信念，考验着我们党的执政能力。开展群众路线教育实践活动，就是要把为民务实清廉的价值追求深深植根于党员干部的思想和行动中，巩固党的执政基础和执政地位，增强党的创造力凝聚力战斗力。

（三）开展群众路线教育实践活动，是解决群众反映强烈的突出问题的重要举措

这些年，广大党员、干部执行党的群众路线的情况是好的，赢得了广大人民群众的拥护和肯定。但要清醒地看到，党内脱离群众的现象大量存在，一些问题还相当严重，群众深恶痛绝，反映十分强烈。开展群众路线教育实践活动，就是要对作风之弊、行为之垢来一次大排查、大检修、大扫除，进一步密切党群干群关系，提振精气神、拧成一股劲。

（四）开展群众路线教育实践活动，是又好又快建设南水北调工程的迫切需要

南水北调工程是落实科学发展观、贯彻群众路线的生动实践，是惠民利民的民生工程、民心工程。自2002年开工建设特别是近三年来，我们不断完善机制，大力倡导“求真务实、清正廉洁、联系群众、艰苦奋斗、勤思爱学”之风。建设过程中，我们建立了一系列符合南水北调工程实际的管理体制和机制，把政策的严肃性与执行的灵活性结合起来，妥善处理中央、地方和群众间的利益关系；我们坚持群众路线，尊重移民意愿，实行开发性移民方针，建立“四位一体”的移民房屋质量监督体系，督促落实后期帮扶措施；面对复杂的质量管理形势，我们采取了一些务实措施，狠抓严管，通过“三查一举（稽察大队飞检、专项稽察、站点巡查和有奖举报）”、建立质量信用档案、质量责任终身制、关键工序考核、五部联处、开展“三清除一降级一吊销”监理专项整治等措施，保持了质量监管高压态势；针对东、中线治污实际，我们编制并实施了东线治污补充规划，研定了库区“一河一策”治理方案。

正是因为我们坚持了群众路线，并发扬“严、深、细、实、廉”的作风，实事求是地及时研究和解决工程建设中遇到的各种问题，才保证了前一阶段南水北调工程建设顺利推进，取得了阶段性成果，并经受住了审计署的全面审计。但应看到，当前工程建设还面临不少困难和风险。为此，年初我们提出要“依靠机制，严防意外”，并研定了“大推工程进度，高压严管质量，帮扶稳定移民，治理保护水质，安全高效监控资金”的总体思路。但尽管如此，仍然还是不断出现这样那样的难题和问题，有些问题长期存在但迟迟发现不了，有些问题长期窝在基层，既不解决也不上报，有些问题反映上来了，但久议不决、一拖再拖，有些问题提出了解决方案，但脱离实际、操作性差，有些质量常见病犯了改、改了犯，治不出根。这反映出，我们干部队伍还存在不适应、不符合工程建设需要的问题，作风建设亟待进一步加强。开展群众路线教育实践活动，就是要我们求真务实，敢抓敢管，以优良的作风确保南水北调

工程又好又快建设。

二、正确把握群众路线教育实践活动的指导思想、目标要求

（一）深刻领会和正确把握教育实践活动的指导思想

根据中央精神，我办党的群众路线教育实践活动的指导思想是：高举中国特色社会主义伟大旗帜，坚持以马列主义、毛泽东思想、邓小平理论、“三个代表”重要思想、科学发展观为指导，全面贯彻落实党的十八大精神，紧紧围绕保持党的先进性和纯洁性，以为民务实清廉为主要内容，以“照镜子、正衣冠、洗洗澡、治治病”为总要求，以贯彻落实中央八项规定为切入点，以加强作风建设、突出反对“四风”为聚焦点，用整风精神切实加强全体党员马克思主义群众观点和党的群众路线教育，强化全心全意为人民服务的根本宗旨，把以人为本、执政为民的理念落实到南水北调工程建设各项工作之中，为推动南水北调工程又好又快建设提供坚强保障。

（二）深刻领会和正确把握教育实践活动的目标要求

我办党的群众路线教育实践活动的主要任务是教育引导党员干部树立宗旨意识，增强群众观点，弘扬优良作风，解决突出问题，保持清廉本色，使党员干部思想进一步提高、作风进一步转变，党群干群关系进一步密切，为民务实清廉形象进一步树立。总体目标是“党员干部受教育、工程建设上水平、人民群众得实惠”。在整个教育实践活动中，要切实注意以下几个方面：

一要把握总要求。这次教育实践活动要贯彻“照镜子、正衣冠、洗洗澡、治治病”的总要求。“照镜子”主要是对照党章、查找不足；“正衣冠”主要是端正行为、维护形象；“洗洗澡”主要是除思想之尘、祛行为之垢；“治治病”主要是对症下药、治病救人。这个总要求是相互联系的有机整体，各有侧重、相互关联，核心是解决问题，增强自我净化、自我完善、自我革新、自我提高能力。我们要系统理解、全面把握，贯穿到教育实践活动的全过程、各环节。

二要把握切入点、聚焦点。切入点是贯彻落实中央八项规定，聚焦点是加强作风建设，突出反对形式主义、官僚主义、享乐主义和奢靡之风。我们要切实做好抓推进、抓深化、抓巩固、抓持久的工作，使党的作风建设取得明显成效，促使党员干部切实做到为民务实清廉。

三要把整风精神贯穿始终。这次教育实践活动，中央强调贯彻整风精神，我们要认真落实。坚持正面教育为主，引导党员干部坚定理想信念，增强公仆意识。坚持批评和自我批评，敢于揭短亮丑，改正缺点、修正错误。坚持开门搞活动，请群众参与，让群众评判，受群众监督。

四要着力解决突出问题。要落实为民务实清廉要求，努力解决影响和制约南水北调工程又好又快建设的突出问题，解决党员干部党性党风党纪方面群众反映强烈的突出问题。教育引导党员干部深入实际、深入基层、深入群众，察实情、出实招、办实事、求实效；教育引导党员干部克己奉公，勤政廉政，保持昂扬向上、奋发有为的精神状态；教育引导党员干部艰苦朴素、精打细算，勤俭办一切事情。

五要提高南水北调工程建设水平。通过教育实践活动，把群众路线的要求具体转化为推进南水北调工程建设的坚强意志、维护群众利益和实现移民安稳致富的正确思路、促进防污治污和生态保护的政策措施、综合协调和加强管理的实际能力，转化为党员干部增强党性修养、提高思想觉悟、转变工作作风的自觉行动，努力把南水北调工程建成一流工程、廉洁工程、生态工程、利民工程、和谐工程。

三、办公室教育实践活动的具体安排

按照中央的安排部署，办公室党的群众路线教育实践活动参加范围为办机关、各直属单位的全体党员干部，重点是司局级以上领导班子和处级以上党员领导干部。整个活动从现在开始，集中教育时间不少于三个月，着力抓好以下三个环节：

（一）学习教育、听取意见（7月4日~8月初）

主要抓好三项重点工作。一是学习培训。以学习习近平总书记十八大以来的重要讲话为重点，组织党员干部开展理想信念、党性党风党纪和道德品行教育，开展中国特色社会主义宣传教育，开展马克思主义群众观点和党的群众路线教育等。其间，办党组中心组将组织集中理论学习，办机关和直属事业单位全体党员及中线局部门以上党员领导干部也要进行集中学习培训。各单位除参加办机关统一组织的培训以外，还要结合工作实际，制定详细的学习培训计划，组织好本单位党员干部的学习。二是深入调研。要采取有效的方式，认真总结贯彻落实中央八项规定和密切联系群众方面的情况，注意选择正反两方面的典型事例进行深刻剖析。办党组成员要着重围绕落实中央八项规定、建设惠民利民工程确定调研课题，开展调查研究。机关各司、各直属单位领导班子，要走出去、请进来，广泛听取意见和建议，着重梳理出在贯彻群众路线方面存在的主要问题。全体党员干部都要结合工作实际认真听取相关意见。三是开展专题讨论。要紧密联系工作实际和思想实际，围绕落实中央八项规定、密切联系群众、建设惠民利民工程开展讨论。通过讨论，使广大党员干部进一步加深对群众路线的深刻理解，增强贯彻落实群众路线的自觉性和坚定性，真正把南水北调工程建设成惠民利民工程。

（二）查摆问题、开展批评（8月初~9月初）

主要抓好三项重点工作。一是召开领导班子专题民主生活会。办党组和各单位领导班子要结合专题调研情况，围绕落实中央八项规定、密切联系群众、建设惠民利民工程确定主题，召开专题民主生活会。要努力提高民主生活会的质量。会前，要充分准备，撰写对照检查材料。会上，要开展严肃认真的批评与自我批评。会后，要在规定范围通报民主生活会情况和班子成员的对照检查材料。二是召开党员干部专题组织生活会。各支部（党委）要召开专题组织生活会。会前，要认真开展思想和工作作风对照检查。会上，要实事求是地总结、批评与自我批评。会后，要针对存在的问题，提出改进措施和办法。三是组织民主评议。真心实意地广泛征求党员、群众的意见。评议着重看对群众路线的认识深不深、查找的问题准不准、原因分析得透不透、改进措施可行不可行。

（三）整改落实、建章立制（9月初~10月初）

主要抓好三项重点工作。一是制定整改落实方案。办党组和各单位领导班子要针对查摆出来的突出问题和需要完善的制度，分别提出整改落实的目标、方式和时限要求，明确责任单位，使整改落实工作有章可循，责任到人，便于操作。二是集中解决突出问题。办党组和各单位领导班子要切实解决查找出来的突出问题。解决问题要突出重点，办促进南水北调事业科学发展的实事。要强化正风肃纪，下大力气杜绝“四风”等突出问题。要加强领导班子建设，严格教育管理干部，如有软、懒、散的领导班子，要进行整顿；对存在一般性作风问题的干部，立足于教育提高，促其改进；对群众意见大、不能认真查摆问题、没有明显改进的干部，要进行组织调整；对于重大违纪违法问题，要及时移交纪检监察机关或有关方面严肃查处。三是完善制度。各单位要对贯彻党的群众路线已有制度进行认真清理，根据新的需要和新的实践，对有关规章制度加以补充、修改和完善，以完善制度来推进改进工作作风、密切联系群众常态化长效化。

这次教育实践活动的三个环节是相互联系、相互促进的有机整体。学习教育、听取意见是基础，查摆问题、开展批评是关键，整改落实、建章立制是根本。教育实践活动最终目的就是有所改进、真正提高。这次教育实践活动不分阶段、不搞转段，大家从一开始就要重视起来，注重健全长效机制，把教育实践成果巩固下来、坚持下去。

四、加强领导，统筹安排，确保教育实践活动取得实效

开展群众路线教育实践活动是当前党的政治生活中的一件大事，各单位一定要认真贯彻落实中央的统一部署和办公室的具体安排，高度重视，统筹安排，精心组织，确保取得成效。

（一）提高思想认识，务求活动实效

当前，南水北调工程正处于冲刺冲锋、决战决胜的关键时期，建设管理任务繁重。开展党的群众路线教育实践活动，是促进南水北调工程又好又快建设的难得机遇和强大动力。因此，要把群众路线教育实践活动作为当前头等大事、重要工作，积极主动投身其中，在思想上重视起来，在政治上严肃起来，在工作上统筹起来，严防走过场、搞形式，确保教育实践活动健康深入开展。

（二）加强组织领导，精心组织实施

我办教育实践活动在办党组领导下进行，自觉接受中央督导组的指导检查。办公室专门成立了领导小组，由我任组长，张野、蒋旭光、于幼军同志任副组长，成员由各部门主要负责同志组成。领导小组下设办公室，承担领导小组日常工作，办公室主任由程殿龙同志担任，下设综合组、宣传组、联络组。领导小组办公室要研究制定实施方案和具体措施，明确工作重点，健全工作机制；及时了解全办活动开展情况，加强协调指导，总结推广经验，研究解决问题；做好与中央督导组的联系汇报沟通工作，积极争取指导和支持。领导小组派出督导组，参加各单位领导班子民主生活会，了解教育实践活动开展情况；指导、督促各单位按照中央要求和办公室安排组织开展活动。督导组组长由杜鸿礼同志担任。各单位要精心组织，认真落实，注重实践，务求实效；各单位一把手是教育实践活动的第一责任人，要亲自抓、负总责，亲自动员部署，发挥好表率作用，确保教育实践活动落到实处。

（三）科学统筹协调，扎实有效推进

一要坚持用好的作风开展教育实践活动，做到“不虚”、“不空”、“不偏”。二要充分发挥党支部的战斗堡垒作用和党员的模范带头作用。三要坚持领导带头。各级党员领导干部都要把自己摆进去，带头转变作风，特别是主要负责同志，要带头学习、带头听取意见、带头谈心、带头开展批评与自我批评、带头进行整改，力争认识高一层、学习深一步、实践先一着、剖析解决问题好一筹。我一定会带头做好表率，党组各位同志也要起好表率作用，请大家监督。四要以整风精神开展批评与自我批评。既深刻剖析和检查自己，又开展诚恳的相互批评。五要坚持开门搞活动。让群众参与、监督，确保取得让群众满意的效果。

（四）注意学习研究，注重舆论宣传

一要认真学习消化，吃透中央精神，使教育实践活动不走样。二要注意调查研究，努力把研究成果转化为谋划工作的科学思路、推动工作的实际举措。三要加强宣传引导。利用南水北调网、南水北调报、工作简报等，充分反映教育实践活动的进展和成效，为教育实践活动创造良好的舆论环境和文化氛围。

（五）结合业务工作，保障工程建设

开展教育实践活动的目的是教育引导广大党员干部振奋精神、改进作风、增强本领、凝聚力量，奋力实现通水目标，保证工程安全投运。在教育实践活动中，一定要坚持两手抓、两手硬，两不误、两促进，使广大党员干部在南水北调工程建设实践中受教育，提高群众工作的能力和水平；使党员党性修养明显增强，干部思想和工作作风明显改善，为南水北调工程又好又快建设提供坚实的思想、政治和组织保证。

各单位要以开展教育实践活动为契机，根据职责分工，对上半年的各项工作进行全面总结、深刻剖析，对下步工作进行科学分析、准确预判，实事求是、科学合理地安排好下半年的工作，特别要做好“严防意外”的相关工作，要“勤跑一线摸情况，快速研究想办法，果断决策定方案，一抓到底要结果”，以活动实效、良好作风全面完成今年工程建设的目标任务。

同志们！从今天开始，我办群众路线教育实践活动就正式开始了。让我们在以习近平同志为总书记的党中央的坚强领导下，在中央督导组的正确指导下，求真务实，精心组织，周密安排，扎实推进，圆满完成教育实践活动各环节的任务；同时，把党员干部在活动中激发出来的工作热情和进取精神转化为建设好南水北调工程的强大动力，用教育实践活动的优异成绩推动南水北调工程又好又快建设，为实现中华民族伟大复兴作出积极贡献！

谢谢大家！

北京市政府党组成员夏占义在北京市南水北调配套水厂进度推进会上的讲话

（2013 年 5 月 19 日）

同志们：

大家上午好！在国务院即将召开南水北调工程建设委员会第七次全体会议的前夕，召集大家来开南水北调配套工程水厂项目调度会，主要是为了推进配套水厂项目进度。今天，参会的单位主要是咱们市南水北调建委会中有来水接纳任务的区县和负责工程建设审批的市有关部门，也就是最直接进行南水北调工作的单位和部门。随后，在国务院南水北调七次全会后，还将召开会议统一部署南水北调工作。

刚刚市南水北调办汇报了南水北调工作进展，也与有水厂建设任务的区县签订了责任书，希望各区县按照责任书切实履行职责，加快水厂进度。下面，我再强调四点意见：

一、南水北调工程建设成绩显著，值得肯定

我市南水北调工程自 2003 年底开工建设以来，各项工作都有了很大进展。从 2008 年 9 月南水北调京石段工程通水运行以来，通过先期建成的干线北京段工程调来近 13 亿 m^3 的河北水，保证了密云水库稳定蓄水 10 亿 m^3 以上。南水北调工程为我市经济社会可持续发展发挥了很大的作用，是首都生活、环境用水的重要支撑，包括这次园博园的景观用水，也大部分来自于南水北调工程。可以说，南水北调工程直接效益非常显著，南水北调是生态、生命之水，也是发展之水。

二、当前配套工程建设形势紧张，必须共同努力

根据国家确定的南水北调一期工程“东线 2013 年通水，中线 2013 年底主体完工、2014 年汛后通水”建设目标，目前南水北调工程整体建设形势良好，东线工程已基本完工，今年第三季度将全线正式通水运行；中线工程进展顺利，2014 年汛后按时通水有保证。

通水后，每年将有至少 10.5 亿 m^3 长江水进京。为确保顺利接纳来水，我市需建设的南水北调配套工程 21 项，包括输水工程 6 项、调蓄工程 3 项、水厂 11 项以及智能化调度系统。其中，南干渠、大宁调蓄水库主体工程已基本完工；东干渠、团城湖调节池、亦庄调节池、郭公庄水厂、第十水厂、城子水厂扩建等工程于 2012 年开工，其余项目计划年内陆续开工。现在距离中线通水只有 16

个月的时间，市内配套工程任务还很艰巨，必须举全市之力，加快推进。

尽管形势严峻，我们也要有信心能完成接水任务，目前我市已经具备每年接纳6亿～7亿m^3来水的能力。按照国家分配的水量，我市2014年第四季度需接水2.1亿m^3，2015年接水10.5亿m^3以上，同时还要利用南水北调来水调入密云水库调蓄工程尽可能多调水、增加首都水资源储备。结合配套工程各项目进度，经过测算，只要密云水库调蓄工程按计划建成，就肯定能完成接水任务。另一方面，水来了，还得用得了。金龙书记、安顺市长多次强调，一定要保证南水北调来水“调得进、用得上”。不管是确保“调得进”还是“用得上”，都需要在座各位，各区县、各部门提高认识，高度重视，共同努力完成南水北调任务。

三、配套水厂建设进度相对滞后，必须紧盯不放

未开工的项目中，密云水库调蓄工程和配套水厂将是按时接纳长江水的关键。市委、市政府已明确要求密云水库调蓄工程需在2014年10月前建成，近期发改、规划部门将批复初步设计，进度已经滞后于《配套工程2012～2014年行动计划》。但水厂项目整体进度滞后尤其严重，11个水厂项目还有8座未开工，涉及6区县和亦庄开发区，据我了解，进度快的已完成可研评审，慢的甚至还在编制规划选址方案，时间紧迫、任务逼人，主责单位必须按照《配套工程行动计划》要求，尽快开工建设。

把南水北调抓好，科学用水、生态用水，可以提高供水保证率、减少地下水超采，对首都意义重大，这也是咱们召开会议的原因。各区县把水厂建好、高标准建设，不仅关系到本地区，更关系到北京的可持续发展。所以，在这里，我郑重地要求有水厂建设任务的区县真正重视起来，按照今天签订的责任书要求，本着对群众负责、对本区域负责、对全市发展负责的态度来抓水厂建设。区县政府和市有关部门都要切实负起责来，站在首都的高度、从大局的角度，把南水北调当成一项政治任务来推进，市级部门要主动工作、做好对接，区县政府要积极沟通、争取支持，切实加快前期工作，尽全力赶进度，确保按时接纳来水，确保首都供水安全。

四、通水前各项工作任务艰巨，必须统筹推进

年初，市委市政府提出用3年的时间实现首都水环境的根本好转，确立了多源联调、分质供水、安全可靠的水资源保障原则，并将大力推进水利基础设施建设，沟通南水北调管线与本地河湖水系，全面构建以本地水、外调水、再生水和应急备用水源等多水源保障体系。

为认真贯彻国家的南水北调战略，落实市委、市政府的部署，现阶段我市南水北调工作应紧紧围绕经济社会发展，服从国家的统一指挥，结合我市实际需求，统筹做好南水北调各项工作，统一配置、科学调度和高效用水，多储备水，确保构建首都多元水资源保障体系，确保首都供水安全。

一是切实加快配套工程进度。加大未开工项目前期工作力度，切实加快审批进度。根据市政府去年批复的《配套工程2012～2014年行动计划》，市发改委、规划委要简化审批流程，抓紧时间集中审批，为项目建设争取时间。

二是统筹做好接水准备工作。南水北调办要牵头，各部门、各单位积极配合，在中线正式通水前必须进行演练。市水务局、自来水集团要尽快完成来水水质适应性研究，加快推进管网改造和自备井置换工作。市发改、水务、南水北调等部门要提前研究水价，在国家明确中线水价前掌握主动权。

三是区县要提前谋划量水发展。各区县要严格执行用水三道“红线”，以水控人、量水发展。有水厂建设任务的区县今天在签订责任书的同时，也提交了用水量的承诺函。没有水厂建设任务的区县，也要按全市的统一分配，结合本区需求提出用水申请。

四是强化项目进度督查。市南水北调办要发挥南水北调建委会的协调指挥作用，加强沟通和协调，进一步加大督查力度，及时通报配套工程项目进度及存在问题。

（北京市南水北调办）

天津市副市长熊建平在南水北调工程建设专题推动会上的讲话

（2013 年 3 月 14 日）

2008 年，我市南水北调工程开始全面实施，到现在已近 5 年。多年来，在市南水北调办的组织推动下，在全市各有关部门、有关区县、有关单位的全力支持配合下，在全体参建人员的共同努力下，我市南水北调各项工程进展有序，工程质量、安全、进度管理卓有成效，得到了国务院南水北调办的充分肯定。特别是天津干线工程建设，成绩显著。

我市是极度缺水的城市，加上外调水量，人均水资源量只有 370m^3，水资源始终是我市经济社会发展的主要瓶颈因素。南水北调中线一期工程通水后，我市接收的引江水将逐步达到 8.6 亿 m^3，而且水质好，将极大改善我市水资源短缺状况，为加快滨海新区开发开放提供更加有效的水资源保障，对我市实现北方经济中心、国际港口城市和生态城市的战略发展目标起到至关重要的支撑作用。因此，南水北调工程事关天津未来 5 年的发展，事关天津今后的长远发展，功在当代，福及子孙，极为重要。

目前，南水北调工程建设已进入攻坚决战阶段，各区县、各部门、各单位以及全体参建人员一定要进一步增强责任感和紧迫感，牢记责任，牢记使命，团结奋斗，齐心协力打好工程建设攻坚战。

一要高度重视，确保如期通水。按照中线一期工程明年 4 月份具备试通水条件、10 月份通水的目标，坚定不移，积极推进，确保按时完成、如期通水。市南水北调办要进一步加强组织协调，各部门、各区县要全力支持，加强配合，共同搞好工程建设。

二要加强协调，全力组织推进。首先要进一步细化工作计划，以会议确定的几项主要工作各阶段完成时限为关键节点，进一步细化节点目标和落实措施。其次要明确责任。市南水北调办是我市南水北调工程建设的第一责任人，要加强组织协调，大力推进，把责任进一步分解落实到相关单位；工程沿线各区政府是工程征迁第一责任人，负责做好征地拆迁工作，维护好建设环境，为工程建设创造良好条件；工程建设涉及的各单位、各部门都要按职责落实好自己的责任，全力支持、配合工程建设。第三要加强协调，强化考核。健全建委会成员单位联系人制度，市南水北调办按月召开建委会成员联系人会议解决工作中遇到的难点问题，按周召开工程建设协调例会解决工程建设过程中遇到的征迁、进度、质量、安全等方面的问题，各单位确定 1 名联系人视工作需要参加会议。工程沿线各区政府的联系人在施工队伍进场阶段，要到现场协调、帮助和配合，给予强有力的支持。市南水北调办按月向市政府报告工作进展情况。

三要精心管理，确保质量安全。南水北调工程是民心工程，是国家重点工程，是关系到国计民生的重大战略性基础设施，一定要建设成为优质工程，确保质量安全万无一失。今年是工程建设的关键时期，任务重，时间紧，一定要特别抓好质量安全。要下工夫搞好几个重要节点工程建设，既要保证工程功能完备，同时要搞好景观建设，同步搞好绿化美化，使工程与周边环境相协调，成为青少年环保、节水教育基地。

（天津市南水北调办）

河南省省长谢伏瞻在省南水北调工程建设领导小组全体成员会议上的讲话

（2013 年 11 月 28 日　根据录音整理）

同志们：

这次会议的主要任务是，贯彻落实国务院南水北调建委会第七次全体成员会议精神，总结 2012 年以来我省南水北调工作，分析研究南水北调工作面临的新形势，安排部署下一阶段任务。刚才，王铁同志传达了国务院南水北调建委会第七次全体会议精神；省南水北调办就南水北调工程河南段建设作了全面汇报，并提出了下一阶段工作初步设想和有关提请审议事项；各有关省辖市和省直有关部门分别通报了工作进展情况；赵建才同志、张维宁同志也讲了很好的意见，我完全同意。下面，我再讲 3 点意见：

一、南水北调工程河南段建设取得重大阶段性成果

南水北调工程是优化我国水资源配置，促进经济社会发展的重大战略性基础设施，是一项造福当代、惠及后世的重大民生工程。开工以来，全省各级、各有关部门配合联动，合力攻坚，各项工作进展顺利，取得了重大阶段性成果。一是干线工程建设进入扫尾。经过 8 年不懈努力，我省境内干线工程建设进入冲刺扫尾阶段，工程质量总体良好，2013 年底前基本完成主体工程建设任务是有把握的。二是配套工程建设全面推进。配套工程按照与主体工程同步建成、同步通水、同步达效的要求，加快建设进度，已完成 2/3 的建设任务。三是丹江口库区移民和谐稳定。各项移民帮扶措施深入落实，移民群众整体生产条件和生活水平明显提升，移民区社会和谐稳定，初步实现了搬得出、稳得住、能发展、快致富的目标。四是水质保护成效明显。各级、各部门把保护水质作为政治责任，强化环保意识，认真落实责任，丹江口水库水质始终稳定保持在Ⅱ类以上。

我们这些卓有成效的工作，得到了党中央、国务院和国家有关部委的充分肯定。在时间紧、任务重、困难大的情况下，取得这样的成绩，来之不易。这是党中央、国务院正确领导的结果，是省委、省政府科学决策的结果，是各有关部门和地方政府扎实工作的结果，是广大建设者和沿线人民群众努力奋斗的结果。特别是庚茂同志担任领导小组组长期间，为工程建设顺利推进做出了巨大贡献，各位成员都为工程建设付出了心血和汗水。借此机会，我代表省委、省政府向同志们表示亲切慰问和衷心感谢！

二、以实现“四个确保”为目标扎实做好各项工作

11 月 18 日，国务院南水北调建委会在北京召开了第七次全体会议。会上，中共中央政治局常委、国务院副总理、国务院南水北调工程建委会主任张高丽强调，各有关部门和地方要认真落实习近平总书记、李克强总理重要批示精神，以对国家和人民高度负责的态度，再接再厉，扎实做好工程建设、运行管理、环境保护和移民安置等各项工作，高标准、高质量、高水平做好下一阶段工作，全力打好攻坚战，全面完成后续建设任务。中共中央政治局委员、国务院副总理、国务院南水北调工程建委会副主任汪洋要求，要科学安排好收尾阶段各项工作，坚持节水与调水并举，统筹解决好生活、生产和生态用水，扎实开展对口协作，促进移民群众生产生活良性发展。我们要认真贯彻落实会议精神，扎实做好我省南水北调各项工作。现在距离国务院要求主体工程基本完工只有 1 个月时间，到 2014 年通水也不到 1 年时间，而我们的工作还面临诸多困难和挑战。主要是：干线工程如期完工存在一些困难，配套工程进展不平衡，水质保护任务艰巨繁重，库区移民还存在个别不稳定因素，特别是建设资金短缺、配套资金不足问题还比较突出。因此，各级、各有关部门务必强化大局意识、责任意识、进取意识，增强紧迫感使命感，以解决突出问题为着力点，按照职责分工，全力抓好各项工作，齐心协力打好攻坚战，实现“四个确保”目标。

一要确保实现干线和配套工程建设目标。国家要求，2013年底前主体工程基本完工、2014年汛后通水，配套工程同步建成、同步达效。这是硬任务，必须不折不扣完成好，绝不能虎头蛇尾，一切工作都要围绕这个目标来部署。要对主体工程中进度慢的个别标段，加大设备和人员投入，科学组织、有序推进，确保按时完成建设任务。对配套工程，各有关省辖市政府要加大工作力度，加快工程建设，确保按时接纳南水北调水，充分发挥供水效益。尤其是配套工程建设进度落后的市，主要领导要亲自过问、亲自安排，采取强有力措施，奋起直追，决不能拖全省的后腿。要把质量安全作为第一位的任务，对工程质量实施全程有效监控，始终保持质量监管的高压态势，确保把南水北调工程建成质量可靠放心的精品工程。

二要确保水质稳定达标和调水安全。南水北调成败在水质。能否保证“一泓清水”永续北上，是对我们的重大考验。要将治污环保和水质保护放在更加突出的位置，坚持“先节水后调水、先治污后通水、先环保后用水”的原则，把工程建议与节水、治污、生态建设有机结合起来，深入实施《丹江口库区及上游水污染防治和水土保持“十二五”规划》，加大污染防治和水源保护力度，强化水质监测和考核，建立长效机制，切实防治工业污染、生活污染和农业面源污染，确保水质全面稳定达标。要加强总干渠沿线环境保护和生态带建设，对新建、扩建企业严格把关，逐步建立原有污染企业退出机制，严防水质在调水过程中受到污染。要强化安全措施，加强沿线安全防护设施建议，决不能留下安全隐患，确保调水安全。

三要确保丹江口库区移民和谐稳定。库区移民稳定发展是整个南水北调工程建设的难点和关键，事关工程建设成效，事关群众切身利益，事关社会大局稳定。要认真落实各类帮扶政策和措施，努力把涉及移民群众的事情办得更扎实更有成效，使移民群众真正成为南水北调工程建设的受益者，确保移民群众在成功实现“搬得出”后，能够“稳得住、快致富、能发展、可持续”。要深入细致地做好群众的思想工作，搞好矛盾排查化解，解决好群众的实际问题，确保社会和谐稳定。

四要确保资金安全。尤其是配套工程建议资金投入强度大，使用时间集中，对资金保障要求很高。省直有关部门和各省辖市一定要采取有效措施，确保财政资金和基金足额筹集到位，决不允许拖延迟滞。要加强资金管理和审计监督，确保资金安全。要厉行节约，严格控制工程投资，提高资金使用效益，把钱用在刀刃上，严厉查处资金使用过程的违规违纪行为，切实把南水北调工程建成阳光工程、廉政工程。

三、认真研究解决工程建设中的突出问题

对于省南水北调办提出的几条建议，需要研究的请有关部门认真研究提出具体意见，责任和任务已经明确的，各级、各有关部门要抓好落实。一是运营管理体制问题。请省编办做进一步研究，总的原则是国家有明确要求的按国家要求办；国家没有明确要求的，凡是能市场化运作的尽量市场化运作；还要注重学习借鉴南水北调东线工程的经验做法，力争使我们的工作更加符合实际、更加富有成效。二是对口协作问题。请省发展改革委牵头，省南水北调办配合，在充分听取沿线省辖市意见的基础上，厘清关键问题，做好与北京市对口协作衔接的具体工作。十八届三中全会期间，庚茂书记和我已经与北京市就对口协作问题进行了一次对接。下一步，再择时与北京市领导见面商谈，促一促这个事。三是加快配套工程供水水厂及管网建设问题。各省辖市要切实负起责任，确保与配套工程同步建成，省住房城乡建设厅要加强检查指导。四是加大生态转移支付力度问题。省财政厅要继续积极争取国家加大对丹江口水库水源保护区内各县、市生态补偿力度，并明确生态补偿资金用于生态环保的比例，争取总干渠两侧水源保护区范围内生态补偿政策，加大均衡性财政转移支付力度。五是临时用地返还复耕问题。省政府移民办和各省辖市政府要加强协调组织，确保已用完的临时用地尽快返还复耕。六是跨渠公路桥梁地方分摊资金问题。有关省辖市政府要重信践诺，加大对有关单位的督促力度，确保资金尽快落实到位。七是制定《河南省南水北调配套工程管理设施保护办法》问题。省政府法制办要牵头着手研究，尽快出台。八是加大水源保护力度问题。南阳、洛阳、三门峡3市政府是责任主体。要严格按照目标责任书要求完成污染治理和环境保护任务，各有关部门要大力支持和指导。九是干线及配套工程投资计划。省南水北调办提出，2014年河南省南水北调工程建设投资计划为83.9亿元，其中干线29.3亿元，配套工程54.6亿元，大家都没提出不同意见，我们原则通过。需要提醒注意的是，实施中要加强工程建设和资金管理，控制好投资，建设好工程。十是做好移民帮扶工作问题。省直有关部门要进一步加大移民后期帮扶力度，为移民群众发展致富创造良好条件。需要强调的是，做好这些工作，绝不是南水北调办一家的事，也不是哪几个部门的事，必须齐抓共管，形成全省一盘棋的工作格局。

同志们，南水北调工程是一项世纪工程、千秋伟业，意义重大，使命光荣。我们要按照党中央、国务院的统一部署，认真落实国务院南水北调建委会第七次全体会议精神，圆满完成各项任务，确保如期实现通水目标。

（河南省南水北调办）

肆 政策法规

POLICIES, LAWS AND REGULATIONS

国家发展和改革委员会

丹江口库区及上游地区对口协作工作协调小组制度

2013 年 11 月 11 日
（发改办地区〔2013〕2764 号）

为加强丹江口库区及上游地区对口协作工作的组织协调，推动落实《丹江口库区及上游地区对口协作工作方案》（以下简称《方案》），按照《国务院关于丹江口库区及上游地区对口协作工作方案的批复》（国函〔2013〕42 号）要求，建立丹江口库区及上游地区对口协作工作协调小组（以下简称协调小组）制度。

一、主要职责

统筹协调对口协作各项工作；研究拟定对口协作相关政策措施；指导编制和负责审核对口协作规划，组织开展规划评估；加强跟踪分析与督促检查，及时总结和通报《方案》执行情况；协调解决对口协作工作中的重大问题，推动部门、地方之间的沟通与协作；完成国务院交办的其他事项。

二、成员单位

协调小组由北京市、天津市、河南省、湖北省、陕西省人民政府，以及国家发展改革委、南水北调办、教育部、科技部、工业和信息化部、民政部、财政部、人力资源社会保障部、国土资源部、环境保护部、住房城乡建设部、交通运输部、水利部、农业部、商务部、文化部、卫生计生委、国资委、新闻出版广电总局、林业局、旅游局、扶贫办、中科院、社科院、工程院等有关地方和部门组成。国家发展改革委分管副主任担任协调小组组长，南水北调办有关负责同志担任副组长，地方成员单位有关负责同志和部门成员单位有关司局主要负责同志为成员。协调小组成员因工作变动需要调整的，由所在单位提出并报协调小组。

协调小组办公室设在国家发展改革委地区经济司，日常工作由国家发展改革委地区经济司、南水北调办环境保护司联合承担。各成员单位指定一名同志为协调小组办公室成员（同时兼任协调小组联络员）。

三、工作要求

协调小组原则上每年召开一次全体会议，不定期召开专题会议，由组长或副组长主持。协调小组以会议纪要形式明确会议议定事项，印发有关方面，同时抄报国务院。重大问题，以协调小组牵头部门名义向国务院报告。

各成员单位要加强组织领导，落实工作责任，建立健全日常工作机制。建立统计报告制度，加强信息沟通交流。每年 1 月底前，向协调小组办公室报送上年度工作进展和本年度工作打算。还可根据需要，及时通报有关重大事项。

附件：1. 丹江口库区及上游地区对口协作工作协调小组组成
　　　2. 丹江口库区及上游地区对口协作工作协调小组办公室组成

附件 1

丹江口库区及上游地区对口协作工作协调小组组成

组　长：杜　鹰　国家发展改革委副主任
副组长：于幼军　国务院南水北调办副主任
成　员：李士祥　北京市市委常委、常

务副市长
任学锋　天津市副市长
李　克　河南省省委常委、常务副省长
王晓东　湖北省省委常委、常务副省长
祝列克　陕西省副省长
范恒山　国家发展改革委地区经济司司长
石春先　国务院南水北调办环境保护司司长
陈　锋　教育部发展规划司副司长
田保国　科技部社会发展科技司副司长
顾　强　工业和信息化部规划司副司长
徐　立　民政部规划财务司司长
张岩松　财政部农业司副司长
明瑞锋　人力资源社会保障部规划财务司副巡视员
刘明松　国土资源部耕地保护司副司长
赵华林　环境保护部污染防治司司长
张　悦　住房城乡建设部城市建设司巡视员
于胜英　交通运输部综合规划司副司长
汪安南　水利部规划计划司副司长
钱克明　农业部发展计划司司长
曹宏瑛　商务部外资司副巡视员
饶　权　文化部财务司副司长
李　斌　卫生计生委规划财务司司长
张相红　国资委群众工作局副局长
于保安　新闻出版广电总局规划财务司副司长
王前进　林业局发展规划与资金管理司巡视员
胡书仁　旅游局规划财务司副司长
蒋晓华　国务院扶贫办党组成员兼规划财务司司长
冯仁国　中科院科技促进发展局副局长
晋保平　社科院副秘书长兼科研局局长
阮宝君　工程院二局副局长

附件 2

丹江口库区及上游地区对口协作工作协调小组办公室组成

主　任：范恒山　国家发展改革委地区经济司司长
副主任：石春先　国务院南水北调办环境保护司司长
邹　勇　国家发展改革委地区经济司副司长
成　员：秦　刚　北京市委副秘书长、市支援合作办主任
罗　亭　天津市合作交流办副主任
刘　伟　河南省发展改革委副主任
李乐成　湖北省发展改革委主任
樊维斌　陕西省发展改革委副主任
于　洋　教育部发展规划司处长
黄圣彪　科技部社会发展科技

司处长
李慧南　工业和信息化部规划司副调研员
徐秀玲　民政部规划财务司处长
吕恒心　财政部农业司处长
常海莉　人力资源社会保障部规划财务司处长
程　玲　国土资源部耕地保护司调研员
王　谦　环境保护部污染防治司副处长
章林伟　住房城乡建设部城市建设司处长
马　骥　交通运输部综合规划司副处长
夏连强　水利部规划计划司处长
刘海启　农业部发展计划司处长
戚　平　商务部外资司一等商务秘书
王明亮　文化部财务司处长
曾云光　卫生计生委规划财务司副调研员
王登平　国资委群众工作局处长
杨国瑞　新闻出版广电总局规划财务司处长
陆诗雷　林业局发展规划与资金管理司处长
王成志　旅游局规划财务司副处长
郭建军　国务院扶贫办规划财务司处长
周　橘　中科院科技促进发展局处长
曲建君　社科院科研局副处长
唐海英　工程院土木水利与建筑工程学部调研员

国务院南水北调工程建设委员会办公室

国务院南水北调办领导干部问责办法（试行）

2013年2月17日
（国调办综〔2013〕23号）

第一章　总　　则

第一条　为进一步推进作风和效能建设，加强对南水北调系统领导干部的管理，改进工作作风，提高工作效率，优化南水北调工程建设环境，根据《中华人民共和国行政监察法》、《中华人民共和国公务员法》、《党政领导干部选拔任用工作条例》、《关于实行党政领导干部问责的暂行规定》等有关法律法规和规章制度，结合南水北调工程建设实际，制定本办法。

第二条　本办法所称的问责，是指对国务院南水北调办管理的领导干部违反法律、法规、规章、政策和内部管理制度，不履行、不正确履行职责或履行职责不力，作风不正，纪律不严，形象不良，在南水北调工程建设投资计划、资金管理、建设进度、安全生产、工程质量、环境保护、征地移民以及综合管理等方面造成重大损失、严重后果或不良影响，按照干部管理权限，依据本办法实施问责。

第三条　对相关责任人实施问责，坚持严格要求、实事求是，权责一致、惩教结合，依靠群众、依法有序相结合的原则。

第四条 领导干部受到问责，同时违反国务院南水北调办有关投资计划、资金管理、工程质量、建设进度、施工安全、干部管理等相关业务规定的，按照规定予以处罚；需要追究纪律责任的，依照有关规定给予党纪政纪处分；涉嫌犯罪的，移送司法机关依法处理。

第五条 本办法适用于对国务院南水北调办机关司局级干部及直属单位领导班子成员（含挂职、交流干部）进行问责。

第二章 问 责 情 形

第六条 有下列情形之一的，对领导干部实行问责：

（一）决策严重失误，造成重大损失或恶劣影响的情形。

1. 作出、实施违反国家工程建设有关程序的决议或决定。

2. 不按规定程序和议事制度决策，导致重大项目安排失误或大额资金损失。

3. 不按照国务院南水北调办工作部署，形成错误决策，造成不良后果。

（二）工作失职，致使本部门或本单位发生重大事故、事件，造成重大损失或者恶劣影响的情形。

1. 对分管工作和下属干部出现的严重违法违纪行为隐瞒不报，包庇、袒护、纵容，不及时查处或制止。

2. 工作作风差，办事推诿拖拉，工作敷衍塞责，不履行职责或不正确履行职责，导致工程建设出现重大质量问题、发生重大安全事故乃至影响实现通水目标，或在环境保护、征地移民方面酿成突发性、群体性事件以致造成恶劣影响。

3. 不据实反映情况、掩饰问题、编制虚假信息和数据，造成解决问题时机延误，对工程质量、进度、安全造成恶劣影响。

（三）监督不力，在职责范围内发生重大事故、事件，造成重大损失或恶劣影响的情形。

1. 对上级督查、群众反映或自查发现的突出问题，不认真解决，或因措施不力，导致问题重复出现或没有明显改观，引发重大事故，造成重大损失和恶劣影响。

2. 未能及时发现处理有关问题，或将有关问题隐瞒不报、延误时机，酿成严重后果。

3. 在项目审查、设计变更、合同审签、资金拨付、进度管理、安全施工、环境保护、征地移民、质量监督以及综合管理等工作中违反规定，造成重大损失。

4. 违反财经纪律，截留、滞留、挤占、挪用工程建设资金，导致工程建设资金管理使用出现严重违规。

（四）滥用职权，强令、授意实施违法行为，或者不作为，造成重大损失或恶劣影响的情形。

1. 违反民主集中制，未经集体讨论，擅自决定批准未按前期工作程序和要求申报的工程施工方案。

2. 超越职权，擅自扩大建设规模，提高建设标准或擅自实施计划外项目。

3. 违反规定，利用权力操纵招标投标，或利用职务便利、职权影响，干预招标投标。

4. 违反规定，对不具备验收条件的工程进行验收。

（五）对群体性、突发性事件处置失当，导致事态恶化，造成恶劣影响。

1. 瞒报、谎报、迟报重要信息或者其他重要情况。

2. 在运行调度、工程度汛工作中违反批准的预案或上级下达的指令。

3. 面对上访等其他群体性、突发性事件，没有采取或者不按规定采取正确的相关处理措施等行为。

（六）违反干部选拔任用工作有关规定，导致用人失察、失误，造成恶劣影响。

1. 不按照规定集体研究讨论决定干部任免，突击提拔、调整干部，个人决定干部任免或者改变集体做出的干部任免决定。

2. 超编制进人、超职数配备干部，违反规定提高干部的职级待遇，违背政策擅自提高工资标准。

3. 干扰组织人事、纪检监察部门对干部进行考察、考核或者调查；拒不执行上级调动、交流领导干部的决定。

4. 在干部考察工作中隐瞒、歪曲事实真相，弄虚作假，或者泄露酝酿、讨论干部任免等情况。

（七）《南水北调工程建设管理典型案例管理办法（试行）》中批评案例的严重问题。

（八）其他给南水北调工程建设造成重大损失或恶劣影响等失职行为。

第三章 问责方式及适用

第七条 本部门、本单位在贯彻落实党风廉政建设责任制方面出现问题的，按照《关于实行党风廉政建设责任制的规定》，追究党政领导干部的责任。

第八条 对领导干部实行问责的方式分为：责令公开道歉、通报批评、停职检查、引咎辞职、责令辞职、免职。

第九条 按照所造成重大经济损失、人员伤亡以及恶劣社会影响的程度，对领导干部实施问责。

（一）造成直接经济损失 10 万元以上，或直接经济损失不满 10 万元，但间接经济损失 50 万元以上，或在社会上形成不良影响的，予以责令公开道歉。

（二）造成直接经济损失 20 万元以上，或直接经济损失不满 20 万元，但间接经济损失 100 万元以上，或受到社会媒体公开批评的，予以通报批评。

（三）造成直接经济损失 100 万元以上，或直接经济损失不满 100 万元，但间接经济损失 500 万元以上，或受到相关部委公开批评的，予以停职检查。

（四）造成直接经济损失 200 万元以上，或直接经济损失不满 200 万元，但间接经济损失 1000 万元以上，或受到中央主要媒体公开批评的，予以引咎辞职。

（五）造成直接经济损失 500 万元以上，或直接经济损失不满 500 万元，但间接经济损失 2000 万元以上，或受到上级领导批评的，予以责令辞职。

（六）造成直接经济损失 1000 万元以上，或直接经济损失不满 1000 万元，但间接经济损失 5000 万元以上的，予以免职。

第十条 领导干部具有本办法第六条所列情形，并且具有下列情节之一的，应当从重问责：

（一）干扰、阻碍问责调查的。

（二）弄虚作假、隐瞒事实真相的。

（三）对检举人、控告人打击、报复、陷害的。

（四）党内法规和国家法律法规规定的其他从重情节。

第十一条 领导干部具有本规定第六条所列情形，并且具有下列情节之一的，可以从轻问责：

（一）主动采取措施，有效避免损失或者挽回影响的。

（二）积极配合问责调查，并且主动承担责任的。

第十二条 受到问责的领导干部，取消当年年度考核评优和评选各类先进的资格。

引咎辞职、责令辞职、免职的领导干部，一年内不得重新担任与其原任职务相当的领导职务。

对引咎辞职、责令辞职、免职的领导干部，可以根据工作需要以及本人一贯表现、特长等情况，按照干部管理权限酌情安排适当岗位或者相应工作任务。

引咎辞职、责令辞职、免职的领导干部，一年后如果重新担任与其原任职务相当的领导职务，除应当按照干部管理权限履行审批手续外，还应当征求上一级组织人事部门的意见。

第四章 问 责 程 序

第十三条 对领导干部实行问责由办党组研究决定，综合司受办党组委托按照权限履行有关职责。

第十四条 按照以下程序对领导干部进行问责：

（一）办党组研究决定启动问责。

（二）对拟被问责人员相关情况进行调查、核实。

（三）研究提出问责建议。

（四）听取拟被问责人员陈述和申辩，并予记录。

（五）办党组会议研究决定问责。

（六）下达《领导干部问责决定书》。

（七）接受被问责人员申诉。

第十五条 《领导干部问责决定书》要写明问责事实、问责依据、问责方式、批准机关、生效时间、当事人的申诉期限及受理机关等。作出责令公开道歉决定的，还应当写明公开道歉的方式、范围等。

第十六条 《领导干部问责决定书》应当送达被问责的领导干部本人及其所在单位；相关组织人事部门应及时将被问责的领导干部的有关问责材料归入其个人档案。

问责决定作出后，主管领导要与被问责的领导干部谈话，做好其思想工作，督促其做好工作交接等后续工作。

问责决定一般应当向社会公开。

第十七条 被问责的领导干部对问责决定不服的，可以自接到《领导干部问责决定书》之日起15日内，向办党组提出书面申诉。办党组接到书面申诉后，应当在30日内作出申诉处理决定。申诉处理决定应当以书面形式告知申诉人及其所在单位。申诉期间，不停止问责决定的执行。

第五章 附 则

第十八条 本办法中的“直接经济损失”，是指与行为有直接因果关系而造成的财产损毁、减少的实际价值；“间接经济损失”，是指由直接经济损失引起和牵连的其他损失，包括失去的在正常情况下可以获得的利益和为恢复正常的管理活动或者挽回所造成的损失所支付的各种开支、费用等。

第十九条 根据实际，经办党组研究，需对国务院南水北调办机关处级干部问责的，由综合司商所在司提出问责建议，报办党组审定后实施；需对直属事业单位处级及企业中层干部问责的，责成人员所在单位参照本办法予以问责，并将问责情况报综合司备案；需对沿线南水北调系统领导干部问责的，按照干部管理权限向其主管部门提出问责建议，并对问责情况跟踪了解。

第二十条 负责办理问责事项的工作人员滥用职权、徇私舞弊、玩忽职守、泄露秘密的，按照有关规定追究责任。

第二十一条 本办法由综合司负责解释。

第二十二条 本办法自公布之日起施行。

南水北调东、中线一期工程通水（完工）验收专家管理办法

2013年4月12日
（国调办建管〔2013〕77号）

第一章 总 则

第一条 为做好南水北调东、中线一期工程通水（完工）验收专家管理和服务工作，保障南水北调东、中线一期工程通水（完工）验收工作顺利进行，根据国务院南水北调工程建设委员会办公室（以下简称“南水北调办”）有关规定，制定本办法。

第二条 南水北调东、中线一期工程通水（完工）验收专家按本办法的规定及要求参加相关验收工作。

第三条 南水北调办负责验收专家的聘用，南水北调工程设计管理中心（以下简称“设

管中心”）负责专家的日常管理和服务工作。

第四条 验收专家应具备以下条件：

（一）熟悉大型水利工程验收程序和有关业务，在水利工程设计、施工、移民、环保、水保、监理、科研、管理等方面具有丰富的工作经验，有较强的分析、评价能力，具有高级及以上专业技术职称。

（二）热心南水北调工程建设与管理，愿意参与工程验收工作。

（三）身体健康，能够胜任验收工作。

第五条 根据验收工作需要，验收时可以适当增补相关专业专家。

第二章 验收专家的主要工作内容

第六条 验收专家承担南水北调东、中线一期工程通水（完工）验收工作，验收专家应按有关验收规定或规程开展检查和验收工作，重点内容如下：

（一）检查工程是否按批准的初步设计和设计变更内容完成。

（二）检查工程是否存在质量隐患和影响工程安全运行的问题。

（三）检查工程是否按环境影响报告书和水土保持方案完成。

（四）检查历次验收的遗留问题和工程初期运行所发现问题的处理情况。

（五）检查工程尾工安排及其是否影响工程正常通水。

（六）检查工程安全评估情况，对重大技术问题做出评价。

（七）鉴定工程施工质量。

（八）对验收发现的问题提出处理意见或建议。

第三章 验收专家的权利和义务

第七条 接受南水北调办安排的验收任务，做好自身有关工作安排，按时参加验收工作。

第八条 严格按照国家有关法律法规和南水北调工程验收有关规定及南水北调办其他有关规定开展验收工作，认真履行职责，按照分工完成验收任务。

第九条 验收工作期间，应严格遵守保密规定。未经验收组织方同意，不得外传有关内部资料和技术信息。

第十条 开展验收工作时，验收专家有权检查验收工程现场，查阅与验收有关的文件资料；有权提出与验收有关的其他工作要求及建议；如有对验收结论的不同意见，可以书面形式予以保留。

第十一条 每次验收后，专家应按要求填写对该次验收的评价意见表，就验收组织工作提出有关意见或建议，以利于优化后续验收活动，提高验收工作质量和效率。

第四章 验收专家的管理

第十二条 根据验收工作需要建立验收专家例会制度，及时协调和研究验收中相关重大技术问题。

第十三条 设管中心根据南水北调办下达的验收任务，制定具体的验收工作计划；协调联络验收专家，承办有关专家例会，编制验收专家工作手册，开展相关培训，通报验收工作信息，做好后勤保障服务。

第十四条 每次验收前，设管中心应制定验收工作方案，协商该次验收专家组长提出验收专家名单，原则上应于验收开始10天前通知并落实验收专家。

第十五条 设管中心建立验收专家个人信息，记录专家的个人简历、承担验收任务次数及内容、每次验收活动中的业务能力及表现等，作为专家的考核依据。

第十六条 根据验收专家参加验收考核的情况，对年度表现优秀的验收专家给予一定的精神和物质奖励。

第十七条 验收专家同意接受验收任务后，如有特殊原因不能参加验收工作或不能保证正常工作时间，应及时通知验收组织单位。

第十八条 验收专家有下列情形之一的，南水北调办将不再聘用：

（一）业务能力有限，不能胜任验收工作。

（二）不认真履行职责和义务。

（三）违反南水北调工程验收有关规定或有其他不良行为。

第五章 验收专家的待遇

第十九条 验收专家在验收工作期间所发生的差旅费按相关标准据实报销。

第二十条 验收专家在验收工作期间按规定领取咨询费，标准为800～1100元/(人·天)。

第二十一条 根据需要，参与验收其他有关工作的专家享受相应的劳务报酬，其标准比照上款执行。

第二十二条 聘用期间，设管中心每年为参加验收工作的验收专家购买人身意外伤害保险和人身意外伤害医疗保险。

第二十三条 上述相关费用从南水北调工程验收专项经费中列支。

第六章 附　则

第二十四条 本办法由南水北调办解释。

第二十五条 本办法自印发之日起施行。

2013年度南水北调工程建设进度目标考核实施办法

2013年4月15日
（国调办建管〔2013〕79号）

第一章 总　则

第一条 为加快南水北调工程建设进度，确保实现2013年度工程建设目标，根据《南水北调工程建设目标责任书》、《南水北调工程现场参建单位建设目标考核奖励办法（试行）》、《南水北调工程项目法人年度建设目标考核奖励办法（试行）》，制定本办法。

第二条 本办法适用于南水北调东、中线一期主体工程在建项目进度目标考核。

第三条 进度目标考核对象为南水北调工程项目法人（含委托项目管理单位，下同）、现场建管机构、施工、监理、设计等参建单位。

第四条 进度目标考核包括建设进度计划考核、形象进度节点目标考核和关键事项督办考核。

建设进度计划考核包括年计划考核、季计划考核和月计划考核。

形象进度节点目标考核和关键事项督办考核每月组织一次，考核到期节点完成情况。

第五条 进度目标考核工作按照分级负责的原则组织实施。

国务院南水北调工程建设委员会办公室（以下简称国务院南水北调办）负责对项目法人的年、季、月计划考核和形象进度节点目标考核，负责对督办单位、责任单位的关键事项督办考核。

项目法人负责对现场建管机构、施工、监理、设计单位的年、季、月计划考核和形象进度节点目标考核。

第六条 进度目标考核的依据为：

（一）《南水北调工程建设目标责任书》。

（二）《关于南水北调东、中线一期工程建设目标安排意见的通知》。

（三）经核准的工程建设进度计划、形象进度节点目标。

（四）《南水北调中线工程2013年进度管理工作方案》。

（五）《南水北调东线一期工程通水目标保障工作方案》。

（六）经核准确定的关键事项。

第七条 年、季计划考核结果将在中国南水北调网上进行公告，其他考核结果是否公告由国务院南水北调办确定。

月计划、形象进度节点目标考核结果由各项目法人每月5日前报送国务院南水北调办。

重点项目半月计划、形象进度节点目标考核结果和关键事项办理情况由各项目法人每月5日、20日前报送国务院南水北调办，其中关键事项（包括征迁事项）办理情况由第一责任单位每月1日、15日前报送所在工程项目法人汇总审核。

第二章 建设进度计划考核

第八条 建设进度计划考核的主要内容为考核周期内实物工程量、投资的完成情况和工程形象进度等。对剩余施工投资小于施工合同额5%的尾工项目，不再进行建设进度计划考核，纳入形象进度节点目标考核管理。

考核指标 K 的计算公式为：K = 平均值[平均值（K_1，K_2，K_3），K_4]，其中 K_1、K_2、K_3、K_4 为考核周期内施工投资、土石方填筑、混凝土浇筑、形象进度指标完成数量与计划数量的比值，其中形象进度指标 K_4（以下称为 $K_{对象}$）对渠道工程指渠道衬砌长度、对渡槽工程指渡槽架设榀数、对倒虹吸工程指浇筑管身节数、对穿黄工程指退水洞进尺；当年累计考核指标称为 $K_{累计}$。

当考核指标 K_i 计划数量为0且完成数量也为0的，K_i 计为空值，不参与平均值计算；当 K_i 计划数量为0但完成数量大于0的，按 $K_i = 1.00$ 计算。

当考核指标 $K_i \geq 3.00$ 时，按 $K_i = 3.00$ 计算。

多个设计单元汇总计算时，K_i 计划数量、完成数量分别求和后再计算比值，其中 $K_{形象}$ 仅计算渠道衬砌指标完成数量。

第九条 建设进度计划考核结果分为合格、不合格。考核指标 $K \geq 1.00$ 的为合格，$K < 1.00$的为不合格。

第十条 对年计划考核结果合格的项目法人，国务院南水北调办给予通报表扬，并根据《南水北调工程建设目标责任书》中各阶段建设目标的完成情况，按照负责建设管理项目施工投资的比例核定项目法人本级进度奖励额度。

第十一条 对年计划考核结果不合格的项目法人，国务院南水北调办给予处罚。

（一）对考核指标 $K < 1.00$ 或 $K_{形象} < 1.00$ 或 K_1、K_2、K_3 任一项小于0.85的单位，国务院南水北调办约谈其负责人。

（二）对考核指标 $K < 0.90$ 或 $K_{形象} < 0.90$ 或 K_1、K_2、K_3 任一项小于0.80的单位，国务院南水北调办给予通报批评。

（三）对考核指标 $K < 0.80$ 或 $K_{形象} < 0.80$ 的单位，国务院南水北调办调整相关负责人，或提请有关主管单位对相关负责人进行调整。

第十二条 对年计划考核结果合格的现场建管机构、施工、监理、设计单位，项目法人给予通报表扬，并发放奖励资金。

第十三条 对年计划考核结果不合格的现场建管机构、施工、监理、设计单位，给予相应处罚。

（一）对考核指标 $K < 1.00$ 或 $K_{形象} < 1.00$ 或 K_1、K_2、K_3 任一项小于0.85的单位，项目法人约谈其单位负责人。

（二）对考核指标 $K < 0.90$ 或 $K_{形象} < 0.90$ 或 K_1、K_2、K_3 任一项小于0.80的单位，项目法人给予通报批评。

（三）对考核指标 $K < 0.80$ 或 $K_{形象} < 0.80$ 的单位，项目法人责成有关单位撤换项目负责人。

第十四条 对季计划考核结果合格，考核指标 $K \geq 1.00$ 且 $K_{形象} \geq 1.05$ 且 $K_{累计} \geq 1.00$ 的，国务院南水北调办对项目法人给予通报表扬，项目法人对现场建管机构、施工、监理、设计单位给予通报表扬。项目法人向受到表扬的相关单位和个人发放奖励资金。

对季计划考核结果不合格，考核指标 $K < 1.00$ 或 $K_{形象} < 0.90$，且 $K_{累计} < 1.00$ 的，国务院南水北调办对项目法人给予通报批评，项目法人对现场建管机构、施工、监理、设计单位给予通报批评，并责成限期整改。

第十五条 对月计划考核结果合格，考

核指标 $K \geqslant 1.10$ 且 $K_{形象} \geqslant 1.10$ 且 $K_{累计} \geqslant 1.10$ 的，国务院南水北调办对项目法人给予表扬，项目法人对现场建管机构、施工、监理、设计单位给予表扬。项目法人可向受到表扬的相关单位和个人发放奖励资金。

第十六条 对月计划考核结果不合格的现场建管机构、施工、监理、设计单位，给予相应处罚。

（一）对考核指标 $K < 1.00$ 或 $K_{形象} < 1.00$ 或 K_1、K_2、K_3 任一项小于 0.85，且 $K_{累计} < 1.00$ 的单位，以及 $K_{累计} < 0.85$ 的单位，项目法人约谈现场建管机构负责人。

（二）对考核指标 $K < 0.90$ 或 $K_{形象} < 0.90$ 或 K_1、K_2、K_3 任一项小于 0.80，且 $K_{累计} < 1.00$ 的单位，以及 $K_{累计} < 0.80$ 的单位，项目法人约谈现场建管机构、施工、监理、设计单位负责人。

（三）对考核指标连续两次 $K < 0.80$ 或 $K_{形象} < 0.80$，且 $K_{累水} < 1.00$ 的单位，以及累计两次 $K_{累计} < 0.80$ 的单位，国务院南水北调办约谈现场建管机构负责人，项目法人约谈并通报批评现场建管机构、施工、监理、设计单位负责人。

（四）对考核指标累计三次 $K < 0.80$ 或 $K_{形象} < 0.80$，且 $K_{累计} < 1.00$ 的单位，以及累计三次 $K_{累计} < 0.80$ 的单位，国务院南水北调办约谈并通报批评现场建管机构负责人，更换施工、监理、设计等相关责任单位主要负责人。

（五）对考核指标累计四次 $K < 0.80$ 或 $K_{形象} < 80$，且 $K_{累计} < 1.00$ 的单位，以及累计四次 $K_{累计} < 0.80$ 的单位，清除施工单位或进行强制分包，更换现场建管机构主要负责人。

第三章 形象进度节点目标考核

第十七条 形象进度节点目标考核对中线干线桥梁工程、大型建筑物工程、渠道工程、自动化系统工程和尾工项目的形象进度节点进行考核。

第十八条 对于不能按期完成形象进度节点目标的，对责任单位及责任人给予相应处罚。

（一）对于延期 10 日以下完成的，项目法人约谈相关责任单位负责人。

（二）对于延期 10 日以上 20 日以下完成的，国务院南水北调办约谈项目法人，并通报批评相关责任单位和责任人。

（三）对于延期 20 日以上 30 日以下完成的，国务院南水北调办约谈并通报批评项目法人，更换施工、监理、设计等相关责任单位现场机构的主要负责人。

（四）对于延期 30 日以上完成的，国务院南水北调办对项目法人相关负责人给予行政处分，并清除施工单位或进行强制分包，现场建管机构有责任的、更换其主要负责人。

文中所称“以上”包括本数，所称“以下”不包括本数，下同。

第四章 关键事项督办考核

第十九条 考核标准为关键事项节点目标是否按计划完成。

在一个月内，按期完成的，每个节点目标记 1 分，提前完成的每个节点目标记 1.5 分；未按期完成的每个节点目标记 -1 分。

当节点目标有多个责任单位（督办单位）时，第一责任单位（督办单位）得分为分数 ×0.7，剩余分数均分后赋予其余责任单位（督办单位）。

各单位在考核周期内的合计得分，即为该单位的考核得分。

第二十条 对于考核得分为正分的，国务院南水北调办核定责任单位、督办单位奖励额度并给予表扬。

奖励资金标准如下：

责任单位奖励资金 = 3 万元 × 考核得分。

督办单位奖励资金 = 1 万元 × 考核得分。

在一个月内，责任单位考核得分达到 1 分的，由督办单位给予口头表扬；责任单位得分达到 2 分的，由督办单位给予通报表扬；

得分超过（含）3 分的，国务院南水北调办对责任单位、督办单位进行通报表扬。

当责任单位（督办单位）有重大事项未完成、且影响较大的，当月不予表扬奖励。

第二十一条 对于关键事项未按期办结的，对责任单位、督办单位给予相应处罚。

（一）关键事项出现第一次未按期办结的，经批准明确新的办结时间，国务院南水北调办向责任单位印发新的督办单，督办单位对责任单位进行诫勉谈话，责任单位按照新的时限要求继续办理。

（二）关键事项出现第二次未按期办结的，国务院南水北调办向责任单位上级主管部门印发督办单，同时，督办单位对责任单位进行通报批评，国务院南水北调办对督办单位进行诫勉谈话。

（三）关键事项出现第三次未按期办结的，国务院南水北调办向责任单位再上一级主管部门印发督办单，国务院南水北调办对责任单位、督办单位进行通报批评。

第五章　附　　则

第二十二条 对有关单位和人员的考核结果及奖惩情况，每月送达工程沿线省南水北调领导机构负责同志及有关单位上级主管部门。

第二十三条 因工作成效显著，使风险项目提前 3 个月以上解除风险的，国务院南水北调办对责任单位进行通报表彰；提前 3 个月以内 1 个月以上解除风险的，项目法人对责任单位进行通报表彰；提前 1 个月以内解除风险的，项目法人对责任单位进行口头表扬。

因工作不力等人为因素致使非重点项目转为风险项目的，经国务院南水北调办审核认定，对相关责任单位和责任人进行通报批评。通报批评文件送达其上级主管部门和政府主管领导。建议其纳入本单位干部年度考核，并作为干部选拔任用的参考和依据。

第二十四条 项目法人建设进度目标考核结果作为其领导班子考核以及相关负责人选拔、任用、撤换的重要参考。

施工、监理进度目标考核结果计入南水北调工程建设诚信记录档案。

第二十五条 有关单位和人员应对报送文字、数据材料的真实性负责。对虚报数据的，国务院南水北调办对相关单位及其负责人给予通报批评，责令责任单位严肃处理责任人。

第二十六条 考核期内，因不可抗力等因素影响进度目标考核结果的，相关单位应及时说明。

第二十七条 对相关单位和人员的资金奖励参照《南水北调工程现场参建单位建设目标考核奖励办法（试行）》和《南水北调工程项目法人年度建设目标考核奖励办法（试行）》相关规定执行。奖励资金由有关单位按照工作责任和工作绩效，奖励分配给相关责任人员，分配方案报我办核备。

第二十八条 本办法由国务院南水北调办负责解释。

第二十九条 本办法自印发之日起施行。

丹江口库区及上游水污染防治和水土保持“十二五”规划实施考核办法

2013 年 6 月 21 日

（国调办环保〔2013〕151 号）

第一条 为加快实施《丹江口库区及上游水污染防治和水土保持“十二五”规划》（以下简称《规划》），进一步落实水污染防治和水土保持工作责任，实现南水北调中线工程调水水质目标，根据《国务院关于丹江口库区及上游水污染防治和水土保持“十二五”规划的批复》（国函〔2012〕50 号）及有关规定，制定本办法。

第二条 河南、湖北和陕西三省人民政府是实施丹江口库区及上游水污染防治和水土保持工作的责任主体，对此项工作负总责。

水源区各级地方政府对本辖区内的项目实施和水质目标负责。

第三条 考核工作采用百分制，考核结果分为好（不低于90分）、较好（低于90分不低于75分）、一般（低于75分不低于60分）、差（60分以下）。

第四条 考核内容包括《规划》确定的目标、任务、措施和国务院南水北调办与省级人民政府签订《规划》实施工作目标责任书确定的具体内容与实施效果，分水质、水污染防治项目进展、水土保持项目进展和保障措施落实四类，分别占评分50分、15分、15分、20分。

第五条 考核起止年限与规划实施期对应，年度考核安排在次年第三季度，其中水质、水污染防治项目实施考核与重点流域水污染防治规划实施情况考核相结合。

第六条 水质考核内容为各考核断面水质达标率。人工监测数据（为主）和水质自动监测站监测数据（为辅）为断面水质达标率的考核依据。水质考核指标的计算方法按《水质考核指标解释》（附件1）。

第七条 水污染防治项目实施考核内容为水污染防治项目进展情况。项目有关设计、开工、建设、验收及运行等报告及有关行政主管部门的审批、验收和监测考核文件为水污染防治项目的考核依据。水污染防治项目考核指标的计算方法按《水污染防治项目考核指标解释》（附件2）。

第八条 水土保持项目实施考核内容包括项目实施、预防监督、防治效果等三个方面，考核指标的计算方法按《水土保持项目考核指标解释》（附件3）。

第九条 保障措施考核内容分地方配套资金落实、生态补偿资金使用、城镇污水处理率和生活垃圾无害化处理率及污水垃圾处理费征收使用等指标。保障措施考核指标的计算方法按《保障措施考核指标解释》（附件4）。

第十条 河南、湖北和陕西三省人民政府按年度对《规划》实施情况进行自查。自查报告于次年6月底前报送国务院南水北调办，同时抄报国家发展改革委、财政部、环境保护部、住房城乡建设部、水利部。

第十一条 国务院南水北调办会同国家发展改革委、财政部、环境保护部、住房城乡建设部、水利部组成考核工作组，对上一年度的水质、水污染防治项目进展、水土保持项目进展和保障措施落实情况进行考核，并于每年9月底前将考核结果报国务院。

第十二条 考核结果报经国务院同意后，由国务院南水北调办向社会公告，并印发河南、湖北、陕西三省，同时送干部主管部门，作为对各有关省、市、县人民政府领导班子和领导干部综合考核评价的重要依据。

对考核结果为好的，发展改革委、财政部、环境保护部、住房城乡建设部、水利部等部门加大对该地区污染治理和环保能力建设的支持力度；对考核结果为差的，暂停对该区域新增水污染排放建设项目的审批，待整改合格后，恢复审批。

第十三条 严肃工作纪律，对未通过考核且整改不到位或因工作不力造成重大社会影响，或在考核工作中瞒报、谎报情况的地区予以通报批评，并依纪依法追究有关责任人员的责任。涉嫌犯罪的移送司法机关依法处理。

第十四条 河南、湖北和陕西三省人民政府可根据本办法，结合实际情况，制定本省具体考核办法。

第十五条 本办法自印发之日起施行。

附件1

水质考核指标解释

一、指标定义及计算公式

1. 水质项目为《地表水环境质量标准》（GB 3838—2002）中的pH、溶解氧、高锰酸盐指数、生化需氧量、氨氮、石油类、挥发酚、汞、铅、总磷、化学需氧量、铜、锌、氟化物、硒、砷、镉、铬(六价)、氰化物、阴离子表面活性剂、硫化物等。对于《规划》对总氮有明确要求的断面，总氮作为水质项目。

考核断面为《规划》明确的水质监测考核断面。考核时段为全年。考核断面水质状况评价采用人工监测值或水质自动监测站的周均值。

2. 断面水质达标率，是指按照单因子评价法，对考核断面采用每月的人工监测值进行评价，达到规划目标的监测次数占年度监测总次数的百分比。

单个断面水质达标率计算公式为：

$$G_{断面} = \frac{N_{达标}}{N_{监测}} \times 100\% \quad (1\text{-}1)$$

式中：$G_{断面}$——考核断面的水质达标率,%；

$N_{达标}$——考核断面的达标次数，次；

$N_{监测}$——考核断面总监测次数，次。

对结果为不达标的断面，在扣除入境水质影响后进行再评价。即在考核时，考虑入境水质对考核断面的影响，如果上游入境断面污染物浓度超过其规定的目标值，则比较出境断面较入境断面的改善或恶化程度。如果上游入境断面污染物浓度未超过其规定的目标值，则不扣除入境水质的影响。若目标断面上游的省份未设水质目标时，上游省份出境水质原则上应不低于被考核省份出境断面水质。

扣除入境水质影响可参考如下方法：

如果上游入境断面污染物浓度超过其规定的目标值，则根据物料平衡从目标断面实测污染物的通量中扣除超出部分的通量，再按目标断面的流量折算成浓度值进行考核(在流量小、流经路程短的情况下，暂不考虑自然降解因素)。扣除方法见公式(1-2)。如果扣除上游影响后，出现目标断面调整浓度小于或等于零时，则以该断面的目标浓度参加考核。如果上游入境断面污染物浓度未超过其规定的目标值，则不扣除入境水质的影响。见公式(1-2′)。

$$C_{调整浓度} = C_{实测浓度} = \frac{\sum_{i\leqslant 1}^{n}(c_i - c_{io})Q_i}{Q_{实测流量}} \quad (1\text{-}2)$$

当 $c_i - c_{io} \leqslant 0$ 时，

$$C_{调整浓度} = C_{实测浓度} \quad (1\text{-}2')$$

式中：$C_{调整浓度}$——省界断面该项污染指标扣除上游超标影响后的浓度值(mg/L)；

$C_{实测浓度}$——省界断面该项污染指标实测结果(mg/L)；

c_i——第 i 条支流断面该项污染指标实测结果(mg/L)；

c_{io}——第 i 条支流断面该项污染指标目标浓度(mg/L)；

Q_i——第 i 条支流断面流量(m^3/L)；

$Q_{实测流量}$——下游目标断面流量(mg^3/L)。

二、计分方式

水质计分 50 分。计分公式为：

$$S_q = \sum_{i=1}^{D}\left(G_{断面i} \times \frac{50}{D}\right) \quad (1\text{-}3)$$

式中：S_q——水质指标得分；

D——考核断面总数；

$G_{断面i}$——第 i 个考核断面水质达标率。若第 i 个考核断面的达标率小于 50%，该断面水质不得分。

三、操作解释

1. 数据由环保、水利部门提供。长江流域水资源保护机构将其监测的跨省界水质监测断面数据报送国务院南水北调办、环境保护部和水利部。

2. 季节性河流的断面，以该断面实际有水的月份计算断面水质达标率，无水质监测数据的月份不计入考核月份。

四、扣分项

每发生一例水污染突发环境事件，按照环境保护部确定的事件等级，对特别重大（Ⅰ级）和重大（Ⅱ级）环境事件，分别依次扣减责任方 5 分、4 分。因违法排污导致断面水质发生重大改变的，但不属于重特大突发环境事件的，酌情扣减责任方 1 分至 3 分。

丹江口库区及上游考核断面表

序号	省	控制单元	控制子单元	控制断面	水质目标	责任单位	所在市
1	河南	Ⅰ-1 丹江口水库北支控制单元	Ⅰ-1-1 库区南阳新淹没区子单元	陶岔	Ⅱ	淅川	南阳市
2			Ⅰ-1-2 老灌河张营子单元	张营	Ⅲ	淅川	
3			Ⅰ-1-3 老灌河垱子岭子单元	西峡水文站	Ⅲ	西峡	
4			Ⅰ-1-4 老灌河许营子单元	许营	Ⅲ	西峡	
5		Ⅰ-3 老灌河上游控制单元	Ⅰ-3-1 丁河子单元	封湾	Ⅱ	西峡	
6			Ⅰ-3-2 蛇尾河子单元	东台子	Ⅱ	西峡	
7			Ⅰ-3-3 杨河子单元	杨河	Ⅱ	西峡	
8			Ⅰ-3-4 老灌河栾川卢氏子单元	三道河	Ⅲ	卢氏	三门峡市
9		Ⅰ-4 丹江淇河控制单元	Ⅰ-4-1 淇河淅川子单元	高湾	Ⅱ	淅川	南阳市
10			Ⅰ-4-2 淇河西峡子单元	淇河大桥	Ⅱ	西峡	
				西坪（黑漆河）（省界控制断面）	Ⅱ	河南省	
11			Ⅰ-4-3 淇河卢氏子单元	上河	Ⅱ	卢氏	三门峡市
12			Ⅰ-4-4 丹江淅川子单元	史家湾	Ⅲ	淅川	南阳市
			Ⅰ-2-1 库区十堰新淹没区子单元	台子山（省界控制断面）	Ⅱ	河南省（中线通水前） 湖北省（中线通水后）	
13	湖北	Ⅰ-2 库区十堰控制单元		坝上中	Ⅱ	丹江口	十堰市
14			Ⅰ-2-2 神定河子单元	神定河口	Ⅲ	张湾	
15			Ⅰ-2-3 泗河子单元	泗河口	Ⅳ	茅箭	
16			Ⅰ-2-4 剑河子单元	剑河口	Ⅲ	丹江口	
17			Ⅰ-2-5 犟河子单元	东湾桥	Ⅲ	张湾	
18			Ⅰ-2-6 堵河下游子单元	焦家院	Ⅱ	张湾	
19			Ⅰ-2-7 官山河子单元	孙家湾	Ⅱ	丹江口	
20			Ⅰ-2-8 浪河子单元	浪河口	Ⅱ	丹江口	
21			Ⅰ-2-9 曲远河子单元	青曲	Ⅱ	郧县	
22			Ⅰ-2-10 淘谷河子单元	淘谷河口	Ⅱ	郧县	
23			Ⅰ-2-11 东河子单元	东河口	Ⅱ	郧县	
24			Ⅰ-2-12 滔河子单元	王河电站	Ⅱ	郧县	
				梅家铺（省界控制断面）	Ⅱ	湖北省	
25		Ⅰ-5 天河郧西控制单元	Ⅰ-5-1 汉江郧西县子单元	陈家坡	Ⅱ	郧西	十堰市
26			Ⅰ-5-2 天河子单元	天河口	Ⅲ	郧西	
27		Ⅱ-1 堵河上游控制单元	Ⅱ-1-1 堵河黄龙滩子单元	黄龙滩水库	Ⅱ	张湾	
28			Ⅱ-1-2 官渡河子单元	潘口水库坝上	Ⅱ	竹山	
29			Ⅱ-1-3 神农架子单元	洛阳河九湖断面	Ⅱ	神农架	神农架林区
30			Ⅱ-1-4 汇湾河子单元	新洲	Ⅱ	竹溪	十堰市
31		Ⅱ-2 金钱河控制单元	Ⅱ-2-1 郧西羊尾子单元	兰滩（省界控制断面）	Ⅱ	湖北省	
				羊尾	Ⅱ	郧西	十堰市
32			Ⅱ-2-2 金钱河郧西子单元	上津（省界控制断面）	Ⅱ	陕西省	
				夹河	Ⅱ	郧西	十堰市
33	陕西		Ⅱ-2-3 金钱河商洛出省界前子单元	南宽坪（省界控制断面）	Ⅱ	陕西省	
				玉皇滩	Ⅱ	山阳	商洛市

续表

序号	省	控制单元	控制子单元	控制断面	水质目标	责任单位	所在市
34	陕西	Ⅰ-6 丹江出省界前控制单元	Ⅰ-6-1 丹江商洛出省界前子单元	湘河（省界控制断面）	Ⅱ	陕西省	
				荆紫关	Ⅱ	商南	
35			Ⅰ-6-2 滔河商洛出省界前子单元	滔河水库（省界控制断面）	Ⅱ	陕西省	
36			Ⅰ-6-3 天河商洛出省界前子单元	照川（省界控制断面）	Ⅱ	陕西省	
				水石门	Ⅱ	山阳	商洛市
37		Ⅰ-7 丹江丹凤控制单元	Ⅰ-7-1 丹江丹凤下子单元	丹凤下	Ⅱ	丹凤	
38		Ⅰ-8 丹江商州控制单元	Ⅰ-8-1 丹江商州张村子单元	张村	Ⅲ	商州	
39			Ⅰ-8-2 丹江商州构峪桥子单元	构峪桥	Ⅲ	商州	
40		Ⅱ-3 汉江出省界前控制单元	Ⅱ-3-1 白河子单元	白河（省界控制断面）	Ⅱ	陕西省	
41			Ⅱ-3-2 旬河子单元	旬河口	Ⅲ	旬阳	安康市
42			Ⅱ-3-3 坝河子单元	坝河口	Ⅲ	平利	
43		Ⅱ-4 汉江汉滨控制单元	Ⅱ-4-1 汉滨子单元	安康	Ⅱ	汉滨	
44			Ⅱ-4-2 月河子单元	月河	Ⅲ	汉阴	
				鄂坪（省界控制断面）	Ⅱ	陕西省	
45		Ⅱ-5 南江河出省界前控制单元	Ⅱ-5 南江河出省界前控制单元	界牌沟	Ⅱ	镇坪	安康市
46		Ⅲ-1 安康水库控制单元	Ⅲ-1 安康水库控制单元	紫阳洞河口	Ⅱ	紫阳	
47		Ⅲ-2 石泉水库控制单元	Ⅲ-2 石泉水库控制单元	石泉	Ⅱ	石泉	
48		Ⅲ-3 汉江南柳渡控制单元	Ⅲ-3 汉江南柳渡控制单元	南柳渡	Ⅱ	汉台	汉中市
49		Ⅲ-4 汉江梁西渡控制单元	Ⅲ-4 汉江梁西渡控制单元	梁西渡	Ⅲ	勉县	

附件2

水污染防治项目考核指标解释

水污染防治项目考核满分为15分，其中：项目进展情况12分，项目运行情况3分。

一、项目进展情况（12分）

（一）指标定义

规划项目的进展情况分为已验收、试运行、在建、未开工、未批准初步设计五个层次。

（二）计分方式

计分12分。已验收、试运行、在建、未开工、未批准初步设计的分值系数分别为1、0.75、0.5、0.25和0。计分公式：

$$S_r = \frac{N_r}{N_p} \times 1 \times 12 \quad (2\text{-}1)$$

式中：S_r——已验收项目得分；

N_r——已验收的项目个数，个；

N_p——年度计划项目总数，个。

$$S_d = \frac{N_d}{N_p} \times 0.75 \times 12 \quad (2\text{-}2)$$

式中：S_d——试运行项目得分；

N_d——试运行的项目个数，个；

N_p——年度计划项目总数，个。

$$S_b = \frac{N_b}{N_p} \times 0.5 \times 12 \qquad (2\text{-}3)$$

式中：S_b——在建项目得分；

N_b——在建的项目个数，个；

N_p——年度计划项目总数，个。

$$S_e = \frac{N_e}{N_p} \times 0.25 \times 12 \qquad (2\text{-}4)$$

式中：S_e——未开工项目得分；

N_e——未开工的项目个数，个；

N_p——年度计划项目总数，个。

本项指标得分计算公式为：

$$S_i = S_r + S_d + S_b + S_e \qquad (2\text{-}5)$$

式中：S_i——本项指标得分；

S_r——已验收项目得分；

S_d——试运行项目得分；

S_b——在建项目得分；

S_e——未开工项目得分。

（三）操作解释

数据及项目有关文件由环保、建设、水利、发改等部门提供。

1. 考核项目清单根据《规划》和年度计划确定。

2. 已验收项目需出具有关部门的验收文件。其中，污水、垃圾处理设施项目以建设部门和相关行政主管部门的验收文件为依据。工业点源污染防治、尾矿库治理、地方水环境监测能力建设项目以环境保护部门及相关行政主管部门的验收文件为依据。水土保持、入河排污口整治、重污染河道内源污染治理、省界水环境监测能力建设项目以水利部门或相关行政主管部门的验收文件为依据。库周生态隔离带建设、农业面源污染治理项目以相关行政主管部门的验收文件为依据。

3 试运行项目需出具试运行申请及批复文件、监测资料等。

4. 在建项目需出具开工许可证明、施工合同等证明材料。

5. 未开工项目需出具初步设计批复文件、入河排污口设置同意等。

6. 关闭、破产、停产、转产的项目需出具认可文件。其中，关闭项目需出具政府文件、政府会议纪要、图片资料等；破产项目需出具当地法院破产裁定书等认定材料、图片资料等；停产项目需出具县级以上工商、税务、或环保等行政主管部门的认可文件。

二、项目运行情况（3分）

（一）指标定义

项目运行情况包括排污单位、城镇污水处理设施出水达标情况及城镇污水处理设施投入运行后的负荷率。

（二）计分方式

排污单位、城镇污水处理设施，根据国家有关标准规定的取样和分析方法监测的出水达标情况，达标率乘以2得分。

城镇污水处理设施投入运行后的负荷率，一年以内不低于60%，三年达到75%得1分；投运三年以上低于75%但不低于60%的，以实际运行负荷率乘以1得分，投运三年以上低于60%的不得分。

（三）操作解释

根据已验收项目日常监测数据、环保及建设部门日常监察监督记录等材料判断已验收项目运行情况是否达到设计标准和有关部门对项目运行负荷率的要求。

三、扣分项

现场及日常核查中，如发现国家重点监控企业、已验收项目运行不正常、违法排污或与自查报告不符等情况，每发现一例扣减1分。

附件3

水土保持项目考核指标解释

一、指标定义

水土保持考核指标内容包括水土保持项目实施、预防监督、防治效果等三个方面，每个方面量化为若干条款，总体15分。

项目实施，具体内容包括计划分解、施工组织、技术指导、监督检查、自查验收。5分。

预防监督，具体内容包括体系建设、监督管理、流失控制、预防保护。3分。

防治效果，具体内容包括任务完成、建设质量、效益监测、成果管护。7分。

其中：任务完成2.5分，坡改梯、经果林、水土保持林、小型水利水保工程、其他措施各0.5分；建设质量2.5分，坡改梯、经果林、水土保持林、小型水利水保工程、其他措施质量各0.5分，具体质量标准按照《水土保持综合治理技术规范》(GB/T 16453.1-6—2008)、《水土保持综合治理验收规范》(GB/T 15773—2008)执行；效益监测1分；成果管护1分。

二、操作解释

(一) 水土保持考核以治理任务完成情况和质量为重点，年度考核的坡改梯、经果林、水土保持林的面积不能低于年度任务的50%，小型水利水保工程不少于该措施项目计划数的20%。

(二) 采取分项赋分，参见附表《丹江口库区及上游水土保持工程考核表》。

(三) 有下列情形之一者，判定为水土保持为0分：

1. 截留、挤占、挪用项目水土保持资金。

2. 虚报治理面积，坡改梯、经果林、水土保持林完成面积低于计划数的80%。

3. 项目区内存在较为严重的人为新增水土流失，造成严重后果。

丹江口库区及上游水土保持工程考核表

考核大项	考核分项	具体考核内容	考核得分
项目实施5分	计划分解1	各项措施任务分解到小流域，落实到图斑地块管理	
	施工组织1	工程实施组织形式合理，明确工期和质量标准	
	技术指导1	施工期间有技术人员现场开展技术指导，根据有关技术规范指导工程建设施工和质量把关	
	监督检查1	定期开展对项目的监督检查，及时掌握工程建设施工设计、进度、质量、资金使用等情况	
	自查验收1	项目县应在下年度5月之前对上年度工程进行自查验收，验收资料翔实、完整。省级在此基础上开展年度验收	
预防监督3分	体系建设1	项目县监督执法机构健全，人员到位；建立和完善了配套水土保持法规体系	
	监督管理1	对于生产建设项目等造成的人为水土流失及水土保持方案执行情况，监督检查及时，定期上报有关情况	
	流失控制1	水土保持“三同时”制度得到较好落实，项目区没有人为水土流失现象	
防治效果7分	任务完成2.5	按照年度计划完成各项治理任务。其中坡改梯、经果林、水土保持林、小型水利水保工程、其他措施各0.5分	
	建设质量2.5	各项措施符合有关技术标准，质量合格。其中坡改梯、经果林、水土保持林、小型水利水保工程、其他措施各0.5分	
	效益监测1	按照实施方案开展监测，监测成果可信	
	成果管护1	水土流失治理管护制度落实，管护机制健全，产权明晰，治理成果持续发挥效益	

附件 4

保障措施考核指标解释

保障措施考核满分为 20 分，其中：地方资金落实 6 分，水质保护财政支持 10 分，城镇污水处理率和生活垃圾无害化处理率及污水垃圾处理费征收使用 4 分。

一、地方资金落实（6 分）

年度计划项目地方负责资金的应完成额为基数 A，实际完成额为 B。则得分为 $6 \times B/A$。

二、水质保护财政支持（10 分）

以县为单位，中央财政国家重点生态功能区转移支付资金按照有关规定足额用于规划项目的，得 5 分。

保障城镇和乡镇污水垃圾处理设施运行费满分为 5 分，按保障程度得分。

三、城镇污水处理率、生活垃圾无害化处理率及污水垃圾处理费征收使用情况（4 分）

城镇污水全部处理得 2 分，部分处理按处理率乘以 2 得分。

生活垃圾全部无害化处理得 1 分，部分处理按处理率得分。

污水处理费征收全部到位得 0.5 分，部分到位按到位比例乘以 0.5 得分。

卫生清理费征收全部到位得 0.5 分，部分到位按到位比例乘以 0.5 得分。

四、扣分项

以县为单位，中央财政国家重点生态功能区转移支付资金没有按照有关规定足额用于规划项目的，扣 5 分。

因地方财政保障原因，每发现一个城镇或乡镇污水垃圾处理设施停运的，扣 4 分；正常运行后的实际污水处理量低于设计能力 50% 的，扣 2 分。

南水北调工程建设信用管理办法（试行）

2013 年 2 月 8 日

（国调办监督〔2013〕25 号）

第一章　总　　则

第一条　为加强南水北调工程建设信用管理，根据《建设工程质量管理条例》（国务院令第 279 号）和南水北调工程建设质量问题责任追究、进度考核、安全生产考核等有关规定，结合南水北调工程建设实际，制定本办法。

第二条　南水北调工程建设信用是指参加南水北调工程建设的施工、监理单位遵守法律法规、技术标准，兑现承诺的能力和程度。

第三条　南水北调工程建设信用管理是指对施工、监理单位信用信息采集、信用评价、信用结果发布和使用等活动。

第四条　国务院南水北调办、省（直辖市）南水北调办（建管局）负责南水北调工程建设信用的监督管理。

第二章　信 用 信 息

第五条　信用信息包括工程质量、建设进度、安全生产信用信息。

第六条　工程质量信用信息是指施工、监理单位质量管理行为、工程实体质量、质量表彰、质量事故等信息。

第七条　建设进度信用信息是指对施工、监理单位工程建设进度目标考试信息。

第八条　安全生产信用信息是指对施工、监理单位安全生产目标考核信息和生产安全事故信息。

第九条　工程质量信用信息按工程施工、监理标段采集，按月汇总。

国务院南水北调办、省（直辖市）南水

北调办（建管局）每月对在建工程施工、监理标段至少检查一次，以质量巡查、质量飞检、专项稽察、举报调查、质量问题责任追究等方式，采集工程质量信用信息。

项目法人每月对在建工程施工、监理标段实施全面质量检查，逐标段采集工程质量信用信息，并按期报国务院南水北调办。

第十条 建设进度信用信息和安全生产信用信息按南水北调工程建设进度、安全生产考核规定采集，按工程施工、监理标段实施季度汇总。

第十一条 国务院南水北调办负责建立并管理南水北调工程建设信用信息库。

南水北调工程建设信用信息库包括施工、监理单位信用基本信息（见附件1），工程质量检查信息（见附件2）、工程质量表彰信息（见附件3），建设进度信用信息（见附件4），安全生产信用信息（见附件5），相关文件资料及影像记录等。

第三章 信用评价

第十二条 国务院南水北调办依据信用信息，对施工、监理单位实施季度信用评价和年度信用评价。

第十三条 季度信用评价和年度信用评价结果分为优秀单位、可信单位、基本可信单位、不可信单位四个等级。

第十四条 施工、监理单位季度信用信息符合下列条件的，其信用评价结果为季度优秀单位：

（一）获得季度工程质量表彰或工程质量无较重、严重质量缺陷；

（二）获得季度建设进度或安全生产表彰。

第十五条 施工、监理单位季度信用信息符合下列条件的，其信用评价结果为季度可信单位：

（一）质量缺陷较少且未受到加重责任追究；

（二）季度进度目标考核结果合格；

（三）季度安全生产无事故。

第十六条 施工、监理单位季度信用信息符合下列条件之一的，其信用评价结果为季度基本可信单位：

（一）被省（直辖市）南水北调办（建管局）、项目法人通报批评或以向主管单位通报方式责任追究的；

（二）季度进度目标考核结果不合格的。

第十七条 施工、监理单位季度信用信息符合下列条件之一的，其信用评价结果为季度不可信单位：

（一）发生质量事故的；

（二）发生较大生产安全事故的；

（三）被留用察看、清除出场的；

（四）被国务院南水北调办通报批评的。

第十八条 季度优秀单位、可信单位、基本可信单位、不可信单位可分别获得的季度积分为10分、7分、3分、0分。

第十九条 年度信用评价采用积分制，年度积分为季度积分的累加值。

年度积分37分以上的施工、监理单位，其信用评价结果为年度优秀单位。

年度积分24分至37分的施工、监理单位，其信用评价结果为年度可信单位。

年度积分9分至24分的施工、监理单位，其信用评价结果为年度基本可信单位。

年度积分9分以下或2次以上（含）季度信用评价为不可信的施工、监理单位，其年度信用评价结果为年度不可信单位。

第二十条 对季度、年度信用评价结果，国务院南水北调办将告知有关单位。对信用评价结果有异议的单位可在接到信用评价结果通知书（见附件6）后5日内提出申诉，国务院南水北调办将在5日内对其信用评价信息进行复核。

第四章 信用评价结果发布与使用

第二十一条 南水北调工程建设信用评

价结果定期发布和通报。

第二十二条 季度优秀单位、不可信单位，在中国南水北调网（www. nsbd. gov. cn）公示6个月。

年度优秀单位、不可信单位，在中国南水北调网（www. nsbd. gov. on）公示1年。

第二十三条 国务院南水北调办定期向国家有关行政主管部门、资产管理主管部门通报施工、监理单位的信用评价结果。

第二十四条 南水北调工程建设信用信息，按规定可供有关资质管理、信用管理、工程建设项目法人等单位查询。

第二十五条 南水北调工程建设信用信息保存和查询期限为5年。

第二十六条 季度、年度信用评价结果为优秀、可信的施工、监理单位，项目法人可按有关规定给予奖励。

第二十七条 年度信用评价结果为可信、优秀的施工、监理单位，可参与南水北调工程建设先进（优秀）单位评选。

第五章 附 则

第二十八条 本办法由国务院南水北调办负责解释。

第二十九条 本办法自印发之日起施行。

附件：1. 南水北调工程施工（监理）单位信用基本信息登记表（略）

2. 南水北调工程建设质量检查信息登记表（略）

3. 南水北调工程建设质量表彰信息登记表（略）

4. 南水北调工程建设进度信用信息登记表（略）

5. 南水北调工程建设安全生产信用信息登记表（略）

6. 南水北调工程建设信用评价结果通知书（略）

CHINA SOUTH-TO-NORTH WATER DIVERSION PROJECT CONSTRUCTION YEARBOOK

伍 重要文件

IMPORTANT FILES

国　务　院

国务院关于丹江口库区及上游地区对口协作工作方案的批复

（国函〔2013〕42 号）

北京市、天津市、河北省、河南省、湖北省、陕西省人民政府，发展改革委、南水北调办：

发展改革委、南水北调办《关于报送丹江口库区及上游地区对口协作工作方案的请示》（发改地区〔2013〕311 号）收悉。现批复如下：

一、原则同意《丹江口库区及上游地区对口协作工作方案》（以下简称《方案》），请认真组织实施。

二、《方案》实施要从确保实现南水北调中线工程战略目标的大局出发，以保水质、强民生、促转型为主线，坚持对口支援与互利合作相结合、政府推动与多方参与相结合、对口协作与自力更生相结合，通过政策扶持和体制机制创新，持续改善区域生态环境，大力推动生态型特色产业发展，着力加强人力资源开发，稳步提高基层公共服务水平，不断深化经济技术交流合作，努力增强水源区自我发展能力，共同构建南北共建、互利双赢的区域协调发展新格局。

三、通过开展对口协作，到 2020 年，水源区生态环境持续改善，调水水量水质稳定达标；资源节约集约利用水平显著提高，生态型特色产业形成优势；劳动力就业能力明显增强，收入水平进一步提高；公共服务能力得到加强，城乡面貌不断改观；协作互动格局全面建立，内在发展动力不断增强，把水源区建成生态环境良好、社会文明和谐、经济持续发展、人民安居乐业的生态文明地区。

四、北京市、天津市、河南省、湖北省和陕西省人民政府要加强对《方案》实施的组织领导，明确工作责任，完善工作机制，落实工作任务。援受双方要积极加强沟通协商，共同编制协作规划，认真做好组织实施工作。

五、有关部门和单位要按照职能分工，加强对《方案》实施的指导和支持。发展改革委、南水北调办要牵头成立丹江口库区及上游地区对口协作工作协调小组，加强对口协作工作的统筹协调，组织协作规划审核，加强跟踪分析、督促检查和评估工作，协调解决实施中出现的困难和问题，重大问题及时向国务院报告。

国务院

2013 年 3 月 5 日

国务院关于南水北调东中线一期工程受水区地下水压采总体方案的批复

（国函〔2013〕49 号）

北京市、天津市、河北省、江苏省、山东省、河南省人民政府，水利部、发展改革委、财政部、南水北调办：

《水利部关于报请审批南水北调东中线一期工程受水区地下水压采总体方案的请示》（水资源〔2013〕33 号）收悉。现批复如下：

一、原则同意《南水北调东中线一期工程受水区地下水压采总体方案》（以下简称《方案》），请认真组织实施。

二、《方案》实施要认真贯彻落实实行最严格水资源管理制度的要求，坚持保护优先、全面节约、合理开发、高效利用，通过采取综合措施，充分利用南水北调水，合理调配受水区各种水源，逐步替代超采的地下水，严格地下水开发利用管理，实现地下水资源可持续利用，促进受水区经济社会持续健康发展。

三、通过实施《方案》，到2020年，城区地下水年超采量比基准年（2005—2010年平均）减少22亿立方米，基本实现城区地下水采补平衡；到2025年，非城区地下水年超采量比基准年减少18亿立方米，非城区地下水超采问题得到缓解，地下水年压采总量达到40亿立方米。

四、受水区地方各级人民政府是地下水压采工作的责任主体，要切实加强组织领导，将《方案》内容纳入地方经济社会发展规划，结合当地实际制定地下水压采实施方案，明确各阶段地下水压采计划，逐级分解落实地下水压采目标、任务和措施。要加快转变经济发展方式，落实最严格水资源管理制度，加大节水型社会建设力度，积极推进地下水压采工作。要完善工作机制，充分运用市场和经济手段，多渠道、多元化筹措资金，加大投入，加快地下水压采替代水源工程建设。对《方案》中涉及的建设项目，要深化前期工作，并按程序报批后实施。

五、各有关部门要根据职能分工，加大支持力度，加强对《方案》实施的组织、指导、协调和监督。水利部要会同有关部门对《方案》实施情况进行检查、评估和考核，并向国务院报告。

国务院

2013年4月3日

国务院办公厅关于调整国务院南水北调工程建设委员会组成人员的通知

（国办发〔2013〕65号）

各省、自治区、直辖市人民政府，国务院各部委、各直属机构：

根据国务院机构设置及人员变动情况和工作需要，国务院对国务院南水北调工程建设委员会组成人员作了调整。现将调整后的名单通知如下：

主　任：张高丽　国务院副总理
副主任：汪　洋　国务院副总理
成　员：徐绍史　发展改革委主任
陈　雷　水利部部长
万　钢　科技部部长
杨焕宁　公安部副部长
楼继伟　财政部部长
姜大明　国土资源部部长
周生贤　环境保护部部长
姜伟新　住房城乡建设部部
杨传堂　交通运输部部长
刘家义　审计署审计长
鄂竟平　南水北调办主任
丁向阳　国务院副秘书长
杜　鹰　发展改革委副主任
余欣荣　农业部副部长
刘士余　人民银行副行长
邵　宁　国资委副主任
赵树丛　林业局局长
宋大涵　法制办主任
项俊波　保监会主席
吴新雄　能源局局长
励小捷　文物局局长
胡怀邦　开发银行董事长
王安顺　北京市市长
黄兴国　天津市市长
张庆伟　河北省省长
李学勇　江苏省省长
郭树清　山东省省长
谢伏瞻　河南省省长
王国生　湖北省省长
娄勤俭　陕西省省长

国务院办公厅

2013年6月30日

国家发展和改革委员会

国家发展改革委关于调整南水北调中线水源调度运行管理系统工程2012年投资计划的通知

（发改投资〔2013〕119号）

国务院南水北调办公室：

你办《关于申请调整南水北调中线水源调度运行管理系统工程2012年投资计划的函》（国调办投计函〔2012〕64号）收悉。经研究，现将有关事项通知如下：

一、根据相关项目前期工作进展情况，同意从发改投资〔2012〕598号文已下达的南水北调中线水源调度运行管理系统工程2012年投资计划中，调整出国家重大水利工程建设基金2275万元用于东、中线一期工程年度价差投资。

二、请据此抓紧落实建设任务，严格控制投资规模，切实保障工程质量，并尽快完善中线水源调度运行管理系统工程各项前期工作，避免再次出现类似调整。

附件：南水北调工程2012年投资计划调整表（略）

国家发展和改革委员会
2013年1月21日

国家发展改革委关于南水北调中线京石段防洪影响处理工程（石家庄至北拒马河段）可行性研究报告的批复

（发改农经〔2013〕1972号）

河北省发展改革委：

报来《关于南水北调中线京石段防洪影响处理工程（石家庄至北拒马河段）可行性研究报告的请示》（冀发改农经〔2012〕1627号）收悉。经研究，现批复如下：

一、原则同意所报南水北调中线京石段（石家庄至北拒马河段）防洪影响处理工程可行性研究报告。工程任务是减缓南水北调中线京石段工程带来的不利影响，保障总干渠左右两岸防洪安全。

二、工程建设范围为磁河、放水河、曲逆河中支、曲逆河北支、水北沟等5条大型河渠交叉和78条左岸排水沟（或坡水区）。大型河渠交叉建筑物下游采取新建导流堤、护坡护岸等防护措施处理；左岸排水沟（或坡水区）下游采取沟道开（扩）挖、防护堤岸，局部修建导流堤、护村埝、涵管，以及路面硬化等工程措施进行防护。

工程河道防护等建筑物级别为4～5级。大型河道防护建筑物设计洪水标准根据河道防洪规划治理标准或现状情况确定；对无防洪标准的河道，保护村庄的建筑物设计洪水标准为10～20年一遇，保护耕地的建筑物设计洪水标准为5年一遇。

根据国土资源部用地预审意见，该项目拟用地总面积为46.72hm^2，其中农用地31.83hm^2（含耕地11.01hm^2）。至规划水平年，需搬迁安置140人，以本村后靠安置为主；生产安置采取在本村内部调剂土地安置的方式。

三、按2012年第二季度价格水平，工程总投资为23 622万元。总投资中，从南水北调中线主体工程投资中定额安排21 260万元；其余投资和项目实施过程中增加的投资由你省自筹解决。

四、该工程为地方水利项目。原则同意

由石家庄、保定两市分别组建项目法人负责项目前期工作和建设管理，建成后按属地化管理原则，由各河道现管理单位负责运行维护，不新增管理机构和人员编制，不增加管理设施。

五、工程建设要严格执行项目法人责任制、招标投标制、合同管理制、建设监理制和竣工验收等制度。项目法人要按照招标投标法和相关规定，委托招标代理机构公开招标选择勘察设计、施工、监理以及重要设备、材料供应单位。要进一步理顺管理体制，落实工程运行维护经费，保证工程顺利建设并长期发挥效益。

六、在初步设计阶段，要按照水利部和中国国际工程咨询公司的意见进一步完善前期工作。复核防洪影响范围及影响程度，细化防洪影响分类，优化工程处理措施，尽可能减少征地拆迁数量。初步设计编制完成后，由你委审批，报我委备核。

国家发展和改革委员会

2013 年 10 月 8 日

国家发展改革委关于下达南水北调工程 2013 年投资计划的通知

（发改投资〔2013〕2168 号）

国务院南水北调办公室：

经研究，决定安排 2013 年南水北调东、中线一期工程投资计划 305 亿元，其中南水北调工程基金 37.22 亿元，国家重大水利工程建设基金 253.128 5 亿元，银行贷款 14.651 5 亿元。请统筹安排各项资金，严格控制投资规模，抓紧落实各项建设任务，确保工程质量安全。本批投资计划执行情况实行季报制度，请按规定及时报送相关信息。

附件：南水北调工程 2013 年投资计划下达表（略）

国家发展和改革委员会

2013 年 11 月 1 日

国土资源部

国土资源部关于南水北调东线一期长江至骆马湖其他工程里下河水源调整工程（大三王河工程）建设用地的批复

（国土资函〔2013〕108 号）

江苏省人民政府：

你省《关于南水北调东线一期大三王河工程建设用地事项的请示》（苏政发〔2012〕164 号）业经国务院批准，现批复如下：

一、同意宝应县将农民集体所有农用地 63.510 9hm^2（其中耕地 42.757 6hm^2）转为建设用地并办理征地手续，另征收农民集体所有建设用地 8.572 8hm^2、未利用地 13.690 7hm^2；同意将国有农用地 0.093hm^2 转为建设用地，同时使用国有建设用地 7.916 4hm^2、未利用地 2.318 4hm^2。

以上共计批准建设用地 96.102 2hm^2，由当地人民政府按照有关规定提供，作为南水北调东线一期长江至骆马湖其他工程里下河水源调整工程（大三王河工程）及拆迁安置用地。其中拆迁安置用地 7.902 3hm^2 由当地人民政府按规划和供地政策合理安排使用，其余建设用地以划拨方式供地。

二、你省人民政府负责落实补充耕地。督促补充耕地责任单位认真按照补充耕地方案，补充数量相等、质量相当的耕地。

三、督促当地人民政府切实做好征地补偿安置工作，做到补偿费用、安置途径和社会保障措施落实到位，妥善解决好被征地农民的生产和生活，保证原有生活水平不降低，长远生计有保障。按照国务院批准征收土地反馈制度的有关规定，征地批后实施情况报国土资源部。

四、切实落实对施工程用地未批先用的查处意见，加强土地执法和建设用地的监督管理，确保各类建设依法依规用地。

国土资源部

2013年2月7日

国土资源部关于南水北调东线一期鲁北段灌区影响处理工程建设用地的批复

（国土资函〔2013〕138号）

山东省人民政府：

你省《关于南水北调东线一期鲁北段灌区影响工程建设用地的请示》（鲁政呈〔2012〕70号）业经国务院批准，现批复如下：

一、同意夏津县、临清市、武城县将农民集体所有农用地88.908 8hm²（其中耕地65.933 5hm²）转为建设用地并办理征地手续，另征收农民集体所有建设用地4.799 8hm²、未利用地1.947 7hm²；同意将国有农用地3.929 7hm²（其中耕地1.752 8hm²）转为建设用地，同时使用国有未利用地0.049 7hm²。

以上共计批准建设用地99.635 7hm²，由当地人民政府以划拨方式提供，作为南水北调东线一期鲁北段灌区影响处理工程建设用地。

二、你省人民政府负责落实补充耕地。督促补充耕地责任单位认真按照补充耕地方案，补充数量相等、质量相当的耕地。

三、督促当地人民政府切实做好征地补偿安置工作，做到补偿费用和安置途径落实到位，妥善解决好被征地农民的生产和生活，保证原有生活水平不降低，长远生计有保障。按照国务院批准征收土地反馈制度的有关规定，征地批后实施情况报国土资源部。

四、切实落实对该工程用地未批先用的查处意见，加强土地执法和建设用地的监督管理，确保各类建设依法依规用地。

国土资源部

2013年2月7日

国土资源部关于南水北调东线一期鲁北段七一·六五河输水工程建设用地的批复

（国土资函〔2013〕139号）

山东省人民政府：

你省《关于南水北调东线一期鲁北段七一·六五河工程建设用地的请示》（鲁政呈〔2012〕67号）业经国务院批准，现批复如下：

一、同意临清市、武城县、夏津县将农民集体所有农用地39.850 8hm²（其中耕地33.885 6hm²）转为建设用地并办理征地手续，另征收农民集体所有建设用地17.141 8hm²、未利用地5.740 7hm²；同意将国有农用地27.800 9hm²（其中耕地25.363 9hm²）转为建设用地。

以上共计批准建设用地90.534 2hm²，由当地人民政府以划拨方式提供，作为南水北调东线一期鲁北段七一·六五河输水工程建设用地。

二、你省人民政府负责落实补充耕地。督促补充耕地责任单位认真按照补充耕地方案，补充数量相等、质量相当的耕地。

三、督促当地人民政府切实做好征地补偿安置工作，做到补偿费用和安置途径落实到位，妥善解决好被征地农民的生产和生活，保证原有生活水平不降低，长远生计有保障。按照国务院批准征收土地反馈制度的有关规定，征地批后实施情况报国土资源部。

四、切实落实对该工程用地未批先用的查处意见，加强土地执法和建设用地的监督管理，确保各类建设依法依规用地。

国土资源部

2013 年 2 月 7 日

国土资源部关于南水北调东线一期工程鲁北段小运河输水工程建设用地的批复

（国土资函〔2013〕140 号）

山东省人民政府：

你省《关于南水北调东线一期鲁北段小运河输水工程建设用地的请示》（鲁政呈〔2012〕68 号）业经国务院批准，现批复如下：

一、同意聊城市东昌府区、东阿县、临清市、茌平县、阳谷县将农民集体所有农用地 439.236 8hm^2（其中耕地 370.754 7hm^2）转为建设用地，其中 436.036 8hm^2（耕地 367.715 5hm^2）办理征地手续，另征收农民集体所有建设用地 20.151 7hm^2、未利用地 0.318 8hm^2；同意将国有农用地 209.790 8hm^2（其中耕地 101.702 7hm^2）转为建设用地，同时使用国有未利用地 11.218 8hm^2。

以上共计批准建设用地 680.716 9hm^2，由当地人民政府按照有关规定提供，作为南水北调东线一期工程鲁北段小运河输水工程及改路改沟、拆迁安置用地。其中改路改沟用地 0.631 8hm^2、拆迁安置用地 8.359 1hm^2 由当地人民政府按规划和供地政策合理安排使用，其余建设用地以划拨方式供地。

二、你省人民政府负责落实补充耕地。督促补充耕地责任单位认真按照补充耕地方案，补充数量相等、质量相当的耕地。

三、督促当地人民政府切实做好征地补偿安置工作，做到补偿费用和安置途径落实到位，妥善解决好被征地农民的生产和生活，保证原有生活水平不降低，长远生计有保障。按照国务院批准征收土地反馈制度的有关规定，征地批后实施情况报国土资源部。

四、切实落实对该工程用地未批先用的查处意见，加强土地执法和建设用地的监督管理，确保各类建设依法依规用地。

国土资源部

2013 年 2 月 7 日

国土资源部关于南水北调东线一期南四湖至东平湖段八里湾泵站工程建设用地的批复

（国土资函〔2013〕142 号）

山东省人民政府：

你省《关于南水北调东线一期南四湖至东平湖段八里湾泵站工程建设用地的请示》（鲁政呈〔2012〕75 号）业经国务院批准，现批复如下：

一、同意东平县将农民集体所有农用地 12.114 7hm^2（其中耕地 0.946 7hm^2）转为建设用地并办理征地手续，由当地人民政府以划拨方式提供，作为南水北调东线一期南四湖至东平湖段八里湾泵站工程建设用地。

二、你省人民政府负责落实补充耕地。督促补充耕地责任单位认真按照补充耕地方案，补充数量相等、质量相当的耕地。

三、督促当地人民政府切实做好征地补偿安置工作，做到补偿费用和安置途径落实到位，妥善解决好被征地农民的生产和生活，保证原有生活水平不降低，长远生计有保障。按照国务院批准征收土地反馈制度的有关规定，征地批后实施情况报国土资源部。

四、切实落实对该工程用地未批先用的查处意见，加强土地准征收土地反馈制度的有关规定，征地批后实施情况报国土资源部。

五、切实落实对该工程用地未批先用的查处意见，加强土地执法和建设用地的监督管理，确保各类建设依法依规用地。

国土资源部

2013年2月7日

国土资源部关于南水北调东线一期南四湖至东平湖段邓楼泵站工程建设用地的批复

（国土资函〔2013〕143号）

山东省人民政府：

你省《关于南水北调东线一期南四湖至东平湖段邓楼泵站工程建设用地的请示》（鲁政呈〔2012〕74号）业经国务院批准，现批复如下：

一、同意梁山县将农民集体所有农用地20.153 4hm²（其中耕地19.204 2hm²）转为建设用地并办理征地手续，另征收农民集体所有建设用地1.543 9hm²；同意将国有农用地0.269 7hm²（其中耕地0.269 7hm²）转为建设用地。

以上共计批准建设用地21.967hm²，由当地人民政府以划拨方式提供，作为南水北调东线一期南四胡至东平湖段邓楼泵站工程建设用地。

二、你省人民政府负责落实补充耕地。督促补充耕地责任单位认真按照补充耕地方案，补充数量相等、质量相当的耕地。

三、督促当地人民政府切实做好征地补偿安置工作，做到补偿费用和安置途径落实到位，妥善解决好被征地农民的生产和生活，保证原有生活水平不降低，长远生计有保障。按照国务院批准征收土地反馈制度的有关规定，征地批后实施情况报国土资源部。

四、切实落实对该工程用地未批先用的查处意见，加强土地执法和建设用地的监督管理，确保各类建设依法依规用地。

国土资源部

2013年2月7日

国土资源部关于南水北调东线一期双王城水库工程建设用地的批复

（国土资函〔2013〕144号）

山东省人民政府：

你省《关于南水北调东线一期双王城水库工程建设用地的请示》（鲁政呈〔2012〕71号）业经国务院批准，现批复如下：

一、同意寿光市将农民集体所有农用地170.388 3hm²（其中耕地120.280 2hm²）转为建设用地并办理征地手续，另征收农民集体所有建设用地1.527 5hm²、未利用地1.991 2hm²；同意将国有农用地376.403 4hm²（其中耕地369.921 2hm²）转为建设用地，同时使用国有建设用地12.327 9hm²、未利用地183.915 5hm²。

以上共计批准建设用地746.553 8hm²，由当地人民政府以划拨方式提供，作为南水北调东线一期双王城水库工程建设用地。

二、你省人民政府负责落实补充耕地。督促补充耕地责任单位认真按照补充耕地方案，补充数量相等、质量相当的耕地。

三、督促当地人民政府切实做好征地补偿安置工作，做到补偿费用和安置途径落实到位，妥善解决好被征地农民的生产和生活，保证原有生活水平不降低，长远生计有保障。按照国务院批准征收土地反馈制度的有关规定，征地批后实施情况报国土资源部。

四、切实落实对该工程用地未批先用的

查处意见，加强土地执法和建设用地的监督管理，确保各类建设依法依规用地。

五、严格按照国家有关规定使用新增建设用地土地有偿使用费，确保专项用于耕地开发。

国土资源部

2013年2月7日

国土资源部关于南水北调东线一期济南至引黄济青段陈庄输水线路工程建设用地的批复

（国土资函〔2013〕145号）

山东省人民政府：

你省《关于南水北调东线一期济南至引黄济青段陈庄输水线路工程建设用地的请示》（鲁政呈〔2012〕78号）业经国务院批准，现批复如下：

一、同意高青县、邹平县将农民集体所有农用地69.244 9hm²（其中耕地54.331 3hm²）转为建设用地并办理征地手续，另征收农民集体所有建设用地12.301 3hm²；同意将国有农用地8.792 7hm²（其中耕地8.209 7hm²）转为建设用地，同时使用国有建设用地8.169 9hm²、未利用地0.113 8hm²。

以上共计批准建设用地98.622 6hm²，由当地人民政府以划拨方式提供，作为南水北调东线一期济南至引黄济青段陈庄输水线路工程建设用地。

二、你省人民政府负责落实补充耕地。督促补充耕地责任单位认真按照补充耕地方案，补充数量相等、质量相当的耕地。

三、督促当地人民政府切实做好征地补偿安置工作，做到补偿费用和安置途径落实到位，妥善解决好被征地农民的生产和生活，保证原有生活水平不降低，长远生计有保障。按照国务院批准征收土地反馈制度的有关规定，征地批后实施情况报国土资源部。

四、切实落实对该工程用地未批先用的查处意见，加强土地执法和建设用地的监督管理，确保各类建设依法依规用地。

国土资源部

2013年2月7日

国土资源部关于南水北调东线一期济南至引黄济青段明渠段工程建设用地的批复

（国土资函〔2013〕146号）

山东省人民政府：

你省《关于南水北调东线一期济南至引黄济青段明渠段工程建设用地的请示》（鲁政呈〔2012〕72号）业经国务院批准，现批复如下：

一、同意广饶县、邹平县、历城区、章丘市、博兴县、桓台县、高青县将农民集体所有农用地766.100 4hm²（其中耕地628.591 3 hm²）转为建设用地，其中749.582 1hm²（耕地612.073hm²）办理征地手续，另征收农民集体所有建设用地84.317 5hm²、未利用地7.354 6hm²；同意将国有农用地16.204hm²（其中耕地11.825hm²）转为建设用地，同时使用国有建设用地2.851 4 hm²、未利用地0.016 8hm²。

以上共计批准建设用地876.844 7hm²，由当地人民政府按照有关规定提供，作为南水北调东线一期济南至引黄济青段明渠段工程及拆迁安置用地。其中拆迁安置用地18.634 3hm²由当地人民政府按规划和供地政策合理安排使用，其余建设用地以划拨方式供地。

二、你省人民政府负责落实补充耕地。督促补充耕地责任单位认真按照补充耕地方案，补充数量相等、质量相当的耕地。

三、督促当地人民政府切实做好征地补偿安置工作，做到补偿费用和安置途径落实到位，妥善解决好被征地农民的生产和生活，保证原有生活水平不降低，长远生计有保障。按照国务院批准征收土地反馈制度的有关规定，征地批后实施情况报国土资源部。

四、切实落实对该工程用地未批先用的查处意见，加强土地执法和建设用地的监督管理，确保各类建设依法依规用地。

五、严格按照国家有关规定使用新增建设用地土地有偿使用费，确保专项用于耕地开发。

国土资源部
2013 年 2 月 7 日

国土资源部关于南水北调东线一期鲁北段大屯水库工程建设用地的批复

（国土资函〔2013〕147 号）

山东省人民政府：

你省《关于南水北调东线一期鲁北段大屯水库工程建设用地的请示》（鲁政呈〔2012〕69 号）业经国务院批准，现批复如下：

一、同意武城县将农民集体所有农用地 599.980 4hm^2（其中耕地 560.665 1hm^2）转为建设用地并办理征地手续，另征收农民集体所有建设用地 9.490 5hm^2、未利用地 15.537 5hm^2。

以上共计批准建设用地 625.008 4hm^2，由当地人民政府以划拨方式提供，作为南水北调东线一期鲁北段大屯水库工程建设用地。

二、你省人民政府负责落实补充耕地。督促补充耕地责任单位认真按照补充耕地方案，补充数量相等、质量相当的耕地。

三、督促当地人民政府切实做好征地补偿安置工作，做到补偿费用和安置途径落实到位，妥善解决好被征地农民的生产和生活，保证原有生活水平不降低，长远生计有保障。按照国务院批准征收土地反馈制度的有关规定，征地批后实施情况报国土资源部。

四、切实落实对该工程用地未批先用的查处意见，加强土地执法和建设用地的监督管理，确保各类建设依法依规用地。

国土资源部
2013 年 2 月 7 日

国土资源部关于南水北调东线一期南四湖至东平湖段长沟泵站工程建设用地的批复

（国土资函〔2013〕148 号）

山东省人民政府：

你省《关于南水北调东线一期南四湖至东平湖段长沟泵站工程建设用地的请示》（鲁政呈〔2012〕77 号）业经国务院批准，现批复如下：

一、同意济宁市任城区将农民集体所有农用地 22.608 8hm^2（其中耕地 21.726 2hm^2）转为建设用地并办理征地手续；同意将国有农用地 2.041 9hm^2（其中耕地 2.041 9hm^2）转为建设用地，同时使用国有未利用地 0.193 1hm^2。

以上共计批准建设用地 24.843 8hm^2，由当地人民政府以划拨方式提供，作为南水北调东线一期南四湖至东平湖段长沟泵站工程建设用地。

二、你省人民政府负责落实补充耕地。督促补充耕地责任单位认真按照补充耕地方案，补充数量相等、质量相当的耕地。

三、督促当地人民政府切实做好征地补偿安置工作，做到补偿费用和安置途径落实到位，妥善解决好被征地农民的生产和生活，保证原有生活水平不降低，长远生计有保障。按照国务院批准征收土地反馈制度的有关规定，征地批后实施情况报国土资源部。

四、切实落实对该工程用地未批先用的查处意见，加强土地执法和建设用地的监督管理，确保各类建设依法依规用地。

国土资源部

2013年2月7日

国土资源部关于南水北调东线一期工程南四湖水资源控制工程建设用地的批复

（国土资函〔2013〕149号）

山东省人民政府：

你省《关于南水北调东线一期南四湖水资源控制工程建设用地的请示》（鲁政呈〔2012〕78号）业经国务院批准，现批复如下：

一、同意微山县、鱼台县将农民集体所有农用地8.647 4hm^2（其中耕地5.776 2hm^2）转为建设用地并办理征地手续；同意将国有农用地9.111 1hm^2（其中耕地1.179 5hm^2）转为建设用地，同时使用国有建设用地19.839 8hm^2、未利用地16.296 1hm^2。

以上共计批准建设用地53.894 4hm^2，由当地人民政府以划拨方式提供，作为南水北调东线一期工程南四湖水资源控制工程建设用地。

二、你省人民政府负责落实补充耕地。督促补充耕地责任单位认真按照补充耕地方案，补充数量相等、质量相当的耕地。

三、督促当地人民政府切实做好征地补偿安置工作，做到补偿费用和安置途径落实到位，妥善解决好被征地农民的生产和生活，保证原有生活水平不降低，长远生计有保障。按照国务院批准征收土地反馈制度的有关规定，征地批后实施情况报国土资源部。

四、切实落实对该工程用地未批先用的查处意见，加强土地执法和建设用地的监督管理，确保各类建设依法依规用地。

国土资源部

2013年2月7日

国土资源部关于南水北调东线一期南四湖至东平湖段输水与航运结合引黄灌区灌溉影响处理工程建设用地的批复

（国土资函〔2013〕150号）

山东省人民政府：

你省《关于南水北调东线一期南四湖至东平湖段输水与航运结合引黄灌区灌溉影响处理工程建设用地的请示》（鲁政呈〔2012〕79号）业经国务院批准，现批复如下：

一、同意梁山县将农民集体所有农用地85.076 4hm^2（其中耕地77.512 6hm^2）转为建设用地并办理征地手续，另征收农民集体所有建设用地6.215 1hm^2、未利用地1.421 5hm^2；同意将国有农用地0.024 2hm^2（其中耕地0.024 2hm^2）转为建设用地。

以上共计批准建设用地92.737 2hm^2，由当地人民政府以划拨方式提供，作为南水北调东线一期南四湖至东平湖段输水与航运结合引黄灌区灌溉影响处理工程建设用地。

二、你省人民政府负责落实补充耕地。督促补充耕地责任单位认真按照补充耕地方案，补充数量相等、质量相当的耕地。

三、督促当地人民政府切实做好征地补偿安置工作，做到补偿费用和安置途径落实到位，妥善解决好被征地农民的生产和生活，保证原有生活水平不降低，长远生计有保障。按照国务院批准征收土地反馈制度的有关规定，征地批后实施情况报国土资源部。

四、切实落实对该工程用地未批先用的

查处意见，加强土地执法和建设用地的监督管理，确保各类建设依法依规用地。

国土资源部

2013年2月7日

国土资源部关于南水北调东线一期工程穿黄河工程建设用地的批复

（国土资函〔2013〕151号）

山东省人民政府：

你省《关于南水北调东线一期穿黄河工程建设用地的请示》（鲁政呈〔2012〕82号）业经国务院批准，现批复如下：

一、同意东阿县、东平县将农民集体所有农用地35.982 5hm²（其中耕地3.201 9hm²）转为建设用地并办理征地手续，另征收农民集体所有建设用地1.713 8hm²、未利用地0.022 9hm²；同意将国有农用地0.474hm²（其中耕地0.474hm²）转为建设用地。

以上共计批准建设用地38.193 2hm²，由当地人民政府以划拨方式提供，作为南水北调东线一期工程穿黄河工程建设用地。

二、你省人民政府负责落实补充耕地。督促补充耕地责任单位认真按照补充耕地方案，补充数量相等、质量相当的耕地。

三、督促当地人民政府切实做好征地补偿安置工作，做到补偿费用和安置途径落实到位，妥善解决好被征地农民的生产和生活，保证原有生活水平不降低，长远生计有保障。按照国务院批准征收土地反馈制度的有关规定，征地批后实施情况报国土资源部。

四、切实落实对该工程用地未批先用的查处意见，加强土地执法和建设用地的监督管理，确保各类建设依法依规用地。

国土资源部

2013年2月7日

国土资源部关于南水北调东线一期柳长河段输水与航运结合工程建设用地的批复

（国土资函〔2013〕206号）

山东省人民政府：

你省《关于南水北调东线一期柳长河段输水与航运结合工程建设用地的请示》（鲁政呈〔2012〕76号）业经国务院批准，现批复如下：

一、同意梁山县、东平县将农民集体所有农用地245.164 9hm²（其中耕地210.009 7hm²）转为建设用地并办理征地手续，另征收农民集体所有建设用地66.194 8hm²、未利用地15.574 3hm²；同意将国有农用地0.713 9hm²（其中耕地0.571 5hm²转为建设用地。

以上共计批准建设用地327.647 9hm²，由当地人民政府按照有关规定提供，作为南水北调东线一期柳长河段输水与航运结合工程及拆迁安置用地。其中拆迁安置用地0.666 8hm²由当地人民政府按规划和供地政策合理安排使用，其余建设用地以划拨方式供地。

二、你省人民政府负责落实补充耕地。督促补充耕地责任单位认真按照补充耕地方案，补充数量相等、质量相当的耕地。

三、督促当地人民政府切实做好征地补偿安置工作，做到补偿费用和安置途径落实到位，妥善解决好被征地农民的生产和生活，保证原有生活水平不降低，长远生计有保障。按照国务院批准征收土地反馈制度的有关规定，征地批后实施情况报国土资源部。

四、切实落实对该工程用地未批先用的查处意见，加强土地执法和建设用地的监督管理，确保各类建设依法依规用地。

国土资源部

2013年3月29日

国土资源部关于南水北调东线一期东湖水库工程建设用地的批复

（国土资函〔2013〕207号）

山东省人民政府：

你省《关于南水北调东线一期东湖水库工程建设用地的请示》（鲁政呈〔2012〕80号）业经国务院批准，现批复如下：

一、同意济南市历城区、章丘市将农民集体所有农用地535.790 3hm^2（其中耕地372.702 3hm^2）转为建设用地并办理征地手续，另征收农民集体所有建设用地0.489 5hm^2；同意将国有农用地2.058 7hm^2转为建设用地。

以上共计批准建设用地538.338 5hm^2，由当地人民政府以划拨方式提供，作为南水北调东线一期东湖水库工程建设用地。

二、你省人民政府负责落实补充耕地。督促补充耕地责任单位认真按照补充耕地方案，补充数量相等、质量相当的耕地。

三、督促当地人民政府切实做好征地补偿安置工作，做到补偿费用和安置途径落实到位，妥善解决好被征地农民的生产和生活，保证原有生活水平不降低，长远生计有保障。按照国务院批准征收土地反馈制度的有关规定，征地批后实施情况报国土资源部。

四、切实落实对该工程用地未批先用的查处意见，加强土地执法和建设用地的监督管理，确保各类建设依法依规用地。

国土资源部

2013年3月29日

国土资源部关于南水北调东线一期梁济运河段输水与航运结合工程建设用地的批复

（国土资函〔2013〕208号）

山东省人民政府：

你省《关于南水北调东线一期梁济运河段输水与航运结合工程建设用地的请示》（鲁政呈〔2012〕81号）业经国务院批准，现批复如下：

一、同意济宁市任城区、市中区、梁山县、嘉祥县、汶上县将农民集体所有农用地109.747 3hm^2（其中耕地93.457 3hm^2）转为建设用地，其中190.027 3 hm^2（含耕地93.004hm^2）办理征地手续，另征收农民集体所有建设用地16.473hm^2、未利用地8.233 9 hm^2；同意将国有农用地59.470 6hm^2（其中耕地59.461 7hm^2）转为建设用地，同时使用国有未利用地8.962 4hm^2。

以上共计批准建设用地202.887 2hm^2，由当地人民政府按照有关规定提供，作为南水北调东线一期梁济运河段输水与航运结合工程及拆迁安置用地。其中拆迁安置用地0.72hm^2由当地人民政府按规划和供地政策合理安排使用，其余建设用地以划拨方式供地。

二、你省人民政府负责落实补充耕地。督促补充耕地责任单位认真按照补充耕地方案，补充数量相等、质量相当的耕地。

三、督促当地人民政府切实做好征地补偿安置工作，做到补偿费用和安置途落实到位，妥善解决好被征地农民的生产和生活，保证原有生活水平不降低，长远生计有保障。按照国务院批准征收土地反馈制度的有关规定，征地批后实施情况报国土资源部。

四、切实落实对该工程用地未批先用的查处意见，加强土地执法和建设用地的监督管理，确保各类建设依法依规用地。

国土资源部

2013 年 3 月 29 日

国土资源部关于南水北调东线一期三阳河、潼河、宝应站工程建设用地的批复

（国土资函〔2013〕290 号）

江苏省人民政府：

你省《关于南水北调东线一期三阳河等工程建设用地事项的请示》（苏政发〔2013〕23 号）业经国务院批准，现批复如下：

一、同意宝应县、高邮市将农民集体所有农用地 787.117 3hm²（其中耕地586.851 3hm²）转为建设用地并办理征地手续，另征收农民集体所有建设用地 151.388 9hm²、未利用地 119.638 7hm²；同意将国有农用地 0.984 6hm² 转为建设用地，同时使用国有建设用地 15.946hm²、未利用地 96.576hm²。

以上共计批准建设用地 1171.651 5hm²，由当地人民政府按照有关规定提供，作为南水北调东线一期三阳河、潼河、宝应站工程及拆迁安置用地。其中拆迁安置用地 183.977 5hm² 由当地人民政府按规划和供地政策合理安排使用，其余建设用地以划拨方式供地。

二、你省人民政府负责落实补充耕地。督促补充耕地责任单位认真按照补充耕地方案，补充数量相等、质量相当的耕地。

三、督促当地人民政府切实做好征地补偿安置工作，做到补偿费用和安置途落实到位，妥善解决好被征地农民的生产和生活，保证原有生活水平不降低，长远生计有保障。按照国务院批准征收土地反馈制度的有关规定，征地批后实施情况报国土资源部。

四、切实落实对该工程用地未批先用的查处意见，加强土地执法和建设用地的监督管理，确保各类建设依法依规用地。

国土资源部

2013 年 4 月 26 日

环境保护部

关于南水北调中线京石段应急供水工程（石家庄至北拒马河段）竣工环境保护验收意见的函

（环验〔2013〕90 号）

南水北调中线干线工程建设管理局：

你局《关于南水北调中线京石段应急供水工程（石家庄至北拒马河段）竣工环境保护验收的申请》（中线局移〔2013〕3 号）及附送的《南水北调中线京石段应急供水工程（石家庄至北拒马河段）竣工环境保护验收调查报告》等相关验收材料收悉。我部华北环境保护督查中心于 2013 年 3 月 4～5 日对该工程进行了竣工环境保护验收现场检查。经研究，提出验收意见如下：

一、项目建设的基本情况

南水北调中线京石段应急供水工程（石家庄至北拒马河段）位于河北省石家庄市和保定市境内。工程由南水北调总干渠石家庄至北拒马河段和岗南、王快、西大洋、黄壁庄 4 座水库的输水干渠至南水北调总干渠连接段工程两部分组成。总干渠起于河北省石家庄市西郊田庄村，止于北拒马河中支冀京交界处，全长 227.375km。总干渠起点设计流量 170m³/s，终点设计流量 50m³/s，主要工程包括渠道工程、

隧洞工程、排水工程、控制工程、交叉工程等。水库输水干渠与总干渠连接段工程利用既有输水干渠石津总干渠、沙河总干渠、唐河总干渠，新建节制闸、引水闸、连接渠和进水闸。工程总投资127亿元，其中环保投资1.48亿元，占工程总投资的1.16%。国家发展和改革委员会于2003年11月批复工程可行性研究报告（发改农经〔2013〕2089号），我部于2003年12月批复了工程环境影响评价文件（环审〔2003〕363号）。工程于2003年12月开工建设，2008年5月具备通水条件。2012年5月，河北省环境保护厅同意工程投入试运行（冀环评函〔2012〕505号）。

该工程环评文件经批准后，工程性质、建设地点、规模、主要工程特性指标均未发生重大变化。

二、环境保护措施及环境风险防范措施落实情况

施工期，生产废水经沉淀处理后部分用于洒水降尘，剩余部分排入附近沟渠及村镇污水管网，大部分标段生活污水进入市政污水管网，其他标段生活污水经沉淀池处理后自然下渗或排放；采取洒水、覆盖等措施抑制施工扬尘；设置围挡、隔声墙等设施减缓施工噪声影响，因赶工期，存在夜间施工现象；各标段生活垃圾集中收集，定点填埋。施工结束后及时对渣场、施工营地、加工厂等临时占地进行了场地平整和植被恢复，渠道边坡采取了工程和植物相结合的防护措施。渠道两侧采取了封闭措施，河北省已在总干渠两侧和四座水源水库所在区域划定了水源保护区；为改善水源水库水质，平山县、井陉县、矿区、阜平县污水处理厂已陆续建成并投入使用，平山县温塘城区污水处理厂正在建设。工程制定了《工程重大水污染事件应急预案》。总干渠均采用自流方式输水，沿线未设泵站。

三、环保设施运行效果和项目建设对环境的影响

中国水电顾问集团华东勘测设计研究院提供的《南水北调中线京石段应急供水工程（石家庄至北拒马河段）竣工环境保护验收调查报告》表明：

（一）水源水质监测结果表明，岗南、王快、西大洋、黄壁庄四座水源水库总氮和总磷普遍超过《地表水环境质量标准》（GB 3838—2002）Ⅱ类标准，但较环评阶段有明显改善。水库水质超标主要受沿岸生活污水、工业废水排放和农村面源污染影响。

（二）调水期水质监测结果表明，总干渠田庄断面、中管头断面、七里庄断面、北拒马河断面水质基本符合《地表水环境质量标准》（GB 3838—2002）Ⅲ类标准。

（三）工程水土流失总治理度95.25%，拦渣率99.99%，扰动土地整治率97.52%，临时占地林草覆盖率11.66%，林草恢复率82.46%。

四、公众意见

公众意见调查采用问卷调查方式，调查对象包括工程沿线的居民和单位。共回收有效调查问卷156份，其中151名被调查对象对工程的环保工作表示满意或基本满意，5名对施工噪声、扬尘影响表示不满意。施工期及试运营期，地方环保部门未接到与本工程有关的环保投诉。

五、验收结论和后续要求

该工程在实施过程中基本按照环境影响评价文件及批复要求配套建设和采取了相应的环境保护设施、措施，经验收合格，准予该工程正式投入运营。

工程正式投运后应做好以下工作：加强水污染防治和水质监测，完善突发环境风险应急预案，定期进行演练，防止水污染事故发生。做好水环境和生态监测，适时开展环境影响后评价。

我部委托河北省环境保护厅、石家庄市环境保护局、保定市环境保护局负责该工程运营期的日常环境监管。

环境保护部

2013年5月3日

关于南水北调中线京石段应急供水工程（北京段）竣工环境保护验收意见的函

（环验〔2013〕91号）

南水北调中线干线工程建设管理局：

你局《关于南水北调中线京石段应急供水工程（北京段）竣工环境保护验收的申请》（中线局移〔2013〕4号）及附送的《南水北调中线京石段应急供水工程（北京段）竣工环境保护验收调查报告》等相关验收材料收悉。我部华北环境保护督查中心于2013年3月6~7日对该工程进行了竣工环境保护验收现场检查。经研究，提出验收意见如下：

一、项目建设的基本情况

工程是南水北调中线总体工程末端部分，位于北京市境内，起于与河北省相接的北拒马河中文南，途经房山、丰台、海淀三区，止于颐和园团城湖，全长80.40km，其中管道55.47km、暗涵21.29km、隧洞1.63km、明渠0.87km。北京段渠首设计流量50m^3/s，进城段输水规模30m^3/s。工程总投资60.68亿元，其中环保投资5883万元，占工程总投资的0.97%。国家发展和改革委员会于2003年11月批复工程可行性研究报告（发改农经〔2003〕2089号），我部于2004年2月批复了工程环境影响评价文件（环审〔2004〕58号）。工程于2003年12月开工建设，2008年5月具备通水条件。

该工程环评文件经批准后，工程性质、建设地点、规模、主要工程特性指标均未发生重大变化。

二、环境保护措施及环境风险防范措施落实情况

施工期大部分标段生产废水经沉淀池沉淀后自然蒸发，城区段和部分郊区段生活污水进入市政污水管网或由环卫部门清运，其他郊区段生活污冰经沉淀池处理后自然下渗或排放；采取洒水、覆盖等措施抑制施工扬尘；设置围挡、隔声墙等设施减缓施工噪声影响；各标段生活垃圾集中收集，由环卫部门统一处理。施工结束后及时对施工营地、加工厂等临时占地进行了场地平整和植被恢复；工程渠道边坡采取了工程和植物相结合的防护措施。渠道选线避让了马刨泉，渠道两侧采取了封闭措施，总干渠两侧已划定水源保护区，地下水位较浅渠道采取了排泄导流措施，泵站内装有水质自动监控设施，并制定了《工程重大水污染事件应急预案》。惠南庄泵站设地埋式污水处理设施处理生活污水，设隔油沉淀池和油水分离器处理机械维修产生的含油废水，废水处理后回用于站内绿化。水泵置于地下二层的泵房内，并采取了基础减振措施，泵房采取了隔声、吸音措施。

三、环保设施运行效果和项目建设对环境的影响

中国水电顾问集团华东勘测设计研究院提供的《南水北调中线京石段应急供水工程（北京段）竣工环境保护验收调查报告》表明：

（一）运行期干渠入京断面水质除第一次过水（2008年9月27日）高锰酸盐指数超标0.13倍，其余监测时段各项指标均符合《地表水环境质量标准》（GB 3838—2002）Ⅱ类标准；干渠进入团城湖断面水质各监测时段均符合Ⅱ类标准。

（二）惠南庄泵站污水处理设施出水水质符合《北京市水污染物排放标准》（DB 11/307—2005）二级标准。

（三）惠南庄泵站厂界昼间噪声监测值符合《工业企业厂界环境噪声排放标准》（GB 12348—2008）1类区标准，夜间噪声超标0.1~4.3分贝；敏感点惠南庄昼间噪声符合《声环境质量标准》（GB 3096—2008）1类区标准，夜间噪声超标0.1分贝。工程试运行期间，因流量小于20m^3/s，全线采用自流式引水，泵站未运行，泵站厂界及惠南庄噪声超标主要受周围环境噪声影响。

四、公众意见

公众意见调查采用问卷调查方式，调查对象包括工程沿线的居民和单位。共回收有效调查问卷94份，其中88名被调查对象对工程的环保工作表示满意或基本满意，6名对施工期噪声、扬尘影响表示不满意。

施工期及试运营期，北京市环境保护局共接到与工程有关的噪声、扬尘、异味等投诉15起，均按要求进行了整改和妥善处理。

五、验收结论和后续要求

该工程在实施过程中基本按照环境影响评价文件及批复要求配套建设和采取了相应的环境保护设施、措施，经验收合格，准予该工程正式投入运营。

工程正式投运后应做好以下工作：配合有关部门做好工程输水干渠水质保护工作；加强水污染防治和水质监测，完善突发环境风险应急预案，定期进行演练，防止水污染事故发生；惠南庄泵站运行时，补充厂界及敏感点噪声监测，如有必要，及时完善降噪措施；做好水环境和生态监测，适时开展环境影响后评价。

我部委托北京市环境保护局、海淀区环境保护局、丰台区环境保护局、房山区环境保护局负责该工程运营期的日常环境监管。

环境保护部

2013年5月3日

水　利　部

水利部关于南水北调东线工程补充规划任务书的批复

（水规计〔2013〕142号）

淮河水利委员会：

你委报送的《南水北调东线工程补充规划任务书》（淮委规计〔2012〕167号，以下简称《任务书》）收悉。水利水电规划设计总院对该《任务书》进行了技术审查，你委根据专家意见组织对《任务书》作了修改完善，水利水电规划设计总院对修改后的《任务书》提出了审查意见（见附件）。经研究，我部基本同意该审查意见，现批复如下：

一、南水北调工程是解决我国北方地区水资源严重短缺局面的重大战略性基础设施，2002年国务院批复《南水北调工程总体规划》（以下简称《总体规划》），确定了东线工程供水目标、分期建设任务等，目前东线一期工程正在全面抓紧建设，计划在2013年建成通水。近年来，由于经济社会快速发展等原因，《总体规划》确定的东线工程供水区水资源供需状况、用水模式、用水结构等发生了较大变化，同时，经济社会发展与生态环境保护对水利也提出了更高的要求。为更好地满足新形势下区域经济社会发展对水资源的需求，进一步论证南水北调东线后续工程调水规模及工程总体布局，根据《国务院南水北调工程建设委员会第六次全体会议纪要》（国阅〔2012〕27号）“水利部要加快东、中线后续工程论证”的要求，尽快开展东线工程补充规划工作是必要的。

二、基本同意《任务书》提出的主要工作任务和内容、组织形式和进度安排。主要工作任务是在已有规划设计等成果基础上，补充收集整理东线工程涉及地区的水文气象等基础资料；补充开展南四湖至东平湖段重要控制单元断面水质监测、东线输水干线主要断面水质监测和南四湖、东平湖水质监测工作；评价输水干线水质情况，总结治污工作中存在的问题，提出进一步治污的对策措施；以《总体规划》为基础，依据全国水资源综合规划成果，按照最严格水资源管理制度要求，分析经济社会发展新形势下受水区对南水北调东线工程的调水需求，论证东线后续工程的供水范围和目标；开展东线后续工程水量配置及调水规模方案论证，提出各规划水平年水资源配置方案，论证输水量、调蓄水量等主要规模指标，拟定水量调度原则、提出基本调度方案，提出东线后续工程总体布置方案并分析研究工程建设时机。

该项工作由你委组织开展，海河水利委员会配合，南水北调规划设计管理局做好有关协调工作。你委要积极与有关省和单位沟通协商，各单位要密切配合，确保前期工作任务保质保量完成。工作中要深入研究论证，广泛听取专家和有关方面意见，提出科学合理、切实可行的规划方案；要充分利用已有基础资料和有关工作成果，做好相关项目之间的衔接，避免重复。

三、经核定，南水北调东线工程补充规划项目前期工作经费控制在2300万元以内，其中你委1850万元、海河水利委员会400万元、南水北调规划设计管理局50万元，所需投资争取在中央水利前期工作投资计划中安排。各项工作在下达年度投资计划后开展。

四、请你委据此批复的任务书和审查意见，切实加强组织，落实责任，明确各项管理要求，严格合同管理，统筹安排前期工作经费，做到前期工作经费的安排与相应的前期工作内容和实物工作量相一致，督促承担单位抓紧开展工作。对按规定需招标的前期工作项目，应通过招投标确定承担单位。

五、请你委及有关单位严格按照《水利前期工作投资计划管理办法》和国家有关预算、财务管理的规定，加强前期工作资金管理，做到专款专用，专项核算，严禁挪用、截留、挤占和转移，严格控制非生产性和管理开支，不得收取管理费。中央经费预算要根据年度投资计划落实情况细化到具体预算执行单位。项目完成后，要及时做好前期工作经费审计及决算工作。

六、请你委及有关单位加强项目的全过程管理，严格执行水利前期工作年度报告制度和工作成果评价制度，按有关规定报送财务报表和统计报表。对于阶段性成果和重大技术问题，要广泛征求专家意见。要加强成果管理，做好成果归档工作，并及时将最终成果报部。

附件：关于报送南水北调东线工程补充规划任务书审查意见的报告（水总计〔2012〕868号）（略）

水利部

2013年3月13日

水利部办公厅关于印发南水北调中线京石段应急供水工程（石家庄至北拒马河段）水土保持设施验收鉴定书的函

（办水保函〔2013〕184号）

南水北调中线干线工程建设管理局：

根据《开发建设项目水土保持设施验收管理办法》的规定，水利部于2013年1月11日在北京主持召开了南水北调中线京石段应急供水工程（石家庄至北拒马河段）水土保持设施竣工验收会议。会议认为，该工程水土保持设施建设基本达到了水土保持法律法规及技术规范、标准的要求，工程质量总体合格，运行期管理责任落实，同意通过竣工验收。

现印发南水北调中线京石段应急供水工程（石家庄至北拒马河段）水土保持设施验收鉴定书，请按照验收会议的要求，抓紧完建有关工程并处理好有关问题。

附件：开发建设项目水土保持设施验收

鉴定书（编号：2013—006）（略）

水利部办公厅

2013 年 3 月 25 日

水利部办公厅关于印发南水北调中线京石段应急供水工程（北京段）水土保持设施验收鉴定书的函

（办水保函〔2013〕191 号）

南水北调中线干线工程建设管理局：

根据《开发建设项目水土保持设施验收管理办法》的规定，水利部于 2013 年 1 月 11 日在北京主持召开了南水北调中线京石段应急供水工程（北京段）水土保持设施竣工验收会议。会议认为，该工程水土保持设施建设基本达到了水土保持法律法规及技术规范、标准的要求，工程质量总体合格，运行期管理责任落实，同意通过竣工验收。现印发南水北调中线京石段应急供水工程（北京段）水土保持设施验收鉴定书。

附件：开发建设项目水土保持设施验收鉴定书（编号：2013—005）（略）

水利部办公厅

2013 年 3 月 25 日

水利部关于印发《南水北调东线一期工程水量调度方案（试行）》的通知

（水资源〔2013〕466 号）

淮河水利委员会，江苏省、山东省水利厅，南水北调东线总公司：

根据国务院南水北调工程建委会第七次会议精神，现将《南水北调东线一期工程水量调度方案（试行）》（以下简称《方案》）印发给你们，请遵照执行。

一、《方案》是指导南水北调东线一期工程水量调度工作的重要依据和准则。南水北调东线一期工程水量调度关系到东线一期工程达效和受水区用水安全，水量调度工作复杂，各有关单位、部门要从全局出发、统一思想、高度重视、加强领导、明确责任，切实抓好《方案》的实施。

二、南水北调东线总公司要认真组织做好东线一期工程水量调度具体实施；会同有关单位做好水量水质监测工作，做好苏鲁省际水量交接工作；科学调度，实现东线一期工程安全、高效供水。

三、有关省水利厅要积极配合并服从水资源的统一调度，加强对辖区内水量调度指导、监测、监督和管理；组织编制年度用水计划建议；做好调水期间所辖工程的运行管理，保证工程安全，确保调水工作顺利实施。

四、各有关单位、部门要根据《方案》明确的任务分工和要求，加强组织协调和监督检查，全面做好《方案》确定的各项工作；要抓紧制定应急调度预案，做好南水北调东线一期工程年度水量调度相关工作，确保南水北调东线一期工程水量调度目标和任务的落实。

附件：南水北调东线一期工程水量调度方案（试行）（略）

水利部

2013 年 12 月 9 日

水利部关于批准下达南水北调东线一期工程 2013 年～2014 年年度水量调度计划的通知

（水资源〔2013〕477 号）

淮河水利委员会，江苏省、山东省水利厅，南水北调东线总公司：

根据《南水北调东线一期工程水量调度方案（试行）》，按照江苏、山东两省水利厅提出的2013年～2014年年度用水计划建议，淮河水利委员会在商有关单位的基础上，组织编制了《南水北调东线一期工程2013年～2014年年度水量调度计划》（见附件），已经我部审定同意，现下达给你们，请遵照执行。

一、各有关单位要充分认识南水北调东线一期工程水量调度工作的重要性，落实最严格水资源管理制度，强化水资源统一调度，严格执行调度计划，切实履行职责，抓好各项管理措施，确保由水北调东线一期工程水量调度目标和任务的落实。

二、各有关单位要精心组织，切实抓好《南水北调东线一期工程2013年～2014年年度水量调度计划》的实施。要做好调水期间所辖工程的运行管理，保证工程安全，确保调水工作顺利实施。水量调度中要根据已调度时段的来水和取水情况，对余留期的调度计划进行滚动修正，以实现水量调度的总量控制目标。

三、南水北调东线总公司要会同有关单位做好月水量调度方案制定和备案工作，做好水量实时调度和苏鲁省际交接水工作。

四、有关省水利厅要积极配合并服从水资源的统一调度，加强对辖区内水量调度指导、监督和管理；按照最严格水资源管理制度的要求，加强需水管理，按照总量控制、口门流量控制、分级管理、分级负责的原则，统筹协调城市、农业、航运等用水。

五、各有关单位要抓紧制定应急调度预案，防范和快速处理水量调度突发事件，确保供水安全。要密切关注调水期间水量、水质变化，出现突发事件，按照应急调度预案规定，组织做好应急调度工作。

六、各有关单位要根据各自职责，做好水量调度监测、计量及信息和调度计划执行情况的报送等工作。

七、南水北调规划设计管理局、淮河水利委员会、有关省水利厅要切实做好东线一期工程水量调度的监督工作，确保东线一期工程水量调度的顺利实施。

做好南水北调东线一期工程水量调度工作意义重大，各有关单位要按照《南水北调东线一期工程2013年～2014年年度水量调度计划》要求，加强领导、精心组织、团结协作、科学调度，为沿线地区经济社会可持续发展提供水源保障。

附件：南水北调东线一期工程2013年～2014年年度水量调度计划（略）

水利部

2013年12月17日

国务院南水北调工程建设委员会办公室

关于印发南水北调核心价值理念及阐释的通知

（国调办机党〔2013〕21号）

各省（直辖市）南水北调办（建管局），河南省移民办、湖北省移民局，江苏、山东省东线治污办，各项目法人，办机关各司、各直属事业单位：

根据中央关于大力弘扬社会主义核心价值理念的要求，经南水北调系统广大干部职工广泛酝酿，集思广益，深入总结提炼，并经办党组研究同意，确定南水北调核心价值理念表述为：负责、务实、求精、创新。现将南水北调核心价值理念及含义阐释印发给你们。请广泛运用报纸、网络、宣传栏等多种渠道和形式宣传和弘扬，积极引导广大南水北调工程建设者进一步深化共识，深入实践，为南水北调工程又好又快建设和管理提供良好的思想保证、精神动力，舆论氛围和文化支持。

请将学习实践活动情况，特别是好经验、好做法及时报我办。

附件：负责　务实　求精　创新——南水北调核心价值理念阐释（略）

国务院南水北调工程建设委员会办公室

2013 年 2 月 3 日

关于印发《南水北调东线一期工程通水宣传工作组织实施方案》的通知

（国调办综〔2013〕12 号）

江苏、山东省南水北调办（建管局），江苏省淮河流域水污染防治工作领导小组办公室、山东省南水北调东线工程治污工作领导小组办公室，江苏水源公司、山东干线公司，机关各司、各直属单位：

经主任专题办公会研究同意，现将《南水北调东线一期工程通水宣传工作组织实施方案》印发给你们，请有关单位按照业务归属和工作职责，进一步加大东线通水相关工作的宣传策划力度，提前谋划，主动考虑，精心组织，全力配合，为东线一期工程如期通水营造良好的舆论氛围和社会环境。

为便于工作协调和组织，形成工作合力，请沿线各单位于 2013 年 2 月 20 日前将职责范围内的通水宣传细化方案（或计划）报送至综合司。

联系人：何韵华

电话：010—88659837

附件：1. 南水北调东线一期工程通水宣传工作一览表（略）

2. 南水北调东线一期工程通水宣传线索申报单（略）

3. 南水北调东线一期工程通水宣传材料格式（略）

国务院南水北调工程建设委员会办公室

2013 年 1 月 21 日

关于印发《2013 年南水北调宣传工作实施方案》的通知

（国调办综〔2013〕24 号）

各省（直辖市）南水北调办（建管局），河南省移民办、湖北省移民局，江苏省淮河流域水污染防治工作领导小组办公室、山东省南水北调东线工程治污工作领导小组办公室、陕西省汉丹江流域水污染防治和水土保持联席会议办公室，各项目法人：

现将《2013 年南水北调宣传工作实施方案》印发给你们，请结合实际，认真贯彻落实。

附件：2013 年南水北调宣传工作实施方案（略）

国务院南水北调工程建设委员会办公室

2013 年 2 月 5 日

关于印发《南水北调办贯彻落实 2013 年建设工作会议精神重点工作分工意见》的通知

（国调办综〔2013〕44 号）

机关各司、各直属单位：

经办领导同意，现将《南水北调办贯彻落实 2013 年建设工作会议精神重点工作分工意见》印发，请按分工意见认真贯彻落实。

所列 60 项重点工作，全部纳入督办考核。

附件：南水北调办贯彻落实 2013 年建设

工作会议精神重点工作分工意见（略）

国务院南水北调工程建设委员会办公室
2013年2月28日

关于成立国务院南水北调办防汛指挥部的通知

（国调办综〔2013〕150号）

各省（直辖市）南水北调办（建管局），各项目法人：

为做好南水北调工程防汛工作，经研究，决定成立国务院南水北调办防汛指挥部（以下简称防汛指挥部），现将有关事项通知如下：

一、防汛指挥部人员名单

总 指 挥：张　野　国务院南水北调办副主任

副总指挥：李鹏程　国务院南水北调办建设管理司司长

成　　员：卢胜芳　国务院南水北调办综合司巡视员兼副司长

王　平　国务院南水北调办投资计划司副司长

谢义彬　国务院南水北调办经济与财务司副司长

井书光　国务院南水北调办建设管理司副巡视员

范治晖　国务院南水北调办环境保护司副司长

王宝恩　国务院南水北调办征地移民司副巡视员

赵世新　国务院南水北调办监督司副巡视员

于合群　南水北调工程建设监管中心主任

王松春　南水北调工程设计管理中心主任

二、防汛指挥部工作职责

防汛指挥部的主要职责为：研究决定工程防汛工作中的重大事项；部署、指导工程防汛工作；指挥处理工程防汛工作中出现的重大问题；承办办领导交办的其他工作。

三、防汛指挥部工作方式

防汛指挥部具体工作由建设管理司承担。

防汛应急处理值班联系电话设在总值班室，电话：010—88659999。

国务院南水北调工程建设委员会办公室
2013年6月24日

关于规范使用南水北调工程标志标识的通知

（国调办综〔2013〕248号）

各省（直辖市）南水北调办（建管局），河南省移民办、湖北省移民局，江苏省淮河流域水污染防治工作领导小组办公室、山东省南水北调东线工程治污工作领导小组办公室、陕西省汉丹江流域水污染防治和水土保持联席会议办公室，各项目法人：

经有关单位设计，并经办公室主任办公会研究，决定正式颁布南水北调工程标志、标识（见附件1、附件2）。现就规范使用南水北调工程标志、标识有关要求通知如下。

一、提高对南水北调工程标志标识的认识。南水北调工程标志、标识，是南水北调工程构架的真实体现，是南水北调工程形象的对外展示，也是南水北调精神和文化的重要载体。各单位要提高认识，充分理解工程标志、标识的内涵，发挥其在宣传南水北调工程中的重要作用。

二、规范使用南水北调工程标志标识。

进一步规范使用工程标志、标识，有利于展示南水北调工程形象、扩大工程在社会上的积极影响。凡涉及南水北调对外形象的，如工程沿线、建筑外观、指示标牌、安全警示、水源保护区、移民新村、后靠安置点等，应严格按照规定的尺寸比例、颜色、字体等使用标志、标识，以塑造和维护南水北调工程的整体形象。机关、企业文化的内部办公系统，应参照使用工程标志、标识。

三、加强南水北调工程标志标识的宣传。按照国务院南水北调工程建设委员会部署，南水北调东线一期工程将于今年建成通水，中线一期工程即将完工并于明年通水。各单位要通过广告、标语、标牌等方式和载体，使用南水北调工程标志、标识，宣传南水北调工程的布局、规模及其重要性，宣传南水北调工程在优化水资源配置、解决北方水资源问题的重要作用，为南水北调东、中线一期工程营造良好的社会环境。

特此通知。

附件：1. 南水北调工程标志（略）

2. 南水北调工程标识（略）

国务院南水北调工程建设委员会办公室

2013 年 10 月 10 日

关于发布《南水北调泵站工程自动化系统技术规程》的通知

（国调办建管〔2013〕71 号）

各项目法人：

经审查，批准《南水北调泵站工程自动化系统技术规程》为南水北调工程建设专用技术标准，现予发布。标准编号为：NSBD 17—2013。

本规程自 2013 年 5 月 1 日起施行。

国务院南水北调工程建设委员会办公室

2013 年 4 月 8 日

关于加强南水北调中线工程渠道衬砌管理的若干意见

（国调办建管〔2013〕86 号）

河北、河南、湖北省南水北调办，中线建管局、湖北省南水北调管理局，河北、河南省南水北调建管局：

为加强南水北调中线工程渠道衬砌工程管理，又好又快推进工程建设，保证通水目标的顺利实现，现提出以下意见。

一、进度管理

（一）各项目法人要按照“中线干线主体工程 2013 年底前基本完工”的总体工作要求，扎实组织开展好渠道衬砌管理工作，确保通水目标的顺利实现。

（二）渠道衬砌管理工作要突出重点，把握关键，高度重视 5 个风险项目、16 个重点项目、27 座重点监控桥梁所在施工标段和 25 个年衬砌计划大于 20km 的施工标段的渠道衬砌管理工作，确保工程有序推进。

（三）各参建单位要统筹考虑渠道挖填、渠坡修削等施工环节的衔接，制定与施工强度相匹配的人员调配与原材料储运计划，做好机械设备配置与运行维护工作，保证工程连续顺畅施工。

（四）加强渠道衬砌施工进展情况检查。各项目法人要每半月开展一次渠道衬砌施工排查工作，汇总进度计划执行情况和关键事项办理情况，分析提出进度纠偏措施和建议。进度督导组每周开展不间断巡查，核实渠道衬砌进展情况，评估潜在风险因素，及时报送突发事项。

（五）实行关键事项督办制度。严格按照《关于加强南水北调工程建设进度关键事项督办工作的通知》要求，将涉及渠道衬砌管理的有关事项纳入督导内容，建立台账、定期督办。

（六）严格渠道衬砌施工考核。结合2013年建设任务安排，按照《2013年度南水北调工程建设进度目标考核实施办法》，加大考核力度，增加渠道衬砌考核指标在综合考核指标中的比重（占50%）。

（七）实施风险预警管理。严格执行预警警示制度，根据渠道衬砌形象进度目标和重大关键事项完成滞后程度，启动应急预警机制，第一时间应急响应，快速展开应急处理。

二、质量管理

（一）各参建单位要认真执行渠道工程建设有关规程、规范和设计要求，落实好质量关键点、关键工序、高填方渠段质量监管等相关规章制度和要求，严把渠道工程质量关。

（二）项目法人、建管单位要组织参建单位贯彻落实《渠道衬砌工程质量控制及质量问题处理措施》（以下简称《管控措施》，见附件1），严格按照技术要求进行质量控制，实行“准铺证”和“四方联检”等现场管理控制措施，进一步加强渠道工程质量过程管控。

（三）各参建单位要高度重视并严格做好如下重点工序的质量管理工作：1. 渠道填筑、改性土段、缺口部位、混凝土面板、排水系统等重点监管项目和关键环节的质量管理。严格控制渠道填筑土料含水率，改性土料拌和，铺筑厚度和宽度，碾压遍数，压实度，层间结合面处理等；2. 突出渠道缺口部位基础面和接触面处理、填筑措施、沉降设备安装、观测和分析预测等管理；3. 重点管控混凝土面板土工材料铺设和密封，混凝土配合比优化、机械衬砌、面板厚度、面板养护和切缝，聚硫密封胶施工等；4. 规范排水系统排水软管铺设、逆止阀安装等。

（四）各参建单位要切实落实质量管理责任。施工单位要细化渠道工程质量管控措施，规范施工作业指导书，加强关键工序考核。监理单位要履行监理职责，强化关键工序旁站监理。设计单位要强化工程质量关键点设计交底和指导，及时处理施工中的设计技术问题。项目法人、建管单位要加强现场质量管理和质量排查，每周对工程质量关键点和施工质量进行检查，对质量问题及时组织整改，规范质量缺陷处理，确保不留隐患，建立渠道工程质量检查专项档案。

（五）国务院南水北调办，河北、河南、湖北省南水北调办将不定期组织渠道工程质量监督检查，对质量问题责任单位实施即时约谈和处罚。监管中心组织质量监督站加大渠道工程质量巡检力度。稽察大队对渠道工程关键工序考核实施全面质量飞检。

（六）国务院南水北调办将严格质量问题责任追究。凡出现不符合《管控措施》中技术要求的质量缺陷，按规定对责任单位和责任人加重一级处罚。凡质量缺陷处理不及时、不到位的，按规定对责任单位和责任人加重一级处罚。

三、协调机制

（一）国务院南水北调办成立由建设管理司、监督司牵头，有关省南水北调办（建管局）、项目法人参加的南水北调工程渠道衬砌管理工作协调小组，采取不定期召开会议的方式，统筹协调研究解决影响渠道衬砌施工的重大事项和问题。

（二）各项目法人要结合工作实际，组建成立渠道衬砌工作领导机构和专业小组，加强对渠道衬砌工作的指导、协调和督查，确保2013年渠道衬砌计划的顺利完成。

（三）加强渠道衬砌信息报送。各项目法人要按照半月会商会、月度汇报会和季度协调会的有关制度要求，及时报送渠道衬砌施工进展情况，重大事项第一时间报送（报送单格式见附件2）。

四、奖惩措施

（一）按照质量、进度考核管理有关规定，定期汇总质量、进度考核奖惩结果，并纳入南水北调工程建设信用管理体系，对季度、年度考核结果进行网上公示，接受社会监督。

（二）严格按照进度考核管理办法，通过情况通报、约谈约见、上网公示等多种形式，实施表扬与处罚。有关表扬、处罚、考核结果及时送达工程沿线省南水北调领导机构负责同志及被表扬、处罚单位的上级主管部门。

（三）各项目法人要结合工程建设实际，研究制定渠道衬砌进度考核和质量管理专项奖惩办法和实施细则，严格落实奖惩措施，一丝不苟控质量，千方百计推进度。

附件：1. 渠道衬砌工程质量控制及质量问题处理措施（略）

2. 南水北调工程渠道衬砌重大事项报告单（略）

国务院南水北调工程建设委员会办公室

2013 年 4 月 22 日

关于印发南水北调东线一期工程试通水工作指南的通知

（国调办建管〔2013〕88 号）

江苏省南水北调办、山东省南水北调建管局，江苏水源公司、山东干线公司、淮委建设局，机关各司、各直属单位：

为确保东线一期工程如期实现通水目标，我办组织编制了《南水北调东线一期工程试通水工作指南》，现印发，请参照执行。

附件：南水北调东线一期工程试通水工作指南（略）

国务院南水北调工程建设委员会办公室

2013 年 4 月 23 日

关于表彰南水北调工程建设 2012 年度安全生产管理先进单位和个人的通知

（国调办建管〔2013〕103 号）

各省（直辖市）南水北调办（建管局），各项目法人：

为表彰先进，进一步做好安全生产管理工作，根据《南水北调工程建设安全生产目标考核管理办法》（国调办建管〔2008〕83 号），经综合评定，授予南水北调中线水源有限责任公司等 32 个单位“南水北调工程建设 2012 年度安全生产管理优秀单位”荣誉称号，授予杨成宏等 57 名同志“南水北调工程建设 2012 年度安全生产管理优秀个人”荣誉称号，授予河北省南水北调工程建设委员会办公室建设管理处等 3 个单位“南水北调工程建设 2012 年度安全生产监管先进单位”荣誉称号，授予袁文传等 10 名同志“南水北调工程建设 2012 年度安全生产监管先进工作者”荣誉称号。

希望获奖单位和个人珍惜荣誉、发扬成绩、再接再厉，在安全生产管理工作中取得更大的成绩。各有关单位和全体建设者要学习借鉴获奖单位和个人的成功经验和好的做法，采取有效措施，确保工程施工安全，为南水北调工程建设做出新的贡献。

附件：1. 南水北调工程建设 2012 年度安全生产管理优秀单位、安全生产管理优秀个人名单

2. 南水北调工程建设 2012 年度安全生产监管先进单位、安全生产监管先进工作者名单

国务院南水北调工程建设委员会办公室

2013 年 5 月 10 日

附件 1：

南水北调工程建设 2012 年度安全生产管理优秀单位、安全生产管理优秀个人名单

（排名不分先后）

一、南水北调工程建设 2012 年度安全生产管理优秀单位（32 个）

项目法人（3 个）：

南水北调中线水源有限责任公司

南水北调东线山东干线有限责任公司

湖北省南水北调工程建设管理局

项目建设管理单位（5个）：

南水北调中线干线工程建设管理局河北直管项目建设管理部

河北省南水北调工程建设管理中心

江苏省南水北调泗洪站工程建设处

山东省南水北调济南至引黄济青段工程东湖水库建管处

引江济汉工程建设管理处

监理单位（10个）：

小浪底水利水电工程有限公司穿黄工程建设监理部

中水北方勘测设计研究有限责任公司南水北调中线直管工程磁县段项目监理部

天津市冀水工程咨询中心南水北调中线JL1标监理部

黄河勘测规划设计有限公司南水北调中线工程郑州2段监理部

河南省河川监理有限公司南水北调中线工程南阳市段监理部

江苏省苏水工程建设监理有限公司邳州站工程监理处

徐州市水利工程建设监理中心睢宁二站工程监理部

山东省科源工程建设监理中心大屯水库监理项目部

济宁市水利工程建设监理中心柳长河输水航道工程监理部

湖北腾升工程管理有限责任公司引江济汉工程施工监理部

施工单位（14个）：

中国葛洲坝集团股份有限公司南水北调中线湍河渡槽项目经理部

中铁十三局集团有限公司南水北调磁县三标项目经理部

中国水利水电第十一工程局有限公司南水北调天津干线TJ4—2标施工局

中国水电建设集团十五工程局有限公司南水北调中线漳古段SG11标项目部

安蓉建设总公司石门河倒虹吸项目部

河南省水利第一工程局南水北调中线工程焦作2段5标项目部

中国水利水电第十四工程局有限公司白河倒虹吸项目部

江苏省水利建设工程有限公司洪泽站工程项目经理部

江苏盐城水利建设有限公司南水北调北坍站、民便河引水闸、民便河疏浚工程项目部

江苏盐城水利建设有限公司皂河二站项目经理部

山东水利工程总公司小运河工程4标项目经理部

青州市水利建筑总公司济南市区段工程施工8标项目经理部

湖北大禹水利水电建设有限责任公司引江济汉荆江大堤防洪闸项目部

新八建设集团有限公司湖北省南水北调管理局业务用房项目部

二、南水北调工程建设2012年度安全生产管理优秀个人（57人）

杨成宏　南水北调中线干线工程建设管理局

郝继锋　南水北调中线干线工程建设管理局河南直管项目建设管理局

李培旺　南水北调中线干线工程建设管理局天津直管项目建设管理部

汪亚超　中水淮河规划设计研究有限公司南水北调中线湍河渡槽工程项目监理部

岳志军　中水北方勘测设计研究有限责任公司南水北调中线直管工程磁县段项目监理部

石洪胜　天津市金帆工程建设监理有限公司

刘永利　北京京水建设工程有限责任公司叶县2标项目经理部

史乃明　中国水利水电第二工程局有限

公司南水北调中线干线鹤壁段Ⅰ标项目经理部

赵金全　江南水利水电工程公司南水北调中线直管邢台工程项目部

郭永双　天津市水利工程有限公司南水北调天津干线TJ4—5标项目部

李　云　北京市南水北调工程建设管理中心

张文虎　河北省南水北调工程建设管理局

李永利　河北省南水北调工程建设管理中心

刘清泉　佛山市顺水工程建设监理有限公司TJ2—J1标监理部

于奓云　中国水利水电第十二工程局有限公司TJ2—2标项目部

刘忠国　中铁十九局集团有限公司南水北调中线漳古段SG14标项目部

王　海　河南省南水北调中线工程建设管理局焦作建管处

裴清慧　河南省南水北调中线工程建设管理局新乡建管处

柳邦辉　黄河勘测规划设计有限公司南水北调中线工程郑州2段监理部

戴潜文　河南省河川监理有限公司南水北调中线工程南阳市段监理部

马　龙　广东顺水工程建设监理有限公司南水北调中线工程总干渠宝郏段监理部

张　强　安蓉建设总公司石门河倒虹吸项目部

徐玉杰　河南省水利第一工程局南水北调中线工程焦作2段5标项目部

刘洪卫　中国水利水电第十四工程局有限公司白河倒虹吸项目部

孙忠义　中国水利水电第四工程局有限公司南水北调中线工程禹长5标项目部

李方清　南水北调中线水源有限责任公司

丁新中　中国葛洲坝集团股份有限公司丹江口大坝加高左岸施工项目部

孙　涛　南水北调东线江苏水源有限责任公司

付宏卿　江苏省南水北调泗洪站工程建设处

王洪民　江苏省南水北调邳州站工程建设处

彭光高　江苏省苏水工程建设监理有限公司邳州站工程监理处

闫世强　徐州市水利工程建设监理中心睢宁二站工程监理部

王国强　江苏省水利工程科技咨询有限公司洪泽站工程监理部

钱三扬　江苏省水利建设工程有限公司洪泽站工程项目经理部

周阜军　江苏盐城水利建设有限公司南水北调北坍站、民便河引水闸、民便河疏浚工程项目部

庄恒超　江苏盐城水利建设有限公司皂河二站项目经理部

杨海波　南水北调东线山东干线有限责任公司

李玉军　山东省南水北调鲁北段工程建设管理局

张　平　山东省南水北调南四湖至东平湖段工程建设管理局

刘光明　青岛水工建设科技服务有限公司小运河工程4标项目监理部

王广全　山东省科源工程建设监理中心邓楼泵站枢纽工程项目监理部

迟明春　山东省科源工程建设监理中心南水北调东线第一期工程济南~引黄济青段双王城水库工程项目监理部

何　琛　北京通成达水务建设有限公司大屯水库施工3标项目经理部

王　博　中国水利水电第十一工程局有限公司梁济运河输水航道工程第七标段项目经理部

赵庆峰　山东黄河工程集团有限公司济

东段明渠工程施工2标项目经理部

汪　峰　湖北省南水北调工程建设管理局建设与管理处

陈华贵　引江济汉工程建设管理处

彭翔鹏　兴隆水利枢纽工程建设管理处

袁　民　湖北腾升工程管理有限责任公司引江济汉工程施工监理

董建国　中国水利水电建设工程咨询西北公司汉江兴隆水利枢纽建设监理中心

华继阳　湖北大禹水利水电建设有限责任公司引江济汉荆江大堤防洪闸项目部

马晓阳　葛洲坝集团基础工程有限公司引江济汉渠道五标项目部

方永红　中国水利水电第三工程局有限公司兴隆电站项目部

王诗祥　淮河水利委员会治淮工程建设管理局

陈学礼　淮委南水北调中线一期陶岔渠首枢纽工程建设管理局

王传坤　中国水利水电第十一工程局有限公司陶岔渠首枢纽工程项目经理部

朱金祥　安徽省南水北调东线一期洪泽湖抬高蓄水位影响处理工程建设管理办公室

附件2

南水北调工程建设2012年度安全生产监管先进单位、安全生产监管先进工作者名单

（排名不分先后）

一、南水北调工程建设2012年度安全生产监管先进单位（3个）

河北省南水北调工程建设委员会办公室建设管理处

江苏省南水北调工程建设领导小组办公室建设管理处

山东省南水北调工程建设管理局建设管理处

二、南水北调工程建设2012年度安全生产监管先进工作者（10人）

袁文传　国务院南水北调办监督司

吴　健　南水北调工程建设监管中心

白咸勇　国务院南水北调办建设管理司

冯　海　北京市南水北调工程建设委员会办公室

靳文泽　天津市南水北调工程建设委员会办公室

梁　韵　河北省南水北调工程建设委员会办公室

沈　健　江苏省南水北调工程建设领导小组办公室

于锋学　山东省南水北调工程建设管理局

耿万东　河南省南水北调中线工程建设领导小组办公室

周铁仿　湖北省南水北调工程领导小组办公室

关于印发《南水北调中线一期工程通水验收工作导则》的通知

（国调办建管〔2013〕161号）

监管中心、设管中心，北京市、天津市、河北省、河南省、湖北省南水北调办，中线建管局、中线水源公司、湖北省南水北调管理局、淮委建设局：

为加强南水北调中线一期工程通水验收管理，规范验收行为，保证验收质量，现将《南水北调中线一期工程通水验收工作导则》印发给你们，请认真遵照执行。

附件：南水北调中线一期工程通水验收工作导则（略）

国务院南水北调工程建设委员会办公室

2013年7月10日

关于印发《浅层核子水分—密度仪测试技术规定（试行）》的通知

（综监督〔2013〕73号）

各项目法人：

为加强南水北调工程建设质量管理，国务院南水北调办稽察大队组织编制了《浅层核子水分—密度仪测试技术规定（试行）》，南水北调工程建设委员会专家委员会进行了技术评审，现将《浅层核子水分—密度仪测试技术规定（试行）》印发你单位，请在工程建设中与其他相关规定结合应用，以加强工程质量过程控制，严防意外。

附件：浅层核子水分—密度仪测试技术规定（试行）（略）

国务院南水北调工程建设委员会办公室
2013年5月21日

国务院南水北调办重要文件一览表

序号	文件名称	文号	发布日期
1	关于调整国务院南水北调办节约工作领导小组成员的通知	国调办综〔2013〕60号	2013年4月2日
2	关于成立国务院南水北调办社会管理综合治理委员会的通知	国调办综〔2013〕61号	2013年4月2日
3	关于成立国务院南水北调办爱国卫生运动委员会的通知	国调办综〔2013〕62号	2013年4月2日
4	关于成立国务院南水北调办绿化委员会的通知	国调办综〔2013〕63号	2013年4月2日
5	关于成立国务院南水北调办交通安全委员会的通知	国调办综〔2013〕64号	2013年4月2日
6	关于印发《国务院南水北调工程建设委员会办公室公文处理工作条例》的通知	国调办综〔2013〕302号	2013年12月23日
7	关于印发《南水北调工程统计报表制度（2013～2014年）》的通知	国调办投计〔2013〕2号	2013年1月5日
8	关于南水北调东线一期工程江苏境内沿运闸洞漏水处理等2个设计单元工程项目管理预算的批复	国调办投计〔2013〕14号	2013年1月24日
9	关于南水北调东线一期工程江苏境内皂河一站更新改造等6个设计单元工程2009至2011年价差报告的批复	国调办投计〔2013〕18号	2013年1月29日
10	关于南水北调东线一期工程南四湖水资源控制工程姚楼河闸等4个设计单元工程价差报告的批复	国调办投计〔2013〕19号	2013年1月29日
11	关于南水北调东线一期三阳河潼河和宝应站工程待运行期管理维护方案的批复	国调办投计〔2013〕28号	2013年2月22日
12	关于南水北调东线一期韩庄运河段台儿庄泵站等4个设计单元工程待运行期管理维护方案的批复	国调办投计〔2013〕52号	2013年3月25日
13	关于南水北调东线一期南四湖水资源控制工程潘庄引河闸和二级坝泵站工程待运行期管理维护方案的批复	国调办投计〔2013〕53号	2013年3月25日
14	关于南水北调中线京石段应急供水工程北拒马河暗渠穿河段防护加固工程及PCCP管道大石河段防护加固工程专题设计报告（技术方案）的批复	国调办投计〔2013〕56号	2013年3月26日

续表

序号	文件名	文号	发布日期
15	关于南水北调东线一期山东段工程安全防护体系建设方案设计报告的批复	国调办投计〔2013〕57号	2013年3月29日
16	关于加强南水北调工程投资控制管理工作的通知	国调办投计〔2013〕80号	2013年4月15日
17	关于南水北调东线一期南四湖水资源控制大沙河闸等3个设计单元工程待运行期管理维护方案的批复	国调办投计〔2013〕89号	2013年4月24日
18	关于南水北调东线一期刘山泵站等4个设计单元工程待运行期管理维护方案的批复	国调办投计〔2013〕90号	2013年4月24日
19	关于南水北调中线一期工程总干渠高填方渠段加强安全措施专题设计报告(概算)的批复	国调办投计〔2013〕91号	2013年4月24日
20	关于下达南水北调工程2013年第一批投资计划的通知	国调办投计〔2013〕94号	2013年4月27日
21	关于南水北调东线一期刘老涧二站等3个设计单元工程待运行期管理维护方案的批复	国调办投计〔2013〕106号	2013年5月15日
22	关于南水北调东线一期穿黄河工程待运行期管理维护方案的批复	国调办投计〔2013〕107号	2013年5月15日
23	关于下达南水北调工程2013年第二批投资计划的通知	国调办投计〔2013〕119号	2013年5月20日
24	关于南水北调中线京石段应急供水工程北拒马河暗渠穿河段防护加固工程及PCCP管道大石河段防护加固工程专题设计报告概算的批复	国调办投计〔2013〕120号	2013年5月20日
25	关于严查南水北调工程设计变更管理违规行为的通知	国调办投计〔2013〕121号	2013年5月20日
26	关于南水北调中线一期丹江口大坝加高工程2009至2011年价差报告的批复	国调办投计〔2013〕125号	2013年5月27日
27	关于南水北调东线一期工程山东境内长沟泵站等5个设计单元工程2009至2011年价差报告的批复	国调办投计〔2013〕126号	2013年5月29日
28	关于南水北调中线一期工程总干渠高填方渠段加强安全措施工程投资解决方案的批复	国调办投计〔2013〕127号	2013年5月29日
29	关于南水北调东线一期南四湖至东平湖梁济运河段和柳长河段工程待运行期管理维护方案的批复	国调办投计〔2013〕130号	2013年6月4日
30	关于南水北调东线一期工程江苏境内睢宁二站等6个设计单元工程2009至2011年价差报告的批复	国调办投计〔2013〕133号	2013年6月5日
31	关于南水北调东线一期工程山东境内柳长河段等8个设计单元工程2009至2011年价差报告的批复	国调办投计〔2013〕135号	2013年6月8日
32	关于南水北调东线一期南四湖～东平湖长沟泵站和邓楼泵站工程待运行期管理维护方案的批复	国调办投计〔2013〕136号	2013年6月8日
33	关于南水北调中线一期兴隆水利枢纽工程项目管理预算的批复	国调办投计〔2013〕139号	2013年6月14日

续表

序号	文件名	文号	发布日期
34	关于南水北调东线一期邳州泵站和睢宁二站工程待运行期管理维护方案的批复	国调办投计〔2013〕154号	2013年7月1日
35	关于南水北调东线一期淮安四站等5个设计单元工程待运行期管理维护方案的批复	国调办投计〔2013〕155号	2013年7月1日
36	关于南水北调东线一期鲁北段七一、六五河输水工程等4个设计单元工程待运行期管理维护方案的批复	国调办投计〔2013〕156号	2013年7月1日
37	关于南水北调东线一期济南至引黄济青济南市区段等4个设计单元工程待运行期管理维护方案的批复	国调办投计〔2013〕157号	2013年7月1日
38	关于南水北调东线一期泗洪站枢纽工程待运行期管理维护方案的批复	国调办投计〔2013〕158号	2013年7月1日
39	关于南水北调中线一期引江济汉工程临时用地耕地占用税的批复	国调办投计〔2013〕160号	2013年7月4日
40	关于南水北调中线一期引江济汉工程项目管理预算的批复	国调办投计〔2013〕166号	2013年7月19日
41	关于下达南水北调工程2013年第三批投资计划的通知	国调办投计〔2013〕169号	2013年7月23日
42	关于进一步加强南水北调东、中线一期工程待运行期管理维护工作的通知	国调办投计〔2013〕172号	2013年7月30日
43	关于南水北调中线一期丹江口水利枢纽大坝加高工程武警守卫部队营房建设专题方案的批复	国调办投计〔2013〕186号	2013年8月2日
44	关于南水北调东线一期鲁北段工程七一、六五河段工程项目管理预算的批复	国调办投计〔2013〕187号	2013年8月5日
45	关于南水北调工程质量监督检测基础能力建设调整实施方案的批复	国调办投计〔2013〕195号	2013年8月23日
46	关于南水北调东线一期徐洪河影响处理工程等4个设计单元工程待运行期管理维护方案的批复	国调办投计〔2013〕226号	2013年9月2日
47	关于南水北调中线一期兴隆水利枢纽工程2009至2011年价差报告的批复	国调办投计〔2013〕232号	2013年9月4日
48	关于南水北调中线一期工程填方渠道安全超高调整专题设计报告概算的批复	国调办投计〔2013〕245号	2013年9月29日
49	关于下达南水北调工程2013年第四批投资计划的通知	国调办投计〔2013〕247号	2013年10月9日
50	关于进一步加强南水北调工程投资控制管理的通知	国调办投计〔2013〕255号	2013年10月11日
51	关于南水北调中线干线淅川县段及穿漳、穿黄等13个设计单元工程2012年价差报告的批复	国调办投计〔2013〕256号	2013年10月11日
52	关于南水北调中线一期工程总干渠天津干线4个设计单元工程2012年价差报告的批复	国调办投计〔2013〕257号	2013年10月14日
53	关于南水北调中线一期工程黄河北至漳河南段11个设计单元工程2012年价差报告的批复	国调办投计〔2013〕263号	2013年10月28日

续表

序号	文件名	文号	发布日期
54	关于南水北调东线一期工程江苏境内里下河水源调整工程2011年价差报告的批复	国调办投计〔2013〕265号	2013年11月1日
55	关于下达南水北调工程2013年第五批投资计划的通知	国调办投计〔2013〕269号	2013年11月13日
56	关于南水北调中线一期工程总干渠沙河南至黄河南段10个设计单元工程2012年价差报告的批复	国调办投计〔2013〕271号	2013年11月15日
57	关于下达第南水北调工程2013年第六批投资计划的通知	国调办投计〔2013〕285号	2013年11月26日
58	关于南水北调中线一期引江济汉工程2010～2012年价差报告的批复	国调办投计〔2013〕286号	2013年11月26日
59	关于南水北调中线一期兴隆水利枢纽工程2012年价差报告的批复	国调办投计〔2013〕291号	2013年11月29日
60	关于南水北调中线一期工程总干渠漳河北至古运河南段12个设计单元工程2012年价差报告的批复	国调办投计〔2013〕296号	2013年12月12日
61	关于南水北调东线一期工程江苏境内12个设计单元工程2012年价差报告的批复	国调办投计〔2013〕301号	2013年12月18日
62	关于下达南水北调工程2013年第七批投资计划的通知	国调办投计〔2013〕305号	2013年12月26日
63	关于南水北调中线一期丹江口大坝加高工程2012年价差报告的批复	国调办投计〔2013〕306号	2013年12月26日
64	关于南水北调东线一期江苏境内工程管理设施专项工程征地增加投资的批复	国调办投计〔2013〕307号	2013年12月31日
65	关于南水北调东线一期山东境内工程管理设施专项工程征地增加投资的批复	国调办投计〔2013〕308号	2013年12月31日
66	关于下达南水北调工程2013年第八批投资计划的通知	国调办投计〔2013〕312号	2013年12月31日
67	关于下达2013年南水北调工程基金和重大水利工程建设基金支出预算的通知	国调办经财〔2013〕87号	2013年4月22日
68	关于进一步加强工程价款结算管理的通知	国调办经财〔2013〕97号	2013年5月6日
69	关于加强南水北调工程征地移民资金结余使用管理的通知	国调办经财〔2013〕122号	2013年5月22日
70	关于防范和化解南水北调工程建设资金运行潜在风险的通知	国调办经财〔2013〕134号	2013年6月8日
71	关于进一步做好设计单元工程完工财务决算编制工作的通知	国调办经财〔2013〕170号	2013年7月22日
72	关于核定南水北调东线一期三阳河潼河宝应站工程投资节余及投资控制奖励额度的通知	国调办经财〔2013〕235号	2013年9月16日
73	关于核定南水北调东线一期淮安四站工程投资节余及投资控制奖励额度的通知	国调办经财〔2013〕236号	2013年9月16日
74	关于切实防止资金运行过程中不规范行为的通知	国调办经财〔2013〕252号	2013年10月10日

续表

序号	文 件 名	文 号	发布日期
75	关于下达2013年重大水利工程建设基金支出预算的通知	国调办经财〔2013〕262号	2013年10月23日
76	关于下达2013年基本建设贷款中央财政贴息预算(拨款)的通知	国调办经财〔2013〕270号	2013年11月13日
77	关于下达2013年南水北调工程基金支出预算的通知	国调办经财〔2013〕283号	2013年11月25日
78	关于核定南水北调东线一期淮阴三站工程投资节余及投资控制奖励额度的通知	国调办经财〔2013〕287号	2013年11月28日
79	关于核准南水北调东线一期江都站改造工程完工财务预决算的通知	国调办经财〔2013〕293号	2013年12月2日
80	关于南水北调中线一期汉江中下游局部航道整治工程开工的批复	国调办建管〔2013〕1号	2013年1月5日
81	关于南水北调东线一期苏鲁省际工程调度运行管理系统招标方案的批复	国调办建管〔2013〕3号	2013年1月8日
82	关于印发《南水北调东线一期南四湖水资源控制工程杨官屯闸设计单元工程完工验收技术性初步验收工作报告》的通知	国调办建管〔2013〕6号	2013年1月14日
83	关于印发《南水北调东线一期南四湖水资源控制工程姚楼河闸设计单元工程完工验收技术性初步验收工作报告》的通知	国调办建管〔2013〕7号	2013年1月14日
84	关于印发《南水北调东线一期南四湖水资源控制工程大沙河闸设计单元工程完工验收技术性初步验收工作报告》的通知	国调办建管〔2013〕8号	2013年1月14日
85	关于利用京石段工程向滹沱河水源地输水事宜的批复	国调办建管〔2013〕9号	2013年1月17日
86	关于调整南水北调东线一期工程江苏段调度运行管理系统工程招标分标方案的批复	国调办建管〔2013〕10号	2013年1月17日
87	关于丹江口大坝加高工程闸墩预应力加固施工招标分标方案的批复	国调办建管〔2013〕11号	2013年1月17日
88	关于进一步做好南水北调工程招标投标工作的通知	国调办建管〔2013〕15号	2013年1月25日
89	关于印发南水北调中线工程2013年进度管理工作方案的通知	国调办建管〔2013〕16号	2013年1月25日
90	关于南水北调东线一期工程穿黄河工程穿引黄渠埋涵出口闸工程招标分标方案的批复	国调办建管〔2013〕17号	2013年1月28日
91	南水北调中线河北段工程建设进度第一次联席会议纪要	国调办建管函〔2013〕25号	2013年5月23日
92	关于印发南水北调东线一期茬穿黄河工程设计单元工程完工验收技术性初步验收工作报告的通知	国调办建管〔2013〕26号	2013年2月19日
93	关于南水北调中线干线在建工程实体质量检测及技术咨询项目招标分标方案的批复	国调办建管〔2013〕27号	2013年2月19日

续表

序号	文 件 名	文 号	发布日期
94	南水北调中线河南段工程建设进度第一次联席会议纪要	国调办建管函〔2013〕27号	2013年6月21日
95	关于南水北调中线一期工程总干渠漳河北～古运河南(委托河北建设管理项目)总干渠与青兰高速交叉工程建设监理标招标失败确定承包人的批复	国调办建管〔2013〕30号	2013年2月25日
96	关于开展2012年度项百法人单位建设目标考核工作的通知	国调办建管〔2013〕31号	2013年2月25日
97	关于印发南水北调东线一期工程蔺家坝泵站设计单元工程完工验收技术性初步验收工作报告的通知	国调办建管〔2013〕32号	2013年2月25日
98	关于印发南水北调东线一期工程蔺家坝泵站设计单元工程完工验收技术性初步验收工作报告的通知	国调办建管〔2013〕33号	2013年2月25日
99	关于印发南水北调东线一期南四湖水资源控制工程潘庄引河闸设计单元工程完工验收技术性初步验收工作报告的通知	国调办建管〔2013〕34号	2013年2月25日
100	关于印发南水北调东线一期工程骆马湖水资源控制工程设计单元工程完工验收技术性初步验收工作报告的通知	国调办建管〔2013〕35号	2013年2月25日
101	关于调整南水北调东线一期工程江苏段调度运行管理系统工程招标分标方案的批复	国调办建管〔2013〕45号	2013年3月5日
102	关于印发南水北调中线京石段应急供水工程漕河段设计单元工程完工验收技术性初步验收工作报告的通知	国调办建管〔2013〕46号	2013年3月5日
103	关于开展南水北调中线干线工程建设进度督导工作的通知	国调办建管〔2013〕49号	2013年3月13日
104	关于南水北调中线京石段应急供水工程35kV供电系统无功倒送治理项目招标分标方案的批复	国调办建管〔2013〕59号	2013年4月1日
105	关于做好2013年南水北调工程安全度汛工作的通知	国调办建管〔2013〕66号	2013年4月3日
106	关于南水北调中线北拒马河暗渠穿河段和PCCP管道大石河段防护加固工程招标分标方案的批复	国调办建管〔2013〕70号	2013年4月8日
107	关于南水北调中线一期穿黄工程南岸及荥阳段排水工程招标分标方案的批复	国调办建管〔2013〕72号	2013年4月9日
108	关于南水北调东线一期山东段安全防护体系工程招标分标方案的批复	国调办建管〔2013〕73号	2013年4月9日
109	关于南水北调东线一期苏鲁省际工程调度运行管理系统工程开工的批复	国调办建管〔2013〕74号	2013年4月9日
110	关于印发南水北调东线一期工程二级坝泵站设计单元工程通水验收技术性初步验收工作报告的通知	国调办建管〔2013〕76号	2013年4月11日
111	关于南水北调中线干线工程金属结构安装质量监测项目招标分标方案的批复	国调办建管〔2013〕92号	2013年4月24日

续表

序号	文 件 名	文 号	发布日期
112	关于调整南水北调东线一期山东段安全防护体系工程招标分标方案的批复	国调办建管〔2013〕93 号	2013 年 4 月 24 日
113	关于利用京石段工程向河北省廊涿干渠输送打压试验用水请示的批复	国调办建管〔2013〕95 号	2013 年 4 月 27 日
114	关于印发南水北调工程预防施工起重机械脚手架等坍塌事故专项整治工作方案的通知	国调办建管〔2013〕124 号	2013 年 5 月 27 日
115	关于印发《南水北调东线一期工程二级坝泵站设计单元工程通水验收鉴定书》的通知	国调办建管〔2013〕140 号	2013 年 6 月 14 日
116	关于印发南水北调工程安全生产大检查工作方案的通知	国调办建管〔2013〕144 号	2013 年 6 月 18 日
117	关于南水北调中线干线工程总干渠形体检核测量招标分标方案的批复	国调办建管〔2013〕145 号	2013 年 6 月 18 日
118	关于南水北调东线一期韩庄运河段工程峄城大沙河大泛口节制闸管理设施招标分标方案的批复	国调办建管〔2013〕146 号	2013 年 6 月 18 日
119	关于南水北调中线干线工程维修养护定额标准编制项目招标分标方案的批复	国调办建管〔2013〕147 号	2013 年 6 月 19 日
120	关于丹江口水库 2013 年汛期防洪调度运用有关事宜的批复	国调办建管〔2013〕152 号	2013 年 6 月 26 日
121	关于南水北调中线干线工程自动化调度与运行管理决策支持系统部分项目招标分标方案的批复	国调办建管〔2013〕162 号	2013 年 7 月 15 日
122	关于南水北调中线建管局河南直管建管局工程建设工作车辆项目招标分标方案的批复	国调办建管〔2013〕165 号	2013 年 7 月 18 日
123	关于南水北调中线京石段应急供水工程(河北境内)闸站管理设施维护整修工程招标分标方案的批复	国调办建管〔2013〕173 号	2013 年 7 月 30 日
124	关于南水北调中线焦作 2 段中铝进场线小型铁路养护设备采购标招标失败确定承包人的批复	国调办建管〔2013〕175 号	2013 年 7 月 31 日
125	关于印发南水北调中线一期工程通水验收工作方案的通知	国调办建管〔2013〕176 号	2013 年 8 月 1 日
126	关于南水北调中线一期工程天津干线天津分调度中心建设项目施工招标分标方案的批复	国调办建管〔2013〕189 号	2013 年 8 月 12 日
127	关于南水北调中线京石段工程(河北境内)闸站管理设施维护整修及场区绿化工程监理招标分标方案的批复	国调办建管〔2013〕190 号	2013 年 8 月 13 日
128	关于南水北调中线干线黄河以南段工程安全评估项目招标分标方案的批复	国调办建管〔2013〕217 号	2013 年 8 月 29 日
129	关于印发《南水北调中线一期陶岔渠首枢纽工程蓄水验收技术性初步验收工作报告》的通知	国调办建管〔2013〕227 号	2013 年 9 月 2 日
130	关于印发南水北调中线一期工程天津干线天津市 2 段设计单元工程通水验收技术性初步验收工作报告的通知	国调办建管〔2013〕228 号	2013 年 9 月 2 日

续表

序号	文 件 名	文 号	发布日期
131	关于印发《南水北调中线一期陶岔渠首枢纽工程蓄水验收鉴定书》的通知	国调办建管〔2013〕229 号	2013 年 9 月 3 日
132	关于印发《南水北调东线一期工程全线通水验收技术性检查报告》的通知	国调办建管〔2013〕231 号	2013 年 9 月 2 日
133	关于印发《南水北调东线一期工程全线通水验收鉴定书》的通知	国调办建管〔2013〕233 号	2013 年 9 月 5 日
134	关于南水北调中线京石段应急供水工程高填方加强安全措施渠段招标分标方案的批复	国调办建管〔2013〕234 号	2013 年 9 月 12 日
135	关于印发《南水北调中线一期丹江口大坝加高工程蓄水验收技术性初步验收工作报告》的通知	国调办建管〔2013〕237 号	2013 年 9 月 18 日
136	关于占用京石段工程向滹沱河 1～4 号水面补水的批复	国调办建管〔2013〕242 号	2013 年 9 月 24 日
137	关于丹江口大坝加高工程武警守卫部队营房建设招标分标方案的批复	国调办建管〔2013〕243 号	2013 年 9 月 24 日
138	关于印发《南水北调中线一期丹江口大坝加高工程蓄水验收鉴定书》的通知	国调办建管〔2013〕244 号	2013 年 9 月 27 日
139	关于印发南水北调工程项目法人 2012 年度建设目标考核结果的通知	国调办建管〔2013〕249 号	2013 年 10 月 10 日
140	关于印发《南水北调中线一期工程穿漳河交叉建筑物设计单元工程通水验收技术性初步验收工作报告》的通知	国调办建管〔2013〕250 号	2013 年 10 月 10 日
141	关于印发《南水北调中线一期工程黄河北至姜河北段沁河渠道倒虹吸设计单元工程通水验收技术性初步验收工作报告》的通知	国调办建管〔2013〕251 号	2013 年 10 月 10 日
142	关于兴隆水利枢纽首台机组启动验收有关事项请示的批复	国调办建管〔2013〕253 号	2013 年 10 月 10 日
143	关于南水北调中线干线京石段（河北境内）易县及涞涿段安全保卫项目招标分标方案的批复	国调办建管〔2013〕254 号	2013 年 10 月 10 日
144	关于南水北调中线一期工程总干渠荥阳段新增白寨村排水工程招标分标方案的批复	国调办建管〔2013〕260 号	2013 年 10 月 22 日
145	关于开展南水北调中线干线工程第四季度建设进度督导工作的通知	国调办建管〔2013〕266 号	2013 年 11 月 1 日
146	关于南水北调中线一期工程内排段地下水本底值调查及监测方案编制项目招标分标方案的批复	国调办建管〔2013〕272 号	2013 年 11 月 18 日
147	关于印发《南水北调中线一期工程天津干线廊坊市段设计单元工程通水验收技术性初步验收工作报告》的通知	国调办建管〔2013〕277 号	2013 年 11 月 22 日
148	关于印发《南水北调中线一期工程南沙河倒虹吸设计单元工程通水验收技术性初步验收工作报告》的通知	国调办建管〔2013〕278 号	2013 年 11 月 22 日

续表

序号	文件名	文号	发布日期
149	关于印发《南水北调中线一期工程天津干线保定市2段设计单元工程通水验收技术性初步验收工作报告》的通知	国调办建管〔2013〕279号	2013年11月22日
150	关于印发《南水北调中线一期工程天津干线西黑山进口闸至有压箱涵段设计单元工程通水验收技术性初步验收工作报告》的通知	国调办建管〔2013〕280号	2013年11月22日
151	关于调整南水北调东、中线一期工程通水验收工作领导小组的通知	国调办建管〔2013〕284号	2013年11月26日
152	关于南水北调中线一期工程总干渠邯邢段磁县及邢台管理处电气设备采购项目招标分标方案的批复	国调办建管〔2013〕288号	2013年11月29日
153	关于陶岔渠首水电站发电送出工程有关工作的批复	国调办建管〔2013〕289号	2013年11月29日
154	关于印发《南水北调中线一期工程温博段设计单元工程通水验收技术性初步验收工作报告》的通知	国调办建管〔2013〕290号	2013年11月29日
155	关于利用京石段工程向滹沱河补水有关事宜的批复	国调办建管〔2013〕309号	2013年12月31日
156	关于印发《南水北调中线一期工程温博段设计单元工程通水验收鉴定书》的通知	国调办建管〔2013〕310号	2013年12月31日
157	关于印发《南水北调中线一期工程黄河北至美河北段沁河渠道倒虹吸设计单元工程通水验收鉴定书》的通知	国调办建管〔2013〕311号	2013年12月31日
158	关于南水北调中线一期工程丹江口库区环境保护科学研究需求分标方案的批复	国调办环保〔2013〕20号	2013年2月1日
159	关于南水北调东线工程治污规划完成情况的报告	国调办环保〔2013〕138号	2013年6月13日
160	关于做好南水北调东、中线一期工程通水前文物保护工作的函	国调办征移函〔2013〕1号	2013年1月7日
161	关于做好2013年南水北调工程征地移民稳定工作的通知	国调办征移〔2013〕29号	2013年2月22日
162	关于动用南水北调东线一期济南至引黄济青段东湖水库等2个单元工程征迁国控预备费的批复	国调办征移〔2013〕54号	2013年3月26日
163	关于动用南水北调东线一期鲁北段小运河段等4个设计单元工程征迁国控预备费的批复	国调办征移〔2013〕104号	2013年5月13日
164	关于印发南水北调中线一期工程丹江口水库大坝加高工程建设征地补偿和移民安置蓄水前终验工作方案的通知	国调办征移〔2013〕123号	2013年5月24日
165	关于成立国务院南水北调办丹江口库区移民安置蓄水前终验验收委员会的通知	国调办征移〔2013〕132号	2013年6月4日
166	关于动用南水北调中线一期工程漳河北至古运河南段征迁国控预备费的批复	国调办征移〔2013〕153号	2013年6月28日
167	关于北京段房山区境内永久供电工程征迁及资金管理有关意见的批复	国调办征移〔2013〕168号	2013年7月23日
168	关于动用南水北调东线一期南四湖至东平湖段7个设计单元工程征迁国控预备费的批复	国调办征移〔2013〕171号	2013年7月26日

续表

序号	文 件 名	文 号	发布日期
169	关于印发南水北调丹江口水库大坝加高工程建设征地补偿和移民安置蓄水前终验报告的通知	国调办征移〔2013〕224 号	2013 年 9 月 1 日
170	关于动用南水北调中线一期工程漳河北至古运河南段征迁安置国控预备费的批复	国调办征移〔2013〕264 号	2013 年 11 月 1 日
171	关于动用南水北调东线一期南四湖下级湖抬高蓄水位影响处理工程征迁国控预备费的批复	国调办征移〔2013〕303 号	2013 年 12 月 24 日
172	关于南水北调中线工程丹江口库区湖北省内安移民点高切坡防护概算的批复	国调办征移〔2013〕304 号	2013 年 12 月 25 日
173	关于对 2012 年第四季度南水北调工程建设质量问题进行责任追究的通知	国调办监督〔2013〕37 号	2013 年 2 月 27 日
174	关于对 2012 年第四季度鹤壁段施工 2 标工程建设质量问题进行责任追究的通知	国调办监督〔2013〕38 号	2013 年 2 月 27 日
175	关于责成中线建管局对 2012 年第四季度南水北调工程建设质量问题进行责任追究的通知	国调办监督〔2013〕39 号	2013 年 2 月 27 日
176	关于责成河南省南水北调办对 2012 年第四季度南水北调工程建设质量问题进行责任追究的通知	国调办监督〔2013〕40 号	2013 年 2 月 27 日
177	关于责成中线建管局对 2012 年第四季度磁县段施工 3 标工程建设质量问题进行责任追究的通知	国调办监督〔2013〕41 号	2013 年 3 月 6 日
178	关于责成山东省南水北调建管局对 2012 年第四季度南水北调工程建设质量问题进行责任追究的通知	国调办监督〔2013〕42 号	2013 年 2 月 27 日
179	关于责成湖北省南水北调管理局对 2012 年第四季度南水北调工程建设质量问题进行责任追究的通知	国调办监督〔2013〕43 号	2013 年 2 月 27 日
180	关于责成河南省南水北调办对方城段工程监理 2 标质量问题进行责任追究的通知	国调办监督〔2013〕51 号	2013 年 3 月 26 日
181	关于对南水北调中线镇平段工程质量问题责任单位进行责任追究的通知	国调办监督〔2013〕55 号	2013 年 3 月 26 日
182	关于对 2013 年第一季度南水北调工程质量问题进行责任追究的通知	国调办监督〔2013〕67 号	2013 年 4 月 3 日
183	关于责成对 2013 年第一季度南水北调工程质量问题进行责任追究的通知	国调办监督〔2013〕68 号	2013 年 4 月 3 日
184	关于约谈南水北调中线叶县段工程质量问题责任单位的通知	国调办监督〔2013〕69 号	2013 年 4 月 3 日
185	关于对方城段第八施工标贾河渡槽工程质量问题进行责任追究的通知	国调办监督〔2013〕99 号	2013 年 5 月 8 日
186	关于对南水北调中线新郑南段工程施工 3 标质量问题进行责任追究的通知	国调办监督〔2013〕100 号	2013 年 5 月 8 日

续表

序号	文 件 名	文 号	发布日期
187	关于开展以“三清除一降级一吊销”为核心的监理整治行动的通知	国调办监督〔2013〕108 号	2013 年 5 月 15 日
188	关于对禹州长葛段交通桥第三施工标段工程质量问题进行责任追究的通知	国调办监督〔2013〕128 号	2013 年 5 月 31 日
189	关于责成对 2013 年 3～4 月份南水北调工程质量问题进行责任追究的通知	国调办监督〔2013〕129 号	2013 年 5 月 31 日
190	关于责成对鹤壁段第二施工标段工程质量问题进行责任追究的通知	国调办监督〔2013〕131 号	2013 年 6 月 4 日
191	关于责成对 2013 年 5 月份南水北调工程质量问题进行责任追究的通知	国调办监督〔2013〕149 号	2013 年 6 月 24 日
192	关于对 2013 年 6 月份有关工程质量问题进行整改的通知	国调办监督〔2013〕163 号	2013 年 7 月 15 日
193	关于对 2013 年 6 月份南水北调工程质量问题进行责任追究的通知	国调办监督〔2013〕164 号	2013 年 7 月 16 日
194	关于再加高压开展南水北调工程质量监管工作的通知	国调办监督〔2013〕167 号	2013 年 7 月 23 日
195	关于对 2013 年 7 月份南水北调工程质量问题进行责任追究的通知	国调办监督〔2013〕193 号	2013 年 8 月 23 日
196	关于责成对 2013 年 7 月份南水北调工程质量问题进行责任追究的通知	国调办监督〔2013〕194 号	2013 年 8 月 23 日
197	关于对 2013 年 7 月份有关工程质量问题进行整改的通知	国调办监督〔2013〕196 号	2013 年 8 月 26 日
198	关于责成对引江济汉工程拾桥河枢纽标段质量问题进行责任追究的通知	国调办监督〔2013〕238 号	2013 年 9 月 22 日
199	关于责成对 2013 年 8 月份南水北调工程质量问题进行责任追究的通知	国调办监督〔2013〕239 号	2013 年 9 月 22 日
200	关于对 2013 年 8 月份南水北调工程质量问题进行责任追究的通知	国调办监督〔2013〕240 号	2013 年 9 月 22 日
201	关于对 2013 年 8 月份有关工程质量问题进行整改的通知	国调办监督〔2013〕241 号	2013 年 9 月 24 日
202	关于责成对 2013 年 9 月份南水北调工程质量问题进行责任追究的通知	国调办监督〔2013〕258 号	2013 年 10 月 18 日
203	关于对 2013 年 9 月份南水北调工程质量问题进行责任追究的通知	国调办监督〔2013〕259 号	2013 年 10 月 18 日
204	关于对 2013 年 9 月份有关工程质量问题进行整改的通知	国调办监督〔2013〕261 号	2013 年 10 月 22 日
205	关于对 2013 年 10 月份南水北调工程质量问题进行责任追究的通知	国调办监督〔2013〕273 号	2013 年 11 月 20 日
206	关于责成对 2013 年 10 月份南水北调工程质量问题进行责任追究的通知	国调办监督〔2013〕274 号	2013 年 11 月 20 日
207	关于对 2013 年 10 月份有关工程质量问题进行整改的通知	国调办监督〔2013〕275 号	2013 年 11 月 20 日

续表

序号	文件名	文号	发布日期
208	关于对引江济汉工程进口段渠道标质量问题进行责任追究的通知	国调办监督〔2013〕294号	2013年12月4日
209	关于责成对引江济汉工程拾桥河左岸节制闸标质量问题进行责任追究的通知	国调办监督〔2013〕295号	2013年12月4日
210	关于责成对2013年11月份南水北调工程质量问题进行责任追究的通知	国调办监督〔2013〕297号	2013年12月12日
211	关于对2013年11月份有关工程质量问题进行整改的通知	国调办监督〔2013〕298号	2013年12月12日
212	关于转报《国务院南水北调工程建设委员会专家委员会南水北调东线一期工程质量评价报告》的报告	国调办监督〔2013〕300号	2013年12月16日
213	关于进一步加强南水北调中线工程高填方、渠道衬砌施工质量管理的通知	国调办监管〔2013〕159号	2013年7月1日
214	关于印发《南水北调东线一期长江—骆马湖段其他工程骆马湖以南中运河影响处理工程档案专项验收意见》的通知	综综合函〔2013〕27号	2013年1月28日
215	关于印发《南水北调东线一期长江—骆马湖段其他工程刘老涧二站工程档案专项验收意见》的通知	综综合函〔2013〕28号	2013年1月28日
216	关于印发《南水北调东线一期工程南四湖～东平湖段输水与航运结合工程南四湖湖内疏浚工程档案专项验收意见》的通知	综综合函〔2013〕57号	2013年3月1日
217	关于印发《南水北调东线一期工程韩庄运河段水资源控制工程档案专项验收意见》的通知	综综合函〔2013〕66号	2013年3月5日
218	关于印发《国务院南水北调办归档文件管理制度与标准体系研究》验收意见的通知	综综合函〔2013〕97号	2013年3月29日
219	关于印发《国务院南水北调办人大建议和政协提案办理实施办法》的通知	综综合〔2013〕127号	2013年11月18日
220	关于印发《〈南水北调昨日要情〉编印与管理办法》的通知	综综合〔2013〕148号	2013年12月18日
221	关于印发《南水北调东线一期工程二级坝泵站工程档案专项验收意见》的通知	综综合函〔2013〕166号	2013年5月15日
222	关于印发《南水北调东线一期工程南四湖～东平湖段输水与航运结合工程引黄灌区灌溉影响处理工程档案专项验收意见》的通知	综综合函〔2013〕201号	2013年5月30日
223	关于加强南水北调工程建筑物外观管理的通知	综综合函〔2013〕210号	2013年6月5日
224	关于印发《南水北调中线干线京石应急供水工程北京段其他工程档案专项验收意见》的通知	综综合函〔2013〕360号	2013年9月30日
225	关于印发《国务院南水北调办人大建议政协提案办理工作制度研究验收意见》的通知	综综合函〔2013〕403号	2013年11月13日

续表

序号	文 件 名	文 号	发布日期
226	关于印发《南水北调东线一期工程南四湖至东平湖段输水与航运结合工程长沟泵站枢纽工程档案专项验收意见》的通知	综综合函〔2013〕421号	2013年12月3日
227	关于印发《南水北调东线一期工程南四湖至东平湖段输水与航运结合工程邓楼泵站枢纽工程档案专项验收意见》的通知	综综合函〔2013〕422号	2013年12月3日
228	关于转发陶岔渠首枢纽工程电灌站技术复核意见的通知	综投计〔2013〕54号	2013年4月22日
229	关于印发南水北调工程建设与管理基础信息建设与应用(一期)项目竣工验收意见的通知	综投计函〔2013〕462号	2013年12月26日
230	关于印发南水北调工程投资静态控制和动态管理体系应用研究(二期)项目竣工验收意见的通知	综投计函〔2013〕463号	2013年12月26日
231	关于规范编制完工财务决算中待运行期管理维护费的通知	综经财〔2013〕65号	2013年5月9日
232	关于下达2013年度预算执行进度目标的通知	综经财〔2013〕74号	2013年5月21日
233	关于印发南水北调工程建设进度(第八次)协调会纪要的通知	综建管〔2013〕15号	2013年1月31日
234	关于进一步做好南水北调中线一期工程安全隐患处理工作的通知	综建管〔2013〕17号	2013年2月4日
235	关于印发国务院南水北调工程建设委员会办公室安全生产领导小组和南水北调工程建设重特大事故应急处理领导小组第十二次全体会议纪要的通知	综建管〔2013〕22号	2013年3月4日
236	关于印发南水北调中线邯石段工程建设座谈会纪要的通知	综建管〔2013〕28号	2013年3月12日
237	关于印发南水北调中线黄河南段工程建设进度座谈会纪要的通知	综建管〔2013〕38号	2013年4月3日
238	关于开展南水北调待运行期工程管理维护考核工作的通知	综建管〔2013〕40号	2013年4月9日
239	关于印发南水北调东线山东境内工程建设座谈会纪要的通知	综建管〔2013〕43号	2013年4月10日
240	关于印发南水北调东线江苏境内工程建设座谈会纪要的通知	综建管〔2013〕44号	2013年4月11日
241	关于印发南水北调中线邯石段工程建设进度座谈会纪要的通知	综建管〔2013〕45号	2013年4月12日
242	关于印发南水北调中线黄河至漳河段工程建设进度座谈会纪要的通知	综建管〔2013〕46号	2013年4月12日
243	关于印发汉江中下游治理工程建设进度座谈会纪要的通知	综建管〔2013〕47号	2013年4月12日

续表

序号	文 件 名	文 号	发布日期
244	关于印发丹江口大坝加高工程建设进度座谈会纪要的通知	综建管〔2013〕52 号	2013 年 4 月 16 日
245	关于印发其他工程穿越南水北调中线干线工程有关规范性文件专家审查意见的通知	综建管〔2013〕57 号	2013 年 4 月 25 日
246	关于印发丹江口水库蓄水验收关键事项的通知	综建管〔2013〕64 号	2013 年 5 月 7 日
247	关于印发南水北调工程建设进度(第九次)协调会纪要的通知	综建管〔2013〕66 号	2013 年 5 月 9 日
248	关于张野副主任督导南水北调中线工程建设进度的通知	综建管函〔2013〕81 号	2013 年 3 月 15 日
249	关于蒋旭光副主任督导南水北调中线工程建设进度的通知	综建管函〔2013〕82 号	2013 年 3 月 15 日
250	关于开展南水北调工程建设进度督导工作的通知	综建管函〔2013〕83 号	2013 年 3 月 15 日
251	关于于幼军副主任督导南水北调中线工程建设进度的通知	综建管函〔2013〕89 号	2013 年 3 月 22 日
252	关于鄂竟平主任督导南水北调东线工程建设进度的通知	综建管函〔2013〕90 号	2013 年 3 月 22 日
253	关于对安全生产检查发现问题进行整改的通知	综建管函〔2013〕93 号	2013 年 3 月 25 日
254	关于印发南水北调工程建设进度(第十次)协调会纪要的通知	综建管〔2013〕99 号	2013 年 7 月 24 日
255	关于印发南水北调东线一期工程南四湖水资源监测工程建设协调会议纪要的通知	综建管〔2013〕102 号	2013 年 8 月 8 日
256	关于进一步做好汛期南水北调工程安全生产工作的紧急通知	综建管〔2013〕111 号	2013 年 9 月 2 日
257	关于印发《丹江口水库蓄水有关事宜座谈会会议纪要》的通知	综建管〔2013〕113 号	2013 年 9 月 18 日
258	关于加强南水北调工程防汛重点部位安全管理的通知	综建管函〔2013〕119 号	2013 年 4 月 12 日
259	关于印发南水北调工程建设进度(第十一次)协调会纪要的通知	综建管〔2013〕120 号	2013 年 11 月 5 日
260	关于印发约谈南水北调中线工程南阳市区段 2 标施工单位会议纪要的通知	综建管〔2013〕128 号	2013 年 11 月 22 日
261	关于印发约谈南水北调中线工程南阳市区段 5 标施工单位会议纪要的通知	综建管〔2013〕129 号	2013 年 11 月 22 日
262	关于印发约谈南水北调中线工程中铝工企站框架桥施工单位会议纪要的通知	综建管〔2013〕140 号	2013 年 12 月 13 日
263	关于南水北调东线一期江苏段工程试通水工作有关事项的通知	综建管函〔2013〕167 号	2013 年 5 月 16 日
264	关于做好南水北调东线一期工程全线通水验收有关工作的通知	综建管函〔2013〕244 号	2013 年 7 月 2 日

续表

序号	文件名	文号	发布日期
265	关于对南水北调中线黄河至漳河段工程防汛和安全生产检查发现问题和隐患进行整改的通知	综建管函〔2013〕263号	2013年7月15日
266	关于对南水北调中线黄河南段工程防汛和安全生产检查发现问题和隐患进行整改的通知	综建管函〔2013〕264号	2013年7月15日
267	关于对南水北调中线邯石段工程防汛和安全生产检查发现问题和隐患进行整改的通知	综建管函〔2013〕265号	2013年7月15日
268	关于对南水北调中线京石段工程防汛和安全生产检查发现问题和隐患进行整改的通知	综建管函〔2013〕266号	2013年7月15日
269	关于开展南水北调东线一期工程全线通水验收技术性检查的通知	综建管函〔2013〕271号	2013年7月19日
270	关于做好南水北调中线一期丹江口大坝加高工程进行蓄水验收有关工作的通知	综建管函〔2013〕278号	2013年7月24日
271	关于双王城水库库底清理有关问题的通报	综建管函〔2013〕30号	2013年8月21日
272	关于做好南水北调中线一期丹江口大坝加高工程蓄水相关工作的函	综建管函〔2013〕330号	2013年9月6日
273	关于印发南水北调东线一期工程全线试运行工作方案的通知	综建管函〔2013〕359号	2013年9月29日
274	关于对安全生产检查发现问题进行整改的通知	综建管函〔2013〕361号	2013年9月30日
275	关于做好南水北调东线一期工程全线试运行工作有关事项的通知	综建管函〔2013〕368号	2013年10月16日
276	关于南水北调中线河南段方城7标和方城9标有关问题的通报	建管函〔2013〕388号	2013年11月1日
277	关于上报丹江口库区及上游水污染防治和水土保持“十二五”规划项目实施进展情况的通知	综环保函〔2013〕26号	2013年1月28日
278	关于印发南水北调东线一期工程全线试运行水质监测方案的通知	综环保〔2013〕116号	2013年10月12日
279	关于印发南水北调中线总干渠两侧水质保护和落实生态补偿政策工作方案的通知	综环保〔2013〕150号	2013年12月20日
280	关于建立丹江口库区及上游水污染防治和水土保持工作信息通报制度的通知	综环保函〔2013〕218号	2013年6月5日
281	关于印发《国务院南水北调办定点扶贫工作领导小组第一次全体会议会议纪要》的通知	综征移函〔2013〕4号	2013年1月5日
282	关于印发《2013年南水北调丹江口库区移民进度商处会会议纪要》的通知	综征移〔2013〕26号	2013年3月7日
283	关于印发国务院南水北调办2013年度定点扶贫工作计划的通知	综征移〔2013〕42号	2013年4月9日

续表

序号	文 件 名	文 号	发布日期
284	关于对2012年第四季度有关工程质量问题进行整改的通知	综监督〔2013〕16号	2013年2月1日
285	关于印发《南水北调东线一期工程2013年通水质量检查工作方案(大纲)》的通知	综监督〔2013〕29号	2013年3月15日
286	关于进一步开展南水北调跨渠桥梁工程质量检查的通知	综监督〔2013〕31号	2013年3月20日
287	关于对镇平段工程质量问题进行整改的通知	综监督〔2013〕34号	2013年3月22日
288	关于对方城段工程监理2标质量问题进行整改的通知	综监督〔2013〕35号	2013年3月22日
289	关于对2013年第一季度有关工程质量问题进行整改的通知	综监督〔2013〕39号	2013年4月7日
290	关于南水北调中线临城段工程SG12标质量问题责任追究情况的通告	综监督〔2013〕41号	2013年4月9日
291	关于南水北调中线总干渠与青兰高速连接线交叉工程质量问题责任追究情况的通告	综监督〔2013〕53号	2013年4月20日
292	关于转发南水北调中线一期工程总干渠沙河南至黄河南潮河段交通桥1标、2标箱梁混凝土质量认证工作报告的通知	综监督〔2013〕59号	2013年4月27日
293	关于对中线干线混凝土建筑物质量重点监管项目(第一次)排查发现的工程质量问题进行整改的通知	综监督〔2013〕63号	2013年5月6日
294	关于南水北调中线新郑南段工程施工3标质量问题责任追究情况的通告	综监督〔2013〕67号	2013年5月10日
295	关于印发南水北调跨渠桥梁工程质量监管工作计划方案的通知	综监督〔2013〕71号	2013年5月20日
296	关于对2013年3~4月份有关工程质量问题进行整改的通知	综监督〔2013〕79号	2013年5月31日
297	关于对山东境内有关工程质量问题进行整改的通知	综监督〔2013〕82号	2013年6月8日
298	关于对2013年5月份有关工程质量问题进行整改的通知	综监督〔2013〕84号	2013年6月21日
299	关于进一步加强混凝土建筑物工程质量监管的通知	综监督〔2013〕86号	2013年6月21日
300	关于对中线穿漳倒虹吸工程局部混凝土空鼓质量问题进行检查处理的通知	综监督〔2013〕90号	2013年7月12日
301	关于南水北调中线叶县段工程第四施工标段质量问题责任追究情况的通告	综监督〔2013〕94号	2013年7月19日
302	关于对南阳市段第七施工标孙庄东南公路桥预应力张拉质量问题进行检查处理的通知	综监督〔2013〕95号	2013年7月22日
303	关于对荥阳段施工二标孙寨公路桥工程预应力张拉质量问题进行检查处理的通知	综监督〔2013〕96号	2013年7月22日

续表

序号	文　件　名	文　号	发布日期
304	关于对中线新密铁路倒虹吸进口局部基础土体塌陷质量问题进行检查处理的通知	综监督〔2013〕97 号	2013 年 7 月 23 日
305	关于再加高压强化南水北调工程建设举报受理工作的通知	综监督〔2013〕103 号	2013 年 8 月 9 日
306	关于对石家庄鹿泉市段 SG13 标上庄交通桥检查处理的通知	综监督〔2013〕105 号	2013 年 8 月 16 日
307	关于对 SG3 标、SG4 标和方城 9 标渠道工程质量问题进行排查处理的通知	综监督〔2013〕106 号	2013 年 8 月 21 日
308	关于对中线干线渠道工程实施质量重点监管的通知	综监督〔2013〕107 号	2013 年 8 月 26 日
309	关于对 SG9 标和南阳 1 标渠道工程质量问题进行排查处理的通知	综监督〔2013〕109 号	2013 年 8 月 29 日
310	关于公布 2013 年第二季度南水北调工程建设季度(质量)优秀单位的通知	综监督〔2013〕110 号	2013 年 8 月 30 日
311	关于对南阳 3 标渠道工程质量问题进行排查处理的通知	综监督〔2013〕115 号	2013 年 10 月 9 日
312	关于对渠道工程复合土工膜粘接专用 KS 热熔胶粘剂质量问题进行排查处理的通知	综监督〔2013〕117 号	2013 年 10 月 12 日
313	关于对中线双洎河支渡槽右联第三跨渗水质量问题进行检查处理的通知	综监督〔2013〕126 号	2013 年 11 月 14 日
314	关于公布 2013 年第三季度南水北调工程建设信用评价季度(质量)优秀单位的通知	综监督〔2013〕136 号	2013 年 12 月 6 日
315	关于强化冬季施工质量管理的通知	综监督〔2013〕141 号	2013 年 12 月 13 日
316	关于印发重要建筑物混凝土强度检查信息的通知	监管函〔2013〕2 号	2013 年 1 月 31 日

沿线各省(直辖市)

沿线各省(直辖市)重要文件一览表

序号	文　件　名	文　号	发文单位	发布日期
1	河南省丹江口库区及上游水污染防治和水土保持“十二五”规划实施考核办法	豫调办〔2013〕139 号	河南省南水北调办	2013 年 9 月 29 日
2	河南省南水北调工程质量问题责任追究管理办法(试行)	豫调办〔2013〕81 号	河南省南水北调办	2013 年 6 月 3 日
3	关于贯彻落实《河南省安全生产领域打非治违工作若干规定》的意见	豫调办监〔2013〕1 号	河南省南水北调办	2013 年 1 月 28 日
4	关于进一步加强南水北调工程质量管理工作的意见	豫调办建〔2013〕7 号	河南省南水北调办	2013 年 3 月 14 日

续表

序号	文件名	文号	发文单位	发布日期
5	关于印发河南省南水北调配套工程劳动竞赛实施方案的通知	豫调办建〔2013〕28号	河南省南水北调办	2013年5月5日
6	河南省南水北调配套工程建设资金管理办法(修订)	豫调建〔2013〕38号	河南省南水北调办	2013年9月11日
7	河南省南水北调中线工程建设管理局工程档案管理办法	豫调建〔2013〕40号	河南省南水北调办	2013年9月13日
8	关于印发引江济汉工程2013年度进度质量安全考核管理办法的通知	鄂调水局〔2013〕36号	湖北省南水北调建管局	2013年6月8日
9	山东省南水北调续建配套工程建设管理暂行办法	鲁调水建字〔2013〕6号	山东省南水北调建管局	2013年2月1日
10	山东省南水北调续建配套工程安全生产管理暂行办法	鲁调水建字〔2013〕9号	山东省南水北调建管局	2013年2月19日
11	山东省南水北调续建配套工程档案管理暂行办法	鲁调水建字〔2013〕11号	山东省南水北调建管局	2013年2月20日
12	山东省南水北调续建配套工程验收管理办法	鲁调水建字〔2013〕18号	山东省南水北调建管局	2013年2月27日

项目法人单位

项目法人单位重要文件一览表

序号	文件名	文号	发文单位	发布日期
1	关于下发《南水北调中线天津干线工程2013年金结机电及永久供电工程进度计划》的通知	中线局机〔2013〕5号	中线建管局	2013年2月25日
2	关于下发《南水北调中线干线河南段2013年金结机电及永久供电工程进度计划》的通知	中线局机〔2013〕7号	中线建管局	2013年2月25日
3	关于下发《南水北调中线干线邯石段2013年金结机电及永久供电工程进度计划》的通知	中线局机〔2013〕8号	中线建管局	2013年2月25日
4	关于下发《南水北调中线京石段应急供水工程2013年金结机电及永久供电工程进度计划》的通知	中线局机〔2013〕9号	中线建管局	2013年2月25日

续表

序号	文 件 名	文 号	发文单位	发布日期
5	关于印发《南水北调中线干线工程建设管理局局长奖励基金实施办法》的通知	中线局人〔2013〕12 号	中线建管局	2013 年 2 月 17 日
6	关于印发《南水北调中线干线工程 2013 年安全生产工作计划》的通知	中线局质安〔2013〕19 号	中线建管局	2013 年 1 月 30 日
7	关于印发《南水北调中线干线河南段工程建设临时用地返还复垦工作进度目标考核办法》的通知	中线局移〔2013〕34 号	中线建管局	2013 年 8 月 23 日
8	关于印发《南水北调中线干线工程直管代建项目 2013 年质量监控工作要点》的通知	中线局质安〔2013〕34 号	中线建管局	2013 年 2 月 25 日
9	关于印发《南水北调中线干线河北段工程建设临时用地退还复垦工作进度目标考核办法》的通知	中线局移〔2013〕35 号	中线建管局	2013 年 8 月 23 日
10	关于建立中线建管局质量监控工作月例会制度的通知	中线局质安〔2013〕35 号	中线建管局	2013 年 2 月 25 日
11	关于印发《南水北调中线建管局及直管、委托项目建设管理单位机关工程建设管理文件整编方案》的通知	中线局工〔2013〕44 号	中线建管局	2013 年 5 月 6 日
12	关于南水北调中线一期工程漳河北至古运河南段土石方平衡新增临时占地方案批复结果备案的报告	中线局移〔2013〕47 号	中线建管局	2013 年 12 月 24 日
13	关于建立南水北调中线河北境内跨渠桥梁进度风险应急预警机制的通知	中线局工〔2013〕57 号	中线建管局	2013 年 5 月 14 日
14	关于印发南水北调中线干线工程河南境内在建跨渠桥梁建设节点目标的通知	中线局工〔2013〕70 号	中线建管局	2013 年 6 月 5 日
15	南水北调中线一期陶岔渠首大桥加宽工程有关事宜协调会纪要	中线局纪要〔2013〕79 号	中线建管局	2013 年 7 月 26 日
16	关于建立南水北调中线河南境内跨渠桥梁进度风险应急预警机制的通知	中线局工〔2013〕85 号	中线建管局	2013 年 7 月 3 日
17	关于印发《南水北调中线干线工程"严格投资控制、防范投资风险"主题年活动投资控制考核办法(暂行)》的通知	中线局计〔2013〕129 号	中线建管局	2013 年 7 月 10 日
18	关于印发《南水北调中线建管局 2013 年度汛应急预案》的通知	中线局质安〔2013〕159 号	中线建管局	2013 年 6 月 6 日
19	关于下发《南水北调中线手线工程渠道人工衬砌施工管理规定》的通知	中线局质安〔2013〕233 号	中线建管局	2013 年 7 月 30 日

续表

序号	文件名	文号	发文单位	发布日期
20	丹江口大坝加高工程2013年度汛及蓄水尾工项目完工节点目标考核奖惩办法	中水源工〔2013〕94号	中线水源公司	2013年4月26日
21	丹江口大坝加高工程蓄水验收奖励办法	中水源工〔2013〕128号	中线水源公司	2013年6月6日
22	丹江口大坝加高工程施工合同验收管理办法条款修订	中水源工〔2013〕174号	中线水源公司	2013年8月2日
23	丹江口大坝加高工程单位工程验收规定及奖惩办法	中水源工〔2013〕94号	中线水源公司	2013年10月17日
24	中线水源公司工程建设招标管理办法	中水源计〔2013〕234号	中线水源公司	2013年12月5日

陆 考察调研

VISIT AND INSPECTION

鄂竟平主任赴江苏、山东两省督导南水北调工程建设进度

2013年3月26～28日，国务院南水北调办主任鄂竟平率队赴江苏、山东两省督导南水北调东线工程建设进度。

期间，鄂竟平先后会见了江苏省省委副书记石泰峰，山东省省委书记姜异康、省委副书记郭树清，并就南水北调工程建设交换意见。江苏省副省长徐鸣、省人大常委会秘书长吕振霖，山东省副省长赵润田陪同督导。

鄂竟平一行行程上千公里，从江苏到山东，途径淮安、泗洪、宿迁、徐州、济宁、泰安、济南等地，先后查看了江苏金宝航道、泗洪站、睢宁二站、徐洪河影响处理，山东柳长河、八里湾泵站、济西编组站等多个工程项目的施工现场。每到一处，鄂竟平都与参建人员亲切交谈，详细询问工程进展情况、能不能按期完成建设任务，仔细了解施工过程中存在的问题和困难以及通水验收准备等情况，嘱咐参建各单位要在保证质量和安全的前提下，全力以赴加快建设，确保各项建设任务按计划完成。

在检查江苏境内工程建设情况时，当看到泗洪站、睢宁二站等工程建设进度有了较大进展，鄂竟平露出了欣慰的笑容，叮嘱施工人员一定要再接再厉，继续加强施工组织，扎实推进工程建设，为实现通水目标创造有利条件。在检查山东境内老王庄公路桥、八里湾公路桥时，鄂竟平向项目建管单位详细询问了工程剩余工作量以及后期施工计划，强调现场单位一定要强化施工管理，积极研究对策，细化各施工环节的管理措施，加快推进工程建设进度，确保不影响通水目标的实现。

鄂竟平在督导过程中指出，江苏、山东两省各级地方党委、政府高度重视南水北调工程建设，各项工作部署扎实有力，创造了和谐的工程建设环境，有力保障了工程建设的顺利推进。在建设过程中，全体参建人员紧紧围绕通水目标，尽心尽力，坚持不懈，攻坚克难，工程建设取得了明显成效，为工程按期实现通水目标奠定了基础。

对于下一步工作，鄂竟平强调，一是要坚持通水目标不动摇。全体参建人员一定要咬定通水目标不动摇，坚定信心，扎实工作，确保第三季度前后实现全线通水目标。二是要扎实推进未完工程的建设。各有关单位要继续发扬连续作战的精神，紧紧围绕通水节点计划，认真梳理、解决影响工程建设进度的困难和问题，切实消除影响通水目标实现的制约因素，抓紧抓好工程建设后续扫尾工作，确保圆满完成工程建设任务。三是要高度重视工程质量、安全管理工作。工程质量、安全管理工作一刻也不能放松，要严格按照规程规范施工，严把各个环节的质量关，优质高效安全地完成建设任务。四是要统筹做好通水前的各项准备工作。各有关单位要加强沟通协调，互相合作，合理安排好工程建设、试通水、通水验收、运行准备等各方面的工作，确保通水目标的顺利实现。

国务院南水北调办综合司、建设管理司负责同志参加督导。

鄂竟平主任检查中线黄河南段工程防汛和安全生产工作

2013年6月25～27日，国务院南水北调办主任鄂竟平率队检查南水北调中线黄河南段工程防汛和安全生产工作并会商。期间，先后会见了河南省省委书记、省人大常委会主任郭庚茂，省委副书记、省长谢伏瞻，省政协主席叶冬松，就南水北调工程建设交换了意见，省委常委、省委秘书长刘春良，省委常委、省政法委书记刘满仓，副省长王铁等参加了会见。国家防汛抗旱督察专员田以堂参加检查。河南省委农村工作领导小组何

东成副组长陪同检查。

鄂竟平一行沿干渠施工便道全面查看了工程防汛和安全生产情况，先后深入检查了白河倒虹吸、南阳 4 标蛮子寨和大庄西北沟左排倒虹吸、湍河渡槽、淅川 1 标北排河左排渡槽、许平南高速跨渠桥梁、叶县 2 标凹照南沟左排倒虹吸、叶县 3 标府君庙河左排倒虹吸、禹长 5 标王沟左排渡槽、新郑南 1 标楼庄沟左排倒虹吸等防汛风险重点项目。每到一处，鄂竟平都仔细听取各有关单位关于防汛准备情况的汇报，详细询问影响防汛的关键因素和问题，实地检查防汛措施落实情况，现场指出存在问题，提出落实要求与确定责任，并叮嘱现场建管人员和施工单位，要始终把沿渠两侧群众和施工人员的生命安全放在首位，与地方防汛部门加强沟通，积极主动地配合当地政府做好有关防汛工作准备，齐心协力保证群众生命财产安全和工程安全。

6 月 27 日，国务院南水北调办在郑州市召开河南段工程防汛和安全检查会商会议。会议听取了各有关单位关于防汛和安全生产管理工作情况的汇报，分析研究了工程防汛和安全生产形势，部署了下一步工作。

鄂竟平指出，河南省各级党委政府、防汛部门和参建单位对南水北调防汛工作高度重视，从硬件和软件两个方面，对南水北调工程防汛做了大量卓有成效的准备工作。在硬件上，各参建单位加快在建工程建设，地方政府和防汛部门不等不靠，自筹资金，及早动工，开展防汛应急治理，开挖排水通道。在软件上，制订防汛预案，落实责任制，开展防汛督导检查，不仅落实红线内各参建单位的防汛责任，而且将南水北调防汛工作纳入全省防汛工作大局，落实地方行政首长负责制和各级各部门的防汛责任，并建立预报预警机制，实行统一调度，防汛准备扎实有效。

鄂竟平强调，当前，南水北调防汛工作还存在不少薄弱环节，特别是左岸排水没有排水出路，有的直接对着村庄、农田；防汛预案和队伍还没有经过实践检验，不可掉以轻心。鄂竟平指出，一要充分认识南水北调防汛工作面临的新形势。国家对防汛保安全比过去任何时候都更加重视，南水北调防汛已纳入国家防汛重点，防汛工作不能出事。南水北调中线总干渠 2013 年基本贯通，左岸防洪影响处理工程未能同步实施，原有的排水体系被打破，新的防汛体系还未完全建立，影响工程两侧防洪安全和自身安全。而且，工程建设期的防汛标准、防御能力偏低，防汛经验不足。大家务必要有清醒的认识。二要明确南水北调防汛保安全的重点目标。南水北调工程建设期的防洪具有阶段性、临时性的特点，要清醒认识现阶段的防汛重点。首先，既要保工程安全，又要保工程两侧群众生命财产安全，要优先保障工程两侧群众生命财产安全；其次，既要保工程西侧安全，又要保工程东侧安全，要特别关注工程东侧安全；第三，既要保工程两侧人民群众和施工人员生命安全，又要保人民群众和工程的财产安全，要把工程两侧人民群众和施工人员生命安全作为南水北调防汛工作的首要目标，决不能含糊。三要突出工作重点，尽一切可能扎实做好防汛准备工作。凡是能抢修的防汛工程，要限时抢修，特别要对左岸排水工程要再排查，尽快打开排水出口和通道；凡是不能采取工程措施的，要完善应急措施和预案，盯紧盯死雨情汛情，一旦发生洪水，及时通知人民群众和施工人员安全转移；要死死盯住预案的针对性，责任人、抢险队伍、机械、物料都要落实到位；建管单位要切实与当地防汛部门沟通到位，密切联系，及时报告，要像重视工程建设一样重视防汛工作，切实承担起防汛责任，确保度汛安全。

国家防汛抗旱督察专员田以堂在会商会议上要求：有关各方都要建立并落实南水北调工程防汛责任制，明确行政责任人、技术责任人；要制定、落实好工程防汛预案；要做好水情、雨情预测预报；要高度重视南水北调工程上游水库度汛安全；要切实落实防汛物资和队伍；要重点抓好穿渠建筑物等防汛重点部位和薄弱环节的防汛工作，建立和落实好应急预警处理机制；要高度重视施工人员、设备安全；现场建管单位与地方防汛部门要加强沟通，做到无缝衔接，团结抗洪，确保安全。

王铁表示要认真贯彻落实好会议精神，在原有防汛准备的基础上，要专题研究一次，对如何进一步抓好南水北调防汛工作，再明确责任，再突出重点，再完善方案，再解决难题；要专题检查一遍，通过检查，认真梳理哪些问题需要解决，哪些隐患需要排除，哪些责任需要落实；要专题发一个文件，进一步明确南水北调防汛工作的重点和责任，哪些是地方政府的责任，哪些是参建单位的责任，既要明确责任，又要统筹调度，统一指挥；要专题督查落实，工作的落脚点在于落实，要立即行动，抓住当前防汛的关键时期，专题督导，狠抓工作落实，认真把南水北调防汛工作抓好，把南水北调工程建好。

国务院南水北调办综合司、建设管理司，监管中心负责同志参加检查。

鄂竞平主任带队赴郑州市调研，征求河南省南水北调系统和基层单位意见

2013年8月8日，国务院南水北调办党组书记、主任，办党的群众路线教育实践活动领导小组组长鄂竞平带领综合司、投资计划司、建设管理司、中线建管局负责同志，赴郑州市主持召开座谈会，征求中线河南直管建管局对国务院南水北调办党组、党组成员及办公室各司局的意见，河南直管建管局处级以上26名干部职工分两批参加座谈，座谈时间长达4h。8月9日，受办党组委托，综合司司长、办党的群众路线教育实践活动领导小组办公室主任程殿龙主持召开座谈会，听取河南省南水北调办、移民办，以及现场建管、设计、监理、施工等基层单位代表的意见和建议。

座谈会上，鄂竞平向与会同志通报了国务院南水北调办党的群众路线教育实践活动开展情况。他指出，当前正值教育实践活动征求意见的关键时期，国务院南水北调办已通过座谈、信函等方式征求南水北调系统各单位对国务院南水北调办党组、党组成员在作风建设，贯彻落实中央“八项规定”，坚持群众路线以及在“四风”方面的意见和建议。此行前来就是为了更广泛、更深入地征求意见，希望通过面对面的交流，能够听到更多来自基层、来自一线的声音，请大家敞开心扉、畅所欲言，把自己的真实感受谈出来，国务院南水北调办党组一定认真负责、虚心诚恳地对待大家所提的每一条意见。

与会同志踊跃发言，开诚布公，结合自己的业务工作实际，真心实意地谈了自己的认识和看法。大家表示南水北调工程本身就是一个民生工程、德政工程，把工程建设好就是贯彻群众路线最有力的体现。国务院南水北调办党组在2010年就提出了求真务实、清正廉洁、联系群众、艰苦奋斗、勤思爱学5种作风，紧密联系工程建设一线，制定了许多政策措施，带领系统上下大抓工程进度、狠抓质量安全、严抓投资控制、细抓移民征迁、深抓治污环保、强抓技术攻关，有效解决了工程建设中的许多重大难题，确保了工程按计划有序推进。办领导深入一线、深入基层，明察暗访，“飞检”质量，轻车简从，率先垂范，以实际行动践行了“负责、务实、求精、创新”的南水北调精神，大家深受鼓舞，均表示有信心在国务院南水北调办党组的带领下把剩下的工程建设好，确保如期实

现通水目标。与会同志在对国务院南水北调办党组工作充分肯定的基础上，对当前在工作中存在的一些问题和如何进一步促进工程又好又快建设，谋划未来长远发展，解决一线职工实际困难等方面发表了自己的看法，归纳起来共有近20条意见和建议。鄂竟平边听边记，不时插话，认真追问，深入了解大家所提的每一条意见，并要求随行有关部门负责同志当场对相关问题做出答复。

听取意见后，鄂竟平向大家表示衷心感谢。他指出，大家所提意见实在具体，很有针对性，对国务院南水北调办教育实践活动的深入开展和下一阶段南水北调工作部署都有实实在在的帮助，听了以后很受教育和启发，回去以后一定认真研究，跟进落实，及时在具体工作部署中予以体现。此行最大的收获和体会是，通过大家的发言，能够充分感受到每一位同志都发自内心地热爱南水北调、关心南水北调、心系南水北调，对南水北调工作充满了自豪感、荣誉感和归属感，深受感动。相信只要每一位南水北调建设者都能够把南水北调事业作为自己的奋斗目标，大家凝心聚力、众志成城，心往一处想，劲往一处使，就没有克服不了的困难。鄂竟平强调，南水北调工程当前已进入冲锋、冲刺的关键阶段，希望每一位同志在各自岗位上继续努力奋斗，结合教育实践活动的开展，进一步端正工作作风，深入细致、认真扎实地做好自己的本职工作，通过全系统上下的共同努力，一定能够圆满实现东、中线一期工程的通水目标。

8月9日座谈会上，河南省南水北调办和移民办共15位干部职工，以及来自工程建设一线的建管、设计、监理、施工单位的11位代表分别发表了自己的意见，并填写了征求意见表。程殿龙在听取完大家的意见后表示，一定将大家所提的每一条意见和建议原原本本地带回去向办党组报告，也欢迎大家继续通过网络、信件等方式随时向办公室提出意见和建议。

鄂竟平主任调研河南省南水北调丹江口库区移民工作

2013年9月4~5日，国务院南水北调办主任鄂竟平赴河南省调研南水北调丹江口库区移民工作。期间，会见了河南省省委书记郭庚茂、副省长王铁，就南水北调工程建设和移民工作交换了意见，河南省委农村工作领导小组副组长何东成陪同调研。

鄂竟平率调研组来到田间地头、生产车间，现场查看了新乡市辉县常村镇侯家坡村绿色蔬菜种植基地、众兴食品厂、仓房村香菇温室大棚和移民安置区灌溉调蓄工程等，了解移民生产发展项目和经营情况；走村入户，看望慰问移民群众，详细了解移民生产生活和移民安置区社会管理情况，并认真倾听移民面临的困难。他十分挂念移民房屋质量，每到一处移民安置点，走进移民群众家中，总是楼上楼下仔细查验。

鄂竟平走村串户，意味深长地说，丹江口库区移民为了南水北调工程建设、为了北方人民喝上甘甜的长江水，舍小家、为大家，惜别故土、远迁他乡，真不容易。随着中线工程通水日益临近，移民群众的这种奉献，即将换取收获的硕果。国家和北方人民不应忘记他们的牺牲和付出，他代表国务院南水北调办发自内心地感谢移民群众的贡献。鄂竟平对河南在谋划移民发展、抓好库底清理、创新社会管理、加大矛盾纠纷排查方面等取得的成绩给予了充分肯定。

鄂竟平强调，安置区各级政府要高度重视移民后期生产发展帮扶工作，因地制宜确定发展项目，加强移民技能培训，激发移民群众自主创业的内生动力，确保移民群众在“搬得出、稳得住”的基础上尽早实现“能发展、快致富”；要结合党的群众路线教育实践活动，继续加强移民矛盾纠纷排查化解，妥善处理好移民搬迁后续有关问题；要深入总结移民安置点加强社会管理创新的好经验、好作法，进一步丰富南水北调移民精神内涵；要持续关注移民搬迁后出现的各类新情况和新问题，及时研究、提出政策建议。

国务院南水北调办综合司、投资计划司、经济与财务司、征地移民司主要负责同志陪同调研，河南省南水北调办、移民办主要负责同志参加调研。

鄂竟平主任查看江苏省南水北调工程试运行情况

2013年10月24日，国务院南水北调办主任鄂竟平率队查看江苏省南水北调工程试运行情况。江苏省副省长徐鸣陪同查看。

上午11时，鄂竟平刚下火车就来到正在运行的南水北调解台站查看。在泵房，鄂竟平听取了试运行情况汇报，仔细了解了工程运行情况，询问了运行参数是否都正常、运行中有没有困难，嘱咐有关人员要加强运行管理。在中控室，鄂竟平认真查看了工程调度运行情况，通过视频直接询问江苏境内各个泵站运行情况，并向全体运行管理人员表示亲切慰问。在水质监测断面，鄂竟平仔细询问了水质监测情况，并登上移动检测车查看现场检验情况。

在查看工程现场和听取情况汇报后，鄂竟平说，南水北调东线工程建设了10年，这次工程全线试运行，是对东线工程整体情况关键性、综合性的检验，从目前情况看，江苏段工程运行平稳，水质监测数据稳定，他代表国务院南水北调办向全体建设者表示慰问。鄂竟平强调，随着试运行工作的不断开展，各级各部门要紧紧围绕试运行总体目标，认真执行试运行工作方案，严格把握试运行工作要求，进一步强化工作目标落实，确保试运行活动圆满成功，为全线正式通水奠定坚实基础。

徐鸣指出，这次全线试运行活动，江苏省按照国务院领导重要批示和国务院南水北调办有关部署，加强组织领导，明确工作责任，强化协调配合，落实关键措施，全力以赴投入试运行各项工作，目前试运行各项工作正常有序，预计试运行目标可以圆满实现。本次全线试运行结束后，我们将认真总结经验和分析存在的问题，切实做好运行状况和水质监测技术参数分析，优化完善工程调度方案，加强水质稳定达标措施落实，提前谋划正式通水方案，确保正式通水目标圆满实现。

江苏省南水北调办、江苏省环保厅、江苏水源公司汇报了试运行各项工作情况。试运行以来，江苏省南水北调各泵站工程运行调度有序，运行效率满足设计要求，河湖水位稳定，河道工程运行平稳。截至24日上午8时，境内工程新建南水北调工程已运行5天，抽江10 120万 m^3，入洪泽湖4915万 m^3，入骆马湖2846万 m^3，入南四湖198万 m^3。从水质监测数据看，江苏省南水北调输水干线10个国控断面水质全部达到Ⅲ类标准。试运行保障各项工作全部到位，所涉及的航运管理、电力保障、养殖管理等工作平稳有序，征迁群众和谐稳定，没有出现影响工程运行的突发事件。

鄂竟平主任第九次带队飞检

2013年11月26日，国务院南水北调办主任鄂竟平带队对南水北调中线引江济汉工程进行“飞检式”质量检查。这是鄂竟平主任2013年以来第九次飞检。综合司、监督司、监管中心、稽察大队主要负责同志参加检查。

鄂竟平一行先后来到引江济汉进口段渠道、拾桥河枢纽左岸节制闸施工现场，检查了渠道工程土工膜焊接、砂砾料垫层铺设、粉细砂换填碾压、黏土压重层铺设、渠堤削坡碾压、混凝土底板衬砌等工程质量。

这次飞检中先后查出了“砂砾料垫层厚度不够”、“粉细砂换填碾压不实”、“黏土压重层厚度不足”等问题，对此鄂竟平在现场提出了严厉批评，并令相关单位限期整改。同时，要求国务院南水北调办有关单位记录在案，按规定严处。

鄂竟平在现场与湖北省南水北调建管局及参建单位现场负责同志进行了交流，他指出，南水北调一期工程建设正处在全面收尾阶段，越是这个时候，越是要严把质量关，越是要保持质量监管的高压态势。鄂竟平要求各参建单位要以高度负责的精神，切实抓好收尾工作，把南水北调工程建成优质工程、精品工程。

张野副主任检查中线邯石段工程建设

2013年2月26～28日，国务院南水北调办副主任张野率队检查南水北调中线邯石段交叉工程建设，并召开座谈会。河北省政府特邀咨询张和陪同检查，并出席会议。

张野一行驱车数百公里查看工程建设情况，重点检查了邯郸市青兰高速渡槽、邯钢路桥、大油村北桥，邢台市七里河倒虹吸、南环桥、西董村交通桥、化工机电厂桥，石家庄市北渎桥、大马北桥、石太引线暗渠等工程。

每到一处，张野都认真听取工程建管、施工、监理等单位关于工程建设情况的介绍，详细询问进度计划安排及执行情况，分析制约工程建设的因素和问题。并与各有关方面现场协商，研究解决方案，明确节点目标、时限要求、责任单位，加快推进工程建设。

2月28日，张野在石家庄市召开座谈会，听取了建管、征迁等单位关于工程建设的情况汇报和意见建议，进一步分析研究了桥梁等交叉工程建设中存在的问题，就加快工程进度提出具体要求。

张野说，目前邯石段工程建设情况总体良好，进度风险得到有效控制。这些成果，是河北省各级地方政府及有关部门深入一线营造良好施工环境，现场参建单位加大投入、加快施工进度，有关各方团结协作、齐抓共管而取得的，他代表国务院南水北调办对河北省各级党委、政府和各参建单位表示感谢。

张野指出，2013年中线工程建设任务依然繁重，部分遗留问题难度大，进度节点已无退路，是工程建设最为特殊、最为关键的一年。张野强调，桥梁是控制中线工程建设进度的关键因素，要抓紧桥梁引桥、引道的建设，确保6月30日之前河北省境内桥梁基本通车，为实现中线主体工程基本完工的年度建设目标扫清障碍。

张野要求，各单位要围绕建设目标，进一步统一思想，提高认识，坚定信心，统筹协调，科学组织，攻坚克难，抓好工程建设各项工作。一是要打好邯石段桥梁建设攻坚战。千方百计解决征迁和临时用地问题，为工程提供良好的外部环境；各地各部门要克服困难，保障资金及时到位；抓紧桥梁引桥和引道的建设，明确存在问题的解决时间和责任。二是要以质量促进度。坚持“高压高压再高压，延伸完善抓关键”，严格责任，严控过程，严管重点，对质量高标准、严要求，绝不给工程质量留隐患。三是要抓安全保进度。不断加大安全生产监督管理力度，强化预防、落实责任，杜绝重大安全事故的发生，保障工程顺利建设。四是要明确桥梁验收程序。实现桥梁验收规范化管理。

国务院南水北调办建设管理司、征地移民司，监管中心负责同志参加检查。

张野副主任督导南水北调中线黄河南段工程建设

2013年3月19～21日，国务院南水北调办副主任张野督导南水北调中线黄河南段工程建设，并召开座谈会。河南省委农村工作领导小组副组长何东成参加督导。

张野一行先后检查了陶岔渠首、淅川段、方城段、叶县段、沙河渡槽、新郑南段工程建设，认真听取工程进展情况汇报，与参建各方深入交谈，详细询问存在的困难和问题，并现场办公，与各参建单位一道研究解决问题的思路、办法和措施。

3月21日下午，督导组在郑州市组织召开有沿线地市有关部门、工程参建单位参加的座谈会。认真梳理当前影响工程建设的突出问题，并逐一明确解决问题责任单位、办理时限，登记造册，要求限期办理。张野指出，在河南省各级党委、政府和沿线群众的大力支持下，南水北调中线工程河南段影响工程建设的最突出、最困难的问题已经基本解决，施工环境总体良好。参建各方积极性高涨，坚持不懈，克难攻坚，不断掀起建设高潮，工程建设取得了明显成效。如期实现2013年南水北调中线主体工程完工的目标，关键在河南段，河南段的关键是黄河南段。跨渠桥梁建设和渠道衬砌是2013年工程建设的重中之重，剩余工作量大，难度高，工作繁琐，面临的困难和问题还不少，工程建设任务仍然十分艰巨，各有关方面要高度重视，狠抓责任落实和措施落实，确保各项建设任务按计划完成。

张野强调，2013年上半年，要突出抓好跨渠桥梁建设。有关方面要进一步加强考核督导，及时预警，确保大部分桥梁在6月底前具备通车条件，为后续渠道衬砌施工创造条件。沿线各级地方政府要诚信履约，及时到位承诺的桥梁建设资金。各参建单位要加强组织，加大资源投入，加强工序之间的衔接，提高施工效率，保证桥梁按计划通车。各有关方面要敢于担当，继续发扬连续作战的作风，直面存在的问题，积极主动想办法，简化工作程序，提高工作效率，克难攻坚，限时解决影响工程建设进度的各种问题。要正确对待和妥善解决施工单位资金紧缺问题，防止因资金问题影响工程建设进度。

张野强调指出，要高度重视工程质量，高标准、严要求，盯紧质量问题不放松，继续保持质量高压态势。各参建单位要加强全过程质量控制，严格质量自检自查，主动整改，坚决纠正质量不足，严防发生质量意外，为工程建设进度提供保障。各单位要高度重视安全生产和安全度汛工作，重点要加强预防和安全生产教育。2013年的防汛形势比以往更加严峻，要立足防大汛的要求，在沿线地方政府的统一指挥下，进一步完善度汛措施和应急预案，采取必要的应急措施，确保2013年工程度汛安全和人民生命财产安全。

国务院南水北调办建设管理司、征地移民司、监管中心有关负责同志参加督导。河南省南水北调办、移民办及沿线有关地市负责同志陪同督导。

张野副主任检查中线黄河至漳河段工程防汛和安全生产工作

2013年6月20～22日，国务院南水北调办副主任张野率队检查南水北调中线黄河至漳河段工程防汛和安全生产工作。国家防汛抗旱总指挥部办公室副主任王翔参加检查。河南省委农村工作领导小组副组长赵倾霖陪同检查。

张野一行驱车数百公里，先后检查了安阳五标左排、安阳七标左排、安阳八标左排、鹤壁Ⅰ标左排、石门河倒虹吸工程、辉县段六标左排、辉县段七标左排、焦作1段3标大型河渠交叉建筑物、穿黄Ⅰ标南岸隧洞进口和排水工程、荥阳Ⅰ标左排等防汛风险重点项目。每到一处，张野都认真听取各有关单位关于防汛准备情况的介绍，详细询问工程上游汇水面积、可能来水情况，以及防洪标准、防汛责任制制定、防汛物资储备、防汛队伍建设等防汛措施落实情况，了解影响防汛的关键因素和问题，并再三叮嘱有关单位一定要扎实做好各项应对工作，严防意外发生。

6月22日，张野在郑州市召开座谈会，听取了各有关单位关于防汛和安全生产管理工作情况的汇报，进一步分析研究了防汛和安全生产工作中存在的问题，就切实做好防汛和安全生产工作提出了要求。

张野说，从查看现场和听取各有关单位的汇报情况看，中线黄河至漳河段工程防汛工作部署认真，防汛预案完善，防汛措施落实细致，责任明确，组织有力，这些成果的取得，是河南省各级地方政府及有关部门高度重视、现场参建单位不懈努力的结果，他代表国务院南水北调办对河南省各级地方政府和各参建单位表示感谢。

张野指出，2013年是中线工程建设任务最为关键的一年，安全生产工作任务艰巨。防汛工作事关工程建设的顺利进行和周边人民群众的生命财产安全，全力做好防汛工作责任重大。当前南水北调中线总干渠基本建成，但左岸防洪体系尚未形成，南水北调工程防汛工作面临的形势十分严峻。各有关单位一定要高度重视防汛工作，周密部署，扎实安排，认真落实好各项应对措施，确保红线内工程、设备、人员安全，红线外不发生重大伤亡事故，最大限度地减少暴雨洪水造成的损失。

对于下一步工作，张野强调，一要加快工程建设进度，保证工程质量，排查安全隐患，为工程顺利度汛提供有利条件。二要督促加快防洪影响处理工程建设有关手续的办理，争取尽快批复，早日开工，消除防洪隐患。三要加强沟通协调，各建管单位要加强与地方政府和防汛主管部门的联系，服从地方政府和防汛主管部门对防汛工作的统一安排和调度，密切合作，做到有汛必防、有洪必抗、有险必抢，努力确保安全度汛。四要认真组织开展好安全生产大检查活动，严肃排查事故隐患，坚决堵塞漏洞，切实防范各类事故的发生。

国务院南水北调办投资计划司、建设管理司，监管中心负责同志参加检查。

张野副主任调研湖北省境内工程建设

2013年9月9～11日，国务院南水北调办副主任张野深入基层一线调研南水北调中线湖北境内工程建设情况。

张野一行驱车数百公里，查看了兴隆水利枢纽工程和引江济汉工程建设情况。每到一处，张野都仔细听取工程建管、施工、监理等单位关于工程建设情况的介绍，详细询问进度计划执行、工程质量和安全管理，分析制约工程建设的因素和问题，并与各有关方面现场协商，研究解决方案，提出落实要求。在每处工地，张野都对工程建设者表示慰问，并叮嘱各单位负责同志，一定要继续发扬吃苦耐劳、能拼善战的精神，勇于担当，团结一致，为全面完成2013年目标任务做出贡献。

在兴隆水利枢纽，张野详细查看了交通桥、泄水闸、船闸、电厂、鱼道等工程，询问库区调蓄洪水、船闸运行、电厂建设等情况。当得知2013年库区蓄水，将通航能力由原来的Ⅳ级提升为Ⅲ级，并在当地抗旱中极大缓解了农业生产用水困难时，他高兴地指出，兴隆水利枢纽的作用已初步彰显，要进一步搞好调度，最大限度地发挥兴隆水利枢纽的社会效益和经济效益。在检查电厂建设和发电准备情况后，张野要求，电厂建设要从机组安装、管路布设等各个环节入手，科学安排，合理组织，层层严格把关，保证施工质量，确保按照既定目标安全实现发供电。

在引江济汉工程，张野重点查看了兴隆

河桥、渠道4标、318公路桥、渠道1标、荆江大堤防洪闸、进口段泵站等工程。他对参建单位克服困难，抢抓进度所取得的成绩表示充分肯定。同时，张野强调，引江济汉工程正处于建设关键期，任务艰巨，形势逼人，需要各参建单位共同努力，密切配合，统筹处理好进度与质量的关系，及时解决影响建设进度的各种问题，特别要千方百计加快跨渠桥梁建设，确保2013年主体工程基本完工。

国务院南水北调办投资计划司、建设管理司有关负责同志参加调研，湖北省南水北调办（管理局）、地方有关负责同志陪同。

蒋旭光副主任带队“夜查”南水北调中线河南段工程

2013年7月8~9日，国务院南水北调办副主任蒋旭光深入南水北调中线河南南阳段工程进行飞检，调研工程一线情况。国务院南水北调办监督司、监管中心、稽察大队主要负责同志参加。

蒋旭光一行6人于7月8日傍晚到达许昌东站，下车后直赴施工现场，于当晚10时30分到达湍河渡槽工程。检查组一行爬上约6m高的渡槽浇筑作业面，检查了浇筑仓面、模板安装、预应力钢绞线安装、钢筋制作安装、混凝土振捣等施工情况，询问了现场施工进度、夜间施工安全等问题，要求现场施工、监理和建管人员要从原材料检测、混凝土拌和上严格控制质量，夏季混凝土浇筑要做好温控措施，夜间施工要注意安全。至午夜1时30分检查结束。

次日一早，蒋旭光一行来到南阳市段施工4标施工现场，检查了渠道衬砌混凝土浇筑、抹面、切缝等施工环节，检测了入仓混凝土坍落度、土工膜焊接质量，检查了渠坡建基面密实性等。叮嘱施工单位一定要控制混凝土拌和质量，监理单位要紧盯混凝浇筑施工现场。随后，检查组又到白河倒虹吸检查了出口渐变段底板及出口闸室闸墩钢筋的绑扎等施工环节，要求现场技术人员对作业人员要交底到位，在钢筋安装过程中一定要严格按照设计图纸进行施工。

在各个施工现场，蒋旭光一行向建管人员、项目经理、总监理工程师等一线参建人员详细了解施工中进度、质量、安全等有关情况，听取了参建人员的意见和建议。

当天下午，检查组从许昌东站乘高速列车返京。

蒋旭光副主任赴湖北省丹江口库区检查库底清理并调研库区移民工作

2013年7月16~18日，国务院南水北调办副主任蒋旭光赴湖北省十堰市丹江口、郧县等地，调研丹江口水库库底清理、验收和高切坡治理工作，并深入移民村及群众家中走访。蒋旭光一行察看了丹龙化工公司固废物清理现场及常家沟填埋场、博达丰工贸公司污染土壤清理现场、郧阳造纸厂氧化塘清理现场，察看了丹江口市三官殿办事处钟山移民安置点、浪河镇吴家院、郧县挖断岗村移民安置点以及卧龙岗社区移民安置点高切坡治理现场，察看了郧县县城库岸治理防护工程；并走访入户，实地调研了解移民群众生产生活发展和相关移民安置企业情况。

在库底清理现场及填埋场，蒋旭光详细了解清理进展、质量控制等情况。在移民安置点高切坡治理现场，认真查看，特别询问近期降雨影响，告诫当地干部，加强观测，千万不可掉以轻心，严防滑坡等灾害，确保移民群众生命财产安全。在钟山移民安置点和挖断岗村移民安置点期间，蒋旭光走进移民家中，与村干部和移民群众交流，详细询问他们当前生产生活情况，特别是在搬迁后他们的收入渠道及水平、每月生活硬性支出等情况．并听取他们关于搬迁后生产发展的建议。

对于下一步工作，蒋旭光提出明确要求：一是库底清理工作事关丹江口水库水质，一定要按照相关清理标准，清理到位；二是要进一步加大库底清理工作力度，按期完成库底清理，确保 8 月底前具备蓄水条件；三是对于省级初验遗留问题，要抓紧整改、完善工作，以良好的初验成果迎接国家终验；四是当前正值雨季，要高度重视高切坡治理工作，对未完成治理的高切坡，一方面要抓紧治理，一方面要加强观测，严防暴雨灾害，确保移民群众生命财产安全。此外，各地要加强移民搬迁后的生产发展工作，积极创造条件，支持群众多渠道发展生产。认真总结移民帮扶经验，采取有效措施，帮助移民群众发展致富。

国务院南水北调办征地移民司、环境保护司、设计管理中心，湖北省移民局、十堰市及丹江口市、郧县，水利部水规总院、中线水源公司负责同志参加检查调研。

蒋旭光副主任检查江苏省南水北调工程试运行工程质量和移民稳定情况

2013 年 10 月 29 日，国务院南水北调办副主任蒋旭光赴江苏省检查南水北调工程试运行工程质量和移民稳定情况。江苏省副省长徐鸣在南京接待了蒋旭光一行，江苏省人大常委会秘书长、省南水北调办主任吕振霖陪同检查。

在南水北调江都调度中心，蒋旭光详细了解各个泵站试运行状况，通过视频和解台站等工程现场值班人员连线通话，并代表国务院南水北调办向全体工作人员表示亲切的慰问和衷心的感谢。

蒋旭光指出，这次东线全线试运行意义重大。江苏省省委、省政府高度重视这项工作，省有关部门和沿线地方政府全力以赴推进试运行各项工作，目前江苏段段试运行情况良好，调度运行、工程质量、机组设备等各方面安全保证都很到位，社会环境和谐稳定，输水干线水质也持续达标。蒋旭光强调，随着试运行的不断进行，各级各部门要进一步根据试运行工作方案，切实把试运行计划实施得更扎实、更细致，协调处理好试运行期间出现的问题，加强南水北调各工程建后管护力度，做好沿线污染治理保证水质，解决好移民补偿、移民稳定等涉及人民群众利益的问题，全力保证试运行圆满成功，确保工程安全和长久发挥效益，为南水北调东线工程正式通水运行创造良好条。

蒋旭光一行检查了江都四站、淮安四站、睢宁二站等工程运行情况，江苏省南水北调办、江苏水源公司汇报了工程试运行有关情况。

蒋旭光副主任督导南水北调中线郑州至安阳段工程建设进度

2013 年11 月 14 ~15 日，国务院南水北调办副主任蒋旭光率队以暗访方式督导南水北调中线郑州至安阳段工程建设进度。现场夜查了焦作 2 段 5 标、中铝工企站铁路框架桥，检查了荥阳段 1 标、郑州 1 段 2 标、潮河段 6 标、新郑南段 3 标、新卫 2 标、辉县 5 标等风险标段和重点标段，并与参建单位现场负责同志研究进度和质量问题，明确节点时间和质量要求，最后与河南省南水北调办、中线建管局有关负责同志交换了意见。

蒋旭光指出，郑州至安阳段工程线路长、规模大、建设环境复杂，2012 年列为第一批风险项目的 4 个设计单元工程都在这一段。

过2012的一年多，各有关方面和参建单位变压力为动力，同心协力，齐抓共管，成效显著，包括风险项目在内的绝大部分标段主体工程已经进入扫尾阶段，工期总体可控，但仍有个别标段与渠道穿越工程交叉施工，相互影响，节点工期有所滞后，个别标段剩余工程量较大，年底完工还有一定风险。他强调，南水北调工程是线性工程，一点不通，全线无功，中线主体工程2013年底要基本完工，工程建设到了最后冲刺的关键时刻，容不得半点闪失、疏忽和懈怠。他要求各参建单位要抓紧不多的剩余时间，千方百计抢进度保工期，尽快完成扫尾工作，尽量避免在低温季节施工。特别是存在进度风险的标段，项目管理单位领导要靠前指挥，驻点督办，立即组织力量，增配设备和人员，强化工序衔接，快速提高施工效率，加强协调，消除障碍因素，化解进度风险。在加快进度、全力冲刺的同时，要高度重视工程质量和安全生产，切实加强监管，严防意外，确保如期实现年度建设目标。

国务院南水北调办建设管理司、监管中心负责同志参加督导。

于幼军副主任督导南水北调中线黄河至石家庄段工程建设进度

2013年3月27～30日，国务院南水北调办副主任于幼军率队对南水北调中线黄河至石家庄段工程建设进度进行督导，并召开工程建设座谈会。期间，先后会见了河北省省委书记周本顺，河南省委常委、政法委书记刘满仓，就南水北调工程建设交换了意见。河北省政府特邀咨询张和，河南省政府副省长王铁、省委农村工作领导小组副组长何东成陪同督导。

于幼军一行驱车五百多公里，沿途查看工程建设情况，先后深入到河北境内石家庄南杜村西桥、大谈村桥、大马北桥、岳村暗渠，邯郸青兰高速渡槽、霍北桥，河南境内安阳7标、1标，鹤壁2标，辉县5标、2标，焦作1段东环路公路桥，焦作2段待冯铁路交叉工程、中铝煤气站线和运输部线铁路交叉工程，穿黄工程等工地现场，直接听取了施工、监理、设计、建管等单位的情况汇报和意见建议，对督导检查中发现的问题，与有关方面和地方政府现场进行协调，研究解决问题的思路、办法和措施，提出初步解决方案，并叮嘱参建单位要调足力量，确保工程进度、质量和安全。

3月28日、30日，督导组分别在邯郸、郑州市组织沿线地市有关部门、工程参建单位召开座谈会，认真梳理当前影响工程建设的关键事项，逐一明确解决问题的节点目标、责任单位、办理时限，登记造册，并提出限期办理要求。

于幼军指出，河北省、河南省各级党委、政府和有关部门高度重视南水北调工程建设，认真负责推动协调各项工作，参建各方齐心协力、攻坚克难，工程建设进展顺利，施工环境良好，质量总体可控，建设形势总体向好。

于幼军强调，南水北调中线主体工程要在2013年基本完成，工程建设进入最后冲刺、决战决胜的阶段，在肯定成绩的同时，要进一步增强忧患意识和紧迫感，要清醒认识到建设任务仍然十分艰巨，建设形势依然非常严峻，特别是跨渠桥梁建设和渠道衬砌剩余工作量大、难度高，面临的困难和问题还不少，工期非常紧张，有关各方要高度重视，抓好施工组织，维护良好建设环境，及时消除制约因素，确保年度建设目标如期实现。

对于下一步工作，于幼军要求各级地方政府、各有关单位要以高度的责任感和使命感，进一步加强协调，密切配合，把各项工作抓紧抓实，抓出成效，确保南水北调中线工程如期通水。一是要大力抓好跨渠桥梁建设。跨渠桥梁进度滞后已经严重制约工程建设，这是当前工程建设的主要矛盾，有关建管单位要组织施工、监理等单位，把桥梁建设作为重中之重，紧盯不放，优化调整施工组织方案，细化节点目标和责任，采取交叉同步施工等措施，抢进度、保工期，严格考核奖罚，确保桥梁工程按时完成、按期通车。二是要加强关键事项督办，消除制约因素。中线建管局、省南水北调办、移民办要抓紧与有关市县及部门、参建单位及时沟通协调，拿出方案，限时办理关键事项，尽快消除制约因素，确保工程顺利推进。三是要加强质量监管，确保工程质量。质量是南水北调工程的生命，各参建单位要始终高度重视、扎实抓好工程质量，施工、监理、设计等单位要切实担当起各自的质量责任，对关乎工程质量的各个环节都要盯紧盯死；建管单位要加强监督检查，研究和采取更加管用的措施，强化质量监管，消除质量隐患，确保工程又好又快推进。四是要加快处理有关单位提出的问题和困难。对于本次督导中反映的工程变更、价差调整、征迁遗留等问题，各有关单位要抓紧研究，采取措施，提高效率、限时解决。

国务院南水北调办投资计划司、建设管理司、征地移民司负责同志参加督导。

于幼军副主任检查中线邯石段工程防汛和安全生产工作

2013 年 7 月 2 ~ 4 日，国务院南水北调办副主任于幼军率队检查南水北调中线邯石段工程防汛和安全生产工作。期间，会见了河北省委常委、组织部长梁斌，省政府特邀咨询张和，就南水北调工程建设交换了意见。国家防汛抗旱总指挥部办公室副主任张世丰参加检查。

于幼军一行沿渠查看了磁县一标双庙沟排水倒虹吸、磁县三标牤牛河北支倒虹吸和南城西沟排水倒虹吸、邢台市区段七里河倒虹吸、SG10 标界沟左排渡槽和泜河渡槽、SG12 标午河渡槽、元氏Ⅱ标殷村沟排水倒虹吸、SG14 标康庄暗渠等重点项目防汛和安全生产情况。每到一处，于幼军都仔细听取各有关单位关于防汛准备情况介绍，询问雨情水情，检查防汛措施落实情况，并指出存在问题，明确下一步工作，要求现场建管人员和施工单位，要始终把沿渠两侧群众和施工人员的生命安全放在首位，采取得力措施，切实加强与地方防汛部门沟通，齐心协力保证群众生命财产安全和工程安全。

7 月 4 日，于幼军在石家庄市主持召开邯石段工程防汛和安全检查会商会议。听取了各有关单位关于防汛和安全生产管理工作情况的汇报，分析研究工程防汛和安全生产形势，部署下一步工作。

于幼军指出，党中央、国务院领导高度重视安全生产工作，多次做出重要批示。南水北调工程建设已进入冲刺年、决战年，国务院南水北调办党组就 2013 年的工程安全度汛和安全生产工作做了全面部署，并由国务院南水北调办领导分别带队开展汛前检查。河北省各级党委政府、防汛部门和参建单位对南水北调工程防汛工作高度重视，为工程安全度汛做了大量准备工作。但从本次检查情况看，工程防汛工作还存在不少薄弱环节，特别是左岸排水没有出路，有的直接对着村庄、农田，一旦出现较大洪水，对百姓安全造成威胁；个别在建工程施工影响河道泄洪能力；防汛预案和队伍还没有经过实践检验，不可掉以轻心。

于幼军要求，各单位要提高认识，时刻绷紧防大汛、抗大洪、抢大险这根弦，坚决克服麻痹松懈思想和侥幸心理，采取措施，扎实做好防汛和安全生产工作。一要明确防汛目标。南水北调工程建设期的防洪重点，一是工程两侧人民群众和施工人员生命财产安全，二是在建调水工程的安全。要把人民群众和施工人员生命安全作为防汛工作的首要目标，确保人身安全。二要同心协力、团结抗洪。各参建单位要服从地方政府和防汛部门的统一指挥，主动向地方政府和防汛部门汇报工作、争取领导和支持。要在做好红线内防汛的同时，配合地方政府开展好红线外的防汛工作。三要突出防汛工作重点。要限时抢修防汛工程，尽可能打开左排建筑物排水出口和通道；对出口对着村庄的左排建筑物，要进一步细化应急预案，盯紧雨情汛情，一旦发生洪水，及时通知人员安全转移；要扎实做好防汛值班、预案编制、物资储备、队伍建设、应急演练等准备工作，提高实战能力，确保出现险情时，物资、队伍能够拉得出、用得上、顶得住；要加强施工区防护，对于已经积水的部位，要进行封闭管理，设立警示标识，加强巡视检查，防止淹溺等事件发生。四要加快推动防洪影响处理工程。河北省要抓紧做好防洪影响处理工程有关专项的报审工作，国务院南水北调办将进一步协调推动立项审批，争取早日开工建设，根除隐患。

张世丰在会商会议上要求：一要克服侥幸心理。水火无情，人命关天，一定要彻底克服侥幸心理，加快临时、应急度汛工程建设，扎实有效做好度汛准备。二要落实防汛责任制。要将南水北调工程防汛工作纳入全省防汛工作大局，落实地方行政首长负责制和各级各部门的防汛责任。三要给洪水出路。要想方设法打开左排工程临时排水出口和通道。四要合力推进防洪影响处理工程。要尽早完成前期工作，早日开工建设、发挥作用。五要高度重视工程自身的度汛安全。要按检查要求消除隐患，确保工程和施工营地度汛安全。

国务院南水北调办建设管理司、环境保护司、经济与财务司负责同志参加检查。

于幼军副主任带队考核陕西、河南、湖北三省丹江口库区及上游水污染防治和水土保持“十二五”规划实施情况

按照国务院要求，2013 年 10 月 28 ~ 30 日、11 月 4 ~ 8 日，国务院南水北调办会同国家发展改革委、财政部、环境保护部、住房和城乡建设部与水利部组成考核组，由国务院南水北调办副主任于幼军带队，对陕西、河南、湖北三省 2012 年度《丹江口库区及上游水污染防治和水土保持“十二五”规划》（简称《规划》）实施情况进行考核。

考核组先后实地检查了陕西省汉中市城固县污水处理、河南省南阳市西峡县回车镇黑虎庙小流域治理、湖北省十堰市神定河排污口整治等 26 个项目，同时，南水北调中线水质保护中心和环境保护部环境规划院、长江流域水土保持监测中心站组成技术组，对陕西、河南和湖北三省自查报告进行技术核查和现场抽查。在此基础上，考核组分别在陕西省西安市河南省淅川县、湖北省十堰市召开座谈会，与三省政府及相关部门交换意见，通报了考核情况，并研究下一步工作。

于幼军指出，陕西、河南、湖北三省各级政府在《规划》实施工作中完善相关法规和制度，建立责任体系，加大环保监管力度，转变发展方式，减少污染物排放，同时按“一河一策”对不达标河流的治理工作也取得阶段性进展，水土保持年度治理任务基本完成，重点区域水土流失得到控制。关于下一步工作，于幼军代表考核组要求三省进一步加快《规划》项目实施进度，按“一河一策”加大治理力度，改善不达标河流水质状况，加快饮用水水源保护区的划定，规范消落区的使用和管理，加大水质保护宣传工作，搞好对口协作工作。

陕西省副省长祝列克、河南省副省长王铁、湖北省副省长郭有明出席座谈会。

于幼军副主任调研南水北调东线一期工程水质保障工作

2013年11月18～23日，国务院南水北调办副主任于幼军率国务院南水北调办环境保护司有关同志对南水北调东线一期工程水质保障工作进行调研。调研组先后察看了大屯水库、东平湖、南四湖，鲁北段、梁济运河、京杭运河淮安城区段水质情况，以及省界蔺家坝和新通扬运河江都西闸水质自动监测站，实地察看了解济宁市农业面源污染治理的试点、人工湿地项目建设，南四湖、东平湖渔业养殖结构调整和京杭运河济宁段、淮安段航运管理情况，检查了东线一期工程调度运行系统备用中心及江都泵站。

在山东省济宁市和江苏省南京市，于幼军一行分别听取了两省南水北调办（建管局）、环保厅关于试通水期间南水北调东线一期工程运行和水质监测情况的汇报，同时听取了两省农业厅（委）、交通厅关于沿线农业面源污染防治和运河航运污染防控的情况介绍，并就防范可能影响调水水质安全的风险问题和水质保障长效机制建设与两省有关部门座谈商研。调研期间，于幼军分别会见了山东省副省长赵润田，江苏省政协主席张连珍、副省长徐鸣。

于幼军每到一处，都详细了解水质情况，询问可能影响调水水质安全的风险问题及防范措施，仔细查阅水质监测记录资料，要求沿线地方政府进一步做好深化治污和水质保障工作，加强水质监测和能力建设，叮嘱抓紧研究建立水质保障的长效机制，做好水质风险防范工作，切实保障调水水质长治久安。

于幼军对两省治污工作给予了充分肯定。他指出，通过10年治污，东线沿线水质发生了脱胎换骨的根本变化和飞跃，使目前东线输水干线水质持续达到地表水Ⅲ类水质标准，创造了治水史的奇迹。当前要进一步深化污染治理，加强农业面源污染和运河航运污染防治，强化水质监测和环境监管，分析查找可能影响水质的风险因素，并制定相应的治理和保护措施，确保调水水质安全。他要求，项目法人要加快工程调度运行系统的水质自动监测站点建设，实现水质风险的预警和预防。他强调，保障调水水质长期稳定达标是东线一期工程成败的关键，要抓紧研究建立水质保护的长效机制，确保“一泓清水永续北送”。

山东、江苏两省政府、南水北调办（建管局）、水利厅、环保厅、农业厅（委）、交通厅，山东省干线公司、江苏省水源公司及德州、济宁、徐州、淮安、扬州市负责同志陪同调研。国务院南水北调办环境保护司负责同志参与调研。

水利部副部长矫勇调研丹江口大坝加高工程

2013年2月22日，水利部党组副书记、副部长矫勇一行到汉江集团、中线水源公司调研，实地考察了丹江口大坝加高工程，看望慰问干部职工并与汉江集团、中线水源公司领导班子座谈。长江委主任、党组书记刘雅鸣主持座谈会。

在丹江口大坝坝面18坝段现场，矫勇一行听取了关于大坝加高工程、陶岔枢纽工程等建设进展情况介绍，察看了大坝加高工程施工现场，了解了工程进度、质量等情况，重点强调了安全生产的重要性，充分肯定了中线水源工程建设取得的成绩。

在中线水源公司，矫勇一行看望慰问了公司干部职工，向他们致以节日的问候，详细询问了公司运行情况，勉励大家要齐心协力做好工作，不断推动工程建设和公司发展。

在座谈会上，矫勇听取了汉江集团和中线水源公司的工作汇报，充分肯定了汉江集团、中线水源公司近几年来取得的成绩。矫勇指出，汉江集团和中线水源公司很好地完成了国家交办的重要任务，在工程建设管理、防汛等工作中做出了重要贡献；同时，在公司的发展和市场运营上也取得了积极的进展，在管理上不断开拓创新，总体呈现出良好的发展势头。矫勇强调，要切实加强中线水源工程建设管理，确保按时高质量完成建设任务；要做好防汛安全、优化调度、库区管理等公益性工作；要加强企业内部管理，增强市场驾驭能力。

水利部副部长刘宁检查中线穿黄工程防汛工作

2013 年 5 月 11 日，水利部副部长、国家防总秘书长刘宁率国家防总检查组检查中线穿黄工程防汛工作。河南省委农村工作领导小组组长赵顷霖，河南省水利厅、省南水北调办负责同志陪同。

检查组一行先后实地查看了穿黄隧洞和南岸连接明渠段工程，认真听取了河南直管建管局关于穿黄工程建设及防汛准备情况的汇报，详细询问了穿黄工程施工过程中存在的困难，以及解决重大技术问题的措施。

刘宁在充分肯定了穿黄工程建设取得的成绩后指出，目前，中线总干渠渠道已经基本成型，汛期一旦出现险情，必将严重影响中线通水目标的顺利实现。为加强 2013 年南水北调工程防汛工作，国家防总已将国务院南水北调办列为成员单位，统一组织、指挥和调度防汛抗洪工作。

刘宁要求，有关各方要高度重视今年防汛抗洪等安全度汛工作，立足于“防大洪、抢大险”，科学制定防汛抗洪方案和应急预案，扎实做好各项度汛措施的落实，确保工程度汛安全。他勉励穿黄工程广大建设者努力拼搏，再接再厉，保质保量完成建设任务，早日实现一渠清水北上的目标。

国务院南水北调办与环境保护部联合调研通水前的南水北调东线水污染防治工作

2013 年 7 月 9 ~ 12 日，国务院南水北调办与环境保护部组成联合调研组，共同对南水北调东线通水前的水污染防治工作进行调研。

调研组一行现场查看了省际蔺家坝水质自动监测站、复新河沙庄桥水质自动监测站、南四湖主要入湖支流洙赵新河喻屯断面和梁济运河李集断面的水质情况，乘船检查了南四湖湖区水质，实地察看了丰沛县尾水资源化利用及导流工程，南四湖新薛河入湖口人工湿地、西支河入湖口人工湿地水质净化工程，检查了济宁市污水处理厂升级改造及中水回用工程、济宁市中水截蓄导用工程运行情况。

7 月 12 日，调研组在济宁市召开了南水北调东线水污染防治工作座谈会。国务院南水北调办副主任于幼军、环境保护部副部长翟青出席会议，并作重要讲话，江苏省副省长许津荣、山东省副省长张超超分别代表两省政府汇报了江苏、山东两省南水北调东线治污工作情况。

翟青在讲话中充分肯定了江苏、山东两省在南水北调东线水污染治理工作中所取得的成绩，认为两省水污染防治工作总体进展顺利，工作扎实、富有成效，南水北调东线水质基本满足调水要求。他指出，当前水质已基本达标，但东线仍然存在发生水污染事故的风险，现有监测能力不能完全满足东线水质监测要求，汛期淮河流域闸坝调度会对东线水质产生威胁，下一步要确保所有调水相关断面水质的稳定达标，重点防范水上交通对调水干线的影响，严格控制各类污染物排放，建立有效的应急处理措施，强化部门间协调配合，关注调水对沿线生态系统可能造成的影响，加强舆情引导和宣传教育，为全国水污染防治树立信心。

会上，于幼军通报了国务院副总理张高丽同志的重要指示精神，要求两省在正式通水前将水质自动在线监测设施建设到位，认真分析预测水质情况，及时研究采取相应措施，确保东线正式通水时全部水质达标，实现党中央、国务院“先治污后通水”的目标，确保让受水区人民用上洁净的水。他希望两省认真落实国务院领导同志的重要指示，共同研究做好东线一期工程通水期间水质监测与保障工作，确保调水水质安全和工程效益如期发挥。

于幼军要求，实现“一泓清水永续北送”，必须切实加强沿线水质监测、评估及快速反应设施和机制的建设，完善环保和调水部门、各级水质监测网络，实现水质监测网络全覆盖，制定并完善试通水和通水期间的水质监测方案，建立水质信息联通共享以及协调会商机制；9月底试通水前，相关监测设备、人员及工作要全部准备到位，调试运行正常。

于幼军强调，南水北调东线一期工程2013年第四季度即将正式通水，确保调水质量安全是我们面临的重大考验，要进一步建立健全相关法律法规和体制机制，完善应急预案，建立部门间应急联动机制，不遗余力地做好水质监测和保障工作，确保水质长治久安。

国务院南水北调办环境保护司，环境保护部污防司、监测司、环监局、华东督查中心、环境监测总站等有关负责同志参加调研并出席会议。

山东省东线治污领导小组成员单位省发展改革委、经济和信息化委员会、监察厅、财政厅、国土资源厅、住房城乡建设厅、交通运输厅、水利厅、农业厅、海洋与渔业厅、环保厅、林业局、政府法制办、南水北调局的负责同志和沿线济南、淄博、枣庄、济宁、泰安、临沂、莱芜、德州、聊城、菏泽市的分管市长及环保局长参加会议。江苏省环保厅、南水北调办负责同志参加会议。

河北省省长张庆伟考察南水北调工程建设情况

2013年9月28日，河北省省委副书记、省长张庆伟到石家庄市考察南水北调工程建设情况，省政府特邀咨询张和陪同考察。

张庆伟一行先后深入南水北调邯石段SG13标山尹村桥、南二环西延桥、京石段滹沱河倒虹吸工程、配套工程石津干渠穿中华大街工程建设现场，认真听取参建单位工作汇报，详细了解工程建设进度、施工质量、成本控制、征迁安置、建设环境、水质保证和工程运行管理等情况。

张庆伟充分肯定了河北省南水北调工程建设取得的成绩。他指出，国家明确要求南水北调中线干线工程2013年年内要基本完工、2014年汛后通水，配套工程要同步建成生效。总体来看，河北省境内干线工程可如期完成全部建设任务，配套工程能否如期建成已成为确保工程发挥效益的关键所在。加快推进配套工程建设是河北省南水北调工作的当务之急和重中之重。

张庆伟强调，按时保质完成南水北调配套工程建设任务，是党中央、国务院对河北省提出的明确要求，也是各地经济社会发展的迫切需要。受水区各市县政府、省直相关部门和广大参建单位要明确目标，落实责任，细化措施，强力推进配套工程建设各项工作，确保工程按期完工、如期通水。

一要始终如一抓好工程建设质量。百年大计、质量第一，南水北调是惠及子孙后代的民生工程，要科学制定施工计划，加强质量监控，全面落实建设管理责任制，任何时候都要把工程质量放在第一位，决不能为了抢工期影响工程质量，确保建成经得起历史和时间检验的精品工程、放心工程。

二要精打细算控制工程投资。要坚持从实际出发，实用为主，科学合理优化工程设计，切实做好工程沿线污染防治，全面实施精细化管理，加强成本控制和资金监管，做实、做细、做好各个层面、各个环节的工作，合理降低工程造价，确保水质安全，全方位打造惠民工程。

三要做好征迁安置工作，优化工程建设环境。要积极稳妥推进征迁安置工作，坚持以人为本、和谐征迁、严格程序、阳光操作，切实维护沿线群众合法利益，确保工程建设需要和社会和谐稳定。要加大宣传力度，优化施工环境，严厉打击干扰破坏南水北调工程建设的违法行为，确保工程建设顺利进行。

四要加快推进配套工程建设步伐。要以按时通水为总目标，切实加快前期工作，尽快完成环境影响评价等专项审批，限期完成前期工作任务。要加强组织管理，充实参建力量，加大资源要素投入，在确保工程质量的前提下千方百计加快建设进度。

五要同步开展水厂及配水管网建设。水厂及配水管网是配套工程的重要组成部分，是确保长江水能最终输送到用水户的必备环节，但目前进展滞后。各市、县要把水厂和管网建设列入重要日程，落实责任主体，明确筹资渠道，解决突出矛盾，力争年内完成全部前期工作，2014 年初全面开工建设。

河北省政府秘书长朱浩文，石家庄市市长王亮，河北省水利厅、南水北调办和河北水务集团负责同志等陪同考察。

河南省省委书记郭庚茂视察南水北调南阳段工程建设工作

2013 年 10 月 23 日上午，河南省省委书记郭庚茂深入南水北调中线工程南阳段，视察南水北调中线工程建设工作。

郭庚茂认真查看了南阳段七标孙庄东南跨渠公路大桥建成通车情况和干渠渠道衬砌施工情况，详细听取了南阳段工程建设进展情况的汇报，对河南省南水北调前一阶段各项工作给予充分肯定，并提出了以下几点要求。一是再接再厉，圆满完成工程建设任务，确保通水目标的实现。南水北调是国家重点工程，也是一项造福河南人民的伟大事业，事关重大，我们要肩负起支持和完成国家重点工程任务的责任，体现河南人顾全大局、自觉维护中央重大决策的风范。目前南水北调工程已到了通水试验的关键关头，希望大家继续发扬移民安迁工作中体现出来的精神，继续把后续工作做好，如期高质量地完成各项工程建设任务。二是进一步做好水质保护工作，确保一渠清水北送。三是要做好运行管理工作。目前中线工程建设已近尾声，通水日期临近，要配合国家有关部门，研究运营机制，提前谋划，把运行管理工作做好，充分发挥工程效益。

南阳市市委书记穆为民、市长程志明及有关部门领导陪同视察。

河南省省长谢伏瞻调研南水北调焦作城区段工程

2013 年 11 月 19 日上午，河南省省长谢伏瞻对南水北调中线焦作城区段工程进行了调研。河南省政府秘书长郭洪昌，省水利厅、南水北调办负责同志，中线建管局河南直管局有关负责人，焦作市有关领导等陪同调研。

在南水北调焦作城区段民主路桥工程现场，谢伏瞻听取了省南水北调办、焦作市政府关于南水北调工作的汇报，充分肯定了河南省南水北调中线工程建设取得的成绩。他指出，前期河南省南水北调工程建设进展比较顺利，取得了较好的成绩，目前国务院南水北调工程建设委员会第七次全体会议已经召开，各级各部门一定要严格按照建委会的要求，确保实现按时通水目标。一要确保工程进度，按照施工节点安排完成工程建设任务；二要确保工程质量，认真执行施工质量标准，严格施工程序，强化监管工作，切实抓好工程质量；三要确保水质，要抓好沿渠生态绿化景观带建设，采取好污染防治措施，做好生态环境保护工作，防止总干渠水质污染，实现一渠清水向北送；四是确保和谐征迁，要发扬好的传统做法，借鉴外地的先进经验，安置好沿线征迁群众，保障群众的合法权益。沿线各级党委政府和各有关部门要克服困难，不折不扣、保质保量地完成南水北调工作任务。

河南省水利厅、南水北调办负责同志向谢伏瞻汇报了河南省南水北调中线工程的基本情况，并表示，要按照谢伏瞻的指示精神，认真贯彻落实第七次建委会精神，加大力度，强化措施，全面推动，确保南水北调中线河南段工程目标任务顺利实现。

湖北省省委书记李鸿忠、省长王国生率团赴京津冀考察南水北调对口协作

2013年8月21～23日，由湖北省省委书记、省人大常委会主任李鸿忠，省委副书记、省长王国生率领的湖北省党政代表团赴京津冀考察南水北调对口协作，并分别签署了南水北调战略合作框架协议。

21日，湖北省党政代表团就深化南水北调对口协作赴京学习考察。中共中央政治局委员、北京市委书记郭金龙主持座谈会并讲话。湖北省省委书记李鸿忠在座谈会上讲话。北京市市长王安顺，湖北省省长王国生参加座谈，并代表双方签署京鄂战略合作框架协议。

郭金龙对湖北省党政代表团表示欢迎，对湖北省为保障南水北调工程建设做出的巨大贡献表示衷心感谢。他说，北京市作为水资源受益方，一定认真组织实施好对口协作工作方案，加紧做好相关规划编制工作，加快完善各项落实机制，围绕水环境保护、基础设施建设、产业优化升级、社会事业发展、群众就业增收等工作重点，在资金、技术等方面全力支持湖北水源区发展，共同把水源区建成生态环境良好、社会文明和谐、经济持续发展、人民安居乐业的地区。

郭金龙指出，希望双方以签署战略合作框架协议为切入点，加强科技创新合作，重视中关村、东湖两大示范区工作的交流，加强重大科研项目合作，加快推动科技成果转化，共同服务好国家经济社会发展；加强生态建设合作，探索建立合作机制，推进重大生态治理和重要环保项目合作，改善区域生态环境，造福广大人民群众；加强产业领域合作，深化京鄂企业间的合作，提升两地产业层次，提高经济发展水平。健全区域合作机制，进一步完善两地领导互访磋商机制，共同研究重大合作事项，解决重点难点问题；建立两地相关部门之间的联席会议制度，定期通报工作进展情况，推进落实合作事项；健全重大项目协调推进机制，实现规划上的相互衔接，项目上的相互配套。他表示，北京市将倍加珍惜水资源，科学调度、统筹使用，最大限度发挥好水资源效益。

李鸿忠对北京市长期以来给予湖北省发展的关心、支持和帮助表示衷心感谢，介绍了湖北省南水北调中线工程有关工作情况。他说，湖北省是南水北调中线工程核心水源区、纯供水省和主要移民地，历届省委、省政府和全省广大干部群众站在讲政治、顾大局的高度，把全力服务南水北调工程建设作为重大政治任务和“天大的事”来抓，强力推进移民安置、库区治理和生态保护等工作，为确保库区如期蓄水、顺利送水作出了不懈努力。下一步，湖北全省上下将坚决按照党中央、国务院部署，继续抓好库区移民安置

后续工作、水污染防治和生态环保、库区经济结构调整等工作，确保库区青山常在、绿水长流，一库清水永续北送。

李鸿忠表示，南水北调工程使湖北与北京因水结缘，湖北与北京处在不同的发展阶段，有着不同的产业和资源特点，经济互补性强，合作潜力巨大。希望北京市及所属区县按照双层全覆盖、有形无形相结合的思路，充分发挥项目、资金、技术、人才等优势，进一步加大对十堰市及所属县市区的对口支援力度，促进双方优势互补、互利双赢。

座谈会上，王安顺、王国生分别介绍了北京市和湖北省经济社会发展情况，并就加强南水北调对口协作工作进行了交流。

22日，湖北省党政代表团就深化南水北调对口协作赴津学习考察。中共中央政治局委员、天津市市委书记孙春兰，陪同考察并主持天津湖北合作交流座谈会。湖北省省委书记李鸿忠在座谈会上讲话。天津市市长黄兴国，湖北省省长王国生参加座谈，并代表双方签署津鄂战略合作框架协议。

孙春兰对湖北省党政代表团表示欢迎，对湖北省长期以来给予天津市发展的支持表示感谢。她说，湖北省是我国中部地区大省，湖北省省委、省政府团结带领全省人民励精图治、开拓进取，努力构建中部地区崛起重要战略支点，转方式、调结构取得重要进展，积极推进“两型”社会建设综合配套改革，不断提高群众生活水平，各项工作取得了新进步、新成就，许多好经验好做法值得学习。湖北与天津因水结缘。作为南水北调中线工程核心水源区，湖北人民特别是丹江口库区人民，为保证一库清水永续北送，做出了无私奉献和巨大牺牲，天津人民心存感激、永志不忘。

孙春兰表示，天津与湖北经济社会发展具有很强的互补性和融合度，双方人员往来密切，合作不断扩大。希望两省市以签署战略合作框架协议为契机，加强生态环境保护的交流合作，开展重大生态治理，保证水源安全，促进生态环境不断改善；加强深化改革方面的交流合作，不断释放改革红利、激发创新动力，促进全面协调可持续发展；加强科技教育领域的交流合作，推进联合攻关和协同创新，加快科技成果转化，促进人才双向流动；加强旅游业的交流合作，共同开发旅游产品，打造精品线路，互为旅游目的地，通过优势互补，实现互利共赢，促进经济社会共同繁荣发展。

李鸿忠在讲话中说，此次湖北省党政代表团来到天津市考察，一是对天津市长期以来给予湖北省经济社会发展的关心、支持和帮助表示衷心感谢；二是向天津市市委、市政府和天津人民汇报南水北调中线工程湖北丹江口库区有关工作情况；三是推动深化湖北南水北调中线工程水源区与天津的交流合作。他表示，天津市是沿海发达地区，近年来深入贯彻落实科学发展观、推动经济社会又好又快发展，特别是大力调整优化经济结构、加快建设美丽天津的经验、做法，非常值得湖北省学习借鉴。湖北与天津一直保持着良好的交流合作关系，南水北调工程又使湖北与天津因水结缘，有着更加广阔的合作前景，希望两地以此次签署战略合作框架协议为契机，加强丹江口库区生态环保、先进制造业和高新技术产业、现代农业、旅游、经贸、科教人才等方面的交流合作，促进双方优势互补、互利双赢。

座谈会上，黄兴国、王国生分别介绍了天津市和湖北省经济社会发展有关情况，并就加强南水北调对口协作工作进行了交流。天津市领导王东峰、崔津渡、段春华、袁桐利、任学锋、尹海林、孙文魁出席座谈会。

23日下午，河北、湖北两省在石家庄市签署战略合作框架协议。河北省省委书记周本顺、湖北省省委书记李鸿忠，出席两省经济社会发展和南水北调对口合作情况交流会并讲话。河北省省长张庆伟、湖北省省长王国生代表双方在协议上签字。

周本顺对湖北省党政代表团表示热烈欢迎。他说，中央部署实施了南水北调中线工程，成为连接河北与湖北的又一条纽带。通过建设南水北调中线工程，从湖北引水北上，将有效缓解沿线地区用水紧张矛盾，可以说是生命之水、发展之水、友谊之水。湖北省广大干部群众讲政治、顾大局，在河流治理、生态保护、移民安置、工程建设等方面，付出了极大努力，做出了无私奉献。河北人民衷心感谢湖北人民的无私援助，将永远记住湖北人民的兄弟情谊。河北省也将积极为湖北库区人民做出应有贡献。

周本顺表示，湖北、河北都有各自的特点、各自的优势，经济互补性很强。要着眼于推动双方更好更快发展，努力找到优势互补的共振点、深化合作的切入点、互利共赢的结合点，不断扩大合作范围，拓宽合作领域，创新合作方式，推动两省合作向更高层次迈进。真诚欢迎湖北省的企业到河北省来发展，同时也鼓励和支持河北省的企业到湖北省去创业，在服务湖北经济建设中实现自身发展。此次两省战略合作框架协议的签署，在推进河北与湖北交流合作中具有里程碑式的意义。将全力推动战略合作协议的落实，力促合作早见成效。

李鸿忠对河北省长期以来给予湖北省发展的关心、支持和帮助表示衷心感谢，介绍了湖北省南水北调中线工程有关工作情况。他说，南水北调工程是党中央、国务院做出的重大决策，功在当代，利在千秋。湖北省的干部群众，为能躬逢其盛参与这项伟大的工程感到骄傲和自豪，将站在讲政治、顾大局的高度，在前期工作的基础上，进一步抓好库底清理、生态环保、库区发展和移民致富等各项工作，确保库区如期蓄水、顺利送水，一库清水永续北送。

李鸿忠表示，长期以来，鄂冀两省建立了良好的人缘、亲缘关系。南水北调这项世纪宏伟工程，又使湖北与河北因水结缘，因水结亲，因水结友。将借这次考察的机遇，认真学习河北省深入解放思想、转变经济发展方式、建设经济强省和谐河北的宝贵经验和艰苦奋斗的创业精神、永不自满的进取精神。希望双方充分挖掘两省在工业、科技、文化旅游等方面合作潜力，以此次签订的战略合作框架协议为基础，重点在先进制造业、矿产资源及能源开发利用、农产品精深加工、精品旅游线路对接、科技文化人才交流等方面开展更加广泛密切的合作，促进优势互补，实现互利双赢，造福两地人民。

座谈会上，张庆伟、王国生分别介绍了河北省和湖北省经济社会发展有关情况，并就加强南水北调对口协作工作进行了交流。

江苏省省委书记罗志军、副书记石泰峰考察南水北调东线江苏段工程建设运行情况

2013 年 8 月 14 日，江苏省省委书记罗志军率队考察南水北调东线一期江苏段工程建设运行情况，慰问坚守在工程一线的干部职工。

在淮安水利枢纽，江苏省省委书记罗志军、省委副书记石泰峰，省委常委、秘书长樊金龙，副省长徐鸣等，先后来到第一抽水站和第二抽水站的中心控制室，详细了解淮安枢纽工程运行情况。淮安水利枢纽工程既是引江济淮、江水北上的重要节点，又是调度淮河东流入海的主要控制点，总装机抽水能力为 375m^3/s 的东线第二梯级站就位于这里。2013 年以来，这两个抽水站已累计抽水 18 亿 m^3，对缓解淮北地区旱情、保障秋粮丰收提供了有力保障。

伴着泵站运行的轰鸣声，罗志军仔细查看了泵房主机泵运行情况。与现场运行管理人员一一握手，并向大家表示亲切的慰问，

他勉励大家立足岗位、扎实工作，注意做好防暑降温和安全生产工作，为做好南水北调工程运行管理工作再立新功。在泵站主控室，他认真听取了南水北调东线一期江苏段工程建设和运行情况介绍，对江苏省南水北调工程历经10多年奋斗，工程全面建成，开始发挥效益给予充分肯定，对工程建设中突出技术创新、管理创新的做法予以高度评价。看着一座座崭新的泵站率先建成，江苏段率先实现试通水目标，并在江苏省防汛抗旱中发挥作用，他的脸上露出欣慰的笑容。

考察期间，罗志军认真了解南水北调东线一期工程江苏段试通水以来的水质、水量情况。罗志军表示，南水北调工程意义重大，不仅将极大地缓解我国北方地区水资源短缺的矛盾，而且将进一步改善江苏省区域内部供水条件，增强防汛抗旱能力，提高苏北发展和沿海开发的水利基础保障水平。他代表江苏省省委、省政府对全省水利战线干部职工为工程建设付出的长期艰苦努力表示感谢和慰问，同时要求有关部门要完善工程管理体制，提高工程运行管理水平，最大限度地发挥南水北调工程的综合效益，努力把江苏省水利现代化建设提高到一个新水平。

江苏省南水北调办、水利厅和江苏水源公司负责同志简要汇报了南水北调东线一期江苏段工程建成通水、技术创新和运行管理情况。

江苏省省长李学勇调研南水北调江苏段工程

2013年4月21日，江苏省省长李学勇来到高邮市，调研南水北调江苏段工程建设和水质达标情况，要求各级各部门要紧紧围绕建委会确定的南水北调东线工程通水目标，切实加快工程建设，加强沿线水污染防治，确保调水工程如期建成通水，确保输水干线水质稳定达标。江苏省副省长徐鸣，省政府秘书长张敬华、副秘书长杨根平，扬州市委书记谢正义，省水利厅、环保厅、南水北调办和江苏水源公司的负责同志等陪同调研。

李学勇首先来到南水北调北澄子河三垛西大桥水质监测断面，认真听取了江苏省环保厅和高邮市政府关于水污染防治工作汇报，详细了解了该断面深度治理项目建设进展情况，并仔细询问了水质达标等情况。他得知2013年一季度水质基本达标，看到北澄子河与三阳河水质良好，表示出赞许。他指出，2013年三季度南水北调东线一期工程要实现全线通水目标。江苏省作为南水北调东线工程的源头地区，在国家南水北调总体格局中地位重要、责任重大，不仅要保证北调水量，更要向北方输送干净的水。他强调，沿线地方党委、政府要高度重视水质达标工作，要把水质达标工作作为当前一段时期重点工作来抓，切实加强组织领导，加快水污染防治项目建设，强化输水干线污染源控制，健全水质达标长效管理机制，千方百计确保水质稳定达标。他要求，高邮市政府要加快输水干线治污项目建设，叮嘱江苏省发展改革委、省财政厅、省环保厅负责同志在项目和投资上给予支持。

随后，李学勇来到南水北调三阳河工程，看河道水土保持和绿化等工作都做得很好时，他询问江苏省南水北调办、江苏水源公司负责同志，江苏省南水北调是否所有输水河道能否都建成这样？在听到肯定的回答后，他高兴地说，三阳河工程是江苏省南水北调建成的第一个河道工程，在江苏省多次防洪排涝和抗旱调水中发挥了积极效益，嘱咐随行的人员要把江苏省南水北调所有工程都管理好、运行好。他强调，南水北调工程是一项功在当代、利在千秋的民生工程，建成管好南水北调工程是江苏省的重要任务。当前，江苏省南水北调工程建设已进入按期实现通水目标的攻坚决战时期，各级各部门要在加快工程建设扫尾的同时，加强工程管理、维护、运行，确保江苏省南水北调工程效益发挥。

徐鸣在陪同考察时要求，江苏省有关部门和地方政府要按照李学勇省长的要求，建立输水河道保洁机制，落实专门人员，常管不懈。要加快调水工程建设，4月底完成主体工程建设，具备试运行条件。

山东省副省长赵润田检查南水北调山东段全线通水准备工作

2013年6月27日，山东省副省长赵润田到东湖水库现场检查山东南水北调干线工程全线通水准备工作，并召开座谈会听取了山东省南水北调局等省直部门的汇报，研究了今后工作的措施。山东省政府办公厅巡视员高洪波，省发展改革委、财政厅、水利厅、交通厅、环保厅等省指挥部部分成员单位负责人和济南市、章丘市政府负责人参加检查活动并出席座谈会。

赵润田先后查看了东湖水库建设进度与蓄水情况、入库泵站试运行情况，进入副厂房控制室查看了泵站监控系统，亲切询问了泵站操作工人的培训和工作生活情况，并在现场召开座谈会，研究了今后工作。山东省南水北调局局长王安德汇报了工程建设和试通水工作情况。

赵润田指出，今天是对南水北调试通水工作的一次检查，也是对南水北调阶段性成果的一次检阅。在座的各个单位在南水北调工程建设中，都积极主动，全力支持，成果来之不易。要感谢南水北调系统乃至整个水利系统为此所付出的艰辛努力；感谢工程沿线党委、政府为工程建设给予的大力支持；感谢沿线广大群众所做出的无私奉献；感谢省直相关部门及其相关机构，积极主动地配合南水北调局所做的一系列工作。

赵润田强调，当前取得的成果是阶段性的，在下一步工作中还面临着相当多的难题，要重点从4个方面着手做好今后的工作。一是全力以赴保证第三季度正式通水。各级各相关单位要把思想认识统一到保通水上来。山东省南水北调局要列出下一步工作的任务清单，需要哪些部门配合，解决哪些问题，并给出解决问题的建议方案。各相关单位要各尽其职，各负其责，密切配合，全力推动。二是加快推进配套工程建设。干线工程通水后，配套工程建设任务就更加突出，要梳理当前工作存在的问题，应该有哪些市解决？怎么做？都要拿出方案。由水利厅和南水北调局负责与市里沟通协调，达成共识推动工作，需山东省政府协调推动的及时报告予以解决。配套工程建设是个多层次、多头绪的复杂工作，要全力以赴做好。三是需要部门共同努力解决的问题。所有相关单位都要站在维护大局的角度，结合各自职责主动地帮助解决，积极支持南水北调局的工作，团结调水，保证南水北调工程顺利实施，并且见到效益。四是水质问题。请山东省环保厅高度关注、继续努力，请沿线有关地方政府积极工作。通水以后，水质问题是社会高度关注的第一个问题，不但要确保现在水质达标，更要确保以后长期稳定达标，要按照国家和山东省省委、省政府要求，保证一渠清水向北流。各相关单位要及早着手，积极主动地去做好相关工作。

CHINA SOUTH-TO-NORTH WATER DIVERSION PROJECT CONSTRUCTION YEARBOOK

沐 专题办公会

WORK CONFERENCE ON SPECIFIC TOPIC

综　　述

2013年，是南水北调工程建设最为特殊、最为关键、最为出彩的一年。一年来，国务院南水北调办紧紧围绕年度目标任务，全面贯彻落实建委会第六次、七次全体会议和2013年建设工作会议精神，按照“紧盯重点大推进度，再加高压严管质量，落实帮扶稳定移民，治保并重提升水质，安全高效监控资金”的总体部署，加强研究会商，细化实化措施，扎实推进工程建设。仅工程进度、工程质量、征地移民、治污环保、投资控制、资金管理等年度重点工作方面，全年累计就组织召开主任办公会或专题办公会126次，扎实推进了南水北调工程建设，实现了三年决战的完美收官。实现通水大目标已经胜利在望：东线工程正式通水，中线主体工程基本完工，质量、安全总体受控，移民总体稳定，治污环保有序推进，资金监管成效显著，应急供水、防汛抗旱、生态保护等综合效益得到初步显现。

工　程　进　度

2013年，围绕“东线抓验收、保通水，中线抓形象、保完工”，全年共召开工程进度方面的主任办公会或专题办公会50次（详见表1），确保了工程建设的全面推进。

表1　主任办公会或专题办公会汇总表（工程进度方面）

序号	时间	会议主题或主要研究内容
1	2月19日	听取东、中线工程建设进度风险分析情况汇报。
2	2月22日	听取工程批复设计方案执行情况检查工作汇报。
3	3月13日	研究工程进度。
4	3月20日	听取安阳第七标段情况汇报。

续表

序号	时间	会议主题或主要研究内容
5	4月3日	听取东线工程建设进度汇报。
6	4月10日	听取进度督导情况汇报。
7	4月16日	听取中线左岸防洪影响处理工程进展情况汇报。
8	4月19日	听取洺河渡槽有关情况汇报。
9	4月23日	听取东线试通水工作汇报。
10	4月25日	听取低桥、渡槽有关情况汇报。
11	4月28日	研究洺河渡槽有关问题。
12	4月23日	听取委托河北工程建设项目进度情况汇报。
13	4月24日	听取委托河南工程建设项目进度情况汇报。
14	4月26日	研究午河渡槽加固处理有关事项。
15	5月2日	听取江苏境内管理设施专项工程实施方案有关情况汇报。
16	5月14日	研究工程进度。
17	5月14日	听取东线试通水筹备情况汇报。
18	5月17日	研究部署东线江苏段试通水宣传工作。
19	5月31日	听取防洪工作汇报。
20	6月3日	传达国务院领导听取南水北调工程有关工作汇报会议精神及研究典型案例。
21	6月8日	听取东线管理机构组建协调情况汇报。
22	6月14日	听取中线设计执行情况和实际效果复核工作情况汇报。
23	6月24日	研究严防意外有关措施。
24	7月2日	研究中线通水验收工作。
25	7月9日	研究中线宁西铁路交叉工程有关问题。
26	8月5日	听取各单位严防意外工作情况汇报。
27	8月13日	研究东线通水及管理机构组建有关问题和听取工程进度汇报。
28	8月20日	研究东线一期工程通水试运行方案。

续表

序号	时间	会议主题或主要研究内容
29	9月2日	听取严防意外工作情况汇报。
30	9月3日	听取专家委穿黄咨询意见情况汇报。
31	9月4日	听取项目法人2012年度建设目标考核复核情况和施工、监理单位现场项目部反映问题调研情况汇报。
32	9月6日	听取关于南水北调办信息化建设规划纲要有关情况和中线跨渠桥梁桥面高程与渠顶高程关系影响分析有关情况汇报。
33	9月13日	听取工程进度进展情况汇报。
34	9月17日	研究穿黄工程有关问题。
35	9月23日	研究东线试运行及通水工作。
36	10月11日	听取中线工程运行管理及配套工程进展情况汇报。
37	10月14日	研究工程进度。
38	10月23日	听取中线干线工程安防系统专题设计有关情况汇报。
39	10月23日	听取湖北省移民局及丹江口市政府关于兴建南水北调纪念园项目有关情况汇报。
40	10月31日	审定中线干线工程第四季度进度管理工作方案。
41	11月14日	研究严防意外有关工作。
42	11月15日	研究南水北调东线一期工程正式通水有关事宜。
43	11月21日	研究在通水验收中对渠道缺口的处理问题。
44	12月4日	研究河南省提出的6个问题（验收准备、总干渠两侧生态带、对口协作、环保监测中心、博物馆、一河一策）和重点标段、风险标段进度分析情况汇报
45	12月6日	听取中线工程验收、充水试验及试运行等统筹处理工作方案和中线工程运行管理工作方案汇报。
46	12月13日	研究临时用地复垦退还工作。

续表

序号	时间	会议主题或主要研究内容
47	12月19日	听取工程进度工作汇报。
48	12月23日	听取对2014年建设工作会议意见建议。
49	12月26日	研究南水北调中线干线工程全线通水运行工作方案和充水试验工作方案。
50	12月30日	审定中线全线通水运行和充水试验工作方案。

工　程　质　量

2013年，围绕“高压高压再高压，延伸完善抓关键”，全年共召开工程质量方面的主任办公会或专题办公会35次（详见表2），工程质量持续向好。

表2　主任办公会或专题办公会汇总表
（工程质量方面）

序号	时间	会议主题或主要研究内容
1	1月25日	研究2013年重点项目质量监管工作措施。
2	1月28日	研究质量信用管理办法。
3	2月20日	听取第一季度质量监管工作汇报。
4	2月18日	研究近期质量监管工作措施。
5	3月5日	讨论南水北调工程质量约谈会讲话提纲。
6	3月13日	研究落实质量专题约谈会精神工作措施。
7	3月29日	研究第一季度质量问题处罚。
8	3月28日	研究落实张高丽副总理讲话精神，加强质量监管工作措施。
9	4月2日	听取中线渠道衬砌专题汇报。
10	4月9日	听取桥梁质量问题专题汇报。
11	4月16日	研究近期质量监管工作。
12	4月23日	研究监理工作。
13	5月3日	听取桥梁质量有关情况汇报。

续表

序号	时间	会议主题或主要研究内容
14	5月10日	听取关于南水北调工程批复设计方案执行情况扩大范围检查工作情况汇报。
15	6月7日	听取中线工程渠道衬砌管理整改措施落实情况汇报。
16	6月8日	听取中线高填方及膨胀土换填层间结合质量问题有关情况汇报。
17	6月4日	研究监理专项整治行动后续措施。
18	7月3日	听取飞检工作汇报。
19	7月2日	研究质量风险项目严防意外工作措施。
20	7月10日	听取质量监管再加高压工作措施汇报和研究质量问题处罚。
21	7月18日	听取《中线渠道衬砌质量与进度保障对策研究》课题成果汇报。
22	7月19日	听取上半年举报工作汇报。
23	7月19日	研究质量监管有关工作。
24	8月7日	听取工程质量监督发现的严重问题并形势分析汇报。
25	8月9日	听取中线工程全线滑坡处理分析评估有关情况汇报。
26	8月15日	研究质量问题集中处罚。
27	8月20日	研究近期质量监管落实措施。
28	9月10日	听取关于铁路交叉工程质量核查有关情况和《输引水工程质量通病与防治》编撰情况汇报。
29	9月12日	听取关于专家委中线预应力施工调研回头看有关情况汇报。
30	10月16日	听取稽察大队“六个不”调研情况汇报和专家委年度工作检查有关情况汇报。
31	10月22日	听取渠道缺口回填及冬季施工有关质量问题情况汇报。
32	10月29日	听取渠道缺口回填及冬季施工有关质量问题情况汇报。
33	11月21日	听取南水北调跨（穿）河建筑物上下游采砂对其安全影响分析与对策研究等三个课题研究情况汇报。
34	11月28日	听取混凝土建筑物回填土和渗水质量问题排查情况汇报。
35	12月12日	研究冬季施工质量监管工作。

征 地 移 民

2013年，坚持“两个不动摇（清库标准不动摇、清库时限不动摇），一个不放松（移民后扶持不放松）”，全年共召开征地移民方面的主任办公会或专题办公会21次（详见表3），确保按时高质量地完成库底清理和蓄水验收，保障了工程建设，实现了移民稳定。

表3　主任办公会或专题办公会汇总表（征地移民方面）

序号	时间	会议主题或主要研究内容
1	1月22日	研究库底清理工作。
2	1月29日	研究维护稳定工作。
3	1月30日	研究举报工作。
4	3月12日	听取定点扶贫工作汇报。
5	3月14日	研究干线征迁工作。
6	3月27日	研究定点扶贫工作。
7	4月17日	听取丹江口水库蓄水工作情况汇报。
8	5月8日	听取丹江口库区移民工作存在后续问题及建议情况汇报。
9	6月4日	听取专家委有关丹江口水库库底清理调研成果汇报。
10	6月7日	研究临时用地复垦退还工作。
11	7月4日	研究库底清理验收工作。
12	8月8日	听取库区移民安置蓄水前终验情况汇报。
13	10月11日	听取移民稳定工作情况汇报。
14	10月14日	落实办务扩大会议部署，研究第四季度征地移民工作。

续表

序号	时间	会议主题或主要研究内容
15	12月5日	研究丹江口水库蓄水有关问题。
16	12月3日	研究库区移民生产发展帮扶和维护稳定工作。
17	12月18日	研究中线工程建筑与环境建设有关问题。
18	12月19日	研究中线干线两侧水源保护区污染防治对策及生态环境保障有关问题。
19	12月17日	听取高切坡和库底清理报告审查情况汇报。
20	12月24日	听取南水北调丹江口水库移民收支调查研究成果情况汇报。
21	12月31日	听取丹江口水库淹没线上留置人口影响分析研究成果汇报。

治 污 环 保

2013年，围绕“治保并重提升水质”，全年共召开治污环保方面的主任办公会或专题办公会6次（详见表4），确保了东线水质全面稳定达到调水要求标准，中线水质总体保持良好。

表4　　主任办公会或专题办公会汇总表
（治污环保方面）

序号	时间	会议主题或主要研究内容
1	1月23日	研究落实国务院领导在《丹江口上游水污染防治和水土保持工作情况报告》上的批示。
2	3月14日	研究水污染防治规划实施有关问题。
3	6月19日	研究中线水源保护有关工作。
4	8月23日	研究中线水源保护有关工作。
5	9月25日	听取中线干线工程防护林及绿化工程方案设计初审情况汇报。
6	12月3日	听取治污环保工作汇报，研究落实国务院领导有关批示和中线干线工程防护林及绿化工程设计方案。

资 金 监 管

2013年，围绕“安全高效监控资金”，全年共召开资金监管方面的主任办公会或专题办公会14次（详见表5），实行“收口关闸，严查内纠”，投资规模得以有效控制，资金使用效益稳步提高。

表5　　主任办公会或专题办公会汇总表
（资金监管方面）

序号	时间	会议主题或主要研究内容
1	1月23日	研究财政部关于预算资产财务情况的检查结论和处理决定。
2	2月26日	听取投资控制收口关闸方案汇报。
3	4月8日	听取投资控制收口关闸有关情况汇报。
4	4月24日	听取移民资金使用结余情况汇报。
5	5月21日	研究施工单位解困工作。
6	5月27日	研究施工单位解困工作。
7	6月13日	研究施工、监理单位解困有关工作。
8	6月20日	听取中线京石段工程完工财务决算有关情况汇报。
9	7月18日	听取京石段完工决算投资控制结余、建设管理费情况和中线跨渠建筑物墩柱阻水对渠道过流影响分析情况汇报。
10	8月6日	听取工程变更索赔有关情况汇报和研究在“教育实践活动”中专项部署工程施工、监理单位解困工作。
11	8月29日	听取建设期利息支出有关情况汇报。
12	10月12日	听取2013年度系统内部审计工作情况汇报。
13	11月21日	研究中线工程渠道混凝土衬砌单价变更问题。
14	12月18日	听取投资控制风险分析情况汇报。

CHINA SOUTH-TO-NORTH WATER DIVERSION PROJECT CONSTRUCTION YEARBOOK

捌 重要事件

IMPORTANT EVENTS

习近平就南水北调东线一期工程正式通水做出重要指示 李克强做出批示

经多年建设，南水北调东线一期主体工程已完工，并于2013年11月15日正式通水。中共中央总书记、国家主席、中央军委主席习近平对此做出重要指示，强调南水北调东线一期工程如期实现既定通水目标，取得重大进展，向为工程做出贡献的全体同志表示慰问和祝贺！南水北调工程是事关国计民生的战略性基础设施，希望大家总结经验，加强管理，再接再厉，确保工程运行平稳、水质稳定达标，优质高效完成后续工程任务，促进科学发展，造福人民群众。

中共中央政治局常委、国务院总理李克强做出批示，指出南水北调是优化我国水资源配置，促进经济社会可持续发展的重大战略性基础工程。东线一期实现正式通水，凝聚了参与工程建设运营的全体干部职工和技术人员的不懈努力和辛勤汗水，谨向你们表示慰问和感谢！要再接再厉，着力做好通水后的质量、环保、安全以及各项保障工作，扎实推进后续工程建设，确保清水北送，造福沿线群众，让千家万户受益。

中共中央政治局常委、国务院副总理、国务院南水北调工程建设委员会主任张高丽就贯彻落实习近平重要指示和李克强批示做出部署，要求切实做好工程维护、水质安全、水量配售和沿线环境生态保护等工作，充分发挥经济社会效益。

按照计划，这次调水过程于2013年12月10日结束。南水北调东线一期工程自长江下游江苏境内江都泵站引水，通过13级泵站提水北送，经山东东平湖后分别输水至德州和胶东半岛。工程干线全长1467km，设计年抽江水量87.7亿m^3，供水范围涉及江苏、安徽、山东3省的71个县（市、区），直接受益人口约1亿人，总投资500多亿元。

南水北调工程是缓解我国北方水资源严重短缺局面的战略性基础设施。按照规划，工程分东、中、西3条线路从长江调水北送，总调水规模448亿m^3。南水北调工程分期建设，目前正在实施东、中线一期工程。中线一期工程建设进展顺利，主体工程于2013年底基本完工，将于2014年汛后通水。

国务院批复《丹江口库区及上游地区对口协作工作方案》

为推动南水北调中线工程水源区与受水区互助合作，促进水源区经济社会发展与中线工程水资源配置总体目标相协调，确保“一泓清水北送”，根据国务院南水北调工程建设委员会第五次全体会议精神，国家发展改革委、国务院南水北调办会同有关部门和地方政府组织制定了《丹江口库区及上游地区对口协作工作方案》（以下简称《方案》）。2013年3月5日，国务院印发了《关于丹江口库区及上游地区对口协作工作方案的批复》（国函〔2013〕42号，以下简称《批复》）。

《批复》指出，《方案》实施要从确保实现南水北调中线工程战略目标的大局出发，以保水质、强民生、促转型为主线，坚持对口支援与互利合作相结合、政府推动与多方参与相结合、对口协作与自力更生相结合，通过政策扶持和体制机制创新，持续改善区域生态环境，大力推动生态型特色产业发展，着力加强人力资源开发，稳步提高基层公共服务水平，不断深化经济技术交流合作，努力增强水源区自我发展能力，共同构建南北共建、互利双赢的区域协调发展新格局。

《批复》明确，通过开展对口协作，到2020年，水源区生态环境持续改善，调水水量水质稳定达标；资源节约集约利用水平显著提高，生态型特色产业形成优势；劳动力就业能力明显增强，收入水平进一步提高；公共服务能力得到加强，城乡面貌不断改观；协作互动格局全面建立，内在发展动力不断增强，把水源区建成生态环境良好、社会文明和谐、经济持续发展、人民安居乐业的生态文明地区。

《批复》要求，北京市、天津市、河南省、湖北省和陕西省人民政府要加强对《方案》实施的组织领导，明确工作责任，完善工作机制，落实工作任务。援受双方要积极加强沟通协商，共同编制协作规划，认真做好组织实施工作。有关部门和单位要按照职能分工，加强对《方案》实施的指导和支持。国家发展改革委、国务院南水北调办要牵头成立丹江口库区及上游地区对口协作工作协调小组，加强对口协作工作的统筹协调，组织协作规划审核，加强跟踪分析、督促检查和评估工作，协调解决实施中出现的困难和问题，重大问题及时向国务院报告。

南水北调中线水源区开始全面清理库底

2013年1月10日起，南水北调中线水源地——丹江口水库库底清理工作全面展开，将为保护调水水质、发挥南水北调工程效益奠定基础。

丹江口水库位于汉江中上游，横跨湖北和河南两省，水库水质一直稳定在国家Ⅱ类以上标准。2014年南水北调中线工程通水后，将向河南、河北、北京、天津4省市沿线地区20多座城市供水。

库底清理是确保中线水源地丹江口水库水质的关键环节。丹江口水库库底清理分为一般清理和特殊清理。一般清理包括卫生清理、固体废物清理、建（构）筑物清理、林木清理和易漂浮物清理等5部分。

丹江口库区清理涉及河南、湖北两省。其中，河南省需清理房屋265.2万m^2、大中型桥梁20座、线杆44 069根、各种线路3621km等；卫生清理21.32万亩，主要包括沼气池1848个、粪池32 756个、牲畜栏27 668个、公共厕所309座、坟墓18 737座、医院垃圾35.2t、居民区灭鼠21 195亩、耕作区灭鼠130 721亩；固体废物清理7133.9m^3；清理林地2.53万亩、零星树木124.93万株。湖北省需清理房屋面积共566万m^3，生活垃圾1.6万t，工业固体废物70处8万m^3，砖石围墙28万m^2，网箱134万m^2，成片林地近11万亩，零星树木（含绿化树、行道树）超过100万株。需消毒面积64万m^2，清运污物19万m^3，回填坑穴17万m^3，大中型桥梁33座、线杆4.55万根、堤坝109处；卫生清理化粪池、沼气池4.5万多处，牲畜栏5万处、公共厕所500多处、普通坟墓3.6万座、传染病死亡者坟墓近500座，医疗卫生机构82处、医疗卫生垃圾39t，污染土壤37处11万m^3；高危项目中，以丹龙化工为代表的危险废物堆放点清理困难多、难度大。

河南省自2012年10月以来，积极协调南阳市和淅川县加大力度，投入大量人力和财力，确保库底清理工作整体推进。截至2013年1月10日，清理工作进展迅速，任务已完成95%以上。一是高度重视。河南省移民办多次召开会议进行部署，并派出专人深入库区进行督导。南阳市和淅川县召开库底清理动员会，调整充实领导机构，修订完善库底清理方案，并把库底清理工作纳入到对库区乡镇及农村外项目业主单位的目标考评中。各移民乡镇和县直相关单位成立相应的领导机构，强力突击，兵团作战，迅速掀起库底清理的高潮。二是广泛宣传。通过出动宣传车、刷写标语、编发简报、发送短信等形式，层层宣传发动，使移民干部对库底清理的意义、任务、技术要求、政策规定等有了全面理解和把握。三是注重培训。淅川县抽调80多名干部，开展库底清理实物量调查摸底，现场接受培训，成为库底清理的技术骨干。多次邀请监理人员进行技术指导和工作监督，不断改进工作方法。各乡镇抽调卫生、防疫、林业等技术部门人员组成专业清理队伍，具体实施清理，清理人员一律先培训后上岗。抽调县卫生局20多名业务技术骨干，巡回到现场监督指导，先建立23个示范村，典型引路，然后全面铺开。四是创新方法。淅川县各乡镇结合实际，创造性开展工作，破解清理难题。如盛湾镇采取“三集中一突击”（即集中人力、物力、时间，强力突击）的办法整体推进；九重镇建立3项工作机制（推进机制、激励机制、督导机制）推进工作；移民干部千方百计，向群众做大量的思想工作，涌现出一批先进典型，病倒、累倒、受伤的移民干部达20余人。五是强化督导。淅川县制定督查工作方案，成立10个驻乡镇工作督导组、3个巡视组。指挥部不定时督查，巡回督查组巡回督查，驻乡镇工作组跟踪督查，形成强有力的督查网络，并采取一天一小评通报、五天一奖惩总结的办法。县里拿出200余万元，以奖代补，实施排序奖惩，对表现突出的乡镇予以通报表彰，分别给予一定奖励。对工作落后的乡镇予以通报批评。

湖北省扎实做好库区清理的相关工作。一是细化方案。委托长江设计公司编制《丹江口水库湖北省库底清理实施规划报告》，并会同有关单位对卫生、固体废物、建（构）筑物、林木、易漂浮物等清理量进行了全面调查、复核，为开展库底清理打下了坚实基础。二是落实责任。河南省政府召开专题会议，对库底清理工作做出安排部署。成立在政府统一领导下、由有关部门参与的省、县南水北调丹江口水库库底清理工作领导小组，明确各部门的工作职责，在较短的时间内形成工作合力，协调、指导、推进库底清理，加大检查、督办力度，确保各项工作落到实处。三是开展培训。组织对县乡干部进行分片业务培训，训练了一批库底清理“明白人”。四是同步实施。从试点移民启动以来，对移民搬迁后的大多数房屋实行“边搬边清”，库区农村移民已拆除房屋总面积达405.8万m^2，占任务的71.7%。

南水北调东线输水干线排污口全部关闭，断面水质全达标

截至2013年1月15日，南水北调东线工程输水干线沿线排污口全部关闭，规划确定的36个控制断面水质全部达到要求标准。

东线工程按照“一河一策”，针对沿线结构性污染较为突出的问题，从调整经济结构入手，着力推动河道沿线各地经济转型，促进产业技术升级，并通过各种途径关停并转污染企业，取消排放特权，清理关闭输水干线排污口，为治污工作顺利推进创造了条件。

数据显示，2002年南水北调东线工程开工时，沿线江苏、山东两省大多数工业和城市污水未经处理直接排入河道，南水北调输水干线和支流水质大多为V类或劣V类，黄河以南36个控制断面中仅1个断面水质达标，南四湖、东平湖污染严重，主要指标超标10~180倍。

南水北调完成投资超2000亿元

截至2013年3月底，南水北调东中线一期工程建设项目（含丹江口库区移民安置工程）累计完成投资2085.8亿元，占在建设计单元工程总投资的93%。其中，南水北调工程东线68项设计单元工程已完工41项，36个考核断面已有35个水质达标。按照规划，南水北调东线一期工程将于2013年第三季度左右通水，江苏、山东两省将首先用上长江水；中线一期工程将于2014年汛后通水，届时北京、天津、河南、河北等省（直辖市）

将喝上长江水。

南水北调中线兴隆水利枢纽完成实船试验

2013年4月10日，南水北调中线兴隆水利枢纽船闸完成实船试验，标志着船闸通过了正式通航最重要一环。

兴隆水利枢纽位于湖北省潜江市与天门市交界处，是南水北调中线工程的补偿工程之一。该工程拟于2013年建成，规划灌溉面积327.6万亩，过船吨位1000t，年发电量可达2.25亿kW·h。工程建成后，可以抬高汉江水位，改善两岸灌区的引水条件，改善大坝上游余70km险滩密布的航道，满足南水北调后汉江航运发展需要。

2013年4月1日，兴隆水利枢纽泄水闸下闸蓄水；4月8日，水位上升至35.2m，船闸相继完成无水调试和有水调试，为兴隆枢纽船闸实船试验做好了前期准备。

4月10日，船闸集控室监控系统显示，闸首和闸室段水位达到29.7m时，船闸下闸首“人”字门缓缓开启。等候在“人”字门外附近的海事船，以及一艘千吨级驳船等船舶驶入闸室段。7min后，闸室水位由29.7m上升至35.2m，与上闸首水位开始齐平。海事船和驳船列队穿过上闸首“人”字门，完成船闸实船试验。

《治污环保》南水北调公益宣传片在央视播出

五一节日第一天，由国务院南水北调办送播的2013年度南水北调公益宣传片《治污环保篇》在中央电视台各频道正式播出。该公益宣传片将在中央电视台各频道每日滚动播出20余次，此轮预计连续播出一个月。这是南水北调公益宣传片继《绿叶篇》、《建设者篇》后第三次集中登陆央视。

本年度南水北调公益宣传片以南水北调东线工程输水线路和调蓄湖泊微山湖生态环境的巨大变化为切入点，体现保护生态环境和治理水域污染的重要性，展示了东线治污从“世界第一难”到“清水走廊”的建设与治理成果。本片通过灰鹤贯穿全篇，灰鹤这一角色代表了生命，意在表现生态与生命紧密相连，通过展现微山湖自然、污染、治理的3个阶段，唤起人们珍惜水资源、爱护水环境的环保意识。

“亚洲第一顶”取得重大突破

2013年5月25日，中铁一局工人在南水北调中线平顶山西暗渠工程绑扎箱体钢筋。近日，被誉为“亚洲第一顶”的南水北调中线重点控制工程平顶山西暗渠工程取得重大突破，下层暗渠中孔过水通道顶进施工精准顶进到位，将在6月初实施最后的顶进施工。

平顶山西暗渠工程，设计为双层顶进施工，顶推物总质量达25 952t，双层顶进结构形式和工艺难度堪称“亚洲第一”。

南水北调东线一期终点站大屯水库成功蓄水

南水北调东线一期工程的终点站——大屯水库工程入库泵站3台水泵机组于2013年5月27日10时同时开机运行，至16时，水库蓄水超过200万m^3，水泵运行正常。水库顺利通过水泵机组试运行验收和蓄水验收，正式具备蓄水运行条件。

大屯水库位于山东省与河北省交界的德州市武城县境内，库容5200万m^3，为全国最大的全库盘防渗铺膜平原水库。

山东省南水北调工程建设管理局表示，大屯水库成功蓄水，为南水北调山东段全线试通水和南水北调东线全线正式通水提供了有力保障。

据了解，作为输水干线上的重要调蓄水库，大屯水库运行后，可对南水北调干线调来的宝贵水资源进行有效调蓄、优化配置，每年为德州市稳定供水1.25亿m^3，为德州市经济社会可持续发展提供可靠的水资源支撑。

南水北调工程是缓解我国北方水资源短缺和生态环境恶化状况，促进水资源整体优化配置的重大战略性基础设施，共分东线、中线和西线3条调水线路。截至目前，东线工程基本具备全线试通水条件。

丹江口大坝加高完工

2013年5月27日凌晨3时，南水北调中线源头丹江口大坝主坝混凝土加高工程全面完工，大坝达到176.6m高程。这一高度在国内水库大坝中仅次于三峡大坝。

丹江口大坝加高工程是整个南水北调中线工程的标志性控制工程，也是国内水电工程加高续建项目中规模和难度最大的工程。大坝加高后，正常蓄水位由157m提高到170m，库容由174亿m^3增加到290亿m^3，与北京团城湖形成近100m落差，丹江口水库的水可以一路自流进京。与此同时，汉江中下游防洪标准提高到100年一遇，同时满足南水北调近期年调水量95亿m^3、后期年调水量120亿~130亿m^3的需求。

加高工程从2005年9月26日开始，施工人员采用给大坝“穿衣戴帽”的方式进行，由于是在原有大坝的基础上加宽加高，技术复杂，施工难度大，工艺要求高，2000多名科研人员通力协作，攻克了很多技术难题。

南水北调东线开始试通水

2013年5月30日上午11时10分，国务院南水北调办下达了试通水指令，东线江苏段沿线的13级泵站全部启动，在江都水利枢纽，长江水被提高7m，然后开始沿着河道向北输送。此次试通水路线从江苏扬州沿大运河北上，到达徐州蔺家坝站，主要在江苏境内进行，试通水时间为24h。

东线工程通水后，每年将向淮河、黄河、海河流域的下游地区和山东半岛送水148亿m^3，可以有效缓解江苏、安徽、山东3省沿线地区的缺水状况。

长江水历史性穿越黄河 南水北调山东段实现全线试通水

2013年6月10日11时56分，南水北调东线一期穿黄河工程北岸出口闸开启，水流自穿黄河工程奔涌而出进入鲁北段工程输水干渠，长江水历史性穿越黄河，标志着南水北调山东段工程进入全线试通水阶段。

南水北调山东段工程全长1191km，一期工程通水后，每年可为山东省调引长江水15亿m^3，将有效缓解山东省水资源不足的问题，并可实现长江水、黄河水、淮河水和山东当地水的联合调度、优化配置。

南水北调中线水源保护列入政府考核

经国务院同意，国务院南水北调办、国家发展改革委、环境保护部、住房和城乡建设部、水利部于2013年7月联合印发了《关于印发丹江口库区及上游水污染防治和水土保持“十二五”规划实施考核办法的通知》。

根据这份考核办法，河南、湖北和陕西3省人民政府是《丹江口库区及上游水污染防治和水土保持“十二五”规划》（以下简称《规划》）实施的责任主体，对水污染防治和水土保持工作负总责。中线水源区各级地方政府对本辖区内的规划项目实施和水质负总责。

考核工作采用百分制。考核内容包括《规划》确定的目标、任务、措施以及国务院南水北调办与省级人民政府签订的《规划》实施工作目标责任书明确的各项内容，共分为水质、水污染防治项目进展、水土保持项目进展和保障措施落实四类，分值分别为50分、15分、15分、20分。

考核办法强调，河南、湖北和陕西3省人民政府在对《规划》实施情况进行自查的基础上，由国务院南水北调办、国家发展改革委、财政部、环境保护部、住房和城乡建设部、水利部组成考核工作组。考核结果报经国务院同意后，将作为对水源区各级地方政府领导班子和领导干部综合考核评价的重要依据。

南水北调东线一期工程通过全线通水验收

2013年8月15日，南水北调东线一期工程通过全线通水验收，工程具备通水条件。国务院南水北调办副主任、南水北调东线一期工程全线通水验收委员会主任张野在徐州市主持召开验收会议。

会上，验收委员会观看了工程建设专题片，听取了工程建设管理、质量监督、运行管理准备、设计单元工程通水验收、全线通水验收技术性检查等相关工作报告，检查了工程现场，查阅了验收资料，讨论形成了《南水北调东线一期工程全线通水验收鉴定书》。验收委员会认为，南水北调东线一期工程与通水有关的设计单元工程形象面貌满足全线通水条件，已通过通水验收，试通水期间运行正常，满足通水要求，同意通过全线通水验收。

张野代表国务院南水北调办党组对东线一期工程顺利通过全线通水验收，表示热烈祝贺，向多年来关心支持工程建设的国家有关部委、沿线各级党委政府、人民群众、社会各界表示衷心的感谢，向10年如一日辛勤付出的全体工程建设者致以崇高的敬意！

张野指出，建设南水北调工程是党中央、国务院根据我国经济社会发展需要做出的重大战略决策。南水北调东线一期工程顺利通过通水验收，是落实党中央、国务院关于南水北调工程建设战略部署的重要体现，也是对社会各界长期以来关心和支持南水北调工程建设给予的积极回应，是南水北调工程建设中一个重要的里程碑，具有十分重要的意义。

张野在讲话中指出，南水北调东线一期工程建设中取得了显著成绩，积累了宝贵经验。一是积累和丰富了工程建设管理经验。工程沿线泵站、闸站等全面建成，输水河道全线贯通，一批先期完建项目已提前投入地方防洪、排涝、抗旱和生态补水，为地方社会、经济发展做出了积极贡献。工程建设管理过程中建立起了职责分明协调高效的组织体系、配套齐全科学实用的制度体系和措施得力责任明确的质量、安全、进度、投资、验收、招投标等建设管理体系，极大地丰富了我国长距离、跨流域的大型调水工程建设管理新经验。二是建立和实施了一整套行之有效的征迁工作协调机制和无障碍施工环境保障机制，保障了工程的顺利建设。参建各方和地方政府密切配合，通力协作，始终坚持以人为本，严格执行征迁政策，依法规范用地，坚持阳光操作，接受社会监督，认真做好征地拆迁安置工作，为工程建设创造了和谐的施工环境，有力保障了工程建设的顺利实施。三是发挥了科技创新在工程建设中的推动作用。参建各方加大科技创新力度，加强关键技术研究攻关，解决了重大关键枢纽和典型工程建筑物的结构、材料、施工技术与工艺、设备等难题，优化了设计，保证了工程建设质量、安全、进度，提高了工程建设的技术和管理水平，推动了相关学科的新进展。四是锻炼和培养了工程建设和管理队伍。工程建设和管理过程中，南水北调建设者积极投身南水北调事业，责任感、使命感、荣誉感不断增强，干部职工的政治素质和业务素质不断提高。10 年多来，培养和造就了一大批优秀的技术人才和管理人才，为南水北调事业的发展提供了重要的人才支持。

张野强调，东线一期工程通过全线通水验收后，将全面转入以运行管理为主的新阶段，后续运行管理任务极为繁重。各单位必须加强工程运行调度和管理维护，确保工程长期安全运行和持续发挥效益。张野要求，参建各方一要认真落实本次验收提出的建议和意见。仔细研究，扎实落实，确保各项工作落到实处，确保汛后顺利通水。二要加快后续工程建设。参建各方要继续加强组织和领导，认真抓好后续工程建设，为早日全面完工创造条件。三要切实做好工程运行准备工作。加强对工程运行状况的日常监测和巡查，确保工程安全；加强对相关设施设备的维修保养，保证工程效益的发挥；注重对运行人员的培训管理，努力提高工程管理水平。

南水北调丹江口库区移民安置通过蓄水前终验

2013 年 8 月 22 日，国务院南水北调办副主任、南水北调丹江口库区移民安置终验验收委员会主任蒋旭光宣布，南水北调丹江口库区移民安置验收通过蓄水前终验。

在陆续完成蓄水要求的库底清理、移民搬迁安置和文物保护终验技术性初验工作基础上，8 月 21 日，国务院南水北调丹江口库区移民安置终验验收委员会在湖北省丹江口市开展蓄水前终验行政验收。验收委员会听取了湖北省移民局、河南省移民办和中线水源公司关于库区移民工作情况的报告、南水北调工程设计管理中心关于技术性验收的情况汇报，实地查看了丹江口市谷庙岭移民安置点、丹龙化工清理现场、小胡家岭居民点、码头等地的移民搬迁安置、复建和库底清理现场，并进行了审议，通过了验收报告。

通过审议，验收委员会认为，南水北调丹江口水库库底清理工作按照批复的实施规划任务已经完成，卫生清理，固体废物清理，建（构）物清理、林木清理及易漂浮物清理总体质量符合《南水北调一期工程丹江口水库库底清理技术要求》。库区农村移民搬迁安置按规划完成，移民房屋建成并搬迁入住，各项基础设施和公共服务设施配套完善，生产用地分配到户，移民比较稳定；城（集）镇迁建、单位及工业企业淹没影响处理、专业项目复建按规划基本完成。库区文物保护总体完成了淹没区地下文物的野外挖掘工作和地面文物的搬迁保护工作，文物存放地点安全，文物保护状况良好。

验收委员会认定，南水北调丹江口水库大坝加高工程建设征地补偿和移民安置蓄水前终验评定为合格，能够满足丹江口水库大坝加高的蓄水要求。在前期技术性初步验收成果的基础上，南水北调丹江口库区移民安置蓄水前验收顺利通过国家终验。

蒋旭光在讲话中代表国务院南水北调办党组和鄂竟平主任对丹江口库区移民安置通过蓄水前终验表示祝贺，向多年关心、支持、组织和参与南水北调丹江口库区移民搬迁安置工作的国务院有关部门、库区两省各级党委政府和社会各界，表示衷心的感谢，向广大移民群众和各级移民工作者致以崇高的敬意！

蒋旭光指出，丹江口库区移民安置如期通过蓄水前验收，标志着库区蓄水前的移民相关各项任务已经全面完成。这是库区两省移民工作成果的集中体现，是库区移民工作全体参建者落实党中央重大战略部署、兑现南水北调人向社会和人民做出庄严承诺的体现，也是积极回应社会各界长期以来关心和支持南水北调建设的重要体现。丹江口库区移民安置顺利通过蓄水前验收，为丹江口水库顺利实现蓄水，为实现建委会确定的中线通水目标奠定了坚实基础，意义重大。

对下阶段库区征地移民搬迁安置工作，蒋旭光要求有关方面要统筹做好库底清理整改和蓄水前排查工作，确保如期蓄水。一是要抓紧做好库区清理的缺陷整改工作。从技术性初验发现的问题和整改的情况来看，库区淹没线以下，多数问题已经得到整改，少量剩余问题需按时限进一步整改到位。二是加快做好库区专项复建的扫尾工作。虽然淹没线以下专项复建工作已经完成，但应清醒地看到库区还有专项复建未彻底完成。两省移民部门应进一步加强组织和督促，按期完成专项复建扫尾工作。三是要组织做好水库蓄水前的排查工作。丹江口水库抬高蓄水位进行蓄水备受社会关心，备受各界关注，关系到库区群众的生产生活。7 月下旬，国务院南水北调办致函两省人民政府办公厅，要求切实做好淹没线下的生产生活排查工作，避免出现“水赶人”的现象。两省移民部门和库区地方政府要进一步做好宣传动员工作，做好排查，确保如期蓄水、安全蓄水，保证人民群众生命财产的安全。

会后，蒋旭光一行调研了丹江口库区河南省淅川县大石桥乡库底清理工作，并到老城镇移民安置点，代表国务院南水北调办和鄂竟平主任看望慰问了移民群众，详细了解群众搬迁后的生产生活情况。国务院南水北调办征地移民司、河南省移民办负责同志参加。

京鄂签署战略合作框架协议 深化南水北调对口协作

2013 年 8 月 22 日，湖北省党政代表团就深化南水北调对口协作赴京学习考察。中共中央政治局委员、北京市市委书记郭金龙主持座谈会并讲话。湖北省省委书记李鸿忠在座谈会上讲话。北京市市长王安顺，湖北省省长王国生参加座谈，并代表双方签署京鄂战略合作框架协议。

郭金龙对湖北省党政代表团表示欢迎，对湖北省为保障南水北调工程建设做出的巨大贡献表示衷心感谢。他说，北京市作为水资源受益方，一定认真组织实施好对口协作工作方案，加紧做好相关规划编制工作，加快完善各项落实机制，围绕水环境保护、基础设施建设、产业优化升级、社会事业发展、群众就业增收等工作重点，在资金、技术等方面全力支持湖北水源区发展，共同把水源区建成生态环境良好、社会文明和谐、经济持续发展、人民安居乐业的地区。

郭金龙指出，希望双方以签署战略合作框架协议为切入点，加强科技创新合作，重视中关村、东湖两大示范区工作的交流，加强重大科研项目合作，加快推动科技成果转化，共同服务好国家经济社会发展；加强生态建设合作，探索建立合作机制，推进重大生态治理和重要环保项目合作，改善区域生态环境，造福广大人民群众；加强产业领域合作，深化京鄂企业间的合作，提升两地产业层次，提高经济发展水平。健全区域合作机制，进一步完善两地领导互访磋商机制，共同研究重大合作事项，解决重点难点问题；建立两地相关部门之间的联席会议制度，定期通报工作进展情况，推进落实合作事项；健全重大项目协调推进机制，实现规划上的相互衔接，项目上的相互配套。他表示，北京市将倍加珍惜水资源，科学调度、统筹使用，最大限度发挥好水资源效益。

李鸿忠对北京市长期以来给予湖北省发展的关心、支持和帮助表示衷心感谢，介绍了湖北省南水北调中线工程有关工作情况。他说，湖北省是南水北调中线工程核心水源区、纯供水省和主要移民地，历届省委、省政府和全省广大干部群众站在讲政治、顾大局的高度，把全力服务南水北调工程建设作为重大政治任务和“天大的事”来抓，强力推进移民安置、库区治理和生态保护等工作，为确保库区如期蓄水、顺利送水做出了不懈努力。下一步，湖北全省上下将坚决按照党中央、国务院部署，继续抓好库区移民安置后续工作、水污染防治和生态环保、库区经济结构调整等工作，确保库区青山常在、绿水长流，一库清水永续北送。

李鸿忠表示，南水北调工程使湖北与北京因水结缘，湖北与北京处在不同的发展阶段，有着不同的产业和资源特点，经济互补性强，合作潜力巨大。希望北京市及所属区县按照双层全覆盖、有形无形相结合的思路，充分发挥项目、资金、技术、人才等优势，进一步加大对十堰市及所属县市区的对口支援力度，促进双方优势互补、互利双赢。

座谈会上，王安顺、王国生分别介绍了北京市和湖北省经济社会发展情况，并就加强南水北调对口协作工作进行了交流。

北京市领导吕锡文、李士祥、牛有成、程红、林克庆、夏占义，市政府秘书长李伟出席座谈会。

湖北省领导张昌尔、王晓东、阮成发、傅德辉、郭有明、甘荣坤，武汉市市长唐良智，湖北省政府秘书长王祥喜，湖北省和武汉市有关部门、十堰市负责同志参加座谈会。

冀鄂签署南水北调对口战略合作框架协议

2013年8月24日，河北省与湖北省举行经济社会发展和南水北调对口合作情况交流会暨战略合作框架协议签约仪式。河北省省委书记周本顺、湖北省省委书记李鸿忠出席并讲话。河北省省委副书记、省长张庆伟，湖北省省委副书记、省长王国生分别介绍河北、湖北有关情况并代表双方签署《河北省人民政府湖北省人民政府战略合作框架协议》。河北省委副书记赵勇、湖北省委副书记张昌尔出席交流会及签约仪式。

周本顺代表河北省委、省人大常委会、省政府、省政协和全省7200多万人民，对湖北省党政代表团表示热烈欢迎，对湖北经济社会发展取得的成绩给予高度评价。周本顺表达了3点愿望。

（1）河北人民衷心感谢湖北人民的无私援助。中央部署实施了南水北调中线工程，成为连接河北与湖北的又一条纽带。通过建设南水北调中线工程，从湖北引水北上，将有效缓解沿线地区用水紧张矛盾，可以说这是生命之水、发展之水、友谊之水。湖北省广大干部群众讲政治、顾大局，在河流治理、生态保护、移民安置、工程建设等方面，付出了极大努力，做出了无私奉献。不远的将来，河北人民与湖北人民将同饮一江水，两省之间的友谊也会更加深厚、更加绵长。河北人民将永远记住湖北人民的兄弟情谊。河北省也将积极为湖北库区人民做出应有贡献。

（2）河北省期待与湖北省更加广泛深入的合作。湖北、河北都有各自的特点、各自的优势，经济互补性很强。要着眼于推动双方更好更快发展，努力找到优势互补的共振点、深化合作的切入点、互利共赢的结合点，不断扩大合作范围，拓宽合作领域，创新合作方式，推动两省合作向更高层次迈进。真诚地欢迎湖北省的企业到河北省来发展，同时也鼓励和支持河北省的企业到湖北省去创业，在服务湖北经济建设中实现自身发展。

（3）将全力推动战略合作框架协议的落实。此次两省战略合作框架协议的签署，在推进河北与湖北交流合作中具有里程碑式的意义。将加强组织领导，强化责任分工，定期进行调度，不折不扣地抓好落实，力促合作早见成效。相信经过双方共同努力，两省合作一定会结出更加丰硕的成果。

李鸿忠在讲话中对河北省长期以来给予湖北发展的关心、支持和帮助表示衷心感谢，介绍了湖北省南水北调中线工程有关工作情况。他说，南水北调工程是党中央、国务院做出的重大决策，功在当代，利在千秋。湖北省的干部群众，为能躬逢其盛参与这项伟大的工程感到骄傲和自豪，将站在讲政治、顾大局的高度，在前期工作的基础上，进一步抓好库底清理、生态环保、库区发展和移民致富等各项工作，确保库区如期蓄水、顺利送水，一库清水永续北送。

李鸿忠表示，长期以来，鄂冀两省建立了良好的人缘、亲缘关系。南水北调这项世纪宏伟工程，又使湖北与河北因水结缘，因水结亲，因水结友。将借这次考察的机遇，认真学习河北省深入解放思想、转变经济发展方式、建设经济强省和谐河北的宝贵经验和艰苦奋斗的创业精神、永不自满的进取精神。希望双方充分挖掘两省在工业、科技、文化旅游等方面合作潜力，以此次签订的战略合作框架协议为基础，重点在先进制造业、矿产资源及能源开发利用、农产品精深加工、精品旅游线路对接、科技文化人才交流等方面开展更加广泛密切的合作，促进优势互补，实现互利双赢，造福两地人民。

南水北调中线一期丹江口大坝加高工程通过蓄水验收

2013 年 8 月 29 日，南水北调中线一期丹江口大坝加高工程通过蓄水验收。国务院南水北调办副主任、验收委员会主任张野主持验收会议。

验收委员会听取了工程建设管理、安全评估、质量监督、技术性初步验收等工作报告，察看了工程现场，并经充分讨论形成了《南水北调中线一期丹江口大坝加高工程蓄水验收鉴定书》。

验收委员会认为，大坝加高工程工程形象面貌满足蓄水要求，库区和坝区征地补偿与移民安置已通过验收，工程施工、设备制造和安装质量满足相关标准和设计要求，各建筑物、主要设备及安全监测系统工作正常，验收委员会同意南水北调中线一期丹江口大坝加高工程通过蓄水验收。

张野代表国务院南水北调办党组对丹江口大坝加高工程通过蓄水验收表示热烈祝贺，向为工程建设付出辛勤劳动的全体建设者致以崇高敬意，向多年来大力支持工程建设的国家有关部委，湖北、河南各级党委政府、人民群众和社会各界表示衷心感谢！

张野指出，丹江口大坝加高工程是国内规模最大的大坝加高工程，建设难度在大坝加高史上可谓世界之最。丹江口大坝加高工程如期建成，顺利通过蓄水验收，为南水北调中线一期工程实现通水目标奠定了良好基础，意义重大。

会议强调，各有关单位要加强领导，科学组织，认真落实本次验收提出的意见和建议，继续抓好后续相关工作，力争工程早日通过完工验收；要采取有效措施，切实做好工程运行管理工作，保障丹江口水利枢纽工程更好地发挥效益；要统筹做好南水北调工程建设各项工作，为实现通水目标创造条件。

世界最大 U 型输水渡槽——湍河渡槽主体工程完工

2013 年 9 月 28 日 10 时，南水北调中线湍河渡槽第 54 榀槽身浇筑完成。至此，这一世界上规模最大的 U 型输水渡槽主体工程正式完工。

湍河渡槽位于河南省邓州市，是南水北调中线干线的控制性工程。工程全长 1030m，槽身为相互独立的三线三槽预应力混凝土薄壁 U 型结构，共 18 跨，单跨长 40m、质量达 1600t。设计流量为 $350m^3/s$，加大流量为 $420m^3/s$，按此流量每 5s 即可装满一个标准游泳池，1.5h 可装满一个昆明湖。

作为南水北调中线开工最晚的大型建筑物之一，湍河渡槽除了技术难度高、安全生产风险点多等诸多压力外，还面临着极大的工期压力。据现场工程师介绍，为了保障工期和施工质量，建设者们在短时间内完成了造槽机设备技术革新21项，优化解决施工技术难题7项，不仅有力保障了造槽机安全生产和槽体施工质量稳步上升，更使单榀槽身施工周期从50多天缩短至35天以内。

湍河渡槽主体工程正式完工，也为南水北调中线主体工程在年底基本完工奠定了坚实基础。目前，南水北调中线干线工程累计完成土石方开挖49 000万 m^3，土石方填筑26 800万 m^3，混凝土浇筑2400万 m^3。全线1776座建筑物基本完成，1000多千米渠道已全部成型，2013年底中线干线主体工程将全部完工，2014年汛后可向北京等地供水。

南水北调东线治污主题报告文学《美丽中国样本》出版发行

2013年10月11日，知名作家裔兆宏创作的南水北调环保治污题材长篇报告文学《美丽中国样本》，由中央文献出版社公开出版发行。为进一步做好南水北调治污宣传工作，扩大南水北调工程及该报告文学在社会上的积极影响，2013年10月12日，国务院南水北调办、中国作家协会和中央文献出版社在北京联合举行《美丽中国样本》创作研讨会。中国作协副主席、中国报告文学学会会长何建明出席并讲话。

与会专家均对该书给予了充分肯定和积极评价。中国报告文学学会常务副会长李炳银在序言中写道：“《美丽中国样本》这部作品，是迄今全面和内情客观地报告这个宏大工程的文本，为人们比较轻松和具体生动地了解感知‘南水北调’历史与实际进展结果提供的很好文学读本。”“作为重大的事件报告，因为有了这部《美丽中国样本》，‘南水北调’这样的人类宏伟工程，方在大量浩繁的工程建设档案资料之外，有了一部更多文学特点而又简练易读的真实报告。”

作者在南水北调这样规模宏大的工程建设中选择了生态环保这个独特的角度来详细阐述工程建设的背景、治污环保的艰辛和生态建设的成就，观点独到、内容新颖，紧跟美丽中国建设的时代步伐。作者在创作过程中查阅了大量历史资料，反复对比环境统计数据，采访调查了众多南水北调环保治污的见证者、参与者，正是有了大量一手数据和资料的支撑才确保了本书能够真实再现这场伴随南水北调工程建设的生态战争的整个历程，个中不乏鲜活人物和生动故事的描写，既确保了报告文学的真实性，又不乏文学作品的可读性。

研讨会与会人员一致期望广大作家能够创作出更多这样紧跟时代主题、紧扣发展脉搏的文学作品，也期望通过该书的出版发行呼吁更多的人关注南水北调这一战略工程，关心爱护我们的生态环境，更加珍惜来之不易的水资源。

《中国作家》杂志主编艾克拜尔·米吉提、中国报告文学学会常务副会长李炳银、中国作协创研部主任梁鸿鹰、中国作协创联部主任孙德全、中央文献出版社社长刘敏、《解放军报》文艺部原主任陈先义、《人民日报》文艺部原副主任王必胜、北京大学中文系教授张颐武、中国作协创联部处长李朝全、《中国作家》杂志原副主编萧立军、《中国作家杂志》编辑朱竞、《人民日报》文艺部记者周舒艺等出席会议。

南水北调东线一期工程开始全线试运行

2013年10月19日上午，南水北调东线一期工程开始全线试运行。国务院南水北调办副主任张野在东线源头江都水利枢纽宣布试运行开始，江苏省副省长徐鸣出席并讲话，江苏省人大常委会秘书长、省南水北调办主任吕振霖参加活动。

根据国务院南水北调办部署，本次试运行目的是检验新建和改扩建工程的运行安全可靠性，检验调水系统全线联合运行工程能力，检验新建工程和现有工程协调能力，检验输水干线水质达标情况。东线工程从扬州附近长江干流引水，通过13级泵站逐级提水，利用京杭运河以及与其平行河道输水，经洪泽湖、骆马湖、南四湖和东平湖调蓄后，分两路输水，一路过黄河经小运河接七一、六五河到大屯水库，另一路向东经胶东输水干线西段工程至东湖和双王城水库，东线试运行计划抽引长江水1.3亿m^3，入南四湖8500万m^3。到试运行开始前，江苏省省参加试运行的所有工程已全部建成并通过通水验收，输水干线水质已经达标，具备全线试运行工程条件。

张野在试运行汇报会上向全体建设者表示慰问。他说，江苏省省委、省政府高度重视南水北调工作，省直各部门通力合作抓好南水北调工程建设，沿线各级党委、政府协同配合南水北调工程建设，人民群众全力支持南水北调工程建设，感受到建委会各项工作部署在江苏省得到了充分贯彻落实。张野指出，江苏南水北调工程是新老工程的结合，是综合功能的结合，运行管理十分复杂。通过开展全线试运行，就是要检验工程、总结经验、发现问题，确保这项民心工程、战略工程运行后成为和谐工程、全赢工程。张野强调，工程开始全线试运行后，各级各部门要认真贯彻试运行工作方案，严格各项工作要求，强化工作责任落实，确保干线水质安全、工程安全、航运安全，确保沿线人民群众生命财产安全。

徐鸣指出，江苏省省委、省政府高度重视这次全线试运行工作，主要领导专门批示要求把各项工作组织好、落实好。省、市、县三级联动，加强组织领导，明确工作责任，强化协调配合，落实关键措施，全力以赴投入试运行各项工作。一是加强运行管理。根据国务院南水北调办试运行工作方案，结合江苏省用水实际情况，规范调度管理行为，严格执行调度指令，做好运行调度、工程监测、水量监测、设备维护等工作，派出工作组对所有参加试运行工程开展工程运行管理轮回巡查，确保工程运行万无一失。二是强化水质监测。加大干线排污口门和污染源监督检查力度，确保输水干线水质持续改善、稳定达标。进一步加强监测技术力量，提高试运行前后水质监测检查频次，完善水质目标考评机制，为深入开展水污染防治提供依据。三是抓好运行保障。全力做好水量调度、航运管理、电力保障、养殖管理等保障工作，确保工程沿线供水安全、防洪安全、航运安全、供电安全、养殖安全；组织专门力量排查拆迁安置矛盾，密切关注工程移民情况，确保移民稳定和社会和谐。四是做好应急处置。根据试运行突发事件应急处置办法，对可能出现的突发情况进行排查，确保出现突发事件能够迅速处理。徐鸣强调，这次试运行活动是对江苏省南水北调工作的一次综合检验，也是正式通水的一次重要演习。试运行结束后，要认真总结、试运行取得的经验和存在的问题，切实做好工程运行状况和水质监测技术参数分析，进一步优化工程运行调度方案，加强水质稳定达标措施落实，提前谋划正式通水方案，确保正式通水高质量、高水平运行目标实现。

汇报会上，江苏省南水北调办、江苏水源公司，江苏省环保厅、水利厅、交通运输厅和扬州市政府分别汇报了工作准备情况。

南水北调文物展亮相

2013年11月12日，由河南省南阳市、北京市委宣传部主办的“楚风汉韵——南水北调中线工程渠首水源地南阳文物展”在首都博物馆正式开展，公众可以在两个月的时间里一览南阳在南水北调中线工程中发掘的楚国和汉代文物精品。

2005年，国家文物局正式启动南阳丹江口库区文物抢救发掘工程，80多支考古发掘队先后完成了116处文物点的发掘工作，发掘面积达30余万平方米，出土各类文物5万余件（套）。此次展览重点展示青铜器、玉器、陶器、汉画像石、汉画像砖等代表性文物98件（套）共134件。

南水北调东线一期工程正式通水

2013年12月10日，南水北调东线一期工程第一次正式通水告捷，这是南水北调工程自2002年开工以来取得的重大成果，标志着东线一期工程开始发挥效益，造福沿线人民。

东线一期工程自开工建设以来，在党中央、国务院的正确领导下，在建委会各成员单位的大力支持下，在地方政府和人民群众的密切配合下，各项目法人单位精心组织、认真工作，全体建设者经过11年的艰苦奋战，圆满完成了工程建设任务，实现了治污环保规划的目标。

根据南水北调东线一期工程可研总报告批复，主体工程总投资342亿元。主体工程于2013年3月完工，5月完成了设计单元工程通水验收，8月通过全线通水验收，工程建设质量优良。为全面检验工程建设成果以及联合调度运行的安全可靠性，国务院南水北调办会同环境保护部、水利部及江苏、山东两省于10月19日～11月15日组织开展了全线试运行。

南水北调东线一期工程总体规划阶段编制了《南水北调东线工程治污规划》，确定“治理、截污、导流、回用、整治”一体化治污体系。规划及实施方案共确定治污项目426个，投资153亿元。自2012年11月起，东线黄河以南段各控制断面水质全部达到规划目标要求，输水干线达到Ⅲ类水标准。东线一期工程涉及著名的文化遗产——京杭大运河和齐鲁文化聚集区，工程建设涉及重要文物92处。

经国务院批准，南水北调东线一期工程正式通水，提前实现建委会确定的通水目标。依据水利部提供的水量调度计划，2013年11月、12月将向山东省调水3400万m^3。通水中，工程运行稳定，水质稳定达标，社会反映良好。

东线一期工程供水范围涉及江苏、安徽、山东3省的21座地市及其辖内的71个县市区，人口约1亿人。据可行性研究报告测算，东线一期工程多年平均供水效益达109.5亿元。

南水北调中线干线河北段工程全线贯通

截至2013年12月9日，南水北调中线干线河北段主体工程已全线贯通。

南水北调中线干线河北段工程全长596km，总投资419亿元，包括北京至石家庄段河北段工程、石家庄至邯郸段工程、天津干线河北段工程。其中，北京至石家庄段应急供水河北段工程于2008年5月建成，自2008年9月起，利用河北省岗南、黄壁庄、王快、安各庄4座水库，先后4次向北京市应急供水累计15亿m^3，对保证首都供水安全起到了重要作用。天津干线河北段主体工程于2013年6月完工。河北省石家庄至邯郸段工程于2010年4月开工建设，2013年12月9日主体工程基本完工。

中线京石段工程累计入京水量15亿m^3

截至2013年12月15日，南水北调中线干线京石段工程已累计向北京市调水15亿

m^3，入京水质均维持在Ⅱ类水以上，为保障北京市供水安全发挥了重大作用。

京石段工程自2008年9月18日建成投入运行以来，已连续4次向北京调水。供水水源地为河北省黄壁庄、王快及安格庄水库，年平均调水3亿m^3。其中，向北京市自来水厂供水11.82亿m^3，占总量的76.6%；剩余部分调水水量向北京市城市河湖补水，或调入大宁调蓄水库。

京石段工程第一次通水以来，其供水已成为北京市新的战略水源，南水北调工程来水有效缓解了北京市水资源紧缺的局面。在中线干线全线通水前，南水北调中线干线京石段工程在促进华北地区水资源优化配置、保障首都饮水安全、改善城市水生态环境方面发挥了重要作用。

截至2013年12月15日，京石段工程第四次通水已进入冰期运行阶段，全线水位已抬至设计水位，入京流量为$11m^3/s$，调度运行平稳。

南水北调中线干线工程渠道衬砌全面完工

2013年12月20日上午10时，随着河南省南阳市段2标最后一仓衬砌混凝土浇筑完成，南水北调中线干线工程全线渠道衬砌施工全面完成，顺利实现国务院南水北调办"大干三个月、实现大目标"的工程建设阶段性目标。

南水北调中线干线工程全线除完工的京石段外，渠道衬砌总长2706km（包含单侧边坡与底板的长度），自南向北分布在河南省南阳、平顶山、郑州、焦作、新乡、安阳与河北省邯郸、邢台、石家庄9座沿线大中城市境内。其中，直管代建项目渠道衬砌总长1097km，委托项目渠道衬砌总长1609km。

工程沿线穿越膨胀土（岩）、饱和砂土、湿陷性黄土、煤矿采空区、高地下水等特殊复杂地质渠段和多处河流、公路、铁路，需要克服膨胀土段水泥改性土换填、抗滑桩、坡面梁施工、高填方加固处理等多项施工技术难题，面临的工期紧，任务重，施工强度集中，协调难度大。建设过程中，各参建单位坚决贯彻国务院南水北调办重大决策部署，密切协作、化解风险，突破重点，扎实推进，连续攻克了渠道衬砌施工中出现的各种错综复杂的问题以及工期异常紧迫的难关，实现了2013年年底前全线渠道衬砌完工的建设目标，为实现2014年汛后通水的目标奠定了坚实的基础。

南水北调中线干线主体工程完工

国务院南水北调办于2013年12月25日宣布，经过10年建设，南水北调中线干线主体工程完工。

南水北调中线工程从丹江口水库引水，沿线开挖渠道，沿京广铁路西侧北上，可自流到北京、天津。规划分两期建设，先期实施的中线一期工程于2013年12月开工，总投资2013亿元，输水干线全长1432km。2013年12月25日9时35分，随着南水北调中线南阳宁西铁路暗涵内衬完成混凝土浇筑，标志着中线干线主体工程胜利完工。

根据规划，中线一期工程多年平均年调水量95亿m^3，其中河南省37.7亿m^3，河北省34.7亿m^3，北京市12.4亿m^3，天津市10.2亿m^3，可向沿线19个大中城市及100多个县（市）提供生活、工业用水，兼顾农业用水，有效缓解4省市的水资源短缺状况。

工程建设期间，共完成丹江口水库移民安置34.5万人，工程占地搬迁6.5万人，迁建16个城（集）镇，复建和一次性补偿160家企业、609家单位，抢救和保护文物点609处。

中线主体工程完工后，还将相继开展工程收尾、重要建筑物及全线渠道充水试验、通水验收等工作，确保如期实现2014年汛后通水目标。

京豫共商加强对口协作和区域合作

2013年12月27日下午，北京市和河南省在京召开座谈会，共商加强对口协作和区域合作，发挥两地优势，实现互利共赢，促进经济社会发展结出更多硕果。北京市市委书记郭金龙与河南省省委书记、省人大常委会主任郭庚茂，省委副书记、省长谢伏瞻座谈。

河南省委常委、常务副省长李克，北京市委常委、常务副市长李士祥，分别介绍了两省市经济社会发展和南水北调对口协作情况。河南既是南水北调中线工程的水源地，也是渠道最长、投资最大、占地最多、移民征迁任务最重的省份。专题片《问渠哪得清如许》，真实记录了库区广大移民群众为一渠清水永续北送做出的巨大牺牲。他们舍小家、为国家，背井离乡、重建家园的故事，深深感动了在场所有的人。

郭庚茂表示，南水北调工程是一项利在当代、功炳千秋的伟大工程，体现了社会主义制度的优越性。每逢重大紧要关头，河南人民都能够顾全国家大局和民族大义、支援国家建设。南水北调中线工程实施以来，河南克服种种困难、做出很大牺牲，在移民迁安、工程建设等方面都涌现出很多可歌可泣的事迹。河南将加强与北京的沟通交流，竭尽全力，保证移民搬得出、稳得住，保证工程如期建设、如期投用，保证工程协同运营，保证水质，让首都人民放心，为首都建设做出贡献。当前，河南正处于转型升级的过程之中，发展的前景十分可观，希望通过进一步深化河南、北京双方合作交流，相互促进、共同发展。

郭金龙指出，在南水北调工程建设中，河南人民克服库区移民任务重、淹没面积大、干渠建设影响面广、企业关停后经济转型压力增加等困难，舍小家、顾国家，付出了极大的艰辛和努力。河南省委省政府团结带领河南人民不仅实现了移民安置“四年任务、两年完成”，还实现了搬得出、稳得住。北京作为受水地区，深知流向北京的一泓清水里浸透着河南人民对首都人民的深情厚谊。北京一定倍加珍惜，科学调度，切实把水用好、管好，提高利用率。

谈到对口协作和区域合作，郭金龙表示，开展对口协作工作是中央交给北京的光荣任务，必须怀着饮水思源的感情，不折不扣地落实好对口协作各项任务，健全区域合作发展机制，提高区域合作水平。

座谈后，两地相关部门就教育、科技、工业、卫生、旅游、南水北调领域签订了合作协议，将围绕科技创新、产业发展、旅游文化等重点领域加强合作。

北京市委常委、统战部长牛有成，市委常委、秘书长赵凤桐，副市长林克庆、市政府党组成员夏占义，河南省领导刘春良、赵建才、王铁出席。

中国文联慰问团赴南水北调中线施工现场及移民新村演出

2013年12月29日，中国文联“我们的中国梦——文化进万家”慰问演出在河南省邓州市湍河渡槽施工段现场举行。当日，由中国文联和国务院南水北调办主办的“我们的中国梦——文化进万家”慰问团先后来到河南省邓州市湍河渡槽施工段现场及湖北丹江口蔡湾村移民安置点，和参与南水北调工程建设的工人、移民群众热情联欢。姜昆、冯巩、小香玉、吕薇等文艺工作者为在场的工人、群众献上了精彩的文艺节目。

玖 文章与专访

ARTICLE AND INTERVIEW

南水北调冲刺攻坚

国务院南水北调办主任　鄂竟平

过去的一年，是南水北调工程开工建设以来，任务最重、难度最大、建设管理强度最高的一年。从目前来看，各项工作进展顺利，总体形势持续向好，实现了年初确定的“进度更快、质量更好、投资更省、移民更稳、水质更优、战斗力更强”的目标，为如期实现通水目标奠定了坚实基础。

在此基础上，国务院南水北调办公室党组研究确定了2013年南水北调工程建设目标：计划全年完成投资420亿元，其一，确保今年东线工程通水；其二，中线工程绝大多数标段完工，为2014年汛后通水奠定坚实基础。

南水北调工程因其自身特殊性，在建设期内待运行管理上没有既有先例可循，也没有现成经验可以借鉴，需要不断地进行探索和总结。要适应运行管理过渡需要，防止工程建好后出现“真空期”。

五大攻坚难题

充分发挥综合效益是南水北调工程建设的最终目的，而工程全面建成、水质稳定达标、移民安居乐业、投资使用合理是南水北调发挥综合效益的前提和基础。任何一项任务不能如期完成，都无法保证按时通水，无法发挥工程综合效益。

可以说，完成各项任务不能动摇、不容商量，到了慢不得、等不得、松不得的地步，必须确保各项任务有效衔接、相辅相成、整体推进。现在，在通水目标日益逼近的紧要关头，工程建设还面临着五大难关需要攻坚。

其一，工程进度风险依然存在。一是东线工程通水前，还有大量组织协调和治污工作要做，任务十分繁重。二是中线跨渠桥梁建设进度滞后，石家庄以南有27座跨渠桥梁影响渠道工程完工时间超过2013年9月份，影响了渠道开挖、填筑和衬砌。部分专用光缆、治污管道专项设施迁改建及中线干渠防洪影响处理工程建设缓慢。三是管理不作为、乱作为，野蛮施工、监管缺失，随时可能冒出新的风险项目，影响工程建设进度。四是配套工程建设滞后。河南、河北、山东部分项目开工较晚或至今仍未开工。

其二，质量监管仍待加强。一是部分参建单位质量管理不到位，偷工减料、擅自修改施工方案或调整施工工艺等现象仍然存在；二是“市场”、“现场”不联动，企业违法违规成本过低；三是大型输水渡槽混凝土强度、高填方土方压实度等质量问题仍时有发生；四是对有关责任单位和责任人的处罚执行不到位；五是质量问题检查和质量监管工作的前瞻性、针对性、时效性，以及质量监管覆盖面、监管深度，与当前工程建设形势需要尚有一定的差距。

其三，移民稳定发展任务艰巨。一是随着时间推移，房屋质量、文化融合、基层政权建设等深层次问题逐步显现；二是移民搬迁结束后，地方移民安置指挥机构逐步解散，对移民搬迁后生产生活管理缺位，帮扶协调、资源整合的难度相应加大；三是丹江口库区部分线上留置人口交通阻隔、资源短缺，生活不便、生产不易，矛盾和问题日益突出；四是征地补偿政策的调整，可能引发已征迁群众的攀比。同时，库底清理时间紧迫、责任重大，用地手续办理存有困难。

其四，治污环保有待深化。东线36个考核断面水质全部达标，但尚不稳定，有的断面部分时段不达标，农业面源污染、养殖污染、航运污染等问题依然严重，城市污水直排问题没有根本解决；中线水源区尚有9个考核断面不达标，部分入库支流水质未明显好转，面源污染日益突出，防治措施尚不完善。

其五，投资控制仍有压力。一是工程建设中不可预见因素造成设计变更，增加投资；二是工程临近尾声，因方案变化、工期延长、高地下水位影响施工等引致的索赔随之而来；三是工程建设后期需要专门研究处理的特殊问题增多，资金监管难度增大；四是资金管理仍有薄弱环节，分包转包、招投标、征迁结余等一些隐蔽性问题会逐步显现。

冲刺两大战略目标

东线要通水，中线要收尾，为实现这一目标，今年南水北调办公室将着力推动以下几方面工作：

其一，紧盯重点大推进度。实行“差别化”管理，把力量集中在高风险工程上和主要问题上；继续发挥好风险项目挂牌督导、关键事项督办、重点项目半月会商、进度协调会、铁路交叉工程部办联席会等已有机制作用；建立进度计划考核、形象进度节点目标考核和关键事项督办考核相结合的考核管理体系；落实东线通水目标保障措施方案，建立东线通水工作应急预警机制和中线建设形象目标保障应急预警机制，确保东线通水目标和中线建设形象目标实现。

其二，再加高压严管质量。对建设质量问题不枉不纵，严格监管、严肃处理，做到刚性制度、刚性落实、刚性奖惩；对已建工程组织全面排查，消除东线工程质量隐患，避免中线工程质量问题叠加，前移质量监管关口，加强工程建设现场一线质量管理，保障质量管理人员充足配置，从设计交底、原材料进场到施工环节、监理验收等进行全过程控制；贯彻落实质量问题责任追究、关键工序考核奖惩、质量信用管理、质量关键点管理等方面的制度和办法，采取专项监管措施，并突出薄弱环节监管和实行“差异化”监管。

其三，落实帮扶稳定移民。豫鄂两省要出台帮扶政策，建立长效工作机制，帮助移民就业创业，积极培育优势产业，促其生产生活发展，当然也要鼓励引导移民自力更生，避免出现等、靠、要的倾向；在科学预判的基础上，本着“事要解决、源头控制”的原则，主动走近群众，敢于触及矛盾，积极回应、妥善处理移民群众的合理诉求。具体工作中，提前谋划丹江口库区留置人口生产生活发展问题，确保库区社会稳定；在全面完成一般清理的基础上，集中精力清理重点污染源，确保6月底前全面完成水库库底清理工作；抓紧遗留问题处理和专项设施迁建，及时协调新增用地交付，保障工程建设用地需要。

其四，治保并重提升水质。治污环保事关南水北调工程成败，事关水源区及沿线地区民生改善和社会稳定。必须还要深化治污措施，建立长效机制，实现当前和长久的水质目标，确保一渠清水永续北送；鉴于东线治污的特殊性，为确保东线通水水质，就要实行分区防控、应急管理的新机制；就中线入库河流水质现状，为确保水源区水质不恶化，要死盯超标河流，实行严格考核。

其五，安全高效监控资金。越到工程建设后期，利益博弈就越激烈，复杂问题和矛盾的处理难度就越大。要一如既往地严把最后关口，保证资金合理使用，并针对审计发现的各种问题，加强整改，堵塞漏洞，确保按规定的程序和制度办事。

（原载2013年3月4日《瞭望》）

南水北调 通水倒计时

——《中国新闻周刊》记者专访国务院南水北调办主任鄂竟平

南水北调工程已经进入通水倒计时。

北京市玉渊潭南路甲1号的国务院南水北调工程建设委员会办公室（以下简称南水北调办）一楼大厅里，倒计时牌的数字越来越小。南水北调东线一期工程将于2013年第三季度通水，江苏、山东、安徽将用上长江水。

2002年12月23日，国务院正式批复同意《南水北调工程总体规划》。工程规划总投资5000亿元，工期40～50年，每年从长江向北方调水448亿m^3，比一条黄河的供水量还多。工程规划分东线、中线和西线三部分：东线从长江江苏扬州段调水，经过江苏，到达山东、河北和天津；中线从丹江口水库调水，经河南，到河北、北京和天津；西线规划从长江上游调水到黄河上游，供应西北和华北，西线由于技术、环境、民族等诸多因素，仍在规划阶段。

很多人一提起“南水北调”，都以为这只是一个工程。事实上，它是一个巨型系统工程，还涉及水污染防治、水资源保护、征地移民、文物发掘保护等多方面工作。尤其它所碰到的环保治污问题是目前整个中国社会都面临的难题。

2010年7月，鄂竟平出任南水北调办党组书记、主任。有着东北口音的鄂竟平话很少，但开会总是脱稿讲，相关数字张口即来，基本准确无误。南水北调办的工作人员对每次会议都必须认真准备，才能经得住他刨根问底的提问。2013年春节之后，鄂竟平接受了《中国新闻周刊》独家专访。他坦言，尽管南水北调工程业已取得巨大进展，但是，在治污、移民、工程质量、工程预算决算方面，仍然面临不小的挑战，2013年是一个重要的检验窗口。

治污何以提速

中国新闻周刊：很多人担心南水北调会不会成为“污水北调”，东线治污被称为“世界第一难”，难在哪？

鄂竟平：2002年南水北调东线工程开工时，沿线江苏、山东两省大多数工业和城市污水未经处理直接排入河道，南水北调输水干线和支流水质大多为五类或劣五类，黄河以南36个控制断面中仅1个断面水质达标。南四湖、东平湖污染严重，主要指标超标10～180倍。东线工程重点在山东，难点在南四湖。

“西边的太阳快要落山了，微山湖上静悄悄。”电影《铁道游击队》插曲《弹起我心爱的土琵琶》里这句歌词提到的微山湖，广义上即南四湖。作为长江水北上的必经之地，南四湖成为东线工程的输水通道和重要调蓄水库，涉及苏鲁豫皖4省32县，流域面积3.17万km^2。受地形、地势影响，区域53条主要支流全部汇入南四湖，且无直接入海通道，哪条河流治不好都会影响湖区。由于污染严重，微山湖一度成为“死湖”“酱油湖”，鱼虾绝迹，群众深受其害。

中国新闻周刊：那么东线能否成功关键就在治污？

鄂竟平：2002年之前，在论证南水北调工程的时候，很多人就是因为水污染问题投了反对票。东线该上不该上，是当年争论的焦点之一。而焦点不在工程方面，工程方面有些小难度，但不是很大。水资源量方面也问题不大，长江下游，一年大概9700亿m^3水，抽走80多亿立方米水，也不算什么，影响微乎其微，因此治污就成为了焦点。甚至有的地方政府担心污水北上，而拒绝要东线的水。

东线工程必须先治理好污染，不治理好即使调来长江水也没法使用。为此东线曾经设想在京杭大运河旁边重新开一条水道，不和周边的河道交叉，避免污染。但多方选比后东线还是决定利用京杭大运河修整、疏浚、拓宽后输水。

中国新闻周刊：东线工程当时就是带着治污任务的？

鄂竟平：所以当年大家对治污问题的研究特别深入。之后采取的治污措施，跟其他方面比，更加有力度，针对性更强。

在一般人看来，南水北调工程就是调水。其实，调水仅仅是工程建设的一个效益，与此同时在促进受水区有关省市进一步节水，进一步治污，提高用水效率等方面也有重大作用。例如，前几天当地环保部门就说，南水北调东线工程的实施使沿线治污工作几乎提前了15年。如果没有南水北调东线工程，山东、江苏两省的水污染治理就不可能取得如此明显的成效。同时，受水区各省市也不会如此快地通过建立南水北调基金，提高水价，加大节水力度。

中国新闻周刊：目前治污取得了很多成果，那如何让水质持续得到保障？

鄂竟平：这里必须要澄清一个问题，在水质方面，南水北调东线工程与沿线很多的河流湖库连通，涉及很多地区，突发事件、意外事故随时都有可能发生。沿线至少有近30个断面，几年来都稳定达标，只有几个断面不稳定。经过治理，已经实现36个控制断面水质全部达标，输水干线水质基本达到规划确定的水质目标，但能不能一直稳定，还需要多方再努力。

常态来说，36个断面肯定是会稳定达标的。因为这个成果的取得，是原来规划的426个治污项目逐步建成、运行、生效后取得的，污染指标也逐渐降下来的。现在我们又开始实施新一批的治理项目，加上我们从源头上控制污染物排放，污染源治理好了，东线水质就不会有大的问题。

中线和东线不同，中线的干渠不和其他河流湖库相连，但要保护好中线水源地丹江口水库和上游河流的水质。移民的目的之一也是为了保护水源。目前进行的丹江口水库库底清理工作，也能进一步保障中线水源水质。

中国新闻周刊：治污环保也是很多地区、行业都碰到的问题，南水北调工程大，阻力多，是如何做到的？

鄂竟平：江苏、山东两省在全国率先颁布实施了严于国家标准的造纸工业、纺织染整工业、畜禽养殖业、垃圾填埋渗滤液等污染物排放标准，其中COD（化学需氧量，又称化学耗氧量）排放标准最高严于当年国家标准6倍多，氨氮排放标准最高严于国家标准7倍。招商引资方面，也突破了很多地方采用的模式，取消了很多企业原有的“排污”特权。

治污体制机制上进行了新的尝试。以前，治污工作是“九龙治水”，传统方式是分口管理，陆地归一个部门管理，水域归一个部门管理。事实上，污染源在陆地上，排污口在水里。而治污是一个整体，离不开全社会的支持和参与，须要采取综合措施。南水北调工程治污是按流域地区来划分的。当时徐州市率先将城市所有涉水管理统一于水务部门，同时建立了重点断面达标风险抵押金制度，凡辖区内重点断面不能达标的县（市、区），没收相关负责人交纳的风险抵押金，并通报全市，实行最严厉的考核问责。这一招，对区县一把手触动非常大，效果也很好。

现在徐州市南水北调东线工程沿线6个考核断面的水质达标率均为100%。

中国新闻周刊：但是，工程沿线这些地区都处于经济发展上升期，有没有产生一些矛盾？

鄂竟平：我的直观感受是，两个省并没有因为治污有反对意见。因为经济发展到一定程度，大家都要关心治污的问题了，追求良好的环境和生态。更加符合当前中央强调的建设“美丽中国”的总体要求，符合生态文明建设的时代潮流。中央、地方各级党委政府和沿线百姓，对治污的意识达到了前所未有的一致，总体进展很顺利。

因为治污，很多企业的成本增加了，负担重了。所以东线治污工作是从经济结构调整入手的，这是治污工作的关键。现在看治污非但没有限制发展，反而带来高层次、高水平的发展。老工业基地徐州，加快转变方式，162家企业开展清洁生产，产业结构由重变轻。山东调水沿线的草浆造纸企业减少65%，但纸产量却是原来的3.5倍，利税是原来的4倍。这些企业突破了制浆工艺和废水深度处理回用技术等行业环保瓶颈，它的经验、技术、工艺都在全国推广。

移民何以安心

中国新闻周刊：水库移民历来都是困扰水利工程的难题，移民是你关心的重要问题吧？

鄂竟平：不光是我特别关注，中央、国务院、各级党委政府和沿线群众都关注南水北调移民。中央领导更加关注，多次深入库区看望移民、了解情况、解决问题。原因很简单，一是人数太多，二是年度搬迁强度太大。丹江口水库大坝加高工程涉及移民安置34.5万人，其中湖北省18.1万人、河南省16.4万人。

这关乎移民的切身利益。一关乎切身利益，就会较劲、较真。处理不好就会激发矛盾，所以大家很担忧。

中国新闻周刊：我们曾经采访过铁路和公路方面的拆迁补偿，有时农民很不满意，因为补偿标准有时比市价低了不少。

鄂竟平：以前水利工程的土地补偿，标准是补给当地前三年平均产值的5~6倍，后来增加到10倍。而从南水北调工程开始就把它提高到16倍。之前丹江口水库库区移民预算只有200多亿元，就因提高了标准才又核定为近500亿元，翻了一番多。这样一来，移民可以得到较为满意的实际补偿资金。

中国新闻周刊：移民这两年上访的多吗？反映的是哪些方面的问题？

鄂竟平：有，但数量不多，以政策咨询为主。当然也有因房屋质量、土地划拨等前来上访的。

南水北调移民搬迁采取的是开放的方针，比如丹江口库区有关省市专门编写简报、印制小册子等，发给移民群众，使乡亲们心中有数。

南水北调丹江口库区移民工作，在制定规划之初就和移民商量。比如：安置点的选择，在规划期间推荐多个方案供选。进行实物核查时，结果全部公示。给移民建房时，由移民自己选派代表到现场进行质量监督。公开透明，接受群众监督，不折不扣执行移民安置标准，真正把移民政策交给群众。

中国新闻周刊：也就是说，南水北调的移民并没有出现大的问题？

鄂竟平：以前在移民安置中，往往注重生活安置，没有足够重视生产生活和出路问题，使得移民安置不稳定。

这次我们实行有土安置原则，首先确保每个移民拥有一份口粮田。土地是农民唯一信赖的生产资料。他有了生产资料，心里觉得踏实。

再有就是打消移民的顾虑。以前采取的是将移民分散插迁到各村的办法，使移民感到形单影只或易受当地人欺负。这次采取的办法是尽可能采用整建制搬迁，整村搬迁，一切尊重原来的血缘关系、生活习惯，这让他们有了安全感。

中国新闻周刊：移民经常出现回流的情况，你担心吗？

鄂竟平：丹江口区域，除了水库清理工作之外，就是担心出现大量移民的不稳定。回流比重占多少很难说，但的确有这方面的不稳定因素。

比如说有些地方生活成本比原来高。现在到新的地方，集中供水，集中处理生活垃圾，可能都要付费。这就会对生活造成影响。再有就是创收的问题，如果反差太大，就不稳定。

还有一个问题就是，移民到新的地方会不适应，故土难离。这挺普遍的。

2013年，我们会盯着这些问题，怎么通

过后扶持让移民度过适应期。想办法培训移民，让他们有一技之长，容易找工作。研究怎么把他们的土地集约经营，让移民在土地上增加收入。移民搬迁的目的，不仅仅限于搬出去，更重要的是要使移民“稳得住、能发展、可致富”。

建设之后的管理挑战

中国新闻周刊：当前，工程建筑领域质量事故频发。人们也非常关心南水北调工程的质量。

鄂竟平：质量是南水北调工程的生命。因为我们这个工程是长距离输水，对工程质量要求最高，有一个缝隙都不行。没别的办法，只有高压，严查严处。我们在质量监管上做了一些前所未有的事，心里还是有底的。

中国新闻周刊：有哪些前所未有的事？

鄂竟平：我们研究制定让参建单位付出沉重代价、不敢再违规的办法。比如，要阻止他偷工减料，你必须得知道他怕什么。我们研究施工方、监理方、项目法人都怕什么。

我们的工程建设管理以项目法人为主导，在全国范围内率先制定了国家重点工程领域的质量责任终身制及实施细则，对工程建设期留存资料做出了规定，并且形成信用档案。这是正告那些施工和监理企业，如不负责任，我们一定会找你算账，建设南水北调工程都出问题，还能干别的工程？

我们琢磨出一套三位一体的监管体系：三位就是有三个直管机构，一是质量飞检机构，负责查找问题；二是质量问题认定机构，负责确定出现的问题的性质；三是质量问题处罚机构。由监督司牵头将三者拢在一起，形成质量管理的合力。

比如，负责飞检的稽查大队，随机到施工现场开展高频度飞检，不许跟施工单位有任何接触，只是就工程查工程，不许吃参建单位安排的饭，不许住参建单位安排的住处，不许用参建单位安排的车辆，去检查的时候不许打招呼，取证完就走。这让整个南水北调系统各单位都感觉很紧张。

我们还有多个联席会议机制，联合发改委、住建部、水利部、国资委、工商总局等部门部署工程质量管理工作，注意依靠机制，而不是靠临时动议。工程进展顺利、工程质量总体受控与这些机制有直接的关系。

中国新闻周刊：2013 年比较关键，你是否有担心？

鄂竟平：2013 年是南水北调工程开工以来最为特殊、最为关键的一年。大目标概括两句话，就是东线要通水，中线要收尾。以前是建设年，以后将是建设加管理。这里面有些事，谁都没有经历过。而且积累多年的矛盾，并很可能是难解决的矛盾会爆发。

2013 年最怕出现意外，因为还有一些风险。进度上，有的标段可能拖工期；质量上，怕出大事故，有几百米标段出大事故，整个干线就不能通水；环保治污方面，东线 2012 年 11 月检测全部达标，能不能稳定达标？移民稳定问题，仍处于磨合期，磨合好了在当地安居乐业；磨合不好，什么都能发生；投资控制上，可能出翘尾问题，量不大，但风险还不小。

中国新闻周刊：面对这些问题，你做了哪些打算？

鄂竟平：我们制定了一套工作思路，其中最重的一句话是“依靠机制，严防意外”。进度上，抓重点抓节点，依靠预警机制和奖惩机制。质量上，高压高压再高压，延伸完善抓关键。移民搬迁方面，清库标准不动摇，时限不动摇，移民后扶持不放松，把移民增收当成大事来对待。环保方面，东、中线分区监控，强力推进治污和保护措施。投资控制方面，2013 年工程计划完成投资 420 亿元，一定要控制好资金使用。要对重大设计变更、合同变更收口关闸，需增加用钱的项目必须到南水北调办审批。

（原载 2013 年 3 月 4 日《中国新闻周刊》记者：庞清辉）

三问南水北调

——国务院南水北调办鄂竞平主任访谈录

2013 年南水北调东线一期工程将通水，随着 2013 年南水北调建设工作会议的召开，南水北调再次成为公众关注的焦点。2013 年 1 月 15 日，记者采访了国务院南水北调办主任鄂竞平。

一问：工程质量是否可靠

东、中线一期工程单元工程评定合格率达 100%，优良率达 91%

南水北调工程质量是公众首先关注的问题。谈及工程质量，鄂竞平用了 4 个字"继续向好"。他告诉记者，截至 2012 年底，东、中线一期工程单元工程评定合格率达 100%，优良率达 91%。

合格率、优良率为何如此之高呢？鄂竞平说，主要得益于六点：一是建立"三位一体"的监管体系，实施"三查一举"（飞检、专项稽查、站点监督和有奖举报），及时发现质量问题，对各类质量问题进行严肃追责。二是建立健全了质量监管制度体系，实现了质量监管制度化。三是建立了五部委联席议事机制，充分发挥一线站点的监督作用，全系统协同监管，实现区片联合、上下联动、合力管控。四是通过开展质量集中整治和专项检查活动，发现并整改质量问题，提高全系统的质量意识，强化各参建单位的质量责任。五是加强对质量关键点的监督检查，研究确定工程关键部位、关键工序和关键质量控制指标作为工程质量关键点，明确质量管理责任和监督管理职责与措施。六是对高填方渠段工程实施派驻质量监管员、挂牌督办和四级联保制度，对跨渠桥梁、建筑物混凝土开展质量问题专项排查。

二问：北调水质是否达标

南水北调东线输水干线排污口已全部关闭，断面水质全部达标

2002 年南水北调东线工程开工时，沿线大多数工业和城市污水未经处理直接排入河道。南水北调输水干线和支流水质大多为五类或劣五类，如此严重污染在世界治污史上也十分罕见。当时不少人担心，南水北调会不会成为"污水北调"。如今，东线、中线一期工程通水在即，污染治理得怎样呢？

"南水北调东线输水干线排污口已全部关闭，断面水质全部达标。"鄂竞平对记者说。

先说东线。以江苏境内 3 个不稳定达标考核断面和山东境内 6 个不达标考核断面治理为重点，2011 年下半年确定的一批补充治污重点项目已全部开工，沿输水干线排污口已全部关闭。主要治污控制断面水质自动化监测网络建设步伐加快，农业面源污染防控力度进一步加大，城市污水和垃圾收集处置机制已经形成。目前，规划确定的 36 个考核断面全部达标，输水干线水质基本达到规划要求。

再看中线。鄂竞平对记者说，国务院批复《丹江口库区及上游水污染防治和水土保持"十二五"规划》和《丹江口库区及上游地区经济社会发展规划》后，南水北调办建立了部际联席会议制度；与水源区 3 省签订了水源保护目标责任书；对丹江口库区不达标入库河流，确定了"一河一策"治理方案。

目前，东线水质继续向好，中线水质总体可控。

三问：征地移民情况怎样

库区 34.5 万移民已全部搬迁，全年累计解决 143 项征迁难点，累计交付建设用地约 86.7 万亩

统计显示，南水北调中线丹江口大坝因加高，需搬迁移民 34.5 万人。征地移民情况

怎样呢？鄂竞平说，移民搬迁安置任务主要集中于2010年、2011年完成，去年主要是围绕“突出帮扶稳移民”，做好库区移民和干线征迁扫尾工作，深入开展帮扶维稳。

经过去年一年的继续努力，丹江口库区剩余1.5万人搬迁、16个城集镇迁建以及若干专项、工业企业迁复建，已全部完成。至此，库区34.5万移民已全部搬迁，实现了建委会确定的“四年任务、两年基本完成”的目标。此外，干线征迁及时提交新增用地，满足了建设需要。全年累计解决143项征迁难点，合计新交永久用地0.6万亩，临时用地2.3万亩，累计交付建设用地约86.7万亩。

更为难得的是，通过深化矛盾纠纷排查化解，确保了稳定。具体措施包括：通过经常性矛盾纠纷排查化解、突出问题专项检查、重点问题督办落实等措施，促进“事要解决”；通过进度商处、专题会议布置、重要时点下发通知强调，落实属地责任；加强上下联动处置和政策解释，做好信访接待。

（原载2013年1月16日《经济日报》
记者：黄俊毅）

通水倒计时　2013“南水北调”工程将临大考

——国务院南水北调办主任鄂竞平详解关键点

南水北调工程作为缓解北方地区缺水的战略性民生工程，积极贯彻落实党的十八大报告中提出的建设“美丽中国”的要求，践行科学发展观的要求，始终遵循“先节水后调水，先治污后通水，先环保后用水”原则，以工程建设和生态保护为抓手，切实加强沿线地区生态环境建设，构建南水北调工程生态和谐的美好图景。

2013年，南水北调东线一期工程将于第三季度左右通水，届时江苏、山东将用上长江水；中线一期工程将于2014年汛后通水，北京、天津、河南、河北也将“共饮长江水”。通水之前，南水北调是否可以保证“一江清水向北流”？移民是否是既迁得出又稳得住？工程质量是否能经得起时间的检验？

两会前夕，记者带着这些问题采访了国务院南水北调办公室主任鄂竞平。他坦言，南水北调工程已取得巨大进展，但是，在治污、移民、工程质量、工程预算决算方面，仍然面临挑战。

东线治污突破“世界第一难”

关键句点击：“2002年之前，在论证南水北调工程的时候，很多人就是因为水污染问题投了反对票，东线治污被称为‘世界第一难’。”

“截至2012年年底，东线黄河以南36个控制断面全部达到规划水质目标，达标率为100%。”

“西边的太阳快要下山了，微山湖上静悄悄”，在这首脍炙人口的《铁道游击队》主题曲中，向我们描述了无比美丽的微山湖景。然而，遗憾的是，作为南四湖的一部分，微山湖从20世纪后半期起，由于盲目追求发展，大规模围湖造田、兴办工业，一度成为污染的重灾区。

“2002年南水北调东线工程开工时，沿线江苏、山东两省大多数工业和城市污水未经处理直接排入河道，南水北调输水干线和支流水质大多为Ⅴ类或劣Ⅴ类，黄河以南36个控制断面中仅1个断面水质达标。南四湖、东平湖污染严重，主要指标超标10～180倍。所以在论证南水北调工程的时候，很多人就是因为水污染问题投了反对票，东线治污被称为‘世界第一难’。”鄂竞平表示。

从劣Ⅴ类到Ⅲ类，沿线江苏、山东两省打响了治污攻坚战，挑战“世界第一难”。

加严治污标准成为东线治污的突破口。

2006年，山东为南水北调流域颁布排污标准，其中COD排放标准最高严于国家行业标准6倍多，氨氮最高标准严于国标7倍。与此同时，山东省在南四湖地区大力开展退耕还湿、退渔还湖，依托人工湿地水质净化工程，建设环湖沿河大生态带。水体氮、磷的去除率达到60%以上。

截至2012年年底，东线黄河以南36个控制断面全部达到规划水质目标，达标率为100%，输水干线基本达到Ⅲ类标准。南四湖、东平湖水生态环境质量改善明显，对环境敏感的小银鱼、毛刀鱼、麻婆鱼等又重现于河湖中，湖边野生植物、珍稀鸟类日渐增多，南四湖又重现了昔日生机和活力。

带动沿线产业升级改造

关键句点击：“东线治污工作是从经济结构调整入手的，这是治污工作的关键。”

“在一般人看来，南水北调工程就是调水。其实，调水仅仅是工程建设的一个效益。生态文明建设是南水北调工程建设的最重要内容。”

“因为治污，很多企业的成本增加了，负担重了，所以东线治污工作是从经济结构调整入手的，这是治污工作的关键。现在看治污非但没有限制发展，反而带来高层次、高水平的发展。老工业基地徐州，加快转变方式，162家企业开展清洁生产，产业结构由重变轻。”鄂竟平说。

“在一般人看来，南水北调工程就是调水。其实，调水仅仅是工程建设的一个效益，与此同时在促进受水区有关省市进一步节水，进一步治污，提高用水效率等方面也有重大作用。例如，前几天当地环保部门就说，南水北调东线工程的实施使沿线治污工作几乎提前了15年。”鄂竟平表示。

生态文明建设是南水北调工程建设的最重要内容。鄂竟平指出，南水北调工程的总体任务是构筑“四横三纵，南北调配，东西互济”的大水网格局，解决北方地区的水资源短缺问题，增强当地的水资源承载能力，保障经济社会的可持续发展。工程规划最终年调水规模为年调水量448亿m^3，受水规划区约5亿人受益。仅东、中线一期工程直接供水的县级以上城市就有253个，直接受益人口达1.1亿人。工程整体供水区域控制面积达145万km^2，约占中国陆地面积960万km^2的15%。

鄂竟平告诉记者，南水北调工程建成后，非常有利于推进生态和环境保护。一是保障用水资源。解决北京、天津、河北等7省市沿线近200多个城镇的缺水问题，改造沿线河湖环境，提升城市生态品位，为生态文明建设和经济社会可持续发展提供水资源保障。二是改善生态环境。遏制受水区地下水超采造成的生态退化，逐步修复北方地区受损的生态环境，促进农业生产条件和人居环境的改善。三是优化产业结构。促进水源区及沿线开展产业结构调整和经济发展转型，推动生态文明建设。四是积累治污经验。南水北调治污环保工作取得了一定的社会效益、生态效益和经济效益，同时在治污理念、经验、机制等方面进行了成功的尝试，为国家重点流域污染治理和生态保护提供借鉴。五是提升生态文明。通过治污成效的示范，不仅使沿线各地政府和人民认识到污染治理的艰巨性和复杂性，而且使全国进一步提高对生态和环境保护重要性的认识，统一思想，提振信心，为建设“美丽中国”凝聚力量。

移民不仅要搬得出，更要“稳得住、能发展、可致富”

关键句点击：“在整个移民搬迁安置工作中，有很多动人、精彩、令人十分感动的故事。移民可敬，干部可爱！”

“移民搬迁的目的，不仅仅限于搬出去，更重要的是要使移民‘稳得住、能发展、可致富’。”

南水北调中线工程从大坝加高扩容后的丹江口水库陶岔渠首闸引水，需要把丹江口大坝加高，水域面积扩至1050km²，由此造成大量农田、房屋被淹，需要搬迁34.5万人，其中河南16.4万人、湖北18.1万人。许多人是二次移民，甚至是多次移民。如何做好移民工作成为南水北调的重要环节之一。

“党中央、国务院，沿线各级党委、政府，以及广大人民群众都关注南水北调移民。我们和各省在安排工作时是小心又小心，谨慎又谨慎，细致又细致，把能考虑的问题基本都考虑到了，把能想到的招数全用上了，几乎把所有的资源和优势发挥到了极致。”鄂竟平告诉记者。

“移民搬迁的目的，不仅仅限于搬出去，更重要的是要使移民‘稳得住、能发展、可致富’。”鄂竟平表示。

据了解，以前水利工程的土地补偿，标准是补给当地前三年平均产值的5～6倍，后来增加到10倍。而从南水北调工程开始就把它提高到16倍。同时，针对库区移民状况研究优惠和扶持政策，按人均补足24m²进行建房差额补助；将移民新村建设与新农村建设相结合，将被征迁群众生产生活安置与当地社会经济建设相结合，多渠道安排资金，协调地方在供水、供电、交通、医疗、教育等方面出台扶持政策，使移民群众早日融入当地社会。

但鄂竟平同时坦言，仅仅让移民靠一亩多地很难发展。为此，在制定移民规划时，有意识地尽可能把他们安置在城市附近或者靠近交通干道，方便大家出行和外出打工。此外，河南、湖北两省积极谋划和实施生产开发项目，举办种植、养殖、务工等生产技能培训班，开展劳务输出活动，增加移民收入。

“南水北调移民之所以这么成功，其中，移民干部付出的太多了，有很多动人、精彩、令人十分感动的故事。移民可敬，干部可爱，我们有18名基层干部辛苦工作，默默奉献，献出了最宝贵的生命。我们的移民乡亲还都记着他们，我相信党和国家也不会忘记。”鄂竟平至今对移民干部们满怀感激之情。

质量是南水北调工程的生命

关键句点击：“质量是南水北调工程的生命。这两年，我们在质量监管上做了一些前所未有的事，抓得力度非常大，措施非常多，心里还是有底的。”

“我们就是要告诉那些施工和监理企业，如不负责任，我们一定会找你算账，建设南水北调工程都出问题，还能干别的工程?”

“质量是南水北调工程的生命。我们把工程质量看得特别重，这几年，在质量监管上始终保持高压再高压的态势。这两年，我们在质量监管上做了一些前所未有的事，抓得力度非常大，措施非常多，心里还是有底的。”鄂竟平说。水利工程师出身的鄂竟平，这几年中究竟多少次到工程施工现场连他自己也说不清。据南水北调办公室工作人员介绍，鄂竟平会时常带着仪器设备现场检测，有时抓把沙土，亲自研究。对工程建设中存在的一般问题，一眼便知，并能判断出质量的优劣。

为了确保工程质量，南水北调办公室还建立了联合协作质量监管联动机制，联合水利部、住建部、国资委、工商总局五部门发文部署工程质量管理工作，并建立联席会议机制，形成质量监管的合力；制定了一套“三位一体”的质量监管体系。同时，还在全国范围内率先制定了国家重点工程领域的质量责任终身制及实施细则，对工程建设期留存资料做出了规定，并且形成信用档案。

“我们就是要告诉那些施工和监理企业，如不负责任，我们一定会找你算账，建设南水北调工程都出问题，还能干别的工程?”鄂竟平说。对于这位一直和水利工程打交道的专家来说，质量出现任何闪失都是他最不能容忍的事情。

中线收尾、东线通水，2013年注定是南水北调开工以来最为特殊、最为关键的一年，对于鄂竟平来说，也将是压力最大的一年，但鄂竟平也胸有成竹：“我们制定了一套工作思路，其中最重要的一句话是‘依靠机制，严防意外’。怎么严防？进度上，抓重点抓节点，依靠预警机制和奖惩机制；质量上，高压高压再高压，延伸完善抓关键。没别的办法，就是高压，严查严处；移民搬迁方面，清库标准不动摇，时限不动摇，移民后扶持不放松，把移民增收当成大事来对待；环保方面，东、中线分区监控，强力推进治污和保护措施。”

“我相信，在全体南水北调工程建设者的共同努力下，我们一定不会辜负党和人民的重托！”鄂竟平坚定地说。

（原载2013年3月7日《人民政协报》
记者：王蕊娟）

让南水北调沿线民众喝上放心水

——国务院南水北调办于幼军副主任接受《中国新闻周刊》专访

丹江口水库水质总体达标，但尚有6条流经城区进入丹江口库区的河流水质仍不达标，虽然这六条河流的水量占总流入水库水量的比例约为4.3%，即使这样，有一条河流不达标，也是不允许的。

近期，关于南水北调工程水源地遭受污染的报道屡见报端。作为南水北调中线工程的水源地丹江口水库，位于河南省淅川县与湖北省丹江口市交界，汉江是其最大的入库河流。据报道，无论是丹江口水库，还是汉江，都受到严重污染。

2013年是南水北调工程开工以来最为关键的一年，南水北调东线要通水，中线主体工程要收尾。

如何让南水北调沿线受水区民众喝上放心的水？未来在保证水质长期稳定达标方面，南水北调办有哪些举措？2013年7月26日，国务院南水北调工程建设委员会办公室（以下简称南水北调办）副主任于幼军接受了《中国新闻周刊》的专访。

“有一条河流不达标，也是不允许的”

中国新闻周刊：目前水质的监测情况如何？

于幼军：东线方面，自去年11月36个水质考核断面首次实现水质全面达标。截至今年6月水质已保持8个月连续达标，中线方面，目前水质达标断面41个，占83.6%；不达标断面8个，占16.4%。水利部长江流域水环境监测中心对丹江口水库库内10个点位水质监测显示，6个为Ⅰ类，4个为Ⅱ类，总氮基本稳定，总体水质达到国家地表Ⅱ类水标准。

丹江口水库的水质到底如何，通水后有没有保障，是北京、天津、河北、河南等输水沿线受水区民众非常关心的问题。我们可以负责任地说三句话，第一句话，在有关部门的指导帮助下，经过湖北省十堰市、河南省南阳市和陕西南部三市多年的整治，现在丹江口水库整体水质基本稳定在地表Ⅱ类水的标准。所谓地表Ⅱ类水，就是按国家规定可以做饮用水的水源，而且是比较好的水源。

第二句话，目前正在组织实施丹江口库区及上游地区治理水质污染的“十二五规划”，在前些年治理的基础上，又计划安排了污水处理设施、垃圾处理设施、工业点源污染治理、入河排污口整治、水环境监测能力建设、水土保持、库周生态隔离带、农业面源污染防治、尾矿库污染治理、重污染入库河道内源污染治理等10类、445个项目，总投资约120亿元。这批项目今年陆续启动，争取明年底正式通水前大部分建成运行，2015年全部建成发挥环境效应。这批项目实施以后，保持丹江口库区水质持续稳定达标，是有把握的。

第三句话，现在主要问题在哪里呢？虽然丹江口水库水质总体达标，但目前尚有6条流经城区进入丹江口库区的河流水质仍不达标，分布在十堰市5条、河南淅川县1条。十堰市的河流水质有的是Ⅳ类，有的是Ⅴ类，有的是劣Ⅴ类。河南淅川这一条河的水质也在Ⅳ类。不但水质检测不达标，而且形象也非常糟糕，一看是黑的，一闻是臭的。

但从水量来看，这六条入库河流的年均水量为16.5亿m^3，占库区总水量380亿m^3的比例约为4.3%，比例很小，尚不足以改变整个水库的水质，也不足以改变往北调水的总体水质。尽管如此，也必须在正式往北调水前认真整治这6条河流，明显改变这6条河流的水质和形象。目前，十堰市委市政府高度重视此项工作，正在按“一河多策”的规划，组织相关区县进行整治，效果明显。

中国新闻周刊：这几条不达标的河流污染原因是什么？如何整治？

于幼军：目前，影响水质的因素主要有工业污染、城镇生活污染、农业生产污染（化肥农药、畜禽养殖、网箱养殖）。这几条河流经城区，大量城市生活污水和工业污水直接排放进去。它有一些技术难题有待攻克。一是中线水源区乡镇污水处理设施建设具有分布散、规模小的特点，从污水处理设施建设和运行情况看，采用常规处理工艺和运行管理方式存在一些困难，当前亟需找到一套符合该地区实际的、建设和运营成本低、运转效率高的污水处理工艺。

比如十堰市，原来污水处理厂和管网收集的量，只占整个城区总面积的40%～50%，因为是水源保护区，其污水收集管网的覆盖率应提高到80%～90%。这样原来的设施明显不适应。所以，需要再增加污水管网建设，扩容或新建一些污水处理厂。

国家有关部门已经根据水源区城镇人口规模及分布、污水排放现状，在“十一五”规划已建成一批市、县（区）污水处理厂、垃圾处理场的基础上，“十二五”水污染防治规划又安排了127个重点乡镇级污水处理项目，并从去年开始，中央财政对地方重点生态功能区转移支付专门安排了污水垃圾处理运行费用的补贴，确保已建项目能正常运行。同时，按“一河多策”治理要求，还需要增加一批污水收集管网、城市雨污分流管网等项目。这些项目都要在2～3年以内建成并发挥效应。

另外，种养殖业和农村生活等面源污染量大面广，防控和治理难度较大。我办和国家发改委等部门指导协调地方制定了经济社会发展规划，拟通过引导、扶持库区周边农民调整种植结构和养殖结构，发展绿色高效农业和规模化畜禽养殖业，大力发展金银花、干果、猕猴桃等生态农业，并在水库沿岸纵深1km范围内建设库周生态隔离带等措施，削减并阻断库周污染直接入库，大大减少了农药化肥施用，还能增加农民收入。

还有就是在库区严格控制并大大减少网箱养鱼，因投放饵料会污染水源。我前年去丹江口库区调研发现这个问题比较严重，但库区1万多渔民要生活，不可一律禁止养鱼、打渔，需要找到一条保护水质和维持生计两全其美的办法。回京后就和科技部商研立了一个专项，投资3000万元，试验引进美国、加拿大的长嘴鲟鱼。饲养这种鱼不但不需投放饵料，而且它还能吃掉水中的漂浮物杂质等，有利于净化水质，更重要的是这种鱼既好吃，卖价又高，能给老百姓带来实际效益。引进试验成功后我们准备在丹江口库区，还有东线南四湖等地鼓励农民养殖。

中国新闻周刊：1000多千米长的输水干线，怎么保证水质持续稳定达标？

于幼军：中线问题不大。输水干线1300多千米，是全封闭的，不跟沿途的河流湖泊交叉，只要丹江口库区这盆水干净，水质就能够保证。而且流经1300km，水质还可以自我净化。为有效防范地下水对总干渠的污染风险，会同环境保护部、水利部、国土资源部指导沿线各省在总干渠两侧划定水源保护区，严格控制保护区内新上建设项目，依法逐步搬迁或整治保护区内污染企业及排污口，消除水质污染隐患。同时规划在中线输水干线种植树木，建设生态绿带。

但中线水源区经济落后，处在城市化和经济快速成长期，污染排放量逐年增多。水质保护需关闭污染企业、提高项目准入门槛、加大环保设施投入，造成水源区地方财政困难和发展受限。

为保护中线水源，国务院陆续批复了丹江口库区及上游水地区经济社会发展规划、对口协作方案等，并将水源区纳入国家重点生态功能区中央财政转移支付范围，中央和受水区共同支持水源区开展工业污染治理、城市生活污染治理、农业面源污染综合整治，开展水土保持、天然林保护、生态移民，引导水源区发展环境友好型和资源节约型产业、促其加快转变经济发展方式，实现经济发展、民生改善与水质水量保护的和谐统一。

东线与中线不同，它利用江苏、山东的天然湖泊和运河等输水，与326条河流交叉，而这些水域周边城市密集工农业发达污染排放量大。十多年前，几乎是有河皆污。沿线湖泊和河道水污染相当严重，水草不生、鱼虾绝迹、臭气熏天、色如酱油，因此东线治污曾被专家称为“天下第一难”，对能否达到治污规划目标信心不足。经过十多年努力，东线36个水质监测断面从原来仅3个断面达标到目前全部达标。当然，今后长期保护水质、治理污染的任务仍很艰巨，需要建立一系列长效监管机制，需要长期不懈的努力。

“不仅仅是一个物质遗产，肯定也是一个精神的遗产”

中国新闻周刊：依托南水北调中线工程将发展一条生态文化旅游带，你是文化方面的专家，对此有什么具体规划？

于幼军：这个构想，以南水北调中线大型工程景观为依托，把中线1000多公里的山水、古迹、工程景观串成一条蔚为壮观、内涵丰富的风景长廊，建设集景观游览、文化娱乐、城市游憩、生态休闲、科普教育等功能于一体的生态文化旅游带。

2012年5月，我带领由南水北调办、国家旅游局、文化部有关负责同志和专家组成的调研组，开展了中线旅游带规划编制专题调研。10月，三个部门联合印发了《南水北调中线生态文化旅游产业带规划纲要》，规划将中线旅游带定位于“世界最大调水工程、国家生态战略屏障，历史文化富集地和国家级一流旅游目的地”。目前，沿线五省市及中线工程项目法人正在组织实施。

中国新闻周刊：世界著名的水利工程，如埃及的阿斯旺大坝、美国胡佛大坝等，通过旅游开发均获得了巨大的综合效益。

于幼军：三峡收益也不错，每年有几千万的收入吧。但主要问题不在这，主要是沿线省份百姓都做了牺牲和奉献，为修这个工程移民搬迁，以后还要维护，不能光叫沿线的老百姓做牺牲，还要给他们带来效益。规划的实施，将对沿线地区经济社会发展、增加就业、帮助农民脱贫致富等，产生积极促进的作用。这样我们就不单是一个水利工程的效益，它还带来生态效益，经济效益，社会效益，成为一个综合的效益。

这是一个全世界最大的调水工程，它最后留下的不仅仅是一个物质遗产，肯定也是一个精神的遗产。比如我们准备搞一个移民纪念碑，为移民立碑，全部移民的名单刻在花岗石上，就像越战后，美国把所有越战阵亡的士兵名字都留下来一样。我们这次不为哪位领导树碑立传，专门为老百姓树碑立传，这个就是精神遗泽。

（来源：2013年8月14日《中国新闻周刊》
作者：庞清辉）

南水北调 构建中华大地新“水网”

在中国水资源分布图上，这样两个不等式令人纠结：长江流域及其以南地区，水资源量占到全国河川径流80%以上；而在黄淮海流域，水资源量只有全国的1/14。

缺水！干旱！北方大地遍布对水的期盼。

南水北调，这一优化中国水资源配置的重大战略性基础工程，经过50载勘测、论证，终于在2002年12月27日付诸实施。11年攻坚克难，南水北调工程传来捷报：12月10日，东线一期工程如期完成首次通水；12月25日中线干线主体工程完工，为2014年汛后通水打下坚实基础。

南水北调，这一跨越半个世纪的梦想终于成为现实。

一条优化中国水资源配置的生命线

世界最大的调水工程，1.1亿多人直接受益，每年增加经济效益560亿元

北方到底有多缺水？

北京缺水！人均水资源量仅100m^3，比沙漠之国以色列还少一半；天津缺水！人均水资源不足全国平均的1/17，远远低于世界缺水警戒线……节水，挖潜，还是缺水。据测算，到2030年南水北调中线受水区主要城市缺水达128亿m^3。

解决北方资源性严重缺水，必须实施跨流域调水。按照总体规划，南水北调工程将通过东、中、西三条调水线路，与长江、淮河、黄河、海河相互连接，构建起中国水资源“南北调配、东西互济”的新水网。

“南水北调规划最终调水规模448亿m^3，相当于一条黄河的水量！”国务院南水北调办公室主任鄂竟平说，东线、中线一期工程可使1.1亿人直接受益，每年增加经济效益560亿元。

据介绍，东线一期工程从长江下游抽水，多年平均调水88亿m^3，供水范围涉及江苏、安徽、山东的21个地级市和71个县市区。与原有江水北调比，年净增供水量36亿m^3，将给沿线城市及工业增加供水量22.34亿m^3，涉及农业灌溉面积3025万亩。据测算，东线一期工程多年平均供水效益109.5亿元。

中线工程一期工程从丹江口水库引水，主要面向北京、天津在内的19个大中城市及100多个县市供水，多年平均调水量95亿m^3，可使受水区城市生活供水保证率达95%以上，工业供水保证率达90%以上。

如此调水对长江有没有影响？江苏省水源公司副总经理冯旭松分析：“东线抽引水量500m^3/s，而长江来水多年均值达到了1万多立方米/秒，调水不足以影响水位水量环境。”

中线调水有保障吗？长江水利委员会数据表明：汉江流域地表水资源总量566亿m^3，中线一期调水95亿m^3，完全可以满足调水需求。

汩汩清水滋润北方大地，一条调水线就是一条生命线！

在东线，2011年大旱，江苏段利用已建工程开足马力，从江都到苏北旱区，400多千米，抗旱调水53亿m^3，水量超过一个洪泽湖，每亩灌溉成本降低10元。在济平干渠，通过水资源调度，让曾经脏乱差的小清河碧波重现，河边的居民韩文强说，“小黑河重新变成小清河，多亏了南水北调”。

在中线，率先通水的京石段工程累计向北京应急调水15亿m^3，有效缓解了首都水资源紧缺的局面。技术人员郭芳介绍：“高峰时段日供水量占到城区自来水总量的60%。”

一条诠释生态文明建设的发展线

东线COD平均浓度下降85%以上，中线丹江口水库水质保持Ⅱ类

南水北调，成败在水质。“南水北调会不会成污水北调？”这样的质疑声不断。

治污到底有多难？东线的南四湖最具代表性。山东省环保厅厅长张波介绍，入湖大小河流53条，20世纪90年代，大多入湖河流水质严重超标，有的甚至超标180倍。要让鱼虾绝迹的“死湖”变成清水走廊，这在世界治污史上没有先例，被称为“流域治污第一难”。

鄂竟平说，南水北调坚持“先节水后调水，先治污后通水，先环保后用水”的原则，着力推进生态文明建设，打造千里“绿色长廊”。

在东线，“确保水质达Ⅲ类”——这一硬指标考验着沿线各地的智慧与决心。绝不让污水进入调水干线，江苏融节水、治污、生态保护为一体，重拳减排，“十一五”以来，累计关停沿线化工企业800多家。山东提出“治—用—保”理念，系统推进流域治污，在全国率先实施严于国家标准的地方性标准，取消行业污染排放“特权”。

东线治污逐步由工程治理向综合治理转变：给污水找“出路”，调水沿线实现了一个县至少一座污水处理厂、一座垃圾处理厂；创新生态补偿机制，自2010年起，江苏在调水沿线实施区域补偿；创新生态治理，山东在南四湖实施退耕还湿、退渔还湖，湿地面积达到15万亩。

在中线，为确保丹江口水库水质，国家安排投资70亿元，实施库区及上游水污染防治和水土保持规划。从2008年开始，中央将水源区各县纳入中央财政重点生态功能区转移支付范围。丹江口库区十堰市，一次关闭134家黄姜加工企业，引进新项目提高了环保门槛；南阳市关闭了800多家污染企业，COD排放量减少75%以上。

十年治污，成效明显。最新监测显示，东线沿线河流COD平均浓度下降85%以上，氨氮平均浓度下降92%，自2012年11月以来，36个控制断面水质全部达到Ⅲ类水标准。中线丹江口水库水质继续保持在Ⅱ类。微山县留庄镇农民刘传平说，现在水清了，草绿了，对水质敏感的小银鱼、毛刀鱼又出现了。

南水北调不仅调来水，更“调”来生态文明的理念

绿色转型、可持续发展渐成自觉。老工业基地徐州，加快转方式，162家企业开展清洁生产，产业结构由重变轻；山东调水沿线的草浆造纸企业减少65%，但纸产量却是原来的3.5倍，利税是原来的4倍。“东线治污非但没有限制发展，反而推动了转方式、调结构，实现了更高层次发展。”许多地方负责人说。

库区周边农民生产、生活方式转变。陕西白河县实行退耕还林以后，一万多名群众从高山上搬到河边，从以前单纯种粮转变为现在的“桑、烟、菜、药”并举，村民邵义明说：“如今两口雨水窖完全能满足灌溉用水，收入差不多翻了一番。”

十年治污攻坚，南水北调成了流域治污的样本，为国家重点工程践行生态文明提供了借鉴。

一条惠及沿线经济民生的幸福线

34.5万移民实现平安搬迁。打造仅次于长江的“黄金水道”

一幢幢新楼粉墙黛瓦，宽敞的水泥路四通八达，这是湖北省郧县南水北调移民的新家园——团风县黄湖新区。“住的比过去强多了。”59岁的郧县安阳镇余咀村农民张玉本说，搬出土坯房，住进新楼房，这是过去不敢想的事。

短短两年，搬迁安置34.5万移民，时间之短、强度之高前所未有。为了让移民“搬得出、稳得住、能发展、可致富”，南水北调坚持开发性移民方针，政策公开透明，服务细致入微，34.5万移民实现了平安搬迁、顺利搬迁、和谐搬迁，逐步融入了当地，过上安居乐业新生活。

千里调水效益几何？

在社会效益方面，东、中线一期工程直接供水的县级以上城市达253个，将使700万人告别长期饮用高氟水和苦咸水的历史。中线丹江口水库大坝加高后，可将汉江中下游地区的防洪标准由原20年一遇提高到100年一遇，消除下游70余万人的洪水威胁。

在经济效益方面，工程在建设期间，每年可拉动全国经济增长0.2~0.3个百分点，每年新增就业人口50万~60万人。

在生态效益方面，东、中线一期工程通水后，原来被长期挤占的农业和生态用水将逐步得到退还，城市超采的36亿 m^3 地下水将被逐步替代，北方地下水严重超采局面将逐步遏制。

在航运方面，东线一期工程通过河道的整治，使千年古运河重新焕发青春。京杭运河济宁段主航道由4级标准提高到3级标准，江都至南四湖段达到2级航道。黄河以南从东平湖至长江将实现全线通航，1000~2000t级船舶可畅通航行，新增港口吞吐能力1350万t，新增运力相当于新建一条水上“京沪铁路”，成为中国仅次于长江的第二条“黄金水道”。

运河沿线城市人居环境也得到极大改善。“运河之都”淮安市于2012年获得国家环保模范城市称号，成为全国第一个按新指标体系通过国家环保模范城市考核的地级市。原来以脏乱差闻名的“煤都”徐州，正打造宜人居住的绿色之城。山东济宁市在南四湖通过退耕还湿、退渔还湖，湿地面积达15万亩，微山湖已建设成为全国最大的湿地公园。

十余年攻坚，南水北调交出了一份满意“答卷”。站在新起点，南水北调人不停歇、不懈怠，确保东线水质长期稳定达标，确保中线2014年汛后通水，追求铸就“一流工程”目标没有止境！

（原载2013年12月28日《人民日报》
记者：赵永平）

从此汉水润京华

2013年12月25日，南水北调中线干线主体工程胜利完工，到2014年汛后工程正式通水，京津冀豫沿线群众将共饮长江水。1400多千米干线如何调水？调水水质如何保证？汉江是否会因此缺水？

南水如何向北调？

【背景】南水北调中线输水干线全长1432km，水怎么从源头调到北京？水量如何分配？

据南水北调中线建管局负责人介绍，中线调水从源头丹江口水库引水，沿唐白河流域和黄淮海平原西部开挖渠道，在郑州附近通过隧道穿黄河，沿京广铁路西侧北上，最后到达北京颐和园的团城湖。

全线建成各类建筑物2500多座，依靠全程99m自然落差，经1103km明渠，清水自流到北京。

按照规划，中线一期工程多年平均调水量95亿 m^3，主要向四省市的19个大中城市及100多个县市供水。以生活、工业用水为主，兼顾农业用水，可使受水区城市生活供水保证率达95%以上，工业供水保证率达90%以上。按规划，河南省受水37.7亿 m^3，河北省34.7亿 m^3，北京市12.4亿 m^3，天津市10.2亿 m^3。

围绕工程期间检修问题，该负责人介绍，以工程复杂的穿黄隧洞为例，当穿黄隧洞需要检修时，汉江水将通过退水洞注入黄河，从而排空穿黄隧洞中的水；如果黄河出现旱情，汉江水可以通过一个退水洞“支援”黄河；汉江水量过多时，可通过退水涵洞排进黄河，为泄洪分担压力。

水质如何保证？

【背景】千里调水，公众最担心水质能否

达标。沿线水质会有保证吗？

国务院南水北调办有关负责人介绍，目前丹江口水库水质连续6年达到或超过国家Ⅱ类水质，库区水质总体达标。丹江口库区及上游49个水质监测断面中，有44个达标，接近90%。

这位负责人介绍，从2008年起，中央财政对水源区43个县进行重点生态功能区转移支付；2012年起实施新的水污染防治和水土保持规划，安排445个项目，总投资120亿元，将使县级和重点乡镇污水垃圾处理设施全覆盖。

截至2013年10月底，治污规划项目已开工和建成的超过总数的1/3，2014年中线正式通水前大部分骨干项目已建成运行。这批项目建成以后，将使丹江口库区及上游水质达到治理目标。

据悉，输水干线1432km是全封闭的，大多是明渠，不与沿途的河流湖泊交叉，中线穿过黄河也是采用“立交”式设计。只要丹江口库区水干净，调水水质就能保证。同时，水渠被列为水源地一级保护区，禁止建设任何工程项目。

此外，记者了解到，调水沿线都制定了应急处理预案，比如在北京境内设三道防线，9处水质监测站，遇突发事件分别向北拒马河、永定河或城市河湖退水，确保水体不进入自来水厂，保证北京供水水质安全。

“南旱北涝”是否影响南水北调?

【背景】有群众质疑，近几年部分地区出现“南旱北涝”现象，是不是不需要南水北调了?

中国科学院院士吴国雄表示，目前所谓的“南旱北涝”反映的是降水量与正常年的偏差，程度毕竟不严重，从整个气候格局来看，南水北调工程是合理的。

水资源专家、中国工程院院士王浩认为，近年来海河流域降水有增多趋势，但降水产生的水资源总量变化不大，加之华北平原地下水严重超采、河流干涸，增加的少量降水只能算是杯水车薪。

国务院南水北调办相关负责人介绍，作为南水北调中线受水区，京津所在的华北地区水资源十分短缺，人均、亩均水资源量仅为全国平均值的16%、14%。据《南水北调城市水资源规划》预测，在考虑节水治污前提下，到2030年中线工程受水区主要城市缺水量将达128亿m^3。

从节水情况看，目前京津等地已达发达国家水平，进一步节水潜力有限。北京年利用再生水已占用水总量20%左右，已是世界较高水平；天津等地不断探索海水淡化，但受能耗、成本、水质等因素制约，不足以从根本上缓解北方地区缺水局面。因此，必须实行跨流域调水。

汉江会不会无水可调?

【背景】今年汉江上游来水明显偏少，随着汉江冬季枯水期来临，丹江口水库水位下降，有人担心，将来南水北调会不会无水可调?

据长江水利委员会测算表明：汉江流域地表水资源总量566亿m^3。其中，丹江口水库大坝以上，地表水资源量388亿m^3，考虑上下游耗水量，还剩余203亿m^3，规划一期调水97亿m^3，完全可以满足调水需要。

南水北调中线对供水要求均匀、稳定。中国工程院院士、长江水利委员会总工程师郑守仁说，目前丹江口水库大坝加高工程全面完工，如果蓄水位从157m提高到170m，总库容可增加到290亿m^3，库容净增116亿m^3，可保证多年均衡向北方调水。

郑守仁认为，汉江来水主要集中在夏汛期，占全年来水70%。此外，丹江口大坝加高后，水库已由年调节型变为多年调节型，未来在确保防洪安全的前提下，丰水年可留住一部分洪水，以弥补枯水年。

针对水源区可能遭遇特别枯水年的问题，

国务院南水北调办总工程师沈凤生表示，丹江口遇特别枯水的年份，一般数十年才会遇到一次。假如遇到这种情况，为保证水源区用水需求，南水北调中线工程将实行“枯水年少调”原则。另外，中线沿线城市还有20多座大中型水库，总蓄水量可达到60多亿立方米，这些水都可以联合调度。

（原载2013年12月26日《人民日报》 记者：赵永平）

年均调长江水87.7亿m^3 造福苏鲁皖1亿人

——解读南水北调东线一期工程

经过11年的艰苦奋战，南水北调东线一期工程近日正式通水，工程沿线江苏、安徽、山东3省21座地市的约1亿人从此将喝上长江水。

中国北方地区尤其是黄淮海地区长期受到干旱缺水的困扰。南水北调东线一期工程任务就是从长江下游调水到山东半岛和鲁北地区，补充山东、江苏、安徽等输水沿线地区的城市生活、工业和环境用水，兼顾农业、航运和其他用水。

东线一期工程干线全长1467km，沿途设13个梯级、34座泵站，建设内容包括疏浚开挖整治14条河道、建设13级泵站、新建调蓄水库等，工程量十分浩大。经过11年艰苦奋战，主体工程于2013年3月完工，5月完成了设计单元工程通水验收，6月中旬江苏、山东两省进行了分区试通水，并于8月份通过全线通水验收。

早在东线工程论证阶段，水利专家就说过这样的话：东线工程技术不是难题，真正的难点在治污。为了确保一江清水北送，中国编制了《南水北调东线工程治污规划》，确定“治理、截污、导流、回用、整治”一体化治污体系。规划及实施方案共确定治污项目426个，投资153亿元，其中江苏省102项，投资59亿元；山东省324项，投资94亿元。

沿线江苏、山东两省还分别签订治污工作目标责任书，实行了关闭排污口、截蓄中水、推行城镇污水处理等有针对性的措施，甚至关停并转了一批污染严重的企业，调整产业结构。

通过治污项目建设和沿线综合治污措施，东线治污取得了明显成效。在沿线经济十年保持两位数高增长的情况下，沿输水干渠污染入河总量持续减少，自2012年11月起，东线黄河以南段各控制断面水质全部达到规划目标要求，输水干线达到Ⅲ类水标准。昔日鱼虾绝迹、“一湖酱油”的南四湖又重现生机和活力，绝迹多年的小银鱼、毛刀鱼、鳜鱼等再现湖中，白马河还发现了素有“水中熊猫”之称的桃花水母，运河沿线城市的人居环境也得到极大改善。

东线一期工程供水范围南起长江，北至德州，东至威海，涉及江苏、安徽、山东3省的21座地市及其辖内的71个县市区，土地总面积16.6万km^2，受益人口约1亿人。

为全面检验工程建设成果以及联合调度运行的安全可靠性，国务院南水北调办会同环境保护部、水利部及江苏、山东两省于10月19至11月15日组织开展全线试运行。期间，东线一期新建、改扩建泵站和其他相关工程全部参加运行，环保部门组织监测输水干线水质，水利部门积极协调相关水事工作。试运行结果表明，东线一期工程工况良好、运行平稳，输水沿线监测断面水质全部持续稳定达标。

工程通水后，沿线城市及工业将增加供水量22.34亿m^3；农业增供水量12.65亿m^3，涉及灌溉面积3025万亩；航运船闸增供水量1.02亿m^3。此外，工程所建泵站还可双向运行，增加排涝面积266万亩，使其排涝标准由不足3年一遇提高到5年一遇以上。据可研报告测算，东线一期工程多年平均供水效益达109.5亿元。

（2013年12月9日新华网　记者：林　晖）

南水北调，泽润亿万家

日前，南水北调东线一期主体工程已经完工，正式通水。为了等待这一历史性时刻的到来，南水北调工程已经走过了十年多的坎坷之路。如今，一泓长江水将通过南水北调东线工程一路北上，输送到缺水严重的北方。

南水北调工程对于我国北方地区的经济社会发展有着怎样的战略意义？这一人类水利史上的奇迹是如何创造的？工程建成后又将给沿线带来哪些综合效益？

从南国到北方　千里送水意义何在？

把水资源从南方调到北方，南水北调工程跨越了数千里路程。面对滚滚北上的水流，人们不禁要问，这一渠清水为何要历经这样的长途跋涉？

工程的建设缘于我国水资源分配不均的严峻现实。

南水北调，泽润亿万家。

据统计，中国水资源总量2.8万亿m^3，居世界第六位，但水资源时空分布不均，南方水多，北方水少，广袤的长江流域以北水资源量仅占全国的19.6%。

“北方水资源短缺主要是由于气候干旱少雨，人口增长和经济社会发展更加加剧了这种趋势。”国务院南水北调办总工程师沈凤生说。

其中，黄淮海流域是中国水资源承载能力与经济社会发展最不相适应的地区。该区域国内生产总值、耕地、粮食产量均占全国的1/3以上，而水资源总量仅占全国的1/14，资源性缺水非常严重。

自20世纪80年代以来，黄淮海平原发生持续干旱，缺水范围不断扩大。为了维持经济社会的持续发展，不得不过度开发利用地表水，大量超采地下水，造成黄河下游频繁断流，淮河流域严重污染，海河流域基本处于“有河皆干、有水皆污”和地下水严重超采的严峻局面。黄河、淮河、海河三大流域的水资源开发利用率分别高达67%、59%和94%，水资源承载能力与经济社会发展和生态环境保护之间的矛盾日益尖锐。

可以说，黄淮海流域正面临一场空前的生态环境危机。

为解决北方水资源短缺问题，我国开始实施南水北调这个规模宏大的战略构想，通过人工建设输水网络，每年将数百亿吨水，从郁郁葱葱的南国调到干燥缺水的北方。

从构想到现实“水上长城”如何铸就？

回望历史，从构想到现实，南水北调已经跨越了半个多世纪。

1952年，毛泽东主席在考察黄河时就提出了南水北调的宏伟构想：“南方水多，北方水少，如有可能，借点水来也是可以的。”

改革开放后，南水北调被正式提上日程。1978年3月，五届全国人大一次会议上通过的《政府工作报告》中也正式提出：“兴建把长江水引到黄河以北的南水北调工程。”

1995年12月，南水北调工程开始全面论证。

2002年12月23日，国务院正式批复同意《南水北调工程总体规划》，我国历史上最大的调水工程就此展开。

南水北调共分东、中、西三条线路。东线工程从长江下游扬州江都抽引长江水，一路经隧洞穿过黄河输水到天津，另一路向东输水到烟台、威海，一期工程解决山东、江苏缺水问题，二期工程解决天津缺水问题；中线从丹江口水库陶岔渠首闸引水，沿线开挖渠道，在郑州以西穿过黄河，沿京广铁路西侧北上，一期工程解决河南、河北、北京、天津缺水问题；西线在长江上游通天河、支流雅砻江和大渡河上游筑坝建库，开凿输水隧洞，调长江水入黄河上游，解决涉及青海、甘肃、宁夏、内蒙古、陕西、山西等6省（自治区）黄河上中游地区和渭河关中平原的缺水问题。

经过十年多时间，一条水上“长城”正在渐渐成型。

然而，建设的难度却是史无前例。

南水北调东、中、西线干线总长度达4350km，不仅有水库、渠道、水闸，还有大流量泵站，超长超大洞径过水隧洞，超大渡槽、暗涵等，复杂性、挑战性都超过以往。

南水北调东、中线工程刚好处于我国文化和历史的集中区域。中线工程，自南往北，依次经过楚汉文化、夏商文化、燕赵文化，最后是畿辅文化，其文物聚集度相当高，文物保护压力巨大。

不仅如此，在开工建设之前，已经有相当一部分河段处于严重污染状态，有人担心“南水北调”会不会成“污水北调”？

为解决这些难题，南水北调人进行了种种努力。

在工程建设管理上，以项目法人为主导。在决策上注重咨询，成立专家委员会，对重大技术、经济、管理及质量等问题进行决策咨询，对工程建设、生态环境、移民工作的质量进行检查、评价和指导，有针对性地开展重大专题的调查研究活动。中线穿黄工程、丹江口大坝加高、湍河输水渡槽、东线泵站群工程……南水北调是世界水利工程史上一个又一个奇迹。

由于沿线文物众多，南水北调工程多次改变线路。选线论证阶段，中线特意绕开河南安阳殷墟、郑韩故城及河北邯郸赵王城、赵王陵等文物保护单位。在工程实施过程中，东线发现陈庄西周城址，渠道为之改线。

不仅要往北送水，还要送干净卫生的水，这是南水北调的两项重点任务。在加强工程建设的同时，南水北调人高度重视沿线水污染治理和生态环境建设，不断加大治污和生态建设力度，着力推进生态文明建设，打造千里“绿色长廊”，生态效益凸显。

从经济到民生　综合效益怎样体现？

南水北调对确保粮食丰收的作用让沿线农民感到欣慰，而南水北调给北方带来的影响还远远不止于此。

专家指出，南水北调工程的实施将为黄淮海流域每年提供448亿m^3水量，相当于为北方地区新增了一条黄河。从社会效益到经济效益再到生态效益，南水北调将大大提高黄淮海地区的水资源环境承载能力，提供良好的人居环境和生态产品，促进区域人口与资源环境协调发展。

在社会效益方面，南水北调规划区人口4.4亿人。仅东、中线一期工程直接供水的县级以上城市就有253个，直接为1.1亿人提供清洁的饮用水源，其中逾700万人将告别长期饮用高氟水和苦咸水的历史。

在经济效益方面，东、中线一期工程通水后，每年可为沿线地区增加工农业产值约500亿元。在建设期间，每年可以拉动全国经济增长0.2~0.3个百分点，可增加就业人口50万~60万人。

在生态效益方面，东、中线一期工程通水后，原来被长期挤占的农业和生态用水将逐步得到退还，其中被城市挤占的15亿m^3水量将归还于农业；其次，城市超采的36亿m^3地下水将被逐步替代，北方地区地下水严重超采的局面将逐步得到遏制。

“随着生态文明建设的全面推进，在南水北调工程提供水资源的支撑和保障下，南水北调沿线地区必将建设成为自然资源持续利用、生态环境持续改善、人们生活质量持续提高、经济社会持续发展的绿色经济区和‘美丽中国’示范区。”中国工程院院士、中国水科院水资源研究所所长王浩说。

（原载2013年12月9日《光明日报》
记者：李 慧）

十年铸就人类水利工程奇迹

——写在南水北调中线干线
主体工程完工之际

历经十年，以南方之水滋润北方干渴大地的梦想成真：2013年12月25日，特大型跨流域调水工程——南水北调中线干线主体工程全部完工，2014年汛后全线正式通水！

2003年12月30日，南水北调中线工程宣告开工。十年后，这一世纪伟大工程从南向北岿然屹立在中国大地上。

我们有太多理由为这个世纪工程骄傲——

这是一项跨世纪的宏伟工程。从论证规划到设计施工，它历时半个多世纪，凝聚了几代人的心血和智慧；它绵延1432km，贯穿豫、冀、京、津4省市，在人类波澜壮阔的水利史上写下浓墨重彩的一笔。

这是一次拯救人类水危机的环保行动。为缓解我国北方地区水资源危机，让北方群众喝上“放心水”，十多万建设者十年拼搏奉献，经过多项艰难险阻的考验，铸就了一条宏伟的“水上长城”。

这是一项惠及子孙的伟大创举。这条“清水长廊”将惠及沿线数亿人。它事关全局，保障民生，既造福当代也惠及子孙，体现了科学决策、以人为本的崇高理念。

盛世治水，编织百年蓝色水网

遥看中华大地，一个水的王国，一个水的世界，江河浩浩汤汤，湖泊星罗棋布。

然而，水并不是随时随地都充盈不竭。

当我们在方便地使用自来水的时候，估计很难想到：如今的中国缺水总量达536亿m^3。同时，我国的降水空间分配极为不均：长江和长江以南各河流的流域，面积占全国的36%，年径流量占全国的83%，淮河和淮河以北各河、西北内陆河流域，面积占全国的64%，年径流量却仅占全国的17%。特别是黄河、淮河、海河流域，该区域国内生产总值、耕地、粮食产量均占全国的1/3以上，而水资源总量仅占全国的1/14，资源性缺水非常严重。

很多有识之士预见性地看到了这一点，将水放在了北京乃至中国北方发展的战略制高点上。

1952年10月30日，毛泽东在河南视察，登临邙山后，眺望滔滔黄河，指点谈笑间，浪漫却不无严肃地对身边的水利专家说：“南方水多，北方水少，如有可能，借一点水来也是可以的吧?”

自此，这个横空出世、调度山河的伟大梦想，伴随着共和国跌宕起伏的步履迤逦而行，并在2002年12月27日成为现实。

南水北调工程规划分东、中、西三条调水线路。其中，中线工程从河南南阳陶岔渠首引丹江口水库水北上，经黄淮海平原西部边缘在郑州以西穿过黄河，随后继续沿京广铁路西侧北上，基本自流到北京、天津，全长1432km。

2003年12月30日，临近阳历新年，又恰逢癸未年农历腊八。京畿直隶一带的百姓延续了数百年的习俗，他们一大早就盛出了久经熬煮的腊八粥，敬神祭祖。

这一天，分别位于北京、石家庄地区的永定河倒虹吸和滹沱河倒虹吸工程同时开工建设，标志着南水北调中线干线工程由规划设计阶段转入实施阶段，也标志着南水北调中线干线工程的首开之战——京石段应急供水工程敲响了战鼓。

广阔苍茫的燕赵大地上，一场看不到硝烟的战役在十年的峥嵘岁月中悄然上演：渡槽横空跃马，隧洞铁骨钻山，倒虹吸穿河暗渡，百旦暗涵隐身而行，千里明渠蜿蜒疾驰……南水北调中线这条优化水资源配置的生命线从南向北渐次展开，为北方地区经济社会可持续发展奠定了坚实基础。

随着中线工程明年正式通水，江汉之水将源源不断地送入广袤的华北平原，一张凝聚了百年梦想的蓝色水网正在神州大地成为现实。中线工程通水后，将向沿线的河北、天津、北京、河南4省市20余座城市供水，仅送到北京的每年就达12亿～15亿m^3，占北京全市用水的1/3以上。

科技创新，筑牢宏伟工程根基

楚汉、夏商、燕赵、畿辅，自南向北，中线工程依次要经过这些历史文化集中区域。由于沿线文物众多，南水北调中线工程多次改变线路，特意绕开河南安阳殷墟、郑韩故城及河北邯郸赵王城、赵王陵等文物保护单位。

但是，有些困难是绕不过去的。十年间，面对数不胜数的困难和挑战，建设者用一次次科技创新实践将它们一一化解。

立交桥很常见，“立交河”却为数不多，藏在地下的，就更少。穿黄工程，是整个南水北调中线的标志性、控制性工程，这里地质条件异常复杂、作业难度极高。为此，工程数易方案，总工期延长到100个月。

数十年来，水利专家不断从技术上寻求突破，终于为它们创造出神秘的十字形立体交叉——通过两条长4250m的穿黄隧洞，让江水从黄河底部穿越。

这两条隧洞凝聚着太多水利人的智慧与汗水，穿黄工程成就了很多“之最”——国内最深的调水竖井、国内穿越大江大河直径最大的输水隧洞、国内水利工程最深的盾构始发等等。

沿着水渠继续向北，一路到它的终点站北京。

很少有人知道，就在地铁站下3m多，埋着两条内径4m的有压输水隧洞。这是世界上第一次大管径浅埋暗挖有压输水隧洞从正在运营的地下车站下部穿越，创下暗涵结构顶部与地铁结构距离仅3.67m、地铁结构最大沉降值不到3mm的纪录。

整个工程中，类似的困难还有很多，建设的难度史无前例。

在一个个困难中，有一个被忽视的世界级难题——膨胀土施工。被土建工程师视为工程中“癌症”的膨胀土，吸水膨胀，失水收缩干裂，处理不好渠道就会渗水甚至坍塌，给南水北调工程带来了极大威胁。

南水北调中线干线工程约有33%，也就是368km要穿越膨胀土（岩）地区。为攻克这一世界性难题，保障工程安全顺利完工，南水北调人进行了漫长而艰辛的探索。针对膨胀作用下的边坡滑动破坏特性，南水北调中线建设者通过为期5年的大量实验比对，确立了“以膨胀土治理膨胀土”的环保新理念。

质量是工程的生命。国务院南水北调办对工程质量进行高压管理，对发现的问题，采取“零容忍”的态度，从严从重处罚。为加强质量管理，南水北调工程实行质量责任终身制，因工程建设期内违反工程质量管理规定，造成工程质量问题的，即使施工单位解体了，相关责任人退休了，也要依法追究责任。严苛的制度确保了这项世纪工程固若金汤。

严控水质，确保清水润泽万家

完工通水，对于这条1400多千米的长河来说，使命才刚刚开始。

南水北调，成败在水质，水质的关键在水源。

2003年以来，为保一库清水，中线水源地湖北淅川县以壮士断腕的决心和气魄，对南阳泰龙纸业等338家造纸、冶炼等企业实施了关停并转。今年以来，淅川县再次要求县内12家企业坚决关闭或转型升级，并要求九信公司等6家企业限期整改。

“壮士断腕”的阵痛，为淅川换来了低能耗、低污染、高附加值项目的发展空间，全县工业经济也因此实现转型升级、聚合发展。

2008年开始，中央逐年加大对水源区河南、湖北、陕西三省生态建设投入，将水源区各县纳入中央财政国家重点生态功能区转移支付范围，每年转移支付资金数十亿元。

2012年9月，国务院批复《丹江口库区及上游地区经济社会发展规划》。地方政府结合规划，大力发展高效生态农业、加快推进工业结构调整、积极发展以旅游业为主的服务业，实现库区及上游地区经济社会与生态环境协调发展。

源头保护好，沿线水质治理也不能忽视，否则功亏一篑。中国工程院院士王浩指出，南水北调工程中线水源是丹江口水库的Ⅰ类水，全长1200多千米的调水明渠也都注重水源涵养，同时明渠两侧都有铁丝网保护，严格避免对明渠的水造成污染。

为加强中线两侧水源保护，国务院南水北调办等部门在干渠两侧划定水源保护区，对不符合法律和政策规定、存在水质安全隐患的项目坚决予以否决或调整。同时，还开展生态带、旅游带建设，让南水北调工程成为生态优美的“绿色长廊”。

千里护水入京城，决不能在“冲线”时出问题。为了保证南水北调工程来水进京的安全，2011年，北京自来水集团还在湖北丹江口市建立了实验水厂。

此前，河北省四座水库水中硫酸根的含量较高，水源切换后，容易引起“水黄”现象。北京市采取科学方法，保证了水质。“丹江口水库的水中硫酸根含量与河北的水又有不同。我们已经准备了有效的应对方案，北京部分地区已建成的供水管网正在进行改造，为2014年‘南水’进京做好准备。”北京自来水集团新闻发言人梁丽说。

随着生态文明建设的全面推进，在加强水质监管的前提下，南水北调中线这条“清水长廊”将促进沿线自然资源持续利用、生态环境不断改善，成为“美丽中国”新的示范地区。

（原载2013年12月26日《光明日报》
记者：李　慧　陈　恒）

拾 综合管理

GENERAL MANAGEMENT

综 述

总 体 进 展

概 述

2013年，是南水北调工程建设最为特殊、最为关键、最为出彩的一年。一年来，在党中央、国务院的正确领导、中央有关部门的大力支持和沿线各地的积极配合下，南水北调系统紧紧围绕年度建设目标，全面贯彻落实国务院南水北调工程建设委员会（以下简称建委会）第七次全体会议和2013年建设工作会议精神，按照“紧盯重点大推进度，再加高压严管质量，落实帮扶稳定移民，治保并重提升水质，安全高效监控资金”的总体部署，把开展党的群众路线教育实践活动焕发出来的工作热情和进取精神凝聚在工程建设上，转变作风，开拓进取，依靠机制，严防意外，扎实推进南水北调工程建设，实现了三年决战的完美收官，建设形势明朗，实现通水大目标胜利在望：东线工程正式通水，中线主体工程基本完工，质量、安全总体受控，移民总体稳定，治污环保有序推进，资金监管成效显著，应急供水、防汛抗旱、生态保护等综合效益初步显现。

（何韵华）

工程建设管理和进度

2013年，实施进度管理组合拳，全面完成建设计划。

（1）围绕“东线抓验收、保通水，中线抓形象、保完工”，“大抓两点（重点、节点），建两机制（预警机制、奖惩机制）”，强化风险项目（标段）挂牌督导、关键事项督办、重点项目半月会商、进度季度协调会、铁路交叉部办联席会等工作机制，建立东线通水目标保障领导机制和中线进度办省联席会议制度，快速解决制约工程建设的重大问题。

（2）针对跨渠桥梁建设、铁路等专项设施迁建、干线渠道衬砌等，定期梳理风险因素，开展进度专项督导，并成立现场进度督导组，有针对性地集中协调解决影响工程建设的关键问题。

（3）建立东线通水和中线进度目标保障三级预警机制，及时预警、响应和处置进展滞后的工作和意外事件。

（4）严格考核奖惩，在中国南水北调网发布公告，并将考核结果纳入信用管理体系，推动工程又好又快建设。根据国务院南水北调工程建设委员会办公室（以下简称国务院南水北调办）的安排部署，各省（市）南水北调办（建管局）和各项目法人创新督导、奖惩、预警、服务等机制，抓重点、抓难点、抓节点，各具特色推进度，如期完成了工程建设任务。

截至2013年底，累计完成投资2434亿元，连续3年超额完成年度投资计划。扎实推进东线工程扫尾，全面完成通水验收工作，认真组织分区试通水、全线试运行。经国务院批准，2013年11月15日东线正式通水。12月10日首次调水结束，累计向山东供水3400万m^3。通水期间，各梯级泵站机组运行平稳、工况良好，输水干线水质达标，河道航运平稳，沿线群众生活及公共设施等均未受影响。经多方协调，东线运行管理机构组建方案已经建委会第七次全体会议审议原则通过，按程序进行报批。中线主体工程基本完工，穿黄河、沙河渡槽、湍河渡槽、双洎河渡槽等特大型建筑物全面建成，39 座铁路交叉工程全部完工，石家庄以南 1016 座跨渠桥梁全部建成通车，渠道填筑、衬砌全部完成，2013 年 12 月 25 日全线贯通。陶岔渠首工程、丹江口大坝加高工程分别于 2013 年 7 月底、9 月底通过蓄水验收，兴隆枢纽工程 2013 年 11 月 5 日上网发电。

已建工程持续发挥效益。中线京石段工程自 2008 年开始，已 4 次从河北向北京调水，累计入京水量 15 亿 m^3。受水区 6 省（市）配套工程建设全面推进，北京、天津部分工程已经建成，河南全部开工、进展较快，河北、山东、江苏也已部分开工。

（何韵华）

质量安全管理

2013 年，高压监管再出新招、再发威力，质量问题渐少渐轻。

（1）围绕“高压高压再高压，延伸完善抓关键”，强化具有南水北调特色的查、认、罚三位一体质量监管新机制，加密检查频次，加大检查力度，加快质量认证，加重责任追究。

（2）实施信用管理，开展“311”专项整治、“167”亮剑行动，健全以责任制为核心的质量监管措施。

（3）丰富举报、飞检、专项稽察、质量巡查等手段，实施挂牌督办、驻地监督、特派监管、“回头看”等措施，强化一线和过程监管。

（4）对大型渡槽、穿黄河隧洞、倒虹吸、跨渠桥梁、高填方等重点标段重点部位，实施重点监管。

（5）创新警示和震慑机制，每处理一批责任单位和个人，全部通过南水北调网、南水北调手机报，通告所有参建单位负责人。

通过多措并举、重拳出击，对各参建单位触动很大，警示和震慑效果明显。各省（市）南水北调办（建管局）和各项目法人认真落实国务院南水北调办的一系列高压措施，壮大质量监管队伍，在辖区内大力开展飞检、巡查和稽察等，实现了质量总体可控、持续向好。

2013 年，国务院南水北调工程建设委员会专家委员会（以下简称专家委员会）分别对中、东线工程开展了质量检查，进行了全面评估。专家委员会认为，国务院南水北调办对工程质量管理再施高压，创新监管方式，突出监管重点，强化监管措施，进一步落实质量责任，加大奖惩力度，严防质量意外事故发生；实施了参建单位信用管理等一系列监管措施，效果明显，发现的质量问题渐少渐轻，并均得到了及时有效整改。各参建单位质量意识普遍增强，管理制度健全，管理体系运行良好，管理水平稳步提升，工程质量总体优良。

（何韵华）

东线治污和中线水源保护

2013 年，围绕“治保并重提升水质”，东线深化治污、分区监控，水质全面稳定达到调水要求标准；中线突出重点，全面整治，严格考核，水质总体保持良好。

（一）东线治污

经过江苏、山东两省的共同努力，治污规划及实施方案确定的 426 项治污项目已全部建成投运，2013 年 5 月通过专家委员会组织的总体评估；治污环保不断深化，2011 年新补充的 200 亿元深化治污项目全面开工，部分已建成并投运发挥效益；运河船舶“油改气”工作加快推进，航运污染防控进一步强化；沿线高压治污保水质的力度不断加强，风险防控能力进一步提升；水质监测方案和评价办法已经出台，监测网络基本实现全覆盖，监测工作全面展开。据环保部门监测，东线 36 个控制断面持续达到规划目标要求。

全年及试通水以来，输水干线17个监控断面水质稳定保持在Ⅱ～Ⅲ类。

（二）中线水源保护

为加快治污步伐，主动争取发挥部际联席会议作用，简化水污染防治和水土保持"十二五"规划项目审批程序，下放审批权限，加快项目实施；出台考核办法，会同有关部门开展规划实施考核，督促实施进度，保障实施效果；协调批复京津与水源区对口协作方案，召开启动会议部署落实；针对部分不达标入丹江口水库河流，协调提出"一河一策"治理方案，积极协调国家发展改革委审定并实施；加快监测能力项目建设，加强水质监测和评估；组织编制中线干线生态带建设规划并上报待批，丹江口水库水源保护区划定工作已经启动；积极争取中央财政加大对中线水源重点生态功能区的转移支付力度。水源区各地全面加快规划项目实施，严格新上项目环境准入，加强点源面源污染治理，不断提高污染治理和水源保护的水平和能力。通过标本兼治、综合施策，丹江口水库及陶岔取水口水质总体优于Ⅱ类，满足调水需要。

（何韵华）

征地移民

2013年，坚持"两个不动摇"（清库标准不动摇、清库时限不动摇），"一个不放松"（移民后扶持不放松），深入落实"两制度"（移民进度定期商处制度、移民矛盾纠纷定期排查化解制度）、"两机制"（移民权益保障机制、移民上访快速处理机制），按时高质量地完成了库底清理和蓄水验收，保障了工程建设，实现了移民稳定。

（1）继顺利完成移民搬迁任务后，河南、湖北两省集中力量，全力打好库底清理攻坚战。2013年6月完成省级初验，8月通过蓄水前国家终验，为丹江口水库抬高蓄水位奠定了坚实基础。

（2）河南、湖北两省及时划拨、调整移民生产用地，认真落实移民后扶政策，增添移民稳定发展后劲。调查显示，经过帮扶发展，移民生活水平总体高于搬迁前水平。河南省创新社会管理，实施"强村富民"战略，加快生产发展步伐，逐步实现移民身安、心安。湖北省库区156个高切坡治理已基本完成，保障了内安移民生命财产安全。

（3）各地高度重视移民信访稳定工作，妥善处理移民关切，目前，移民在安置地生产、生活稳定，没有出现大的群体性事件或个人极端事件。

（4）沿线各级征迁部门，着眼工程大局，保证新增建设用地需要。通过共同努力，已累计完成永久征地43万亩、临时用地45万亩、永久用地获批23.8万亩、临时用地复垦退还25万亩。

（何韵华）

投资控制与资金管理

2013年，围绕"安全高效监控资金"，实行"收口关闸，严查内纠"，投资规模得以有效控制，资金使用效益稳步提高。

（一）投资控制方面

制定并实施进一步加强投资控制的一系列管理办法，加强重大设计变更管理，规范设计变更程序，开展变更索赔专项核查，建立投资控制动态分析报告制度；开展人工和砂石料价差调整专题调研，合理确定价差调整标准，及时审查审批工程价差和待运行维护管理资金。在2012年国家审计署对南水北调工程全面审计的基础上，国务院南水北调办协助国家发展改革委提出了东中线一期工程新增投资及筹资方案。国务院确认的增资筹资方案中，因工程量增加和设计方案变更增加的投资只占可研总投资的5.9%。

（二）资金使用方面

加快资金拨付进度，保障一线资金供应；严格资金拨付管理，积极消化存量资金；加强内部审计，完善资金使用和监管制度。通过合理管理调度资金，减少银行利息支出。各单位按照国务院南水北调办的要求，采取了一系列措施，防范风险堵漏洞，严把关口控投资，紧盯现场解难题，既为工程建设提供了资金保障，也将投资规模控制在合理范围之内。

（何韵华）

前　期　工　作

南水北调工程前期工作

（一）南水北调工程与黄河流域水资源配置的关系研究工作

按照任务书和工作大纲的要求，水利部继续深入开展南水北调工程与黄河流域水资源配置的关系研究工作。课题承担单位多次组织召开专题讨论会、技术协调会和专家咨询会，在充分吸纳和借鉴近期相关重大研究成果的基础上，就黄河近些年来的水沙变化情况、头道拐断面汛期输沙需水量、新形势下黄河上中游6省区的未来水资源缺口、改变龙刘水库联合运用方式以及增加黄河上中游6省区用水的相关影响、利用南水北调东、中线工程扩大供水的可能方式等一系列重大问题开展了广泛而深入地交流、讨论和咨询。初步形成《南水北调工程与黄河流域水资源配置的关系研究》综合报告以及四个专题研究报告。

（二）南水北调东、中线工程补充规划

2013年3月，水利部分别批复了南水北调东、中线工程补充规划任务书，要求加快开展东、中线后续工程补充论证工作。

东线工程补充规划工作的主要任务包括：进一步复核东线工程受水区的需水量；开展东线工程受水区水资源配置补充研究工作，研究论证东线二、三期工程合并实施的必要性和可能性，并提出相应的调水规模及其水量配置方案；分析评价东线治污规划实施效果以及南四湖、东平湖水质状况；研究东线后续工程总体布局。补充规划编制工作由淮河水利委员会会同海河水利委员会具体负责，水利部南水北调规划设计管理局（以下简称水利部调水局）负责做好有关协调工作。

中线工程补充规划工作的主要任务包括：研究中线一期工程扩大供水能力及增强供水稳定性的相关方案；开展中线工程受水区水资源配置补充研究工作，提出中线二期工程的需调水量及其相应的水资源配置方案；分析中线增加调水对汉江中下游可能带来的影响及解决对策；开展中线二期水源工程布局及其工程建设方案研究。补充规划编制工作由长江水利委员会会同海河水利委员会具体负责，水利部调水局负责做好有关协调工作。

（三）南水北调西线第一期工程项目建议书阶段前期工作

按照水利部《南水北调工程前期工作近期工作方案》的总体安排，黄河水利委员会组织有关单位在赴西线调水区现场查勘、实地调研、座谈交流的基础上，以工程建设必要性、调水影响、调入水量配置、资金筹措等重大问题为重点，继续深入开展南水北调西线一期工程项目建议书补充工作，进一步梳理和补充完善项目建议书。2013年底，该项工作已取得初步成果。

（王彤彤）

北京应急调水工作

为缓解北京市水资源紧缺局面，保障首

都用水需求，2013 年河北向北京应急调水工作持续进行。河北省黄壁庄、王快、安格庄等 3 座水库先后开闸放水，经由中线干线京石段应急供水工程输送至北京市。截至 12 月底，3 座水库放水进入中线干渠水量累计达 4.66 亿 m^3，北京实收水量 3.91 亿 m^3。

本次调水是河北省连续第四次向北京应急供水。在国务院有关部门和北京市、河北省及相关流域机构的大力配合下，调水工作平稳运行，为即将建成通水的南水北调中线一期工程的运行管理积累了宝贵实践经验。

（韩小虎）

《南水北调供用水管理条例》立法工作

2013 年 5 月，国务院法制办会同水利部、国务院南水北调办在京召开会议，就国务院有关部门、有关省（直辖市）人民政府对《南水北调供用水管理条例（送审稿）》的意见进行了沟通和协调。2013 年 7 月，国务院法制办牵头组成调研组，赴山东、江苏两省开展立法调研。2013 年 8 月，国务院法制办将《南水北调供用水管理条例（第二次征求意见稿）》再次印发国务院有关部门和江苏、湖北等 9 个省、直辖市人民政府征求意见，并在网上公开征求意见。2013 年 10 月，国务院法制办会同水利部、国务院南水北调办就国务院有关部门、有关省（直辖市）人民政府和网民对《南水北调供用水管理条例（第二次征求意见稿）》的意见，与有关部门进行了沟通和协调。2013 年 11 月，国务院法制办组织调研组赴中线工程水源地及沿线开展立法调研，在此基础上，国务院法制办对条例进行了修改完善。2013 年 12 月，国务院法制办就修改后的条例与国务院有关部门进行了沟通和协调；水利部在京分别与湖北、江苏两省就条例有关内容交换了意见；年底前，国务院法制办将再次修改完善后的《南水北调供用水管理条例（草案）》报送国务院。

（韩小虎）

南水北调东线一期工程运行管理有关工作

为满足东线一期工程全线试运行需要，水利部组织有关单位就国务院南水北调办提出的东线一期工程试运行工作方案中试运行水量进行了核算，并以《关于南水北调东线一期工程全线试运行水量调度计划有关事宜的函》（水资源函〔2013〕900 号）将正式意见反馈国务院南水北调办。2013 年 10 月 19 日，东线一期工程全线试运行开始，至 11 月 10 日全线试运行结束。

水利部水资源司组织开展了东线一期工程年度水量调度计划的编制工作。在淮河水利委员会编制完成东线一期工程 2013～2014 年度水量调度计划后，由水利部调水局组织专家对东线一期工程 2013～2014 年度水量调度计划进行了审查。水利部于 2013 年 12 月以水资源〔2013〕477 号文批复了东线一期工程 2013～2014 年度水量调度计划。2013 年 11 月 15 日，南水北调东线一期工程正式通水运行，第一次调水过程到 12 月 15 日结束，进入山东境内水量约 3400 万 m^3。

（牛万军）

南水北调东线一期工程水量调度方案和中线一期工程水量调度方案编制工作

东线一期工程水量调度方案于 2013 年 1 月报送国务院。根据国务院办公厅的有关要求，结合东线一期工程管理机构组建工作进展情况，组织对东线一期工程水量调度方案做了进一步修改完善。根据建委会第七次全体会议精神，2013 年 12 月，水利部印发了《南水北调东线一期工程水量调度方案(试行)》(水资源〔2013〕466 号)，为东线一期工程 2013 年通水运行提供了重要支撑。

2013 年 4 月，长江水利委员会同海河水利委员会依据工作大纲，编制提出了中线一期工程水量调度方案初稿。随后，长江水利委员员多次与水利部水资源司、调水局进行讨论研究，修改完善后，于 2013 年底提出了中线一期工程水量调度方案（专家咨询稿）。

（牛万军）

环 境 保 护

概 述

党中央、国务院高度重视南水北调治污工作，工程沿线各级党委政府和环保部门认真贯彻落实中央要求，按照建委会部署，不断加大治污力度，全面推进南水北调沿线水污染防治工作，确保“清水北送”。

（环境保护部）

南水北调工程水质现状

（一）东线水质状况

2013 年南水北调东线长江取水口夹江三江营断面为Ⅲ类水质。输水干线京杭运河里运河段、宝应运河段、宿迁运河段、鲁南运河段和韩庄运河段、梁济运河段水质均为良好。与上年相比，梁济运河段水质有所好转，其他河段无明显变化。

洪泽湖湖体为中度污染，主要污染指标为总磷，营养状态为轻度富营养。骆马湖、南四湖和东平湖湖体水质良好，营养状态为中营养。汇入骆马湖的沂河水质良好。汇入南四湖的 11 条河流中，洙赵新河为轻度污染，主要污染指标为化学需氧量和石油类，其他河流水质良好。汇入东平湖的大汶河水质良好。

（二）中线水质状况

2013 年，南水北调中线取水口陶岔断面为Ⅱ类水质。丹江口水库为优，营养状态为中营养。入丹江口水库的 9 条支流水质均为优良。与上年相比，天河、官山河和老灌河水质有所下降，其他河流无明显变化。

（环境保护部）

南水北调工程水环境保护工作进展

（一）积极推进规划落实

国务院南水北调办、环境保护部和有关部门加强对南水北调治污工程的现场监督检查，督促地方政府加快项目建设进度，积极推动南水北调工程沿线治污规划的实施，并确保已建成项目正常运行，切实发挥环境效益。

（二）做好东线通水相关工作

为全面了解南水北调东线治污情况，推进南水北调东线水污染防治工作，确保通水安全，2013 年 1 月 21 ~ 24 日，环境保护部和国务院南水北调办有关部门联合组成调研组赴山东、江苏进行调研。2013 年 7 月 9 ~ 12 日，环境保护部又会同国务院南水北调办开展了东线治污情况调研，36 个水质考核断面全部达标，满足调水要求。调研后环境保护部翟青副部长和国务院南水北调办于幼军副主任与两省政府召开了南水北调东线治污工作座谈会，并对通水前的有关工作进行了部署。会同南水北调办及东线沿线两省制定了水质监测方案和评价方法，并组织试通水期间每天监测东线工程干线水质。通水期间，水质干线全部达到Ⅲ类水质。

（三）强化治污工作考核

2013 年 3 月 24 日~ 4 月 12 日，环境保护部会同国家发展改革委、监察部、水利部、国务院南水北调办等部门组成考核组，对包括南水北调东线在内的 9 个重点流域水污染防治专项规划 2012 年度实施情况进行了考核。10 月底，配合国务院南水北调办对陕西、河南、湖北三省南水北调中线规划 2012 年度实施情况进行了考核，进一步落实了治污目标责任，推动规划治污项目建设。

（四）严格环境监督管理

环境保护部会同国务院有关部门继续深入开展整治违法排污企业保障群众健康环保专项行动、重金属污染企业专项检查。开展饮用水源保护区后督察和城镇污水处理厂、垃圾填埋场集中整治，着力打击“两高一资”行业重污染企业的环境违法行为，全面排查涉铅、镉、汞、铬和类金属砷企业的污染物排放情况。2013 年 7 月，环境保护部组织河南、湖北和陕西环保厅对各省规划项目完成情况、断面水质、工业企业和污水处理厂达标排放情况等进行自查，并针对南水北调中线开展了专项执法督查，向各省通报了督查中发现的问题，要求其整改到位。

（五）加强南水北调中线水源区生态环境保护

环境保护部联合国家发展改革委、水利部制定了《全国重点湖库生态安全评估与综合治理方案》，组织对丹江口水库进行了生态安全总体评估，研究制定相应的生态安全保障综合方案，为丹江口水库综合治理提供技术支撑。

（环境保护部）

文　物　保　护

概　　述

2013 年，南水北调东线一期工程山东段、中线一期工程河南段及丹江口库区文物保护的田野考古发掘工作全面完成。至此，南水北调东中线一期工程文物保护田野发掘工作全面完成。

2013 年，中国文物信息咨询中心负责组织开展《南水北调工程·文物保护卷》的编纂工作，基本形成初稿，合计 30 万字，图片 1500 余幅。

（国家文物局）

项　目　实　施

2013 年，山东省组织对京杭大运河阳谷段七级下闸进行了维修和现状整修，重点对断裂的石构件、残缺石构件、深陷石构件、缺失石构件以及石构件灰丝缝进行了保护维修；对临清段戴湾闸遗址进行了维修，重点对断裂的石构件、残缺石、沉陷石构件、缺失闸口及灰缝和墩台金刚墙、燕翅墙进行了保护维修。同时，山东省组织对土桥闸、七级下闸、戴湾闸保护工程进行了验收。

2013 年，河北省完成南水北调工程磁县取土地场双庙遗址（墓地）和东小屋遗址（墓地）考古发掘工作。该 2 处遗址发现于 2011 年南水北调工程施工取土过程中，并于 2012 年 6 月 ~2013 年 10 月进行了全面的考古发掘工作，共发掘遗址超 1000m^2，发掘墓葬 39 座，出土文物 700 余件。在这些墓葬中，尤以北朝时期和唐代墓葬价值较高。北齐周超墓的发现，为北朝时期东魏、北齐皇陵的兆域范围研究添补了重要资料。唐代三彩水盂和三彩砚滴的出土，填补了该地区唐代三彩器物的空白。发现了3座北宋时期平民壁画墓，墓室砖雕门、桌、椅，盲窗等室内装饰，并彩绘斗拱、檐、椽建筑结构，在墓室上部绘青龙、白虎、朱雀、玄武四神图案。彩绘色彩鲜艳，图案简洁、古朴，反映了北宋平民基本生活状况和社会生产力发展水平。

2013年，河南省组织实施并完成平顶山、周口等10市的受水区文物保护项目考古发掘工作。较为重要的考古发现有：漯河发现战国至汉代大型墓地，墓葬保存完好，出土器物丰富；南阳社旗发现金元时期的地道、建筑基址等。

2013年，湖北省组织完成遇真宫垫高保护工程，山门、东西宫门顶升工程已顺利完成，建筑主体及遗址解体工程规范，建筑构件存放保护效果良好，垫高工程达到设计标高。此外，丹江口市已完成双庙、孙家湾山陕会馆、白庙等文物单位的登记存档工作；完成石碑垭敕谕碑、老均县县城砖石文物等文物的搬迁工作；完成孙家湾过街楼、老街红军标语及浪河民居、蒿口泰山庙古戏楼等文物单位的拆迁工作。郧县完成已郧阳府学宫大成殿、郧阳监所、赵保长老屋和赵文同老屋、小西关民居的拆迁工作，省级文物保护单位郧阳府学宫大成殿复建工程顺利推进。

（国家文物局）

检 查 验 收

2013年6月13～18日，南水北调工程设计管理中心受国务院南水北调办委托，组织开展了南水北调丹江口水库大坝加高工程建设征地补偿和移民安置蓄水前文物保护终验技术性初步验收工作。此次验收的专家为：中国文化遗产研究院研究员乔梁、付清远，陕西省考古研究院研究员焦南峰，江苏省文物考古研究所研究员林留根和中国文物信息咨询中心研究员张治强。经验收，专家认为：湖北省丹江口库区文物保护工作协作机制创新、管理规范、组织有序、成效显著，总体完成了丹江口水库淹没区地下文物的野外发掘工作和地面文物的搬迁保护工作，文物存放地点安全，文物保护状况良好。武当山遇真宫垫高保护工程顺利实施，山门、东西宫门顶升工程已顺利完成，建筑主体及遗址解体工程规范，建筑构件存放保护效果良好，垫高工程达到设计标高（地面标高175m，护坡标高172.1m）。经专家组综合评定，南水北调丹江口水库大坝加高工程建设征地补偿和移民安置蓄水前—湖北省文物保护终验技术性初步验收评定为合格，能够满足南水北调丹江口水库抬高蓄水位要求。经验收，专家认为：河南省丹江口库区文物保护工作管理规范、组织有序、成效显著，总体完成了丹江口水库淹没区地下文物的田野发掘工作和地面文物的搬迁保护工作，地下文物发掘科学、规范，地面文物搬迁实施顺利，文物保护状况总体良好。经专家组综合评定，南水北调丹江口水库大坝加高工程建设征地补偿和移民安置蓄水前—河南省文物保护终验技术性初步验收评定为合格，能够满足南水北调丹江口水库抬高蓄水位要求。

2013年8月21～22日，南水北调丹江口水库大坝加高工程建设征地补偿和移民安置蓄水前终验委员会在湖北丹江口市组织开展了南水北调丹江口水库大坝加高工程建设征地补偿和移民安置蓄水前终验工作。经验收，库区文物保护总体完成了淹没区地下文物的野外发掘工作和地面文物的搬迁保护工作，文物存放地点安全，文物保护状况良好。

2013年，湖北省对南水北调工程（含配套进行的汉江中下游治理工程）考古发掘项目工作量进行审核。2013年完成48处考古发掘项目工作量审核工作，累计已完成136处（约占项目总数的82%），为下一步项目结项提供了有力支撑。

（国家文物局）

报告出版

2013年，山东省出版完成《梁山薛垓墓地》考古发掘报告，并编纂出版了《脉动齐鲁——南水北调工程山东段·文物保护卷》。

2013年，江苏省出版完成《梁王城》（史前卷）考古发掘报告。

2013年，河南省出版完成《淅川柳家泉墓地》、《淇县大马庄墓地》、《新乡王门墓地》、《安阳北朝墓葬》等4部考古报告。至此，河南省南水北调中线工程文物保护项目已出版12部考古发掘报告。河南省文物局还编纂出版了《河南省南水北调工程考古发掘出土文物集萃（二）——墓志精选》。

2013年，湖北省出版完成《丹江口牛场墓群》、《丹江口潘家岭墓地》等2部考古报告，累计已出版8本成果专著。

课题研究

湖北省通过设立科研课题指南的方式，促进学术界对南水北调工程丹江口水库淹没区涉及的学术重点、热点问题进行系统性研究，已于2008年确立了11项科研课题，内容涉及旧石器时代文化序列与古环境、史前文明化进程、早期楚文化、动物考古与人骨研究等多学科、多领域。截至2013年12月底，共有4项课题基本完成科研课题任务，课题成果将由湖北省文物局组织评审后出版。

（国家文物局）

投资计划管理

概述

2013年，按照国务院南水北调办工作部署，投资计划司认真贯彻落实建委会第七次全体会议和南水北调工程建设工作会议精神，紧紧围绕办党组提出的“紧盯重点大推进度，安全高效监控资金”工作部署，积极采取措施，完成了年度工作任务。2013年，东、中线一期工程初步设计及专题专项及时批复，重大设计变更快速处理；投资计划下达及执行保障了工程建设高峰期投资需求。

（李　益　万耀强）

投资计划管理

（一）指导思想和原则

积极落实建委会有关会议纪要精神，保障工程建设高峰期投资需求。重点保障影响工程建设目标的关键项目的投资需求，促进工程全面建设；根据国家批复的南水北调工程筹资方案，统筹安排中央投资、南水北调工程基金、贷款和国家重大水利工程建设基金。

（二）投资总体情况

截至2013年底，国务院南水北调办累计下达南水北调工程投资计划2448.6亿元，其中安排工程建设投资计划2355.1亿元，初步设计工作投资14.2亿元，文物保护工作投资10.9亿元，待运行期管理维护费4.4亿元，过渡性资金融资费用64亿元。

（三）年度投资计划安排

2013年，国务院南水北调办累计下达南水北调工程投资计划295亿元，按投资来源分：南水北调工程基金37亿元，银行贷款13亿元，国家重大水利工程建设基金

245 亿元。

（李　益　万耀强）

工程投资完成情况

（一）工程累计投资完成情况

截至 2013 年底，南水北调工程建设项目（含丹江口库区移民安置工程）累计完成投资 2434.1 亿元，占在建设计单元工程总投资 2493.4 亿元的 98%，其中东、中线一期工程分别累计完成投资 314.0 亿元和 2058.6 亿元，分别占东、中线在建设计单元工程总投资的 96% 和 98%；过渡性资金融资利息 60.6 亿元，其他 0.9 亿元。

（二）2013 年工程投资完成情况

2013 年南水北调工程建设安排投资 295 亿元，完成投资 404.9 亿元（其中东线一期工程完成投资 20.3 亿元，中线一期主体工程完成投资 340.1 亿元，丹江口库区移民安置工程 15.2 亿元，过渡性资金融资利息 29.3 亿元）。

（李　益　万耀强）

前　期　工　作

（一）配合推进新增投资审批工作

围绕力保投资规模、推进快速审批，积极配合国家发展改革委向国务院报送南水北调工程投资总规模测算（增加投资）工作。建委会第七次全体会议已原则同意新增投资规模及筹资方案。此项工作的落实，为 2014 年南水北调工程顺利完成建设并转入运行提供了强有力的保障和支撑。

（二）开展待运行期工程维护的相关工作

严格按照《南水北调待运行期工程管理维护办法》及《南水北调待运行期工程管理维护方案编制导则（试行）》，对项目法人编制的待运行期工程管理维护方案进行审查，保证了南水北调工程在待运行期内安全运行和正常维护管理。为东、中线一期工程全线通水做好准备。

（三）其他

组织研究了东线初期运行管理费用、南水北调工程建设管理费投资控制、中线干线安全防护体系建设、中线干线防护林建设、中线干线建筑与环境建设、中线干线新增征迁投资、中线干线边坡稳定、丹江口试验性蓄水等问题。

组织处理了中线干线充水试验方案和投资解决渠道、中线干线铁路交叉工程河南段土地占用费解决方式和渠道、中线干线桥梁和渡槽阻水影响情况论证、陶岔电灌站管理范围划定、陶岔临时用地延期、陶岔电站尾水渠左岸边坡稳定影响复核、山东省境内工程建筑与环境工程建设、兴隆枢纽库区景观建设、兴隆库区崩岸、丹江口水库蓄水偏少以及国家发展改革委下达水利部的 7 亿元前期工作经费清理等事宜。

（李　益　万耀强）

重大专题和基础设施建设

2013 年，国务院南水北调办继续强化项目验收管理，及时总结项目进展情况，积极研究项目建设内容，加快项目成果推广应用。

（李　益　万耀强）

初 步 设 计 审 批

2013 年，南水北调东、中线一期工程初步设计全部审批，前期工作和重大技术方案不再制约工程建设。

（李　益　万耀强）

重大设计变更审查审批

快速处置，把好审查关，严禁搭车项目，设计变更不再制约工程建设进度。

2013年共处理设计变更、跨渠桥梁方案等52项。

（1）加强现场调研，落实现场处理和快速处理，共处理7项设计变更和4项工程后处理方案。

（2）把好重大设计变更审查关，严控变更增加投资，除国家新增投资同意的项目外，设计变更没有在概算外增加投资。

（3）开展专项检查，严防发生意外。按照办领导指示，印发《关于严查南水北调工程设计变更管理违规行为的通知》（国调办投计〔2013〕121号），严查设计变更管理违规行为，对105个设计单元工程进行了全面检查，并对检查发现的13项重大设计变更组织审查论证，要求项目法人按照审查意见切实整改，确保工程安全。

（4）组织对中线高填方、中线安全超高、山东安全防护3项专题方案审查审批。

（5）加强穿（跨）渠建筑物审批管理，共组织研究25项穿（跨）渠建筑物的处理工作，基本杜绝搭车建设跨渠项目，有效控制南水北调工程投资规模。根据工程建设实际情况，落实办领导指示，在确保通水的前提下，对穿（跨）渠建筑物审批研究提出区别对待、急事急办的原则和程序，促进地方经济发展，保障沿线群众生产生活需求。

（李　益　万耀强）

技术复核

2013年，南水北调工程设计管理中心组织完成了南水北调中线一期工程陶岔渠首枢纽电站厂房尾水渠左岸边坡技术复核。

南水北调工程设计管理中心委托水利部水利水电规划设计总院（以下简称水规总院）于2013年对《南水北调中线一期工程陶岔渠首枢纽电站厂房尾水渠左岸边坡技术复核报告》进行了审查。4月12日，以设管技〔2013〕32号文向国务院南水北调办报送了复核意见。

（李启涛　关　炜）

专题专项审查

2013年，南水北调工程设计管理中心共组织完成专题专项审查4项。

1. 南水北调中线京石段应急供水工程（北京段）北拒马河暗渠穿河段防护加固工程及PCCP管道大石河段防护加固工程专题设计报告审查

南水北调工程设计管理中心委托水规总院于2013年1月28～30日对《南水北调中线京石段应急供水工程（北京段）北拒马河暗渠穿河段防护加固工程专题设计报告》、《南水北调中线京石段应急供水工程（北京段）PCCP管道大石河段防护加固工程专题报告》等3个专题报告进行了审查。3月20日，以设管技〔2013〕20号文向国务院南水北调办报送了审查意见。

2. 南水北调中线一期工程总干渠部分桥梁和排洪渡槽阻水影响分析报告审查

南水北调工程设计管理中心协调水规总院于2013年5月10～11日对《南水北调中线一期工程总干渠部分桥梁和排洪渡槽阻水影响分析报告》进行了初审，并于6月8～9日对项目法人组织修改的报告进行了复审。6月28日，以设管技〔2013〕74号文向国务院南水北调办报送了审查意见。

3. 南水北调中线一期丹江口水利枢纽大坝加高工程武警守卫部队营房建设专题方案审查

南水北调工程设计管理中心委托水规总院于2012年11月10日对《南水北调中线一期丹江口水利枢纽大坝加高工程武警守卫部队营房建设专题方案》进行了审查。7月1日，以设管技〔2013〕75号文向国务院南水北调办报送了审查意见。

4. 南水北调中线一期工程丹江口水库库底清理补充规划专题报告审查

南水北调工程设计管理中心委托水规总院于2013年11月17日对《南水北调中线一期工程丹江口水库库底清理补充规划专题报告》进行了审查。12月20日，以设管技〔2013〕126号文向国务院南水北调办报送了审查意见。

（李启涛　关　炜）

重大设计变更审查

2013年，南水北调工程设计管理中心共组织完成重大设计变更审查7项。

1. 南水北调东线第一期工程江苏境内部分泵站增加发电功能等设计变更审查

南水北调工程设计管理中心协调水规总院于2013年3月25～27日对《南水北调东线第一期工程江苏境内部分泵站增加发电功能等设计变更报告》进行了审查。4月16日，以设管技〔2013〕34号文向国务院南水北调办报送了审查意见。

2. 南水北调东线一期工程韩庄泵站、二级坝泵站枢纽工程设计变更审查

南水北调工程设计管理中心协调水规总院于2013年3月25～27日对《南水北调东线一期工程韩庄泵站枢纽工程设计变更报告》、《南水北调东线一期工程二级坝泵站枢纽工程设计变更报告》进行了审查。4月17日，以设管技〔2013〕35号文向国务院南水北调办报送了审查意见。

3. 南水北调中线一期工程总干渠河北省邯邢段邯郸市至邯郸县段设计单元左岸排水建筑物设计变更审查

南水北调工程设计管理中心协调水规总院于2013年3月31日～4月2日对《南水北调中线一期工程总干渠河北省邯邢段邯郸市至邯郸县段设计单元左岸排水建筑物设计变更报告》进行了审查。4月19日，以设管技〔2013〕37号文向国务院南水北调办报送了审查意见。

4. 南水北调中线一期工程总干渠焦作2段渠道断面设计变更及苏蔺等三个分水口门设计变更审查

南水北调工程设计管理中心协调水规总院于2013年3月31日～4月2日对《南水北调中线一期工程总干渠焦作2段渠道断面设计变更报告》和《南水北调中线一期工程总干渠焦作2段苏蔺和安阳段小营（牛房）、南流寺分水口门设计变更报告》进行了审查。4月24日，以设管技〔2013〕38号文向国务院南水北调办报送了审查意见。

5. 南水北调东线一期柳长河段堤顶高程及鲁北段七一·六五河输水工程夏津分水口设计变更审查

南水北调工程设计管理中心协调水规总院于2013年6月18日对《南水北调东线一期南四湖—东平湖段输水与航运结合工程柳长河段[(0+019)～(2+300)]设计变更报告》、《南水北调东线一期鲁北段七一·六五河输水工程夏津分水口设计变更报告》进行了审查。7月26日，以设管技〔2013〕84号文向国务院南水北调办报送了审查意见。

6. 南水北调中线一期工程部分跨渠桥梁桥面高程与渠堤顶高程关系影响分析报告审查

南水北调工程设计管理中心协调水规总院于2013年6月8～9日对《南水北调中线一期工程部分跨渠桥梁桥面高程与渠堤顶高程关系影响分析报告》进行审查。8月21日，以设管技〔2013〕91号文向国务院南水北调办报送了审查意见。

7. 南水北调中线一期工程部分设计单元左岸排水建筑物和渠渠交叉建筑物设计变更审查

南水北调工程设计管理中心协调水规总院于2013年6月6～7日对《南水北调中线一期工程部分设计单元左岸排水建筑物和渠渠

交叉建筑物设计变更报告》进行了审查。9月2日，以设管技〔2013〕99号文向国务院南水北调办报送了审查意见。

（李启涛　关　炜）

概　算　评　审

（一）初步设计概算评审

2013年，南水北调工程设计管理中心共组织完成初步设计概算评审7项。

1. 南水北调东线一期山东段工程安全防护体系建设方案设计报告概算评审

南水北调工程设计管理中心组织有关专家于2013年2月19～20日对《南水北调东线一期山东段工程安全防护体系建设方案设计报告》概算进行了评审。3月18日，以设管技〔2013〕19号文件向国务院南水北调办报送了评审意见。

2. 南水北调东线一期省际工程管理局管理设施管理用房及室外工程初步设计投资分析报告概算评审

南水北调工程设计管理中心组织有关专家于2012年12月24～26日对《南水北调东线一期省际工程管理局管理设施管理用房及室外工程初步设计投资分析报告》概算进行了评审。3月21日，以设管技〔2013〕22号文件向国务院南水北调办报送了评审意见。

3. 南水北调中线一期引江济汉工程临时用地耕地占用税专题报告概算评审

南水北调工程设计管理中心组织有关专家于2013年6月7日对《南水北调中线一期引江济汉工程临时用地耕地占用税专题报告》进行了评审。6月18日，以设管技〔2013〕58号文件向国务院南水北调办报送了评审意见。

4. 南水北调中线一期丹江口水利枢纽大坝加高工程武警守卫部队营房建设专题方案投资概算复核

南水北调工程设计管理中心组织有关专家于2013年7月10日对《南水北调中线一期丹江口水利枢纽大坝加高工程武警守卫部队营房建设专题方案投资概算》进行了复核。7月19日，以设管技〔2013〕79号文件向国务院南水北调办报送了复核意见。

5. 南水北调中线汉江中下游四项治理工程运行经费测算报告概算评审

南水北调工程设计管理中心组织有关专家于2013年7月6日对《南水北调中线汉江中下游四项治理工程运行经费测算报告》进行了概算评审。12月4日，以设管技〔2013〕123号文件向国务院南水北调办报送了评审意见。

6. 南水北调中线一期工程丹江口库区湖北省内安移民点高切坡防护规划设计报告概算评审

南水北调工程设计管理中心组织有关专家于2013年11月22～24日对《南水北调中线一期工程丹江口库区湖北省内安移民点高切坡防护规划设计报告》概算进行了评审。12月20日，以设管技〔2013〕125号文件向国务院南水北调办报送了评审意见。

7. 南水北调中线一期工程丹江口水库库底清理补充规划专题报告概算评审

南水北调工程设计管理中心组织有关专家于2013年11月19～21日对《南水北调中线一期工程丹江口水库库底清理补充规划专题报告》概算进行了评审。12月20日，以设管技〔2013〕126号文件向国务院南水北调办报送了评审意见。

（二）重大设计变更概算评审

2013年，南水北调工程设计管理中心共组织完成重大设计变更概算评审5项。

1. 南水北调中线一期工程总干渠高填方渠段加强安全措施专题设计报告概算评审

南水北调工程设计管理中心组织有关专家于2013年3月25日～4月1日对《南水北调中线总干渠高填方渠段加强安全措施专题设计报告》概算进行了评审。4月15日，以设管技〔2013〕33号文件向国务院南水北调办报送了评审意见。

2. 南水北调中线一期工程京石段应急供水工程（北京段）北拒马河、PCCP管道防护加固专题设计报告概算评审

南水北调工程设计管理中心组织有关专家于2013年4月17～22日对《南水北调中线京石段应急供水工程（北京段）北拒马河暗渠穿河段防护加固工程专题设计报告》和《南水北调中线京石段应急供水工程（北京段）PCCP管道大石河段防护加固工程专题设计报告》概算进行了评审。4月27日，以设管技〔2013〕43号文件向国务院南水北调办报送了评审意见。

3. 南水北调中线一期工程填方渠段安全超高调整专题设计报告概算评审

南水北调工程设计管理中心组织有关专家于2013年9月5日对《南水北调中线一期工程填方渠段安全超高调整专题设计报告》概算进行了评审。9月17日，以设管技〔2013〕105号文件向国务院南水北调办报送了评审意见。

4. 南水北调东线一期江苏段工程管理设施专项土地差价评审

南水北调工程设计管理中心组织有关专家于2013年12月11～12日对南水北调东线一期江苏段工程管理设施专项土地差价相关成果进行了评审。12月16日，以设管技〔2013〕124号文件向国务院南水北调办报送了评审意见。

5. 南水北调东线一期山东境内管理设施专项工程征地投资评审

南水北调工程设计管理中心组织有关专家于2013年12月13～15日对南水北调东线一期山东境内管理设施专项工程征地投资相关成果进行了评审。12月23日，以设管技〔2013〕127号文件向国务院南水北调办报送了评审意见。

（李启涛　关　炜）

待运行期管理维护方案报告审查

2013年，南水北调工程设计管理中心共组织完成待运行期管理维护方案审查44项。

1. 南水北调东线一期三阳河潼河工程待运行期管理维护方案审查

南水北调工程设计管理中心组织有关专家于2012年12月28日对《南水北调东线一期三阳河潼河工程待运行期管理维护方案及经费测算报告》进行了审查。2月5日，以设管技〔2013〕5号文件向国务院南水北调办报送了审查意见。

2. 南水北调东线一期宝应站工程待运行期管理维护方案审查

南水北调工程设计管理中心组织有关专家于2012年12月28日对《南水北调东线一期宝应站工程待运行期管理维护方案及经费测算报告》进行了审查。2月5日，以设管技〔2013〕6号文件向国务院南水北调办报送了审查意见。

3. 南水北调东线一期潘庄引河闸工程待运行期管理维护方案审查

南水北调工程设计管理中心组织有关专家于2013年1月对《南水北调东线一期潘庄引河闸工程待运行期管理维护方案》进行了审查。3月2日，以设管技〔2013〕11号文件向国务院南水北调办报送了审查意见。

4. 南水北调东线一期韩庄运河段三座水资源控制工程待运行期管理维护方案审查

南水北调工程设计管理中心组织有关专家于2013年1月对《南水北调东线一期韩庄运河段三座水资源控制工程待运行期管理维护方案》进行了审查，3月2日，以设管技〔2013〕12号文件向国务院南水北调办报送了审查意见。

5. 南水北调东线一期韩庄运河段韩庄泵站工程待运行期管理维护方案审查

南水北调工程设计管理中心组织有关专家于2013年1月对《南水北调东线一期韩庄运河段韩庄泵站工程待运行期管理维护方案》进行了审查。3月4日，以设管技〔2013〕13号文件向国务院南水北调办报送了审查意见。

6. 南水北调东线一期二级坝泵站工程待运行期管理维护方案审查

南水北调工程设计管理中心组织有关专家于2013年1月对《南水北调东线一期二级坝泵站工程待运行期管理维护方案》进行了审查。3月4日，以设管技〔2013〕14号文件向国务院南水北调办报送了审查意见。

7. 南水北调东线一期韩庄运河段台儿庄泵站工程待运行期管理维护方案审查

南水北调工程设计管理中心组织有关专家于2013年1月对《南水北调东线一期韩庄运河段台儿庄泵站工程待运行期管理维护方案》进行了审查。3月4日，以设管技〔2013〕15号文件向国务院南水北调办报送了审查意见。

8. 南水北调东线一期韩庄运河段万年闸泵站工程待运行期管理维护方案审查

南水北调工程设计管理中心组织有关专家于2013年1月对《南水北调东线一期韩庄运河段万年闸泵站工程待运行期管理维护方案》进行了审查。3月4日，以设管技〔2013〕16号文件向国务院南水北调办报送了审查意见。

9. 南水北调东线一期杨官屯河闸工程待运行期管理维护方案审查

南水北调工程设计管理中心组织有关专家于2013年3月对《南水北调东线一期杨官屯河闸工程待运行期管理维护方案报告》进行了审查。4月3日，以设管技〔2013〕24号文件向国务院南水北调办报送了审查意见。

10. 南水北调东线一期姚楼河闸工程待运行期管理维护方案审查

南水北调工程设计管理中心组织有关专家于2013年3月对《南水北调东线一期姚楼河闸工程待运行期管理维护方案报告》进行了审查。4月3日，以设管技〔2013〕25号文件向国务院南水北调办报送了审查意见。

11. 南水北调东线一期大沙河闸工程待运行期管理维护方案审查

南水北调工程设计管理中心组织有关专家于2013年3月对《南水北调东线一期大沙河闸工程待运行期管理维护方案报告》进行了审查。4月3日，以设管技〔2013〕26号文件向国务院南水北调办报送了审查意见。

12. 南水北调东线一期骆马湖水资源控制工程待运行期管理维护方案审查

南水北调工程设计管理中心组织有关专家于2013年3月对《南水北调东线一期骆马湖水资源控制工程待运行期管理维护方案报告》进行了审查。4月3日，以设管技〔2013〕27号文件向国务院南水北调办报送了审查意见。

13. 南水北调东线一期蔺家坝泵站工程待运行期管理维护方案审查

南水北调工程设计管理中心组织有关专家于2013年3月对《南水北调东线一期蔺家坝泵站工程待运行期管理维护方案报告》进行了审查。4月3日，以设管技〔2013〕28号文件向国务院南水北调办报送了审查意见。

14. 南水北调东线一期刘山泵站工程待运行期管理维护方案审查

南水北调工程设计管理中心组织有关专家于2013年3月对《南水北调东线一期刘山泵站工程待运行期管理维护方案报告》进行了审查。4月3日，以设管技〔2013〕29号文件向国务院南水北调办报送了审查意见。

15. 南水北调东线一期解台泵站工程待运行期管理维护方案审查

南水北调工程设计管理中心组织有关专家于2013年3月对《南水北调东线一期解台泵站工程待运行期管理维护方案报告》进行了审查。4月3日，以设管技〔2013〕30号文件向国务院南水北调办报送了审查意见。

16. 南水北调东线一期南四湖至东平湖梁济运河段工程待运行期管理维护方案审查

南水北调工程设计管理中心组织有关专家于2013年3月对《南水北调东线一期南四湖至东平湖梁济运河段工程待运行期管理维护方案》进行了审查。4月19日，以设管技〔2013〕36号文件向国务院南水北调办报送了审查意见。

17. 南水北调东线一期泗阳泵站工程待运行期管理维护方案审查

南水北调工程设计管理中心组织有关专家于2013年3月对《南水北调东线一期泗阳泵站工程待运行期管理维护方案报告》进行了审查。4月24日，以设管技〔2013〕39号文件向国务院南水北调办报送了审查意见。

18. 南水北调东线一期皂河二站工程待运行期管理维护方案审查

南水北调工程设计管理中心组织有关专家于2013年3月对《南水北调东线一期皂河二站工程待运行期管理维护方案报告》进行了审查。4月24日，以设管技〔2013〕40号文件向国务院南水北调办报送了审查意见。

19. 南水北调东线一期刘老涧二站工程待运行期管理维护方案审查

南水北调工程设计管理中心组织有关专家于2013年3月对《南水北调东线一期刘老涧二站工程待运行期管理维护方案报告》进行了审查。4月24日，以设管技〔2013〕41号文件向国务院南水北调办报送了审查意见。

20. 南水北调东线一期南四湖至东平湖柳长河段工程待运行期管理维护方案审查

南水北调工程设计管理中心组织有关专家于2013年3月对《南水北调东线一期南四湖至东平湖柳长河段工程待运行期管理维护方案》进行了审查。4月26日，以设管技〔2013〕42号文件向国务院南水北调办报送了审查意见。

21. 南水北调东线一期穿黄河工程待运行期管理维护方案审查

南水北调工程设计管理中心组织有关专家于2013年1月对《南水北调东线一期穿黄河设计单元工程待运行期管理维护方案》进行了审查。4月28日，以设管技〔2013〕45号文件向国务院南水北调办报送了审查意见。

22. 南水北调东线一期南四湖至东平湖段长沟泵站工程待运行期管理维护方案审查

南水北调工程设计管理中心组织有关专家于2013年3月对《南水北调东线一期南四湖至东平湖段长沟泵站工程待运行期管理维护方案》进行了审查。5月8日，以设管技〔2013〕46号文件向国务院南水北调办报送了审查意见。

23. 南水北调东线一期南四湖至东平湖段邓楼泵站工程待运行期管理维护方案审查

南水北调工程设计管理中心组织有关专家于2013年3月对《南水北调东线一期南四湖至东平湖段邓楼泵站工程待运行期管理维护方案》进行了审查。5月28日，以设管技〔2013〕48号文件向国务院南水北调办报送了审查意见。

24. 南水北调东线一期淮安四站工程待运行期管理维护方案审查

南水北调工程设计管理中心组织有关专家于2013年4月对《南水北调东线一期淮安四站工程待运行期管理维护方案报告》进行了审查。5月31日，以设管技〔2013〕49号文件向国务院南水北调办报送了审查意见。

25. 南水北调东线一期邳州站工程待运行期管理维护方案审查

南水北调工程设计管理中心组织有关专家于2013年3月对《南水北调东线一期邳州站工程待运行期管理维护方案报告》进行了审查。5月31日，以设管技〔2013〕50号文件向国务院南水北调办报送了审查意见。

26. 南水北调东线一期淮安四站输水河道工程待运行期管理维护方案审查

南水北调工程设计管理中心组织有关专家于2013年4月对《南水北调东线一期淮安

四站输水河道工程待运行期管理维护方案报告》进行了审查。6月17日，以设管技〔2013〕53号文件向国务院南水北调办报送了审查意见。

27. 南水北调东线一期洪泽泵站工程待运行期管理维护方案审查

南水北调工程设计管理中心组织有关专家于2013年4月对《南水北调东线一期洪泽泵站工程待运行期管理维护方案报告》进行了审查。6月17日，以设管技〔2013〕54号文件向国务院南水北调办报送了审查意见。

28. 南水北调东线一期睢宁二站工程待运行期管理维护方案审查

南水北调工程设计管理中心组织有关专家于2013年3月对《南水北调东线一期睢宁二站工程待运行期管理维护方案报告》进行了审查。6月17日，以设管技〔2013〕55号文件向国务院南水北调办报送了审查意见。

29. 南水北调东线一期金湖泵站工程待运行期管理维护方案审查

南水北调工程设计管理中心组织有关专家于2013年4月对《南水北调东线一期金湖泵站工程待运行期管理维护方案报告》进行了审查。6月18日，以设管技〔2013〕56号文件向国务院南水北调办报送了审查意见。

30. 南水北调东线一期淮阴三站工程待运行期管理维护方案审查

南水北调工程设计管理中心组织有关专家于2013年4月对《南水北调东线一期淮阴三站工程待运行期管理维护方案报告》进行了审查。6月18日，以设管技〔2013〕57号文件向国务院南水北调办报送了审查意见。

31. 南水北调东线一期鲁北段小运河输水工程待运行期管理维护方案审查

南水北调工程设计管理中心组织有关专家于2013年4月对《南水北调东线一期鲁北段小运河输水工程待运行期管理维护方案》进行了审查。6月19日，以设管技〔2013〕59号文件向国务院南水北调办报送了审查意见。

32. 南水北调东线一期鲁北段大屯水库工程待运行期管理维护方案审查

南水北调工程设计管理中心组织有关专家于2013年4月对《南水北调东线一期鲁北段大屯水库工程待运行期管理维护方案》进行了审查。6月19日，以设管技〔2013〕60号文件向国务院南水北调办报送了审查意见。

33. 南水北调东线一期鲁北段七一·六五河输水工程待运行期管理维护方案审查

南水北调工程设计管理中心组织有关专家于2013年4月对《南水北调东线一期鲁北段七一·六五河输水工程待运行期管理维护方案》进行了审查。6月19日，以设管技〔2013〕61号文件向国务院南水北调办报送了审查意见。

34. 南水北调东线一期南四湖至东平湖段八里湾泵站工程待运行期管理维护方案审查

南水北调工程设计管理中心组织有关专家于2013年3月对《南水北调东线一期南四湖至东平湖段八里湾泵站工程待运行期管理维护方案》进行了审查。6月19日，以设管技〔2013〕62号文件向国务院南水北调办报送了审查意见。

35. 南水北调东线一期泗洪站枢纽工程待运行期管理维护方案审查

南水北调工程设计管理中心组织有关专家于2013年4月对《南水北调东线一期泗洪站枢纽工程待运行期管理维护方案报告》进行了审查。6月25日，以设管技〔2013〕67号文件向国务院南水北调办报送了审查意见。

36. 南水北调东线一期济南至引黄济青段东湖水库工程待运行期管理维护方案审查

南水北调工程设计管理中心组织有关专家于2013年6月对《南水北调东线一期济南至引黄济青段东湖水库工程待运行期管理维护方案》进行了审查。6月25日，以设管技〔2013〕68号文件向国务院南水北调办报送了审查意见。

37. 南水北调东线一期济南至引黄济青济南市区段工程待运行期管理维护方案审查

南水北调工程设计管理中心组织有关专家于2013年6月对《南水北调东线一期济南至引黄济青济南市区段工程待运行期管理维护方案》进行了审查。6月25日，以设管技〔2013〕69号文件向国务院南水北调办报送了审查意见。

38. 南水北调东线一期济南至引黄济青段双王城水库工程待运行期管理维护方案审查

南水北调工程设计管理中心组织有关专家于2013年6月对《南水北调东线一期济南至引黄济青段双王城水库工程待运行期管理维护方案》进行了审查。6月25日，以设管技〔2013〕70号文件向国务院南水北调办报送了审查意见。

39. 南水北调东线一期济南至引黄济青济东明渠段（含陈庄输水段）工程待运行期管理维护方案审查

南水北调工程设计管理中心组织有关专家于2013年6月对《南水北调东线一期济南至引黄济青济东明渠段（含陈庄输水段）工程待运行期管理维护方案》进行了审查。6月25日，以设管技〔2013〕71号文件向国务院南水北调办报送了审查意见。

40. 南水北调东线一期高水河整治工程待运行期管理维护方案审查

南水北调工程设计管理中心组织有关专家于2013年4月对《南水北调东线一期高水河整治工程待运行期管理维护方案报告》进行了审查。8月19日，以设管技〔2013〕90号文件向国务院南水北调办报送了审查意见。

41. 南水北调东线一期骆马湖以南中运河影响处理工程待运行期管理维护方案审查

南水北调工程设计管理中心组织有关专家于2013年3月对《南水北调东线一期骆马湖以南中运河影响处理工程待运行期管理维护方案报告》进行了审查。8月20日，以设管技〔2013〕93号文件向国务院南水北调办报送了审查意见。

42. 南水北调东线一期金宝航道工程待运行期管理维护方案审查

南水北调工程设计管理中心组织有关专家于2013年4月对《南水北调东线一期金宝航道工程待运行期管理维护方案报告》进行了审查。8月20日，以设管技〔2013〕94号文件向国务院南水北调办报送了审查意见。

43. 南水北调东线一期徐洪河影响处理工程待运行期管理维护方案审查

南水北调工程设计管理中心组织有关专家于2013年3月对《南水北调东线一期徐洪河影响处理工程待运行期管理维护方案报告》进行了审查。8月20日，以设管技〔2013〕95号文件向国务院南水北调办报送了审查意见。

44. 南水北调东线一期济平干渠工程待运行期管理维护方案（2013年度）审查

南水北调工程设计管理中心组织有关专家于2013年12月对《南水北调东线一期济平干渠工程待运行期管理维护方案（2013年度)》进行了审查。

（李启涛　关　炜）

投资控制奖惩考核

2013年，南水北调工程设计管理中心共组织完成设计单元工程投资控制奖惩考核3项。

1. 南水北调东线一期淮安四站工程投资控制奖惩考核

南水北调工程设计管理中心组织有关专家于2012年11月对南水北调东线一期淮安四站工程投资控制情况进行了考核。9月5日，以设管技〔2013〕101号文件向国务院南水北调办报送了考核意见。

2. 南水北调东线一期三阳河潼河、宝应

站工程投资控制奖惩考核

南水北调工程设计管理中心组织有关专家于2013年7月30日~8月2日对南水北调东线一期三阳河潼河、宝应站工程2个设计单元工程投资控制情况进行了考核。9月6日，以设管技〔2013〕103号文件向国务院南水北调办报送了考核意见。

3. 南水北调东线一期淮阴三站工程投资控制奖惩考核

南水北调工程设计管理中心组织有关专家于2013年10月对南水北调东线一期淮阴三站工程投资控制情况进行了考核。11月19日，以设管技〔2013〕118号文件向国务院南水北调办报送了考核意见。

（李启涛　关　炜）

制　度　建　设

印发《关于加强南水北调工程投资控制管理工作的通知》和《关于进一步加强南水北调工程投资控制管理的通知》，落实项目法人责任，明确投资控制目标。印发《关于严查南水北调工程设计变更管理违规行为的通知》（国调办投计〔2013〕121号），严查设计变更管理违规行为。

（李　益　万耀强）

资金筹措与使用管理

概　　述

2013年，围绕南水北调工程建设和保东线通水目标，工程建设资金筹措及使用管理工作取得明显成效。国家重大水利工程建设基金征收稳定增长，南水北调工程过渡性融资工作有序开展，南水北调工程基金征缴取得重要进展，有力地保障了工程建设资金需要；资金使用管理进一步规范，资金监管持续强化，规章制度更加健全，资金使用效率显著提高，资金安全得到切实保障；完工财务决算工作稳步推进；预决算管理和会计基础工作切实加强；财务人员业务培训力度不断加大，队伍素质进一步增强；包括东线一期主体工程运行初期供水价格政策在内等一系列经济政策研究工作成效显著。

（邓文峰）

资　金　筹　措

资金筹措与供应是确保工程建设目标如期实现的重要条件。各类工程建设资金来源的落实情况如下：

（一）南水北调工程基金政策落实情况

2013年，国务院相关部门进一步加大了对各省市南水北调工程基金的督缴工作力度。2013年度，北京、天津、河南、江苏、山东相继完成了全部基金任务。六省市全年共上缴中央国库的南水北调工程基金为29.29亿元，其中：北京3.40亿元、天津11.13亿元（含2014年初缴库1.68亿元，下同）、河北1.20亿元、河南7.46亿元、江苏1.60亿元、山东4.5亿元。

截至2013年底，六省市累计上缴中央国库的南水北调工程基金为170.02亿元，占应筹集基金总额的77.28%，其中：北京54.30亿元、天津43.80亿元、河北10.02亿元、河南26.00亿元、江苏11.98亿元、山东23.92亿元。此外，江苏、山东两省分别直接投入南水北调主体工程建设资金3.91亿元（其中：江苏0.03亿元、山东3.88亿元，可抵其基金筹集额度），六省市累计完成基金任务173.93亿元，占基金总任务的79.06%。

2013年，财政部拨付南水北调工程基金28.31亿元，其中：东线江苏水源工程1.14亿元、东线山东干线工程2.57亿元、中线干线工程24.60亿元。截至2013年底，财政部累计拨付南水北调工程基金162.38亿元（含用于东线江苏、山东两省截污导流工程基金4.58亿元），其中：东线江苏水源工程11.51亿元、东线山东干线工程21.92亿元、中线干线工程128.95亿元。

（二）国家重大水利工程建设基金政策落实情况

2013年，北京、天津、河北、河南、山东、江苏、上海、浙江、安徽、江西、湖北、湖南、广东、重庆等14个南水北调和三峡工程直接受益省份（以下简称14个省份）征收的国家重大水利工程建设基金（以下简称重大水利基金）上缴中央国库，并按现有75：25分配比例可安排用于南水北调工程建设的重大水利基金为196.67亿元（含增值税返还资金33.74亿元），同比增长11.64%，基金征缴实现稳定增长。截至2013年底，14个省份累计上缴中央国库，并按现有75：25分配比例可安排用于南水北调工程建设的重大水利基金为675.84亿元。

2013年，财政部拨付重大水利基金197.32亿元，其中：直接用于南水北调工程建设168.00亿元（包括东线江苏水源工程1.05亿元、中线水源工程10.60亿元、中线干线工程148.35亿元、汉江中下游工程8.00亿元），用于偿付南水北调工程过渡性融资贷款利息、印花税及其他相关费用支出29.32亿元。

截至2013年底，财政部累计拨付重大水利基金633.94亿元，其中：直接用于南水北调工程建设573.32亿元，用于偿付南水北调工程过渡性融资贷款利息、印花税及其他相关费用支出60.62亿元。

（三）南水北调工程过渡性资金融资工作情况

2013年，国务院南水北调办继续根据宏观经济走势，特别是金融政策变动趋势，采取一系列措施，稳步推进南水北调工程过渡性资金融资工作。同时，通过有效沟通取得了中国人民银行的大力支持，并加强与各金融机构的协调，按已签订合同及时足额拨付过渡性资金，切实保障了南水北调工程建设用款需要。

2013年，根据工程建设进度及资金需要，国务院南水北调办提用并向相关项目法人拨付过渡性资金总额141.1亿元，其中：江苏水源公司6.00亿元、山东干线公司25.50亿元、安徽省南水北调项目办0.50亿元、淮委沂沭泗管理局0.60亿元、中线水源公司40.50亿元、中线建管局48.00亿元、湖北省南水北调管理局20.00亿元。此外，国务院南水北调办偿付南水北调工程过渡性融资贷款利息、印花税及其他相关费用29.32亿元。

截至2013年底，国务院南水北调办累计提用并向相关项目法人拨付过渡性资金571.20亿元，其中：江苏水源公司22.30亿元、山东干线公司45.15亿元、安徽省南水北调项目办2.00亿元、淮委沂沭泗管理局0.80亿元、中线水源公司202.15亿元、中线建管局264.30亿元、湖北省南水北调管理局31.50亿元、淮委建设局3.00亿元；累计偿付南水北调工程过渡性融资贷款利息、印花税及其他相关费用60.62亿元。

（四）银团贷款实施情况

2013年，南水北调东、中线一期主体工程银团贷款继续在工程建设中发挥重要作用，保障了工程建设资金需求。截至2013年底，各项目法人累计提取银团贷款401.64亿元，其中：江苏水源公司17亿元、山东干线公司30.61亿元、中线水源公司69.36亿元、中线干线建管局284.67亿元。

（五）南水北调工程贷款继续得到中央财政贴息支持

财政贴息直接用于冲减工程建设成本，

是降低工程建设成本的重要政策措施。2013年9月27日，财政部印发了《财政部关于下达2013年基本建设贷款中央财政贴息预算（拨款）的通知》（财建〔2013〕693号），2013年对南水北调工程贷款贴息2948万元，其中：中线一期干线穿黄河工程2025万元；东线一期水源泗洪站工程399万元、洪泽站工程353万元、睢宁二站工程171万元。2013年南水北调工程获得的中央财政贴息总额比2012年增长353万，比2006年增长了近7倍，累计获得中央财政贴息资金总额13 913万元，中央财政贴息对南水北调工程的支持力度进一步加大。

（邓文峰）

资金使用管理

（一）资金到位及使用情况

截至2013年底，根据工程建设进度及用款需要，南水北调东、中线一期主体工程累计到账资金20 617 203万元（不含地方负责组织实施的东线一期江苏、山东两省截污导流工程，中线一期丹江口库区及上游水污染防治及水土保持项目、汉江中下游治理环境保护专项工程投资，国务院南水北调办负责实施的南水北调工程过渡性融资贷款利息、印花税及其他相关费用支出，以及各项目法人获得的中央财政贴息资金，下同），其中：中央预算内资金（含国债专项）3 538 465万元、南水北调工程基金1 617 138万元、重大水利基金5 733 200万元、南水北调工程过渡性资金5 712 000万元、银团贷款4 016 400万元。各项目法人的累计到账资金情况分别为：江苏水源公司880 934万元、山东干线公司1 786 595万元、安徽省南水北调项目办28 000万元、淮委沂沭泗管理局8000万元、中线水源公司4 821 500万元、中线建管局12 106 264万元、湖北省南水北调管理局900 310万元、淮委建设局76 000万元。此外，南水北调工程设计管理中心累计到账初设前期工作投资9600万元。

截至2013年底，南水北调东、中线一期主体工程建设累计完成基建支出20 285 975.12万元，其中：东线一期江苏境内工程799 568.17万元，东线一期山东境内工程1 646 235.86万元，东线一期洪泽湖抬高蓄水位影响处理安徽境内工程26 747.82万元，东线一期苏鲁省际工程管理设施专项及调度运行管理系统工程2609.13万元，中线一期水源工程4 783 130.99万元，中线一期干线工程12 097 699.83万元，中线一期汉江中下游治理工程856 814.43万元，中线一期陶岔渠首枢纽工程73 168.89万元。此外，直属事业单位初设前期工作8891.83万元。

（二）年度决算和预算工作

1. 2012年度决算工作

根据财政部编制2012年度部门决算报表、固定资产投资决算报表、住房改革支出决算报表的要求，国务院南水北调办对2012年度预算执行情况进行了系统分析，提出了完善预算管理和资金管理的建议，在此基础上汇总编制了2012年部门决算报表、固定资产投资决算报表、中央行政事业单位住房改革支出决算报表，并于2013年3月报送财政部。

根据国家机关事务管理局《关于编制2012年度中央行政事业单位国有资产年度决算报告的通知》（国管资〔2013〕230号）的要求，国务院南水北调办组织办机关和直属事业单位对2012年12月31日前所占用的国有资产进行了全面清查，在此基础上填报了2012年度国有资产年度决算报表。

按照有关规定，国务院南水北调办组织编制了办工会的年度预决算报表并报送中央国家机关工会联合会。2012年度工会财务工作又获得了中央国家机关工会联合会工会财务工作优秀奖的表彰，这是国务院南水北调办工会财务工作连续6年获得优秀奖表彰。

2. 2013 年度预算工作

2013 年 3 月，财政部正式下达了国务院南水北调办 2013 年部门预算。根据财政部下达的 2013 年部门预算，国务院南水北调办按照预算法的相关规定，将 2013 年预算分解下达到各单位，并要求各单位严格按照预算批复的范围和标准控制支出，同时要加快预算执行进度，落实财政部预算执行管理要求。

2013 年 7 月，根据财政部厉行节约的要求，国务院南水北调办结合实际情况，在保障办机关正常运转以及重点项目的基础上，压减了部分办机关日常公用经费和机关、事业单位的部分项目支出预算。

2013 年 7 月，根据财政部的统一要求，国务院南水北调办组织完成 2014 年部门预算（一上）编制和上报工作。11 月，按照财政部深化预算改革的要求，国务院南水北调办对财政部下达的 2014 年部门预算“一下”控制数进行了细化，将基本支出预算细化到基层预算单位，项目支出预算细化到具体执行单位，在此基础上汇总编制了 2014 年中央部门预算（二上）并报财政部。

根据财政部关于项目预算绩效考评的要求，国务院南水北调办对 2013 年纳入绩效考评试点的中国南水北调工程建设年鉴编印、南水北调工程专家委员会工作经费、南水北调工程完工项目待运行期管理维护方案审查评审专项等 3 个项目开展了绩效考评工作，并向财政部报送了绩效考评报告。

根据财政部关于部门预决算公开的要求，2013 年 4 月国务院南水北调办对 2013 年部门预算进行了公开；2013 年 7 月对 2012 年部门决算和“三公”经费预决算及行政经费支出统计数进行了公开。

此外，根据财政部的有关要求，国务院南水北调办组织了财政部政府采购评审专家的推荐工作；组织事业单位财政票据电子化改革工作，按时向财政部报送了改革试点意见；组织南水北调系统 2013 年中央单位政府采购计划和执行情况编报工作以及全国政府采购信息统计工作。国务院南水北调办的 2012 年中央部门政府采购信息统计工作情况获得了财政部通报表扬。

（三）财会人员业务培训

2013 年 2 月，国务院南水北调办组织了事业单位会计准则和事业单位会计制度培训班，办机关及直属事业单位相关财会人员参加了培训。

2013 年 11～12 月，国务院南水北调办组织了组织完成赴法国资金管理培训班团组的相关工作，全系统共 19 人参加了培训。

2013 年 12 月，为提高会计人员素质，进一步提高年度决算报表的编制水平，国务院南水北调办在北京举办了“南水北调系统 2013 年度会计决算培训班”，对决算报表编制以及软件操作和《行政事业单位内部控制规范》进行了培训，各项目法人、项目建设管理单位、各省（直辖市）征地移民机构的 60 多名财会人员参加了培训。

此外，国务院南水北调办组织办机关及事业单位财会人员参加财政部、国管局、中央国家机关工会等有关方面组织的部门预算、部门决算、政府采购计划、国库集中支付、事业单位会计准则、行政部位财务规则、行政事业单位内部控制规范等业务培训。国务院南水北调办还组织了办机关、事业单位和中线建管局财会人员参加在京会计人员继续教育学习。

（四）资金管理制度建设

2013 年 5 月 6 日，为严格控制投资，保证工程价款结算的及时性和准确性，规范并妥善解决变更索赔事项，国务院南水北调办印发了《关于进一步加强工程价款结算管理的通知》（国调办经财〔2013〕97 号）。

2013 年 5 月 9 日，为规范待运行期管理维护费的核算和完工财务决算编制工作，国务院南水北调办印发了《关于规范编制完工财务决算中待运行期管理维护费的通知》（综经财〔2013〕65号）。

2013年5月22日，为充分调动各级征地移民机构控制投资的积极性，规范资金管理，确保征地移民资金管理全过程安全，国务院南水北调办印发了《关于加强南水北调工程征地移民资金结余使用管理的通知》（国调办经财〔2013〕122号）。

2013年6月8日，为确保资金安全，防范和化解资金运行潜在风险，国务院南水北调办印发了《关于防范和化解南水北调工程建设资金运行潜在风险的通知》（国调办经财〔2013〕134号）。

2013年7月22日，为进一步做好完工财务决算编制工作，国务院南水北调办印发了《关于进一步做好设计单元工程完工财务决算编制工作的通知》（国调办经财〔2013〕170号）。

2013年10月10日，为防止资金运行过程中的不规范行为，有效控制投资，确保资金安全，国务院南水北调办印发了《关于切实防止资金运行过程中不规范行为的通知》（国调办经财〔2013〕252号）。

（史晓立）

资 金 监 管

加强资金监管是保障资金使用安全的重要措施。随着工程建设进入高峰期和关键期，全系统一方面完善资金监管体系，充分发挥内部审计和外部审计相结合、年度审计和专项审计相结合、审计监督和稽察监督相结合的资金监管体系的作用，另一方面进一步加大了各层次的监管力度。

（一）开展内部审计工作

2013年2月，国务院南水北调办通过公开招投标的方式选择了25家中介机构，并于5月中旬正式建立了“南水北调工程项目内部审计中介机构备选库”，规范了参与南水北调工程项目审计的中介机构选择。

2013年5月下旬，国务院南水北调办从“南水北调工程项目内部审计中介机构备选库”中抽取并委托17家中介机构，对东线江苏水源公司、东线山东干线公司、中线水源公司、中线建管局、湖北省南水北调管理局、淮委建设局、安徽省南水北调项目办2012年度工程建设资金使用和管理情况，以及北京、天津、河北、河南、江苏、山东、湖北、安徽等8个省（直辖市）境内2012年度征地移民资金使用情况进行了审计。8月，针对审计提出的问题，国务院南水北调办陆续向有关被审计单位下达了整改意见书。各被审计单位根据整改意见书的要求进行了整改，并向国务院南水北调办报告了整改情况。11月中旬，国务院南水北调办组成3个考核小组对各单位审计整改情况进行了考核，审计发现的问题已全部整改到位。

2013年4月，国务院南水北调办根据人事管理的有关要求，组织对国务院南水北调办政策与技术研究中心、南水北调工程设计管理中心负责人开展离任经济责任审计，分别下达了离任经济责任审计意见，并按人事管理规定办理有关认定程序。

（二）配合审计署开展有关审计

2013年8月，国务院南水北调办配合审计署对政府性债务（过渡性资金）情况进行了审计，未发现债务风险。

2013年12月，国务院南水北调办配合审计署对中央财政2013年“农林水事务”科目资金预算执行情况进行了专项审计。

（史晓立）

完工项目财务决算工作

南水北调工程2002年开工建设，部分设计单元工程陆续完工。截至2013年底，经对各项目法人编报的设计单元工程完工财务决算报告进行审计，国务院南水北调办累计核准9个设计单元工程的完工财务决算，并累计核定了5个设计单元工程的投资节余和投资控制奖励额度。

（一）完工项目财务决算编审工作

2013年8月，国务院南水北调办组织召开了完工财务决算工作会议，部署和推动全系统的完工项目财务决算编制工作。

2013年，国务院南水北调办依据中介机构的审计结果，核准了东线一期江都站改造工程完工财务决算。按照将待运行管理维护费纳入总投资的要求，国务院南水北调办补充核准了南水北调东线一期刘山站工程等7个设计单元工程完工财务决算。

截至2013年底，国务院南水北调办累计核准了9个设计单元（山东济平干渠工程、南水北调东线一期刘山站工程、解台站工程、淮三、淮四站工程、淮安四站输水河道工程、三阳河潼河、宝应站工程、江都站改造工程）。此外，国务院南水北调办安排中介机构对南水北调中线干线京石段应急供水工程征地拆迁项目完工财务决算开展了审计。

（二）投资控制奖惩工作

2013年，根据《南水北调工程投资控制奖惩办法》和《南水北调设计单元工程投资控制奖惩考核实施细则》，国务院南水北调办组织专家组对淮阴三站、淮安四站、三阳河潼河、宝应站工程投资控制情况进行了考核，核定了上述4个设计单元工程的投资节余和投资控制奖励额度。截至2013年底，国务院南水北调办累计核定了济平干渠、淮阴三站、淮安四站、三阳河潼河、宝应站等5个设计单元工程的投资节余和投资控制奖励额度。

（史晓立）

南水北调工程经济政策研究

2013年，为进一步促进南水北调工程建设顺利开展和保障工程建成后的良性运行，国务院有关部门开展了一系列南水北调工程经济相关问题研究，着力解决工程建设中面临的实际问题，对指导南水北调系统经济财务工作发挥了重要作用。

（一）推进南水北调工程供水价格政策研究制定工作

2013年5月，在以往南水北调工程供水价格政策研究工作成果的基础上，国家发展改革委同有关部门向国务院报送了南水北调东线一期主体工程运行初期供水价格政策方案（审批稿）。2013年8月，国家发展改革委根据国务院办公厅的要求，按照拟设立东线总公司统一管理东线新建工程的管理体制对东线水价方案进行了调整，并建议待建委会批准后，由国家发展改革委会同有关部门在江苏、山东两省平均水价的基础上，制定各口门实际执行价格，不再另行请示。2013年10月，为尽早做好东线一期主体工程运行初期各口门供水价格操作方案的准备工作，国家发展改革委会同有关部门研究提出将东线工程分别划分为24段、8段、4段的三种定价方案，并以书面形式征求了中央有关部门及江苏、山东两省的意见。

2013年11月18日，建委会第七次全体会议审议并原则同意了国家发展改革委呈报的南水北调东线一期主体工程运行初期供水价格政策方案。2013年12月4日，综合考虑各方意见，特别是11月25日与江苏、山东两省相关部门当面沟通形成的意见，国家发展改革委按6段定价方案再次书面征求中央有关部门、江苏、山东两省物价及项目法人意见。

此外，2013年国务院有关部门还就南水北调中线一期主体工程运行初期供水价格政策相关问题进行了调研。

（二）开展建设期利息测算及新增筹资方案研究

2013年，国务院南水北调办配合国家发展改革委对南水北调东、中线一期工程总投资进行了评估，重点测算了建设期利息总规模，以及新增投资通过增收的重大水利基金筹集的可行性。11月18日，建委会第七次全体会议审议并原则同意了国家发展改革委呈报的南水北调东、中线一期工程总投资及筹资方案。

此外，为及时掌握建设期利息支出对投资控制的影响，结合项目法人提用银团贷款和办本级过渡性资金提用情况，以及重大水利基金征收和利率市场变动情况，国务院南水北调办先后多次测算了建设期利息支出动态情况，为控制利息支出提供了依据。

（三）开展建设期满后的南水北调工程基金征缴政策研究

2013年2月，根据《南水北调工程基金筹集和使用管理办法》有关规定，在征求北京、天津、河北、江苏、山东、河南等6省市人民政府的意见的基础上，国务院南水北调办向财政部报送了《关于工程建设期满后南水北调工程基金征收政策有关意见的函》。2013年12月，财政部相关司研究提出了建设期满后的南水北调工程基金政策初步意见，并征求了中央有关部门及相关省市财政部门意见。

（四）开展资金管理专题调研

2013年，为研究解决工程建设资金管理过程中出现的新情况、新问题，国务院南水北调办组织开展了一系列专题调研。

2013年3月，为充分调动各级征地移民机构控制投资的积极性，规范资金管理，确保征地移民资金管理全过程安全，国务院南水北调办组织人员赴有关省市，就征地移民资金使用情况和结余资金使用政策进行调研，并于5月研究出台了征地移民结余资金使用政策。

2013年3月，国务院南水北调办组织人员赴有关项目法人单位开展投资控制奖惩制度执行情况的调研，研究解决工作中遇到的问题，督促项目法人落实投资控制奖惩办法。

2013年3月，国务院南水北调办组织人员赴中线建管局、北京市和河北省就京石段工程完工财务决算编制工作滞后的情况进行专项调研，摸清情况，协调解决遇到的困难，推进完工财务决算编制工作。

2013年4月，为防范和化解资金运行中潜在风险，消除资金安全隐患，国务院南水北调办组织人员赴各项目法人和建管单位，开展了资金运行潜在风险调研，研究提出了防范和化解风险的措施。

2013年6月和8月，针对施工企业反映的部分现场资金困难问题，国务院南水北调办相关司会同中线建管局，先后两次赴河南、湖北等工程一线，就部分施工单位反映的资金困难问题开展调研，分别与42家施工单位、19家监理单位和相关的现场建管单位进行座谈，了解施工单位现场资金状况、变更索赔处理情况，摸清了情况，研究提出了措施建议。

（五）研究解决东线试运行经费计算问题

针对南水北调东线一期主体工程试运行经费问题，国务院南水北调办组织人员与江苏、山东两省项目法人进行了沟通协调，研究提出了试运行经费的处理意见，即以国家发展改革委上报国务院的东线一期主体工程运行初期供水价格政策方案为基础，扣除税金、还贷本息，除全额补偿用电成本外，再适当补偿人员经费、维护费、管理费和其他费用，分别确定江苏和山东的补偿单价，待试运行结束后再按实际调水量结算。

（邓文峰）

建设与管理

概　述

2013年是南水北调工程建设冲刺、决胜之年。在党中央、国务院的亲切关怀下，在建委会的正确领导下，以及各成员单位密切配合、沿线各级地方党委政府和人民群众大力支持下，南水北调工程建设取得东线工程正式通水的重大胜利和中线主体工程完工的重大阶段性成果。2013年工程建设工作围绕办党组提出的“紧盯重点大推进度”整体部署，按照“东线保通水、中线保完工”年度目标要求，研究制定“东线通水目标保障工作方案”和“中线进度管理工作方案”，强力推行各项工作措施，在坚持一系列行之有效的制度基础上，建立了东线一期工程通水目标保障领导机制和中线工程进度办、省联席会议制度，构建风险管理体系，开展专项督导，加强专项协调，严格落实考核奖惩，工程建设进度取得新成绩。安全生产、技术、验收、运行、招标投标等建设管理其他业务工作按计划有序推进。

（张俊胜）

工程建设项目进展

2013年新开工设计单元工程2项，分别是苏鲁省际调度运行管理系统工程和苏鲁省际管理设施专项工程。截至2013年底，南水北调工程已开工建设设计单元工程153项。

2013年11月15日，东线一期工程正式通水，提前实现了东线一期工程通水目标。2013年12月25日，南水北调中线一期主体工程顺利完工，实现了建委会确定的2013年主体工程完工阶段目标，为2014年汛后通水奠定了基础。

2013年8月，丹江口大坝加高工程通过蓄水验收，大坝加高后的丹江口水库具备蓄水条件。2013年11月5日，兴隆水利枢纽工程第一台机组并网发电。

2013年，南水北调工程完成总投资404.9亿元，其中建筑、安装及设备工程部分共计273.9亿元。截至2013年底，累计下达南水北调东、中线一期工程投资2448.6亿元，完成投资2434.1亿元，占在建项目总投资的98%；工程项目累计完成土石方158 369万m^3，占在建项目土石方总量的99%；工程项目累计完成混凝土浇筑4122万m^3，占在建项目混凝土总量的98%。

（张俊胜）

工程进度管理

2013年，各单位深入贯彻国务院南水北调办“紧盯重点大推进度”工作部署，制定“东线通水目标保障工作方案”和“中线进度管理工作方案”，扎实落实各项工作任务要求，突出工作重点，完善协调机制，强化风险防控，加强进度督导，健全考核体系，推动通水验收，工程建设取得重大胜利和重要阶段性成果。组织召开南水北调工程建设进度第八次至第十一次协调会，及时协调解决影响工程建设进度的问题。研究建立了东线一期工程通水目标保障机制、中线工程建设办省联席会议制度，建立了东线通水和中线进度目标保障三级预警机制。成立了现场进度督导组，定期组织排查梳理风险因素，深入现场加强现场调研协调，及时解决工程建设难题。制定《2013年度南水北调工程建设进度目标考核实施办法》，建立了进度计划考核、形象进度节点考核和关键事项考核相结合的考核体系，开展了季度考核与奖惩。抓好中线跨渠桥梁、铁路交叉工程建设协调和渠道衬砌施工技术指导等重要专项工作，推动加快工程建设。

（张俊胜）

工程技术管理

2013年，国务院南水北调办通过加强工程技术管理工作，确保南水北调工程建设质量、进度和安全。组织开展渠道衬砌施工技术经验交流、培训，为2013年汛后大面积开展渠道衬砌工作奠定了技术基础。中线渠道衬砌于2013年12月20日全部完工。组织开展渡槽工程技术成果交流，印发论文集。组织开展暗涵、倒虹吸论文征集，出版南水北调工程建设技术丛书——暗涵、倒虹吸卷。组织开展南水北调工程跨渠桥梁、穿渠建筑物、穿越工程安全影响研究工作，提出了加强安全管理的意见和建议。

（白咸勇　张　晶）

安全生产

2013年南水北调工程安全生产工作紧密把握南水北调工程高峰期、关键期的特点，认真贯彻落实国务院和安委会关于开展“安全生产大检查”、“防坍塌专项整治”等一系列安排部署，继续以“强化监管、落实责任”为重点，进一步加大安全生产监督管理和检查力度，安全生产管理不断加强，工程安全生产整体受控，有力保障了工程建设的顺利进行。

组织召开了国务院南水北调办安全生产领导小组第十二次全体会议和南水北调工程建设安全生产工作会议，全面部署2013年安全生产工作。组织开展了南水北调工程预防施工起重机械脚手架等坍塌事故专项整治、安全生产大检查等专项活动。组建了国务院南水北调办防汛指挥部，组织开展了安全生产和防汛检查。建立了重大危险源监督管理信息平台，完善重大危险源建档、备案规范化、制度化管理。及时部署开展了节假日、冬季施工等特殊时期安全生产工作。2013年，在工程建设任务重、强度大，安全生产形势极为严峻的情况下，南水北调工程安全生产工作扎实有效，全年未发生重特大安全事故，为工程建设顺利进行提供了保障。

（白咸勇　刘晓杰）

科技工作

2013年，国务院南水北调办以“十二五”国家科技支撑计划“南水北调中线工程膨胀土和高填方渠道建设关键技术研究与示范”项目为重点，指导课题承担单位开展技术攻关，督促指导项目法人和研究单位结合工程建设实际，加快研究步伐，及时转化研究成果，加强科研攻关，为工程建设提供技术支撑，严格执行项目预算。1月和4月，国务院南水北调办会同科技部分别对各课题研究情况、财务执行情况进行了专项检查，并组织了相关培训。及时编报2012年度财务决算报告和2013年度项目执行报告。

组织“十二五”国家科技支撑计划“南水北调工程建设与运行关键技术研究”项目的立项工作，积极与科技部沟通协商项目启动有关事宜。

（白咸勇　张　晶）

验收管理

2013年，国务院南水北调办高度重视验收工作。保质保量组织完成了东线工程设计单元工程通水验收、责任区段联调、全线通水验收，东线工程提前实现通水目标。提前完成丹江口大坝加高工程、陶岔渠首工程蓄水验收，丹江口水库加高工程具备蓄水条件。印发中线工程通水验收导则、通水验收工作方案，明确了中线工程通水验收条件、程序、计划等内容，指导、规范工作开展。督促指导中线沿线省（市）南水北调办和项目法人成立验收机构。组织开展中线工程通水验收。统筹协调好中线设计单元工程通水验收，加快遗留问题处理，中线通水验收工作方案实施顺利。及时整理汇总验收工作情况，印发验收信息简报，规范验收信息报送工作。

（马　黔　刘晓杰）

运 行 管 理

2013年，国务院南水北调办高度重视运行管理工作。开展了东线建管机构筹建相关工作，广泛深入征求有关方面意见，修改完善了机构组建方案，研究提出了公司章程，草拟了总公司“三定”规定。组织开展了待运行期工程管理维护情况自查，为安全运行做好准备。成立了试运行领导小组，制定了全线试运行工作方案、工程调度方案和突发事件应急预案，明确了试运行期间各单位分工。进行了东线分区试通水、东线全线试运行，试运行结束后开始正式通水，顺利完成了第一次输水任务，输水期间，工程运行稳定，环保部监测水质达标。组织开展了中线京石段工程第四次向北京输水和向滹沱河补水，协调陶岔渠首向引丹灌渠输水。进行了中线工程运行管理体制研究，编制了中线干线工程运行突发事件应急预案。

（马　黔　刘晓杰）

招 标 投 标 管 理

2013年，国务院南水北调办高度重视南水北调工程招标工作。及时完成招标投标日常管理和专家库运行维护工作，核准和批复项目法人报送的工程分标方案，核准发布招标公告、评标结果，加强程序监督。及时布置和指导各项目法人、项目建设管理单位，严格执行有关招标规定，做好招标工作，确保招标投标工作质量和效率。及时总结南水北调工程招投标经验，开展了招标投标总结工作。

（白咸勇　张　晶）

制 度 建 设

2013年，国务院南水北调办进一步加强制度建设，在严格执行已有规章制度的基础上，组织制定并印发了《2013年度南水北调工程建设进度目标考核实施办法》、《南水北调中线一期工程通水验收工作导则》等工程建设管理方面的规章制度。

（张俊胜）

东 线 通 水

按照南水北调工程建设总体部署，在党中央、国务院的正确指导下，在环境保护部、水利部等国务院有关部门和江苏、山东两省各级人民政府的大力支持配合下，国务院南水北调办于2013年11月15日至12月10日组织开展了南水北调东线一期工程首次通水工作。

（一）通水准备

南水北调东线一期主体工程于2013年3月完工，5月完成了各设计单元工程通水验收，8月中旬，国务院南水北调办组织完成全线通水验收。11月上旬，国务院南水北调办根据水利部制定的水量调度方案（报批稿），商江苏、山东两省制定了通水调度方案，并参照国家和相关行业规程规范，完善了工程运行管理制度，制定了运行生产值班、交接班、巡视检查、检修实施、缺陷发现上报及处理验收、应急预案等制度。

按照党中央、国务院的安排，国务院南水北调办负责组织此次通水的工程调度工作；环境保护部负责通水期间输水沿线水质监测工作；水利部负责协调通水期间有关水事事宜；

江苏、山东两省负责做好沿线各级政府及水利、交通、航运、电力等部门的协调工作，并做好安全维稳和突发事件应急处置工作。

为组织好通水工作，国务院南水北调办成立了通水领导小组，下设办公室，办公室主任及副主任分别由建管司和东线筹备组主要负责同志担任，领导小组办公室负责南水北调东线一期工程通水期间的统一协调、调度，江苏水源公司、山东干线公司和淮委建设局按照建设管理现状，分别承担通水期间相关工程的运行管理责任，并依靠站地现有人员，做好相关工程运行、水量计量和水质监测等具体操作工作。11月上旬，输水沿线水位情况满足通水要求，工程具备全线通水条件。

（二）通水运行

按照通水调度方案，南水北调东线一期工程从长江干流引水，通过13级泵站逐级提水，利用京杭运河以及与其平行的输水河道输水，经洪泽湖、骆马湖、南四湖和东平湖调蓄后，分两路输水，一路过黄河经小运河接七一·六五河到大屯水库，另一路向东经胶东输水干线西段工程至东湖和双王城水库，累计入山东水量为3450万m^3，经八里湾泵站入东平湖水量为3400万m^3，入东湖水库536万m^3，入双王城水库358万m^3。

通水期间，国务院南水北调办通水领导小组办公室在各级泵站派驻监督人员41名，针对不同工程分类实施控制性管理、定点监督管理和巡回检查管理，并派巡查小组，重点对省际及交水控制工程的调度指令执行情况、设备操作情况、工程运行情况及水量计量情况加强检查。通过对泵站、河道、水库等工程进行沉降观测，引河河床淤积观测，测压管观测，建筑物伸缩缝观测以及工程水下检查等监测表明：东线一期工程各建筑物主体沉降量正常，且趋于稳定；测压管观测值与上下游水位关联性较好；各建筑物伸缩缝观测情况稳定；泵站工程水下检查显示上下游翼墙、护坦、护坡均正常。各项检测数据变化均在设计范围内，运行状态良好。

（三）通水完成

2013年12月10日，南水北调东线一期工程完成调水任务，经请示国务院，南水北调东线一期工程首次通水结束。此次通水东线一期新建、改扩建泵站和其他相关工程全部参运，工况良好、运行平稳，未出现事故、停机等异常问题。据江苏、山东两省报告，调水期间输水河道航运平稳，交通、水利设施和沿线群众日常生活等各项工作均正常。

通水工作完成后，习近平总书记、李克强总理和张高丽副总理等党和国家领导人纷纷做出批示，肯定此次通水工作，并对成功通水表示祝贺。

（陈彦光）

生　态　环　境

概　述

2013年，南水北调工程污染治理与环境保护工作取得显著成效。

（1）按照“治保并重提升水质”和“深化治污保通水”要求，通过强化东线治污环保工作的监督、检查、指导和协调，完成了治污规划实施情况的评估、加强监督检查、协调建立水质自动监控网络、督促推进深化补充项目建设、研究治污长效机制、促进运河航运管理、加强试运行及运行期水质监测、深化宣传报道等重点工作。

（2）中线水源保护工作取得新进展，《丹江口库区及上游水污染防治和水土保持“十二五”规划》、《丹江口库区及上游地区经济社会发展规划》继续实施，《丹江口库区及上游地区对口协作工作方案》得到批复并启动实施，《南水北调中线一期工程干线生态带建设规划》编制完成，中线水源区丹江口水库水质保持良好，中线输水干线水质安全保障工作不断推进。

（李道峰　任　静）

东线水污染防治工作

在2013年中，东线“一河一策”治理不断深化，治污措施更加有力，治污水平显著提升，沿线水质达标的基础得到巩固，风险防范工作进一步健全，为东线一期工程试通水打下了坚实的基础，保证了东线一期工程正式通水时水质全面达到地表水Ⅲ类标准。

（一）东线治污规划实施完成情况的评估

1月11日，国务院南水北调办印发《关于开展南水北调东线工程治污规划实施情况评估的通知》（综环保函〔2013〕13号），启动东线一期工程通水前治污规划实施情况的评估工作。按照通知要求，江苏、山东两省分别对本省实施《南水北调东线工程治污规划》及控制单元治污实施方案确定的治污项目、主要污染物入河量削减、水质目标完成情况进行了全面的自查评估，在此基础上，由国务院南水北调工程建设委员会专家委员会组织进行总体评估。

5月10～15日，在国务院南水北调办环保司配合下，国务院南水北调工程建设委员会专家委员会（以下简称专家委员会）副主任、国务院南水北调办原副主任宁远带队，组织部分委员和参与制定《南水北调东线工程治污规划》的主要专家，对南水北调东线工程治污规划完成情况进行了总体评估。评估专家组分别听取了江苏、山东两省政府对治污规划实施情况的汇报，赴两省四市（扬州、淮安、徐州、济宁）现场查看了调水源头三江营、省界断面蔺家坝、输水干线大运河淮安段和梁济运河李集、南四湖湖区及重要支流老运河济宁段西石佛等断面的水质情况，考察了济宁市污水处理及再生利用工程，济宁、淮安、江都截污导流工程（中水截蓄导用工程），新薛河人工湿地等规划重点治污项目建设运行情况，并核查了两省有关档案资料。

专家组认为，东线治污10年来，在国务院的正确领导和有关部门指导、协作下，苏、鲁两省围绕东线治污做了大量工作，通过健全治污工作体制机制，完善政策法规和标准体系，构建行之有效的治污体系，形成了一套符合东线治污实际的治污理念、管理体制和运行机制；东线治污规划及实施方案确定工业结构调整、工业综合治理、城镇污水处理及再生利用、流域综合整治和截污导流等426项治污项目，已全部建成并投入运行，实际完成投资174亿元，投资完成率为113%，规划确定的“治、截、导、用、整”一体化的治污体系已经建立；在沿线经济10年保持两位数高增长的情况下，进入输水干渠污染入河总量持续减少，2012年主要污染物化学需氧量和氨氮入河总量比规划的2000年减少了85%以上，均已实现规划控制目标要求，减排效果显著；自2012年11月起，东线黄河以南段36个控制断面水质全部达到规划目标要求，输水干线水质达到地表水Ⅲ类标准。经评估，专家组一致认为，国务院批复的南水北调东线工程治污规划确定的治污任务已圆满完成，东线一期工程已具备通水条件。

6月13日，国务院南水北调办以《关于南水北调东线工程治污规划完成情况的报告》（国调办环保〔2013〕138号）将治污规划完成情况上报国务院。

（二）检查督促深化治污及水质保障工作

1. 环保部、国务院南水北调办共同排查水质隐患

1月21～24日，国务院南水北调办环保司与环保部污防司共同组织对东线试通水前

深化治污和水质保障工作进行联合检查。检查组重点对南四湖主要入湖支流老运河西石佛、洸府河东石佛、洙赵新河喻屯、老万福河高河桥等不稳定达标的重点隐患断面进行了逐个排查，查看了南四湖湖区、省界蔺家坝断面水质和自动监测站建设情况，对金乡县化工园区等重点工业园区、邹城市污水处理厂等重点排污单位和南四湖渔业养殖污染治理情况进行现场检查，察看了老运河、洸府河、老万福河、新薛河、潘安湖人工湿地水质净化工程建设情况，并就东线试通水前深化治污和水质保障工作进一步部署。

2. 督促检查深化治污项目实施情况

3月24～28日和4月7～12日，由环保部牵头，国务院南水北调办等有关部门参加，对《重点流域水污染防治“十二五”规划》年度实施情况进行了考核，对东线山东、江苏两省补充治污项目实施情况进行了专项督查。

3. 水质监测能力调研情况

6月24～28日，国务院南水北调办于幼军副主任率队调研南水北调东线一期工程水质监测工作。调研组先后察看了小清河济南段入口、东平湖出口、南四湖二级坝、省际台儿庄泵站水质情况和洙赵新河、蔺家坝水质自动监测站建设，实地了解济宁市环境应急体系建设、淮安市水环境监测中心监测能力建设，检查了淮阴三站、里运河整治工程建设情况，并分别听取了山东、江苏两省南水北调办（建管局）和项目法人关于南水北调工程建设及水质监测系统建设情况汇报，和两省环保厅关于东线治污控制单元水质监测能力建设、污染应急防控和深化治污工作情况介绍，就做好东线一期工程水质监测和保障工作与两省有关部门进行了座谈。

期间，于幼军副主任一行分别会见了山东省委书记姜异康、省长郭树清，江苏省委书记罗志军。国务院南水北调办环保司、建管司负责同志参加调研。山东省副省长赵润田、江苏省副省长徐鸣及两省南水北调办（建管局）、环保厅，山东省干线公司、江苏省水源公司及济宁、徐州、淮安市负责同志陪同调研。

4. 环保部、国务院南水北调办共同督查调研东线深化治污和水质监测工作

7月8～12日，国务院南水北调办于幼军副主任和环保部翟青副部长共同对东线一期工程通水前的水污染防治工作进行专题调研和检查。

调研组现场查看了省际蔺家坝、复新河沙庄桥水质自动监测站，南四湖主要入湖支流洙赵新河喻屯断面、梁济运河李集断面和南四湖湖区水质情况，检查了丰沛县尾水资源化利用及导流工程，南四湖新薛河、西支河入湖口人工湿地水质净化工程，济宁市污水处理厂升级改造及中水回用工程，济宁市中水截蓄导用工程运行情况。在济宁市召开南水北调东线水污染防治工作座谈会，听取两省治污及水质保障工作汇报，安排部署通水前水质监测和保障工作。

国务院南水北调办环保司，环保部污防司、监测司、环监局、华东督查中心、环境监测总站等有关负责同志参加调研。江苏省副省长许津荣、山东省副省长张超超、山东省南水北调东线治污领导小组各成员单位的负责同志和沿线10个地市的分管市长及环保局局长，江苏省环保厅、南水北调办负责同志参加会议。

依据调研成果，8月7日，环保部和国务院南水北调办联合向国务院呈报了《关于南水北调东线水污染防治工作有关情况的报告》（环发〔2013〕87号）。

5. 发展改革委、国务院南水北调办联合稽查东线治污工作

7月22～26日，国家发展改革委重大项目稽查办会同国务院南水北调办环保司、监督司，对江苏省东线治污工作进行了专项稽查。稽查组先后查看了洪泽湖、金宝航道、

徐洪河、省界蔺家坝水质情况，检查了蔺家坝泵站和水质自动监测站，淮安市、徐州市截污导流工程，宿迁市中运河船舶航运污染防治情况，听取了江苏省关于东线治污项目进展、水质情况及资金筹措等工作的汇报。

江苏省南水北调办、环保厅，江苏省水源公司及淮安、宿迁、徐州市负责同志陪同调研和稽查。

6. 全线试运行及水质监测工作调研

10月25日，国务院南水北调办鄂竟平主任带队调研东线一期工程全线试运行及水质监测工作。调研期间，鄂竟平主任一行查看了解台泵站、长沟泵站运行情况，以及梁济运河水质情况，现场了解水质监测工作及水质移动监测车等设备到位情况。江苏省委副省长徐鸣、山东省副省长赵润田陪同调研。国务院南水北调办环保司、东线筹备组，山东、江苏两省南水北调办（建管局）、环保厅，山东省干线公司、江苏省水源公司及徐州、济宁市负责同志陪同调研。

7. 试运行水质监测及水质保障长效机制调研

11月18～23日，国务院南水北调办于幼军副主任带队调研了解南水北调东线一期工程试运行期间水质监测情况，并就通水后建立保障调水水质安全长效机制进行调研和督导。

调研组先后对山东德州、济宁和江苏徐州、淮安、扬州两省五市水质保障工作进行专题调研，实地查看沿线重点断面水质情况和自动监测网络建设情况，随机抽查了沿线监测断面水质数据，调看了历史监测资料，每到一处都向地方环保、水利部门同志询问闸站调度与支流治污及水质情况，乘船沿线查看运河航运及沿岸码头、港口整治情况，了解南四湖、东平湖渔业养殖结构调整情况，并在现场与两省农业部门负责同志就农业面源污染防治交换意见，实地查看中科院微生物农业试验情况。

调研期间，于幼军副主任分别会见了山东省副省长赵润田，江苏省副省长徐鸣，与两省南水北调、环保、水利、农业、交通等部门就进一步深化治污，查找可能影响水质的风险因素，制定相应治理和保护措施，抓紧研究建立水质保护长效机制等进行了座谈。国务院南水北调办环保司，山东、江苏两省南水北调办（建管局）、水利厅、环保厅、农业厅（委）、交通厅，山东省干线公司、江苏省水源公司及德州、济宁、徐州、淮安、扬州市负责同志陪同调研。

（三）东线一期工程试运行和运行期间水质监测工作

1. 环保行政监测

7月19日，环保部监测司与国务院南水北调办环保司在京共同召开南水北调东线水质监测方案讨论会，就《南水北调东线调水水质监测方案》进行讨论，环保部污防司、中国环境监测总站和江苏、山东两省环保厅、环境监测站的有关同志参加会议。

9月12日，环保部与国务院南水北调办共同印发了《关于开展南水北调东线一期工程调水水质监测工作的通知》（环办〔2013〕88号），明确监测目的、监测方式及范围，确定监测指标、监测时段和频次、评价办法，提出监测质量保证、数据与报告报送形式等内容。

10月11日，环保部监测司与国务院南水北调办环保司在徐州联合召开了东线试通水水质监测工作启动会，全面启动试运行期间环境水质监测工作。

江苏、山东两省分别制定了具体的监测计划及应急预案。10月16日，东线沿线环境监测单位对输水干线17个监控断面背景值进行了监测。试运行期间，10月19～11月5日，监测单位每日对pH值、溶解氧、氨氮和高锰酸盐指数等4项指标开展加密监测；水质稳定后，11月6～12月10日，每5天监测一次水质。运行期间，监测单位按《地表水环境质量标准》的21项指标，每月对东线输水干线控制断面水质进行一次监测。

根据环保部门监测，东线一期工程试运行和运行期间，输水干线17个环保监控断面水质总体保持优良，为Ⅱ至Ⅲ类。

2. 运行调度监测

9月30日，国务院南水北调办组织东线筹备组江苏水源公司和山东干线公司，在京召开南水北调东线一期工程全线试运行调度水质监测会，部署全线试运行水质监测调度工作。

10月12日，国务院南水北调办印发了《南水北调东线一期工程全线试运行水质监测方案》（综环保〔2013〕116号），指导有关调度运行管理单位在试运行期间开展水质监测工作。按照方案要求，江苏水源公司、山东干线公司分别在输水干线17个环保监控断面和主要泵站前16个工程节点断面同步开展水质监测工作。

试运行期间，根据水头到达情况，江苏水源公司、山东干线公司分别委托有关单位每日对环保监控断面进行跟踪加密监测；泵（闸）站开启后，对已开启泵站工程节点断面进行每日一次加密监测。

（四）东线船舶“油改气”试点应用推进工作

5月20～21日，交通运输部海事局与国务院南水北调办环保司共同在江苏省徐州市召开运河段LNG燃料动力船舶试点应用推进工作座谈会。

会议要求，两省交通海事部门加快南水北调东线运河段LNG燃料动力船舶试点应用推进工作，实施“油改气”工程，加快东线运河段“绿色航运”计划的实施。会议提出，江苏、山东两省政府及有关部门、LNG供应企业、航运企业、船舶及设备制造企业、技术研发单位等各方面要共同努力，发挥企业主体作用和市场调节作用，引导社会公众广泛参与，形成政府、企业和公众共同参与的协同推进机制。

（五）水保专项验收

11月10日，水利部淮河水利委员会会同国务院南水北调办环保司，组织山东省水利厅、省南水北调建管局及沿线有关市县（区）水利、南水北调等部门，对南水北调东线一期工程韩庄运河段韩庄泵站枢纽工程及水资源控制工程水土保持设施进行了验收。

验收组认为，建设单位依法编报了水土保持方案，履行了水土保持方案变更手续，组织开展了水土保持专项设计，优化了施工工艺；实施了水土保持方案确定的各项防治措施，完成了方案批复的防治任务；建成的水土保持设施质量总体合格，水土流失防治指标达到了水土保持方案确定的目标值，较好地控制和减少了工程建设中的水土流失；建设期间开展了水土保持监理、监测工作；运行期间的管理维护责任落实，符合水土保持设施竣工验收的条件。验收组一致同意，该工程水土保持设施通过竣工验收。

（六）东线工程沿线水质情况

自2012年11月东线黄河以南36个治污控制断面水质首次全部达到规划目标要求后，2013年东线沿线各控制断面水质继续保持全达标状态，水质总体保持稳定。

据环保部门监测，2013年1～9月，南水北调东线黄河以南36个控制断面水质均达到规划要求，沿线主要污染物浓度指标持续改善；试通水和通水期间，输水干线17个监控断面水质保持在Ⅱ至Ⅲ类，满足调水要求。

（任　静　郭　鹏）

南水北调东线血吸虫病监测工作

在国务院南水北调办支持下，从2004年开始江苏省血吸虫病防治研究所连续开展了南水北调东线工程血吸虫病系列专题研究，取得了丰硕成果。2013年继续组织开展了南水北调东线工程血吸虫病监测研究，同时全面总结了近年来的研究成果。

（1）南水北调东线工程不增加钉螺北移扩散和血吸虫病流行区向北方扩展的风险，东线工程不利于钉螺北移和血吸虫病向北方传播。

1）南水北调东线工程是江苏省江水北调工程扩大规模和向北延伸，南水北调东线工程主要输水线路、运行水位、水源调度方式与江水北调工程基本相似，因此江水北调工程是南水北调东线工程可类比的模型。鉴于江水北调工程已调水运行50多年，未发生钉螺随调水北移扩散，迄今为止亦未有北纬33°15′以北地区自然界发现钉螺的报告。研究表明：江水北调工程有9级泵站，抽水北调时水流向北，而不抽水时水流向南；输水河道与毗邻水系由大堤和闸门隔开，输水河道水位高于毗邻湖区水位；沿线船闸上游（输水河道）水位均高于下游。因此钉螺不能从毗邻有螺水系进入输水河道，也不能由下游向上游扩散。同时，调水线路沿线有众多水闸、拦污栅/清污机、泵站等水工建筑。水泵的作用可使钉螺与载体分离，清污机和拦污栅对漂浮物的截留，涵闸、泵站前“胸墙”结构对水面漂浮物具有阻挡作用。因此大量水工建筑可以有效拦截大部分漂浮物，从而阻止钉螺吸附漂流扩散。流行病学研究表明受水区与水源区钉螺面积变化无明显相关，受水区钉螺面积变化与调水量无明显相关，说明受水区钉螺消长未受水源区影响。资料显示该河段在江水北调前即有钉螺存在（1955年首次调查发现），里运河（输水河道）钉螺分布北界位于宝应县地龙（北纬33°03′）。GPS定位调查发现里运河高邮段现有钉螺分布范围相对稳定，无北移扩散倾向。

2）南水北调东线一期工程实施后，与上下游及周边湖河的水文、水流关系没有明显变化；输水干线输水水位高于周边湖河水位，钉螺不能通过调水从低水位向高水位扩散；调水时水流向北，非调水及排涝时水流向南；加之船行波的影响，输水河道水流水势亦不利于钉螺漂流北移。水流水势变化表明：南水北调东线工程调水量较江水北调工程增加，但主要增加在枯水期间，且汛期多用淮河水（淮河水系无钉螺和血吸虫病），而长江水系钉螺仅在汛期漂流扩散，因此可最大限度避让汛期钉螺扩散风险。东线工程运行水位与江水北调相似，但运行水位（高水位）保持时间延长，特别是冬季和春季可持续保持高运行水位。输水干线缺乏“冬陆夏水”或“干湿交替”的生态条件，不利于钉螺生长繁殖。特别是持续运行高水位将抑制钉螺生长繁殖，这一点已通过抗旱运行高水位获得了实际验证。

3）东线工程在黄河以南地势北高南低，因此非调水期间及防洪、排涝时，水流方向由北向南；而调水期间水流方向由南向北，需要通过泵站逐级提水北调（东线工程沿线共有13级泵站）。因此，东线工程沿线有很多水闸、拦污栅/清污机、泵站、河道、调蓄湖泊（水库）等水工建筑均不利于钉螺北移扩散，构成了钉螺难以逾越的层层屏障。

（2）南水北调东线工程钉螺扩散和血吸虫病传播的潜在风险仍存在于水源区和原血吸虫病流行区，而这些风险可通过工程措施和非工程措施加以控制和消除，已经建立并运行的血吸虫病监测预警体系及已经实施的东线工程防止钉螺北移扩散和血吸虫病传播的工程及相关技术可为东线工程血吸虫病传播控制提供进一步的保障。

1）既往研究表明钉螺循水系漂流扩散需要具备有螺环境，及一定的水位、水流、水温及漂浮物等适宜条件。东线工程钉螺扩散规律研究表明：现状水源河道钉螺漂浮物扩散时段主要在汛期，同时输水河道漂浮物难以长距离、长时间携带钉螺漂流扩散；北移扩散需要通过泵站抽吸，而泵站等相关工程结构具有阻挡、沉淀钉螺的作用。

2）输水河道高邮段虽然现状有钉螺分布，但漂浮物打捞监测却未发现钉螺，同时采用稻草帘诱螺亦未查获钉螺随水流扩散。初步分析认为：钉螺喜固守在原来的孳生地上，除非自然环境经过自然力或人力造成变化，钉螺不善于任意迁徙。而里运河高邮段钉螺分布密度低、面积小，其迁移扩散能力不足以造成钉螺孳生地的扩大和北移，同时由于里运河水深河宽，航运交通繁忙，船行波的频繁冲刷使钉螺难以吸附漂浮物，或容易脱落，在无载体情况下，钉螺即沉没于水体并难以上爬登岸，最终因长时间淹水而趋死亡。

3）构建了东线工程血吸虫病（钉螺）监测范围和点—线结合的监测布局及风险控制节点；风险分析表明东线工程血吸虫病传播风险主要在水源区和原血吸虫病流行区。在风险分析基础上根据风险防控要求建立了东线工程血吸虫病监测预警指标体系和风险评估数学模型，为东线工程血吸虫病传播风险评估、风险控制和应急预案提供了科学依据。

4）东线工程血吸虫病（钉螺）监测表明：东线工程水源河道钉螺密度和钉螺面积呈下降趋势；输水河道钉螺面积和活螺密度也呈徘徊下降趋势；输水河道毗邻有螺湖区钉螺面积和活螺密度下降幅度不大，仍需关注。未来东线工程血吸虫病传播风险监测和控制的重点主要在水源区和水源河道。

5）类比研究表明：运用河岸硬化、“平流沉淀”（沉螺池）等水利血防技术，可有效控制和消除东线工程钉螺北移扩散和血吸虫病传播的潜在风险。

6）研究创建了“中层取水防钉螺拦网”、“水源区保芦沙埋灭螺”和“湖区防螺拦网”等钉螺控制新技术，从而为东线工程钉螺扩散风险控制提供了有效的技术储备和技术保障。

（黄轶昕）

中线水源保护工作

（一）水污染防治

2013年，水源区河南、湖北、陕西三省按照国务院《关于丹江口库区及上游水污染防治和水土保持“十二五”规划的批复》（国函〔2012〕50号）要求，加快实施《丹江口库区及上游水污染防治和水土保持“十二五”规划》（以下简称《十二五规划》）。截至2013年底，《十二五规划》项目已建138个、在建95个，已建在建率33.8%，其中水污染防治项目已建在建率23.4%，水土保持项目已建在建率90.1%，完成水土流失治理面积1543平方公里。

6月5日，国务院南水北调办综合司、国家发展改革委办公厅联合印发《关于建立丹江口库区及上游水污染防治和水土保持工作信息通报制度的通知》（综环保函〔2013〕218号），建立《十二五规划》实施信息通报制度，按季度调取水源区水质监测数据并进行分析评估，以工作简报的形式印送国务院南水北调建委会、部际联席会议以及国务院有关部门的相关领导。

为加快实施《十二五规划》，进一步落实水污染防治和水土保持工作责任，实现南水北调中线工程调水水质目标，经国务院同意，6月21日，国务院南水北调办、国家发展改革委、环境保护部、住房城乡建设部、水利部联合印发《丹江口库区及上游水污染防治和水土保持“十二五”规划实施考核办法》（国调办环保〔2013〕151号）。

8月2日，丹江口库区及上游水污染防治和水土保持部际联席会议办公室会议在北京召开，联席会议各成员单位相关司局负责同志，中线水源区河南、湖北、陕西三省发展改革委、南水北调办负责同志出席会议。会议通报了《十二五规划》实施情况，议定各类项目投资渠道和神定河等五条不达标入库河流治理问题并印发会议纪要。

10月28日~11月8日，国务院南水北调办会同国家发展改革委、财政部、环境保护部、住房城乡建设部、水利部组成考核组，由国务院南水北调办副主任于幼军带队，对水源区三省2012年度《十二五规划》实施情况进行考核。于幼军副主任指出，三省各级政府完善相关法规和制度，建立责任体系，转变发展方式，减少污染物排放，重点区域水土流失得到控制。关于下一步工作，于幼军副主任代表考核组要求三省进一步加快《十二五规划》实施进度，改善不达标河流水质状况，加快饮用水水源保护区的划定，规范消落区的使用和管理，加大水质保护宣传工作。河南省政府王铁副省长、湖北省政府郭有明副省长、陕西省政府娄勤俭省长和祝列克副省长参加考核活动。

（二）经济社会发展

2013年，国家发展改革委、国务院南水北调办指导水源区河南、湖北、陕西三省认真实施国务院批复的《丹江口库区及上游地区经济社会发展规划》（以下简称《经济社会规划》），按照生态保护需要和水环境保护要求，根据经济社会发展实际和发展趋势而筛选确定出一批生态安全、产业发展、基础设施、社会事业领域的重点项目，启动相关方案制订及项目前期工作。

（三）对口协作

为推动南水北调中线工程丹江口库区及上游地区与沿线地区互助合作，促进水源区经济社会发展与中线工程水资源配置总体目标相协调，国家发展改革委、国务院南水北调办研究编制了《丹江口库区及上游地区对口协作工作方案》。3月18日，国务院印发《关于丹江口库区及上游地区对口协作工作方案的批复》（国函〔2013〕42号）。方案提出以河南、湖北、陕西3省水源区为受援方，以北京市、天津市以及有关部门、单位和中央企业为支援方开展对口协作，协作重点主要有发展生态经济、促进传统工业升级、加强人力资源开发、加大科技支持力度、深化经贸交流合作、加强生态环保合作、增强公共服务能力等。

9月18日，丹江口库区及上游地区对口协作工作协调小组第一次全体会议在北京召开，会议确定了对口协作协调小组组织形式及工作职责，研究贯彻落实国务院关于丹江口库区及上游地区对口协作工作方案的批复精神，部署开展对口协作实施工作，加快中线水源区生态环境保护、促进水源区和受水区经济社会可持续发展的步伐。

（四）重点生态功能区生态环境质量和转移支付

2013年，环境保护部、财政部对国家重点生态功能区县域生态环境质量进行考核，结果显示，水源区43个县的生态环境质量总体情况良好，其中陕西省略阳县、河南省西峡县“变好”，陕西省汉台区、湖北省丹江口市、河南省淅川县“轻微变好”，湖北省张湾区“变差”，湖北省茅箭区、陕西省柞水县“轻微变差”，其余35个县“基本稳定”。

2013年，财政部下达水源区生态转移支付资金34.77亿元，其中河南省8.03亿元，湖北省6.90亿元，陕西省19.84亿元。

（五）防范尾矿库威胁水质安全

5月，国家安全生产监督管理总局、国家发展改革委、工业和信息化部、财政部、国土资源部、环境保护部、国务院南水北调办先后联合印发《深入开展尾矿库综合治理行动方案》（安监总管一〔2013〕58号）、《全国尾矿库专项整治行动工作总结及下一步尾矿库综合治理行动重点工作安排》（安监总管一〔2013〕99号），制定“十二五”时期后三年尾矿库综合治理行动的目标任务和政策措施，扎实开展新一轮尾矿库综合隐患大排查、大整治，深入开展尾矿库整顿关闭攻坚战，努力促进尾矿库安全环保形势好转。

（六）丹江口水库饮用水水源保护区划定

8月20日，国务院南水北调办、环境保护部、水利部联合印发《关于加快开展南水北调中线工程丹江口水库饮用水水源保护区划定工作的函》（综环保函〔2013〕311号），督促地方以中线工程陶岔取水口为核心，依次划定饮用水水源一级保护区、二级保护区和准保护区，并将饮用水水源保护区的设置纳入相关地区经济社会发展规划和水污染防治规划。

（七）2013年度水质监测和评价

国务院南水北调办委托中国环境监测总站，对《十二五规划》49个控制子单元断面的24项常规水质指标进行逐月监测和分析。根据中国环境监测总站2013年度《南水北调中线工程丹江口水库库区及其上游地区水质年度分析报告》，丹江口水库库体（坝上中）水质为优，库体监测点位水质为Ⅱ类，营养状态为中营养状态；上游地区水质为优，监测的26条河流（引渠）48个断面中，Ⅰ～Ⅲ类水质占91.7%，Ⅴ类占2.1%，劣Ⅴ类占6.2%，较2012年“劣Ⅴ类占8.3%”略有好转。

国务院南水北调办还委托长江流域水环境监测中心，对16个主要入库河口及陶岔实施饮用水水源地进行监测。

（李道峰）

中线干线生态带建设工作

（一）水源保护区环保执法

为进一步加强南水北调中线总干渠两侧水源保护工作，防范污染风险，国务院南水北调办指导沿线四省（市）加大总干渠两侧水源保护区范围内环境监管执法力度。2013年，北京市劝阻危害工程安全及输水水质安全的行为115起，发放限期整改通知书23份；天津市、河北省水源保护区范围内未发现新增与输水工程无关的新建项目；河南省严把新建项目审批关，200多个项目因存在污染风险而未通过审批。

12月12日，南水北调中线干线水质保护及生态补偿政策研讨会在郑州召开，沿线四省（市）南水北调办讨论了保护区划定及监管工作，会议听取了中国国际工程咨询公司汇报《南水北调中线工程总干渠两侧水源保护区污染防控对策研究》，审议通过了《南水北调中线总干渠两侧水质保护和落实生态补偿政策工作方案》，对保护区划定及水质安全风险排查处置提出要求。

（二）生态带建设

为确保南水北调中线工程输水水质安全，进一步加强工程沿线地区生态建设和环境保护，根据国务院领导同志关于在中线干线两侧建设生态带的批示精神，2012年8月30日，国务院南水北调办向国家发展改革委报送了《南水北调中线一期工程干线生态带建设规划》（国调办环保函〔2012〕46号）。经与国家发展改革委和国土资源部协调相关政策后，2013年4月7日，将《南水北调中线一期工程干线生态带建设规划（修改稿）》（综环保函〔2013〕111号）报送国家发展改革委。该规划明确了工程建设管理区及水源保护区内的水质安全防范和生态建设任务：一是完善工程管理区两侧林带建设；二是在一级水源保护区内，建设防护林（城区段建设园林绿地），控制污染物排放，构建中线干线工程首级生态屏障；三是在二级水源保护区内，整合国家和地方已有规划，引导开展污染整治，发展绿色高效农业等措施，形成中线干线工程次级生态屏障。

（李道峰）

征地移民

概述

2013年是南水北调东线工程建成通水之年，也是中线工程主体工程完工、丹江口大坝具备蓄水条件之年。按照国务院南水北调办总体部署，库区移民主要通过“抓好验收保蓄水、促进发展保稳定”，坚持“两个不动摇”，积极推进库底清理、蓄水验收、生产发展和维护稳定等各项工作；干线征迁按照“保障工程建设用地、保持沿线社会稳定、维护群众合法利益”三位一体的要求，深入工程一线，督导协调征迁问题，整体推进工作。

在建委会的正确领导下，沿线地方各级政府和有关方面精心组织、创新方法、共同努力、密切配合，较好地完成了2013年度征地移民各项工作，保障了工程建设的需要，维护了库区、安置区和干线沿线群众的合法权益，保证了社会环境的和谐稳定，为工程建设的顺利推进起到了积极作用。

工作进度

（一）库区方面

2013年库区移民的工作重点是库底清理、蓄水前验收和移民生产发展帮扶。

2013年6月，河南、湖北两省完成丹江口水库库底清理工作。清理范围涉及河南省淅川县，湖北省丹江口市、武当山特区、郧县、郧西县、张湾区等6个县（市、区）；清理内容主要包括卫生清理、固体废物清理、建（构）筑物清理、林木清理和易漂浮物清理等。

河南省完成清理11类卫生点共62 000余处，坟墓18 000余座，网箱28万m^2，灭鼠9117万m^2；完成生活垃圾清理15 000多t，工业固废物1.37万m^3，危险固废物2处，污染土壤17处；清理房屋等建筑物面积425万m^2；完成成片林木清理5万余亩，零星树木120余万株；完成相关易漂浮物清理。

湖北省完成一般性污染源清理16.7万处，传染性污染源680处，生物性污染源147处，灭鼠8951万m^2；清理一般固废物6万多m^3，工业固废物20余万m^3，危险固废物2处，污染土壤17.05万m^3；清理房屋等建筑物面积595万m^2；完成清理成片林木10万余亩，零星树木100余万株；完成相关易漂浮物清理任务。

河南、湖北两省分别于6月18日和6月22日组织完成了蓄水阶段的移民省级初验，并于7月1日和7月18日分别以《关于申请对我省南水北调丹江口库区移民蓄水前阶段验收进行终验的请示》（豫移指〔2013〕6号）、《湖北省人民政府关于申请对南水北调丹江口水库移民安置进行蓄水前终验的函》（鄂政函〔2013〕111号）向国务院南水北调办报送了终验申请。同时，中线水源公司于7月5日以《关于申请南水北调中线水源工程坝区、库区非地方项目复建蓄水前终验的报告》（中水源移〔2013〕149号）向国务院南水北调办报送了非省属项目的终验申请。

国务院南水北调办会同国家文物局分别于6月14~17日、7月16~21日和8月5~9日，组织专家完成了蓄水要求的文物保护、移民搬迁安置和库底清理的终验技术性初步验收工作。

在技术性初步验收和有关问题整改的基础上，国务院南水北调办丹江口库区移民安置蓄水前终验验收委员会于8月21~22日在湖北组织开展了南水北调丹江口库区移民安置蓄水前终验行政验收工作。经验收委员会全体委员审议，南水北调丹江口水库大坝加高工程建设征地补偿和移民安置蓄水前终验评定为合格，满足丹江口水库大坝加高蓄水要求。

积极开展丹江口库区移民生产发展帮扶工作。2013年，国务院南水北调办领导多次赴库区和安置区实地调研，督促地方完善帮扶政策，加强移民技能培训。鄂竟平主任于9月4～5日、11月26～27日分别赴河南、湖北移民点调研移民生产发展。蒋旭光副主任也多次赴库区和安置区调研。在督促河南、湖北两省做好搬迁后续问题处置的同时，督促地方积极做好移民生产发展帮扶工作。一方面，积极督促地方及时划拨、调整移民生产用地，出台政策、措施支持帮扶移民生产发展；另一方面，督促地方认真落实国家后期扶持政策，及时足额发放每人每年600元的扶持款，以发展促稳定。征地移民司时时掌握情况，研究问题；并利用库区移民工作商处会的平台，让两省互相交流，互相促进。

（二）干线方面

2013全年，通过各省征地移民主管部门的共同努力，东、中线一期干线工程提交临时用地1.3万亩，复垦退耕临时用地15万亩。自工程开工至2013年底，东、中线一期干线工程累计提交建设用地88.3万亩（其中永久占地43万亩、临时用地45.3万亩），复垦退耕临时用地25万亩。

（盛　晴　王　琦　王　坤）

政策研究及培训

（1）2013年，根据中央和国务院南水北调办领导关于丹江口库区移民的重要批示，开展调查研究，报送情况。通过专题调研线上林地资源补偿、重点来信来访件等重要民生问题，及时将调查情况、处理结果呈报领导，及时准确反映移民工作中出现的突出问题，为领导决策做好参谋。

（2）2013年6月、12月分别组织召开了“南水北调丹江口水库农村移民收支调查研究”和“南水北调丹江口水库建设征地移民搬迁后留置人口影响分析”两课题的工作大纲审查会和专家咨询会。会议讨论交流了丹江口水库若干典型移民村的收支调查情况和库区移民搬迁后对留置人口影响的有关分析，并提出了有关建议。

（3）2013年1～5月，组织有关单位开展了“国务院南水北调办蓄水前验收终验工作方案编制”课题研究。对国内大中型水库移民验收做法进行调研，分析河南、湖北两省丹江口水库移民验收有关做法，编制了《南水北调中线一期工程丹江口水库大坝加高工程建设征地补偿和移民安置蓄水前终验工作方案》，并下发河南、湖北两省移民部门、中线水源公司及南水北调工程设计管理中心（以下简称设管中心），让相关单位提前做出工作安排。

（4）2013年1～10月，组织有关单位开展了“库区移民和干线征迁不稳定因素排查和形势分析”课题研究。调研并梳理南水北调库区移民和干线征迁工作中存在的不稳定因素，研判移民稳定形势，并提出政策建议。

（5）2013年1～10月，组织开展南水北调干线工程征迁安置专项验收大纲编制指导意见和工作方案编制。通过调研南水北调工程干线征迁安置专项验收工作情况、国内相关工程经验、大型水利工程征迁安置验收工作流程和征迁档案专项验收等工作，梳理分析需要，按照《南水北调工程验收管理规定》和《南水北调干线征迁安置验收办法》的要求，拟定了征迁安置专项验收工作大纲编写指南、征迁安置专项验收申请参考格式，提出了南水北调工程干线征迁安置验收工作方案。有关成果经专家审查，符合南水北调干线征迁安置验收工作的需要，国务院南水北调办于2013年9月8日印发了南水北调干线征迁安置验收申请、征迁安置验收工作大纲和征迁安置省级验收意见书的参考格式（综征移〔2013〕112号），供各省在征迁安置验收工作中使用。

（6）开展干线工程临时用地复垦工作培训。12月4～6日，指导中线建管局在河北石家庄和河南郑州分别举办了南水北调工程临时用地复垦工作培训班，河北、河南两省征迁主管部门及沿线有关市县（区）管理人员、相关建管单位和施工单位负责人员参加了培训。培训专家结合工程实际，讲解了临时用地复垦的规范要求、方案设计、实施、验收移交等方面内容；对取土场、弃渣场等复垦困难的临时用地，以存在突出问题的典型地块为例，分析原因，提出对应的整改措施和复垦方案。培训班的举办，有效提高了临时用地复垦工作水平。

（盛　晴　王　琦　王　坤）

实施管理和协调

（一）库区方面

1. 定期商处和日常调度进度

2013年1月，国务院南水北调办下发《关于报送丹江口水库库底清理进度统计情况的函》（综征移函〔2013〕20号），要求河南、湖北两省每月定期报送库底清理工作进展情况，及时掌握进度。

2月26日召开南水北调丹江口库区移民进度商处会。全面回顾、总结2012年度库区移民工作，并对2013年度重点工作进行了安排部署。

11月13日召开南水北调丹江口库区移民第四季度进度商处会，对照批复的库区移民初步设计和实施方案内容，全面排查剩余工作；会商移民信访稳定工作形势，并对下一阶段工作提出要求。

2. 组织丹江口水库蓄水前技术和行政验收

组织编制并印发《南水北调中线一期工程丹江口水库大坝加高工程建设征地补偿和移民安置蓄水前终验工作方案》，协调河南、湖北两省移民部门和水源公司按时完成县级自验和省级初验，在开展文物保护、库底清理和移民安置技术验收的基础上，于2013年8月22日完成丹江口水库蓄水前行政验收，为丹江口水库如期蓄水奠定了基础。

3. 研究解决丹江口水库库底清理资金缺口问题

按照“库底清理标准不降低、清理时限不动摇”工作目标，国务院南水北调办组织河南、湖北两省编制库底清理实施规划，实事求是计列库底清理资金，系统分析投资缺口产生的原因，提出工作建议。3月中旬，国务院南水北调办以《关于丹江口水库库底清理投资缺口问题处理意见的函》（综征移函〔2013〕80号）下发河南、湖北两省，先行动用特殊预备费1.73亿元用于库底清理工作，不足部分在两省已下达的资金中调剂。

4. 妥善处理高切坡问题，确保人民群众生命财产安全

督促湖北省移民局组织编制高切坡治理方案；11月，中线水源公司上报《关于转报湖北省移民局请求解决南水北调中线工程丹江口库区湖北省内安移民点高切坡防护资金的报告》（中水源移〔2013〕215号）后，设管中心组织进行了概算评审。12月25日，国务院南水北调办印发《关于南水北调中线工程丹江口库区湖北省内安移民点高切坡防护概算的批复》（国调办征移〔2013〕304号）。

5. 协调实施过程中出现的重大问题

针对库底清理中出现的林木清理等问题，积极协调。2013年5月，协调解决丹江口库区清泉沟泵站清理补偿问题，通过开展调研和多方协商，河南、湖北两省移民部门达成一致，促进了工作的开展。

（二）干线方面

1. 安排部署干线征迁重点工作，督促解决征迁遗留问题

国务院南水北调办坚持掌握信息要“灵”、了解情况要“勤”、处理问题要“公”、解决问题要“实”的四点原则，瞄准工程进展，抓住征迁关键，突出重点，确保时间节点，全力做好征迁工作。

通过深入工程建设现场，督促和协调征迁问题，重点解决桥梁引道连接路占地、新发现的专项设施迁建等问题；确定征迁遗留问题完成时限和责任单位，保障工程建设；帮助协调解决群众阻工问题。

分别于2013年4月24～26日、7月31日～8月2日、11月29～30日，三次召开南水北调干线征迁安置工作商促会，围绕建设用地交付、临时用地复垦退还、补偿款兑付、遗留问题处理、维护稳定和专项验收等重点工作做出部署，有的放矢地解决征迁工作中存在的问题，明确任务，落实措施。

2. 加强临时用地复垦工作

经过各项目法人和沿线征迁机构的努力，截至2013年底，南水北调干线工程临时用地已累计复垦退还25万亩，其中北京、天津、山东、安徽临时用地已全部退还，河北、江苏、湖北已退还超过85%。

根据工作进展，重点督促中线局加大河北、河南临时用地复垦退还工作力度。在临时用地“一查四定”工作的基础上，再次全面梳理临时用地使用情况，建立台账，分析存在的问题，逐地块明确整改方案和时限；督促中线局明确了临时用地复垦退还奖惩方案，落实了建管单位和施工企业的责任，实现了县级征迁机构与建管、施工单位的同奖同罚，充分调动各方工作积极性，形成工作合力，推动临时用地复垦退还工作。

3. 保障东线通水

根据东线一期工程通水需要，国务院南水北调办开展现场督导，指导江苏、山东两省，对征迁安置工作进行全面梳理，妥善处理征迁遗留问题，合理合规做好补偿兑付、项目建设工作，做好政策宣讲和群众思想工作，不留隐患；针对因征迁安置工作可能产生的矛盾，进一步排查征迁安置遗留问题，妥善处理，制定试通水保障工作方案。

东线一期工程通水期间，国务院南水北调办加强与江苏、山东两省征迁主管部门信息联动，建立情况定时互通机制。安排两省建立24小时各级征迁部门值班制度，出现问题在第一时间得到妥善处理和解决，保障东线通水工作的顺利进行。

（盛　晴　王　琦　王　坤）

移民帮扶工作

河南、湖北两省积极实施帮扶发展项目，取得了较好成效。截至2013年底，河南省共建设温室大棚种植、养殖、林果种植、庭院餐饮等生产开发项目335个（不含后期扶持项目），预期年利润4.4亿元。其中中牟县姚湾，辉县市仓房、侯家坡，许昌县朱山，邓州市和谐社区等移民村的“一村一品”特色产业初具规模，取得了较好的经济和社会效益。

湖北省于2013年9月12日召开了全省南水北调丹江口水库移民安稳致富现场会，全省26个县（市、区）均出台了移民生产安置扶持办法，积极支持移民调整产业结构，发展养殖、种植、特色农业和第二、三产业。丹江口市先后出台了扶持移民生产、就业、税费减免等6个方面42项优惠扶持措施。多地在用好用足现有移民资金的基础上，从地方财政中单列专项资金，支持移民发展农业项目。其中，东西湖区辛安渡红星村65亩食用菌大棚，潜江、天门、仙桃、随县、宜城、荆州开发区等地，对移民发展蔬菜大棚给予专项建设补助资金。2013年，共组织各类移民培训221期（场），培训移民15 882人次，

80%以上参训移民顺利就业。

（盛　晴　王　琦　王　坤）

建设用地工作

根据国土资源部《关于编报2013年土地利用计划的通知》（国土资函〔2013〕768号）要求，按照工程项目需要和七省市上报土地利用计划，对照批复的初步设计和南水北调工程2014年投资计划草案，编制完成了2014年南水北调工程建设用地计划，以《关于报送2014年南水北调工程用地计划建议的函》（综征移函〔2013〕409号）报送国土资源部，纳入全国建设用地计划。

按照建委会要求，协调相关省南水北调办、移民办，积极开展用地组卷报批工作。

（盛　晴）

信访稳定工作

重视做好信访接待工作，及时化解矛盾，消除不稳定因素。接待群众来访时，做到热心、耐心、细心倾听群众诉求，解答相关政策，不敷衍了事。加强与各省移民主管部门信息沟通，督促信访问题处理与反馈。

积极开展征地移民矛盾纠纷排查化解工作。2013年2月，印发《关于做好2013年南水北调工程征地移民稳定工作的通知》（国调办征移〔2013〕29号），对做好全年移民稳定工作做出部署。于2013年3月上旬至5月上旬开展为期两个月的矛盾纠纷排查化解专项活动，各地各单位集中精力、集中时间，排查问题、研究措施，及时化解矛盾，维护群众利益。

5月，印发《关于做好南水北调工程丹江口水库移民信访重点村有关工作的通知》，特别强调对个别重点地区加大矛盾纠纷排查工作力度，进一步安排信访工作分工、明确责任人、确定工作目标等。

7月，针对丹江口水库蓄水前验收等重要节点，致函河南省、湖北省人民政府办公厅《关于做好南水北调丹江口水库蓄水前相关工作的函》（综征移函〔2013〕280号），强调做好蓄水前相关问题排查，确保蓄水前和蓄水期间的移民稳定。

9~10月，根据东线一期工程通水需要，组织江苏、山东两省按照“保障通水，群众满意，维护稳定”的要求，全面排查稳定隐患，集中做好征迁安置扫尾工作，落实责任制，深入细致地做好群众思想工作，做好矛盾纠纷排查化解工作，制定通水期间维稳工作预案，严防意外，确保沿线社会稳定。在东线一期工程全线试运行期间，未发生一起因征迁安置事件影响通水运行。

11月，国务院南水北调办在河南组织召开征地移民维护稳定工作会议，总结各地开展征地移民矛盾纠纷排查化解工作成果，分析南水北调工程建设及征地移民稳定形势，交流预防和处置群体性事件的经验，对下一步移民稳定工作提出要求、做出部署。

（盛　晴　王　琦　王　坤）

其　他

（1）及时答复人大建议和政协提案。对有关丹江口库区移民方面的人大建议和政协提案，及时主动与会办单位联系，沟通有关意见，做好答复工作。截至2013年底，按照要求完成了8件人大建议和3件政协提案的答复工作。

（2）完成2013年度中央、国家机关定点扶贫工作。一年来，在国务院南水北调办定点扶贫工作领导小组领导下，采取发函、实地调研等多种方式，积极与湖北郧县沟通协调、了解需求。4月编制并印发了《国务院南水北调办2013年度定点扶贫工作计划》。随后，以挂职干部为依托，以库区移民生产、生态环境保护，协调落实规划项目，加大帮扶力度，努力推动定点扶贫地区经济社会更好更快发展，较好地完成了2013年度定点扶贫工作。

（王　坤　王　琦）

监督稽察

概　述

2013年，南水北调系统紧紧围绕年度工程建设目标，认真贯彻落实建委会精神和国务院南水北调办党组工作部署，把高压严管质量作为核心任务，按照“高压高压再高压、延伸完善抓关键”，“抓要点、抓要害”的质量监管工作总体要求，采取一系列有力措施，强化质量监管，严查质量管理行为和工程实体质量，加快质量问题认证，严格质量问题责任追究，推行信用管理，狠抓质量问题整改，严防质量意外，工程质量总体可控、持续向好。

（袁文传　魏　伟）

质量管理

加强质量监管制度建设，三位一体、三查一举质量监管工作体制机制进一步完善，对质量重点监管项目和不放心类质量问题实施驻点监管、挂牌督办、特派监管等措施，各质量检查单位一律实行“飞检式”质量检查，对检查发现的严重质量问题及时认证，集中会商，严格责任追究。通过信用管理、“311监理整治”、“167亮剑行动”、“质量监管回头看”等强有力措施，切实解决参建单位质量管理思想认识问题、质量管理行为问题以及工程实体质量问题。与此同时，充分发挥项目法人、建管单位质量管理责任主体地位作用，调动参建单位质量管理的积极性，使南水北调系统在质量管理方面保持高度一致，形成了上下联动、齐抓共管的良好局面。

（赖斯芸　熊雁晖）

质量监管

（一）制定质量监管工作方案

根据国务院南水北调办质量监管工作总体要求，结合南水北调工程建设实际，制定质量监管工作方案；根据不同专业质量监管深度要求，结合工程专业相关方面规定，分别制定渠道、桥梁、建筑物工程质量监管工作方案；根据质量特派监管的任务和形势，结合落实监管制度、年度质量监管工作方案以及质量重点监管工作要求，制定质量特派监管工作方案。

（二）组织开展质量监管

1. 质量管理专题约谈会

2013年3月8日，国务院南水北调办召开质量管理专题约谈会，办领导就质量管理问题集中约谈139家参建单位的主要负责同志。约谈会上，办领导对质量监管工作进行全面部署，要求通过不断强化查、认、罚，督促各参建单位诚实守信，严格责任、严控过程、严管重点，以刚性制度、刚性落实、刚性奖惩，确保工程质量。专题约谈会开的层次之高、内容之严肃，使各参建单位深受震动。对系统上下统一思想，提高认识，采取切实措施确保工程质量，具有重要意义。

2. 领导飞检

国务院南水北调办领导带队开展14次“飞检式”质量检查，轻车简从、直击现场、突击检查工程实体质量，共发现质量问题94个，其中质量缺陷72个、质量管理违规行为22个，实施即时责任追究，表达国务院南水北调办再加高压、狠抓质量的决心，起到了加强质量管理的震慑作用。

3. 三查一举

“三位一体”按照国务院南水北调办质量监管工作总体要求，扎实开展“三查一举”质量监管工作。共组织217组次质量飞检；站点监督检查2638人次，14次专项巡查，专项稽察22组次；受理举报信息295项，组织调查46项，分类处理249项。重点抽查了中线102个施工标段、476座跨渠桥梁、21座铁路交叉建筑物、17座重点建筑物、38个在建监理标等。共检查发现质量问题9075个，其中实体质量缺陷5544个、质量管理违规行为3531个。

4. 质量认证

围绕铁路交叉工程、跨渠桥梁混凝土强度、渠道排水系统、建筑物预应力施工等，共组织开展了23次质量认证，快速、准确确定质量问题性质，为质量问题责任追究和整改提供支撑。

5. 质量重点监管和特派监管

研究确定渠道、桥梁、混凝土建筑物工程72个质量重点监管项目和35类不放心类质量问题，建立了突击飞检、派驻监管、特派监管、挂牌督办等20项全面监管和重点监管相结合的质量监管措施体系，突出质量重点监管。

自2013年6月，为及时贯彻落实质量责任管理各项规章制度、督促不放心类质量问题整改、对重点监管项目实施质量特派监管，成立55名人员组成的质量特派监管组，由3名负责人带领分驻河北邢台、河南焦作和河南鲁山三地，以渠道、桥梁和混凝土建筑物工程为重点开展工作。

质量特派监管组收集质量监管工作信息，建立质量监管工作联络，编制质量特派监管工作手册及工作方案，对渠道、桥梁、混凝土建筑物工程72个重点监管项目、35个不放心类问题、1679个严重质量问题整改、20个质量监管制度落实等事项开展276组次不同形式的质量特派监管，建立78项质量监管专项档案，消除质量隐患，严防意外发生。

6. 质量专项监管

先后组织对渠道排水系统、高填方缺口填筑、黏结材料KS胶、渠道冬季施工、桥梁重点项目、混凝土建筑物周边回填、管道渗漏水、铁路交叉工程等进行专项质量排查，督促项目法人严格质量过程管理。同时，组织开展了东线工程通水前质量排查，并对311监理整治行动、“167亮剑行动”、质量监管“回头看”集中整治活动、渠道工程再加高压实施重点监管、再加高压实施举报奖励、关键工序考核奖惩、质量关键点管理、质量问题责任追究、信用管理等落实情况进行了专项检查。

7. 构建警示约谈机制

实施质量问题警示约谈机制，组织项目法人、建管单位和部分参建单位质量负责人召开了7次警示约谈会，其中3次为现场警示约谈。分析问题产生原因，明确质量问题责任，督促质量问题快速整改，共下发质量问题警示通知书49份。同时，要求项目法人、建管单位和参建单位实施质量问题现场即时约谈机制。

8. 会商和责任追究

建立健全“三位一体”月季会商制度和责任追究制度，共组织10次质量问题月会商，5次即时会商，实施15次责任追究，印发责任追究和问题整改文件44份，共对140个责任单位和95名责任人实施责任追究。责任单位涉及项目法人2个、建管单位6个、监理单位69个和施工单位63个。

9. 信用管理

为增强参建单位和人员的质量意识、诚信意识，确保各参建单位严格履行合同承诺，实现工程建设目标，年初国务院南水北调办研究出台了《南水北调工程建设信用管理办法（试行）》（国调办监督〔2013〕25号）。

办法明确施工、监理单位信用信息由建设进度、安全生产与质量信用信息共同构成；信用评价工作分为评价、申诉、公示三个阶段；评价结果分为优秀、可信、基本可信、不可信四等，明确了信用评价的标准；按季度对参建单位进行评价，季度评价结果汇总形成年度评价结果。

信用评价通过惩戒失信行为，真正使失信者“一处失信，寸步难行”，进一步提高了各参建单位的质量意识、责任意识，以及质量管理的积极性、主动性和创造性。

组织开展了南水北调工程建设信用评价。2013年，共评价南水北调工程建设季度不可信单位44家，其中质量季度不可信单位37家；南水北调工程建设季度优秀单位20家，其中质量季度优秀单位16家。

10. 质量评价

编制东线通水质量检查工作方案，将东线一期工程通水质量检查工作分为试通水前质量排查、试通水期间质量巡查、工程通水质量评价三个阶段。明确各阶段的重点检查项目、检查内容，组织、督促山东、江苏两省开展工程质量检查。每阶段，国务院南水北调办领导均率队赴两省检查工程质量及工作成效，指导工作，有效消除工程质量隐患。

2013年11月28日~12月4日，建委会专家委员会对南水北调东线一期工程进行了质量评价，组织包括3名工程院院士、2名设计大师在内的14名专家，分土建、机电、金属结构、安全监测等专业开展工作。通过现场检查主要泵站枢纽、水库、新建输水渠道等11项工程关键项目，全面了解工程质量控制、通水验收、试通水和试运行等情况，提出了《国务院南水北调工程建设委员会专家委员会南水北调东线一期工程质量评价报告》，主要结论为：国务院南水北调办建立健全了以质量责任为核心的系列质量管理制度，构建了“查、认、罚”三位一体的质量监管体系，创新了信用评价、集中整治等加强质量管理的措施，指导思想正确，措施得力，效果显著。在江苏、山东两省省委省政府的大力支持下，参建单位能够落实质量责任，强化过程控制。施工质量满足设计要求，试通水和试运行期间，工程运行正常、可靠。东线一期工程经受了试通水、试运行的检验，质量总体优良，具备全线通水运行条件。

11. 督办事项

按照“高压高压再高压，延伸完善抓关键”的质量监管工作总体要求，结合各项质量监管工作开展，按时办结了强化三位一体质量监管体系作用；强化渠道高填方、改性土渠段，跨渠桥梁，大型控制性建筑物等重点工程实体质量监管；加强关键工序、重点监管项目和质量关键点的质量监管等13项国务院南水北调办督办事项，其中5项被评为优秀。

（三）质量监管案例

对渠道强膨胀土边坡失稳、抗滑桩严重倾倒质量问题实施质量专项稽察、特派监管和专项检查。通过特派监管和专项检查对渠道强膨胀土边坡失稳、抗滑桩严重倾倒质量问题进行调查，确认质量问题相关信息，专项稽察进行质量问题认证，印发质量问题整改通知书，对责任单位和责任人实施责任追究，跟踪质量问题整改完成。

对渡槽局部裂缝、伸缩缝、施工缝渗漏水质量问题实施质量特派监管和专项检查。通过特派监管和专项检查对渡槽局部裂缝、伸缩缝、施工缝渗漏水质量问题进行调查，确认质量问题相关信息，印发质量问题整改通知书，对责任单位和责任人实施责任追究，驻地督促质量问题整改完成。

对桥梁现浇箱梁外表面局部露筋、施工缝不密实、腹板部分漏振质量问题实施质量特派监管、形体检测和专项检查。通过特派监管和专项检查对桥梁现浇箱梁外表面局部露筋、施工缝不密实、腹板部分漏振质量问题进行调查，确认质量问题相关信息，形体检测进行质量问题认证，印发质量问题整改通知书，对责任单位和责任人实施责任追究，驻地督促质量问题整改完成。

（四）质量监管效果

贯彻落实国务院南水北调办质量监管总体要求，通过完善质量监管制度，不断创新质量飞检、专项稽察、站点监督、有奖举报、专项监管、特派监管等质量监管措施，严控不放心类质量问题，实施全面监管和重点监管，开展质量认证和质量评价，实施责任追究和信用管理，以监督司、监管中心、稽察大队为质量监管主体，与项目法人、建管单位和参建单位的质量管理责任主体一起，构成了南水北调质量监管体系。南水北调系统质量管理意识不断提高，质量管理行为得到了进一步规范，工程总体质量向好，为保证南水北调工程质量发挥了重要作用。

（邱立军　张文俊　杨耀祥）

质　量　监　督

建立健全质量监督规章制度，完善站点监督组织机构，强化76个站点统一管理，任命监督站点负责人，构建区片联合、上下联动的监督工作体系，站点监督检查2638人次，检查发现2318个，发出整改通知284份，及时分析质量问题信息，实行质量问题现场督促整改，及时纠正违规行为，发挥质量监督一线作用，促进工程又好又快建设。

（一）质量监督实施细则

围绕“东线保通水、中线保收尾”的目标，为做好收尾阶段质量监督工作，南水北调工程建设监管中心（以下简称监管中心）印发了《南水北调工程2013年度质量监督实施细则》。提出了盘点存量、严控增量、狠抓关键、盯死风险、扫除盲点等各项措施；明确了2013年度质量监督检查项目、重点和频次要求；对16座重点监管建筑物、16项进度风险项目、8个高填方工程重点标段实行派驻监管，并明确了人员和职责；要求全线质量监督机构全面排查已完工工程质量，做到心中有数，严格监管在建工程质量，将质量问题杜绝在形成初期。

（二）定期重点监管

2013年，面对协调质量与进度关系难度加大的质量监管新形势，在充分调研和试点的基础上，监管中心在东、中线全线进度压力较大和质量关键点上采取了定期监管措施。定期监管由监管中心领导牵头，在职干部直接实施，划片包干，每周定期到固定标段开展全面检查，对于发现的问题提出整改要求和时限。同一类问题重复出现的，书面对责任单位提出警示告知，书面警示告知后问题仍不能杜绝的，提请国务院南水北调办从重进行责任追究。

定期重点监管方式基本达到旁站监督的效果，获得各参建单位的认可和配合，在工程实施过程中就消除了质量隐患，避免质量问题处理和返工影响工程进度，取得了质量与进度双保障的监督效果。

（三）重点项目派驻监管

2013年，监管中心针对16座重点监管建筑物、16项进度风险项目和8个高填方工程重点标段、大谈村桥处理、中铝工企站铁路交叉工程处理、山东两桥一泵站（八里湾泵站、八里湾公路桥、老王庄公路桥）实施了派驻监管，盯紧盯死，发现问题，及时整改，保障了重点和风险项目的工程质量。

（四）质量监督专项巡查

2013年，监管中心针对膨胀土改性、渠道高填方、渠道衬砌、冬季施工、重要混凝土建筑物，共开展了38次专项巡查，检查发现的问题均书面通知有关责任单位立即整改，并督促落实。

（五）渠道衬砌质量及进度对策

2013年，监管中心在对中线黄河以南渠道工程30个施工标段的渠道改性土填筑和衬砌质量专项巡查中，归纳出层间结合不密实、削坡面平整度不达标、土工膜褶皱等15类典型问题，开展了南水北调中线工程渠道衬砌质量及进度对策研究。编制了《南水北调中线干线工程渠道衬砌质量监管、质量控制和施工培训手册》，印发给全线质量监管、业主、监理和施工单位，作为质量从业人员的培训材料和工作手册，进一步规范了南水北调渠道衬砌施工质量管理工作。

（六）工程验收工作

监管中心各质量监督站点在紧盯一线工程实体质量的基础上，按照《南水北调工程质量监督导则》的相关要求，对项目法人负责的分部验收、单位验收等进行了监督检查，对有关验收签证书（鉴定书）进行了核备，及时提交《质量监督报告》，客观、公正地评价工程质量，保证了各项验收工作的顺利开展。

（七）重要建筑物混凝土强度普查

在2012年对中、东线工程已完的混凝土建筑物强度全面排查的基础上，2013年全年继续对新浇筑的建筑物进行混凝土强度回弹检测，及时组织有关单位对回弹强度疑似偏低部位进行了复查，并落实整改。

（八）工程质量问题认证

2013年，监管中心共完成了洺河渡槽、潮河3标等15项质量认证工作，为质量问题处理、定性及责任追究提供了可靠依据；组织检测单位完成了21座铁路交叉建筑物、17座重要通水建筑物的质量检测工作；全面掌握了上述建筑物的质量情况，发现并整改了质量问题，排除了隐患。

（九）质量监管督办事项

2013年4月，监管中心针对渠道改性土填筑、混凝土衬砌的典型问题，分析了要害问题及成因，提出了渠道衬砌的现场管理措施、技术指标和加强渠道衬砌工程质量监管工作的措施建议，编写了《渠道衬砌质量问题分析及监管措施》，这些措施应用到实际监管中，取得了很好的效果。

2013年4月，监管中心组织国内桥梁方面知名专家对南水北调工程桥梁存在的6个方面、30类质量问题进行了分析和评估，对南水北调桥梁质量进行了总体评价，对主要质量问题提出了处理意见和建议，为国务院南水北调办决策提供了真实可靠的依据。

（侯鹏生　唐靖壹　张占阳　宋海波　常　跃
谢智龙　梁　祎　岳松涛　李　鑫）

专业、专项稽察

2013年，国务院南水北调办组织监管中心先后对中线工程批复设计方案执行情况、渠道衬砌质量、跨渠桥梁质量和进度、铁路交叉建筑物质量、监理质量管理行为等方面实施了30组次专业、专项稽察，全部实行“飞检式”检查。

（一）批复设计方案执行情况专项检查

2013年4月，国务院南水北调办委托监管中心对南水北调工程批复的初步设计方案或变更方案执行情况进行了专项检查。检查3组次，涉及批复的建筑物类、渠道类50个设计单元工程初步设计方案或变更方案执行情况。经检查，工程建设基本按照批复的初步设计方案或变更方案实施，检查发现了中线干线工程桥梁高程、左排变更，山东段渠道堤顶高程及分水口门变更等执行情况存在4项不规范问题。

（二）桥梁质量、进度专项稽察

2013年3月，为全面掌握中线工程在建桥梁进展情况和工程质量情况，国务院南水北调办委托监管中心对中线干线在建的1015座桥梁实施4组次质量、进度专项稽察。对桥梁预应力张拉钢绞线回缩、锚下混凝土破损和桥梁预留负弯矩波纹管破损等不放心类质量问题进行了稽察，并对检查发现的质量问题提出了处理意见，消除桥梁质量隐患，严防运行安全意外；同时分析可能影响中线主体工程顺利完工的工程风险因素，加强了桥梁进度督导，促进了桥梁工程建设进度，取得了良好效果。

（三）渠道衬砌管理若干意见落实情况专项稽察

2013年4月，监管中心受国务院南水北调办委托，以《关于加强南水北调中线工程渠道衬砌管理的若干意见》文件内容落实情况为主线，对中线渠道衬砌的施工质量、进度情况组织开展了6组次专项稽察、复查，及时指出了对渠道衬砌施工进度存在的制约性影响因素和风险标段，明确了渠道工程高填方渠段、缺口部位回填、高填方加固等存在的质量问题，规范了渠道衬砌施工质量，促进了渠道工程建设进展。

（四）渠道专项质量检查

2013年5月，受国务院南水北调办委托，监管中心对渠道工程质量关键点和质量重点监管项目进行6组次专项质量检查。全面了解渠道工程质量重点监管项目现状，检查发现了10类不放心类质量问题，督促相关责任单位高度重视检查发现的各类质量问题整改，消除质量隐患。

（五）311监理专项整治行动专项稽察

2013年7月，受国务院南水北调办委托，监管中心开展了3组次“三清除一降级一吊销”监理整治行动专项稽察。规范了监理单位合同履约行为，提高了监理人员质量管理意识。

（六）铁路交叉建筑物质量专项稽察

（1）穿铁路建筑物工程质量检查

组织监管中心与中线建管局对21座铁路交叉建筑物进行质量核查。质量检测发现建筑物形体测量不符合设计要求的质量问题有6个，其中：涉及底板高程偏差较大的有3座建筑物，实体质量检测发现质量问题主要为：混凝土强度不符合设计要求，钢筋数量缺失，钢筋间距、保护层不符合设计要求等。

8月，对21座铁路交叉建筑物形体测量和实体质量检测情况进行了汇总分析，将混凝土强度不符合设计要求，钢筋数量缺失严重，止水带破损、失效严重，建筑物底板高程偏差较大共7座铁路交叉建筑物工程确定为重点监管项目，督促整改。

（2）铁路交叉建筑物质量复核

根据工作安排，组织对有关铁路交叉工程质量问题进行了复核。主要复核问题有：混凝土强度不足，底板高程偏差，质量问题处理情况，跨渠大桥少筋等质量问题。复核结果为：经加强养护，混凝土强度均满足设计要求；底板高程偏差不影响过流能力；少筋问题不影响结构安全；质量问题已制定专项整改方案进行处理。

（七）质量监管“回头看”集中整治活动专项稽察

2013年7月，受国务院南水北调办委托，监管中心对质量监管“回头看”集中整治活动开展专项稽察，先后对实体质量问题整改、留用察看期满责任单位整改情况实施了6组次专项稽察。并配合国家发展改革委对江苏段2012年度进度稽察复查和治污工程建设情况调研。从稽察复查情况看，历次发现的严重质量问题基本整改落实。

（李笑一　高立军　张权召　程相选　尚进晋）

举报受理和办理

2013年举报受理工作在接报、受理、调查、处理、奖励等具体环节，严格按照“有报必接、受理必查、查实必究、核实必奖”的总体要求，有序开展。同时，采取缩短调查期限、加倍奖励、增设举报牌等再加高压措施强化举报工作，对加强工程质量监管，维护工程建设环境，促进工程顺利建设起到了重要作用。

2013年，举报受理中心共接收举报信息295项，其中组织调查46项，分类处理249项。质量问题类举报信息均纳入组织调查，逐项委托有关单位进行专项调查，限期反馈调查结果。凡查证属实的，纳入“三位一体”质量问题月会商及责任追究。建设环境类、征地移民类举报信息定时分批进行分类后，转请有关单位调查处理。

46项组织调查举报事项，42项涉及质量问题，4项涉及合同问题，由国务院南水北调办直接组织委托调查。经调查核实，纳入质量问题月会商15项，实施奖励10项。

249项分类处理举报信息，200项涉及建设环境类，49项涉及征地移民类，由举报受理中心转请相关省（直辖市）南水北调办（建管局）、移民机构、项目法人等单位调查处理并跟踪调查处理结果。

（赖斯芸　李笑一　尚进晋　田俊梁）

稽察专家管理

2013年，根据稽察专家管理有关规定，监管中心续聘5位稽察专家组长，对稽察专家库实行动态管理、优化更新，现在库稽察专家105名。

2013年，监管中心在实施各类监督稽察工作中，派出稽察专家60人次。现场实施过程中，稽察专家克服气候、身体、家庭等诸多困难，充分发挥以理服人、以查代帮的技术优势，圆满完成各项稽察任务。经年度考核，有7位稽察专家考核为优秀。

（李笑一　张权召　程相选）

制度建设

根据国务院南水北调办“高压高压再高压、延伸完善抓关键”，“抓要点、抓要害”的质量监管工作总体要求，在质量监管过程中不断创新，针对不同时期面临的不同问题，制定相应的质量监管制度，规范了质量管理行为，强化了实体质量监管，为南水北调工程实体质量提供了制度保障。

2013年，在已有规章制度的基础上，健全和完善各项质量监管制度，共组织制定了《南水北调工程建设信用管理办法》《关于开展以“三清除一降级一吊销”为核心的监理整治行动的通知》《关于再加高压开展南水北调工程质量监管工作的通知》《关于对中线干线渠道工程实施质量重点监管的通知》等20余项质量监管责任和专项质量监管制度。

《信用管理办法》明确信用信息采集、信用评价、信用结果发布和使用等。信用信息包括工程质量、建设进度、安全生产信用信息。国务院南水北调办依据信用信息，对施工、监理单位实施季度信用评价和年度信用评价，评价结果分为优秀单位、可信单位、基本可信单位和不可信单位四个等级。信用评价结果定期发布、网上公示和通报通告。增强了参建单位和人员的质量意识、诚信意识，确保工程质量，实现工程建设目标。

《关于开展以“三清除一降级一吊销”为核心的监理整治行动的通知》明确了监理单位的13项严重违规行为，以及相应处罚标准。通过整治行动监理单位已基本扭转了被动监理的局面，对发挥监理工程质量管控作用、规范质量管理行为起到了重要作用，同时，通告连带责任追究对建管、施工和设计单位也起到了相应的约束和警示作用。

《关于再加高压开展南水北调工程质量监管工作的通知》要求各质量检查单位一律实行“飞检式”质量检查，加大力度查找质量问题，消减工程质量通病。明确常规质量认证和权威质量认证的时限和要求。明确了35种严重实体质量问题和7种恶性质量管理违规行为的从重责任追究标准。对南水北调工程质量监管起到了积极的促进作用。

《关于再加高压强化南水北调工程建设举报受理工作的通知》要求各举报调查单位要加大举报事项调查核实力度，增设公告栏，公示举报加倍奖励、加倍处罚、保护举报人权益等信息。通过提高举报奖励等措施加强了举报事项力度，充分发挥了社会监督作用。

（赖斯芸　熊雁晖　张文俊）

其　他　工　作

（一）组织召开质量工作会议

2013 年 1 月 31 日，国务院南水北调办召开南水北调工程质量监管座谈会。会议学习传达了南水北调工程建设工作会议精神，围绕“东线要通水，中线要收尾”的工程建设目标，分析质量监管面临的形势和风险，研讨质量监管工作机制、措施和方法，部署质量监管重点措施。

7 月 24 日，国务院南水北调办在武汉召开南水北调工程质量监管专项工作会议。会议集中观看了今年以来工程质量问题警示录像片，分析了质量监管存在的问题，部署了国务院南水北调办关于下一步质量监管再加高压的措施。强调对质量监管高压的基础上再加高压，是落实中央领导对南水北调工程严控质量指示的需要；是确保工程通水、严防意外的需要；是解决工程存在质量问题、确保南水北调工程长期发挥效益、为人民群众造福的需要；也是树立南水北调工程形象和参建单位形象的需要。

9 月 12 日，国务院南水北调办在郑州召开南水北调在建项目质量监管会议。进一步落实和强化项目法人、建管单位的质量职责，部署质量监管“回头看”集中整治活动。在中线工程的黄金施工期，要坚定再加高压严控质量决心不动摇，实施信用管理办法，增强参建单位的诚信意识；开展以“三清除一降级一吊销”为核心的监理整治行动，从监理治理入手，对建管实施连带责任，加大对监理单位的监管力度；再加高压开展质量监管，以对施工单位严管严控入手，涉及监理、建管质量管理责任，从查、认、罚三个环节上予以强化。

（二）组织召开五部委联席会议

2013 年 1 月，国务院南水北调办在京组织召开南水北调工程建设质量管理五部委联席会议。水利部、住建部、国家工商总局、国务院国资委等部委有关部门负责同志参加会议。会议通报了 2012 年南水北调工程建设和质量监管工作情况，介绍了质量监管工作的有关规定、办法，各部委有关部门负责同志通报了各自相关工作和做法，与会同志就进一步加强南水北调工程质量监管工作进行了认真讨论。按照建委会的部署和要求，继续发挥五部委联席会议机制的重要作用，保持质量监管高压态势。不断完善质量监管体系，强化监管措施，确保把南水北调工程建设成为让党和人民放心的优质工程。

（三）组织召开稽察工作座谈会

2013 年 1 月，国务院南水北调办与国家发展改革委稽察办召开南水北调工程建设稽察工作座谈会。会上，国务院南水北调办监督司和监管中心介绍了 2012 年南水北调工程建设质量监管工作情况，以及落实国家发展改革委对南水北调工程稽察有关工作要求的情况。国家发展改革委稽察办介绍了 2012 年对南水北调工程开展稽察工作情况，通报了 2013 年对南水北调工程稽察工作要点。为确保南水北调工程东线要通水、中线要收尾，加强南水北调工程质量监管，国务院南水北调办与国家发展改革委稽察办密切合作，有针对性地开展重点项目的稽察工作，确保南水北调工程质量和工程建设目标的实现。

（四）开展党的群众路线教育活动

国务院南水北调办将质量监管工作与中央八项规定，狠抓“四风”建设，党日活动和党的群众路线教育实践活动相结合，在质量监管工作中，积极深入群众，征求群众意见，改进工作作风，密切联系工程实际，认真查找质量问题，快捷认证质量问题，从严从重、客观公正地开展质量责任追究。

（五）实施质量监管财政项目

在质量监管过程中，对南水北调工程质量管理评价体系、质量信用信息管理系统、桥梁与混凝土建筑物工程质量关键点监管信息系统、质量监管工作档案等财政项目抓稳抓好，实现了项目的顺利完成，为质量监管工作提供了坚实的保障。

（六）撰写《中国南水北调·质量监管卷》

2013年，国务院南水北调办组织撰写《中国南水北调·质量监管卷初稿》。总结南水北调工程质量监管创新成果和实践经验，记录南水北调工程质量监管模式、实践过程和创新措施。主要介绍南水北调工程质量监管的性质和任务，质量监管的对象、内容和基本情况，质量监管的体制机制，质量管理体制，质量监管制度，质量监管措施，质量监管效果。质量监管卷初稿共分6章25节。

（赖斯芸　庆　瑜　邱立军）

技术咨询

专家委员会工作

国务院南水北调工程建设委员会专家委员会（以下简称专家委员会）2013年围绕“东线全线通水、中线主体工程完工”这一目标，开展了有针对性的技术咨询、调研考察及关键技术专题研究等工作，共完成各项活动21项，有力地推动了工程建设，其中重大关键技术咨询13项，工程质量检查和评价2项，考察调研工作4项，专题课题研究2项。

（胡　玮　冯晓波）

重大关键技术咨询

2013年，专家委员会将解决关系工程质量和进度的技术问题作为技术咨询的重中之重。针对重难点施工（处理）技术方案、重大关键技术研究成果及实施方案开展了综合性的技术咨询和评审，先后开展了重大关键技术咨询、评审13次，主要有：

（1）中线干线工程洺河渡槽质量问题处理方案技术咨询。

（2）中线工程膨胀土和高填方渠道建设关键技术研究与示范项目中间成果技术咨询。

（3）中线工程河北段石质渠道边坡稳定技术咨询。

（4）中线穿黄河工程施工技术咨询。

（5）中线一期工程总干渠南阳3标桩号106+090～106+188渠段右岸滑坡处理技术咨询。

（6）中线总干渠填方渠段填筑缺口沉降期相关技术问题咨询。

（7）中线一期工程总干渠南阳三标106+090～106+188渠段右岸施工期滑坡处理报告技术咨询。

（8）输引水工程施工质量通病与防治咨询。

（9）《南水北调中线干线工程总干渠填方渠段沉降问题研究中间成果报告》技术咨询。

（10）中线一期丹江口大坝加高工程蓄水安全评估（鉴定）成果评审。

（11）《南水北调工程土方填筑压实度检测方法——核子密度仪法的适用性研究》技术评审。

（12）《南水北调中线一期总干渠充水试验专题设计报告》技术评审。

（13）中线总干渠系杆拱桥设计施工技术研讨。

在咨询、评审活动中，专家委员会组织专家对现场情况进行深入考察，对相关报告和方案进行深入分析评价，提出的相关意见和建议为建设单位所采纳，为保证工程建设进度发挥了重要作用，对施工质量和进度起到了促进作用。

（胡　玮　冯晓波）

工程质量检查

2013 年，专家委员会对中线工程建设质量进行了检查，对东线通水质量进行了评价。专家委员会组织专家深入东、中线工程一线，通过对重点工程项目进行现场检查和调研，努力掌握工程建设质量现状，尽可能对工程质量做出客观和全面评价。专家委员会提出的中线年度质检报告和东线质量评价报告认为：中线一期工程质量管理工作指导思想正确，质管体系运行良好，质管措施进一步强化，成效显著，质量总体受控并继续向好；东线一期工程经受了试通水、试运行的检验，工程质量总体优良，如期实现了通水目标。同时，专家委员会对在中线质量检查和东线质量评价中发现的问题，也提出了具体的意见和建议，并为有关参建单位所重视，进一步提高了东线尾工工程和中线未完工程的质量管理水平。

（胡　玮　冯晓波）

考察调研

针对中线预应力渡槽、东线治污、中线丹江口水库库底清理工作等关键问题，专家委员会主动进行了调研、考察等工作，主要有：

（1）中线工程预应力施工专题调研。

（2）中线一期工程丹江口水库库底清理工作调研。

（3）中线工程预应力施工专题调研“回头看”。

（4）东线工程治污规划实施情况评估。

调研中专家组通过深入施工现场和一线，听取汇报、座谈讨论等方法，深入细致的进行了调研，提出了意见和建议，提交了调研报告。专家组成员科学、严谨的工作作风，客观的评价，得到了国务院南水北调办以及有关参建单位的好评，在一定程度上促进了相关工程施工质量的提升，为工程建设做出了应有的努力。

（胡　玮　冯晓波）

专项课题

（1）南水北调中线干线工程渠道衬砌质量与进度控制对策的专项课题研究。

2013 年是中线渠道衬砌施工的高峰年，衬砌施工的质量和进度将直接关系到工程质量和按期通水目标的实现。为解决工程建设中的技术难题，专家委员会开展了南水北调中线干线工程渠道衬砌质量与进度控制对策的专项课题研究。该课题在如何提高渠道衬砌效率、人员和设备配备、提高施工工艺水平、确保工程质量等方面进行了研究，并提出了相关措施。目前，该课题已完成验收，研究成果得到南水北调办的肯定，其成果已应用于工程施工一线，对于控制渠道衬砌的施工进度和质量发挥了积极作用。

（2）南水北调东线工程沿线煤炭采陷区对工程的影响问题研究课题已在调研实施中。

（胡　玮　冯晓波）

关键技术研究与应用

重大专题及关键技术研究

（一）“南水北调中线工程膨胀土和高填方渠道建设关键技术研究与示范”项目

“十二五”国家科技支撑计划“南水北调中线工程膨胀土和高填方渠道建设关键技术研究与示范”项目立足于当前施工中面临的亟须解决的技术难题，为工程顺利建设提供技术支撑。重点是结合不同地段的地质条件、施工特点，以及工程施工进展情况，开展有针对性的技术攻关，提出解决问题的具体技术措施和方案，保证工程顺利建设，确保按期完成通水目标。此外，还为解决国内同类问题做一定的技术储备和借鉴，同时全面提升我国膨胀土和高填方渠道工程建设水平。

2013 年，各课题的研究工作按照任务书计划要求开展，执行情况良好，研究成果及时应用到工程建设一线，为加快膨胀土渠段和高填方渠段的施工进度，提高工程可靠度提供了有力的技术支撑，取得了一定的研究成果，其中：取得新产品、新材料等 3 项；发表高水平学术论文 31 篇，在国外高水平期刊发表学术论文 5 篇；申请国内专利 11 项，其中申请发明专利 6 项，获得国内专利授权 4 项；研制行业标准 2 项；取得成果应用 21 项，成果转让 1 项，新增产值 30 万元；取得硕士学位 7 人。

（二）“河南丹库汇水流域水质安全保障关键技术研究与示范”课题

国家重大水专项科研项目“河南丹库汇水流域水质安全保障关键技术研究与示范”取得初步研究成果。茶叶和柑橘试验观测小区建成试运行，筛选出适合于柑橘的植物源或低毒杀虫剂 5 种和适合于有机茶树的杀虫剂 2 种；初步完成水源区特色作物柑橘和有机茶种植及氮磷污染防控技术研究；开展低能耗间歇侧渗型人工快滤系统的影响因素研究，建立了复合流人工快速渗滤系统；掌握了综合示范区污染现状；研发植物篱生物炭立体防护技术并在茶园进行现场试验研究。

湖北汉库汇水流域水质安全保障关键技术研究工作已基本完成，各示范工程正在陆续开展。中药材加工废水处理关键技术已完成示范工程（污水处理站）水质调查；优质中药材生态种植与氮磷负荷削减关键技术示范工程完成 100 余亩土地的改造，引进绞股蓝等 12 个春播品种，开展了 10 余类模式的生态种植示范；乡镇污水生态强化处理替代技术处理示范工程完成“强化一级处理—人工快渗—人工强化生态净化”集成技术中试模拟系统建设和调试运行；入河/河道生态缓冲屏障与水质改善原位强化污染削减技术示范工程调试运行了入河生态缓冲屏障与河流水质改善原位强化污染削减技术中试工程。

（三）“南水北调中线工程水源地及沿线水质监测预警技术研究与示范”课题

国家科技支撑计划项目“南水北调中线工程水源地及沿线水质监测预警技术研究与示范”坚持产、学、研相结合的原则，按照课题年度研究任务开展相关技术开发研究。完成紫外吸收扫描在线分析仪、总磷原位分析仪、总氮原位分析仪的基础研究和样机制作；完成浮标系统的搭建、水下仿生机器人的设计及试制，进行了室内试验和野外水体测试；完成台子山水质自动监测站建设，并研发了水源地及沿线无量纲法水质评价技术；开发水库水动力和污染物迁移扩散耦合模型、入库支流和输水干渠水污染模拟预测模型、污染风险预警预报模型、多载体水质监测异构信息数据库管理系统；完成南水北调中线工程水质监测预警系统物理架构设计，以及用于集成展示成果界面的后台管理系统开发、物联网平台集成架构和软件模块展示。

（白咸勇　张　晶　李道峰）

国际合作与交流

概　述

2013 年，国务院南水北调办在国际合作与交流工作中，认真贯彻落实中央关于外事工作的要求，加强制度建设，严格外事纪律，进一步规范外事管理。紧密结合工程建设实际，深化国际交流合作，外事工作取得积极成效。国务院南水北调办领导高级访问团、司局级技术交流团和出国（境）培训工作有序开展。接待了香港土木工程师学会代表团和法国塞纳诺曼底流域管理委员会代表团的来访。

（管玉卉）

外事工作管理

2013 年，国务院南水北调办认真贯彻落实中央《关于进一步规范省部级以下国家工作人员因公临时出国的意见》精神，严格做好司局级技术交流团和出国（境）培训团的审核审批工作。结合党的群众路线教育实践活动，研究修订《国务院南水北调办司局级及以下人员因公临时出国（境）管理办法》，进一步对出国执行公务人员身份、邀请函件、出访人数和天数、严控双跨团组、团组信息公示和成果共享等内容作出明确规定，并结合工作实际，对计划申报程序、人员出国（境）频次、报名参团流程、财务报销等事宜提出更加细化的要求。为进一步加强因私出国（境）管理工作，研究制定《国务院南水北调办工作人员因私出国（境）管理暂行规定》，规范因私出国（境）审批权限和程序。此外，按照干部管理权限认真做好国家工作人员因私出国（境）备案工作，加强护照管理、外事教育和出国（境）成果管理工作。

（管玉卉）

重要外事活动

（一）来访

2013 年 6 月，国务院南水北调办总工程师沈凤生会见了香港工程师学会土木工程分部代表团一行，介绍了南水北调工程建设基本情况，双方就南水北调工程建设相关技术问题交换了意见。会后，代表团赴河南、河北南水北调工程现场进行考察。

2013 年 10 月，国务院南水北调办建设管理司主要负责同志会见了法国塞纳诺曼底流域管理委员会主席克里斯丁·莱库松一行，向国外同行介绍了南水北调工程，双方就南水北调工程建设管理相关问题进行了深入交流。会后，代表团赴惠南庄泵站和北拒马河暗渠进行现场考察。

（二）出访

2013 年 7 月，应德国环境、自然保护和核安全部，西班牙农业、食品和环境部的邀请，经国务院批准，国务院南水北调办主任鄂竟平率团出访德国和西班牙两国。期间，鄂竟平主任一行同德国环境、自然保护和核安全部，巴伐利亚州环境和卫生部的官员、水利专家进行会谈，实地调研德国巴伐利亚州调水工程、西班牙塔霍—塞古拉调水工程等代表性工程，深入了解了两国在水资源配置和综合开发利用方面的政策法规、创新技术和经济措施等，学习借鉴了两国在调水工程建设管理、运行机制和生态保护方面的先进经验。代表团向两国同行介绍了南水北调工程建设总体情况，并就对方关注的有关问题进行了解答。

（管玉卉）

项目培训与技术交流

2013年，经国家外国专家局批准，国务院南水北调办组织完成了赴法国资金管理培训团、赴美国长距离调水管理培训团。组织司局级以下工作人员对乌克兰和白俄罗斯的水资源规划与调水工程管理、美国和墨西哥的大型调水工程设施保护、澳大利亚和新西兰的水利工程验收进行了技术交流。通过出国培训和技术交流，加强了国际交流与合作，学习和借鉴了国外工程技术和管理等方面的有益经验。

（管玉卉）

新闻宣传

概　述

2013年，南水北调宣传信息工作取得显著进展，按照国务院南水北调办党组工作部署和加强宣传工作的要求，紧紧围绕东线一期工程通水和中线一期工程主体工程完工，深入宣传东、中线一期工程建设进展和成果，积极宣传治污环保工作成效，为东、中线一期工程通水营造了良好舆论氛围。

（何韵华）

宣　传　工　作

（一）做好工程节点新闻宣传

国务院南水北调办层面协调发布12次新闻通稿，并组织记者对东线江苏段试通水、中线源头水质列入地方政府考核指标、再加高压加强工程质量监管、丹江口库区移民安置通过蓄水前终验、丹江口大坝加高工程通过蓄水验收、世界最大U形输水渡槽主体工程完工、中线干线河北段全线贯通等节点进行专题宣传，发出400余篇新闻报道，为工程建设营造声势。协调中国记协组织“关注南水北调 共建生态文明”主题采访活动，发出近40篇报道，从多角度、不同层面深入宣传南水北调工程建设进展和成果，大力宣传库区移民帮扶工作，积极宣传水源保护工作成效。

（二）加强宣传项目策划组织

继续推进纪录片摄制工作，为迎接东线一期工程通水，协调中央电视台现场采访录制四集系列专题纪录片《东线水事》，在科教频道（CCTV-10）播出，反响较好。协调推动南水北调工程丛书编纂工作，各卷撰稿工作全面启动。委托宣传中心编制治污和移民两个公益广告，治污题材已播出。完成南水北调工程标志标识的设计和规范，并完成国家版权登记工作。促请沿线有关单位加强宣传项目的策划和组织。

（三）做好东线通水宣传

分别与中央新闻媒体进行沟通，介绍情况，了解需求，商谈合作，为东线通水的深度宣传报道做好准备。协调《中国环境报》东线专题采访，发出10篇报道，为东线通水营造良好氛围。为充分发挥电视媒体的独特优势，着力加强同中央电视台的合作，对东线通水进行系列报道。按照国办有关东线通水宣传要求，拟定宣传方案和新闻通稿。

（四）妥善做好媒体采访接待

接待安排51家媒体采访，相对2012年增加70%。其中，国内媒体43家，国外媒体8家。安排了《中国经济周刊》对鄂竟平主任专访，《南方周末》对张基尧主任、蒋旭光副主任专访，《中国新闻周刊》对于幼军副主任专访，并协调有关单位做好媒体采访服务，发布正面声音。

（五）继续做好文化宣传

南水北调环保治污题材长篇报告文学《美丽中国样本》公开出版发行，深入宣传了治污成就，并被国务院新闻办推荐为国家外宣图书，正在组织编译。协调中国文联赴河南、湖北两省开展慰问演出，受到建设者和移民群众的好评。继续做好南水北调歌曲的评选工作，以及南水北调中英文宣传画册、宣传片的制作工作。配合《人民日报》做好东线治污主题电视剧《大河北去》的拍摄协调等工作。

（六）加强媒体专题深度宣传

注重策划，加强组织，充分发挥媒体专题深度宣传在介绍工程、说明背景、宣传效益、沟通公众方面的优势。委托《人民日报》策划推出4个专版的宣传，介绍南水北调工程概况、进展和效益。委托《经济日报》用1个版面就东线通水进行全方位、多角度的采访报道。委托《人民政协报》在“两会”期间推出2个专版，发布鄂竟平主任和全国政协委员访谈文章，扩大社会影响。全年，省级以上报纸专版达38个（相对2012年增加12%），其中中央主要媒体专版14个（增加75%）。同时，中央和省级报纸头版发布工作信息的数量大幅增加，沿线地市日报有关工程的专版数量也明显增多。

（何韵华）

信 息 工 作

（一）加强信息报送工作

2013年向中办、国办报送《信息专报》12期，印发《南水北调简报》3期，及时反映南水北调工作动态，发挥信息在国务院南水北调建委会成员单位之间沟通情况、凝聚共识、促进工作的作用。

（二）做好舆情分析工作

印制《近日媒体关注》44期，及时反映社会舆情，供领导决策参考。重点关注全国“两会”期间代表、委员的建议和提案，开展舆情收集工作。结合工作进展，加强网络舆情收集，随时进行分析研判，进一步增强新闻工作的针对性和实效性。

（三）及时公开相关信息

协调机关各司、直属各单位，及时发布工程建设、征地移民、治污环保等工作信息，满足社会公众的信息需求。妥善处理政府信息公开申请，全年未发生政府信息公开工作领域内的行政诉讼、行政复议案件。

（何韵华）

政 策 法 规

2013年，按照要求汇总“六五”普法中期成果，做好“六五”普法中期考核。协调工程沿线有关单位，组织开展形式多样、内容丰富的普法活动，利用“12.4”法制宣传日组织开展法制宣传教育。协调做好南水北调有关规章和规范性文件的审查工作。

（何韵华）

北京市新闻宣传

2013年，北京市南水北调办在做好日常宣传工作的基础上，按照由“抑”到“扬”的原则，全面启动“江水进京”宣传，宣传北京市南水北调工程战略意义、建设历程和成就，进一步扩大工程影响力，进一步统一思想、凝心聚力、提振精神，实现对外宣传和工程建设管理的良性互动。

（一）“江水进京”专项宣传

国务院南水北调办2013年宣传工作会要

求沿线各省市在通水前加大宣传力度，市南水北调办组织成立“江水进京”宣传工作小组，拟利用通水前的关键期，在全市范围内开展一系列宣传活动。

1. 统一思想

（1）指导思想：以宣传南水北调工程在实现“中国梦”、践行党的群众路线、改善民生、建设生态文明等方面发挥的重要作用为主题，全面宣传南水北调工程对首都发展的战略意义，着力提升社会各界对南水北调的科学认识，营造全社会爱水、惜水、节水、护水的良好氛围。

（2）工作原则：①与国务院南水北调办的宣传口径保持一致；②紧扣时代发展脉搏与主旋律；③按照中央“八项规定”，节约节俭搞宣传；④多部门联动，提高工作效率。

2. 活动计划

按照工程建设实际情况和通水计划，分准备、实施、持续 3 个阶段设计各类宣传活动 30 余项。主要包括：

（1）推广工程形象。通过提炼北京市南水北调精神、文化，设计视觉识别系统，发放知识手册，投放公益广告和宣传动漫等，使北京市南水北调的民生工程形象深入人心。

（2）开展“七进”活动。通过开展“进机关、进企业、进学校、进社区、进家庭、进公交、进景区”的七进活动，让首都社会各界零距离感受南水北调工程，营造饮水思源、节水爱水的良好氛围。

（3）凝练物质文化成果。形成工程纪录片、纪实性文学著作等一系列成果，使之成为南水北调精神的一种沉淀、一份传承。

（4）推进“五个一”规划建设。包括“一园一馆一林一道一带”，即：南水北调纪念园暨爱国主义教育基地、南水北调博物馆、南水北调公益林、南水北调骑行绿道、南水北调旅游文化产业带。通过“五个一”工程，将工程宣传、节水教育与丰富群众精神文化生活有机结合。

（5）举办通水仪式活动。通过各级媒体的集中宣传力量，多角度、全方位地展现北京南水北调建设成果，展现首都各界对南水北调中线通水的良好祝愿和热烈期盼。

（6）开展“节水宣传”活动。定期开展南水北调节水宣传，巩固系列宣传活动成效，促进工程建设、调度运行和管理保护，提升首都市民“爱水、惜水、节水、护水”意识。

3. 工作进度

（1）制定了“江水进京”宣传方案，经北京市委、市政府三位领导批示同意，并向国务院南水北调办主管领导进行了专题汇报，年内按计划逐步实施。

（2）加强组织领导，建立市委宣传部、首都文明办统筹协调，市南水北调办全力推进，市内相关部门协同参与的组织架构。

（3）宣传工作初现成效，完成对传统媒体的全覆盖以及新媒体的渠道搭建。与《人民日报》确定了以工程节点为主线的宣传合作方式，《北京日报》开辟了《北京南水北调新闻专栏》，年底前《人民日报》、《北京日报》、新华社、北京电视台、北京城市广播等媒体连续集中报导，营造了良好的舆论氛围。

（4）抓好重点，以知识科普为突破口推进宣传工作，设计制作《北京市南水北调工程知识 100 问》、《北京·南水北调》手札等宣传品，并应邀参展 2013 年全国科普日北京主场活动，接待参观人次 18 万。9 月 14 日展览开幕当天，刘云山、李源潮、赵乐际等领导同志专程到展区参观，高度评价南水北调工程建设成果。

（二）信息工作

围绕“领导最需要知道”和“最需要领导知道的”两个着力点，加强培训和指导，进一步拓宽信息渠道，及时向上级部门反映南水北调工作情况。

（1）进一步完善信息报送流程和渠道，提高了信息报送的数量和质量。全年编印

《内部工作动态》35期、《政务信息专报》38期、《舆情动态》31期。采辑各部门信息513条，在两办信息、政务信息专报和南水北调手机报信息的报送量和采用量上均有较大增长。

（2）办公内网的运行模式渐入成熟，成为系统各单位工作、活动交流的新平台。自1月底上线运行以来，各单位投稿共计3866条，其中机关各处报送信息541条、办属各单位报送信息3325条；下半年，内网增设评分及评论功能，充分调动办系统全体职工报送信息的积极性。

（3）逐步提高外网利用效率，发布信息185条、公告35次，开设“党的群众路线教育实践活动”及“江水进京”宣传专栏，发挥了门户网站的作用。

（三）志书编纂

《北京市水务志·南水北调篇》编纂工作历经两年半，经过大小四十余次修改后，先后形成了长编、初稿等宝贵资料，共计40余万字，9万余字的送审稿已通过专家审查并交付北京市水务志办公室统稿出版。

《南水北调·北京工程志》编纂于上半年启动，采取月例会制推进工作，并邀请市地方志办公室专家讲课，提高编写人员编纂能力和水平。编纂纲目已基本完善，编纂工作进入干线篇编纂阶段，计划于2014年中线一期工程通水前完成。

（史海波　侯　丁　袁红琳）

天津市新闻宣传

2013年，天津市南水北调办认真贯彻落实国务院南水北调办关于宣传工作的要求，紧紧围绕南水北调工程建设中心任务，切实加强宣传工作组织领导，完善宣传工作机制和网络，坚持正面宣传为主，牢牢把握正确舆论导向，以南水北调工作新思路、新举措为重点，不断整合新闻资源，改进方式，全方位、深层次、多角度挖掘新闻宣传题材，及时充分展示了南水北调工程建设成就和各项工作动态，扩大了南水北调工程的社会影响力，为全社会了解和支持南水北调工作，更好地推进南水北调工程建设创造了有利的外部环境和舆论氛围。

全年共组织工程节点性宣传活动5次，组织新闻媒体记者采访南水北调相关新闻35次，在中央和天津市新闻媒体刊登或播发天津南水北调新闻80余条，拍摄照片200余张、录像资料150分钟。切实加强信息工作，及时、准确、全面反映南水北调工作动态，全年共编发南水北调信息72期，为上级机关和各级领导决策提供了信息支持。

（刘丽敏）

河北省新闻宣传

2013年，河北省南水北调办把宣传工作作为统一思想、宣传群众、推动工作的重要抓手，振奋人心、凝聚力量、塑造形象的重要载体，助力工程、优化环境、促进建设的重要措施，认真贯彻落实国务院南水北调办务虚与宣传工作会议精神，按照国务院南水北调办、省政府领导关于宣传工作的指示精神，组织新闻媒体、沿线市县南水北调办、建管单位认真开展南水北调工程建设宣传。一个时期以来，宣传工作力度、广度、深度前所未有，重点突出、引人关注，亮点纷呈、效果明显。国务院南水北调办、省政府领导先后9次对河北南水北调宣传工作做出批示，给予肯定和表扬。

（一）新闻宣传方面

在国家、省、市新闻媒体刊发南水北调各类文章、消息370篇，其中，省级以上媒体173篇。与中央级媒体驻河北省机构建立了常态化沟通渠道，新华社、人民日报也对河北南水北调工程建设进行了专题报道。

为及时、准确报道工程建设成果，在工

程建设高峰期，每半月邀请媒体记者深入工程建设一线，沿线城市乡村社区、工矿企业等进行深度采访，在省市主流媒体进行大版面、深度报道南水北调工程建设。《河北日报》、《河北经济日报》年内刊发5个整版（4个文字版、1个摄影版），报道了南水北调工程建设意义作用、征迁安置和工程建设成果、跨渠桥梁建设历程。《河北日报》以“南水北调为我省带来什么”为题，分3次集中报道了工程实施对沿线群众生活、工业发展、生态环境带来的积极影响。《中国南水北调报》先后2次整版转载《河北日报》刊载的河北省工程建设、工程效益文章。省电台、电视台也及时报道劳动者风采、工程进展情况。沿线各市主要新闻媒体登载整版或大篇幅文章，专题报道南水北调工程布局、重大意义、决策部署、建设成果，以及对本市经济社会发展的积极影响。

（二）社会宣传方面

2013年印发简报68期、专报1期。“河北省南水北调网”刊发文字信息1064条、配发照片261幅，访问量突破29万人。工程沿线、施工现场设立了宣传栏、宣传标语1100余处。省南水北调办正在编印《南水北调宣传标语与艺术作品选集》，筹划编印“一本书、一本画册和一张光盘”，汇编了《2013年新闻作品选集》。《我与南水北调》征文，已征集文章309篇。为扩大社会影响，有奖征集了南水北调宣传标语1780条、绝句66首，共有来自全国22个省（市）、自治区的204人参加。邯郸、邢台市组织作家和摄影家到工地现场进行采风，作品已在相关媒体发表。

做好2013年宣传工作，注重把握了以下几点：

（1）调门准。坚持正面鼓劲为主，传递正能量。大力宣传国家、省的决策部署，以及工程建设的重大意义、重要作用。

（2）标准高。发挥主流媒体的引导作用，在省市党报高密度、大篇幅发表有关南水北调的重头文章、高层访谈，有视觉冲击力照片等，引起社会广泛关注。

（3）氛围浓。发挥文化团体、专业人士的作用，利用社会力量，提升宣传能力和水平。营造全社会关心、支持工程建设的浓烈氛围。

（4）方法活。建立健全激励机制，对各市宣传工作进行考核奖励，对在省市媒体发表文章的作者进行奖励，调动社会力量参与南水北调大宣传。

（5）效果好。目前，沿线各市把南水北调宣传作为工程建设的重要组成部分，经常性对宣传工作进行调度、督导，为营造环境、推进工作，提供了强大动力和精神支撑。

（包　辉）

江苏省新闻宣传

随着南水北调工程建设进入全线通水关键阶段，2013年江苏南水北调宣传工作紧紧围绕工程重大意义、决策部署、建设历程、精神风貌、效益发挥等内容，研究制定宣传工作方案和通水宣传方案，全年共计组织重点宣传活动15次，在《人民日报》、中央电视台、新华社、人民网、《新华日报》等主流媒体刊登专版、专题新闻报道30余篇（次），并积极组织书画摄影家采风、歌曲创作、报告文学编写、在线访谈、走访一线等宣传活动，进一步扩大了南水北调工程的社会影响力，为工程建成投运营造了良好的社会氛围。

（王晓森）

山东省新闻宣传

2013年，山东省南水北调工程建设管理局（以下简称山东省南水北调建管局）认真贯彻落实国务院南水北调办《2011～2015年南水北调宣传工作计划》的工作部署，突出重点，加大投入，创新形式，营造合力，积极构建全方位宣传新格局，宣传工作取得显著成效，在大力营造全社会支持南水北调工程建设的浓厚氛围中发挥了重要作用。

（一）宣传工作机制

为规范和加强南水北调新闻宣传工作，山东省南水北调建管局不断健全完善党委领导下的新闻宣传工作体系，形成了规范高效、运转良好的新闻宣传工作机制。

1. 宣传工作合作协调机制

建立与上级主管部门的联系机制。加强与国务院南水北调办综合司、省政府办公厅和省委宣传部日常化的沟通和联系，确保渠道畅通，及时把握工作重点，把握宣传报道方向。建立与媒体的沟通协调机制。与新华社、《人民日报》驻山东记者站、《大众日报》、山东广播电视台、《中国水利报》、《中国南水北调报》等主流和专业媒体加强沟通协调，建立密切的合作关系，搞好新闻宣传的策划，丰富宣传内容，创新宣传报道的方式方法，不断提高宣传水平。

2 宣传队伍建设和培训机制

建立了涵盖山东省南水北调建管局、山东干线公司、各工程现场建管机构和各市南水北调办事机构的宣传信息骨干队伍和工作网络。对宣传骨干队伍实行动态管理，根据各个单项、设计单元工程建设开展情况，随时补充调整宣传信息员，做到工作网络横向到边、纵向到底。新闻宣传工作从总体上建立了“有人抓、有人管、有人干”的良性机制，形成了“一级抓一级，层层抓落实”的工作格局，为做好信息宣传工作提供了有力的组织保障。

定期组织培训交流，提高宣传骨干的业务水平和工作水平。山东省南水北调建管局每年的上下半年各组织一次宣传工作交流培训会。对国务院南水北调办、《中国南水北调报》、《中国水利报》等组织的新闻宣传交流会、培训班，积极组织宣传业务骨干参加，有效提了宣传工作水平。宣传工作连续五年被国务院南水北调办授予先进集体；办公室连续五年被国务院南水北调办宣传中心授予“标兵通联站”。2013 年有 7 人被《中国南水北调报》评为优秀记者和标兵通讯员、优秀通讯员。

3. 宣传工作考核机制

将宣传工作纳入山东省南水北调目标管理考核体系，进行量化赋分，每季度公布各市南水北调办事机构、山东省南水北调建管局、山东干线公司各部门单位宣传报道和报送信息采用情况，每半年对宣传工作进行考核。考核直接与部门单位业绩讲评挂钩。

4. 突发事件新闻发布应急机制

南水北调跨省市、跨流域，工程点多线长，与经济社会发展和人民群众生活息息相关，突发性事件和来自系统之外的干扰因素随时都可能发生。对此山东省南水北调建管局专门制定发布了《山东省南水北调工程突发事件新闻发布应急预案》，建立了完善的突发事件应急发布机制。加强全省南水北调系统各单位应对突发事件新闻发布工作的规范化、制度化建设。

应急预案对突发事件新闻发布适用范围、事件分级、工作原则，组织指挥体系及职责，新闻发布应急响应（包括应急启动、记者采访管理、主动引导社会舆论、新闻发布等），后期处置和应急保障等事项作出明确的规定。

（二）宣传组织策划

南水北调工程作用重大、意义深远，工程建设规模大、投资大、难度大，重要节点多，需要社会各界、各级政府和部门的大力支持和配合。抓住南水北调工程建设管理的重要进展和关键节点，搞好重大宣传活动策划与组织，对加大南水北调宣传力度，提高宣传效果，具有显著作用。特别是工程全面进入建设关键期的 2013 年，省南水北调建管局制定宣传工作计划和实施方案，紧密结合实际，突出宣传重点，加强宣传工作的策划与组织，发挥好《中国南水北调报》、中国南水北调网站、山东省南水北调网站宣传主阵地、主渠道和主窗口和中央和地方主流媒体覆盖广、受众多、公信力强的优势，实现宣传效果的最大化。通过策划组织好重大宣传活动，加大了宣传力度，形成了集中宣传声势，取得了很好效果。

（1）《脉动齐鲁——南水北调工程》丛书编纂工作取得重要成果。自去年丛书编纂工作启动以来，始终把组织好编纂工作作为真实记录建设历程，系统总结建设成果，扩大南水北调积极影响，大力弘扬南水北调精神的一项重要工作。在通水宣传任务繁重、时间紧、编纂工作量大的情况下，加班加点、全力以赴，周密组织好丛书编纂、审稿、联系出版等工作的同时，认真细致做好“综合管理卷”编写修改等工作，丛书9卷编纂工作取得重要阶段性成果，目前已进入出版程序。

（2）开展南水北调形象识别系统设计和应用工作。为扩大南水北调的影响力，提高南水北调的美誉度，展示南水北调的良好形象，具体组织调研、设计具有南水北调鲜明特点、内涵深刻、造型优美、容易辨认和记忆的南水北调形象识别系统。设计方案经反复修改、专家论证、领导审核，今年四月已经定稿，目前已在韩庄运河段、两湖段、济东段等完建工程中逐步应用，对推进南水北调文化建设，展示南水北调的良好形象起到了重要作用。

（3）与青岛文联等联合开展“溪山行旅·南水北调”南水北调美术家采风活动，画家们深入工程现场，走近建设者和沿线群众，细心观察，用心感受，真心描绘，精心创作出一大批反映南水北调工程形象、展现建设者精神、富有时代特色和生活气息的画作，携手为南水北调工程又好又快建设和推动南水北调文化建设做出了积极贡献。目前创作画作已在中国水利报和南水北调报等陆续刊登，并结集出版了《长河赞歌》南水北调写生采风文献集。

（4）在山东省电视台播出《脉动齐鲁——南水北调的故事》纪录片。与山东广播电视台精心筹划、联合摄制的电视纪录片《脉动齐鲁——南水北调的故事》，于6月29日工程完成全线试通水之际，在省电视台卫星频道黄金时段播出。纪录片以工程建设和治污环保两条主线，通过讲述人物故事的形式，形象揭示了南水北调对缓解水资源不足、构建现代骨干水网、促进生态文明建设、改善民生、促进经济社会可持续发展的重大战略意义，多角度展示了工程建设和治污环保取得的巨大成就，深刻诠释了南水北调“负责、务实、求精、创新”的核心价值理念，生动反映了建设者奋力拼搏、无私奉献、敢为人先的精神风貌，在社会上引起热烈反响，进一步扩大了南水北调在社会的积极影响。

（三）保障验收和宣传通水

根据工程建设和验收工作需要，自去年以来，精心制作工程验收片17部（去年下半年8部，今年上半年9部），真实系统生动地反映了山东省南水北调工程建设历程和取得的宝贵经验，促进了工程验收工作的顺利进行。

与试通水、通水试运行、正式通水同步，组织对七级泵站（开机、全负荷运行）、主要输水河渠、三大水库蓄水等节点工程进行了实时拍摄，留存了大量珍贵资料，为真实记载南水北调建设运行管理历程，宣传南水北调的重大意义作用奠定了基础，创造了条件。

（四）信息工作

围绕南水北调工程建设重大决策部署、工作动态进展等重点，做好信息采集、整理、上报和发布工作，为工程建设管理科学决策、工作交流和社会公众及时全面了解南水北调创造了条件。

建立起了覆盖面广、时效性强的信息采集渠道，规范了信息报送制度。山东省南水北调建管局各部门、山东干线公司各现场建管机构、各地市南水北调局（办事机构）均设立专（兼）职信息联络员，及时报送信息。对各单位、部门报送的信息采用情况进行评比考核，将信息报送与采用情况作为省南水北调目标管理重要考核内容，对信息采用量化加分，有效地提高了各单位报送信息的积极性。

加强信息载体建设和管理。编辑《南水北调工程动态》74 期、《每周要情 50 期》。在"山东南水北调"等网站及时发布工程信息 3000 多条次，发挥了网站发布信息量大、更新速度快、传播范围广的优势，对扩大南水北调的积极影响起到重要作用。

（邓　妍）

河南省新闻宣传

围绕工程建设决战决胜时期中心工作，立足主动宣传、立体宣传、深度宣传，坚持正面宣传为主，把握正确舆论导向，强化宣传手段，丰富宣传载体，整合资源，精心组织，加强策划，努力开展宣传工作。印发宣传工作意见和宣传方案，组织召开新闻媒体座谈会、宣传通联工作座谈会和培训会。组织三家以上媒体开展集中采访活动 16 次，对重大活动、重要节点进行集中宣传，特别是五一、十一假期组织主流媒体采访报道节假日期间广大建设者昼夜奋战的建设场景。河南电视台继续开展南水北调"走转改"报道，镜头对准工程建设一线，多视角、全方位宣传工程建设进展、质量控制、典型人物风采等；《河南日报》、河南电视台、河南人民广播电台、《河南日报》农村版等河南主流媒体报道南水北调 40 余篇（条）。中央电视台、新华社、《经济日报》、《光明日报》等中央主要媒体及新华网、人民网、中国政府网、河南政府网、大河网等网站对工程重要节点、水质保护、典型人物等进行宣传报道；大河网就郑州段工程完工进行了视频访谈。一年来，各种媒体报道河南省南水北调的新闻 320 余篇。注重发挥《中国南水北调报》、中国南水北调网、河南南水北调网的主阵地作用。报纸发表河南省南水北调稿件 80 余篇，网站转发信息 90 余条。对河南省南水北调办网站进行改版升级，及时维护更新，2013 年上传信息 1200 多条，图片 3000 多幅，新增访问人数 10 万人次，总访问量近 48 万人次。组织做好政务信息工作，2013 年编发简报 93 期。

（田自红）

湖北省新闻宣传

充分发挥信息宣传在工程建设中引导舆论，鼓舞士气的作用，紧紧围绕决战决胜年核心工作，对工程建设中的典型人物和典型事件及时进行宣传，营造了赛进度、比质量、重安全的良好建设氛围。湖北省南水北调网站全年发稿量突破 2000 篇，完成了湖北省南水北调网站改版准备工作。组织《中国南水北调报》和省内媒体及时宣传报道湖北省南水北调工作，其中，湖北省电视台在湖北新闻中对兴隆水利枢纽工程二期截流的报道长达 6 分多钟。由湖北省报告文学协会作家撰写的《剪不断的春水淌不尽的情》完成初稿。继续抓好兴隆水利枢纽工程、引江济汉工程专题片的拍摄工作，累计拍摄视频 1600 多分钟，照片 2000 多张。全年向国务院南水北调办、湖北省委、湖北省政府报送信息近 100 条。宣传信息工作受到《中国南水北调报》和省政府办公厅的表彰。

（龚富华）

南水北调中线干线工程建设管理局新闻宣传

（一）策划宣传"中线主体工程完工"

中线主体工程完工之际，提前策划，协

调组织了新华社、中央电视台、《人民日报》、《光明日报》等媒体，专题报道工程重要阶段性成果。同时利用中线建管局网站、《中国南水北调报》在系统内部迅速展开宣传。“中线主体工程完工”与“嫦娥3号成功登月”等新闻一起获得了“2013中国产业经济十大新闻”。通过中央媒体以及系统内部的大规模集中宣传报道，向广大民众展示了南水北调工程建设10年来的伟大成就，深入介绍了工程产生的巨大的生态效益、社会效益以及经济效益。

1. 中央媒体集中报道

中央电视台在12月25日播出3条中线完工新闻，《新闻联播》中报道了《南水北调中线工程全线贯通》新闻；新华社以《南水北调中线干线主体工程完工》为题，报道了完工的相关情况。《人民日报》12月26日以《从此汉水润京华》为题在头版发出报道，12月28日以《国家（区域）重点工程特刊》的形式用四个彩版报道东线与中线相关情况；《光明日报》12月26日分别在头版发布了主体完工的新闻，在16版以《十年铸就人类水利工程奇迹》为题整版介绍了中线工程建设成就。

2. 系统内部大力宣传

局网站在第一时间推出了专题“南水北调中线干线一期工程主体工程完工”“中线十年聚焦：回眸十载 铸就调水丰碑”全视角展现工程建设、管理、移民、科技、效益等各方面取得的成果；推出“2013空中看中线”专题，航拍视频和33张航拍图片，让建设者和网民看到中线工程的各个标志性建筑，领略南水北调风采。《中国南水北调报》紧紧围绕工程完工，开展高峰期关键期的工程进度、质量监管、投资控制、移民征迁、水质保护、技术攻关等方面的总结经验性报道，全面回顾三年来工程建设的成就，系统总结工程建设的经验和做法；配发《建设传捷报 通水当有为》评论，推出5个系列，集中宣传工程建设中涌现出的先进人物事迹。

（二）开展“一线蹲点”活动

宣传中心全员集结、一线驻访、报网互动、密集报道。记者深入一线，走进施工现场，采访报道工地上勇于拼搏、无私奉献的工程建设者，从建管、设计、监理、施工等参建单位中，发现身边的榜样，找出决战先锋，用通讯、特写、侧记、专访的形式，把中线工程建设者面对压力、敢于担当、不辞辛苦、无怨无悔的感人事迹报道出来。以榜样的力量激励南水北调工程建设管理者的积极性和创造性，宣传展示南水北调工程和南水北调人的精神风貌，弘扬“求真、务实、创新、奉献”南水北调精神。

宣传中心报道工程建设者100多名，从中线建管局机关各部门，到各片区项目部；从一线工地，到运行闸站；从征迁移民，到治污环保，形成文字作品20多万字，《中国南水北调报》和中线建管局网站分别开设专栏和专题报道，光明网、中国网、中国经济网等主流网络媒体也纷纷刊载。

（三）协调组织中国文联文艺志愿者服务团赴南水北调工程慰问演出

在中线工程主体完工之际，宣传中心协调中国文联合作组织了“我们的中国梦——送欢乐下基层”文艺志愿服务活动。此次慰问南水北调中线工程的演出活动分两场在河南省南阳市湍河渡槽工程现场和湖北省十堰市丹江口市移民新村进行。

这次活动取得了丰硕成果：

（1）当代最著名的一批书画摄影家为南水北调创作了20多副珍贵的书画作品。中国文联副主席、中国美术家协会主席刘大为以湍河渡槽项目经理陈谋建为模特创作的中国画《筑梦人》；刘大为、丁杰、李洋和王利军联手绘制的《飞湍叠翠》。

（2）创作了一些有南水北调特色的文艺作品。中央民族歌舞团青年歌唱家田谊演唱的歌曲《彩虹河》的词曲作者是南水北调建设者，经艺术家精心制作和演唱，在慰问演出现场引起了广大建设者的强烈共鸣。

（3）进一步扩大了南水北调的正面社会影响力。参加慰问的100名艺术家，通过这次慰问演出深度的了解南水北调。本次慰问演出在12月31日的《新闻联播》中进行报道，《人民日报》、新华社、《光明日报》等中央主流媒体也纷纷进行了报道。

（四）策划实施重点宣传项目

（1）全方位立体报道工程重大进展与成果。组织中央、地方媒体采访报道工程重要节点。中线主体工程完工、穿黄河隧洞主体工程提前完工、沙河渡槽架设完成、湍河渡槽主体工程完工、中线南阳段、平顶山段、郑焦段、安鹤段、邯石段主体工程完工等重大工程进展进行密集报道，形成浓厚的宣传氛围。

（2）协调中国文联组织“送欢乐 下基层”活动。中线工程主体完工之际，宣传中心与中国文联合作组织承办了“我们的中国梦——送欢乐下基层”文艺志愿服务活动。中国文联书法家、美术家、摄影家、艺术家赴南水北调中线工程创作作品、慰问演出。《人民日报》、新华社、中央电视台、《光明日报》等中央主流媒体也纷纷进行了报道。

（3）策划组织了多次中央媒体专题集中报道。协调央视科教频道《走进科学》栏目摄制并播出两集“两会”特别节目《国家动脉——千里水脉》，分别介绍了穿黄河工程和膨胀土施工取得的科技创新。协调英国BBC拍摄沙河渡槽工程，并编入其纪录片《改变地球的一代人》第三集。

（4）拓展多媒体宣传渠道。协调央视播出第三期公益广告《治污环保篇》。协调中国移动公司通过《手机报—新闻晚报》报道了东线试通水新闻。协调《人民文学》在2013年第二期刊发作家诗人采风中线的作品集专题和图片报道。组织《中国民商》杂志记者前往东线采访，并协调制作刊发《南水北调60年》专题。

（5）实施2013年度第一期、第二期中线工程航拍。记录工程形象，展示工程完工成果，为工程积累一批价值较高的历史影像资料。

（6）策划组织“决战决胜”活动。结合年底中线主体工程基本完工的节点，宣传中心用两个月的时间，全员集结、一线驻访，报网互动、密集报道，营造你追我赶加快工程建设保通水的火热建设氛围，凝聚人心，鼓舞士气。

（7）完成办公楼一楼大厅布展工作，推动中线工程多媒体展厅建设，全方位、多层次开展立体宣传，展示工程形象，扩大工程影响，提升文化品位。

（五）《中国南水北调报》引导舆论，鼓舞士气

2013年《中国南水北调报》编辑部共出版报纸36期，刊发文章1500多篇，发行50多万份；编发手机报40期；组织新华社等中央及社会媒体新闻摄影采风8次；组织中央人民广播电台、《工人日报》等媒体绘画书法采风1次。

（1）紧紧围绕国务院南水北调办党组中心工作，报纸宣传亮点纷呈，引导舆论，鼓舞士气，营造氛围。推出贯彻落实2013年南水北调工程建设工作会议精神系列评论，为贯彻会议精神理思路、明方向、找重点、明措施。针对工程建设的难点开展宣传，出思路、解难题，营造大干快上的良好氛围。紧跟“决战三个月、实现大目标”，开展集中宣传报道，开设“决战三个月、实现大目标”聚焦、排行榜、快报、纪行、先锋等栏目，栏目设置突出决战氛围，报道内容新鲜活泼，报道角度紧贴一线，相继发表400多篇文章。

（2）弘扬南水北调精神，传播南水北调文化，展示建设者风采。开设《学习陈建国岗位做贡献》栏目，形成了一股赶超先进的

热潮。大力宣传中线建管局评比表彰的十大突出贡献人物事迹，激发建设者以身边的先进为榜样，学先进，比先进，争当先进。推出“岗位建功”栏目，大力宣传劳动竞赛中涌现的先进人物和先进集体的事迹。

（3）组织中央及社会媒体大力宣传工程建设成就，营造良好的社会氛围。连续组织新华社等中央及社会媒体8次新闻摄影采风，组织中央人民广播电台、《工人日报》等媒体绘画书法采风，创作一批反映南水北调风貌的书法绘画作品，陆续在《人民日报》等媒体发表，丰富了南水北调的文化内涵。

（4）建设一支过硬的宣传通联队伍，巩固南水北调宣传阵地。队伍建设中，注重考核表彰培训，召开宣传通联工作会议，开展通讯员培训，提高通讯员的业务水平。组织编写通讯员培训教材，出版了《南水北调新闻作品选》、《南水北调新闻写作读本》。

（5）拓展宣传平台，《南水北调手机报》成为新的宣传平台。手机报于2013年5月30日正式推出。目前手机报发送范围达9700余人，受众群涵盖了国务院南水北调系统各单位、各参建单位管理者、沿线市县相关领导以及社会上关心南水北调工程建设的人士等（如媒体记者）。

（六）网站构建舆论宣传平台，发挥聚合效应

2013年中线建管局网站发布信息和报道4000多条，策划宣传“主体工程完工”、“2013空中看中线”、“我们的中国梦”、“决战决胜”、“身边的榜样”等10多个专题，网站浏览点击率已超160余万人次。组织完成《南水北调舆情摘要》12期、《南水北调网络舆情》6期、《南水北调舆情专报》3期。

（1）立体纵深宣传报道工程“决战决胜”期建设成果。第一时间同步推出“今日现场”“决战先锋”“决战瞬间”“媒体声音”4个专题栏目，突出“一个独到的选题”“一个抢眼的标题”“一个视觉的冲击”的特点，发布一线报道400多篇，烘托“硬碰硬，以成败论英雄”的大干氛围，营造火热的中线建设场景，凝聚人心，促推工程。

（2）调整网站栏目，紧跟工程转型，顺势而动，应势而发。找准宣传切入点和着力点，10月份，网站首页显著位置推出两个新专栏“工程验收”和“运行管理”，发布新闻和信息80余条，扩大了重点工作宣传面，同时，也提供了工程建设转型期建设者交流、探讨、学习和借鉴的平台。

（3）树立宣传典型理念，发挥思想引领、舆论推动作用。以电子书和纸质书两种形式推出《中线建设者风采录》，策划推出“身边的榜样”“决战先锋”专题栏目。“身边的榜眼”共报道266名工程建设者的先进感人事迹，“决战先锋”栏目报道记者从一线采访报道的先进人物100多人，“建设者风采”栏目全年报道一线建设者近200人次。

（4）加强与新媒体沟通，赢得网络媒体支持，发挥聚合效应。先后与新华网、光明网、新浪网、搜狐网等建立紧密联系，连续报道南水北调沙河渡槽架设全部完成、中线湍河渡槽顺利完工、郑焦段、邯石段主体工程提前完工、连霍高速跨南水北调中线总干渠大桥通车等工程重大节点，展现工程建设成果。增加了网络媒体的转载量，重要新闻转载量高达100次。

（5）做好舆情监测，研究舆情走势，提供准确权威监测信息。及时跟踪中央电视台《经济半小时》、《焦点访谈》栏目报道的“聚焦消失的水源地——丹江口水库的水质状况”，南水北调中线蓄水两月水位不涨反降、南水北调东线水质、《南方周末》报道的“水之通 水之痛”、“微山湖，还能义无反顾多久”、“技术治污是把双刃剑——东线治水隐忧”等舆情，并做出舆情分析。

（武　娇　王萌茜）

南水北调中线水源有限责任公司新闻宣传

（一）宣传工作

2013年中线水源公司的宣传工作的重点是做好丹江口库区征地移民蓄水前验收、丹江口大坝加高工程蓄水验收以及主体工程完工的相关报道工作。

中线水源公司认真贯彻落实国务院南水北调办宣传工作要点，扎实有效地开展了系列宣传工作。在《人民长江报》上刊发了2013年长江委工作会公司特稿；在《中国水利》杂志刊登了丹江口大坝加高技术专题，集中展示了中线水源工程在管理和科技上的创新；协助中央电视台完成了中国南水北调纪录片的拍摄工作；完成了《中国南水北调工程丛书·文明创建卷》的编写工作；完成了大坝加高工程蓄水验收专题片的制作工作，在蓄水验收会上进行了播放，收到了良好的效果，完成了移民蓄水前验收和大坝加高工程蓄水验收的宣传工作，中央电视台《朝闻天下》以“南水北调中线丹江口库区通过验收”、《新闻三十分》以“南水北调中线水源地即将蓄水”为标题进行了报道，新华网以“南水北调中线丹江口大坝开始接受蓄水验收”、“南水北调中线丹江口大坝通过蓄水技术性验收”、“南水北调中线水源地进入蓄水前最后倒计时”、“南水北调中线水源丹江口水库可蓄水了”为题对蓄水验收全过程进行了报道。《科技日报》、《工人日报》、《光明日报》、中国网、国际在线、《中国水利报》等媒体也对此进行了报道。公司还在《人民长江报》和《中国南水北调报》上刊发了专版，集中展示了中线水源工程建设成果，为工程建设和2014年汛后通水营造了良好的舆论氛围。

（二）信息工作

公司2013年共编制《信息专报》15期，做到了及时、准确，无漏报、错报现象。

（三）专刊专题

2013年1月，公司在《中国水利》第二期上刊发了南水北调中线水源工程丹江口大坝加高技术专题。刊载《丹江口大坝加高工程建设的特点和规律》、《丹江口大坝加高左岸工程施工技术总结》、《丹江口大坝加高溢流堰面加高叠梁封堵施工技术》、《丹江口大坝加高工程电厂机组改造项目经验总结》、《丹江口水库征地移民安置中项目法人的作用》5篇论文，系统地总结丹江口大坝加高工程建设管理、施工技术、征地移民方面的经验和教训，为水利水电工程改造项目提供了宝贵经验。

（班静东）

南水北调东线江苏水源有限责任公司新闻宣传

2013年，在江苏南水北调建成通水之际，江苏水源公司重点抓好通水宣传工作。

1. 制订并落实年度宣传计划

年初会同江苏省南水北调办综合处围绕全线通水研究制订2013年江苏省南水北调宣传工作计划和实施方案、试通水宣传工作实施方案。按照计划和方案加强组织落实，做到既有传统媒体也有网络载体，既有书籍出版也有音像制品，既有采访采风也有文学创作，通过全方位、多层次、宽领域、广角度的宣传手段，为南水北调工程全线通水营造声势，全力服务和保障工程建设目标实现。

2. 组织重要活动宣传

充分抓住领导调研检查、年度建设工作会议、省领导小组会议、试通水、联合运行、通水验收等重要活动契机，协调省委宣传部关心支持，组织中央和省主流媒体对江苏省南水北调工程进行宣传报道。全年共计接待各界新闻媒体现场采访30余批次，记者累计人数多达110人次。仅试通水先后接待7批次

20多家中央和省级媒体记者总计超过70多人次。中央和省主流纸质媒体均于5月30日对试通水活动进行了专题报道，人民网、中新网、中江网、中国南水北调网、江苏水利网、江苏南水北调网等网络媒体也及时进行了报道。据统计，江苏省级媒体共计出稿10多篇，有超过20家媒体和网站转载相关内容。央视新闻频道除提前3天在各整点新闻段预热播报外，对通水当天的仪式进行了现场直播。当晚央视一套新闻联播、央视四套、央视新闻频道均报道江苏省南水北调试通水情况；省电视台也在《江苏新时空》、《晚间新闻》等栏目进行了专题播报；省电台提前3天在早间新闻联播节目中播出。

3. 策划建设成果专题宣传

围绕江苏省南水北调工程建成通水，分别在《新华日报》全彩跨版刊出《南水北调东线江苏段进入通水倒计时》、在《中国水利报》分9期专版刊出《追求完美品质 实现两个“率先”——东线江苏段刘老涧二站建设管理纪实》、《规范科学管理 建设优质工程——东线江苏段皂河站工程建设管理纪实》、《江苏睢宁二站管理创先 工程创优》、《创新管理文化 三管齐下 质量安全廉政实现多赢——东线江苏段泗阳站建设管理纪实》、《建设争一流 精神树丰碑——东线江苏段泗洪站建设采风》、《打造精品工程 升华特色文化——东线江苏段淮安二站改造工程建设纪实》、《当好质量安全守护神——记江苏省南水北调金湖泵站建设处》、《创新担重任 科技添风采——南水北调东线江苏段洪泽站建设速写》、《倡导实干兴业 建设时代精品——东线江苏段邳州站工程建设纪实》，在《江苏水利》连续11期全彩跨版图文并茂专题报道《保通水看江苏》，进一步展示了江苏省南水北调建设形象。在《中国水利报》全彩跨版刊出《源头活水 千里北上》宣传江苏段工程建设所取得的成就。在全线试运行期间，与江苏省南水北调办综合处成功策划了“南水北调东线江苏段一期工程建成投入试运行”省政府在线访谈节目，取得较好的宣传效果。

4. 组织实施“六个一”宣传项目

（1）制作一部高清宣传片。

（2）建设一座展示中心。

（3）创作一首南水北调歌曲。

（4）制作一本建设成果画册。

（5）制作一组建设成果展板。

（6）制作一个建设成果汇报多媒体。

（余 真）

拾壹 东线工程

THE EASTERN ROUTE PROJECT OF THE SNWDP

综　述

江　苏　段

概　述

2013年，南水北调江苏省境内工程建设管理各项工作全力推进，5月30日率先完成江苏段一期工程全线试通水，11月15日完成东线工程全线试运行，进入全线正式通水阶段，年度目标圆满实现。习近平总书记、李克强总理做出重要批示，向为工程做出贡献的全体同志表示慰问和祝贺，并希望大家总结经验，加强管理，再接再厉，确保工程运行平稳、水质稳定达标。江苏省南水北调办和江苏水源公司根据国务院南水北调办的决策部署，紧紧扣住东线通水目标，倒逼工期，分秒必争，抢抓工程进度；从严要求，加强监管，始终保持质量安全高压态势；超前安排，周密部署，确保江苏段按期高效通水运行。

江苏段主体工程已全面建成。其中，泵站工程建成具备运行条件；河道工程已全线贯通，具备设计输水能力；省际边界和截污导流工程全部完成，并发挥效益；专项工程满足运行条件；文物保护工程已经完工；血吸虫北移防治工程已全面建成；南水北调江都应急调度中心已先期建成投运；其他管理设施专项和调度运行管理系统正在抓紧推进，能够满足全线通水运行初期调度要求。截至2013年底，全年完成工程建设投资10.7亿元，占年度投资任务的113%，累计完成主体工程投资121亿元，占批复总投资的95%。新建、改造的18座泵站工程已经全面建成，新开挖和拓浚的河道工程全面贯通，8月15日通过国务院南水北调办全线通水验收。完成单元工程质量评定优良率92%，在建泵站单位工程评定优良率95%。11月下旬，江苏段工程顺利通过了专家委员会质量评价，得到了与会领导和专家的充分肯定。建成工程已经多次投入防洪排涝和抗旱调水，为江苏省经济社会发展做出了重要贡献。

治污工程建设方面，治污规划确定的102个项目已经全面建成并发挥效益。规划实施的158个深化治理项目正在抓紧推进，新增保障水质的新沂市尾水导流工程已经建成，丰沛、睢宁尾水导流工程正在全面加快建设。沿线水环境自动监测站全部建成并投入使用，干线排污口门清理关闭工作已经完成，水污染防治长效管理机制正在建立，14个水质控制断面全部达到地表水Ⅲ类标准。

征迁安置方面，南水北调工程建设所需4.7万亩永久性征地和3.2万亩临时用地的征用工作已经全部完成，累计拆迁居民户5000多户，移民2万人，拆迁各类房屋65万m^2，征地补偿政策全部落实到位，被征迁群众生产生活得到较好保障。征地手续办理工作抓紧推进，14个报件全部上报国土资源部，9个报件已经获得批复，占需办土地手续总数的80%。工程建设以来，没有发生有影响的群众阻工和群体性上访事件，保证了工程顺利实施。

（杨金海　余　真）

通　水　运　行

（一）南水北调江苏境内工程试通水

南水北调江苏境内工程试通水（包括前

期补水阶段）于2013年5月14日开始，至5月31日结束，运行范围涵盖了南水北调东线一期江苏境内新、改扩建泵站18座。试通水（包括前期补水阶段）共运行18天，各泵站累计运行4111台时，累计抽水4.49亿 m^3，抽江水量1.14亿 m^3，总计入下级湖水量593万 m^3，沿线水质基本达标。

（二）南水北调东线一期工程江苏境内试运行以及正式通水

南水北调东线一期工程江苏境内试运行以及正式通水于2013年10月19日开始，至11月22日结束，运行范围涵盖了南水北调东线一期江苏境内新、改扩建泵站16座。试运行以及正式通水共运行35天，各泵站累计运行15 926台时，累计抽水17.04亿 m^3，抽江水量5.34亿 m^3，入下级湖水量1.23亿 m^3，其中蔺家坝站入下级湖水量6876万 m^3，沿线水质稳定达标，圆满完成了国务院南水北调办《南水北调东线一期工程全线试运行工作方案》以及调度运行2013年001号令、调度运行2013年003号令中所要求的试运行以及正式通水任务。

（三）调度管理体系构建

随着试通水、全线试运行和正式通水两个阶段、三次调度运行工作的进行，南水北调东线江苏水源公司在运行中摸索，逐渐形成了一套调度管理体系。试通水期间，公司实行与现场管理机构两级调度的模式，全线试运行和正式通水期间，采取了调度指令由公司—分公司—工程运行管理机构、信息反馈由工程运行管理机构—分公司—公司的三级调度工作体系，初步形成了协调沟通机制，基本满足了目前的调度运行需要，初步实现了江苏段工程“统一调度、联合运行”。

（四）方案编制

为保证调度实施方案的可行性、合理性，有利于试通水、全线试运行和正式通水工作的顺利开展，结合江苏境内新、老工程情况以及河湖蓄水、沿线用水、沿线工程施工等情况，通过与江苏省防办、省南水北调办协调沟通，及时研究提出了较为合理的开停机时间、调度目标、调度要求等建议，完成了《南水北调江苏境内工程试通水实施方案》和《南水北调东线一期工程全线试运行调度方案》。

（吴学春）

前 期 工 作

2013年，江苏南水北调办扎实开展了各项前期工作：

（1）组织完成江苏省南水北调供水区耕地面积复核和用水定额复算，完成补充规划中供需水平衡分析和水量配置等方面基础工作，及时与水利部淮河水利委员会做好工作对接。

（2）对《南水北调东线一期工程水量调度方案》和《南水北调工程供用水管理条例》以及东线一期工程供水水价测算等重要文件和法规草案提出江苏省修改意见和建议。

（3）初步完成江苏省南水北调输水干线口门运管情况摸底。

（4）“南水北调东线江苏境内单项工程运管体制研究”已通过中期成果汇报，“南水北调与区域生态文明建设研究”已开展了第一阶段实地考察调研和基础资料搜集。

2013年，江苏水源公司组织编制了江苏段调度运行管理系统、工程管理设施通水实施方案以及管理设施专项土地差价报告，并积极配合国务院南水北调办组织的审查；完成了光缆工程、水质信息采集部分招标设计，应急通水应急调度中心机房工程施工图审批工作，为调度运行系统顺利实施打下基础。公司还积极做好工程收尾期间投资控制，进一步强化了对下价差测算及设计变更管理，结合静控动管要求，统筹考虑静态投资与动态投资，严格控制设计变更申报程序、强化审查力度、转变审查方式。全年共审查审批徐洪河影响处理工程湖口段抽槽地质变更等40多项设计变更，并根据工程施工的实际情况，及时上报了睢宁二站等5个泵站新增发电功能、刘老涧二站通航孔取消、金宝航道桥梁实施方案变化、徐洪河及里下河等5项重大设计变更，保证了工程的整体建设进度。公司还根据国务院南水北调办建筑与环境总体规划以及提升公司在江苏省境内工程建筑与环境形象的要求，完成了调水工程泵站站区公共设施系统、导示系统标准化设计以及站区绿化景观工程完善提升工作。

（薛刘宇　阎　玮）

投资计划管理

截至2013年底，调水工程批复概算总投资112.01亿元，对应下达建设投资计划110.94亿元，其中中央预算内专项资金计划10.83亿元，中央预算内资金计划9.60亿元，南水北调基金计划10.52亿元，国家重大水利基金计划49.19亿元，贷款计划30.80亿元。累计完成投资104.42亿元，占概算的93.22%，占下达投资计划的94.12%，其中2013年完成投资10.23亿元。

同时为满足工程建设后续资金需求，江苏水源公司结合已下达投资计划、预计下达的2013年度计划、在建工程价差报告、建设期贷款利息测算报告、运行初期工程维护管理费，提前组织编制并报送了南水北调江苏境内工程2014年度投资建议计划，落实资金渠道，为尾工建设创造良好的条件。

（洪剑陵）

工程基金

根据国务院办公厅《南水北调工程基金筹集和使用管理办法》（国办发〔2004〕86号）文件，江苏省通过在全省范围内提高水资源费征收标准0.07元/m^3筹集工程基金。江苏南水北调工程基金征收任务37亿元，其中上缴中央用于调水工程部分12亿元，留省用于治污工程部分25亿元（省内称南水北调治污基金）。征收期限从2006年起执行8年，每年计划征收3.446亿元，各市按2001年用水量核定每年上缴任务；另外在征收期限内，省财政每年安排1亿元专项资金计入南水北调工程基金，以确保完成南水北调工程基金的征收任务。

截至2013年底，江苏省水利部门已经累计征收南水北调工程基金19.4亿元，已经入省财政库15.06亿元，省财政安排8亿元已经到位。已经筹集资金中，上缴中央11.97亿元，安排10亿元用于省内治污项目。

（陈红卫）

建设管理

（一）现场机构设置

江苏水源公司作为南水北调东线江苏境内工程的项目法人，全面负责工程建设管理和运营管理工作。根据工程建设特点，建立派驻现场建管机构，承担公司委托的建管职责。2012年成立江苏省南水北调调度运行管理系统和管理设施专项工程建设管理局，下设调度运行管理系统工程建设处和管理设施专项工程建设处，分别负责调度运行管理系统和管理设施专项工程的建设管理工作。

（二）工程招投标

2013年共计完成4个设计单元的8个施工及设备标段的招标及合同签署工作。累计完成招标合同金额10 910万元，对应招标设计概算13 440万元，结余比例23%。具体是：里下河水源调整工程卤汀河、大三王河水土保持工程施工标，完成江苏段调度运行管理系统通水应急调度中心（灾备中心）沙盘及宣传教育展示设施施工标、通水应急调度中心（灾备中心）机房工程施工标、通水应急系统总集成标、通信光缆线路工程施工标、泗洪站管理区水土保持施工标（暂估价）、洪泽站管理区水土保持施工标（暂估价）和管理设施室内装饰工程施工标（暂估价）等标段的招标任务。

（三）合同管理

2013 年，在做好招标投标工作的同时，就合同管理开展相关工作。严格执行合同条款，及时审核工程进度款支付，处理非招标合同的办理手续。完成在建工程概算及合同执行情况分析，完成全部在建工程人工、材料价差数量的初步统计。

（四）质量管理

2013 年，围绕国务院南水北调办“突出高压抓质量”的总体要求，针对工程扫尾阶段的特点，继续深化各项质量管理，抓住质量控制重点，加强现场指导，加大质量管理监管力度，坚决保持高压态势，江苏省南水北调工程质量管理始终处于可控状态，未发生质量事故。从今年国务院南水北调办对泗洪站等运西线后开工的 4 个泵站质量飞检情况看，检查发现的质量问题数量明显减少，也未发现严重质量管理违规行为和重大实体质量问题。全年完成 1604 个单元工程，其中水利标准 784 个，优良率 92%；在建泵站工程已完成的单位工程评定优良率 95%。顺利完成了年度质量管理目标任务，并在专家委员会组织的通水工程质量评价中得到较高的评价。

（五）安全管理

江苏省南水北调工程在 6 月底前具备全线通水验收条件，工程施工作业交叉多，安全管理工作难度相当大。江苏水源公司强化工程安全管理，采取有效措施，提高安全生产监管效果，确保了工程建设顺利进行。2013 年未发生一起安全事故。

1. 认真分析形势，落实安全生产责任

2013 年，江苏省南水北调工程建设进入最后的冲刺扫尾阶段，施工作业特点随着工程进度变化，安全生产形势也发生了变化。组织召开两次安全生产领导小组专题会，跟踪工程进展，加强动态管理，落实相关责任，掌握各工程安全生产管理要点和重点，为全年安全生产无事故打下了良好的基础。

2. 针对施工作业特点，强化现场安全生产指导

上半年，泵站工程全部进入机电设备安装、主副厂房、装饰、房屋建筑、水保环保及自动化安装调试等工程施工交叉作业阶段，相互影响、相互制约，存在较多的安全隐患，另外由于工期紧张，质量要求高，各工种进度、质量和安全的统筹管理存在一定难度。针对这种情况，组织人员多次赴现场一线巡查，同时邀请有关专家在现场指导泗洪站、睢宁二站、洪泽站、邳州站机组安装施工，实施全过程监督，及时排查安全施工隐患，确保全线试通水的顺利实施。

3. 针对尾工思想容易松懈特点，继续加强安全宣传教育

2013 年，江苏省南水北调大部分工程已经进入扫尾阶段，主要是剩余部分装饰等工程尾工。每次工地巡查时，安全生产逢会必谈，同时还约谈部分工程项目经理，要求在保证进度的同时，继续加强施工一线工人的安全生产教育，保证安全生产投入，从源头上保证了安全生产。

4. 及时布置通水前安全生产检查，全力保障工程试运行

全线试运行前，针对现场剩余尾工特点，开展了一次有针对性的安全生产隐患排查工作，对尾工施工的脚手架、安全防护网、高空作业、装饰装潢、起重、施工车辆、施工用电等工种重点督查，认真排查可能诱发安全事故的各类隐患，完善和规范各类重大危险源管理台账，杜绝各类安全事故发生，对各工程试运行前存在的安全隐患均进行详细整改排查，全力保障工程建设和试运行。在试运行、试通水前，江苏省境内工程未发生

一起安全事故。

5. 保证防汛度汛安全，完善安全生产应急预案

2013年，江苏省南水北调在建工程防汛重点主要是：汛前必须满足形象进度要求，具备调度运行条件。汛前必须完成邳州站、洪泽站、睢宁二站、泗洪站等4个泵站试运行，金宝航道、徐洪河影响处理全部水下工程，实现了汛前节点工期，保证了主汛期投入运行安全度汛。因此，为进一步保证防汛度汛安全，2月底，结合通水验收的要求，对容易引发的土石塌方、堤防决口的险工险段，提出了抢险加固处理预案。4月底，组织编制了2013年度防汛预案，同时针对新建泵站和河道虽已具备通水运行条件，但是部分泵站上、下游堤防和河道护坡尚未接受过高水位的检验的情况，加大堤防的巡查力度，对连接洪泽湖、淮河入江水道、骆马湖等重要湖泊的堤防和河道沿线加大监测力度，保证工程度汛安全。进一步完善了南水北调试通水期间安全生产应急预案，进一步加强了对重特大事故处理工作的领导，提高了处理的综合协调能力，建立了高效快捷运转机制。

（六）文明工地

2013年，各在建工程积极开展文明工地创建工作。根据《南水北调工程文明工地建设管理规定》，以人为本，关心职工生活，构建美化、和谐的施工环境；积极开展党风、廉政教育；开展丰富多彩的业余文化生活，引导全员参与，营造浓厚的安全、规范施工的建设氛围。坚持一手抓工程建设，一手抓精神文明建设，以文明工地创建为载体，加强宣传报道，从而提高建设管理水平，规范工程建设行为，提升职工综合素质，努力建设南水北调精品工程和人民群众满意工程。2013年，泗洪站工程获得江苏省水利工程建设文明工地称号。

（施　伟）

科学技术

（一）科技项目申报

2013年，结合科研工作进展情况，江苏水源公司积极向江苏省水利厅申报科技创新项目计划，组织完成了《南水北调东线里运河段水量调度关键技术研究》、《南水北调东线泵站水机电耦合特性及运行仿真研究》、《泵站主设备状态检修辅助决策系统研究与应用》等5个项目申报2013年江苏省水利科技项目计划。

（二）组织协调重点科研项目

江苏水源公司对“十二五”重点科研项目高度重视，不定期组织项目承担单位对《河道疏浚泥堆场综合处置关键技术研究与应用》、《南水北调东线梯级泵站（群）优化运行关键技术集成与示范》等“十二五”重点科研项目进行会商，研究、协调项目进展过程中存在的问题，加快推进项目研究进度。目前，上述课题均完成了建议书、可研报告以及资金预算的编制，等待最终评审。

（三）自查自纠重点科研项目

按照国务院南水北调办相关要求，江苏水源公司对承担的“十一五科技支撑计划”——《大型贯流泵关键技术与泵站联合调度优化》课题开展自查自纠工作，同时向科技部及国务院南水北调办有关专家汇报该课题相关情况。由于公司在课题研究过程中，严格执行科技部各项科研规定，并通过结题财务验收审计，并无违规现象，顺利通过科技部及国务院南水北调办“十一五”课题的复查，并完成了该项目的科技回溯网上填报工作。

（四）科技成果总结及鉴定、验收

2013年江苏水源公司对科技成果汇编进行了修订、完善，重新梳理了承担的省部级以上科研项目、科研成果转化项目、专利技术及获奖情况，为成果的查询和推广应用做

好基础。并以《南水北调东线江苏水源有限责任公司科技成果汇编》为基础完成了《中国南水北调 工程建设篇》科技部分内容的编写。同时根据项目完成进度及时组织《江苏泵站工程经济分析》、《低等级混凝土高性能化模板工艺新技术研究》、《淤泥质地基堤防填筑施工控制技术》等课题验收工作。

（洪剑陵）

征 地 移 民

2013 年，江苏省南水北调工程征迁安置工作紧紧围绕“工程率先建成通水，水质率先稳定达标”总体目标，认真抓好征迁安置遗留问题处理、矛盾协调化解、实施方案审批、用地手续办理等各方面工作，保证了工程顺利实现通水，保证了征迁群众安居乐业，保证了沿线社会环境和谐稳定。调水工程累计完成永久用地 4.39 万亩，临时用地 2.3 万亩，复垦退还 2.1 万亩，拆迁各类房屋 49.6 万 m^2，搬迁人口 1.52 万人，生产安置人口 1.26 万人。金湖站、洪泽站、淮安四站及输水河道、金宝航道、泗阳站、泗洪站、刘老涧二站、皂河二站、里下河水源调整工程（大三王河工程）、三阳河、潼河、宝应站等工程用地手续已获得国家批复，其余用地手续已基本完善，在国土资源部等待批复。

（一）完成征迁安置主体任务

里下河水源调整工程泰州市解决朱庄生产桥和巷口大桥居民遮阳影响生活补偿，海陵区城东街道搬迁特困居民补偿，临时用地总面积 6878.08 亩，其中排泥场用地 6590.54 亩，施工临时用地 287.54 亩使用完毕，并交还地方；洪泽站工程完成引河口开挖和处理协调好 52 亩三角地矛盾，并完成水系调整配套建筑；高水河整治工程调顺排水沟水系，双锦河整治、谈庄洞灌区干渠、支渠、田间建筑物等工程，改善和提高了工程影响区域内工农业生产生活条件；徐洪河影响处理工程解决朱湖、界集两镇 10 余户村民历史上长期耕种的徐洪河河滩地 200 亩，并对耕种群众给予合理的补偿；邳州站工程涉及红线范围外的三角地 82.6 亩，群众因生产道路和灌排水系问题不愿继续耕种，经过多次协调，最终采取补偿租赁的方法，群众得以接受。南四湖下级湖抬高蓄水位影响处理工程《实施方案》已批复下达。

（二）保障试通水试运行

为做好试通水试运行保障工作，江苏省南水北调办先后下发《关于南水北调东线一期工程试通水有关工作的通知》、《关于做好我省南水北调工程试运行期间征迁安置工作的通知》和《关于印发〈南水北调东线一期工程江苏境内试运行期间突发事件应急预案〉的通知》，并组织地方各级征迁实施单位排查征迁工作遗留问题，制定试通水试运行保障工作方案、编制应急预案，建立值班制度。试运行期间，会同江苏省交通厅海事局、江苏省环保厅、江苏省电力公司等部门和单位进行信息联动，建立 24h 热线联系和每天工作情况定时互通机制，未发生一起因征迁安置事件影响通水运行。

（三）征迁安置实施方案已全部批复

江苏省南水北调办全年共批复 25 个实施方案，加之往年已审批的 17 个实施方案，到 2013 年底涉及江苏省南水北调征迁安置的 42 个实施方案全部批复完成，批复总投资 19.5 亿元。

（四）建设用地手续办理

江苏省南水北调调水工程永久用地需报批的土地面积 167.6 万亩，已全部上报国土资源部。2013 年国土资源部批复里下河水源调整工程（大三王河工程）建设用地 6.4 万亩；三阳河、潼河、宝应站工程建设用地 84.5 万亩。目前国家已累计批复 1408.9 万亩，占需批复土地面积的 84.13%。其余项目用地手续在国土资源部批复中。

2013 年已补充办理使用林地手续：邳州

站工程1583亩，里下河水源调整工程卤汀河工程江都区段779亩、兴化市段40.5亩、阜宁泵站工程188.9亩。

（五）配合国务院南水北调办组织的年度征迁资金审计和督查

2013年国务院南水北调办对江苏省南水北调工程征迁安置补偿2012年度资金进行了专项审计和审计整改督查。在审计工作中，江苏省南水北调办会同市、县各级征迁机构积极配合审计工作，及时提供会计资料和征迁安置档案资料，认真解答审计提出有关问题，按照审计组对审计出来的问题派人配合到达镇、村进行延伸审计。对审计最终需整改的问题，层层落实责任，督促相关单位抓好整改，得到了认可。在对审计督查发现的个别实施单位违规使用征迁安置资金等问题，严肃对待，认真整改，予以纠正。

（六）化解征迁安置矛盾，做好信访工作

2013年全年共接待来访（信）8批次15人次。江苏省南水北调办领导和相关部门主要负责人亲自接访，认真听取上访群众的诉求，做好政策宣传和具体问题解释工作，及时将有关情况与地方政府和征迁部门沟通，对反映的问题逐一进行查处，并将调查和处理的结果告知上访人，做到了有访必接、接访必答。

（七）做好征迁安置档案专项验收工作

2013年完成刘老涧二站工程（江苏省骆运管理处）；睢宁站工程（江苏省骆运管理处）；骆南中运河影响处理工程（宿豫区、宿城区）；徐洪河影响处理工程（宿豫区、宿城区）；洪泽湖抬高蓄水位影响工程（宿城区）征迁安置档案省级专项验收。

（屈宁一）

工 程 验 收

2013年是工程验收的关键年和高峰年。

（1）顺利完成了13个在建设计单元工程的通水验收及江都站改造、宝应站、三阳河、潼河3个设计单元工程完工验收。

（2）按计划完成了江苏段工程全线通水验收。

（3）完成各工程施工合同验收。完成睢宁二站等13批次水下工程阶段验收，完成洪泽站、泗洪站等5批次泵站机组试运行验收，完成泗阳站、金湖站等38批次单位工程验收，基本完成了江苏段工程主体工程的单位工程验收，完成刘老涧二站等4批次施工合同项目完成验收。

（4）积极推进专项验收，8个在建设计单元工程需消防验收，现已完成4个，另4个已全部完成验收准备工作，并报消防管理部门待验。宿迁片刘老涧二站等5个设计单元工程水土保持专项验收准备工作已完成，并已向国务院南水北调办申请验收。

（施　伟）

工程审计与稽察

（一）审计与稽察

2013年6月初，国务院南水北调办委托中兴财光华会计师事务所有限责任公司对2012年度工程建设资金使用管理情况开展专项审计，同时对江苏水源公司2011年度专项审计整改落实情况进行检查。江苏水源公司配合完成江都站改造、刘老涧二站工程完工财务决算审计工作。受国务院南水北调办委托，中审国际会计师事务所、河南江河会计师事务所于2月下旬和3月初分别对江都站改造以及刘老涧二站工程的完工财务决算开展审计。

（二）招投标监督

江苏省南水北调办会同江苏省纪委省监察厅派驻南水北调东线江苏段工程纪检监察工作组，分别履行南水北调东线江苏境内各项工程招标投标工作的行政监督和纪检监察职责。

2013年，共完成对28个招标标段的监督管理工作，其中调水工程8个标段，截污导流工程1个标段，配套工程19个标段。调水工程招标的有：里下河水源调整工程1个标，泗洪站枢纽工程1个标，洪泽站工程2个标，东线江苏段调度运行管理系统工程4个标；截污导流工程招标的有徐州市截污导流工程1个标段；配套工程招标的有水质保护补充工程中新沂市尾水导流工程2个标段，丰县沛县尾水资源化利用及导流工程9个标段，睢宁县尾水资源化利用及导流工程8个标段。招标总会额27 201.88万元，其中调水工程10 910.19万元，截污导流工程209.12万元，配套工程16 082.57万元。

（三）工程质量监督

江苏省南水北调办履行南水北调江苏境内工程建设质量的督导检查与控制管理职能，并由南水北调工程江苏质量监督站具体执行政府监督的行政职责。

（1）及时办理新开工的专项工程设计单元质量监督手续。先后办理了南水北调工程调度运行管理系统和管理设施专项工程质量监督手续，明确了质量巡查机构与人员，制订了2个设计单元工程质量监督计划。

（2）继续做好在建工程的质量监督巡回检查。全年对金湖站、洪泽站、泗洪站、邳州站、睢宁站、高水河整治、金宝航道、沿运闸洞漏水处理、里下河水源调整等设计单元工程开展质量监督现场工作，各巡回抽查组坚持质量监督的频次和深度，对工程质量管理行为和工程实体质量进行监督检查，及时、准确掌握工程质量状态，引导工程参建单位正确处理工程质量与工期的关系，保证工程建设质量的总体良好可控。对于质量监督巡查中发现的问题，各巡回抽查组及时与参建单位交换意见，提出明确的整改要求，并坚持书面发送质量监督意见的做法。2013年全年累计开展质量监督巡查近100多次，累计发送质量监督检查意见50多份。

（3）努力保障全线通水验收目标按期完成。紧紧围绕全线通水验收目标做好设计单元工程通水验收质量评价工作。先后编制完成了江都站改造、宝应站、淮安四站、淮阴三站等7个设计单元工程完工验收或完工验收技术性初验质量监督报告，金湖站、洪泽站、泗洪站、泗洪站等17个设计单元工程通水验收质量评价意见，并以此为基础形成了《南水北调东线一期工程通水验收江苏段设计单元工程质量评价意见与质量监督报告汇编》和《南水北调东线一期工程全线通水验收江苏段工程质量监督工作报告》。

2013年，江苏南水北调各项在建工程质量状况继续保持平稳可控，已完工程建设质量总体良好，在各级政府验收中得到了一致肯定。

（宁震宇）

治污工程进展及水质

（一）工程进展

江苏段102个治污项目已经全部建成。总投资59.15亿元。其中，65项工业点源项目，26项污水处理厂项目，6项综合整治项目，5项截污导流项目。

江苏省新增南水北调丰县、沛县尾水资源化利用及导流工程、南水北调新沂市尾水导流工程、南水北调睢宁县尾水资源化利用及导流工程和南水北调宿迁市尾水导流工程等4项尾水导流工程。

1. 南水北调丰县、沛县尾水资源化利用及导流工程

南水北调丰县、沛县尾水资源化利用及导流工程于2012年9月25日正式开工，截至2013年底，导流工程已基本建成贯通，资源化利用工程已招标进入实施阶段，个别调蓄和生态处理工程正在进行深化设计阶段。累计完成建设投资35 050万元，占总投资的67.3%。

2. 南水北调新沂市尾水导流工程

南水北调新沂市尾水导流工程于2012年1月9日正式开工建设，截至2013年底，拆迁安置工作全部完成，主体工程建设任务全部完成。累计完成投资20 366万元，占总投资的96.1%。12月31日，工程通过单位工程验收并移交管理单位，工程进入试运行阶段。

3. 南水北调睢宁县尾水资源化利用及导流工程

南水北调睢宁县尾水资源化利用及导流工程于2013年7月23日正式开工建设，截至2013年底，征地拆迁工作完成投资5000万元，基本完成兑付房屋及其附属物、临时占地、永久占地，青苗、树木等补偿款发放工作，地面附着物基本清理完毕。睢宁县境内的3座加压泵站、管道安装2、3标均正在施工过程中，完成概算投资5467.5万元。总累计完成投资11 027.5万元。

4. 南水北调宿迁市尾水导流工程

南水北调宿迁市尾水导流工程投资估算5.2亿元，截至2013年底，工程已经完成可研报告编制工作，尾水排放规模论证报告已经审查，水土保持、排污口论证、土地预审和环评等工作正在抓紧开展。

（二）水质情况

江苏南水北调沿线地区划分为14个控制单元，并设置了14个水质监测断面。2010年以来14个断面年均值达标率稳定在100%。2013年10月19日试调水以来，江苏省对10个输水干线水质断面同步开展加密监测，每日对pH值、溶解氧、高锰酸盐指数和氨氮4项指标进行密切跟踪；11月5日起，在调水水质保持稳定的情况下，监测频次调整为每5日一次。试调水及正式通水期间，南水北调东线江苏段共开展全线监测22次。调水期间监测数据表明：①各断面持续达到Ⅲ类标准；②调水期间水头通过时，各断面水质略有波动，但均保持达标；③与调水前相比，水质总体保持稳定。

（陈红卫）

山　东　段

概　述

2013年是山东省南水北调工程建设取得辉煌成绩的一年。山东段工程提前完成干线主体建设任务，质量总体优良，并经试通水、通水试运行，于11月15日实现正式通水。配套工程已有30个供水单元开工建设或具备开工条件，其中6个供水单元基本完工。南水北调山东段工程的综合带动效应初显，为促进工程沿线地区经济社会发展奠定了坚实的基础。

（一）工程建设

截至2013年底，山东段干线主体工程11个单项、54个设计单元，已有9个单项51个设计单元全面建成、全线贯通，单位工程、分部工程优良率分别达到100%、94%，累计完成投资200.79亿元，占批复总投资的97.4%。专家委员会组织国内著名院士、专家，经过现场检查评估后认为：山东段工程试通水及试运行期间，工程运行正常、可靠，未发现影响工程安全和运行质量的问题，经受了检验，质量总体优良，具备全线通水运行条件。

（二）质量安全管理

山东省始终坚持以加快剩余工程质量管理和通水运行安全保障为重点，视工程质量和安全生产工作为工程建设管理的生命线。严格落实工程质量管理责任制，积极实行内部质量稽察工作并完成了通水前质量全面大检查活动。建立健全安全生产责任体系，积极排查，消除各类安全隐患。截至2013年底，主体工程中14个设计单元工程通过了档案专项验收，7个设计单元工程通过了水土保持专项验收；6个设计单元工程通过了环境保护专项验收。验收工作任务完成圆满，为全线通水工作奠定了良好基础。

（三）通水运行

按照国务院南水北调办的统一部署，山东省成立了由分管省长牵头的专门小组，召开专题调度会、现场办公会，协调交通、航运、电力、公安、环保及沿线各级政府，统筹做好航运调度、交通安全、电力供应、社会保障及水质保护、水量调度、交叉工程运行管理等工作。共张贴省直机关四部门《关于加强南水北调工程管理的通告》5万份，印制发放中小学安全警示笔记本35万份；动员各方力量700多人坚守在一线现场加强巡护、看护、养护；建立了省环保厅、南水北调局两部门水质巡查和应急处置机制；省财政、渔业、南水北调部门在大屯、东湖、双王城三座水库采取“放鱼养水”措施；有效地保障了山东段工程顺利通过试通水、试运行检验，于2013年11月15日12时按国务院南水北调办调度指令，转入正式运行。山东段建设的3座平原水库2次蓄水总量已达8735万m^3，向淄博市正式供水1000万m^3。山东段工程正式通水已被评为2013年山东省十大新闻之一。

（四）干线征迁工作

山东省政府专门出台了土地征迁综合区片价政策，省市县自筹资金17亿元，解决了南水北调征地与其他工程同区、同地不同价问题。山东省委、省政府将征地迁占工作纳入科学发展观考核指标体系和督查范围，促进了依法征迁、阳光征迁、及时征迁。省国土、林业、南水北调部门采取集中联合办公，集中组卷报卷，集中一揽子协调解决耕地占补平衡等难题，集中一次性将所有8.6万亩干线工程永久征地审批材料上报国土资源部，保障了全部征地手续于2013年上半年率先获得国家批复。

（五）配套工程建设

山东省南水北调建管局出台配套工程管理办法11个，形成了指导各市配套工程建设的制度体系。全省配套工程经优化调整共需实施38个供水单元，总投资204.96亿元。截至2013年底，已30个供水单元开工建设或具备开工条件，其中6个供水单元基本完工，累计完成投资42.1亿元。

（六）工程投资控制

（1）严格设计变更审查。2013年共进行招标文件审查及工程招投标15项，全年共处理有关设计方面的变更文件133份，为工程建设顺利进行提供了保障。

（2）加强财务管理，资金保障有力。采取了增加工程预付款、延缓扣回工程预付款、缩短计量支付周期、统筹调度资金等措施，保证建设资金需求，减少了积压。

（七）科技保障

组织开展了通水试运行监测工作，对沿线主要工程建筑物和重要断面的工程安全、水情、水质等参数进行监测。试运行期间组织建管局技术人员水情和水库工程安全监测现场培训工作；组织完成山东省自主创新重大专项“南水北调山东段工程关键技术研究”课题的技术总结、结算审计等工作；申报的山东省2013年科技发展计划项目“北方地区平原水库垂直连锁混凝土预制块护坡技术研究”获省科技厅批复立项。组织“南水北调东线穿黄隧洞工程建设关键技术研究与安全评价”等5项科研课题的技术验收，并推荐科技成果参评省水利科学进步奖，获得一等奖1项、二等奖2项、三等奖2项。

（邓　妍）

通　水　运　行

一、试通水

（一）准备工作

1. 国家要求

2012年11月6日，国务院南水北调办召开主任专题办公会，鄂竟平主任传达了李克强、回良玉副总理关于东线2013年实现通水工作目标的批示。2013年1月15～16日，国务院南水北调办在济南召开2013年南水北调工作会议，强调如期实现通水目标是东线2013年的中心任务。2013年2月18日，国务院南水北调办组织编写完成了《<南水北调东线一期工程试通水方案>编制技术要求》。2013年4月23日，国务院南水北调办印发了《南水北调东线一期工程试通水工作指南》。

2. 组织准备

试通水前，山东省建立山东省南水北调通水联席会议制度，山东省南水北调建管局组织成立山东省南水北调工程通水运行工作组，下设4个工作部，设立专家咨询委员会，4个工作部分别为综合保障部、工程保障部、调度运行部、环境保障部。

3. 外部协调

山东省南水北调工程建设指挥部以鲁调水指字〔2013〕14号行文济宁市政府、泰安市政府和山东黄河河务局，要求保障南水北调工程试通水水源。山东省南水北调建管局、山东干线公司组织人员专门赴胶东调水工程考察调研工程建设和调度运行情况，赴山东黄河河务局，商讨试通水期间东平湖的输水调度和水源利用问题，委托山东省胶东调水局负责试通水期间小清河子槽段和双王城水库前引黄济青渠道段的调度管理工作。

4. 内部准备

2013年1月，山东干线公司委托山东省水利勘测设计院汇总研究成果，编制《南水北调东线一期山东段工程试通水方案》。2013年4月，山东干线公司委托济南大学在试通水前组织实施调度运行技术培训。2013年5月2日，山东省南水北调建管局、山东干线公司召开试通水工作会议。试通水前，各工程现场建管局，根据《南水北调东线一期山东段工程试通水实施方案》编制相应工程试通水的细化方案。2013年5月20日，山东省南水北调建管局、山东干线公司召开落实试通水实施方案工作会议。

（二）调水情况

1. 韩庄运河及南四湖段工程

2013年5月25日10～16时，韩庄运河及南四湖段工程顺利完成了试通水联调联试。试通水过程中，台儿庄泵站2台机组相继运行了7h 40min，从台儿庄泵站下游河道抽水87万m^3，主要用于向万年闸泵站输水，另有部分用于韩庄运河的槽蓄水量；万年闸泵站、韩庄泵站和二级坝泵站均运行了6h，通过调节水泵叶片，使其抽水量大致相当，保持了韩庄运河水位稳定和持续输水，共计抽水67万m^3入南四湖上级湖。

2. 南四湖至东平湖段工程

2013年5月17～20日，结合八里湾泵站的水泵机组试运行，完成了南四湖至东平湖段工程的第一阶段试通水联调联试。2013年6月9～27日，南四湖至东平湖段工程进行了第二阶段的试通水运行，主要目标是从南四湖上级湖抽水入东平湖，为胶东输水干线和鲁北段及穿黄河工程的试通水提供水源。

第一阶段试通水期间，长沟泵站、邓楼泵站和八里湾泵站顺利完成了试通水联调联试，八里湾泵站同时还顺利完成了水泵机组试运行验收工作。长沟泵站从南四湖上级湖抽水931万m^3，邓楼泵站抽水536万m^3，八里湾泵站抽水267万m^3入东平湖。第二阶段试通水期间，长沟泵站从南四湖上级湖抽水4030万m^3；邓楼泵站抽水3645万m^3；八里湾泵站抽水3228万m^3入东平湖，为鲁北输水干线工程和胶东输水干线的试通水提供了水源。

3. 鲁北输水干线工程

2013年6月8日8时～9日6时，穿黄河隧洞工程顺利完成了充水工作。6月10日12时～26日17时，鲁北段及穿黄河工程顺利完成了试通水联调联试。6月26日17时大屯水库入库泵站停机，累计入库水967万m^3，加上前期汛期降雨和水泵机组试运行时水库蓄水293万m^3，大屯水库共蓄水1260万m^3，超过死库容515万m^3，超额完成了水库初期蓄水到死水位以上的预期目标。

4. 胶东输水干线工程

2013年5月29日~6月28日，结合东湖水库入库泵站和双王城水库入库泵站的水泵机组试运行，胶东输水干线工程顺利完成了试通水联调联试。6月27日16时40分，济平干渠渠首闸落闸全关，累计从东平湖引水3554万m^3。6月26日9时10分，双王城水库入库泵站停机，累计入库水量1365万m^3，超过了死库容535万m^3；6月28日11时28分，东湖水库入库泵站停机，累计入库水量1650万m^3，超过了死库容744万m^3。两座水库均超额完成了水库初期蓄水到死水位以上的预期目标。

二、试运行暨正式通水

（一）准备工作

1. 国家要求

2013年8月20日，山东省南水北调建管局收到国务院南水北调办《关于召开南水北调东线一期工程全线试运行工作方案征求意见会的函》。2013年9月，国务院南水北调办发布《南水北调东线一期工程试运行工作方案》，明确试运行工作方案。

2. 组织准备

成立了山东省南水北调试运行领导小组，下设综合、试运行调度和水质保障3个工作小组。试运行领导小组由省政府分管领导任组长，水利（含黄河、淮河、海河等流域机构）、环保、交通（航运）、电力、通信、公安等指挥部成员单位和相关地方政府有关负责人参加。综合、试运行调度和水质保障3个工作小组由省政府办公厅、省水利厅（省南水北调局）和环保厅等有关单位人员组成。山东省南水北调建管局组织成立山东省南水北调工程通水运行工作组，作为通水运行工作机构，对山东省通水运行领导机构负责，具体负责通水运行工作的协调、组织和指挥。下设4个工作部，设立专家咨询委员会，4个工作部分别为综合保障部、工程保障部、调度运行部、环境保障部。各现场管理局成立现地运行工作机构，由现场建管局和工程有关参建方组成，对试运行工作组负责。

3. 外部协调

2013年10月12日，山东省政府召开山东省南水北调试运行工作会议，南水北调工程沿线各市政府、省环保厅、交通厅、水利厅、山东省南水北调建管局、山东黄河河务局、山东省电力集团等单位参加会议，会议部署了试运行相关工作。

4. 内部准备

2013年10月8日山东省南水北调建管局、山东干线公司召开了试运行准备工作会议。山东干线公司组织对参与试运行的工程、设施、设备进行了一次全面检查，相关河段进行了充水泄水准备，各现地运行机构准备了应急抢险预案。山东段实现三级调度运行管理，一级机构为山东调度中心，工作地点设在穿黄备调中心，对通水运行工作组负责；各现场局成立分调度中心（以下简称分调中心），工作地点设在各现场局；三级机构为现地运行单位，负责辖区内具体调度运行、应急抢险等工作。

（二）调水情况

南水北调山东段工程自10月22日台儿庄泵站开机运行，11月15日国务院南水北调办下达调度令："南水北调东线一期工程经过28天全线试运行，工况良好，水质达标，运行平稳。经报请国务院批准，南水北调东线一期工程于11月15日12时正式通水。"南水北调山东段工程随后逐步转入正式通水阶段，至12月11日15时，2013年度正式通水结束。

1. 韩庄运河段工程

10月22日10时，台儿庄泵站开启1台机组运行，标志着南水北调东线一期山东段工程试运行开始。根据调度指令，台儿庄、万年闸和韩庄泵站陆续开启其余机组，并分别于10月24日16时10分、16时22分和16时32分开始按设计流量运行。台儿庄、万年闸和韩庄泵站分别于11月6日10时15分、10时12分和9时57分停止运行，韩庄运河段工程试运行结束。通水运行期间，通过山东韩庄运河向南四湖下级湖调水5441万m^3。

2. 南四湖段工程

10月23日10时，二级坝泵站开启一台机组运行，从南四湖下级湖抽水入上级湖。根据调度指令，二级坝泵站陆续开启其余机组，于10月25日15时57分开始按设计流量运行。二级坝泵站于11月30日20时停止运行，南四湖段工程试运行暨正式通水结束。通水运行期间，二级坝泵站调入南四湖上级湖水量11 950万m^3。

3. 两湖段工程

长沟泵站于10月18日14时40分～10月20日9时58分开机运行，邓楼泵站于10月20日12时38分～10月21日9时58分开机运行。长沟泵站于12月11日14时58分停止运行；邓楼和八里湾泵站于12月11日15时停止运行，南四湖至东平湖段工程试运行暨正式通水结束。通水运行期间，长沟泵站从南四湖上级湖调水11 950万m^3，八里湾泵站调入东平湖11 700万m^3。

4. 鲁北输水干线工程

10月25日8时45分，穿黄河工程的隧洞进口检修闸和隧洞出口闸闸门逐级全部提起，向穿引黄渠埋涵充水。10月25日9时30分，穿黄河工程东平湖出湖闸开始提闸放水，初始引水流量为10m^3/s，鲁北输水干线试运行开始。11月16日8时，东平湖出湖闸关闭，停止从东平湖引水，大屯水库入库泵站继续抽取槽蓄水量充库。从上游向下游逐步关闭沿线闸门，11月22日18时大屯水库入库泵站停止运行。鲁北输水干线试运行结束。试运行期间，鲁北输水干线最大输水流量18m^3/s，东平湖出湖闸累计引水2858万m^3，大屯水库累计入库水量2181万m^3。

5. 胶东输水干线工程

10月24日9时，济平干渠渠首闸开始提闸放水，初始引水流量为10m^3/s，济平干渠沿线闸门开启，向济南市区段输水，胶东输水干线试运行开始。12月11日15时，东湖水库入库泵站停止运行，济平干渠渠首闸同时关闭，沿线其他闸门也相继关闭。胶东输水干线试运行暨正式通水结束。通水运行间，胶东输水干线最大输水流量30m^3/s，济平干渠渠首闸从东平湖累计引水6495万m^3，东湖水库累计入库水量2113万m^3，双王城水库累计入库水量1778万m^3，向淄博市供水1002万m^3。

（杨承明）

投资计划管理

截至2013年底，国家累计批复山东南水北调工程项目总投资2 061 049万元（不含截污导流工程120 912万元、梁济运河和柳长河航运结合工程147 617万元、梁济运河下游生态工程14 693万元，下同），累计下达投资计划2 040 216万元，累计到位资金1 737 095万元，累计完成投资2 007 960万元，完成投资占下达计划的98.4%。

（一）计划下达情况

截至2013年底，国家共下达山东南水北调工程投资计划2 040 216万元，其中：中央投资304 171万元，南水北调基金247 024万元，重大水利基金1 073 721万元，贷款415 300万元。

（二）资金到位情况

截至2013年底，共到位资金1 737 095万元，其中：中央预算内投资304 171万元，南水北调基金227 024万元，重大水利基金948 500万元，贷款257 400万元。

（三）投资完成情况

截至2013年底，累计完成投资2 007 960万元，其中：

（1）济平干渠工程共下达投资计划149 079万元，完成投资146 640万元。

（2）韩庄运河段工程共下达投资计划82 571万元，完成投资87 237万元。

（3）南四湖水资源控制工程共下达投资计划40 023万元，完成投资42 304万元。

（4）东线穿黄河工程共下达投资计划69 510万元，完成投资65 629万元。

（5）济南至引黄济青段工程共下达投资计划775 542万元，完成投资781 301万元。

（6）南四湖至东平湖段工程共下达投资计划247 512万元，完成投资260 881万元。

（7）鲁北段工程共下达投资计划461 434元，完成投资467 248万元。

（8）东平湖蓄水影响处理工程共下达投资计划49 488万元，完成投资49 488万元。

（9）南四湖下级湖抬高蓄水影响处理工程共下达投资计划40 984万元，完成投资40 984万元。

（10）山东段专项工程共下达投资计划124 073万元，完成投资66 248万元。

（徐国涛）

建设管理

（一）工程建设进度

2012年底山东南水北调干线工程基本完成，2013年重点完成了剩余工程建设。2013年，山东段工程完成施工投资3.72亿元、土石方开挖102.97万m^3、土石方回填3.55万m^3、混凝土浇筑2.66万m^3，分别占年度计划的88.4%、102.7%、284%、112.8%，实物工程量都超额完成了年度计划。截至2013年底，山东段11个单项、54个设计单元工程，已有51个设计单元工程全面建成，全线贯通，并已进行正式通水运行。

（二）招投标和合同管理

1. 招投标和施工图设计审查

全年共组织招标文件审查和工程招投标及施工图设计审查工作15个，其中：穿引黄渠埋涵出口闸工程施工标1个；东湖水库、双王城水库、大屯水库、邓楼泵站、长沟泵站水土保持标5个；调度运行系统服务器、存储等计算机设备采购标1个；安全防护体系工程安全防护栏（网）施工标6个；视频安防监控工程采购安装标1个；韩庄运河段工程峄城大沙河大泛口节制闸管理设施标1个。所有的招标工作开展有序，公平合理，在时间上、程序上均未出现任何不规范情况。对初设遗留问题、招标设计及施工图设计中存在的问题进行了审议，形成审查意见并要求设计单位及时处理上报。

2. 计量支付

通过采取增加预付款、缓扣工程预付款、缩短计量支付周期、暂付剩余工程人工材料价差、在初步审查定性及审计公司初审基础上，小比例暂付合同外项目等方式，有效地确保了工程进度。工程主体通水后，除管理设施，水土保持、安全防护、调度运行项目正常计量支付外，主体施工单位计量支付主要用于扣回预付款，合同外暂付，切实确保资金安全可控。

3. 设计变更和变更索赔

严格执行公司关于设计变更的有关规定，对上报的设计变更与相关部门及时沟通，及时审批。全年共处理有关设计方面的变更文件133份，其中，以“鲁调水建字”发文3份，以“鲁调水企合字”发文20份，以“鲁调水企合函字”发文65份。在变更索赔方面，加大对变更变价的审核工作，执行严谨的处理合同外变更项目的审批程序。2013年11月2日，组织召开了山东省南水北调工程鲁北段小运河三标合同外项目专家咨询会，编制了南水北调东线工程山东段工程变更与索赔处理工作大纲。12月3日，组织召开南水北调东线山东段工程变更与索赔工作大纲专家咨询会议。

4. 完工结算和价差调整

截至2013年底，穿黄河南区工程、济南市区段工程等大部分标段已完成完工结算工作。价差调整工作，选取了济东明渠三标段、陈庄输水标段、鲁北段小运河三标段、大屯水库二标段、两湖段梁济运河四标段、梁济运河六标段共6个标段进行价差测算。

5. 工程保险

截至2013年底，山东省南水北调工程累计投保额约人民币72亿余元，保费人民币2260万余元。2013年，干线公司已向保险公司索赔出险款项约171万余元，累计已索赔出险款项约730万元，并及时全额拨付给受损单位，保护了施工单位的利益。

（三）安全管理

2013年度，山东省南水北调实现了连续第12年安全生产无责任事故的目标任务。

1. 落实安全生产工作责任制

贯彻执行安全生产检查书制度，强化安全生产监督检查责任，完善了安全生产网格管理责任体系，执行安全生产一岗双责制度，各级层层签订安全生产责任书，建立安全生产管理考核奖惩机制，加强了安全生产管理。

2. 严密组织排查，安全生产落实到位

重视加强对安全生产工作的组织领导，先后4次召开安全生产专题会议。重视加强节假日、冬季和夏季等敏感时期的安全生产，重视建立恶劣天气预警机制，与气象防汛部门建立联系，先后发出恶劣天气预警4次，有效避免或减少了恶劣天气对工程建设造成的损失。第一季度，组织对工程通水涉及的泵站、渠道、水库、供电通信系统、交通道路等各个部位开展安全检查。制定出台《关于做好山东省南水北调工程建设安全生产信用信息采集工作的通知》，坚持对施工、监理单位每两周考核一次，并进行公示。第二季度，制定下发《关于加强工程现场安全管理工作的通知》，进行安全隐患排查，加强了安全防护和巡视巡查。第三季度，组织开展安全生产大检查和回头看活动，确保安全生产隐患得到及时消除。第四季度，制定通水应急预案，落实安全措施，保障了工程通水试运行及正式通水运行的安全。

3. 重视做好剩余工程建设和试通水期间的安全生产工作

制定安全生产信用考核制度，坚持每半月对监理、施工单位进行一次考核和督导；建立通水领导组织机构，制定安全应急预案；督导参建单位落实应急抢险队伍、设备和物资，做好通水安全准备。组织开展“安全生产月”活动，开展安全宣传教育工作。对一线调度管理和运行人员进行安全培训5期、320多人次。通水期间24h值班巡查，加大对安全隐患的处置力度，确保了试通水和通水安全。

4. 防汛度汛工作深入扎实

认真落实上级防汛度汛指示要求，及时部署开展防汛度汛工作，督导参建单位健全机构、落实制度。组织编制修订、审查批复2013年度工程度汛方案及防汛预案。认真落实24h汛期值班制度，严明防汛纪律，确保了工程度汛安全。

（四）通水保障

2013年，为圆满完成全线通水目标，坚持在加快尾工进度和验收工作进程的同时，全力做好主体工程管理维护和服务保障工作。

（1）加强对影响通水关键因素和节点的检查督导。及时梳理了影响通水关键因素和节点，组织指导各现场建管局和参建单位集中力量进行研究解决，对部分节点目标细化了工作责任和完成时限。

（2）组织做好应急预案编制工作。认真组织编制《南水北调东线一期山东段工程突发事件应急预案》，明确通水保障制度、事故及故障处理原则办法和安全运行方案、应急处理措施等内容，组织指导各参建单位细化了所辖工程的应急预案。

（3）参与对工程运行管理和泵站运行人员的技术培训工作。对调度运行人员开展了调度运行技术、工程测量技术、水情和工程安全监测技术等一系列培训工作，提高了人员的工程管理和安全监测方面的专业素质，为工程管理和通水运行奠定了基础。

（4）加强工程试通水和通水期间的安全巡查。先后派出4个巡查组，到韩庄运河段、两湖段、济平干渠段、济东段、穿黄河段及鲁北段工程沿线开展巡查，检查指导工程运行保障情况及突发事件应急预案落实情况，督促落实工程保障措施，并对现场发现的问题进行调度解决。

（杨忠堂）

质量管理

（1）加强剩余尾工质量管理。着眼工程建设实际，科学制订年度质量监管工作计划，加强对重点工程和关键部位、关键工序的质量监管，明确目标、内容、措施和要求，落实质量责任。

（2）开展工程质量专项治理工作。为保证通水安全，在试通水前组织专家分3个组次对工程实体质量进行了全面排查；在试运行和东线通水试运行期间开展了工程质量巡查，对检查出的质量问题组织有关单位进行了全面整改，并按照国务院南水北调办要求积极开展工程质量评价，编制上报了《山东省南水北调工程质量评价报告》。

（3）开展驻点督导工作。积极开展对八里湾泵站、老王庄公路桥的驻点督导工作，确保八里湾泵站、老王庄公路桥按期完成。

（4）组织开展监理专项整治行动。下发《关于对在建工程开展监理专项整治行动的通知》，以“三清除一降级一吊销”监理整治活动为核心，组织在建工程监理单位开展自查自纠工作，明确整治工作重点，提出具体工作要求，确保问题整治取得成效。

（5）严格质量问题责任追究。2013年，先后对3个单位给予通报批评和经济处罚。

（6）统一制作设置工程质量责任信息公示牌。在主体工程沿线共制作设置了97个工程质量责任信息公示牌，落实工程质量责任，并统一登记备案；组织开展举报公告栏设立和损坏情况进行全面排查，及时修补损坏公告栏。

（7）认真总结质量管理工作。组织编写《脉动齐鲁——南水北调工程》丛书质量篇章。

（8）开展在建工程质量监督管理。加大对重要工程、关键部位和关键工序的监督检查力度。对泵站工程机电设备安装、机组运行调试组织了专项检查；联合济宁市交通工程质量监督站定期对在建大跨度桥梁进行了全面检查。通过重点监督检查，确保了质量体系、质量行为和实体质量。

（9）严把工程质量验收关。对工程质量、质量缺陷备案情况以及验收程序、内容和组织情况等进行监督检查。根据《南水北调工程质量监督管理办法》有关规定，编制完成了11份设计单元工程质量监督报告，并根据南水北调东线山东段工程通水验收要求，编制完成了《南水北调东线一期山东干线公司责任区段工程质量监督报告》。

（10）日常管理和质量监督工作的检查考核。对5个项目站组织2次质量监督工作进行检查；配合国务院南水北调办对山东省南水北调工程质量监督工作开展情况进行了专题调研；完成了对各项目站2013年度质量监督工作的考核。

（11）质量监督资料搜集、整理和归档。组织完成11个设计单元工程质量监督报告的编制和审查工作，初步编制完成《南水北调东线一期山东段工程质量监督报告》，编制上报了山东省南水北调工程质量监督工作评价报告。

（12）工程质量评定。截至2013年底，已评定主体单位工程254个，其中，按水利标准评定的单位工程187个，优良率达到

100%，按非水利标准评定的单位工程67个，全部合格；已评定分部工程2302个，按水利标准评定的分部工程1656个，优良率达到93.8%，按非水利标准评定的分部工程646个，全部合格。

（刘晓娜）

科 学 技 术

（一）科技项目进展情况

（1）针对南水北调山东段平原水库建设关键技术难题，申报的《北方地区平原水库垂直连锁混凝土预制块护坡技术研究》课题获省科技发展项目立项；同时，《山东省水利工程管理远程控制系统研究与应用》获得省级水利科研项目立项。

（2）山东省南水北调建管局承担的公益性行业专项经费项目“基于水系联通的水资源优化配置与调度技术”课题中“调水工程受水区综合水价研究”子课题，课题进展顺利，根据课题进度要求，完成了2013年度研究任务。

（3）2013年组织“长距离输水系统结构物冰害分析及防护研究”、“南水北调东线穿黄隧洞工程建设关键技术与安全评价”等两项课题的结题验收，组织了“南水北调东线穿黄河工程建设综合技术研究”等项目的中期审查工作。

（4）2013年6月13日，山东省调水工程技术研究中心承担的山东省自主创新重大专项“南水北调山东段工程关键技术研究”通过省科技厅组织的验收。2013年1月21日，国务院南水北调办专委会立项的“南水北调工程铺膜防渗施工技术研究”项目通过了专家委员会的成果技术验收，并通过省水利厅组织的成果鉴定。该项目将对南水北调沿线的水库、渠道铺膜防渗施工提供重要技术依据。

（二）科技成果获奖情况

2013年，山东省南水北调建管局组织完成的多个科技成果获得了多项科技奖励。其中，“南水北调东线穿黄隧洞工程建设关键技术研究与安全评价”获山东省水利技术进步一等奖，“长距离输水系统结构物冰害分析及防护研究”、“南水北调工程铺膜防渗施工技术研究”、获山东省水利技术进步二等奖。“双王城水库软基筑坝施工监控及防渗墙成槽工艺研究”、“东湖水库库内水井灌浆封堵技术研究”获山东省水利技术进步三等奖。

（焦璀玲　马国庆）

征 地 移 民

（一）永久征地手续报批工作

2013年上半年，南水北调干线工程山东段6.8万亩建设用地手续全部获得国家批复，走在全国各省市前列。用地手续报批中，山东省南水北调建管局会同山东省国土资源厅，采取现场集中联合办公的工作模式，大大提高了效率和报卷质量，破解了耕地占补平衡等难题，一次性将所有审批材料上报国土资源部，确保了征地手续的及时批复。

（二）临时用地退还任务

截至2013年底，山东省南水北调工程4.6万亩临时用地中，除0.16万亩为施工营地临时用地需要延期使用外，其余4.44万亩已退还给群众耕种。

（三）现场管理用地交付工作

2013年，现场管理用地交付获得突破，其中历城区、寿光市、临清市、茌平县管理用地已全部交付，剩余的聊城旅游度假区，德州夏津县、武城县管理用地已全部或者部分建好院墙，济南市区段管理用地已初步确定征地位置，这5处管理用地交地的解决方案已通过专家评审。

（四）征迁遗留问题处理

征迁遗留问题处理是2013年征迁工作重点，是征迁验收之前必须完成的重要工作。截至2013年底，已完成全部84个遗留问题的批复工作，其中已经解决60个。

（五）两湖影响工程征迁工作

东平湖蓄水影响工程移民安置规划项目共分四批实施，截至2013年底，第一批项目已全部完成并通过了完工验收；第二批项目完成了80%；第三批项目已完成监理和设计招标工作，即将进入施工招标程序；第四批项目已完成实施方案编制工作，等待评审。南四湖蓄水影响处理工程实行包干，补助资金兑付工作已大部分完成，动用国控预备费已获批复，部分遗留问题正在处理中。

（六）建设用地划拨手续及土地确权登记发证工作

2013年11～12月，山东省南水北调建管局与山东省国土厅联合，分别到各有关市、县组织召开了办理建设用地划拨手续及确权发证部署和动员会议。分别组织山东省水利勘测设计院、山东省国土测绘院、山东正衡国土咨询勘测有限公司三家确权登记发证服务代理机构与南水北调沿线各县国土局进行了对接和协调，外业测绘调查工作现已全面启动，部分单元工程已进入发证程序。

（七）信访维稳工作

2013年共接待群众来访190余人次，处理信访上访事件25起。通过认真接访、严格核查、妥善及时制定解决方案，群众对处理结果基本满意。

（八）配套工程

全省38个供水单元除8个供水单元无新增占地外，有21个供水单元完成用地预审，获得省市国土部门批复。烟台市区、潍坊寿光等部分供水单元建设用地报批材料已完成组卷报到国土部门。

（九）其他相关工作

（1）大部分设计单元工程省控、国控预备费已完成报备。

（2）临时用地复垦实施方案完成了评审。

（3）《脉动齐鲁——南水北调工程》丛书及国务院南水北调办《中国南水北调工程征地迁建卷》已编写完成并交稿。

（4）配合完成了国务院南水北调办征地移民内部审计工作。

（5）编发3期征地移民情况通报，有力地加快了临时用地退还、征迁遗留问题处理等工作进度。

（6）2013年，山东省南水北调建管局分别在济南、济宁、聊城、德州、淄博、滨州举办了6期征地移民县级验收培训班，受训人数达180余人。

（李一涛）

工 程 验 收

2013年，山东南水北调工程验收工作，坚持把保障全线通水目标实现作为工作重点，及时研究制订并印发了2013年验收工作计划，督导各有关单位严格落实验收时间节点，采取集中申请、集中验收的形式，提高验收工作效率，确保验收工作计划的落实。验收过程中，注意严格贯彻落实国家、国务院南水北调办有关验收办法，从验收条件、验收组织、验收方法、验收结果等各个环节严格控制，做到合法验收、有序验收，真正发挥验收的把关作用。2013年具体验收的工程有：

3月16日，二级坝泵站设计单元工程完成通水验收技术性初步验收。

3月28日，南四湖—东平湖段输水与航运结合工程梁济运河段工程设计单元工程完成通水验收。

3月30日，南四湖—东平湖段输水与航运结合工程柳长河段工程设计单元工程完成通水验收。

4月1日，鲁北段工程小运河段工程设计单元工程完成完工验收技术性初步验收。

4月23日，东平湖蓄水影响处理工程设计单元工程完成通水验收。

5月12日，南四湖—东平湖段输水与航运结合工程长沟泵站工程设计单元工程完成完工验收技术性初步验收。

5月17日，南四湖—东平湖段输水与航运结合工程邓楼泵站工程设计单元工程完成完工验收技术性初步验收。

6月8日，鲁北段工程大屯水库工程完成完工验收技术性初步验收。

6月15日，八里湾泵站工程设计单元工程完成通水验收。

6月16日，山东境内工程管理设施专项工程完成通水验收。

6月19日，济南至引黄济青段工程双王城水库工程完成完工验收技术性初步验收。

6月20日，山东段调度运行管理系统专项工程完成通水验收。

6月21日，济南—引黄济青段工程东湖水库工程设计单元工程完成完工验收技术性初步验收。

8月2日，南水北调东线山东段工程通过了国务院南水北调办组织的东线全线通水验收技术性检查。

8月15日，南水北调山东段通过国务院南水北调办组织的南水北调东线一期工程全线通水验收。

10月20日，南四湖—东平湖段输水与航运结合工程梁济运河段工程设计单元工程完成完工验收技术性初步验收。

10月21日，南四湖—东平湖段输水与航运结合工程柳长河段工程设计单元工程完成完工验收技术性初步验收。

12月22日，南四湖—东平湖段输水与航运结合工程八里湾泵站工程设计单元工程完成完工验收技术性初步验收。

截至2013年底，山东南水北调54个设计单元工程中，济平干渠和21项截污导流工程已通过设计单元工程完工验收，东平湖蓄水影响处理工程、管理设施工程、调度运行管理系统工程3个设计单元工程通过通水验收，其余26个设计单元工程通过设计单元工程完工验收技术性初步验收。干线主体工程中14个设计单元工程通过档案专项验收，7个设计单元工程通过水土保持专项验收；6个设计单元工程通过环境保护专项验收。验收工作任务完成圆满，为全线通水工作奠定了良好基础。

（杨忠堂）

文 物 保 护

为做好南水北调干渠与老运河水工设施文物保护的衔接工作，山东省文物局基本建设工程文物保护办公室组织文物保护、建筑专家及相关部门，对聊城市境内的七级闸、土桥闸、戴湾闸区段的施工现场进行现场勘察，并就如何做好土桥闸维修及与南水北调干渠的衔接召开专家咨询论证会。同时，为做好土桥闸周围的环境整治工程，聊城市文物局聘请资质单位编制了土桥闸环境整治与展示方案。办公室邀请有关专家，对方案进行了评审，该方案实施对改善土桥闸周围的环境具有重要的作用。

根据《文物保护工程管理办法》和《七级下闸遗址维修保护工程方案》，文物保护办公室委托山东省文物科技保护中心对山东阳谷段七级下闸进行了维修和现状整修。主要工作内容包括：①对断裂的石构件进行了维修；②对残缺石构件维修；③对深陷石构件维修；④对缺失石构件维修；⑤石构件灰丝缝维修。

按照《戴湾闸遗址维修保护工程方案》，对临清段戴湾闸遗址进行了维修，主要工作内容有：①对断裂的石构件进行维修；②对残缺石、沉陷石构件维修；③对缺失闸口及灰缝进行维修；④对墩台金刚墙、燕翅墙进行了维修。

结合运河水工设施的维修，委托山东省海岱文化遗产咨询服务中心对已经完工的土桥闸遗址、七级下闸遗址、戴湾闸遗址维修保护工程进行了监理和验收工作。

2013 年，完成《脉动齐鲁——南水北调工程山东段·文物保护卷》编纂工作。在文物局的领导下，文物保护办公室组织人员积极配合并多次到山东省南水北调局参加工作布置及办调会议，完成全书共七个篇章的撰写工作，2013 年 6 月交付出版社。该书重点介绍了文物工作的规划、前期准备、考古收获及重要学术成果，比较系统地反映了南水北调工作文物保护工作的成就。

完成国家文物局《南水北调工程·文物保护卷》山东段的编纂任务。根据国务院南水北调建委会办公室和国家文物局的要求，按时完成了山东段文物保护工作的编写工作。目前正由国家文物局汇总出版。

积极组织考古资料的整理工作，出版《梁山薛垓墓地》考古发掘报告。

（山东省文化厅南水北调保护办）

环 境 保 护

东线一期工程于 2013 年 10 月 19 日试通水，经过 28 天严密监测，调水干线水质稳定达标，经国务院同意，于 11 月 15 日转入正式通水运行，并于 12 月 10 日成功完成首次正式通水，标志着国内外曾经广泛担心的南水北调东线水污染问题已被攻克。工作中主要抓了以下四个方面：

（一）巩固南水北调治污工作

山东省委、省政府高度重视南水北调治污工作，把“确保一泓清水北上”作为政治任务和约束性指标纳入县域经济社会发展考核体系。省委、省政府主要领导同志多次调度、亲自部署，分管副省长多次组织召开现场会和调度会，与调水沿线各市面对面地分析形势、剖析问题、研究措施。2013 年底，山东省委十届八次全会明确提出“将生态环境质量逐年改善作为区域发展的约束性要求”，在时间上划定了“生态红线”，形成了山东生态环境持续改善的刚性机制。

为强化督办落实，山东省环保厅、监察厅对南水北调治污任务落实情况“一月一通报、两月一督查”。省环保厅、南水北调局联合召开调水沿线水质保障视频会，共同开展治污现场督导。

（二）完善“治用保”流域治污体系

2013 年 1 月起实施倒逼污染源实施深度治理，大力解决城市建成区污水直排环境问题。深入推进污染源环境信息公开，省环保厅、质监局联合发布《全省污水排放口环境信息公开技术规范》，督促企业对排污口实施规范化改造，接受社会监督。在循环利用方面，省水利厅、南水北调局大力建设再生水循环利用体系，组织调水沿线有关市建成大型再生水截蓄导用工程 21 个，年可消化中水 2.1 亿 m^3，有效改善农灌面积 200 多万亩。在生态保护方面，依托人工湿地、退耕还湿和生态河道建设，着力打造环湖沿河大生态带。目前，调水沿线已建成人工湿地面积 17.9 万亩，修复自然湿地面积 20.1 万亩。在 2013 年财政部、环保部开展的江河湖泊生态环境保护竞争立项中，山东省南四湖成功入选国家重点支持名单。

（三）构建务实高效的环境执法监管体系

坚持部门联合执法、日常监管和专项行动相结合，保持打击环境违法行为的高压态势。2013 年，每季度开展一次环保专项行动，将南水北调沿线作为重点区域，对环境违法行为一律顶格处罚、挂牌督办。东线工程试通水期间，山东省环保厅在南水北调沿线组织开展了突出环境问题“拉网式”大排查，出动执法检查人员 1600 余人（次），排查废水排放企业和城镇污水处理厂 980 多家。在加强例行监测、监督监测、加密监测和在线监测的基础上，试通水期间，制定了《山东省南水北调东线一期工程调水水质监测方案》，除国家确定的山东省 7 个干线测点外，又拓展加密了 9 个干线测点、33 个重点支流测点和市控、县控断面，逐一明确监测频次、监测指标和数据报送机制。为系统掌握输水干线水质状况，还组织完成了南四湖、东平湖水质空间分布监测工作，为客观反映输水干线水质状况、科学研判水质达标形势提供了翔实的数据支撑。从监测情况看，东线工程试通水和正式通水期间，16 个干线测点，pH 值、高锰酸盐指数、氨氮、溶解氧等 4 项指标均稳定达到地表水Ⅲ类标准；从南四湖、东平湖空间监测情况看，湖区高锰酸盐指数、氨氮等指标稳定达到地表水Ⅲ类标准。

（四）构筑全防全控的环境安全防控体系

山东省环保厅编制印发了《南水北调东线工程沿线涉水突发环境事件应急预案编制指南》，组织调水沿线各市编制完成环境安全应急预案，并经市政府批复实施。督促沿线各市建设了企业应急事故池、排污口截污闸、河道拦截闸、橡胶坝和人工湿地五级安全防控体系，有效确保了事故状态下超标废水不进入干线。2013 年 10 月，省环保厅在南水北调沿线组织开展了全省环境应急演练暨监察监测技术大比武。

（相福亮）

工程审计与稽察

（一）工程审计

2013 年 3 月 11 ~ 23 日，国务院南水北调办委托河南诚和会计师事务所对南水北调东线一期工程万年闸泵站工程、潘庄引河闸工程完工财务决算进行了审计，同年 10 月 23 ~ 27 日进行了复审。

2013 年 5 月 31 ~ 7 月 6 日，北京华审会计师事务所和江苏天宏华信会计师事务所分别对山东境内南水北调工程建设资金和征地移民资金进行了审计。2013 年 10 月 29 日，山东干线公司向国务院南水北调办上报了《关于 2012 年度山东南水北调工程建设资金审计整改意见落实情况的报告》（鲁调水企财字〔2013〕17 号），山东省南水北调建管局向国务院南水北调办上报了《关于 2012 年度山东南水北调工程征地移民资金审计整改意见落实情况的报告》（鲁调水计财字〔2013〕46 号）。

2013 年 8 月 6 日，国家审计署济南特派办在开展山东省政府性债务审计时，对山东省南水北调建管局进行了延伸审计。

2013 年 4 ~ 8 月，山东干线公司对境内八里湾泵站等重点委托项目投资控制情况进行了专项审计。

（二）工程稽察

1. 项目稽察

（1）内部稽察检查工作。2013 年，对两湖段跨渠桥梁等在建工程组织开展工程质量稽察 5 批次，针对长沟、邓楼等 10 个泵站（包括 3 个入库泵站）的机电设备安装组织开展质量专项稽察 7 批次。

（2）工程关键点检查工作。2013 年，共对 5 个设计单元、10 个施工标段的 71 个关键工序进行了重点检查，发现质量问题 17 个，其中实体质量问题 6 个、质量违规行为 11 个，质量问题已全部得到整改。

（3）质量试验检测工作。对于重点工程和关键部位、工程质量怀疑的构件以及检查发现疑似较大质量问题的建筑物，委托淮河流域水工程质量检测中心、山东省水利工程建设质量与安全检测中心站等具有资质的第三方检测单位对工程质量开展检测工作；根据南水北调工程建设监管中心关于重要建筑物混凝土强度检查的有关要求，委托淮委质检中心于 2013 年 3 月 9 ~ 16 日对南水北调山东段 147 个疑似偏低点构件进行了逐一核查，检查质量资料和检测实体质量，并向国务院南水北调办监管中心提交了《关于重要建筑物混凝土强度疑似偏低点构件核查情况的报告》。

（4）举报受理办理。2013 年，山东省境内南水北调工程建设共受理 4 起质量问题举报。完成 3 起，已按有关规定向上级部门报告，并向举报人通报调查情况；1 起正在调查中。

2. 配合国务院南水北调办组织的稽察检查

（1）配合上级稽察检查服务工作。配合国务院南水北调办开展工程质量稽察检查和调研活动8批次，配合国务院南水北调办专家督导组对山东省挂牌督办工程的派驻监管15周次。

（2）督促整改落实工作。针对各类稽察检查发现问题，明确责任，界定时限，督办整改落实结果，实现了质量问题全“闭合”，确保了山东南水北调工程建设零质量事故发生。2013年向国务院南水北调办上报整改落实情况报告8项。

（刘传霞　刘晓娜）

治污工程进展及水质

截至2013年底，调水沿线列入山东省政府挂牌督办的103个污水直排口全部整治完成。调水沿线共建成污水处理厂100座，总处理能力达457万t/d；建成大型再生水截蓄导用工程21个，年可消化中水2.1亿m^3，有效改善农灌面积200多万亩；建成人工湿地面积17.9万亩，修复自然湿地面积20.1万亩。在2013年财政部、环保部开展的江河湖泊生态环境保护竞争立项中，山东省南四湖成功入选国家重点支持名单。

从监测情况看，东线工程试通水和正式通水期间，16个干线测点，pH值、高锰酸盐指数、氨氮、溶解氧等4项指标均稳定达到地表水Ⅲ类标准；从南四湖、东平湖空间监测情况看，湖区高锰酸盐指数、氨氮等指标稳定达到地表水Ⅲ类标准。

（相福亮）

完　建　工　程

三阳河、潼河、宝应站工程

工　程　概　况

三阳河、潼河、宝应站工程于2005年底基本建成，并投入试运行，其中宝应站工程于2005年4月13日通过水下工程阶段验收，2005年10月9日顺利通过机组试运行验收，2005年12月18日通过所有单位工程完工验收，2008年8月26日通过所有合同的合同项目完成验收，并相继通过档案、消防、水保、环保等专项验收。2012年12月开展南水北调东线第一期工程宝应站工程设计单元工程完工验收，并于2013年1月顺利通过。2013年5月14～31日圆满完成试通水。2013年10月19～11月21日顺利完成南水北调东线一期工程全线试运行及正式运行。

宝应站工程是南水北调东线工程第一级泵站的组成部分，其主要作用是与江都站共同组成第一级抽江泵站向北调水，并结合抽排里下河地区涝水。整个工程规划为二期建设实施，先行实施一期工程，一期建成，宝应站工程通过三阳河、潼河抽江水100m^3/s入里运河，与江都站（抽水400m^3/s）共同实现第一期抽江水500m^3/s规模的输水目标。

（薛井俊）

通　水　运　行　管　理

宝应站工程作为南水北调首批开工和首先建成项目，江苏水源公司作为工程项目法人，对宝应站的运行管理采用招标选择管理单位的模式，江苏省江都水利工程管理处中标管理宝应站，并成立宝应站管理项目部具体负责宝应站的日常管理、维护、运行等事宜。

宝应站的调度运用权限属于江苏水源公司，作为宝应站管理单位，宝应站管理项目部严格按照江苏水源公司的指令对宝应站工程进行相应的调度使用。

2013 年宝应站按江苏水源公司指令，及时投入运行，全年共安全运行 26 天，累计抽水 8513 万 m^3，圆满完成了试通水、试运行及正式运行的任务，充分发挥了宝应站的工程效益与社会效益。

（薛井俊）

环境保护及水土保持

宝应站作为江苏省水利风景区一直注重风景区内的环境保护和水土保持。在泵站本身的工程管理中，充分加强站区的绿化、风景建设。宝应站水土保持责任范围为 614.2 亩，水域面积 164.2 亩。绿化面积达 350 亩。

宝应站的绿化由江苏水源公司的绿化公司具体负责，定期对管理范围内的花草树木进行修剪、施肥。定期的补充月牙湖和垂钓湖里的水。

主要绿化项目有：园林小品（包括花坞垂钓休闲亭台、湖石假山、花架、水调歌头广场等）、常青树木、草坪等。

2013 年初项目部配合江苏水源公司对相关景点进行了修缮（新建一座清风亭、改建葡萄架），很好维护的景区的完整性和美观。项目部还定期对上下游护坡进行清理，维护，避免护坡水土流失。

（薛井俊）

工　程　验　收

工程自 2005 年到 2007 年相继完成了河道工程、桥梁工程、泵站工程、水土保持工程、管理通道工程、沿线影响工程等各相关单位工程完工（交工）验收，并通过了工程档案管理专项验收，宝应站自动化控制、消防等专项验收全部完成，历次验收遗留问题已全部处理完毕，工程质量检测、评定等相关资料准备齐全。三阳河潼河宝应站工程建设局于 2006 年 5 月申请对三阳河、潼河、宝应站工程进行质量总评。工程于 2012 年 12 月开展了南水北调东线第一期工程宝应站工程设计单位工程完工验收，并于 2013 年 1 月顺利通过。根据南水北调工程江苏质量监督站出具的质量监督报告，其质量核定意见为：宝应站设计单元工程已按批准的设计内容完成了全部施工建设任务；各参建单位均基本建立健全质量管理体系；原材料及中间产品质量检测资料齐全；工程自 2006 年投入运行以来，经 7 个汛期考验，运行正常；宝应站设计单元工程共 6 个单位工程，核定泵站工程、灌溉涵洞、清污机桥、杨淮公路桥等 4 个单位工程施工质量为优良等级，核定泵站房建单位工程施工质量合格，核定管理设施单位工程施工质量合格。综上，核定南水北调东线第一期工程宝应站设计单元工程质量合格，且为优良等级。

（薛井俊）

长江—骆马湖段工程

概　　述

工 程 概 况

南水北调东线一期长江—骆马湖段工程的主要建设任务是扩建、完善长江—洪泽湖的里运河输水线路，建设内容包括江都站改造工程、淮安四站工程、淮安四站输水河道工程、淮阴三站工程。该工程与其他工程联合运行，可实现南水北调东线一期工程第一梯级抽江水500m^3/s，第二、第三梯级通过里运河输水入洪泽湖300m^3/s的目标，并可改善白马湖和新河地区的排涝条件。

（周灿华　刘媛媛）

江都站改造工程

工 程 概 况

江都水利枢纽位于江苏省扬州市以东17km的江都区境内，地处京杭大运河、新通扬运河和淮河入江水道尾闾芒稻河的交汇处。

江都水利枢纽由4座大型电力抽水站、12座大中型水闸以及其他配套设施组成，于1961年兴建，至1979年全部建成，具有灌溉、排涝、泄洪、通航、发电、过鱼、改善生态环境等综合功能。

根据南水北调东线工程总体规划，江都水利枢纽的4座泵站作为南水北调东线工程从长江取水的起点泵站，设计流量400m^3/s（一站设计流量60m^3/s，二站设计流量60m^3/s，三站设计流量100m^3/s，四站设计流量180m^3/s），年运行时间最高达8000h以上。

工程于2005年12月22日开工，于2010年12月全部完工，实现了江都站改造工程工期控制目标。江都船闸封堵工程于2013年4月1日开工，7月20日完工。至此，江都站设计单元工程全部完成。

（刘媛媛）

通 水 运 行 管 理

（一）运行管理

江都站自建站以来，直属江苏省水利厅，其运行调度受省防汛抗旱指挥部统一安排。江都改造工程完成后，工程仍由江苏省江都水利工程管理处（以下简称江都管理处）进行管理。

江都管理处防办根据省防指的调度指令，将任务分解到泵站工程管理所，各管理所根据指令要求，及时启动机组投入运行或调整开机台数，并将指令执行情况报处防办备案。有水文测报要求的，要根据省水文局下达的“水文拍报任务书”的相关要求，及时加报水情电报。

工程管理单位严格按照技术规范要求开展工作，如主辅机设备检查、检查性试运行、水文观测任务等，收到了应有的效果。根据江苏省维修养护管理有关规定，严格按维修养护的规范制定具体措施，加强对设备的维修养护管理，保证了工程安全可靠。同时在工程理过程中，工程管理单位总结完善一系列管理制度。如检查性试运行制度、日常巡查制度、学习培训制度以及环境卫生保洁等制度。通过以上制度的执行，更好地促进了工程质量管理，发挥了工程效益。

（二）通水运行情况

（1）江苏境内工程试通水联合调试。

5月14～28日为输水河道补水阶段，5月28～29日为江苏境内全线试通水时间。

根据试运行方案，江都站于5月19日，开启江都四站1台机组补水运行；5月28日，江都三站开启8台机组，江都四站开启6台机组投入南水北调江苏段工程全线联合调试运行。5月31日下午13时试通调试水圆满完成。5月19日8时～31日11时，江都三站机组总运行200台时，累计抽水800万m^3。江都四站共运行1734台时，累计抽水18 139万m^3。

（2）南水北调东线全线通水试运行。

2013年10月，南水北调东线一期工程组织开展了全线试运行工作。

2013年10月19日，按预定的试运行方案，江都站在接到江苏省防办和江苏省南水北调东线一期工程通水运行领导小组的联合指令后，迅速启动机组投入试运行。

江都三站通水试运行时间为2013年10月19日上午9时30分到10月26日8时50分。试运行历时8天，机组合计运行940.3台时，累计抽水4512.20万m^3。

江都四站通水试运行时间为2013年10月19日上午9时30分到11月22日8时50分。试运行历时33天，机组合计运行4039.7台时，累计抽水45 873万m^3。

江都站累计通水运行33天，抽水5.04亿m^3，圆满完成了南水北调东线一期工程通水运行任务。

（刘媛媛）

工 程 效 益

江都站改造工程于2005年12月底开工，边施工边运行，效益得到充分发挥。

2007年1月至2013年12月底，江都东闸共引水169.1亿m^3，江都三站共开机742天，累计抽水66.08亿m^3，其中抗旱51.44亿m^3，排涝14.64亿m^3，江都四站共开机862天，累计抽水121.35亿m^3，其中抗旱100.4亿m^3，排涝20.95亿m^3，为缓解苏北地区及里下河地区的旱情做出了贡献。通过近6年的运行，主机泵运行工况均较为稳定，振动、瓦温、功率等均正常，满足设计要求。

（刘媛媛）

环境保护及水土保持

江都站改造工程建设过程中，严格执行环境保护设施与主体工程同时设计、同时施工、同时投入使用的环境保护“三同时”制度。根据环保总局函复意见和环境影响评价报告书要求，在前期规划设计与施工期，着重在施工期落实环境保护工作。

江都站改造工程建设处负责工程质量、工程进度、资金管理、安全生产等工程实施全过程包括施工环境保护管理等工作。监理单位明确施工环境保护负责人，对各施工单位施工期各项环境保护工作完成情况进行全面调查和检查。各施工单位指定1名负责人分管施工区的环境保护工作，并安排1名环境专兼职管理人员。在工程建设过程中，建设单位对环境保护工作实行了全过程管理，从招标开始，到工程施工，一直到工程结束后的验收工作，在各个环节上都对施工单位提出了环境保护要求，并将环评报告书及其批复和项目环保设计中的环保要求列入有关规章制度，作为考核指标同经济效益挂钩，确保施工单位落实环境保护措施。

（刘媛媛）

工 程 验 收

2013 年 5 月 15 日，江都船闸封堵工程通过水下工程阶段验收。验收结论：江都船闸封堵工程经各参建单位的共同努力，现已完成上闸首挡墙和两侧堤防防渗处理工程，工程施工符合设计要求，满足有关规程、规范的规定，工程质量暂定合格，具备挡高水河设计水位条件，同意通过水下工程阶段验收。

2013 年 7 月 24 日，江都船闸封堵工程通过单位工程完工验收。验收结论为“江都船闸封堵工程已按批准的设计内容完成；工程施工符合工程设计，满足有关规程、规范要求；工程档案收集基本齐全；工程施工质量合格，同意通过单位工程验收”。

2013 年 1 月 8～12 日，江苏省南水北调办在扬州市江都区组织召开南水北调东线一期工程江都站改造设计单元工程完工验收技术性初步验收会议。验收结论：①江都站改造工程完成了除江都船闸改建工程外批复的建设内容。②江都站改造工程设计、施工、制造和安装质量符合国家和行业有关技术标准的规定；施工和安装过程中出现的质量缺陷已处理；历次验收遗留问题已基本解决；质量监督部门初步核定，设计单元工程施工质量合格。③工程初期运行多年，各建筑物及设备性状正常，具备投入正常运行的条件。综上所述，技术性初步验收工作组同意江都站改造工程通过技术性初步验收，建议江苏省南水北调办在江都船闸改建工程完成后组织江都站改造工程设计单元工程完工验收。

（刘媛媛）

淮阴三站工程

工 程 概 况

淮阴三站工程是南水北调东线工程第三级泵站的组成部分，与现有淮阴一站并列布置，和淮阴一、二站及洪泽站共同组成南水北调东线第三梯级，具有向北调水、提高灌溉保证率、改善水环境、提高航运保证率等功能。设计调水流量 100m^3/s，安装 4 台直径 3.2m 的灯泡贯流泵机组，单机流量 33.4m^3/s，配套功率 2200kW，总装机容量 8800kW。

淮阴三站程于 2005 年 10 月开工，工程于 2009 年 12 月通过泵站机组试运行验收，2010 年 11 月通过单位工程验收，2011 年 7 月通过合同项目完成验收，2012 年 10 月开展南水北调东线淮阴三站工程设计单元工程完工验收，顺利通过。

（杨二洋）

通 水 运 行 管 理

（一）通水管理

根据苏水源管〔2013〕14 号文（5 月）及江苏省南水北调东线一期工程试运行调度方案（10 月）要求，工程项目管理部高度重视，为确保通水运行工作顺利进行，项目部组织工程管理人员积极开展相关试运行准备工作。

（二）运行管理

第二个合同管理期限从 2011 年 10 月 30 日到 2013 年 12 月 31 日，执行结束。江苏水源公司对淮阴三站两年的运行管理进行了严格的考核，由于受托管理单位总渠管理处在淮阴三站的 2 年管理中，严格按照合同，高度重视淮阴三站工作，认真对泵站进行了细致、全面的管理养护，期间淮阴三站管理项目部连续 4 年考核被评为优秀。

（杨二洋）

建 设 管 理

淮阴三站工程作为南水北调江苏东线段建设比较早的工程，江苏水源公司作为工程项目法人，对淮阴三站的运行管理采用委托管理的模式，受托单位江苏省灌溉总渠管理处成立淮阴三站工程管理项目部具体负责淮阴三站的日常管理、维护、运行等事宜。

淮阴三站的调度运用权限属于江苏水源公司，作为淮阴三站管理单位，淮阴三站管理项目部严格按照江苏水源公司的指令对淮阴三站工程进行相应的调度使用。

淮阴三站一直注重风景区内的环境保护和水土保持。在泵站本身的工程管理中，充分加强站区的绿化、风景建设。

淮阴三站的绿化由江苏水源公司的绿化公司具体负责，定期对管理范围内的花草树木进行修剪、施肥。

项目部还定期对上下游护坡进行清理、维护，避免护坡水土流失。

（杨二洋）

工 程 效 益

2013 年上半年，江苏淮北地区降雨偏少，旱情较重，淮阴三站执行调度指令，于 5 月 6 日 15 时 50 分开启 3 台机组，投入抗旱中，连同江苏境内试通水运行至 5 月 31 日停机。本次累计运行 1283 台时，累计抽水 1.55 亿 m^3，其中试通水运行 460 台时，抽水 0.55 亿 m^3，为缓解苏北地区的旱情做出了贡献。

2013 年 10 月 20 日，淮阴三站投入南水北调（东线）全线试运行，11 月 4 日 10 时停机待命至试运行结束。本次淮阴三站运行历时 16 天，机组总运行 570.5 台时，累计抽水 0.68 亿 m^3。工程运行状况良好，圆满完成了全线试运行任务。

（杨二洋）

淮 安 四 站 工 程

工 程 概 况

南水北调淮安四站工程地处淮河流域下游平原区，属淮河水系，位于江苏省淮安市淮安区三堡乡境内里运河与灌溉总渠交汇处，和已建成的江苏江水北调淮安一、二、三站共同组成南水北调东线一期工程的第二个梯级，梯级的规模流量 $300m^3/s$，加上备机在内的总装机规模为 $340m^3/s$。

工程总投资额为 1.557 亿元，2005 年 12 月开工兴建，泵站主体工程建于 2006 年 2 月，2008 年 8 月各项主要工程完工，2008 年 9 月 9 日通过泵站试运行验收，2012 年 7 月 29 日，南水北调东线一期淮安四站工程通过国务院南水北调办完工验收。

（裴旭东）

通 水 运 行 管 理

南水北调淮安四站工程采用委托管理模式，2008 年 9 月，江苏省总渠管理处正式成立南水北调淮安四站工程管理项目部，负责淮安四站工程的管理工作。

淮安四站项目部除接受江苏水源公司的检查、指导、考核和调度外，省总渠管理处也将淮安四站工程纳入正常的管理范围，正常开展汛前、汛后检查，加强业务指导，开展职工教育培训，组织年度目标管理考核。

淮安四站项目部成立以来，主要做好前期安装调试、试运行、开机运行以及日常管理等工作。安排运行管理人员介入，分为电气设备、辅机、保护及自动化等小组，配合参加工程施工、设备安装和调试。淮安四站项目部工作人员与建设、施工单位一起按照验收与操作规程，参加2008年9月7日机组试运行工作。按照委托管理协议要求，做好工程完工验收工作。2012年7月25～29日，淮安四站通过国务院南水北调办主持的技术初验和完工验收。

2013年，南水北调工程试通水运行，淮安四站按照运行方案于5月24日下午17时，开启2号机组，对输水河道进行补水，至5月30日上午9时停止运行；5月30日12时再次开启2号机组，15时同时开启1号和3号机组，正式开始试通水联合运行。17时1号和3号机组停机，5月31日12时2号机组停机。试通水运行工作全部结束，累计运行164台时，累计抽水量为0.17亿m^3。

2013年10月18日，项目部接到全线试运行的开机调度指令后，于10月20日10时开启2号机组，下午14时开启1号、3号机组，并按江苏水源公司指令，轮换各台机组，一直运行至试运行结束。

接江苏水源公司指令，淮安四站于11月11日12时30分全部停止运行待命。11月22日12时，接江苏水源公司指令，试运行全线停机，淮安四站解除待命状态，至此全线试运行圆满完成。淮安四站运行历时23天，机组总运行1096台时，累计抽水1.17亿m^3。

（裴旭东）

环境保护及水土保持

施工单位注重水土保持工作，科学安排土方挖填工程，设置专门的临时堆土区，没有发生随意弃土弃渣现象，同时认真做好临时堆土区的水保防护措施，有效降低了施工期水土流失。项目部在2013年试通水期间加强了水质监测，编报了岁修项目，对上游东侧护坡进行了整治，铺设草坪砖，对堆土区的种植、杂树进行了清理，整平土地约7000m^2，种植树木600棵。

（裴旭东）

淮安四站输水河道工程

工 程 概 况

淮安四站输水河道工程位于洪泽湖下游白马湖地区，涉及淮安市楚州区、扬州市宝应县及省白马湖农场，是南水北调东线工程的重要组成部分，设计抽水规模100m^3/s，站下新河输水河道连接里运河和白马湖，全长29.8km，由运西河（7.5km）、穿湖段（2.3km）及新河（20km）三段组成。工程于2005年12月中旬相继开工，2008年6月5日全部完成。

（姜兆清）

通 水 运 行 管 理

淮安四站输水河道管理所（以下简称管理所）成立于2009年6月，现有管理人员20人，下设办公室、工程科、财务科、水政监察中队。

管理所在汛前、汛后对淮安四站输水河道及新河口门封闭等建筑物及时组织检查，主要机电设备进行维修保养，确保其正常安全运行。

淮安四站输水河道及新河沿线跨河桥梁、新河沿线口门封闭等工程的管理实行三级管理机制，一是管理所组织人员定期巡查和督查，发现违建、违章种植及违法取土问题及时制止处理；二是管理所聘用地方人员作为管理人员进行长期巡查，发现问题及时制止和汇报；三是出现重大违建、违章种植面积较大时，管理所联合楚州区水政监察大队及地方派出所进行联合执法，统一进行清障、清除违章种植行动。

南水北调淮安四站输水河道在2013年度管理运行期间顺利通过5月底全省试通水和10月底全线试通水运行，发挥了工程应有的效益。

（姜兆清）

工 程 效 益

淮安四站、淮安四站输水河道及其配套建筑物的建设不仅增加了南水北调东线供水水量，为抗旱做出了贡献，而且解决了楚州区三堡、林集、南闸、范集四乡（镇）及白马湖农场一场286km^2 的排涝及降渍，为地方农业生产提供了有力保障。

新河段河道、穿湖段湖区抽槽工程在实施时采用水下方疏浚方案，在施工过程中，其通水功能不受影响。2006年、2007年汛期，正常发挥排涝功能。新河段7座桥梁工程于2006年底先后完成。工程建成后即行通车，改善了当地交通条件，方便了沿线群众的生产生活，促进地方经济社会的发展，受到了人民群众的普遍欢迎。

（姜兆清）

环境保护及水土保持

淮安四站输水河道水土保持工程于2008年3月初开工实施，于2008年7月基本完成。批复水土流失防治责任范围为533.74hm^2，经评估核定，建设期防治责任范围为562.63hm^2，运行期防治责任范围为370.58hm^2。实际完成混凝土、块石护坡3.63万m^2，排水沟3.33万m；实施植物措施面积129.27hm^2，其中乔木28.61万株，灌木41.76万株，草坪76.02hm^2。该工程主要是对河道沿线堤防坡面、青坎及堤顶采取栽树、种草等涵养水源措施，防止水土流失，并对沿集镇段采取环境治理保证输水河道水质安全。经2008年汛期的初步考验，苗木成活率、草坪覆盖率均达到设计要求，对防止河道堤防水土流失效果显著，同时改善和美化了沿线的生态和环境，受到沿线群众的一致好评。

（姜兆清）

骆马湖—南四湖段江苏境内工程

概 述

工 程 概 况

骆马湖—南四湖段江苏境内工程是连接骆马湖与南四湖省际间的调水工程，采用不劳河和韩庄运河双线输水，通过不牢河和顺梯河输水，实现从骆马湖（中运河）抽引125m^3/s供不牢河沿线用水并调水入南四湖下级湖75m^3/s的规划目标。工程主要建设内容是改扩建刘山泵站、谢台泵站和新建蔺家坝泵站。刘山泵站、谢台泵站和新建蔺家坝泵站为一等工程，主体工程为1级建筑物，次要建筑物为3级。泵站设计洪水标准为百年一遇，校核洪水标准为300年一遇。

刘山泵站工程

工程概况

刘山站工程是南水北调东线工程的第七级抽水泵站。位于邳州市宿羊山镇境内京杭运河不牢河段上。主体工程包括新建泵站、节制闸，老节制闸拆除新建跨不牢河公路桥工程；导流工程包括开挖导流河、新建导流闸和拆除重建跨导流河公路桥等工程。

（刘彦吉）

运行管理

徐州市水利局通过竞标获得南水北调刘山站工程管理资格，组建南水北调刘山站工程管理项目部。项目部制定了《刘山站运行操作规程》、《刘山站反事故预案》、《刘山站防汛预案》等规程预案，并制定了项目经理岗位职责、技术负责人岗位职责、职能科室和运行班岗位职责等规章制度。

项目部坚持每天对管理范围内的机电设备、水工建筑物进行巡视检查、卫生清理；每周进行安全巡视检查，每月进行单机调试、维护；每季度开展机组联合调试；每年汛前开展汛前大检查、汛前维修保养，并委托第三方对刘山站机电设备进行预防性实验；汛期坚持24h防汛值班制度，实行工作票、操作票制度，确保设备安全运行无事故；汛后及时组织技术人员开展汛后安全大检查，对发现问题及时组织人员进行维修处理，确保设备工况良好。

（刘彦吉）

环境保护及水土保持

刘山站建设区水土保持责任范围 50.73hm^2，水面面积 16hm^2；运行期防治责任范围 26.25hm^2，施工期完成工程量为植物措施面积 15.31hm^2，种植灌木 2.1 万株，灌木 482 株，竹类1593 株，绿化面积25 921m^2，草皮植被 87 089m^2。项目部对站区的绿化、美化工作非常重视，为了保证绿化成果，努力提高草皮、树木等的成活率，按照绿化管养要求，进行浇水、施肥、除草、治虫和修剪等工作；为改善站区绿化环境，项目部种植杨树 9000 株，香樟 70 株，红叶石楠球 60 株，绿篱色块 2600m^2，花费了大量的人力和财力，为站区的绿化、美化提供了强有力的保证。

（刘彦吉）

工程效益

刘山站自交付项目部管理以来，根据徐州市防指调度指令刘山节制闸开闸调整 38 次，下泄洪水 1.3 亿 m^3，及时发挥了防洪效益。2013 年5 月江苏段试通水运行 76.73 台时，翻水量870.72 万 m^3；2013 年 10～11 月全国试运行期间运行 943.94 台时，翻水量 11 314.46万 m^3。有效保护了广大人民群众的生命和财产安全，为徐州市经济社会发展做出了积极的贡献。

2013 年节制闸共开闸调整 38 次，最大过闸流量 483m^3/s，总计放水量约 1.3 亿 m^3。发挥了枢纽排泄徐州市北部、市区及南四湖湖西片涝水和利用南四湖蓄水补充灌溉、航运用水的工程效益。

（刘彦吉）

解台泵站工程

工程概况

解台站是南水北调东线工程的第八级抽水泵站。工程位于徐州市贾汪区境内。解台站设计流量125m^3/s。

2008年8月，由江苏水源公司组织解台泵站主机组的试运行，试运行结束后，交与江苏省南水北调解台站工程管理项目部管理。

（马玉祥）

运行管理

江苏省南水北调解台泵站工程管理项目部负责泵站的日常运行管理工作。项目部注重质量管理，以水利行业泵站、水闸的有关规程、规范为标准，开展各项工作，进行了每年一次的电气定期预防性试验、透平油变压器油及液压油的化验、行车和安全用具的检测等，确保了设备的完好。

（马玉祥）

工程效益

2013年，抽水泵站全年开机1050台时，抽水1.19亿m^3。节制闸全年启闭37次，泄排水0.8亿m^3。自2008年8月接管解台站管理工作以来，抽水站累计开机1196.2台时，抽水约1.36亿m^3，节制闸开关闸339次，共泄水12.31亿m^3。为徐州地区的工农业生产及航运事业发挥了巨大的社会和经济效益。

（马玉祥）

环境保护及水土保持

解台站现有管理区范围18.9hm^2，除水面外，绿化面积14.5hm^2，已栽种各类树木6000余棵，绿篱色块地被植物2100余平方米，各类草皮面积达54 000m^2。

项目部对站区的绿化、美化工作非常重视，为了保证绿化成果，督促绿化管理人员，按照绿化管养要求，进行浇水、施肥、除草、治虫和修剪等工作，花费了大量的人力和财力，为站区的绿化、美化提供了强有力的保证。

（马玉祥）

蔺家坝泵站工程

工程概况

南水北调东线第一期工程蔺家坝泵站工程为南水北调东线工程的第九级泵站，位于江苏省徐州市铜山县境内，布置在郑集河口以南1.5km，湖西大堤以西的顺堤河滩地上，设计流量75m^3/s，主要任务是向南四湖下级湖输水，并结合排涝。

（程　淼）

通水运行管理

蔺家坝泵站的控制运用由江苏水源公司

宿迁分公司运行管理部直接调度。项目经理部设立了工程部、综合部、运行部三个职能管理部门。项目部注重质量管理，以水利行业泵站、水闸的有关规程、规范为标准，开展各项工作。进行了每年一次的电气定期预防性试验、透平油变压器油及液压油的化验、行车和安全用具的检测等，确保了设备的完好。

2013 年项目部全体人员尽职尽责，各项工作有序开展，工程管理水平得到了进一步提高，做到了安全运行无事故。在 5 月份完成东线全线试通水任务，10～11 月完成南水北调东线一期工程全线试运行任务，全年共开机运行 867.7 台时，抽水约 7377.75 万 m^3。

（程　森）

工　程　验　收

2012 年 12 月 3 日，南水北调东线一期蔺家坝泵站工程通过由国务院南水北调办组织的设计单元工程完工验收技术性初步验收。

2013 年 7 月，国务院南水北调办对南水北调东线一期泵站工程进行试通水验收。

（程　森）

长江—骆马湖段其他工程

概　　述

工　程　概　况

长江—骆马湖段其他工程主要建设内容包括：扩建、改造运河一线调水工程，完善金宝航道、徐洪河一线调水工程，新建 8 座泵站，改造 2 座泵站。此外，实施里下河水源补偿、洪泽湖抬高蓄水位影响处理工程等项目。其中，沿运闸洞漏水处理工程、徐洪河影响处理工程、洪泽湖抬高蓄水位影响处理工程江苏省境内工程已经完工。

（王跃山）

高水河整治工程

工　程　概　况

高水河整治工程是南水北调东线一期工程中的设计单元。高水河是南水北调源头向北输水第一级河道，是输水干线的重要组成部分，也是沟通里运河与芒稻河的通航河道。高水河两侧堤防是江都城区、邵伯镇区及广陵泰安镇区的重要防洪屏障。

高水河是由江都站向北送水至里运河的河道，与三阳河、潼河一起承担南水北调东线一期工程向北输水 500m^3/s 的任务，并兼有行洪、排涝及航运功能。南水北调东线一期工程高水河设计输水流量 400m^3/s，江都站上设计水位 8.5m。

（王跃山）

运　行　管　理

高水河工程现状管理单位有江苏省江都水利工程管理处、扬州市江都区运河管理处及扬州市广陵区运河管理所，管理范围分别为：邵仙枢纽、土山洞及江都船闸；高水河东堤及邵仙枢纽以北西堤；邵仙枢纽以南段西堤。

（王跃山）

工程效益

高水河整治工程通过拓浚浅窄段河道、加固堤防及沿线建筑物等，保证南水北调东线一期工程运行期河道的输水安全和输水能力。同时，妥善处理对沿线局部地区的排涝影响，修建部分管理道路。

高水河整治工程，管理设施、堤防绿化、防汛工程均达到有关设计标准，在试运行期间，运行状态良好，已建工程已为沿河的泰安镇、江都区及下游沿运地区农田引水灌溉、安全度汛等发挥了极大的工程效益和社会效益。其他情况有待高水河长期高水位运行时进一步观察。

（王跃山）

工程验收

南水北调东线一期高水河整治工程于2013年3月13～15日通过了施工1、2、3标单位工程验收和设计单元工程通水验收。2013年10月31日，江苏水源公司组织了对高水河整治工程、沿运闸洞漏水处理工程的档案验收。

（王跃山）

淮安二站改造工程

工程概况

淮安二站位于淮安市楚州区南郊，是淮安水利枢纽工程的重要组成部分，也是南水北调的第二级泵站之一，该站与淮安一站、淮安三站和淮安四站共同抽引江都站和宝应站输送的长江水入苏北灌溉总渠，输送至淮阴站下，满足南水北调东线第一期工程第二、第三梯级抽水300m^3/s的规划目标。

（石　燕）

质量管理

建立健全质量管理体系，落实质量责任，成立了质量管理领导小组，建设处主任为组长，对工程质量负总责。建设处根据国务院南水北调办及公司制定的相关建设管理条例和办法，结合工程实际情况，制定了一系列的质量管理制度，包括《质量管理细则》、《设计变更管理细则》、《施工图审查管理办法》、《质量缺陷、事故处理制度》等，建设处依据质量管理制度进行工程建设管理。

原材料采购由建设处、监理部、项目部三方共同进行市场调研比较后确定供应商；进场前施工单位都按照有关规定和规程进行相关的送检、报验，建立台账；监理单位按照规范要求进行平行检测，建设处还委托第三方进行抽检，各批次检测均为合格。

在工程实施过程中，监理以巡查、抽查和检查的形式加强施工过程控制，建设处现场人员每天到工地巡查，建设处定期组织召开协调会，商讨解决施工过程中出现的各种质量问题，每月质量检查活动不少于2次，确保质量形成过程处于受控状态。目前，所有单元工程质量均合格，优良率达85%以上。

（石　燕）

工程进展

2013 年，淮安二站现场施工任务基本结束，进入了收尾阶段。

截至 2013 年底，基本完成了总概算投资 5323 万元，全面完成了年度建设任务。

（石　燕）

工程效益

淮安二站因抗旱需要，截至 2013 年底，1 号机开机 177 天，运行 4003 台时，抽水 8.64 亿 m^3；2 号机开机 173 天，运行 3965 台时，抽水 8.56 亿 m^3。

（石　燕）

工程验收

2013 年 4 月 7 ~ 9 日，江苏省南水北调办在淮安市淮安区组织召开了南水北调东线一期工程淮安二站改造工程设计单元工程通水验收技术性初步验收会议。专家组同意淮安二站改造工程通过通水验收技术性初步验收，工程具备通水条件。

2013 年 7 月 16 日，江苏省南水北调淮安二站改造工程建设处在淮安二站主持召开了南水北调东线第一期工程淮安二站改造工程自动化系统采购及安装合同验收会。专家组通过了淮安二站改造自动化系统采购及安装合同验收。

（石　燕）

泗阳站工程

工程概况

泗阳泵站枢纽是南水北调东线多级提水系统的第四梯级，位于江苏省泗阳县县城东南约 3km 处的中运河输水线上，泗阳泵站枢纽的主要任务是，新建泗阳站和原泗阳二站共同运用，调水出洪泽湖 230m^3/s，通过中运河输水线，与刘老涧泵站枢纽、皂河泵站枢纽联合运用，实现一期工程输水 175m^3/s 入骆马湖的规划目标；同时，为泗阳泵站枢纽与刘老涧泵站枢纽之间的乡镇生活、工农业生产和航运补充水源。

工程于 2009 年 12 月 30 日开工建设，计划于 2012 年 2 月水下工程验收，2012 年 5 月 6 日完成抽水试运行，8 日正式投入抽水运行，12 日通过抽水试运行验收；2012 年 8 月 2 日完成发电试运行并通过验收。

（周　坤）

通水运行管理

泗阳工程自 2012 年 5 月 6 日完成试运行，5 月 12 日通过试运行验收后，由江苏省骆运水利工程管理处抽调江苏省泗阳闸站管理所相关具有丰富泵站管理经验的技术骨干同志组成管理机构，对工程进行日常的维修及养护、运行管理。

泵站运行目前由江苏省水利厅直属单位江苏省骆运水利工程管理处管理，接受江苏省防汛防旱指挥部指令。

项目部对托管工作高度重视，充分利用原有技术、人才、经验优势，把工程管理工作重点放在日常管理，严格按规范程序来进行机组保养、巡视检查、定期进行辅机试运行。注重资料档案管理，如实记录工程运行参数并及时归档。对 2012 年、2013 年工程管理发生的工程资料进行了整理归档，形成了规范的文本。以精细化管理为要求，进一步修订完善了工程管理细则、各项规程、规章制度等，加强监督和执行，抓紧日常化管理和考核增加计划性，减少突击应急施工。在日常管理过程把安全生产责任切实落实到关键岗位和关键人员，建立健全安全生产台账，不断加强安全生产基础工作，确保人员安全、工程运行安全。根据工程实际情况，定期召集各部门负责人、技术人员和班组长等人员，召开关于设备维护保养专题会议，对设备维护运行情况进行深入研讨，制订了切实可行的工作计划。对存在问题认真落实整改，力争把工作做细、做实、做全。保证各项管理工作扎实有序地推进和开展。

在汛前、汛后及特殊天气时对工程及设备进行了全面检查和保养，确保设备始终处于完好状态，并编写汛前、汛后检查报告。对于泗阳站在日常管理及运行中发现的问题进行抢修和维护，保证工程设备的良好状态。

2013 年，对主机、开关柜、冷水机组等进行了安全检查保养，对高低压开关柜进行保养，保证操作机构灵活无卡阻，分、合闸灵活可靠。根据运行实际情况对真空破坏阀动作时间进行了调整；对辅机系统的油、气、水管道进行检查维护，紧固接头和更换部分阀件，消除“三漏”现象；补充更换了站内的安全消防器材。对闸、站的上下游护坡和混凝土工程进行详细检查和保养；认真的开展了年度电气预防性试验，对电气机组设备可靠性进行了全面检查，并对检查结果数据详细记录归档，作为今后设备检修的参考依据；组织汛前、汛后检查，全面排查并消除安全隐患；对部分金属结构进行防腐处理；狠抓精细化管理，处理工程遗留尾工。

2013 年 5 月 24 ~ 31 日，圆满完成了南水北调东线一期工程试通水任务，运行 179.7 台时，抽水 2134.83 万 m^3；2013 年 10 月 20 日 ~ 11 月 20 日，圆满完成南水北调东线一期工程全线试运行任务，实际运行 13 天（至 11 月 2 日 7 时 55 分），538.5 台时，抽水 5789.13m^3。

两次运行任务，都对设备及相关设施进行了认真检查和保养，制定了实施方案，切实加强组织领导，并对相关预案进行了演练，确保了运行任务的圆满完成。

（周　坤）

工 程 投 资

南水北调泗阳站工程初步设计先后于 2009 年 4 月和 7 月由国务院南水北调办分别以技术方案和概算批复。工程总投资3.061 4 亿元，静态投资 2.975 1 亿元。其中建筑工程 8012 万元，机电设备及安装工程 7187 万元，金属结构设备及安装工程 1395 万元，施工临时工程 1412 万元，独立费用 4148 万元，移民环境部分 6336 万元，输电线路工程 1261 万元。建设资金来自国家投资、建设基金和银行贷款，其中中央投资 30%，江苏省征收南水北调基金 25%，项目法人银行贷款 45%。

2013 年，工程投资主要为工程管理经费的投入，总量约 104 万元。

（周　坤）

建 设 管 理

泗阳站工程于 2012 年 12 月底完成主体工程，2013 年主要是部分扫尾施工，含水土保持、装饰装潢、厂房亮化等施工，建设处按照相关要求和程序，严格履行相关手续，高质量地完成了全年的施工计划。

（周　坤）

工 程 效 益

泗阳站导流河工程于 2009 年 12 月 31 日开工建设。2010 年 4 月 2 日通过验收，5 月份投入泗阳一站抽水运行。2011 年淮北地区出现 60 年一遇旱情，泗阳一站连续开机抽水运行 174

天，抽水 10.64 亿 m^3，为缓解淮北地区严重旱情起到了重要作用。导流河工程共引水 16.67 亿 m^3，及时有效地发挥了工程效益。

2012 年上半年，江苏省淮北地区降雨严重偏少，泗阳站于 5 月 6 日接到省防指调度指令，全力投入抗旱运行中。截至 7 月 8 日停机，累计运行 4802 台时，累计抽水 7.077 亿 m^3，为缓解苏北地区的旱情做出了贡献。较好地发挥了抗旱减灾效益。通过 55 天的运行，运行期间 6 台主机运行工况均较为稳定，振动、瓦温、功率等均正常。

2012 年 7 月 24 日进行发电预运行，8 月 2 日通过发电试运行验收，至 10 月 8 日停机，累计发电运行 52 天，4833 台时，泄水 4.52 亿 m^3，累计发电量 164 万 kW·h。较好地发挥了水力发电效益。2013 年，泗阳站抽水运行 64 天，向上游补水 4.24 亿 m^3，发电运行 54 天，泄水 3.74 亿 m^3，上网电量为 109 万 kW·h；安全生产态势平稳可控，工程具备长期、连续运行条件。

（周　坤）

环境保护及水土保持

1. 环境保护

泗阳站管理区生活污水设置了污水处理装置，选用江苏宜兴市华达水处理设备有限公司生产的膜生物处理装置。办公区污水和化粪池污水通过地下管道集中输送到污水处理站，经生化处理后排入上游引河。生活垃圾处理措施：在生活区设置了垃圾池和垃圾箱，划分了卫生责任区，专人负责各责任区的卫生保洁工作，经常性对垃圾池进行清理，集中指定地点堆放，统一处理。

为了保障工作人员的身体健康，项目部对工作人员每年进行一次体检。同时食堂人员必须强制进行全面体检，并持有健康上岗证。在生活区安排专人负责，定期开展灭蚊、灭蝇和灭鼠工作，做好卫生防疫。食堂配置了纱门、纱窗、冰箱、消毒柜，由综合部负责对食堂进行卫生检查，保障食品安全，防止食物中毒。

2. 水土保持

2012 年 4 月，水保及绿化施工主要完成上下游青坎柳树栽植、下游南北翼墙绿化以及南副厂房广场部分区域绿化，12 月份完成站区乔木栽种，剩余工程量在 2014 年 4 月底前完成。站区面貌焕然一新。

（周　坤）

工　程　验　收

（1）2012 年 12 月 27 日，通过设计单元通水验收。

（2）2012 年 12 月，基本完成装饰所有工程。

（3）2013 年 5 月，已完成约 70% 绿化工程量。

（4）2013 年 5 月 28 日，完成消防专项验收。

（5）2013 年 8 月 27 日，完成泵站、房屋建筑、管理设施、闸下交通桥 4 个单位工程验收。

（6）2013 年 12 月 13 日，通过江苏水源公司组织的档案初步验收。

（周　坤）

刘老涧二站工程

工　程　概　况

刘老涧二站位于江苏省宿迁市东南约 18km 的大运河上，是刘老涧泵站枢纽的重要组成部分，与刘老涧一站、睢宁一站、睢宁二站等工程共同组成南水北调东线第一期工程第五个梯级。

与皂河泵站、泗阳泵站一起，通过中运河线向骆马湖输水175m^3/s，与运西徐洪河线共同满足向骆马湖调水 275m^3/s 的目标，兼顾沿线供水和灌溉，改善航运。

（唐　鹏）

通水运行管理

（一）通水准备工作

刘老涧二站工程管理项目部对试通水运行工作高度重视，为落实江苏水源公司精神确保刘老涧二站通水运行顺利进行，项目部召开了通水准备工作专题会议，决定把工作重心由汛前设备保养检查转为通水开机准备，成立了以项目经理韩前才为组长，冯杰为副组长的试通水运行领导小组。工程部负责设备检查与运行值班工作，财务部负责试通水相关备品备件物资采购工作，综合部负责通水期间接待等后勤保障工作。制定了试通水人员职责分工表与试通水运行安全责任制度。

项目部在正式开机前，已经对所有机电设备、水工建筑物、河道等进行了专项安全检查；并对辅机设备进行了试运行，对主机、变压器进行了绝缘电阻测量，对高低压开关柜进行保养和联动试验。并按照刘老涧反事故预案组织了运行人员进行演练，配备了经验丰富的技术人员与运行检修人员，相关操作票、工作票与参数记录表格准备到位，并与供电调度部门落实了用电负荷；相关运行人员已经进行了有关技术培训。

（二）调水情况

刘老涧二站接江苏水源公司指令，于5月21日下午2点开1台机组运行，至5月31日中午12点停机。运行过程中，刘老涧二站项目部严格按照运行制度对设备进行巡视检查，对泵站出口及重要过水断面开展水位和流量监测，并配合相关部门对水质情况进行了监测。本次通水共运行174.8台时，累计抽水2140.88万m^3。

在下半年南水北调东线全线试运行中，刘老涧二站于10月21日8点开机，到11月22日结束，运行398台时，抽水4212.5万m^3。

（三）管理机构

刘老涧二站工程由江苏水源公司委托江苏省骆运水利工程管理处进行管理，第一次合同约定的服务期限为2011年8月1日～2013年12月31日。2011年8月24日，江苏省骆运水利工程管理处成立了江苏省南水北调刘老涧二站工程管理项目部，进行现场管理工作。

泵站运行由江苏水源公司运行管理部直接调度。节制闸为刘老涧老闸的赔建工程，由江苏省水利厅直属单位江苏省骆运水利工程管理处管理，接受江苏省防汛防旱指挥部指令。

刘老涧二站工程管理项目部已托管刘老涧二站两年多，借助原有管理经验，目前刘老涧各项运行管理工作井然有序。在质量管理方面，大力加强制度建设，强化管理，对重大原则问题，实行一票否决。同时突出质量安全领导责任制度，项目经理对刘老涧二站质量管理工作负领导职责，尤其是要做好刘老涧二站重大项目实施的质量管理与监督工作。项目副经理协助项目经理指导完成各项具体工作，同时配备专职安全员，做好现场监督工作。工程部为设备维护与保养运行的直接责任管理部门，负责各项工作的具体实施，并落实每项工作、每项检修维护项目到相应班组，由班组长带领相关人员完成任务并作为第一责任人进行自查，然后交由工程部负责人进行检查。对重大质量安全问题，需通知项目经理、副经理进行安全质量把关，必要时成立由项目部负责人、外请专家、专业技术人员的检查组进行安全质量鉴定。

（唐　鹏）

工 程 效 益

刘老涧二站工程赔建的节制闸在2011年汛前已按设计标准建成，具备了工程运行条件，恢复了刘老涧枢纽原有的泄洪能力，2013年度刘老涧二站节制闸配合刘老涧新闸泄洪11.32亿m^3；泵站工程于2011年9月2日至3日主机组试运行成功，截至2013年底，累计完成抽水681台时，抽水7207.7万m^3。

（唐　鹏）

环境保护及水土保持

（一）环境保护

刘老涧二站管理区生活污水设置了污水处理装置，选用江苏宜兴市华达水处理设备有限公司生产的膜生物处理装置，日处理能力24t。办公区污水和化粪池污水通过地下管道集中输送到污水处理站，经生化处理后排入上游引河。

生活垃圾处理措施：在生活区设置了垃圾池和垃圾箱，划分了卫生责任区，专人负责各责任区的卫生保洁工作，经常性对垃圾池进行清理，集中指定地点堆放，统一处理。

为了保障工作人员的身体健康，项目部对工作人员每年进行一次体检，同时食堂从业人员持有健康上岗证。在生活区安排专人负责，定期开展灭蚊、灭蝇和灭鼠工作，做好卫生防疫。食堂配置了纱门、纱窗、冰箱、消毒柜，由综合部负责对食堂进行卫生检查，保障食品安全，防止食物中毒。

（二）水土保持

刘老涧二站的绿化由江苏水源公司的绿化公司具体负责，项目部定期督促绿化公司对管理范围内的花草树木进行修剪、施肥、除虫。同时项目部加强对上、下游护坡的清理维护，在护坡上重新栽植四季青草皮，避免水土流失。

（唐　鹏）

皂 河 二 站 工 程

工 程 概 况

皂河站是南水北调东线第六梯级泵站之一，位于江苏省宿迁市皂河镇北5km处，东临中运河、骆马湖，西接邳洪河、黄墩湖，皂河抽水站可从中运河向骆马湖抽水175m^3/s，与运西徐洪河输水线路共同满足向骆马湖调水275m^3/s的目标，并可结合邳洪河和黄墩湖地区排涝。

（戴宜高）

通 水 运 行 管 理

皂河二站工程采用委托管理模式，2011年12月，皂河二站配套建筑物邳洪河北闸提前交付管理单位管理使用，2012年4月，江苏水源公司向江苏省骆运水利工程管理处发布委托管理文件，同月，江苏省骆运水利工程管理处正式向江苏水源公司递交皂河二站工程受托管理文件。5月1日，骆运管理处成立皂河二站工程管理项目部，负责皂河二站工程的委托管理工作。7月3日，江苏水源公司与骆运管理处签署皂河二站委托管理合同。

2012年12月该工程通过了通水验收。

2013年5月24日17时，皂河二站项目部按照江苏水源公司要求开机1台对上游河道进行补水，30日上午9时停机。5月30日13时，按照《关于南水北调东线江苏段工程试通水各有关泵站调度运行的通知》（苏水源传〔2013〕37号）要求，开机1台抽水，16

时运行机组增加至3台，18时停机2台，恢复为1台运行，31日13时停机。至此，皂河二站圆满完成本次试通水运行工作，本次试通水机组运行166台时，抽水1494万m^3。

2013年9月30日，皂河二站工程管理项目部接到《关于做好南水北调东线一期工程全线试运行准备工作的通知》（苏水源传〔2013〕60号）后，项目部立即组织技术人员对皂河二站主辅机系统、水工建筑物等进行认真、仔细地检查，同时按要求配备了足额的运行与应急抢修工作人员，迅速完成了开机前的一切准备工作。

按照江苏水源公司要求，皂河二站于10月21日10时开机抽水，11月8日17时30分停机。本次试运行历时19天，累计运行648台时，其中满负荷运行84h，抽水5832万m^3。

（戴宜高）

工 程 效 益

二站机组2013年全年累计安全运行3781台时，开停机52次。其中试通水运行166台时，抽水约1494万m^3；全线试运行648台时，抽水5832万m^3；发电运行2967台时，发电超过69万kW·h。

（戴宜高）

皂河一站改造工程

工 程 概 况

皂河站是南水北调东线第六梯级泵站之一，位于江苏省宿迁市皂河镇北5km处，建设内容包括皂河一站更新改造工程和皂河二站工程两个设计单元。本期工程建成后，皂河一站可从中运河向骆马湖抽水175m^3/s，与运西徐洪河输水线路共同满足向骆马湖调水275m^3/s的目标，并可结合邳洪河和黄墩湖地区排涝。

皂河一站改造工程批准概算投资1.22亿元，工期2年，于2010年9月开工建设，2012年12月建设完成。

（王永刚　史文锦）

泗洪站工程

工 程 概 况

泗洪站枢纽工程是南水北调东线一期工程的第4梯级泵站，位于江苏省泗洪县朱湖镇东南的徐洪河上，距洪泽湖顾勒河口上游约16km处。主要任务是从洪泽湖抽水入徐洪河，经睢宁泵站和邳州泵站向骆马湖输水100m^3/s，与中运河线满足向骆马湖调水275m^3/s的目标。

（王永刚　史文锦）

工 程 投 资

泗洪站枢纽工程总投资55 893万元。2013年度，完成年度投资3592万元，占投资计划（3592万元）的100%。其中，累计完成投资55 893万元，占工程总投资的100%。

（王永刚　史文锦）

质 量 管 理

泗洪站枢纽工程建立了建设单位负责、

监理单位控制、施工单位保证和政府监督相结合的质量管理体系，加强工程质量管理。2013年，质量监督站开展活动12次，建设处及时转发相关质监意见，督促参建单位落实整改意见，现已全部整改到位，并上报回复。

截至2013年底，完成单元工程全部合格，单元工程优良率为91.23%，单位工程优良率100%，符合年度建设质量管理目标要求。

（王永刚　史文锦）

安 全 生 产

在工程建设中，建设处与各参建单位通过开展“安全生产年”、“安全生产月”、“安全生产专项治理”、“安全知识学习考试、宣传、猜灯谜有奖竞答”、“事故隐患排查整改”等一系列活动，加强管理，泗洪站枢纽工程建设安全生产良好态势保持良好，开工以来未发生任何安全事故。

建设单位对文明工地创建活动高度重视，通过文明工地创建，促进工程顺利实施，树立工程良好形象。

（王永刚　史文锦）

工 程 进 展

2013年4月，泗洪站泵站机组完成试运行验收；5月，泗洪站枢纽工程通过设计单元通水验收；12月底，泵站、排涝闸、调节闸工程具备单位工程验收条件；厂房、控制楼、办公宿舍楼装饰基本完成；水土保持工程由于季节原因尚有部分树木不能种植。工程各节点工期符合要求，完成了年度目标任务，满足工程通水需要。

2013年度累计完成工程投资3592万元，占年度投资计划的100%；累计完成投资55 893万元，完成总投资的100%。

年度完成土方挖填12万m^3，石方1.5万m^3，混凝土0.6万m^3。累计完成土方开挖填558.8万m^3，石方7.31万m^3，混凝土浇筑14.07万m^3，金属结构制作1560t。

（王永刚　史文锦）

金 湖 站 工 程

工 程 概 况

金湖站为南水北调东线一期工程第二个梯级站，位于江苏省金湖县银集镇境内，三河拦河坝下的金宝航道输水线上。其主要任务是通过与下级洪泽站联合运行，由金宝航道、入江水道三河段向洪泽湖调水150m^3/s，为洪泽湖周边及以北地区供水，并结合宝应湖地区排涝。

（王从友）

通 水 运 行 管 理

2013年，金湖站工程管理项目部在江苏水源公司和洪泽湖管理处的领导下，严格按照委托管理合同要求，开展精细化、流程化管理，建立健全了各项规章制度，编写了工程管理细则、运行规程等技术文件，认真做好工程日常养护，全年开机42天，运行1156.1台时，累计抽水1.59亿m^3，圆满完成了5月份南水北调江苏段试通水和10月份东线全线试运行开机任务。

（王从友）

设 备 管 理

（1）做好设备管理的基础性工作。一是对电设备进行登记，记录设备技术参数，养护维修及缺陷等内容，全面建立设备台账。

二是按规范要求，对主、辅机组进行编号标色，标明开关、阀门方向位置，对油、水管路进行了介质流向标识。

（2）做好设备管理日常维护工作。将设备分工到人，明确责任，对电气设备进行了全面保养，整理了零乱的布线，紧固了部分线头；对主、辅机组进行清洁和油漆出新；对渗漏泵进行了技术改造，增加连接软管和不锈钢盖板，既便于维修，同时也更加整洁美观。

（3）做好设备试验的试验、校验和调试工作。按照规范要求，完成了3台变压器、12台高压开关柜、8台低压开关柜、3套绝缘工具、5台主电机等电气设备的进行预防性试验和检测校验工作，保证了电气设备的可靠性、稳定性。

（4）做好设备的日常检查工作。除了汛前、汛后定期检查和运行期巡视检查外，每月均组织1次经常性检查，对于发现的小问题总能及时处理，确保设备始终处于可用状态。

（王从友）

质 量 管 理

（1）建立管理机构，加强团结协作。2013年1月，洪泽湖管理成立了“江苏省南水北调金湖站工程管理项目部”，作为现场机构，具体负责金湖站日常管理工作，下设工程、综合、财务三个职能管理部门，组建以来，项目部班子内部团结务实、协调配合，工作扎实稳步推进。

（2）健全规章制度，明确岗位责任。针对金湖站特点，管理项目部建立了16项岗位责任制，13项工程管理制度，14项安全管理制度，8项财务制度和8项综合管理制度，装订成册，部分制度上墙，并经常组织职工认真学习，务求全面熟悉，严格遵守。

（3）编制管理细则，开展培训和演练。编制了《金湖站管理细则》、《金湖站观测细则》、《金湖站运行规程》、《金湖站安全规程》等技术文件，为日常管理运行奠定了技术基础。

（王从友）

安 全 生 产

（1）健全安全网络，责任到人。项目部成立了以项目经理为组长的安全生产领导小组、防汛组织网络，配备兼职安全员，安全工作层层落实，做到责任到人。

（2）强化安全培训，做到持证上岗。一是组织职工学习安全生产有关文件、电力安全工作规程、消防知识等，提高了职工的安全意识。二是安排特种工作人员参加专门培训，项目部10人具有电力系统发放的电工作业证书，5人持有电力调度系统运行值班证，2人持有劳动部门颁发的起吊作业证书，做到了持证上岗。

（3）主要部位安全警示标志设置齐全。一是在上下河道设置了8块“禁止钓鱼、游泳”的警示标牌，二是在主变压器、高低压室外设置了“高压危险”的标牌。

（4）做好安全工作的软、硬件配置。一是安全工具配备齐全。二是编写了安全规程、反事故预案等，主要设备的操作规程上墙。三是消防器材配备齐全，并对消防器材进行了检查。四是防雷、接地设施可靠、完好。

（王从友）

洪泽站工程

工程概况

洪泽站工程是南水北调东线第一期工程的第三梯级泵站之一，位于江苏省淮安市洪泽县蒋坝镇北约1km处，介于洪金洞和三河船闸之间，紧邻洪泽湖。其主要任务是通过与下级金湖站联合运行，由金宝航道、入江水道三河段向洪泽湖调水150m^3/s，为洪泽湖周边及以北地区供水，并结合宝应湖、白马地区排涝。2013年3月底主体工程完工。

（李　俊）

通水运行管理

（一）试通水准备工作

（1）建立健全组织措施，明确通水运行方案。根据江苏水源公司的要求，结合洪泽站枢纽工程运行具体情况，洪泽站工程建设处、洪泽站管理所成立南水北调洪泽站试通水现场领导小组，设现场总指挥、泵站运行班、闸门及维修班、工程观测组、后勤保障及安全组等，所有参加通水人员均制作了统一胸牌、运行服并持证上岗。泵站四个运行班，实行四班三运转，闸门及维修一个运行班，每班5人，其中机电值班长各1人，带领本班值班员做好安全试通水工作，各班组内部分工明确，职责清晰，组织完善。

（2）完善规章制度，加强预案演练。为确保试通水工作顺利进行，洪泽站管理所制定了各岗位职责和岗位责任制，编写了各类相关规章制度，并加强运行值班人员岗位责任制的执行力度，组织运行人员进行各项规章制度的学习，不定期地对职工宣传工程安全运行的重要性，检查运行人员对规章制度的执行情况，编制了应急抢险预案，组织成立应急救援队伍，并按照工程运行管理方案做好工程操作演练、故障排查等工作。

（3）结合汛前检查，深入排查工程隐患。加强对管理范围内泵闸建筑物及各类设备、设施的日常检查和养护管理，洪泽站管理所组织人员认真检查已完工的设备和设施，重点做好主辅机设备、水工建筑物、上下游河道巡视检查和保养工作，对工程现场进行隐患排查，对发现的问题及时与建设处沟通、处理，将隐患消除在建设中。

（4）不断完善软硬件条件，确保通水。为确保试通水运行，及时做好物资准备工作，确保试通水期间人员、物资、设施100%到位。扬州分公司与淮安供电公司签订了供电协议，并及时获取调度权限，保证开机运行供电负荷要求。管理所统一现场标示。

试通水期间，确保与各级主管部门通信可靠畅通，24h值班，观测水位，准确记录好工程性状和运行参数，做好泵站开机过程中运行报表的记录，并及时向水源公司上报工情、水情，确保工程安全运行。

（二）调水情况

2013年5月24～31日，洪泽站5台机组参与南水北调东线一期工程江苏段试通水运行，累计运行189台时，累计抽水量为2452万m^3。

10月20日～11月22日，洪泽站5台机组参与南水北调东线一期工程全线试运行，累计运行944台时，累计抽水量12 405万m^3。

运行期间，机组在起动、停机和持续运行时各部位温度、振动、噪声及电气参数均正常，站内各种设备工作协调，停机后检查机组各部位无异常现象。

运行前，按运行程序先开启挡洪闸、进水闸闸门，闸门启闭运行正常。

运行期间，一直使用自动化系统操控，自动化系统运行正常。

运行期间，泵站、挡洪闸、进水闸各建筑物基底扬压力正常，沉降位移无异常变化，建筑物安全。

（三）管理机构

洪泽站是江苏水源公司第一批自主管理工程，江苏水源公司作为工程项目法人，下设扬州分公司为二级机构，对洪泽站工程进行工程管理。洪泽站管理所作为三级机构，设立相应管理部门负责洪泽站的日常管理、维护、运行等事宜。

洪泽站的调度运用权限属于江苏水源公司，洪泽站管理所作为其三级管理机构，严格按照江苏水源公司的指令对洪泽站工程进行相应的调度使用。

洪泽站实行自动化、全方位维护管理模式，按照泵站管理要求及行业规范，及时安排汛前检查项目，认真进行汛前大排查；定期对洪泽站设备进行试运转与模拟试运转，发现问题及时处理，保证泵站安全投运率；汛后对洪泽站设备进行全面详细地汛后检查。对于洪泽站存在的问题及时编报岁修、抢修、应急方案等，在上报江苏水源公司批准后及时组织实施。洪泽站的运行费用由江苏水源公司负责。

洪泽站设备维护与保养同步进行，实行三级质检制度，对于管理与维修中安排的每项工作、每个检修或维护项目落实到各个相应班组，班组长为第一级质量责任人，负责本班组各项工作的第一级检查；扬州分公司工管科为第二级质量负责者，也为最重要质量管理岗位；扬州分公司领导及各科室负责人组织成立汛前检查自查考核小组为第三级，也是最后一级质量管理者，扬州分公司对洪泽站管理所全部质量管理工作负全责，尤其是要做好洪泽站管理所重大项目实施的质量管理与监督工作。

（李　俊）

建 设 管 理

（一）质量管理

为规范洪泽站工程质量管理工作，切实落实国务院南水北调办、省南水北调办和水源公司的有关质量管理要求，洪泽站建设处建立了建设单位负责、监理单位控制、施工单位保证和政府监督相结合的质量管理体制。在工程建设中，全面落实质量管理制度和责任制，严格质量管理。

（1）建立质量网络。建设处成立了以建设处主任为组长、副主任及总工为副组长、各参建单位第一责任人等为组员的质量管理领导小组，制定了《南水北调东线一期洪泽站工程质量管理制度》。为保证工程质量，建设单位与设计、监理、施工单位及主要设备厂家签订了工程质量责任书。

（2）健全质量检查体系。为进一步加强对洪泽站工程质量的管理，建设处对洪泽站工程开展定期和不定期质量检查，每次检查后，由建设处形成检查记录，并分发给参建单位。2013 年先后共进行内部质量检查 24 次，发出内部质量检查通报 10 次。

（3）落实监督意见。主动接受质量监督，配合质量检查。南水北调工程江苏质量监督站 2013 年对洪泽站工程开展了 4 次质量监督活动。对监督站质量监督活动中提出的一些质量监督意见，建设处极为重视，组织参建各方进行认真分析，制定切实可行的整改措施，并督促检查整改落实情况。

（4）重要工序专题研究。在工程建设过程中，对重要施工部位都要求项目部提前申报施工组织设计和质量控制措施，并邀请相关专家进行研讨后经监理审核报建设处批准后方能实施。

（5）组织隐蔽工程验收。在工程施工过程中，要求施工单位认真履行隐蔽工程报验制度，由建设处、监理处共同验收后方可土封闭施工。

（6）组织质量检测。为了保证原材料和混凝土浇筑质量，施工单位按规范要求，与监理工程师共同取样并在监理工程师见证下，一部分由工地试验室检验，另一部分送符合资质的检测单位进行检验。设备制作过程中，严格执行对重要设备或重要工序进行驻厂监造制度，对设备制作材料、工艺及相关设备进行监控。并注重出厂测试、验收，确保产品的质量。

（二）安全生产

参建各方始终坚持“安全生产，预防为主”的指导思想，明确任务、强化管理、狠抓落实，确保整个施工过程无事故，安全生产目标得以顺利完成。截至2013年底，未发生一起工程安全事故。

（三）文明工地建设

根据江苏水源公司苏水源工〔2013〕75号文要求，为加快工程剩余部分尾工实施进度，确保按期完成2013年度建设目标，2013年5月1～20日组织开展了全线通水验收前的劳动竞赛活动，调动现场参建单位和一线作业人员的积极性，有力地推进了工程建设进度。

（李　俊）

工　程　效　益

2013年5月24～31日、10月20日～11月22日，两次运行累计抽水量14 857万m^3。

（李　俊）

环境保护及水土保持

（一）环境保护实施情况

（1）为保护施工区和生活区的环境，将工程开挖弃料运至专门指定的弃料场堆放；及时清理垃圾，严格按批准的弃渣规划将弃渣运至指定的地点后进行掩埋或焚烧处理；防止任意堆放弃渣或垃圾影响河道过水标准。

（2）对施工开挖的边坡有可靠的防护措施，落实排水出路，避免由于施工造成水土流失；注意保护饮用水源免受施工活动所造成的污染；加强对噪声、粉尘、泥浆的挖掘和治理，进行夜间施工的可行性研究，努力降低影响居民的噪声，控制粉尘以及做好泥浆的治理和排放。

（3）废水不排河道，垃圾不倒入河道，确保河水质量。

（4）控制污水废水，做到达标排放。在施工人员集中的场地，设置生活污水集中装置，并将粪便等污水用于农田施肥，防止任意排放；对悬浮物排放集中的场地，设置沉沙池，经沉淀过滤后排放。

（5）控制粉尘飘尘产生量，水泥和石料拌和采用全封闭系统；施工期配备洒水车定期洒水，晴好天气，加强对产尘区域的洒水。

（6）加强劳动保护。施工人员配备防尘口罩、防噪耳塞等防护设备，噪声较大的区域，增加作业人员的换班次数，缩短工作时间。

（7）运行期，设地埋式生活污水处理设施2套处理生活污水。

（二）水土保持实施情况

（1）河道工程防治区。泵站上下游引河河道迎水坡（设计水位以上）散铺狗牙根草皮防护；堤顶新建道路两侧种植灌木；背水坡、堤防其余裸露面撒播狗牙根草籽防护。

洪金干渠改线段河道迎水坡（设计水位以上）散铺狗牙根草皮防护；堤顶新建道路两侧种植灌木；背水坡及堤防其余裸露面撒播狗牙根草籽防护。其余新开挖渠道堤防裸露面撒播狗牙根草籽防护。

（2）闸站主体防治区。洪泽站建筑物工程主要包括挡洪闸工程、泵站工程、进水闸工程、洪金地涵及影响工程中新建的小型建筑物工程，各闸站站身翼墙后平台分别采取组团绿化，种植具有观赏价值的花草。

（3）弃土（排泥）场防治区。本工程设置两处临时弃土区，排泥场三处，另外，下游引河口外河道疏浚排泥场布置于河道右侧滩地，利用地势较低滩地弃土。

排泥场以及临时弃土区在主体工程中已采取复耕措施，满足水土保持要求。水土保持设计补充坡面的植物防护措施，撒播草籽。

下游引河口外河道疏浚排泥场位于入江水道滩地上，平时有行洪要求，水土保持设计不补充临时防护和植物措施，要求施工单位弃土时尽量压实。

（4）管理所防区。洪泽站管理所占地面积约1.46hm^2，管理所结合水土保持措施，建设成为园林式的管理所。道路两侧修建绿化带，绿化带内种植具有观赏价值的花草。

（5）施工临时用地防治区。施工期场地表面硬化，设置排水系统。建筑工场、材料堆场四周及施工道路一侧设置排水系统，其中施工道路排水沟采用土沟。施工结束后必须及时将地表建筑物及硬化地面全部拆除，清除施工垃圾和平整场地，对压实的表土进行深翻处理，恢复土地肥力，归还地方复耕。

（6）移民安置防治区。主体工程中移民安置（包括企业安置）多为集中安置，在安置过程中搞好安置区绿化，积极开展“四旁”植树和道路绿化，以美化环境，保护村庄。绿化时应采用安置地适生树种，做到适地适树，种植一些常绿乔、灌木以及布置花卉、草坪等，以达到保持水土、恢复和改善景观的目的。

（李　俊）

工　程　验　收

洪泽站工程泵站机组于2013年3月31日通过了江苏水源公司组织的试运行验收；110kV输变电工程于2013年4月22日通过了淮安供电公司组织的竣工验收；4月26日通过了淮安市电力基本建设工程质量监督站组织的洪泽站110kV输变电工程投运前质量监督检查，4月28日正式送电；2013年4月27日通过了江苏省南水北调办组织的洪泽站工程设计单元工程通水验收；2013年8月14～15日，通过了国务院南水北调办组织的南水北调东线一期工程全线通水验收。

（李　俊）

邳州站工程

工　程　概　况

邳州站工程是南水北调东线第一期工程第六梯级泵站，位于江苏省邳州市八路镇刘集村徐洪河与房亭河交汇处东南角，其作用是通过徐洪河抽引睢宁站来水，沿房亭河送入骆马湖或沿中运河北送，同时通过刘集地涵调度，利用邳州站抽排房北地区涝水。

（张世争）

通　水　运　行　管　理

（一）通水准备工作

邳州站工程建设处于2013年2月22～23日组织进行了邳州站试运行，并随即进行了试运行验收。3月邳州站通过了工程安全鉴定。

运行管理单位配备了充足的运行管理人员和应急抢险队伍、制定完善了相关的规章制度、精心维护保养设备，确保工程完好率、加强工程安全监测、强化试运转制度，确保各项运行调度任务圆满完成。

5月26～31日，邳州站参与了由江苏水源公司组织进行的江苏省境内工程试通水运行。

10月21日～11月22日，邳州站参与了由国务院南水北调办组织进行的南水北调东线全线试运行。

至此，邳州站具备了通水运行条件。

（二）调水情况

邳州站试运行期间，上级泵站尚未具备调水条件，所需水源为循环水，即通过工程调度，抽水上游房亭河水，再送入房亭河，故试运行期间不存在北调水情况。

5月份进行的江苏段试通水期间，1号机组共运行61h 32min，抽水量570.4万m^3，3号机组共运行38h 33min，抽水量449万m^3，4号机组共运行1h 59min，抽水量23.8万m^3。累计运行102h 4min，累计抽水1043.3万m^3。

10～11月进行的全线试运行期间，1号机组共运行165h 40min，抽水量1828万m^3；2号机组共运行251h，抽水量3018.02万m^3；3号机组共运行99h 20min，抽水量1143.19万m^3；4号机组共运行279h 30min，抽水量3016.99万m^3。累计运行795.5h，累计抽水9006.21万m^3。

2013年江苏段试通水和全线试运行期间，邳州站累计运行897h 34min，累计抽水10 049.51万m^3。

（三）管理机构

江苏水源公司于2013年4月成立了“江苏省南水北调邳州站管理所”，负责邳州站运行管理和维护工作。

为做好邳州站工程运行管理和维护工作，江苏水源公司于6月委托江苏省江都水利工程管理处承担泵站运行管理工作。7月，江都水利工程管理处成立了邳州站运行管理项目部，按照运行期30人，非运行期18人的配备模式配置管理人员，负责邳州站的委托管理工作。

泵站接受江苏水源公司调度和指令，不接受任何其他单位或个人的指令。邳州站的调度指令由江苏水源公司宿迁分公司下达，当接到“工程调度指令签发单”后，现场运行管理高度联络员首先签收指令，并通知运行总值班长，总值班长下达指令内容，由运行班具体执行指令。执行完毕后，由现场运行管理调度联络员将执行情况回报给宿迁分公司。邳州站的运行管理质量控制工作总体上从管理维护和运行管理两方面以制度的形式予以约束和落实。

（张世争）

睢宁二站工程

工程概况

睢宁二站工程位于江苏省徐州市睢宁县沙集镇境内的徐洪河输水线上，该站的主要作用是通过徐洪河抽引泗洪站来水，沿徐洪河向北输送到邳州站，再由邳州站向东经房亭河调入中运河。睢宁二站与睢宁一站及运河线上的刘老涧泵站枢纽共同组成南水北调东线工程的第五个梯级，主要任务是与睢宁一站共同实现向骆马湖调水100m^3/s的目标，与中运河共同满足向骆马湖调水275m^3/s的目标。

（王　亮）

通水运行管理

（一）通水准备工作

睢宁二站工程管理项目部对通水工作高度重视，为确保睢宁二站通水工作顺利进行，项目部成立了以项目部经理为组长的领导小组，负责通水期间各项管理工作，主要负责运行准备、开机运行、设备运行巡视监测，设备维护与抢修等各项管理工作。并成立了4组运行班，由项目经理担任运行总值班，相关技术人员担任检修与运行工作。后方支持由江苏省骆运管理处派员负责设备检修工作，在出现突发情况时，保证在24h内完成设备的检修工作。同时在运行前对运行人员进行相关的培训和技术交底。

为切实做好运行前技术准备工作，项目部建立规范的可操作的试运行记录内容，制定可操作的试运行记录表格，安排合理的记录周期和巡检周期。对所有设备、水工建筑物、河道等进行运行前安全检查；并对辅机设备进行试运行，对主机、各变压器进行绝缘值测量；对高低压开关柜进行分合闸试验与联动试验；并按照反事故预案组织运行人员进行演练，确保设备处于完好状态；技术人员与运行检修人员足员配备到位；相关操作票、工作票与参数记录表格准备到位；重点做好工程观测、水情监测、设备检查维护等，确保能够准确记录工程状况和运行参数；并与供电公司进行协调，确定开机用电负荷供给，确保可以随时按调度指令开机并安全运行。

（二）调水情况

根据国务院南水北调办安排，项目部圆满完成了5月南水北调东线江苏境内泵站通水试运行与10月21日~11月22日的南水北调东线全线试运行开机任务。经过两次试运行检验，充分说明睢宁二站工程保持完好状态，接受了实战的检验。为配合东线试运行工作，项目部抽调运行经验丰富的技术干部和值班长，负责睢宁二站的开机运行工作，为工程运行提供了可靠的技术保障。

在运行期能够严格遵守各项规章制度和安全操作规程，运行期间能做好各项运行记录，运行过程中能及时准确排除设备故障，能够通过调整设备运行差数在满足调度指令的情况下优化运行工况，使工程高效运行。运行中能够按照调度指令，及时调整叶片角度，及时启动清污机打捞水草、杂物，保障机组高效运行。在运行中加强对微机自动化和视频监视系统的检查维护，确保了系统运行的安全可靠。

（三）管理机构

2013年5月，江苏省骆运管理处与江苏水源公司签订了睢宁二站委托管理合同，2013年度委托管理合同约定的服务期限从2013年4月1日至2013年12月31日。6月13日举行了授牌仪式，江苏骆运管理处组建了南水北调睢宁二站工程管理项目部，进行工程现场管理的具体工作。

睢宁二站运行由江苏水源公司运行管理部直接调度。

项目部及时与建设处沟通，及时消除设备质量缺陷及安全隐患，不断提高管理水平。经过努力，睢宁二站所有设备都已按规定进行了编号、标色、闸阀标示了开关方向。对设备进行了建档，详细记录设备台账，对所有设备划分了相应责任人。项目部始终紧抓设备的保养工作，每天上班都会要求设备责任人对自己分管的设备进行保养，确保了设备无灰尘、无渗油、无锈蚀现象；加强对机电设备开展经常性与定期检查，及时更换维修易损件，使设备始终处于良好工作状态。

项目部认真组织开展了汛前、汛后维修保养以及工程观测工作。制定了切合实际的防汛预案，经常性地开展防汛演练。定期对仓库备品备件进行检查，确保能够满足工程的设备应急与维修需求。睢宁二站机电设备工况良好，可随时按照调度指令开机。

在质量管理方面，大力加强制度建设，强化管理，对重大原则问题，实行一票否决。同时突出质量安全领导责任制度，项目经理对睢宁二站质量管理工作负领导职责，尤其是要做好睢宁二站重大项目实施的质量管理与监督工作。

（王　亮）

工　程　投　资

截至2013年底，累计完成工程投资24 085万元（其中工程部分投资20 082万元，工程移民征地补偿投资4003万元），占批复概算的100%；累计完成土方开挖82.9万m^3，土方回填32.6万m^3，混凝土5.18万m^3，完成全部概算工程量。工程投资计划完成情况良好。

工程资金严格按规定程序支付。资金管理做到专款专用，按规定的建设内容和标准开支。

（王　亮）

工程进展

睢宁二站工程批复施工总工期30个月，跨3个年度，从2011年3月至2013年12月。

2011年4月20日，监理单位签发了睢宁二站工程土建施工及设备安装项目开工令，2012年12月底主体工程基本完成，2013年1月通水水下工程阶段验收，2013年4月通过泵站机组试运行验收，2013年5月通过省南水北调办公室组的通水验收。

（王　亮）

工程效益

2013年，睢宁二站工程管理项目部狠抓工程规范化管理，加强工程维修养护，严格执行调度指令，2013年泵站累计开机1087台时，调水约8485.9万m^3，工程效益得到了充分发挥。

（王　亮）

环境保护及水土保持

（一）环境保护

项目部加强了站区环境卫生工作，严格执行卫生保洁制度，聘用了专人对工作环境进行保洁。每台设备责任到人，要求主机组每天外观检查1次，发现不清洁的立即处理，其他设备每周至少全面保洁3次，主厂房地面每天保洁1次，控制楼的中控室、楼道、卫生间每天保洁1次，确保机组设备、内外环境的整洁卫生。保洁员每天8h不间断打扫。目前站区环境整洁美观，无杂草、无垃圾乱堆乱放等现象。项目部加强了水政执法管理，站区内未出现捕鱼、乱垦乱种现象，目前已经实现了封闭管理。为解决泵站上游非法采砂站问题，项目部多次向睢宁县政府汇报，在上级有关领导的关心下，终于通过三次大的执法活动，清除了砂场，消除了安全隐患。

（二）水土保持

睢宁二站的绿化由宿迁中厦建设工程有限公司具体负责，项目部定期督促绿化公司对管理范围内的花草树木进行修剪、施肥、除虫。同时项目部加强对上、下游护坡的清理维护，定期组织打扫，避免水土流失。

（王　亮）

工程验收

（一）水下工程阶段验收

2013年1月27日，江苏水源公司主持召开睢宁二站水下工程阶段验收会。验收结论为：睢宁二站经各参建单位的共同努力，已按批准的设计内容完成水下工程，工程施工符合设计要求，满足有关规程、规范的规定，工程质量合格，同意睢宁二站通过水下工程阶段验收。江苏水源公司以苏水源工〔2013〕77号文印发了验收鉴定书。

（二）泵站机组试运行验收

2013年4月23～24日，江苏水源公司主持召开睢宁二站泵站机组试运行验收会，验收结论为：睢宁二站的主机泵设备、起重机设备、电气设备及辅机设备安装等工程已按批准的设计内容全部完成；试运行期间各设备运行正常，主要设备的制造质量及主要技术参数达到设计要求，满足有关规程、规范的规定；工程档案资料基本齐全；工程质量合格；同意睢宁二站工程通过泵站机组试运行验收，可移交管理。江苏水源公司以苏水源工〔2013〕87号文印发了验收鉴定书。

（三）安全评估

2013年4月23～27日，中水北方勘测设计研究有限责任公司受江苏水源公司委托，组织相关专业专家，按照《南水北调工程验收安全评估导则》，对睢宁二站工程开展了安全评估活动，并形成了初步意见。安全评估结论："本工程当前工程形象面貌较好；洪水复核成果及控制水位满足设计要求；施工开挖揭露的泵站及建筑物工程地质条件与前期勘察成果基本一致，建筑物地基经处理后满足设计要求；工程总体布置合理、泵站出水流道及检修间、控制室下部结构采用空箱基础，结构型式可行，结构安全满足要求；已完土建工程施工质量合格；各类机电、金属结构设备选型合理，制造和安装质量符合国家现行有关规程、规范要求；监测项目及设施布置符合规范要求，安全监测成果表明目前所监测部位建筑物工作性态正常。总体评估认为：本工程具备通水验收条件，待所有单位工程及各专项验收完成后可进行完工验收。"

（四）自动化系统运行与验收情况

自动化系统参与了泵站试运行，微机型继电保护装置运行正常，动作可靠，无拒动、误动现象，定值参数、测量参数符合相关规范要求。直流系统运行正常，输出电压平稳，电池充放电正常，直流控制正确，交直流逆变工作正常。计算机监控系统工作正常，泵站主机组、辅机、电气设备、变电所等设备自动监测控制正常，无拒动、误动现象，测点状态及数据基本正确，个别显示有误的测点，在试运行后进行了整改，视频监视系统清晰可靠，视频控制正常，回放正确。5月4日，江苏省软件产品检测中心对睢宁二站自动化系统进行了检测并出具了睢宁二站自动化系统软件缺陷报告，南瑞集团针对报告对缺陷进行了整改，目前已整改结束。5月11日，建设处组织设计、监理、承包人等参建单位对睢宁二站自动化系统进行了初步验收，形成了初步验收意见，会后建设处组织南瑞集团针对验收意见进行了落实整改。6月21日，建设处主持召开了睢宁二站工程自动化采购及安装合同验收，形成了验收结论：睢宁二站自动化系统采购及安装工程合同内容已按批准设计完成，满足设计和有关规程规范的要求，工程档案资料收集基本齐全。自动化系统已参与机组试运行和试通水检验，系统运行平稳可靠，数据采集基本准确。同意睢宁二站自动化采购及安装通过合同验收，可移交管理单位管理运用。

（五）通水验收情况

2013年5月23日，江苏省南水北调办主持召开睢宁二站工程通水验收。验收结论为：睢宁二站工程与通水有关的建设内容已完成，未完工程实施计划已落实；工程设计、施工、设备制造和安装质量符合国家和行业有关技术标准的规定；安全评估已通过；经质量监督部门初步评定，涉及通水验收的工程施工质量合格；管理单位已落实。综上所述，工程已具备通水条件，验收委员会同意南水北调东线一期工程睢宁二站设计单元工程通过通水验收。江苏省南水北调办以苏调办〔2013〕77号文印发了验收鉴定书。

（六）泵站、清污机桥、厂房及交通桥单位工程验收

2013年10月30～31日，江苏水源公司主持召开睢宁二站工程泵站、清污机桥、厂房及交通桥等4个单位工程验收会议，验收结论为：睢宁二站工程泵站、清污机桥、厂房及交通桥单位工程已经按照批复的设计文件完成；工程施工符合工程设计，满足有关规程、规范要求；工程档案收集基本齐全；工程施工质量合格，同意建设单位确认的工程质量等级评定意见，同意通过单位工程验收。江苏水源公司以苏水源工〔2013〕177号文印发了验收鉴定书。

（王　亮）

金宝航道工程

工程概况

金宝航道是一条集通航、灌溉、排涝为一体的综合性河道，东起里运河西堤，西至金湖站下，全长28.2km，沟通里运河与洪泽湖，串联金湖站和洪泽站，承转江都站、宝应站抽引的江水，是运西线输水的起始河段。金宝航道工程的主要作用是：通过疏浚金宝航道，扩大河道输水能力至150m^3/s，以此满足金湖站、洪泽站抽水北调要求，并结合提高宝应湖地区排涝标准和金宝航道通航能力。金宝航道工程主要建设内容包括河道疏浚、血防工程、沿线桥梁工程，以及沿线影响配套建筑物工程。

（胡念凡）

通水运行管理

为保证金宝航道试运行期间的安全运行，成立了河道运行各相关专业组，主要设运行协调组、运行工作组、工程资料组、后勤保障组等。运行协调组在上级部门的指导下开展工作，负责接受执行试运行调度指令，负责金宝航道运行的指挥和协调工作，指导金宝航道河道管理所做好安全运行、工作巡查等具体工作，指导工程现场其他相关事宜；运行工作组具体负责金宝航道的工程运行管理，按金宝航道巡查管理等规程执行，做好工程巡查记录；负责处理运行中出现的违章行为，并做好台账记录；负责河道运行期间相关资料收集、整理工作。

试运行期间，明确了工程运行管理制度，制定运行时的巡视检查制度和值班纪律，加强管理和巡查，对河道及两岸堤防进行全天巡查，动用快艇对金湖站进水口外侧渔民围网区进行观测，对发现问题及时汇报及整改，并做好管理、巡查记录。沿线涵闸严格按照江苏水源公司调度指令运行，确保试运行工作正常有序开展。

（胡念凡）

建设管理

金湖县河湖管理所为扎实做好河道管理工作，经县编办批准，于2013年5月专门成立了项目管理机构—金湖县南水北调金宝航道河道管理所，专职负责金宝航道的管理和维护工作。该所的主要职能为：负责本段河道工程日常运行维护，安全及应急事件处理，负责河道巡查、河道监测、安全保护、安全度汛等日常管理工作，负责执行来自上级的调水指令等工作。管理机构配备了项目经理和技术负责人，明确了相关人员职责。

（胡念凡）

工程效益

南水北调金宝航道在2013年度管理运行期间能严格按照南水北调工程相关规程、规范要求，积极做好工程的管理和维护工作。并配合保证了5月底全省试通水和10月底全线试通水正常有序开展，充分发挥了工程应有的效益。

（胡念凡）

里下河水源调整工程

工 程 概 况

里下河水源调整工程是置换现江都站部分抽水量北调的主体工程，按现状用水水平配置水源工程和灌区调整工程，其中：水源工程由卤汀河、大三王河两个部分组成，灌区调整工程分为扬州灌区调整工程、淮安灌区调整工程、盐城灌区调整工程。

灌区调整工程涉及扬州、淮安、盐城三市，主要建设内容是疏浚引河，新建提水泵站，灌区水系调整等。根据水源灌区调整需要新建提水泵站35座，疏浚引水河、渠23条，配套建设涵、闸、桥等小型影响建筑物工程。

（胡念凡）

工 程 投 资

里下河水源调整工程总投资为227 199万元，其中：工程投资71 761万元，桥梁投资21 714万元，供电线路814万元，水保投资1646万元，环保投资554万元，移民投资126 399万元，建设期货款利息4311万元。其中江苏省分摊投资为52 086万元。

投资计划完成情况。截至2013年底，完成投资227 199万元，完成比例为100%，其中：完成工程投资（含桥梁、供电、水保、环保）100 800万元，完成比例为100%，完成移民投资126 399万元，完成比例为100%。

（胡念凡）

建 设 管 理

（一）工程建设组织管理

为加强对南水北调里下河水源调整工程的建设管理，项目法人江苏水源公司成立江苏省南水北调里下河水源调整工程建设局负责项目的建设管理工作。项目法人同时委托工程所在的泰州市、扬州市、盐城市和淮安市政府或水利局，分别设立泰州市南水北调卤汀河拓浚工程建设处、扬州市南水北调里下河水源调整工程建设处、盐城市南水北调里下河水源调整工程建设处、淮安市南水北调里下河水源调整工程建设处分别具体负责境内里下河水源调整工程现场管理工作。泰州市成立了兴化、海陵、姜堰工程部，扬州市成立了江都、高邮、宝应和大三王河工程部，盐城市成立了阜宁工程部，淮安市成立了楚州工程部（现为淮安区工程部），以上各部为建设处的现场管理派出机构，承担专项工程建设管理任务。

定期对各建设处建设管理工作进行检查和指导；各建设处每季度召开建设处全体组成人员建设管理会议，建设处领导班子分工明确，各司其职。为加强对制度执行的监督，省建设局和各建设处对照工作实际，经常检查制度执行情况，用检查监督的方法，提高制度的约束力。

（二）施工进度控制管理

根据工程总体实施方案和工程进展制订2013年年度计划，经常派员到工地检查工程进展情况，发现工程进度滞后的通知相关建设处、监理、施工单位制订调整计划，确保完成年度计划。各建设处定期召开建设处办公例会，进行月工作总结与计划，参加监理组织召开的工地例会（每月2次），把握关键工作，及时协调矛盾，对照工程总进度计划、月进度计划进行分析和比较，确保工程各节点工期的顺利完成。此外，及时编制工程建设月报和进度统计报表，确保反映工程的建设实际情况。

（三）质量管理

建立以建设单位为核心的质量管理体系以及监理单位的质量控制体系和施工单位的质量保证体系，建立工程质量责任网络，并深入开展全员质量教育。针对里下河水源调整工程战线长、工程类型多、工期短等特点，为确保工程建设质量采取了以下措施：强化质量意识，层层分解管理责任；完善管理体系，确保质量管理制度化、规范化；加强技术方案审查，确保工程设计质量；强化监理、施工方责任，确保工程质量得到有效控制；接受质量监督机构监督，认真落实整改意见；加强质量信息管理，重视质量信息报送。

（四）安全管理

在工程建设中，省建设局、各建设处与各参建单位加强管理，本年度安全管理主要内容有：深入开展安全生产宣传教育；定期召开安全生产例会，及时进行安全生产检查，对存在的安全隐患督促整改；加强危险源管理、制定应急预案措施并对重要文件备案制度；针对中秋、国庆、春节等假日做好安全保障。

（五）文明工地建设

各建设处根据工程年度建设实施计划，制定了文明工地创建方案和落实措施，建立创建领导小组，明确参建单位文明工地创建责任人，定期不定期地开展创建活动检查，并在施工现场和办公区域设置了醒目的标语标牌、横幅，组织各参建单位开展丰富多彩的工地文化生活，办公室、宿舍、食堂等场所整洁、卫生。

（胡念凡）

工 程 进 展

（一）年度建设目标和主体工程主要工程量

2013 年里下河水源调整工程年度建设目标：完成卤汀河河道施工 2 标、3 标、6 标、7 标，影响工程和施工桥梁 1 标、2 标；完成大三王河施工 1 标、2 标和扬州灌区调整施工 3 标；完成阜宁站土建工程、北坍站土建工程和民便河疏浚、阜东灌区 9 座泵站及引河疏浚工程。

里下河水源调整工程 2013 年度计划完成剩余工程投资 5568 万元，计划完成剩余土石方开挖 56.3 万 m^3、土石方回填 11.51 万 m^3、混凝土方 0.71 万 m^3。

（二）主体工程主要工程量

里下河水源调整工程主体工程主要工程量：土方开挖 2246.19 万 m^3，土方填筑 792.5 万 m^3，砌石 12.71 万 m^3，混凝土 17.43 万 m^3。

2013 年里下河水源调整工程完成土石方开挖 56.3 万 m^3、土石方回填 11.51 万 m^3、石方 6.6 万 m^3、混凝土 0.71 万 m^3。截至 2013 年底，累计完成土石方开挖 2246.19 万 m^3、土石方回填 792.5 万 m^3、石方 12.71 万 m^3、混凝土 17.43 万 m^3。

（三）形象进度

截至 2013 年底，里下河水源调整工程形象进度如下：

卤汀河工程：河道施工标、影响工程标及桥梁标已全部完成并通过单位工程验收；委托建设的桥梁由于工程建设规模扩大，目前仍在建设中。

扬州灌区调整工程：灌区施工 1、2 标已通过单位工程验收；施工 3 标正在进行验收前的各项准备工作。

大三王河工程：两个标段已全部完成，并通过单位工程验收。

盐城灌区调整工程。小中河闸、小中河和小中河水电站施工标完工，并通过完工验收；阜宁站土建工程，北坍站土建工程和民便河疏浚，阜东灌区 9 座泵站及引河疏浚工程已全部完成，并通过了单位工程验收。

卤汀河、大三王河水土保持标已施工完成。

淮安灌区调整工程2011年已完工。

（胡念凡）

质 量 管 理

里下河水源调整工程建立了建设单位负责、监理单位控制、施工单位保证和政府监督相结合的质量管理体系，加强工程质量管理，截至2013年底，工程未发生质量事故。

里下河水源调整工程施工质量良好，自开工至今未发生一起质量事故。截至2013年底，累计验评单位工程131个，其中按水利行业评定61个，优良54个，优良率88.5%；验评分部工程747个全部合格，其中按水利行业评定444个，优良371个，优良率83.6%；验评单元工程9547个全部合格，其中按水利行业评定4512个，优良3831个，优良率85%。

（胡念凡）

安 全 生 产

（一）建立安全组织网络、落实安全生产责任制

工程开工后，建设局明确局长为安全责任人，并设一名质量管理员；各参建单位高度重视安全生产管理工作，成立了由建设处、设计院、监理处、项目部等各参建单位主要负责人组成的安全生产领导小组，并设立了专职安全员，监督指导安全生产工作。各单位均建立相应的安全组织网络，并对安全生产目标进行分解，由单位领导负总责，按照统一领导、分级管理的原则，层层落实安全生产责任制。切实做到工作到位、任务到岗、责任到人。

（二）建立健全安全生产规章制度

各建设处根据《南水北调江苏境内工程安全生产管理办法》，制定了安全生产管理细则，做到组织健全、制度完善、分工明确、责任落实。施工项目部和监理处也从安全生产管理、安全技术、职业健康三个方面明确各项制度。通过制定的各项规章制度，使泗洪站枢纽工程安全生产有据可循，有文可查，把安全工作落实到企业生产经营活动中的各个环节。

（三）建立安全生产例会制度，定期检查，杜绝各类安全事故发生

建设局经常派员到工地检查安全生产，发现问题及时通知有关单位。

各建设处建立了安全生产例会制度，在每月两次的工地例会上，均要对安全生产工作进行专题布置。此外还建立了建设处、监理处和施工项目部三个层次的安全生产检查制度。通过定期和不定期地检查及时发现安全隐患，实现安全生产工作的主动防范。

（四）在招标文件中明确对投标人的安全生产要求及职责，从源头严把安全生产关

在招标文件中对投标人安全生产资质提出了要求，投标人的主要负责人、项目经理和专职安全管理人员须持有住建部或水利部颁发的安全生产考核证书（分别为A、B、C三类），不满足要求的拒绝入围。

招标文件还对投标人安全责职作了明确要求，在与中标单位签订施工合同的同时，还签订了《工程安全生产合同》，用合同的形式进一步加强对施工单位安全生产行为的管理。

（五）安全生产培训教育点面结合，全面提升人员素质

安全教育培训是安全管理的一项重要工作，体现了“以人为本”的安全管理思想。通过培训提高全员安全意识，增强管理人员管理水平和施工人员的安全操作技能，最大程度减少人身伤害事故的发生。

各建设处组织了各参建单位负责人、专职安全员及施工单位各科室负责人、工种队、班组负责人举行了安全生产培训专题会，邀请了安全方面有关专家，以讲解安全生产法律、法规等内容为重点，并结合工程实际对

安全生产事故典型案例进行了剖析。会后，对项目部参训人员进行考核，并给合格人员颁发兼职安全员证书。同时项目部对施工人员也进行了安全生产教育培训、登记、考核、发证工作。将安全教育培训涵盖每一级，做到全员培训取证上岗。

（六）编制应急预案及重大危险源管理

在危险源管理上，施工项目部按照制定的“三合一”管理体系要求，对危险源进行了调查、识别和评价，并进行动态监控。对识别出的危险程度较大的危险源，在相应位置悬挂危险点监控牌，制定监控措施，明确危险等级，落实责任人，对所识别出的重大危险源，即脚手架搭设与拆除、高处作业、导流河大堤及围堰施工（防汛）、起重吊装等分别制定专项方案、管理制度和应急预案。为检验事故应急预案有效性，项目部组织开展了消防、防汛等应急预案演练活动2次。

截至2013年底，工程未发生安全生产事故。

（胡念凡）

骆马湖以南中运河影响处理工程

工程概况

南水北调东线一期骆马湖以南中运河影响处理工程（简称骆南中运河工程）位于宿迁市泗阳县、宿城区、宿豫区和淮安市的淮阴区境内。南起杨庄闸，北至皂河闸，全长111.2km，其中杨庄闸—泗阳闸30.2km，泗阳闸—刘老涧闸32.4km，刘老涧闸—皂河闸48.6km。

骆南中运河工程建成后将京杭运河段建筑物及堤防满足骆南中运河向北输水230～175m³/s，与运西徐洪河一期承担南水北调东线第一期工程入骆马湖350m³/s的任务的条件。

（钱　诚）

运行管理

骆南中运河工程建筑物及河道护砌工程于2011年12月11日通过江苏水源公司组织的单位工程验收。验收通过后建设处迅速组织开展工程移交工作。由于骆南中运河工程战线长、点分散，建设处采取将各县区相关工程移交至相关县区水务局，由水务局再经过层层分解到相关堤防管理所及水利站进行运行管理。目前，所有堤防防渗处理工程、河道护砌及建筑物工程均移交至当地水务局。

（钱　诚）

工程效益

骆南中运河工程于2011年12月全面建设完成，为中运河沿线的农业灌溉和地方排除内涝产生了积极深远的影响。

（钱　诚）

环境保护与水土保持

河道防渗工程段堤顶两侧各50cm范围进行土地整治，包括地表的清理、平整、疏松等。土地整治结束后种植狗牙根草皮防护。

生产生活区四周、施工道路两侧及堆土区四周设排水土沟。排水沟为梯形，底宽40cm，沟深30cm，边坡1∶1。

工程结束后，承包人需对建筑物工程四周进行平整、压实和四周修筑临时排水系统等措施。建筑物工程四周、施工道路两侧设排水土沟，临时排水沟的防御标准为10年一遇24h暴雨量，排水沟采用土沟，设计断面为梯形，底宽40cm，沟深30cm，边坡1∶1。

建筑物基坑开挖后的临时弃土，采取先挡后弃的措施，要求施工单位在弃土区周边铺二层填土草包挡护，填土草包呈“品”字形堆砌。弃土区四周设置排水沟，设计断面为梯形，底宽40cm，沟深30cm，边坡1∶1。拆除涵洞产生少量的弃渣就地掩埋压实。在建筑物红线范围内（路、河道除外）铺植狗牙根草皮进行防护；建筑物已设围墙、绿化措施的考虑在建筑物红线范围内、围墙范围外（路、河道除外）铺植狗牙根草皮进行防护。

施工结束后，承包人需及时将生产、生活区地表建筑物及硬化地面全部拆除，清除施工垃圾和平整场地，对压实的表土进行深翻处理，进行复耕。对被破坏的堤防坡面进行植被恢复。

水土保持工程共种植狗牙根草 51 791m^2，乔木栽植 344 株，灌木栽植 8317 株。工程质量满足有关标准及招标文件要求，质量合格。

（钱　诚）

工　程　验　收

2013 年 1 月 21 日，国务院南水北调办主持召开对骆马湖以南中运河影响处理工程档案专项验收会议。验收结论为“验收组认为，南水北调东线一期长江至骆马湖段其他工程骆马湖以南中运河影响处理工程档案符合《南水北调东中线第一期工程档案管理规定》的要求，同意通过验收。”

2013 年 3 月 8 日，江苏省南水北调办主持召开对骆马湖以南中运河影响处理工程设计单元通水验收。验收结论为“南中运河工程已按照批复全部建设完成；设计、施工符合国家和行业有关技术标准的规定，质量合格，参与通水验收的单位工程施工质量等级经质量监督部门暂定为合格等级；管理单位已落实；工程具备正常运行条件，工程初期运行情况正常，同意骆南中运河工程通过设计单元工程通水验收。”

（钱　诚）

洪泽湖抬高蓄水位影响处理工程安徽省境内工程

工　程　概　况

南水北调东线一期洪泽湖抬高水位影响处理安徽省境内工程，涉及蚌埠市五河县、滁州市的凤阳县和明光市、宿州市的泗县共3市4县。2013 年度主要进行批复建设内容的扫尾工程。

（史志刚　章　佳）

工　程　进　展

截至 2013 年底，已完成 51 座泵站和 16 条河道大沟疏浚。柳湾泵站功能由当地资金新建泵站涵盖取消技改，除女山湖站配套进水闸（涵）改建因地方交通影响正在协调合并建设外，批复建设内容已完成。累计完成投资 35 340 万元，累计到位资金 28 000 万元，累计完成工程量：土石方开挖 410 万 m^3，土石方回填 56.5 万 m^3，混凝土 6.37 万 m^3。具体进展如下：

（1）五河泵站：主体工程已完成，具备了防洪排涝条件。通过了水下工程验收，进行了机组试运行。

（2）蚌埠市：龙潭湖西站等 20 座泵站及马拉沟等 12 条大沟疏浚工程已完成，蚌埠境内工程已全部进行了合同工程完工验收。

（3）宿州市：樊集站、大安站重建工程及石梁河清淤疏浚工程已完成，宿州市境内的工程已经全部进行了合同工程完工验收。

(4) 滁州市：东西涧站重建和太平站技改等27座泵站已完成，女山湖站基本完成，护岗河等3条大沟疏浚已完成，其中8座泵站进行了合同工程完工验收。女山湖站配套的进水闸（涵）改建因地方交通影响，正在协调落实合并建设方案。

（史志刚　章　佳）

建设管理

（一）质量管理

保持质量管理高压态势，严格质量管理工作。针对尾工阶段存在重视不够现象，各参建单位明确质量管理责任、抓好关键点，省项目办质量领导小组定期和不定期对施工现场进行巡查。安徽省南水北调工程全年质量管理工作态势平稳，工程质量处于可控状态，没有发生质量事故和大的质量缺陷。20个施工标段，所有单元工程和分部工程合格。

（二）安全管理

开展了“水利安全生产大检查”等专项活动。各现场管理单位不定期组织各施工、监理专职安全员开展安全教育学习活动。全年工程建设安全生产总体平稳。从工程开工以来，已连续3年没有发生安全生产事故，为工程建设营造了安全稳定的环境。

（三）资金使用

通过工程招投标和严格合同管理等措施，工程建设投资得到有效控制，批复建设内容已基本完成，同批复概算相比略有节余。计划利用剩余资金实施增补完善项目，增建亟须实施的泵站及防汛道路工程，增加必要的管理运行设施和监控系统等，改善管理运行条件。

（史志刚　章　佳）

东线江苏段专项工程

东线江苏段调度运行管理系统工程

工程概况

《南水北调东线一期江苏段调度运行管理系统初步设计》2011年9月由国务院南水北调办正式批复。针对南水北调江苏境内工程特点，按照新建南水北调工程和省江水北调工程“统一调度、联合运行”的原则和三级管理体系进行系统设计，调度运行管理系统主要包括信息采集系统、通信系统、计算机网络、工程监控与视频监视系统、数据中心、应用系统、实体运行环境和网络信息安全8个部分。

（卞新盛）

工程投资

南水北调东线第一期工程江苏段调度管理系统总静态投资约为5.76亿元。工程建设资金通过中央预算内拨款、南水北调基金和银行贷款三个渠道筹集。2013年共计完成投资8000万元，占年度计划的100%，累计完成投资13 220万元。

（卞新盛）

招标投标

根据国务院南水北调办《关于南水北调

东线一期工程江苏段调度运行管理系统招标分标方案的批复》（国务院南水北调办建管〔2011〕316号）；《关于调整南水北调东线一期工程江苏段调度运行管理系统工程招标分标方案的批复》（国务院南水北调办建管〔2013〕10号）；《关于调整南水北调东线一期工程江苏段调度运行管理系统工程招标分标方案的批复》（国务院南水北调办建管〔2013〕45号），将本调度运行管理系统分为16个标段，详见表1。

截至2013年底，调度运行管理系统工程共签订施工、监理等主要工程合同13份，其中招标合同5份，总价款7211万元，非招投标合同8份，总价款1898万元。

2013年完成南水北调东线第一期工程江苏段调度运行管理系统通水应急系统总集成标、南水北调东线第一期工程江苏南水北调调度运行管理系统通水应急调度中心（灾备中心）机房工程施工标、南水北调东线第一期工程江苏段调度运行管理系统通水应急调度中心（灾备中心）沙盘及宣传教育展示设施施工标、南水北调东线第一期工程江苏段调度运行管理系统通信光缆线路工程施工标。招标详情见表2。

表1　调度运行管理系统标段一览

序　号	标　段	招投标时间
1	监理总包	2012年10月
2	通信光缆线路工程施工总承包	2013年11月
3	水环境监测中心及水质移动实验室设备采购	
4	水质自动监测站土建及设备安装	
5	通信设备系统集成总承包	
6	计算机网络设备系统集成总承包	
7	数据中心服务器设备采购项目	
8	信息采集总承包	
9	工程监控与视频监视系统工程总承包	
10	省公司数据中心机房工程总承包项目	
11	分公司数据中心机房工程总承包项目	
12	应用软件开发总承包	
13	调度运行管理系统总集成	2013年4月
14	通水应急调度中心（灾备中心）机房工程施工	2013年4月
15	通水应急调度中心（灾备中心）沙盘及宣传教育展示设施施工	2013年4月
16	通水应急系统总集成	

表 2 2013 年度调度系统招投标情况

序号	合同编号	合同名称	招标代理单位	招标文件发售时期	开标日期	定标日期	中标单位	合同签订日期
1	NSBD－DDXT/JC－01－Z17－2013	南水北调东线第一期工程江苏段调度运行管理系统通水应急系统总集成标	江苏省鸿源招标代理有限公司	2013 年 3 月 12～18 日	2013 年 4 月 1 日	2013 年 4 月 1 日	太极计算机股份有限公司	2013 年 4 月 13 日
2	NSBD－DDXT/JC－01－Z17－2013	南水北调东线第一期工程江苏南水北调调度运行管理系统通水应急调度中心（灾备中心）机房工程施工标	江苏省鸿源招标代理有限公司	2013 年 3 月 12～18 日	2013 年 4 月 1 日	2013 年 4 月 1 日	深圳市赛为智能股份有限公司	2013 年 4 月 13 日
3	NSBD－DDXT/SG－03－Z19－2013	南水北调东线第一期工程江苏段调度运行管理系统通水应急调度中心（灾备中心）沙盘及宣传教育展示设施施工标	江苏省鸿源招标代理有限公司	2013 年 3 月 12～18 日	2013 年 4 月 1 日	2013 年 4 月 1 日	上海逸展展览服务有限公司和江苏苏南建设集团有限公司组成的联合体	2013 年 4 月 13 日
4	NSBD－DDXT/SG－01－Z15－2013	南水北调东线第一期工程江苏段调度运行管理系统通信光缆线路工程施工标	江苏省邮电规划设计院有限责任公司	2013 年 10 月 29 日～11 月 4 日	2013 年 11 月 19 日	2013 年 11 月 19 日	中邮建技术有限公司	2013 年 12 月 9 日

（卞新盛）

建 设 管 理

由江苏省南水北调调度运行管理系统和管理设施工程建设局调管局统筹负责江苏境内工程调度运行管理系统和管理设施建设，内设综合处、调度运行管理系统建设处、管理设施建设处、财务处。在 2013 年成立了扬州调度运行管理系统和管理设施项目部、宿迁调度运行管理系统和管理设施项目部具体负责辖区内现场建设管理工作，并对建管局人员进行了调整充实，抽调了一批有建管经验的同志以及年轻的同志加入建管队伍，壮大了建管力量。

（卞新盛）

工 程 进 展

通水应急调度中心机房工程、沙盘及宣传教育展示设施和通水应急系统总集成 3 个标段，工程已基本完成，可满足 2013 年试通水、试运行应急调度需要。在江都应急调度中心，实现了 9 个梯级部分泵站的工程监控与视频监视集成。调度视频会议中心和泵站及江苏水源公司的语音视频系统集成。完成了应急期调度通信设施建设，将系统采集的数据整编、管理，实现调水信息管理平台等应用系统的基本功能，并在全线通水试运行期间进行系统的初步联合调试。

通信线路工程完成京杭运河段与合建

350km 光缆通道，运西金宝航道以及徐洪河段 140km 结合金宝航道工程及徐洪河影响处理工程实施的光缆通道。由中邮建承建的通信光缆线路工程施工总承包标段正在实施。

（卞新盛）

东线江苏段管理设施专项工程

工 程 概 况

南水北调东线一期江苏境内管理设施专项工程初步设计已经国务院南水北调办正式批复，其中管理机构建设包括江苏水源公司（含总调度运行中心、档案管理中心）、直属分公司（含调度分中心）、交水断面管理所的各类管理用房及其配套工程，以及泵站应急维修中心各类生产、管理用房及其配套工程和必要设备；其他管理设施配置主要包括交通设施、工程检测、维护、维修设施、工程安全防护设施、环保设施等。

（施　伟　林　亮　孙　涛　刘锦雯）

工 程 投 资

南水北调江苏境内工程初步设计于 2011 年 8 月由国务院南水北调办批复，工程批复总投资 23 826 万元，建设资金来自国家投资、建设基金和银行贷款。2013 年 12 月国务院南水北调办批复，核定江苏境内工程管理设施专项工程征地增加投资 20 679 万元，工程概算投资共计 44 505 万元。2013 年管理设施共完成投资 8455 万元，累计完成投资 8655 万元。建设处严格贯彻、执行目标责任状和工程总体实施方案要求，对照投资计划分解表，严抓合同管理，较好完成年度建设任务和投资目标。

（施　伟　林　亮　孙　涛　刘锦雯）

工 程 进 展

截至 2013 年底，管理设施专项工程完成三级机构扬州—淮安、宿迁—徐州交水断面管理用房建设；完成一、二级机构土地调研、方案比选，专题上报管理设施总体建设方案、管理设施土地差价调研报告等，积极争取国务院南水北调办支持；扬州、宿迁分公司管理设施功能规划、工程建设得到有力推进，泵站应急维修养护中心设备已经完成招标采购程序。

（施　伟　林　亮　孙　涛　刘锦雯）

南四湖水资源控制、水质监测工程和骆马湖水资源控制工程

概　　述

工 程 概 况

南四湖承担着南水北调东线的调蓄和输水任务。在南水北调运行期间，为保证南四湖地区的正常输水和水资源统一管理，需对南四湖周边众多入湖河流进行有效控制。第一期规划在上级湖湖西大沙河、姚楼河、杨官屯河和下级湖湖东潘庄引河的河口上新建控制闸。杨官屯河闸即是 4 个水资源控制工

程中的一个，并兼有挡洪、泄洪、排涝和通航等功能，又是南水北调东线工程中的重要组成部分。

南四湖水资源控制及水质监测工程共包括6个设计单元工程，分别是二级坝泵站、姚楼河闸、潘庄引河闸、杨官屯河闸、大沙河闸和南四湖水质监测工程。其中，二级坝泵站主体工程已建成，正进行道路等管理设施建设；姚楼河闸、杨官屯河闸、大沙河闸和潘庄引河闸已建成，除大沙河闸、杨官屯河闸环保、水保专项外，完成所有专项验收工作。水质监测工程正在协调落实中。

骆马湖水资源控制工程于2011年3月18日通过竣工环保验收。山东干线公司委托淮委建管工程有台儿庄泵站、潘庄引河闸、姚楼河闸、大沙河闸和杨官屯河闸工程。截至2012年年底，委托工程已全部完工，并通过设计单元工程完工验收技术性初步验收。

（阎　玮）

二级坝泵站工程

工程概况

二级坝泵站枢纽工程是南水北调东线第一期工程的第十级抽水梯级泵站，位于南四湖中部，山东省微山县欢城镇境内。工程主要任务是将水从南四湖下级湖提至上级湖，实现南水北调东线工程的梯级调水目标。

（赵　敏　许召新）

通水运行管理

山东干线公司于2012年10月成立二级坝泵站管理处，2012年11月26日山东干线公司与二级坝泵站工程建设管理局签订了运行管理移交协议，二级坝泵站管理处开始行使工程运行管理职能。

2013年在国务院南水北调办和山东省南水北调建管局等各级领导的正确领导下，各项运行管理工作全面展开。重点进行了规章制度的建设和制度的贯彻落实，编制完成了运行管理规程（报审稿），加强日常的设备巡检和维护保养，认真落实“两票三制”，实现了全年机组设备的安全运行。全年主要完成以下的通水和运行管理工作：

（一）机组移交运行工作

根据山东省南水北调建管局运行管理移交精神，为开展好下一步的运行维护管理工作，于2013年1月13日5台机组启动运行，顺利完成机组设备的运行管理移交工作。

（二）配合通水技术性验收机组启动运行工作

为配合二级坝泵站工程建设管理局迎接国务院南水北调办对二级坝泵站进行通水技术性验收工作，二级坝泵站管理处在3月12～18日，5台机组多次启动，开、停机运行操作及机组运行状态正常，确保了通水技术性验收。

（三）配合国务院南水北调办组织的试通水验收机组启动运行工作

2013年5月21日国务院南水北调办专家组在二级坝泵站现场随机抽点了2台机组启动运行，2台机组均满足设计需要，运行正常，试通水验收顺利通过。

（四）完成韩庄局四站联调二级坝泵站机组开机工作

为配合韩庄局四站联调工作，按照韩庄局联调要求，完成3号机组按照调度指令调水6h的开机任务。同时为配合建管局机组流量测试和校核，1、2、4、5号机组在本次开机过程中均进行了启动运行。

（五）完成二级坝泵站工程通水试运行工作

二级坝泵站于2013年10月23日～11月30日严格按照上级的调度指令分别开启5台机组，开机过程严格按开机程序，保证了机组的安全运行和泵站效益的发挥。本次运行各机组总计运行1117h，总调水量11 950万m^3，圆满完成了通水试运行工作。

（朱德龙　宋攀科）

建设管理

山东干线公司和淮委建设局联合组建了"二级坝泵站建设管理局"，并联合印发了《关于组建二级坝泵站建设管理局的通知》（建设〔2006〕28号）。2006年6月13日山东干线公司和二级坝泵站建设管理局在微山县签订《南水北调东线第一期工程二级坝泵站工程项目委托建设管理协议》，二级坝泵站建设管理局作为二级坝泵站枢纽工程现场管理机构，具体负责组织工程实施。

（李树康）

工程效益

二级坝泵站工程已进入运行期，各项指标均满足设计要求，能够按调度指令实现梯级调水目标，完成调水任务，发挥了应有效益。除此之外，还可作为我国大流量贯流泵机组的研究、设计、制造的技术平台，通过调度运行，可进一步积累调度运行经验和运行管理知识，为今后我国大型泵站的建设提供可借鉴之经验。

（李树康）

环境保护及水土保持

（一）环境保护实施情况

2012年6月～9月，完成了泵站主体工程区绿化。现主要任务是对站区内绿化进行养护管理。

建设单位已委托中国环境科学研究院编制完成了"建设项目竣工环境保护验收调查表"，计划于2014年5月进行环境保护专项验收。

（二）水土保持实施情况

二级坝泵站枢纽工程主体工程从2007年3月开工建设，水土保持工程于2011年9月完成，2012年10月25日水土保持合同项目完成验收。

二级坝泵站枢纽工程按照"水土保持方案"与"初步设计"完成了各项水土保持措施。防治措施布置上，做到工程措施、植物措施与临时措施相结合，形成较为完善的水土流失防护体系。

建设单位已委托江河水利水电咨询中心编制完成《南水北调东线一期工程二级坝泵站工程水土保持设施验收技术评估报告》，计划于2014年6月进行水土保持专项验收。

（伦智达）

工程验收

（一）二级坝泵站设计单元工程通水验收技术性初步验收

2013年3月13～16日，国务院南水北调办在山东省枣庄市组织进行了南水北调东线一期工程二级坝泵站设计单元工程通水验收技术性初步验收。

（二）工程档案专项验收

2013年5月9～10日，二级坝泵站工程档案通过了国务院南水北调办组织的设计单元项目完工档案专项验收。

（三）二级坝泵站设计单元工程通水验收

2013年5月20～22日，国务院南水北调办在山东省枣庄市组织召开了南水北调东线一期工程二级坝泵站设计单元工程通水验收会议。国务院南水北调办副主任、验收委员会主任张野主持验收会议。

（四）二级坝泵站工程值班宿舍单位工程和站区防护合同项目完成验收

2013年7月27～28日，二级坝泵站建设管理局受山东干线公司委托，在二级坝泵站工程现场主持了二级坝泵站工程值班宿舍单位工程和站区防护合同项目完成验收。

（李树康　朱德龙）

南四湖下级湖抬高蓄水位影响处理工程

工　程　概　况

南四湖下级湖抬高蓄水位影响处理工程主要任务是对湖区受影响的房屋、畜禽养殖场及生产生活配套设施进行补助，消除和改善因抬高蓄水位对湖区群众生产和生活产生的影响。工程涉及山东省济宁市微山县的夏镇街道办事处、昭阳街道办事处、韩庄镇、欢城镇、傅村镇、微山岛乡、高楼乡、张楼乡、西平乡、赵庙乡等10个乡镇办事处109个行政村。总投资40 984万元。

（李一涛）

工　程　进　展

昭阳低洼地影响处理工程是南四湖下级湖抬高蓄水位影响处理工程的一部分。工程于2013年3月开工建设，8月下旬完成了工程建设任务，8月31日通过了济宁市南水北调工程建设管理局组织的完工项目验收，并委托中介机构对财务决算进行了审计。完成工程投资4250万元。

南四湖下级湖抬高蓄水位影响处理工程遗留问题处理于2013年10月初开始复核，10月底结束。2013年11月9日，山东省南水北调建管局组织专家对由征地移民设计单位和微山县南水北调工程建设指挥部共同编制的《南水北调东线一期工程南四湖下级湖抬高蓄水位影响处理工程遗留问题处理实施方案》进行评审，11月11日，山东省南水北调工程建设指挥部对方案进行了批复。

（李一涛）

东平湖蓄水影响处理工程

工　程　概　况

东平湖蓄水影响处理工程为南水北调东线一期二程东平湖蓄水影响处理工程，位于山东省东平县境内。南水北调东线一期工程利用东平湖老湖区蓄水，设计输水水位为39.30m。蓄水影响处理工程主要任务和作用是对蓄水产生的影响问题进行处理和补偿，以确保安全蓄水，实现向胶东和鲁北输水的目标，保障南水北调东线一期工程正常运行。

东平湖蓄水影响处理工程包括蓄水影响补偿与工程措施两部分，工程措施包括东平湖围堤堤身堤基的防渗加固工程、堂子泵站改扩建工程以及济平干渠湖内引渠清淤工程三部分。围堤加固工程措施对卧牛堤和二级湖堤进行水泥土截渗墙加固处理，总长度2670m。堂子排灌站分排涝站和灌溉泵站，堤外侧为排涝站，内侧为灌溉泵站。拆除在原址重建，设计流量为4.8m^3/s，共4台机组。堤内侧（湖内）为灌溉泵站维持现状。济平干渠湖内引渠清淤工程主要是开挖一条从深湖区至济平干渠渠首闸的引水通道，长9766m。

（赵　超）

通水运行管理

该设计单元工程处理措施部分实行项目法人直接建管及委托建管模式，各建管机构对山东干线公司负责，由穿黄工程南区建管局代表业主牵头协调各建管机构的工作。共分三个单项工程。穿黄工程南区建管局负责济平干渠湖内引渠清淤工程建管工作，属于干线公司直管项目。东平湖蓄水影响处理工程堂子泵站建设管理处（由东平县南水北调办公室组建）负责堂子泵站改扩建工程建管工作，属于委托建管项目。南水北调东线一期工程东平湖蓄水影响围堤防渗加固工程建设办公室（由山东黄河河务局东平湖管理局负责组建）负责东平湖围堤防渗加固工程的建管工作，属于委托建管项目。

围堤防渗加固工程及济平干渠湖内引渠清淤工程均为隐蔽工程。加固工程项目实施后，防渗效果明显，充分发挥了工程既定作用。清淤工程已完成，发挥了既定功能。堂子泵站改扩建工程为地方配套工程，不参与调水调度。该工程将移交地方政府，在汛期适时启动，确保当地农田不发生内涝。

（赵　超）

建设管理

根据国务院南水北调办初设批复，施工总工期24个月。2004年7月，建委会以国调委发〔2004〕4号文，对山东干线公司组建方案进行了批复，成立山东干线公司作为项目法人。

该设计单元工程处理措施部分实行项目法人直接建管及委托建管模式，各建管机构对山东干线公司负责，由穿黄工程南区建管局代表业主牵头协调各建管机构的工作。共分三个单项工程。穿黄工程南区建管局负责济平干渠湖内引渠清淤工程建管工作，属于干线公司直管项目。东平湖蓄水影响处理工程堂子泵站建设管理处（由东平县南水北调办公室组建）负责堂子泵站改扩建工程建管工作，属于委托建管项目。南水北调东线一期工程东平湖蓄水影响围堤防渗加固工程建设办公室（由山东黄河河务局东平湖管理局负责组建）负责东平湖围堤防渗加固工程的建管工作，属于委托建管项目。

（赵　超）

工程进展

截至2013年底，东平湖蓄水影响处理工程工程措施部分已完成全部建设任务，并组织完成合同项目验收工作及东平湖蓄水影响处理工程设计单元工程通水验收工作。

（赵　超）

工程验收

截至2013年底，东平湖蓄水影响处理工程共计评定单位4个，质量全部优良；分部工程29个，全部合格，其中按水利标准评定27个，优良率96.3%；单位（分项）工程242个，全部合格，其中按水利标准评定211个，优良率92.0%。

（赵　超）

济平干渠工程

工程概况

济平干渠工程是南水北调东线一期工程的重要组成部分，也是向胶东输水的首段工程。工程先期引调东平湖水向济南市区及沿途县、区补充城镇生活和工业用水，改善沿线生态环境，下一步向胶东地区输送长江水。其输水线路自东平湖渠首引水闸引水后，途径泰安市东平县、济南市平阴县、长清区和槐荫区至济南市西郊的小清河睦里庄跌水，输水线路全长90.055km。

济平干渠工程是国家确定的南水北调首批开工项目之一，总投资149 055万元。2002年12月27日举行了工程开工典礼仪式，2005年12月底主体工程建成并一次试通水成功，2010年10月通过国家竣工验收，是第一个建成并发挥效益，第一个通过国家验收的南水北调单项工程。

（朱春生）

通水运行管理

济平干渠工程管理局，作为山东干线公司的派出机构，负责济平干渠工程的运行管理工作。

济平干渠工程的调度运行权限属于山东干线公司，济平干渠工程管理局严格按照山东干线公司的指令对济平干渠工程进行相应的调度运行。

（朱春生）

工程效益

南水北调东线工程试通水和通水运行期间，济平干渠生态输水功能初显。试通水期间，2013年4月27日~5月21日，共计24天，自东平湖引水4083万m^3；全线试通水时间为5月29日~6月27日，共计30天，自东平湖引水量为3554万m^3；试运行自2013年10月24日9时~2013年11月15日12时止，共计21天（503h），输水4105万m^3；从11月15日~12月11日为正式通水运行阶段，正式通水2390万m^3；共计通水6495万m^3，充分发挥了工程效益。

（朱春生）

环境保护及水土保持

（一）生态绿化

济平干渠工程沿线90km共植树56万余株，绿化草皮超过300万m^2，形成宽近100m、长90km的景观绿化带，打造了一条绿色长廊和生态长廊，为改善地方生态环境发挥了一定的积极作用。

2013年完成美国白蛾防治、林木修剪、打药除害、树木扩穴保墒、水土保持管理等生态、林木管理工作，水土保持效果良好，没有发生大的雨淋沟、塌方及失火现象；此外，完成范庄、玉符河苗木基地建设，并培育部分苗木；开展了绿色农产品种植养殖。

（二）站内整理与绿化

2013年，针对原施工遗留问题，组织专门力量对各管理站内的渣土、废混凝土、石子进行了清理和土地整理绿化。各管理站工作区与经营区工作环境得到改善。

（朱春生）

韩庄运河段工程

概　述

工　程　概　况

韩庄运河段工程位于山东省的南部，是南水北调东线第一期工程的重要组成部分，是实现南水北调连接骆马湖和南四湖输水干线向北输水和省际供水目标的关键性工程，其主要任务是抽引骆马湖来水输送到南四湖下级湖，一期工程设计输水规模为125m^3/s。韩庄运河段工程包括台儿庄、万年闸和韩庄3座泵站及韩庄运河段水资源控制工程等。工程总投资82 571万元。

（赵　琳）

台儿庄泵站工程

工　程　概　况

台儿庄泵站工程是南水北调东线一期工程的第七级泵站，也是进入山东省境内的第一级泵站，位于山东省枣庄市台儿庄区境内，由项目法人山东干线公司委托淮委建管局负责工程招标、建设、验收全过程，山东干线公司负责迁占协调、资金拨付等工作。

台儿庄泵站工程于2005年12月12日开工建设，2009年11月24日通过机组试运行验收，2010年7月27日由淮委建管局移交项目法人进入待运行管理阶段。2013年11月15日，正式进入运行期。

（张　健）

通 水 运 行 管 理

（一）通水情况

1. 通水准备情况

2013年度台儿庄泵站管理处对运行管理制度、检修管理制度等主要管理制度进行了修订和完善。印发《台儿庄泵站运行管理规程》、《安全运行规程》等，编制了《台儿庄泵站机电设备及水工建筑物等级评定标准》、《台儿庄泵站设备台账》等。

2. 调水情况

台儿庄泵站先后于2013年5月25日、10月22日至11月6日开启机组调水，参与了韩庄运河段工程试通水联调联试工作、东线全线通水试运行工作。

两次开机调水过程中，台儿庄泵站各台水泵机组均正常启停；各辅机、监控设备、配电设施均正常运行；运行中无任何人身安全事故；工程设施在有效监测之下，正常运行；参与运行人员能够严格执行上级调度命令，认真做好设备运行巡视检查。通过两次开机调水锻炼了职工队伍，提高了操作水平、检验了设备状态，积累了调水经验，确保了机组处于良好的热备状态。

（二）运行管理情况

1. 岁修计划实施

2013年度，台儿庄泵站管理处主要完成了机电设备维修（含试验检测）、备品备件和工器具采购、土建工程维修、金属结构除锈和防腐、水泵及电机涂漆、吊物孔及积水廊道楼梯封堵、增设站区安全警示牌、更换设备标识标牌、维修站区及管理区围墙、维修更换站区护栏、主厂房屋面防水处理、全站消防器材检查等30多项岁修项目。另外，还完成了部分机电设备维修、主厂房幕墙玻璃更换、消防栓移位修复、消防管道冻裂修复及保温处理等10余项岁修项目。

2. 设备维护

台儿庄泵站管理处制定了2013年度台儿庄泵站运行管理工作计划，做好并完善设备的养护工作。

2013年度，台儿庄泵站分别于2、5、7、10月进行了开机维护，确保泵站设备始终处于“热备”状态，泵站人员始终处于“临战”状态。

2013年度，台儿庄泵站管理处加强了工程及设备日常维护工作力度，制定了日常维护制度，明确了维护内容及标准，划分了维护责任区域，落实了维护人员，确定设备主人。日常维护工作主要为对水泵机组、电气设备、金属结构、水工建筑物等进行日常巡视，同时对巡视过程中发现的问题进行及时处理。

3. 职工培训

2013年度职工培训的重点是在工作中加强操作技能、故障诊断和维护维修动手能力的提升。7~8月，组织泵站运行人员参加了山东干线公司组织的为期一个月泵站运行工岗前培训班；10月，组织泵站运行人员和管理人员参加了山东干线公司组织的工程安全监测培训。

（任庆旺）

工 程 效 益

2013年10月22日~11月6日，台儿庄泵站开启机组提水，参与了南水北调东线全线通水试运行工作，圆满完成通水试运行任务，累计运行539.88台时，共计输水5625万m^3。

（任庆旺）

环境保护及水土保持

2013年度，台儿庄泵站管理处加强环境保护工作，杜绝了工程管理范围内的污水排放、垃圾堆放现象。同时，加强水土保持工作，安排专职人员对站区、管理区栽植的苗木进行浇水、施肥、修剪及病虫害防治等养护管理，确保了苗木的成活率，起到了水土保持效果。

（任庆旺）

工 程 验 收

2012年12月20~23日，台儿庄泵站完成了设计单元技术性初步验收，为南水北调东线全线通水创造了条件。

截至2013年底，台儿庄泵站除征地移民省级验收和设计单元完工验收没有完成外，其余均已通过了相关验收。

（任庆旺）

韩庄运河段水资源控制工程

工 程 概 况

韩庄运河段水资源控制工程由魏家沟橡胶坝、三支沟橡胶坝、峄城大沙河大泛口节制闸等建筑物组成。该工程于2008年3月开工，2010年7月完工。

（韩业庆　张　健）

通水运行管理

三支沟、魏家沟水资源控制工程管理设施主要包括泵房、管理房、橡胶坝、充排水系统、计算机控制系统，分别于2009年5月10日、20日完成橡胶坝充水试验，由韩庄局万年闸泵站管理处负责运行管理工作；峄城大沙河大泛口节制闸由韩庄局台儿庄泵站管理处负责运行管理工作。运行管理包括日常的巡查巡视、工程及机电设备的维修维护保养等。

三支沟和魏家沟两座橡胶坝升起挡水，峄城大沙河大泛口节制闸关闭闸门，控制调水水源，先后于2013年5月25日、10月22日至11月6日，参与了山东段联合试通水、东线全线通水试运行工作。

（韩业庆　张　健）

建设管理

山东省南水北调建管局为工程主管部门，山东干线公司为工程建设项目法人，枣庄市南水北调水资源控制工程建设管理处为工程建设管理单位。

三支沟橡胶坝由山东省水利勘测设计院设计，枣庄市台儿庄区大禹水利工程处负责施工，山东龙信达咨询监理有限公司中标负责移民迁占和施工监理，峄城区南水北调工程建设指挥部负责移民迁占工作，于2008年3月12日开工，2009年5月10日工程完工，2009年5月10日进行了竣工整理和清理。

魏家沟橡胶坝由山东省水利勘测设计院设计，枣庄市水利开发总公司负责施工，山东龙信达咨询监理有限公司中标负责移民迁占和施工监理，峄城区南水北调工程建设指挥部负责移民迁占工作，于2008年3月20日开工，2008年7月21日完成橡胶坝土建工程，泵房、管理房于2008年5月29日开工，2008年9月18日完工，机电设备于2010年1月16日开工，2010年3月31日完工。

峄城大沙河大泛口节制闸由项目法人山东干线公司委托枣庄市南水北调截污导流工程建设管理处建设管理。于2009年3月20日开工建设，2010年7月20日完工。2013年6月移交项目法人，2013年11月15日，正式进入运行期。2013年4月27日韩庄工程局呈报了《关于峄城大沙河大泛口节制闸管理房建设的报告》（韩庄呈签〔2013〕11号），5月3日得到批复，确定建设南水北调东线一期工程韩庄运河段工程峄城大沙河大泛口节制闸管理设施工程（韩庄运河段26标段）。7月29日完成招投标，确定施工单位为山东水利工程总公司。8月13日签订了施工合同，8月26日开工建设。截至2013年底，已经完成了管理区挡土墙、围墙基础、灌注桩等工程项目，工程进展顺利。

（韩业庆　张　健）

工程效益

通过4个汛期的通水考验，工程运行良好，机电设备运转正常。韩庄运河输水时，橡胶坝升起挡水，非输水期间塌坝，不影响支沟泄洪。大泛口节制闸为峄城大沙河防汛度汛、调蓄截污发挥了关键作用。

（韩业庆　张　健）

环境保护及水土保持

施工期间，参建各方严格遵守环保法律法规，建立健全环保管理制度，设计文件规定的各项环境保护措施（设施）得到认真执行，有效地减免了施工活动对自然环境可能造成的破坏和影响。建设期间监测数据表明，施工区环境状况总体受控，质量较好。

三支沟、魏家沟水资源控制工程防治措施布置上，做到工程措施、植物措施与临时措施相结合，形成较为完善的水土流失防护体系。

峄城大沙河大泛口节制闸工程属于峄城大沙河截污导流工程之一，该流域污水经过处理成为中水后方可排放进入峄城大沙河，一旦出现有污染现象，管理单位及时向相关河道管理部门通报，有效保护了河道环境。南水北调东线一期工程韩庄运河段工程峄城大沙河大泛口节制闸管理设施工程水土保持项目将于2014年上半年完成。

（韩业庆　张　健）

万年闸泵站工程

工 程 概 况

万年闸泵站工程位于韩庄运河中段，是南水北调东线工程的第八级抽水梯级泵站，也是南水北调东线工程在山东境内的第二级抽水泵站，设计输水流量125m³/s。该泵站工程位于万年闸工程北侧，通过渠道从万年闸下游的韩庄运河引水，再经由泵站和出水渠输水至万年闸上游的韩庄运河，实现南水北调东线第一期工程由骆马湖向南四湖下级湖供水的目的，结合地方排涝并改善韩庄运河的航运条件。

万年闸泵站工程设计工期2.5年，实际开工日期为2004年11月18日，主体工程于2009年9月全部完工。

（韩业庆）

通 水 运 行 管 理

万年闸泵站工程管理机构为山东省南水北调韩庄运河段工程建设管理局万年闸泵站管理处。

2013年5月25日10时，万年闸泵站开启1台机组运行，与台儿庄、韩庄、二级坝3座泵站联调，开始了韩庄运河及南四湖段工程的试通水运行。试通水过程中，万年闸泵站稳定运行了6h，保持了韩庄运河水位稳定和持续输水。

2013年10月22日～11月6日，万年闸泵站按照国务院南水北调办制定的《南水北调东线一期工程全线试运行工作方案》，遵照韩庄局调度分中心及穿黄备调中心的统一调度，依次开启5台机组提水，水量依指令随时调整，圆满完成了试运行调水任务。

国务院南水北调办投计〔2013〕52号文批复万年闸泵站待运行期间维护费用为888.0万元，截至2013年11月批复资金已全部实施完毕。

（韩业庆）

工 程 效 益

万年闸泵站枢纽工程，是山东省南水北调工程的先期工程，在总体工程开始正常运行以前，工程达不到设计效益。但是，新老206国道桥、滩地交通桥、生产桥的建成方便了交通和周围百姓的出行。

1. 引水渠增设跌水

引水渠的开挖截断了杨闸官村南的排涝沟，影响了排涝，故在排涝沟与引水渠相交处设跌水，使汛期（非调水期）涝水通过排涝沟跌水进引水渠，顺引水渠通过引水闸排至万年闸下韩庄运河。

2. 出水渠增设排涝涵闸

万年闸泵站站上出水渠的开挖截断了万年闸村南的排涝沟，影响了排涝，在排涝沟与出水渠相交处增设排涝涵闸，使涝水通过排涝涵闸进出水渠，顺出水渠通过出口防洪闸排入韩庄运河。

（韩业庆）

环境保护及水土保持

万年闸泵站工程开展了环境影响评价工作，编制了环保设计文件。施工期间，认真执行各项环境保护措施，有效地减免了施工活动对自然环境可能造成的破坏和影响。建设期间监测数据表明，施工区环境状况总体受控，质量较好。

万年闸泵站工程基本按“水土保持方案”与“初步设计”完成了各项水土保持措施，形成较为完善的水土流失防护体系。由于方案与初步设计较早，设计中的水土保持措施中的绿化较单调，在实际施工过程中，根据《南水北调东线一期工程建筑与景观总体方案设计报告（实施导则）》的要求，强化泵站厂区的绿化效果，增加了一些园林观赏性的树木，达到“四季有花、常年有绿，水土保持与园林景观相结合”的效果。

（韩业庆）

工 程 验 收

万年闸泵站共有7个施工合同项目，划分9个单位工程，已全部完成并通过验收，优良率100%。截至2012年6月20日，消防、档案、环境保护、水土保持、征地移民等专项验收工作已全部完成。

万年闸泵站工程于2012年3月10日通过竣工环境保护专项验收；2012年6月20日通过水土保持工程专项验收；2012年11月9～10日，通过设计单元完工验收技术性初步验收。

（韩业庆）

韩庄泵站工程

工 程 概 况

韩庄泵站工程是南水北调东线一期工程中第九级抽水梯级泵站，也是山东境内的第三级泵站，位于山东省枣庄市峄城区古邵镇八里沟村西，任务是将站下来水通过泵站提水入南四湖下级湖，以实现南水北调东线一期工程的调水目标。

（马儒航）

通 水 运 行 管 理

韩庄泵站工程管理机构为山东省南水北调韩庄运河段工程建设管理局韩庄泵站建设管理处，隶属于山东省南水北调韩庄运河段工程建设局。

2013年5月25日，韩庄泵站开启机组，与台儿庄、万年闸、二级坝3座泵站进行联调，韩庄泵站稳定运行了6h，保持了韩庄运河水位稳定和持续输水，顺利完成了韩庄运河及南四湖段工程试通水联调联试任务。

2013年10月22日至11月6日，韩庄泵站根据调度指令依次开启5台机组，投入南水北调东线一期工程试运行暨正式通水，各建筑物及设备工作性能正常、满足正常运行要求。

（马儒航）

工 程 效 益

韩庄泵站工程主体工程已全部完成并转入待运行期，现已形成渠水清澈、绿树成荫的生态景观长廊，改善了生态环境，发挥了生态效益；泵站的建成，标志着韩庄运河段工程全线贯通，具备了从江苏骆马湖调水入山东南四湖下级湖的条件，可以发挥局部调水效益。

（马儒航）

环境保护及水土保持

韩庄泵站管理处投入了大量的人力、财力和物力用以加强泵站站区、管理区、弃土区水土保持及绿化工程的养护，达到了工程绿地率大于40%、可开发水土资源利用率达到80%以上、乔（灌）木保存率95%以上、草坪保存率90%以上的管理目标与要求。

（马儒航）

工程验收

韩庄泵站工程于2012年11月11～12日进行了泵站工程设计单元技术性初步验收。验收工作组认为：韩庄泵站工程完成了设计的建设内容，并经试运行检验，可满足正常运行和发挥效益的要求；工程项目的设计、施工、制造和安装质量符合国家和行业有关技术标准的规定；对于施工和安装过程中出现的质量缺陷，已经妥善处理，处理后工程质量满足设计要求，不影响使用寿命和安全运行；历次验收遗留问题已处理完毕并验收合格。

（马儒航）

南四湖—东平湖段工程

概述

工程概况

南四湖—东平湖段输水与航运结合工程（以下简称两湖段工程）是南水北调东线一期工程的重要组成部分，是沟通黄、淮、海和连接胶东输水干线、鲁北输水工程的咽喉，处于山东境内T字形输水大动脉的心脏地带，也是山东加快南水北调东线一期工程建设进度、确保2013年全线通水目标如期实现的关键性控制工程。该工程上接南四湖的上级湖，下至东平湖，输水线路全长约108km，途径济宁市的微山等7个县（区）和泰安市的东平县。由南四湖湖内疏浚工程、梁济运河、柳长河输水航道工程、长沟泵站、邓楼泵站、八里湾泵站和引黄灌区灌溉影响处理工程7个设计单元组成。一期工程设计输水流量100m^3/s，年调水13亿～14亿m^3，设计总工期3年，工程概算总投资约38.89亿元。

工程建成后，北可以向德州、聊城等鲁北地区并进而向冀东、天津供水；东可以通过已经建成的济平干渠向济南供水，并进而通过济南—引黄济青段和胶东输水干线调水至烟台、威海、青岛，以有效解决这些地区水资源的紧缺问题。短期内即可实现南四湖和东平湖之间水资源的联合调度，初步改善山东水资源空间分布不均的状况，对下步沂沭泗洪水利用，实现洪水资源化具有重大的现实意义。

（化晓峰）

通水运行管理

（一）试通水

2013年5月17～20日，南四湖—东平湖段工程进行试通水。本次试通水是根据南水北调东线一期工程试通水要求及结合八里湾泵站5月20日机组试运行进行的。通水前，首先对梁济运河及柳长河水情进行了观察，提前编制了调度方案。由于跨河道桥梁施工尚未完成，河道中存在施工围堰，提前对围堰进行了安全处理。相关安全措施完成后，17日向沿线市县南水北调局等水行政主管部门及施工企业、监理单位下发了试通水通知。渠道设立水位观测点，湖口至长沟段桩号为8+500、14+200、18+100，长沟至邓楼段桩号为40+200、45+500、49+500，邓楼至八里湾段为王庄节制闸（桩号4+750）、老王庄公路桥（桩号15+095），安排有关项目部人员进行水位观测及渠道巡视。本次调水量，长沟泵站抽水931万m^3，邓楼泵站536万m^3，八里湾泵站267万m^3，调水获得圆满成功。本次成功调水的重要意义在于，即使八里湾泵站圆满完成了国务院南水北调办工程节点目标，又打通了南四湖—东平湖的调水线路，为下一步南水北调山东段联调联试提供了水源保证。根据山东省南水北调工程建设指挥部《关于保障南水北调工程试通水水源的通知》，南四湖—东平湖段工程于6月9~27日再次进行了调水。调水前，提前编制了调水方案，向沿线市县南水北调局等水行政主管部门及施工企业、监理单位下发了试通水通知，设立了水位观测点。本次调水量，长沟泵站抽水4030万m^3，邓楼泵站抽水3645万m^3，八里湾泵站抽水3227万m^3。

（二）通水运行

2013年10月18日~12月11日，南四湖—东平湖段进行了通水试运行以及正式通水运行。根据山东省南水北调工程建设指挥部《关于认真做好南水北调工程通水试运行工作的通知》等有关部署，两湖段建管机构于国庆节期间就开始组织制定了试运行调度方案、南四湖—东平湖段工程突发事件应急预案等。国庆节后组织成立了各调水组织机构，对人员进行了分工。组建了南四湖—东平湖段调度分中心，开始各方面的准备工作。南四湖—东平湖段工程调水从10月23日正式开始，12月11日结束。长沟泵站共调水11 950.39万m^3，邓楼泵站共调水11 658.83万m^3，八里湾泵站共调水11 700.20万m^3。整个试运行以及调水期间，运行平稳、通水顺利，无任何安全事故发生。

（化晓峰）

长沟泵站枢纽工程

工程概况

长沟泵站是南水北调东线工程的第十一级抽水梯级泵站，位于济宁市长沟镇新陈庄村北，泵站选用肘形进水流道，直管出水流道液压全调节立式轴流泵，一期设计输水流量$100m^3/s$。

（化晓峰）

工程投资

长沟泵站设计单元工程投资分为中央预算内投资、南水北调基金、重大水利基金和银行贷款。工程总投资为29 320万元，截至2013年底，批复投资已全部下达。

（化晓峰）

投标招标

截至2013年底，长沟泵站工程9个标段的招标工作已全部完成，其中监理1个、主体工程施工1个、管理设施建设1个、设备采购2个、电气设备1个、计算机控制系统1个，水土保持工程1个；供电设施工程1个标已委托地方电力部门实施。

2013年长沟泵站工程招标投标情况见表1。

表1　　2013年度长沟泵站枢纽工程招投标情况

合同编号	合同名称	招标代理单位	招标文件发售时期	开标日期	定标日期	中标单位	合同签订日期
NSBD/LHD－CHG007	长沟泵站水土保持合同（标段7）	山东普华项目管理有限公司	2012年12月28日	2013年1月16日	2013年1月31日	青岛枫和建设工程有限公司	2013年2月10日

（化晓峰）

工　程　进　展

长沟泵站工程概算批复总投资29 320万元，工程于2009年12月5日正式破土动工。截至2013年底，工程已经全部完工，已经完成单位工程验收、合同验收、技术性初步验收、国家档案验收，并于2013年12月完成全线试通水和正式通水验收。

（化晓峰）

质　量　管　理

工程开工前，要求项目部建立健全质量保证体系和质量管理制度，实行施工质量责任制，检查控制施工全过程，层层把关，把影响质量的隐患消灭在萌芽状态，形成自上而下的工程质量管理体系。每项工程开工前均进行技术交底和图纸会审，把各项技术要求和施工要点落实到班组到个人。工程施工过程中要求工程技术人员全程监控，实行班组长初检，兼职质检员复检，专职质检员终检的三级检查制度。对特殊部位施工、隐蔽工程处理等，专职质检员必须旁站。只要有机械作业，就有现场管理人员旁站，及时发现和纠正施工中存在的问题。在原材料方面，要求所有进场的材料必须提供材料合格证和检验报告，主要材料质检人员要按照规范要求进行抽检送样，合格后，报请监理批准，方可投入使用。

（化晓峰）

安　全　生　产

项目部在加强工程质量管理的同时，对安全工作更加重视，开工以来把施工安全管理工作列为各项管理工作的重点来抓。项目部成立安全生产领导小组，下设安全保卫科，设立专职安全员，实行安全岗位责任制，逐级签订安全生产合同，明确分工，责任到人。要求工地设立安全专项资金，结合施工情况配备齐全劳保用品和安全防护设施。要求项目部制定各项安全生产规章制度和操作规程，落实三级安全教育制度；制定施工现场重大事故应急预案，以保证在重大施工事故发生时，有组织有秩序的进行救援。在本工程施工过程中，通过建立有效的安全生产管理体系和制定安全生产保证措施，确保了安全生产。

（化晓峰）

邓楼泵站枢纽工程

工程概况

邓楼泵站是南水北调东线工程的第十二级抽水梯级泵站，位于梁山县韩岗镇司垓村以西，泵站选用肘形进水，低驼峰出水流道液压全调节立式轴流泵，一期设计输水流量100m^3/s，多年平均提水量13.60亿m^3，设计选用4台液压全调节式3100ZLQ-4立式轴流泵，配套电机型号TL2240-48，装机4台，其中备用1台，泵站总装机容量8960kW。

（化晓峰）

工程投资

邓楼泵站工程投资分为中央预算内投资和银行贷款。工程总投资27 020万元，截至2013年底，邓楼泵站批复投资已经全部下达完成。

（化晓峰）

招标投标

截至2013年底，邓楼泵站工程累计已完成9个标段的招标工作，其中监理1个、主体工程施工1个、管理设施建设1个、设备采购2个、电气设备1个、计算机控制系统1个，水土保持工1个；供电设施工程1个标已委托地方电力部门实施。

2013年邓楼泵站工程招标投标情况见表1。

表1　　2013年度邓楼泵站枢纽工程招投标情况

合同编号	合同名称	招标代理单位	招标文件发售时期	开标日期	定标日期	中标单位	合同签订日期
NSBD/LHD/DL-007	邓楼泵站水土保持合同（标段7）	山东普华项目管理有限公司	2012年12月28日	2013年1月16日	2013年1月31日	济南新大地园林工程有限公司	2013年2月10日

（化晓峰）

工程进展

邓楼泵站工程概算批复总投资27 020万元，工程于2010年1月2日正式动工。截至2013年底，工程已经全部完工，该工程已经完成单位工程验收、合同验收、技术性初步验收、国家档案验收，并于2013年12月完成全线试通水和正式通水验收。

（化晓峰）

八里湾泵站枢纽工程

工程概况

八里湾泵站枢纽工程为南水北调东线一期工程南四湖—东平湖段输水与航运结合工程的组成部分，位于山东省东平县境内的东平湖新湖滞洪区，是南水北调东线工程的第十三级泵站，也是黄河以南输水干线最后一级泵站。设计调水流量为100m^3/s，设计水位站上40.90m（85国家高程基准，下同），站下36.12m，设计净扬程4.78m，平均净扬程4.15m。工程主要任务是抽引前一级邓楼站的来水入东平湖的北调水100m^3/s，并结合东平湖新湖区的排涝。

（化晓峰）

工程投资

八里湾泵站枢纽工程已委托给黄河东平湖管理局管理，黄河东平湖管理局下属的八里湾泵站工程建设管理局负责工程建设期的建设和管理工作。在投资计划管理方面，严格合同管理，正确处理好计量、支付。工程总投资27 301万元。投资计划下达情况：截至2013年底，八里湾泵站批复投资已经下达完成。

（化晓峰）

工程进展

八里湾泵站工程概算批复总投资27 301万元，工程于2010年9月16日正式动工。截至2012年底，泵站主体工程已经全部完成；清污机桥工程已经完成；永久交通工程已经完成，新筑堤防工程、管理区平台工程已经完成，电机、水泵安装基本完成。截至2013年底累计完成施工投资18 681万元。

（化晓峰）

梁济运河段工程

工程概况

梁济运河输水线路从南四湖湖口至邓楼泵站站下，长58.252km，为防止船行波对河岸的冲刷，该输水河段采用现浇混凝土护坡；对司垓闸下0.8km险工段进行护底、护坡。

（化晓峰）

工程进展

梁济运河段工程概算批复静态总投资73 216万元，工程于2010年12月30日正式开工建设，截至2013年底，主体土建工程已经全部完成，渠道工程、桥梁工程、连接段支流口工程、管理区工程已全部完工。仅剩余部分水土保持工程和小部分尾工。该工程已经完成单位工程验收、合同验收、技术性初步验收，并于2013年12月完成全线试通水和正式通水验收，水质达标，通过国家质量稽查验收。

（化晓峰）

柳长河段工程

工程概况

柳长河输水线路从邓楼泵站站上至八里湾泵站站下，输水航道长20.984km，其中新开挖河段6.587km，利用柳长河老河道疏浚拓挖14.397km。设计最小水深3.2m，设计河底高程33.2m，边坡1:3，采用现浇混凝土板衬砌方案，设计河底宽45m，护坡不护底，渠底换填水泥土。

（化晓峰）

工程投资

在投资计划管理方面，柳长河段工程概算批复投资已经全部下达。两湖段建管机构主要从严格合同管理抓起，有效控制工程投资。

（1）以合同管理为核心，认真履行合同。

（2）重视合同文件的拟定工作。

（3）严格执行合同，正确处理好计量、支付。工程开工前将制定计量、付款的统一格式，施工中严格按照合同文件的约定，做到适时、适度、合法付款。

（4）严格控制工程变更。

（化晓峰）

工程进展

柳长河段工程概算批复静态总投资48 611万元，工程于2010年12月30日正式开工建设，截至2013年底，主体土建工程已经全部完成，渠道工程、桥梁工程、连接段支流口工程、管理区工程已全部完工。仅剩余部分水土保持工程和小部分尾工。该工程已经完成单位工程验收、合同验收、技术性初步验收，并于2013年12月完成全线试通水和正式通水验收，水质达标，通过国家质量稽查验收。

（化晓峰）

南四湖湖内疏浚工程

工程概况

南四湖的上级湖一般湖底高程32.3m，死水位32.8m，设计水位34.0m，下级湖一般湖底高程30.8m，死水位31.3m，设计水位32.3m。南四湖湖内疏浚工程自湖内（4+985）~（33+935）（南阳南）沿湖内航道进行疏浚，疏浚长度28.95km，湖口约5km范围内的小北湖段涉及南四湖防洪问题，本次工程不进行处理。

南四湖湖内疏浚工程于2011年7月31日正式开工建设，截至2013年底，工程已经全部完工，已经完成单位工程验收、合同验收、国家档案验收。

（化晓峰）

工程投资

南四湖湖内疏浚工程已经委托给济宁市南水北调局管理。济宁市南水北调局负责工程建设期的建设和管理工作。在投资计划管理方面，现场建管机构主要从严格合同管理抓起，有效控制工程投资。

（1）以合同管理为核心，认真履行合同。

（2）重视合同文件的拟定工作。

（3）严格执行合同，正确处理好计量、支付。工程开工前将制定计量、付款的统一格式，施工中严格按照合同文件的约定，做到适时、适度、合法付款。

（4）严格控制工程变更。

工程总投资23 348万元。截至2012年底，南四湖湖内疏浚工程批复投资全部下达完成。

（化晓峰）

引黄灌区影响处理工程

工 程 概 况

灌区影响处理工程按灌区分为国那里灌区和陈垓灌区，主要为了解决南水北调利用梁济运河、柳长河输水对梁山县两引黄灌区造成的不利影响。

国那里灌区输水干渠控制灌溉面积37.09万亩（其中受南水北调输水影响面积26.31万亩），输水干渠渠首设计引水流量分别为23.0m^3/s，工程输水线路长41.04km，其中利用现有沟渠扩挖26.698km，新开挖渠道14.342km，衬砌渠道15.143km。

陈垓灌区输水干渠控制灌溉面积13.70万亩，输水干渠渠首设计引水流量分别为8.0m^3/s，工程输水线路长8.207km，其中利用现有沟渠扩挖7.618km，新开挖渠道0.589km，衬砌渠道1.663km。

工程总投资18 696万元。截至2012年底工程投资已经全部下达。

（化晓峰）

工 程 进 展

灌区影响处理工程概算批复总投资18 696万元，工程于2010年4月13日正式破土动工，工程已于2011年全部完成，2012年完成了单位工程验收、合同验收、技术性初验和档案验收，目前正在进行完工结算验收工作。

（化晓峰）

胶东干线济南—引黄济青段工程

概 述

工 程 概 况

济南—引黄济青段工程输水线路全长152.3km，涉及济南、滨州、淄博、潍坊、东营五个市；划分为济南市区段工程、东湖水库工程、双王城水库工程、明渠段工程和陈庄输水段工程五个设计单元工程，批复工程初步设计概算总投资77.554 2亿元。其中济南市区段工程于2008年11月1日开工，2012年12月21日完成了设计单元工程完工验收技术性初步验收；明渠段工程、陈庄输水线路工程分别于2011年2月18日和6月9日开工，2012年11月底主体工程全部完成，2012年12月完成了设计单元工程完工验收技术性初步验收。东湖水库工程于2010年5月13日正式施工，2013年5月东湖水库通过了蓄水阶段验收，2013年6月完成了入库泵站机组试运行验收。双王城水库工程2010年8月6日正式开工建设，2013年5月通过安全评估，2013年6月完成了设计单元工程完工验收技术性初步验收。2013年5月30日～6月28日，济南—引黄济青段工程成功进行了试通水，东湖水库、双王城水库完成了机组试运行并充库蓄水。2013年10月24日～12月11日，济南—引黄济青段工程进行了通水试运行，并向淄博正式供水。

（毕德义）

济南市区段工程

工程概况

济南市区段工程西起济平干渠睦里庄跌水，东至济南市东的小清河洪家园桥下，横穿济南市区，全长27.914km，设计流量为$50m^3/s$，加大流量为$60m^3/s$。

（张　峰）

通水运行管理

济南市区段工程是胶东输水干线组成部分，2013年5月29日~6月28日参与了胶东干线试通水，向东湖水库、双王城水库供水。2013年10月24日~11月17日参与了胶东输水干线通水试运行，11月17日~12月11日转入正式通水，向胶东调水6495万m^3。通水期间，工程运行良好，未发生质量与安全事故。

（牛　政）

工程投资

济南市区段工程概算静态总投资303 730万元。2013年主要建设内容为补源明渠穿济西编组站专项工程建设，完成施工投资1523万元。

（牛　政）

工程进展

济南市区段工程除个别遗留工程外已全部完成，2012年12月21日通过了设计单元工程完工验收技术性初步验收。

济南市区段输水工程补源明渠穿济西编组站专项工程尚未完成，该项目委托济南市小清河开发建设投资有限公司建设，计划2014年4月开工，计划工期30个月，工程不影响南水北调济南市区段工程主干线通水。

（牛　政）

建设管理

工程建设始终坚持“质量第一、安全第一”的宗旨，严把质量关。建立健全了项目法人负责、监理单位控制、施工企业保证与政府监督相结合的质量保证体系；建立了完善的质量管理制度，严格落实责任制；加强监督管理，强化监理。工程质量得到有效控制，达到了工程建设质量目标。

坚持“安全第一、预防为主、综合治理”的方针，全面贯彻落实国务院南水北调办、国家及地方有关安全生产管理的相关规定和要求。加强领导，建立健全各级安全管理组织机构，建立完善规章制度；明确目标，严格落实安全生产责任制。工程开工建设以来，未发生安全生产责任事故，实现了安全生产目标。

济南市区段工程是胶东输水干线重要组成部分，2013年工程通水运行，向胶东调水6496万m^3，其中向淄博正式供水1002万m^3，对沿线受水地区发挥了巨大的经济促进作用。上游利用小清河输水段同时承担着小清河补源及汛期防汛排涝任务，对小清河上游排涝及下游生态补偿有巨大的社会及生态效益。

济南市区段水土保持工程含上游利用小清河输水段及管理设施绿化。上游利用小清河段水土保持工程委托济南市小清河开发建设投资有限公司建设，与济南市小清河工程结合实施，目前河道两岸水土保持工程已完成。

（牛　政）

工 程 验 收

济南市区段输水工程已验收分部工程202个，全部合格，其中非水利标准分部工程15个，水利标准分部工程187个，优良个数166个，按水利标准评定的分部工程优良率88.8%；已验收单位工程19个，全部合格，其中非水利标准单位工程4个，水利标准单位工程15个，按水利标准评定的单位工程全部达到优良等级。2012年12月21日，通过设计单元工程完工验收技术性初步验收。

（牛　政）

陈庄输水线路工程

工 程 概 况

陈庄输水线路工程上接南水北调东线一期工程济南—引黄济青明渠段输水工程上段（即沿小清河左岸新辟明渠输水段）末端，下接济南—引黄济青明渠段输水工程下段（利用小清河分洪道子槽输水段）起点，全线位于高青县境内，输水线路全长13.225km，采用梯形明渠断面，全断面现浇混凝土防渗衬砌。

（刘广辉）

工 程 投 资

陈庄输水线路工程初步设计概算总投资30 684万元，其中工程部分投资13 768万元，移民环境投资13 947万元，桥梁工程2332万元，建设期利息434万元。截至2013年底，累计下达投资计划30 684万元，到位总投资30 481万元。累计完成总投资31 873万元，其中，施工合同投资11 469万元，其他投资20 404万元。

（许金民）

工 程 进 展

2013年度主要完成了水土保持工程、渠道安全防护网工程、现地管理设施和供电线路工程的施工。截至2013年底，陈庄输水线路工程累计完成施工合同投资11 469.33万元，完成土方开挖157.57万m^3，土方回填84.65万m^3，混凝土填筑8.01万m^3。2013年主要完成了水土保持工程和渠道安全防护工程的施工。

（康　琦）

建 设 管 理

建立健全项目法人负责、监理单位控制、施工和设计企业保证与政府监督相结合的质量管理体系。成立了由各参建单位项目负责人组成的质量管理领导小组，设立了质量安全部门，明确了质量管理职责和目标，落实了质量管理责任；制定并印发了《明渠段工程质量安全管理奖惩办法和实施细则》。对工程中存在的质量问题，狠抓整改落实，并做到举一反三，全面排查，保证了工程建设质量。

建立健全安全生产责任制度，制定并印发安全生产规章制度、操作规程和应急救援预案，成立了安全生产领导小组，并层层签订安全生产责任书，把安全责任落实到人。明渠段建管处组织人员进行定期和专项安全检查，并做好安全检查记录，工程建设过程中未发生任何安全事故。

工程建设中按要求做好了生态环境、水环境、土壤环境及人群健康等环境保护方面的工作，并及时完成了工程资料的收集、整理和归档工作，为调查报告的编写及验收申请做好前期准备工作。陈庄输水线路水土保持工程种植树木约4万棵，种植草籽 $36hm^2$，成活率满足要求。

（刘广辉）

工 程 验 收

陈庄输水线路工程于2012年11月23日和30日分别进行了单位工程和合同项目完成验收，验收分部工程52个，全部合格，其中按水利标准评定33个，优良31个，优良率93.9%；验收单位工程4个，全部合格，其中按水利标准评定3个，优良率100%；2012年12月25日，通过设计单元工程完工验收技术性初步验收，工程具备通水运行条件。

（刘广辉）

明渠段工程

工 程 概 况

明渠段工程上起济南市区段输水暗涵出口，下至小清河分洪道引黄济青上节制闸，中间与陈庄输水线路工程衔接，输水线路全长111.26km；分为两段，第一段自济南市区段输水暗涵出口—高青县前石村公路桥上游（陈庄输水段工程起点），长76.685km，沿小清河左岸新辟明渠，全断面现浇混凝土衬砌，渠底宽9.1～13.5m；第二段自入小清河分洪道涵闸末端（陈庄输水段工程终点）—引黄济青上节制闸，利用小清河分洪道子槽输水，长34.575km，其中新开挖土渠29.175km，渠底宽14m，边坡1∶3，利用小清河分洪道子槽输水长5.40km，渠底宽38m，内外边坡均为1∶2。工程设计流量为 $50m^3/s$，加大流量为 $60m^3/s$。建设各类交叉建筑物405座，其中节制闸、分水闸、泄水闸等23座，倒虹吸192座，桥梁158座，其他建筑物32座。

（毕德义）

通 水 运 行 管 理

2013年5月30日～6月28日，济东明渠段工程（包括明渠段和陈庄输水段工程，下同）进行了试通水，输水时间30天，最大输水流量 $34m^3/s$。为东湖、双王城两座水库机组试运行和充库输水，其中东湖水库入库水量1650万 m^3，双王城水库入库水量1365万 m^3。试通水期间明渠段工程运行正常，未发生任何影响试通水安全的问题，渠道试通水工作顺利完成。

2013年10月24日～12月12日，济东明渠段工程完成了通水试运行暨正式通水。11月15日，国务院南水北调办第2013001号调度令宣布南水北调东线一期工程正式通水。试运行暨正式通水期间明渠段工程累计输水6386万 m^3，其中向东湖水库供水2113万 m^3，向双王成水库供水1778万 m^3，向淄博供水1002万 m^3。输水期间明渠段工程渠道、建筑物土建工程及机电设备、闸门等运行正常，状况良好。

（刘广辉）

工 程 投 资

明渠段工程初步设计概算总投资254 179万元，其中工程部分投资91 892万元，移民环境投资127 015万元，桥梁工程26 252万元，供电线路2017万元，穿铁路工程965万元，建设期利息6038万元。

截至2013年底，累计下达投资计划258 769万元，到位总投资241 570万元。累计完成总投资264 320万元，其中，施工合同投资 91 322 万元，其他投资 172 998 万元。2013 年度实际完成施工合同投资 3482 万元。

（许金民）

工 程 进 展

2013 年度主要完成了水土保持工程、渠道安全防护网工程、现地管理设施和供电线路工程的施工。截至 2013 年底，明渠段工程累计完成施工合同投资 91 322 万元，完成土方开挖 1191.20 万 m^3，土方回填 681.31 万 m^3，混凝土填筑 56.62 万 m^3。2013 年，明渠段工程计划完成施工投资 3559 万元，年度实际完成施工投资 3482 万元，占年度计划的 98%。

（康　琦）

建 设 管 理

狠抓质量管理，建立健全项目法人负责、监理单位控制、施工和设计企业保证与政府监督相结合的质量管理体系。成立了由各参建单位项目负责人组成的质量管理领导小组，明确了质量管理职责和目标，落实了质量管理责任；制定并印发了《明渠段工程质量安全管理奖惩办法和实施细则》。对工程中存在的质量问题，狠抓整改落实，并做到举一反三，全面排查，保证了工程建设质量。

建立健全安全生产责任制度，制定并印发安全生产规章制度、操作规程和应急救援预案，成立了安全生产领导小组，并层层签订安全生产责任书，把安全责任落实到人。明渠段建管处组织人员进行定期和专项安全检查，并做好安全检查记录，工程建设过程中未发生任何安全事故。

济东明渠段工程试通水和通水试运行期间，向东湖水库和双王城水库供水 6905 万 m^3，向淄博供水 1002 万 m^3，涵养了工程沿线的地下水源，解决了部分地区水资源紧缺问题。沿线地方配套设施建成完善后，可以全面解决沿线地区水资源紧缺问题。

工程建设中按要求做好了生态环境、水环境、土壤环境及人群健康等环境保护方面的工作，并及时完成了工程资料的收集、整理和归档工作，为调查报告的编写及验收申请做好前期准备工作。

明渠段工程水土流失防治主要措施包括工程措施和植物措施及临时措施。水土保持专项工程种植树木 32 万棵，种植草籽 195hm^2，成活率满足要求。

（刘广辉）

工 程 验 收

2012 年 11 月 22 日 ~ 12 月 18 日，济东明渠段工程进行了单位工程和合同项目完成验收。验收分部工程 475 个，全部合格，其中按水利标准评定 303 个，优良 273 个，优良率 90.1%；验收单位工程 38 个，全部合格，其中按水利标准评定 29 个，优良率 100%；合同项目完成验收 9 个。2012 年 12 月 25 日，通过设计单元工程完工验收技术性初步验收。

（刘广辉）

东 湖 水 库 工 程

工 程 概 况

东湖水库位于济南市历城区东北部与章丘市交界处，距济南市区约 30km。工程永久占地 8073.56 亩，水库坝轴线全长 8.125km，最高蓄水位 30.0m，相应总库容为5377 万 m^3。建成后每年向章丘供水 1700 万 m^3，向济南市区供水 4050 万 m^3，向滨州、淄博两市供水 2347 万 m^3。

工程批复总投资98 870万元。工程施工总工期2.5年，实际开工日期为2010年6月6日，完工日期2013年4月28日。

（李子军）

通水运行管理

（一）北调水情况

2013年5月29日~6月28日，东湖水库完成了水泵机组试运行及试通水工作，最大流量达到15.2m^3/s，累计入库水量1650万m^3，库内水位20.93m。2013年10月26日10时30分开启东湖水库入库泵站，开始通水试运行，11月8日结束，共计调水1576万m^3，库内水位23.62m；11月22日~12月11日，调水536万m^3，库内水位24.46m，通水运行期间，东湖水库累计入库水量2112万m^3。

（二）管理机构基本情况介绍

机组试运行验收由项目法人或其委托的单位主持，并负责组建试运行验收委员会，负责试运行验收工作，邀请部分专家参与试运行验收工作。成立了东湖水库工程泵站试运行工作组，受验收委员会委托全权负责预试运行工作，协助配合验收委员会进行试运行工作；试运行工作组下设六个专业组，负责各专业的验收配合工作，同时设立机组试运行小组，负责试运行的具体操作，包括土建工程组、机电设备组、供电保障组、档案资料组、设备保障组、综合组。

（三）管理范围及管理设施

东湖水库入库泵站中控室作为东湖水库工程运行调度的核心，可以实现所有自动化设备的集成控制，调度水库围坝、干线分水闸、穿小清河倒虹吸、入库泵站、入（出）库涵闸、放水洞、排渗泵站及截渗沟等。

（四）调度运用及设备维护

通水运行期间，东湖水库建管处实行24h值班制度，及时传达、执行和反馈调度指令、完成水情测报与分析、设备运行检查、工程沿线巡查等工作。试运行及正式通水期间设备运行发现的问题及时解决，并进行了总结。4台抽水水泵机组在运行期间，由于震动、磨损，水泵与轴结合处不同程度的存在漏水甩水现象，2号和3号同步电机机组润滑冷却油箱存在渗油现象，定子转轴与密封端盖间存在一定程度的磨损，造成密封元件损坏，定子与转子之间的碳刷也由于长时间的工作运行，存在不同程度损毁。对泵站建筑物、机电设备及电气设备进行养护。

（李子军）

环境保护及水土保持

截至2013年底，水土保持施工标段共计完成坝后弃土区场地平整9万m^3完成比例74%，护堤地场地平整2.7万m^3完成66%，国槐2626棵完成100%，白蜡1626棵完成100%，樱花5700棵完成56%，垂柳8400棵完成86%，管理区土地整治2.2万m^3完成100%，管理区树木种植已完成50%，园路铺装已完成，灌溉管道埋设已完成，篮球场已完成，木制景亭已完成，木质花架已完成；完成合同价的42%。

（范立庆）

工程验收

2013年4月28日完成了施工1标围坝、分水闸及穿小清河倒虹吸、入库泵站、入（出）库涵闸、施工2标围坝、济南放水洞、章丘放水洞和截排渗8个单位工程验收。2013年5月23日完成了施工1标、施工2标两个合同项目验收。2013年5月24日双回路35kV供电线路通过供电部门送电验收。2013年5月3日，山东干线公司主持进行了东湖水库工程蓄水阶段验收。2013年6月8~11日，山东干线公司主持进行了东湖水库工程入库泵站机组试运行验收。

（范立庆）

双王城水库工程

工 程 概 况

双王城水库位于山东省寿光市北部的寇家坞村北，距市区约31km，利用原双王城水库扩建而成，为中型平原水库。设计最高蓄水位12.50m，相应最大库容6150万m^3。工程于2010年8月6日正式开工，建设工期为2.5年。

（王子春）

通 水 运 行 管 理

双王城水库主体工程2013年5月完工，2013年6月7～10日完成了机组试运行验收。2013年6月10～26日进行了试通水，累计充库水量1365万m^3；2013年10月28日～11月23日完成了通水时运行工作，累计充库水量1778万m^3。

（刘海亮）

工 程 投 资

截至2013年底，双王城水库累计下达资金83 489万元，累计到位投资71 925万元，累计完成总投资85 646万元，其中征地移民投资28 093万元，其余工程投资57 553万元。

（王子春）

工 程 进 展

截至2013年底，双王城水库工程已按批复设计基本建成。完成的主要工程量为：土方开挖943.5万m^3，土方回填642.7万m^3，混凝土浇筑9.13万m^3，土工膜铺设47.9万m^3，上游坝坡预制板铺设6.94万m^3，防渗墙26.6万m^3，主机泵4台套，主变压器2台套，电气及自动化等设备的安装及调试。永久供电线路为双线供电，一路是王水线，一路是盐水线，盐水线线路架设已完成，王水线线路已基本完成。水土保持工程安全防护工程正在施工。

（王子春）

招 标 投 标

2013年2月4日签订水土保持工程施工合同，中标单位为东营恒艺建设工程有限公司；2013年7月16日签订了防护网工程施工合同，中标单位为安徽昌达道路设施工程有限责任公司。

（刘海亮）

建 设 管 理

双王城水库工程成立了以双王城水库工程建设管理处为现场建管机构的质量监督体系，在山东省南水北调建管局及济南—引黄济青段工程建设管理局的领导下开展工作，具体负责对监理等质量控制体系、施工企业等质量保证体系的管理与监督以及工程建设过程中的外部环境协调。

2013年建管单位共组织监理、施工单位负责人参加安全生产大检查4次，并就每次检查出的问题迅速进行了通报，要求相关责任单位及时进行整改落实，通过一系列安全预防措施实施，实现年初制定的安全责任事故目标。

双王城水库是南水北调东线一期工程胶东输水干线重要组成部分之一，工程实施后主要是调蓄干线引江水量，解决干线输水与各引水口在时空分配上的矛盾，提高受水区各用水户的用水保证率。

工程建设过程中及时做好环境保护专项工程，主要包括生态环境保护、水环境保护、大气环境污染保护、噪声污染保护、固体废弃物保护、文物保护、人群健康保护等内容，并及时做好环境保护工程资料的收集、整理和归档工作，为调查报告的编写及验收申请做好前期准备工作。水土保持专项种植树木约4万株，种植草籽18万m^3。

（刘海亮）

工 程 验 收

2013年5月完成了水库安全评估，2013年6月7日开始泵站机组联合试运行，并通过了试运行验收，2013年6月10日试运行结束后转入试通水，2013年6月19日通过了设计单元工程完工验收技术性初步验收。截至2013年底，双王城水库工程合同项目完成验收6个；验收单位工程10个，优良率100%；分部工程82个，全部合格，优良79个，优良率96.3%；评定单元工程4752个，全部合格，其中按水利标准评定4705个，优良4431个，优良率94.18%。

（刘海亮）

穿 黄 河 工 程

工 程 概 况

穿黄河工程是南水北调东线工程自黄河南岸的东平湖至黄河北岸的输水干渠之间的一段输水工程，全长7.87km，是南水北调东线的关键控制性项目。项目建设的主要目标是打通东线穿黄河隧洞，并连接东平湖和鲁北输水干线，实现调引长江水至鲁北地区，同时具备向河北省东部、天津市应急供水的条件。工程位于山东省东平和东阿两县境内，黄河下游中段，地处鲁中南山区与华北平原接壤带中部的剥蚀堆积孤山和残丘区。其中南岸输水渠段包括东平湖出湖闸、南干渠，全长2.54km；穿黄枢纽段包括子路堤埋管进口检修闸、滩地埋管、穿黄河隧洞，全长4.61km；北岸穿引黄渠埋涵段包括隧洞出口连接段、穿引黄渠埋涵、出口闸和连接明渠，全长0.72km。

（赵　超）

通 水 运 行 管 理

（一）通水运行准备工作

为保障穿黄河工程试通水正常进行，成立了通水工作领导小组，负责穿黄河工程的试通水运行工作的协调、组织和指挥。试通水前，结合工程实际，组织设计等单位编制了《穿黄河工程试通水细化方案》，明确了通水期间各项任务分工及不同工况下操作规范，为通水工作提供全面技术指导。试通水工作开始前，按照山东省南水北调建管局及山东干线公司安排，穿黄局全体人员参加了为期2天的试通水培训班。为确保试通水工作顺利进行，同时确保穿黄河工程渠道安全运行，保证工程安全、运行安全、周边群众安全、水质安全，避免和减少工程试通水期间和运行期突发事件的发生，穿黄局成立了通水安全领导小组。

（二）调水情况

根据国务院南水北调办、山东省南水北调建管局及山东干线公司有关工作部署及要求，穿黄河工程分别于2013年6月和10月进行了工程试通水和通水试运行。

（1）2013年6月10日12时~6月21日17时，历时12天，累计向鲁北干渠输水1288万m^3，顺利完成试通水工作。为确保试通水工作的顺利开展，穿黄南区局先期开展了隧洞及滩地埋管充水工作。充水工作历时19h顺利结束。为避免水流对穿黄隧洞竖井底部混凝土的冲击，采用小流量进行，充水过程中，滩地埋管进口检修闸开启5cm，平均流量为$3m^3/s$，共计充水约20万m^3。充水工作的顺利开展，为试通水工作打下了坚实基础。

（2）2013年10月25日～11月16日，穿黄局顺利完成了穿黄河工程通水试运行和正式通水工作。工程累计通水526h，累计向下游鲁北段输水2858万m^3。通水期间未发生质量及安全事故，顺利完成各项任务。

（赵　超）

建设管理

穿黄河工程于2011年底完成全部主体工程建设任务。截至2013年底，穿黄河工程已完成全部建设任务并转入待运行期。

（一）管理机构

2013年穿黄河管理机构仍延续建设期设置，即穿黄南区建设管理局、穿黄北区建设管理局。按照“三定方案”有关要求，2014年，穿黄河工程管理机构将分两级设置。一级机构为山东干线公司，二级机构为泰安管理局，加挂穿黄工程管理处牌子，不再设置三级机构或直属机构。设归属调度运行科管理的穿黄南区和穿黄北区两个管理站。

（二）调度运用

穿黄河工程作为东线工程的一部分，其调度运行服从东线工程的调度，并根据山东干线公司与省市和流域机构协商后的年度调度方案，严格按照山东干线公司的调度指令，实施供水调度。

《南水北调工程供用水管理条例》规定，南水北调东线工程水量调度年度为每年10月1日～次年9月30日。第一期工程从东平湖引水，引水水位为39.3m。引水规模按一、二期结合过$100m^3/s$设计，一期引水规模为$50m^3/s$。

（三）工程维护

2013年为穿黄河工程的待运行期，工程的维修养护采取“管养分离”管理模式，选择具有维修养护资质的企业来承担维修养护工作，工程的维修养护委托山东润鲁水利工程养护有限公司承担。按照穿黄河工程维修养护计划，对闸门启闭机、电动葫芦、柴油发电机以及拦污栅等金属构件等设备进行日常保养，对雨淋沟、排水沟进行疏通及修复、对损坏的防护网、石护栏进行更换或维修，保障了工程试通水以及通水试运行的正常进行。

（赵　超）

工程效益

穿黄河工程主体工程已全部完成并逐步转入待运行期，通过水土保持工程的开展和实施，苗木成活率95%，已初步形成渠水清澈、绿树成荫的生态景观长廊，改善了生态环境，发挥了生态效益。移民专项项目及时组织完成，方便了群众交通，确保斑鸠店镇万亩耕地及时排水，未发生汛期内涝。

工程于2013年6月和10月分别进行了试通水和通水试运行，共向下游输水4146万m^3，初步发挥了输水效益。

（赵　超）

环境保护及水土保持

穿黄河工程的水土保持工作已全部完成。南区明渠段两侧种草植树，共种植杨树、国槐、白蜡等9000余株，植草护坡$36000m^2$，已初步形成了绿色清水走廊的景观，对防止渠道两侧水土流失起到重要作用，对改善当地环境也起到积极作用。

（赵　超）

工 程 验 收

截至2013年底，穿黄河工程累计评定单元工程3431个，优良3200个，优良率93.3%；已验收分部工程120个，其中按照水利标准评定97个，优良工程91个，优良率94.8%，按照非水利标准评定23个，全部合格；已验单位工程16个，优良率100%。

（赵 超）

鲁 北 段 工 程

概 述

工 程 概 况

鲁北段工程是南水北调东线一期工程的重要组成部分，主要任务是以50m^3/s引调江水供聊城市用水并北送至临清，过邱屯闸以25.5m^3/s输水至大屯水库，满足德州市用水，同时可向河北省、天津市应急调水。工程自位山穿黄河隧洞出口向北，横跨徒骇河和马颊河，于草屯附近进入大屯水库，全长175.224km，涉及聊城、德州两市的东阿、阳谷、东昌府、经济开发区、茌平、临清、夏津和武城8个县（市、区），主要建设内容为小运河、七一河、六五河输水工程、大屯水库蓄水工程和灌区影响处理工程。

鲁北段工程初步设计批复总投资44.33亿元，建设总工期30个月。小运河段工程于2010年12月28日开工，七一·六五河段工程于2011年3月20日开工，大屯水库工程于2010年11月25日开工。灌区影响处理工程于2011年3月24日开工建设，2012年2月完工。

（傅 锬）

小 运 河 段 工 程

工 程 概 况

小运河段工程上起位山穿黄河隧洞出口，下至临清邱屯闸，接七一·六五河段工程，全长98.289km，涉及东阿县、阳谷县、东昌府区、聊城经济开发区、茌平县、临清市6个县（市、区）。小运河段工程输水规模50m^3/s，多年平均过黄河进入小运河的水量为4.4164亿m^3，经邱屯闸向七一·六五河输水流量为25.5m^3/s，北送水量26022万m^3。

（傅 锬）

通 水 运 行 管 理

（一）通水准备工作

为加强小运河段工程通水试运行工作的组织领导，成立以建管处为核心，设计、监理、施工单位为保障的小运河段工程通水试运行领导小组，由小运河建管处各职能部门及相关单位负责人组成，负责小运河段工程通水试运行工作的组织、协调和指挥。

（二）北调水情况

1. 试通水情况

聊城段工程于6月10日开始全线试通水。穿黄河出湖闸于6月10日以7m^3/s自东平湖抽水供鲁北段联调联试；6月13日调水水头由邱屯闸进入七一·六五河段工程（六分干），6月16日水头到达大屯水库引水口处；经检测水质达到调水水质要求，大屯水库泵站机组于6月17日开始抽水充库，6月26日大屯水库水泵机组停机，试通水顺利结束。

聊城段工程试通水历时18天，累计过水量1288万m^3。

2. 试运行情况

2013年10月25日穿黄河枢纽正式向聊城段调水，并逐步加大至17.2m^3/s。11月1日山东南水北调调度中心下达指令，大屯水库入库泵站水泵机组开机运行。11月2日流量降至14.7m^3/s后转入正常输水期。11月12日穿黄河流量降至10m^3/s。11月15日聊城段工程转入正式通水。11月22日大屯水库泵站机组停机，聊城段调水任务同时结束。

通水试运行期间，聊城段工程渠道、建筑物运行一切正常，衬砌段未发现边坡沉降、滑坡，土渠段无冲刷塌陷现象；建筑物机电设备、闸门启闭正常，各支流入口节制闸、涵闸全部关闭，试运行情况良好。

聊城段工程试运行历时29天，累计过水量2858万m^3。

（三）管理机构基本情况介绍

山东干线公司与山东润鲁养护公司（以下简称润鲁公司）签订维修养护合同，委托润鲁公司承担小运河段工程的维修养护工作，润鲁公司按照合同规定和有关规程等对小运河段工程进行维修养护。山东省南水北调鲁北段工程建设管理局负责鲁北段工程维修养护项目的现场管理工作，小运河建管处具体负责小运河段工程维修养护项目的现场管理工作。

（傅　铵）

工 程 投 资

工程批复概算总投资238 821万元，其中静态总投资233 998万元，建设期贷款利息4823万元。静态总投资包括工程部分83 263万元，移民与环境部分109 150万元，桥梁工程28 856万元，供电线路工程1371万元，输水线路穿铁路工程10 358万元，七级镇生活污水处理工程1000万元。

2013年度计划完成施工投资240 139万元，实际完成施工投资244 086万元，占计划完成投资的101.6%。

（傅　铵）

建 设 管 理

小运河段工程招标工期为22个月，批复建设工期为30个月，2012年12月底完成输水河道及沿线建筑物（含桥梁工程）主体工程，2013年6月具备完工验收条件。

山东省南水北调建管局和山东干线公司组建了山东省南水北调鲁北段工程建设管理局负责鲁北段工程现场管理，鲁北局下设小运河建管处具体负责小运河段工程现场管理。

为防止机械化衬砌混凝土裂缝，小运河建设处多次组织召开机械化衬砌混凝土裂缝预防研讨会，分析裂缝产生的原因并制定预防措施。通过严格控制水灰比、加强振捣、加强养护、及时割缝等措施，减少了机械化衬砌混凝土开裂。

本工程质量管理体系实行建管处负责、监理单位控制、施工单位保证和政府监督相结合的质量管理体制。小运河段工程实施阶段，为确保工程质量目标实现，结合工程特点，建立了质量管理体系，实行政府监督、建设管理单位管理、监理单位控制和施工及设计保证。工程质量始终处于受控状态。

单元工程优良率90%以上（含90%），工程外观得分率85%以上，设计单元工程优良。

小运河工程于2013年3月主体工程建设完成，2013年6月和11月分别完成了山东省南水北调建管局、国务院南水北调办组织的试通水、通水试运行工作。

小运河段水土保持工程包括工程措施和植物措施两部分。分输水渠防治区、交叉建筑物防治区、弃土区防治区、管理机构防治区共四个防治区。输水渠防治区主要是针对渠道衬砌高程以上渠道内外坡、戗台、堤顶土路肩及护堤地进行植物防护设计。弃土区防治区主要是对临时弃土区采取工程措施和植物措施相结合的防护设计，工程措施包括土地整治、排水沟开挖；植物措施主要是弃土区边坡的植物措施防护等。管理机构防治区主要工程内容为小运河沿线管理站内的场区采取乔灌草结合的绿化措施。建筑物工程防治区主要内容为沿线控制性建筑物的绿化区域进行植物措施防护，采取撒播草籽为主，适当点播。

（傅　铁）

工程验收

2013年1月29日，由山东省南水北调鲁北段工程建设管理局主持，对马颊河倒虹吸工程、徒骇河倒虹吸工程、郭庄南公路桥3个单位工程进行了验收。

2013年3月18～20日，由山东省南水北调鲁北段工程建设管理局主持，对小运河段工程施工1～6标段、11标和金属结构制作与机电设备采购及安装工程范围内共30个单位工程进行了验收。

2013年3月19日，由山东济铁工程建设监理有限责任公司主持，对穿铁路建筑物工程的单位工程进行了验收。

2013年3月21日，由聊城市南水北调周公河截污管道工程建设管理处主持，对周公河截污管道工程的单位工程进行了验收。

2013年3月25日，受山东干线公司委托，由鲁北局主持进行了小运河段工程1～3标段及11标段合同项目完成验收。

2013年3月26日，受山东干线公司委托，由鲁北局主持进行了小运河段工程标4～6段及金属结构制作与机电设备采购及安装（小运河部分）工程合同项目完成验收。

2013年3月19日，委托项目穿铁路建筑物工程通过合同项目完成验收。

2013年3月21日，委托项目周公河截污管道工程通过合同项目完成验收。

（傅　铁）

七一·六五河段工程

工程概况

南水北调东线一期鲁北段工程七一·六五河段工程上起小运河段末端，下至南水北调东线输水干线末端大屯水库，全长77.014km，涉及临清、夏津、武城三个县（市），是南水北调东线工程鲁北段输水工程的重要组成部分输水方式为利用现有位山灌区六分干和七一·六五河部分河道，采用明渠输水方式，其主要任务是将调入小运河的江水继续北送至临清、德州，向山东聊城北部地区和德州地区送水。工程建成后，可基本解决聊城北部地区、德城区和武城县城区的供水需求，对保证聊城市、德州市可持续发展，改善地下水环境，提高人民生活质量将起到重要作用。

（傅　铁）

通水运行管理

（一）通水准备工作

为加强七一·六五河段工程通水试运行工作的组织领导，根据省局、鲁北局工作安排，研究决定成立以建管处为核心，设计、监理、施工单位为保障的七一·六五河段工程通水试运行领导小组，负责本段工程通水试运行工作的组织、协调和指挥。

1. 试运行管理准备工作

通水试运行前，七一·六五河建管处组织监理、施工1~3标、金属机电标等单位负责人召开了“南水北调东线七一·六五河段工程剩余工程施工及通水试运行调度会”，会议分析研究了各标段存在的问题，并对本次全线通水试运行期间有关工作进行重点安排部署。

2. 试运行工程准备工作

（1）输水河道清障、原有水质监测；

（2）沿线支沟渠闸门封堵及支沟渠排查是否有外来水进入输水渠；

（3）控制性建筑物的沉陷、位移等基础数据观测采集；

（4）闸门、启闭机及机电设备的维修、调试；

（5）邱屯闸下游、市界闸上游、任堤闸上下游等渠坡坍塌段抢修修复；

（6）各种备品、备件及油料的采购，应急抢险物资的采购等。

运行前的清障、检查、调试、抢修等准备工作均已落实相关责任人，并逐项认真完成。

3. 试运行技术准备工作

（1）控制性建筑物的沉陷、位移等工程安全观测及水情测报工作，由施工单位安排专人测报，所有数据由建管处汇总，经调度长审核后上报。

（2）闸门、启闭机及机电设备的维修、启闭、调试等工作，安排由金属结构机电单位负责完成。

（二）北调水情况

2013年10月25日9时30分，穿黄河枢纽正式向鲁北段调水，2013年10月28日上午10时邱屯闸正式提闸放水，自此七一·六五河段工程正式进入通水试运行状态。截至11月20日，七一·六五河段工程输水渠道、控制性水闸闸门启闭机以及机电设备运行正常；各支沟（渠）节制闸、涵闸闸门均处于关闭状态，无外界水流进入输水渠道，无外界取水现象发生。

（傅　铰）

工　程　进　展

七一·六五河段工程于2011年3月9日完成土建工程第一批施工招标工作，3月15日参建单位进驻工程现场；3月23日主体工程正式开工。七一·六五河段工程于2012年12月28日通过技术性初步验收，于2013年6月13~28日，顺利完成了试通水任务，2013年10月28日上午10时30分，邱屯闸正式提闸放水，七一·六五河段工程正式进入通水试运行状态；2013年11月24日下午16时，市界节制闸闸门关闭，七一·六五河段工程通水试运行暨正式通水运行结束。通水运行期间，七一·六五河段工程运行安全平稳、工况良好，沿线水质、水量均达标，顺利实现了通水目标。

（傅　铰）

质　量　管　理

在质量管理方面，七一·六五河工程建管处以“实现单元工程质量合格率100%，优良率90%以上（包含90%），单位工程质量优良率90%以上（包含90%），设计单元工程优良”作为工程质量管理目标，严格执行南水北调工程基本建设程序，并成立七一·六五河工程质量管理领导小组，定期检查、抽查，确保工程施工质量。建管处明确专人负责质量安全管理工作。同时，鲁北局及时和上级有关部门联系办理有关手续，组织对监理和各施工项目部进行质量安全专项检查，及时传达学习国务院南水北调办、山东省南水北调建管局、山东干线公司有关文件和会议精神。

（傅　铰）

安　全　生　产

在安全管理方面，建管处以“杜绝较大以上安全生产事故发生，避免一般安全生产事故发生，人员伤亡及死亡事故率为0”作为安全生产管理的目标，以“安全第一、预防为主、综合治理”为指导方针，全面贯彻落实国务院南水北调办、国家及地方有关安全生产管理的相关规定和要求。并成立七一·六五河段工程安全生产管理领导小组，重点检查安全生产责任制落实情况，及时查排隐患、完善预案，安全生产工作有力有效。

在文明工地建设方面，坚持“以人为本，注重实效”的原则，从工程建设之初就开始提倡施工单位文明施工，制定创优规划和实施办法，建立健全文明工地制度，营造和谐建设环境；立足高起点，科学管理，规范施工，以创建文明建设工地为契机，调动各参建单位和全体建设者的积极性，做到现场整洁有序，实现管理规范高效，保证施工质量安全，促进工程顺利建设。

（傅　铵）

工　程　效　益

（一）输水效益

七一·六五河段工程设计输水规模25.5～13.7m^3/s，可基本解决聊城北部地区、德城区和武城县城区的供水需求，对保证聊城市、德州市可持续发展，改善地下水环境，提高人民生活质量将起到重要作用。

（二）排涝效益

根据山东省水利厅2000年4月编制的《山东省海河流域防洪规划报告》，七一·六五河段工程输水河道防洪、排涝标准分别为“1964年雨型”排涝，“1961年雨型”防洪；六分干排涝标准为5年一遇。工程建成后可通过沿线8座节制闸、4座倒虹吸工程及76座涵闸工程进行有效控制。

（三）生态补偿效益

由于六分干、七一河为地方灌溉和排涝河道，常年无水，调水期间可以补偿六分干、七一河附近地下水资源。

（傅　铵）

环境保护及水土保持

七一·六五河段工程水土保持工程主要包括输水渠水土保持措施、建筑物防治区水土保持措施、弃土区土地整治及植物绿化措施、管理机构防治区水土保持措施。

（1）输水渠种植白蜡、垂柳等乔木约10万株，狗牙根草88hm^2。

（2）建筑物防治区种植国槐、白蜡等乔木132株，小叶女贞、小叶黄杨等灌木约6380株，马蔺草0.19hm^2。

（3）弃土区排水沟土方75m^3，C20混凝土预制板衬砌57m^3，种植白蜡约0.55万株，狗牙根草5.24hm^2。

（4）管理机构防治区种植垂柳、白玉兰等乔木560株，小叶女贞、小叶黄杨等灌木7.12万株、白三叶草1.53hm^2、月季、玫瑰等花卉2400株。

（傅　铵）

灌 区 影 响 工 程

工　程　概　况

临清灌区影响处理工程共涉及王坊分干和裕民渠控制的两个灌区，均位于山东省临清市内，是鲁北段输水工程的重要组成部分，由于鲁北段输水工程利用临清市境内小运河输水，从而使其失去原有的灌溉排涝功能，打破了现状的排灌体系。工程兴建的目的就是充分利用现有沟渠，通过扩大现有工程输水规模、扩挖（新挖）渠道、改建（新建）建筑物等措施，消除南水北调东线输水工程带来的不利影响，满足受影响灌区的灌溉供水要求。

（傅 锬）

通水运行管理

临清灌区影响处理工程的专管机构是临清市排灌工程管理处，隶属于临清市水利局，负责临清市引黄及其他工程的运行管理和工程管护，该机构组织健全，措施得力，运行良好，管护有效，经过多年的运行和发展已形成较为完整的管理体系。该工程在建成后引黄灌溉期间，临清市排灌工程管理处精心组织，科学调度，确保了当地群众灌溉供水需求和工程安全稳定运行。

（傅 锬）

建设管理

临清灌区影响处理工程为山东干线公司委托项目，聊城市南水北调鲁北段灌区影响处理工程建设管理处作为山东干线公司委托的现场管理机构负责工程建设期管理工作。工程征地移民迁占工作委托临清市政府负责实施。

临清灌区影响处理工程实施阶段，为确保工程质量目标实现，结合工程特点，建立了质量管理工作四个体系，即政府部门的质量监督体系、建设管理单位的质量检查体系、监理单位的质量控制体系和施工及设计单位的质量保证体系。工程质量始终处于受控状态。

参建单位定期进行安全生产隐患排查，上报安全生产隐患排查和整改情况报告，检查落实事故隐患整改情况，建立安全生产检查档案，确保工程安全生产隐患消失在萌芽状态，保证工程安全顺利开展。

建管处始终把安全生产工作放在各项工作的首要位置，多次强调安全生产无小事，及时转发上级文件，在各种会议上反复强调安全生产。采取经常性的巡检方式，对施工现场进行安全生产检查和监督，对发现的安全隐患，限时整改，确保及时消除安全生产隐患。

临清灌区影响处理工程已基本按照设计内容完成，工程质量满足设计要求，工程投资在控制范围内。输水渠道开挖线、渠口线、底角线顺畅，渠道比降、渠底高程、宽度等均符合设计要求。工程已于2012年开始承担春灌放水和汛期排涝任务，为确保当地粮食安全和农民丰产增收奠定了坚实的基础，达到了工程兴建的预期目标。同时，在补充当地地下水、改善当地生态环境方面发挥的显著的效益。

该工程位于山东省水土流失重点治理区。根据有关规定和工程实际，确定水土流失防治标准为一级标准。在施工中对产生的临时堆土进行防护，并在周围码放编织袋装土进行压实；施工期间，主体工程对施工福利设施空闲地进行硬化，并及时洒水进行防护；施工结束后，对临时占地进行复耕；对输水渠正常水位以上撒播狗牙根和紫羊茅进行防护。施工过程中，采取多种措施，保护水环境、大气环境、声环境、土壤环境和人员健康。

（傅 锬）

工程验收

2012年12月29～30日，山东省南水北调建管局在德州市夏津县组织召开南水北调东线一期鲁北段工程灌区影响处理工程完工验收技术性初步验收会议。专业组分别查阅了有关资料，进行了座谈讨论，同意通过技术性初步验收。

（傅 锬）

大屯水库工程

工程概况

大屯水库工程位于山东省德州市武城县恩县洼东侧，距德州市德城区25km，距武城县城区13km。水库围坝大致呈四边形，南临郑郝公路，东与六五河毗邻，北接德武公路，西侧为利民河东支。

大屯水库工程总占地面积9732.9亩，设计最高蓄水位29.8m，相应最大库容5209万m^3。引江水通过水库调蓄后，向德州市德城区和武城县城区全年均匀供水，向德州市德城区供水设计流量为4.0m^3/s，年供水量10 919万m^3，向武城县城区供水设计流量为0.6m^3/s，年供水量1583万m^3。

（傅 铗）

通水运行管理

（一）通水准备工作

（1）根据南水北调东线一期山东段工程通水方案的总体要求，坚持"安全第一，统筹兼顾"的原则，在确保工程安全的情况下，发挥水库的综合利用效益。

（2）在通水试运行前，鲁北局组织有关单位认真完成辖区范围内与调度运行有关的检查、设备调试等准备工作。运行前的检查、调试等准备工作均已落实相关责任人，并逐项认真完成。本项工作由鲁北局质量安全部牵头，各建管处组织人员进行检查，对检查出的问题立即落实整改，明确整改责任人限期完成。检查完成后鲁北局以书面形式上报省调度中心。

（3）各站点操作人员到位，各监测点处工作人员准备就绪。

（4）完成其他通水前的调度运行准备工作。

（二）调水情况

2013年6月11～26日，大屯水库工程顺利完成了山东省南水北调建管局组织的试通水工作，试通水结束时，大屯水库蓄水水位为22.01m，累计蓄水量1260万m^3。2013年10月28日，六五河节制闸提闸，排放河道存水，11月1日，经检测水质达到调水水质标准要求。11月1日16时，鲁北局接到山东省南水北调调度中心指令，大屯水库入库泵站水泵机组正式开机，大屯水库通水试运行工作正式开始，截至11月22日，大屯水库顺利完成了南水北调东线一期工程通水试运行，通水试运行结束时，大屯水库蓄水水位26.24m，通水试运行入库水量2181万m^3。

（三）管理机构基本情况介绍

根据工程管理任务及管理功能要求，结合工程特点和运行管理实际，依据《南水北调东线一期工程山东境内干线工程管理设施初步设计报告》、《水法》、《水利工程管理体制改革实施意见》及《水利工程管理单位定岗标准》等设置管理机构及配备管理人员。

（傅 铗）

工程投资

2010年6月4日，国务院南水北调办以国务院南水北调办投计〔2010〕96号文《关于南水北调东线第一期工程鲁北段大屯水库工程初步设计报告的批复》对大屯水库设计单元进行了批复。批复初步设计概算总投资123 817万元。初设批复建设工期30个月。

（傅 铗）

建设管理

南水北调东线一期工程鲁北段大屯水库

工程为山东干线公司直管项目，山东省南水北调鲁北段工程建设管理局作为山东干线公司派驻现场机构负责工程建设期管理工作。本工程的征地移民工作，在山东省南水北调建管局领导下，由武城县政府负责实施。

山东省南水北调鲁北段工程建设管理局作为山东干线公司派驻现场的建管机构，负责鲁北段工程的建设管理工作，于2009年11月6日成立；其下设的大屯水库建管处具体负责大屯水库工程现场的建设管理工作。

大屯水库工程最显著的特点就是采用全库底铺膜的防渗型式，其施工面积之大，施工难度、施工工艺较复杂，是施工过程中的一大难点。

设计单位根据垂直防渗方案、水平防渗方案、水平铺膜+防渗墙等5种方案比较，最终确定了库盘铺膜防渗方案。

大屯水库工程质量管理目标为严格按照设计及规范要求施工，加强工程原材料控制及过程控制，严格评定程序及质量验收，确保工程原材料合格，所完成单位工程质量合格率为100%，优良率为90%以上，单位工程优良率90%以上（含90%）；工程外观得分率85%以上；主体工程达到优良标准，无重大质量责任事故。

工程自开工建设以来，大屯水库工程各参建单位共同努力，已建立了比较完善的质量管理体系并运行正常。主体工程已全部完成，已完工程施工符合有关规范要求，质量满足设计要求和有关技术标准规定。已验收单位工程全部达到合格或优良等级，单位工程优良率为100%，主要单位工程质量优良，工程外观质量较好。工程施工期及待运行期，各单位工程观测资料分析结果均符合国家和行业标准，现状工程稳定安全。

大屯水库工程于2012年12月主体工程建设完成，2013年6月和11月分别完成了山东省南水北调建管局、国务院南水北调办组织的试通水、通水试运行工作。

（傅　铰）

工　程　验　收

2013年3月13～14日，围坝工程、德州供水洞、武城供水洞、入库泵站工程、六五河改道工程等7个单位工程通过单位工程验收。

2013年3月27日，大屯水库工程施工一标、施工二标、施工三标三个合同项目通过合同项目完成验收。

2013年4月24日，35kV专用线路通过供电部门验收。

水库蓄水验收：2013年4月9～10日，大屯水库工程通过水库蓄水阶段验收。

机组试运行验收：2013年5月25～28日，大屯水库工程入库泵站通过泵站机组试运行验收。

中水北方勘测设计研究有限责任公司受项目法人委托，对大屯水库进行了安全评估，提交了《南水北调东线一期工程大屯水库工程建设验收安全评估报告》。评估报告认为该项工程已具备蓄水条件。

技术性初步验收专家组认为大屯水库工程已具备引江水调蓄、供水条件，同意通过技术性初步验收。

（傅　铰）

东线山东段专项工程

东线山东段调度运行管理系统工程

工 程 概 况

东线山东段调度运行管理系统工程是南水北调东线一期工程山东段干线工程运营管理的神经系统，对山东段干线工程的高效运行、可靠监控、科学调度和安全管理起着至关重要的作用，为南水北调东线山东干线水量调度自动化、决策科学化、企业管理现代化奠定基础，也为今后南水北调东线全线联网实现自动化调度奠定基础。初步设计批复工程总投资67 196万元，2013年底前完成工程主要建设任务。

（黄　茹）

通 水 运 行 管 理

为贯彻国务院南水北调办试通水相关要求，保证试运行通水工作目标的顺利完成，成立了试运行通信保障小组，负责试运行期间通信保障工作的总协调、总负责。

为做好通水试运行工作，信息办从组织管理，人员设备和技术保障方面都做了精心安排。调度运行管理系统涉及专业众多，根据不同的系统制定了相应的保障措施，主要包括投入的人员、设备、工具及保障方案等，并制定相应管理制度，处罚措施以及责任追究办法，责任到人。试运行期间每天定时对全线站点进行检查，保证系统运行正常；对出现的故障及时解决并总结；合理安排值班计划，做到了全员参与值班；布置专人7×24h值班，加强值班期间的巡视、检查，做好巡查记录；根据需要配备了调度电话、天翼对讲、移动调度终端等多种通信方式，相互备份和补充；通过这些保障方案的实施，在试运行通水期间，做到了防患于未然、应急响应速度快，截至2013年底，整个调度运行管理系统的在网运行设备及线路运行良好，调度管理行为规范，管理条件完善，管理措施到位，调度指令严格执行，圆满完成试运行工作，保证了整个系统能够平稳安全运行无事故，经受住了通水试运行的考验。

（黄　茹）

工 程 进 展

东线山东段调度运行管理系统2013年工程进展顺利，截至2013年底，调度运行管理系统已完成施工投资40 430万元，预计全年完成施工投资的90%，预计全年完成施工投资11 841万元，占原计划的100.76%，质量优良，没有发生安全事故，超额完成了建设管理任务。

（黄　茹）

建 设 管 理

严控施工质量。自调度运行管理系统开工以来，始终秉承“百年大计、质量第一”的原则，高度重视质量管理工作，将质量建管工作前移，力保质量管理到位、监督检查到位、整改落实到位。不定期组织监理对在建项目进行质量检查，对于发现的问题要求施工单位限期整改。工程质量处于优质受控状态，工程建设过程中没有发生任何质量事故。

严控施工进度。制订合理可行的主体进度施工计划，施工前，各参建单位做好技术交底；建立进度控制措施，形成以日报、周报、月报分解的管理方法，随时掌控工程进展情况；确定每周例会制度，对发现的问题及时总结处理，避免进度偏离风险。

2013 年进一步加大对安全管理和文明工地建设的力度，制定合理的安全管理制度和文明工地管理办法，加强安全生产教育培训，对施工中容易出现事故的地方，必须做出明显的警示标识和有效的围挡。信息办组织监理单位、设计单位进行不定期抽查，按照《安全、文明生产检查表》要求进行细致核查，对发现的问题要求施工单位限期整改，监理单位同时做好监督、跟踪、检查工作。特别是节假日、汛期、冬季等持殊时段进行突击检查，收到了良好的效果。

（黄　茹）

工　程　效　益

山东段调度运行管理系统目前已可以提供关键断面的流量、水位、视频等监测信息，在通水期间这些信息读数稳定、可靠，成像清晰，发挥了较好的作用；已实现济平干渠、备调中心、韩庄运河段调度电话、视频监控等功能，为山东段试通水和通水试运行提供基本调度服务、监控服务和多种通信手段。

通过通水试运行，检验了水量调度系统运行监视平台的功能，检验了水量调度系统与信息采集系统接口，对水量调度系统后期开发及运行提供了宝贵的经验；为正式通水调度方案制定、运行、管理提供了实验的手段，在调度方案的制定流程，水量调度系统运行模式方面积累了一定经验；通过自动化手段收集了大部分节制闸、泵站、倒虹吸等的闸前水位、闸后水位、闸门开度、过闸（倒虹吸）流量数据，为水量调度系统模型参数率定打下了良好的基础；通过通水试运行进一步明确了水量调度统计方式及要求，为后期水量调度系统各类报表的开发打下基础。

（黄　茹）

山东段文物专项工程

工　程　概　况

2013 年，在山东省文物局的领导和山东省南水北调建管局的大力支持下，山东省南水北调工程文物保护的田野考古发掘工作全面完成，进入田野发掘资料整理和维修工程的施工验收阶段。

（山东省文化厅南水北调保护办）

工　程　管　理

为做好南水北调干渠与老运河水工设施文物保护的衔接工作，山东省文物局基本建设工程文物保护办公室组织文物保护、建筑专家及相关部门，对聊城市境内的七级闸、土桥闸、戴湾闸区段的施工现场进行现场勘察，并就如何做好土桥闸维修及与南水北调干渠的衔接召开专家咨询论证会。同时，为做好土桥闸周围的环境整治工程，聊城市文物局聘请资质单位编制了土桥闸环境整治与展示方案。办公室邀请有关专家，对方案进行了评审，该方案实施对改善土桥闸周围的环境具有重要的作用。

（山东省文化厅南水北调保护办）

工 程 进 展

文物保护办公室委托山东省文物科技保护中心对山东阳谷段七级下闸进行了维修和现状整修。主要工作内容包括：①对断裂的石构件进行维修；②对残缺石构件进行维修；③对深陷石构件进行维修；④对缺失石构件进行维修；⑤石构件灰丝缝进行维修。

对临清段戴湾闸遗址进行了维修，主要工作内容有：①对断裂的石构件进行维修；②对残缺石、沉陷石构件进行维修；③对缺失闸口及灰缝进行维修；④对墩台金刚墙、燕翅墙进行维修。

2013年，完成《脉动齐鲁——南水北调工程山东段·文物保护卷》编纂工作。完成国家文物局《中国南水北调工程·文物保护卷》山东段的编纂任务。积极组织考古资料的整理工作，出版《梁山薛陔墓地》考古发掘报告。

结合运河水工设施的维修，委托山东省海岱文化遗产咨询服务中心对已经完工的土桥闸遗址、七级下闸遗址、戴湾闸遗址维修保护工程进行了监理和验收工作。

（山东省文化厅南水北调保护办）

东线山东段管理设施专项工程

工 程 概 况

2011年8月，国务院南水北调办对山东境内工程管理设施专项工程初设报告进行了批复（国务院南水北调办投计〔2011〕221号）。共批复一、二、三级机构征地141亩，相应批复征地资金11 900万元。管理设施专项批复管理房屋面积38 409m^2（其中一级14 592m^2，二级23 817m^2），批复建筑资金15 029万元。三级机构没有批复建筑面积。东线山东段管理设施专项工程总投资30 101万元，静态总投资29 641万元，建设期贷款利息460万元。静态总投资中，管理用房及管理设备17 741万元，管理征地11 900万元。

（杨承明）

通 水 运 行 管 理

根据《南水北调东线一期管理设施专项总体初步设计方案》，山东境内南水北调工程组织管理体系按三级管理构建。

管理设施配置范围为：设在济南的一级机构为山东干线公司，下设的枣庄、济宁、泰安、济南、聊城、德州、胶东7个管理局，以及济南、济宁、聊城3个应急抢险分中心、共10个二级管理机构；韩庄、万年闸、长沟、邓楼、八里湾等5个泵站管理处，东湖、双王城、大屯3个水库管理处，韩庄运河水资源控制、微山、济宁市区、运河中段、梁山、东平、平阴、长清、济南市区、济南市东、邹平、淄博、博兴、东营、东阿阳谷、东昌府、临清茌平、夏津、武城19个河道管理处及穿黄河工程管理处，共计28个三级管理单位。

（杨承明）

工 程 进 展

2013年将征地方式由划拨改为“招拍挂”，对征地指标进行了整合统筹，对建筑体量进行了整合统筹，对管理房建筑单价进行了调整。

按照国务院南水北调办有关要求，在2013年初上报的《实施方案》基础上，2013年12月5日根据征地选址及地价变化情况，编制了管理设施专项工程《征地投资方案》并上报国务院南水北调办。

（杨承明）

治　污　工　程

江苏省截污导流工程

概　　述

江苏省截污导流工程是《南水北调东线工程治污规划》确定的清水廊道工程，主要由江都、淮安、宿迁和徐州市截污导流工程组成。另外，泰州市截污导流工程未纳入治污规划，由泰州市政府组织实施。江苏省截污导流工程的主要内容是将污水处理厂和少数工业企业经处理达标排放的尾水拦截，通过埋设管道、疏浚老河道增加过流能力、开挖部分河道打通通道等方式导走，不再进入南水北调东线输水干线，保证输水干线三阳河段、大运河及里运河淮安城区段、中运河宿迁城区段、大运河徐州段形成清水廊道，实现南水北调东线江苏段干线输水水质稳定达到Ⅲ类水目标。

江都、淮安、宿迁和徐州市截污导流工程总投资12.5亿元，其中，江都截污导流工程0.81亿元，淮安截污导流工程3.32亿元，宿迁截污导流工程1.12亿元，徐州截污导流工程7.25亿元。

（陈红卫）

江都市截污导流工程

江都市截污导流工程主要是在江都市城区污水收集处理的基础上，新建尾水提升泵站和尾水输送管道，将进入三阳河、新通扬运河的江都市清源污水处理厂尾水输送至长江主江堤外窦桥港。工程建设内容为铺设尾水输送干管22.92km，管线共穿越大小河道21条、等级公路6条；新建提升泵站1座。工程设计尾水排放规模为4万t/d，概算投资8125万元，工期12个月，工程于2007年12月10日开工建设。

截至2010年底，工程已经完成全部专项验收和竣工验收工作，正式投入运行。

（陈红卫）

淮安市截污导流工程

淮安市截污导流工程主要是将清浦、清河、开发区现状直接排入大运河、里运河的污水截流，送至污水处理厂集中处理后，尾水通过清安河排入淮河入海水道南泓。淮河入海水道将建尾水导流入海湿地处理工程，对尾水进一步生态处理后东排入海，有效改善南水北调输水干线大运河及里运河淮安城区段水质及水环境。工程主要建设内容为铺设沿大运河、里运河截污干管长20.12km，配套建设污水提升泵站2座，移址重建清安河穿运洞，清除里运河污染底泥24.3km，里运河城区段护岸防护赔建9.19km，实施清安河河道疏浚22.04km。工程设计尾水排放规模为9.7万t/d，概算投资33 240万元，工期27个月，工程于2007年11月开工建设。

截至2013年底，工程已经建成，合同项

目完成验收、水土保持专项验收、档案专项验收已经完成，正在抓紧准备移民、环保专项验收和竣工验收工作。

（陈红卫）

宿迁市截污导流工程

宿迁市截污导流工程主要包括运西截污工程和尾水输送工程两部分。运西截污工程主要是封堵现有老城区12家工业企业向中运河的排污口，并沿运河铺设截污干管，将处理过的工业尾水收集至提升泵站；尾水输送工程主要是将尾水提升后通过管道输送至新沂河，经湿地处理后东排入海，有效改善南水北调输水干线中运河宿迁城区段水质及水环境。

工程主要建设内容为铺设运西工业废水收集干管6.3km，铺设尾水输送干管23.2km；新建0.25m^3/s、0.85m^3/s提升泵站各1座。工程设计尾水排放规模7万t/d，概算投资11 164万元，工期18个月，工程于2007年12月开工建设。

至2010年底，工程已经建成，完成档案、水保、移民专项验收。2012年12月工程完成竣工验收，正式投入运行。

（陈红卫）

徐州市截污导流工程

徐州市截污导流工程主要是利用现有的河渠和新开渠道等，建立运河沿线区域尾水“蓄存、导流、回用”体系，将京杭运河不牢河段、中运河邳州段、房亭河等对南水北调东线工程有影响的区域尾水统筹考虑，对尾水进行收集、回用、导流，剩余尾水从大马庄涵洞处入新沂河北偏泓入海。工程建设内容为新开尾水渠道（涵管）25.7km，利用现状河道144.58km（其中疏浚85.83km）；建设干渠建筑物42座，其中控制涵闸24座，输水涵洞14座，混凝土渠道3座，提升泵站1座；新（改）建跨河桥梁94座，按照恢复原功能原则实施小型配套建筑物116座。工程设计尾水入新沂河排放规模为41.09万t/d，概算投资72 493万元，工期30个月，工程于2008年10月25日开工建设。

2011年3月，徐州市截污导流工程主体工程通水。至2013年底，工程已经建成，合同项目完成验收、档案、水土保持专项验收已经完成，正在抓紧准备移民、环保专项验收和竣工验收工作。

（陈红卫）

山东省截污导流工程

概　　述

山东省截污导流工程共涉及南水北调东线工程山东段邳苍分洪道、韩庄运河、峄城大沙河、薛城小沙河、城郭河、老运河济宁段、泗河、老运河微山段、西支河、老万福河、洙水河、老运河梁山段、东鱼河、洸府河、小运河、卫运河、小运河—七一·六五河等17个控制单元，分散在7个市、30个县（市、区）。分别是临沂市的邳苍分洪道截污导流工程，枣庄市的小季河、峄城大沙河、薛城小沙河、新薛河、薛城大沙河、城郭河、北沙河截污导流工程，济宁市的济宁城区、曲阜市、微山县、鱼台县、金乡县、嘉祥县、梁山县截污导流工程，菏泽市的东鱼河截污导流工程，泰安市的宁阳县洸河截污导流工程，聊城市金堤河、临清汇通河截污导流工程，德州市的武城县、夏津县截污导流工程，共21个，其中，薛城小沙河、新薛河、薛城大沙河3个截污导流工程合并为一个。工程批复总投资12.09亿元。

2012年11月27日，济宁市截污导流工程顺利通过竣工验收，标志着山东省21项截污导流工程全部通过竣工验收并正式投入运行。

为明确工程运行任务，确保工程正常运行，有效发挥截污导流工程功能，保障干线输水水质安全，2013年8月，山东省南水北调建设管理局下发了截污导流工程调度运行管理办法，提出每个工程具体运行任务、运行指标和调度运行要求。

各市（县）认真落实办法要求，自2013年9月1日起开始记录工程拦蓄水位及水量、水泵开机时间、灌溉水量等运行数据，于每月10日报送上月运行数据，并于12月中旬总结报送全线通水期调度运行情况，为通水提供了坚实的水质信息基础和保障。

（于丽娜）

临沂市邳苍分洪道截污导流工程

（一）工程概况

临沂市邳苍分洪道截污导流工程位于临沂市罗庄区、苍山县、郯城县境内，按照区域分为苍山片和临沂片。

工程主要建设内容有：临沂片包括陷泥河和南涑河、邳苍分洪道（含武河）工程和沂河工程，主要有丁庄、蒋史汪橡胶坝工程、廖家屯拦河闸工程、武沂沟导流工程以及临沂片灌区引水闸工程。苍山片主要包括输水管道工程、吴坦河的吴坦、芦柞、刘桥、王庄4座橡胶坝工程、吴粮沟导流工程以及灌区引水闸工程。

工程于2012年10月26日完成竣工验收。

（二）运行管理

临沂市邳苍分洪道中水截蓄导用工程管理处下设苍山县工程管理所，罗庄区工程管理所、郯城县工程管理所。苍山县工程管理所负责苍山片区的工程运行管理，罗庄区工程管理所负责临沂片区丁庄橡胶坝的运行管理，郯城县工程管理所负责临沂片区的蒋史汪橡胶坝、廖家屯拦河闸、多福庄闸、武河穿涵闸、沂河穿涵闸的运行管理。

临沂市南水北调所辖的闸坝工程本身完好，能够正常运行，发挥工程作用，为汛期防汛和非汛期截蓄中水打下了坚实的基础。

（于丽娜）

宁阳县洸河截污导流工程

（一）工程概况

宁阳县洸河截污导流工程位于南泗湖主要入湖河流洸府河上游，宁阳县境内。

工程主要建设内容为：在洸河新建后许桥、泗店橡胶坝，新建泗店提水泵站，铺设6.5km输水管道，输水至东疏灌区，增加灌溉面积3.96万亩；扩挖河道并筑堤8.93km；在宁阳沟新建纸坊橡胶坝、古城橡胶坝，新建古城提水泵站，铺设9.5km输水管道，扩挖河道6.16km，筑堤6.44km；改建生产桥6座。

工程于2011年10月30日完成竣工验收。

（二）运行管理

为保障全省南水北调东线一期工程试运行，2013年9月1日，洸河、宁阳沟4座橡胶坝全部起坝拦蓄，挡水高度达到设计标准。截至2013年11月30日，拦蓄水量达273万m^3；回用中水量132万m^3，其中：生态用水28万m^3，灌溉用水100万m^3，灌溉面积1.05万亩，其他4万m^3。10月17、19、21日，古城泵站合闸运行，为乡饮乡调水30多万m^3，有效缓解了乡饮乡旱情，受到了当地群众赞扬。乡饮乡成功调水标志着宁阳县洸河截污导流工程进入正常运行管理、全面发挥效益的新阶段。

（于丽娜）

枣庄市薛城小沙河控制单元截污导流工程

（一）工程概况

枣庄市薛城小沙河控制单元截污导流工程位于薛城小沙河、薛城大沙河和新薛河，涉及枣庄市薛城区、山亭区和滕州市。

工程主要内容：①薛城小沙河：新建朱桥橡胶坝1座，扩挖薛城小沙河回水段和小沙河故道回水段，开挖堤外截渗沟长2000m；②薛城大沙河：新建挪庄橡胶坝1座，建华众纸厂中水导流管；③新薛河：小渭河新建渊子涯橡胶坝1座，小渭河河道回水段局部扩挖。

工程于2012年10月25日完成竣工验收。

（二）运行管理

枣庄市薛城小沙河控制单元截污导流工程由枣庄市南水北调局负责，由枣庄智信瑞安水利工程管理有限公司实施运行管理工作。

2013年通水期间，枣庄市薛城小沙河控制单元截污导流工程拦截水量352.5万m^3，其中拦截中水264万m^3，天然径流88.5万m^3；增加水面面积1.8km^3，改善灌溉面积8.0万亩。

（于丽娜）

枣庄市峄城大沙河截污导流工程

（一）工程概况

枣庄市峄城大沙河截污导流工程位于峄城大沙河，涉及枣庄市市中、峄城和台儿庄区。

工程主要内容：①新建大泛口、裴桥2座拦河闸；②在峄城大沙河分洪道处新建良庄橡胶坝1座；③对已建红旗闸和贾庄闸进行维修改造；④铺设3000m管道将台儿庄区中水排放改道入峄城大沙河。

工程于2012年10月25日完成竣工验收。

（二）运行管理

枣庄市峄城大沙河截污导流工程由枣庄市南水北调局负责，由枣庄智信瑞安水利工程管理有限公司实施运行管理工作。

2013年通水期间，枣庄市峄城大沙河截污导流工程拦截水量2239.9万m^3，其中拦截中水1206万m^3，天然径流1033.9万m^3；增加水面面积2.2km^3，拦截调蓄总库容938.41万m^3，改善灌溉面积15.5万亩。

（于丽娜）

菏泽市东鱼河截污导流工程

（一）工程概况

菏泽市东鱼河截污导流工程位于菏泽市开发区、定陶、成武和曹县境内的东鱼河、东鱼河北支及团结河。

工程主要内容：在东鱼河北支的张衙门村、侯楼村、王双楼村和团结河的鹿楼村、后王楼村共新建5座拦河闸，利用开发区济菏高速公路取土坑新建雷泽湖水库并扩挖东鱼河北支，拦蓄城镇污水处理厂和工业企业达标排放的中水、当地径流及引黄河水，通过东鱼河北支、团结河、胜利河和东鱼河沿岸的原有和新建提水泵站为东鱼河流域的灌区供水。

工程于2011年10月16日完成竣工验收。

（二）运行管理

菏泽市东鱼河截污导流工程采取全河网调蓄，自上而下、逐级调算、优化调度的方式；在下游灌溉高峰期，加大上游节制闸的下泄能力，尽量满足下游灌溉用水；使农业灌溉用水优先使用地表水、中水，不足补充客水，严格控制使用地下水；在调水期，入输水干线河渠末级闸门实行全封闭挡水的运行调度原则。

在运行调度中积极探索中水回用途径，2013年下半年，通过向企业供水、农业灌溉、生态利用等多种渠道促进中水回用，共计消耗中水589万m^3，其中灌溉消耗112万m^3、工业消耗420万m^3、生态消耗33万m^3、其他消耗24万m^3。通过中水回用，改善灌溉面积4.03万亩，华润电力、玉皇化工、德润化工、德泰化工等企业受益。

科学的调度运行，确保了工程稳定高效运行，充分发挥了工程的截、蓄、导、用功能，最大限度地发挥了工程的综合效益。

（于丽娜）

滕州市北沙河截污导流工程

（一）工程概况

滕州市北沙河截污导流工程位于北沙河流域。

工程主要内容：在北沙河干流新建邢庄、刘楼、赵坡、西王晁4座橡胶坝，在4座橡胶坝上游各新建灌溉泵站1座，河道扩容开挖8.3km。

工程于2011年11月7日完成竣工验收。

（二）运行管理

滕州市北沙河截污导流工程由滕州市负责，由滕州市河道管理处实施运行管理工作。

2013年通水期间，滕州市北沙河截污导流工程拦截水量1146万m^3，其中拦截中水305.3万m^3，天然径流840.7万m^3，中水回用灌溉804.66万m^3；拦截调蓄总库容223.28万m^3，增加灌溉面积6.2万亩。

（于丽娜）

滕州市城漷河截污导流工程

（一）工程概况

滕州市城漷河截污导流工程位于滕州市城漷河流域。

工程主要内容：新建6座橡胶坝，其中城河干流新建东滕城、杨岗橡胶坝2座，漷河干流新建吕坡、于仓、曹庄橡胶坝3座，城漷河交汇口下游新建北满庄橡胶坝1座；维修城河干流洪村、荆河、城南橡胶坝3座，漷河干流南池橡胶坝1座；在东滕城、杨岗、北满庄、吕坡、于仓、曹庄6座橡胶坝上游新建灌溉提水泵站各1座；在曹庄橡胶坝上游漷河左岸和杨岗橡胶坝上游城河左岸设人工湿地引水口门各1处；河道扩容开挖工程10.7km。

工程于2011年11月7日完成竣工验收。

（二）运行管理

滕州市城漷河截污导流工程由滕州市负责，由滕州市河道管理处实施运行管理工作。

2013年通水期间，滕州市城漷河截污导流工程拦截水量1895.5万m^3，其中拦截中水1201.2万m^3，天然径流694.3万m^3，中水回用灌溉1133.1万m^3；拦截调蓄总库容588.55万m^3，增加灌溉面积8.9万亩。

（于丽娜）

金乡县截污导流工程

（一）工程概况

金乡县截污导流工程位于金乡县境内的大沙河、金济河、金鱼河。

工程主要内容：新建金济河郭楼橡胶坝、大沙河王杰节制闸、金马河金鱼河交汇口连庄涵闸、大沙河孔楼生产桥、大沙河马集涵闸、金济河右岸周桥排灌站、大沙河左岸石岗排灌站、维修加固大沙河右岸高庄排灌站，大沙河五级沟涵闸共计9处建筑物。

工程于2011年11月11日完成竣工验收。

（二）运行管理

工程运行管理单位为金乡县南水北调工程建设管理局，2013年运行情况良好，能有效地完成金乡县中水截蓄导的工程任务，在干线输水期间，截污导流工程拦截城区工业企业和金乡县污水处理厂达标排放的中水664.0万m^3，通过中水灌溉回用，减少COD入河量448.4t，减少NH_3-N入河量77.3t。

金乡县县城区的工业和生活污水，经过管道网络直接输入金乡县污水处理厂，处理后的中水再经过输水管道和提水泵站排入中水水库：一是发展农业灌溉；为农业生产提供了充足的水源；二是满足城区景观用水，利用南水北调截污导流工程引水入城，实现金乡县城区水系贯通，水活流清，提高了城市品味，对改善城区环境起到了很大作用，具有显著的社会效益和环境效益。

（于丽娜）

曲阜市截污导流工程

（一）工程概况

曲阜市截污导流工程位于山东省曲阜市境内的沂河（泗河支流）。

工程主要内容：分别在沂河郭家庄[设计桩号(4+720)]、杨庄[设计桩号(7+200)]新建橡胶坝1座，共计2座；在橡胶坝上游分别新建提水泵站1座，共计2座。

工程于2011年11月11日完成竣工验收。

（二）运行管理

工程运行管理单位为曲阜市沂河管理所，2013年，通过两座橡胶坝的高度调节，自上而下，逐级调算，优化调度的方式，在下游灌溉高峰期间，上游闸坝加大泄量，尽量满足下游灌溉用水。在调水期，橡胶坝全部立坝，处于完全蓄水状。

通过积极探索中水回用途径，多渠道促进中水回用，确保工程稳定高效运行，充分发挥工程截蓄方面的景观和生态功能，最大限度地发挥其综合效益，确保拦蓄及回用中水水质符合设计要求。

（于丽娜）

嘉祥县截污导流工程

（一）工程概况

嘉祥县截污导流工程位于嘉祥县前进河、洪山河。

工程主要内容：前进河疏通治理[设计桩号(0+746)~(13+758)]疏通长度13.012km；曾店涵闸上游连接段[设计桩号(0+146)~(0+746)]，前进河拦河闸下游连接段[设计桩号(13+758)~(14+358)]，共长14.212km。新建前进拦河闸，改建曾店涵闸；洪山河疏通治理[设计桩号(0+032)~(5+785)]，疏通长度5.753km，洪山涵闸下游连接段[设计桩号(5+785)~(6+385)]，共长6.353km；改建洪山涵闸；洪山河局部扩挖段[设计桩号(3+958)~(4+603)]，扩挖段长度0.645km，宽度260m。

工程于2012年10月27日完成竣工验收。

（二）运行管理

嘉祥县截污导流工程运行管理单位为嘉祥县南水北调工程建设管理局，2013年，工程运行情况良好，拦蓄中水总库容202.4万m^3，灌溉面积2.5万亩，成为保障南水北调东线工程水质的可靠屏障。

（于丽娜）

枣庄市小季河截污导流工程

（一）工程概况

枣庄市小季河截污导流工程位于枣庄市台儿庄区境内。

工程主要内容：小季河、北环城河、台兰干渠河道疏浚、清淤、扩宽，新建小季河季庄西拦河闸，维修赵村拦河闸，在东环城河、小季河、台兰引渠新建4座中水回用灌溉泵站，拆除重建6座生产桥。

工程于2011年11月6日完成竣工验收。

（二）运行管理

枣庄市小季河截污导流工程由台儿庄区负责，由台儿庄区南水北调工程建设管理局实施运行管理工作。

2013年通水期间，枣庄市小季河截污导流工程拦截水量360.51万m^3，其中拦截中水206.4万m^3，天然径流154.11万m^3；拦截调蓄总库容105.43万m^3，改善灌溉面积2.0万亩。

（于丽娜）

微山县截污导流工程

（一）工程概况

微山县截污导流工程位于微山县老运河及其支流。

工程主要内容：

（1）河道工程：老运河渡口桥至杨闸桥段河槽扩挖工程及杨闸桥至纸厂桥综合整治工程。

（2）建筑物工程：新建渡口橡胶坝，采用充水式橡胶坝，坝长22m；新建三河口枢纽工程，包括三河口节制闸和三河口倒虹吸，其中节制闸共3孔，每孔7m，中孔闸室下部设倒虹吸，共2孔；拆除重建三孔桥节制闸，共3孔，每孔7m；维修夏镇航道闸，更换闸门及启闭设备；新建南门口桥，拆除重建纸厂桥，维修加固杨闸桥、渡口桥。

（3）导流河道工程：利用老薛王河下游段作导流河，从三河口至滨湖路清除26道隔坝，滨湖路至湖东堤疏浚0.4km。

（4）导流建筑物工程：新建穿湖东堤涵闸及朱桥公路、滨湖公路涵洞。

（5）中水回用工程：维修加固提水站4座，增设20套移动灌溉设备。

工程于2012年11月26日完成竣工验收。

（二）运行管理

微山县南水北调截污导流工程竣工验收后，由微山县南水北调工程建设管理局负责运行工作。

2013年2月底截污导流工程范围内蓄水位达到33.4m高程。2013年6月1日已进入汛期按进行调度方案，开启三孔桥闸、夏镇航道河闸、三河口枢纽闸各一孔，对常口橡胶坝做坍坝放水处理。汛后于2013年9月28日关闭了三孔桥闸、夏镇航道河闸、三河口枢纽闸，将常口橡胶坝充水到设计高程，开始截蓄导用正常运行。

（于丽娜）

济宁市截污导流工程

（一）工程概况

济宁市截污导流工程位于济宁市任城区接庄镇、石桥镇。

工程主要内容：蓄水区扩挖工程；新建出蓄水区提排泵站、新建污水处理厂中水加压泵站；新建蓼沟河、小新河、幸福河支沟3座节制闸；铺设中水输水管道5.92km；开挖明渠2213m；新建入（出）蓄水区涵洞、穿铁路涵洞各1座；新建5座生产桥、2座交通桥，1座生产桥涵、4座机耕桥。

工程于2012年11月27日完成竣工验收。

（二）运行管理

济宁市截污导流工程运行管理工作由市南水北调工程管理局负责；工程运行管理采取市场化运作方式，通过公开招标确定济宁市水利工程施工公司为工程运行管理单位，成立济宁市截污导流工程运行管理项目部对工程进行日常运行管理。2013年工程整体运行良好，通过与老运河人工湿地、洸府河人工湿地联合调度，利用湿地工程对部分中水消纳处理，剩余中水通过济宁市截污导流工程进行拦截蓄存，同时利用中水对农田进行灌溉回用。

2013年加压泵站共输送济宁市污水处理厂中水2936万m^3，蓼沟河节制闸拦蓄高新区污水处理厂中水2387万m^3，共5323万m^3。其中老运河湿地消纳1460万m^3，洸府河湿地消纳2703万m^3，截污导流工程蓄水区蓄存840万m^3，灌溉农田3万亩，消化中水320万m^3。

为全面推进南四湖大生态带工程建设，改善生态环境质量，对蓄存的中水进一步净化建设中水蓄水区人工湿地水质净化工程，使出水达到地表水Ⅲ类水标准，有效改善当地水环境，建成后是具有美化景观、生态、经济等效益的生态系统工程。

2013年度济宁市截污导流工程充分利用蓄水区水资源，在蓄水区建设向济三电厂供中水项目工程，年供水量350万m^3；通过建设蓄水区提排泵站可为济宁南阳湖农场灌溉农田5000亩。

（于丽娜）

武城县截污导流工程

（一）工程概况

武城县截污导流工程位于德州市武城县、平原县境内。

工程主要内容：武城县六六河、平原县马减竖河河道清淤疏浚16.5km，重建利民河东支郑郝节制闸、新建六六河东大屯拦河闸，新建北支沟、棘围沟、青龙河、改碱沟、甜水铺支流节制闸，新建小董王庄沟、姜庄沟涵闸、新建后程倒虹吸1座，维修加固六六河9座涵闸，新改建3座生产桥。

工程于2012年1月17日完成竣工验收。

（二）运行管理

武城县截污导流工程运行管理工作由武城县南水北调工程建设管理局负责。

根据调度运行统计表统计，2013年下半年武城县截污导流工程共拦蓄水量411.5万m^3，回用301.43m^3，用于农业灌溉256.83万m^3，景观26.1万m^3，其他18.5万m^3。

（于丽娜）

夏津县截污导流工程

（一）工程概况

夏津县截污导流工程位于夏津县城北六五河流域。

工程主要内容：三支沟河道清淤疏浚和涵管工程；拆除、重建范楼闸、李楼闸、北马庄闸，孔庄、郑庄2座泵站，16座生产桥；维修加固齐庄闸。

工程于2011年12月29日完成竣工验收。

（二）运行管理

夏津县截污导流工程运行管理工作由夏津县水务局负责。

根据调度运行统计表统计，2013年下半年夏津县截污导流工程共拦蓄水量357.34万m^3，回用312.47万m^3并全部用于农业灌溉，共计灌溉面积1.8万亩。

夏津县截污导流工程共包含水闸4座，为河道安全度汛，分别自2013年6月10～25日开启，其中范楼闸、北马庄闸、齐庄闸至9月1日关闭，李楼闸处于截污导流工程中段，未进行关闭。齐庄闸位于城北改碱沟下游，今年下半年共计拦蓄中水量122.39万m^3；北马庄闸、李楼闸及范楼闸分别位于青年河上、中、下游，拦蓄水量分别为113.38万m^3、109.75万m^3、11.82万m^3。

工程内2座扬水站分别为郑庄扬水站及孔庄扬水站，郑庄扬水站自6月20日起运行调水，该泵站流量3m^3/秒，截至2013年底共引水600台时，引水量305万m^3。孔庄扬水站流量1.5m^3/秒，2013年未进行调水。

（于丽娜）

鱼台县截污导流工程

（一）工程概况

鱼台县截污导流工程位于鱼台县的唐马、谷亭两镇境内。

工程主要内容：新建唐马拦河闸工程、中水管道工程、维修加固西支河郭楼涵闸、惠河林庄涵闸。

工程于2011年11月10日完成竣工验收。

（二）运行管理

鱼台县截污导流工程运行管理由鱼台县南水北调工程建设管理局负责，在2013年调水期间拦蓄中水811万m^3，依靠河流的自净能力，进一步改善截蓄水质，在非汛期，利用灌溉设施，灌溉东鱼河上游农田约7.6万亩，大大提高了农田灌溉保证率；在汛期，提闸放水，经湖滨带人工湿地，流进南四湖，极大地缓解了鱼台县的防洪压力。全年污水处理共计 650 万 m^3，承接客水 259.2 万 m^3。

（于丽娜）

临清市汇通河截污导流工程

（一）工程概况

临清市汇通河截污导流工程位于临清市城区。

工程主要内容：新建红旗渠入卫穿堤涵闸 1 座。北大洼水库至大众路口铺设管线长度 417m；顶管管线长度 85.15m。大众路口至石河铺设管线长度 2159.25m。红旗渠 4.03km 河道清淤疏浚及红旗渠纸厂东公路涵洞、红旗渠纸厂 1 号公路涵洞、红旗渠纸厂 2 号公路涵洞、红旗渠纸厂 3 号公路涵洞 4 座过路涵改建。

工程于 2011 年 12 月 30 日完成竣工验收。

（二）运行管理

临清市汇通河截污导流工程运行管理工作由临清市南水北调工程建设管理局负责。2013 年通水期，临清市污水处理厂处理后的 6 万 t/d 中水改排，通过河渠连接临清市汇通河截污导流工程输送中水，利用胡家湾水库、友谊渠和尚潘渠等拦蓄用于农业灌溉，保障南水北调工程输水干线水质。

（于丽娜）

聊城市金堤河截污导流工程

（一）工程概况

聊城市金堤河截污导流工程位于聊城市阳谷县、东阿县、东昌府区境内。

工程主要内容：新开小运河至郎营沟渠道，疏通治理 3.7km；扩挖郎营沟，疏通治理 22.3km；扩挖郎营沟至四新河渠道，扩挖 2.3km。新建马湾节制闸、马湾排水涵闸工程，改建油坊穿涵工程，新建、重建桥梁、涵闸、渡槽等小型建筑物。

工程于 2012 年 11 月 13 日完成竣工验收。

（二）运行管理

聊城市金堤河截污导流工程运行管理由聊城市南水北调工程建设管理局负责。由于南水北调工程利用小运河输水，为避免排入金堤河、小运河的上游来水影响南水北调工程输水干线小运河水质，2013 年，利用聊城市金堤河截污导流工程，将上游来水拦截、导流排入徒骇河，保障了南水北调工程输水干线水质。

（三）增补项目概况

2013 年利用招标结余资金和基本预备费实施了衬砌护坡等后续治理项目，即聊城市金堤河截污导流工程增补项目。

项目主要建设内容：河道衬砌改造 1.28km，渠道清淤治理 4.44km，建设管理道路 7km，改建桥梁 3 座，新建提水泵站 1 座，新建新建涵闸 7 座，新建排水涵洞 27 座等建筑物配套工程。涉及阳谷县、东阿县、东昌府区三县（区），于 2012 年 10 月开工建设，2013 年 7 月工程基本完工。东阿县、阳谷县和东昌府区分别于 2013 年 9 月 24 日、9 月 28 日和 9 月 4 日，分别进行了金堤河截污导流工程征地迁占县级验收。

2013 年 9 月，金堤河截污导流工程增补项目 3 个单位工程完成验收。

（于丽娜）

梁山县截污导流工程

（一）工程概况

梁山县截污导流工程位于济宁市梁山县境内梁济运河、龟山河。

工程主要内容：梁济运河邓楼闸至宋金河入口河道扩挖 28.472km；新建龟山河灌溉提水泵站；维修加固龟山河闸；拆除重建任庄、郑那里、东张博生产桥。

工程于 2012 年 1 月 12 日完成竣工验收。

（二）运行管理

梁山县截污导流工程运行管理，仍由该

工程建设管理处负责，管理处人员从梁山县南水北调建设管理局调剂。

2013年，为扩大中水回用途径，多渠道促进中水回用，确保工程稳定高效运行，最大限度发挥其综合效益。一是结合梁山县流畅河湿地工程，利用流畅河泵站向湿地提水，并向湿地两岸提供灌溉用水。二是通过梁山镇泵站把中水提入梁山风景区山北水库（面积800亩，平均水深2m），该水库主要水源来自中水水库。三是扩挖建设运河景观湿地工程，该工程下游从后孙庄大桥向上到张桥之间，全长约1.5km，底宽45m，边坡1∶3，挖深4m左右；建成后将扩大中水水库库容80到100万m^3。

除为梁济运河、柳长河下游两岸农业灌溉提供了有力的水源保障外，生态效益显著，通过与柳长河湿地，运河湿地，梁山泊旅游区山北水库结合，进一步深度处理蓄存的中水水质，从而为生态景观旅游、改善局部小气候建设提供了物质基础。

（于丽娜）

拾贰 中线工程

THE MIDDLE ROUTE PROJECT
OF THE SNWDP

综　述

干　线　工　程

前　期　工　作

南水北调中线干线工程贯通长江、淮河、黄河、海河四大流域，涉及北京、天津、河北、河南等省市，渠线全长1432km，共划分为76个设计单元（不含陶岔），全线所有设计单元工程初步设计报告已全部获得国家批复，2013年中线工程建设进入主体工程年底完工的攻坚决战阶段。为确保南水北调中线工程建设质量和工程安全，根据国务院南水北调办《关于对南水北调工程批复设计方案执行情况扩大范围检查的通知》要求，组织建管单位在2012年南水北调中线干线工程批复设计方案执行情况第一次专项检查基础上，对中线工程批复设计方案执行情况进行了进一步复核和自查，检查重点是设计单元工程实施过程中是否发生重大设计变更、重大设计变更是否按规定履行变更程序、已批复的重大设计变更是否按照批复方案执行、未经审批的重大设计变更是否对建设质量和工程安全产生影响。本次自查涉及8个单项工程，共67个设计单元，其中渠道类工程设计单元37个，建筑物类工程设计单元30个，自查完成后向国务院南水北调办报送了扩大范围自查报告。按照国务院南水北调办工作部署，在批复设计方案执行情况检查的基础上，配合相关单位完成了中线干线工程设计执行情况及实际效果复核与评价，复核范围包括中线干线陶岔至石家庄段共47个设计单元工程，其中，陶岔至沙河南段11个设计单元工程、沙河南至黄河南段11个设计单元工程、穿黄工程、黄河北至漳河南段11个设计单元工程、穿漳河工程、漳河北至古运河南段12个设计单元工程。

（姚　雄）

投　资　计　划

截至2013年底，南水北调中线干线工程已批复76个设计单元工程的初步设计报告，总投资合计1448.51亿元。按时间划分，2003年批复概算投资8.26亿元，2004年批复概算投资165.91亿元，2005年批复概算投资36.06亿元，2006年批复概算投资25.59亿元，2007年批复概算投资9.81亿元，2008年批复概算投资195.71亿元，2009年批复概算投资379.24亿元，2010年批复概算投资455.33亿元，2011年批复概算45.76亿元，2012年批复投资51.92亿元，2013年批复投资74.92亿元。

按项目划分，批复京石段应急供水工程概算220.26亿元，漳河北至古运河段工程概算243.29亿元，穿漳河工程概算4.30亿元，黄河北至漳河南工程概算230.99亿元，中线穿黄工程概算33.63亿元，沙河南至黄河南工程概算291.18亿元，陶岔渠首至沙河南工程概算298.59亿元，天津干线工程概算104.01亿元，中线干线专项工程概算22.26亿元（含文物保护工程4.10亿元）。

截至2013年底，国家累计下达中线干线工程投资计划1432.37亿元。按时间划分，2003年下达2.30亿元，2004年下达35.69亿元，2005年下达48.51亿元（调减2005年下达的0.03亿元陶岔渠首投资），2006年下达71.52亿元（调减2005年下达的0.03亿元陶岔渠首投资用于陶岔渠首至沙河南段工程），2007年下达72.10亿元，2008年下达100.75亿元，2009年下达114.02亿元，2010年下达181.34亿元，2011年下达227.21亿元，2012年下达344.12亿元，2013年下达234.80亿元。

按项目划分，京石段应急供水工程下达投资计划219.48亿元，漳河北至古运河段工程下达投资计划239.30亿元，穿漳工程下达投资计划4.30亿元，黄河北至漳河南段工程下达投资计划230.99亿元，中线穿黄工程下达投资计划33.63亿元，沙河南至黄河南段工程下达投资计划283.37亿元，陶岔渠首至沙河南工程下达投资计划294.80亿元，天津干线工程下达投资计划104.01亿元，中线干线专项工程下达投资计划22.50亿元。

按资金结构分，中央投资191.97亿元，南水北调基金161.25亿元，重大水利工程建设基金749.45亿元，银行贷款329.71亿元。

截至2013年底，中线干线工程累计完成投资1424.01亿元，占批复总投资的98.31%，占累计下达投资计划的99.42%。2013年完成投资312.22亿元。

（宋广泽　路　博）

招 标 投 标

2013年，南水北调中线干线工程共计招标91个标段。

南水北调中线干线自动化调度与运行管理决策支持系统第一批招标项目于2013年1月23日进行了开评标工作。其中，安全监测系统集成1标中标人为中国水利水电科学研究院，安全监测系统集成2标中标人为中水东北勘测设计研究有限责任公司，安全监测系统集成3标中标人为中国水利水电科学研究院；系统运行实体环境集成1标中标人为中华通信系统有限责任公司，系统运行实体环境集成2标中标人为同方股份有限公司；通信程控交换设备采购标中标人为山东中创软件工程股份有限公司；视频会议系统集成标中标人为领航动力信息系统有限公司。

南水北调中线干线待运行期管理维护方案编制项目于2013年2月2日进行了开评标工作。其中，1标中标人为江河水利水电咨询中心；2标中标人为北京中水新华国际工程咨询有限公司。

南水北调中线京石段应急供水工程（河北境内）安全保卫项目于2013年3月19日进行了开评标工作。其中，石家庄段和新乐段安全保卫标中标人为石家庄市聚源水利服务有限公司；定州段和唐县段安全保卫标中标人为河北裕隆新昌建设有限公司；顺平段和保定段安全保卫标中标人为顺平县齐悦水利工程有限公司。

南水北调中线一期工程河南境内运行管理处建筑项目于2013年3月19日进行了开评标工作。其中，安阳（含穿漳）管理处建筑施工标中标人为河南隆基建设有限公司；汤阴管理处建筑施工标中标人为河南派普建设工程有限公司；鹤壁管理处建筑施工标中标人为河南新隆建设工程有限公司；卫辉管理处建筑施工标中标人为郑州市正岩建设有限公司；辉县管理处建筑施工标中标人为河南宏盛建筑有限公司；穿黄管理处（含北岸站）建筑施工标中标人为河南宏盛建筑有限公司；中牟管理处建筑施工标中标人为河南森苑园林建筑工程有限公司；新郑管理处建筑施工标中标人为河南建筑工程有限公司；长葛管理处建筑施工标中标人为河南省水利第一工程局；禹州管理处建筑施工标中标人为河南水利建筑工程有限公司；郏县管理处建筑施工标中标人为郑州市第二建筑工程有限责任公司；宝丰管理处建筑施工标中标人为河南省合立建筑工程有限公司；方城管理处建筑施工标中标人为河南欣德源建设工程有限公司；南阳管理处建筑施工标中标人为河南红旗渠建设集团有限公司。

南水北调中线天津干线有压箱涵安全评估标于2013年4月1日进行了开评标工作，中标人为中水北方勘测设计研究有限责任公司。

南水北调中线古运河南段至黄河北段膨胀土、泥砾填筑、高填方渠道安全评估标于2013年4月1日进行了开评标工作，中标人为中水淮河规划设计研究有限公司。

南水北调中线古运河南段至黄河北段渡槽及倒虹吸等水工建筑安全评估标于2013年4月1日进行了开评标工作，中标人为中国水利水电科学研究院。

南水北调中线干线在建工程实体质量检测及技术咨询项目于2013年4月3日进行了开评标工作。其中，1标中标人为中水北方勘测设计研究有限责任公司；2标中标人为黄河勘测规划设计有限公司。

南水北调中线干线工程穿黄工程三维数字实景模型及应用研究科技项目于2013年4月10日进行了开评标工作，中标人为长江空间信息技术工程有限公司（武汉）。

南水北调中线干线自动化调度与运行管理决策支持系统第二批招标项目于2013年4月16日进行了开评标工作。其中，闸站监控系统集成1标中标人为北京林克森自动化系统工程有限公司，闸站监控系统集成2标中标人为南京南瑞集团公司，闸站监控系统集成3标中标人为合肥三立自动化工程有限公司；通信系统集成标中标人为武汉贝斯特通信集团有限公司；通信电源设备采购标中标人为北京真视通科技股份有限公司；通信电源监控软件开发标中标人为中国普天信息产业股份有限公司；计算机网络系统集成标中标人为北京大唐高鸿数据网络技术有限公司；通信传输设备采购标中标人为深圳市特发信息股份有限公司；应用支撑平台、数据存储系统集成标中标人为中科软科技股份有限公司。

南水北调中线京石段应急供水工程第中七标段垃圾填埋处理项目于2013年5月7日进行了开评标工作，中标人为中铁十三局集团有限公司。

南水北调中线京石段应急供水工程（北京段）北拒马河暗渠穿河段防护加固项目于2013年5月13日进行了开评标工作。其中，监理标中标人为河南华北水电工程监理有限公司；施工标中标人为中国水利水电第三工程局有限公司。

南水北调中线一期穿黄工程南岸及荥阳段排水工程于2013年5月13日进行了开评标工作，中标人为中国水利水电第十一工程局有限公司。

南水北调中线京石段应急供水工程（北京段）PCCP管道大石河段防护加固工程（委托北京建管中心项目）于2013年5月27日进行了开评标工作。其中，监理标中标人为北京燕波工程管理有限公司；施工标中标人为北京翔鲲水务建设有限公司。

南水北调中线干线工程维修养护定额标准编制项目于2013年8月5日进行了开评标工作，中标人为中水北方勘测设计研究有限责任公司。

南水北调中线干线工程总干渠形体检核测量项目于2013年8月7日进行了开评标工作，中标人为长江空间信息技术工程有限公司（武汉）。

南水北调中线京石段应急供水工程35kV供电系统无功倒送治理项目于2013年8月13日进行了开评标工作，中标人为哈尔滨威瀚电气设备股份有限公司。

南水北调中线干线工程金属结构安装质量检测项目于2013年8月15日进行了开评标工作，中标人为水利部水工金属结构质量检验测试中心。

南水北调中线一期工程陶岔渠首—古运河南段以及天津干线工程环境保护验收调查

项目2013年8月13日进行了开评标工作。其中，天津干线工程环境保护验收调查标中标人为长江水资源保护科学研究所；漳河北—古运河南段工程及穿漳工程环境保护验收调查标中标人为中国水利水电科学研究院；陶岔渠首—沙河南段工程环境保护验收调查标中标人为中国水电顾问集团中南勘测设计研究院。

南水北调中线一期工程陶岔渠首—古运河南段以及天津干线工程水土保持设施技术评估项目于2013年8月15日进行了开评标工作。其中，天津干线工程水土保持设施技术评估标中标人为黄河勘测规划设计有限公司；漳河北—古运河南段工程及穿漳工程水土保持设计技术评估标中标人为江河水利水电咨询中心；黄河—漳河段工程及穿黄工程水土保持设施技术评估标中标人为中国水电顾问集团成都勘测设计研究院；陶岔渠首—沙河南段工程水土保持设施技术评估标中标人为中国水电顾问集团华东勘测设计研究院。

南水北调中线建管局河南直管建管局工程建设工作车辆项目于2013年9月3日进行了开评标工作，中标人为郑州裕华丰田汽车销售服务有限公司。

南水北调中线干线自动化调度与运行管理决策支持系统第三批招标项目于2013年9月6日进行了开评标工作。其中，通信综合网管软件开发标中标人为亿阳信通股份有限公司；三维仿真系统（数字中线系统）集成标中标人为长江空间信息技术工程有限公司（武汉）与中科软科技股份有限公司联合体；工程档案管理系统集成标中标人为中科软科技股份有限公司；视频监控系统集成1标中标人为中信国安信息科技有限公司，视频监控系统集成2标中标人为北京玛斯特系统工程有限公司；水质监测系统集成1标中标人为西安山脉科技发展有限公司，水质监测系统集成2标中标人为北京江河瑞通技术发展有限公司。

南水北调中线干线黄河以南段工程安全评估项目于2013年9月23日进行了开评标工作。其中，1标中标人为中水东北勘测设计研究有限责任公司；2标中标人为中水淮河规划设计研究有限公司；3标中标人为中国水利水电科学研究院。

南水北调中线京石段应急供水工程（河北境内）闸站管理设施维护整修项目于2013年9月25日进行了开评标工作。其中，监理1标中标人为黄河勘测规划设计有限公司，监理2标中标人为中水北方勘测设计研究有限责任公司；闸站场区绿化1标中标人为黄河园林集团有限公司，闸站场区绿化2标中标人为河北楷彤园林绿化工程有限公司；闸站建筑及场区维修1标中标人为山东黄河工程集团有限公司，闸站建筑及场区维修2标中标人为河北省水利工程局。

南水北调中线一期工程天津干线天津分调度中心建设标于2013年9月25日进行了开评标工作，中标人为河北建设集团天辰建筑工程有限公司。

南水北调中线京石段应急供水工程涞涿管理处施工标于2013年10月11日进行了开评标工作，中标人为河北水利工程局。

南水北调中线干线工程展厅实施项目于2013年10月28日进行了开评标工作，中标人为北京大江世纪展览有限公司。

南水北调中线一期工程陶岔渠首—古运河南段以及天津干线工程水土保持设施技术评估和环境保护验收调查项目部分标段（重新招标）于2013年10月28日进行了开评标工作。其中，沙河南—黄河南段工程水土保持设施技术评估标中标人为中国水利水电科学研究院；黄河—漳河段工程及穿黄工程环境保护验收调查标中标人为环境保护部环境工程评估中心；沙河南—黄河南段工程环境保护验收调查标中标人为淮河流域水资源保护局淮河水资源保护科学研究所。

南水北调中线干线工程自动化调度与运

行管理决策支持系统综合信息服务与决策会商支持系统软件开发标（重新招标）于2013年10月30日进行了开评标工作，中标人为中国水利水电科学研究院和中国软件与技术服务股份有限公司联合体。

南水北调中线干线工程自动化调度与运行管理决策支持系统工程防洪信息管理系统集成标（重新招标）于2013年10月30日进行了开评标工作，中标人为北京金水信息技术发展有限公司。

南水北调中线干线工程建设管理局河南分公司办公楼供电工程项目于2013年11月11日进行了开评标工作，中标人为河南瑞祥电力实业有限公司。

南水北调中线干线工程建设管理局河南分公司办公楼办公家具、厨房设备、物业服务项目于2013年11月11日进行了开评标工作。其中，办公家具标中标人为广州市欧林家具有限公司；厨房设备标中标人为武汉唐氏厨房设备有限责任公司；物业服务标中标人为北京国基伟业物业管理有限公司。

南水北调中线京石段应急供水工程高填方加强安全措施渠段项目于2013年12月25日进行了开评标工作。其中，监理标中标人为天津市冀水工程咨询中心；施工1标中标人为河北省水利工程局；施工2标中标人为中国水利水电第十三工程局有限公司。

南水北调中线一期工程总干渠黄河北—羑河北（委托河南建管项目）焦作2段中铝进场线小型铁路养护设备项目两次招标失败，最终采用竞争性谈判的方式确定了哈尔滨铁路局工业总公司内燃机厂作为本项目的承担单位。

（李文斌　乔　婧）

建　设　管　理

南水北调中线干线工程划分为9个单项工程（不含陶岔渠首工程）、76个设计单元工程，其中土建设计单元67个（分为295个施工标段），自动化调度与运行管理决策支持系统、工程管理专项等设计单元工程9个。工程采用直管、代建和委托三种建设管理模式，项目法人为中线建管局。

2013年，代表项目法人对工程建设实施直接管理的直管项目建设管理单位有惠南庄泵站项目建设管理部、河北直管项目建设管理部、河南直管项目建设管理局和天津直管项目建设管理部、信息工程建设管理部5家。依据代建合同代表项目法人实施工程建设管理的代建项目建设管理单位有鹤壁段代建项目建设管理部、汤阴代建项目建设管理部、双洎河渡槽段代建项目建设管理部、叶县段代建项目建设管理部、镇平段代建项目建设管理部等5家。依据委托合同代表项目法人实施工程建设管理的委托项目建设管理单位有河北省南水北调工程建设管理局、河北省南水北调建管中心、河南省南水北调工程建设管理局、天津市水利工程建设管理中心、北京市南水北调建管中心等5家。

2013年是实现国务院明确的南水北调中线一期工程通水目标的最后冲刺之年，工程建设面临膨胀土段水泥改性土换填施工仍未完成，部分跨渠桥梁、铁路交叉建设进度滞后，沿线建筑物（渡槽、倒虹吸、桥梁等）与渠道交接处、渠道施工道路占压处预留数百个填方缺口迟迟不能填筑完成，渠道衬砌剩余量大等诸多问题，工程建设时间紧、任务重。中线建管局针对以上问题，一是建立了局长统筹管理、副局长分片负责的工作机制，关键时期分管副局长常驻现场，增加现场检查督导的频次，从而推动工程建设；二是中线局河南、河北境内分别派驻中层管理人员，长期跟踪现场建设情况，狠抓进度，加强现场管理，针对建设过程中出现的问题能够及时掌控并有效消化，起到对中线建管局上传下达的纽带作用；三是针对工期滞后较多的标段，采取约谈标段所在施工、监理、建管等参建各方总部的方式，要求立即整改并制定节点目标，必要时可采取中止合同等强制性措施；四是采取专项工程专门跟踪制度，重点跟踪督促改性土换填、跨渠桥梁、铁路交叉、高填方、渠道衬砌等施工进展，加强考核奖励和处罚，通过建立渠道衬砌施工日报和进度风险预警等制度，加强风险监控。通过各项建设管理措施的制定和贯彻实施，全线参建人员共同努力，顺利完成2013年年度目标。

（常兆广　郝清华）

工　程　进　展

2013年是南水北调中线干线工程建设进入“高峰期”和“关键期”的冲刺之年，工期紧张的形势进一步加剧。在国务院南水北调办的正确领导下，在沿线各省市地方政府的大力支持和密切配合下，通过中线建管局的全力推动和参建各方的共同努力，工程建设进展顺利。全线（京石段以外）1016座跨渠桥梁全部实现通车（或合龙），39座铁路交叉工程全部按期完工交面，沙河渡槽、湍河渡槽、双洎河渡槽等大型建筑工程相继完成主体工程施工；2013年12月20日，2706km（单侧合计）渠道衬砌全部完成；2013年12月25日，中线干线工程全线贯通，圆满实现国务院确定的东线一期工程2013年底前通水、中线一期工程2013年底主体工程基本完工的目标。全线全年共完成施工投资153.6亿元，占年计划103.3亿元的149%；完成土石方开挖3770.1万m^3，占年计划2083.2万m^3的181%；完成土石方填筑3820.2万m^3，占年计划2464.3万m^3的155%；完成混凝土浇筑702.2万m^3，占年计划519.6万m^3的135%。

截至2013年底，淅川段工程、湍河渡槽工程、南阳市段工程、方城段工程、叶县段工程、沙河渡槽工程、宝丰郏县段工程、禹州长葛段工程、郑州段工程、双洎河渡槽工程、荥阳段工程、焦作2段工程、新卫段工程、安阳段工程、穿漳工程、磁县段工程、沙河市段工程、天津市1段工程等67个土建设计单元主体工程全部完成，全线共累计完成施工投资610.96亿元；完成土石方开挖68 433.6万m^3，土石方填筑27 316.5万m^3，混凝土浇筑2602.6万m^3。其中，京石段累计完成投资98.1亿元；完成土石方开挖1.2亿m^3，土方回填5189.8万m^3，混凝土浇筑469.9万m^3。京石段以外项目累计完成投资512.86亿元；完成土石方开挖5.6亿m^3，土石方填筑22 126.7万m^3，混凝土浇筑2132.7万m^3。

（陆　严）

工　程　验　收

根据《南水北调中线一期工程通水验收工作方案》要求，2013年，完成22个设计单元工程的项目法人自查，配合验收主持单位完成18个设计单元工程的通水验收，9个设计单元工程的安全评估工作。

截至2013年底，全线已完成项目法人自查53个，剩余5个，分别是穿黄河工程、北京永久供电工程、惠南庄泵站工程、自动化调度系统（京石段）、自动化调度系统（全线）；技术性初验41个，剩余17个；设计单元工程通水验收14个，剩余44个。

（丁雪峰）

征　地　移　民

2013年，在南水北调中线干线工程征地移民工作中，中线建管局作为项目法人积极参与、大力协助地方各级人民政府做好南水北调中线干线工程建设征地补偿和移民安置工作，保证和推进了工程建设。及时提供了全线用地申请、提供了用地手续办理中需要的有关设计文件和材料。按照工程建设需要，提出征迁工作计划，协商征迁主管部门及时开展征迁工作。根据征迁工作实施进度积极筹措征迁资金，并及时拨付到征迁主管部门。认真研究并积极协调解决征迁工作中的问题，通过动用征迁预备费及设计变更等方式予以解决。采取各种手段切实改善施工环境，将施工影响降到最低，和地方共同营造南水北调工程建设的和谐氛围。认真组织做好征地移民监理、监测评估管理工作，充分发挥监理、监测职能。

2013年，主要开展了跨渠桥梁引道征地工作及设计变更引起的新增征地，中线建管局积极协调设计单位及时出图，及时对新增建设用地进行审核，协调省办组织开展征地拆迁，及时提供了工程用地，有力保障了工程建设顺利进行。2013年完成新增永久征地108处，835亩，完成新增临时用地22处，663亩。

针对征迁工作遗留问题，中线建管局协调河北、河南省开展了“影响工程建设征迁问题排查化解活动”，对现场建管单位提出的影响工程建设的征迁问题，明确责任单位、责任人和完成时限，一周一督查、一周一通报，目前已基本处理到位。

2013年，中线建管局狠抓临时用地退还工作。商河南、河北两省分别成立了临时用地退还工作领导小组，每月进行监督检查，研究退地工作中的重大问题，安排部署退地工作。建立所有临时用地台账，制定返还计划。印发《临时用地返还复垦工作进度目标考核办法》。建立临时用地信息报送制度，每月编制分析报告，加强过程管理。2013年返还临时用地12万亩，累计返还20万亩。

截至2013年底，中线干线工程累计完成永久征地28.3万亩，临时占地33.7万亩，搬迁人口5.8万人，生产安置人口23.7万人，拆迁房屋338万m^2，拆迁企业单位834个，拆迁专项设施7235处。

（常志兵）

科学技术

南水北调中线干线工程科技工作以解决南水北调中线干线工程中的关键技术问题，促进南水北调中线干线工程设计、施工和管理等各项任务的顺利开展，保障工程建设质量和进度为主要工作目标，根据2013年南水北调中线建管局工作会议精神，全面加强了科技工作管理。按照国务院南水北调办要求全面组织实施“十二五”国家科技支撑计划应急启动项目“南水北调中线工程膨胀土和高填方渠道建设关键技术研究与示范”，保证膨胀土渠段工程顺利建设。组织开展了南水北调中线渠道混凝土衬砌施工防裂技术研究、填方渠道缺口填筑施工技术研究、止回阀应用技术研究、中线工程形体检核测量、全线水面线复核等工作，并及时推广应用项目研究成果，为工程建设提供技术保障。配合专家委员会对中线工程大型建筑物预应力、高填方渠道缺口填筑技术、穿黄隧洞内衬接缝处理、穿黄隧洞南岸竖井拆除、全线充水试验技术方案等重大技术问题进行了专家咨询，及时解决了工程建设面临的关键技术问题。结合南水北调中线干线工程实际，组织编制并印发了《南水北调中线干线工程渠道混凝土衬砌施工防裂技术规定》、《南水北调中线一期工程填方渠道缺口填筑施工技术规定》、《南水北调中线一期工程总干渠止回阀应用技术要求》、《南水北调中线一期工程总干渠禹州长葛段煤矿采空区注浆处理验收标准》、《其他工程穿越或跨越南水北调中线干线工程设计技术要求》和《其他工程穿越或跨越南水北调中线干线工程安全影响评价导则》等技术标准。

（姚　雄）

审 计 稽 查

2013 年，中线建管局配合国务院南水北调办专项审计 1 次、工程稽察 2 次，组织开展内部审计 3 次，组织开展工程建设举报事项调查 81 项。

（一）国务院南水北调办工程建设资金年度专项审计

2013 年 5 月至 7 月，国务院南水北调办分别对中线建管局直管代建项目以及河北省南水北调工程建设管理局、河北省南水北调工程建设管理中心、河南省南水北调中线工程建设管理局承担的委托管理项目 2012 年度工程建设资金的使用管理情况进行了专项审计，并于 2013 年 8 月向中线建管局分别下发了国调办经财〔2013〕208、213、214、225 号文，提出了相应的审计整改意见。中线建管局及时组织有关部门和单位进行了审计整改，并于 2013 年 10 月和 12 月分别以中线局审〔2013〕32、33、34、35、39 号文向国务院南水北调办上报了审计整改落实情况。

（二）国务院南水北调办年度工程稽察

2013 年 4 月和 8 月，国务院南水北调办分别组织开展了安阳段 7 标工程专项稽察和中线干线监理“311”整治行动专项稽察，中线建管局予以积极配合，并督促稽察整改意见及时落实到位。

（三）内部审计稽察

2013 年，中线建管局共开展内部审计 3 次。2013 年 4 月至 5 月，组织开展了河北直管建管部原负责人离任经济责任审计，依据审计结果对河北直管部原负责人提出了客观、公正的审计评价意见。2013 年 11 月至 12 月，组织开展了鹤壁段代建单位离场专项审计，对鹤壁段代建单位湖南澧水流域水利水电开发有限责任公司在合同期内的建设管理工作进行了审查和评价。2013 年 4 月至 10 月，组织开展中线建管局直管代建项目变更索赔和价款结算审核处理情况自查自纠及专项检查活动，对各单位合同管理情况进行了一次全面清理。

（四）工程建设举报调查

2013 年，中线建管局组织开展了国务院南水北调办批转调查的工程建设举报事项 81 项，全部在规定时限内上报国务院南水北调办。

（丁　宁）

工程档案管理

2013 年，京石段应急供水工程档案项目法人验收全部完成，在建项目档案整编培训覆盖所有参建单位，试点及重点指导工作全面展开。

（一）京石段档案验收进入收尾阶段

2013 年，中线建管局组织档案法人验收 4 个，通过国务院南水北调办组织的设计单元档案专项验收 1 个。截至 2013 年底，中线干线工程已完成京石段全部土建工程档案项目法人验收，共组织项目法人验收 43 个，已通过国务院南水北调办组织的设计单元档案专项验收 12 个。

（1）完成了国务院南水北调办组织的北京段其他工程设计单元档案专项验收。北京段其他工程共有 27 家参建单位，形成档案 5438 卷。工程开工时间早，很多参建单位已撤离现场，组织整编验收资料存在很大困难，档案管理人员先后数十次现场指导、检查，在各方不懈地努力下，于 9 月通过国务院南水北调办验收，为中线最大的设计单元——河北段其他工程的档案专项验收积累了经验。

（2）召开了专家咨询会协商解决河北段其他工程档案专项验收有关问题。河北段其他工程是南水北调档案数量最多的设计单元工程，档案法人验收分为 22 段，历时四个年头，档案总数过 2 万，做到整个设计单元档案的结构完全一致很难。为确保档案专项验收顺利通过，在法人验收基础上组织了大规模的自查工作，归纳汇总存在问题，召开了专家咨询会协商解决河北段其他工程档案专项验收有关问题，随后组织了为期 3 个月的整改工作，为验收的顺利通过做好充分的准备。

(3) 开展档案工作评优表彰工作。组织了京石段档案管理先进集体、先进个人的评选，对47个先进集体、146个先进个人进行了表彰，调动全线档案工作人员的工作积极性。

(二) 全面开展在建项目档案管理

(1) 深入开展档案培训工作，档案整编培训覆盖所有参建单位。2013年组织了4期工程档案整编培训班，分别对河南段、邯石段工程、自动化调度项目的直管和代建项目及委托项目档案人员进行了培训；已累计组织在建项目档案整编培训5期，培训近800人，培训覆盖所有参建单位，档案人员持证上岗，规范了档案整编工作，稳定了档案管理员队伍。为提高建管单位档案管理人员的业务水平，组织30名专职档案员参加了国家档案局举办的档案业务人员岗位培训。

(2) 召开档案预验收现场会，推广档案整编试点经验。2013年上半年河南、天津段工程的两个档案整编示范点建立工作完成，及时召开了档案预验收工作现场会，通过样板卷展示、整编要求详解、经验介绍、现场答疑等形式将经验推广到全线。

(3) 开展档案整编重点指导工作，带动在建项目各标段档案工作的开展。

在每个现场建管处（部）建立档案整编重点指导标段，以点带线，带动在建项目各标段档案工作的开展。截至2013年底，试点及重点指导项目累计17个标段，现场检查指导20余次，涉及河南段、天津干线段的所有直管、委托、代建项目建管单位。

(4) 召开工程档案工作研讨会，推动全线工程档案管理工作的开展。组织全线档案管理人员参加工程档案工作研讨会，就档案预验收工作相关要求、档案专项验收应注意的问题、在建项目档案整编试点及档案重点指导工作安排进行了通报部署；明确了档案验收工作的任务和基本要求，交流了工作经验，调动了在建项目档案管理工作人员的积极性，增强了做好档案工作的信心。

(5) 制定在建项目档案编号表，服务档案整编工作。召开研讨会，具体商定已开工项目的档案编号，并就涉及交叉管理的项目进一步研商。主体工程的重点标段档案编号已经在档案整编工作中使用。

(6) 开展在建项目档案管理互查互评工作，促进档案管理水平的提高。分段开展档案管理互查工作，进行打分评比，带动建管单位档案管理人员，促进全线档案管理水平的提高。

(三) 工程档案信息化工作全面启动

工程档案管理系统建设工作已经启动，新系统围绕数字化档案馆建设，通过软硬件的开发与集成，将兼顾建设期和运维期的需要，实现全线的统一管理、分级授权，项目正在按计划实施。

（胡兴华）

制 度 建 设

2013年，为适应工程建设发展形势的需要，进一步加强内部管理工作，共制定或修订24项规章制度，使相关管理工作更加规范、有章可循。

(一) 综合管理类

包括《贯彻落实中央关于改进工作作风“八项规定”厉行勤俭节约的实施细则》、《中线建管局2013年建设节约型机关实施方案》、《南水北调中线建管局机关消防应急预案》、《南水北调中线建管局机关视频监控管理规定》、《南水北调中线干线工程建设管理局保密工作管理办法(试行)》、《南水北调中线建管局机关安全保卫管理规定》、《南水北调中线干线工程建设管理局公文处理实施办法(修订)》、《中线建管局机关公文校对标准及责任分工》。

(二) 计划合同类

包括《南水北调中线干线工程建设管理局维修养护项目采购管理办法（试行）》、《南水北调中线干线工程建设管理局运行期合同管理办法（试行）》、《南水北调中线干线工程“严格投资控制、防范投资风险”主题年活动投资控制考核办法（暂行）》、《南水北调中线干线在建工程建设承包合同价差调整指导意见（修订版）》。

（三）财务与资产管理类

包括《南水北调中线干线工程建设管理局预算管理办法（试行）》、《南水北调中线干线工程待运行期物资核算暂行办法》、《南水北调中线干线工程建设管理局管理用固定资产报废、置换处理实施细则》。

（四）工程技术类

包括《南水北调中线一期工程总干渠禹州长葛段煤矿采空区注浆处理验收标准（试行）》、《南水北调中线干线工程渠道混凝土衬砌施工防裂技术规定（试行）》、《南水北调中线一期工程总干渠填方渠道缺口填筑施工技术规定（试行）》、《南水北调中线一期工程总干渠止回阀应用技术要求（试行）》、《其他工程穿越或跨越南水北调中线干线工程管理规定（试行）》、《其他工程穿越或跨越南水北调中线干线工程设计技术要求》、《其他工程穿越或跨越南水北调中线干线工程对南水北调中线干线工程的安全影响评价导则》。

（五）人力资源类

包括《南水北调中线干线工程建设管理局局长奖励基金实施办法》、《南水北调中线干线工程建设管理局干部岗位责任制年度考核办法》、《南水北调中线干线工程建设管理局干部任职试用期满考核办法》。

（六）机电物资类

包括《南水北调中线干线工程金属结构及机电设备运行管理办法（试行）》、《南水北调中线干线工程机电物资管理办法（试行）》、《南水北调中线干线工程闸站金属结构及机电设备维护检修规程（试行）》。

（七）党群类

包括《中共南水北调中线干线工程建设管理局机关委员会工作规则（暂行）》。

（八）信息工程建设管理类

包括《南水北调中线干线工程自动化调度与运行管理决策支持系统项目文件档案归档范围和档案类别、保管期限对照表》、《南水北调中线干线工程自动化调度与运行管理决策支持系统项目档案与验收实施细则》、《南水北调中线干线工程信息工程建设管理部合同管理实施细则（试行）》、《南水北调中线建管局信息工程建设管理部印章使用及公文处理管理办法（试行）》、《南水北调中线建管局信息工程建设管理部员工岗位责任制年度考核实施细则（试行）》、《南水北调中线干线工程自动化调度与运行管理决策支持系统施工图设计管理实施细则》。

（王萌茜）

水 源 工 程

概　述

中线水源工程主要由丹江口大坝加高工程、库区征地移民安置工程、中线水源调度运行管理专项、陶岔渠首枢纽工程组成，中线水源公司负责丹江口大坝加高工程、库区征地移民安置工程、中线水源调度运行管理专项的建设管理。

（班静东）

丹江口大坝加高工程

2013 年，丹江口大坝加高工程建设的重点是溢流堰面加高、大坝金属结构机电安装、升船机调试、电厂机组改造、老坝体混凝土缺陷检查与处理和左岸副坝、董营副坝施工等，完成水库加高蓄水验收工作。丹江口水库征地移民工作的重点是督促河南、湖北两省在汛前完成蓄水验收所要求的所有库区征地移民项目和库底清理及省级验收工作，提交省级自验报告。中线水源公司负责非省属项目完建和验收，组织好水库地质灾害防治及监测的实施，积极配合蓄水验收工作。按照国务院南水北调办要求及时开展相关科研课题研究。中线水源工程运管专项的重点是管理码头的施工。

中线水源公司提前部署，周密谋划，完成了丹江口大坝加高工程十二孔溢流堰面加高及大坝金结机电项目，完成了最后一台机组的改造，老坝体缺陷检查与处理全部完成，顺利实现了度汛形象目标。蓄水所涉及的项目同步开展，蓄水所要求的形象提前达到。汛后完成了左岸副坝和董营副坝的建设，坝顶公路完建，主体工程完工，完成了年度形象进度目标。并于8月29日顺利通过了国务院南水北调办组织的大坝加高工程蓄水验收。

（班静东）

库区移民安置工程

中线水源工程运管专项中的大坝管理码头港池开挖完成。

2013年中线水源工程计划投资18亿元（含库区待批复的新增投资）。其中，丹江口大坝加高工程3.31亿元，丹江口库区移民安置工程14.59亿元，调度运行管理专项工程1000万元。完成投资18.48亿元，其中，丹江口大坝加高工程3.31亿元，丹江口库区移民安置工程14.57亿元，库区文物保护5905万元，调度运行管理专项工程150万元。超额完成年度投资计划。

2013年组织完成了丹江口大坝加高工程电厂通风空调系统改造项目设备采购、闸墩预应力加固施工、丹江口库区生态环境监测、调查与评估研究、丹江口库区水生态保护与修复研究、丹江口库区水环境管理研究等五个标段的招标工作。报送了丹江口大坝加高工程武警守卫部队营房建设分标方案并获得批复。

库区征地移民安置工程完成了库区水准网复建、库区水文站网复建、水库诱发地震监测项目建设等非省属项目的蓄水初验。8月22日，库区征地移民工程顺利通过国务院南水北调办组织的蓄水前终验。开展了库区环保生态修复、水质监测站网建设、环境保护三个科研专题报告的实施工作。开展了丹江口库区地质灾害防治研究、库区农村移民收支调查研究、库区留置人口影响分析等课题研究，并通过了国务院南水北调办的审查。水库土地办证工作已开始启动。

（黄朝君　赵　伽　张乐群）

在　建　工　程

京石段应急供水工程

概　述

工　程　概　况

南水北调中线干线京石段工程起点为石家庄市古运河枢纽进口，终点为北京市团城湖，渠线总长307.5km。其中，河北段自石家庄市古运河枢纽开始，沿京广铁路西侧，途经石家庄市的新华区、正定、新乐，保定市的曲阳、定州、唐县、顺平、满城、徐水、易县、涞水、涿州等，穿北拒马河中支进入北京市。渠线总长227.4km，其中建筑物长26.3km，渠道长201.1km，采用明渠自流输水方式。设计输水流量220~50m^3/s；北京段自北拒马河中支南开始，途经房山区、丰台区，至总干渠终点团城湖，总长80.1km，采用PCCP管道和暗涵输水方式，北京段渠首设计流量50m^3/s，进城段设计流量为30m^3/s，入京流量超过20m^3/s时，需启动惠南庄泵站加压输水。

京石段工程作为南水北调中线先期完工的项目，自2008年9月18日起已四次从河北省水库（岗南、黄壁庄、王快、安格庄水库）向首都北京应急供水，经过5年多的调度运行，经历汛期、冰期、水源切换、充水、退水等运行工况，积累了大量实测调度数据和一定的运行经验。

（黎咏梅）

运 行 管 理

为进一步缓解首都北京水资源短缺局面，南水北调中线京石段应急供水工程于2012年11月21日启动第四次向北京输水任务，本次输水供水水源地为河北省黄壁庄、王快及安格庄水库，通过自流方式向北京市供水。

2012年11月21日，岗南—黄壁庄提闸放水，经由石津干渠入南水北调中线总干渠，开始第四次向北京供水。12月2日，供水水源切换至岗南—黄壁庄水库和安格庄水库；2013年4月26日，水源切换至岗南—黄壁庄水库；7月25日，水源切换至岗南—黄壁庄水库和王快水库；12月19日，水源切换至岗南—黄壁庄水库和安格庄水库。截至2013年12月31日，入总干渠累计水量4721万m^3（石津干渠入渠3231万m^3、易水干渠入渠802万m^3、沙河干渠入渠687.7万m^3），北京市实收水量3920万m^3，水质Ⅱ类。对于缓解北京市的缺水状况，确保首都北京安全供水起到了重要作用。

此次输水控制方式仍采用闸前常水位方式运行，渠道沿线自南向北参与调度的节制闸有磁河节制闸、漠道沟节制闸、放水河节制闸、蒲阳河节制闸、岗头节制闸、北易水节制闸、坟庄河节制闸、北拒马河节制闸、永定河控制闸、团城湖末端闸10座。运行过程中通过调节闸门开度控制闸前水位及供水流量。渠道沿线各节制闸前、后设置水尺或自动水位计，实时记录各节制闸前、后水位；石津干渠入总干渠连接段、磁河节制闸闸前、漠道沟节制闸闸后、放水河节制闸闸前、蒲阳河节制闸闸后、岗头节制闸闸前、北易水节制闸闸后、坟庄河节制闸闸前、北拒马河节制闸闸前、惠南庄泵站处设置流量计，实时监测断面流量及累计输水量；田庄、向阳村、七里庄、北拒马暗渠、大宁、团城湖设立6处水质固定监测站，惠南庄泵站处设置水质自动监测站，定期监测渠道水质。本次通水对水量调度系统、闸站监控系统、闸站视频监视系统、工程安全监测自动化系统、水质监测系统、大屏幕操作系统等，进行了测试和应用，结合测试情况对各系统提出了应用需求和完善建议。

根据机构和人员情况，结合本次运行管理需要，本次通水按三级管理机构组织运行：一级机构为中线建管局通水调度中心，二级机构为河北直管建管部、惠南庄直管建管部、北京建管中心，三级机构为由上述三个二级机构下设的管理处或其他运行服务单位，负责所辖范围内的通水运行管理和现地设施设备的运行操作以及工程看护和巡查（兼外保）工作。通水过程中组织修订印发了《南水北调中线干线工程保护管理办法》、《南水北调中线干线京石段工程通水运行突发事件总体预案》、《南水北调中线干线工程维修养护管理办法》、《南水北调中线干线京石段工程通水运行安全生产管理规定》等制度办法。

本次通水进一步彰显了京石段应急供水工程的综合效益，同时进一步检验了工程质量、通水运行组织能力和应急保障能力。

（黎咏梅）

工 程 效 益

京石段工程自2008年9月18日起已四次从河北省水库（岗南、黄壁庄、王快、安格庄水库）向首都北京应急供水，累计入京水量超过16亿 m^3，有效缓解了首都水资源紧缺的状况，对保障北京供水安全发挥了重大作用。

（黎咏梅）

北京段永久供电工程

工 程 概 况

按照国务院南水北调办批复的初步设计范围，南水北调中线干线北京段永久供电工程为中线干线北京段3座闸站、9座分水口、3座连通设施、1座泵站供电。工程内容包括16处10kV供电线路、1处110kV供电线路、2处220kV配套迁改工程。2011年，根据中线干线工程实际实施情况，经与北京市南水北调工程建设管理中心核实，对上述工程范围进行了调整，取消西四环暗涵出口闸、团城湖明渠分水口两处10kV负荷点及供电线路。

各负荷点的降压变电站均包含在所属闸站的土建工程设计范围内，10kV负荷点均引接自所属地电网，惠南泵站110kV负荷点自房山区韩村河200kV变电站引接。

15个负荷点中，北拒马河暗渠渠道、惠南庄泵站为一级负荷，团城湖进口闸为三级负荷，其余闸站为二级负荷。

（黎咏梅）

建 设 管 理

2011年7月，南水北调中线建管局与北京市电力公司所属北京市供用电建设承包公司签署了《供用电工程项目管理委托合同》，委托其承担北京段永久供电线路的建设工作（不包含设计、征迁及补偿等内容）。在工程建设中，中线建管局负责供电报装、路径规划报批、委托设计、征地拆迁、跨越工程报批等工作；北京市供用电建设承包公司负责工程招标及委托施工，对施工进度、质量及投资实施管理。惠南泵站110kV线路工程、北拒马河暗渠渠道10kV线路工程采用公开招标方式，由其他北京市供用电建设承包公司直接管理。其他13处线路工程由于投资金额在50万元以下，采用委托方式，由项目所属地供电公司管理。

（黎咏梅）

工 程 进 展

2013年1月北京市供用电建设承包公司完成北拒马河暗渠渠道10kV线路工程招标工作，中标单位为北京市房山供用电工程公司。2013年10月施工用地征迁问题解决后，北拒马河暗渠渠道10kV线路工程及剩余5处10kV线路工程施工单位全部进场施工。

2013年4月，北京市供用电建设承包公司完成110kV外电源引接工程招标工作，中标单位为北京电力工程公司。2013年5月，通过竞争性谈判，确定110kV配套部分韩涿迁改工程施工单位为河北省送变电公司。

2013年10月，北京段110kV外电源引接工程河北境内征地工作已完成，110kV配套部分韩涿迁改工程开始施工，110kV线路工程施工单位进场施工。配套部分韩涿迁改工程已完成；110kV线路工程杆塔共69基，完成基础52基，组塔30基，滞后的17基杆塔征地预计在5月15日前完成，施工预计在2014年6月30前完成；220kV韩房升改工程征地预计于2014年5月31日前完成，工程建设预计于2014年7月31日前完成。

（黎咏梅）

漳河北—古运河南段工程

概　述

工　程　概　况

南水北调中线工程总干渠河北省漳河北—古运河南段工程简称邯石段工程，线路全长238.544km，共分为12个设计单元。其中，直管项目包括磁县段、南沙河倒虹吸、邢台市段、高邑县—元氏县段共计4个设计单元，委托河北省建设管理的项目包括邯郸市—邯郸县段、永年县段、洺河渡槽段、沙河市段、邢台县—内丘县段、临城县段、鹿泉市段、石家庄市区段共计8个设计单元。

邯石段渠段明渠段长度为222.817km，设计流量为235～220m³/s，加大流量265～240m³/s。

邯石段渠段建筑物长度为15.727km，共布设各类建筑物353座，其中大型建筑物29座、左岸排水建筑物92座、渠渠交叉建筑物19座、公路交叉建筑物153座、铁路交叉8处、控制闸涵建筑物52座。

工程总投资211.4059亿元，总工期30～36个月。

（车传金）

磁县段工程

工　程　概　况

磁县段项目起自河北省与河南省交界处的漳河北岸，止于磁县与邯郸市邯山区交界的河北村村西，线路起止桩号（0+000）～（40+056），全长40.056km。设计流量为235m³/s，加大流量为265m³/s，该项目共布置各类建筑物36座，其中大型交叉4座，左岸排水18座，渠渠交叉4座，铁路交叉2座，节制闸和退水闸共3座，排冰闸2座，分水口门工程3座。

（车传金）

工　程　投　资

磁县段工程总投资309 336万元。工程部分静态总投资186 518万元，移民水保环保部分静态总投资117 721万元，建设期还贷利息5097万元。

工程部分静态总投资中：建筑工程116 280万元，机电设备及安装工程4209万元，金属结构设备及安装工程1343万元，临时工程6689万元，独立费用25 749万元，预备费9256万元，铁路（外管）部分4814万元，公路交叉18 178万元。

移民水保环保部分静态总投资中：移民征迁费114 976万元，水土保持工程2108万元，环境保护费637万元。

截至2013年底，完成工程总投资28 872万元，其中建筑安装工程采购24 091万元，设备采购901万元，专项采购2407万元，项目管理费990万元，技术服务采购484万元。

投资控制管理方面，统一思想，强化意识；完善细化各种管理制度；完善与地方沟通协调机制；积极参与招标设计、招标文件审查和合同谈判工作；加强设计管理，建立定期召开设计联络会机制；强化监理管理，严格施工图和设计修改通知的审查；强化计量与支付和变更、索赔管理；加强科研工作解决各种难题以减少投资。

（乔海英）

建 设 管 理

（一）进度控制

针对2013年底主体工程完工的建设目标和决战目标，河北直管建管部面临着桥梁建设进度滞后、取土场移交晚、高填方段填筑缺口多、衬砌加固施工难度大，特别是后期砂石骨料供应紧张、价格上涨等诸多困难，河北直管建管部认真梳理剩余工程建设项目及工程量，主要采取了以下措施：

一是将建设任务分解、细化到人，各负其责。二是协同设计、监理、施工各方优化方案，科学谋划、精心部署，积极应对挑战，制订详尽施工计划，增加机械人员，优化资源配置。三是建管部领导实行现场办公，挂牌督办风险项目，督导一线，解决问题在一线，紧抓重点，加快渠道衬砌进度。四是实行日报制度，动态掌控工程建设进展，及时采取应对措施。五是建管人员常驻现场，24小时服务工程，确保问题解决及时，工作效率得到极大提高。六是针对落后标段，约谈施工单位后方总部，加大对现场人员、设备、资金支持。七是采取建管部和监理部联合办公方式，提高了审核效率，减少了结算资料中转时间。八是对进度风险标段、重点标段增加月中预结算，简化结算流程，变更处理关口前移，加快变更立项，保证进度款及时支付到位。九是加强与地方政府协调沟通，减少阻工现象发生，保障良好施工环境。

（二）质量管理

2013年河北直管建管部再加高压严管质量，带领磁县段工程各参建单位全面加强质量管理工作，未发生任何质量事故，工程质量处于受控状态。计划先行开展各项检查工作；周密部署明确阶段管控重点；发挥建管人员质量管控核心作用，全面落实三级监管责任体系；持续竞赛促进质量常态化管理；动态跟踪严控关键点及风险点；快速传递落实“再加高压”质量监管工作措施；奖罚到人，强化监理质量管控力度；规范抽检强化原材料、中间产品、工程实体质量检测。多措并举，实现了磁县段工程各项质量管控工作积极受控，工程实体质量全面保证的良好局面。

在工程建设中，严格落实质量管理三级责任分工，建管部制定工程质量管理制度措施、督导检查；工程管理处现场督促落实；监理单位实施现场质量管理行为控制；施工单位工艺措施保障。根据工程建设情况，采取各层次的日常巡查、专项检查、专项竞赛和关键工序考核检查、原材料半成品业主抽查、每周定期夜查等方式，有计划有步骤的对磁县段工程建设质量进行全过程控制。

根据磁县段工程特点，动态跟踪严控关键点及风险点管理。根据现场施工进展情况，建管部每月梳理汇总工程的质量管理关键点及风险项目，并实时更新，动态跟踪管理，使得质量管控工作重点明确，有的放矢。同时从源头入手，严格规范各参建单位的质量管理管控行为，加强对施工原材料、中间产品及工程实体质量的监控力度。

（三）安全管理

2013年，河北直管建管部在任务重、强度大、设备密集、环境复杂的形势下，深入贯彻落实国务院南水北调办、中线建管局关于安全生产和文明施工管理工作的各项部署，严格落实安全生产责任制，统筹协调，精心组织，狠抓重点，采取多项有效措施，确保各项工作落到实处，圆满实现了年度零事故安全生产管理目标。全年建管部、工程管理四处及各参建单位均未因发生安全事故被国务院南水北调办通报批评。

一是制定计划，明确工作重点。按照中线建管局要求和部署，结合工程实际，年初建管部和工程管理四处分别制订了安全生产计划，分析风险点并在实施过程中分阶段调整，做到计划性开展安全生产管理工作，有效控制了工程现场。

二是动态更新，提升边缘性危险源管理。建管部和工程管理四处严格按照重大危险源管理要求，对重点部位实施动态管理，并对边缘性重大危险源进行升级管理，即将接近或类似于重大的危险源视作重大危险源进行动态监控和管理，避免了潜在的安全问题。

三是日查周报，旁站监督整改。建管部建立了安全生产周报制度，工程管理四处和监理部每周将上周检查问题汇总报建管部，建管部及时汇总分析发生频次较高或屡次整改不到位的问题，并有针对性的制定措施。此举既促进了现场安全检查进度，又对系统性问题能及时协调解决。

在“决战三个月，确保大目标”的工程建设关键期，延续专项整治活动，对重点部位、重点项目检查发现的重大安全隐患，建管部和工程管理四处派专人进驻施工现场旁站监督落实整改，确保工程建设顺利实施。

四是加强培训教育，提升安全生产意识。建管部和工程管理四处分别组织辖区内参建单位开展安全教育培训和图文并茂的安全案例警示教育宣传展板活动，使得一线施工人员能够吸取教训。每月对总监和监理人员分别进行质量安全知识培训性考核，有效提升了监理业务水平，促进了现场监理管控能力和水平。

（四）文明工地建设

一是健全文明体系，完善规章制度。根据建管部机构设置及人员变动情况，及时调整了文明工地创建工作领导小组成员组成，保证文明工地建设有序进行。根据国务院南水北调办要求，建管部制定了文明施工管理办法和文明工地创建方案，使得文明施工管理工作规范化、标准化、制度化。同时督促其他各参建建立了相应的文明施工管理办法和创建工作计划。

二是监督检查参建各方文明施工保证措施及落实情况。建管部和工程管理四处积极协调外部施工环境，组织文明施工、安全生产等工作，采取现场检查和查阅资料的方式对各参建单位的文明施工体系的建立和运行情况进行实时监督检查，在全线开展了农民工宿舍管理及现场安全文明施工等专项检查、考核和评比，有效促进了文明工地建设工作的开展。

三是对现场作业人员进行文明施工宣传、教育、培训。为了营造和谐的工程建设氛围，在建管部、工程管理四处、项目经理部的办公室和会议室张贴齐全的施工形象进度图、工程布置图及施工网络计划图，组织参建单位设立文明工地创建工作宣传栏、读报栏、黑板报等，通过各种醒目的宣传标语，宣传南水北调安全文明施工相关规定，起到了很好的宣传效果。

工程管理四处要求施工单位编制作业指导书，对进场员工开展三级教育培训工作，工人变换工种需进行新工种安全教育和文明施工教育；特殊工种人员坚持持证上岗操作，确保持证上岗率为100%。

四是明确营地（含农民工营地）建设标准，要求各项保障措施落实到位。建管部和工程管理四处根据季节变化情况，定期对生活营地进行检查，对发现的一般问题口头要求现场进行整改，较大问题以整改通知或通报的形式要求限期整改。

五是及时拨付，保障建设。通过资金监管控制项目部资金流去向，限制工程资金流失，通过加快变更处理及拨付，保证工程款及时足额到位。建管部和工程管理四处定期组织对工程款使用和农民工工资发放情况组织专项检查，未发现拖欠工程款或农民工工资事件，有力保障了工程建设顺利进行。

（金　泉　焦　康）

工程进展

主体工程2013年完工，计划2014年汛后通水。主体工程主要工程量：完成工程投资22 465万元，完成土石方开挖10万m^3，土石方回填108万m^3，完成混凝土浇筑14.9万m^3；完成渠道衬砌43 354m。

总干渠35kV输电线路工程(0+000~40+056)，杆塔组立261基，架空线路40.4km，电缆敷设4.4km，全部完成。

电源接引工程贺兰220kV变电站到白村分水闸中心站35kV输电线路工程3.4km，杆塔组立11基，架线3.4km，电缆400m，全部完成。

机电设备制造安装为6座降压站，机电设备由许继电气股份有限公司提供，高压柜14面，环网柜3套、变压器6台，低压柜36面，直流系统5套、柴油发电机4台全部安装完成。金属结构制造安装为闸门25扇，卷扬启闭机9台，螺杆启闭机10台、液压启闭机3台，电动葫芦5台、闸门融冰系统8套全部安装完成。

渠道38.986km已全部挖填成型，已完成全部渠道衬砌。大型建筑物滏阳河渡槽、牤牛河南支渡槽、牤牛河北支河道倒虹吸、双庙沟河道倒虹吸和讲岳铁路倒虹吸已于2012年完成主体施工，马磁铁路倒虹吸2013年11月底完工。18座左排及4座渠渠交叉建筑物已于2012年完成施工。8座控制性工程已于2012年完成主体施工。

（车传金　朱志伟）

工程验收

截至2013年底，南水北调磁县段工程开工以来累计完成单元工程质量评定8224个，全部合格，其中优良7520个，优良率91.4%。

（金　泉）

邯郸市—邯郸县段工程

工程概况

邯郸市—邯郸县段工程起自磁县与邯郸县交界的河北村村西，止于邯郸县与永年县交界的西两岗村村西，起止桩号：(40+056)~(61+168)，共分为4个施工标段。工程计划总工期33个月。工程总投资68 164.86万元。

本设计单元工程总干渠全长21.112km，主要建筑物19座，其中大型交叉工程3座，左岸排水建筑物9座，控制工程6座，铁路交叉暗渠1座。

本设计单元工程输水规模分为两段，其中磁县与邯郸县交界—沁河南岸段总干渠设计流量235m^3/s，加大流量265m^3/s，沁河南岸—邯郸县与永年县交界段总干渠设计流量230m^3/s，加大流量250m^3/s。南水北调中线一期工程总干渠为一等工程，渠道及各类河渠交叉工程按1级建筑物设计。本渠段地震动峰值加速度为0.15g，相应地震基本烈度为Ⅶ度，渠道、建筑物按地震烈度Ⅶ度设防。

（茹　悦）

工 程 投 资

本设计单元工程资金来源于中央预算内投资、南水北调工程基金、国家重大水利工程建设基金、银行贷款。邯郸市—邯郸县段工程总投资为191 364万元。历年投资计划下达情况见表1。

表1　投资计划下达情况统计表

序号	批次	投资来源（万元）						下达计划文号	时间
		小计	中央预算内投资	中央预算内专项资金	南水北调工程基金	贷款	国家重大水利工程建设基金		
1	第一次	30 000				30 000		国调办投计〔2009〕119号	2009年6月23日
2	第二次	43 000			5000	15 000	23 000	国调办投计〔2010〕58号	2010年5月4日
3	第三次	14 000			9000		5000	国调办投计〔2011〕113号	2011年5月26日
4	第四次	26 000					26 000	国调办投计〔2011〕139号	2011年7月5日
5	第五次	76 214			2000		74 214	国调办投计〔2012〕54号	2012年3月23日
6	第六次	3929					3929	国调办投计〔2012〕285号	2012年12月18日
7	第七次	5760			5500		260	国调办投计〔2013〕119号	2013年5月20日
8	第八次	4502					4502	国调办投计〔2013〕247号	2013年10月9日
9	第九次	312				312		国调办投计〔2013〕285号	2013年11月26日
合计		203 717			21 500	45 312	136 905		

（茹　悦）

建 设 管 理

邯郸市—邯郸县段工程作为委托河北建设管理的一部分，全部由河北省南水北调建设管理局负责建设管理，现场管理机构为河北省建设管理局第五建设部，在工程建设中全面实行项目法人负责制、招标投标制、建设监理制和合同管理制。

全线主要节点工程及大部分的渠道衬砌工作都集中在2013年。同时2013年又新开项目青兰渡槽。由此造成对外协调和对内技术管理工作工程量都很大。重点狠抓邯郸设计单元工程，尤其是SG1-2和青兰渡槽两个后开工项目的建设管理工作，同时为沿线各标段衬砌工作进行督促指导。指派经理和专职技术人员盯住现场，随时解决问题，将工作效率提高，为工程的进展创造便利条件。

为确保把南水北调工程建成优质工程、实现“四个一流”的建设目标，河北建管局及时建立完善了建管单位负责、监理单位控制、施工单位保证、设计单位服务、政府质量监督相结合的工程质量管理体系。第五工程建设部针对所辖工程项目的实际情况建立了第五工程建设部质量管理体系。多次开展了“质量月”活动、“工程建设监理专项治理整顿活动”、“工程质量集中整治活动”、“原材料质量专项整顿活动”、“规范现场工程建设部质量检查活动”、“质量夜间检查活动”、“加强原材料、中间产品质量控制活动”、积极开展关键工序考核工作等有效促进了工程质量的提高。

第五工程建设部成立了由建设、设计、监理、施工单位主要负责人参加的安全生产管理领导小组。建设部先后组织各施工单位进行安全生产检查76次，防汛演练和消防演习5次，有效提高了现场预案的执行。通过一系列的措施确保了施工的安全，自工程建设以来未发生任何安全生产事故。

始终坚持和鼓励各参建单位利用南水北调有关平台加大宣传力度，截至2013年底在国务院南水北调办、中线建管局、河北省南水北调办的网站和南水北调报刊上共发表工程建设文章121篇。

树立南水北调工程良好的工作、生活环境，生产、生活营地整洁卫生，标志、标牌齐全醒目，并配备有必需的消防设施和器材，保持了施工现场物料堆放整齐、有序，并及时对施工道路进行洒水除尘，穿越居民点或人群聚居地时车辆减速慢行、禁鸣喇叭。

（茹　悦）

工 程 进 展

2013年，邯郸市—邯郸县段工程各标段计划完成投资25 960.86万元，实际完成28 980.1万元；计划完成土石方开挖89.19万 m^3，实际完成89.19万 m^3；计划完成土石方回填56.9万 m^3，实际完成56.9万 m^3；计划完成混凝土浇筑16.85万 m^3，实际完成17.82万 m^3。

SG1-1标的年度建设目标为完成投资2826万元，计划完成土石方开挖3万 m^3，土方回填3万 m^3，混凝土浇筑1万 m^3。实际完成投资2826万元，土石方开挖3万 m^3，土方回填3万 m^3，混凝土浇筑1.17万 m^3。渠道衬砌全部完工。渚河南支排洪涵洞主体完工，进出口防护段、进出口连接段和洞身段分部工程均已通过验收。

SG1-2标2013年计划完成施工投资6652.9万元，实际完成投资7266万元；土方开挖58.8万 m^3，全部开挖完成；土方填筑14.4万 m^3，全部填筑完成；混凝土浇筑4.684万 m^3，全部混凝土浇筑施工完成；渠道衬砌单坡长度19.462km，完成全渠道全部衬砌工程。

渠道累计开挖成型4km，填筑成型3.116km，占总长7.116km的100%；完成衬砌19.462km，累计衬砌21.348km，占渠道总长的100%。三座左岸排水建筑物西小屯沟排水倒虹吸、林村北沟排水倒虹吸、渚河北支排水倒虹吸主体工程全部完成。下庄分水闸浇筑完成，土方回填完成，闸门、启闭机安装完成，启闭机房、降压站主体工程完成。邯长穿铁路暗渠主体完成。

SG1-3标为2013年新建项目，工程合同工期8个月。本年度累计完成工程投资10491万元。完成总量的95.6%。土方开挖完成16.09万 m^3，完成总量的100%。土方回填完成8.5万 m^3，完成总量的100%。混凝土浇筑完成5.47万 m^3，完成总量的100%。钢筋绑扎完成5460t，完成总量的100%。青兰高速交叉渡槽工程顺利完成建设目标。

SG2标2013年计划完成施工投资5505万元，实际完成投资8397万元；土方开挖11.3万 m^3，全部开挖完成；土方填筑31万 m^3，全部填筑完成；混凝土浇筑5.7万 m^3，全部混凝土浇筑施工完成；渠道衬砌单坡长度25.9km，完成全渠道全部衬砌工程。

2013年SG2标渠道开挖成型0.3km（折合全断面），累计成型10.5km，占总长10.5km的100%；累计完成填筑成型10.5km，占总长10.5km的100%；完成衬砌8.649km（折合成全断面），累计衬砌10.489km，占总长10.489km的100%。

河渠交叉建筑物共1座，其中1座已开工，1座已完成主体工程施工，其中控制性工程累计完成混凝土浇筑（指建筑物混凝土量）比例100%；左岸排水建筑物6座，其中6

座已开工，6 座已完成主体工程施工；节制闸、分水口等控制性建筑物分别 2 座，已开工 2 座，其中 2 座完成主体工程施工。

（茹　悦）

工　程　验　收

本设计单元土建工程共划分为 7580 个单元工程，截至 2013 年底已经完成单元工程评定 6119 个，全部合格，其中优良 5756 个，优良率 94.1%。重要隐蔽单元工程和关键部位单元工程 1487 个，优良 1487 个，优良率 100%；房建工程尚未进行评定。

土建工程共划分为 92 个分部工程，截至 2013 年底已经完成分部工程评定 28 个，全部合格，优良 27 个，优良率 96.4%，其中 14 个主要分部工程，全部优良。

安全监测工程共划分为 221 个单元工程。截至 2013 年底，已经完成单元工程评定 61 个，全部合格，其中优良 59 个，优良率 96.7%，安全监测分部工程和单位工程尚未进行质量评定。

35kV 供电线路工程共划分为 705 个单元工程，截至 2013 年底，已经完成单元工程评定 255 个，全部合格，其中优良 245 个，优良率 96.1%。

本设计单元工程未进行合同项目完成验收。

（茹　悦）

环境保护及水土保持

（一）环境保护工程

本设计单元项目环境保护工程包含在土建标施工合同内，各项环境保护工程与主体工程建设同步实施，由土建标依据批复的施工组织设计要求进行施工。

各施工单位根据工程布置和对周围环境影响的特点，主要防治内容为：水质保护、施工大气污染防治、施工噪声防护、施工固体废弃物防护、施工场地恢复、人群健康保护等。

施工单位配置洒水车，根据施工情况进行洒水。建筑物基坑开挖后，在边坡及弃土场覆盖防尘网等防尘措施，有效的对施工现场和施工道路起到了降尘作用。生产生活区废水采取设置沉淀池，定期清挖的措施进行防治。施工期大气尘土污染防治通过对运输过程的防尘措施，在水泥、沙石骨料、弃料等运输时均采用封闭型水泥罐车和其他车辆进行覆盖，避免了材料的洒漏和污染。施工噪声防护对通过在居住区附近运输车辆均限速行驶，禁止鸣笛和使用高音喇叭等进行防治。

通过采取了各项防治措施，从整个环境保护工程建设情况来看，工程区及周边环境保护情况总体良好。

（二）水土保持工程

本设计单元项目水土保持工程包含在土建标施工合同内，各项水土保持设施与主体工程建设同步实施，由土建标依据批复的施工组织设计和设计要求进行实施。

各施工单位根据工程布置和对周围环境影响的特点，将工程建设区和直接影响区确定为水土流失防治责任范围区域。初步设计报告中水土流失防治责任范围划分为主体工程区、临时堆土区、弃土弃渣区、料场区、生产生活区、施工道路区六个防治区。

主体建筑物施工区水土保持工程措施，如边坡六棱块护砌、排水沟、边坡防护等工程已大部分完成，剩余部分正在抓紧施工。本设计单元有水保措施的弃土弃渣场 10 处，已退还地方政府，水保措施正在施工。施工道路外侧修建排水沟；生产生活区采取修建排水沟、地面硬化、绿化等措施。从整个水土保持工程建设情况来看，工程质量总体情况良好。

（茹　悦）

永年县段工程

工程概况

永年县段设计单元工程总干渠全长17.262km，桩号位置（61+168）~（76+607）、（77+537）~（79+360），主要建筑物11座，其中大型河渠交叉建筑物1座，左岸排水建筑物9座，分水闸1座。

该设计单元工程总干渠设计流量230m^3/s，加大流量250m^3/s。工程等别为一等，各类交叉建筑物为1级建筑物，附属建筑物、河道防护工程及河穿渠工程的上下游连接段等次要建筑物为3级建筑物。

（茹　悦）

工程投资

永年县段设计单元工程资金来源于中央预算内投资、南水北调工程基金、国家重大水利工程建设基金、银行贷款。永年县段工程总投资为128 030万元。历年投资下达情况见表1。

表1　永年县段设计单元工程投资计划下达情况统计表

序号	批次	投资来源（万元）						下达计划文号	时间
		小计	中央预算内投资	中央预算内专项资金	南水北调工程基金	贷款	国家重大水利工程建设基金		
1	第一次	42 000			5000	15 000	22 000	国调办投计〔2010〕58号	2010年5月4日
2	第二次	15 000				15 000		国调办投计〔2011〕80号	2011年4月28日
3	第三次	6600			6000		600	国调办投计〔2011〕113号	2011年5月26日
4	第四次	24 000					24 000	国调办投计〔2011〕139号	2011年7月5日
5	第五次	33 429					33 429	国调办投计〔2012〕54号	2012年3月23日
6	第六次	3851					3851	国调办投计〔2012〕285号	2012年12月18日
7	第七次	3392			3000		392	国调办投计〔2013〕119号	2013年5月20日
8	第八次	1381					1381	国调办投计〔2013〕247号	2013年10月9日
9	第九次	496				496		国调办投计〔2013〕285号	2013年11月26日
合计		130 149			14 000	30 496	85 653		

（茹　悦）

工 程 进 展

永年县段工程 2013 年度计划完成投资 8326 万元，实际完成 11 881 万元；计划完成土石方开挖 25.39 万 m^3，实际完成 29.9 万 m^3；计划完成土石方回填 26.29 万 m^3，实际完成 85.2 万 m^3；计划完成混凝土浇筑 5.4 万 m^3，实际完成 9.77 万 m^3。

渠道开挖与填筑、渠道衬砌施工已全部完成；聚硫密封胶填筑、渠道防护、截流沟、渠基排水管、硅芯管工程、隔离网栏及运行道路工程正在施工。洺河一支排洪涵洞已完成主体混凝土工程及出口砌石，正在施工进口土方开挖及砌石工程。左岸排水建筑物主体混凝土及部分砌石已经完工，剩余部分施工主干道占压段砌石。吴庄分水闸相关工程基本完工，仅剩余水源井泵房及室外工程。永年县段管理处办公楼主体框架完工。

（茹 悦）

工 程 验 收

永年县段设计单元工程土建标段按水利工程评定单元工程 5058 个，全部合格，其中优良 4781 个，优良率 94.5%，其中重要隐蔽单元工程和关键部位单元工程共计 710 个，优良 710 个，优良率 100%；永年县段管理处按房建工程质量评定，共完成 58 个单元工程评定，全部合格。

该设计单元工程土建完成分部工程评定 6 个，全部优良，优良率 100%，其中主要分部工程 1 个，优良 1 个，优良率工程 100%。

35kV 供电线路工程在本设计单元涉及 5 个分部工程，618 个单元工程。已评定 169 个单元工程，全部合格，优良 154 个单元工程，优良率 91.1%。

永年县段设计单元工程土建施工合同尚未进行合同完成验收。

（茹 悦）

洺 河 渡 槽 工 程

工 程 概 况

南水北调中线一期总干渠漳河北—古运河南（委托河北建设项目）洺河渡槽工程，位于邯郸市永年县城西邓底村与台口村之间的洺河上，起始桩号 76 + 607，终止桩号 77 + 537。工程计划总工期 33 个月。

该设计单元工程全长 930m，其中渠道长 101m，渡槽长 829m，主要包括进口渠道段、进口渐变段、进口闸室段、进口连接段、槽身段、出口连接段、出口闸室段、出口渐变段、出口渠道段以及退水闸和排冰闸，退水闸和排冰闸布置在渡槽进口渐变段上游右岸，由进口、闸室、陡坡、消力池、退水渠组成；房屋建筑主要包括进口启闭机室、降压站、出口启闭机室。

该设计单元工程等别为一等工程，进出口连接渠道、渡槽进口渐变段、节制闸、进口连接段、渡槽、出口连接段、出口检修闸、出口渐变段、退水闸、排冰闸为 1 级建筑物，退水渠、进出口护岸工程等为 3 级建筑物。该工程设计流量 230m^3/s，加大流量 250m^3/s，退水闸设计退水流量 115m^3/s，防洪标准为 100 年一遇洪水设计，300 年一遇洪水校核。工程所在地地震动峰值加速度为 0.10g，相应地震基本烈度为Ⅶ度，该工程按地震烈度Ⅶ度设防。

（茹 悦）

工　程　投　资

该设计单元工程资金来源于中央预算内投资、南水北调工程基金、国家重大水利工程建设基金、银行贷款。洺河渡槽工程总投资为38 370万元。历年投资下达情况见表1。

表1　　洺河渡槽设计单元工程投资计划下达情况统计表

序号	批次	投资来源（万元）						下达计划文号	时间
		小计	中央预算内投资	中央预算内专项资金	南水北调工程基金	贷款	国家重大水利工程建设基金		
1	第一次	400	400					国调办投计〔2005〕114号	2005年12月21日
2	第二次	7000					7000	国调办投计〔2010〕58号	2010年5月4日
3	第三次	5000				5000		国调办投计〔2011〕80号	2011年4月28日
4	第四次	4353			2000		2353	国调办投计〔2011〕113号	2011年5月26日
5	第五次	17 766					17 766	国调办投计〔2012〕54号	2012年3月23日
6	第六次	1359					1359	国调办投计〔2012〕285号	2012年12月18日
7	第七次	228					228	国调办投计〔2013〕247号	2013年10月9日
合计		36 106	400		2000	5000	28 706		

（茹　悦）

建　设　管　理

洺河渡槽工程作为委托河北建设管理的一部分，全部由河北省南水北调建设管理局负责建设管理，现场管理机构为河北省建设管理局第五建设部，在工程建设中全面实行项目法人责任制、招标投标制、建设监理制和合同管理制。设计单位为河北省水利水电勘测设计研究院，质量监督单位为南水北调工程河北质量监督站。

（茹　悦）

工　程　进　展

洺河渡槽工程2013年进度目标为：计划完成投资3363万元，实际完成4500万元；计划完成土石方回填0万m^3，实际完成0.56万m^3；计划完成混凝土浇筑0.68万m^3，实际完成1.141万m^3。

形象进度：已完成桩基施工，完成灌注桩（工程桩）浇筑213根（包括试验装3根）。槽身下部结构承台、墩身已全部完成。槽身段施工完成。完成退水闸闸室、陡槽、消力池、排冰闸闸室的混凝土施工。完成进口节制闸闸室混凝土施工，启闭机室墙体砖砌、外墙抹灰及内墙装饰。完成出口检修闸闸室混凝土施工，启闭机室墙体砖砌、外墙抹灰及内墙装饰。渠道衬砌已全部完成。

退水闸工作门、检修门埋件及排冰闸工作门、检修门埋件、进口检修闸门埋件、节制闸弧门、出口检修闸门的埋件安装已完成，退水闸及进口节制闸弧形闸门、叠梁门、2扇排冰闸门已安装，退水闸、排冰闸启闭机已安装，出口检修闸轨道梁已安装。完成节制闸工字钢吊装及电动葫芦安装。

（茹　悦）

工程验收

土建工程共划分为889个单元工程，截至2013年底已经完成单元工程评定785个，全部合格，其中优良737个，优良率93.9%。重要隐蔽单元工程和关键部位单元工程368个，优良366个，优良率99.5%；房建工程共划分为210个分项工程，截至2013年底已经完成分项工程评定80个，全部合格。

土建工程共划分为8个分部工程，截至2013年底已经完成分部工程评定2个，全部优良，优良率100%，其中1个主要分部工程，评定等级优良。

安全监测工程共划分为94个单元工程。截至2013年底已经完成单元工程评定90个，全部合格，其中优良86个，优良率95.6%。

35kV供电线路工程共划分为25个单元工程，截至2013年底已经完成单元工程评定13个，全部合格，其中优良12个，优良率92.3%。

安全监测工程、35kV供电线路工程、机电设备安装工程未进行分部工程验收。本设计单元工程未进行合同项目完成验收。

（茹　悦）

沙河市段工程

工程概况

南水北调中线一期总干渠漳河北—古运河南（委托河北建设项目）沙河市段工程起自邯郸市与邢台市交界处的邓上村村北，止于南沙河南岸。

沙河市段设计单元工程总干渠全长14.261km，桩号位置（79+360）~（93+621），土建施工分为SG5、SG6两个标段，SG5标总干渠全长7.384公里桩号位置（79+360）~（86+744）（该桩号位置包含沙午铁路工程230m），SG6标总干渠全长6.877km，桩号位置（86+744）~（93+621），该设计单元工程主要建筑物共10座，包括大型排洪渡槽1座、左岸排水建筑物7座（其中排水渡槽5座，排水倒虹吸2座）、渠渠交叉渡槽1座、分水闸1座。

沙河市段总干渠为一等工程，渠道及其交叉建筑物的主要部位为1级，次要部位级别为3级。工程设计输水流量230m^3/s，加大输水流量250m^3/s，沙河市段所在地区域地震动峰值加速度为0.10g，相应地震基本烈度为Ⅶ度，渠道、建筑物按地震烈度Ⅶ度设防。

（茹　悦）

工程投资

沙河市段设计单元工程资金来源于中央预算内投资、南水北调工程基金、国家重大水利工程建设基金、银行贷款。沙河市段工程总投资为172 736万元。历年投资下达情况见表1。

表 1　　沙河市段设计单元工程投资计划下达情况统计表

序号	批次	投资来源（万元）						下达计划文号	时间
		小计	中央预算内投资	中央预算内专项资金	南水北调工程基金	贷款	国家重大水利工程建设基金		
1	第一次	500	500					国调办投计〔2005〕41 号	2005 年 6 月 14 日
2	第二次	63 000			5000	25 000	33 000	国调办投计〔2010〕58 号	2010 年 5 月 4 日
3	第三次	10 000				10 000		国调办投计〔2011〕80 号	2011 年 4 月 28 日
4	第四次	20 500			8000		12 500	国调办投计〔2011〕113 号	2011 年 5 月 26 日
5	第五次	16 000					16 000	国调办投计〔2011〕139 号	2011 年 7 月 5 日
6	第六次	62 736			2000	8000	52 736	国调办投计〔2012〕54 号	2012 年 3 月 23 日
7	第七次	6562					6562	国调办投计〔2012〕285 号	2012 年 12 月 18 日
8	第八次	4592					4592	国调办投计〔2013〕247 号	2013 年 10 月 9 日
9	第九次	28					28	国调办投计〔2013〕285 号	2013 年 11 月 26 日
合计		183 918	500	0	15 000	43 000	125 418		

（茹　悦）

工　程　进　展

南水北调中线一期总干渠漳河北—古运河南（委托河北建设项目）沙河市段工程本年度计划完成投资 2944 万元，实际完成 4417 万元；计划完成土石方开挖 49.38 万 m^3，实际完成 69.76 万 m^3；计划完成土石方回填 0.73 万 m^3，实际完成 1.87 万 m^3；计划完成混凝土浇筑 2.13 万 m^3，实际完成 3.23 万 m^3。

SG5 标形象进度：渠道开挖、衬砌全部完成；防洪堤填筑基本完成，渠道石渠段喷锚、砌石基本完成。累计完成渠道衬砌 4.43 万 m^3、钢筋制作安装 450t，安全防护网 8158m、浆砌石砌筑 8.56 万 m^3、截流沟 822m、通信管道工程 28.668km 及安全监测房 6 座。

其中，2013 年渠道单坡衬砌完成 4.932km，占单坡总长 14.308km 的 34.47%，渠底衬砌完成 3.191km，占渠底总长 7.154km 的 44.6%。

侯庄南沟排水渡槽、侯庄北沟排水渡槽、沙沟排洪渡槽、冯庄沟排水渡槽主体工程及砌石施工已全部完工，累计完成混凝土浇筑 2.51 万 m^3、钢筋制作安装 2521t。

SG6 标形象进度：渠道工程自 2010 年 6 月 18 日开始施工，至 2013 年 11 月 30 日土方开挖、防洪堤填筑、膨胀土换填、渠道衬砌、渠道压重混凝土施工已全部完成。附属工程中硅芯管已敷设完成，渠坡防护、截流沟、隔离网及运行道路正在施工。

左岸排水建筑物工程自 2010 年 6 月 19 日

开始施工，至2013年4月5日已全部完工，并于2013年5月5日、2013年9月28日通过了分部工程验收。

赞善分水闸工程自2011年3月1日开始施工，至2013年11月10日完工。闸门及启闭机已初步进行调试，能够正常起降，并于2013年11月19日通过了分部工程验收。

该工程房屋建筑工程包括9座监测房、1座启闭机控制室、1座降压站、1座沙河管理处。其中监测房、启闭机控制室、降压站均已完工，并于2013年11月23日向机电安装标段移交了工作面；沙河管理处于2013年12月23日完成了主体框架结构施工。

（茹　悦）

工程验收

沙河市段设计单元土建工程划分为4个单位工程，62个分部工程，6479个单元工程；其中主要分部工程18个，重要隐蔽单元工程和关键部位单元工程共计931个。

沙河市段设计单元工程土建标段评定完成分部工程28个，合格28个，优良26个，优良率92.9%，其中18个主要分部工程，优良18个，优良率100%，单元工程6479个，已评定5254个单元工程，其中优良4596个，优良率87.5%，重要隐蔽单元794个，优良794个，优良率为100%，关键部位单元61个，优良61个，优良率为100%。

安全监测标包含1个单位工程，2个分部工程，160个单元工程，共评定94个单元工程，全部合格，优良85个单元工程，优良率为90.4%。

35kV线路工程共486个单元工程，评定127个单元工程，全部合格，优良120个单元工程，优良率94.49%。

机电工程单元工程尚未评定。

沙河市段设计单元工程所含两个土建施工合同均未进行合同完成验收。

（茹　悦）

南沙河倒虹吸工程

工程概况

南沙河倒虹吸工程位于邢台市与沙河市之间、高店村东北2km处，起止桩号（93+621）~（98+016），总长4.395km，建筑物长2.305km。南沙河渠道倒虹吸由进口渠道、南段倒虹吸、中间明渠、北段倒虹吸、出口渠道五大部分组成。输水设计流量230m^3/s，加大流量250m^3/s。

（车传金）

工程投资

截至2013年底，完成工程总投资5516万元，其中建筑安装工程采购3989万元，设备采购420万元，专项采购419万元，项目管理费495万元，技术服务采购194万元。

（乔海英）

工程进展

（一）进度控制目标

附属工程2013年完工，2014年汛后通水。

（二）主体工程主要工程量

2013年，南沙河到虹吸完成工程投资3240万元，完成土石方回填5万m^3，完成混凝土浇筑0.1万m^3。

（三）机电设备及金属结构制造及安装情况

干渠35kV输电线路工程[（93+621）~

(98 + 016)]，杆塔组立 17 基，架空线路 4.3km，全部完成。

机电设备安装，4 座降压站，机电设备由许继电气股份有限公司提供，高压柜 4 面，环网柜 3 套、变压器 4 台，低压柜 16 面，直流系统 1 套、柴油发电机 2 台全部安装调试完成。

金属结构，闸门 11 扇，液压启闭机 3 台，电动葫芦 5 台、闸门融冰系统 8 套全部安装完成。

（四）工程形象进度

渠道总长 2.09km，完成全部混凝土衬砌。截至 2012 年 6 月，已完成全部管身段（共 71 节）混凝土浇筑及回填。控制建筑物南沙河节制闸闸室已完成混凝土浇筑。

（车传金　朱志伟）

工　程　验　收

截至 2013 年底，南沙河倒虹吸工程开工以来累计完成单元工程质量评定 1441 个，全部合格，其中优良 1434 个，优良率 99.5%。

2013 年 10 月 28 日至 29 日，南沙河倒虹吸工程通过项目法人验收；2013 年 11 月 7 日至 9 日，南沙河倒虹吸工程通过国务院南水北调办技术性初步验收。

（金　泉）

邢台市段工程

工　程　概　况

邢台市段工程起自南沙河倒虹吸北岸，止于邢台市桥西区与邢台县交界的会宁村西南，起止桩号（98 + 016）～（113 + 914），总长 15.898km。设计桩号（98 + 016）～（110 + 077）设计流量为 230m^3/s，加大流量为 250m^3/s；设计桩号（110 + 077）～（113 + 914）段设计流量为 220m^3/s，加大流量为 240m^3/s。段内共布置各类建筑物 9 座，其中大型交叉 2 座，左岸排水 2 座，节制闸、退水闸和排冰闸 3 座，分水口门 2 座。

（车传金）

工　程　投　资

截至 2013 年底，完成工程总投资 13 613 万元，其中建筑安装工程采购 10 833 万元，设备采购 644 万元，专项采购 1448 万元，项目管理费 495 万元，技术服务采购 194 万元。

（乔海英）

建　设　管　理

（一）质量管理

2013 年建管部带领邢台市区段工程各参建单位全面加强质量管理工作。计划先行开展各项检查工作；周密部署明确阶段管控重点；发挥建管人员质量管控核心作用，全面落实三级监管责任体系；持续竞赛促进质量常态化管理；动态跟踪严控关键点及风险点；快速传递落实“再加高压”质量监管工作措施；奖罚到人，强化监理质量管控力度；规范抽检强化原材料、中间产品、工程实体质量检测。多措并举，实现了邢台市区段工程各项质量管理工作积极受控，工程实体质量全面保证的良好局面。

在工程建设中，严格落实质量管理三级责任分工。建管部制定工程质量管理制度措施、督导检查；工程管理处现场督促落实；监理单位实施现场质量管理行为控制；施工单位工艺措施保障。根据工程建设情况，采取各层次的日常巡查、专项检查、专项竞赛和关键工序考核检查、原材料半成品业主抽查、每周定期夜查等方式，有计划有步骤地对邢台市区段工程建设质量进行全过程控制。

根据邢台市区段工程特点，动态跟踪严控关键点及风险点管理。根据现场施工进展情况，建管部每月梳理汇总工程的质量管理关键点及风险项目，并实时更新，动态跟踪管理，使得质量管控工作重点明确，有的放矢。同时从源头入手，严格规范各参建单位的质量管理管控行为，加强对施工原材料、中间产品及工程实体质量的监控力度。

（二）安全管理

2013 年，河北直管建管部在任务重、强度大、设备密集、环境复杂的形势下，深入贯彻落实国务院南水北调办、中线建管局关于安全生产和文明施工管理工作的各项部署，严格落实安全生产责任制，统筹协调，精心组织，狠抓重点，采取多项有效措施，确保各项工作落到实处，圆满实现了年度零事故安全生产管理目标。全年建管部、工程管理三处及各参建单位均未因发生安全事故被国务院南水北调办通报批评。

（金　泉　焦　康）

工 程 进 展

进度控制目标为主体工程 2013 年完工，2014 年汛后通水。

2013 年，邢台市段完成工程投资 9389 万元，完成土石方开挖 92 万 m^3，土石方回填 26 万 m^3，完成混凝土浇筑 5.4 万 m^3；完成渠道衬砌 12.5km。

总干渠 35kV 输电线路工程（98 + 016 ~ 113 + 914）：杆塔组立 56 基，架空线路 15.9km，电缆敷设 7.9km，全部完成。

电源接引工程：召马 110kV 变电站到南大郭分水闸中心站 35kV 输电线路工程电缆敷设 1.1km 全部完成。

机电设备安装：3 座降压站，机电设备由许继电气股份有限公司提供，高压柜 6 面，环网柜 2 套、变压器 3 台，低压柜 22 面，直流系统 3 套、柴油发电机 3 台全部安装完成。

金属结构：闸门 15 扇，卷扬启闭机 2 台，螺杆启闭机 4 台、液压启闭机 5 台，电动葫芦 3 台、闸门融冰系统 5 套全部安装调试完成。

渠道总长 15km，其中土渠衬砌段总长 10.8km，压重衬砌段 1.9km，石渠段 2.3km，衬砌全部完成。大型建筑物共 2 座，2013 年 6 月已完成七里河渠道倒虹吸全部管身混凝土浇筑，牛尾中支排洪渡槽混凝土浇筑全部完成。左岸排水建筑物共 2 座，截至 2012 年底，赵古庄沟排水渡槽主体完工，张东村沟排水渡槽主体完工。2013 年，跨西环路交通桥桥面预制空心板预制全部完成。5 座控制建筑物中完成七里河节制闸闸室混凝土浇筑、七里河退水闸、排冰闸混凝土浇筑。完成邓家庄分水闸和南大郭分水闸主体施工。

（车传金　朱志伟）

工 程 验 收

截至 2013 年底，邢台市区段工程开工以来累计完成单元工程质量评定 4476 个，全部合格，其中优良 4116 个，优良率 92.0%。

（金　泉）

邢台县和内丘县段工程

工 程 概 况

南水北调中线一期工程章河北至古运河南段邢台县和内丘县段设计单元工程位于邢台市邢台县及内丘县境内，起于邢台市与邢台县交界的会宁村西南（桩号 113 + 914），至内丘县与临城县交界的西邵明村西（桩号

145+580）。渠段长31.666km。沿渠共布置各类建筑物63座，包括大型河渠交叉建筑物5座，左岸排水建筑物11座，铁路交叉建筑物2座，公路交叉建筑物37座，控制建筑物工程节制闸、退水闸、排冰闸、分水口门等8座。机电设备安装、35kV供电线路、跨渠桥梁、安全监测和渠道两侧绿化等项目分别为单独合同，其部分内容布置包含在本设计单元内。

该设计单元工程为一等工程，主要建筑物均为1级建筑物。附属建筑物及河道护岸工程，以及河穿渠工程的上下游连接段等次要构筑物为3级建筑物。本段地震动峰值加速度为0.10g，相应地震基本烈度为Ⅶ度，本工程按基本烈度Ⅶ度设防。该段渠道设计流量220m^3/s，加大流量240m^3/s，起点设计水位84.479m，终点设计水位82.177m。其中本段设置刘家庄分水口门1处，设计流量1.0m^3/s。

2013年11月30日，该设计单元主体工程完工。

（单旭辉　牛清波）

工 程 投 资

截至2013年底，该设计单元已签订合同98 510万元，已发生变更项目增加工程投资6344万元，预计发生变更项目增加工程投资24 505万元，预计剩余投资金额4606万元。

（单旭辉　牛清波）

建 设 管 理

邢台县和内丘县段工程是河北省受中线建管局委托，由河北省南水北调工程建设管理局负责建设管理，现场管理为第四工程建设部（简称四部）。项目部在工程建设中全面实行项目法人负责制、招标投标制、建设监理制和合同管理制。四部在总结过去工作经验的基础上，充实了建设管理人员，建立健全了质量、安全保证体系，进一步完善各项规章制度，工作中坚持严格管理，明确各级质量责任，使质量责任可以追溯到具体责任人，使建设管理工作规范化、系统化。

通过定期和不定期的例会对工程施工进展情况和存在问题进行统计分析，鼓励先进，鞭策落后。通过现场检查来监督施工过程控制。采取定期与不定期的安全、质量、文明施工现场检查，督促参建各方的工作。贯彻“百年大计、质量第一”的总方针。做到质量管理工作组织落实、制度落实、责任落实、措施手段落实、经费落实。严格控制工程进度。贯彻“安全第一、预防为主”的总方针。成立安全管理委员会，严格管理手段强化监督，切实做好安全生产工作。

四部始终以保证工程建设质量为核心任务，严格按照上级文件要求，结合第四工程建设部实际情况，制定并完善各项规章制度、细则、办法等，积极深入施工一线进行检查，确保质量控制到位。2013年，为切实加强施工质量控制，四部相继制定了《2013年度质量管理工作计划》、《“三整顿、一提高”活动实施方案》、《关键工序考核实施方案》、《2013年质量培训与检查计划》、《低温季节施工管理办法》等，梳理2013年质量管理工作重点，对当年质量管理工作的工作内容、采取的措施和方法、组织形式和人员做出安排。四部按照国务院南水北调办、中线建管局质量管理要求，2013年先后开展了关键工序考核、质量监管“回头看”、“三清除一降级一吊销”监理专项整顿、再加高压开展质量监管、渠道止回阀和排水系统质量问题排查、建筑物渗漏水排查、建筑物周边回填土体质量问题排查、渡槽波纹管冷却水管积水情况排查、渠道膨胀土渠段失稳、渠道边坡渗水情况排查等专项质量管理活动。四部严格执行四部质量检查制度，有针对性的组织了质量专题会议。2013年度第四工程建设部共计召开各类专题会 25 次，开展质量检查并下发通报 19 个。由监理单位督促相关施工单位对检查提出质量问题进行了整改落实。为确保南水北调工程质量，2013 年四部委托河北金涛建设工程质量检测有限公司、中水北方勘测设计研究有限责任公司等有资质的专业检测机构多次对工程建设中使用的原材料、中间产品及工程实体质量进行抽查。共检测 731 组，均满足设计要求。以上各项措施的实施，为工程质量管理提供了基础保障，工程建设质量处于受控状态。

四部充分认识安全生产工作对于工程建设的重要性，认真落实上级单位安全生产工作部署，扎实有效开展安全生产管理工作。四部安委会研究制定了 2013 年安全生产工作目标、内容和责任；与各参建单位在年初签订了 2013 年安全生产责任书。2013 年第四工程建设部组织各参建单位组织开展了阶段性、专业性、季节性的安全生产、文明施工自检自查和专项安全检查，共计 12 次，及时发现和整改安全隐患。同时，第四工程建设部召开安全生产培训及文件宣贯会议 3 次，召开汛期安全生产专题会议 4 次，并在每两周一次的生产调度会上对安全生产工作提出具体要求和部署，要求各单位积极开展安全生产三级教育，提高职工安全生产意识，自我保护意识，杜绝安全事故发生。进入汛期前，四部所辖各施工单位根据具体情况制定了防汛预案及应急预案，积极开展防汛演练，为工程安全度汛做好了充分准备。汛期第四工程建设部坚持汛期值班制度，雨情上报制度，积极开展汛期安全检查，有力地消除了防汛隐患，保证了工程安全度汛。

6 月底，四部按照国务院南水北调办、河北省南水北调办、中线建管局及建管局统一部署积极开展了安全生产大检查行动。期间，第四工程建设部按照安全生产大检查行动要求，结合预防坍塌事故专项整治工作，扎实开展了四部安全生产工作。“安全生产大检查行动”及“预防坍塌事故专项整治”工作结束后，第四工程建设部认真开展了活动总结，将活动中的各项规章制度，各种检查形式，制度化、长期化 。在四部参建各方的积极努力及各级领导的关怀、指导下，安全生产工作开展顺利，做到了在工程进度、质量可控的形势下，安全生产无事故。

为了为工程建设提供坚实的合同基础和资金保障，第四工程建设部严格按照国务院南水北调办《南水北调工程合同监督管理规定》、中线建管局及建管局各项合同管理规定及相关法律法规开展合同管理工作。计量支付方面，第四工程建设部加强合同管理力量，严格审核把关，工程组与合同组同时审核，相互沟通，加快审核效率。石家庄以南段工程时间紧、任务重，工程变更、索赔数量多、复杂，涉及投资变化大，人工、材料价格上涨，施工单位压力大。第四工程建设部按照局领导指示，在坚守原则的前提下，全力加快变更立项及索赔处理，尽力做好人工、材料调差。同时，为了使资金专款专用，第四工程建设部严格执行资金监管协议，加强了资金监管力度，对重点标段实行资金支付逐项审批，建设资金处于可控状态，为工程的顺利开展提供了资金保障。为了保障农民工合法权益，第四工程建设部对各单位工程分包情况进行了多次排查，对各单位劳务分包合同及专业分包合同中不利于保障农民工合法权益的条款，予以坚决纠正，保证了农民工工资的按时发放。同时，也保证了各施工单位协作队伍的稳定，为工程的顺利进行提供了稳定的内外部环境，保障了工程建设有序推进。

2013 年以来，四部坚持与设计单位、各级政府、调水部门等相关单位进行无缝对接协作，为工程施工的顺利推进创造更加和谐的外部环境。有力地保障了工程施工进度，圆满完成了本年度施工进度计划。

安全、文明、优质、高效地把南水北调

工程建成一流工程是第四工程建设部文明施工工作的目标。四部范围内各单位按照招投标文件，高标准的进行了营区规划建设，设置了篮球场、乒乓球、娱乐室、阅览室等活动项目及场所，各单位利用业余时间开展形式多样的文化活动。按照国务院南水北调办要求，第四工程建设部继续在全线开展创建文明工地和创先争优活动。同时，坚持贯彻国务院南水北调办关于加大信息宣传力度的精神，加强第四工程建设部宣传工作力度，提高报送稿件质量，保证通讯信息的时效性。2013 年第四工程建设部根据影响主体工程完工的重要节点，结合各级媒体与自身的宣传力量及时对工程建设进行了报道。其中河北电视台新闻联播报道 1 次、中国水利报专题报道1 篇，中国南水北调报专题报道4 篇，转发第四工程建设部新闻 5 篇、河北经济日报报道1 篇、河北新闻网专题报道2 篇、河北南水北调网站、中线建管局网站刊发新闻、报道、简讯 24 篇。

（周国新　魏　欣　王迪明）

工　程　进　展

2013 年进度安排，邢台县和内丘县段各标段计划完成投资 8051.72 万元，实际完成 10 094.94 万元；计划完成土石方开挖 28.64 万 m^3，实际完成 38.24 万 m^3；计划完成土石方回填 19.46 万 m^3，实际完成 36.53 万 m^3；计划完成混凝土浇筑 4.16 万 m^3，实际完成 5.94 万 m^3；计划完成衬砌 15 919m，实际完成 15 919m。

截至 2013 年底，本设计单元工程渠道衬砌全线贯通（部分聚硫密封胶工程及缺陷处理，因气温过低未进行），大型河渠交叉建筑物主体工程已完成；左岸排水建筑物主体工程已完成；控制建筑物主体工程已完成；2 座铁路交叉建筑物主体工程完成。机电设备安装主要涉及启闭机室、变电站等 11 座建筑物共 96 台套设备的安装，已全部安装完成。通水运行管理条件已经初步具备。

（韩　清　魏会敏）

工　程　验　收

该设计单元土建工程共 77 个分部工程，8652 个单元工程。截至 2013 年底，该设计单元工程单元工程已评定 6810 个，全部合格，其中优良 5957 个。分部工程已评定 17 个，质量全部合格，其中优良 17 个。完成评定的分部工程中 7 个主要分部工程，全部优良。外观质量均进行了检查、检测，外观质量未评定。

35kV 供电线路共 5 个分部工程，共计 991 个单元工程，评定单元工程 282 个，合格 282 个，优良 282 个，分部工程未验收。

安全监测共 3 个分部工程，301 个单元工程，已评定单元工程 69 个，合格 69 个，优良 67 个，分部工程尚未验收。

机电设备安装工程均未验收。

2013 年 12 月 17 日，该设计单元工程通过了通水验收项目法人自查验收。

（周国新　牛清波）

环境保护及水土保持

水土保持工程实施情况：截至 2013 年底，主体建筑物施工区水土保持工程措施，如边坡六棱块护砌、排水沟、边坡防护等工程已大部分完成，剩余部分正在抓紧施工。弃土弃渣场水土保持工程措施排水沟、浆砌石挡墙、挡水埂等施工已全部完成。临时堆土区水土保持工程措施防尘网覆盖、排水沟、坡脚沙袋防护等施工已全部完成。施工道路外侧修建排水沟；生产生活区采取修建排水沟、地面硬化、绿化等措施。从整个水土保持工程建设情况来看，工程质量总体情况良好。

环境保护工程实施情况：截至 2013 年底，施工单位配置洒水车，根据施工（雨天除外）情况进行洒水。建筑物基坑开挖后，在边坡及弃土场覆盖防尘网等防尘措施，对施工现场和施工道路起到了有效的降尘作用。生产生活区废水采取设置沉淀池，定期清挖的措施进行防治。施工期大气尘土污染防治通过对运输过程的防尘措施，在水泥、沙石骨料、弃料等运输时均采用封闭型水泥罐车和其他车辆进行覆盖，避免了材料的洒漏和污染。施工噪声防护对通过在居住区附近运输车辆均限速行驶，禁止鸣笛和使用高音喇叭等进行防治。通过采取了各项防治措施，从整个环境保护工程建设情况来看，工程区及周边环境保护情况总体良好。

（韩　清　魏会敏）

临城县段工程

工程概况

南水北调中线一期工程漳河北—古运河南段临城县段设计单元工程位于邢台市临城县境内，起于内丘县与临城县交界的西邵明村西（桩号 145 +580），止于邢台市与石家庄市交界的梁村村北（桩号 172 +751）。该设计单元全长 27.171km，共布设各类建筑物 60 座，其中，大型河渠交叉建筑物 3 座，左岸排水建筑物 17 座，渠渠交叉建筑物 3 座，控制工程 7 座，公路交叉建筑物 30 座。机电设备安装、35kV 供电线路、跨渠桥梁、安全监测和渠道两侧绿化等项目分别为单独合同，其部分内容布置包含在本设计单元内。

该设计单元工程为一等工程，主要建筑物均为 1 级建筑物。附属建筑物及河道护岸工程，以及河穿渠工程的上下游连接段等次要构筑物为 3 级建筑物。该设计单元桩号（145 +580）~（167 +484）渠段地震动峰值加速度为 0.10g，相应地震基本烈度为Ⅶ度，渠道、建筑物按地震烈度Ⅶ度设防；（167 +484）~（172 +751）渠段地震动峰值加速度为 0.05g，相应地震基本烈度为Ⅵ度，按有关抗震规范，只采取构造措施，不做抗震验算。该段渠道设计流量 220m^3/s，加大流量 240m^3/s，起点设计水位 82.177m，终点设计水位 80.649m。本段设置北盘石、黑沙村 2 处分水口门，设计分水流量分别为 0.5m^3/s、2.0m^3/s。

2013 年 12 月 9 日，该设计单元主体工程完工。

（单旭辉　牛清波）

工程投资

2009 年 11 月 12 日，国务院南水北调办以《关于南水北调中线一期工程总干渠漳河北—古运河南邯邢段工程初步设计报告（概算）的批复》（国调办投计〔2009〕206 号）进行了投资批复，核定临城县段工程总投资为 211 020 万元。

2012 年 12 月 6 日，国务院南水北调办以《关于南水北调中线干线磁县段等 12 个设计单元工程 2009 ~ 2011 年价差报告的批复》（国调办投计〔2012〕274 号），核定 2009 ~ 2011 年临城县段工程价差投资 7434 万元。

2013 年 4 月 24 日，国务院南水北调办以《关于南水北调中线一期工程总干渠高填方渠段加强安全措施专题设计报告（概算）的批复》（国调办投计〔2013〕119 号）进行了投资批复，核定临城县段高填方段工程增加投资 4023 万元。

2013 年 9 月 29 日，国务院南水北调办以《关于南水北调中线一期工程填方渠道安全超高调整专题设计报告概算的批复》（国调办投计〔2013〕245 号），核定临城县段工程填方渠道安全超高调整增加投资 227 万元。

2013 年 10 月 9 日，国务院南水北调办以《关于下发南水北调 2013 年第四批投资计划的通知》（国调办投计〔2013〕247号），增加临城县段工程新增利息4785万元。

2013年12月12日，国务院南水北调办以《关于南水北调中线一期工程总干渠漳河北—古运河南段12个设计单元工程2012年价差报告的批复》（国调办投计〔2013〕296号），核定临城县段工程增加价差3089万元。

综上所述，临城县段工程总投资为230 578万元。

鉴于本设计单元仍有部分工程未完工，工程决算无法进行，也未最终进行概算执行情况分析与评价。

（单旭辉　牛清波）

工程进展

2013年，临城县段各标段计划完成投资14 613.13万元，实际完成18 374.64万元；计划完成土石方开挖8.37万m^3，实际完成25.01万m^3；计划完成土石方回填30.61万m^3，实际完成51.94万m^3；计划完成混凝土浇筑14.30万m^3，实际完成17.15万m^3；计划完成衬砌53.9km，实际完成53.9km。

截至2013年底，该设计单元渠道衬砌全线贯通（部分聚硫密封胶工程及缺陷处理，因气温过低未进行），河渠交叉建筑物主体工程已完成；左岸排水建筑物主体工程已完成；渠渠交叉建筑物主体工程已完成；控制建筑物主体工程已完成。通水运行管理条件已经初步具备。

（韩　清　魏会敏）

工程验收

该设计单元工程土建单元工程已评定单元工程4284个，全部合格，其中优良3701个，优良率86.4%。截至2013年底尚未进行分部工程评定。

安全监测项目划分为1个单位、3个分部、356个单元，评定71个单元工程，全部合格，其中优良62个。优良率87.3%。

35kV供电线路项目划分为1个单位、5个分部、842个单元，已评定272个单元工程，全部合格，其中优良258个，优良率94.8%。

机电设备安装项目尚未进行评定。

（周国新　牛清波）

高邑县—元氏县段工程

工程概况

高邑县—元氏县段项目位于石家庄市高邑县、赞皇县、元氏县境内，起点位于邢台市和石家庄市交界，终点位于石家庄市元氏县与鹿泉市交界。线路起止桩号(172＋000)～(212＋180)，总长40.741km，设计流量为220m^3/s，加大流量为240m^3/s。布置各类交叉建筑物33座，其中大型河渠交叉6座，左岸排水13座，渠渠交叉7座，控制工程6座(分水口门4座，节制闸和退水闸各1座)，排冰工程1座。

（车传金）

工程投资

截至2013年底，完成工程总投资72 015万元，其中建筑安装工程采购57 945万元，设备采购3352万元，专项采购6251万元，项目管理费990万元，技术服务采购1496万元。

（乔海英）

工程进展

进度控制目标为主体工程2013年完工，

2014 年汛后通水。

2013 年，高邑县—元氏县段完成工程投资 22 110 万元，完成土石方开挖 16 万 m^3，土石方回填 58 万 m^3，完成混凝土浇筑 10.7 万 m^3；完成渠道衬砌 35.8km。

总干渠 35kV 输电线路工程[(172+00)~(212+180)]：杆塔组立 242 基，架空线路 40.8km，电缆敷设 2.5km，全部完成。

外接电源工程：泉村 110kV 变电站到北沙河中心站 35kV 输电线路工程 4.4km，钢杆 25 基，电缆 500m 全部完成。

机电设备制造安装：由许继电气股份有限公司提供，高压柜 6 面、环网柜 8 套，变压器 9 台、低压柜 43 面、直流系统 8 套、箱式变电站 1 台、柴油发电机 15 台已全部安装完成。

金属结构安装：闸门 40 扇，卷扬启闭机 2 台，螺杆启闭机 4 台、液压启闭机 14 台，电动葫芦 15 台、耙冰机 2 台、闸门融冰系统 16 套全部安装完成。

渠道总长 38.3km，衬砌全部完成。大型建筑物共 6 座，截至 2012 年，完成泲河渡槽、南焦河排洪涵洞、槐河(一)渠道倒虹吸、潴龙河渠道倒虹吸、槐河(二)渠道倒虹吸以及北沙河渠道倒虹吸主体施工。13 座左岸排水及 7 座渠渠交叉建筑物已于 2012 年完成施工。7 座控制性工程已于 2012 年完成主体施工。

（车传金　朱志伟）

工　程　验　收

截至 2013 年底，高邑县—元氏县段工程开工以来累计完成单元工程质量评定 7887 个，全部合格，其中优良 7045 个，优良率 89.3%。

（金　泉）

鹿 泉 市 段 工 程

工　程　概　况

南水北调中线漳古段 SG13 标总干渠位于鹿泉市境内，起点位于元氏县和鹿泉市交界处后黄家营村，终点位于石家庄市和鹿泉市交界处台头村；起点总干渠桩号 212+180，终点总干渠桩号为 224+966。SG13 标段全长 12.786km，其中渠道长 11.459km，建筑物（占用水头）长 1.327km。鹿泉市段总干渠设计流量为 220m^3/s，加大流量为 240m^3/s；起点设计水位为 78.174m，终点设计水位为 77.218m，总水头差为 0.956m。渠道、各类交叉建筑物及控制建筑物等主要建筑物为 1 级建筑物，附属建筑物、河道防护工程及河穿渠工程的上下游连接段等次要建筑物为 3 级建筑物。

鹿泉市段共布设各类交叉建筑物 15 座，包括大型河渠交叉建筑物 3 座，左岸排水建筑物 4 座，渠渠交叉建筑物 4 座，控制工程 4 座（分水口门 1 座，节制闸和退水闸各 1 座、排冰工程 1 座）。总干渠所有交叉工程均采用立交布置型式。

主要工程量约为：土方开挖 557.92 万 m^3，土方回填 183.77 万 m^3，混凝土 25.98 万 m^3，钢筋制作安装 1.14 万 t，砌石 10.93 万 m^3。

该标段施工合同金额为 38 850 万元，2013 年完成投资 4555.24 万元。

（杨　磊　高　菁）

建　设　管　理

（一）工程建设组织管理

根据《南水北调工程建设管理的若干意见》（国调委发〔2004〕5 号），明确了南水北调主体工程建设采用项目法人直接管理、代建制和委托制三种建设管理模式。本设计单元工程采用委托制管理模式。

受项目法人南水北调中线干线工程建设管理局委托，河北省南水北调工程建设管理局负责工程建设管理。现场设立河北省南水北调工程建设管理局第一工程建设部，负责现场建设管理工作。

第一工程建设部配备经理1名，副经理1名、副经理兼总工1名，下设工程组、合同组、办公室三个部门，共同协助经理负责现场建设管理及各方关系协调等任务。

为确保工程建设目标的顺利实现，在工程建设中，建立了“建设单位负责、监理单位控制、设计单位服务、施工单位保证及政府监督”相结合的建设管理体制。完善的建设管理体制，保证了工程施工各阶段建设目标的实现，工程投资和工程质量得到了有效控制。圆满完成2013年建设目标任务。

（二）工程进度控制

根据施工合同约定，工程施工工期33个月，计划开工时间为2010年6月15日，计划完工日期为2013年3月14日。工程实际开工日期为2010年6月30日。

依据中线建管局、国务院南水北调办下发工程进度计划，对各单位本年度施工计划进行审查。在工程实施中，抓住工程主体，利用进度网络分析，紧紧抓住关键路线、关键工序，按期完成各工程节点的任务，与参加工程建设各方相互合作，保证实现工程的进度目标。对进度滞后情况，在例会上及时提出，要求施工单位采取措施，增加资源投入，完成进度目标。在建设各方的努力下，2013年11月18日，鹿泉市段设计单元工程主体基本完工。圆满完成了国务院南水北调办下达的2013年建设任务。

（三）工程质量管理

为保证南水北调中线漳古段工程建设的制度化、规范化和科学化，河北省南水北调工程建设管理局按照本身的职责，根据国家有关工程建设的法律、法规和规范的要求，并结合本合同项目的特点和工程建设实际情况，制定了一系列规章制度。为工程建设的正规化、科学化提供保证。

（1）成立质量管理机构、制定质量管理制度办法。河北省南水北调建设管理局成立第一工程建设部负责现场建设管理工作。为规范质量管理工作，制定了《河北省南水北调工程质量管理办法》、《河北省南水北调工程质量奖惩办法》、《河北省南水北调工程建设管理局工程建设质量问题责任追究实施细则》（试行）等质量管理制度，制度的建立为工程建设的正规化、科学化提供保证，对工程建设实施阶段进行了全过程、全方面地质量管理。

（2）加强对施工现场的监督检查。以建设一流的工程为目标，以施工质量薄弱环节为重点，不断加强对施工现场监督检查的力度和频度。通过检查发现现场存在的问题，诸如混凝土养护不够，土方回填厚度超标、建筑物涂刷泥浆过早，工人违规操作等问题并与监理、施工单位主管人员沟通，及时整改。

（3）建立会议制度。每周召开监理例会，通报本周工程建设情况，提出现场存在的问题，并提出解决方案；根据工程建设实际情况，组织召开不同内容的专家会和专题会，研究讨论影响工程质量的有关问题，如混凝土配合比专题会、混凝土温控专题会议、混凝土保温专题工作会议等。通过组织各种专题会、专家会集思广益，充分讨论工程施工质量问题，为工程质量保驾护航。

（4）参加材料、设备考察：对主要原材料，如砂石骨料、水泥、粉煤灰、外加剂等均由监理组织，建设部、质监、设计、施工单位参加进行考察。确保原材料质量满足设计要求。强化对各种原材料、中间产品和实体的检验。委托有资质的专业检测机构对原材料、中间产品及实体检测。该标段各种原材料、中间产品和实体的检测结果满足设计要求。

（5）组织工程项目划分：组织监理、设计、施工单位共同商定工程项目划分。结合工程实际情况，本着便于质量管理的原则，按规范要求进行划分，并将划分结果报质量监督机构认定。

（6）加强验收控制。在工程验收方面：一方面加强自身并督促有关单位保证验收资料的完整性。另一方面，在实际验收工作中，高度负责，严字当头，严格按照验收规程进行验收。

（7）加强关键部位、关键工序质量控制。根据国务院南水北调办有关文件精神，组织监理、施工单位认真开展“质量管理年”、“关键工序考核”、“工程建设监理专项治理整顿”等活动。并对相关单位和人员进行奖罚，通过各项活动提高了参建各方质量管理人员的质量意识和施工作业人员的技术水平，加强了各参建单位质量管理力度。提高了工程质量。

通过以上管理和控制手段，对本设计单元工程的施工质量起到了良好的促进作用，工程总体质量处于受控状态。

（8）工程实体检测情况。为确保南水北调工程质量，委托河北金涛建设工程质量检测有限公司、水利部海河水利委员会基本建设工程质量检测中心、黄河水利委员会基本建设工程质量检测中心等有资质的专业检测机构多次对工程建设中使用的原材料、中间产品及工程实体质量进行抽查。SG13 标共检测 28 组，均满足设计要求（检测情况详见表 1）。此外根据工程进展情况多次对工程实体强度进行回弹检测，检测结果均满足设计强度要求。

表 1　　SG13 标段工程质量抽检情况统计表

编号	检测单位	检测内容	抽样部位	抽样组数	抽样日期	检测结果
1	河北省水利工程质量检测中心站	中粗砂、碎石、水泥、粉煤灰、闭孔板、减水剂、引气剂、保温板、密封胶、闭孔板、钢筋、混凝土、填筑	渠道	27	2013 年 9 月	合格
2		混凝土强度回弹	台头沟倒虹吸	1	2013 年 9 月	合格
合　计				28		

（四）工程安全管理

为加强安全生产工作，落实安全生产责任，有效控制各类安全生产事故的发生，保障从业人员的安全和国家财产免受损失，依据国家有关安全生产的法律、法规和行业安全管理要求，结合《南水北调中线干线工程安全生产管理办法》的有关精神，河北省南水北调工程建设管理局与施工单位签订了安全生产目标管理责任书。

第一工程建设部成立了由建设、设计、监理、施工单位主要负责人参加的安全生产管理领导小组。施工单位成立了安全生产组织机构。建立、健全安全生产，文明施工管理规章制度，认真贯彻落实安全生产责任制，扎实开展安全生产工作，加强安全教育，每月组织对施工单位生产、生活营地情况进行安全检查；每年汛前结合工程特点编制防汛预案，进行防汛预案演习及安全巡查；冬季时段对施工单位冬季取暖生产、生活用电情况，宿舍取暖设施、通风情况进行检查，防止取暖过程中发生的火灾及煤气中毒，提高施工单位的安全意识，加强了施工单位取暖安全措施。

通过上述措施，2013 年施工期间未发生重大安全事故，实现了安全生产目标。

（五）文明工地建设

各参建单位重视并抓好宣传工作，树立了南水北调工程良好的形象，在生活区和办公区的空余位置合理规划，进行植草和园林植物栽种，绿化、美化环境。给广大职工创造了良好的工作、生活环境，生产、生活营地整洁卫生，标志、标牌齐全醒目，并配备有必需的消防设施和器材，保持了施工现场物料堆放整齐、有序，并及时对施工道路进行洒水除尘，穿越居民点或人群聚居地时车辆减速慢行、禁鸣喇叭。

（佟　越）

工 程 进 展

2013 年度工程建设目标为年底主体工程全部完工，计划完成土方开挖 60.55 万 m^3，土方回填 12.65 万 m^3，混凝土浇筑 2.588 万 m^3，渠道衬砌 13 473m。

2013 年实际完成土方开挖 66 万 m^3，土方回填 14.63 万 m^3，混凝土浇筑 3.974 万 m^3，渠道衬砌 13 473m。

（1）渠道工程。渠道总长度 11.459km，开挖累计成型 11.459km，累计成型占总长的 100%；填筑累计成型 11.459km，累计成型占总长度的 100%；累计衬砌 11.459km，累计衬砌占总长度的 100%。

（2）大型河渠交叉建筑物。金河渠道倒虹吸、洨河渠道倒虹吸及台头沟渠道倒虹吸混凝土工程已经完成。

（3）左岸排水建筑物。山尹村沟排水倒虹吸、普连河排水倒虹吸、洨河南支排水倒虹吸、大宋楼坡水区排水倒虹吸完工。

（4）渠渠交叉建筑物。4 座渠渠交叉建筑物已经完工。

（5）排水泵站。排水泵站共 13 个，主体已经完成。

（6）控制工程。洨河退水闸、排冰闸主体已经全部完工。上庄分水口主体已经全部完工。新增的上庄分水口主体全部完工。

（赵学超）

工 程 验 收

对已经完成工程及时进行验收报检，2013 年共评定分工工程 35 个，合格 35 个，优良 34 个，优良率为 97.1%。2013 年通过了设计单元工程通水验收项目法人自查验收。

（赵轩正）

环境保护和水土保持

（一）环境保护

主体工程区。在本单位工程施工时先将排水措施和拦挡措施布设好，施工完成后及时清整施工场地，以免影响行洪。

临时堆土区。用于周转土方的临时堆土场采遮阳网覆盖取和植草的方式，土料堆放时进行人工拍实。其他临时堆土区采取编织袋装土临时拦挡进行防护，拦挡高度 0.5m。

弃土弃渣场区。该标段共包括南甘子弃土场，西郭庄弃土场，西铜冶弃土场，南铜冶弃土场等 4 个弃土弃渣场。各弃土场根据弃土情况按设计图纸做好水土保持工程，该防治分区的水土保持措施包括工程措施和临时措施。其中工程措施包括剥离收集弃土弃渣场内腐殖土，砌筑浆砌石挡渣墙，修建浆砌石排水沟，并修建挡水土埂，弃渣完成进行土地平整。

料场区。砂石料场的水土保持措施包括工程措施和临时措施。其中工程措施包括在料场周边修建挡水土埂和挡墙，并架设钢结构雨棚。取料完成后再处理，临时措施包括取料期间用临空面做挂网。

施工生产生活区。为防治施工生产生活区内的砂石料冲洗水、机械冲洗水、生活用水及场地雨洪水等的排放造成水土流失，集中排放并修建排水沟，排入下游沟道。施工生产生活区结束使用后，对非耕地部分进行土地平整。

施工道路区。在施工道路两侧布置排水沟，结束使用后，对非耕地部分进行土地平整。

（二）水土保持

施工过程中造成的主要污染包括水源污染、大气污染、噪声污染、垃圾污染及施工过程中的废弃物、生活垃圾、厕所排污物等。

针对本工程的情况和环境要求，建立环境保护保证体系，成立以项目经理为组长的文明环保施工领导小组，下设文明环保施工办公室，按照“谁施工、谁居住、谁使用、谁负责”的原则，分解文明施工环境保护控制目标。从生产、生活区域抓起，横向问题找部门，纵向问题找个人的文明施工环境保护网络，进而来保护文明施工环境，保护总体目标的实现。

主要的防护措施有：施工与生活污水和废水处理、大气环境与声环境保护、固体废弃物处理、水土保持，以及完工后的场地清理、植被恢复，结合土地复垦工作做好土地整治。

生活污水处理措施。工区食堂、洗浴、厕所等的生活污水，在没有采用隔油沉淀池、化粪池等处理方法之后排出。排放的生活污水经污水处理，满足《邢台市地方标准——污水综合排放标准》（DB 12/356—2008）中的Ⅲ级排放标准后，排入当地的排水管网。在生活区内建污水处理设施，地面设置砖砌排水沟，地下埋设排污管，生活污水经场内过滤沉淀池处理后，集中排至生活污水处理站或业主指定地点。

生产废水处理措施。基坑排水的排放口设置在靠近河流中的流速较大处，满足水质保护要求；基坑的经常性排水，在基坑排水末端设沉淀池，排水量视沉淀池水的浑浊程度，做到蓄浑排清。控制水体 pH 值接近中性时排放。砂石料开采加工、混凝土生产及其他辅助生产系统等的废水处理实行雨污分流，建立完善的废水处理系统，将各生产系统经常性排放的废水统一收集处理。废水处理系统排出的污泥进行必要的脱水（或沉淀）处理后，运至指定的弃渣场堆存。防止污泥进入排水系统或排入河道。机修及汽修系统的废水收集、处理系统建立专用的废水收集管道，对含油较高的机修废水选用成套油水分离设备进行油水分离。混凝土浇筑面的冲洗、冲毛废水，以及灌浆工作面冲洗岩粉的污水和废弃浆液由专设的沟道集中排放。严禁污水漫流。

大气保护、除尘措施。根据施工设备类型和施工方法制定除尘实施细则，施工过程中，随时进行除尘措施的检查和检测。施工期间，根据工程所在区域环境空气功能区划要求，保证施工场界及敏感受体附近空气中允许粉尘浓度限值控制在 SL 398—2007《水利水电工程施工通用安全技术规程》表 3.4.2 规定范围内。

噪声控制措施。根据施工机械和施工方法制定对施工场地和公共场所、居民区的防噪降噪实施细则。施工过程中随时进行噪声的检查和监测。合理安排施工计划，避免同一地点集中使用大量机动设备。选用符合噪声排放标准的施工机具，采用噪声低的施工工艺；加强设备的维护和保养，保持机械润滑，降低运行噪声，防止非正常运转噪声；闲置的设备关闭或减速。对噪声超标的机械设备，采用安装消声管、消声器、隔音材料、隔音内衬、隔音棚等消声措施，降低噪声，满足控制标准。对于行驶的机动车辆，现场只允许鸣低音喇叭，场外行驶严禁鸣笛。加强个人防护，现场施工人员佩戴防护耳塞，并经常轮换作业以减少噪声对健康的危害，易产生高强度噪声的设备避开在夜间施工。施工期间，按 SL 398—2007 第 3.4.4 条的规定，控制生产和作业场所地点噪声级限值。

固体废物的处置措施。①施工废弃物合理堆放，现场施工人员自觉遵守施工环保要求，维护好自身的生产、生活环境。各施工场地设足够的垃圾桶收集生产垃圾，经常喷洒灭害灵等药水，防止苍蝇等传染媒介孳生。能回收利用的送交废旧物资回收站处理，其余的集中送往弃渣场填埋。②施工营地设置较为规范的临时公共厕所，设置化粪池处理；施工人员驻地设置简易垃圾桶，工程配置转运车，统一调度，定期清运，对包括化粪池污泥采用掩埋或运至徐水县城的垃圾处理场进行无害化处理。隔油池污泥等危险废物运至有资质的单位处置。③施工结束拆除工棚时，及时清除周围的生活垃圾堆放地和垃圾桶，对简易厕所、污水坑等必须进行拆除、填埋和平整，同时用石炭酸和生石灰进行消毒。④施工现场内无废弃砂浆、混凝土，运输道路和操作面落地料及时清扫，砂浆、混凝土倒运时必须采取防撒落措施。⑤工程结束后，拆除施工区的临建设施，对混凝土拌和系统、机械停放场、综合仓库等施工用地，及时进行场地清理，清除建筑垃圾及各种杂物，做好施工场地恢复工作。按施工安排，工程弃土和施工排水的沉淀池淤泥都运往弃土场。⑥生产垃圾中的金属类废品，回收利用。⑦按指定的渣场弃渣，弃渣场采取碾压、挡护等措施进行处理。⑧对施工中难以避免滑入河道的渣土、因施工造成的场地塌滑与泥沙漫流等问题，根据监理人指示和地方环保部门要求，采取合理措施进行处理。⑨废弃混凝土运至专设的弃料场，不得在施工场地内任意弃置。

水环境保护措施。防止油料发生泄漏污染水体。施工材料如油料、化学品不堆放在地表水体附近，并备有临时遮挡的帆布；采取所有必要的措施防止泥土和散体施工材料阻塞现有管道。土方开挖不能利用的，用专用车辆运输至指定的弃置场排放。所有机械设备的各类废油料及润滑油，均回收并在指定的位置进行统一存放和处理。推广使用先进工艺，不使用有毒有害的混凝土添加剂或养护剂。

（赵玉华）

石家庄市区段工程

工 程 概 况

石家庄市区段位于石家庄市桥西区和新华区，起点在鹿泉市与石家庄市交界处的台头村附近。总干渠设计流量为220m^3/s，加大流量为240m^3/s，起点设计水位为77.218m，终点设计水位为76.408m，总水头差为0.810m。

（黄成浩）

工 程 投 资

南水北调中线漳古段SG14标段工程由河北省南水北调工程建设管理局建设管理，合同工期为42个月，施工合同总金额47 893万元（不包括新增项目）（不含备用金500万元）。

2013年计划完成投资10 020万元，实际完成15 265.64万元，完成计划的152.4%，累计完成投资施工投资6.367亿元。

（方向阳）

工 程 进 展

2013年度建设目标：年底主体工程全部完工，完成投资10 020万元，土方开挖74.1万m^3，土方回填57.2万m^3，混凝土浇筑10.362万m^3，渠道衬砌7377m。

2013年实际完成投资15 265.64万元，土方开挖76.1万m^3，土方回填92.2万m^3，混凝土浇筑13.722万m^3，渠道衬砌7377m。

（1）渠道。

渠道总长度10.439km（渠道长度包括石桥段新增部位，同时对康庄、岳村桥改暗渠后核减）。渠道衬砌完成综合长度10.439km，单坡完成衬砌31.317km，累计完成100%。

渠基排水集水井完成1～8号混凝土浇筑，泵房完成1、2、3、4、5、7、8号泵房主体施工，完成1、2、3号泵站柴油机房及变电站房主体施工。

（2）大型交叉建筑物。

华柴暗渠：土建工程全部完成，并通过验收。进、出口闸门和电动葫芦安装完成。

岳村暗渠：管身段共12节，共计完成管身浇筑12节，累计完成100%；进、出口渐变段混凝土浇筑完成，土方回填完成。

康庄暗渠：管身段共11节，共计完成管身浇筑11节，累计完成100%；出口闸室和出口渐变段混凝土浇筑完成，土方回填完成；出口闸门及门库埋件安装完成。

（3）左岸排水建筑物。

台头沟北坡水区排水倒虹吸：土建施工完成，并通过分部工程验收。

（4）控制性分水口门。

南新城分水口门：管身段土方暗挖支护69m；二衬混凝土完成69m。进口渐变段、闸室段及护坡混凝土完成。进口启闭机室主体完成，闸门和螺杆启闭机安装完成。

表1 2013年度计划完成情况及与年度和总体进度计划的对比分析

工程项目	单位	年度计划量	年度完成量	年度计划完成率
施工投资	万元	10 020	15 265.64	152.4%
土方开挖	万 m^3	74.1	76.1	102.7%
土方回填	万 m^3	57.2	92.2	161.2%
混凝土	万 m^3	10.362	13.722	132.4%
渠道衬砌	m	7377	7377	100%

标段本年度各项施工内容均超过计划完成，见表1。全线工程主体在2013年12月8日全部施工完成，提前完成了业主要求的2013年底主体工程完工的总体目标。

（佟 越）

工 程 验 收

对已经完成工程及时进行验收报检，2013年共评定分工工程9个，质量等级全部优良，单位工程1个，等级优良。单项工程、项目法人和设计单元工程验收未进行。分部验收明细见表1。

表1 分部验收明细表

序号	签证或鉴定书名称	评定等级	验收时间
一	华柴暗渠单位工程	优良	2013年12月21日
1	进口连接段土建工程分部工程签证书	优良	2013年9月8日
2	暗渠管身段(227+119.7)～(227+234.7)土建工程	优良	2013年7月3日
3	暗渠管身段(227+234.7)～(227+163)土建工程	优良	
4	暗渠管身段(227+163)～(227+283)土建工程	优良	
5	暗渠管身段(227+283)～(227+398)土建工程	优良	
6	暗渠管身段(227+398)～(227+518)土建工程	优良	
7	出口连接段土建工程	优良	2013年9月8日
8	金属结构、启闭机、电气设备安装工程	优良	2013年9月8日
9	进出口房屋建筑工程	优良	2013年9月8日

（赵学超）

穿漳河工程

工程概况

南水北调中线一期总干渠穿漳河交叉建筑物工程（以下简称“穿漳工程”），位于河南省安阳市安丰乡施家河村与河北省邯郸市讲武城之间。东距京广线漳河铁路桥约2km，西距107国道约2.5km，南距安阳市17km，北距邯郸市36km，其上游11.4km处建有岳城水库。穿漳工程主要是担负着南水北调工程全线贯通后向漳河以北地区输水的任务，是南水北调向河北、北京、天津输水的控制性工程。

穿漳河交叉建筑物包括南北两岸渠道连接段和倒虹吸段，由南向北分别由南岸连接渠道、退水排冰闸、进口渐变段、进口检修闸段、倒虹吸管身段、出口节制闸段、出口渐变段、北岸连接渠道7段组成。

穿漳工程轴线总长1081.81m,其中倒虹吸管身段轴线长619.18m。建筑物干渠桩号为(730+640.19)~(731+722m),工程轴线起点坐标为: $X=4\ 012\ 543.63$, $Y=38\ 528\ 329.45$（1954年北京坐标系，下同），终点坐标为: $X=4\ 013\ 560.00$, $Y=38\ 528\ 700.00$。下游护岸位于工程轴线下游约1.26km，护岸工程顺流向长度500m。

漳河南岸总干渠设计水位92.19m，加大水位92.56m，北岸总干渠设计水位91.87m，加大水位92.25m，设计流量235m^3/s，加大流量265m^3/s。

穿漳工程主要工程量为：土方开挖77.68万m^3,土方填筑70.73万m^3,砌石4.01万m^3，混凝土浇筑9.87万m^3，钢筋制作安装9646t，振冲碎石桩17.04万m。

穿漳工程主体于2012年6月30日完工，2013年主要进行部分缺陷处理、尾工建设及工程验收。

（成德胜）

质量管理

该设计单元土建标段划分为1个单位工程，13个分部工程、1139个单元工程。共评定1个单位工程，质量等级优良，共评定13个分部工程，优良11个，优良率84.6%，累计评定单元1115个，优良951个，优良率90.7%（67个机电安装单元工程不参与优良率统计）。本合同工程共划分31个重要隐蔽单元工程，评定合格31个单元，优良31个单元，优良率100%，关键部位单元工程58个，其中合格58个，优良53个，优良率91.38%。

该设计单元安全监测标段划分为1个单位工程，4个分部工程、158个单元工程。共评定1个单位工程，质量等级合格；共评定4个分部工程，质量等级全部合格；累计评定单元158个，质量等级全部合格。

该设计单元35kV永久供电线路安装标段划分为1个单位工程，6个分部工程、67个单元工程。共评定1个单位工程，质量等级合格；共评定6个分部工程，质量等级全部合格；累计评定单元65个，质量等级全部合格。

（成德胜）

工程验收

截至2013年8月15日，穿漳工程土建安装、安全监测、35kV永久供电线路等3个单位工程、共计23个分部工程全部验收完成。

合同项目完成验收由建管单位主持，穿漳河交叉建筑物土建及设备安装工程合同项目完成验收于2013年9月20日完成。

2013年8月21~23日，中线建管局在河南省安阳市主持召开穿漳河交叉建筑物工程设计单元工程项目法人验收（或自查）会议。形成了《南水北调中线一期工程穿漳河交叉建筑物设计单元工程项目法人验收（或自查）鉴定书》。

2013年9月13~15日，南水北调工程建设管理中心在安阳组织召开了南水北调中线一期工程穿漳河交叉建筑物设计单元工程通水验收技术性初步验收会议。形成了《南水北调中线一期工程穿漳河交叉建筑物设计单元工程通水验收技术性初步验收工作报告》。

（成德胜）

工　程　投　资

穿漳设计单元建安类投资控制静态指标30 601万元，其中建筑安装工程、设备、专项采购投资控制指标24 696万元，可调剂预留费用2088万元，基本预备费1900万元；动态控制指标2643万元，总控制目标合计33 244万元。

通过招标投标，穿漳段共签订建安类合同8个，合同金额为24 587万元（不含备用金），2012年度完成投资约4640万元，2013年度完成投资约1734万元，截至2013年底累计完成投资29 409万元。

（侯　锐）

运　行　管　理

穿漳工程共安装208支（套）监测仪器，完好率100%。经对施工期观测资料综合分析，测值变化趋势无异常，监测资料所反映的建筑物状态符合施工期一般规律，建筑物状态正常。监测仪器均取得初始值，能够满足运行期监测工作正常进行。

穿漳工程试运行管理机构为中线建管局河南直管建管局。2013年6月，河南直管建管局在安鹤项目部内组建鹤壁管理处负责穿漳工程管理用房建设。

（成德胜）

环境保护及水土保持

项目部高度重视环境保护和水土保持工作，督促各相关单位严格按照国家《开发建设项目水土保持技术规范》、《开发建设项目水土流失防治标准》和相关行业国家现行技术标准及合同要求。建立水土保持制度，采取有效的措施预防控制水土流失。穿漳工程已根据要求编制了水土保持专项施工措施，建立了水土保持组织机构，并配备了一名专职人员，负责水土保持工作；明确了具体的职责分工；在每月施工单位考核中，对水土保持工作单独列项进行考核；形成了一套制度体系，体系运行正常。水土保持监理单位和监测单位能够发挥专业优势，在日常的工作监测中，能发现问题及时与建管单位、施工单位进行沟通，并提出合理化建议；每月能够及时对检查情况以月报形式进行上报；穿漳工程施工沿线无随意倾倒的弃土、弃渣。弃土弃渣场的临时水保设施主要为料场表土剥离后临时堆土的袋装土拦挡和临时排水沟，已经施工完成。3月份根据直管局要求编制了穿漳工程水土保持施工计划，4月份按照设计单元编制了穿漳工程水土保持措施完成情况，5月份对穿漳工程水土保持工程项目进行了统计。穿漳工程共征用临时用地878.9亩，已移交777亩，移交率为88%，其余临时用地正在进行平整清理中，并将及时进行移交、复耕。主体工程防治区中已设计南北两岸浆砌石护坡、护脚、裹头处六方框格基本施工完成，永久排水沟基本修建完成，且在汛期前已经进行清理，具有较好的水保功能；渠道两侧草皮护坡、防护林、景观林、绿化林等植物措施，正在组织施工，防止水土流失。施工道路防治区已按照要求在道路两侧设置

0.4m×0.4m的梯形土质排水沟，同时在道路两侧种植了毛白杨进行绿化。施工生产生活区包括拌和系统、施工机械停放区、综合加工厂、办公生活区等，生产生活区正在拆除工作，根据要求将进行整理，恢复地貌，及时进行临时用地移交。

（楚鹏程）

工程度汛

在2013年防汛期间，安鹤项目部本着“安全第一、预防为主”的方针，按照“防大汛、防旱汛”的要求提前做好防汛度汛准备工作，对穿漳工程防汛工作进行了认真的安排部署，成立了安鹤段防汛工作领导小组，各施工单位也组建了应急抢险队伍，准备了防汛物资。按要求编制完善了2013年穿漳工程度汛方案和防洪应急预案，并在项目所在地市县防汛抗旱指挥部进行了备案，同时与地方防汛部门、上游库区、气象部门建立了工作互防联动机制；项目部设立了防汛办公室，安排人员24小时进行防汛值班。2013年汛期上游岳城水库下泄流量，漳河河道过水，未发生汛情险情，实现了平稳度汛。

（楚鹏程）

黄河北—漳河南段工程

概述

工程概况

黄河北—漳河南段工程起点为穿黄工程出口S点，终点为安阳县施家河村东豫、冀两省交界的穿漳河工程交叉建筑物进口。线路全长237.074km。本区段设计流量为:265～235m^3/s，加大流量为：320～265m^3/s。

南水北调中线一期工程为一等工程，总干渠渠道、各类交叉建筑物和控制工程等主要建筑物为1级建筑物，附属建筑物、河道护岸工程等次要建筑物为3级建筑物，临时工程为4～5级建筑物。

该渠段工程由全挖、全填、半挖半填土质渠道、岩质及土岩结合渠道和河渠交叉工程、左岸排水工程、渠渠交叉工程、公路和铁路交叉工程、控制工程等建筑物组成。

该工程段渠道总长220.471km、建筑物总长16.603km；各类交叉建筑物339座，其中河渠交叉建筑物37座、左岸排水建筑物73座、渠渠交叉建筑物23座、控制建筑物34座、公路交叉建筑物154座、铁路交叉建筑物18座。

根据水利部有关工程初步设计报告的批复文件，黄河北—美河北段总工期为36个月，潞王坟试验段总工期为30个月，安阳段总工期为40个月。

根据国家发展改革委有关工程概算批复文件，黄河北—美河北段工程静态总投资为1 621 861万元，总投资为1 711 213万元；潞王坟试验段工程静态总投资为25 946万元，总投资为26 758万元；安阳段工程静态总投资为192 042万元，总投资为206 215万元。

黄河北—漳河南段包括温博段、沁河倒虹吸、焦作1段、焦作2段、辉县段、石门河倒虹吸、潞王坟膨胀岩试验段、新乡和卫辉段、汤阴段、鹤壁段、安阳段等11个设计单元，其中温博段、沁河倒虹吸、焦作1段为直管项目，汤阴段、鹤壁段为代建项目，其他为委托建管项目。

温博段、沁河倒虹吸和焦作1段工程的现场协调和管理由河南直管建管局郑焦项目部具体负责。温博段、沁河倒虹吸工程和焦作1段工程主体工程已完工，温博段、沁河倒虹吸工程通过了通水验收。沁河倒虹吸土建及设备安装标已通过合同项目完成验收。

（崔 娇）

温博段工程

工程概况

温博段工程全长26.616km，起点位于河南省温县北张羌村穿黄工程的末端S点，终点为博爱县聂村东北过大沙河交叉建筑物出口，明渠段长25.329km。沿线共布置各类交叉建筑物44座（不包括沁河渠道倒虹吸工程），其中河渠交叉建筑物6座；左岸排水建筑物4座；渠渠交叉建筑物2座；控制建筑物3座（节制闸1座，分水口门2座）；跨渠桥29座。渠段起点设计水位108.000m，终点设计水位105.916m，总设计水头差2.084m。该段设计流量265m³/s，加大流量320m³/s。

（张文博）

工程投资

2013年，温博段工程计划完成投资6209万元（工程部分），实际完成投资22 332万元，占年计划的360%。截至2013年底，温博段工程所有合同项目累计完成投资108 856万元，完成合同金额的135%。

（赵林涛）

建设管理

2013年，温博段工程质量情况基本稳定，未发生任何质量事故，优良率数控指标均保持较高水平，共完成4487个单元工程，其中140个不进入优良率计算，3845个单元工程优良，优良率88%，达到工程质量目标，工程质量处于受控状态，工程质量优良。

2013年，除平常的日常巡视检查外，组织开展了23次安全检查活动，发出整改通知6份，整改隐患450处。由于管理到位、措施有效，郑焦段直管项目全年未发生安全事故，未因安全问题受国务院南水北调办或中线建管局处罚。参建施工、监理、设计在年度考核全部被评为Ⅰ级。

（崔 娇 杨永来）

工程进展

2013年温博段计划完成土方开挖0.1万m³，土方填筑0.05万m³，混凝土浇筑0.2万m³，尾工建设基本完成；实际完成土石方开挖0.1万m³，土石方填筑0.05万m³，混凝土浇筑1.5万m³。

截至2013年底，温博段主体工程全部完成，尾工建设基本完成。

（张文博）

工程验收

温博段工程共划分218个分部工程，其中，水工分部工程78个，桥梁分部工程116个，管理处分部工程6个，安全监测分部工程12个，35kV永久供电线路分部工程6个。温博段工程已验收/评定分部工程204个，其中，水工分部工程78个，桥梁分部工程106个，管理处分部工程2个，安全监测分部工程12个，35kV永久供电线路分部工程6个。

温博段工程共划分3个单位工程，均已通过验收，分别为温博段二标排水倒虹吸、安全监测仪器设施安装温博段及35kV永久供电线路温博段单位工程。

温博段设计单元工程通水验收已完成。

（徐志一）

环境保护及水土保持

郑焦项目部要求各监理单位积极督促施工单位遵守有关环境保护的法律、法规和合同规定，采取合理的措施保护环境。做好施工开挖边坡、基坑的支护和排水，设置沉淀池对拌和系统废水集中沉淀处理，定时在施工主干道洒水，加强对噪声、粉尘、垃圾的控制和治理防止污染，保持了施工区和生活区的环境卫生，达到环境保护要求。

在水土保持方面，项目部要求各监理部督促施工单位必须遵守国家有关法律、法规规定，按照设计单位印发的水保临时措施施工技术要求、设计征地图纸控制永久用地和临时占地面积，认真做好水土保持工作。如施工道路、厂区硬化、设置排水沟，及时平整弃渣场、做好坡面防护和表面排水等。工程完工时做好现场清理，能及时移交临时占地；渣场无水土流失，符合水土保持要求。

（崔　娇）

沁河渠道倒虹吸工程

工程概况

沁河渠道倒虹吸工程位于河南省温县徐堡镇北、博温公路沁河大桥下游约300m处，是南水北调总干渠与沁河的交叉建筑物，工程由进、出口渠道段和穿沁河渠道倒虹吸管身组成，该段设计流量265m^3/s，设计水位100.6～106.933m，加大流量320m^3/s，加大水位108.256～107.587m。

渠倒虹轴线与沁河基本呈正交，建筑物总长1197m，其中进口渐变段长60m，进口闸室段长15m，倒虹管身段水平投影长1015m，出口闸室段长22m，出口渐变段长85m。设计管身横断面为一联3孔箱形钢筋混凝土结构，孔径为6.9m×6.9m（宽×高）的C30钢筋混凝土结构。

沁河渠道倒虹吸主体工程2012年已全部完成，2013年计划完成合同验收。

（张文博）

工程投资

2013年，沁河渠道倒虹吸工程计划完成投资0万元（工程部分），实际完成投资1847万元。截至2013年底，沁河渠道倒虹吸工程所有合同项目累计完成投资28 623万元，完成合同金额的118%。

（赵林涛）

建设管理

2013年沁河渠道倒虹吸工程主要建设目标为推进工程验收、移交工作，协调参建各方合力攻坚，经过艰苦努力，沁河倒虹吸于8月22日实现主体工程合同完工验收。工程质量受控。

2013年，沁河倒虹吸工程质量情况基本稳定，未发生任何质量事故，累计完成913个单元工程，其中99个不进入优良率计算，

758 个单元工程优良，优良率93.1%，达到工程质量目标，工程质量优良。

2013 年沁河渠道倒虹吸工程完成了合同项目验收，成为河南段第一个完成施工合同项目完成验收的土建项目。为保证验收工作的顺利开展，郑焦项目部根据验收任务，及时开展分部工程示范验收，创造出验收示范样板，以此为契机，加快验收步伐。为保证验收保质保量完成，郑焦项目部工管处成立了验收办公室，制定了郑焦项目部新的验收管理体系，明确了职能，形成了工管处牵头，现场办实施，各处办配合的良好局面，保证了2013 年单位工程及合同项目完成验收启动计划的实施。为保证验收的顺利实施，郑焦项目部制定验收计划，提前筹备验收准备工作，验收过程中全力组织各参建单位提供资料，编制报告，以促进验收工作的顺利完成。

（崔　娇）

工　程　验　收

2013 年主要完成了合同项目验收。沁河渠道倒虹吸工程共划分28 个分部工程，其中，水工分部工程16 个，安全监测分部工程6 个，35kV 永久供电线路分部工程6 个，均已通过验收。

沁河渠道倒虹吸工程共划分3 个单位工程，分别为沁河渠道倒虹吸（土建标）、35kV 永久供电线路沁河段及安全监测仪器设施安装沁河段单位工程，均已通过验收。

沁河渠道倒虹吸项目土建及设备安装标合同项目完成验收已完成。

沁河渠道倒虹吸设计单元工程通水验收已完成。

（徐志一）

焦作1段工程

工　程　概　况

焦作1 段起点位于河南省博爱县聂村东北大沙河渠倒虹吸出口，终点为焦作市苏蔺西李村渠倒虹吸出口，渠段总长13.513km，其中明渠长11.598km，建筑物长1.915km，沿线共布置各类交叉建筑物18 座，其中河渠交叉建筑物5 座；控制建筑物3 座（节制闸、退水闸，分水口门各1 座）；跨渠公路桥9 座；铁路桥1 座。渠段起点设计水位105.916m，终点设计水位104.686m，总设计水头差1.23m。该段设计流量265m^3/s，加大流量320m^3/s。

2013 年计划渠道填筑、渠道衬砌全部完成，渠系建筑物主体工程全部完成，桥梁工程全部通车。

（张文博）

工　程　投　资

2013 年，焦作1 段工程计划完成投资50 907万元（工程部分），实际完成投资64 314万元，占年计划的126%。截至2013 年底，焦作1 段工程所有合同项目累计完成投资174 556 万元，完成合同金额的222%。

（赵林涛）

建　设　管　理

2013 年，焦作1 段工程质量情况基本稳定，未发生任何质量事故，优良率数控指标均保持较高水平，共完成3197 个单元工程，其中3131 个单元工程优良，优良率97.9%，工程质量优良。

2013 年，未发生安全事故，未因安全问题受国务院南水北调办或中线建管局处罚。参建施工、监理、设计在年度考核全部被评为Ⅰ级。

（崔　娇　杨永来）

工　程　进　展

2013年焦作1段完成土石方开挖89.21万m^3，土石方填筑112.43万m^3，混凝土浇筑21.0万m^3。

2013年焦作1段渠道完成填筑成型0.16km（折合成全断面），渠道衬砌8.71km（折合成全断面），渠道填筑及衬砌已全部完成。

焦作1段河渠交叉建筑物共5座，分水口等控制性建筑物1座，退水闸2座，抽排泵站12座，闸门埋件80套，闸门共54扇，钢闸门启闭机52台（套），均已完成；跨渠桥梁11座，均已通车。

（张文博）

工　程　验　收

焦作1段工程共划分213个分部工程，其中，水工分部工程75个，桥梁分部工程111个，管理处分部工程8个，安全监测分部工程12个，35kV永久供电线路分部工程6个。焦作1段工程已验收/评定分部工程159个，其中，水工分部工程63个，桥梁分部工程76个，管理处分部工程2个，安全监测分部工程12个，35kV永久供电线路分部工程6个。

截至2013年底，焦作1段工程共划分26单位工程，已验收5个（桥梁交工验收），分别为焦东路、南通路、民主路、人民路及政二街公路桥单位工程。

（徐志一）

环境保护及水土保持

作为城区段工程，施工期间郑焦项目部高度重视水土保持管理工作，设立专职管理人员开展水土保持工作，认真执行预防为主，防治并重原则及生态优先、恢复原土地功能的原则，严格执行“三同时”制度，督促参建各方特别是施工承包人制定水土保持和环境保护控制措施，避免在工程施工中采取的方法不当或管理不当造成水土流失和环境破坏。提高施工单位的水土保持和环境保护意识。每月及时审核相关工程水土保持、环境保护监理及监测单位的月报，并对数据进行分析对比，对超标项目及时督促工程监理、施工单位进行整改。

在施工期间，郑焦项目部高度重视保护管理工作，安排专职人员负责环境保护工作，实现工程建设的环境、社会与经济效益的三统一。该工程环境保护内容主要包括水环境保护、生态保护、噪声防治、大气环境保护、固体废物处置、人群健康防护等。

（崔　娇）

焦作2段工程

工　程　概　况

焦作2段是南水北调中线一期工程总干渠第Ⅳ渠段（黄河北—美河北）的第四设计单元，途经焦作市的山阳区、马村区和修武县，设计桩号为(Ⅳ41+400)~(Ⅳ66+960)，全长25.56km，其中渠道长度23.794km，占水头建筑物长度1.766km。

焦作2段划分为5个土建施工标、1个监理标段、1个安全监测标、2个金属结构制造标、2个电气设备采购标共11个标段（其中金属结构制造、电气设备采购标包括黄美段建筑物金属结构设备采购，在进场前由焦作段建管处负责管理）。

（李立珊）

工 程 投 资

（1）投资计划安排。2013 年度中线建管局下达进度目标，计划完成土石方开挖 160 万 m^3，土石方填筑 23.6 万 m^3，混凝土浇筑 9.47 万 m^3，计划完成建筑安装工程投资 1.16 亿元。

（2）投资计划完成情况。焦作 2 段 2013 年度合计完成投资 24 738 万元。其中建筑安装投资 24 539 万元，金属结构设备费用 0 万元，机电设备费用 0 万元，独立费用 199 万元。

累计完成投资 185 168 万元。其中建筑安装投资 172 270 万元，金属结构设备费用 1350 万元，机电设备费用 650 万元，独立费用 10 918 万元。

2013 年，焦作 2 段工程各标段共完成建筑安装工程投资 2.5 亿元；工程进度款结算 28 098 万元，工程质保金扣除 790 万元，完成净支付 39 687 万元。

开工累计完成建筑安装工程投资 17.2 亿元；工程进度款结算 14 亿元，工程质保金扣除 6478 万元，完成净支付 16.2 亿元。

（3）投资控制管理。根据水利部"关于南水北调中线一期工程总干渠焦作 2 段初步设计报告的批复"（水总〔2006〕206 号），焦作 2 段初步设计概算投资为 351 729 万元，其中静态总投资为333 363 万元，建设期贷款利息 18 366 万元。静态投资中的建筑工程投资为 159 846 万元，机电设备及安装工程投资为 1298 万元，金属结构设备及安装工程投资为 1597 万元，临时工程投资为 5116 万元，独立费用为 13 391 万元，基本预备费 9769 万元，移民及环境部分投资为 123 622 万元，其他部分投资 5532 万元。批复的项目管理预算：根据国务院南水北调办批复的焦作 2 段工程项目管理预算，焦作 2 段项目管理预算金额为 333 364 万元，其中建筑安装工程采购 130 856 万元，设备采购 2230 万元，专项采购 37 354 万元，项目管理费 2784 万元，技术服务采购 12 199 万元，生产准备费 722 万元，其他费用 107 万元，建设及施工场地征用费 126 416 万元，可调剂预留费用 10 926 万元，基本预备费 9770 万元。下达的投资控制指标：根据中线建管局"关于明确南水北调中线一期干线工程焦作 2 段投资控制指标的通知"（中线局计〔2011〕52 号），中线建管局下达省建管局焦作 2 段投资控制指标 198 914 万元，占项目管理预算的 74%。其中建筑安装工程采购 130 856 万元，设备采购 2230 万元，专项采购 34 975 万元，项目管理费 1728 万元，技术服务采购 4901 万元，建设及施工场地征用费 3528 万元，可调剂预留费用 10 926 万元，基本预备费 9770 万元。按照分项投资控制指标划分，建筑安装工程类投资 172 991 万元，建设单位项目管理费 1782 万元，工程科学研究试验费 335 万元，技术经济咨询费 426 万元，可调剂预留费用 10 926 万元，基本预备费 9770 万元。相应变更与索赔控制额度为 29 624 万元，其中合同采购节余 8928 万元，可调剂预留费用 10 926 万元，基本预备费 9770 万元。

（李立珊）

建 设 管 理

焦作建管处作为河南省南水北调中线工程建设管理局的派出机构，具体负责焦作 2 段现场管理工作。焦作段建管处设置建管处长、副处长兼总工程师、副处长三个领导职位和工程技术科、质量安全科、综合科三个职能科，明确了岗位职责和科室职责，规范管理。2013 年焦作段建管处编制主要管理人员 26 人，其中处长 1 人、副处长兼总工 1 人、副处长 1 人、特邀专家 2 人、工程技术科 5

人、质量安全科6人、综合科8人、协调组2人。设综合科、工程技术科、质量安全科，具体负责现场管理工作。

建立健全各项规章制度，结合焦作2段具体情况，更新了以处长为组长，各单位负责人为成员的工程质量、安全、防汛、文明工地建设领导小组。健全了质量、进度、投资、廉政建设、学习会议、后勤管理等相关制度，规范了设计变更、索赔、价款结算、工程验收等相关程序，建立健全了安全生产、文明施工、合同管理、档案管理等相关管理办法等，为保证建设管理工作规范化、科学化奠定了基础。

施工进度控制目标：焦作2段合同工期36个月，2009年1月1日开工，2011年12月31日完工。施工分为三个阶段：2009年1～3月为施工准备期，2009年3月～2011年11月为主体工程施工期，2011年12月为工程竣工期。焦作2段于2013年12月20日主体工程全部完成。

投资目标：确保本工程静态投资控制在与项目建设管理单位管理内容对应的项目管理预算（即分解后的项目管理预算）之内。

质量管理目标：土建工程质量全部合格，单元工程优良率达到85%以上；金属结构及机电安装工程质量全部合格，单元工程优良率达到90%以上，无重大质量事故。

安全管理目标：杜绝群死、群伤的重特大事故发生，避免较大事故发生，减少一般事故发生，力争实现事故死亡率“零”目标。

文明工地建设目标：达到南水北调工程“文明工地”标准，达到环保水保设计目标。

焦作2段工程2013年度各项管理目标均实现预期要求。

（李立翊）

工 程 进 展

2013年度建设目标：2013年底，焦作2段完成主体工程建设。2013年计划完成完成土石方开挖160.4万m^3，土石方填筑23.6万m^3，混凝土9.47万m^3。

工程形象进度：明渠全长23.8km，于2013年12月6日完成渠道衬砌施工。河渠交叉建筑物共3座、左岸排水建筑物3座、分水口2座、节制闸及退水闸各1座，全部完成主体工程施工。铁路建筑物10座，全部完成主体工程施工；跨渠桥梁18座、生产桥8座，全部完成主体工程施工。2013年完成土石方开挖227万m^3，占本年计划的142%；土石方填筑67万m^3，占本年计划284%；混凝土浇筑14万m^3，占本年计划的151%；钢筋制作安装3493t，占本年计划258%。本年焦作2段各土建施工标段完成建安投资24 539万元，占年计划211%。

累计完成土石方开挖4307万m^3，占合同的114%；土石方填筑428万m^3，占合同的124%；混凝土浇筑64万m^3，占合同的113%；钢筋制作安装36071t，占合同的113%。

（李立翊）

工 程 监 理

焦作2段的监理单位是黄河勘测规划设计有限公司。截至2013年底，焦作2段监理部进场监理人员共42人，其中注册监理工程师20人，注册造价师2人。注册检测员2人，测绘资格证书2人，监理员13人，后勤人员3人。设工程部（下设各标段监理工程师及地质、测量、金属结构、机电、试验专业监理工程师）、综合部（下设进度、合同、安全、信息管理专业监理工程师及后勤人员）两大部室。由于监理线路长，监理部在5个标段各设一个驻地监理组，由驻地监理主管负责该组监理工作。其他监理专业分别设有专业工程师，如桥梁专工、测量专工、实验专工、地质专工和合同管理专工等。

为加强对监理人员的规范化、科学化管

理，实现质量控制目标，监理部在《监理大纲》的框架下，编写了《监理规划》，建立了46项制度，编制了31部监理实施细则。2013年度据现场情况变化，编写了机电设备安装监理实施细则、分部工程验收实施细则等，突出表现了监理工作的预控性，明确了控制措施和方法，使其更具备可行性和可操作性。2013年焦作2段质量控制的重点是各建筑物的施工质量和渠道衬砌施工质量。全年共向标段发布有关质量进度控制方面的监理通知82份；进行质量进度方面全面检查13次，专项检查16次；进行质量缺陷备案和处理323项；对重点控制部位进行全程旁站1881次；审核签发设计图纸56套计330张；组织施工图技术交底会议1次；审核批复施工单位各类施工技术方案135份；审核批复施工单位各类施工计划82份；组织召开各类专题会议9次；编制上报调整进度分析报告1份、年度进度分析报告1份，进度通报12份，衬砌进度风险分析报告，施工进度制约因素分析报告1份，各级检测质量整改报告21份；编制监理月报12期、监理旬报36期，编制监理质量月报12期、监理质量旬报36期。

监理对所有原材料实行跟踪、见证或平行检测，严格按监理规范规定的频次进行。水泥、砂石骨料、粉煤灰、钢筋、钢筋焊接、混凝土抗压强度等监理平行抽检频率为施工方自检频率10%；外加剂、喷射混凝土抗压强度、土方填筑压实度、复合土工膜、土工布、密封胶、聚苯乙烯保温板、闭孔泡沫塑料板等监理方按施工方检测频率的5%～10%进行抽检。

2013年，施工共进行类自检39 074次（组），累计检测90 112次（组），自检合格率99.98%；监理平行检测1992次（组），累计检测10 381次（组），检测合格率为99.16%；监理跟踪检测7784次（组），累计检测49 409次（组），检测合格率为100%。

2013年单元工程质量评定2052个，累计评定5293个，全部合格，其中优良5025个，优良率94.9%；分项工程质量评定329个，累计评定2691个，全部合格。

对混凝土施工中出现的蜂窝、麻面、错台、裂缝、冻融、渗水、桥梁支座变形等质量问题，严格监督施工单位按照南水北调有关缺陷处理的规定进行了处理。2013年，共发现和进行质量缺陷备案和处理323项，无质量事故，所有缺陷均按要求处理合格。

监理部的安全文明施工、环境保护监理主要依据工程建设阶段的开展。焦作2段工程建设始终坚持“以人为本，持续改进”的安全管理理念，2013年继续加强《安全生产保证体系》、《环境保护保证体系》和《水土保持保证体系》的健全工作，项目部均按要求设置了一名分管安全的副经理，设立了安全环保监察部，配备了数名专职安全管理人员。每个作业队配备了专职安全员和数名兼职安全员。各标建立了《安全生产责任制》，形成了完整的安全生产责任目标考核体系，坚持每月对各部门安全生产进行考核，并根据考核成绩进行相应的奖、罚。各标段项目经理在与项目部领导、各管理部门、协作队伍签订安全目标责任书的同时，缴纳了安全风险抵押金。

2013年建立健全了危险源管理制度与体系，加强了对各施工标段重大危险源的动态管理，确保了重大危险源的安全稳定。及时完善了事故应急预案和处置方案。据统计，焦作2段共完善事故应急预案42个、编制演练方案5项、组织演练6次。各施工标段对照重大危险源预防和监控的工作计划和任务，规范监督管理手段，加大检查整改力度，组织涉及重大危险源管理的周、月安全检查，组织涉及重大危险源管理的专项检查，如建管处、监理部组织安全生产检查12次，发出检查通报12期；各施工标段组织对习惯性违章现象、坍塌、机械伤害、用电、火灾等各类专项安全检查共计162次。查出累计隐患共计352项，隐患排查治理及时，整改率100%，安全生产管理工作处于良好受控状态。

各标段在2013年度有针对性地进行了防洪度汛应急演练和火灾应急演练等6次，并对演练的适用性和操作性进行了检验，对预案中存在的问题进行了改进和完善。建管处和监理部于2013年6月12日在焦2～3标项目部组织了2013年安全度汛实战演练，邀请焦作市调水办、焦作市抗旱度汛指挥部、焦作2段各参建单位参加实战演练观摩。演练内容包括报警、预警、应急响应、人员疏散、堆筑围堰、医疗救护、应急救援、专家评审等内容，演练历时30分钟，取得了圆满成功。全年未发生群伤群亡事故，生产性事故死亡率控制为0，重伤事故率控制为0，安全生产工作处于受控状态。

根据工程规模及施工组织形式的要求，监理工程师设置专门的造价控制监理岗位，负责编制投资控制目标和分年度投资计划方案，核算合同支付、审核工程变更所引起的新增费用预算和费用增减变更，审核索赔引起的费用变更。该年度监理部按合同要求及时审核批复了各标月进度工程款；及时审核批复或上报各标申报的变更和索赔。2013年共审核批复月进度款56期（不含补充协议项目），金额28 257.13万元；审核各类变更报告64项，涉及金额23 207.04万元。

在信息管理工作中，根据国家和南水北调中线干线工程档案管理办法、标准，对资料进行规范化管理。编制了焦作2段监理单位竣工资料分卷目录，并按照目录进行了竣工资料整理，截至2013年底共初步完成105册竣工资料的整改。2013年共收到各单位来文2200余份，发放各类通知、通报150余份，上报业主单位文件90余份，对新到的资料文件能及时登记更新目录，做到不漏登记、不误登记，并及时流转及归档。及时收集整理监理日志及旁站记录，并按月分册装订归档。在日常接待查档工作中，对全部资料力争做到心中一目了然，能在第一时间找到工程人员所需的资料，提供材料真实全面，档案的利用率高。随着工程的进展，深入到标段对竣工资料整编情况进行检查，并下发监理通知及召开档案管理专题会对检查中发现的问题进行通报，组织各标段档案管理人员学习有关规定及文件。

（李立珊）

质　量　管　理

2013年是南水北调焦作2段工程建设的关键年、转折年。保持质量、安全管理的高压态势，对各种质量问题“零容忍”，2013年，焦作2段未发生质量事故，工程质量处于受控状态。

2013年初，建管处与各参建单位签订了《质量管理目标责任书》，明确各个部门、各个岗位人员的质量责任，建立起纵向到底、横向到边的质量责任网络。建管处内部处长、分管副处长以及科室负责人、科室有关人员也层层签订了《质量管理目标责任书》，进一步明确各级管理人员的责任。

建管处质量管理关口前移，加强事前控制。要求监理将衬砌建基面作为隐蔽工程组织联合验收，每天抽出半天时间建管人员到工地巡视，发现问题及时处理，通过关口前移，变事后整改为事前和事中控制，将质量隐患降至最低。施工过程中，督促监理单位和施工单位严格按照规定的检测频次进行检测；在解放大道公路桥等重要建筑物浇筑过程中，在膨胀土换填施工中，建管处加大了抽检频次，有效保证了工程施工质量。

2013年上半年重点对桥梁周边回填及膨胀土换填进行了抽查。配合国务院南水北调办监管中心，在2012年的基础上对焦作2段各建筑物混凝土进行了回弹检测。通过近两年不同层次先后多次对焦作2段工程实体质量检测表明，焦作2段工程质量受控。

2013 年，国务院南水北调办飞检组对焦作 2 段进行了两个轮次的检查。飞检中未发现严重的工程实体问题，但施工违规行为和局部质量缺陷还是存在，要求各参建单位正确对待飞检，不抵触、不隐瞒，要通过飞检把自身存在的问题暴露出来，在整改过程中不断提升质量管理工作水平。各施工单位也能够端正态度，认真整改，焦作 2 段各标段质量管理水平得到了提高。

加大了对监理单位的管理力度，通过现场抽查结合考勤机考勤等形式加强监理考勤工作；由总监、副总监分别分管一个施工标段，加强了现场管理力量；加大了对旁站监理的检查处罚力度，通过随机抽查、夜查等形式，对重点部位、重要工序，如解放路公路桥混凝土浇筑，渠道混凝土衬砌并针对发现问题对监理部进行了经济处罚。

（李立珊）

安 全 生 产

建立健全了建管处负责、监理单位控制、施工、设计单位保证的安全生产管理体系，成立以建管处处长为组长、主管副处长、建管处总二、总监理工程师为副组长，建管处质量安全科负责人、监理、设计、施工单位、第三方试验室现场机构负责人为成员的安全生产领导小组。2013 年初，焦作建管处就与监理单位和各施工单位签订了《安全生产目标责任书》，明确安全生产责任，分解安全目标，量化目标责任，落实安全职责，确保安全生产目标的实现。

对已编制的《安全生产管理制度》、《安全生产责任制度》、《安全教育培训制度》、《安全生产事故报告制度》、《安全生产管理例会制度》、《重大危险源登记管理制度》、《安全生产隐患排查整改制度》、《安全生产奖惩规定》等规章制度进行了修订，并对综合性《生产安全施工应急处理预案》以及爆破、火灾、交通安全、机械伤害、触电等 10 余项专项应急预案进行了更新，各参建单位也编制了较为全面的规章制度和操作规程；监理部编制管理制度和监理细则，涵盖了工程安全生产的各方面，切实保障了安全生产工作。

更新危险源辨识登记，组织监理部每半年对全线危险源汇总上报，明确了焦作 2 段当前存在的重大危险因素，要求各施工单位加强重点部位安全防范，监理部对安全防范措施的落实进行适时检查，实现危险源的动态管理。

共开展各类安全教育培训 8 次，培训人员 100 余人次。通过教育培训，提高从业人员安全意识和安全素质，预防不安全行为，杜绝习惯性违章，变“要我安全”为“我要安全、我懂安全”，真正形成良好的安全生产工作氛围。开展“预防坍塌、脚手架施工、起重设备”等专项整治活动，成立专项整治工作领导小组，编制印发了专项整治方案，明确了指导思想和工作目标，细化了专项整治工作重点内容及整治时限，对工程建设重点部位进行反复检查，发现问题立即发整改通知书，由监理部对整改情况进行跟踪督促，确保各类问题及时得到解决和整改。同时建管处还注重充分发挥设计、地质单位在安全生产工作中的作用，对于暗渠开挖支护、桥梁施工等危险因素较大的施工，请设计、地质共同协商讨论，确定科学合理的方案，从技术层面上保证了工程安全。

严格执行安全生产检查制度，努力将事故消除在萌芽状态；坚持季度评比制度，根据工程进展和季节变换不定期开展专项安全检查。进入汛期后，以“防坍塌、防冲刷、防雷击”等为重点，加强对高边坡、深基坑、地下作业以及施工围堰、简易工棚等重要环节重点部位的检查；进入冬季，对防火、用电、防冻、防滑、防中毒进行专项检查。节假日前后，对人员值班情况，施工作业人员的生活情况进行检查。针对检查中发现的问题，要求责任单位现场予以纠正，无法立即整改的，及时下发联系单、专项巡查通报以及现场整改通知20余份，要求监理部督促有关责任单位认真整改，对于重点部位、重要内容，还进行了抽查。

落实防洪度汛措施、确保工程安全度汛。2013年4月，建管处与监理以及各施工单位签订了安全度汛目标责任书，明确了各参建单位的责任。编报了2013年度汛方案，对2013年超标准洪水应予预案进行了更新，并重新进行了发布。进入汛期以来，建管处多次已组织了专项检查，对于度汛物资储备、人员到位情况进行了检查，通过各项保证措施的落实，实现焦作2段工程安全度汛。

焦作2段工程2013年未发生生产安全事故，生产安全控制指标均为合格，完成2013年度安全责任目标。截至2013年底，焦作2段安全生产无事故天数累计达到1826天。

（李立翊）

辉县段工程

工程概况

辉县段是南水北调中线一期工程总干渠Ⅳ渠段（黄河北—美河北）的组成部分，位于Ⅳ渠段的中部，地域上属于河南省的辉县市。该设计单元自修武县与辉县市交界的纸坊河左岸起（总干渠设计桩号为Ⅳ66+960），与焦作2段的终点相接；终点位于辉县市与新乡凤泉区交界的孟坟河左岸（设计桩号为Ⅳ115+900），与新乡卫辉段起点相连接，全长47.39km（不包括石门河渠道倒虹吸工程Ⅳ91+730～Ⅳ93+280施工标段1.55km），其中渠道长度43.40km，建筑物长度3.99km。共有各类建筑物77座，其中：河渠交叉7座，渠渠交叉2座，左岸排水18座，分水闸2座，交通桥30座，节制闸3座，退水闸3座，生产桥12座。

（刘元永）

工程投资

2013年辉县段工程计划完成投资17 796.7万元，实际完成投资30 937.8万元，占年计划的173.8%。

（刘元永）

建设管理

2013年，工程进度是各项工作的重中之重。以各项目标任务为硬指标，倒排工期，对工程进度实行动态管理，在工程建设中不断完善进度管理体系，定期不定期召开进度专题会，联合设计、地质、监理等参建单位定期对全段各标进行进度专项巡查。日常工作中，根据工程建设实际进展情况，及时对进度计划进行调整，建立进度月检查和抽查制度，落实工作责任，通过进度专项检查、进度专题会等切实有效的措施，确保进度目标任务完成；进一步加大督促施工单位加大资源投入。各单位根据现场实际情况，结合总体目标及年度计划要求，编制详细的剩余主体工程调整进度计划，并编报相关专项进度计划及专项施工方案。各施工单位，分渠段、分建筑物制定详细进度计划，明确时间节点及资源配置报监理部审批。每月由建管处长带领征迁、设计、地质、监理、施工等单位负责人，现场逐工作面进行进度巡查，将现场各工作面与总体计划、月（旬）计划进行对比，同时落实资源配置到位情况，发现外部问题现场明确解决方式并落实责任人；各方共同现场商定加快工程进度的措施、方法；定期下发《进度检查情况通报》，对历次检查发现的问题予以明示，推进工程进度，辉县段主体工程于12月10日全部完工。

（杨长明）

工程进展

2013年辉县段工程计划完成土石方开挖5.9万m^3、土石方回填52.6万m^3、混凝土10.41万m^3。实际完成土石方开挖19.3万m^3，占年计划的327.5%；土石方填筑83.5万m^3，占年计划的158.7%；混凝土18.44万m^3，占年计划的177.2%。

2013年，辉县段完成渠道开挖成型1.6km，完成渠道填筑成型6.0km，完成单边衬砌长度69.5km，完成跨渠桥梁4座主体工程施工。12月10日，辉县段主体工程全部完工。

（刘元永）

工程监理

辉县段工程的监理单位为河南立信工程咨询监理有限公司（辉县前段监理）、河南科光工程建设监理有限公司（辉县后段监理）。

河南立信工程咨询监理有限公司监理工作情况为：

（1）工程进度控制。根据《工程施工进度控制监理实施细则》和制定的《2013年施工控制性进度计划》，审批施工单位上报的年度、季度、月份施工进度计划，召开进度专题会等措施严格控制施工进度，适时进行进度预测，辉县前段渠道衬砌工程于2013年10月28日完成，满足中线建管局下达的进度要求。

（2）工程质量控制。编制20个专项监理实施细则。审查施工单位的质量保证体系、施工技术方案和措施等。工作方式和手段是通过巡视检查和旁站监督、跟踪检测和平行检测等监理方式，采用多种行手段进行监督控制。2013年共进行单元工程质量评定2281个，质量全部合格，其中优良个数2203个，优良率97%；水利分部工程质量验收14个，质量全部优良；桥梁分部工程质量验收50个，质量全部合格。

河南科光工程建设监理有限公司监理工作情况为：

2013年土建标共评定单元工程2977个（不包括石门河），其中按水利行业标准评定2574个，全部合格，优良2306个，优良率为89.59%；按其他行业标准进行评定403个，全部合格，合格率为100%。工程未出现质量事故，施工质量处于受控状态。

2013年监理部对辉县5标下发书面“监理整改通知”16份；辉县6标9份；辉县7标10份。下达“现场监理口头指令”45次（辉县5标20次、辉县6标15次、辉县7标10次），现场安全巡查、检查各标共计131次，要求施工单位按规范、技案或监理指令进行立即整改或限期整改，保持良好的安全施工环境。2013年安全生产处于可控状态，未发生安全事故。

（刘月军　吴　静）

安全生产

辉县段工程涉及辉县1~7标，沿线监理单位为辉县前段、辉县后段两个监理部。石门河倒虹吸工程安全生产监理单位为辉县后段监理部。2013年围绕“安全第一、预防为主、综合治理”的方针，开展安全生产工作。2013年，辉县段工程未发生安全伤亡事故，达到年初安全预定目标。

2013年初，新乡建管处根据人员变动情况，调整安全生产领导小组成员，辉县前段监理部、辉县后段监理部、辉县段各项目部对安全监理人员或管理人员进行调整，加强安全管理队伍建设。

加强安全生产排查制度。安全生产大检查次数在原来每月组织一次的基础上再增加一次，各监理部每月组织安全生产排查的次数不少于4次。施工单位对每次联合排查出的安全问题要建立台账，逐项消除。2天内整改完毕。

2013年3月建管处与辉县段监理、施工单位分别签订安全生产责任书，明确参建单位第一安全责任人的安全责任、权利、义务，安全责任层层分解，各司其职。

联合监理部适时组织辉县段各项目部进行26项（次）安全生产专题活动，开展对重大危险源的辨识、控制和动态管理、汛期和夏季高温期间安全、夏季防溺水、冬季施工安全、打非治违活动、电气安全管理等工作和劳动竞赛活动。利用网络发布安全生产动态，及时传达上级指示精神。

针对工程实际情况，加强监督巡视力度。对沿线各参建单位进行不定期巡查，发现问题现场解决，对较大隐患限期整改。会同监理部每月进行一次安全大检查和隐患排查治理行动，共进行12次安全拉网式普查，对高空作业、施工用电、施工机械等重要场所和重点环节专项检查。对在安全检查和隐患排查治理行动中排查出的隐患，及时下达整改通知书，要求施工单位（监理单位）治理整改；对屡次出现问题或发现的较大隐患，发出警告或进行罚款。2013年，共发出警告10份，罚款通知单3份。

（陈长青）

石门河倒虹吸工程

工程概况

石门河倒虹吸工程渠长1550m，设计流量260m³/s，加大流量310m³/s。该标段包括倒虹吸两端渠道总长374m，其中进口段渠道长99.4m，出口段渠道长274.6m；进口渐变段、闸室段长68m，出口闸室段及渐变段长93m；倒虹吸管身段水平投影长1015m，管身横向为3孔箱型钢筋混凝土结构单孔管宽6.9m，管高6.9m。

（夏　川）

工程投资

2013年石门河倒虹吸工程计划完成投资1508.16万元，实际完成建筑安装投资1143.18万元，完成年计划的75.8%。截至2013年底，累计完成建筑安装投资15 548.51万元（不包变更及索赔项目），占合同比例92.8%。

（夏　川）

工程进展

2013年，石门河倒虹吸工程计划完成土石方开挖1.84万m³，土石方填筑3.4万m³，混凝土浇筑0.35万m³；实际完成土石方开挖1.84万m³，完成年计划的100%，完成土石方回填6万m³，完成年计划的176%，完成混凝土浇筑0.47万m³，完成年计划的128%。

石门河倒虹吸工程渠道全长374m，开挖及填筑施工工作面374m，占渠道的100%；倒虹吸管身段全长1015m［桩号（IV91+897.4）～（IV92+912.4）］，管身填筑施工工作面1015m（1～69号管节），占管身的100%，回填成型991.6m（3～69号管节），占管身的97.7%。倒虹吸共69个管节，完成1～69号管节共69节管身混凝土浇筑；完成进出口闸室及渐变段基础处理施工；完成进口闸室厂房以下混凝土浇筑施工，完成进口渐变段护底混凝土浇筑，完成进口渐变段1～

5号两侧翼墙底板混凝土浇筑，完成进口渐变段2～5号两侧翼墙第一层、第二层混凝土浇筑，完成进口渐变段1号两侧翼墙第三层（共四层）混凝土浇筑；完成出口闸室厂房以下混凝土浇筑施工，完成出口闸室弧形闸门安装，完成出口渐变段混凝土浇筑施工；完成出口闸室及渐变段两侧回填施工，完成进口渐变段翼墙后97.5m高程以下水泥土及壤土回填施工；完成出口渠道（IV93+020）～（IV93+280）左侧浆砌石护坡施工。

（夏　川）

工 程 监 理

石门河监理部进场监理人员13人。其中：监理工程师11人、监理员2人，具有高级职称的6人，中级职称的5人。监理部下设计划合同部、工程技术部2个二级职能部和安全监理专业组。

监理进度控制：2013年，针对石门河工程编制控制性进度计划，审核施工进度计划，对工程进度适时跟踪，进度滞后时要求施工单位及时调整。积极协调各方关系，减少施工干扰。组织召开进度专题会议，查找影响施工进度的因素，确定解决方案，促进施工向前推进。

监理质量控制：建立健全监理质量控制体系，编写《质量控制体系》、《监理规划》。施工单位执行“三检制”，实行施工单位自检和监理部跟踪检测、平行检测的双向控制。每一道工序必须经过监理人员的检验，上道工序未经检验或检验不合格，不得进行下道工序施工。对出现的质量缺陷，督促施工单位进行质量缺陷备案及缺陷处理，混凝土缺陷处理均由监理旁站。

监理安全控制：2013年监理部先后对石门河倒虹吸标下发书面“监理整改通知”9份，“现场监理口头指令”石门河15次，现场安全巡查、检查36次，按规范、技案或监理指令立即整改或限期整改。安全生产处于可控状态，未发生任何安全事故。

（吴　静）

质 量 管 理

2013年共组织质量、技术方面的培训350人次。

2013年共评定310个单元工程。其中水利项目评定262个，合格262个，优良222个，优良率84.7%；房建项目评定48个，合格48个。

（康　鹏）

安 全 生 产

2013年，制定完善《土石方开挖专项安全方案》、《脚手架安全专项施工方案》、《模板安装安全专项施工方案》、《钢筋制作安装安全专项施工方案》、《起重吊装安全专项施工方案》、《龙门吊及布料机安装安全专项施工方案》、《冬季施工安全专项方案》、《石门河安全防护方案》、《石门河项目部预防坍塌及高空坠落工作方案及应急预案》、《专项应急预案及现场处置方案》专项方案。安全技术交底累计1550人次；安全教育培训累计950人次，结合《2013年防洪度汛应急预案》进行防洪演练1次。

定期对工地进行安全例行检查，同时根据实际情况组织专项安全检查，重点对高空作业、起重吊装、临时用电、消防安全、机械设备施工安全、现场文明施工、电焊气割安全等进行安全监管，明确重点危险源负责人，对检查中发现的安全隐患和问题，及时进行整改落实。

根据施工生产点多面广，结构复杂的特点，坚持“群防群治”的工作方法，做到安全工作人人有责，加强安全生产宣传力度，利用各种会议，标语、培训等向施工人员宣传各项法律法规，增强施工人员的自我安全防范意识。2013年项目部安全文明施工生产整体状况良好，实现“安全生产零事故”的目标。

（康　鹏）

新乡和卫辉段工程

工程概况

新乡和卫辉段工程起点位于新乡市凤泉区前郭柳村西南孟坟河渠倒虹吸出口（桩号Ⅳ115+900），终点位于沧河倒虹吸出口（桩号Ⅳ144+600），与鹤壁段起点相接。新乡和卫辉段被已开工的潞王坟膨胀岩试验段设计单元分隔成二段，潞王坟试验段长1.5km，起点设计桩号Ⅳ120+498.3，终点设计桩号为Ⅳ121+998.3。新乡和卫辉段全长27.20km，其中渠道长25.416km，建筑物长1.784km。本渠段共有各类交叉建筑物48座，其中河渠交叉4座，左岸排水9座，渠渠交叉2座，公路交叉20座，生产桥9座，控制建筑物4座（节制闸和退水闸各1座，分水口门2座）。

（刘元永）

工程投资

根据中线建管局文件《关于下发<南水北调中线干线工程2013年进度计划>的通知》（中线局工〔2013〕8号）下达的计划，2013年新乡卫辉段工程计划完成投资8867.3万元，实际完成建安投资16 643.0万元，占年计划的187.7%。

（刘元永）

工程进展

2013年新乡卫辉段工程计划完成土石方开挖8.2万m^3、土石方回填29.2万m^3、混凝土6.62万m^3。实际完成土石方开挖36.7万m^3，占年计划的447.2%；土石方填筑59.0万m^3，占年计划的202.1%；混凝土12.02万m^3，占年计划的181.6%。

工程形象进度：2013年，新乡卫辉段完成渠道开挖成型2.6km，完成渠道填筑成型5.1km，完成单边衬砌长度51.2km，完成跨渠桥梁6座主体工程施工。2013年11月30日，新乡卫辉段主体工程全部完工。

（赵向锋　张　豪）

工程监理

2013年土建标共评定单元工程7755个，其中按水利行业标准评定5473个，全部合格，优良5260个，优良率为96.11%；按其他行业标准进行评定2282个，全部合格，合格率为100%。工程没出现质量事故，施工质量处于受控状态。

（赵向锋　张　豪）

质量管理

召开新乡段年度工程质量管理工作会议，研究布置年度工程质量管理工作，明确工程质量管理工作思路、工作目标和任务，与各责任单位签订年度工程质量责任书。补充完善《质量管理年活动工作方案》，成立关键工序施工质量考核领导小组，制定《新乡段分部工程、单位工程验收管理奖惩实施办法》。

开展质量监管“回头看”活动。对各种飞检整改通知、警示通知书、整改通知、告知单、责任追究通知梳理出的质量问题建立台账。新乡建管处分三个检查小组在2013年9月18日~10月10日组织监理、施工单位对应问题现场整改一一落实，并完善备查资料。建管处组织参建各方对渠道混凝土衬砌质量缺陷进行现场查看，共同分析质量缺陷产生的原因，对如何处理渠道衬砌工程质量缺陷进行讨论，提出各自的建议。

加强对施工过程和质量控制。除日常检查和巡查外，开展渠道和建筑物止回阀、建筑物的渗水情况、渠道衬砌面板的裂缝、渠道建筑物进出口回填土等质量专项排查，并根据工程进展和实际情况委托第三方实验室对工程实体质量进行大量抽检，不断加大对工程施工现场的监控力度。对现场发现的违规行为和施工过程中出现的工程质量问题进行指正，并督促整改，必要的进行通报和处罚。开展关键工序考核工作。

质量评定和验收工作。2013年，新乡段进入混凝土衬砌高峰。土工膜焊接、透水管安装等重要隐蔽工程和分部工程验收任务繁重，建管处固定专人负责验收工作，对监理和施工单位的验收资料进行督促与检查，并在建管例会上安排部署分部工程验收工作，对已完工、符合验收条件的分部工程陆续进行验收。同时针对重要隐蔽和关键部位单元工程的验收工作，建管处组织设代、地质单位人员及时进行验收，做到随叫随到，确保施工单位的工程进度。2013年新乡和卫辉段工程评定4784个单元工程，优良4594个，优良率96.0%；分部工程验收9个，优良7个。开工以来未发生一起质量事故，实现工程建设质量管理目标。

新乡和卫辉段发生了一些工程质量缺陷，主要包括错台、蜂窝、麻面、裂缝等。混凝土衬砌面板质量缺陷包括裂缝、浅表冻蚀等，质量缺陷均已按照相关要求进行处理和验收。

（蔡舒平）

安 全 生 产

2013年围绕“安全第一、预防为主、综合治理”的方针，开展安全生产工作。至2013年底，新乡卫辉段工程未发生一起安全伤亡事故，达到年初安全预定目标。

（陈长青）

鹤 壁 段 工 程

工 程 概 况

鹤壁段设计单元工程是南水北调中线一期工程总干渠Ⅳ渠段（黄河北—羑河北段）的组成部分，属于第9设计单元，地域上属于河南省鹤壁市和河南省安阳市境内，渠段起点为鹤壁市淇县沧河渠倒虹出口导流堤末端，设计桩号Ⅳ144+600，终点为汤阴县行政区划边界处，设计桩号为Ⅳ175+432.8，全长约30.833km，其中明渠长29.344km，建筑物长1.489km。

鹤壁段渠道段为全挖方及半挖半填两种形式，过水断面为梯形，渠底及边坡采用现浇混凝土衬砌；建筑物工程有河渠交叉、左岸排水、渠渠交叉、控制工程和路渠交叉工程5种类型。共有各类建筑物63座，其中，河渠交叉建筑物4座，左岸排水建筑物14座，渠渠交叉建筑物4座。控制建筑物5座（节制闸和退水闸各1座，分水口门3座）。跨渠公路桥21座，生产桥14座（含新增3座），铁路桥1座。

渠道设计过水断面为梯形断面，设计底宽8~19m，渠道一级马道开口宽54.9~

71.7m，一级马道以下内边坡1∶2.0～1∶3.5，外坡1∶2.0～1∶1.5，渠道渠底纵比降采用1/28 000、1/23 000两种。设计水深均为7.0m，加大水深7.403～7.469m。鹤壁段总干渠分2个流量段，设计流量250m^3/s、245m^3/s；加大流量300m^3/s、280m^3/s。

鹤壁段工程于2009年5月15日开工，2013年11月30日完成全部渠道衬砌任务，实现主体工程基本完工。土建及设备安装工程共划分为3个施工标。

鹤壁一标：设计桩号（Ⅳ144＋600）～（Ⅳ155＋600），总长11km，渠段内共有各种建筑物23座，合同金额29 506.98万元，施工单位为中国水利水电第二工程局有限公司。

鹤壁二标：设计桩号（Ⅳ155＋600）～（Ⅳ169＋660），总长14.06km，共有各类建筑物24座，合同金额41 070.62万元，施工单位为中国人民武装警察部队水电第二总队。

鹤壁三标：设计桩号（Ⅳ169＋660）～（Ⅳ175＋432.8），总长5.832km，合同金额33 254.41万元，施工单位为中国水利水电第十二工程局有限公司。

安全监测及35kV永久供电线路安装项目与穿漳工程、汤阴段工程合并招标，施工单位分别为：黄河勘测规划设计有限公司和郑州众信电力工程有限公司。

2013年度完成投资约42 990万元，累计完成投资164 741万元。

（成德胜　侯　锐）

建设管理

鹤壁段工程建管模式开始采用代建制，通过公开招标最终选定由湖南澧水流域水利水电开发有限责任公司为现场建管单位，成立了湖南澧水流域水利水电开发有限责任公司南水北调中线干线鹤壁段代建项目管理部，下设工程部、计划合同部、综合部三个处（部）室。代建单位受项目法人的委托负责组织完成了鹤壁段工程招标、合同签订、工程建设管理等工作。

代建合同于2013年10月15日到期后，由河南直管建管局安鹤项目部负责鹤壁段现场建设管理。

河南直管建管局安鹤项目部作为中线建管局河南直管项目建设管理局派出机构，负责安阳鹤壁段工程现场建设管理。下设工程管理处、质量安全处、合同管理处、运行管理处四个处室。工程建设期间项目部主动与地方政府沟通和协调，组织各参建单位处理技术问题，并做好外部环境协调等，保证了工程建设顺利实施。

（成德胜）

工程进展

2013年进度目标：计划完成工程投资11 200万元，土石方开挖46万m^3，土石方填筑36.4万m^3，混凝土浇筑8.2万m^3。各标段进度目标：鹤壁一标完成工程投资2111万元，土石方开挖11.8万m^3，土石方填筑4.2万m^3，混凝土浇筑1.2万m^3。鹤壁二标完成工程投资4525万元；土石方开挖3万m^3，土石方填筑1.2万m^3，混凝土浇筑4.3万m^3。鹤壁三标完成工程投资4564万元，土石方开挖31.2万m^3，土石方填筑31万m^3，混凝土浇筑2.7万m^3。渠道衬砌全部完成，水工建筑物及桥梁建筑物全部完成主体工程，完成2013年底主体工程完工目标。

2013年鹤壁段工程实际完成投资34 053.6万元，完成土石方开挖83.7万m^3，完成土石方填筑89万m^3，完成混凝土浇筑15.4万m^3。各标段完成情况：鹤壁一标完成工程投资6808万元，土石方开挖21.6万m^3，土石方填筑14.7万m^3，混凝土浇筑3.3万m^3。鹤壁二标完成工程投资11 620.5万元；土石方开挖12.8万m^3，土石方填筑40.2万m^3，混凝土浇筑6.5万m^3。鹤壁三标完成工程投资15 625 1万元，土石方开挖49.3万m^3，土石方填筑34.1万m^3，混凝土浇筑5.6万m^3；渠道开挖、填筑、衬砌全部完成。河渠交叉建筑物共有4座，全部完成主体工程；左岸排水建筑物14座，全部完成主体工程；渠渠交叉建筑物5座，全部完成主体工程；分水口门3座，完成主体工程；桥梁建筑物35座，全部完成主体工程，全部具备临时通车条件。2013年鹤壁段工程超额完成全年投资、开挖、回填、混凝土浇筑等实物工程量，完成各项建设管理目标，渠道衬砌提前完成，提前完成了2013年主体工程完工目标。鹤壁段工程参建单位在“2012年9月至2013年6月南水北调中线干线工程建设劳动竞赛第1阶段”中，有2家施工单位、1家监理单位、1家设计单位全部获得一等奖。

鹤壁段金属结构设备及附件共约11 85.5t，2013年全部安装完成。电气设备安装共67套，启闭机共49套，已全部安装完成。

鹤壁段35kV线路共有杆塔159基，其中水泥杆15基；2013年全部完成开挖、浇筑、铁塔及架线施工。

（楚鹏程）

工　程　验　收

鹤壁段土建及设备安装工程土建部分（不含桥梁）共计264个分部工程，截至2013年底共验收139个分部工程，全部合格，其中优良128个，优良率92.1%；桥梁共计评定39个分部，全部合格。单位工程尚未验收。

2013年12月21～22日，中线建管局在河南省安阳市主持召开鹤壁设计单元工程项目法人验收（自查）会议，形成了《南水北调中线一期工程总干渠黄河北—羑河北段鹤壁段工程项目法人验收（自查）鉴定书》。

（成德胜）

运　行　管　理

鹤壁段共布置观测设施2057支（套），截至2013年底已安装1265支（套），其中内观仪器完好率为93.7%，外观设施完好率100%。监测资料显示，施工期变形、应力应变及渗压等监测量测值均在合理范围之内，各建筑物工作性态正常。

鹤壁段工程现场三级运行管理机构为鹤壁管理处，有关运行管理人员已陆续到位，开展了运行管理业务培训，配备了相关设备，正在进行相关制度的修订和完善工作。管理处用房在建。

（成德胜）

环境保护及水土保持

安鹤项目部重视鹤壁段工程水土保持和环境保护管理工作，督促参建各方特别是施工承包人制定水土保持和环境保护控制措施，避免在工程施工中因方法或管理不当造成水土流失和环境破坏，提高施工单位的水土保持和环境保护意识。每月及时审核工程水土保持、环境保护监理及监测单位的月报，并对数据进行分析对比，对超标项目及时督促监理、施工单位进行整改；鹤壁段工程施工沿线无随意倾倒的弃土、弃渣。3月份根据直管局要求编制了鹤壁段水土保持施工计划，4月份按照设计单元编制了水土保持措施完成情况，5月份对了鹤壁段水土保持工程项目进行统计。同时，积极与安鹤段水土保持、环境保护监理单位及监测单位进行联系沟通，建立了工作联系机制，并要求监理单位、监测单位开展每月、每季度的水保环保大检查，提出存在的问题，限期整改。并督促施工单位、监理单位按时编报水土保持月报、环境保护月报、水土保持和环境保护监测报告。鹤壁段共征用临时用地7545.16亩，已返还

4318.66亩，返还率为57%，其余临时用地正在进行平整清理中，并将及时进行移交、复耕。2013年鹤壁段工程无水土流失和环境破坏现象。

（楚鹏程）

工程度汛

在2013年防汛期间，安鹤项目部本着“安全第一、预防为主”的方针，按照“防大汛、防旱汛”的要求提前做好防汛度汛准备工作，对鹤壁段工程防汛工作进行了认真的安排部署，成立了安鹤段防汛工作领导小组，各施工单位也组建了应急抢险队伍，准备了防汛物资。已按要求编制完善了2013年鹤壁段工程度汛方案和防洪应急预案，并在地市县防汛抗旱指挥部进行了备案，同时已与地方防汛部门、上游库区、气象部门建立了工作互防联动机制；项目部设立了防汛办公室，安排人员24小时进行防汛值班。2013年汛期未发生汛情险情，实现了平稳度汛。

（楚鹏程）

汤阴段工程

工程概况

汤阴段设计单元是南水北调中线一期工程总干渠Ⅳ渠段（黄河北—羑河北）的组成部分，位于Ⅳ渠段中黄羑段的最北部，地域上属于河南省安阳市汤阴县。

汤阴段设计单元南起自鹤壁与汤阴交界处，与总干渠鹤壁段终点相连接，北接安阳段的起点，位于羑河渠道倒虹吸出口10m处，起点总干渠设计桩号为Ⅳ175+432.8，终点设计桩号为Ⅳ196+749。汤阴段全长21.316km，明渠段长19.996km，建筑物长1.320km。段内有各类建筑物39座。明渠段分为全挖方段、半挖半填段、全填方段。

汤阴段渠道设计过水断面为梯形断面，内边坡1:2.0 ~1:3.25，外坡1:1.5~1:2.5，底宽10.5~18.5m。渠道渠底纵比降采用1/23 000、1/28 000两种。设计水深均为7.0m。明渠段中渠道全挖方段长5.867km，全填方段长1.926km，半挖半填段长12.203km。渠道最大挖深19m，最大填高11.5m。汤阴段总干渠设计流量$245m^3/s$，加大流量$280m^3/s$。

工程于2009年5月22日开工，2013年11月25日完成全部渠道衬砌任务，实现主体工程基本完工。

土建及设备安装共划分为3个施工标，分别为：

汤阴一标：设计桩号（Ⅳ175+432.8）~（Ⅳ185+000），总长9.5672km，共有各类建筑物15座，合同总价26253万元。施工单位为中国水利水电第十工程局有限公司。

汤阴二标：设计桩号（Ⅳ185+000）~（Ⅳ191+000），总长6km，共有各类建筑物9座，合同总价20 622万元。施工单位为河北省水利工程局。

汤阴三标：设计桩号（Ⅳ191+000）~（Ⅳ196+749），总成5.749km，共有各类建筑物15座，合同总价27481万元。施工单位为北京市京水建设工程有限责任公司。

安全监测及35kV永久供电线路安装项目与穿漳工程、鹤壁段工程合并招标，施工单位分别为：黄河勘测规划设计有限公司和郑州众信电力工程有限公司。

2013年度完成投资约34 896万元，截至2013年底累计完成投资130 031万元。

（成德胜　侯　锐）

建 设 管 理

汤阴段建设管理模式自开工至2012年9月为代建制，代建单位为山西省万家寨引黄工程总公司，汤阴段代建项目管理部采用直线职能形式的组织结构，建设管理机构设项目经理1人，项目副经理4人，技术负责人1人，下设综合处、工程技术处、环境协调处和计划合同处四个部门，并在每个标段设立了现场工作组，负责现场质量、安全、进度、合同等的管理工作。

2012年9月代建合同到期后，由河南直管建管局具体负责汤阴段工程的现场建设管理工作。

河南直管建管局安鹤项目部作为中线建管局河南直管项目建设管理局派出机构，负责安阳—鹤壁段直管代建工程现场建设管理。下设工程管理处、质量安全处、合同管理处、运行管理处四个处室。安鹤项目部对工程质量、进度、档案、合同、安全生产与文明施工进行全面管理；工程建设期间项目部主动与地方政府沟通和协调，组织各参建单位处理技术问题，并做好外部环境协调等，保证了工程建设顺利实施。

（成德胜）

工 程 进 展

2013年进度目标：计划完成工程投资7862.3万元，土石方开挖18.2万m^3，土石方填筑9.8万m^3，混凝土浇筑5.1万m^3。各标段进度目标：汤阴一标完成工程投资2425.3万元，土石方开挖7万m^3，土石方填筑4.8万m^3，混凝土浇筑2万m^3。汤阴二标完成工程投资2488万元；土石方开挖4.2万m^3，土石方填筑0.7万m^3，混凝土浇筑1.8万m^3。汤阴三标完成工程投资2949万元，土石方开挖7万m^3，土石方填筑4.3万m^3，混凝土浇筑1.3万m^3。渠道衬砌全部完成，水工建筑物及桥梁建筑物全部完成主体工程；鹤壁段工程提前完成2013年底主体工程完工目标。

2012年汤阴段工程完成投资17 398.7万元，完成土石方开挖37万m^3，完成土石方填筑60.2万m^3，完成混凝土浇筑11.5万m^3；各标段完成情况：汤阴一标完成工程投资7514.6万元，土石方开挖11万m^3，土石方填筑23.9万m^3，混凝土浇筑4.3万m^3。汤阴二标完成工程投资4645.5万元；土石方开挖5.8万m^3，土石方填筑10.7万m^3，混凝土浇筑3.3万m^3。汤阴三标完成工程投资5238.6万元，土石方开挖20.2万m^3，土石方填筑25.6万m^3，混凝土浇筑3.9万m^3。渠道开挖、填筑、衬砌全部完成。河渠交叉建筑物共有3座，全部完成主体工程；左岸排水建筑物9座，全部完成主体工程；渠渠交叉建筑物4座，全部完成主体工程；节制闸1座，完成主体工程；桥梁建筑物19座，全部完成主体工程，全部具备临时通车条件。汤阴段工程汤河渡槽、淤泥河渡槽已完成充水试验，各项监测数据正常。2013年汤阴段工程超额完成全年投资、开挖、回填、混凝土浇筑等实物工程量，完成各项建设管理目标，渠道衬砌提前完成；汤阴段工程提前完成了2013年主体工程完工目标。汤阴段工程参建单位在“2012年9月至2013年6月南水北调中线干线工程建设劳动竞赛第1阶段”中，所有3家施工单位、1家监理单位、1家设计单位全部获得一等奖。

汤阴段金属结构设备及附件共约938.7t，2013年全部安装完成。电气设备安装共49套，启闭机共25套，已全部安装完成。

汤阴段35kV线路共有杆塔103基，其中水泥杆6基；2013年全部完成开挖、浇筑、铁塔及架线施工。

汤阴段工程试运行管理机构为中线建管局河南直管建管局。2013年6月，河南直管建管局在安鹤项目部内组建鹤壁管理处负责汤阴段工程管理用房建设。

（楚鹏程）

工 程 验 收

汤阴段土建及设备安装工程共计166个分部工程，截至2013年底共验收61个分部工程。其中水工部分共90个分部工程，已验收23个，优良23个，优良率100%，主要分部工程质量优良；桥梁共76个分部工程，已评定38个分部工程，评定等级为合格。单位工程验收尚未进行。

（成德胜）

环境保护及水土保持

安鹤项目部重视汤阴段工程水土保持和环境保护管理工作，督促参建各方特别是施工承包人制定水土保持和环境保护控制措施，避免在工程施工中因方法或管理不当造成水土流失和环境破坏，提高施工单位的水土保持和环境保护意识。每月及时审核工程水土保持、环境保护监理及监测单位的月报，并对数据进行分析对比，对超标项目及时督促监理、施工单位进行整改；汤阴段工程施工沿线无随意倾倒的弃土、弃渣。3月份根据直管局要求编制了汤阴段水土保持施工计划，4月份按照设计单元编制了水土保持措施完成情况，5月份对了汤阴段水土保持工程项目进行统计。同时，积极与安鹤段水土保持、环境保护监理单位及监测单位进行联系沟通，建立了工作联系机制，并要求监理单位、监测单位开展每月、每季度的水保环保大检查，提出存在的问题，限期整改。并督促施工单位、监理单位按时编报水土保持月报、环境保护月报、水土保持和环境保护监测报告。汤阴段共征用临时用地6697.92亩，已返还2549.04亩，返还率为38%，其余临时用地正在进行平整清理中，并将及时进行移交、复耕。2013年汤阴段工程无水土流失和环境破坏现象。

（楚鹏程）

工 程 度 汛

在2013年防汛期间，安鹤项目部本着“安全第一、预防为主”的方针，按照“防大汛、防早汛”的要求提前做好防汛度汛准备工作，对汤阴段工程防汛工作进行了认真的安排部署，成立了安鹤段防汛工作领导小组，各施工单位也组建了应急抢险队伍，准备了防汛物资。已按要求编制完善了2013年汤阴段工程度汛方案和防洪应急预案，并在地市县防汛抗旱指挥部进行了备案，同时已与地方防汛部门、上游库区、气象部门建立了工作互防联动机制；项目部设立了防汛办公室，安排人员24小时进行防汛值班。2013年汛期未发生汛情险情，实现了平稳度汛。

（楚鹏程）

潞王坟试验段工程

工 程 概 况

南水北调中线一期工程总干渠膨胀岩（土）试验段工程（潞王坟段），位于南水北调中线工程总干渠第Ⅳ渠段，在新乡市潞王坟乡。潞王坟试验段主体工程项目包括渠道工程1.5km，试验段工程，两泉路公路桥桥梁一座。渠道工程共分试验段和非试验段，其中试验段渠道长度568m，渠道属深挖方，最小挖深约15m，最大挖深约42m。渠道设计流量$250m^3/s$，加大流量$300m^3/s$；渠道设计纵比降为1/20 000；渠道过水断面呈梯形，设计底宽9.5～12m，设计水深7m。两泉路公路桥桥梁荷载等级由原来的公路-Ⅱ级变更为公路-Ⅰ级，上部梁体结构采用装配式预应力混凝土箱梁结构，下部支撑结构采用钢筋混凝土三柱式排架结构，钻孔灌注桩基础。渠道开口宽173.6m，桥长按渠道开口宽布置，采用跨径为（5×35）m，全长175m，共5跨。桥梁渠道夹角为66°，桥梁斜度按24°设计。桥面净宽14m，两侧各设0.5m宽防撞护栏，总宽15m，桥面双向横坡为2.0%，桥面纵向坡度为0.87%。地震动峰值加速度为0.2g。

（温娟娟）

工 程 投 资

2013年，潞王坟试验段工程形成材料、机械设备、人员投入等分类投资结构模式，投入计划按月进行分解，按照南水北调中线干线工程年度施工进度计划分解表的具体要求进行投资计划安排。2013年潞王坟试验段工程完成投资1338.9万元。

（温娟娟）

建 设 管 理

2013年，潞王坟试验段项目部针对试验段工程施工的特点、难点，多措并举推进工程进度。一是潞王坟试验段项目部编制优化专项施工方案、作业指导书，合理配置人员、机械、材料和资金等资源，以确保计划体系的时效控制性；二是对各种影响施工进展的问题及时协调处理；三是明确工程施工的关键线路和关键项目，制订关键项目节点工期目标和计划达到的形象进度目标；四是项目部根据工程的施工规模、专业特点和地域特点，提供各种进度计划保证措施，组建工程施工中专业技术拔尖，管理经验丰富的骨干人员成立进度管理领导小组，进行分片、分项督促管理，明确各自的职责，逐级落实责任制。五是根据总体建设方案制订年、月、周进度计划，作为进度控制的依据，以周计划保月计划，以月计划保年计划。

潞王坟试验段项目部制定和完善岗位质量规范、质量责任及考核办法，落实质量责任制。加强质量检验工作，执行“三检”制，实行“质量一票否决权”，做好对工程质量的全过程控制。配备专业专职质量检测人员5名，全部持证上岗。结合工程进展情况，实时在单元工程完成达到验收条件后，按照验收评定标准收集整理检测评定资料，及时验收评定。主要措施：建立质量管理组织机构；完善各项质量管理资料；对重要工序和关键部位施工实施动态跟踪管理；强化质量检查验收及质量评定。

2013年，项目经理同部门负责人签订安全生产目标责任书7份，各部门负责人同部门员工签订目标责任书10份。与作业班组签订安全生产协议书、环境职业健康安全目标管理责任书共9份；对新进职工进行三级安全教育和岗前培训393人，同每个作业人员签订劳动合同书，共签订劳动合同210份，签订农民工参加意外伤害保险协议书210人。根据不同的工种和工作性质，对挖掘机、装载机、压路机、起重机操作人员、混凝土工、钢筋工、木工、架子工、电工等10多个工种分别进行安全技术交底共226人，召开特种作业人员专项安全教育会议26次，召开项目部各种形式的安全会议31次，全年实现了施工生产无事故的成绩。

潞王坟试验段项目部建立健全文明施工保证体系，成立文明施工领导小组，制订安全文明施工目标及文明施工方案，分别从开展“6S”活动，合理定置人、物、机，推行目视管理，搞好外部环境管理。项目部生活区基础设施齐全，舒适干净、布置合理；施工区管理规范，道路、场地平整规范，施工材料摆放整齐，标示明确，各种宣传、警示标牌齐全；施工区环境保护、水土保持措施有效，无污染和危害现象；项目部积极开展丰富多彩的文体活动，职工展现良好的精神面貌。2013 年度项目部实现工区整洁，工作有序，路畅人和，安全文明的目标。

（温娟娟）

工　程　进　展

2013 年度建设完成两泉路公路桥施工，达到初步通车条件，完成渠道改性土换填施工，完成渠道混凝土衬砌施工。2013 年完成土石方开挖约 8.717 万 m^3，土石方回填约 11.38 万 m^3，渠道混凝土衬砌及两泉路公路桥混凝土浇筑 9839m^3，钢筋制作安装 93.14t。

（温娟娟）

工　程　监　理

2013 年土建标段共评定单元工程 367 个，其中按水利行业标准评定 318 个，全部合格，优良 295 个，优良率为 92.77%；按其他行业标准进行评定 49 个，全部合格，合格率为 100%。工程没出现质量事故，施工质量处于受控状态。

安全生产总体处于可控状态，未发生任何责任安全事故。

（赵向锋）

质　量　管　理

潞王坟试验段项目部成立以项目经理为组长的质量管理领导小组，副组长由项目副经理和总工共同兼任，专业的质量检测人员为成员，领导并实施本项目运行过程中的质量管理工作，明确质量管理目标及质量管理责任制。坚持全面、全员、全过程质量管理理念，立足事前预防，强化过程控制和细节管理，推进工程质量管理的制度化、精细化和系统化。

质量管理体系：潞王坟试验段项目部推行全面质量管理，建立以质量意识、技术素质为基础，组织机构、规章制度、物资设备、经济等为保证，技术措施、检查、检测试验为控制的质量保证体系，制订和完善岗位质量规范、质量责任及考核办法，落实质量责任制。质量保证体系的实施通过一个不断持续改进的 PDCA 循环来实现、促进体系的逐步完善、持续改进和不断提高，加强质量检验工作，执行“三检”制，实行“质量一票否决权”，做好工程质量的全过程控制。

质量管理制度：项目部根据工程施工的需要，制定各项质量保证制度，上岗培训制度，质量技术交底制度，测量放线控制制度，原材料、构配件、中间产品及设备质量检验和保管制度，工序（单元）检验制度，工序交接制度，工程质量检测制度，隐蔽工程及关键部位验收制度，工程质量验收制度，质量否决及考核制度，样板引路制度，质量缺陷记录和处理方案审查制度。项目部质量管理领导小组监督各项质量保证制度的实施和落实。

检查验收：施工工序的初检记录齐全、真实，并有初检人员签字。单元工程质量评定表后面附检验记录，在单元工程完工后及时评定，在评定表后附检验记录，填写符合规定要求，有监理工程师的审核签字。混凝土浇筑、土方填筑的检测频次按规范要求实时进行。项目部配备质量资料员 2 名，文件资料及时、完整归档，符合质量管理制度规定要求。

质量评定及原材检测：所用原材料均有出厂合格证、实验报告单、产品质量证明书等相关资料。2013 年，进场原材料检查、检验共 106 批，检验指标均符合有关规定。中间产品混凝土试块共检测206组，试件均满足设计要求，全部合格。土石方质量检测：在施工过程中共计进行试验检测1340组，合格1340组，合格率100%。潞王坟试验段共评定单元工程367个，其中按水利行业标准评定318个，全部合格，优良295个，优良率为92.8%；按其他行业标准进行评定49个，全部合格，合格率为100%；评定分部工程15个，其中优良9个，5个非水利分部工程评定合格；评定单位工程1个。

（王恒阳）

安 全 生 产

建立健全安全管理监督体系和保证体系。项目部成立以项目经理为组长，安全生产副经理为副组长，各部门负责人、各工作面专职安全员、兼职安全员为成员的监督管理领导小组，领导并实施本项目运行过程中的安全管理工作，监督各项规章制度及各级人员责任制的落实，根据项目部实际情况，建立安全保证体系，提供组织保证、思想保证、制度保证、技术保证、资金保证，保证项目的安全施工，最终实现安全目标。

落实安全生产责任。为全面落实安全生产责任制，做到“横向到边、纵向到底”，层层签订安全生产管理责任书。项目经理同部门负责人签订安全生产目标责任书7份，各部门负责人同部门员工签订目标责任书10份。实行安全生产目标管理奖励和罚金制度，经理层、各部门负责人缴纳安全生产风险抵押金1.35万元，年终进行安全生产目标考核，安全生产领导小组成员缴纳保证金，年终考核对完成责任目标者退还保证金，并给予对等奖励；未完成责任目标者没收保证金。各施工班组负责人与项目部签订安全生产责任书9份，签订安全生产协议书9份。缴纳安全生产保证金4.5万元，年终考核根据完成责任目标情况，进行奖励和处罚。

安全生产大检查及考核。项目部根据检查的内容及目的进行定期安全生产检查、专业性、经常性、季节性及节假日前后等安全生产大检查，检查安全生产责任制的建立及落实情况，安全技术措施的科学性，施工现场高边坡、高空支、拆模板、脚手架及高空作业、大型机械设备、改性土换填施工、塌滑体等重点部位和关键环节的安全管理情况，施工现场危险源管理情况，编制的安全专项方案是否具有可操作性，施工作业人员是否持证上岗以及安全教育和安全技术交底情况、安全防护情况、安全生产管理人员到岗情况。根据安全管理要求及检查情况，项目部制定管理人员责任考核表及施工班组责任考核表，项目部组织年度安全生产考核，根据考核情况，对安全生产做出贡献者提出表扬和奖励；对事故负有责任人员提出批评和处罚。

制度建设与安全培训。制定安全生产责任制度、安全生产目标管理制度及奖惩制度、安全教育培训制度、安全生产检查、隐患排查整改制度、安全生产事故报告制度、特种设备和特种作业人员管理制度、消防安全管理制度、劳动防护用品管理制度、班组安全生产管理制度、安全技术交底制度、机械设备安全管理制度等。项目部始终坚持“以人为本，安全至上”的安全管理理念，根据员工从事的工种、技术熟练程度的不同，进行有针对性的培训教育来提高各级人员的安全生产知识和安全生产管理水平，重点抓新进场人员三级教育和岗前安全教育、特种作业人员的培训教育、班组长、安全员培训、消防知识培训、施工用电安全等培训，提高职工安全意识。安全部通过不间断的进行安全技术交底工作，提高作业人员的安全操作技能。2013年安全部组织各种安全教育26次，累计教育人数达226人，安全技术交底26次，累计交底人员226人。对新进职工进行三级安全教育和岗前培训226人，同每个作业人员签订劳动合同书，共签订劳动合同210份，签订农民工参加意外伤害保险协议书210人。召开各种安全会议31次，累计参加人数306人。

应急预案及重大危险源管理。项目部制定触电事故专项安全应急预案、脚手架事故专项安全应急预案、机械伤害事故专项安全应急预案、高处坠落专项安全应急预案、坍塌事故专项安全应急预案、火灾事故专项安全应急预案、交通事故专项安全应急预案、爆破事故专项安全应急预案、防汛专项安全应急预案、中毒事故专项安全应急预案等各种应急预案。制订应急预案演练计划，通过实际演练、桌面演练、提问讨论式演练、全部预案、部分预案等演练方式，检验项目部编制的应急体制运行畅通性；检验应急预案的完善性和可操作性。2013年共进行各种演练1次。建立健全并落实重大危险源的管理制度，制订目标指标及管理方案，制订管理程序及应急预案，加强安全培训和教育及现场监督，对重大危险源实行动态管理，及时对危险源进行评价，分析危险源状况，及时提出安全保证及整改措施，定好整改责任人及期限。做好重大危险源管理工作，防止重大安全生产事故的发生，保证安全施工。

（温娟娟）

安阳段工程

工程概况

南水北调中线一期工程总干渠安阳段处于Ⅳ渠段的最北部，南起羑河渠道倒虹吸出口，北接Ⅴ渠段（穿漳工程）的起点，全长40.262km，其中渠道长39.299km。沿渠共布置各类交叉建筑物76座。总干渠设计流量245～235m^3/s，设计水深7.0m，渠道纵比降1/28 000，输水横断面采用梯形明渠，渠道边坡为1∶2～1∶3，渠底宽12.0～18.5m。

（马树军）

工程投资

2013年，安阳段计划完成投资7183.3万元，实际完成建安投资15 224万元，占年计划的211.94%，累计完成投资163 615.4万元（含有已结算价差17 034万元）。全年共初审了工程变更115项，变更增加投资金额1963.56余万元。累计审核工程变更474项，变更增加投资金额24 112.25余万元，其中30万元以上91项，30万元及以下383项。

2013年是安阳段工程开工建设的第八年，工程建设已进入扫尾阶段。安阳段建管处在确立的静态控制与动态管理之投资控制管理框架下，进一步加大工程变更审核力度，全年经审核增加变更投资1963.56万元，及时有力的补充了工程建设资金，为正常的工程建设提供了可靠保证。完成了膨胀岩渠坡处理重大设计变更安阳段第一、二、三、七、八标段的报价审核和合同签订工作，预估增加投资约3.4亿元。2013年11月13日，安阳段主体工程浇完了最后一仓混凝土。11月21～23日，通过了中线建管局组织的“南水北调中线一期工程安阳段设计单元工程项目法人验收（自查）”，这标志着安阳段已全面进入工程验收阶段。12月6～9日，安阳段工程通过了国务院南水北调办组织的“南水北调中线一期工程安阳段设计单元工程通水验收技术性初步验收”。

（马树军）

招标投标

2013年9月，安阳段35kV供电线路工程完成招、投标与合同签订工作，由安阳优创实业有限责任公司承建，监理单位为豫电监理咨询有限公司，2013 年 9 月 10 日开工。

（马树军）

建 设 管 理

确保本工程静态投资控制在与项目建设管理单位管理的内容对应的项目管理预算（即分解后的项目管理预算）之内。

确保工程建设在 2014 年 5 月 30 日之前完工。

确保单元工程全部合格，优良率达到 85% 以上，单位工程外观质量得分率 85% 以上，无重大质量事故。

确保杜绝群死、群伤的重特大事故发生，避免较大事故发生，减少一般事故发生，力争实现事故死亡率“零”目标。

达到南水北调工程“文明工地”标准，达到环保水保设计目标。

2013 年安阳段未发生一起质量、安全事故，基本实现年度建设任务。

（马树军）

工 程 进 展

2013 年度安阳段工程计划完成土石方开挖 5 万 m^3、土石方回填 4.1 万 m^3、混凝土 3.9 万 m^3、投资 7183.3 万元（土建施工标段）。

截至 2013 年 12 月，安阳段年度计划施工内容已全部施工完毕，主体工程全部完成。本年度安阳段工程共完成土石方开挖 11 万 m^3，占计划的 220%；完成土石方回填 4.96 万 m^3，占计划的 121%；完成混凝土 4.24 万 m^3，占计划的 110%；完成投资 14 667 万元（不含价差），占计划的 204.18%。

安阳段渠道累计开挖成型 39.299km，累计成型占总长 39.299km 的 100%；累计填筑成型 39.299km，累计填筑占总长的 100%；累计衬砌 39.299km，累计衬砌占总长的 100%。

3 座河渠交叉建筑物，16 座左岸排水倒虹吸，9 座渠渠交叉建筑物（渠渠倒虹吸），安阳河退水闸、南流寺分水口门、小营分水口门，3 标洪河渠道倒虹吸出口、6 标安阳河渠道倒虹吸出口、4 标张北河暗渠金属结构，全部完成。

共有 26 座公路桥，均临时通行，共有 17 座生产桥，均完成引道填筑并临时通车；安李支线铁路桥正线开通运行，便线拆除。安阳段所有桥梁均向渠道标段移交工作面，但无法向运行管理单位移交管理权。

（马树军）

工 程 监 理

2013 年度监理部完成单元工程的质量评定 2320 个，全部合格，其中优良 2057 个，单元工程优良率 88.7%；分项工程评定 16 个，全部合格；分部工程验收 286 个（含桥梁分部工程 134 个），分部工程质量全部合格，分部工程优良率为 91.4%。安阳段未发生质量和安全事故，工程质量和安全生产全面处于受控状态。

2013 年度监理根据计量支付原则受理施工单位各类支付申请，累计支付各施工单位工程价款 2.39 亿元。

2013 年 12 月 6 日，安阳段工程通过通水前技术通水验收。

监理工作管理：监理部实行总监负责制，总监代表公司主持监理部全面工作。2013 年进场监理人员 35 人。其中，监理工程师 20 人，监造工程师 3 人，监理员 12 人，均持证上岗，满足工程建设和现场监理工作需求。

（何向东　高保真）

质 量 管 理

在工程质量管理过程中，充分发挥质检

机构、管理体制体系和专职质检机构的监督职能，按照工程质量管理制度，严格监督和验收程序，有力促进了质量管理工作的有序开展，顺利完成了主体工程建设和通水前验收工作。2013 年，安阳段工程质量验收合格率100%，单元工程优良率85%以上，确保优良工程。

在工程建设中，各单位在总目标的基础上确立了质量分项目标。其中，在工程验收和质量评定过程中，严格程序、严格把关。在工程验收阶段，安阳段建管处完善各种工程验收制度，组成验收工作小组，加强对重要工序、关键部位及分部工程验收工作的管理。在对工序工程特别对重要工序、关键部位的控制上，要求施工单位严格履行工序质量“三检制”，按程序进行报验，验收小组依据设计标准、相关规范、规程进行验收，发现问题立即进行整改，确保工序工程质量；在分部工程的验收上，建管处重点从工程实体质量、竣工资料整理、缺陷处理、遗留问题处理等几个关键环节抓起。在分部工程验收前，通过对工程实体质量进行外观检查、检测等手段，对分部工程外观质量进行评定；要求参建各方对竣工资料按照有关要求进行认真审查，发现问题及时下发整改通知要求施工单位进行整改，确保竣工资料的真实性、完整性和规范性；存在质量缺陷的分部工程验收前必须整改完成，不留隐患；有遗留问题的要制订切实可行的方案和计划限期完成，不留尾巴。由于采取以上措施，有效地保证了工序工程和分部工程的验收质量。

截至2013 年底，安阳段共验收单元工程15 965 个，其中，优良单元工程 14 561 个，单元工程优良率 91.3%；共验收分项工程5234 个，全部合格；共验收分部工程 330 个，按水利标准评定的分部工程工程 152 个，全部合格，其中优良分部工程 139 个，分部工程优良率 91.4%；按非水利标准验收的分部工程 178 个，全部合格。

（杨德峰）

穿 黄 工 程

工 程 概 况

穿黄工程位于河南省郑州市黄河京广铁路桥上游约 30km 处，于孤柏山湾横穿黄河。工程南岸起自荥阳市王村化肥厂南的 A 点，终点为北岸温县南北张羌乡马庄东的 S 点，总长 19.30km，设计流量为 265m^2/s、加大流量为 320m^2/s。

穿黄工程为一等工程，由南岸明渠、南岸退水建筑物、进口建筑物、穿黄隧洞段、出口建筑物、北岸明渠、北岸新蟒河渠道倒虹吸、老蟒河河道倒虹吸、北岸防护堤、南北岸跨渠建筑物和南岸孤柏嘴控导工程等组成。

穿黄工程为一等工程，穿黄隧洞及其进出口、退水闸（洞）、南岸连接渠道、北岸明渠和新、老蟒河倒虹吸及其他交叉建筑物等为 1 级建筑物，北岸防护堤、孤柏嘴护湾防护工程等次要建筑物为 3 级建筑物，临时工程为 4 级建筑物。

（崔　娇　张文博）

工 程 投 资

2013 年，穿黄工程计划完成投资 11 368 万元（工程部分），实际完成投资 29 902 万元，占年计划的 263%。截至 2013 年底，穿黄工程所有合同项目累计完成投资 27.16 亿元，完成合同金额的 125%。

（赵林涛）

建 设 管 理

穿黄工程的建设管理模式为直管制，由南水北调中线干线工程建设管理局河南直管项目建设管理局郑焦项目部负责工程的建设管理。

2013年，穿黄工程质量情况基本稳定，未发生任何质量事故，优良率数控指标均保持较高水平，共完成1879个单元工程，其中1829个单元工程优良，优良率97.3%，工程质量优良。

（崔　娇　杨永来）

工 程 进 展

2013年穿黄工程完成土石方开挖31.77万m^3，土石方填筑29.29万m^3，混凝土浇筑4.9万m^3，退水洞掘进92m，渠道边坡衬砌1769m，渠道底板衬砌884m。截至2013年底，穿黄工程渠道开挖、填筑、衬砌全部成型；2座河渠交叉建筑物、1座左岸排水建筑物，主体工程均已完成；14座跨渠桥梁，均已通车，16套闸门埋件，10扇闸门均已安装完成。

（张文博）

工 程 验 收

穿黄工程共划分178个分部工程，其中，水工分部工程130个，桥梁分部工程22个，管理处分部工程12个，安全监测分部工程11个，35kV永久供电线路分部工程12个。穿黄工程已验收/评定分部工程95个，其中，水工分部工程79个，管理处分工程4个，安全监测分部工程7个，35kV永久供电线路分部工程5个。

（徐志一）

环境保护及水土保持

郑焦项目部要求各监理单位积极督促施工单位遵守有关环境保护的法律、法规和合同规定，采取合理的措施保护环境。做好施工开挖边坡、基坑的支护和排水，设置沉淀池对拌和系统废水集中沉淀处理，定时在施工主干道洒水，加强对噪声、粉尘、垃圾的控制和治理防止污染，保持了施工区和生活区的环境卫生，达到环境保护要求。

在水土保持方面，项目部要求各监理部督促施工单位必须遵守国家有关法律、法规规定，按照设计单位印发的水保临时措施施工技术要求、设计征地图纸控制永久用地和临时占地面积，认真做好水土保持工作。如施工道路、厂区硬化、设置排水沟，及时平整弃渣场、做好坡面防护和表面排水等。工程完工时做好现场清理，能及时移交临时占地；渣场无水土流失，符合水土保持要求。

（崔　娇）

沙河南—黄河南段工程

沙 河 渡 槽 工 程

工 程 概 况

沙河渡槽工程是南水北调中线一期工程总干渠沙河南—黄河南的组成部分，位于河南省鲁山县城东约5km处，总干渠桩号［SH（3）0+000］～［SH（3）11+938.1］，全长11.938km；其中明渠长2.888 1km，建筑物长9.05km。总设计水头差1.881m，其中渠道占用水头0.111m，建筑物占用水头1.77m。设计流量320m^3/s，加大流量380m^3/s。该工程跨沙河、将相河、大郎河三条河流，各类交叉建筑物共13座，其中渡槽1座（统称沙河渡槽），包括沙河梁式渡槽、沙河—大郎河箱基渡槽、大郎河梁式渡槽、大郎河—鲁山坡箱基渡槽和鲁山坡落地槽；左岸排水建筑物5座，节制闸1座，退水闸1座，桥梁工程5座。

（刘　洋　陈凯歌　赵　峰）

工 程 投 资

沙河渡槽工程批复总投资295 188万元，其中静态总投资282 666万元，建设期融资利息12 522万元。

工程部分静态投资225 762万元，其中建筑工程157 283万元，机电设备及安装工程653万元，金属结构设备及安装工程995万元，临时工程10 555万元，独立费用43 737万元，基本预备费12 540万元；移民环境投资32 295万元；其他部分8603万元（包括公路交叉建筑物5852万元、供电线路425万元、生产桥599万元、电力设施复建1727万元）；国务院南水北调办批复重大设计变更1180万元；2009～2012年价差14 826万元。

2013年追加投资包括国务院南水北调办批复高填方渠段加强安全措施概算1180万元、新增建设期贷款利息5295万元、2012年价差6956万元。

2013年沙河渡槽工程计划完成投资29 585万元（工程部分），实际完成投资48 430万元，完成年计划的164%。截至2013年底，沙河渡槽工程所有合同项目累计完成投资208 587万元，完成合同金额的116%。

（赵本基　张晓亮）

建 设 管 理

沙河渡槽工程的建设管理模式为直管制，由南水北调中线干线工程建设管理局河南直管项目建设管理局（以下简称河南直管建管局）负责工程的建设管理。河南直管建管局下设安鹤项目部、郑州项目部、平顶山项目部、南阳项目部、工程管理处、技术管理处处、合同财务处、机电与信息管理处、综合处9个职能处室，沙河渡槽工程的现场协调和管理由平顶山项目部负责。

根据工程特点和工作的需要，平顶山项目部内部实行逐级负责的岗位责任制，以部长为领导层，下设工程管理处（含综合职能）、质量安全处和合同管理处三个处室，明确各岗位分工、责任到人，主要履行对沙河渡槽工程的设计、监理、施工等各参建单位在施工准备阶段、建设实施阶段、竣工验收、移交阶段和缺陷责任期阶段的管理职能，以及代表河南直管建管局实施对叶县段代建项目的协调、监督管理等。正式职工46人，外聘职工6人。办公地点设在河南省平顶山鲁山县境内。

沙河渡槽工程于2009年12月30日开工。工程开工后，平顶山项目部按照河南直管建管局的“规范管理、技施创新、和谐共建、过程受控、质量一流”的指导思想，树立“营造和谐文明建设环境、创建世纪一流精品工程”的管理目标。以工程建设管理为中心，不断健全质量、安全、进度及文明施工、环保、水保等管理体系。设立专人负责质量、进度、安全、文明施工、信息、监理工作管理等项工作，严格按照河南直管建管局制定的各项管理规章制度，充分依靠建设监理对工程进行制度化、规范化管理，不断提高工程管理水平，全方位全过程加大管理力度，保证工程建设顺利进行。

（刘　洋　陈凯歌　赵　峰）

工 程 进 展

2013 年，沙河渡槽工程完成土石方开挖 31.16 万 m^3，土石方回填 27.27 万 m^3，混凝土浇筑 24.77 万 m^3；开工以来累计完成土石方开挖 304.70 万 m^3，土石方回填 224.4 万 m^3，混凝土浇筑 128.10 万 m^3。

工程形象进度：

Ⅰ标：沙河梁式渡槽累计完成 47 跨下部结构施工，占总跨数 47 跨的 100%；累计完成 188 榀渡槽预制，占 188 榀渡槽的 100%；累计完成 188 榀渡槽架设，占 188 榀渡槽的 100%；大郎河梁式渡槽下部结构累计完成 10 跨，占总跨数 10 跨的 100%；渠道累计开挖填筑成型2.838 1km，累计成型占总长2.838 1km 的 100%，累计衬砌成型 2.838 1km；4 座桥梁全部通车。

Ⅱ标：沙河—大郎河箱基渡槽累计完成单联 356 节箱涵底板、356 节箱涵侧墙、356 节槽身底板、356 节槽身侧墙混凝土浇筑；累计完成 178 节整节槽身侧墙，占总节数 178 节的 100%。

Ⅲ标：大郎河—鲁山坡箱基渡槽基础处理完成，累计完成单联 188 节箱涵底板、188 节箱涵边墙、188 节槽身底板、188 节槽身侧墙混凝土浇筑，累计完成 94 节，占总节数 94 节的 100%；鲁山坡落地槽累计完成 94 节底板、94 节侧墙混凝土浇筑，累计完成 94 节槽身段浇筑，累计完成占总节数（落地槽）94 跨的 100%。左岸排水建筑共 4 座，完成主体工程施工；三街西公路桥基本通车。

（刘 洋 陈凯歌 赵 峰）

运 行 管 理

沙河渡槽工程所属管理机构河南分公司及三级管理处正在筹备组建，工程进入待运行期后将履行管理维护职责。根据《南水北调待运行期工程管理维护考核办法》（国调办建管〔2012〕268 号）等规定，各级工程管理机构应建立健全待运行期工程管理维护目标责任制，落实组织管理、安全管理、工程管理和经费管理责任，强化待运行期工程管理维护考核工作，保障工程完好和安全。

按照“管养分离”的管理原则，计划闸站操作、运行调度、工程巡视等任务以“自我人员为主”，维修养护工作委托有相应资质的企业负责实施。

《河南段各设计单元的工程待运行期管理维护方案》已经编制完成，已上报国务院南水北调办待审核，《河南段各设计单元的工程待运行期管理细则》正在进行编制。2013 年 8 月河南直管局从项目部运行管理人员中选拔专业干部，集中进行为期 4 个月的专业技术培训，为今后运行工作打好基础，确保运行管理工作的顺利进行。

（刘 洋 陈凯歌 赵 峰）

环境保护及水土保持

平顶山项目部安排专人负责环境保护及水土保持管理工作，督促环保监理认真开展工作，对辖区内的施工、营区等区域开展环保监测评估，及时向施工单位发出预警信息，对存在的问题的标段督促其整改到位。对辖区内的弃渣场，按水保图纸、地方政府主管部门相关规定要求施工，在汛期前组织大排查，发现隐患及时整改，确保了工程的顺利进行。

（刘 洋 陈凯歌 赵 峰）

鲁山北段工程

工程概况

鲁山北段工程为一个设计单位，渠道全长7.744km，渠线穿越10条较小排水沟河。总干渠与沿线灌渠、公路的交叉工程全部采用立交布置型式，沿线建筑物工程有左岸排水倒虹吸、渠渠交叉、控制工程和路渠交叉工程4种类型。共有各类建筑物24座，其中初设批复左岸排水建筑物10座；渠渠交叉建筑物3座；跨渠公路桥5座，生产桥5座；另有设计变更增加分水口门1座。

建设内容：鲁山北段工程建设内容主要包括土建及设备安装工程、安全监测仪器设施安装工程及35kV永久供电线路工程。

工程规模：沿途与10条较小河流，3条现有灌溉渠道，5条等级公路交叉，总干渠上建筑物共24座。其中：渠渠交叉建筑物3座，左岸排水建筑物10座，跨渠公路桥5座，生产桥5座。另有设计变更增加分水口门1座。渠道设计流量320m^3/s，加大流量380m^3/s。渠道设计水深为7.0m，加大水深为7.643～7.656m，设计底宽22.5～25m。起点设计水位130.489m，终点设计水位130.191m。总设计水头差0.298m。张村分水口门设计流量1m^3/s，设计水头0.02m。

设计标准：鲁山北段工程为一等工程，总干渠及其交叉建筑物等主要建筑物级别为1级，附属建筑物与河道护岸工程等次要构筑物级别为3级，临时建筑物级别为5级。本渠段共10座桥梁，5座公路桥中，汽车荷载等级为公路-Ⅰ级的2座、公路-Ⅱ级的3座；5座生产桥的汽车荷载等级为公路-Ⅱ级。地震动峰值加速度$<0.05g$，相应的地震基本烈度小于Ⅵ度，抗震设防烈度采用Ⅵ度。左岸排水建筑物防洪标准按50年一遇洪水设计，200年一遇洪水校核。

（卢晓东）

工程投资

鲁山北段工程批复总投资68 180万元，其中静态总投资67 245万元，建设期融资利息935万元。

工程部分静态投资27 694万元，其中建筑工程20 800万元，机电设备及安装工程20万元，临时工程849万元，独立费用4457万元，基本预备费1568万元；移民环境投资23 797万元；其他部分7701万元（包括公路交叉建筑物5512万元、供电线路246万元、生产桥1943万元）；国务院南水北调办批复重大设计变更4846万元；2009～2012年价差3207万元。

2013年追加投资包括国务院南水北调办批复高填方渠段加强安全措施概算241万元和2012年价差2532万元。

2013年鲁山北段工程计划完成投资5595万元（工程部分），实际完成投资13 308万元，完成年计划的238%。截至2013年底，鲁山北段工程所有合同项目累计完成投资40 195万元，完成合同金额的132%。

鲁山北段工程投资控制工作由河南直管局平顶山项目部合同管理处归口管理，全面负责协调、处理工程投资控制及其相关制度的完善建设。2013年平顶山项目部根据“投资风险防控年”主题年活动指导思想和精神，做好投资统计和投资控制分析，及时分析合同执行中出现的问题，针对合同问题，参建各方采用联合办公方式，提高处理问题效率，有效完成主题年活动目标，确保建设资金供应和投资控制目标实现。

（赵本基　张晓亮）

建设管理

（一）工程建设组织管理

鲁山北段工程的建设管理模式为直管制，由南水北调中线干线工程建设管理局河南直管项目建设管理局（以下简称河南直管建管局）负责工程的建设管理，鲁山北段工程的现场协调和管理由平顶山项目部负责。

平顶山项目部内部实行逐级负责的岗位责任制，以部长为领导层，下设工程管理处（含综合职能）、质量安全处和合同管理处三个处室，明确各岗位分工、责任到人，主要履行对鲁山北段工程的设计、监理、施工等各参建单位在施工准备阶段、建设实施阶段、竣工验收、移交阶段和缺陷责任期阶段的管理职能，以及代表河南直管建管局实施对叶县段代建项目的协调、监督管理等。项目部成立了以部长为组长、各参建单位负责人为成员的工程质量、安全、防汛及文明工地建设领导小组，明确了内设机构及岗位职责，制定了工程质量管理、进度管理、价款结算、合同管理、安全生产、文明工地建设、防汛值班和档案等多项管理制度。主要职责是：执行国家及南水北调工程建设管理的法律法规，贯彻落实中线建管局的方针政策和重大决策，对工程建设期间的投资、质量、进度、安全负责。正式职工46人，外聘职工6人。办公地点设在河南省平顶山鲁山县境内。

（二）进度控制

平顶山项目部严格执行有关进度管理的文件，坚持以日计划保周计划，以周计划保月计划，以月计划保季计划，以季计划保年计划，以年计划保总计划的方针，落实进度计划。关键项目控制到天，一般项目控制到周，相关管理人员通过关键项目的日统计、监理周进度例会、月度和季度管理考核和工程管理会议检查进度，及时纠偏和调整，并通过各个层级的各类报表提出专题分析报告，制作柱状分析图，描绘直观形象进度图，保证各阶段进度目标的实现。同时，积极与地方政府、市（县）南水北调办进行征地迁建等沟通协调，做好计划安排，事先分析矛盾，采取预防措施，为工程建设创造良好的外部环境，进而保证实现合同工期目标。

鲁山北段工程管理实施月（季）度考核制，考核由平顶山项目部组织，监理部和各承包人参与。每次考核包括施工现场检查、资料内业检查，打分、评比和通报，月（季）度考核结果在平顶山项目部工程内部进行通报。对于检查出来的问题，要求各参建单位进行整改，并上报整改报告。为督促工程建设监理发挥其工作职能，项目部每月（季）度对工程建设监理的管理进行专门考核，并进行打分和通报，对于检查出来的问题，要求监理人进行整改，并上报整改报告。项目部每月召开一次月进度协调例会，检查各标段工程进展情况，解决存在问题，部署下步工作。施工承包人按时编制施工周报、施工月报、施工季报和施工年报，报送监理部和项目部；监理部同步编制监理周报、监理月报、监理季报和监理年报，报送至平顶山项目部。项目部每月通过工程建设信息周报、施工信息月报、《工程建设管理月报》等反馈至河南管理局，各项管理工作全过程处于层层受控状态。

（三）质量管理

该工程质量管理实行项目法人负责、项目建设管理单位现场管理、监理单位质量控制、设计和施工单位及其他承建方保证、政府监督相结合的质量管理体制。各参建单位均建立健全各自的质量管理体系，各单位质量管理体系运行基本正常，对保证施工质量起到了积极作用，为工程建设提供了组织保证。

平顶山项目部高度重视工程质量管理工作，牢固树立“以质量促进度”的管理理念，营造人人参与，全员参与的质量管理氛围。

不断扩充质量安全处管理人员，成立了质量巡查队和关键工序考核队，并向各施工标段下派质量管理人员负责现场质量管理，开展了直管项目施工质量专项整治活动。组织了“飞检宣贯”、“高填方填筑”、“水泥改性土（膨胀土）施工”、“桥梁桩柱开挖”、“渠道衬砌施工”、“南水北调工程作业指导”、“关键工序考核”等技术培训，大大提高了参建各方的质量意识和业务管理水平。

现场建管人员及时参加重要隐蔽和关键部位单元工程质量联合检查验收、拆模检查、土方压实度检测、混凝土实体强度回弹检测等，对质量关键点和关键环节进行重点监管。为进一步提高工程施工质量，对渠道衬砌施工提出了“八不准、八控制”的质量管理要求，到各个衬砌标段召开现场质量交底会，向施工操作工人宣贯工序质量控制要点，强调重点把好五道关（即操作工人工序质量关、质监技术人员检验关、监理人员旁站关、四方联合验收关、质量问题检查关），同时加大关键工序质量考核，加大奖罚力度。

现场建管人员常驻工地加强日常巡视检查，对所属标段的施工质量问题、缺陷进行拉网式排查，现场标识、建立质量问题信息登记表，根据检查情况下发质量问题通报，督促施工单位及时整改。重点对高填方、缺口、改性土换填、桩柱回填、高地下水位、建基面处理等关键部位实施质量监管，对较严重质量问题和违规行为，及时下发“质量问题通报”。同时组织开展“工程质量集中整治活动”、“原材料质量专项整顿”、“监理工作专项治理”、“在建工程项目实体质量进行拉网式排查”、“桩柱开挖检查”、“2013 年三清除一降级一吊销监理整治”、“关于再加高压开展南水北调工程质量监管工作”、质量问题“回头看”集中整治等活动，有效促进了工程质量的提高。

（四）安全管理

平顶山项目部始终把安全生产放在建设管理的重要位置，成立了安全生产管理委员会和安全生产管理委员会办公室，明确安全生产管理委员会及办公室的职责。认真贯彻执行“安全第一，预防为主，综合治理”的方针，并按照“以人为本，教育为先，管理从严”的指导思想和“安全生产，人人有责”的原则做好本工程的安全生产管理工作。

建立健全了鲁山北段工程安全生产管理体系。制定了有关安全生产管理、安全事故应急预案、防洪度汛应急预案、工区道路交通安全管理等规章制度，落实责任制。加大安全生产宣传教育和培训力度，组织安全事故应急预案演练和防汛抢险应急演练，落实应急设备、物资和人力资源。对施工现场安全生产情况进行日常检查和定期检查。深入开展了“安全生产年”和“安全生产月”活动。同时加强“三查一突出”工作：查违章、查隐患、查措施，突出对重大危险源的监控管理。要求施工单位加强对农民工安全生产教育，坚持深入开展班前“5 分钟”安全教育活动，树立全员安全生产意识，做好高空、高边坡、交叉作业、临时用电、建筑物施工防坍塌、防坠落和吊装安全工作，确保安全生产始终处于受控状态。同时结合日常安全管理，不定期检查以及专项检查，安全生产例会，安全月度、季度、年度考核等，全面落实安全生产任务，检验安全管理成效，确保不发生安全事故。

（五）文明工地建设

鲁山北段工程建设期间坚持高标准、高起点，以创新精神开展文明施工，积极创建文明工地。平顶山项目部依据直管局制定的《南水北调中线干线工程建设管理局河南直管建管部建设期文明施工管理规定》等文件，组织参建各方共同组成文明施工领导小组，各自成立文明工地创建专门机构，全面开展“文明工地”创建活动。前期每季度（2013 年 6 月份以后调整为每月）对施工单位进行文明施工考核。平时充分利用网络、会议等进行宣传文明施工的重要性，强化了各参建单位的文明施工意识，施工现场设立了明确的文明施工标语、宣传牌等。施工营地干净整洁、亮化、美化，食堂、活动场所、会议室等一应俱全。施工区布局合理，物料堆放有序。

（卢晓东）

工 程 进 展

2013 年，鲁山北段工程计划完成投资 19 570万元（工程部分），实际完成年度投资 20 953万元，本年完成比例 107%，工程量完成统计见表 1。

表 1　鲁山北段土建及设备安装主要工程量完成统计表

序号	项目名称	单位	初设量	合同量	实际完成量
1	混凝土浇筑	万 m^3	12. 29	18. 10	18. 24
2	钢筋制作安装	万 t	0. 56	0. 68	0. 71
3	土石方开挖	万 m^3	429. 58	413. 39	420. 46
4	土石方回填	万 m^3	186. 77	166. 80	217. 12
5	砌石	万 m^3	6. 00	5. 63	2. 74
6	金属结构安装	t	—	—	7. 90

注　膨胀土（岩）处理增加改性土换填约 52. 3 万 m^3。

主体工程于 2013 年 12 月 7 日全部完工。

（卢晓东）

工 程 验 收

鲁山北段土建及设备安装工程共计划分 81 个分部工程，其中与通水相关的分部工程有 36 个（水工分部工程 26 个，交通桥梁分部工程 10 个）。截至 2013 年底，已完成分部工程验收 23 个（均与通水相关），其中水工分部 13 个，全部优良，优良率 100%；交通桥梁 10 个分部，全部合格，合格率 100%。

安全监测分部工程验收 1 个，质量合格，合格率 100%。

35kV 永久供电线路分部工程验收 4 个，全部合格，合格率 100%，其中 4 个优良，优良率 100%。

鲁山北段单位工程验收尚未进行。

（卢晓东）

环境保护及水土保持

平顶山项目部安排专人负责环境保护及水土保持管理工作，督促环保监理认真开展工作，对辖区内的施工、营区等区域开展环保监测评估，及时向施工单位发出预警信息，对存在的问题的标段督促其整改到位。对辖区内的弃渣场，按水保图纸、地方政府主管部门相关规定要求施工，在汛期前组织大排查，发现隐患及时整改，确保了工程的顺利进行。

（卢晓东）

宝丰—郏县段工程

工 程 概 况

宝丰—郏县段工程位于河南省宝丰县、郏县境内，起点桩号为 SH（3）19 + 707. 0、终点桩号为 SH（3）61 + 648. 7，设计段长 40. 769km（不含北汝河渠倒虹）。其中，明渠长 38. 318km，建筑物长 2. 451km。本渠段设计流量 320 ~ 315 m^3/s，设计水位为130. 191 ~ 127. 166m。

宝丰—郏县段工程于 2013 年 12 月 18 日完成全部渠道混凝土衬砌施工任务，提前 12 天实现国务院南水北调办确定的主体工程完工目标。工程各标段有关情况见表 1 ~ 表 4。

表 1　　宝丰—郏县段各施工标段划分表

施工标段	设计起始桩号	设计终止桩号	段长（m）	渠长（m）
1	SH（3）19 +707.0	SH（3）25 +759.6	6052.6	5548.6
2	SH（3）25 +759.6	SH（3）29 +500.0	3740.4	2947.4
3	SH（3）29 +500.0	SH（3）35 +800.0	6300	6300
4	SH（3）35 +800.0	SH（3）40 +178.2	4378.2	4021.2
5	SH（3）41 +660.2	SH（3）48 +900.0	7239.8	6952.8
6	SH（3）48 +900.0	SH（3）56 +000.0	7100	7100
7	SH（3）56 +000.0	SH（3）61 +957.6	5957.6	5447.6
合计	SH（3）19 +707.0	SH（3）61 +957.6	40 768.6	38 317.6

表 2　　宝丰—郏县段各标段合同情况一览表

序号	标段名称	中标单位	合同金额（万元）	标段范围（桩号）
1	监理标	广东顺水工程建设监理公司	2143.16	建设监理
2	土建 1 标	中水第十一工程局有限公司	27 196.98	SH（3）19 +707 ~25 +759.6
3	土建 2 标	中水第八工程局有限公司	28 954.05	SH（3）25 +759.6 ~29 +500
4	土建 3 标	中水第九工程局有限公司	22 354.79	SH（3）29 +500 ~35 +800
5	土建 4 标	中水第十六工程局有限公司	23 261.40	SH（3）35 +800 ~40 +178.2
6	土建 5 标	河南省水利第一工程局	23 865.96	SH（3）41 +660.2 ~48 +900
7	土建 6 标	河南水利建筑工程有限公司	22 581.05	SH（3）48 +900 ~56 +000
8	土建 7 标	中水第六工程局有限公司	27 807.47	SH（3）56 +000 ~61 +957.6
9	安全监测标	长江勘测规划设计研究公司	1815.69	安全监测
10	金属结构一标	邵阳维克液压股份有限公司	1185.23	液压启闭机制造
11	金属结构二标	山东水总机械工程有限公司	3801.62	闸门及卷扬启闭机制造
12	电气一标	江苏星光发电设备有限公司	111.85	柴油发电机等
13	电气二标	华仪电气股份有限公司	1381.76	环网柜等电气设备
合　计			186 461.01	

表 3　　宝丰—郏县段各施工标段建筑物数量及类别情况表

标段	河渠交叉	左岸排水	渠渠交叉	分水闸	节制闸	退水闸	公路桥	生产桥	小计
1	1	1	4	1			4	2	13
2	2	1		1	1		3		8
3		3	2				4	2	11
4	1	3	1				4		9
5	1	3					3	5	12
6	1	4		1			6	4	16
7	2	1	1		1	1	4	2	12
铁路									3
合计	8	16	8	3	2	1	28	15	84

表 4　　宝丰—郏县段各施工土建单位主要工程量和投资汇总表

	施工标段	总工程量					总投资（万元）
		土石方开挖（万 m^3）	土石方回填（万 m^3）	混凝土（万 m^3）	砌石及砂石垫层（万 m^3）	钢筋（t）	
宝郏段	1 标	448.08	100.1	13.90	16.83	4598.95	27 196.984 2
	2 标	328.75	89.81	16.10	11.36	10 310.14	28 954.049 1
	3 标	353.05	123.36	7.60	15.19	2860.00	22 354.788 5
	4 标	89.15	346.3	10.80	12.31	5809.35	23 261.399 9
	5 标	162.42	282.5	11.68	14.77	5942.73	23 865.958 8
	6 标	259.82	175.74	10.50	15.91	5345.10	22 581.051 1
	7 标	370.6	218	14.10	14.42	8474.00	27 807.466 0
合计		2011.87	1335.8	84.68	100.79	43 340.27	176 021.697 6

（韩永峰　李　志）

工　程　投　资

宝丰—郏县段工程 2013 年计划完成投资 5.21 亿元，实际完成投资 6.2 亿元，占年计划的 119%。累计完成投资 189 712.7 万元，占总合同金额的 107.8%。

（张平喜）

工　程　进　展

8 座河渠交叉建筑物全部完成主体工程，除兰河涵洞式渡槽进口上部结构框架未完成外，其他建筑物上部结构框架全部完成；16 座左岸排水建筑物和 8 座渠渠交叉建筑物全部完成；43 座跨渠桥梁（含新增 2 座，委托地方建设 2 座），42 座具备通行条件或临时通行条件，新增前石线公路桥主体工程基本完工；3 座铁路交叉建筑物全部完成；渠道衬砌于 12 月 18 日全部完成。

截至 12 月底，9 台柴油发电机、12 台变压器、10 面高压配电柜、52 面低压配电柜全部制造完毕并陆续进场；2500t 金属结构构件、42 扇平面闸门、22 扇弧形闸门、25 套液压启闭机全部生产完成，其中，金属结构构件安装完成、液压启闭机全部进场、平门和弧门安装完成 92%。

（韩永峰　李　志）

质　量　管　理

2013 年无一般质量事故发生，工程质量处于受控状态。

截至 2013 年底，宝丰—郏县段水工部分单元工程累计评定 9173 个，全部合格，其中优良 8599 个，优良率 93.7%；桥梁工程分项工程累计评定 3695 个，其中主要分项工程评定 1825 个，评定结果均为合格。分部工程累计验收 108 个，其中桥梁工程验收 79 个，全部合格；水工部分验收 29 个，全部合格，优良 28 个，优良率 96.6%。达到工程质量目标，工程质量处于受控状态，工程质量优良。

（李　志）

安　全　生　产

2013 年共组织安全综合检查 12 次，专项检查 46 次，对于检查中发现的问题，建立台账，明确责任人，狠抓落实；下发整改通知单 6 份、整改台账 20 份；召开安全专题会议 12 次；通过多媒体的形式开展《安全事故案例警示教育》、《衬砌施工安全培训》2 次培训；现场询问及查看培训教育记录专项检查10次，共抽查1769人，均已参加教育培训；6月安全月印发《珍爱生命、远离溺水》和《施工安全知识宣教》宣传画报警示教育1次；开展安全月安全生产大检查评比活动1次；拟发《关于切实做好2013年安全生产工作的通知》、《关于认真做好“双节”期间安全生产工作的通知》、《关于做好交通车辆运输工作的通知》、《关于做好防溺水工作的通知》、《关于做好营区消防工作的通知》、《关于做好夏季施工安全管理工作的通知》、《关于做好冬季施工工作的通知》、《关于认真做好元旦和春节期间安全生产工作的通知》等通知；对施工标全年安全生产目标进行考核，考核结果均符合要求。

（郑　团）

北汝河渠道倒虹吸工程

工　程　概　况

北汝河渠道倒虹吸工程位于河南省宝丰县东北大边庄与郏县渣园乡朱庄村之间北汝河上，工程起点桩号SH（3）39+869.3，大地坐标为X=3 758 657.120，Y=511 885.901；终点桩号SH（3）41+351.3，大地坐标为X=3 760 030.493，Y=512 442.832。

工程采用渠道倒虹吸型式下穿北汝河。工程自起点至终点依次分段为：进口连接明渠段、进口渐变段、进口检修闸闸室段、倒虹吸管身段、出口节制闸闸室段、出口渐变段、出口连接明渠段，在进口渐变段上游侧右岸还布置有退水闸。

北汝河渠道倒虹吸工程全长1482m，设计流量315m^3/s，加大流量375m^3/s，倒虹吸管身横向为两联，每两孔一联，左右对称布置，管身采用箱形钢筋混凝土结构，单孔孔径7～6.95m（宽×高）。明渠底宽24.5m，内坡1:2，进、出口渠段起止点设计水位分别为128.761～128.758m、128.258～128.254m，起止点加大水位分别为129.399～129.396m、128.896～128.892m，总设计水头为0.507m。退水闸位于倒虹吸进口明渠右岸，设计流量157.5 m^3/s，单孔布置，净宽6m。工程等级为一等，总干渠渠道和主要建筑物级别为1级，附属建筑物与河道护岸工程等级别为3级。工程防洪标准按100年一遇洪水设计，300年一遇洪水校核。地震动峰值加速度为0.05g，相应于地震基本烈度为Ⅵ度。

（张　伟）

工　程　投　资

北汝河渠道倒虹吸工程批复总投资62 715万元，其中静态总投资60 981万元，建设期融资利息1734万元。

工程部分静态投资40 354万元，其中建筑工程25 329万元，机电设备及安装工程806万元，金属结构设备安装工程748万元、临时工程3346万元，独立费用7828万元，基本预备费2297万元；移民环境投资17 691万元；其他部分227万元（供电线路）；国务院南水北调办批复重大设计变更197万元；2009～2012年价差2513万元。

2013年追加投资包括国务院南水北调办批复高填方渠段加强安全措施概算197万元和2012年价差1184万元。

2013年北汝河倒虹吸工程计划完成投资1733万元（工程部分），实际完成投资2203万元，完成年计划的127%。截至2013年底，北汝河倒虹吸工程所有合同项目累计完成投资32 020万元，完成合同金额的109%。

（赵本基　张晓亮）

工 程 进 展

2013 年，北汝河渠道倒虹吸工程计划完成投资 1732.6 万元（工程部分），实际完成年度投资 2334.9 万元。主体工程已经全部完成。完成主要主体工程量见表 1。

表 1　　完成主要主体工程量表

序号	项目名称	单位	初设量	合同量	已完工程量
1	混凝土浇筑	万 m^3	22.28	21.32	21.42
2	钢筋制作安装	万 t	1.96	1.95	1.84
3	土石方开挖	万 m^3	139.58	139.23	148.32
4	土石方回填	万 m^3	119.81	127.97	129.87
5	砌石	万 m^3	2.2	2.58	1.96
6	金属结构安装	t	372	369.00	386.21

（张　伟）

工 程 验 收

（一）通水验收项目法人验收（自查）

2013 年 11 月 23 ~ 24 日，中线建管局在河南省平顶山市主持召开北汝河渠道倒虹吸设计单元工程项目法人验收（自查）会议，验收工作组查看了工程现场，听取了建管、设计、监理、施工、安全监测、运行管理等单位的汇报，查阅了有关验收资料，提出了问题。验收结论如下：该设计单元工程与通水有关的工程项目已按批复的设计内容完成。工程质量满足设计和规范要求，工程投资控制合理，验收资料基本齐全，满足验收要求。工程基本具备通水条件。

验收工作组同意该设计单元工程通过项目法人验收（自查）。

（二）通水验收技术性初步验收

2013 年 12 月 14 ~ 16 日，国务院南水北调办在平顶山市组织召开了南水北调中线一期工程北汝河渠道倒虹吸设计单元工程通水验收技术性初步验收会议。南水北调工程设计管理中心、中线建管局、中线建管局河南直管项目建设管理局、工程建设有关参建单位及质量监督机构等单位的代表参加了会议。

验收专家组观看了工程建设声像资料，听取了建设管理、设计、监理、施工、安全评估、安全监测及质量监督等工作报告，查看了工程现场。各专业组分别查阅了有关资料，进行了充分讨论，提出了专业组工作报告，在此基础上召开验收专家组全体会议，形成了《南水北调中线一期工程北汝河渠道倒虹吸设计单元工程通水验收技术性初步验收工作报告》。验收结论如下：根据项目建管、设计、监理、施工、安全监测、质量监督、安全评估等单位提供的资料和现场检查，工程设计符合现行相关技术标准规定；施工期揭露的工程地质情况与前期勘察成果基本一致；已完工项目的施工和制作安装质量满足设计要求和国家及行业有关技术标准的规定；施工和安装过程中发现的质量缺陷已处理并验收备案；安全监测设施安装合格并测得初始值；未完项目已有安排，不影响通水验收。

北汝河渠道倒虹吸工程具备通水验收条件。

（三）分部工程验收

北汝河渠道倒虹吸土建及设备安装工程共计划分 26 个分部工程。截至 2013 年 12 月 7 日已完成分部工程验收 18 个（均与通水相关），全部合格，合格率 100%，其中优良 18 个，优良率 100%。

安全监测分部工程验收 2 个，质量等级为合格。

35kV 永久供电线路分部工程验收 4 个，全部合格，其中 3 个优良（设计新增 1 基高强杆前已进行 4 个分部工程的验收）。

（张　伟）

运 行 管 理

北汝河渠道倒虹吸段工程所属管理机构河南分公司及三级管理处正在筹备组建，工程进入待运行期后将履行管理维护职责。

（张 伟）

环境保护及水土保持

北汝河渠道倒虹吸工程实施工程中，认真做好施工环境保护、生态环境保护工作，如：经常用洒水车进行洒水，防止扬尘；生活区域实行封闭式管理，设置围墙与外部隔离，以减少噪声、粉尘、弃碴等对周边环境的影响；同时生活区设化粪池，施工场地内设置冲洗系统，处理的生活污水排入指定区域；取、弃土场施工均设置排水沟、袋装土等保护措施防止水土流失；施工现场的生活垃圾和工程废弃物均集中堆放，按要求进行处理。

（张 伟）

禹州和长葛段工程

工 程 概 况

禹州和长葛段工程设计单元是南水北调中线总干渠第Ⅱ渠段（沙河南—黄河南）的组成部分，位于河南省禹州市及长葛市境内。禹州和长葛段设计单元起点位于兰河涵洞渡槽出口 100m 处，设计桩号 SH（3）61 + 648.7（坐标：X = 3 769 431.394，Y = 529 016.029），终点位于长葛和新郑市交界，设计桩号 SH（3）115 + 348.7（坐标为：X = 3 794 944.210，Y = 469 551.920），全长 53.7km。其中，明渠长 52.323km，建筑物长 1.377km，总干渠以明渠为主，明渠和河流交叉全部采用立交。

禹州和长葛段工程 2013 年主要建设内容：土建标主要进行渠道土石方开挖、土石方填筑、建筑物混凝土浇筑、渠道衬砌、金属结构结构及电气设备安装项目等施工。桥梁标主要进行混凝土灌注桩施工、承台、系梁、盖梁的浇筑、箱梁预制和吊装、引道填筑、桥面铺装、护栏等项目施工。

（闫 俊）

工 程 投 资

2013 年，禹州和长葛段工程计划完成投资 51 637.03 万元，实际完成投资 79 856.68 万元，完成年投资计划的 154.7%；累计完成投资 261 400.80 万元，占合同金额的 132.0%。

（闫 俊）

建 设 管 理

南水北调中线工程禹州和长葛段是中线建管局委托河南省建设管理的项目。许昌建管处是河南省南水北调中线工程建设管理局的派出机构，内设工程技术科、质量安全科和综合科，具体负责禹州和长葛段工程的现场管理工作。许昌建管处 2013 年有主要管理人员 31 人，其中处长 1 人、副处长 3 人，综合科 9 人、工程技术科 7 人、质量安全科 8 人，办公地点设在河南省许昌市禹州市境内。

2013 年，根据河南省南水北调建管局总体施工进度计划安排，编制年度实施进度计划，进一步细化施工任务，要求施工单位每日上报工程量完成情况，以天为单位进行进度控制，按时编制施工旬报、月报、年报，以天保月，以月保年，围绕通水目标，突出重点，抓住难点，加快工程建设进度。

（闫　俊）

工　程　进　展

截至2013年底，禹州和长葛段渠道开挖累计成型2.7km，累计成型占总长50.7km的5%；填筑累计成型1.8km，累计成型占总长39.9km的5%；衬砌累计完成101.391km，累计完成占总长（单坡）106.5km的95%。

截至2013年12月底，土石方开挖累计完成3625.90万m^3，占合同总量的106.2%；土石方回填累计完成1194.87万m^3，占合同总量的105.2%；混凝土浇筑累计完成浇筑97.44万m^3，占合同总量的119.9%。

截至2013年底，金属结构安装累计完成1493t，占合同总量的100%；启闭设备累计安装18台，占合同总量的47%；通信管道铺设累计完成29.544(沟km)，占合同总量的27%。

禹州和长葛段58座交通桥，共有承台（系梁）141个，墩柱258个，预制箱梁468片，箱梁安装468片，桥面铺装46 829.2m^2，墙式护栏10 952延米，搭板111个，全部完成。

（闫　俊）

工　程　监　理

江河水利水电咨询中心的监理服务范围是禹州和长葛段的土建工程施工（不含公路桥、生产桥、铁路桥）、机电设备及安装、金属结构设备及安装、安全监测、通信管道采购及敷设、临时工程、施工现场的水土保持工程及施工期环境保护工程等项目。

2013年审查批复年施工进度计划8份；审查批复1~8标季度施工进度计划32份；审查批复1~8标及2013年月进度计划85份；审查1~8管、电、房、站施工进度计划43份。

2013年度监理部共接收施工单位上报文件6576份，全部处理完成。依据现场实际情况及监理规范要求发出监理工程师通知单2618份，对施工单位上报的各种技术方案等文件批复283份，接收业主来文672份，均按业主要求进行学习和贯彻并转发施工单位贯彻执行。监理部就工程建设中存在的问题向业主提交监理报告30份。完成工程建设旬报36期，完成月报12期、信息月报12期、其他专项月报各12期。

2013年度监理部共审核下发1个单位工程开工令，审核批准33个分部工程开工申请并下发分部工程开工通知，总计审核施工单位上报的施工组织设计和施工技术方案237份；材料进场报验2058个批次，监理部审核批准混凝土、砂浆配合比或混凝土试拌试验报告53份；现场拌合设备全部按规定由许昌市质量技术监督部门进行检定；各标段进场施工设备报验审核75批，其中测量、试验设备和仪器报验审核13批次，全部经现场监理工程师审核批准。

河南豫路工程技术开发有限公司的监理工作范围是禹州和长葛段交通桥工程渠段长53.7km，全段布置交通桥共57座（其中公路桥38座，生产桥19座）。

2013年，监理部主要对下部结构、箱梁预制、箱梁安装、引道施工、桥面系等工程进行监管；检查并督促施工单位质量保证体系运转正常；采用旁站、巡视、平行检验等方法对施工质量进行控制，保证质量受控；同时对施工进度、费用、安全环保等工作进行监理。

（李　爽　尚亚东）

质　量　管　理

2013年，累计评定单元（分项）工程11 586个，其中土建标评定单元工程6336个，合格 6336 个，合格率 100%，优良 5979 个，优良率 94%；桥梁标累计评定分项工程 5250 个，全部合格。桥梁标评定分部工程 462 个，土建标尚未评定。单位工程尚未验收。

（陈 奇）

潮河段工程

工程概况

南水北调中线工程总干渠潮河段起点位于新郑市梨园村南，与双洎河渡槽工程末端相连接，设计桩号 SH(3)133+380.8，终点位于中牟县与郑州市交界处，与郑州 2 段工程起点相接，设计桩号 SH（3）179 + 227.8，全长 45.847km，其中明渠长 45.244km，建筑物长 0.603km。总干渠以明渠为主，全挖方段长 25.084km，半挖半填段长 19.18km，全填方段长 0.98km，渠道最大挖深约 27m，最大填高约 11m。共布置各类建筑物 80 座，其中，河渠交叉 5 座，左岸排水 17 座，分水闸 2 座，节制闸 2 座，公路桥 36 座，生产桥 16 座，铁路桥 2 座。

潮河段渠道设计流量 305 ~ 295m^3/s、加大流量 365 ~ 355m^3/s；设计水深 7.0m，加大水深 7.668 ~ 7.624m；渠道纵比降 1/24 000 和 1/26 000 两种，其中 1/26 000 的占 86.4%。总水位差 2.009m；过水断面呈梯形，一级马道开口宽度 57 ~ 79m，渠底宽 23.5 ~ 15m，堤顶宽 5m。渠道边坡 1∶2.0 ~ 1∶3.5，其中 1∶3.0边坡占 1/4 左右。

潮河段涉及郑州市的新郑市、中牟县和航空港区，含 11 个乡（镇、办事处）、55 个行政村。工程总用地 23 734.7 亩，其中永久用地 11 237.8 亩（含管理机构用地 4.65 亩），临时用地 12 496.9 亩（含按永久补偿 760.79 亩）。占压房屋总面积 31 331.28m^2，搬迁人口 206 人、企业 6 家、单位 4 家、副业 15 家，专项线路 248 条（含基站 1 处，不含电力专项和临时用地专项）。

潮河段土建工程共划分为 1 个监理标和 7 个施工标，施工合同金额 166 609 万元。合同工期为 2010 年 6 月 ~2013 年 1 月，总工期 32 个月。交通桥工程共划分 1 个监理标和 4 个施工标，施工合同金额 38 167.368 6 万元。合同工期为 2011 年 5 月 15 日 ~2012 年 10 月 31 日（单座桥梁桥宽 20m 以上的工期为 18 个月）。

2013 年建设内容：黄水河河道倒虹吸、梅河渠道倒虹吸、丈八沟渠道倒虹吸、老张庄沟排水渡槽、大碾卢沟排水渡槽等 5 座大型河渠交叉建筑物，17 座左排建筑物，36 座公路桥、16 座生产桥、2 座铁路桥建设工程，45.244km 的渠道衬砌。

（程 林）

工程投资

2013 年度工程投资计划 41 692.58 万元，实际完成工程投资 51 134.46 万元，占年度计划的 122.6%。

工程投资控制管理根据施工合同投资编制年度工程投资计划，按照确定的年度工程投资根据施工进度计划安排分解到月投资计划控制；每一年终进行一次总结，经过投资完成情况分析确定下一年度工程投资计划安排。年度投资计划控制从以下几个方面进行：①确定、分解投资控制目标；②执行工程量签证制度，按月审查监理单位提交的月进度付款申请和月进度付款证书资料；③对实际施工（制造）中的工程变更进行重点记录，按照合同程序审查；④收集积累素材，为处理可能发生的索赔提供依据；⑤及时处理工程结算和工程变更，及时进行价差调整支付。

（程　林）

建　设　管　理

2013 年是南水北调中线干线郑州段渠道衬砌的高峰年，工作重点是渠道衬砌。协调渠道衬砌和桥梁交叉施工，做好关键督办事项的跟踪、协调、落实，特别是针对渠道混凝土衬砌工作，从资源配置、材料准备、衬砌设备管理、责任考核、资金保证、环境协调及建管队伍建设等多个方面加强建管力量，提前完成 2013 年渠道衬砌任务。

根据工程进展情况按月编制资金使用计划，按月对完成的合格工程进行计量。施工单位对完成的工程量上报，现场监理工程师审查、总监审签，建管处工程科审核，工程量审核无误后进入结算程序。施工单位按审结的工程量填报付款申请，监理单位、建管处审核签字后报建管局审签并进行工程款支付。在工程计量结算过程中，对施工图中能够准确计算工程量的，以施工图为准进行工程量计算，在结算时，与施工方上报的工程量和监理方审核的工程量进行比对，以确定准确的结算工程量；对施工图不能准确计算工程量的，建管处安排专人参与过程计量，如原始地面线测量、不同地质地层线测量等，均由专人与施工、监理进行三方认定，必要时设计、地质单位参与，做到计量工作按程序，工程支付有依据。

成立质量管理、安全生产领导小组，监理单位、施工单位配备总质检师、专职安全生产管理人员，设置独立的质量管理部门，加强工程原材料和施工过程的质量控制，及时跟踪检查工程质量。与各责任单位均签订年度工程质量责任书，明确各参建单位和第一责任人的工程质量责任、权利、义务，督促和检查各责任单位内部分解和落实工程质量责任制情况。组织开展文明营区、文明工地创建活动，贯彻以人为本、和谐发展的理念，营造和谐、文明的施工环境。

（王显利）

工　程　进　展

年度建设目标：按照中线建管局下达的 2013 年度计划，潮河段年度目标为，投资 41 693万元，土方开挖 117.2 万 m^3，土方填筑 77.6 万 m^3，混凝土 27.4 万 m^3，渠道衬砌 111 444.4m，其中单边渠坡70 349.6m，渠底 41 094.8m。

主体工程完成工程量：2013 年度潮河段完成投资 51 134.5 万元，占年度计划的 122.65%；完成土方开挖 138.52 万 m^3，占年度计划的 118.2%；完成土方填筑 92.35 万 m^3，占年度计划的 123.7%；完成混凝土浇筑 28.9 万 m^3，占年度计划的 106.6%；完成渠道衬砌 111 444.4m，其中单边渠坡70 349.6m，渠底 41 094.8m，占年度计划的 100%。

机电及金属结构制造机安装：2013 年度潮河段完成金属结构埋件及闸门安装 685t，占总量的 100%；完成安装液压启闭机 3 台，占总量的 30%；完成安装电动葫芦、固定卷扬机 6 台套，占总量的 100%；完成安装高低压配电柜 27 面，占总量的 52.94%。

工程形象进度：潮河段明渠总长 45.244km，开挖全部完成；潮河段渠堤填筑总长 25.59km，全部完成；防护堤填筑总长 36.59km，折合成型 33.17km；膨胀岩换填：总量 27.82 万立 m^3，全部完成。渠道衬砌 111 444.4m，全部完成。

5 座河渠大型交叉建筑物全部开工建设，其中 3 座（黄水河河道倒虹吸、老张庄沟排水渡槽、大碾卢沟排水渡槽）完成，梅河渠道倒虹吸、丈八沟渠道倒虹吸 2 座正在进行启闭机房内部装修、金属结构机电安装及降压站施工。

17 座左岸排水建筑物全部开工，其中梨

园南沟、孟家沟排水涵洞、吴陈沟、暖泉河、郜庄沟、庙后李沟、庙后唐沟、梅河支沟倒、白庙沟、姬庄南沟、草场沟、耿坡沟、小老营、大关庄沟、大河刘、大马村倒虹吸、教场王等17座完工。

4座控制建筑物全部开工。梅河节制闸、丈八沟节制闸、李垌分水口、小河刘分水口主体工程完工，正在进行金属结构机电安装施工。

65座跨渠桥梁，郑州段建管处负责建设的桥梁39座均已通车。

（杨治国）

质量管理

2013年建管处在原有基础上重新修订和完善质量管理体系，完善工程质量管理制度，制订《关键工序施工质量管理工作办法》、《工程质量关键点管理工作办法》、《验收工作方案和计划》等制度，明确各方各级人员质量职责，合理分配质量管理要素，实施全面质量管理。

加大检查、巡查力度，采用专项检查、巡视检查、系统检查等方式对各工程质量进行检查和监管。加强对工程施工过程、关键部位和重要工序、实体质量的控制。对3032个关键工序施工质量进行考核，全年未发生质量事故，工程质量处于受控状态。开展质量管理年活动，加大对原材料、中间产品及土方填筑、建筑物的检查、抽检力度，对潮河段累计进行原材料、中间产品及实体质量检验373组。

（高军凯）

新郑南段工程

工程概况

南水北调中线工程总干渠新郑南段起点位于长葛市与新郑市交界处，设计桩号SH（3）115+348.7，终点位于新郑市城关乡王刘庄村双洎河渡槽进口前150m处，设计桩号SH（3）131+531.4。渠段线路总长16.183km，其中明渠长15.190km，建筑物长0.993km。共布置各类建筑物28座，其中，河渠交叉2座，渠渠交叉1座，左岸排水7座，铁路交叉1座，公路桥7座，生产桥9座，控制建筑物（退水闸）1座。

新郑南段设计流量305m^3/s，加大流量365m^3/s，设计水位124.528~123.524m。渠道过水断面呈梯形状，设计底宽21~23.5m，设计水深7m，堤顶宽5m。渠道内边坡一级边坡系数2.0~2.5，二级边坡系数1.5~2.0，渠道设计纵坡1/26 000，渠道底部高程117.528~116.524m。

新郑南段涉及郑州市的新郑市城关乡、观音寺镇、新建路办事处3个乡（镇、办事处）14个行政村，工程建设用地5165.44亩，其中永久用地3337.65亩（包括管理机构用地4.65亩），临时用地1827.79亩。占压房屋面积30 656.94m^2，搬迁居民376人，拆迁副业11家、企业5家、单位1家。规划影响井50眼、连接路21 872m、复建专项线路137条。

新郑南段工程共划分为1个监理标和3个土建施工标，施工合同总金额74 193万元。合同日期为2011年2月10日~2013年7月31日，总工期30个月。

2013年建设内容：沂水河、双洎河支渡槽2座大型河渠交叉建筑物，7座左排建筑物，1座渠渠交叉建筑物，1座控制建筑物，7座公路桥、9座生产桥建设工程，15.190km的渠道衬砌。

（程　林）

工　程　投　资

2013 年度计划完成投资 22 596.6 万元，实际完成投资 26 025.72 万元，占年度计划的 115.2%。

（程　林）

工　程　进　展

年度建设目标：按照中线建管局下达的 2013 年度计划，新郑南段年度目标为，投资 22 597 万元，土方开挖 18.7 万 m^3，土方填筑 64.6 万 m^3，混凝土 10.1 万 m^3，渠道衬砌 40 948.2m，其中单边渠坡 25 758.8m，渠底 15189.4m。

主体工程完成工程量：2013 年度新郑南段完成投资 26 025.7 万元，占年度计划的 115.2%。完成土方开挖 17.97 万 m^3，占年度计划的 96.3%；完成土方填筑 63.04 万 m^3，占年度计划的 97.6%；完成混凝土浇筑 14.59 万 m^3，占年度计划的 145.1%；完成渠道衬砌 40 948.2m，其中单边渠坡 25 758.8m，渠底15 189.4m，占年度计划的 100%。

机电及金属结构制造机安装：2013 年度新郑南段完成金属结构埋件及闸门安装 663t，占总量的 75.1%；完成安装液压启闭机 3 台，占总量的 37.5%；完成安装电动葫芦、固定卷扬机 6 台套，占总量的 54.55%；完成安装高低压配电柜 26 面，占总量的 56.52%。

工程形象进度：渠道明渠 16.18km，开挖全部完成，渠道衬砌 40 948.2m，全部完成。两座大型河渠交叉建筑物，沂水河渠道倒虹吸主体工程完工，河道治理左岸浆砌石完成施工。正在进行进口闸房主体施工、金属结构设备安装施工；降压站完成框架结构施工。双洎河支渡槽为 2 联四槽 5 跨架构，主体工程完成，正在进行进出口闸房施工、金属结构设备安装施工。7 座左岸排水建筑物全部开工，其中十里铺沟倒虹吸、田庄沟倒虹吸、王老庄沟、楼庄沟、英里庄沟、乔户沟、小朱庄倒虹吸混凝土浇筑全部完成。1 座渠渠交叉建筑物杨庄干渠建筑物回填完成。控制性建筑物沂水河退水闸主体工程完成，检修闸和工作闸金属结构安装完成。16 座跨渠桥梁，全部通车。1 座铁路交叉建筑物新商铁路倒虹吸为 2 联四孔 12 节结构，主体完工。

（杨治国）

工　程　监　理

2013 年，共验收、评定工程 110 个。按水利标准评定的分部工程工程 27 个，全部合格，26 个优良，分部工程优良率 96.3%；通信管道分部工程 3 个，验收合格 2 个；按交通行业标准评定的分部工程 81 个，全部合格。采用水利标准累计评定单元工程 5140 个，全部合格，其中优良 4640 个，优良率 90.3%。安全监测评定单元工程 1970 个，全部合格，优良 1861 个，单元质量评定合格率 100%，优良率 94.47%。

（谭　旭）

质　量　管　理

采用专项检查、巡视检查、系统检查等方式对各工程质量进行检查和监管，2013 年开展对施工单位人员履约情况、施工单位质量管理体系的落实情况、关键工序、原材料、中间产品、工程实体质量、试验室、拌和站等专项检查，对 1249 个关键工序施工质量进行考核，共委托第三方试验室对新郑南段累计进行原材料、中间产品及实体质量检验 173 组。

（高军凯）

双洎河渡槽工程

工程概况

双洎河渡槽工程起点为双洎河渡槽前150m，设计桩号SH（3）131+531.4，终点为新密铁路倒虹吸出口296.4m，即潮河段工程的起点，设计桩号为SH（3）133+380.8。本单元渠段长1.849 4km，其中明渠段长772.4m，建筑物长1077m。本段设计流量305m³/s、加大流量35m³/s。本段内有各类建筑物6座，其中河渠交叉建筑物1座、左岸排水建筑物1座、铁路交叉建筑物1座、公路交叉建筑物1座、节制闸和退水闸各1座。

（张文博）

工程投资

2013年，双洎河渡槽工程计划完成投资12 493万元（工程部分），实际完成投资17 655万元，占年计划的141%。截至2013年底，双洎河渡槽工程所有合同项目累计完成投资54 664万元，完成合同金额的113%。

（赵林涛）

建设管理

2013年，双洎河渡槽工程质量情况基本稳定，未发生任何质量事故，优良率数控指标均保持较高水平，共完成1156个单元工程，其中1099个单元工程优良，优良率95.1%，达到工程质量目标，工程质量处于受控状态，工程质量优良。

（崔 娇 杨永来）

工程进展

2013年双洎河渡槽工程完成土石方开挖4.9万m³，土石方填筑25.75万m³，混凝土浇筑7.9万m³。完成渡槽槽身浇筑9跨（18榀）；完成渠道衬砌0.77km（全断面），渠道衬砌已全部完成；节制闸、新密铁路倒虹吸均完成工程建设；26套闸门埋件，18扇闸门，16台（套）钢闸门启闭机，均安装完成；吴庄西公路桥已通车。

（张文博）

工程验收

双洎河渡槽工程共划分46个分部工程，其中，水工分部工程28个，桥梁分部工程4个，管理处分部工程6个，安全监测分部工程2个，35kV永久供电线路分部工程6个。双洎河渡槽工程已验收/评定分部工程32个，其中，水工分部工程20个，桥梁分部工程4个，安全监测分部工程2个，35kV永久供电线路分部工程6个。

（徐志一）

环境保护及水土保持

双洎河代建部高度重视水土保持管理工作，设立专职管理人员开展水土保持工作，认真执行预防为主，防治并重原则及生态优先、恢复原土地功能的原则，严格执行“三同时”制度，督促参建各方特别是施工承包人制定水土保持和环境保护控制措施，避免在工程施工中采取的方法不当或管理不当造成水土流失和环境破坏。提高施工单位的水土保持和环境保护意识。每月及时审核相关工程水土保持、环境保护监理及监测单位的月报，并对数据进行分析对比，对超标项目及时督促工程监理、施工单位进行整改。

双洎河代建部高度重视环境保护管理工作，安排专职人员负责环境保护工作，实现工程建设的环境、社会与经济效益的三统一。本工程环境保护内容主要包括：水环境保护、生态保护、噪声防治、大气环境保护、固体废物处置、人群健康防护等。

（崔　娇）

郑州 2 段工程

工程概况

南水北调中线工程总干渠郑州 2 段起点位于郑州市中牟县与管城区交界处潮河倒虹吸进口，设计桩号 SH（3）179 + 227.8，终点位于郑州市西南金水河与贾鲁河之间郑湾村附近，设计桩号 SH（3）201 + 188.4，全长 21.961km，其中渠道长 20.515km，建筑物长 1.446km。明渠全挖方段长 18.500km，半挖半填段长 2.015km；最大挖深约 33m，最大填高 1.2m 左右。

郑州 2 段渠道设计流量 295 ~ 285m^3/s、加大流量 355 ~ 345 m^3/s；设计水深 7.0m，加大水深 7.644 ~ 7.699m；渠道纵比降1/26 000和1/23 000两种，总水位差 1.37m；过水断面采用梯形明渠，一级马道开口宽 69 ~ 78m，渠底宽 18.5 ~ 12m，渠道边坡 1∶2.75 ~ 1∶3.5，其中 1∶3.0 边坡占 60%。

该渠段涉及郑州市的管城区、二七区和中原区 3 个区，工程总用地 13 371.42 亩，其中永久用地 6317.38 亩，临时用地 7054.04 亩。占压房屋总面积 35.4 万 m^2，搬迁人口 1397 人、企业 33 家、单位 1 家、副业及工商企业 215 家，专项线路 255 条（含电力）。

郑州 2 段 2013 年主要建设内容：潮河、魏河、十八里河、金水河 4 座渠道倒虹吸，6 座左排建筑物工程，22 座公路桥、6 座生产桥建设工程，18.5km 的渠道衬砌工程。

（程　林）

工程投资

2013 年度计划完成投资 21 478.1 万元，实际完成工程投资 24 927.23 万元，占年度计划的 116.1%。

（程　林）

工程进展

年度建设目标：按照中线建管局下达的 2013 年度计划，郑州 2 段年度目标为，完成投资 21 478 万元，土方开挖 106.1 万 m^3，土方填筑 40 万 m^3，混凝土 8.9 万 m^3，渠道衬砌 36 710m，其中单边渠坡 21 412m，渠底 15 298m。

主体工程完成工程量：2013 年度郑州 2 段完成投资 24 927.2 万元，占年度计划的 116.06%；完成土方开挖 130.94 万 m^3，占年度计划的 124.6%；完成土方填筑 62.4 万 m^3，占年度计划的 170.5%；完成混凝土浇筑 10.99 万 m^3，占年度计划的 136.4%；完成渠道衬砌36 710m，其中单边渠坡 21 412m，渠底 15 298m，占年度计划的 100%。

机电及金属结构制造机安装：2013 年度郑州 2 段完成金属结构埋件及闸门安装 1353.5t，占总量的 100%；完成安装液压启闭机 18 台，占总量的 100%；完成安装电动葫芦、固定卷扬机 12 台套，占总量的 100%；完成安装高低压配电柜 94 面，占总量的95.92%。

工程形象进度：渠道明渠20.534km，开挖完成，其中换填成型8.846km；渠道防护堤填筑成型16.636 km，截流沟砌筑成型12.39km，二级及其以上边坡混凝土六角框格护坡安装完成16.15km。渠道衬砌36 710 m，全部完成。4座大型河渠交叉建筑物，完成全部管身段、闸室段及翼墙混凝土施工。潮河、魏河、十八里河、金水河倒虹吸上部结构框架施工完毕。十八里河、潮河、魏河、金水河出口弧门安装到位。6座左岸排水建筑物，2座（站马屯沟、贾寨沟）左排倒虹吸主体工程完成，4座排水渡槽主体完工。控制性建筑物，节制闸2座、退水闸1座、分水口门2座，完成主体工程施工，金属结构安装完毕，启闭机正在安装。6座抽水泵站，全部完成主体工程。部分开始机电设备安装。35座桥梁，郑州建管处负责建设22座桥梁，全部通车；郑州市负责建设桥梁13座均已交面。

（杨治国）

工 程 监 理

2013年，渠道及建筑物单元工程累计评定9598个，全部合格，其中优良8807个，优良率91.8%；分部工程验收完成52个，全部合格，其中51个分部工程优良，分部工程优良率98.1%。桥梁分项工程累计评定616个，全部合格；分部工程验收完成15个，全部合格。未进行单位工程验收。

（高军凯）

郑 州 1 段 工 程

工 程 概 况

南水北调中线工程总干渠郑州1段工程位于河南省郑州市中原区贾鲁河南岸郑湾附近，起点桩号SH（3）201+000，终点桩号SH（3）210+772.97，设计段全长9772.97km，其中渠道长度9401.97m，须水河渠倒虹吸长度371m。共有各类建筑物23座，其中，河渠交叉3座，左岸排水3座，交通桥14座（其中委托地方自建桥梁4座），控制建筑物3座（分水口门1座、节制闸1座、退水闸1座）。

郑州1段2013年主要建设内容：贾鲁河、贾峪河、须水河3座渠道倒虹吸，3座左排建筑物工程，3座控制性建筑物，9座公路桥、5座生产桥，渠道衬砌建设工程。

（程　林）

工 程 投 资

2013年度计划投资13 263.86万元，实际完成投资15 501.56万元，占年度计划的116.9%，累计完成投资58 447.05万元，占合同金额55 266.89万元的105.8%。

（程　林）

工 程 进 展

年度建设目标：按照中线建管局下达的2013年度计划，郑州1段年度目标为，完成投资13 264万元，土方开挖31.9万m^3，土方填筑24.3万m^3，混凝土5.2万m^3，渠道衬砌19 296m，其中单边渠坡10 664m，渠底8632m。

主体工程完成工程量：2013年度郑州1段完成投资15 501.6万元，占年度计划的116.9%；完成土方开挖69.71万m^3，占年度计划的218.5%；完成土方填筑27.2万m^3，占年度计划的112%；完成混凝土浇筑7.49万m^3，占年度计划的143.3%；完成渠道衬砌19 296m，其中单边渠坡10 664m，渠底8632m，占年度计划的100%。

机电及金属结构制造机安装：2013年度郑州1段完成金属结构埋件及闸门安装403.6t，占总量的100%；完成安装液压启闭机3台，占总量的30%；完成安装电动葫芦、固定卷扬机5台套，占总量的100%；完成安装高低压配电柜26面，占总量的81.25%。

工程形象进度：2013年度郑州1段渠道开挖全部完成。防洪堤填筑累计完成2.5km。基础处理（挤密土桩、挤密砂桩）全部完成。膨胀土渠段处理：改性土换填完成100%，抗滑桩全部完成。渠道衬砌19 296m，全部完成。3座大型河渠交叉建筑物，全部开工。贾鲁河倒虹吸、贾峪河倒虹吸工程全部完成；须水河倒虹吸完成管身段、渐变段所有底板、检修闸混凝土全部完成。3座左岸排水建筑物，大李庄沟排水渡槽主体工程完工，土方回填完成，付庄沟渡槽槽身、涵洞段及渐变段浇筑完成，正在进行尾水明渠浆砌石施工，河西台沟渡槽主体全部完工，正在进行尾水渠段浆砌石施工。3座控制性建筑物，开工3座。中原西路分水口门、贾峪河退水闸闸门安装完毕，启闭机房、降压站正在进行上部结构施工。须水河节制闸与须水河倒虹吸一体，混凝土全部完成，正在进行上部结构施工。15座跨渠桥梁，郑州建管处负责建设9座，全部通车。郑州市市政工程建设中心负责建设管理的6座桥梁全部向渠道标交面。

（杨治国）

工 程 施 工

施工组织管理：根据月进度情况，督促监理单位加强现场管理，并对施工单位后方总部领导进行约谈，要求施工单位后方总部成立工程进度协调小组进驻现场，与建管处、监理单位形成联动机制，保证工程按计划完工。

施工验收：2013年，郑州1段设计单元工程按照水利标准累计评定单元工程2132个，全部合格，其中优良2029个，优良率95.17%。跨渠桥梁累计评定分项工程1714个，全部合格；分部工程8个，全部合格；单位工程3个全部合格。安全监测工程累计评定单元工程334个，全部合格，其中优良311个，优良率93.11%。

（谭　旭）

质 量 管 理

2013年对郑州1段累计进行原材料、中间产品及实体质量检验161组，检测发现不合格样品均转发给监理部、施工单位按规定进行确认和处理，其余结果满足设计和规范要求。

（高军凯）

荥 阳 段 工 程

工 程 概 况

荥阳段工程位于河南省荥阳市境内，起点在郑州市董岗村西北，终点在荥阳市王村乡王村变电站南（即穿黄工程进口A点），线路全长23.973km。渠系建筑物38座，包括河渠交叉建筑物2座、渠渠交叉建筑物1座、左岸排水建筑物5座、分水口门2座、节制闸1座、退水闸1座、公路桥15座、生产桥11座

（含1座新增桥梁）。

2013年荥阳段计划完成土石方开挖163.3万m^3，土石方填筑23.44万m^3，混凝土浇筑15.7万m^3，渠道边坡衬砌18.08km（单侧），渠道底板衬砌22.094km。

（张文博）

工程投资

2013年，荥阳段工程计划完成投资34 946万元（工程部分），实际完成投资47 956万元，完成年计划的137%。截至2013年底，荥阳段工程所有合同项目累计完成投资120 575万元，完成合同金额的110%。

（赵林涛）

建设管理

荥阳段工程的建设管理模式为直管制，由南水北调中线干线工程建设管理局河南直管项目建设管理局郑焦项目部负责工程的建设管理。

2013年，荥阳段工程质量情况基本稳定，未发生任何质量事故，优良率数控指标均保持较高水平，共完成4882个单元工程，其中4647个单元工程优良，优良率95.2%，工程质量优良。

（崔　娇　杨永来）

工程进展

2013年荥阳段完成土石方开挖189.86万m^3，土石方填筑135.26万m^3，混凝土浇筑17.6万m^3，2013年荥阳段渠道开挖成型1.29km（折合全断面），填筑成型0.26km（折合成全断面），衬砌13.59km完成（折合成全断面）。

截至2013年底，2座河渠交叉建筑，5座左岸排水建筑物，1座渠渠交叉建筑物，2座控制性建筑物（节制闸、分水口），渠道开挖、填筑、衬砌均已完成；26座跨渠桥梁均已通车；24套闸门埋件，18扇闸门，15台（套）钢闸门启闭机均已安装完成。

（张文博）

工程验收

荥阳段工程共划分244个分部工程，其中，水工分部工程91个，桥梁分部工程136个，管理处分部工程9个，安全监测分部工程2个，35kV永久供电线路分部工程6个。荥阳段工程已验收/评定分部工程118个，其中，水工分部工程51个，桥梁分部工程59个，管理处分部工程2个，35kV永久供电线路分部工程6个。

荥阳段工程共划分51单位工程，已验收2个（蒋头村东南公路桥交工验收）。

（徐志一）

环境保护及水土保持

郑焦项目部要求各监理单位积极督促施工单位遵守有关环境保护的法律、法规和合同规定，采取合理的措施保护环境。做好施工开挖边坡、基坑的支护和排水，设置沉淀池对拌和系统废水集中沉淀处理，定时在施工主干道洒水，加强对噪声、粉尘、垃圾的控制和治理防止污染，保持了施工区和生活区的环境卫生，达到环境保护要求。

在水土保持方面，项目部要求各监理部督促施工单位必须遵守国家有关法律、法规规定，按照设计单位印发的水保临时措施施工技术要求、设计征地图纸控制永久用地和临时占地面积，认真做好水土保持工作。如施工道路、厂区硬化、设置排水沟，及时平整弃渣场、做好坡面防护和表面排水等。工程完工时做好现场清理，能及时移交临时占地；渣场无水土流失，符合水土保持要求。

（崔　娇）

陶岔渠首—沙河南段工程

淅川县段工程

工程概况

淅川段工程位于河南省南阳市淅川县和邓州市境内，起点位于淅川县陶岔渠首，桩号0＋300，设计流量350m^3/s，加大流量420m^3/s；终点位于邓州市和镇平县交界处，桩号52＋100，设计流量340m^3/s，加大流量410m^3/s。其中桩号36＋289～37＋319段为湍河渡槽，长度1.03km，单独作为设计单元另行分标，本单元实际长度为50.770km。输水明渠沿线共布置各类大小建筑物84座。

（解　林）

工程投资

淅川县段初设、重大设计变更概算及价差批复总金额为820 981万元。2010年10月15日，国务院南水北调办以“国调办投计〔2010〕227号”《关于南水北调中线一期总干渠陶岔渠首至沙河南段工程淅川县段、镇平县段、南阳市段、方城段和叶县段工程初步设计报告的批复》对淅川县段工程设计概算进行了批复。概算批复淅川县段工程总投资为665 185万元，其中静态总投资657 015万元，建设期贷款利息8170万元。静态总投资中工程部分静态投资421 857万元，征地移民和水保环保投资208 264万元，其他部分26 894万元。

2011年8月22日，国务院南水北调办以“国调办投计〔2011〕209号”《关于南水北调中线一期工程总干渠陶岔至鲁山段、荥阳段强膨胀土（岩）及深挖方中膨胀土（岩）渠段设计变更的批复》对淅川县段工程中强膨胀土处理设计变更概算进行了批复。批复金额65 767万元。

2012年7月12日，国务院南水北调办以“国调办投计〔2012〕151号”《关于南水北调中线一期工程总干渠陶岔至鲁山段开挖深度小于15m的中膨胀土及部分若膨胀土渠段边坡加固设计变更及膨胀土表层保护材料设计变更的批复》对淅川县段工程中弱膨胀土处理设计变更概算进行了批复，批复金额32 342万元。

2013年4月24日，国务院南水北调办以“国调办投计〔2013〕91号”《关于南水北调中线一期工程总干渠高填方渠段加强安全措施专题设计报告（概算）的批复》对淅川县段工程高填方加固设计变更概算进行了批复，批复金额17 482万元。

2012年12月10日，国务院南水北调办以“国调办投计〔2012〕276号”《关于南水北调中线干线淅川县段及穿漳、穿黄等14个设计单元工程2009～2011年价差报告的批复》对淅川县段工程2011年价差进行了批复。批复金额13 878万元。

2013年10月11日，国务院南水北调办以“国调办投计〔2013〕256号”《关于南水北调中线干线淅川县段及穿漳、穿黄等13个设计单元工程2012年价差报告的批复》对淅川县段工程2012年价差进行了批复。批复金额26 327万元。

淅川县段工程投资控制目标为586 553万元。具体为：2012年10月15日，中线建管局以“中线局计〔2012〕185号”《关于调整沙河渡槽等8个设计单元工程投资控制指标的通知》下达淅川县段投资控制指标为435 161万元，其中：建筑安装工程采购298 046万元，设备采购4573万元，专项采购37 323万元，项目管理费4555万元，技术服务采购4760万元，建设及施工场地征用费14 741万元，可调节预留费47 284万元，基本预备费23 879万元。

2012年11月22日，中线建管局以“中线局计〔2012〕218号”《关于明确河南直管项目建设管理局膨胀土（岩）处理等重大设计变更投资控制指标的通知》对淅川县段中强膨胀土变更投资控制指标进行了批复，批复投资控制指标为62 321万元，其中：建安工程（含设备采购）57 509万元，建设管理费1089万元，基本预备费3723万元。河南直管建管局南阳项目部投资控制指标为建安工程费和基本预备费，共计61 232万元。

2012年12月13日，中线建管局以“中线局计〔2012〕240号”《关于明确淅川县段工程中弱膨胀土渠段边坡加固和表层保护材料设计变更投资控制指标的通知》对淅川县段中弱膨胀土变更投资控制指标进行了批复，批复投资控制指标为32 342万元。

2013年7月10日，中线建管局以《关于明确穿黄工程等11个设计单元工程高填方渠段加强安全措施专题投资控制指标的通知》（中线局计〔2013〕131号）对淅川段高填方渠段加强安全措施变更项目进行了批复，批复投资控制指标为17 068万元。

2013年7月29日，中线建管局以《关于明确穿漳等15个设计单元工程2009～2011年价差投资控制指标的通知》（中线局计〔2013〕141号）对淅川段2011年价差进行了批复，批复投资控制指标为13 708万元。

2013年12月6日，中线建管局以《关于明确穿漳等19个设计单元工程2012年价差投资控制指标的通知》（中线局计〔2013〕234号）对淅川段2012年价差进行了批复，批复投资控制指标为25 953万元。

2013年度完成投资148 691万元，其中：工程投资完成148 295万元，设备采购完成69万元，金属结构采购及安装完成328万元。累计完成投资462 036万元。

（赫建国）

建 设 管 理

2013年累计完成单元工程评定23 562个，合格率100%，优良20 601个，优良率87.4%。全年未发生一起安全生产责任事故，工程自开工以来连续安全生产1395天，实现了质量、安全事故为零的目标。工程质量和安全生产整体受控。

（解 林）

工 程 进 展

2013年计划完成土石方开挖272.1万m^3，土方填筑233.5万m^3，混凝土浇筑55.9万m^3。实际完成土方开挖292万m^3，占年度计划的108.4%；完成土方填筑283.1万m^3，占年度计划的121.23%；完成混凝土浇筑65.2万m^3，占年度计划的116.6%。

渠道衬砌全部完成，33座混凝土建筑物全部完工，53座跨渠桥梁按期实现临时通车，35kV永久供电线路率先完工，1处管理用房和9处现地站房主体施工完成，金属结构、闸门和启闭机安装全部完成，硅芯管道敷设同步跟进，全面实现主体工程年内完工阶段性目标。

（解 林）

工 程 验 收

截至2013年底，淅川段工程累计完成45

个分部工程验收，其中分部工程合格率为100%，优良率为95.6%，工程施工质量始终处于受控状态。

分部工程验收主持单位为监理单位，已验收分部工程98个，其中水工部分51个，建筑工程2个，桥梁工程45个。

土建及金属结构机电设备安装工程：土建及金属结构机电设备安装共分为21个单位工程、164个分部工程，已完成了53个分部工程验收（水工部分51个，建筑工程2个），全部合格，合格率100%。

桥梁工程：桥梁工程共分为60个单位工程、313个分部工程，已完成了45个分部工程验收，全部合格，合格率100%。

安全监测工程：安全监测工程共分为1个单位工程、7个分部工程，尚未进行分部工程验收。

35kV永久供电线路工程：35kV永久供电线路工程共分为3个单位工程、18个分部工程，尚未进行分部工程验收。

（解　林）

运行管理

根据中线建管局的要求，结合工程建设实际情况，2013年5月，河南直管建管局成立了陶岔管理处，全面负责南水北调中线总干渠南阳段工程待运行期的管理工作。

工程建成后，由邓州管理处负责工程的运行管理、水土保持、水质和环境保护、水资源管理、水质监测、水量计量等工作。

根据管理机构设置方案，邓州管理处设综合科、运行管理科、工程管理科等部门，正常运行期拟定人员编制为73人。

淅川段刁河渡槽和严陵河渡槽闸门启闭设备完成安装并调试完成，高压设备未完成调试。

2013年3月，河南直管建管局通过公开招聘等形式，招聘了运行管理人员。按照工程调度和运行管理的需要，制订了培训计划，培训内容包括渠道输水管理、渠道安全检测、水质监测、渠道维修养护、安全管理和应急管理等，不断提高运管人员业务素质，保证工程运行正常。

国务院南水北调办、中线建管局已编制下发了中线干线工程有关运行管理和维护制度。工程进入待运行期后，将按照国务院南水北调办、中线建管局制定的运行管理规章制度，结合三级管理机构的实际情况，对相关管理制度做进一步的细化和完善。

根据《河南直管建管局实现2014年“平稳转型，如期通水”总体目标工作方案》的要求，3月底前邓州管理处首批三级运行管理人员到位；5月底前三级运行管理人员基本到位；7月底前三级运行管理机构基本具备运行管理能力；9月底前运行管理具备通水条件。

《南水北调中线干线陶岔渠首至沙河南段工程湍河渡槽待运行期管理维护方案》编制完成，已上报国务院南水北调办待审核。近期按照河南直管建管局培训计划，将对部分运行管理人员开展技术培训工作，重点培训渠道运行维护及安全监测数据采集、操作规程等，提高操作技能，保障后期运行管理工作顺利开展。

邓州管理用房于2013年4月6日正式开工，于7月7日办公楼封顶，办公楼装修进入尾工阶段，正在进行配套工程装修及园区建设。

（解　林）

环境保护及水土保持

南阳项目部要求各监理单位积极督促施工单位遵守有关环境保护的法律、法规和合同规定，采取合理的措施保护环境。做好施工开挖边坡、基坑的支护和排水，设置沉淀池对拌和系统废水集中沉淀处理，定时在施工主干道洒水，加强对噪声、粉尘、垃圾的控制和治理防止污染，保持了施工区和生活区的环境卫生，达到环境保护要求。

在水土保持方面，项目部要求各监理部督促施工单位必须遵守国家有关法律、法规规定，按照设计单位印发的水保临时措施施工技术要求、设计征地图纸控制永久用地和临时占地面积，认真做好水土保持工作。如施工道路、厂区硬化、设置排水沟，及时平整弃渣场、做好坡面防护和表面排水等。工程完工时做好现场清理，能及时移交临时占地；渣场无水土流失，符合水土保持要求。

（袁晏龄）

湍河渡槽工程

工程概况

湍河渡槽工程位于河南省邓州市小王营—冀寨之间的湍河上，西距邓州—内乡省道3km，北距内乡县20km，南距邓州市26km。渡槽槽身为相互独立的3槽预应力混凝土U型结构，单跨40m，共18跨，单槽内空尺寸（高×宽）7.23m×9.0m。设计流量为350m³/s，加大流量为420m³/s。由右岸渠道连接段、进口渐变段、进口闸室段、进口连接段、槽身段、出口连接段、出口闸室段、出口渐变段、左岸渠道连接段等9段组成，其中右岸渠道连接段设退水闸1座，工程轴线总长1030m，起点桩号为TS36+289，末端桩号为TS37+319。

湍河渡槽工程为一等工程，输水建筑物为1级建筑物。湍河渡槽工程的主要建筑物为1级，次要建筑物为3级。其中进口渠道连接段、进口渐变段、进口节制闸、进口连接段、槽身段、出口连接段、出口检修闸、出口渐变段、出口渠道连接段、退水闸首控制段，按1级建筑物设计，退水闸泄槽、消力池、护坦、海漫按3级建筑物设计。

湍河梁式渡槽属大型河渠交叉建筑物。工程防洪标准为100年一遇洪水设计，300年一遇洪水校核。

（解　林）

工程投资

湍河渡槽初设概算及价差批复总金额为47 038万元。

2010年7月26日，国务院南水北调办以“国调办投计〔2010〕147号”《关于南水北调中线一期工程总干渠陶岔渠首到沙河南段湍河渡槽工程初步设计报告的批复》对湍河渡槽工程设计概算进行了批复。概算批复湍河渡槽工程总投资为45 353万元，其中静态总投资43 959万元，建设期贷款利息1494万元。静态总投资中工程部分静态投资39 612万元，征地移民和水保环保投资3122万元，其他部分1216万元。

2012年12月10日，国务院南水北调办以“国调办投计〔2012〕276号”《关于南水北调中线干线淅川县段及穿漳、穿黄等14个设计单元工程2009～2011年价差报告的批复》对湍河渡槽工程2011年价差进行了批复。批复金额935万元。

2013年10月11日，国务院南水北调办以“国调办投计〔2013〕256号”《关于南水北调中线干线淅川县段及穿漳、穿黄等13个设计单元工程2012年价差报告的批复》对湍河渡槽工程2012年价差进行了批复。批复金额750万元。

湍河渡槽工程投资控制目标为38 954万元。具体为：2012年10月15日，中线建管局以“中线局计〔2012〕185号”《关于调整沙河渡槽等8个设计单元工程投资控制指标的通知》下达湍河渡槽投资控制指标为37 487万元，其中：建筑安装工程采购27 329万元，设备采购1282万元，专项采购2313万元，项目管理费1031万元，技术服务采购825万元，可调节预留费2464万元，基本预备费2243万元。

2013年7月29日，中线建管局以《关于明确穿漳等15个设计单元工程2009～2011年价差投资控制指标的通知》(中线局计〔2013〕141号)对湍河渡槽2011年价差进行了批复，批复投资控制指标为916万元。

2013年12月6日，中线建管局以《关于明确穿漳等19个设计单元工程2012年价差投资控制指标的通知》（中线局计〔2013〕234号）对湍河渡槽2012年价差进行了批复，批复投资控制指标为551万元。

2013年度完成投资9689万元，其中：工程投资完成9543万元，设备采购完成23万元，金属结构采购及安装完成123万元。累计完成投资29 155万元。

（赫建国）

工程进展

2013年湍河渡槽完成投资9084.3万元，占年计划7531.6万元的120.62%；完成土方填筑10万m^3，完成年度计划11.8万m^3的118.44%；完成混凝土浇筑2.9万m^3，完成度计划2.4万m^3的123.4%。

54节槽身混凝土浇筑全部完成，连接段、闸室段、渐变段、进口渠道连接段主体工程已于2013年12月17日完成，剩余附属工程正在进行施工。

（解　林）

工程验收

湍河渡槽设计单元工程共1个土建施工标，1个35kV供电工程标，1个安全监测标（安全监测标和35kV供电工程标均与淅川段、镇平段设计单元工程合并招标）。共划分为3个单位工程，16个分部工程，3618个单元工程。

分部工程验收主持单位为监理单位（中水淮河规划设计研究有限公司)，已验收分部工程9个。

土建及金属结构机电设备安装工程共9个分部工程，已验收3个，合格3个，合格率100%，其中优良3个，优良率100%。

安全监测工程共1个分部工程，已验收。

35kV永久供电线路工程共6个分部工程，已验收5个，合格5个，合格率100%，其中优良5个，优良率100%。

（解　林）

运行管理

湍河渡槽闸门启闭设备和高压已经完成安装并调试完毕。淅川段和湍河渡槽均为邓州管理处所管辖范围。

（解　林）

环境保护及水土保持

项目部要求湍河监理部积极督促施工单位遵守有关环境保护的法律、法规和合同规定，采取合理的措施保护环境。做好施工开挖边坡、基坑的支护和排水，设置沉淀池对拌和系统废水集中沉淀处理，定时在施工主干道洒水，加强对噪声、粉尘、垃圾的控制和治理防止污染，保持了施工区和生活区的环境卫生，达到环境保护要求。

水土保持方面，监理人督促施工单位必须遵守国家有关法律、法规规定，按照按照设计单位印发的水保临时措施施工技术要求、设计征地图纸控制永久用地和临时占地面积，认真做好水土保持工作。按设计合同要求合理利用土地。不因堆料、运输或临时建筑而占用合同规定以外的土地，施工作业时表面土壤妥善保存，临时施工完成后，恢复原来地貌或覆土。施工活动中采取设置给排水沟和完善排水系统等措施，防止水土流失，防止破坏植被和其他环境资源。合理砍伐树木，清除地表余土或其他地物，不乱砍、滥伐林木，不破坏草灌等植被；进行土石方明挖和临时道路施工时，根据地形、地质条件采取工程或生物防护措施，防止边坡失稳、滑坡、坍塌或水土流失。

（袁晏龄）

镇平县段工程

工程概况

镇平县段工程是陶岔渠首—沙河南段工程其中的1个设计单元工程。镇平县段工程位于河南省南阳市镇平县境内，起点在邓州尚寨以北约1km的邓州与镇平县界（马庄村以南），设计桩号52+100，终点在官鲁岗镇附近潦河右岸的镇平县与南阳市卧龙区交界处，设计桩号87+925，镇平县段长度为35.825km，占河南段的4.9%。渠段起点设计水位144.375m，终点设计水位142.54m，总水头1.835m。全渠段设计流量340m^3，加大流量410m^3。

（赫建国）

工程投资

2013年镇平段工程计划完成工程投资21 223.70万元，占合同总金额的15.01%，其中施工1标计划完成投资7200万元，占施工1标合同金额的15.55%，施工2标计划完成投资8475.70万元，占施工2标合同金额的16.04%，施工3标计划完成投资5548万元，占施工3标合同金额的13.14%。

2013年镇平段工程实际完成工程投资68 046.93万元，占计划的320%。其中，镇平1标2013年累计完成19 165.86，占计划的266%，累计完成结算57 687.37万元；镇平2标2013年累计完成结算23 154.48万元，占计划的273%，累计结算63 714.21万元；镇平3标2013年累计完成结算25 726.59万元，占计划的463%，累计结算60 164.55万元。2013年各标段均完成了计划。

（赫建国）

建设管理

2011年1月19日，黄河水电工程建设有限公司在接到中标通知书后，即刻成立了黄河水电工程建设有限公司南水北调中线镇平段代建项目管理部，具体负责镇平段设计单元项目现场建设管理工作。

黄河水电工程建设有限公司南水北调中线镇平段代建项目管理部作为黄河水电工程建设有限公司派出机构，负责镇平段设计单元工程现场建设管理工作。代建部下设了综合处、计划合同处、工程处、质安处四个职能部门，各部门分工明确、责任到人，工程建设管理高峰期共有工作人员50人。各级人员各司其职、密切协作，形成了强有力的工程建设管理团队。

镇平代建部在工程建设管理工作中，对工程质量、进度、投资、安全生产与文明施工、合同、档案进行了全面管理；积极与地方政府沟通和协调，做好外部环境协调等，保证了工程建设顺利实施。

在河南直管局南阳项目部现场建设管理机构的统筹管理之下，镇平段工程参建各方密切协作，紧紧围绕进度、质量、投资等控制目标主题，通过采取先期突出建筑物施工，中期全面推进渠道填筑、衬砌，后期协调推进机电金属结构、自动化控制及35kV供电线路施工等措施及计划方案，顺利实现2013年底主体工程完工目标。

（赫建国）

工 程 进 展

镇平段工程2013年度完成土石方开挖0万m^3，累计完成土石方开挖1920.88万m^3，占总工程量1937.1万m^3的99.16%；完成土石方回填39.55万m^3，累计完成758.68万m^3，占总工程量774.16万m^3的97.85%；完成混凝土浇筑26.19万m^3，累计完成66.49万m^3，占总工程量的115.37%；完成钢筋制作安装3727.23t，累计完成37 269.24t，占总工程量的112.25%。

（一）渠道工程

渠道工程于2013年12月6日全部完成衬砌。

（二）渠道倒虹吸

西赵河进口闸室上部闸房台车梁已浇筑完成，进口台车梁以上混凝土已浇筑完成；出口钢管脚手架搭设完毕，正在进行电动葫芦以上钢筋绑扎；淇河进口闸室上部闸房台车梁以上框架梁、柱已浇筑完成；进口正在进行台车梁以上钢筋绑扎，出口钢管脚手架已搭设完成，正在绑扎钢筋。谭寨分水口门已施工完毕。

淇河渠道倒虹吸出口钢管脚手架已搭设完成，正在绑扎电动葫芦梁以上钢筋；西赵河渠道倒虹吸出口钢管脚手架搭设完毕，正在进行台车梁以上钢筋绑扎；谭寨分水口门降压站已施工完毕。

（三）左岸排水建筑物

21座左岸排水建筑物主体工程已全部完成，个别标段进出口段边坡防护正在施工，如施工一标小马河、菜河、苇子河倒虹吸、施工二标灌渠河倒虹吸。

（四）桥梁

38座跨渠桥梁已全部临时通车，大部分桥梁引道已完成土方填筑施工，引道边坡防护、路基水稳层、沥青路面尚未进行施工。

（五）渠系建筑物

项店引河渡槽已完成主体工程已完工，进出口段尚不具备施工条件。谭寨分水口门已完成主体工程施工，降压站已完成主体工程施工。

（六）管理用房

镇平管理处用房办公楼主体结构已完成，墙体已砌筑完成，强电弱电线管已施工完毕，管理处用房办公楼主体工程已验收，办公楼墙体喷浆已完成，办公楼水管道已安装完毕，正在准备管理处用房样板间装饰装修材料，办公楼墙体已粉刷完毕，办公楼电桥架已施工完毕，办公楼屋面保温已施工完毕，正在进行屋面防水施工；消防水池已施工完毕，模板已拆除完毕，消防水池正在做压水试验。

（七）金属结构

淇河、西赵河、谭寨分水口闸门已安装完毕。谭寨分水口门启闭机已安装完毕。

（八）电气

谭寨分水口门降压站电气设备已安装完毕。淇河、西赵河不具备安装条件。

（九）35kV施工

253基基础已全部完成，杆塔组立已累计完成243根，架线31.47km。

（十）硅芯管施工

镇平2标西赵河、淇河渠道倒虹吸管身段敷设累计完成0.4km，占总数的0.2%，渠道硅芯管尚未开始进行施工。

（解　林）

工 程 验 收

截至2013年底，本年度累计评定水工单

元工程5633个，全部合格，优良5321个，优良率94.5，累计评定水工单元工程7985个，全部合格，优良7514个，优良率94.1。本年度累计评定桥梁分项工程1214个，全部合格，累计评定桥梁分项工程3850个，全部合格。

2013年，评定分部工程20个，全部合格，优良19个，优良率95%。

单位工程验收尚不具备验收条件。

（解　林）

运行管理

根据中线建管局的要求，结合工程建设实际情况，2013年5月，河南直管建管局成立了陶岔管理处，全面负责南水北调中线总干渠南阳段工程待运行期的管理工作。

工程建成后，由镇平管理处负责工程的运行管理、水土保持、水质和环境保护、水资源管理、水质监测、水量计量等工作。

根据管理机构设置方案，镇平管理处设综合科、运行管理科、工程管理科等部门，正常运行期拟定人员编制为73人。

镇平段工程为中线建管局代建建设项目，根据中线建管局有关规定，各运行管理单位参与工程验收，负责督促工程遗留问题的处理等有关工作。

2013年3月，河南直管建管局通过公开招聘等形式，招聘了运行管理人员。按照工程调度和运行管理的需要，制订了培训计划，培训内容包括渠道输水管理、渠道安全检测、水质监测、渠道维修养护、安全管理和应急管理等，不断提高运管人员业务素质，保证工程运行正常。

根据《河南直管建管局实现2014年“平稳转型，如期通水”总体目标工作方案》的要求，3月底前镇平管理处首批三级运行管理人员到位；5月底前三级运行管理人员基本到位；7月底前三级运行管理机构基本具备运行管理能力；9月底前运行管理具备通水条件。

《南水北调中线干线陶岔渠首—沙河南段工程湍河渡槽待运行期管理维护方案》编制完成，已上报国务院南水北调办待审核。近期按照河南直管建管局培训计划，将对部分运行管理人员开展技术培训工作，重点培训渠道运行维护及安全监测数据采集、操作规程等，提高操作技能，保障后期运行管理工作顺利开展。

镇平管理处办公楼于2013年4月1日开工，6月29日已经封顶，办公楼装修进入尾工阶段，正在进行配套工程装修及园区建设，预计2014年4月30日全部完成。

（张　磊）

环境保护及水土保持

在施工期间，镇平代建部高度重视水土保持管理工作，设立专职管理人员开展水土保持工作，认真执行预防为主，防治并重原则及生态优先、恢复原土地功能的原则，严格执行“三同时”制度，督促参建各方特别是施工承包人制定水土保持和环境保护控制措施，避免在工程施工中采取的方法不当或管理不当造成水土流失和环境破坏。提高施工单位的水土保持和环境保护意识。每月及时审核相关工程水土保持、环境保护监理及监测单位的月报，并对数据进行分析对比，对超标项目及时督促工程监理、施工单位进行整改。

在施工期间，镇平代建部高度重视保护管理工作，安排专职人员负责环境保护工作，实现工程建设的环境、社会与经济效益的三统一。该工程环境保护内容主要包括：水环境保护、生态保护、噪声防治、大气环境保护、固体废物处置、人群健康防护等。

（董玉增）

南阳市段工程

工程概况

南阳市段工程位于河南省南阳市市区内，起点位于潦河西岸南阳市卧龙区和镇平县分界处，桩号 87+925，终点位于小清河支流东岸南阳市宛城区和南阳市县的分界处，桩号 124+751，包括建筑物长度在内全长 36.826km，其中桩号（100+500）～（102+550）段作为膨胀土试验段，桩号（115+190）～（116+527）段作为白河倒虹吸，另行设计。南阳市段实际长度 33.439km。渠段线路总体走向由西南向东北：从潦河西岸开始，穿过潦河以后，由西南向东北，从南阳市西北部穿过，于蒲山东南过白河，然后由西向东抵达渠段重点小清河支流东。南阳市段起点设计流量 $340m^3/s$，加大流量 $410m^3/s$，设计水位 142.540m，加大水位 143.290m；终点设计流量 $330m^3/s$，加大流量 $400m^3/s$，设计水位 139.435m，加大水位 140.175m。

渠道采用梯形断面，纵坡为 1/25 000。挖方渠段一级马道兼作运行维护道路，一般宽 5m；以上每 6m 增设一级马道，一般宽 2m。填方渠道堤顶兼作运行维护道路，一般宽 5m；以下外坡每 6m 增设一级马道，一般宽 2m。

南阳市段工程建设征地总面积 17 959.2 亩，其中永久征地 8590.8 亩（含临时转永久 1304.3 亩），临时用地 9368.40 亩。南阳市段征地共涉及河南省南阳市三个区 10 个乡镇（街道办事处）49 个行政村，其中卧龙区涉及 7 个乡镇 36 个村，宛城区涉及 2 个乡镇 11 个村，高新区涉及 1 个街道办事处 2 个村。

2013 年南阳市段工程主要进行渠道土石方回填，改性土填筑，渠道衬砌，交叉建筑物主体工程施工。

（常君洁）

工程投资

2013 年，南阳市段工程计划完成建安投资 72 391.42 万元，实际完成建安投资 100 779.21万元。

南阳市段工程合同价 194 432 万元，截至 2013 年底，累计结算工程款 244 925.78 万元，占合同金额的 125%。

（常君洁）

工程进展

2013 年，南阳市段工程主要工作是渠道土石方回填，改性土填筑，渠道衬砌，交叉建筑物主体工程施工。完成土石方开挖 187.63 万 m^3，占年度计划的 122%，占合同量的 29%；土石方回填 359.23 万 m^3，占年度计划的 122%，占合同量的 29%；完成混凝土浇筑 45.69 万 m^3，占年度计划的 126%，占合同量的 68%；完成渠道衬砌 92 963m，占年度计划的 100%，占合同量的 98.9%；完成建安投资 100 779.21 万元，占年度计划的 139%，占合同量的 52%。

（常君洁）

工程监理

南阳市段工程的监理单位是河南省河川工程监理有限公司。2013 年共组织安全隐患排查 12 次，危险源专项检查 24 次，安全会议 12 次。

河南省高等级公路建设监理部有限公司于 2011 年 5 月，通过招投标方式，取得南水北调中线一期工程总干渠岔—黄河南（委托建管项目）南阳市段交通桥标建设监理任务，组建交通桥建设监理总监办，开展监理工作。

监理部分别对南阳市段1～7标段桥梁工程进场的原材料（钢筋、水泥、粉煤灰、砂、石子、外加剂等）进行抽检检测，监理检测委托南阳路远公路工程试验检测有限公司（交通部乙级）进行检测，抽检频率复核要求，检测结果全部合格。

水泥监理平行检测应121次，实际监理平行检测121次；细骨料监理平行检测应86次，实际监理平行检测86次；粗骨料监理平行检测应120次，实际监理平行检测120次；粉煤灰监理平行检测应50次，实际监理平行检测50次；钢筋监理平行检测应311组，实际监理平行检测311组；钢筋焊接监理平行检测应185组，实际监理平行检测185组；混凝土试块监理平行检测应4116组，实际监理平行检测4116组；外加剂监理平行检测应27组，实际监理平行检测27组；桩基检测监理平行检测应160组，实际监理平行检测160组；灌浆料监理平行检测应2组，实际监理平行检测2组。钢板监理平行检测应6组，实际监理平行检测6组。无缝钢管监理平行检测应5组，实际监理平行检测5组。钢筋机械连接监理平行检测应33组，实际监理平行检测33组。桩基监理平行检测160根。监理平行检测频率符合监理规范要求。

（任新立　张官珍　郑国印）

质量管理

2013年，对水泥、钢筋及其焊接、砂石骨料、外加剂等各种原材料进行抽检，组织施工单位和监理单位对原材料生产厂家进行直接考察，对混凝土试块进行强度检测。

2013年，南阳市段工程评定4895个单元工程，全部合格，合格率100%，其中优良单元工程4728个，优良率96.6%；桥梁分项工程质量评定2545个，全部合格。南阳市段全年未发生一起质量事故，工程质量处于受控状态，完成工程质量年度管理目标。

（郑国印）

安全生产

2013年，南阳市段工程安全生产处于受控状态。

（徐　辉）

南阳膨胀土试验段工程

工程概况

南阳膨胀土试验段工程位于陶岔—沙河南段南阳市境内，起点位于南阳市卧龙区靳岗乡孙庄东，终点位于南阳市卧龙区靳岗乡武庄西南，全长2.05km，其中桩号（100+500）～（101+850）为弱膨胀土渠段，桩号（101+850）～（102+550）为中膨胀土渠段。试验段渠道设计流量为$340m^3/s$，加大流量为$410m^3/s$，渠道设计水深7.5m，加大水深8.23m。

2013年，南阳膨胀土试验段工程的主要进行试验区的欠挖部分的开挖，永久渠道衬砌。

（常君洁）

工程投资

2013年，累计完成建安投资12 796.18万元，占合同的149.3%。

南阳膨胀土试验段工程合同价9072.067

万元，截至 2013 年底，累计结算工程款 11 941万元，占合同金额的 131%，其中，2008 年结算 764.125 5 万元，占合同金额的 8.42%；2009 年结算 2122.951 8 万元，占合同金额的 23.4%；2010 年结算 857.744 7 万元，占合同金额的 9.5%；2011 年结算 62.53 万元，占合同金额的 0.69%；2012 年结算 3856.06 万元，占合同金额的 42.5%；2013 年结算 3796 万元，占合同金额的 42%。

在工程实施中，按照"以事实为依据，以合同为准绳"的原则处理合同问题，依据批复的工程概算总投资、已签订的合同，规范工程价款结算的形式和程序；加强工程计量管理，对影响工程投资变化的工程变更、索赔等严格把关，使工程投资处于受控状态；发挥监理的作用，全面履行合同，核对各月的结算资料，及时初审报批支付工程进度款，建立支付台账。

（常君洁）

工 程 进 展

2013 年南水北调中线一期工程总干渠膨胀土试验段工程（南阳段）主要工作是完成试验区的欠挖部分的开挖及改性土回填，永久渠道衬砌。主要完成的施工项目如下：完成土石方开挖 1.82 万 m^3，累计 174.33 万 m^3，占合同量的 112.5%；完成土石方填筑 12.14 万 m^3，累计 51.57 万 m^3，占合同量的 132.2%；完成混凝土浇筑 3.19 万 m^3，累计 5 万 m^3，占合同量的 185.1%；完成渠道衬砌 5639.56m，累计 6150m，占合同量的 100%；完成建安投资 3809.21 万元，占计划的 133.9%，累计完成建筑安装投资 12 796.18 万元，占合同的 149.3%。

（常君洁）

质 量 管 理

2013 年，质安科参与标段渠堤建基面等验收工作。由于膨胀土的特殊性，质安科注重对施工过程控制，采用巡查、抽查、跟踪检查及委托检测（第三方试验室）等方式对土方填筑质量进行质量检查；对水泥、钢筋、砂石骨料、外加剂等各种原材料进行抽检，对混凝土强度进行检测，质量全部合格。至 12 月底，膨胀土试验段工程全年评定 131 个单元工程，全部合格，合格率 100%，其中优良单元工程 129 个，优良率 98.4%；桥梁分项工程质量评定 21 个，全部合格。工程质量处于受控状态。膨胀土试验段全年未发生一起质量事故，完成年度质量管理目标。

（郑国印）

白河倒虹吸工程

工 程 概 况

白河倒虹吸工程位于河南省南阳市蒲山镇蔡寨村东北，是南水北调中线总干渠穿越白河干流的交叉建筑物，距南阳市城北约 15km。工程布置自进口至出口依次为：进口渐变段、退水闸及过渡段、进口检修闸、倒虹吸管身、出口节制闸（检修闸）、出口渐变段。

白河倒虹吸工程起点桩号为 TS115 + 190，终点桩号 TS116 + 527，全长 1337m，其中进口渐变段长 48m，过渡段长 50m，进口闸室段长 16m，出口闸室段长 23m，出口渐变段长 60m，埋管段水平投影长 1140m。采用两孔一联共 4 孔的混凝土管道，顶、底板各厚 1.3m，中隔墙厚 1.2m、边墙 1.3m，单孔管净尺寸 6.7m × 6.7m。

白河倒虹吸设计流量为 330m^3/s，加大流量为 400m³/s。进口设计水位高程 140.624m，出口设计水位高程 139.924m。进口段设退水闸，设计流量 165m³/s，出口处设有节制闸。

白河倒虹吸工程于 2010 年 11 月正式开工，计划完工日期为 2013 年 5 月 31 日。2013 年主要进行了管身段上下游护砌、进出口及退水闸闸室、上部结构施工，闸门安装、启闭机安装。

（常君洁）

工 程 投 资

2013 年白河倒虹吸工程计划完成主体工程。实际完成建安投资 12 893.72 万元，占计划年度的 116.5%。

白河倒虹吸工程合同价 29 841.980 4 万元，截至 2013 年底，累计结算工程款 3.35 亿元，占合同金额的 112%，其中 2013 年结算 8951.8 万元，占合同金额的 30%。

在工程实施中，建管处坚持按照“以事实为依据，以合同为准绳”的原则处理合同问题，依据批复的工程概算总投资、已签订的合同，规范工程价款结算的形式和程序；加强工程计量管理，对影响工程投资变化的工程变更、索赔等严格把关，使工程投资处于受控状态；充分发挥监理的作用，全面履行合同，翔实核对各月的结算资料，及时初审报批支付工程进度款，建立了支付台账；积极为施工单位创造良好的施工条件，降低工程索赔风险，为工程顺利进行提供保障。

（常君洁）

工 程 进 展

2013 年，白河倒虹吸工程顺利完成了年度计划，其中包括管身段施工、管身段管顶防护、管身段上下游防护、进出口斜管段施工及退水闸翼墙施工。

2013 年完成土石方开挖 3.76 万 m³，占年度计划的 108.7%，累计完成 137.5 万 m³，占合同量的 95.9%；本年土石方回填 57.1 万 m³，占年度计划的 107.2%，累计完成 107.2 万 m³，占合同量的 101.2%；本年混凝土浇筑 7.33 万 m³，占年度计划的 113.5%，累计完成 24.01 万 m³，占合同量的 120.2%。本年完成建筑安装投资 12 893.72 万元，占计划年度的 116.5%，累计完成建筑安装投资 34 769.3万元，占合同的 116.5%。

（常君洁）

质 量 管 理

2013 年度共对白河倒虹吸工程水泥、钢筋、焊接、砂石骨料、外加剂等各种原材料进行了抽检，对混凝土试块、管身混凝土强度进行了强度检测，质量全部合格。截至 12 月底，白河倒虹吸工程全年累计评定 293 个单元工程，全部合格，合格率 100%，其中优良单元工程 285 个，优良率 97.2%，工程质量处于受控状态。白河倒虹吸全年未发生一起质量事故，完成了制定的质量管理目标。

（郑国印）

方 城 段 工 程

工 程 概 况

方城段工程是陶岔渠首—沙河南段干渠的一个设计单元，位于河南省方城县境内，起点位于方城县博望乡向庄村西南、小清河支流北岸外，设计桩号 124 + 751，终点在后三里河村西北的三里河北岸、方城县与叶县交界处，设计桩号185+545。方城段全长为60.794km。本渠段起点设计流量330m³/s，加大流量400m³/s，设计水位139.435m，加大水位140.175m；终点设计流量330m³/s，加大流量400m³/s，设计水位135.728m，加大水位136.458m。

渠道沿线共布置各类建筑物102座，其中，河渠交叉建筑物8座，左岸排水建筑物22座，渠渠交叉建筑物11座，跨渠公路桥53座，分水口门3座，节制闸3座，退水闸2座。

渠道采用梯形断面，纵坡为1/25 000。挖方渠段一级马道兼作运行维护道路，一般宽5m；每6m增设一级马道，一般宽2m。填方渠刀堤顶兼作运行维护道路，一般宽5m；外坡每6m增设一级马道，一般宽2m。

方城段工程于2011年3月15日正式开工，计划2013年8月31日完工，工程总工期30个月。2013年，方城段工程主要进行了渠道土石方回填、改性土填筑、交叉建筑物主体工程施工、渠道衬砌。

（常君洁）

工 程 投 资

2013年方城段工程计划进行渠道土石方回填，改性土填筑，交叉建筑物主体工程施工、渠道衬砌。2013年计划完成建筑安装投资85 953.15万元，实际完成建筑安装投资133 270.79万元，占计划年度的155%。

方城段工程合同价259 066万元，截至2013年底，累计结算工程款311 558.21万元，占合同金额的120%。

（常君洁）

工 程 进 展

2013年南水北调中线一期工程总干渠方城段工程主要工作是渠道土石方回填，改性土填筑，渠道衬砌，交叉建筑物主体工程施工。主要完成土石方开挖167.9万m³，占计划年度的136%，占合同量的5%；土石方回填372.78m³，占计划年度的129%，占合同量的28%；混凝土浇筑59.36万m³，占计划年度的141%，占合同量的59%；渠道衬砌167 453万m³，占计划年度的100%，占合同量的95.7%。

（常君洁）

质 量 管 理

2013年，方城段工程评定4726个单元工程，全部合格，合格率100%，其中优良单元工程3603个，优良率97.4%；桥梁分项工程质量评定1317个，全部合格，工程质量处于受控状态。方城段全年未发生一起质量事故，完成年度工程质量管理目标。

（郑国印）

安 全 生 产

2013年，组织专项检查检查33次，组织隐患排查12次，组织安全生产培训1次，发出安全生产隐患整改、罚通知单共6份，各监理部累计下发安全监理通知、联系单共126份，累计共组织召开安全例会、安全生产专题会13次，累计接收办理上级来文29份，南阳段开工以来发生1起一般等级以上安全事故，工程安全生产处于受控状态。

（徐　辉）

叶县段工程

工程概况

叶县段工程是南水北调中线一期工程总干渠陶岔至沙河南渠段的组成部分。陶岔至沙河南渠段总共分为7段11个设计单元，叶县段（含澧河渡槽）是第5段，地域上属于河南省叶县境内。渠段起点位于叶县保安乡胡安村西南、方城县与叶县交界处（桩号185+544），终点位于平顶山市叶县常村乡新安营村东北、叶县与鲁山县交界处（桩号215+811），全长30.266km。渠段起点（桩号185+545）坐标（单位：m，以下同）：$X=$ 3 693 515.254，$Y=113\ 522\ 719.607$；终点（桩号215+811）坐标：$X=3\ 716\ 216.851$，$Y=113\ 513\ 167.461$。

沿渠布置各类建筑物58座，其中：河渠交叉建筑物1座，左岸排水建筑物17座，渠渠交叉建筑物8座，路渠交叉建筑物（以下简称桥梁）32座。

该设计单元工程渠段起点设计水位135.727m，终点设计水位133.89m，总水头1.837m。起始断面设计流量330m^3/s、加大流量400m^3/s，终点断面设计流量320m^3/s、加大流量380m^3/s。

（董志斌）

工程投资

2013年叶县段工程计划完成投资45 099.2万元（工程部分），实际完成投资64 479.81万元，完成年计划的142%。截至2013年底，叶县段段工程所有合同项目累计完成投资191 891.03万元，完成合同金额的114.5%。

叶县段工程投资控制工作由叶县代建项目部计划合同部处归口管理，全面负责协调、处理工程投资控制及其相关制度的完善建设。2013年叶县项目部根据工程现场实际情况，深入开展“投资风险防控年”主题年活动，建立健全各项投资统计分析台账，规范变更控制流程，加强工程索赔与反索赔管理，加强工程保险理赔处理，及时办理工程计量支付，按时完成投资统计月报及变更索赔报告的编制上报。截至2013年底，叶县段工程尚未动用基本预备费，投资处于可控状态。

（赵本基　张晓亮）

工程进展

（一）年度建设目标

2013年叶县段工程计划完成投资45 099.2万元（工程部分），实际完成投资64 479.81万元，完成年计划的142%。

（二）主体工程主要工程量

2013年累计完成土石方开挖、土石方填筑和混凝土分别为75.55万m^3、119.34万m^3和21.91万m^3，分别占2013年中线建管局计划的102.65%、162.15%和124.49%。

（三）工程形象进度

（1）建筑物工程。叶县段工程跨渠桥梁等交通建筑物共32座（含新增2座），全部实现临时通车。叶县段工程左岸排水建筑物与渠渠交叉建筑物工程共25座，大型河渠交叉建筑物1座。左排建筑物17座，2013年度完成了柳庄北沟倒虹吸管身段浇筑和3座建筑物的土方回填施工；渠渠交叉建筑物8座，2013年度完成1座建筑物的土方回填施工及全部剩余尾工；府君庙河倒虹吸2013年度完成了土方回填和进、出口闸室混凝土，闸室上部结构，金属结构安装，进口闸顶房屋等施工。叶县段管理用房于2013年6月25日开工，2013年底已完成主体工程。

（2）渠道衬砌工程。截至2013年12月12日，叶县代建项目衬砌施工全部完成。累计完成衬砌87.168km。

（3）改性土填筑。2013年叶县代建项目改性土填筑全部完成，年度完成改性土施工78.3万m^3，占合同量196.0万m^3的39.95%。实际累计完成改性土施工223.2万m^3，占合同量196.0万m^3的114%。

（4）金属结构、电气设备安装工程完成情况。辛庄分水口已经完成闸门、启闭机、电气设备安装。府君庙河倒虹吸已完成闸门、启闭机安装。

（5）35kV永久供电工程完成情况。叶县段（含澧河渡槽）工程35kV线路总长30.125km，设计铁塔2基，高强水泥杆233基，其中电缆长3.472km。2013年度除电缆埋设和线路防护未完成外，其他工程已全部完成。

（6）硅芯管工程。2013年底全面进行开挖施工，除3标完成铺设9.972km外，其他尚未进行铺设。

（7）安全监测施工情况。2013年底累计完成1002支（套），已到图纸工程量完成率为76.7%。各监测仪器测值基本正常，计算成果基本在正常范围，巡视检查没有发现明显异常情况。

（董志斌）

工程验收

（一）验收组织机构

为了加强叶县段代建项目验收管理，明确验收责任，保证验收工作质量，成立了南水北调中线工程叶县段代建项目工程验收领导小组，工程验收领导小组由代建、监理、设计、施工单位主要负责人组成。工程验收领导小组下设办公室，负责日常的验收管理工作。

（二）工程验收进展情况

叶县段工程总计有216个分部工程。桥梁工程以外，叶县代建项目一共有12个单位工程、82个分部工程（包含35kV、安全监测、管理用房）。分部工程验收已于2013年9月启动，截至2013年12底完成分部工程验收31个。

（董志斌）

环境保护及水土保持

（1）弃土（渣）场。表层土剥离后集中堆放，周边采取装土编织袋、挡坎等防护措施防止水土流失，表层土上覆盖网膜防止扬尘。

（2）临时堆土场。存料场按设计的要求和监理的指示进行清理和平整处理，渣料以分层堆筑的方式进行并控制分层高度；露天堆放场周边做好排水沟防止冲刷和水土流失。

（董志斌）

澧河渡槽工程

工程概况

南水北调中线一期总干渠澧河渡槽工程位于河南省平顶山市叶县常村乡坡里与店刘之间的澧河上，是南水北调中线总干渠跨越澧河的大型河渠交叉建筑物。工程距北东距叶县城关约20km。渡槽槽身为双线双槽矩形槽，共14跨，两个边跨为30m跨径，其余12跨为40m跨径；单槽净宽10.0m，双线渡槽全宽顶宽26.6m，底宽26.7m。渡槽槽身采用常规的现浇施工方法。

澧河渡槽顺总干渠流向，自起点至终点，依次为退水闸室段、进口渐变段、进口闸室段、进口过渡段、槽身段、出口连接段、出口闸室段、出口渐变段、北岸明渠，右岸设退水闸1座，工程轴线总长860m，起点桩号209+270，对应坐标为X=3 710 196.072m、Y=113 513 033.310m；终点桩号210+130，对应坐标为X=3 711 034.024m、Y=113 512 839.822m。澧河渡槽槽身段、连接段、过渡段、进出口闸室段和退水闸闸室段等主要建筑物级别为1级建筑物。河道治导与防护工程等次要建筑物级别为3级建筑物。澧河渡槽设计流量为320m^3/s，加大流量为380m^3/s。

工程于2011年1月开工，批复总工期为33个月。

工程设计防洪标准按100年一遇洪水设计，300年一遇洪水校核。

主要工程量包括：土石方开挖17.0万m^3、土石方回填72.0万m^3、混凝土11.01万m^3、钢筋1.04万t。

（董志斌）

工 程 投 资

2013年澧河渡槽段工程计划完成投资2315.4万元（工程部分），实际完成投资3914.83万元，完成年计划的169%。截至2013年底，澧河渡槽工程合同项目累计完成投资24 879.54万元，完成合同金额的107%。

（董志斌）

工 程 进 展

2013年澧河渡槽段工程完成土石方开挖、土石方填筑和混凝土分别为1.27万m^3、12.3万m^3和1.49万m^3，分别占2013年中线建管局计划的37.35%、96.85%和135.45%。

（1）建筑物工程。截至2013年11月25日，澧河渡槽完成槽身、进出口连接段、闸室段、渐变段和退水闸混凝土浇筑，完成渠道混凝土衬砌等全部主体工程。

（2）渠道衬砌工程。澧河渡槽于2013年11月25日完成该段全部衬砌施工，总计0.372km。

（3）金属结构、电气设备安装工程完成情况。截至2013年底，澧河渡槽工程已完成闸门、启闭机、电气设备安装。

（董志斌）

工 程 验 收

澧河渡槽工程总计有1个单位工程、19个分部工程。分部工程验收已于2013年9月启动，截至2013年12底完成分部工程验收13个。并于2013年11月、12月分别完成了澧河渡槽法人自查验收和技术性初步验收。

（董志斌）

环境保护及水土保持

表层土剥离后集中堆放，周边采取装土编织袋、挡坎等防护措施防止水土流失，表层土上覆盖网膜防止扬尘。存料场按设计的要求和监理的指示进行清理和平整处理，渣料以分层堆筑的方式进行并控制分层高度；露天堆放场周边做好排水沟防止冲刷和水土流失。

（董志斌）

鲁山南1段工程

工程概况

鲁山南1段工程是南水北调中线一期工程总干渠陶岔渠首—沙河南的组成部分，位于河南省平顶山市境内，起始端与平顶山市叶县相邻，渠线穿越昭平台水库灌区，基本平行于昭平台南干渠布置，沿途经过鲁山县张官营、磙子营、张良三个乡（镇）。起点总干渠桩号215+811，终点总干渠桩号229+262，全长13.451km。本段渠道设计流量$320m^3/s$，加大流量$380m^3/s$。起止控制点的设计水位分别为133.89m、133.17m，水头差0.72m，其中渠道占用水头0.52m。渠道沿线共布置30座交叉建筑物，其中河渠交叉建筑物1座、左岸排水建筑物6座、渠渠交叉建筑物10座、跨渠公路桥7座及生产桥6座。

（朱小浩　许正周）

工程投资

鲁山南1段工程批复总投资128 997万元，其中静态总投资127 456万元，建设期融资利息1541万元。

工程部分静态投资72 595万元，其中建筑工程45 566万元，机电设备及安装工程520万元，金属结构设备安装工程902万元、临时工程3577万元，独立费用13 274万元，基本预备费3830万元、公路交叉建筑物4926万元；移民环境投资36 441万元；国务院南水北调办批复重大设计变更10 318万元；2009~2012年价差8102万元。

2013年追加投资包括国务院南水北调办批复高填方渠段加强安全措施概算2342万元和2012年价差7041万元。

2013年鲁山南1段工程计划完成投资9695万元（工程部分），实际完成投资16 974万元，完成年计划的175%。截至2013年底，鲁山南1段工程所有合同项目累计完成投资76 985万元，完成合同金额的133%。

（赵本基　张晓亮）

工程进展

2013年，鲁山南1段工程完成土石方开挖6.1万m^3，土石方回填83.93万m^3，混凝土浇筑9.12万m^3；累计完成土石方开挖634.33万m^3，土石方回填352.51万m^3，混凝土浇筑24.68万m^3。

工程形象进度：

（1）渠道工程。渠道总长13.095km，开挖成型0.13km，累计成型13.095km；累计填筑成型13.095km；累计完成渠道单侧衬砌39.285km。

（2）建筑物工程。河渠交叉建筑物1座，土建工程已完工（灰河倒虹吸水完成管身段、进出口渐变段和闸室段以及排架的浇筑，并已全部回填完毕，剩余少量河道防护工程未完工）；渠渠交叉建筑物10座和左排建筑物共6座已全部完工；公路桥7座（曹常公路、榆树湾西、白杨路、郭胡桥西、西盆窑、辛方公路、杨庄东北公路桥）桩基、下部结构、箱梁预制、桥梁吊装全部完成，基本具备通车条件；生产桥6座（杨林、楝树村、徐庄西、马厂、陈家沟南、孙孙路生产桥）桩基、下部结构、T梁预制、桥梁吊装全部完成，基本具备通车条件。主体工程已于2013年12月7日完工。

（3）机电金属结构工程。金属结构和机电设备埋件施工完成。降压站启闭机房施工完成。

（4）通信管道工程完成情况。通信管道

工程施工完成。

（朱小浩　许正周）

工 程 验 收

鲁山南1段土建及设备安装工程水工部分共3个单位工程、46个分部工程，5382个单元工程。其中25个主要分部工程，530个重要隐蔽单元工程，165个关键部位单元工程。交通部分共13个单位工程、65个分部工程，1661个分项工程。其中26个主要分部工程，728个主要分项工程。

截至2013年底验收情况如下：

（1）水工单元工程验收情况：验收单元工程个数3789个，合格率100%；优良个数3408个，优良率89.9%。其中验收重要隐蔽单元工程530个，优良个数497个，合格率100%，优良率93.8%；验收关键部位单元工程个数165个，优良个数152个，合格率100%，优良率92.1%。

（2）交通桥梁分项工程验收情况：验收交通桥梁分项工程1427个分项，合格率100%，其中验收主要分项728个，合格率100%。

（3）水工分部工程验收情况：分部工程验收个数13个，质量合格率100%；其中优良个数13个，优良率100.0%。

（4）交通桥梁分部验收情况：分部工程验收个数13个，质量合格率100%（不评优）。

（5）2013年12月20日，鲁山南一段顺利通过了由中水淮委专家组评审的安全评估工作。

运 行 管 理

鲁山南1段工程所属管理机构河南分公司及三级管理处正在筹备组建，工程进入待运行期后将履行管理维护职责。2013年8月河南直管局从项目部运行管理人员中选拔专业干部，集中进行为期4个月的专业技术培训。

（朱小浩　许正周）

环境保护及水土保持

项目部安排专人负责环境保护及水土保持管理工作，督促环保监理认真开展工作，对辖区内的施工、营区等区域开展环保监测评估，及时向施工单位发出预警信息，对存在的问题的标段督促其整改到位。对辖区内的弃渣场，按水保图纸、地方政府主管部门相关规定要求施工，在汛期前组织大排查，发现隐患及时整改，确保了工程的顺利进行。

（朱小浩　许正周）

鲁 山 南 2 段 工 程

工 程 概 况

该工程为南水北调中线工程总干渠陶岔至沙河南段工程的一部分，位于陶岔至沙河南段最末标段，起于鲁山县张良镇西盆窑村东北、止于沙河南岸鲁山县马楼乡薛寨村北。设计流量320m^3/s，加大流量380m^3/s。起点（桩号229+262）设计水位133.168m，终点（桩号239+042）设计水位132.370m，分配水头0.798m。

该设计单元渠线全长9.78km，其中渠道长9.066 km，建筑物长0.714km（澎河涵洞式渡槽建筑物长310m，沙河倒虹吸建筑物长404m）。渠线穿越大型河流2条、小型河流3条。总干渠与沿线河流、灌渠、公路的交叉工程全部采用立交布置型式，沿线建筑物工程有河渠交叉、左岸排水、渠渠交叉和路渠交叉、控制工程等类型。共有各类建筑物25座，其中：大型河渠交叉建筑物2座、左岸排水建筑物3座、渠渠交叉建筑物7座、控制建筑物3座、公路桥5座、生产桥5座。另外还有35 kV降压站2座以及鲁山管理用房1处。

工程于2011年3月开工，总工期28个月。

该工程等级为一等，总干渠渠道及其各类交叉建筑物和控制工程等主要建筑物级别为1级，附属建筑物、河道防护工程和河穿渠建筑物上下游连接段等次要建筑物级别为3级。

澧河倒虹吸和澎河涵洞式渡槽防洪标准均按100年一遇设计，300年一遇校核；左岸排水建筑物洪水标准按50年一遇设计，200年一遇校核；渠道的防洪标准与相应的各类河渠交叉（左岸排水）建筑物洪水标准一致。

合同主要工程量：土方开挖409.14万m^3、石方开挖54.21万m^3、土方填筑179.13万m^3、混凝土20.39万m^3、砌石12.17万m^3、钢筋制作安装1.34万t、金属结构493.5t、复合土工膜敷设64.41万m^2。

（李志海　张承祖）

工程投资

鲁山南2段工程批复总投资91 817万元，其中静态总投资90 101万元，建设期融资利息1716万元。

工程部分静态投资57 842万元，其中建筑工程36 700万元，机电设备及安装工程808万元，金属结构设备安装工程1192万元、临时工程3441万元，独立费用10 653万元，基本预备费3168万元、公路交叉建筑物1880万元；移民环境投资24 515万元；国务院南水北调办批复重大设计变更3252万元；2009～2012年价差4492万元。

2013年追加投资包括国务院南水北调办批复高填方渠段加强安全措施概算3252万元、建设期贷款利息746万元和2012年价差3577万元。

2013年鲁山南2段工程计划完成投资6586万元（工程部分），实际完成投资12 481万元，完成年计划的190%。截至2013年底，鲁山南2段工程所有合同项目累计完成投资76 985万元，完成合同金额的131%。

（赵本基　张晓亮）

建设管理

为确保鲁山南2工程2013年年度目标的完成和总体目标的实现，从以下九个方面加强了施工管理：一是根据与河南直管建管局签定的年度任务书，将建设管理目标进行细化分解，落实责任，明确建设管理目标；二是建立健全各级工程质量、进度、投资、安全及文明施工等组织机构，加强监督和检查；三是进一步完善了相应的质量、进度、投资和安全生产及文明施工的管理办法和保证体系文件的建设，做到有据可依，有章可循，可操作性强，合理适用，督促落实并持续改进；四是制订各级计划，明确各项工作方针和工作目标；五是采取有力措施、落实层层计划、确保过程的有效运行和控制，确保目标实现；六是根据监理部和平顶山项目部每月、每季度进行的工程管理检查考核情况，对提出的问题，认真整改和落实；七是加强内业管理，及时上报材料，建立专项档案；八是落实责任制，根据年终考核情况进行奖罚兑现；九是充分发挥各级专家咨询作用，为鲁山南2段工程提供强有力的技术支持。

每个分部工程、单元工程、重点工序开工前，施工单位下发质量控制措施，由主管工程师进行施工技术交底，明确设计要求、技术标准、功能作用与其他工程的关系等，重点部位编写施工操作程序，重点讲述施工方法和注意事项等，使全体人员彻底明了施工对象。施工阶段做到一级负责一级，一级保一级，实行“三不交接”、“四不施工”和“三检制”。

严格把好材料关：对采购进场的原材料、成品、半成品，由质量、技术、物资部门人员严格验收，检查进场货物的品种、规格、数量是否符合采购计划；厂家的合格证或检验报告是否齐全；对产品进行现场质量检查，并填写验收记录；取样进行试验，并出具试验报告单；与监理配合，做好平行检验；不合格材料不准进场，进场的必须清退。做到“人人有职责、事事有程序、作业有标准、体系有监督、不良有纠正”。

分部工程、重要单元工程及重要隐蔽工程项目，施工单位“三检”合格后，由监理单位抽检，监理单位抽检合格后，根据验收规范及验收管理办法，由监理单位组织，建设、设计和施工单位联合验收并签发隐蔽工程验收证。

2013 年鲁山南 2 工程安全生产、文明施工始终保持在较好水平。自开工以来，无一起重大伤亡事故及设备安全事故，圆满实现各项安全生产目标。年度重伤率为零，负伤率为零。

（李志海　张承祖）

工 程 进 展

2013 年，鲁山南 2 段工程完成土石方开挖 3.3 万 m^3，土石方回填 6.4 万 m^3，混凝土浇筑 5 万 m^3；累计完成土石方开挖 441 万 m^3，土石方回填 149.64 万 m^3，混凝土浇筑 19.6 万 m^3。

工程形象进度：

（1）渠道工程。2011 年 3 月 1 日开始渠道施工，2013 年 12 月 8 日渠道衬砌完工。渠道工程施工内容主要包括：基础处理，土方开挖，土方填筑，渠道衬砌，沿渠道路，边坡防护，截流沟、防洪（护）堤、附属林带及附属工程等。

（2）渡槽工程。2011 年 10 月 22 日开始施工，2013 年 12 月 25 日主体工程完工。涵洞式渡槽施工内容主要包括：施工导流、土方开挖和回填、混凝土施工、启闭机房施工、金属结构电气安装及调试、河道防护等施工。

（3）倒虹吸工程。2011 年 9 月 16 日开始施工，2013 年 12 月 20 日主体工程完工。倒虹吸工程施工内容主要包括：施工导流、土方开挖和回填、混凝土施工、启闭机房施工、金属结构电气安装及调试、河道防护等施工。

（4）桥梁工程。2011 年 6 月 4 日开始施工，2013 年 8 月 6 日主体工程完工。桥梁工程包含公路桥及生产桥，施工内容主要包括：基础及下部构造灌注桩、承台、桥台、墩柱、盖梁、支垫石及上部构造现浇箱梁、箱梁 T 梁预制与安装、桥面系及防护工程防撞护栏、混凝土路面、沥青路面等。

（5）金属结构和机电设备安装工程。2013 年 4 月 5 日金属结构开始施工，计划 2014 年 4 月 30 日金属结构完工。金属结构施工包括埋件安装焊接、闸门拼装焊接、焊缝探伤、闸门止水安装、金属喷涂及涂料防腐、设备联合调试。

（李志海　张承祖）

工 程 验 收

截至 2013 年底，工程质量情况基本稳定，未发生任何质量事故，优良率数控指标均保持较高水平，鲁山南 2 段工程本年度累计评定 7 个分部（分项）工程，499 个单元工程，其中 489 个单元工程优良，优良率 100%（鲁山管理处不参与优良评定）。累计完成 7

个分部（分项）工程，499个单元工程，其中其中489个单元工程优良，优良率100%。达到工程质量目标，工程质量处于受控状态，工程质量优良。

（李志海　张承祖）

运行管理

河南直管建管局现有人员491名，随着工程进展将逐步转为运行管理人员，负责河南段运行管理工作。建设、试运行期间，建管人员将根据需要兼任运行管理工作。

2013年3月，中线建管局组织了河南段部分运管人员招聘工作，运行管理人员陆续到位。河南直管建管局对新调入人员结合工作实践进行了入职及运行管理相关业务培训，内容涉及综合管理、工程管理技术和运行调度管理等。通过上述培训工作，取得了良好的效果，为工程建设转入运行打下了良好的基础。

至工程试运行前，中线建管局将进一步明确运行阶段管理体制，调整或增加人力资源配置，开展相关培训工作。

工程处于建管向待运管转变的过程中，河南直管局专门成立了运行管理处，配合中线建管局运行管理部进行运行管理相关管理制度的完善和修订工作。

鲁山南2段工程所属管理机构河南分公司及三级管理处正在筹备组建，工程进入待运行期后将履行管理维护职责。根据《南水北调待运行期工程管理维护考核办法》（国调办建管〔2012〕268号）等规定，各级工程管理机构应建立健全待运行期工程管理维护目标责任制，落实组织管理、安全管理、工程管理和经费管理责任，强化待运行期工程管理维护考核工作，保障工程完好和安全。

按照“管养分离”的管理原则，计划闸站操作、运行调度、工程巡视等任务以“自我人员为主”，维修养护工作委托有相应资质的企业负责实施。

为满足工程运行管理工作的需要，平顶山项目部专门配备了交通车辆，负责六个运行管理用房的建设工作，其他相关物资在待运行期间视具体情况进行采购。

《河南段各设计单元的工程待运行期管理维护方案》已经编制完成，已上报国务院南水北调办待审核，《河南段各设计单元的工程待运行期管理细则》正在进行编制。2013年8月河南直管局从各项目部运行管理人员中选拔专业干部，集中进行为期4个月的专业技术培训，为今后运行工作打好基础，确保运行管理工作的顺利进行。

（李志海　张承祖）

环境保护及水土保持

平顶山项目部严格遵守有关法律、法规，编制相应的环境保护计划，开展多次专项环境保护专项整治活动。

在防止水土流失，废水、废弃物、废渣的达标排放加强监督管理，前期规划时注重美化办公生活区环境等。

工程建设过程中，平顶山项目部还结合日常定期和不定期检查，对现场各单位文明施工创建情况进行内部评比，对不符合文明施工的单位进行通报，限期整改落实，前期每季度（2013年6月份以后调整为每月）对施工单位进行文明施工考核，并结合限期整改实际情况进行奖罚。

通过开展文明工地创建工作：管理体系、规章制度更加完善；施工质量逐步向好，安全总体受控，工程进度按期顺利进行，未发生水土流失及环境事件，工程形象面貌变化巨大；有效控制工程施工对周边的震动、噪声、扬尘、污染等影响，与周边环境和谐共处，无集体突发事件发生；全体参建人员万众一心，增强了凝聚了和自豪感，党员、团员代表树立了榜样，全心全意服务工程建设，尤其一线员工受创建氛围的影响，改变陋习，施工单位更加注重农民工住宿、生活、工作环境，保护措施得到改善，体现以人为本的管理理念；施工营地干净整洁、亮化、美化，食堂、活动场所、会议室等一应俱全；施工区布局合理，物料堆放有序；工程建设取得重大突破，控制性项目按期得到消减，关键节点项目提前完成，多人次和部门获得上级的认可和奖励；进一步提升了南水北调文明施工、和谐共建的管理理念，通过多层次，多方面的宣传，得到工程周边群众的理解和支持。

（李志海　张承祖）

天 津 干 线 工 程

概　述

工 程 概 况

天津干线工程西起河北省保定市徐水县西黑山村附近的南水北调中线一期工程总干渠西黑山节制闸，东至天津市外环河西。起点桩号为 XW0 +000，终点桩号为 XW155 +305，全长 155.352km。途经河北省保定市的徐水、容城、雄县、高碑店，廊坊市的固安、霸州、永清、安次和天津市的武清、北辰、西青，共 11 个区县。

天津干线工程以现浇钢筋混凝土箱涵为主，主要建筑物共 268 座，其中控制建筑物 17 座、河渠交叉建筑物 49 座、灌渠交叉建筑物 13 座、铁路交叉建筑物 4 座、公路交叉建筑物 107 座等。该段工程共划分为 6 个设计单元工程，分别是：第 1 设计单元为西黑山进口闸至有压箱涵段工程，位于河北省保定市徐水县境内，长度 15.208km；第 2 设计单元为保定市境内 1 段工程，位于河北省保定市徐水县、雄县、容城、高碑店境内，长度 45.642km；第 3 设计单元为保定市境内 2 段工程，位于河北省保定市雄县境内，长度 15.085km；第 4 设计单元为廊坊市境内段工程，位于河北省廊坊市固安县、霸州市、永清县、安次区境内，长度 55.434km；第 5 设计单元为天津市 1 段工程，位于天津市境内，线路长度 19.661km；第 6 设计单元为天津市 2 段工程，位于天津市境内，线路长度 4.197km。

天津干线工程共划分为 20 个土建施工标段，其中中线建管局直管 6 个、采取代建制管理 2 个、委托河北省管理 5 个、委托天津市管理 7 个。监理标段总共 9 个，中线建管局直管或代建 5 个，委托河北省管理 2 个、委托天津市管理 2 个。另外还有 5 个设备标。天津干线第 1 ~ 4 设计单元工程于 2009 年 7 月开工，总工期 36 个月；天津干线第 5、6 设计单元工程于 2008 年 11 月开工，总工期 24 个月。

天津干线工程初步设计阶段批复投资总概算 889 086 万元，主要工程量：土石方开挖 4500.38 万 m^3，土石方回填 3308.41 万 m^3，混凝土 473.26 万 m^3，钢筋 41.41 万 t。

（刘卫其　原　亮）

西黑山进口闸至有压箱涵段工程

工 程 概 况

西黑山进口闸至有压箱涵段工程为天津干线第1设计单元，合同编号TJ1-1。西起河北省保定市徐水县西黑山村西总干渠，桩号为0+000；东至徐水县丁家庄南，桩号15+200；全长15.208km。设计输水流量50m³/s，加大输水流量60m³/s。本段建筑物以输水箱涵为主，其中无压箱涵长6294.508m，以2孔3.7m×3.7m和2孔4.4m×4.5m钢筋混凝土箱涵为主；有压箱涵长4093m，为3孔4.4m×4.4m钢筋混凝土箱涵；段内其他建筑物包括西黑山进口闸枢纽、东黑山陡坡、东黑山村东检修闸、文村北调节池、屯庄南保水堰（1号）、通气孔、西黑山沟排水涵洞、曲水河倒虹吸、中瀑河倒虹吸、屯庄河倒虹吸、张石高速公路公路涵以及其他小型河（渠）、公路交叉建筑物等共计30座；此外还包括各类建筑物的管理站进出通道公路共4.94km及东黑山沟巡视道路交通桥1座。

该工程计划开工时间为2009年7月15日，计划完工日期2012年7月14日，总工期为36个月。根据征地进展及施工准备情况，实际开工日期为2010年2月28日，2012年4月28日主体工程完工。

（张超伟　刘力军　耿宝江　马金全）

工 程 投 资

该工程总投资74 395.70万元，其中建筑工程41 770.14万元，机电设备及安装532.05万元，金属结构设备及安装1619.73万元，临时工程2316.37万元，独立费用12 262.75万元，基本预备费3534.06万元，铁路及公路穿越1772.21万元，移民及环境部分8103.64万元，工程静态投资72 310.95万元，建设期贷款利息2084.75万元，工程总投资74 395.70万元。

2013年度计划完成投资523万元，实际完成投资1899万元。

（张超伟　刘力军）

建 设 管 理

工程建设组织形式为项目法人直接管理，由项目法人现场派出机构天津直管建管部对工程建设进行直接管理。现场协调和管理由建管部工程管理二处负责。

天津直管项目施工进度实行统一管理、分项实施。建立由中线建管局总负责，建管部管理，监理人监督，设计单位、承包人保证的进度管理体系。各参建单位建立内部进度保证体系，完善组织机构，制定激励机制。要求和督促监理单位和施工承包人编制施工进度控制实施细则，不但施工承包人要编制进度计划，监理单位也要编制监理控制进度计划和进度控制实施细则并认真贯彻执行，使施工进度在开工前和工程建设过程中处于计划控制状态。按照相关规定，施工单位编报了《2013年度施工总进度计划》，监理单位编报了《2013年度控制性进度计划》，建管部编报了《2013年度实施总进度计划》并定期组织编制《南水北调中线天津干线直管项目进度控制分析报告》，对工程进度的执行情况进行控制分析，并提出纠偏意见和建议。

结合南水北调中线天津干线工程实际情况，建管部质量控制主要以抽查为主，运用法律和行政手段，通过复核有关单位资质、检查技术规程、规范和质量标准的执行情况、工程质量的不定期检查、工程质量评定和验收等重要环节实现质量控制。协调设计、监理、施工单位三者关系，加强对现场设代服务、监理工作和现场施工进行日常的巡视、检查，保证工程达到预期的质量目标。

天津直管建管部始终坚持“安全第一、预防为主、综合治理”的方针，全面贯彻执行安全生产有关法律、法规，认真落实南水北调各项安全制度，进一步建立健全安全管理体系，完善各项规章制度，加强责任落实，加强监督检查，狠抓隐患排查治理，多措并举，确保了安全生产形势总体稳定，实现了“零”安全事故目标，保证了工程建设顺利进行。建管部成立了由建管部部长任组长，建管部各处室及各参建单位负责人任委员的安全生产领导小组、防洪度汛领导小组、安全事故综合应急领导小组，设立了安全生产管理办公室，配备专职安全管理人员负责日常管理工作。制定了《安全生产管理实施细则》、《安全事故应急预案》、《安全隐患排查整改制度》和《安全事故报告制度》等规章制度，并及时修订、完善。

与各施工单位签订“安全生产协议书”，全面落实安全生产责任，分层次建立健全安全生产责任制，形成完备的安全生产责任体系，确保安全投入、管理、培训等措施落实到位。督促监理、施工单位配备齐全安全管理人员，强化一线管理。

（耿宝江　马金全）

工　程　进　展

2013年度主要进行西黑山进口闸启闭机房、西黑山管理处、水质监测站、文村北调节池启闭机房、文村北调节池现地生产用房及厂区绿化工程的施工。本年度完成金属结构安装76t，占合同工程量的27%；完成机电设备安装71台/套，占合同工程量的50.4%。除西黑山进口闸绿化工程受总规划方案的影响需要重新招标外年度任务全部完成。

（张超伟　刘力军）

工　程　验　收

2013年7月2日完成输水箱涵第二单位工程验收，2013年8月15日完成输水箱涵第一单位工程验收，2013年9月11日完成建筑设施单位工程验收。2013年9月13日，完成安全监测工程单位工程验收；2013年9月28日，完成合同项目验收；2013年10月11日，完成通水验收项目法人自查。2013年10月31日，完成通水验收技术性初步验收。

（耿宝江　马金全）

运　行　管　理

2013年9月28日，西黑山进口闸至有压箱涵段工程完成合同验收，进入待运行期。验收完毕后建管部组织施工单位对验收过程中发现的问题进行了认真梳理，对工程问题进行了处理，并组织设计、监理等单位进行了验收。

（张超伟）

环境保护及水土保持

施工期间废弃物合理堆放，施工人员自觉遵守施工环保要求，维护好自身的生产、生活环境。在施工营地设置垃圾桶，经常喷洒灭害灵等药水，防止苍蝇等传染媒介孳生，以减少生活垃圾对周围环境和施工人员的影响。施工营地内设置较为规范的临时公共厕所，设置化粪池处理，定期清运。

（耿宝江　马金全）

保定市境内1段工程

工 程 概 况

南水北调中线一期工程天津干线保定市境内1段工程为天津干线第二设计单元。工程位于河北省保定市徐水县、容城县、白沟白洋淀温泉城开发区和雄县境内，东西走向，相应的起止桩号为(XW15+200)~(XW60+842)，渠线全长45.68km。工程主要以3孔4.4m×4.4m现浇钢筋混凝土输水箱涵为主，共包含穿越铁路建筑物1座(京广铁路涵)、穿越公路交叉建筑物35座、河渠交叉建筑物16座、保水堰3座、分水口门3座以及检修闸、通气孔等共81座建筑物。工程等别为一等，主体建筑物为1级，设计输水流量为50m^3/s，加大输水流量为60m^3/s。

主要工程量为：土石方开挖1226万m^3，土石方回填863万m^3，混凝土142万m^3，钢筋制作安装13万t。

工程概算总投资为252 002万元，施工工期36个月。

(曹会利)

工 程 投 资

在工程建设管理中，河北省南水北调工程建设管理中心严格按照中线建管局与参建单位签订的施工合同、监理合同、技术咨询及服务等合同的规定进行合同管理。在对各参建单位进行合同管理培训，严格规范计量管理程序的基础上，加大了对变更索赔的处理力度，对较大工程变更及时组织了第三方审核。根据审计稽查意见完善细化了钢筋、水泥、汽油、柴油合同约定调差材料的计算办法。根据中线建管局要求，及时启动的人工、电力以及地材的调差工作，尽最大努力缓解施工单位资金紧张的局面，为保定市境内1段工程建设的顺利进行提供了保证。

保定市境内1段工程概算总投资为252 002万元，其中建筑工程149 953万元，机电设备及安装1851万元，金属结构设备及安装769万元，临时工程7744万元，独立费用47 937万元，基本预备费12 495万元，铁路及公路穿越9808万元，移民及环境部分21 445万元。

2013年年度完成投资7314万元，自开工建设至2013年底累计完成投资182 897万元，占概算总金额的72.58%。

(吴广聚)

工 程 进 展

2013年是天津干线保定市境内1段工程收尾之年，建设计划为：土方回填3.5万m^3。由于2013年上半年实施了三处覆土不足段设计变更，全年实际完成土石方开挖4.08万m^3、土石方回填5.21万m^3、混凝土浇筑1.93万m^3。

(曹会利)

工 程 验 收

2013年10月30~31日，中线建管局组织召开了保定市1段设计单元工程项目法人验收会议，验收工作组同意该设计单元工程通过验收，工程质量等级为优良。

2013年11月28~29日，河北省南水北调办组织召开了保定市1段设计单元工程完工验收技术性初步验收，验收工作组同意保定市境内1段工程设计单元工程通过技术性初步验收。

2013 年 11 月 29～30 日，河北省南水北调工程建设委员会办公室组织召开了保定市 1 段设计单元工程通水验收会议，验收委员会认为保定市境内 1 段工程质量合格，已具备通水条件。

（曹会利）

环境保护及水土保持

环境保护：在进行覆土不足段工程施工时，施工单位配置洒水车，根据施工情况进行洒水；生产生活区废水采取设置沉淀池，定期清挖、外运的措施进行防治。施工期大气尘土污染防治通过对运输过程的防尘措施，在水泥、砂石骨料、弃料等运输时均采用封闭型水泥罐车或进行覆盖的车辆，避免了洒漏和污染。施工噪声防护通过在工程现场与噪声敏感区之间设置围挡等声屏障、中午和夜间停止施工等措施，以减少噪声的影响。

2013 年度主体工程建设已完成，临时用地已实现复垦退还工作，相应水土保持工作也已完成。

（曹会利）

保定市境内2段工程

工程概况

保定市境内 2 段工程位于河北省保定市境内，沿线经过河北省雄县、高碑店市，起止桩号为（XW60＋842）～（XW75＋927），全长 15.085km。工程采用 3 孔一联 4.4m×4.4m 地埋式有压箱涵输水，设计流量 $50m^3/s$，加大流量 $60m^3/s$。该工程为一等工程，输水箱涵、通气孔、分水口、倒虹吸、公路涵等主要建筑物等级为 1 级，次要建筑物等级为 3 级。河渠交叉断面以上集流面积均大于 $20km^2$，其河渠交叉建筑物设计洪水标准为 100 年一遇，校核洪水标准为 300 年一遇；地震设防烈度为Ⅶ度，地震动峰值加速度为 0.1*g*。该工程主要工程量为：土方开挖 434.48 万 m^3、土方回填 308.87 万 m^3、混凝土 47.43 万 m^3、钢筋制作安装 3.79 万 t。根据招标阶段工期安排，该工程计划开工时间为 2009 年 7 月 15 日，计划完工日期 2012 年 7 月 14 日，总工期为 36 个月。根据征地进展及施工准备情况，实际开工日期为 2009 年 12 月 24 日，主体工程完工日期为 2013 年 1 月 22 日。

（张超伟　刘力军　耿宝江　马金全）

工程投资

该工程总投资 81 331 万元，其中建筑工程 46 946 万元，机电设备及安装 434 万元，金属结构设备及安装 0 万元，临时工程 2214 万元，独立费用 16 136 万元，基本预备费 3944 万元，公路穿越 4580 万元，移民及环境部分 5903 万元，工程静态投资 80 156 万元，建设期贷款利息 1175 万元，工程总投资 81 331万元。

2013 年度计划完成投资 300 万元，实际完成投资 640 万元。

（张超伟　刘力军）

工程进展

2013 年度主要完成了雄县口头分水口厂区建筑主体工程、通气孔厂区建筑施工、通气孔钢梯及栏杆安装、雄县口头分水口金属结构设备的安装、道路恢复工程施工、供电工程的施工。完成了合同验收、项目法人自查验收及通水技术性初步验收。本年度完成水机设备采购安装9台/套，占合同工程量的26.5%。

（张超伟　刘力军）

工　程　验　收

2013年8月6日完成输水箱涵第一单位工程验收，2013年9月3日完成输水箱涵第二单位工程验收。2013年9月10日，完成安全监测工程单位工程验收；2013年9月17日，完成合同项目验收；2013年9月27日，完成通水验收项目法人自查；2013年10月22日，完成通水验收技术性初步验收。

（耿宝江　马金全）

运　行　管　理

2013年9月17日，保定市境内2段工程完成合同验收，进入待运行期。验收完毕后建管部组织施工单位对验收过程中发现的问题进行了认真梳理，对工程问题进行了处理，并组织设计、监理等单位进行了验收。2013年12月26日保定市境内2段工程完成了工程实体移交。

（张超伟）

环境保护及水土保持

施工期间废弃物合理堆放，施工人员自觉遵守施工环保要求，维护好自身的生产、生活环境。施工营地内设置较为规范的临时公共厕所，设置化粪池处理，定期清运。

（耿宝江　马金全）

廊坊市境内段工程

工　程　概　况

南水北调中线一期工程天津干线廊坊市境内段工程起点位于河北省廊坊市固安县马庄镇李洪庄村西约900m处，终点位于河北省廊坊霸州市与天津市武清区分界处，全长55.434km（不含TJ4－1标工程调线后增加的9.282m和TJ4－3标工程500kV铁塔处调线后增加的11.722m），全为埋入地下的3孔4.4m×4.4m（宽×高）有压输水箱涵，另外还包括检修闸、保水堰井、通气孔、分水口门、河渠交叉倒虹吸、灌渠交叉倒虹吸、铁路交叉建筑物等，共计93座。工程概算总投资331 760.14万元，建设总工期为36个月，于2008年9月开始进场施工，至2013年10月份完成通水验收技术性初步验收。

（赵　浩　邵士生）

工　程　投　资

该工程总投资331 760.14万元，其中建筑工程181 990.07万元，机电设备及安装2015.45万元，金属结构设备及安装781.63万元，临时工程9506.58万元，独立费用65 394.46万元，基本预备费15 581.29万元，公路穿越14 026.00万元，移民及环境部分33 676.00万元，工程静态投资322 971.47万元，建设期贷款利息8788.67万元，工程总投资331 760.14万元。

2013年，廊坊市境内段工程完成投资11 611.11万元。

（赵　浩　邵士生）

建设管理

廊坊市境内段工程分为直管项目工程和代建项目工程，廊坊市段TJ4－1标、TJ4－2标和TJ4－3标工程采用直接建设管理模式，由天津直管建管部代表中线建管局负责本工程的建设管理，现场协调和管理由建管部工程管理三处负责。廊坊市段TJ4－4标和TJ4－5标工程采用代建制建设管理模式，由天津市水利工程建设管理中心负责本工程的建设管理。

廊坊市境内段工程划分为2个监理标，5个土建标，安全监测标、电气设备采购标、金属结构制造标、水土保持和环境保护监测标，以及水土保持和环境保护监理标与天津干线其他设计单元统一合并招标。建管部明确提出将“以质量、安全控制为核心，以进度控制为重点，打造文明施工队伍，创造施工和谐环境，努力把天津干线工程建成优质精品工程”作为做好各项工作的指导方针，在工程建设质量管理过程中就有的放矢，有针对性地开展工作，截至2013年底，土建工程质量全部合格，单元工程优良率达到85%以上；金属结构及机电安装工程质量全部合格，单元工程优良率达到90%以上。工程外观质量评分达到85%以上。工程无质量事故发生，实现质量事故“零”目标。

（赵　浩）

工程进展

2013年，廊坊市境内段工程按年度建设目标有序推进，各项指标均在管控范围内，其中廊坊市段直管项目津霸和京九铁路穿越处箱涵提前完成，箱涵附属建筑物也已基本完成，受征迁和变更影响的霸州管理处和固安分水口厂区等列入尾工项目，箱涵具备通水条件。

2013年，完成土方开挖0.33万m^3，土方回填55.3万m^3，金属结构安装58.45t。2013年6月份，廊坊市境内段工程主体工程全部完工。

（赵　浩　邵士生）

工程验收

截至2013年底，单元工程全部合格，优良率达到85%以上，外观质量达到优良标准，及时进行了分部工程验收。廊坊市境内段工程包括5个合同项目，10个单位工程（包括安全监测单位工程）。9月底前完成了9个单位工程的验收（包括安全监测单位工程），5个合同项目完成验收。2013年10月28日，完成了通水验收技术性初步验收。

（赵　浩　郭文军）

运行管理

2013年9月，廊坊市境内段工程完成合同验收，进入待运行期。验收完毕后建管部组织施工单位对验收过程中发现的问题进行了认真梳理，对工程问题进行了处理，并组织设计、监理等单位进行了验收。2013年12月廊坊市境内段工程完成了工程实体移交。

（赵　浩）

环境保护及水土保持

施工期间废弃物合理堆放，施工人员自觉遵守施工环保要求，维护好自身的生产、生活环境。施工营地内设置较为规范的临时公共厕所，设置化粪池处理，定期清运。

（赵　浩）

天津市境内1段工程

工 程 概 况

天津市境内1段工程为天津干线第五设计单元工程，工程起点位于武清区王庆坨镇西南与河北省交界处（桩号XW131+360），总体走向自西向东，沿线经过天津市武清、西青、北辰三区，终点位于西青区西青道以南奥森物流东侧（桩号XW151+021.365），线路全长19.661km。

天津市境内1段工程全部采用C30地下钢筋混凝土输水箱涵结构形式，以子牙河北分流井为界，其上游段为3孔4.4m×4.4m有压输水箱涵17.297km，设计输水规模45m³/s，加大输水规模55m³/s；其下游段为2孔3.6m×3.6m有压输水箱涵2.233km，设计输水规模18m³/s，加大输水规模28m³/s。工程主要建筑物有：王庆坨连接井、子牙河北分流井、子牙河南检修闸、通气孔、子牙河河道倒虹吸及京沪高速公路、津同公路、京福公路、西青道、京沪铁路等公路、铁路穿越箱涵。

天津市境内1段工程为一等工程，主要建筑物等级为1级，附属建筑物、防护工程及穿河道的上下游连接段等次要建筑物等级为3级，临时建筑物等级为4～5级；天津市防洪圈外部分的箱涵和沿线建筑物防洪标准按50年一遇洪水设计，200年一遇洪水校核，防洪圈以内部分防洪标准按200年一遇洪水设计。主要工程量包括土方开挖651万m³，土方回填505万m³，混凝土浇筑61.6万m³。

天津市境内1段工程已于2011年7月底全部完工。

（孙津媛）

验 收 工 作

2013年，天津市境内1段工程顺利通过通水验收，并完成全部临时占地复垦验收工作。

（孙津媛）

天津市境内2段工程

工 程 概 况

天津市境内2段工程属天津干线工程尾端，位于天津市西青区中北镇中北工业园区内，起点位于西青道以南、奥森物流公司东侧，相应天津干线桩号为XW151+021.365，沿园区内的春光路向南穿过阜盛道至元宝路，后折向东沿元宝路前行穿过星光路、曹庄排干，至外环河以西约270m处再折向北至天津干线终点，相应天津干线桩号为XW155+218.236，全长4.197km。主要建筑物包括：2孔一联3.6m×3.6m有压输水钢筋混凝土箱涵，外环河出口闸，通气孔，曹庄排干倒虹吸，阜盛道公路涵和星光路公路涵。工程等别为Ⅰ等，主体建筑物为1级，设计流量18m³/s，加大流量28m³/s。主要工程量为：土方开挖78.81万m³、土方回填63.75万m³、混凝土8.15万m³、钢筋制作安装0.7万t、金属结构总量35t。工程概算总投资19 436.6万元。

2012年，天津市境内2段工程完工。

（李永鑫）

工　程　投　资

该工程总投资19 436.6万元，其中建筑工程11 912.78万元，机电设备及安装155.22万元，金属结构设备及安装55.41万元，临时工程1181.96万元，独立费用1434.83万元，基本预备费884.41万元，移民及环境部分2797万元，工程静态投资18 421.6万元，建设期贷款利息1015万元。

（李永鑫）

运　行　管　理

2013年6月，天津市境内2段工程完成合同验收，进入待运行期。验收完毕后建管部组织施工单位对验收过程中发现的问题进行了认真梳理，对工程问题进行了处理，并组织设计、监理等单位进行了验收。2013年8月18日，完成通水验收技术性初步验收。2013年10月29日，施工单位向建管部进行了实体工程移交。待运行期间，委托施工单位河北省水利工程局进行看护，建管部对看护方案进行了审定，签订了看护合同。看护期间，看护队伍认真管理，未发生工程质量安全事件。

（李永鑫）

中线干线专项工程

中线干线自动化调度与运行管理决策支持系统工程

工　程　概　况

南水北调中线干线工程自动化调度与运行管理决策支持系统（以下简称自动化调度系统）是南水北调中线干线工程运行管理的神经系统，对中线干线工程的高效运行、可靠监控、科学调度和安全管理起着至关重要的作用。采用信息采集、信息处理、自动化控制、计算机网络、通信等先进技术，为中线干线工程正常输配水、工程安全、水质安全、运行管理等提供业务操作平台和决策支持环境。自动化调度系统由应用系统、应用支撑平台、数据存储与管理系统、计算机网络系统、通信系统、系统运行实体环境等六部分组成。系统建设目标为：以中线干线工程调水业务为核心，以全线闭环自动控制为重点，运用水利、通信、信息、自动控制等技术，建设服务于自动化调度监控、工程安全监测、水质监测、工程管理等业务的信息化作业平台和调度会商决策支撑环境，实现调度过程自动化和运行管理信息化，保障全线调水安全。

该系统共分为两个设计单元，分别为京石段设计单元和京石段以外设计单元，批复静态总投资约21.3亿元（其中京石段约6.6亿元，京石段以外约14.7亿元）。

初步设计阶段工作由中线建管局招标选定的北京电信规划设计院有限公司、黄河勘测规划设计有限公司联合体承担。主要以《南水北调工程总体规划报告》、《南水北调中线一期工程可行性研究总报告》、《南水北调中线干线工程自动化调度与运行管理决策支持系统设计招标文件》、南水北调中线一期工程总干渠相关初步设计规定及已完成的部分段落的初步设计报告为主要依据，按照初步设计大纲的要求，遵照国家、水利部、工业和信息化部及其他相关部委颁发的标准、规范进行设计标准。初步设计工作于2006年8月正式启动，2008年3月，国家发展和改革委员会正式批复了京石段自动化调度系统初步设计；2009年9月，国务院南水北调办批复了京石段以外系统初步设计。历时三年时间，系统初步设计阶段工作圆满完成。

京石段总长为300多公里，于2008年3月份开工建设，静态总投资6.6亿元，建设范围涵盖贯穿渠道两侧约600余公里的通信管道及光缆工程，涉及需要监控（测）的建筑物共有67座，其中：节制闸15座、退水闸13座，倒虹吸工作闸7座、其他工作闸3座、分水闸（口门）22座、排冰闸1座、泵站1座、连通井3座、中心开关站2座；涉及的管理机构包括：总公司，河北分公司、北京分公司、12个管理处；沿渠设54个通信站点，管理机构设15个通信站点。

京石段以外自动化调度系统于2009年9月批复，静态总投资14.7亿元，建设范围涵盖贯穿渠道两侧的通信管道及光缆工程，以及240个现地闸站（206个降压站）、35个管理处、3个分公司的设备安装调试及集成。

（徐振东　柴　悦）

工　程　投　资

南水北调中线干线工程自动化调度与运行管理决策支持系统分为京石段和京石以南段两个设计单元，共批复静态投资21.3亿元，其中京石段6.6亿元，京石以南段14.7亿元。

信息工程建设管理部2013年度上报投资计划年度目标为5.5亿元，全年完成工程投资5.535亿元，圆满完成年度投资计划。

（徐振东　柴　悦）

建　设　管　理

京石段陆续交付工作面的各管理处的设备安装进展顺利，已基本完成京石段具备条件的自动化调度系统设备安装。京石段以外组织召开新签订合同项目设计联络会19次，组织现场查勘40余次，组织传输、程控交换、电源、安全监测、闸控、视频会议、存储、机房空调等主要设备订货约4600台（套），组织完成已交付工作面地段的光缆施工580km和设备安装500台（套）。

以制度为保障，以质量专题会、质量巡查为抓手，保持高压抓质量，实现全年工程质量事故“零”目标。

（一）工程建设组织管理

2013年，中线建管局信息部充分发挥和高效行使自动化调度系统工程建设管理的现场主体作用，以现场工作组为核心，强化职能处室对一线的服务，上下联动，内外协调，努力营造积极和谐的建设氛围，采取一系列强有力措施，团结和带动参建各方，优质高效地完成了工程建设任务，并经受住了各级各类检查、稽查和审计。

（1）健全管理制度，规范管理体系。根据部领导班子和处室调整情况，及时印发《部领导分工》，修订《处室职责》。根据工作需要，制订《南水北调中线建管局信息工程建设管理部员工岗位责任制年度考核实施细则（试行）》等管理制度。

（2）完善现场管理机构，优化人力配置。根据自动化调度系统站点多、战线长、业务面广的特点，结合当前内设机构和人员实际，为满足现场工作需要，2013年信息部成立了由副部长带队的河南现场工作组和京津冀现场工作组，常驻现场，进场施工前协调“管、电、房、站”，做到早发现、早协调、早落实；进场施工过程中，全力推进自动化调度系统建设，确保通水目标如期实现。

（3）中线建管局信息部牵头组织成立了南水北调中线干线工程管理用房建设领导小组、自动化调度系统工程移交接管工作领导小组、信息工程建设管理部工程质量管理工作领导小组、信息工程建设管理部安全管理工作领导小组等，加大自动化调度系统建设的协调强度，加强进度、质量、安全管理力度。

（二）进度管理

1. 进度管理体系

根据南水北调中线干线工程进度管理办法规定，建立了建管部管理，监理人监督，设计、承包人保证的进度管理体系，按照中线建管局制定的《南水北调中线干线工程进度管理办法》，编制了《南水北调中线干线工程自动化调度与运行管理决策支持系统实施总进度计划》、《关于进一步规范自动化调度系统监理月报的通知》，成立了自动化调度系统建设协调领导小组、河南及京津冀现场工作组，管理用房建设领导小组办公室、自动化调度系统工程移交接管工作领导小组等专项组织，加大工程现场协调力度，制定了中线干线自动化调度与运行管理决策支持系统工程2013年施工进度节点目标（施工标段）及2013年度施工进度计划。安排专人负责进度归口管理工作。制定了自动化调度系统工程建设月进度专题会制度、分片区月建管例会制度、监理例会制度、监理月报制度、外部条件月报制度、管理用房半月报制度，确保进度管理规范有序、行之有效。

2. 进度控制

组建专业机构，结合自动化调度系统项目建设管理的实际情况和特点，分别组织成立了河南及京津冀现场工作组，管理用房建设领导小组办公室、自动化调度系统工程移交接管工作领导小组，明确了组建机构的目的以及机构之间的职责划分和工作方式，形成了自动化调度系统外部条件督促、自身建设、建成移交的完整进度体系，有效地提高了工作效率，为自动化调度系统项目又好又快的建设提供了组织保障，奠定了坚实基础。

工程建设进度计划管理，对于局下达的年度计划目标，年初即分解至各设计单元和施工标段，并组织签订了建管部与各业务处室、工程管理处与各员工的工程建设责任书，确保事事有人管、人人有事做，督促参建单位编制施工进度计划，切实做到了年度计划的层层分解，任务落实，目标明确，责任到人。

跟踪督促“管、电、房、站”外部条件建设，制定《关于加快南水北调中线干线工程自动化调度与运行管理决策支持系统建设的通知》（中线局信息〔2013〕1号），成立自动化调度系统建设协调领导小组，各直管（代建）、委托建管单位指定专人负责督促“管、电、房、站”外部条件建设进度，为管、房、站的建设和工作面交付起到了积极的促进作用，截至2013年12月15日，共交付硅芯管540多公里、管理用房7个、降压站38处、闸室38处、安全监测站75处。《关于加快自动化调度系统建设所需硅芯管道、现地站房、管理用房工作面移交的通知》（中线局信息〔2013〕13号）进一步明确了管、房、站的工作面移交时间节点和标准，以确保自动化调度系统满足充水试验和讯后通水要求。

见缝插针开展自动化调度系统建设，针对土建工程建设的进度参差不齐，不能及时提交工作面的客观情况，采取不等不靠、见缝插针的方式，现场具备一处进场一处，能提前的尽量提前，以进场开展自动化建设促进现场外部条件的建设进度。如2013年5月份天津段硅芯管一交付，即组织光缆施工方进场施工，当月即完成天津干线所交付工作面的340公里光缆施工。

多措并举做好决战准备，采取集中供货、现场仓储的方式确保设备供货，针对自动化调度系统设备供货周期普遍2月、且存在进关等不定因素，一旦标段签订合同立即召开设计联络会，确定设备清单、部署全部主要设备生产订货供货计划，并在全线设置霸州$1000m^2$、邯郸$3000m^2$、郑州$5000m^2$三个仓库集中仓储，预计2013年年底到货约4600台（套），确保决战大干伊始，不因设备供货影响施工进度；采取集中办公的方式，确保施工图设计进度和质量满足现场建设进度的需要，2013年10月开始自动化调度系统设计联合体相关人员集中场地办公一月有余；采取建管人员到一线、现场服务的方式提供技术保障；采取逐个土建段标段交底、培训的方式确保工艺落实；采取成立应急处理小分队的方式处理工艺遗留问题，确保设备安装接线工作顺畅；采取现场建管单位负责设备看管方式，确保安装完成后的设备安全；采取劳动竞赛方式，充分调动施工、监理、设计单位参建人员的积极性和主动性。

组织开展劳动竞赛，在2013年第4季度工作面开始陆续交付的情况下，及时组织开展自动化调度系统建设2013年第4季度劳动竞赛，对自动化调度系统建设的促进发挥了积极作用。

加大检查督导力度，随着交付工作面的逐步增多，建管部加强了对施工现场人员、设备等资源投入以及施工组织安排等情况的检查，针对资源投入不足、施工组织不力的标段，采取了建管部领导约谈项目经理或后方领导等措施，并取得了积极的效果。此外，还通过定期召开工程建设进度协调会、工程建设经验总结交流会和召开进度专题会等方式，对工程建设进度和现场出现的各类问题进行协调、解决、督导。

（徐振东　柴　悦）

工　程　进　展

（一）工程完成情况

2013年是南水北调中线干线工程自动化调度系统项目关键的一年，参建各方齐心协力完成交付工作面的施工；多方筹备做好决战大干的准备。

京石段陆续交付工作面的各管理处的设备安装进展顺利，已基本完成京石段具备条件的自动化调度系统设备安装。京石段以外组织召开新签订合同项目设计联络会19次，组织现场查勘40余次，组织传输、程控交换、电源、安全监测、闸控、视频会议、存储、机房空调等主要设备订货约约4600台（套），组织完成已交付工作面地段的光缆施工580km和设备安装500台（套）。（注：因受交付工作面影响，无法计算完成工程量占年度计划的比例。）

截至2013年12月31日，京石段累计完成主要设备安装1871台（套），占合同工程量的63.4%；京石段以外累计完成主要设备安装500（套），占合同工程量的5.57%。

（二）形象目标完成情况

截至2013年底，自动化调度系统项目达到的形象面貌如下：

1. 京石段设计单元

京石段自动化调度系统建设涉及渠线长度308km，涉及现地闸站65个、降压站53个、安全监测站78个、管理处12个、分公司2个、总公司1个。

2013年完成设备安装477台，累计完成1871台，占总量的63.4%。在2012年11月份实现临时贯通的基础上，2013年完成了河北段易县、唐县、新乐、定州、顺平管理处的设备安装，完成了河北段安全监测自动化和闸站监控设备的安装，完成了北京段现地站剩余网络、闸控等设备的安装。

2. 京石段以外设计单元

京石段以外自动化调度系统建设涉及渠线长度1124km，涉及现地闸站240个、降压站208个、安全监测站446个、管理处35个、分公司3个。

2013年陆续开工建设，完成光缆施工580km，占总量的24.49%；完成设备供货约4600台（套），占总量的51.22%；完成设备安装500台（套），占总量的5.57%。

光缆：完成天津干线段、温博段、穿黄

段、安阳段、汤阴鹤壁段已交付工作面的光缆施工。

降压站：完成邯石段1个、天津段13个、河南段31个共计45个降压站的设备安装。

闸室：完成天津段13个、河南段24个共计37个闸室的设备安装。

安全监测站：完成邯石段7个、天津段43个、河南段24个共计74个安全监测站的设备安装。

管理机构：完成河南分公司，河南段温博、焦作、邓州、镇平、鲁山管理处，邯石段高邑元氏管理处，天津干线段天津、容雄和徐水管理处的实体环境建设；完成7个管理机构的设备安装。

（徐振东　柴　悦）

工程验收

2013年，中线建管局信息部组织成立了自动化调度系统工程移交接管工作领导小组，负责明确可作为阶段性验收项目的条件或标准。由部领导担任小组组长，小组成员由建管部各处室负责人和监理单位总监理工程师组成。

中线建管局信息部依据《南水北调中线干线工程验收管理办法（试行）》、《南水北调中线干线工程施工合同验收实施细则（试行）》和《南水北调中线干线工程待运行期移交接管办法（试行）》（中线局运〔2012〕51号）印发了《关于开展京石段自动化调度系统项目阶段验收及移交接管工作的通知》（中线局信息〔2013〕4号），并编制了《京石段自动化调度系统项目阶段验收工作方案》，成立了阶段验收工作组，并有序开展京石段阶段验收及移交接管工作。为确保京石段自动化调度系统运维工作有效开展，对南水北调中线干线工程自动化调度系统合同项目中可以独立发挥效益的部分工程进行阶段验收，验收合格后移交给运行管理单位，截至2013年8月20日已基本完成移交工作。

（徐振东　柴　悦）

陶岔渠首枢纽工程

工程概况

陶岔渠首枢纽工程位于河南省南阳市淅川县九重镇陶岔村，丹唐分水岭汤山、禹山垭口南侧，是南水北调中线一期工程输水总干渠的引水渠首。工程主要任务是向北京、天津、河北、河南等省市输水，兼顾灌溉、发电。工程设计引水流量350m^3/s，加大引水流量420m^3/s，多年平均调水95亿m^3，水电站装机容量50MW，年发电量2.378亿kW·h。工程批复主要建设内容包括上游引渠护坡、挡水建筑物（重力坝、引水闸及水电站）、闸下消力池及电站尾水渠、两岸岸坡防护工程、下游交通桥及管理设施等。工程概算总投资85 717万元，建设总工期42个月。初步设计主要工程量为土石方开挖及老建筑物拆除71.81万m^3，土石方填筑10.58万m^3，混凝土浇筑19.11万m^3，金属结构制安2185t。主体工程于2010年3月开工建设，2013年8月通过蓄水验收，2013年底主体工程施工基本完成并通过通水验收。管理设施、下游交通桥两附属工程及10kV供电线路工程已通过合同项目完成验收，暂由工程建设管理单位进行待运行管理。

受国务院南水北调办及水利部的委托，淮河水利委员会治淮工程建设管理局作为建设管理单位承担陶岔渠首枢纽工程建设管理工作。2009年3月，淮河水利委员会治淮工程建设管理局组建淮委南水北调中线一期陶岔渠首枢纽工程建设管理局作为现场管理机构具体负责工程建设管理工作。

（张海涛）

建设管理

（一）工程建设组织管理

淮委南水北调中线一期陶岔渠首枢纽工程建设管理局2009年5月19日正式进驻工地现场，下设综合部、工程技术部、质量管理部、合同管理部与财务部，分工负责工程建设管理各项工作。工程设计单位为长江勘测规划设计研究有限责任公司，质量监督单位为南水北调中线陶岔渠首枢纽工程质量监督项目站，监理单位为盐城市河海工程建设监理中心，管理设施工程、下游交通桥工程及主体工程施工单位分别为江苏新源建筑工程有限公司、河南豫源水利水电工程有限公司、中国水利水电第十一工程局有限公司。

（二）进度控制

2013年主要进行了老闸拆除、老桥拆除、水轮发电机组管型座二期混凝土浇筑、变电所及液压泵房建筑物施工、上游引渠护坡施工、下游引渠护底护坡施工、主副厂房装修施工、机电设备安装和已完工程质量评定与验收等。截至2013年底，大坝工程（包括坝体、电站厂房、消能防冲、坝肩等）、上游引渠工程（包括老闸拆除）、下游引渠工程（包括老桥拆除）、固结灌浆和帷幕灌浆、安全监测工程、金属结构和启闭设备安装、机电设备安装全部完成；下游交通桥工程通过单位工程及合同项目完成验收；水土保持工程招标投标完成了开标前所有工作。

2013年完成土石方开挖17.44万m^3，土石方回填14.19万m^3，混凝土浇筑3.45万m^3。完成金属结构安装670.8t，水轮发电机组安装2台套。

截至2013年底，工程累计完成土石方开挖65.78万m^3，占总工程量100.00%，土石方回填21.7m^3，占总工程量100.00%，混凝土浇筑24.3万m^3，占总工程量107.20%。

（三）质量管理

2013年，以国务院南水北调办质量集中整治为契机，保持质量管理的高压态势，规范质量管理行为，狠抓质量管理体系建设、管理制度的贯彻和质量管理措施的落实，加强过程中质量监督检查和原材料、中间产品的质量控制。纠正质量管理的不当行为，改进质量管理手段，提高质量管理水平，保证了工程实体质量继续向好。2013年未发生质量事故和较重及以上质量缺陷。

2013年主体工程评定616个单元工程，全部合格，其中优良574个，优良率为93.2%。

截至2013年底，主体工程累计评定了1838个单元工程，全部合格，其中优良1727个，优良率为94.0%。附属工程中下游交通桥工程31个分部工程，243个分项工程，均全部合格；管理设施工程11个子单位工程，78个分部工程，499个分项工程，均全部合格。

（四）安全管理

始终坚持"安全第一、预防为主、综合治理"的安全生产方针。注重安全生产管理监督和保证体系的建设，加强安全生产制度建设与培训工作，落实安全生产责任，加强应急预案和重大危险源管理，严格安全生产检查与考核。经常性检查、专项检查、节前检查和专职安全员巡检等相结合，强化施工过程中安全生产管理，及时发现安全隐患并消除在萌芽状态，事故隐患整改率100%。同时认真做好工程安全度汛工作，安全生产工作扎实有效地开展，确保了陶岔渠首枢纽工程建设的顺利进行。2013年未发生安全生产事故。

（五）文明工地建设

以科学发展观思想为指导，坚持"以人为本，注重实效"原则，高标准、严要求地开展全过程、全方位的文明工程建设创建工作。规范管理行为，提倡文明施工；强化宣传教育，协调好各方关系，调动参建人员的积极性；营造了和谐的建设环境。做到了现场整洁，实现管理规范，工作高效，促进工程建设顺利进行。

（倪　春）

工　程　验　收

2013 年主体工程共验收 32 个分部工程，全部合格，其中优良 31 个，优良率为 96.9%。主体工程于 2013 年 8 月 1 日通过蓄水验收，12 月 20 日通过通水验收。

附属工程中的下游交通桥工程于 2013 年 8 月 13 日通过施工承包合同项目完成验收。

（一）下游交通桥施工承包合同项目完成验收

基本情况：2013 年 8 月 13 日，建设单位主持召开了南水北调中线一期陶岔渠首枢纽工程下游交通桥施工承包合同项目完成验收会，设计、监理、施工等单位代表参加验收会议。下游交通桥工程原施工合同包括拆除陶岔老桥及新建一座跨渠桥梁，2012 年 11 月 17 日通过单位工程验收，因新桥管理单位仍未明确，不能移交通车，老桥仍需作为交通通道使用，另外地方政府要求保留老桥，老桥拆除时间不能确定。2013 年 3 月 7 日，合同双方协商解除老桥拆除有关的权利和义务，并签订了《南水北调中线一期陶岔渠首枢纽工程下游交通桥施工承包合同补充协议》。

验收结论：本合同项目开工日期为 2009 年 9 月 23 日，完工日期为 2013 年 3 月 7 日。合同项目已按合同文件规定的内容全部完成，工程质量符合合同、设计和规范要求，工程投资控制合理，合同执行顺利，验收资料齐全、资料整编基本规范并满足验收要求。验收工作组同意该合同项目通过验收，工程质量等级为合格。

（二）蓄水验收

2013 年 8 月 1 日，国务院南水北调办组织对陶岔渠首枢纽工程进行蓄水验收。验收的范围主要包括：挡水建筑物（重力坝、引水闸及电站）和相关金属结构设备、上游引渠及上游岸坡防护等工程，涉及 3 个单位工程，31 个分部工程。

验收结论：陶岔渠首枢纽工程与蓄水验收有关的建设内容基本完成，未完工程已作出安排；工程施工、设备制造和安装质量满足相关标准和设计要求；质量缺陷以及历次验收遗留问题已按要求处理，工程质量合格；建筑物、主要设备及安全监测系统工作正常；运行管理措施已落实，满足蓄水要求。同意通过蓄水验收。

（三）通水验收

2013 年 12 月 20 日，国务院南水北调办对陶岔渠首枢纽工程进行了蓄水验收。

验收结论：陶岔渠首枢纽工程与通水相关的工程建设内容基本完成，未完工程已作出安排；工程施工、设备制造和安装质量满足相关标准和设计要求；质量缺陷已按要求处理，工程质量合格；建筑物、主要设备及安全监测系统工作正常；运行管理措施已落实，满足通水要求。同意通过通水验收。

（倪　春）

工　程　投　资

2013 年安排投资计划 9385 万元，其中国家重大水利工程建设基金 768 万元，银行贷款 8617 万元。截至 12 月 31 日资金尚未拨付。

2013 年工程完成概算投资 10 002 万元，其中：建筑工程投资 2497 万元，安装工程投资 1260 万元，设备工器具购置 851 万元，其他费用 5394 万元。完成施工投资 4187 万元。

截至 2013 年底，工程累计完成投资 88 634万元（其中征地移民投资23 165万元，施工投资46 848万元，其他投资18 621万元），占总投资的99.91%。

(庄鹏程)

运 行 管 理

10kV供电线路工程于2010年1月29日通过合同项目完成验收，管理设施工程于2011年12月31日通过合同项目完成验收，下游交通桥工程于2013年8月13日通过合同项目完成验收，上述3个单位工程合同项目完成验收后分别投入使用，暂由建设单位进行待运行管理。

2013年11月，淮委建设局编制完成了《南水北调中线一期陶岔渠首枢纽工程待运行期管理维护方案》，并上报国务院南水北调办。

(赵 彬)

环境保护及水土保持

(一) 环境保护

工程初步设计中的环境保护工程主要包括生态环境保护、水环境保护、噪声防护、环境空气质量保护、固体废弃物处理、移民安置区保护、人群健康保护七个方面。施工期环境监测工作由长江流域水环境监测中心承担，每月提供监测报表，监测资料表明，工程施工期环境保护工作满足设计要求，符合国家相关规定。

(二) 水土保持

工程初步设计中的水土流失防治责任范围总面积为项目建设区55.03hm^2，无直接影响区。划分为主体工程防治区、弃渣场区、取料场区、生产生活区、施工道路区五个防治分区。

工程开工至2013年底，主要对取料场区、弃渣场区、生产生活区、施工道路区四个防治分区采取工程措施、临时措施、预防措施等水土保持措施，水土保持工作与主体工程施工同步。

陶岔渠首枢纽工程施工期水土保持监测工作由长江水利委员会长江流域水土保持监测中心站承担，每季度提供监测报表，监测资料表明，陶岔渠首枢纽工程施工期水土保持工作满足设计要求，符合国家相关规定。2013年完成了水土保持施工招标开标前所有工作。

(倪 春)

工 程 效 益

2013年7月初至8月中旬，工程所在地南阳地区气温异常，持续高温，无有效降雨，旱情严重，地方政府要求开闸放水，抗旱保秋。8月19～29日，陶岔渠首枢纽工程开闸放水持续10天，缓解了南阳引丹灌区130余万亩秋作物旱情。

下游交通桥工程2012年11月通过单位工程完工验收后投入使用，促进了当地经济发展。

(赵 彬)

丹江口大坝加高工程

工 程 概 况

丹江口大坝加高工程是在丹江口水利枢纽初期工程基础上进行的改扩建工程。大坝加高工程建设内容主要包括：初期工程大坝缺陷检查与处理，混凝土坝培厚加高，左岸土石坝培厚加高及延长，新建右岸土石坝、左岸土石坝副坝及位于陶岔附近的董营副坝，改扩建升船机，金属结构、机电设备更新改造等。加高工程完成后，坝顶高程由162m抬高至176.6m，相应库容由174.5亿m^3增加至290.5亿m^3，总库容339.1亿m^3，电站装机容量仍为900MW，过坝建筑物可通过300t级驳船。作为南水北调中线工程的水源，满足近期调水95亿m^3、后期调水120亿~130亿m^3，可基本缓解华北用水的紧张局面。另外，通过优化调度，使汉江中下游的防洪能力由二十年一遇提高到近百年一遇。

（于　杰　黄朝君）

建设管理

（一）形象进度

在汛前完成了闸墩加固施工及内外观测仪器的埋设、裂缝检查与处理，保证了枢纽安全度汛；5月27日，随着丹江口大坝第14坝段溢流堰面最后一仓混凝土的浇筑完成，标志着溢流堰面加高在汛前全面完工，丹江口大坝加高工程主体混凝土浇筑施工全面完成；坝顶公路也于12月中旬全线贯通。左岸土石坝副坝、董营副坝于10月底前全面完工。完成了厂房坝段6号快速门及6号液压启闭机更新改造施工及6号水轮机改造；年底前完成了电厂空调设备安装。29、33号坝段老坝体缺陷检查与处理及右岸150廊道、左岸廊道（防渗板基础和102廊道）渗水裂缝处理施工汛前已完成，年底前完成了17号坝段基础廊道涌水孔封堵处理及坝顶裂缝及横缝的检查与处理。

（二）质量管理

按照国务院南水北调办“突出高压抓质量”的总体要求，公司经常组织或参与对工程建设的质量工作进行检查与控制，包括对质量的日常巡查，每周一上午对施工质量进行联合大检查，月末按照《丹江口大坝加高质量奖惩办法》对当月施工质量进行质量考评，并做好各项检查记录，加强对施工质量过程的控制力度。对于检查发现的问题及时督促整改。通过召开专家咨询会议等形式，及时研究解决施工中遇到的质量问题。

2013年，丹江口大坝加高工程所使用的原材料、中间产品、设备构配件质量合格；大坝加高工程共完成单元工程220个，全部合格，其中优良213个，优良率96.8%；建筑物外观质量共检查4840个点，合格4452个，合格率92.0%，达到了优良质量标准；未发生任何质量事故。

（三）安全管理

公司始终高度重视安全生产工作，坚持“安全第一、预防为主、综合治理”的方针和“以人为本”的安全管理理念。通过加强管理、加强巡查、强化措施、彻底整改，以及积极有效地开展“安全生产大检查专项活动”、“预防起重机械脚手架等坍塌事故专项整治”、“隐患排查治理”等安全生产专项行动，并按“日巡查、周检查、月考评”方式的控制管理，把各项安全工作落到实处，确保了丹江口大坝加高工程建设安全生产处于受控状态，全年未发生任何安全事故。

2013年公司共组织安全生产大检查62次，发现一般性隐患305起，整改305起，隐患整改率100%。

（四）安全度汛

公司始终立足“防大汛”的思想，在汛前成立丹江口水利枢纽安全度汛工作领导小组，编制《施工度汛预案》和《抗御特大洪水抢险预案》，在丹江口水利枢纽管理局防汛指挥部的统一指挥下，按照预案要求认真落实各项措施，确保工程度汛安全。

（黄朝君　于　杰　夏　杰）

工程验收

为促进工程验收的质量和进度，公司成立了单位工程验收工作领导小组，制定了尾工完成计划及单位工程验收计划，下发了《丹江口大坝加高蓄水验收奖励办法》、《南水北调中线水源工程丹江口大坝加高单位工程验收规定及奖惩办法》，保证了验收工作的有效开展。

大坝加高工程共划分为13个单位工程，119个分部工程，2013年对43个分部工程进行了验收，全部合格，主要分部工程质量优良，截至2013年底已完成113个分部工程验收工作，并进行了核备。对13个单位工程外观质量进行评定，12个评定为优良，1个评定为合格。完成董营副坝单位工程验收，完成初期大坝上游面水下裂缝检查与处理合同验收，并进行了核备。2013年5月完成了丹江口大坝加高工程安全评估工作，8月，由国务院南水北调办主持完成了丹江口大坝加高工程蓄水验收工作。

2013年5月完成了蓄水安全评估（鉴定），验收结论：丹江口水利枢纽初期工程已正常运行了40年，经历过设计洪水位的考验，大坝是安全的。本次加高期间对初期工程的混凝土质量和缺陷进行了全面检查并进行了相应处理。各类缺陷检查细致，分类明确，处理方案合理可行，各类缺陷的处理施工质量良好，符合设计要求。初期工程质量可满足大坝加高条件。

大坝加高工程各项水工建筑物设计考虑了大坝加高的特点，各项设计指标符合规范规定；土建工程、金属结构工程、安全监测工程的施工和安装质量满足国家和行业有关技术标准、设计及工程合同文件的要求。大坝新老混凝土工程结合面采取了传力和排水措施，能够保证加高后大坝的整体受力和运行安全。

2013年8月29日，通过了国务院南水北调办组织的蓄水验收。验收结论：大坝加高工程形象面貌满足蓄水要求；尾工工期已有明确安排；库区和坝区征地补偿与移民安置已通过验收；设计符合南水北调总体规划和现行相关标准规定；工程施工、设备制造和安装质量满足相关标准和设计要求，质量缺陷经处理后满足设计要求，工程质量合格；历次验收遗留问题大部分已处理，尚未处理的遗留问题不影响水库蓄水；各建筑物、主要设备及安全监测系统正常；运行管理措施和调度运用方案已有安排。综上所述，同意南水北调中线一期丹江口大坝加高工程通过蓄水验收。

（于　杰　黄朝君）

工　程　投　资

丹江口大坝加高工程批复概算总投资28.56亿元（含批复的价差及重大设计变更等投资）。2013年完成投资3.31亿元，截至2013年累计完成投资26.85亿元。2013年度完成投资情况见表1。

表1　　丹江口大坝加高工程2013年投资计划完成情况　　（万元）

项目	合计	建筑工程	机电设备及安装工程	金属结构设备及安装工程	临时工程	独立费用	价差及基本预备费	坝区移民及环境部分	建设期贷款利息	索赔费用
本年计划	23 030	4630	2800	2300	50	2650	2000	420	6480	1700
完成投资	33 095	10 127	1948	2414	114	2828	9391	109	5833	331

（赵　伽）

运 行 管 理

部分更新改造设备设施已经交付原丹江口水利枢纽的运行单位汉江集团，作为丹江口水利枢纽的运行单位，汉江集团建立了集水库调度、水库管理、枢纽管理、防汛管理、生产计划、运行维护管理为一体的生产运行管理系统。分工清晰、管理层次合理、管理职责全面涵盖了工程运行管理的各个方面，运行管理措施和调度运用方案已有安排。生产运行管理系统能够满足运行维护和管理要求。改造设备交付以来一直安全运行。

（于 杰）

蓄 水 验 收

中线水源公司编制、上报了南水北调中线水源工程2014年度投资建议计划及湖北、河南两省移民资金需求计划。2013年国务院南水北调办共下达库区移民安置工程资金49亿元，公司及时分配两省，较好地履行了项目法人职责。

中线水源公司定期派人深入移民搬迁工作现场，检查两省征地移民进展情况，参与了两省库区征地移民蓄水前移民搬迁安置终验技术性初步验收工作。8月22日，丹江口水库大坝加高工程建设征地补偿和移民安置通过了国务院南水北调办组织的蓄水前终验。

中线水源公司通过公开招标的方式，选定了三家单位开展丹江口库区生态环境监测、调查与评估，水生态保护与修复，水环境管理研究三个库区环境保护科学研究项目的实施工作。三个科研项目的实施方案已通过公司审查，项目正在按计划顺利实施。

11月底，公司组织专家对《南水北调中线一期工程丹江口库区水质监测站网建设施工图设计》进行了审查，并将修改后的报告上报国务院南水北调办。

中线水源公司负责的丹江口水库水文河道专项设施复建和水准网复建等项目，于5月底完成自验和初验，中线水源公司及时向国务院南水北调办上报了蓄水前终验申请，并顺利通过了国务院南水北调办组织的蓄水前终验。

（张乐群）

环境保护及水土保持

2013年共完成环保投资95.8万元，水保投资19.1万元，委托绿化养护乔灌木1.8万株、草坪4.2万m^2。环保、水保监理、监测工作规范有序、监督到位。全年未出现对周围环境造成不利影响的事件，一直处于受控状态。

（张乐群）

丹江口大坝加高库区移民安置工程

河南省库区移民安置工程

工 程 概 况

2013年，河南省南水北调丹江口库区移民安置工作，在省委、省政府的坚强领导下，在国务院南水北调办的精心指导下，在中线水源公司和有关设计、监督评估等单位的支持帮助下，全面贯彻落实党的十八大、十八届三中全会和国务院南水北调工程建设委员会第六次会议精神，扎实开展党的群众路线教育实践活动和“下基层、解民忧、办实事”活动，紧紧围绕年初确定的工作目标，突出重点，狠抓落实，经过各级党委、政府及各有关部门的不懈努力，各项工作扎实推进，重点工作成效突出，整体任务圆满完成。工作中，详细制订工作计划，认真研究有关政策，科学安排各项任务，加强监督检查落实，妥善处理有关问题，创新思路，履行职责，同心协力，克难攻坚，各项工作不断突破，成效显著。截至2013年底，河南省丹江口库区移民蓄水前国家验收顺利通过，移民后期帮扶工作扎实开展，移民生产发展工作强力推进，移民村创新社会管理工作成效显著，结合党的群众路线教育实践活动，认真开展了“下基层、解民忧、办实事”活动，妥善处理了移民安置有关问题，确保了社会大局总体和谐稳定。

（王五周）

蓄水前验收工作

按照国务院南水北调办的统一部署，蓄水前终验要在2013年9月底前全面完成。为全力做好移民安置验收工作，河南省移民安置指挥部办公室组织制订了丹江口库区移民安置验收工作大纲、细则和实施方案，成立了省级初验委员会和技术验收组。在2012年完成移民安置县级自验工作的基础上，2013年5～6月，省移民安置指挥部办公室组织相关省直单位、省辖市及有关专家，分别对农村移民安置、农村外项目和库底清理进行了省级初验技术验收。6月28日，河南省召开了省级初验委员会会议，听取了省级初验工作情况汇报，审议通过了省级初验工作报告，并及时申请了国家终验。7～8月，国务院南水北调办组织对河南省丹江口库区移民搬迁安置、库底清理进行了国家终验技术性验收。8月21～22日，国务院南水北调办在湖北丹江口市召开了南水北调丹江口库区移民安置蓄水前验收委员会会议，河南省南水北调丹江口库区移民安置工作顺利通过国家终验，为丹江口水库按期蓄水创造了条件。

（王五周）

移民后期帮扶工作

为做好丹江口库区后期帮扶工作，2013年，河南省政府移民办继续认真贯彻落实省政府印发了《关于加强南水北调丹江口库区移民后期帮扶工作的意见》，科学谋划，精心组织，采取一系列措施。河南省政府移民办筹措资金4.6亿元，用于扶持移民村发展种植、养殖和加工业等短平快项目。各省直包县联络组按照有关要求，进一步加强沟通协调，狠抓帮扶政策落实，在资金、项目、技术等方面全力支持移民生产发展工作。地方各级各有关部门也相继出台政策，帮助移民发展生产。郑州市出台了《促进南水北调丹江口库区移民稳定与发展的实施方案》，整合多种资源，加大投入，郑州市、县两级财政建立移民产业发展基金，按照每人每年各1000元的标准、连续帮扶5年，并确立了“一村一品”的移民产业发展思路。南阳市印发了《关于支持南水北调水库移民安置区社会经济发展规划的若干意见》，分解了南水北调水库移民安置区社会经济发展任务，积极筹措资金，狠抓项目落实。采取“项目带动、政策推动、融资拉动、部门联动、劳务移动”等“五轮驱动”，全力推进移民生产发展和增收致富工作。郑州、漯河、南阳等市向所有移民村派驻第一支部书记，帮助移民村开展工作。其他地方也出台了相应的优惠政策，支持移民发展生产。同时，各地进一步加大移民技术培训，促进移民劳动力转移就业。截至2013年底，全省丹江口库区移民累计举办各类培训班741期，培训人数7.5万人次，转移就业人数3.8万人。

（王五周）

移民生产发展工作

2013年，按照“一村一品”、普惠制帮扶和发展壮大村级集体经济的工作思路，河南省政府移民办在丹江口库区208个移民村开展了“强村富民”竞赛活动，发放生产发展奖补资金5800万元，支持移民发展生产。通过激励先进，鞭策后进，进一步提高丹江口库区移民发展生产的积极性。全省208个移民村通过“招商引资，筑巢引凤，扩大就业”、“集体建设，租赁经营，移民收益”、“打好基础，个人建设，自主经营”、“发展项目，成立协会，提供服务”等多种形式，建设发展了一大批移民生产项目，产生了较好的经济效益和社会效益。截至12月底，全省丹江口库区共规划项目686个，总投资19.25亿元，其中移民投资4.6亿元，已经建成投产429个。移民人均年收入已由搬迁前的4200元达到7000余元。涌现出了如郑州市中牟县北沟石井村、新郑市观沟村、郑东新区姚湾村，平顶山市郏县马湾村，新乡市辉县市仓房村、侯家坡村，许昌市许昌县朱山村、襄城县张庄村、上寨村，漯河市临颍县严湾村、闫楼村，南阳市宛城区清风岭、卧龙区杨营村、社旗县寇楼村、淅川县桦栎扒村，邓州市和谐社区、北王营社区等一批生产发展典型。

（王五周）

移民村社会管理创新工作

2013年，河南省政府移民办在南水北调丹江口库区208个移民村全面开展了以构建移民村“两委”主导、“三会”（民主议事会、民主监事会、民事调解委员会）协调、社会组织（经济管理组织和公共服务组织等）广泛参与的新型基层社会管理机制为核心内容的创新社会管理工作。目的是提高移民村社会管理水平，促进移民区经济发展和社会稳定，让移民群众在民主管理中实现自我教育、自我管理、自我发展、自我提升，最终达到安稳致富的目标；主要内容包括村务民主管理创新、经济组织管理创新、公共服务管理创新三个方面。通过试点引路、制度规范、重点帮扶、政策引导、营造氛围等措施，扎实推进，取得了明显成效。一是“三会”作用有效发挥，民主管理迈出新步伐。丹江口库区208个移民村全部建立了“三会”，拥有成员近7000人，有效开展议事决策、监督管理和调解服务，移民群众正在迈向自我教育、自我管理、自我发展、自我提升的良性发展路子。二是经济组织统筹协调，促进经济快速发展。全省丹江口库区移民村成立工业公司、农业公司、专业合作社和专业协会等各类经济服务组织400个，在产供销方面发挥了龙头作用，有力地促进了移民村经济社会的快速有序发展。三是公共服务不断完善，移民群众安居乐业。建立物业公司及各类便民服务机构200个，基础设施和公益设施养护、公共卫生保洁等困扰移民生活的问题得到有效解决；成立红白理事会、老年协会、文体协会等群众组织500多个，在改善移民群众生产生活中发挥了重要作用。加强和创新社会管理工作，得到了中央农办、国务院南水北调办、水利部移民局和河南省委、省政府的充分肯定，受到基层干部群众的普遍欢迎。中央电视台、中央人民广播电台、新华社、《人民日报》、《光明日报》、《中国南水北调报》、中国经济网以及《河南日报》、河南电视台等媒体均进行了采访报道，给予了广泛关注。

（王五周）

“下基层、解民忧、办实事”活动

2013年6月，河南省政府移民办结合党的群众路线教育实践活动，在丹江口库区开展了“下基层、解民忧、办实事”活动。河南省政府移民办副处级以上干部，严格按照活动要求，保证了每月在基层的时间不少于1/3。通过“三查三帮”（深入查找作风方面的差距，查找移民政策资金落实的差距，查找移民群众生产生活中的实际困难和问题，帮助移民发展、实现富民目标，帮助基层管理、实现强村目标，帮助移民解忧、实现和谐目标），切实解决移民群众当前存在困难和问题，特别是移民群众反映强烈的突出问题，维护大局稳定，促进社会和谐。先后深入南水北调丹江口库区移民安置涉及的6个省辖市27个县（市、区）100多个移民村，对存在的实际问题进行了梳理，对能够解决的逐条提出了解决方案，对不能立即解决地提出了意见和建议。排查出了新郑市新李营村、许昌县金营村、原阳县石门村、邓州市吴田村等11个稳定情况较差的移民村以及重点信访案件，实行处级干部包市包案制，并及时建议办领导到这些村进行实地调研，现场解决有关问题。有关市县也及时向这11个村派驻了工作组，开展综合治理工作，取得了良好效果。

（王五周）

信访稳定工作

2013年，河南省政府移民办建立完善了移民信访稳定工作机制，加强了移民信访稳定工作督查力度。各地也加强了对信访稳定工作的领导，及时解决了移民身份界定、分户建房、农副业补偿、财产户安置等移民反映的热点问题。4～5月份在全省丹江口库区开展了矛盾纠纷排查化解活动，各地按照要求全面认真排查，找准问题症结，采取有力措施，妥善处理解决。同时实行了信访案件包案制、信访案件挂消号制、信访问题集中会诊制、重点信访问题督查督办制等措施，促进信访问题解决。各级移民干部深入基层、深入群众，通过接近群众、走访群众，聆听群众呼声，切实解决好移民群众的生产生活问题。通过采取多种措施，全省丹江口库区2013年度到省赴京信访量同2012年度相比，批次下降34.2%，人次下降56.8%，信访稳定形势明显好转，社会大局和谐稳定。

（王五周）

移民监督评估工作

2013年的南水北调丹江口库区移民监督评估工作，分移民安置监理和监测评估两项。移民安置监理任务涉及试点、大规模第一批和第二批移民搬迁安置，监理内容主要包括实施进度、安置质量、资金管理、后续帮扶等；监测评估任务涉及试点、第一批和第二批移民生产生活恢复评价。2013年在监督评估过程中，3个监督评估单位按照合同要求，认真履行监督评估职责，强化进度和质量监理，及时协调解决有关问题，按期报送监督评估报告，较好地完成了年度监督评估任务，有力支持了丹江口库区移民安置工作。

（王五周）

湖北省库区移民安置工程

工 程 概 况

2013年，湖北省紧紧围绕“移民发展帮扶，水库按期蓄水，资金质量安全”三大目标，坚持“三抓”、“三保”（即：抓验收、保蓄水，抓帮扶、保稳定，抓管理、保安全），统筹做好南水北调移民各项工作。

（郝　毅）

蓄水前验收及相关工作

（一）移民安置顺利通过蓄水前国家终验

一是全面完成库底清理工作。其中丹龙化工公司、丹江口市第一造纸厂、郧县博达丰工贸公司、郧阳造纸厂四家重点固体废物清理项目均按要求完成了清理任务。二是圆满完成蓄水前验收工作。组织湖北省卫生、环保、林业、住建、国土等行业主管部门开展验收工作。在县级自验、省级初验的基础上，先后通过了国务院南水北调办组织的库底清理、移民安置和文物保护技术性、行政性终验，验收结论为合格。全国政协副主席杜青林2013年视察丹江口水库，对湖北省库底清理工作给予了高度评价。国务院南水北调办领导也给予了充分肯定。

（二）丹江口水库蓄水前相关工作扎实有效

一是省移民指挥部下发了《关于做好南水北调中线工程丹江口水库蓄水前有关工作的紧急通知》，明确了蓄水范围、高程，要求库区有关县市政府制定预案，提前发布蓄水公告，开展排查，在重点地段、关键部位设置安全警示标志。二是启动了地质灾害监测预警工作。启动了首批的31个监测预警项目、2处搬迁避险和1处工程治理项目，项目建设进展顺利。三是开展群测群防工作，重点对蓄水期间库岸稳定、滑坡、塌岸等危险地段进行巡查。

（郝　毅）

移民生产发展工作

湖北省着力在促进移民“稳得住”和“能致富”上下工夫。一是全面推动移民安稳致富工程。2013年9月，在潜江市召开全省移民安稳发展现场会。11月，指导十堰市召开了库区内安移民生产发展交流会。二是积极探索多元化发展模式。各地因地制宜，采取土地流转集约经营、龙头企业辐射带动、招商引资带动发展、技能培训转移就业和公司（企业）+基地+农户订单农业等多种方式，达到移民个人、村组集体和企业互利双赢。三是生产发展初显成果。据统计，全省共组建移民专业合作社67家，专业协会45家，吸纳10 085户移民加盟。有35个涉农龙头企业与移民建立合作关系，固定资产规模达25亿元；移民年纯收入普遍增长12%～18%，进一步缩小了与当地居民收入差距；全省移民就业率户均达到1.79人。有2200多移民纷纷结束长期在库区打工（生活），回到迁入地打工（生活）。

（郝　毅）

重 点 难 点 问 题

一是积极争取国家启动移民发展致富奔小康规划工作。2013年3月，作为湖北代表团重要建议案提交全国人大，并得到了国务院南水北调办和相关部门领导的高度重视，现正开展前期研究工作。二是全面启动了移民安置点高切坡治理工作。已累计完成治理项目123个，完成投资4.5亿元，最大限度地降低了移民群众居住风险。2013年12月，国务院南水北调办批复湖北省内安移民点高切坡防护概算56 048万元。三是备受关注的武当山遇真宫土石方垫高工程、顶升工程已经全面完工，已拆文物构建安保及信息查询系统已完建。

（郝 毅）

移民资金使用管理

配合国务院南水北调办和湖北省审计厅开展了移民资金审计，对部分资金使用量大的县（市、区）和项目还实施了延伸审计。从审计情况看，湖北省没有出现大的违纪违法事件，资金管理使用情况总体较好。按审计整改要求，湖北省召开了专题会议，局领导带队派出工作专班，督促落实整改，对重点县市和重点项目进行跟踪检查督办。已全部整改到位。

（一）投资包干情况

大坝加高工程。按照《南水北调工程建设征地补偿和移民安置暂行办法》及《南水北调工程建设征地补偿和移民安置资金管理办法（试行）》等规定，南水北调中线水源有限责任公司与湖北省移民局经协商达成了协议，包干协议总额为15 731.39万元，2007年追加1163.19万元，2011年追加了1314.8万元。因此，大坝加高工程包干总额为18 209.38万元。

库区和外迁安置区。截至2013年底，南水北调中线水源有限责任公司累计安排湖北省移民局南水北调中线工程库区控制性文物发掘保护资金、前期库区移民安置初步设计规划配合费、前期试点工作经费和前期移民试点经费和正式阶段启动资金等2 391 660.11万元。其中：控制性文物发掘保护资金35 933.18万元；库区移民安置初步设计规划配合及试点工作经费3000万元；移民安置试点资金155 057万元；环保水保费14 797.2万元；课题费750万元；信息采集费300万元；名木保护费331.32万元；地质灾害监测与防治费3678.79万元；大规模移民搬迁安置资金2 177 812.62万元。2013年度安排277 010.11万元，其中：控制性文物发掘资金5151.18万元；课题费750万元；信息采集费300万元；名木保护费331.32万元；地质灾害监测与防治费3678.79万元；大规模移民搬迁资金266 798.82万元。

（二）移民投资计划下达情况

截至2013年底，共下达南水北调移民投资计划2 440 378.56万元，其中：大坝加高工程18 209.38万元，库区和外迁安置区征地移民2 422 169.18万元。

2013年度下达湖北省南水北调中线工程丹江口水库库区和外迁安置区征地移民资金计划56 362.01万元。其中：库区文物发掘资金5181.18万元；课题费750万元；信息采集费300万元；名木保护费331.32万元；地质灾害监测与防治费3678.79万元；大规模搬迁资金46 120.72万元。

（三）移民资金拨付情况

截至2013年底，湖北省移民局累计收到南水北调中线水源公司拨入的南水北调中线工程征地移民资金2 409 869.49万元。其中：以前年度2 132 859.38万元；2013年度280 010.11万元。

截至2013年底，湖北省移民局累计拨出南水北调征地中线工程征地移民资金2 243 427.37万元。

（四）移民资金支出情况

截至2013年底，湖北省各级移民管理机构累计支出南水北调征地移民资金1 913 538.76万元，占累计下达移民投资计划2 440 378.56万元的78.41%。其中：大坝加高工程累计支出征地移民资金16 042.9万元，占大坝加高工程移民资金累计计划的18 209.38万元的88.1%。库区和外迁安置区累计支出征地移民资金1 897 495.86万元，占累计征地移民资金计划2 440 378.56万元的77.75%。

（郝　毅）

信访维稳工作

一是开展了“矛盾纠纷排查化解月”活动，共排查出各类矛盾纠纷和问题5大类584个（件）。除政策层面不能解决的外，其他都基本得到解决或正在解决之中。同时还开展了“进移民户、解移民难”活动，较好地解决了一批热点难点信访问题。二是着力抓好移民新村社会治理。强化党务、规范村务、优化服务。三是集中破解重点个案。由省、市、县和规划设计、监督评估单位集中“会诊”，较好地解决了一批典型上访问题。据统计，2013年，湖北省南水北调移民进京上访19批81人次，其中集体上访9批68人次，重访4批30人次；赴省上访66批273人次，其中集体上访19批206人次。与2012年相比，赴省上访批次相同，但人次减少157人次；集体上访减少10批次160人次。

（郝　毅）

汉江兴隆水利枢纽工程

工程概况

汉江兴隆水利枢纽工程是南水北调中线工程汉江中下游治理工程之一，也是汉江中下游水资源综合开发利用的一项重要工程，位于汉江下游湖北省潜江、天门市境内，上距丹江口枢纽378.3km，下距河口273.7km。兴隆水利枢纽正常蓄水位36.2m（黄海高程，下同），相应库容2.73亿m^3，设计、校核洪水位41.75m（相当于防洪高水位），总库容（校核洪水位以下库容）4.85亿m^3，灌溉面积327.6万亩，库区回水长度76.4km，规划航道等级为Ⅲ级，电站装机容量为40万kW。兴隆枢纽作为汉江干流规划的最下一个梯级，其主要任务是枯水期壅高库区水位，改善库区沿岸灌溉和河道航运条件。

工程主要由泄水建筑物、通航建筑物、电站厂房、鱼道和两岸连接交通桥组成。泄水建筑物最大泄量19 400m^3/s，坝轴线总长2835m。泄水建筑物采用56孔开敞式平底闸，泄水闸前缘总长度952m，设计单宽流量18.5m^2/s，闸底板高程29.5m，闸顶高程44.7m，闸高17.7m，孔口净宽14m，闸门采用弧形门，尺寸为14m×8.2m；通航建筑物为单线一级船闸，按三级航道标准配套设计，闸室有效尺寸180m×23m×3.5m（长×宽×槛上水深）；电站厂房为河床径流式，水电站装机4台，额定水头4.18m，额定流量289m^3/s，总容量4万kW，保证出力8700kW，年发电量2.25亿kW·h；两岸滩地交通桥，按与三级公路配套设计，桥面宽8m，交通桥采用预应力混凝土简支梁桥；鱼道采用单侧竖导式，设置在电站厂房右侧滩地上，进口位于电站厂房尾水渠右侧，鱼道轴线与坝轴线垂直，共设95个过鱼池，单个过鱼池长3.2m，间隔设置休息池，直线段上端设挡水闸门，距闸首30m处设观测室。

兴隆枢纽库区和坝区合计永久征地5827亩，其中耕地4518亩；淹没和占压滩地18 326亩；临时占地10 673亩；移民306户1240人，拆迁房屋4.10万m^2。

工程土石方开挖总量2162.21万m^3。其中主体工程开挖813.07万m^3，明渠开挖1150万m^3，围堰开挖工程量15.58万m^3，围堰拆除工程量183.56万m^3。土石方填筑总量

667.49 万 m^3，其中主体工程填筑 441.52 万 m^3，围堰填筑工程量 221.78 万 m^3，导流明渠填筑工程量 4.19 万 m^3。混凝土浇筑 67.61 万 m^3，金属结构安装 12 147t。

工程于 2009 年 2 月 26 日正式开工建设，同年 12 月 26 日顺利实现汉江截流。2010 年 4 月，主体工程泄水闸、电站、船闸全面开工，金属设备结构、安全监测、电站机电安装与调试等项目随后相继开工。至 2012 年底，工程主体土建、金属结构安装基本完工，机组安装快速推进。2013 年，是兴隆枢纽建设的决胜年，也是由建设管理向运行管理逐步过渡的关键年。建设任务仍十分紧迫和繁重，主要分为蓄水通航和机组发电两个主要阶段。一方面要做好土建施工及蓄水运行准备工作，加强工程运用初期的检查及监测；另一方面，还要做好机组安装施工，加快发电、并网许可等手续办理，实现机组早日投产运行。2013 年 3 月，兴隆枢纽通过水库蓄水及船闸通航阶段性验收，2013 年 3 月 22 日，开始下闸蓄水。

（马荣辉）

工 程 投 资

投资控制及合同管理上，兴隆水利枢纽工程严格遵守国家法律法规及政策规定，认真执行国务院南水北调办和湖北省南水北调管理局有关合同管理办法，实行主管部门、专业管理部门和履约责任部门分层次的合同管理模式，严格工程变更程序和价款支付审核，强化合同履约和资金使用监管，建立合同结算台账，开展第三方审计咨询，有效地控制了工程投资。截至 2013 年底，兴隆水利枢纽工程累计完成投资约 31.56 亿元（含征地补偿及拆迁安置投资等），完成工程总投资的约 98.7%。具体如下：

（1）加强项目管理预算管理。为进一步优化项目投资使用，提高项目投资效，按照《南水北调工程项目管理预算编制办法》、《南水北调工程价差报告编制办法》，委托专业咨询公司完成了兴隆水利枢纽项目管理预算的编制工作。

（2）科学制订年度投资计划。根据批复的初步设计和建设实际，组织现场项目建设管理单位以建设标段为基础逐级汇总，并上报国务院南水北调办进行审查，使得年度投资计划科学合理。

（3）加强工程合同结算管理。一是加强合同履约检查。根据合同约定对工程现场的监理人、承包人投入的资源（包括人员、设备等）、质量目标、进度目标、环境保护、文明施工等进行合同检查。二是加大施工变更的办理力度。对已具备施工变更条件的施工项目（设计变更报告已审批）督促承包人、监理单位上报，及时组织建管处相关部门审查后报局审批。三是全面启动完工结算工作。对已完工项目督促承包人编制完工结算，及时组织监理、建管处进行审查，加快工程价款结算和合同项目完工验收。

（4）加强项目资金使用监管。督促参建单位认真执行财务制度和国家有关法律法规，进一步规范会计基础工作，严格预算管理，控制费用支出，建立专项账户，实行三方监管，做到专款专用，确保工程资金使用安全。

（马荣辉）

建 设 管 理

（一）质量管理

针对年内的建筑装修、设备调试消缺等尾工施工和机组安装内容，进一步加强对参建单位的质量管理体系、质量管理行为和工程实体质量进行检查，严格执行重要及关键部位的联合验收签证和质量缺陷备案制度，做好关键工序及关键点的监督考核管理，贯彻质量管理“高压、高压、再高压”，对发现的质量问题严肃责任追究，出快拳、出重拳落实整改，切实确保工程质量。

构建质量保证体系。建立起建管处、勘察设计、施工、监理及质量监督等多层次的质量保证体系，实行项目法人负责、监理单位控制、施工单位保证、政府监督相结合的质量管理制度，落实质量责任制和质量责任追究制度。

强化质量检查。对参建单位的质量管理行为和工程实体质量进行常态巡查、定期检查和专项抽查，重点加强施工过程控制和原材料进场检验，加强重要隐蔽工程和关键工序进行旁站监理和抽样监测。对检查中发现的问题，督促参建单位整改落实，对于屡屡出现质量问题的单位和责任人，采取通报批评及经济处罚等措施进行严肃处理。

严格质量验收管理。严格执行工序质量"三检制"以及重要、关键部位的四方联合验收签证制度，做好单元及分部工程验收。严格质量缺陷备案制度，需要处理的应按程序先报处理方案，待批准后方可进行处理，杜绝未经同意就进行质量缺陷处理。

（二）安全管理

2013年，继续贯彻落实"安全第一、预防为主、综合治理"的生产方针，恪守"安全责任，重于泰山"的理念，突出安全重点，狠抓薄弱环节，保证措施到位，全年生产安全良好，未发生一起安全责任事故。

一是面对工程土建施工收尾和机组安装快速推进的特点，重点防范施工中松懈麻痹思想，定期开展安全检查及教育，确保安全生产措施到位，提高作业人员安全生产意识；二是加强重大危险源管理，制定防洪度汛及安全生产应急预案，确保蓄水后工程安全度汛；三是做到工程建设与生产运行安全管理并举，进一步健全安全生产管理体系，依规开展运行期安全监测和工程、设备检修与维护，并做好生产运行期信息资料收集及报送工作。

（三）文明工地建设

一是制订印发《2013年度兴隆水利枢纽工程文明工地创建规划》，明确了文明创建目标，分解了创建工作任务，并每月开展检查，保证了文明工地创建工作领导有力、组织有序、扎实推进。二是在职工和参建单位中开展政治理论、社会主义核心价值观、职业道德纪律等教育活动，激发广大工程建设者爱岗敬业的工作热情。三是深入开展廉政阳光工程创建、党的群众路线教育系列活动，增强党员干部廉洁自律意识，紧密联系群众，改进工作作风，以努力把兴隆水利枢纽建设成为优质工程、惠民工程和廉洁工程。

（马荣辉）

工 程 进 展

2013年3月22日，工程实现二期截流。4月1日，水库正式下闸蓄水。4月12日，船闸正式通航试运行。10月29日，首台1号机组完成72小时试运行；11月14日，首台机组通过启动验收，正式发电投产。

至2013年底，兴隆水利枢纽工程主体基本完工，剩余少量建筑装修、左岸堤顶路面和后续水保、环保措施项目等施工内容。其中征地拆迁及移民安置完毕，泄水闸、船闸工程分别实现闸门调蓄运用和船闸通航试运行，电站首台机组1号机组实现发电投产，2~4号机组正加快安装与调试工作。水情测报、安全监测等仪器安装也已全面完成，已开展水库运行初期的观测工作。工程建设正全面步入施工收尾和试运行阶段。

（马荣辉）

工 程 验 收

兴隆水利枢纽工程作为汉江中下游综合治理工程四个设计单元工程之一，共划分单位工程19个，分部工程191个，单元工程约11 144个，涉及40多个合同项目。

2013年，围绕年度建设工作目标，验收

工作任务也显得迫切和繁重。制订了年度工程验收工作方案和计划，依规范推进施工合同验收、蓄水通航和首台机组启动阶段验收工作。截至年底，共完成7个单位工程、150个分部工程验收工作，完成导流工程、鱼道及船闸等5个单位工程验收，导流工程、金属结构制造及设备采购等9个合同项目完工验收。

由于受工程变更办理和施工滞后等因素影响，工程验收较计划有所滞后。当前，正加快变更办理和工程结算，完善资料档案整理工作，推进工程验收评定工作，计划在2014年底前实现设计单元工程完工验收。其中，计划在9月底前完成剩余的分部、单位工程验收、首（末）机组启动验收和合同项目完工验收，在10月底前陆续完成征地移民、水保、环保、消防、安全及资料档案整理等专项验收，力争年底前完成设计单元完工验收。

（马荣辉）

运 行 管 理

兴隆枢纽的主要任务是枯水期抬高水位，改善库区灌溉和航运条件，并利用既有水头发电以发挥水资源综合利用效益；当兴利与防洪矛盾时，兴利应服从防洪。开发任务是以灌溉和航运为主，兼顾发电。

根据批复的初步设计规划，兴隆水利枢纽作为汉江中下游治理工程之一，运行管理机构拟采用三级管理模式。一级管理机构为湖北省南水北调管理局，负责汉江中下游治理工程统一调度和监管，与国家有关部门协调丹江口水库运行调度方案，并行使部分汉江中下游水资源利用的行政管理职责。兴隆水利枢纽建设管理处为省南水北调管理局下属二级管理机构，负责兴隆水利枢纽项目现场建设管理工作，并在工程由建设转向初期运行期间履行运行管理职能。

兴隆水利枢纽建设管理处内设综合管理科、工程管理科、财务与资产管理科、水政监察科、党群工作科5个职能部门。2013年，建管处下面新组建成立4个生产运行部门，即水库管理所、泄水闸管理所、船闸管理所及电站管理所。具体开展了以下工作：一是加强机关制度管理，制订了泄水闸、船闸及电站运行调度方案、操作规程、设备检修与维护等规章制度；二是开展运管人员招聘与培训，落实运行工器具、消耗物资的采购工作；三是依规开展安全监测和工程、设备检修与维护，并做好生产运行期信息资料收集及报送工作；四是完善生产安全管理体系和防汛调度方案，确保工程防洪及生产安全。

从试运行情况以来，工程运用情况良好，工程灌溉、航运和发电效益得以全面发挥。

（马荣辉）

环境保护及水土保持

水土保持和环境保护作为兴隆水利枢纽工程的一项重要建设内容，对保护区域生态环境和促进经济社会可持续发展具有重要意义。枢纽工程建设中，认真贯彻国家相关法律、法规要求，严格按批准的初步设计方案予以实施，确保水土流失防治及环境保护措施与主体工程同步设计、同时施工、同时投产使用。通过采取工程及植物措施，落实废污水处理装置、鱼道等工程建设，兴隆水利枢纽水土保持及环境保护工作已取得阶段成效，工程社会生态效益初步显现。

随着工程逐步由建设转向运行阶段，正按照水土保持和环境保护工作要求，深入实施水保及环保措施。继续做好施工扰动区的水土治理，启动隔流堤、右岸渣场及管理区的植树种草；同时，加快鱼类增殖放流、工程管理区污水处理等工程建设，进一步保护生态环境。

（一）水土保持

兴隆水利枢纽工程水土流失防治责任范围为 2229.39hm^2，损坏水土保持设施面积 206.67hm^2，预测期水土流失总量约 17.94 万 t。水土流失防治分区包括主体工程、弃渣场、料场、施工道路、施工辅助设施、浸没治理及移民安置共七个类型区。除计入主体工程投资部分外，新增水土保持专项投资为 1618 万元。

在建设中，兴隆建管处组织成立起了由各参建单位项目负责人组成的水土保持工作领导小组，明确了日常管理工作部门，制定了《兴隆水利枢纽工程水土保持管理办法》；并与各施工单位签订《环境保护与水土保持责任书》。结合施工阶段特点，特别突出弃渣场及料场、施工辅助设施防治区等重点防治区，实施表面清理、排水防护设施和植被恢复等水保措施，完成后向与地方政府部门移交；做好水土保持监理及监测工作，确保水土保持方案按图实施，水土保持效果达到设计要求。水土保持设施建成后，加强对设施的管理，保证水土保持设施安全、有效运行。

通过落实工程与植物、水土治理与生产恢复等各项防治措施，工程建设实现水土流失有效防治，达到水土流失防治目标要求。

（二）环境保护

兴隆水利枢纽建设期及运行期环境保护包括水环境、生态环境、噪声防治、环境空气质量、固体废弃物处理、移民安置区环境及人群健康共八个方面。环境保护工作主要包括环境保护措施、环境监理及环境监测等方面。除列入主体工程、移民安置及水土保护等部分外，环境保护专项投资 1657 万元。

按照国家有关环境保护规定及要求，始终将环境管理作为工程管理的重要组成部分，认真组织、监督和落实工程环境保护工作。主要做好以下方面：

一是强化组织，规范管理。按照环境保护“三同时”制度，在施工准备阶段，将环境保护措施与主体工程一并进行设计和招标实施。按照湖北省南水北调管理局关于环境保护的工作要求，在工程开工前，兴隆枢纽工程建立起由各参建单位项目负责人组成的环境保护工作领导小组，由兴隆建管处工程科负责日常具体管理工作。制定了《兴隆水利枢纽工程施工管理制度》、《兴隆水利枢纽工程环境保护管理办法》等制度。

二是明确分工，落实责任。工程建设中实行环境监理制，监理单位根据国家环保政策、法规和施工合同，设立专职部门和专业人员，对施工过程中环境保护措施的执行情况进行监督，定期在监理月报反映环境管理工作内容。在施工合同中明确施工单位环境保护工作内容和职责，与各施工单位签订《环境保护与水土保持责任书》。切实落实各项环境保护防治措施，防止因工程施工造成施工区附近的环境污染和破坏。

三是定期检查，督促实施。根据环境保护法律法规、设计及合同文件，会同财务科、合同科及监理单位定期开展联合检查，监督各项环境保护措施的执行和资金使用。做好环境保护宣传教育，提高参建人员环保意识和工作水平。积极配合地方环保和水行政管理部门实施环境管理的监督和检查，对检查中发现的问题和不足，积极进行整改。

从项目环境保护工作开展成效来看，未对工程建设有利害关系的第三方和周边生态及社会环境等带来不利影响。

（马荣辉）

工程效益

兴隆水利枢纽的主要任务是枯水期抬高水位，改善库区灌溉和航运条件，并利用既有水头发电以发挥水资源综合利用效益。随着工程的逐步建成，其社会及经济效益得以凸显和发挥，具体有以下主要方面：

（1）改善库区农田灌溉、工业生产和居民生活用水条件。兴隆水利枢纽所处的汉江中下游平原地区，是湖北省重要的经济走廊，也是我国重要的粮棉基地之一。库区两岸有天门罗汉寺灌区、潜江兴隆灌区、沙洋县和沙洋监狱管理局电灌站，在正常年份年均需供农田用水 20 亿 m^3 左右。库区蓄水之后，农田灌溉面积从过去的 196.8 万亩增加到约 327.6 万亩，灌区供水保证率可达到 95 %以上。2013 年夏季干旱，库区周边灌溉用水得到充分保障，极大地促进了周边区域农业增产增收。同时，兴隆水利枢纽库区两侧有近 50 万人口，建有七座自来水等供取水设施。兴隆水库蓄水后，镇区工业供水和居民饮用水保证率可提高到 99%，提升了库区两岸（乡）镇工业用水和居民用水保障能力。

（2）改善库区航运条件。兴隆水利枢纽库区回水位从泄水闸至上游华家湾梯级坝址。水库蓄水和船闸通航后，渠化汉江航道达 78km，并基本达到了Ⅲ级（1000t 级）航道标准。从 4 月 12 日船闸通航至今，累计过闸船只近 4100 艘，库区航运能力得以明显提升，极大地促进了区域地方经济的发展。

（3）改善库区生态环境景观。在水库蓄水后，兴隆坝址到钟祥市城区近百公里范围内，河岸水面拓宽，水质改善，鱼类增多。沿江两岸，春季油菜花香四溢，呈现一片金黄美景，夏季花生遍地重生，仿佛铺设绿色地毯，展现出一派秀美怡人的田园风光。

（4）实现电能优化利用和保障工程良性运行。兴隆水利枢纽电站首台机组已实现并网试运行。一方面，电站利用库区水资源发电，输送到荆州电网，满足该地区不断增长的用电需要。据初步测算，待四台机组全部投产后，多年平均发电量将达2.25 亿 kW·h。另一方面，带来的发电收入将有效地解决兴隆水利枢纽工程运行管理费用问题，保障和实现枢纽工程良性运行。

（马荣辉）

引江济汉工程

工程概况

引江济汉工程主要是为了满足汉江兴隆以下生态环境用水、河道外灌溉、供水及航运需水要求，还可补充东荆河水量。引江济汉工程供水范围包括汉江兴隆河段以下的潜江市、仙桃市、汉川市、孝感市、东西湖区、蔡甸区、武汉市七个市（区），及谢湾、泽口、东荆河区、江尾引提水区、沉湖区、汉川二站区六个灌区，现有耕地面积 645 万亩，总人口 889 万人。工程建成后，可基本解决调水 95 亿 m^3 对汉江下游“水华”的影响，解决东荆河的灌溉水源问题，从一定程度上恢复汉江下游河道水位和航运保证率。

工程从长江荆州附近引水到汉江潜江附近河段，工程沿线经过荆州、荆门、潜江等市，需穿越一些大型交通设施及重要水系，部分线路还将穿越江汉油田区，涉及面广，情况复杂，同时，工程连接长江和汉江，受三峡、丹江口两处大型水利工程影响较大，规划设计条件十分复杂。

引江济汉工程进水口位于荆州市李埠镇龙洲垸，出水口为潜江高石碑。在龙洲垸先建泵站，干渠沿东北向穿荆江大堤、太湖港总渠，从荆州城北穿过汉宜高速公路，在郢城镇南向东偏北穿过庙湖、海子湖，走蛟尾镇北，穿长湖后港湖汉和西荆河后，在潜江市高石碑镇北穿过汉江干堤入汉江。渠道全长 67.23km，设计流量 $350m^3/s$，最大引水流量 $500m^3/s$，其中补东荆河设计流量100m^3/s，补东荆河加大流量110m^3/s，多年平均补汉江水量21.9亿m^3，补东荆河水量6.1亿m^3。进口渠底高程26.5m，出口渠底高程25m，设计水深5.72～5.85m，设计底宽60m，各种交叉建筑物共计78座，其中涵闸16座，船闸5座，倒虹吸15座，橡胶坝3座，泵站1座，跨渠公路桥37座，跨渠铁路桥1座，另有与西气东输忠武线工程交叉一处。穿湖长度3.89km，穿砂基长度13.9km。渠首泵站装机6×2100kW，设计提水流量200m^3/s。

引江济汉工程为一等工程，交叉建筑物主体、渠道为1级建筑物，次要建筑物为3级建筑物，临时建筑物围堰等为4级建筑物。工程区范围内的荆江大堤为1级堤防，汉江干堤为2级堤防，东荆河堤为2级，拾桥河堤防为3级，西荆河等河道堤防为4级，进口龙洲垸堤防为民垸堤防。

引江济汉通水工程主要工程量：土方开挖5700万m^3，土方回填1700万m^3，混凝土浇筑156万m^3，钢筋制作安装3.98万t，静态总投资为61.69亿元；总工期4年。

引江济汉工程采用法人自建制管理方式，同时，为充分调动地方政府参与工程建设的积极性，营造良好的施工环境，经湖北省南水北调办研究并报省人民政府同意，湖北省南水北调管理局组建省南水北调引江济汉工程建设管理处负责进口段及枢纽建筑物的建设管理，湖北省南水北调管理局商地市人民政府，由地市南水北调办事机构负责组建各地市引江济汉工程建设管理办公室，负责所辖区域内的渠道工程的建设管理。

引江济汉工程设计主要工程量为：土方开挖5719.44万m^3，土方回填1511.63万m^3，混凝土浇筑156.76万m^3，钢筋3.98万t。涉及永久征地18 725亩，临时占地31234亩，拆迁房屋面积202 901m^2，搬迁人口4982人。引江济汉工程由湖北省水利水电勘测设计院、长江勘测规划设计研究有限责任公司、中水淮河规划设计研究院有限公司、湖北省交通规划设计院联合设计。

引江济汉主体工程土建项目共分为19个标段，中标金额221 301.855 1万元，分为7个枢纽标和12个渠道标。机电设备共分15个标段，合同总价为2.43亿元。

（马荣辉）

工 程 投 资

投资控制及合同管理方面，引江济汉工程严格遵守国家法律法规及政策规定，认真执行国务院南水北调办和湖北省南水北调建管局有关合同管理办法，实行主管部门、专业管理部门和履约责任部门分层次的合同管理模式，严格工程变更程序和价款支付审核，强化合同履约和资金使用监管，建立合同结算台账，开展第三方审计咨询，有效地控制了工程投资。

该工程总投资61.69亿。截至2013年底，累计下达计划54.43亿元，实际完成投资约59.74亿元，2013年下达施工投资11.62亿元，实际完成施工投资12.04亿元。

（马荣辉）

建 设 管 理

2013年，引江济汉工程实现了“主体工程基本完工”的重大节点目标。通过细化管理、科学组织、合理安排，工程建设与结构建设协调共进，获得国务院南水北调办多项表彰。

（1）认真做好督办，以设备安装顺利促工程全面推进。2013年是土建施工的决胜年，也是机电设备安装的高峰年。一年来，引江济汉建管处在机电设备运管人员增加10名、队伍壮大的情况下，强化管理，明确分工，认真做好厂家生产、验收次序的安排，时刻跟进现场施工情况，及时开展产品第三方检测与质量整改落实督办。设备到货后，及时跟进现场安装进度，多次组织处理现场技术难题，确保了拾桥河左岸节制闸弧形闸门及启闭机等设备安装的顺利进行。截至2013年底，机电科相关的19个标段累计完成投资25 036.38万元，占总额的93.2%；完成厂内制造9001.7t，占合同工程量103.8%，累计完成交货7257.7t，占合同工程量83.7%。各类启闭机设备验收交货完成99台套，占合同工程量94.3%。

（2）扎实做好协调，以征迁和谐促施工顺利。联合各方、集中力量解决了迫在眉睫的征地难题，完成天鹅公路桥左、右两侧接线工程永久征地交付，为天鹅公路桥如期通车赢得了宝贵时间，解决了西荆河枢纽标渠堤填筑可利用土料较少的问题，确保西荆河船闸如期具备挡水条件。积极引导施工单位做好安保、环保等措施，与当地居民和谐相处，认真抓好补偿，维护百姓的合法权益，热情抓好帮扶，督促施工单位在能力所及范围内，为村民提供灌溉设备维修等帮助，有效地排除集体阻工隐患。通过明确时限与责任、严格标准与奖罚等手段，强力推进临时用地退还，尽量减少临时占地交付不及时与农民耕种之间的矛盾。

（3）加强党的建设，打造充满活力的党组织。研究制订了引江济汉建管处党委2013年工作计划等3个工作计划和“三抓一促”活动实施方案等2个主题活动方案，制作了廉政责任书和承诺书。扎实开展党的群众路线教育实践活动与廉政教育活动，组织学文件、看视频、听讲座、谈心得等各类活动22次，30多名党员干部在洪湖瞿家湾接受了思想洗礼，印发相关资料90余本，组织撰写党建方面的心得体会16篇。党的建设推进扎实，活动丰富，廉政创建成果得到了省纪委派出纪工委的一致肯定，党的群众路线教育实践活动成果受到了省委教育实践活动第十四督导组的高度赞扬。

（4）加强作风建设，提升单位形象。严格落实中央“禁酒令”、“禁卡令”、“禁烟令”各项规定以及省委关于改进工作作风的“八项规定”、“六项禁令”，建立并认真落实客餐接待与办公生活用品采购审批制度，相比2012年度，全年客餐接待费用缩减34%，会议费用缩减30.4%。处领导率先垂范，外出办公督办轻车简从，会议讲话言简意赅，严格控制发文数量与篇幅，一年来，建管处80%的会议控制在了45分钟之内，全年发文115号，相比全年发文280号的2012年，数量降低60%，发文篇幅同比普遍减少30%。

（5）抓好保障服务，提高工作效能。建立并完善了物品采买报批制度，严格按照科室上报计划、领导审批、统一采买发放的程序进行，兼顾了厉行节约的要求与职工办公生活的需要，也提高了后勤工作效率。明确了公文运转分工。

（6）抓好文书档案，促进工程建管。引江济汉建管处全年省南水北调网站发稿450余条，编发施工、监理单位稿件近百条，及时认真地展现了单位形象与引江济汉工程建设面貌。通过湖北省南水北调管理局网站、中国南水北调手机报推出先进人物6人，以先进人物的先进精神，鼓舞奋战在一线的建设者以更饱满的激情，更扎实的作风投入到建设中去。档案室起草了加强文件资料收集、工程档案验收管理等方面的办法，为档案收编、验收立了规矩。先后7次逐一对参建单位档案整编进行指导、检查，强化整改落实督办，各参建单位档案管理已步入常态化、正规化。截至2013年底，引江济汉工程档案整编一万多卷，基本上实现了与工程建设同步，为实体工程及早验收奠定了良好基础。

（马荣辉）

工 程 进 展

2013年度建设目标全面实现，各标段主体工程在年底已全部完工。引江济汉工程除进出口口门段及汉宜高速保通桥、荆沙铁路压段外，渠道已经基本贯通，各枢纽建筑物土建工程基本完成，正在进行渠道衬砌收尾和机电金属结构安装工作。

2013年，计划完成土石方开挖726万m^3，实际完成818万m^3；计划完成土石方回填335万m^3，实际完成395万m^3；计划完成混凝土浇筑65万m^3，实际完成69万m^3。

（马荣辉）

工 程 验 收

引江济汉建管处建管七个标段标段共划分单位工程26个（其中土建及安装24个，监测2个）、土建及安装部分的分部工程146个（其中主要分部工程41个）。已验收2个单位工程，46个分部工程。

（马荣辉）

汉江中下游部分闸站改造工程

概 述

工 程 概 况

汉江中下游部分闸站改造工程是对因南水北调中线一期工程调水影响的闸站进行改造，恢复和改善汉江中下游地区的供水条件，满足下游工农业生产的需水要求。

工程建设内容由谷城至汉川汉江两岸31个涵闸、泵站改造项目组成，工程范围自上而下依次分布于襄阳市（谷城市勤岗泵站、靠山寺泵站、刘家沟泵站、龚家河泵站、回流湾泵站，樊城区茶庵泵站、卢湾泵站、鲢鱼口泵站，宜城市荣河泵站）、荆门市（钟祥市漂湖闸站、双河闸站、中山闸站、沿山头闸、迎河泵站、皇庄中闸，沙洋县杨堤闸）、潜江市（谢湾倒虹管）、仙桃市3处（徐鸳口闸站、卢庙闸站和鄢湾闸站）、天门市（彭市闸站、彭麻闸站、杨家月泵站、刘家河闸站）、孝感市（汉川市杜公河闸站、龚家湾闸站、郑家月闸站、杨林闸站、小分水闸站、庙头泵站、曹家河泵站）境内。建筑物级别按不低于相应堤防级别确定，其中襄阳市城区堤防为2级，谷城、宜城堤防为3级，荆门市及汉江下游干堤为2级，荆门市沿江支堤为3级，本次招标的31个改造项目主要建筑物级别分属2～5级，次要建筑物相应分属3～5级。

工程总投资为54 558万元，建设总工期为28个月，共两个设计单元工程，即汉江中下游泽口闸改造工程和汉江中下游其他闸站改造工程。

2013年，闸站改造工程计划完成施工投资16 828万元，实际完成投资16 773万元，计划完成土石方开挖85万m^3，实际完成土石方开挖89万m^3，计划完成混凝土浇筑8万m^3，实际完成土石方开挖9万m^3。

（马荣辉）

泽口闸改造工程

工 程 概 况

泽口闸改造工程位于汉江干堤右岸桩号180+350处，装机容量4×1500kW，为Ⅱ等大（2）型泵站，提灌流量$80m^3/s$，主要建设内容为新建徐鸳泵站、徐鸳进水闸和深江节制闸，疏挖同兴渠，重建胜利二闸等，项目概算投资1.58亿元，总工期26个月。

泽口闸工程由仙桃市南水北调闸站改造工程建设管理办公室负责现场建设管理工作。

（马荣辉）

工 程 进 展

截至2013年底，泽口闸改造工程土建施工已基本完成，正进行机电设备安装刹尾和输变电线路架设；卢庙闸站改造工程土建施工已全部完成，泵站具备了抽水条件；鄢湾闸站改造工程土建和机电设备安装工程已全部完成。

（马荣辉）

工 程 验 收

泽口闸改造工程共划分为6个单位工程，50个分部工程，截至2013年底，已完成33个分部工程验收和深江节制闸通水验收。

卢庙、鄢湾闸站改造工程共划分为2个单位工程，29个分部工程，截至2013年底，29个分部工程验收已全部完成。

（马荣辉）

谢湾闸改造—东荆河倒虹吸工程

工 程 概 况

东荆河倒虹管工程是通过兴隆闸引汉江水经兴隆河，在兴隆河黄场节制闸上游约100m处入周矶办事处沿堤河，穿过东荆河倒虹吸后，流入百里长渠，缓解汉南片21.94万亩农田的用水矛盾。

东荆河倒虹吸工程位于湖北省潜江市境内，汉江干堤右堤桩号223+000m（进口），东荆河左堤桩号0+600m（出口）处。主要由进口渠道段、进口闸室段、倒虹管身段、出口闸室段、出口1号明渠段、穿村箱涵段、出口2号明渠段以及金属结构、机电、电气设备采购与安装等部分组成。其倒虹吸管身段全长1025.08m；进口引水渠接沿堤河长225.06m，出口输水渠通百里长渠长1213.13m。倒虹吸采用1孔3.5m×3.5m混凝土箱涵，设计引水流量$20.0m^3/s$。倒虹吸出口处的设计水位为高程29.21m，进口设计水位为高程30.26m。垫层混凝土为C10，箱涵、闸室结构混凝土为C25，C25混凝土抗渗设计指标为W6，排架混凝土为C30，进口箱涵结构混凝土为C20，回填土压实度不小于0.92。东荆河倒虹吸主要建筑物为2级建筑物，次要建筑物相应分属3级。

主要建筑由进口闸室段、倒虹吸管身段、出口闸室段，以及金属结构、机电、电气设备采购与安装四部分组成。进、出口闸室段包括土方开挖与回填、浆砌石护砌、渠道混凝土、闸室混凝土、启闭机房、金属结构与机电安装等。倒虹吸段包括土方开挖与回填，围堰填筑与拆除、高喷防渗、混凝土浇筑等。金属结构与机电安装包括闸门与启闭的制造与安装、电器与照明设施安装等。

该工程合同工期为2011年11月~2013年12月。实际开工日期为2011年12月16日。

该工程初步设计概算为7148.02万元，资金来源于中央投资。其中，本标段施工合同金额为4116.19万元，征地补偿和移民安置投资828.25万元。

（马荣辉）

建设管理

该工程质量控制目标是确保分部工程合格率100%，工程质量满足规范和设计要求。施工单位在施工过程中通过埋设沉降观测点等方式对工程质量进行观测，经观测数据分析，该工程各部位沉降值等均满足设计要求。

通水阶段验收的所有工程全部完成，且分部工程均已全部验收，施工质量合格率100%，优良率80.8%，工程质量达到优良标准，无遗留问题，同意通水阶段验收。

（马荣辉）

环境保护及水土保持

（一）根据工程施工废水产生原因，采取有的放矢地进行废水处理

生产废水：主要是混凝土拌和系统生产而产生，解决方案为在混凝土拌和系统内设置沉淀池，将废水引至沉淀池内进行沉淀处理，达标后排放。沉淀池淤沙，定期清理。

含油污水：主要是由机械修配时产生，解决方案为在修车场区靠下游侧边，修建混凝土集水沟，设油水分离机，油水分离后将水排入排水沟内，分离的油质，另行处理。

生活污水：各种生活污水收集集中后由设在本标生活区内的污水处理站进行处理，处理达标后的出水优先用于道路除尘降温，多余部分通过排水系统排放。

（二）降低粉尘和噪声污染，保持施工区环境卫生

施工区道路、拌和站和石方开挖区是产生粉尘的主要地区，施工道路主要采用洒水车洒水降尘；在混凝土拌和站装吸尘器，生产时，吸尘器和拌和站同时运转；钻机安设吸尘装置，可有效减少粉尘。

加强大型施工车辆尾气的监测，采取措施使尾气达到排放标准。声环境保护设备选型优先考虑低噪声产品，设备底座设置防震基础。采取措施或改进施工方法，如采取消声、吸声、隔声、阻尼或安装隔振装置等措施，使施工噪音、振动达到施工场所环境标准。

在生活区人员集中的场所，建水冲厕所二处，化粪池二处（$12m^3$）；施工区设置活动水冲厕所，供现场施工人员使用，设专人定期清理。粪便经化粪设施处理后排放。公共厕所按卫生要求设计，配备自来水、照明等设施，并具备良好的通风、采光条件，及时做好清洁、清运和消毒工作，达到无蛆无蝇。

在营地和其他施工区内，建固定垃圾箱，搜集生活垃圾（包括食堂废杂物），集中拉运到指定地点掩埋或焚烧。

为了保持施工区和生活区的环境卫生，制定环卫制度，严禁在施工区和生活区周围环境中随地倾倒垃圾，并定时清扫、清运垃圾，运到垃圾处理场处置。

为了落实环保和卫生措施，建立一个环保队，专门负责污水处理、环境卫生、道路洒水养护、场地清扫等工作。

所有施工人员定期进行卫生检疫和体检，检验结果交环境监理审核，防止有传染病患者进场。服从当地卫生防疫部门监督。

（马荣辉）

汉江中下游局部航道整治工程

工 程 概 况

汉江中下游局部航道整治工程主要建设任务是对局部河段采用整治、护岸、疏浚等工程措施，恢复和改善汉江航运条件；整治范围为汉江丹江口以下至汉川断面的干流河段，不包括已建的王甫洲库区、在建的崔家营和兴隆库区。批复的初设总工期为30个月。南水北调中线一期工程调水实施后，汉江中下游航道通航标准仍按现状标准予以治理和恢复，维护登记为Ⅳ级，保证主要断面保证率97%的通航设计水位。设计标准为丹江口—襄樊河段按通航500t级双排单列一顶二驳船队、航道尺度按1.8m×50m×330m（水深×航宽×弯曲半径，下同）以及$Ⅳ_{(3)}$级航道标准设计；襄樊至汉川河段按通航500t级双排双列一顶四驳船队、航道尺度按1.8m×80m×340m以及$Ⅳ_{(2)}$级航道标准设计。

2013年完成投资2.17亿元，占年度投资计划的108.3%，截至2013年底累计完成投资3.57亿元，占总投资金额的77.3%。

（马荣辉）

招 标 投 标

2012年8月16日，湖北省港航管理局与湖北省南水北调管理局签订了《南水北调中线一期工程汉江中下游局部航道整治工程建设管理委托协议》。截至2012年12月13日，本已完成所有施工、监理单位的招投标及合同签订工作。后因后期新增于2013年12月26日补充招标并签订了Ⅳ-01标段的施工合同，具体见表1。

表1　招投标情况一览表

合同名称	招标代理单位	招标文件发售时间	开标日期	定标日期	中标单位
局部航道整治施工Ⅳ-01	华杰工程咨询有限公司	2013年11月8日～11月15日	2013年11月28日	2013年11月28日	湖北省航道工程公司

（马荣辉）

建 设 管 理

2013年按季度分别制定了“迎新攻坚”、“大战二季度，实现双过半”、“竞进提质”、“攻坚提速”的劳动竞赛方案并与各参建单位签订了施工目标责任书且完成了劳动竞赛任务。为了确保廉政工作有专人抓，指挥部专门设立了专职纪检监察员，认真履行工程建设教育、服务、监督职责。同时，要求施工单位专门聘请农民工代表为廉政监督员；指挥部还专门设立了举报箱和网上投诉专栏，公布监督电话，充分发挥内外部廉政监督作用，接受广大群众监督；坚持实行廉政监督“直通车”制度，严格遵循《关于建立廉政风险防控短信平台的通知》，保证每个廉政监督员可直接通过短信平台向上级投诉、举报、反映问题，进一步扩宽了廉政监督面，加强了廉政互相监督。为加强对施工监理单位的管理力度，指挥部专门制定印发了“五个一”专项检查文件，即：每月一次质量安全检查，每月一次廉政明察暗访，每月一次质量通病治理“回头看”，每月一次目标检查考核，每月一次履约检查。指挥部每月进行一次“五个一”检查情况的通报，通过全方位的建立健全监督检查制度，加大了检查的密度，提高了威慑的强度，加快了发现问题和解决问题的速度，使动态管理、动态设计的理念得到落实，较好地做到了一般问题现场解决，重大问题限时解决。

指挥部针对水运工程隐蔽工程多的特点，对重点部位、关键环节加大控制力度，隐蔽工程要求监理人员做到全过程旁站；特别是针对南水北调工程战线长的特点，大幅加大了监理旁站人员数量，在每个标段的招标文件中规定，要求监理员最低数量由原来的5人增加到12人；严格管理，确保监理未到场不能开工，监理未签证不能进行下道工序，如果违反该规定则不计入工程计量；通过及时调取施工单位的施工日志和施工台账与监理现场监理日志比对，出现误差，及时分析原因并加以整改，原则上以监理旁站记录为准；注重加强中间过程的提前检测，了解计量比例是否与实体工程形象进度相吻合，防止超越进度计量或透支计量等情况发生；定期检查施工单位材料的支付凭证，确保材料进料与支付有据可依；创新建立了旁站彩信跟踪监控平台，对一线旁站监理一律配备具有彩信功能的手机，及时记录现场施工情况保证高驻办、指挥部的信息同步。并且分部工程完工后组织水下探摸摄像进行检查，保持对偷工减料行为的威慑力，保证了工程质量。

结合相关规范规程、针对汉江整治工程的具体情况，指挥部制定了《施工标准化管理手册》及《质量通病预防治理手册》，其中对相关的施工工艺、场地建设、标准化管理、进度管理、施工安全管理、内业资料管理、文明施工进行了明确和详细的规定供施工监理单位遵照执行。组织编制了《施工组织设计编写大纲》，规范了各个标段的施工组织设计编写格式。印发了《安全生产管理手册》、《南水北调中线一期汉江中下游局部航道整治工程安全生产管理办法》等一系列安全管理规章制度；积极开展、广泛宣传“平安工地”创建活动，并印发了《南水北调中线一期汉江中下游局部航道整治工程安全生产费用支付管理办法（试行)》，保证了安全宣传全覆盖、安全氛围浓厚、安全经费落实到位实现了全年安全形势的持续稳定。以各项制度为依据指挥部统一调度安排，施工单位严格执行，监理监督到位保证了本年度的进度达标、质量可靠、安全形式持续稳定。

（马荣辉）

工 程 进 展

截至2013年底，完成工程总投资3.57亿元。通过对天门、仙桃航道段已完工水域观测情况看，该段航道整治成效明显，达到了稳定滩群、束水归槽的作用，过去经常搁浅受阻的航段，现在已无船舶搁浅阻航现象发生，实现泽口以下达到1000t级航道标准满足Ⅳ（2）级航道及500t级双排双列一顶四驳船队、航道尺度1.8m×80m×340m的通航要求。

（马荣辉）

征 地 拆 迁

北京市征地拆迁工作

2013年，中线干线北京段工程继续推进各项收尾及验收工作：一是编制完成中线干线工程完工财务决算报告；二是中线干线管理设施选址获丰台区政府同意；三是北京市档案局现场检查指导干线工程征迁安置档案管理，档案管理基本达到验收条件；四是房山、海淀两区启动征迁安置区级自验的各项准备工作。

按照国务院南水北调办《关于做好2013年南水北调工程征地移民稳定工作的通知》要求，组织开展了为期两个月的矛盾纠纷排查化解专项活动，要求各区县重点围绕资金补偿、施工影响处理、政策宣传解释等问题，集中力量、集中时间，排查问题、研究措施，及时化解矛盾，维护被征迁群众合法权益。2013年信访接待工作主要集中在丰台区卢沟桥村拆迁户要求解决拆迁安置房、房山区青龙湖镇西庄户村民要求对受淹蔬菜大棚进行补偿两个重复群体信访问题，村民多次到国务院南水北调办及北京市南水北调办群访。北京市南水北调办及时报请北京市委市政府协调市、区相关部门，由北京市维稳办牵头研究提出推进问题解决的工作思路，同时与丰台区政府建立卢沟桥村村民安置工作信息沟通机制，推进后续工作落实；由房山区南水北调办组织开展房山区青龙湖镇西庄户蔬菜大棚受淹补偿评估工作，经中线建管局审核后，及时拨付补偿资金，此问题得到妥善处理。

（王贤慧　刘　畅）

河北省征地拆迁工作

2013年，在河北省委、省政府的领导和有关部门的大力支持下，河北省境内南水北调干线工程征迁安置工作认真贯彻落实国务院南水北调办的安排部署，紧紧围绕保障工程建设、维护社会稳定的大局，牢固树立服务工程建设的理念，河北省各级南水北调办与中线建管局及建管、设计、监理单位密切配合，加强协调调度，深入工程建设一线，扎实推进征迁工作，积极营造良好施工环境，保障了工程建设顺利进行。

（一）总体进展

截至2013年底，河北省征迁安置工作基本完成，河北省累计完成永久征地10.6万亩，临时占地征用11.9万亩，其中复垦退还10.1万亩；生产生活安置人口6.2万人，完成电力、通信、管道等专项设施迁建1800处。其中，京石段工程征迁安置已完成财务决算编制和内审，档案验收和完工验收等收尾工作正在组织开展；天津干线正在组织编制征迁安置财务决算，筹备完工验收各项准备工作；邯石段正在抓紧组织临时用地复垦退还和遗留问题处理。

（二）主要工作

河北省南水北调干线工程征迁安置工作，始终围绕加快进度、妥善解决影响工程建设的突出问题和维护沿线社会稳定来开展。

（1）坚持主动超前工作，及时解决问题。

河北省各级南水北调办，从“优化建设环境、保障建设顺利、维护沿线稳定”的总体要求出发，不断加强与项目法人、建管和施工单位的沟通协调，落实了保障建设和维护稳定工作联系机制。2013年初，针对邯石段跨渠桥梁建设进展缓慢问题，河北省南水北调办组织有关人员，对沿线258座跨渠桥梁建设情况逐个进行了梳理，对存在征迁问题的29座桥梁逐个分析研究，落实责任部门和督办单位，限时解决征迁问题，保障了桥梁建设顺利进行。2013年8月，河北省南水北调办会同建管单位一起梳理出了33个征迁问题，按照轻重缓急，协调解决了影响总干渠施工进度的绕行路段开挖、边角地征占、施工振动影响等13个急需解决的问题。2013年3月和9月，按照国务院南水北调办《关于做好2013年南水北调工程征地移民稳定工作的通知》要求，河北省开展了两次矛盾纠纷排查化解专项活动，对影响工程建设和社会稳定的征迁安置突出问题，逐一进行排查，落实责任，限时化解矛盾，解决存在问题，营造良好环境，为加快工程建设奠定了基础。

（2）注重信访信息，理顺群众情绪。

河北省境内主体工程征迁工作已到尾声，

经研究分析信访信息，信访已由共性问题转移到个性问题，群众反映的不再是补偿标准问题，反映最多的是权属不清引发的补偿争议、村集体补偿资金的用途和工程影响问题。对此，河北省各级南水北调办通过不断规范信访接待工作，耐心做好政策宣传和解释说服，深入实地现场研究，加强信访案件督办和信息反馈，最大限度在系统内部办理终结，理顺了群众情绪。对超出南水北调工作范围的信访案件，紧紧依靠地方党委、政府，协调相关部门，按照“属地管理、分级负责、谁主管、谁负责”的原则，落实责任部门和责任人，争取在第一时间，把矛盾和问题解决在基层。

(3) 坚持以人为本，解决实际问题。

在征迁工作中，河北省各级南水北调办坚持把群众的问题作为自己的问题，坚持以人为本，处处为群众着想，从而确保了工程沿线稳定。中线工程邯郸市磁县段双庙取土场，在取土中发现文物，按照文物保护法的规定不能取土，使6块地120多亩在周围取土后形成“孤岛”，群众无法耕种，反映较为强烈。2013年8月23日，河北省南水北调办与中线建管局组织市县南水北调办、设计、施工、监理等单位相关人员，现场查看后研究确定了增加补偿的措施。天津干线河北境内共征用临时用地2.87万亩，到2013年9月底，复垦退还任务基本完成，但存在箱涵顶部部分地块农作物减产绝收的实际问题。2013年9月22日，河北省南水北调办与中线建管局联合组织相关市县南水北调办、建管、施工单位，现场察看了农作物受损情况，并召开协调处理会议，对减产原因进行深入分析，找出了复垦存在的质量缺陷，研究确定了减产损失赔偿办法和标准，明确了复垦缺陷解决措施和完成时限，保障了沿线群众利益和稳定。邯石段涉及的沙河机场因征迁方案调整，取消跨渠桥梁，改为修建连接路，影响了南高村部分村民出行，村民不同意连接路方案，造成群众阻工。鉴于涉及部队、地方、村民等多方利益，经多次协调未能达成一致意见。河北省南水北调办多次到沙河市协调，了解群众诉求，并与邢台市南水北调办、沙河市南水北调办保持热线联系，随时掌握现场动态。2013年8月29日，河北省南水北调办袁福主任主持召开由中线建管局、邢台市政府和市交通局、沙河市委政府、邢台市和沙河市南水北调办、设计和建管单位参加的现场协调会议，最终研究确定了建桥意见，所需资金由地方用于修建连接路的投资中解决。群众矛盾得以化解，保证了桥梁建设和总干渠工程建设按计划实施。

(4) 紧紧围绕工程建设目标，想方设法解决问题。

为保障工程建设目标的实现和沿线社会稳定，河北省想方设法解决工作中遇到的实际问题。石家庄市跨渠桥梁南焦北桥建成后，由于桥面仅7m宽，造成总干渠西侧李马集团等企业100多辆大型货车不能通行，致使跨渠绕行路不能断交施工。为解决这一问题，河北省南水北调办与中线建管局、石家庄市南水北调办、高邑县政府，经现场察看，研究确定了在总干渠渡槽下修一条永久绕行路的方案，确保了施工进度。高邑县段左侧有一处约7亩地，因修建总干渠阻断了原灌溉水渠，农户反映无法耕种。经现场察看，研究确定给予适当补偿，群众比较满意，工程建设未受影响。河北省各级南水北调办在中线建管局、建管单位和有关部门的支持配合下，为保证工程建设顺利进行，采取灵活措施，解决了许多类似的问题。

(5) 坚持主体配套两不误，加快推进配套工程征迁工作。

在积极做好干线工程征迁安置工作的同时，不断总结经验，加快配套工程征迁安置步伐。一是加强政策业务培训。河北省南水北调办组织编制干线工程征迁安置经验总结、政策法律法规汇编、实施方案编制大纲等培训教材，对配套工程沿线七个设区市和有关县（市、区）南水北调办工作人员进行政策业务培训，使征迁工作人员熟悉工作程序，掌握业务技能。二是加强工作指导。河北省南水北调办组织有关人员深入市县，指导市县做好配套工程征迁安置实施方案、兑付方案的编制工作。本着保障工程建设、优化工程占地、节省投资的原则，指导各市尽量优化方案。三是加强征迁资金监管。河北省南水北调办通过举办配套工程征迁安置资金使用管理培训，提出规范使用征迁资金、接受审计的工作要求，并在具体工作中给予指导，主动向省审计厅汇报工作，配合省审计厅开展征迁资金审计。四是大力推进永久占地组卷工作。积极争取省国土资源械支持，落实永久占地用地指标，督促市县开展廊涿、保沧、邢清干渠永久征地组卷工作。

（河北省南水北调办）

河南省征地拆迁工作

（一）概述

河南段南水北调中线工程总干渠总长731km，涉及南阳、平顶山、许昌、郑州、焦作、新乡、鹤壁、安阳8个市42个县区。实施规划批复总干渠建设用地37.62万亩，其中永久用地16.10万亩，临时用地21.52万亩；需搬迁居民10 509户45 666人；占压企事业单位334家，占压电力线路、通信（广电）线路、各类管道4788（处）。国家批复征迁安置总投资235亿元。

截至2013年12月31日，河南省累计移交工程建设用地36.75万亩，其中，永久用地16.64万亩，占规划任务的103%，临时用地20.11万亩，占规划任务的93%。累计迁建各类专项设施5863条（处），占规划任务的122%。总干渠搬迁居民10 509户45 666人已全部安置到位，生产用地调整已全部完成。跨渠铁路桥、公路桥、生产桥征迁工作已全部完成，累计完成总干渠两岸连接路建设2276条。

（二）征迁问题处理工作

对工程设计变更和跨渠桥梁建设新增建设用地，提前做好各项前期准备工作，加强用地移交的督导检查，补偿清单下达后，一般用地15日内移交，有房屋拆迁任务的30日内移交。2013年累计移交总干渠新增用地3045亩，其中永久用地2072亩，临时用地9723亩。

对影响工程建设的征迁问题，先后三次组织市县征迁干部逐渠段进行了认真排查，能解决的当场解决，当场解决不了的纳入征迁问题台账，从问题性质、处理措施、时间节点、责任单位、督办单位七个方面予以明确，实施周统计、月通报，确保问题得到解决。

对工程建设影响问题，进一步明确了问题处置机制，按照“建设单位承担施工影响补偿责任”的原则，实行“三个层次办结制”，一般问题由县级征迁部门和建管单位协商解决，解决不了的由征迁设计和监理单位提出处理意见，重大问题提交省移民办研究解决，先后协调解决了鹤壁市下庄村施工影响等23个典型问题，有效维护了沿线群众的合法利益，保证了工程建设的顺利进行。

（三）铁路征迁工作

扎实做好焦柳铁路220kV高压线路迁建等突发问题处理工作，及时协调解决有关征迁问题，累计移交铁路建设用地1639.95亩，满足了铁路交叉工程建设需要。截至2013年底，全省28处铁路征迁工作已全部完成，为铁路交叉工程建设争取了时间，宁西铁路提前3个月，焦柳铁路提前1个月，焦作境内的11条铁路有10条提前完工，受到了国务院南水北调办和中线建管局领导的高度评价。对铁路交叉工程占用铁路土地手续办理工作，组织设计单位及时提交了铁路交叉工程占地范围资料，包括每块铁路用地的地类、面积、范围等，涉及征迁机构的工作已全部完成。

（四）临时用地返还复垦工作

根据部分标段工期调整和工程建设需要，会同中线建管局，组织河南省南水北调建管局和河南直管局，先后两次对需要延期临时用地的返还复垦时间进行了调整完善和进一步确认，有效满足了施工单位的用地需要。由中线建管局发文，中线建管局、河南省南水北调办、河南省移民办联合成立了河南段临时用地退还工作领导小组和沿线各省辖市临时用地退还工作组，制订了河南段临时用地返还目标管理办法，临时用地返还中的一般问题由县区征迁机构商建管单位解决，解决不了由各市退地工作组处理，重大问题提交领导小组协调解决。对临时用地返还复垦工作定期进行考核、实施同奖同罚，2013 年共返还临时用地 7.76 万亩，退还 5.22 万亩。

（五）征迁安置验收工作

加快用地手续办理工作，组织开展征迁投资缺口测算，服务征迁资金决算和专项验收工作。编制完成了总干渠征迁安置验收细则，对市县征迁机构工作人员进行全面培训。成立省、市、县三级征迁安置验收委员会和验收专家库，制订了验收计划：2013 年内首先开展穿黄工程、安阳段、新乡试验段和南阳试验段验收工作，春节前完成县级自验，2014 年 6 月底前完成市级初验和省级终验；2014 年 10 月底前完成黄河以北其他设计单元县级自验；2014 年底前完成黄河以南其他设计单元县级自验。截至 2013 年底，穿黄工程、安阳段、新乡试验段和南阳试验段县级自验已全部完成。

（六）信访维稳工作

以开展“下基层、解民忧、办实事”活动为载体，副处级以上干部和市县征迁机构班子成员 1/3 时间在基层，为征迁群众解难题、办实事，从源头上预防和减少信访问题发生，全省征迁系统累计为基层和群众办实事、好事 738 件。对国务院南水北调办反馈的信访问题和省委领导包案的重点信访案件，建立台账，实行挂消号制度，先后协调解决了安阳市养鸡场补偿和焦作市征迁群众孙安勇进京上访等一大批重点信访问题，有效促进了沿线社会的和谐稳定。对个别影响较大的信访问题，研究建立了集中会诊制度，“一案一策”现场专题解决，先后协调解决了南阳市王家西南公路桥引道建设影响等 23 个重大征迁问题。2013 年以来，共处理来信来访件 44 起 118 人，与 2012 年同期相比分别下降了 40%、38%。

（七）规章制度

为明确工程建筑垃圾处理办法，支持、服务好工程建设，省移民办组织有关方面，以荥阳市为典型，通过现场调研出台了工程建筑垃圾处理办法，以会议纪要的形式指导河南段全线工程建筑垃圾处理工作。

根据工程验收需要，规范征迁安置专项验收工作程序和方法，省移民办印发了《关于做好河南省南水北调中线干线工程完工阶段征迁安置验收工作的通知》，对专项验收工作进行具体安排。

（孙天敏）

湖北省征地拆迁工作

（一）汉江中下游四项治理工程征地拆迁安置

（1）引江济汉拆迁安置任务全面完成。

汉江中下游四项治理实施规划永久征地共计 25 887 亩，临时占地 43 460 亩，2013 年完成永久征地 315 亩，完成临时占地 4656 亩，截至 2013 年底四项治理工程征地任务全面完成，保障了工程建设用地需要。临时占地复垦还耕27 530 亩，累计 32 898 亩，完成 75.6%。

汉江中下游四项治理实施规划拆迁安置 1530 户，拆迁面积 5.2 万 m^2。

（2）工业、企事业单位和专项设施迁复

建全面完成。

汉江中下游四项治理实施规划工业企业3个，工商企业单位14个，事业单位10个，截止至2013年年底迁复建全面完成。

专项设施交通道路176条，电力线路95条，变压器26台（套），通信线路124条，截止至2013年年底迁改全部完成。

（3）圆满完成2013年度征地拆迁安置补偿投资任务。

汉江中下游四项治理工程征迁安置补偿投资总计260 622万元，2013年完成8161万元。累计246 201万元，完成94.5%。

（4）永久征地国有土地证办理工作进展顺利。

2013年8月底，开始安排兴隆水利枢纽工程国有土地证的办理工作，11月，完成了兴隆水利枢纽坝区土地办证工作，库区用地办证工作已经启动。对引江济汉工程的土地办证工作进行了安排，各地正在筹划当中。

（5）完成兴隆水利枢纽库区征地拆迁验收，坝区自验收。

随兴隆水利枢纽库区蓄水验收，同步完成了库区征地拆迁验收。从2013年3月开始，天门市、潜江市、沙洋县、钟祥市陆续启动兴隆水利枢纽坝区征地拆迁安置专项验收，目前，自验工作基本完成。天门市完成了库区排渗沟征地专项验收，其他市县库区排渗沟征地验收在进行中。

（6）开展矛盾纠纷排查化解专项活动，维护了社会稳定。

2013年初，根据国务院南水北调办的统一部署，组织开展了矛盾纠纷排查化解专项活动，各地没有发生群体性事件，相关信访问题及时有效解决，有力地维护了社会稳定，为工程建设营造了良好的施工环境。

（7）完成《中国南水北调工程　征地移民卷》编写工作。

按照国务院南水北调办的统一部署，2013年组织相关人员集中对《中国南水北调工程　征地移民卷》的湖北四项治理工程征迁安置分卷进行了认真的编写、评审，基本上按要求完成了编撰工作。

（二）丹江口库区对口协作

2013年3月5日，国务院印发了《关于丹江口库区及上游地区对口协作工作方案的批复》（国函〔2013〕42号）。标志着对口协作工作全面启动，方案中明确北京市与湖北省丹江口库区建立对口协作关系。2013年4月10日，国家发展改革委为指导和规范丹江口库区及上游地区对口协作规划的编制工作，在北京召开了“丹江口库区及上游地区对口协作规划编制工作座谈会”。经湖北省南水北调办、省发展和改革委员会、省移民局等部门的协调组织下，丹江口库区和北京市双方已开展广泛交流、调研，《丹江口库区及上游地区对口协作规划》已基本确定；规划将重点在发展生态经济、促进传统工业升级、加强人力资源开发、加强科技支持力度、深化经贸交流合作、加强生态环保合作、增强公共服务能力领域开展协作。

2013年8月24～27日，湖北省分别与湖北省、北京市、天津市举行经济社会发展和南水北调对口合作情况交流会暨战略合作框架协议签约仪式，签署《河北省人民政府湖北省人民政府战略合作框架协议》、《京—鄂战略合作框架协议》、《津—鄂战略合作框架协议》，通过战略框架协议的签订，将进一步加强丹江口库区生态环保、先进制造业和高新技术产业、现代农业、旅游、经贸、科教人才等方面的交流合作，促进双方优势互补、互利双赢。

（郝　毅）

生 态 环 境

北京市生态环境保护工作

（一）中线生态文化旅游业带建设

根据国务院南水北调办、文化部、国家旅游局《关于印发<南水北调中线生态文化旅游产业带规划纲要>的通知》（国调办综〔2012〕248号）要求，会同北京市旅游委、文化局多次研究南水北调中线终端团城湖景观节点生态文化旅游规划，就此项工作达成共识：加强合作，由北京市南水北调办牵头制订《北京市南水北调团城湖景观节点生态文化旅游产业带规划实施方案》，积极推进南水北调中线生态旅游产业带团城湖景观圈的规划建设。

（二）对口协作

2013年3月，国务院批复了《丹江口库区及上游地区对口协作工作方案》。3月18日，国家发展改革委和国务院南水北调办正式下发了该方案，要求对口协作工作要以严格生态环境保护为前提，始终围绕确保水质安全这一中心任务。方案明确了北京市对口协作河南、湖北两省16个县（市、区）的协作关系，其中河南省6个县（市），分别是南阳市4个县（淅川县、西峡县、邓州市、内乡县）、三门峡市1个县（卢氏县）、洛阳市1个县（栾川县），湖北省10个县（市、区），分别是十堰市9个县（市、区）（丹江口市、茅箭区、郧县、张湾区、房县、竹山县、竹溪县、郧西县、武当山特区）和神农架林区。方案就对口协作的总体原则、协作重点、保障措施等方面提出了明确要求。

方案批复后，北京市委、市政府高度重视南水北调对口协作工作，明确由北京市支援合作办牵头、北京市南水北调办配合，紧紧围绕保水质、强民生、促转型，加强同水源区在科技创新、战略型新兴产业、重大生态治理和重要环保项目等方面的合作。8月21日，北京市政府与湖北省政府在京签署战略合作框架协议。北京市委书记郭金龙、市长王安顺，湖北省委书记李鸿忠、省长王国生出席座谈会和签约仪式。双方约定加强在科技创新、生态建设、产业领域的合作，健全区域合作机制，实现优势互补、互利共赢。12月27日，北京市与河南省召开经济社会发展和南水北调对口协作座谈会，共商加强对口协作和区域合作，发挥两地优势、实现互利共赢之策。北京市委书记郭金龙、市长王安顺与河南省委书记郭庚茂、省长谢伏瞻座谈。两地教育、科技、工业、卫生、旅游、南水北调部门签订了合作协议，约定要围绕科技创新、产业发展、旅游文化等重点领域，加强合作。

6月19日，北京市南水北调办组织市水务局、北京南水北调投资中心、市自来水集团、排水集团、市水利设计院、市水科学院等水务行业单位，专题研究讨论水务系统对口协作工作。会议决定把保水质放在突出位置，在水污染防治、污水处理、水质监测等各项涉水事务方面先行推动针对水源区的协作。随后，就南水北调水质保护工作，与国务院南水北调办、水利部、环保部、中国水科院等决策部门建立了广泛联系，及时沟通反馈水质保护相关信息；会同水源区有关部门，就水质保护和水污染防治问题开展技术交流，定期通报水资源现状、工作动态等信息；广泛寻求社会各方面力量支持，扩大对口协作资金规模，研究设立环境建设发展基金，寻求建立水环境、水质保护项目的运作管理模式。本着“真诚友好、扩大开放、优势互补、加强协作、互利共赢”的原则，北京市南水北调办相继与湖北省十堰市张湾区、河南省南阳市、河南省南水北调办签订了战略合作协议，约定在人才培训交流、生态文明建设、配套工程建设和水质保护技术交流等方面进行长期合作。

2013年底，在前期对河南、湖北两省对口协作的16个县（市、区）多次进行对接调研的基础上，北京市南水北调对口协作工作规划和实施方案编制工作初步完成。

（王贤慧）

河北省生态环境保护工作

根据2013年12月13日国务院南水北调办组织召开的“南水北调中线干线水质保护及生态补偿政策”研讨会精神，河北省南水北调办积极组织有关单位，依据《水法》和《水污染防治法》以及国务院有关文件的要求，结合地方实际情况，开展了《南水北调中线一期工程总干渠河北段两侧水源保护区划定方案》的优化工作。

同时，河北省南水北调办根据国家要求和保护区划定初步成果，在加强宣传水质保护重大意义的同时，配合河北省环保厅强化项目立项管理，严格审核新建、改扩建项目选址，严格禁止违规项目建设；对已发生的污染事件高度重视，限期整改，加强防范与监督管理。

2013年6月，南水北调总干渠石家庄市友谊大街桥附近渠外截流沟发生污水事件，河北省政府高度重视，责令石家庄市政府明确责任单位，提出任务要求，限期解决问题，河北省南水北调办专人督办此事。经过多方努力，由石家庄市城投公司负责的友谊大街永久排污管道工程已全部建成，由石家庄市城管委负责采取的临时措施已将总干渠截留沟内的污水全部抽排完毕。石家庄市新华区政府加大了宣传力度，下达了严禁将污水排入总干渠两侧截流沟内的通知，并安排专人值班巡查，未发现新的污水进入总干渠截流沟。

2013年7月，按照国务院南水北调办《关于商请解决南水北调中线总干渠两侧污染问题的函》（综环保函〔2013〕252号）的要求，河北省南水北调办会同省环保厅以《关于排查解决南水北调中线总干渠两侧污染问题的函》（冀调水设〔2013〕81号）要求南水北调中线总干渠沿线邯郸、邢台、石家庄、保定、定州市人民政府对辖区内总干渠附近的污染问题进行排查解决。沿线各市人民政府高度重视，组织有关部门对南水北调中线总干渠两侧污染情况进行了实地排查，发现问题立即采取有效措施予以解决，同时加强了对南水北调中线总干渠水源保护的巡查和宣传力度，确保了水质安全。2013年9月，按照河北省省长办公会议纪要的要求，河北省南水北调办配合省环保厅下发了《关于开展南水北调中线一期工程总干渠河北段沿线污染综合治理工作的函》（冀环防函〔2013〕1154号），要求南水北调中线总干渠沿线各市人民政府对辖区内一、二级水源保护区内的污染问题进行排查，并制订切实可行的水污染综合治理方案。

（卢亚卓）

河南省生态环境保护工作

（一）概述

（1）河南省水源保护区基本情况。

水源地共涉及南阳、洛阳、三门峡3个省辖市的淅川、西峡、内乡、邓州、栾川、卢氏6个县（市），国土面积17 425km^2，丹江口水库流域总面积为7815km^2，其中淅川县2821.46km^2，西峡县3131.56km^2，邓州市32.21km^2，内乡县376.7km^2，栾川县320km^2，卢氏县1133.9km^2。丹江口水库在河南省境内主要汇水支流有丹江、老灌河、淇河、蛇尾河和丁河。丹江口水库大坝加高后总库容达290.5亿m^3，河南省境内库区水面面积将达到506km^2，占库区水面总面积的48%。

（2）总干渠两侧水源保护区基本情况。

南水北调中线一期工程总干渠河南省段总长731km，总干渠及其水源保护区范围涉及南阳、平顶山、许昌、郑州、焦作、新乡、鹤壁、安阳8个省辖市的35个县（市、区），特别是总干渠穿越焦作市中心城区，穿越南阳市、郑州市、新乡市、鹤壁市、安阳市及10余座县城的郊区，沿线人口稠密，城镇村庄众多，城市经济发展迅速，水质保护任务艰巨。按照国务院南水北调办等4部（委）《关于划定南水北调中线一期工程总干渠两侧水源保护区工作的通知》（国调办环移〔2006〕134号）的要求，河南省颁布实施了《南水北调中线一期工程总干渠（河南段）两侧水源保护区划定方案》（豫政办〔2010〕76号）。

按照《南水北调中线一期工程总干渠（河南段）两侧水源保护区划定方案》要求，河南省总干渠两侧共划定水源保护区面积3054.43km^2，其中一级保护区面积203.17km^2，二级保护区面积2851.26km^2。据初步统计，河南省总干渠水源保护区内共有污染企业2591家，其中一级保护区内273家，二级保护区内2318家，环境压力大。

（二）水源区水质保护工作

2013年，丹江口水源区水质保护工作主要是紧紧围绕2012年6月4日国务院批复实施的《丹江口库区及上游水污染防治和水土保持“十二五”规划》来展开。从今年的监测数据看，丹江口水库陶岔取水口水质稳定保持在Ⅱ类；2013年1～12月，国家考核河南省的12个监测断面中，有5个达标率为100%，4个断面达标率为91.67%，1个断面达标率是83.33%，1个断面达标率为66.67%；1个断面达标率为58.33%；水土保持工作已全部完成年度治理任务。

（1）召开会议。

9月8日，河南省政府在淅川县召开省辖丹江口库区及上游水污染防治和水土保持工作会议，副省长张维宁作重要讲话，对规划实施工作进行安排部署。11月18日，省政府召开省联席会议，各成员单位按照责任分工汇报各自的工作及存在问题。

（2）考核工作。

7月23～29日，由河南省南水北调办牵头，会同省发改、财政、环保、住建、水利等部门组成考核组，对水源区3市6县规划实施情况进行考核。11月4～6日，国务院南水北调办会同国家五部委组成考核组，对河南省《规划》实施情况进行全面考核。河南省南水北调办完成考核前的各项准备工作。8月16日，河南省政府批复实施《省辖丹江口库区及上游水污染防治和水土保持“十二五”规划实施方案》（豫政办〔2013〕73号）。11月1日，河南省政府批复实施《河南省丹江口库区及上游水污染防治和水土保持“十二五”规划实施考核办法》（豫政办〔2013〕91号）。11月15日，河南省联席会议办公室下发《省辖丹江口库区及上游水污染防治和水土保持项目建设督导方案的通知》（豫丹联席办〔2013〕3号）。9月8日，河南省政府在淅川县召开省辖丹江口库区及上游水污染防治和水土保持工作会议，副省长张维宁代表省政府与南阳、洛阳、三门峡3市政府签订规划实施工作《目标责任书》。组织人员到水源区寻找最美“护水人”，选出南阳市西峡县南水北调办主任韩国印，并将韩国印典型材料报送国务院南水北调办。9月份，组织新华社、经济日报、河南日报、中国水利报、南水北调报、河南电视台、河南人民广播电台等媒体，到水源区采访报道。

（三）规划项目进展情况

2013年，《丹江口库区及上游水污染防治和水土保持“十二五”规划》项目城镇污水垃圾处理、工业点源治理、入河排污口整治、重污染河道内源治理、尾矿库治理（无主）、库周生态隔离带建设等7类需要编制可研的150个项目中，完成可研编制129个（其中批复102个：竣工1个，开工项目24个），正在编制可研的8个（西峡县由企业自行治理的工业点源项目），13个工业点源项目因需关闭停产不再实施。农业面源治理、水土保持、尾矿库治理（有主）、水环境能力监测4类不需要编制可研的31个项目中，竣工4个，开工建设13个，正在开展前期工作14个。共计竣工18个（含不再实施的工业点源项目），开工37个。

城镇污水处理设施项目共计38个，2013年有28个项目正在组织初设招标，3个项目初设批复，其中2个项目正在进行施工招标，7个项目正在组织环评。西峡县五里桥、回车镇2个污水处理设施项目拟调整建设方案，与西峡县污水处理厂改扩建工程合并建设，扩建工程可研已批复，调整方案报国家发展改革委。除五里桥、回车镇2个调整项目外，其他36个项目均已下达中央投资补助，资金1.493亿元。

垃圾处理设施项目共计40个，2013年有39个项目（除淅川上集镇垃圾处理）可研完成，其中3个项目开工，1个项目初设完成，22个项目正在组织初设招标，13个项目正组织环评。淅川县上集镇垃圾处理项目拟调整建设方案，与县城垃圾处理场合并，改为垃圾中转站，调整方案已报国家发展改革委。下达中央补助项目39个，资金2.107亿元。

工业点源污染防治和结构调整项目共计50个（工业点源治理项目48个，结构调整项目2个）。2013年48个工业点源治理项目中，14个项目完成（含13个不再实施的工业点源项目），11个项目开工，15个项目可研编制完成，8个项目正在编制可研或清洁治理方案。省环保厅、工信厅正组织对拟停产、关闭或搬迁的项目进行审核。2个结构调整项目资金补助申请已报国家发展改革委。

入河排污口整治项目共计10个，其中淅川县2个，西峡县8个。2013年淅川县2个项目正组织批复可研，西峡县8个项目编制完成初步设计。省水利厅已就资金申报工作向水利部汇报沟通。

水环境监测能力建设项目共计12个，其中南阳市3个，淅川县4个，西峡县、邓州市、内乡县、卢氏县、栾川县各1个。南阳市环境监测能力建设、陶岔渠首水质自动监测站和中线渠首水质监测监督应急系统项目由南阳市环保局负责，已开工。淅川县宋岗、黑鸡嘴、张营3个自动监测站项目选址完成，正在进行招标、征地，设备由省环保厅统一组织招标。6县（市）6个水环境监测能力建设项目中栾川县项目竣工，邓州市项目建设方案批复，其他正在编制建设方案，省环保厅分别安排设备购置资金。

重污染河道内源污染治理项目淅川、西峡县各1个项目，2013年淅川县可研报告完成，已垫资开工建设；西峡县编制完成初设。

农业面源污染治理项目淅川、西峡、栾川县各1个项目，2013年栾川县完工，淅川、西峡2个项目正在编制可研报告。

库周生态隔离带建设项目淅川县5个项目，2013年已垫资实施部分项目。

尾矿库治理项目共计9个，西峡、卢氏、栾川4个有主尾矿库由企业自行编制方案实施治理，2013年栾川县项目完工，其他3个县正在编制方案；5个无主尾矿库中，2013年栾川有1个项目正在实施，1个项目正在编制初步设计，卢氏、淅川、西峡3个项目可研完成。

水土保持类项目共计12个，其中淅川县3个，西峡县2个，邓州市1个，内乡县2个，卢氏县2个，栾川县2个。2013年1个项目竣工，8个项目正在建设，3个项目正在开展前期工作。

（四）水源地生态补偿

2013年，中央财政安排河南省南水北调中线丹江口水源区6县（市）生态转移支付资金8.03亿元已下达。其中淅川县2.62亿元、邓州市1.74亿元、内乡县1.27亿元、西峡县1.32亿元、卢氏县0.59亿元、栾川县0.49亿元。按照财政部要求，生态补偿资金主要用于涉及民生的基本公共服务领域。

（五）总干渠两侧水污染防治

根据省政府批准颁布的《南水北调中线一期工程总干渠（河南段）两侧水源保护区划定方案》，2013年，全省共为206家企业进行环境影响专项审核工作和位置确认，有200余家企业被拒。对虽未明令禁止但又污染较重的项目，委托有资质的环评单位进行论证，然后依据相关法律、法规提出审核意见，供项目环境影响评价时参考。

（六）对口协作工作

河南省委托郑州大学，开展“北京市与河南省南水北调水源区对口协作规划课题研究”。经过2个多月调研完成规划课题研究报告。河南省党政代表团对北京市回访，签订6个合作协议，其中包括河南省南水北调办与北京市南水北调办之间的合作协议。

（靳文娟）

湖北省生态环境保护工作

（一）协调《丹江口库区及上游水污染防治和水土保持“十二五”规划》实施

协助省政府与十堰市、神农架林区政府签订规划实施工作目标责任书，制定了《湖北省丹江口库区及上游水污染防治和水土保持“十二五”规划实施考核办法》，促请省政府组织召开了规划实施工作专题会议，督促协调规划的开展实施。截至2013年底，规划中56个项目启动项目前期工作，30个项目完成可研报告评审，25个项目开工建设。

（二）争取国家支持十堰市五条河流治理

向国务院南水北调办上报了《关于湖北省十堰市五条河流综合治理工作进展情况的报告》，促请湖北省政府向国家发展改革委上报了《关于恳请支持湖北省十堰市五条入库河流治理工作的请示》，争取国家的资金支持。目前，国家发展改革委在征求国务院南水北调办等部门意见后同意在管网建设方面给予适当支持，并计划在“十三五”期间进一步深化丹江口库区及上游水污染防治工作。同时湖北省督促协调十堰市启动五条河流综合治理，构建“截、治、防、控、试”综合治理体系。目前，已投入资金近4亿元、完成6个示范段治理工作。配合河道整治已建成27km主次管网，完成150个中小型排污口治理，清淤河道57.7km，建成生态河岸13.35km，建成生态涵养林13.6万亩，对神定河上游22户农家乐安装小型一体化治污设备，集中整治41户养猪专业户，关停污染企业5家。

（三）组织开展南水北调中线丹江口水库饮用水水源保护区划定工作

按照国务院南水北调办、环保部和水利部联合要求，委托湖北省环境科学研究院编制南水北调中线工程丹江口水库饮用水水源保护区划分方案，完成《南水北调中线工程丹江口水库饮用水水源保护区（湖北辖区）划分研究》（征求意见稿）和《南水北调中线工程丹江口水库饮用水水源保护区划分方案（湖北辖区）》（草案）。

（四）组织调查丹江口库区及上游水污染事件

对群众反映的农夫山泉丹江口水源地受污染问题、十堰市神定河污水处理厂偷排污水问题、郧县柳陂镇兴建公墓影响丹江口水质安全问题、竹山县得胜镇文峪村文峪河污染问题、郧县柳陂镇肖家湾村非法采金破坏生态环境问题、郧西县某公司屠宰生猪造成水质污染问题和竹山县麻家渡镇秦巴钡盐有限公司污水直排问题等环境污染事件进行调查，向上级有关部门上报相关调查报告，并督促当地政府及有关部门加强监管，要求污染企业进行彻底整改。

（五）积极推动汉江中下游生态环境治理项目实施

协调加快了汉江中下游生态环境治理项目的进展速度。至2013年底，国家安排的45个项目，已完成34个，包括小流域综合治理项目21个、城镇污水处理项目11个、鱼类增殖放流项目2个。其余11个项目正在实施。积极开展汉江中下游经济社会环境本地调查研究，与中科院水生生物研究所、省水产科学研究所、长江委水文局、省环科院等单位签订多个科研合同。

（六）积极争取国家、省重视汉江中下游生态环保工作

配合省政协组织省直相关部门和相关地市召开了汉江中下游生态环境保护及开发利用工作座谈会，并代省政协起草提案代拟稿，争取中央重视汉江中下游生态保护。陪同湖北省政协、民盟湖北省委、国务院南水北调办环保司对汉江中下游生态环保工作进行调研，并建议国家参照丹江口库区模式将汉江中下游地区纳入生态补偿范围，实施中央财政生态转移支付，同时编制实施《汉江中下游水污染防治和水土保持规划》。

（武　希）

陕西省生态环境保护工作

2013年，国家发展改革委安排陕西省污水垃圾处理项目40个续建项目（其中污水处理项目21个、垃圾处理项目19个）以及新开工项目（按照打捆方式下达），下达中央预算内投资5.2亿元。建设规模为日处理污水32万t、污水管网1000km，日处理垃圾2223t、库容2136万m^3、垃圾收运40t/日。工程总投资29.85亿元，下达中央预算内投资5.20亿元、地方配套投资0.80亿元，全部完成。到2013年底，城固、洋县、西乡、勉县、宁强、略阳、镇巴、留坝、佛坪、镇坪、平利、宁陕、岚皋、紫阳、汉阴、石泉、镇安、柞水、商南、山阳、丹凤县21个污水处理工程和城固、洋县、西乡、勉县、宁强、略阳、镇巴、留坝、佛坪、汉滨区、石泉、白河、平利、旬阳、镇坪、宁陕、岚皋、紫阳、汉阴、镇安、柞水、商南、山阳、丹凤县24个垃圾处理工程建成试运行。

2013年，国家共下达陕西省“丹治”工程治理水土流失面积2430km^2，总投资9.72亿元，其中中央预算内投资7.78亿元。累计开工治理小流域122条、完工5条，累计完成治理水土流失面积1985km^2，完成总投资7.74亿元，其中中央投资6.19亿元，地方配套2917万元，群众投劳折资1.25亿元。并对2012年度已完工的小流域治理工程进行了验收。

（熊光华　袁若国）

文物保护

北京市文物保护工作

根据2012年国家审计署对南水北调中线一期工程北京段征地拆迁工作审计整改意见，北京市文物局组织编制了工程结算审计报告和竣工决算审核报告。2013年3月15日，北京市南水北调办组织中线建管局和市监察局、

审计局、财政局、文物局等部门，召开了南水北调中线干线工程北京段文物保护项目审计整改工作专题会，聘请造价事务所对市文物局提交的结算资料进行了第三方审核，核定文物保护结算资金。中线建管局于2013年10月25日以《关于南水北调中线干线北京段文物保护结余资金使用情况的复函》（中线局移函〔2013〕56号）同意北京市南水北调办报送的文物保护资金结算意见，最终结算资金为791万元。

2013年11月底，市南水北调办完成结算资金拨付工作。至此，南水北调中线一期工程北京段文物保护结算工作全部完成。

（王贤慧）

河北省文物保护工作

（1）完成南水北调工程磁县取土地场双庙遗址（墓地）和东小屋遗址（墓地）考古发掘工作。

双庙遗址（墓地）和东小屋遗址（墓地）是南水北调工程施工过程中取土时发现的。遗址发现于2011年8月，在河北省文物局和河北省南水北调办共同协调下，在中线建管局的支持下，由河北省文物研究所和磁县文物保管所共同组成的考古队于2012年6月~2013年10月完成双庙遗址（墓地）和东小屋遗址（墓地）考古发掘工作。发掘遗址1000余平方米，发掘汉、魏晋、北朝、唐、宋等时期中、小型墓葬39座。出土陶、瓷、铁、铜、金、银、玉、石、陶俑等文物700余件。这些墓葬中，尤以北朝时期和唐代墓葬价值较高。北齐周超墓的发现，为北朝时期东魏、北齐皇陵的兆域范围研究填补了重要资料。唐代三彩水盂和三彩砚滴的出土，填补了该地区唐代三彩器物的空白。发现了三座北宋时期平民壁画墓，墓室砖雕门、桌、椅，盲窗等室内装饰，并彩绘斗拱、檐、椽建筑结构，在墓室上部绘青龙、白虎、朱雀、玄武四神图案。彩绘色彩鲜艳，图案简洁、古朴，反映了北宋平民基本生活状况和社会生产力发展水平。

（2）建立考古发掘资料电子记录档案。

为有效管理、保护南水北调工程考古发掘资料，避免考古发掘资料损毁和丢失，河北省文物局南水北调文物保护办公室采取电子录入、扫描等技术手段，将各考古发掘单位移交的考古发掘资料建立电子记录档案。考古发掘资料电子档案的建立提高了考古资料的管理水平，便于考古发掘资料的存查的资源的共享。

（河北省南水北调办）

河南省文物保护工作

（一）概述

2013年，河南省南水北调总干渠和丹江口库区的所有田野考古发掘任务完成，沿线供水配套工程的文物保护工作和丹江口库区地面文物搬迁复建工作基本完成。2013年6月丹江库区文物保护工作通过国家文物局组织的蓄水前技术性验收。河南省南水北调中线工程出土的可移动文物普查工作正在进行。

（二）工作进展

南水北调丹江库区和干渠的考古发掘工作全部完成。2013年10月，河南省南水北调丹江口库区和干渠的田野考古发掘工作完成。南水北调中线工程总干渠全长1432km，河南境内731km，流经8个省辖市，32个县（市、区），共涉及文物保护项目330处。经国家发展改革委、国务院南水北调办审查批准需要进行搬迁保护和考古发掘的264处。河南省文物局南水北调办公室组织一百余支考古发掘队，历经8年时间，累计完成考古发掘面积85万m^2，出土文物10.5万件（套）。

南水北调中线工程总干渠涉及的王兰广故居和张家祠堂两处地面文物搬迁、复建工作开始于2009年，由焦作市文物考古研究所具体负责。2013年完成张家祠堂山门、拜殿、大殿及王兰广故居客位房、书房的主体工程施工。

国务院南水北调办批复河南省丹江口库区地面文物保护项目13处，保护面积计5448m^2。其中搬迁复建项目11处，计划搬迁复建面积3965m^2；登记存档项目2处，原地保护1处。河南省文物局委托淅川县文广新局负责搬迁复建的招投标等工作，根据地面文物分布的位置和建筑规模分三个标段，经过公开招标，分别由河南省龙源古建园林技术开发公司、南阳市文华古建工程有限公司、咸阳市古建集团有限公司河南分公司承担，监理单位为河南东方文物建筑监理有限公司。至2013年9月，丹江库区地面文物搬迁工作基本完成。

2013年6月15～17日，国务院南水北调办、国家文物局组织南水北调丹江口水库蓄水前文物保护终验技术性初步验收专家组，对河南省丹江口库区文物保护工作进行评审验收，验收结论为合格。

2013年，从南水北调文物保护经费中拨付资金对南阳市郏县狮王寺进行维修加固并通过工程质量验收。

2013年，平顶山、周口等10市的受水区配套工程文物保护项目考古发掘工作全部完成。较为重要的考古发现有漯河市战国至汉代大型墓地，墓葬保存完好，出土器物丰富；南阳市社旗发现金元时期的地道、建筑基址等。

2013年出版《淅川柳家泉墓地》、《淇县大马庄墓地》、《新乡王门墓地》、《安阳北朝墓葬》四部考古报告。至此，河南省南水北调中线工程文物保护项目已出版12部考古发掘报告。

河南省文物局编撰的《河南省南水北调工程考古发掘出土文物集萃（二）——墓志精选》于11月由河南大学出版社正式出版。编制完成《中国南水北调工程　文物保护卷》河南部分的初稿。开展南水北调可移动文物普查工作。

根据可移动文物普查的有关规定，河南省文物局南水北调文物保护办公室主要负责对郑州大学、中国社会科学院考古研究所等考古单位发掘的文物；其他考古单位负责发掘，存放在河南省文物考古研究院的文物；在库区发掘，存放在淅川文物整理基地的文物进行普查登记工作。由于这批文物数量巨大，目前这项工作仍在有条不紊地进行中。

（靳文娟）

新开工项目介绍

引江济汉调度运行管理系统工程

工　程　概　况

引江济汉工程是南水北调中线一期工程中汉江中下游四项治理工程之一，是从长江荆江河段附近引水至汉江兴隆河段，补济汉江下游流量的一项大型输水工程，工程的主要任务是向汉江兴隆以下河段（含东荆河）补充因南水北调中线引水而减少的水量，同时改善该河段的生态、灌溉、供水和航运用水条件。

引江济汉工程引水口位于荆州龙洲垸、

出水口为潜江市高石碑。干渠线路地跨荆州、荆门两地级市所辖的荆州区和沙洋县，以及省直管市潜江市和仙桃市。

干渠全长67.23km。沿线涉及各类建筑物共计82座，其中各种水闸13座，泵站1座，船闸2座，东荆河橡胶坝3座，倒虹吸30座（其中河渠交叉26座，渠渠交叉4座），公路桥32座，铁路桥1座。

引江济汉工程以改善汉江下游河道内生态用水为主，改善航运、供水和灌溉为辅，其引水规模由汉江兴隆枢纽下泄流量而定，引水方式取决于引水口长江水位高低。工程水量调配原则如下：

（1）每年枯水期（上年11月～当年3月）当兴隆枢纽下泄流量小于530m^3/s（相应高石碑水位29.87m，黄海高程，下同）时，必须优先向汉江干流兴隆以下河段补水，以满足河道生态用水需求；如补水后汉江干流超过530m^3/s并有进一步增加趋势时，可适当考虑通过港南渠分水闸和拾桥河下游泄洪闸向东荆河补水，但最大补水流量不宜超过40m^3/s（东荆河历年枯水期最大需水流量的平均值）；如汉江干流补水后超过600m^3/s（相应高石碑水位30.04m）并有进一步增加趋势时，可优先考虑向东荆河补水，但最大补水流量不宜超过60m^3/s（东荆河枯水期最大需水流量）。上述所有情况如长湖水位超过29.33m时均应停止分水。

（2）每年灌溉期（4～10月）当兴隆枢纽下泄流量小于600m^3/s（相应高石碑水位30.04m）时，必须优先向汉江干流补水；如补水后汉江干流超过600m^3/s并有进一步增加趋势时，可适当考虑通过港南渠分水闸和拾桥河下游泄洪闸向东荆河补水，但最大补水流量不宜超过100m^3/s（东荆河补水设计流量）；如汉江干流补水后超过800m^3/s（相应高石碑水位30.7m）并有进一步增加趋势时，可优先考虑向东荆河补水，但最大补水流量不宜超过110m^3/s（东荆河补水加大流量），上述所有情况如长湖水位超过28.83m时均应停止分水。

（3）所有时段当兴隆枢纽下泄流量超过1000m^3/s（相应高石碑水位31.21m）时，则关闭高石碑闸停止向汉江补水，并视需水情况对东荆河适当进行补水，但最大补水流量不应超过110m^3/s（其中长湖枯水期水位超过29.33m，汛期水位超过28.83m时，均应停止向东荆河补水）。

目 标 任 务

（一）建设目标

该系统建设的总体目标是：以数据采集、数据传输、数据存储和管理为基础，以应用组件、公共服务、应用交互、基础支撑为平台，建设一个以引水流量调度业务为核心，运用先进的水利技术、通信技术、计算机网络技术、自动控制技术和信息等技术，建设服务于建立在专家系统上的调度、监控、水质监测、水情监测、工程管理等业务的信息化作业平台和调度会商决策支撑环境，实现“信息技术标准化，信息采集自动化，信息传输网络化，信息管理集成化，功能结构模块化，业务处理智能化，综合办公电子化”的目标。建立一套先进、实用、高效、安全、可靠的引江济汉工程调度运行管理系统。保证引江济汉工程安全、可靠、长期、稳定的经济运行。

（二）建设任务

为了达到系统建设目标，建设任务主要包括引江济汉工程引水各个方面的业务应用、应用支撑以及通信网络等基础设施建设。该系统工程从架构上可分为应用系统、资源共享服务、基础通信系统、信息采集及工程监控四个层次以及系统保障环境和系统运行环境。

系统建设业务范围将包括：调度、监控、水质监测、工程安全监测及运行维护、工程管理、综合办公，以及调度会商决策支撑等业务；系统建设区域范围包括整个引江济汉工程范围以及相应的下属各级机构。

引江济汉工程自动化调度运行管理系统总的建设任务如下：

（1）应用系统。应用系统的主要任务是进行引江济汉段工程引水的各项业务应用系统建设和调度会商决策环境建设，主要包括：

——调度系统。进行日常引水业务处理、防洪调度、应急调度。

——监控系统。主要包括：水闸、泵站监控。水闸监控：主要建设任务是按照调度需要的流量，自动调节节制闸开度。实现引水工程的自动化调度，同时，考虑在特殊需要的情况下，现地闸站可以由人工控制，进行闸站操作。泵站监控：主要建设任务是按照调度需要的流量，确定泵站开机台数。

——视频监视。为了有效地实现工程沿线闸站控制，建设视频监视系统，及时了解工程控制情况，同时，实现闸站现地无人值守情况下对设施的有效管理。

——水质监测。水质监测系统建设主要包括在重点渠段建设水样采集点和自动监测站。其主要功能包括水质监测数据管理、水质站网管理、水质分析评价、水质监测资料整理汇编、水质信息查询等。

——工程安全监测及运行维护。工程安全监测及运行维护主要包括：工程安全监测、工程运行维护管理等。工程安全监测：进行工程安全信息采集系统建设，主要实现对水闸、倒虹吸、泵站、橡胶坝、特殊渠段等设施的位移、渗流、结构及环境量等数据的监测和数据传输。主要实现的功能包括：监测信息管理、在线综合分析、离线综合分析、综合查询、报表制作、Web 查询等。工程运行维护管理：实现工程维护巡查记录、管理考核、突发事件响应，维护方案制定等功能。

——调度会商决策。调度会商决策主要为进行引水决策和应对突发事件决策提供信息支撑，主要包括调度会商决策支撑、综合信息服务、突发事件应急响应、视频会议等系统建设。

——综合办公。建成支持湖北省南水北调管理局、管理处、管理所三级组织机构的公文流转以及日常办公的综合办公系统。

（2）资源共享服务。资源共享服务有应用支撑平台和数据存储中心两部分内容组成。实现信息资源的有效共享和信息的综合与主题化服务，实现基于门户的信息统一发布与用户访问控制，并预留与行业外部的互联互通接口。

——应用支撑平台。应用支撑平台是应用系统的运行基础，为了系统能够适应需求变化，提高资源共享程度，避免出现信息孤岛进行应用支撑平台系统建设。应用支撑平台主要建设内容包括：内/外网门户、消息交换、公共服务、应用支撑服务和服务器硬件五个部分。

——数据存储中心。建设湖北省南水北调管理局数据存储中心主存储系统和备份存储系统；建设引水流量调度数据库、闸站监控数据库、工程安全与管理数据库、水质数据库、综合办公数据库等应用系统专业数据库。

（3）基础通信系统。

——计算机网络系统。计算机网络系统建设任务：为各种业务系统数据信息传递提供承载服务。根据服务对象的重要程度和对网络安全要求不同，计算机网络系统分为两类应用组网：控制专网和业务网。

——语音通信系统。语音通信系统主要负责完成各通信站点之间的语音通信任务，以及少量的传真、数据等通信任务。采用软交换网方案，网络结构简单，系统稳定可靠，电话编码方式灵活，管理维护便利，扩展性强，通过统一的平台提供多种业务的综合接入，降低网络建设成本。

——通信传输系统。光通信传输骨干网是以引江济汉工程管理处和兴隆枢纽管理处为支撑，建设从引江济汉工程管理处至兴隆枢纽管理处的通信传输系统，为引江济汉工程管理处及其下属各管理所的信息（包括沿堤信息点的数据、图像、语音等）传送提供安全、稳定、可靠的基础传输平台。

（4）信息采集与工程监控。建设包括工程安全信息、工程维护信息、水质信息采集和现地水闸、泵站监控、视频监视等现地基础设施。其中除水质信息采集外，其他信息采集与工程监控设施均在主体工程中实施。

（5）系统保障环境。建立一套完整的、科学的、可操作的信息化标准体系、形成对引江济汉工程信息化建设具有指导作用，规范建设管理过程、规范业务流程、规范信息化应用系统的运行维护、更新完善和升级改造管理等的技术标准、项目管理规范。注重政策配套，落实运维经费，强化人才队伍建设，保障引江济汉工程顺利实施。

（6）系统运行环境。系统运行环境由信息安全和系统运行实体环境组成，为系统的正常运行提供安全保障和机房、电源等保障。

——信息安全。根据整体系统架构进行安全域的划分工作。针对各自的特点而采取不同的技术及管理手段，构建一整套有针对性的安防体系。

——系统运行实体环境。系统运行实体环境负责建设各级管理机构（湖北省南水北调管理局、管理处、管理所、现地）的通信、网络和数据存储中心等机房工程，以及相应的综合布线系统和大屏幕显示系统；为引水、工程安全监测与管理、水质监测和综合办公等涉及信息采集、传输、存储、管理、应用系统提供高效、安全、稳定、可靠的供电保障。

（三）系统集成目标与任务

引江济汉工程自动化调度运行管理系统是一个庞大复杂的信息系统工程，整个系统开发建设需1～3年时间，工程跨越距离230余公里，建设内容包括通信、网络、软件、水业务各个方面，具有建设周期长、范围广、多学科等特点，如何使整个工程各个方面的建设协调一致，充分发挥工程投资效益，系统集成将是一项重要的保障措施。

系统集成目标：在整个开发建设过程中，按照标准规范，统筹规划系统建设过程中的各种资源，配合施工设计和开发设计，有效地实现通信系统、计算机网络系统、计算机系统、数据存储与管理系统、应用支撑平台、应用系统之间的协调一致，使整个系统集成为有机的整体，到达系统的设计目标；在分阶段施工过程中，涉及系统中的各个方面能够在各个阶段保持协调一致，有效地实现系统的阶段目标。

从工程建设整体分析，系统集成的任务主要包括通信系统集成、计算机网络系统集成、计算机系统集成、数据存储与管理系统集成、应用支撑平台集成、应用系统集成。

总体布置

南水北调中线一期引江济汉工程自动化调度运行管理系统工程规模及投资具体如下：

（1）新建应用系统9个，包括引水流量调度处理系统、闸站监控系统、视频监视系统、水质监测系统、综合信息服务系统、调度会商决策支撑系统、工程安全监测系统、工程运行维护管理系统、综合办公系统。

（2）建设应用支撑平台及数据存储中心，新建门户网站、新增PC服务器17台，Unix小型机4台以及企业级存储磁盘阵列2套。

（3）建设基础通信系统。新建语音通信系统总容量为816门；新建视频会议通信系统在湖北省南水北调管理局设置1个主会场，每个管理处和管理所各设置1个分会场，具有视频会议和视频会商功能；新建计算机网络系统，包含3台路由器，74台交换机；新建2.5G光传输站9个，线路中继站2个，12芯光缆327km，同沟敷设8芯光缆79km。

（4）构建系统运行环境，包括信息安全和系统运行实体环境两部分。其中信息安全包括新增异常流量管理系统1台、AV防病毒网关1台、防火墙2台、IPS入侵防护系统5台以及部署于计算机网络系统的各类安全防护软件。在实体环境建设部分，湖北省南水北调管理局机房实体环境建设面积253m²，引江济汉工程管理处机房实体环境建设面积178m²，5个管理所机房工程共412m²，2个自动监测站实体环境建设面积共80m²；新建UPS电源22套、直流电源系统5套；新建综合布线系统信息点1224个，其中数据信息点672个，语音信息点552个；在湖北省南水北调管理局调度中心新建2×3（行×列）大屏显示系统，在湖北省南水北调管理局会商中心新建4×6大屏显示系统、在引江济汉工程管理处新建2×3大屏系统，并新建会议室音响系统。

该工程总投资概算见表1。

表1　南水北调中线一期引江济汉工程投资概算汇总表　（万元）

序号	项目名称	分项名称	总投资	需要安装的设备费	建筑安装工程费	工程建设其他费（含运营费）	预备费
1	应用系统	闸站监控系统	167	149.59		12.82	4.87
2		视频监视系统	301	245.61	3.44	44.19	8.80
3		水质监测系统	124	105.68	5.36	9.51	3.62
4		应用系统（软件）	947	866.70		52.74	27.58
5	应用系统合计		1539	1367.58	8.80	119.26	44.87
6	应用支撑平台		743	661.81	2.70	56.92	21.64
7	数据存储中心		760	678.68	1.35	58.25	22.15
8	基础通信系统	语音通信系统	451	386.28	17.00	34.54	13.13
9		视频会议通信系统	421	350.64	5.21	53.33	12.28
10		计算机网络系统	1189	1019.71		135.01	34.64
11		通信传输系统	473	394.56	28.68	36.25	13.78
12		通信光缆线路	1203	385.38	548.98	221.95	46.25
13	基础通信系统合计		3737	2536.57	599.87	481.09	120.09
14	系统运行实体环境	机房工程	225		187.20	32.60	5.10
15		大屏幕及音响系统	1225	1095.97		93.18	35.67
16		通信电源系统	870	512.02	256.09	76.96	25.35
17		综合布线	155	19.81	106.55	23.52	4.50
18	系统运行实体环境合计		2475	1627.80	549.84	226.25	70.62
19	信息安全		440	367.44		59.40	12.81
20	可研费用		28			28.00	
21	静态投资合计		9722	7240	1163	1029	292

CHINA SOUTH-TO-NORTH WATER DIVERSION PROJECT CONSTRUCTION YEARBOOK

拾叁 西线工程

THE WESTERN ROUTE PROJECT OF THE SNWDP

综　　述

概　　述

2013年，南水北调西线工程前期工作主要完成了项目建议书的补充修编、南水北调工程与黄河流域水资源配置关系的专题研究，并与西线调水有关的省（区）进行了沟通交流。

2012年6月，根据水利部要求，黄河水利委员会组织黄河勘测规划设计有限公司（以下简称黄河设计公司）开展项目建议书补充修编工作。在2012年补充修编工作的基础上，黄河设计公司于2013年4月30日完成南水北调西线第一期工程项目建议书13个篇章报告的补充修编工作，并进行了黄河设计公司内部审核。5月初，完成《南水北调西线第一期工程项目建议书综合说明书》及《南水北调西线第一期工程项目建议书简要报告》的补充修编。6月17日，黄河设计公司以黄设生管（2013）44号文“关于审批南水北调西线第一期工程项目建议书的请示”，将修编完成的《南水北调西线第一期工程项目建议书（上报稿）》上报黄河水利委员会。7月11日，黄河水利委员会召开主任办公会，专题听取南水北调西线第一期工程项目建议书成果汇报。

2013年6月，根据水利部开展南水北调工程与黄河流域水资源配置的关系研究的部署要求，承担南水北调西线工程课题研究的各单位多次组织召开专题讨论会、技术协调会和专家咨询会，就课题研究相关重大问题进行研讨和咨询。水利部多次对课题研究中的一些重大问题给予具体指导和检查督导。在各相关部门和单位的通力协作和共同努力下，形成了《南水北调工程与黄河流域水资源配置的关系研究》综合报告以及4个专题报告。

2013年9月，黄河水利委员会陈小江主任带队到西线进行现场查勘，了解调水区生态环境特征和社会经济发展状况，慰问南水北调西线专用水文站的职工，听取沿途地方政府和群众对西线工程的意见；黄河设计公司配合水利部调水局、国家开发银行对西线工程受水区用水情况联合调研，听取省区意见和建议。另外，四川省水利厅、四川省阿坝州分别于10月和11月莅临黄河水利委员会进行调研，听取西线项目工作进展汇报。

（崔　荃　张　玫）

南水北调西线第一期工程项目建议书补充修编

2013年，黄河设计公司对2008年完成的《南水北调西线第一期工程项目建议书（送审稿）》进行了全面梳理、复核和调整，结合黄河流域水资源新的供需情势，深化对西线必要性和紧迫性的认识，延长水文气象系列等资料到2010年，调整了现状水平年为2010年，参照新的《水利水电工程项目建议书编制规程（报批稿）》的要求进行补充修改，开展了重要专题的补充论证，完成《南水北调西线第一期工程项目建议书（上报稿）》，包括总报告、篇章报告、专题报告共21份，见表1。

《南水北调西线第一期工程项目建议书（上报稿）》与2008年完成的《南水北调西线第一期工程项目建议书（送审稿）》相比较，补充了节能设计篇章，由原来的13篇增加为14篇，有关篇章补充修改的主要方面如下。

表 1　　南水北调西线第一期工程项目建议书总报告完成情况表

序号	报告名称	完成情况	时　间
1	简要报告	经黄委会主任办公会议讨论	7 月 11 日
2	综合说明书（总报告）	经黄委会主任办公会议讨论	7 月 11 日
3	第一篇　工程建设必要性及开发任务	完成黄河设计公司内审	4 月 25 日
4	第二篇　水文	完成黄河设计公司内审	4 月 25 日
5	第三篇　工程地质	完成黄河设计公司内审	4 月 25 日
6	第四篇　建设规模	完成黄河设计公司内审	4 月 25 日
7	第五篇　工程布置及主要建筑物	完成黄河设计公司内审	4 月 25 日
8	第六篇　机电及金属结构	完成黄河设计公司内审	4 月 25 日
9	第七篇　工程施工	完成黄河设计公司内审	4 月 25 日
10	第八篇　建设征地移民	完成黄河设计公司内审	4 月 25 日
11	第九篇　环境影响分析	完成黄河设计公司内审	4 月 25 日
12	第十篇　水土保持	完成黄河设计公司内审	4 月 25 日
13	第十一篇　节能设计	完成黄河设计公司内审	4 月 25 日
14	第十二篇　工程管理	完成黄河设计公司内审	4 月 25 日
15	第十三篇　投资估算	完成黄河设计公司内审	4 月 25 日
16	第十四篇　经济评价	完成黄河设计公司内审	4 月 30 日
17	西线第一期工程水源方案专题	通过黄委会科技委咨询	5 月 10 日
18	调入水量配置方案专题	通过黄委会科技委咨询	5 月 10 日
19	调水规模专题	完成黄河设计公司内审	5 月 20 日
20	河道内生态环境流量专题	完成黄河设计公司内审	4 月 30 日
21	项目建议书总图集	完成黄河设计公司内审	6 月 30 日

（一）水文气象资料补充及系列延长

收集补充西线第一期工程雅砻江、大渡河引水坝址附近参证站 2006～2010 年的水文气象资料，收集补充西线专用水文站 2006～2010 年的观测资料。对各调水河流引水坝址径流、洪水、泥沙等成果进行补充分析，各水源水库坝址径流系列由 1960～2005 年共 46 年延长为 1960～2010 年共 51 年。水文系列延长前后相比，各水源水库坝址多年平均径流量变化不大。雅砻江热巴、达曲阿安、泥曲仁达、色曲洛若、杜柯河珠安达、玛柯河霍那、阿柯河克柯 7 个上游水库坝址总径流量由原系列的 117.9 亿 m^3 增加为 119.2 亿 m^3，增加 1.31 亿 m^3，增幅为 1.11%。其中克柯坝址径流量增加较多，由 6.06 亿 m^3 增加至 6.93 亿 m^3，增加 0.87 亿 m^3，增幅达 14.4%。

（二）可调水量及调水规模

在调水河流雅砻江、大渡河水资源开发利用现状年调整至 2010 年的基础上，重新预测各调水河流 2030 年水平不同河段经济社会发展用水需求；补充分析调水河流河道内生态环境需水量，由均匀下泄生态流量改为按生态保护需求的过程下泄生态流量，分为生态基流和敏感生态流量两部分，增加了鱼类繁殖及湿滨河植被敏感期的流量，调水 80 亿 m^3 时，河道最小生态水量由 21.8 亿 m^3 增加到 26.3 亿 m^3，相应的水源水库生态调蓄库容增加 3.1 亿 m^3。

调水规模的论证，在重新分析 70 亿 m^3、75 亿 m^3、80 亿 m^3、85 亿 m^3、90 亿 m^3 调水规模方案的基础上，增加了调水 60 亿 m^3、65 亿 m^3 规模方案的比较，7 条调水河流调水量组合比选的方案为 34 个，综合比选仍推荐调水规模 80 亿 m^3 的方案。调整了部分水源水库调水量，雅砻江干流热巴仍维持调水 60 亿 m^3，达曲阿安由调水 7 亿 m^3 下调到 6.5 亿 m^3，泥曲仁达仍维持调水 7.5 亿 m^3，色曲洛若仍维持调水 2.5 亿 m^3，杜柯河珠安达仍维持调水 10 亿 m^3，玛柯河霍那由调水 7.5 亿 m^3 下调到 7 亿 m^3，阿柯河克柯由调水 3.5 亿 m^3 上调到 4.5 亿 m^3。

（三）工程建设必要性及调入水量配置方案补充论证

统计分析 2010 年黄河流域经济社会发展及水资源开发利用现状，吸纳《全国主体功能区规划》等新的发展战略以及南水北调工程与黄河流域水资源配置关系、黄河水中长期研究等新成果的主要结论，研究黄河流域水资源变化情势，评估黄河流域不同水平年水资源供需形势及缺水特点；论证解决黄河流域缺水问题的对策措施，分析西线工程与其他跨流域调水工程的关系，增强西线工程建设的必要性和紧迫性。调整了地区的水量分配方案，河道外由 55 亿 m^3 调整为 60 亿 m^3，河道内有 25 亿 m^3 调整为 20 亿 m^3。

（四）工程总体布置方案及工程量投资估算

重新复核输水线路布局及主要建筑物布设、工程施工、工程量及投资估算。调整水源水库坝高，其中阿安坝高降低 15.4m，其余 6 座水库坝高增加 2.1～9.7m，热巴最大坝高增至 194m。按照 2012 年第四季度价格水平编制投资估算，推荐方案静态投资为 1585 亿元，较 2008 年第二季度价格水平静态投资 1450 亿元增加了 135 亿元。

（五）工程建设征地移民及移民安置规划补充分析

根据调水工程方案布置的调整修改，按照 2010 年现状水平年补充调查的实物指标，对建设征地移民进行补充分析，按 2012 年第四季度价格水平估算移民征地处理补偿总投资，增加了移民安置方式及生活保障机制的专题研究。调水 80 亿 m^3 方案，7 座水库淹没土地总面积为 134.92km^2，增加 0.85 km^2，淹没影响人口 1.33 万人，增加 0.14 万人，淹没寺庙 7 座，影响寺庙 9 座，由于水源水库水位的调整，淹没减少 1 座，影响增加 2 座，移民征地处理补偿总投资为 117 亿元，增加 38 亿元。

（六）调水影响补充分析

增加战略环境影响分析，由水资源优化配置与可持续利用、综合国力与可持续发展战略、宏观经济社会发展等方面的影响分析组成。由于调水规模不变并增加下泄生态水量并强化生态需求过程的调控，对河道内生态影响有一定的缓解作用，通过调水对调水河流水资源开发利用、水力发电、水文情势、陆生动植物、水生生物、干旱河谷、水环境以及环境地质问题等影响进行的补充分析，调水对调水河流特别是水源水库坝下临近河段有一定影响的结论基本不变。

（七）新增节能设计

按照四川、青海省“十二五”1.07t 标准煤/万元 GDP、2.43t 标准煤/万元 GDP 的耗能目标，拟定西线第一期工程建设的节能目标；分析工程施工期和运行期的能耗；提出节能设计的原则及措施并进行综合评价。

（崔　荃　张　玫）

重点研究项目

南水北调工程与黄河流域水资源配置的关系研究

2012 年初，水利部启动了南水北调工程与黄河流域水资源配置的关系研究课题。课题由研究综合报告及 4 个专题报告组成：水利部调水局负责组织编制《南水北调工程与黄河流域水资源配置的关系研究综合报告》；黄河设计公司承担“南水北调工程与黄河流域水资源配置的关系研究专题”；中国水科院、黄河设计公司承担“黄河输沙水量和水沙关系及冲淤变化分析专题”、“南水北调东、中线工程扩大向黄河下游供水的可能方式研究专题”；水利部发展研究中心承担“黄河流域水资源配置方案调整的社会影响研究专题”。水利部成立了由汪洪总工程师任组长的协调咨询组，水利部调水局负责组织黄委、中国水科院和水利部发展研究中心等单位联合开展研究工作。2013 年 5 月，承担单位相继完成 4 个专题报告，水利部调水局完成研究综合报告。5 月 31 日和 12 月 9 日，水利部调水局组织召开专家咨询会，对《南水北调工程与黄河流域水资源配置的关系研究综合报告（专家审查稿）》进行咨询。

《南水北调工程与黄河流域水资源配置的关系研究综合报告（专家审查稿）》共 7 章 29 节，约 3.6 万字。经研究认为：一、随着黄河流域近年来水资源量的减少和用水需求的增加，未来黄河上中游 6 省区水资源供需情势将更为严峻；二、单纯改变龙刘水库的运用方式，宁蒙河段在同等淤积量的情况下可以减少输沙用水量，但规模和作用有限；三、利用东线工程扩大供水具有一定的潜力，利用中线继续扩大输水规模难度较大；四、西线调水方案具有明显的比较优势，但因实施调水而带来的相关影响问题须高度重视和深入研究。

（崔　荃　彭　祥　张　玫）

南水北调西线一期工程水源方案专题研究

2013 年，黄河设计公司按照水利部要求开展西线一期工程水源方案专题研究。根据西线前期工作面临的问题及形势的发展，结合新的资料和认识，在调水目标、建设时机、调水规模及供水范围不变的基础上，考虑更大范围内可能的水源，补充各种可能的水源方案，与项目建议书提出的西线第一期工程雅砻江—大渡河—贾曲水源方案比选，论证推荐西线一期工程水源方案。在 2012 年外业勘察及基本资料收集的基础上，开展水文气象、工程地质、可调水量及调水规模、工程方案布置、淹没影响及投资估算、方案比选工作。于 4 月完成《南水北调西线一期工程水源方案》报告，报告共 4 章 15 节，约 6.5 万字。分析的调水河流包括雅鲁藏布江、澜沧江、怒江、通天河。金沙江，选择通天河；水源点分析了通天河楚玛尔河—巴塘曲口段和金沙江巴塘曲口—降曲河口段的 12 个引水坝址，选择通天河侧仿坝址为水源点；分析的入黄地点有黄河的恰给弄、门堂、塔加、贾曲、切木曲、唐乃亥等；研究的方案 27 个，提出侧仿坝址为主的 6 个代表性方案，其中自流 3 个抽水 3 个，选择侧仿—达曲—贾曲自流水源方案与西线第一期工程雅砻江—大渡河—贾曲水源方案比较，推荐西线第一期工程水源方案仍维持目前项目建议书成果。5 月 10 日，黄河水利委员会科技委组织专家对报告进行了咨询。

（崔　荃）

南水北调西线一期调入水量配置方案专题研究

2013 年，黄河设计公司按照水利部要求开展西线一期工程调入水量配置方案专题研究。与 4 月完成了《调入水量配置方案研究》，报告共 5 章 19 节，约 5.6 万字。根据黄河流域水资源供需情势变化的分析，确定了受水区的范围，在调入黄河的水量 80 亿 m^3 时，拟定了河道外配水 55 亿、60 亿、70 亿、80 亿 m^3 四个配置方案，通过分析各方案的供水作用级效果。比选推荐河道外配水 60 亿 m^3，河道内配水 20 亿 m^3 的配置方案。5 月 10 日，黄河水利委员会科技委组织专家对报告进行了咨询。

（崔　荃）

重 要 会 议

南水北调西线第一期工程项目建议书补充专题成果咨询会

2013年5月10日，黄河设计公司召开南水北调西线工程项目建议书补充专题成果咨询会，参加会议的有黄河水利委员会科技委、总工办、规计局、水调局、水文局、水资源保护局及黄河设计公司有关专家和领导。会议分别听取了《南水北调西线第一期工程调入水量配置方案研究》和《南水北调西线第一期工程水源方案研究》两个专题成果的汇报，进行了认真的讨论。专家们认为，西线第一期工程项目建议书补充在时间紧、经费不足的情况下，开展了大量工作，补充完成了重要的专题，研究成果较项目建议书阶段进一步充实、深化。

（崔　荃）

西线项目建议书补充工作成果汇报会

2013年7月11日，黄河水利委员会召开主任办公会，专题听取黄河设计公司完成的南水北调西线第一期工程项目建议书成果汇报，黄河水利委员会陈小江主任及副主任、副总工以及委办公室、规计局、水调局、建管局、水文局、水资源保护局等部门负责人出席会议。

（崔　荃）

其 他

黄河水利委员会陈小江主任考察南水北调西线工程

2013年9月4～10日，黄河水利委员会陈小江主任带队考察南水北调西线工程。自甘肃省的玛曲县开始，从西线工程黄河出口起，横穿6条调水河流到雅砻江热巴坝址，最后抵达西线第三期工程通天河侧仿坝址。考察历时7天，途经甘肃省甘南、四川省阿坝、甘孜和青海省果洛、玉树5个自治州，路宿松潘、玛曲、班玛、壤塘、甘孜、石渠、曲玛莱、玛多8县。2次翻越巴颜喀拉山，先后跨越黄河、大渡河支流、雅砻江及其支流、金沙江、通天河。重点勘察南水北调西线一期工程，了解调水区生态环境特征和社会经济发展状况，并慰问了南水北调西线专用水文站的职工，听取沿途地方政府和群众对西线工程的意见。

（崔　荃）

与南水北调西线工程有关省（区）沟通协调

2013年9月23～30日，水利部调水局与国家开发银行组成联合调研组，对南水北调西线工程受水区进行了查勘调研。调研组一行由水利部调水局副局长金旸带队，国家开发银行评审三局副局长谭聪及调水局、开发银行有关部门领导参加调研，黄河设计公司总工、西线项目设总景来红及西线项目办有关人员参加调研。调研组赴青海、甘肃、宁夏三省（区），分别与各省区水利厅进行了座谈讨论，听取意见和建议。

2013年10月29日，四川省水利厅总工梁军、规划处处长权燕、副处长宋元松、省水资源中心副主任刘长生等一行莅临黄河水利委员会调研南水北调西线工程前期工作。黄河水利委员会赵勇副主任，规计局张俊峰局长、王敏副局长，黄河设计公司西线项目设总景来红和西线项目组人员参加会议。会议听取了西线项目办关于西线前期工作情况的汇报，进行了认真交流。梁军总工表示，四川省领导非常重视西线工作，布置开展西线调水对四川省经济社会发展、水资源开发利用、生态环境、藏区四个方面的专题研究，希望与黄河水利委员会配合，做好分析论证工作。赵勇副主任感谢四川省领导及相关方面对西线工程的长期支持和关注，表示大力配合做好工作。

2013年11月8日，四川省阿坝州李川副州长及州水务局、若尔盖、阿坝、红原县副县长和水务局局长等一行莅临黄河水利委员会，调研南水北调西线工程前期工作。黄委会赵勇副主任、规计局张海亮副局长、水保局熊维新副局长，黄河设计公司张金良总经理、景来红总工和西线项目组人员参加会议。会议听取了西线工作进展情况的汇报，李川副州长、赵德猛局长分别介绍了阿坝州水利工作情况及希望黄河水利委员会支持的项目。赵勇副主任对阿坝州长期以来对西线各方面工作的支持表示感谢，对西线下步工作和黄委支持阿坝州水利工作做了布置。

（崔　荃　张　玫）

《西线梦》电视专题片编制

2013年5月，黄河宣传出版中心启动电视专题片《仰望西线》的制作。《仰望西线》生动形象地阐述南水北调西线建设的重要性、必要性和可行性，诠释西线工程在国家经济发展建设中的积极作用，为南水北调西线工程早日上马鼓与呼。黄河水利委员会办公室和新闻宣传出版中心组成立创作班子，通过学习研讨、构架策划，脚本编写，解说词撰写、资料采集，视频摄制、解说配音，编辑合成，经过八易脚本，反复修改，完成了基本完成电视专题片的制作。其间，黄河水利委员会于8月1日，10月15日，12月28日3次召开主任专题办公会，听取西线专题片的汇报，对其表现内容、文字表述及画面形式提出意见和建议。12月，黄河宣传出版中心提交了专题片成果，按照建议片名改为《西线梦》，由缺水之痛、水图重构、江河携手、盛世梦圆四部分组成，播放时间约27min。

（崔　荃　张　玫）

《南水北调西线行》画册编制

2013年10月，黄河水利委员会办公室策划编制《南水北调西线行》画册，组织黄河水利委员会新闻宣传出版中心、水文局、黄河设计公司参加编制工作。截至12月，已完成画册提纲编写及审定，初定画册的名称为《南水北调西线行》，画册内容分序、从长江到黄河、从历史到今天、从自然到人文、考察纪实五部分，完成了内容文字稿的编写，并收集了部分图片。

（崔　荃）

水文观测工作

2013年，四川省水文水资源勘测局继续在达曲东谷、阿柯河安斗，青海省水文水资源勘测局继续在玛柯河班玛等专用水文站进行水文测验、资料整编工作。黄河水利委员会上游水文水资源勘测局继续在雅砻江温波专用水文站、泥曲泥柯、杜柯河壤塘专用水文站进行水文观测、资料整编工作，黄河设计公司对观测承担单位提交的2011年水文整编资料进行了验收、归档。

另外，黄河设计公司与黄委会上游水文水资源勘测签订雅砻江温波专用水文站、泥曲泥柯、杜柯河壤塘专用水文站2013～2015年水文观测合同。

（崔　荃　张　玫）

拾肆 配套工程

THE MATCHING PROJECTS

北京市

概　述

根据国家分配北京市的水量，本着南水北调中线一期工程通水初期争取多调水的原则，制定了2014年、2015年接水的方案，据此统筹安排南水北调市内配套工程建设和前期工作，配套工程建设加速推进。

截至2013年底，大宁调蓄水库蓄水1620万m^3，形成约200万m^2的生态水面；南干渠工程基本完工，进行了上段静水压试验；东干渠施工一衬完成90%，20个盾构区间已贯通13个，二衬完成6%；东干渠、团城湖调节池、密云水库调蓄工程、郭公庄水厂、城子水厂、第十水厂等制约汛后接水的关键性项目均已进入施工高峰阶段。

（王春华　李　飞　高　赛）

在建项目

（一）大宁调蓄水库工程

大宁调蓄水库位于北京市房山区大宁村北，总库容4611万m^3，为中型水库，一期项目为库区防渗工程，合同工期为485天。二期项目为泵站工程、库尾橡胶坝工程，退水渠节制闸工程、现状库区建筑物改造工程等，合同工期为302天。该工程2010年1月22日开始开工建设。

截至2013年底，大宁调蓄水库防渗项目已全部完工；库区主要建筑物包括泵站、库尾橡胶坝、退水渠节制闸、滞洪水库进水闸及泄洪闸改造工程已完工；橡胶坝外电源工程已施工完毕。

（二）南干渠工程

南干渠工程位于北京市南部地区，工程始于南水北调总干渠永定河倒虹吸末端，终于北京东南部的亦庄调节池，全长约27km，本工程2009年12月份开工，合同工期为974天。

南干渠工程一衬施工全部贯通，二衬施工累计完成37km，占合同总量的98.9%。调度中心主体结构工程已完工。

（三）东干渠工程

东干渠工程分为东干渠输水隧洞及亦庄调节池两部分。东干渠输水隧洞起点位于团城湖至第九水厂输水工程末端预留接口，终点与南干渠相接，总长44.7km，该项目2012年6月8日开工，合同工期762天；亦庄调节池位于北京市东南部三海子郊野公园以东，容积52.5万m^3，该项目2012年10月26日开工，合同工期491天。

截至2013年底，东干渠工程输水隧洞盾构一衬累计完成39.5km，完成总工程量的90.2%。其中，13个盾构区间已经洞通。二衬施工完成2.7km，完成总工程量的6.15%；亦庄调节池工程池体工程基本完成，取水口及连通闸四处建筑物累计完成混凝土浇筑1万m^3，钢筋制作安装874.28t；亦庄泵站工程土方开挖累计完成10万m^3，基础换填2.56万m^3。

（四）团城湖调节池工程

团城湖调节池工程位于海淀区四季青镇玉泉村，池底平均高程为44m，调蓄水位49.0～45.0m，调蓄容积为127万m^3，本工程2012年10月26日开工，合同工期491天。

截至2013年底，调节池土方开挖累计完成266.8万m^3，贴坡挡墙混凝土浇筑完成3.99万m^3，池底防渗铺设完成20.9万m^2，景观护岸累计完成合同总量的60%；各分水口的主体结构及土方回填已完工。

（五）南水北调来水调入密云水库调蓄工程

南水北调来水调入密云水库调蓄工程从

团城湖调节池取水，通过京密引水渠反向输水至密云水库。输水规模分二段设计，其中团城湖—怀柔水库段设计调水规模 $20m^3/s$；怀柔水库—密云水库段设计调水规模 $10m^3/s$。该工程主要内容包括新建 9 座泵站、新建 21.9km 输水管道、渠道及渠系建筑物改造、渠道清淤、山洪桥和节制闸改造、渠道堤顶路硬化、隧洞加固、管理设施及自动化控制系统等。线路总长 103km，泵站设计总扬程 133m。工程等别为Ⅱ等，泵站等主要建筑物级别为 2 级，次要建筑物级别为 3 级。该工程 2013 年 8 月 31 日开工，合同工期 700 天。

截至 2013 年底，密云水库调蓄工程 9 座泵站中的 4 座已完成土方开挖。5 座已完成闸墩混凝土浇筑。渠道修复工程基本完成白河发电隧洞改造工程已完成洞内供水管线导流施工。PCCP 管道工程安装完成 1272m。

（六）郭公庄水厂

郭公庄水厂地处丰台区西南部，位于花乡桥南六圈路南北两侧，郭公庄路东侧，服务范围为中心城西南地区。水厂一期规模（2014 年）为 50 万 t/日，批复概算总投资 35.2 亿元；二期规模 75 万 t/日，远期规模 100 万 t/日。建设内容主要包括引输水管道和净配水厂。

工程于 2012 年 4 月 20 日开工建设，计划于 2014 年 10 月具备接纳来水条件。截至 2013 年底，净配水厂主要生产构筑物（膜及紫外车间除外）土建结构完成约 90%；引输水管线初衬施工完成 68%。

（七）第十水厂

第十水厂位于朝阳区定福庄，东临三间房东路，北临幺家店路，南邻长营北路。服务范围为朝阳东部地区东坝、定福庄、垡头组团，水厂规模为 50 万 t/日。项目采用 BOT 方式融资、建设、运营和移交，立项批复工程总投资 18 亿元。建设内容主要包括输水管道、提升泵站和净配水厂。

工程于 2012 年 11 月 23 日开工建设，计划于 2015 年 3 月具备试运行通水条件。截至 2013 年底，工程完成量约占工程总进度的 45%，正在进行炭吸附池、砂滤池基础、机械加速澄清池的混凝土浇筑。

（八）城子水厂

城子水厂位于门头沟新城北部，永定河以西、桥东街以北、城子大街以东，改扩建工程将供水范围扩大至门头沟新城及石景山广宁、麻峪地区。扩建规模 4.32 万 t/日，扩建后规模将达到 8.64 万 t/日，批复概算总投资为 1.6 亿元。建设内容主要包括净配水厂和新建水源井。

工程已开工建设，计划于 2014 年 12 月底前具备接纳来水条件。截至 2013 年底，厂外水源井完成 11 眼，厂内主体工程基本完成，正在加快推进膜车间、排泥泵房施工建设。

（王春华　李　飞　高　赛）

前　期　工　作

（一）前期工作进展

完成大宁调蓄水库工程、南干渠工程、东干渠工程、团城湖调节池工程、南水北调来水调入密云水库调蓄工程、东水西调改造工程、郭公庄水厂、城子水厂、第十水厂 9 项工程初设批复并正式开工建设。完成通州支线工程、南水北调来水智能调度管理系统工程、通州水厂工程、良乡水厂工程、黄村水厂工程 5 项立项批复，三个配套水厂的建设将有效缓解通州、房山、大兴供水压力，为新城发展提供重要支撑。

加快推进其他各项配套工程前期工作，包括新建输水工程 3 项及改造水厂工程 5 项。其中通州水厂、良乡水厂、黄村水厂已完成初设招标，初设报告已报市规划委评审；团城湖至第九水厂（二期）、亦庄水厂、房山丁家洼水厂等工程已组织完成项目建议书（代可研报告）的编制工作；河西支线工程正在加紧编制工程规划方案；长辛店第二水厂、门城水城、石景山水厂工程正在进行规划选址工作。

（二）后续规划编制

根据北京市委、市政府关于“研究制订首都外调水多元保障方案，增强首都水资源战略储备”等要求，积极推动相关工作的落实，研究构建外调水多元保障体系。北京市南水北调办组织市发展改革委、市规划委、市水务局等部门启动了《北京市南水北调配套工程总体规划》后续规划修编工作，规划连通南水北调管线与北京市五大水系、沟通沿线水库并向重要河流补水等工作，充分发挥南水北调工程和现有水利设施的工程效益和生态环境效益。

（1）规划开辟新的外调水源，形成东、西、南、北四大外部调水通道，逐步构建首都外调水的多元化保障体系，切实提高水资源保障能力。

一是拓展南部通道，协调中央优化调度，挖掘南水北调现有渠道输水潜力，扩大中线调水规模，力争利用丹江口丰水年或河南、河北两省有富余水量时争取每年多调水。二是打通北部调水通道，实施引滦（河）入潮（河）工程，调水入密云水库。三是实现东部调水，将南水北调东线终点由天津北延进京，同时辅以海水淡化。四是实施西线调水，利用南水北调西线工程调水进黄河的契机，从万家寨引水至官厅水库。

（2）实施南水北调输水线路连通北京五大水系工程，沟通市现有水利基础设施，为水库、城市河湖和地下水源地补充清水，充分发挥南水北调工程和现有水利基础设施的工程效益，改善首都生态环境。

2013 年 11 月 26 日，北京市南水北调办向中国工程院院士王浩汇报配套工程总体规划修编初步成果。王浩院士充分肯定了北京市及时开展南水北调配套后续规划是必要的，建议北部调水通道的调水量可以提高，应进一步深化研究；南水北调东线可调水量丰富，水质改善效果显著，向北京调水非常有希望，北京市应全力争取；在城乡一体化的背景下，新的南水北调配套工程后续规划应考虑解决郊区县的用水难题，北京市南水北调配水管线应覆盖更大的区域。

（王　可　高　赛）

投　资　计　划

根据《北京市南水北调配套工程 2012～2014 年行动计划》确定的建设时序及内容，北京市南水北调配套工程总投资 3 680 369 万元，截至 2013 年底，已完成 12 项工程立项审批工作，完成立项批复投资 266 661 万元，其中 9 项配套工程完成初设批复，批复项目投资 2 674 051万元，占全部配套工程总投资 73%。

2013 年输水、调蓄及智能调度管理系统完成投资 368 801 万元（使用项目资本金 200 000万元、使用融资贷款 168 801 万元），其中南干渠工程完成投资 24 326 万元、大宁调蓄水库完成投资 2999 万元、东干渠工程完成投资 246 653 万元、团城湖调节池工程完成投资 26 026 万元、南水北调来水调入密云水库调蓄工程 62 977 万元、东水西调改造工程完成投资 5820 万元；水厂工程完成投资 80 750万元（市政府固定资产投资 44 900 万元、区县投资 35 850 万元），其中郭公庄水厂工程完成投资 53 407 万元、第十水厂工程完成投资 19 343 万元、城子水厂完成投资 8000 万元。

截至 2013 年底，北京市南水北调配套工程累计完成投资 1 428 693 万元。其中，输水、调蓄及智能调度管理系统累计完成投资 1 161 063万元、配套工程水厂工程累计完成投资267 630万元。分别为：南干渠工程累计投资282 520万元，大宁调蓄水库工程累计投资80 670万元，东干渠工程累计投资46 6497 万元，团城湖调节池工程累计投资242 579万元，南水北调来水调入密云水库调蓄工程累计投资82 977万元，东水西调改造工程累计投资5820万元，郭公庄水厂累计完成投资176 305万元，第十水厂累计完成投资81 325万元，城子水厂累计完成投资10 000万元。

（高　赛　厉　萍）

资金筹措与使用管理

北京市政府明确了南水北调配套工程资金解决方案，即输水工程、调蓄工程和智能调度管理系统，参照国家南水北调主体工程建设模式，工程资金由市政府固定资产投资注入40%资本金，其余60%由市场融资解决。2011年组建了北京南水北调工程投资中心，用于负责北京市南水北调配套工程融资工作，对银行贷款及债券等金融产品进行统贷统还。

为使得南水北调配套工程资金更加规范化、合理化，北京市南水北调办认真履行投资中心管委会职责，科学调度资金、合理确定资金结构，提高了资金使用效率。2013年，协调落实北京市政府资本金20亿元，制定了《北京市南水北调配套工程投融资调度会会议制度》，推行投融资计划月调度会，做到有问题，有协调，有解决，确保工程项目建设顺利进行。2013年，协调拨付资本金21.2亿元，拨付融资贷款23.4亿元，主要用于工程建设32.6亿元、征地拆迁9.6亿元、贷款利息2.4亿元。截至2013年底，累计落实资本金72亿元，占已批复工程应下达市政府固定资产投资总额的76%，协调投资中心发放融资资金52亿元，充分保障工程建设资金需求。

北京南水北调工程投资中心融资足额及时到位，累计签订融资合同137.7亿元、拨付115.8亿元，2013年拨付资金44.7亿元，充分发挥了政府投资的引导放大作用。因北京市水务工程建设需求，市政府决定以北京南水北调工程投资中心为基础，组建北京水务投资中心，业务范围由为南水北调工程服务，拓展为全市水务建设发展服务；由单一融资拓展为融资、投资、资产运作、项目运作等多方位经营，2013年8月挂牌。为保证南水北调配套工程建设资金需求，保留北京南水北调工程投资中心管委会。

（厉　萍　张晓辉　贾睿女）

建设与管理

（一）突出重点推进度

2013年围绕中线一期工程2014年汛后通水总目标，继续把工程进度作为各项工作的重中之重，以北京市南水北调配套工程2012～2014年行动计划明确的任务为硬指标，科学制定阶段目标，分解任务，落实责任，突出工作重点，找准工作要点，主攻薄弱环节和关键节点，进行重点攻关和重点督办，促进配套工程建设全方位提速。

一是切实加快前期工作进度。充分发挥北京市南水北调建委会的统筹指挥作用，创新协调和督办机制，加快推进区县水厂进度。加快推进前期审批特别是区县水厂进度。二是建立主管主任每周进度例会机制，定期会商，重点督办关键事项等，及时解决制约进度因素。三是抓好施工组织优化。抢抓时机，倒排工期，挂图作战，交叉作业，均衡生产，重点抓好了关键工程建设和关键工序落实，同时出台配套工程设计变更管理办法，快速处理设计变更。四是及时开展工程招标、加快办理开工手续，尽量缩短工程开工准备时间，全年共开展20批次、50标段的招标工作，实现了招标周期最短化。五是积极开展劳动竞赛。组织参建单位开展以质量、进度、安全、科技创新为主要内容的劳动竞赛，创先争优，全面掀起配套工程决战建设高潮。

（二）突出高压严监管

继续保持高压态势，树立“严打重防”的理念，强化处罚力度，对各种违法违规行为“零”容忍，确保了配套工程质量安全有序可控。

（1）质量管理。

继续完善“五位一体”责任体系建设。一是抓好质量保障体系建设、责任制的落实，落实质量终身责任制；坚持首段联合验收制。二是制定关键质量控制标准，出台了《配套工程验收管理办法》和《防渗膜质量控制验收标准》。三是创新监管手段，改进和加强政府质量监督、专项稽查、巡查等各类督查手段，形成联动机制。四是加大质量检查强度。全年进行质量集中检查2次、专项检查10余次、质量飞检20余次、质量巡查200余次，开展原材料及中间产品抽检150组（次）。五是提高企业违约成本，对检查出的质量问题，依据《质量问题责任追究办法》严格责任追究。在督促问题逐一整改的基础上，对问题比较突出的责任单位和责任人进行通报和约谈，项目法人依据管控办法和合同进行经济处罚。今年共约谈2家监理单位、1家施工单位，对发现质量问题的盾构管片厂家停产一个月。

（2）安全管理。

继续以体系建设和制度落实为重点，全面加强安全监管工作，实现了全年安全生产零事故。一是重点督促新开工的工程，健全安全体系、建立责任制、制定安全制度，落实安全责任，坚决制止违章作业，消除安全隐患。二是继续坚持安全督查巡查制度，督查组每天进行工地安全巡查，每周出一期督查周报、每月出一期督查月报，市南水北调办主管主任每月召开一次安全例会，会商问题，督促整改。三是创新监督机制。加大了检查力度，除日常巡查外，逐步形成了“建管中心自查、督查组巡查、部门联查、社会举报”构成的“三查一举”的检查机制；采取了飞检、抽检、专项检查的手段，安排了专业机构对东干渠和密云项目进行检查和安全评估，开展了全年性的安全生产大检查行动和安全隐患排查行动，初步形成了安全监管的长效机制。2013年，共开展各类安全检查387次，发现安全隐患和违章违法行为457处。四是创新机制，加大了整改和处罚力度，对检查出的均责成有关单位进行了整改，对重点问题单位和个人进行了通报。同时，对问题突出的单位法人进行约谈，限期整改；初步形成了与市住建、安监、城管等部门的联合检查和执法处罚与建管中心经济处罚相结合的安全监管和处罚机制。

全年共有3家单位的法人代表被约谈，一家被停工整顿，两家单位被取消文明工地资格；实施经济处罚近300万元。

（张海鹏　侯德广　刘　宇）

科 技 工 作

2013年全年针对各类技术难题共组织专家咨询、评审活动60次，参与活动的专家达252人（次）。组织南水北调相关课题研究21项，为工程建设、调度运行等提供了技术支撑。全系统技术干部在各类杂志发表南水北调工程相关论文12篇。

（1）制定《北京市南水北调科技发展规划纲要（2014～2020）》，提出了2014～2020年北京市南水北调科技发展的指导思想、基本原则、总体目标、主要任务和保障措施，作为2014～2020年市南水北调科技工作的指导性文件。

（2）开展关键课题研究。2013年“南水北调智能调度管理支持关键技术研究及示范”、“密云水库调蓄工程梯级泵站实时调度模型算法开发与应用”两个项目纳入市级科技计划绿色通道项目，获市科委资金支持约500万元。

（3）注重南水北调知识普及。组织编写并出版《北京市南水北调工程100问》，围绕南水北调工程总体情况、水质安全以及北京市南水北调工程建设、工程保护、运行管理等方面知识对南水北调工程进行通俗解读。

（4）建成雨水情信息系统。实现17个站点的雨情、雨量、水情的实时监控，具备自动发送雨情信息的功能，为安全度汛增加保障。推广800M通信终端80余台，在汛期保障中提供应急通信保障手段。

（马翔宇）

征地拆迁工作

2013年，北京市南水北调配套工程继续坚持“以人为本、依法合规、扎实有效、保持稳定”总体思路，紧紧围绕工程建设进度要求，稳步推进各项征地拆迁工作。

（一）征地拆迁进展

续建项目东干渠工程完成全部18个盾构始发井、6个盾构接收井、38个二衬竖井场地移交；累计完成房屋拆迁55 538m²，伐移树木31 237株，地上物拆迁和专项设施迁建全部完成；手续办理已取得临时建设用地规划许可证、临时使用林地手续，排气阀井及亦庄调节池建设项目选址意见书、建设用地规划许可证。

团城湖调节池工程完成中坞小学和周转房拆迁，影响团城湖调节池施工的拆迁工作全部完成，军缆、电力、市政、通信等专项设施迁建全部完成。

新项目南水北调来水调入密云水库调蓄工程完成全部9座泵站地上物拆迁、树木伐移和专项设施迁建，PCCP管道段完成施工场地移交17km；东水西调改造工程完成所有井位拆迁实物量清登。

收尾项目大宁调蓄水库工程管理设施用地手续取得建设项目用地预审、建设项目选址意见书、建设用地规划许可证；南干渠工程永久征地手续取得排气阀井建设项目选址意见书、钉桩成果、建设用地规划许可证，管理设施征地结案手续获得批复。

（二）完成投资情况

2013年，完成征地拆迁投资共计55 415万元。其中大宁调蓄水库工程完成投资248万元，南干渠工程完成投资373万元，团城湖调节池工程完成投资1310万元，东干渠工程完成投资12 888万元，南水北调来水调入密云水库调蓄工程完成投资34 980万元，东水西调改造工程完成投资5616万元。

（刘　畅）

文物保护工作

切实履行职责，加强对工程项目内文物保护工作的指导与监督，确保工程顺利实施和沿线文物得到妥善保护。在工程项目批复前，协调市文物局认真做好文物保护工作预算，纳入工程预算；文物保护工作完成后，及时完成结算工作。

2013年3～6月，完成团城湖调节池工程文物保护工作第三阶段考古勘探工作，共勘探面积43 602m²，发现8座古代墓葬，发掘面积120m²。至此，团城湖调节池工程地下文物保护工作全部结束。

6月，北京市文物局以《关于南水北调配套工程通州支线工程文物保护有关意见的复函》（京文物〔2013〕841号），同意南水北调配套工程通州支线工程线路规划方案，并提出了考古工作经费预算。

6月，北京市南水北调办聘请会计师事务所和造价咨询公司对市文物局提交的南干渠文物保护结算资料进行审核，核定南干渠工程文物保护结算费用884 157.89元。9月，北京市文物局将南干渠工程文物保护结余资金及结余资金滋生利息合计2 573 232.13元退还北京市南水北调拆迁办专用账户。至此，南干渠工程文物保护结算工作全部完成。

8月，北京市南水北调办与市文物局签订《北京市南水北调配套工程南水北调来水调入密云水库调蓄工程文物保护工作协议》。根据协议要求，市南水北调办积极协调相关施工单位和工程沿线相关单位，保证文物保护工作按时顺利推进，市文物局负责组织开展文物保护工作，确保工程建设范围内的文物安全。

（王贤慧）

天津市

概述

按照《天津市南水北调中线市内配套工程总体规划》，天津市南水北调配套工程主要包括城市输配水工程、自来水供水配套工程、自来水厂及以下管网新扩建工程三大部分。城市输配水工程主要包括中心城区供水工程、滨海新区供水工程、王庆坨水库工程，北塘水库完善工程、引滦供水管线扩建工程、工程管理设施及自动化调度系统等，自来水供水配套工程主要包括西河原水枢纽泵站工程和西河原水枢纽泵站至宜兴埠泵站原水管线联通工程等，自来水厂及以下管网新扩建工程主要包括新建、扩建自来水厂（合计规模230万t/日）、改造供水管网1750km等。

2013年，天津市南水北调配套工程共完成投资23.5亿元，为年度投资计划的83.5%。单元工程合格率达到100%，优良率达到93%以上，实现了安全生产零死亡目标，未发生造成人员重伤的一般事故。

（天津市南水北调办）

前期工作

天津市政府投资项目评审中心对王庆坨水库工程社会稳定风险分析成果进行评估，判定工程社会稳定风险等级为低风险；天津市发展改革委批复王庆坨水库工程可行性研究报告，核定初步设计概算总投资13.46亿元；天津市南水北调办据此批复该项目初步设计报告。编制北塘水库完善配套工程、南水北调工程管理设施和自动化调度与运行管理决策支持系统可行性研究报告。开展南水北调天津市内配套工程总体规划复核修订工作。印发《天津市南水北调配套工程重大设计变更管理办法》，进一步规范配套工程重大设计变更行为和审批程序，并据此对39项在建项目重大设计变更进行审批，保证建设程序的完整性。

（天津市南水北调办）

投资计划

2013年，天津市南水北调配套工程年度投资计划安排28.13亿元，实际完成投资23.5亿元，为年度投资计划的83.5%。

（一）滨海新区供水一期工程

该工程起点为曹庄泵站，终点为津滨水厂，全长36.2km，采取管涵输水和曹庄泵站一级加压供水方式，概算总投资14.7亿元，2011年6月14日开工建设，2013年6月完成全部概算投资任务，2013年完成投资2112万元。累计铺设PCCP管42 940m、钢管28 015m；建成曹庄泵站工程，累计完成土方开挖28.95万m^3，土方回填39.12万m^3，清淤9.6万m^3，清表0.99万m^3，混凝土浇筑9.6万m^3，钢筋制作安装6012t，水泥土搅拌桩防渗墙27.5万m。

（二）滨海新区供水二期工程

该工程是滨海新区供水工程的重要组成部分，起点为滨海新区供水一期工程终点处（海河以北、城上村及津滨水厂以西），终点为北塘水库，线路全长37.73km，初期（2014年）的设计运行规模6.4m^3/s，远期（2020年）的设计运行规模10.2m^3/s，主要结构型式为2根直径2.2m的预应力钢筒混凝土管，局部穿越段、转角段等采用钢管。工程按远期规模一次建成，核定工程概算投资20.52亿元。2012年6月开工建设，计划施工总工期24个月。该工程建成后，可延续滨海新区供水一期工程向滨海新区核心区海河以北地区和配套调蓄水库（北塘水库）输送南水北调中线原水，提供城市用水，促进受水地区经济社会的可持续发展。

2013年滨海新区供水二期工程完成投资11.61亿元，为年度投资计划的92.7%，累计完成投资19.6亿元，占总概算投资的95.6%，铺设PCCP管13.39km、钢管12.31km，混凝土套管顶进1214m。

（三）西河原水枢纽泵站工程

该泵站主要功能是向市区新开河水厂、芥园水厂和凌庄水厂输送南水北调中线原水，供水规模225万m^3/日，其中，向新开河水厂供水规模100万m^3/日，向芥园水厂供水规模50万m^3/日，向凌庄水厂供水规模75万m^3/日。核定工程概算投资15.37亿元。2013年1月开工建设，计划建设工期2年。2014年汛后与南水北调天津干线工程同步建成通水后，中心城区可实现引滦、引江双水源互补，实现水资源的合理分配调剂，大大提高城市供水的可靠性和安全性。

2013年，西河原水枢纽泵站工程完成投资6.5亿元，为年度投资计划的100%，累计完成投资13.41亿元，占总概算投资的87.2%，完成进水泵房下半部混凝土结构施工和水泵、电机设备采购任务，全面展开进水泵房上半部钢结构和调节池、引黄溢流设施箱涵、变电站等构（建）筑物主体混凝土浇筑施工，累计完成混凝土浇筑5.43万m^3、钢筋制作安装5233t、水泥搅拌桩浇筑7.12万m、土方工程47.6万m^3。

（四）王庆坨水库工程

该水库是南水北调天津干线天津市“在线”调节水库和备用水源。主要功能一是引江、引滦水源切换备用，遇南水北调总干渠事故检修停水时，保证水源顺利切换；二是调节引江来水的不均匀性，保证城市供水流量稳定。该水库规划建设地点位于武清区王庆坨镇西南，设计总库容2000万m^3，其中死库容500万m^3、调蓄库容1500万m^3。水库从天津干线引水，再回供到天津干线，最大入库流量19.58m^3/s，最小流量2.3m^3/s，供水泵站设计流量18m^3/s。主要建设内容包括围坝、截渗沟、泵站、引水箱涵、退水闸、退水渠等。核定工程概算投资13.46亿元，计划建设工期34个月。该水库建成后将有效缓解南水北调总干渠断水、冰期输水流量减少等供水安全问题对天津市区供水的影响，对于满足城市稳定供水要求、提高城市供水的可靠性和安全性起到重要作用。

2013年，王庆坨水库工程完成投资2.18亿元，占年度投资计划的115.4%，累计完成投资2.18亿元，占总概算投资的16.2%。

（五）西河泵站至宜兴埠泵站原水管线联通工程

结合城市道路建设应急实施，累计完成投资3亿元。基本完成输水管道10.6km，天津市自来水集团正在对完工项目进行项目结算评审。

（天津市南水北调办）

资金筹措与管理

2013年共筹措南水北调市内配套资金11.77亿元，其中资本金2亿元，银行贷款9.77亿元。2013年共使用资金13.25亿元，其中，滨海新区供水一期工程1100万元，滨海新区供水二期工程4.3亿元，西河原水枢纽泵站工程2.02亿元，王庆坨水库工程6.49亿元，天津干线分流井至西河泵站输水工程

1438万元，尔王庄水库至津滨水厂供水工程1827万元，其他费用45.74万元。

加强投资计划管理，按季、月、周分解年度投资计划，细化计划管理、影响因素和落实措施，以周保月、以月保季、以季保年，保证投资计划完成。合理匹配项目资本金和贷款资金，严格执行资金使用程序，保证资金需求和规范使用，充分发挥资金效益。积极协助市财政局上缴天津市南水北调基金6.05亿元，累计上缴42.1亿元，圆满完成征缴任务。修订出台《南水北调天津市配套工程投资计划管理规定》、《南水北调工程合同监督管理规定》和《南水北调工程建设财务管理办法》，使计划财务管理工作更加规范化、制度化。加强对资金拨付使用情况的跟踪监督管理，组织开展项目法人和代建单位建设资金监督检查，保证资金安全。

（天津市南水北调办）

建设与管理

2013年南水北调在建工程主要包括滨海新区供水一期工程、滨海新区供水二期工程、西河原水枢纽泵站工程。各参建单位合理安排工期，科学组织施工，加强工程征迁、施工现场的督促检查和协调推动，及时解决工程建设中遇到的各种问题，努力克服诸多不利因素，全力推进工程建设。

牢固树立“百年大计，质量第一”的意识，全面落实质量管理责任制，强化工程质量管理。建立南水北调工程建设管理台账，完善建设管理三级监控体系，进一步明确项目法人、建设管理单位、监理单位三级监控责任，为全过程管理提供健全的组织保障。建立质量安全管理信息公示牌制度，在建工程项目共设立公示牌13块，向社会公示各参建单位质量安全责任人员，接受社会监督。完善南水北调工程建设诚信体系，规范南水北调工程建设市场主体行为。加大工程质量安全监管和巡查力度，全年开展各类质量安全大检查22次，共检查出各类质量问题43项、安全问题36项，并全部整改落实到位。加强施工过程中的质量控制，推行飞检制度，共组织实体质量与安全生产情况飞检42次，确保工程质量与安全双受控；建立周巡查制度，针对施工过程中暴露出来的质量问题，及时组织专家和技术人员进行调查研究，印发执行南水北调管线工程回填土质量控制标准、PCCP管制作安装规范等，加强质量关键点的质量控制。编制印发《南水北调工程质量手册》，印发《现场管理人员工作手册》、《天津市水利工程施工现场安全管理标准（试行）》、《南水北调工程建设质量问题责任追究管理办法》、《南水北调工程质量终身实施办法（办法）》，为各级质量安全管理人员提供依据和参考。大力推进工程验收工作，尔王庄水库至津滨水厂供水工程完成通水验收，中心城区供水工程完成法人验收，滨海新区供水一期工程完成部分合同验收。

加强安全生产管理。认真落实安全生产责任制，加强现场安全管理，完善安全保障措施，加大安全监管力度，开展南水北调工程安全生产大检查活动。南水北调配套在建工程质量安全体系全年运行正常，工程实体质量安全始终处于受控状态，单元工程合格率达到100%，优良率达到93%以上，实现了安全生产零死亡目标，未发生造成人员重伤的一般事故。按照市政府统一部署，强化工程施工现场扬尘治理，制定印发明确的治理措施，并加大监督检查力度，确保完成大气污染防治目标任务。

（天津市南水北调办）

运行管理

天津市水务局上报天津市政府《市水务局关于申请设立天津市南水北调运行管理机构的报告》，并向天津市编委正式申请设立我市南水北调工程运行管理机构。尔王庄水库至津滨水厂供水工程于2011年5月通水运行，由天津滨海水业集团有限公司负责运行管理，截至2013年底，累计供水1.39亿m^3，创造收益782万元。中心城区供水工程移交引滦宜兴埠管理处负责日常管理。

（天津市南水北调办）

征地拆迁

相关区政府和各级征迁工作机构认真执行国家和天津市有关政策，积极妥善解决征迁过程中遇到的各种问题，推动征迁工作平稳有序开展，全年未出现因工程征迁造成的上访等不稳定问题。滨海新区供水二期工程完成征迁29.14km，占征迁总长度的90.6%；西河原水枢纽泵站工程界内地块房屋征收拆除工作基本完成，二期房屋征收居民房屋调查结果开始公示；王庆坨水库工程完成投资2.18亿元，全部为征迁投资，完成实物指标复核和征地移民安置方案，并报市政府审批；滨海新区供水一期工程津南区临时用地已退还，东丽区和西青区临时用地已部分退还。

（天津市南水北调办）

科技工作

2013年，天津市南水北调办公室组织开展“王庆坨水库溃坝风险影响分析”课题研究，对水库潜在风险源何风险点进行分析，对可能溃坝后的水流走势、淹没范围及灾害状况进行评价，提出相应的防范对策和预案。天津市水利勘测设计院天津干线分流井至西河泵站输水工程项目荣获2013年度全国水利水电勘测设计铜奖。

（天津市南水北调办）

河北省

概述

南水北调中线一期工程分配河北省毛水量34.7亿m^3，占总调水量的36.5%，供水范围包括京津以南7个设区市、92个县、26个工业园区。河北省南水北调配套工程分为两大部分，其中水厂以上输水工程估算总投资300亿元，由河北水务集团作为项目法人，以省级为主负责统一筹资和建设；水厂、配水管网及调蓄工程估算总投资300亿元，由市、县负责筹资建设。配套工程主要包括：新建、改造石津、廊涿、保沧、邢清4条大型输水干渠；新建受水区邯郸、邢台、石家庄、保定、廊坊、衡水、沧州7市水厂以上输水管道工程，新建、改建地表水厂，改扩建城镇供水管网。

按照2014年汛后配套工程与主体工程同步建成生效的要求，河北省倒排工期，狠抓落实，全力推进配套工程建设。11个单项工程中，廊涿、邢清、保沧干渠和石家庄、邯郸、邢台、保定市水厂以上输水管道工程可研已批复；推进各项初设工作，25个设计单元中14个单元初步设计已批复，部分控制性工程初设已批复；穿越铁路、公路工程设计、建设工作同步推进，目前累计批复可研投资205亿元，批复初设投资210亿元。4条大型干渠全面开工建设，其中廊涿干渠基本建成；邢清、保沧干渠全线开工并形成建设高潮；石津干渠明渠段结合大型灌区节水改造正在全面衬砌，控制性节点工程穿南运河倒虹吸基本完成、石家庄市田庄暗渠段正在加紧建设；石家庄、邯郸、邢台、衡水市输水管道工程均已开工建设；穿越铁路和高速公路节点工程陆续开工，部分控制性工程已经完工。截至2013年底，河北省配套工程水厂以上输水工程累计完成投资约68亿元。

（卢亚卓）

前期工作

河北省配套工程水厂以上输水工程共11个单项工程，目前可行性研究报告已全部编制完成并通过省发改委的审查。其中，廊涿、保沧、邢清干渠和石家庄、邯郸、邢台、保定市输水管道工程共7个单项工程已批复，批复投资205亿元；廊坊、沧州市输水管道工程各专项审批手续已全部完成，已上报河北省发改委待批复；石津干渠环境影响评价报告已通过河北省环评中心的审查，正在抓紧进行修改，其他各专项审批已完成，待环评报告批复后即可报省发改委批复；衡水市输水管道工程由于输水线路做了重大调整，各专项审批工作正在抓紧组织进行，防洪、水保已通过省水利厅的审查；土地预审已编制完成，上报省国土厅；环境影响评价已基本完成审批手续。

河北省配套工程水厂以上输水工程划分为25个初步设计单元。根据国家有关规程规范，结合河北省具体情况，组织制定了配套工程初步设计的专项技术规定，保证了配套工程初步设计总体布置、管道设计、设备选型、工程造价和运行管理的科学先进与可靠合理。进一步优化了配套工程水厂以上输水工程管理总体布置。在规范和统一编制要求的基础上，本着严格审查、认真核定、质量第一、高效审批的原则，批复了保沧、邢清干渠，石家庄市输水管道4个设计单元，邢台市输水管道3个设计单元，保定市输水管道2个设计单元，邯郸市输水管道2个设计单元；按照河北省南水北调工程第四次建委会关于“对控制性工程、瓶颈工程和难点工程，先期开工建设”的要求，批复了石津干渠北庄至晋州西段、新垒头桥至军齐闸段、深州市区段、沧州支线压力箱涵段和邯郸、邢台、石家庄、廊坊、衡水、沧州市输水管道部分控制性工程初步设计，批复了穿越铁路工程36处，穿越高速、国省干道工程29处。截至2013年底，已累计批复初设概算总投资210亿元，满足了工程建设的需要。

（卢亚卓）

投资计划

根据河北省政府确定的工作任务，结合河北省配套工程前期工作进展和各市实际情况，经过充分酝酿和认真研究，确定了河北省2013年配套工程建设计划，提出了详细的工作任务，要求加快工程建设进度。

经过多方努力，截至2013年底，河北省配套工程水厂以上输水工程已累计完成总投资约68亿元。其中，廊涿干渠80km输水管线工程已全部建成；邢清干渠169km输水管线工程，征迁工作基本完成，需铺设输水管道185km（按单管计，下同），已完成管道制造170km，管道安装123km；保沧干渠244km输水管线工程，征迁工作基本完成，需铺设输水管道376km，已完成管道制造241km，管道安装完成207km；石津干渠明渠段结合大型灌区节水改造正在全面衬砌，控制性节点工程穿南运河倒虹吸基本完成、石家庄市田庄暗渠段正在加紧建设；石家庄、邯郸、邢台、衡水市输水管道工程均已开工建设；穿越铁路和高速公路节点工程陆续开工，16处穿越铁路工程基本建成，14处穿越京广等铁路和13处穿越京港澳高速公路工程正在抓紧建设；完成了用量大的球墨铸铁管管材招标，提前进行了管道生产储备。

（卢亚卓）

资金筹措与使用管理

根据河北省政府确定的筹资方案（贷款

60%、资本金40%)，水厂以上输水工程需要筹集资本金120亿元，其中省级以上财政筹集49亿元、市县财政筹集21亿元、引融资50亿元。截至2013年底已到位资本金50.6亿元，其中：中央支持15亿元，省财政筹措24亿元，各市上缴11.6亿元，基本满足建设需求。河北水务集团作为项目法人和投资主体，与国家开发银行签订了180亿元贷款，已全额授信，保障了工程建设的顺利实施。

大部分水厂及配水管网落实了投资主体和筹融资渠道，其余水厂工程，有关市县正在千方百计筹集工程建设资金。

（卢亚卓）

建设与管理

河北省南水北调工程水厂以上输水工程由河北水务集团负责筹资建设，采取直接建设管理、委托建设管理和总承包建设管理三种建管模式。其中石津干渠工程结合原石津灌区渠道改建工程、穿越国省干道工程以及配套工程自动化工程由河北水务集团直接负责建设管理。穿越铁路工程采用委托或总承包方式建设管理。其他工程委托邯郸、邢台、石家庄、保定、廊坊、沧州、衡水7个地市建设管理。

（乔连根　王文杰）

工程建设

（一）项目前期工作

组织开展初步设计编制、审查和报批，以及穿越工程设计和自动化系统总体方案设计等。全年批复工程初步设计24个，批复投资162亿元。同时，按照河北省政府和省南水北调建委会提出的先期开工建设穿越铁路、公路等节点工程的要求，积极组织开展了配套工程穿越铁路、公路等工程的设计工作。组织完成了配套工程13处穿京港澳高速、14处穿107国道，以及邢清干渠、保沧干渠6处穿大广等高速工程设计。组织开展了配套工程与铁路交叉工程70处穿铁路工程方案设计和建设，已完成和审查方案设计48处，审批概算38处。已完成配套工程自动化总体方案设计。

（二）工程建设进展

截至2013年底，已开工项目概算总投资134.0亿元，其中概算征迁投资25.1亿元，概算工程投资108.9亿元。完成永久占地224亩、临时用地61 629亩，累计完成征迁投资20.69亿元，占征迁投资的62%。已开工项目累计完成工程投资54.75亿元，占工程投资的51%。累计共完成工程建设投资75.4亿元。

（1）廊涿干渠。

廊涿干渠线路总长80km，需铺设输水管道总长160km，2010年10月开工，现已实现全线贯通，并进行了压水试验，具备了通水条件；累计完成投资13.79亿元，占工程投资的93%。河北水务集团正在抓紧进行管理处和自动化系统的建设。

（2）石津干渠。

各先期开工项目已于2011年6月陆续开工，现累计完成土方开挖236.9万m^3，土方回填101.2万m^3，混凝土浇筑13.1万m^3，钢筋制安1613t。完成渠道衬砌长度42.9km。累计完成投资6.07亿元，占工程投资的45.7%。

（3）邢清干渠。

邢清干渠线路总长168.7km，需铺设输水管道总长181.5km（按单管计）。于2013年5月开工，现已累计完成土方开挖580.95万m^3，土方回填243.23万m^3，混凝土浇筑0.76万m^3，钢筋制作安装113.4t。完成管道制造169.7km，管道安装122.8km，占需铺设管道总长的67.4%。累计完成投资11.2亿元，占工程投资的61.7%。

（4）保沧干渠。

保沧干渠工程主要担负向保定、沧州、廊坊三市12个县（市）供水任务，其中，保定市段于2013年6月开工建设，沧州段于2013年8月开工建设，廊坊段于2013年10月开工建设。保沧干渠全线总长243.6km，需铺设输水管道总长358km（按单管计）。已累计完成土方开挖1012.52万m^3，土方回填597.59万m^3，混凝土浇筑2.31万m^3，钢筋制作安装1326t。完成管道制造241.4km，管道安装231km，占需铺设管道总长的66.2%。累计完成投资22.1亿元，占工程投资的50.5%。

（5）邯郸市输水管道。

邯郸市南水北调配套工程水厂以上输水管道工程第一、二设计单元先期开工项目于2013年10月开工建设。第一设计单元先期开工项目线路总长30.5km，需铺设输水管道总长34.2km，累计完成土方开挖20.59万m^3，混凝土浇筑0.11万m^3，钢筋制作安装123t。完成管道制造4.6km，管道安装0.1km，占需铺设管道总长的0.28%。完成投资3568万元，占其工程投资的8.4%；第二设计单元先期开工项目线路总长77.509km，需铺设输水管道总长77.509km。累计完成土方开挖57.0万m^3。完成管道制造6.05km，管道安装1.68km，占需铺设管道总长的2.2%。完成投资3299万元，占其工程投资的8.0%。

（6）石家庄市输水管道。

第一设计单元先期开工项目线路总长23.4km，需铺设输水管道总长23.4km，已累计完成土方开挖50.4万m^3，土方回填6.7万m^3，混凝土浇筑0.02万m^3，钢筋制作安装44t。完成管道制造12.9km，管道安装11.7km，占需铺设管道总长的49.8%。累计完成投资3536万元，占其工程投资的18%。

第三设计单元先期开工项目线路总长32.6km，需铺设输水管道总长32.6km，已累计完成土方开挖38.0万m^3，土方回填30.1万m^3，混凝土浇筑0.6万m^3。完成管道制造7.0km，管道安装6.5km，占需铺设管道总长的20%，累计完成投资5384万元，占其工程投资的16%。

（7）衡水市输水管道。

第一设计单元先期开工项目工程线路总长22.6km，需铺设输水管道总长22.6km，尚未开工建设；第二设计单元先期开工项目工程线路总长16.7km，需铺设输水管道总长16.7km，已累计完成土方开挖23.2万m^3，累计完成投资100万元，占其工程投资的1%。

（乔连根　王文杰）

质量管理

河北水务集团与河北省南水北调办联合成立河北省南水北调配套工程质量督促处，开展工程质量监督检查工作。先后组织开展了11个PCCP生产厂家、2个DIP生产厂家、2个SP管道生产厂家管道原材料、生产过程控制及管道生产质量检查；对40多个施工安装单位施工现场管道安装质量，石津干渠工程、穿越铁路工程、穿越国道107工程的施工、原材料控制及设备制造质量进行检查，同时督导监理单位、现场建管机构加强质量管理和日常检测。质量检查工作坚持做到了检前定计划、检中严标准、检后印通报，整改有复查，同时还聘请了第三方检测机构对原材料、成品、半成品进行检测，据不完全统计，共计检查、复检40多次，下发整改通知17期，检查出质量问题604个，整改质量问题604个，出具第三方检测报告140余份，为搞好工程建设质量提供有力保障。

（乔连根　王文杰）

工程监理

2013年，河北南水北调配套工程水厂以上工程共计44个施工监理标。监理单位实行总监负责制，按照合同规定认真履行职责做好监理工作。一是做好现场监理，认真执行监理工作有关规定，对施工现场原材料、施工质量进行管控；二是做好重点监理，对关键部位和工序实行旁站监理，跟踪监理，确保施工工序按照要求进行；三是做好有关监理资料的记录及管理工作。通过发挥监理的作用，确保工程顺利进行。

（乔连根　王文杰）

江　苏　省

前　期　工　作

《江苏省南水北调配套工程规划》已于2010年编制完成并上报江苏省政府。2011年1月，江苏省发展改革委受省政府委托组织了审查。江苏省南水北调办根据审查意见对配套工程规划组织了进一步的修改完善了，同时提出了江苏省南水北调配套工程实施意见。

根据配套工程规划，江苏省南水北调配套工程主要任务是围绕消化干线供水能力、提高水资源配置水平、发挥东线南水北调工程整体效益的目标，完善省供水配套工程体系，提高输配水系统的节水、管水和水质保护能力，实现对南水北调供水区的科学调度和科学管理，更好地满足经济和社会发展对水资源的保障需求。规划的配套工程主要包括：输水干线口门完善工程、输水支线配套工程、两湖抬高蓄水位影响处理完善工程、干(支)线水量计量与水质监测工程、农业用水户内部配水和计量工程、水质保护补充工程六个主要设计单元。规划的工程总投资57.7亿元。

江苏省南水北调办按照“突出重点、远近结合、先急后缓”的原则，拟定了配套工程的分步实施计划。2013年，江苏省南水北调配套工程前期工作继续以水质保护补充工程设计单元为中心推进。一是睢宁县尾水资源化利用及导流工程初步设计报告通过江苏省发展改革委批复，为工程开工建设奠定了基础。二是宿迁市尾水导流工程已完成可行性研究报告编制。三是配合江苏省水利厅完成新沂河尾水通道扩建完善工程可行性研究报告编制，上报江苏省发展改革委。四是适时筹划其他设计单元工程前期工作。结合江苏省水利厅会同江苏省南水北调办开展的“江苏境内南水北调输水干线口门管理体制研究”工作，推动输水干线口门完善工程和干（支）线水量计量与水质监测工程等设计单元工程的前期工作进展。

（江苏省南水北调办）

工 程 建 设 进 展

2013年，江苏省南水北调配套工程继续以“水质保护补充工程”为重点，向前推进。

2013年，《江苏省南水北调配套工程规划》中的“水质保护补充工程”设计单元建设进展加快。

（一）新沂市尾水导流工程

概算总投资21 207万元，施工总工期18个月。2012年1月正式开工实施。至2013年12月底，主体工程基本建设完成。年度累计完成投资2415万元，总累计完成投资20 466万元，占工程总投资的96.5%。

（二）丰县沛县尾水资源化利用及导流工程

概算总投资52 093万元，施工总工期20个月。2012年9月开工实施。截至2013年12月底，尾水导流工程基本完成，资源化利用工程全面实施。年度累计完成建设投资29 110万元，总累计完成投资36 130万元，占工程总投资的69.4%。

（三）睢宁县尾水资源化利用及导流工程

概算总投资23 080万元，施工总工期16个月。2013年6月开工实施，截至2013年底，各施工标及管材采购标全面实施。年度累计完成投资11 027.5万元，总累计完成投资11 027.5万元，占总投资的47.8%。

（江苏省南水北调办）

山 东 省

概 述

南水北调东线一期工程山东省续建配套工程消纳调江水量14.67亿m^3，其中鲁南片2.10亿m^3、胶东片8.77亿m^3、鲁北片3.80亿m^3。续建配套工程建设涉及枣庄、济宁、菏泽、德州、聊城、济南、滨州、淄博、东营、潍坊、青岛、烟台、威海13个市的68个县（市、区）。供水范围总面积为6.42万km^2，占山东省国土面积的40.85%，规划阶段划分为41个供水单元工程。主要包括输水工程、调蓄工程、泵站工程和供水工程等。规划输水渠道747km，调蓄水库62座，新（改）建泵站88座，调蓄水库出库至净水厂供水管道总长806km，规划总投资253.2亿元。

经优化调整，山东省原规划41个供水单元工程调整为38个。截止2013年12月，青岛市区，东营市广饶，德州市区、武城4个供水单元工程主体工程已经完成。淄博市、济南市区2个供水单元部分建设完成，具备消化承诺调江水量的能力。正在建设的有，枣庄市区、滕州，济宁市（3个供水单元），菏泽市巨野，济南市章丘，潍坊市寿光、滨海开发区、昌邑，青岛市平度，烟台市区、龙口、招远、蓬莱、莱州、栖霞，威海市区，聊城市莘县、高唐、临清、冠县，德州市夏津、旧城河（宁津县）等24个供水单元工程。累计完成投资42.1亿元。

（徐国涛）

前 期 工 作

（一）管理制度

2013年3月15日，山东省南水北调工程建设管理局召开了全省南水北调续建配套工程建设管理工作会议，积极推进前期工作。

3月31日，以《关于下达南水北调续建配套工程各供水单元工程建设进度计划的通知》（鲁调水计财字〔2013〕12号），向各市南水北调办事机构明确各供水单元工程前期工作以及开工、完工时间节点。

4月28日，印发了《关于明确南水北调配套工程前期工作和投资计划管理工作有关事项的通知》（鲁调水计财字〔2013〕16号），对配套工程规划执行、初设审批、设计变更、施工图设计、投资管理、统计等工作进行了详细规定。

（二）工程进展

截至2013年底，山东省续建配套工程38个供水单元工程中：

已有22个批复了初步设计，分别是：青岛市区、平度，淄博市，济南市区，烟台市区、龙口、蓬莱、招远，济宁市（3个）、枣庄市区，德州市区、武城、旧城河（宁津县），潍坊市寿光、滨海开发区、昌邑，东营市广饶，聊城市莘县、冠县，威海市区供水单元工程。

可研报告已获得批复的供水单元工程有6个，分别是：济南市章丘、烟台市莱州、栖霞，引黄济青改扩建，聊城市东阿，德州市夏津供水单元工程。

可研报告已通过审查，尚未批复的供水单元工程有8个，分别是：枣庄市滕州，聊城市阳谷、东昌府区、茌平、高唐、临清，东营市中心城区垦利，菏泽市巨野供水单元工程。

可研报告正在编制中的供水单元工程有2个，分别是：滨州市邹平、博兴供水单元工程。

（徐国涛）

投 资 计 划

山东省续建配套工程建设资金由资本金和融资两部分构成，其中资本金部分由省、市、县三级财政按一定比例筹集。按照山东省南水北调续建配套工程建设管理方式，各市人民政府为续建配套工程建设责任主体，市、县资本金及融资计划由各市具体负责，省发展改革委和省财政厅负责省级资本金筹措和计划安排。

2013 年，山东省发展改革委分三批下达了省级资本金投资计划 1.8 亿元。其中，省级财政专项资金 1.45 亿元、省预算内基本建设资金 0.35 亿元。具体包括：

4 月 27 日，鲁发改投资〔2013〕530 号下达省预算内基本建设投资计划 3500 万元。

11 月 13 日，鲁发改投资〔2013〕1411 号下达省财政专项资金 10 000 万元。

11 月 21 日，鲁发改投资〔2013〕1523 号下达省财政专项资金 4500 万元。

按照省级资本金安排计划，济宁市（3 个供水单元），济南市区、章丘，淄博市，烟台市区、龙口，东营市广饶，德州市区等 10 个供水单元工程的省级资本金已全部下达。

（徐国涛）

资 金 筹 措

山东省续建配套工程筹资方案不考虑青岛市（计划单列）和引黄济青改扩建（单审单批）两个单项工程，规划阶段资本金占 40%，融资占 60%。即资本金 94.33 亿元，融资 141.49 亿元。资本金中省级负担 30%，市、县负担 70%，其中省级负担又按东部、中部、西部地区三个标准，东部地区 20%，中部地区 30%，西部地区 40%，省财政直管县增加 10%，剩余资本金由市级财力筹资 40%，县级财力筹资 60%。经测算，需筹措省级资金 32.95 亿元、市级资金 24.55 亿元、县级资金 36.83 亿元。

（徐国涛）

建 设 管 理

认真落实续建配套工程建设管理办法，加强了各市南水北调供水单元工程项目法人组建、招投标工作、建设管理程序等制度规定的落实。2013 年 8 月山东省南水北调建管局组织召开续建配套工程建设管理培训班，对各相关地市、县南水北调局以及各供水单元项目法人单位的负责人、招投标负责人、档案管理负责人，就建设管理、招投标管理、档案管理、验收等方面进行培训。重视加强检查督导。多次组织对全省续建配套工程建设情况进行现场调研，帮助指导解决工程建设过程中的重点难点问题，同时要求各地市供水单元单位填报建设进度的节点目标表，采取建设信息月报制度与 K 值考核相结合的办法，每月随机进行抽查，及时做好了进度节点目标的调度，加快了建设进度。截止 2013 年年底，38 个供水单元中 35 个项目法人组建到位，已开工建设的供水单元工程已累计完成投资 334 675 万元，淄博市在全省率先实现了配套工程通水运行，并完成引水 1002 万 m^3。

（杨忠堂）

河 南 省

概 述

河南省南水北调配套工程是中线总干渠分水口门至城市水厂之间的输水工程，承担着将分配给河南省的南水北调水量输送到城市水厂任务。南水北调中线一期工程分配河南省水量37.69亿m^3，扣除引丹灌区分水量6亿m^3和总干渠输水损失，至分水口门水量为29.94亿m^3。河南省从南水北调中线总干渠39个分水口门引水，向南阳、平顶山、漯河、周口、许昌、郑州、焦作、新乡、鹤壁、濮阳和安阳11个省辖市市区、34个县（市）城的83座水厂供水。输水线路总长约1000km，其中铺设管线982km，改造河渠和暗涵3km，利用河道输水15km；建提水泵站20座。工程永久占地1328.12亩，临时占地76 576.78亩（不包括郑州21号线路）。

按可研批复的2009年第三季度价格水平，工程总投资121.89亿元。工程建设所需资金由省市财政、南水北调基金及银行贷款按4:4:2的比例筹集，其中省、市财政性资金按照省市1:1比例分担。配套工程初步设计采用2011年第三季度价格水平，工程总投资为150.20亿元，较可研阶段增加投资28.31亿元（因扩大供水规模和增加供水目标增加工程投资、输水线路方案和工程量变化增加工程投资、价格水平变化增加投资、政策调整因素增加工程投资）。所增加投资由省市财政、南水北调基金及银行贷款按4:4:2的比例筹集，其中省、市财政性资金按照省市1:1比例分担。

（许彦鸣）

前 期 工 作

河南省按照国家和河南省委、省政府提出的配套工程要与主体工程同步建成、同步通水、同步达效的要求，开展配套工程前期工作。2003年，河南省开始编制配套工程规划。2007年10月17日，河南省政府批复配套工程规划。2011年3月6日，河南省发展和改革委员会批复配套工程可行性研究报告。配套工程可研批复后，初步设计工作随即全面展开。为便于工程实施，配套工程初步设计分为14个设计单元，即：11个省辖市设计单元和1个自动化工程设计单元、1个文物保护设计单元、1个调度中心设计单元。截至2013年底，14个设计单元中，自动化设计单元初步设计完成审查和修改、进入最后的审批阶段，许昌、新乡、南阳、平顶山、漯河、周口、郑州、安阳、焦作、鹤壁、濮阳、省调度中心土建工程、文物保护13个设计单元初步设计报告全部通过省发展改革委批复。

河南省配套工程建设全部采用委托建设管理模式。河南省南水北调建管局是河南省南水北调配套工程建设的项目法人，授权各省辖市南水北调配套工程建设管理机构负责建设，并对配套工程质量、进度、安全负全部责任。

河南省配套工程首开项目许昌18号分水口门线路工程于2011年4月29日开工建设，标志河南省南水北调配套工程建设正式启动；许昌市17号口门线路于2012年4月底开工建设，15、16号口门供水线路2012年10月开工建设；新乡市配套工程于2012年8月13日开工建设。其他各市配套工程在2012年10～11月底陆续启动。

（许彦鸣）

建 设 管 理

河南省南水北调办采取效能监察、考核奖惩、协调督导的措施，推进配套工程建设。河南省南水北调配套工程自2012年11月底全面开工以来，进展逐步提速，2013年完成省政府下达的“完成管道铺设80%”的目标任务。

制订《河南省南水北调配套工程PCCP管道工程质量评定办法》，组织开展配套工程质量集中整治活动，对河南省南水北调配套工程所有在建项目的工程实体质量、管材生产质量及各参建单位的质量管理行为进行集中整治，查摆存在的质量问题，落实整改措施，并举一反三，消除质量隐患。

建立配套工程月建管例会制度，每月按黄河南、北两个片区轮流召开工程建管例会，对建设过程中出现的问题进行研究分析，以会议纪要方式明确责任单位和解决时限，督促及时解决；实行配套工程旬、月报制度，畅通信息，掌握施工单位的人力、机械等资源配备情况和影响工程进展的因素，及时协调解决问题，推进工程建设进度；加大管材供应协调力度，成立管材制造进度协调工作领导小组，对管材供应滞后的厂家进行重点督导，督促执行合同，加快管材生产进度。对生产能力严重不足的厂家进行强行分割，对管材超限运输问题及时协调有关部门给予解决；加大对配套工程的督导考核力度，根据《河南省南水北调配套工程督查奖惩办法》和《河南省南水北调配套工程建设目标督查奖惩实施细则（试行）》，每月对配套工程建设进展情况进行督查。截至12月31日，累计完成管道铺设786km，占总长的82%，完成省政府下达的“完成管道铺设80%”目标任务。

（刘晓英）

CHINA SOUTH-TO-NORTH WATER DIVERSION PROJECT CONSTRUCTION YEARBOOK

拾伍 队伍建设

TEAM BUILDING

国务院南水北调工程建设委员会办公室

概　　述

国务院南水北调工程建设委员会办公室（以下简称国务院南水北调办）2013 年干部人事工作，认真贯彻党的十八大和十八届三中全会精神，按照全国组织部长会议、人才工作会议、人力资源和社会保障工作会议、行政机关公务员管理工作会议等有关工作要求，坚持围绕中心、服务大局，坚持求真务实、开拓创新，以抓好党的十八大精神学习培训、加强干部作风建设、从严监督管理干部等为重点，积极推进领导班子、干部队伍、人才队伍建设，不断提高干部人事工作水平，为如期实现南水北调东中线通水目标提供了坚强的组织保证和有力的人才支持。

（刘德莉　管玉卉）

队伍建设与组织机构

（一）加强干部队伍建设

坚持德才兼备、注重实绩、群众公认的原则，严格按照民主推荐、民主测评、组织考察、任前公示等干部选拔任用程序，做好机关司、处级领导干部和直属各单位领导班子成员的选拔配备工作，不断优化干部队伍结构。按照干部管理权限，做好直属事业单位处级干部和直属企业中层管理人员的备案管理工作。扩大选用用人视野，积极选调京外优秀人才，规范干部交流管理，积极为干部交流锻炼创造条件。积极稳妥地做好各类型、各层次干部的交流轮岗工作，激发干部队伍活力；鼓励中青年干部到艰苦地区锻炼成长，按照中央要求选派干部对口支援湖北郧县，到西部地区、老工业基地和革命老区挂职锻炼，继续做好援疆干部的管理服务工作；规范有序地选拔基层优秀干部到办机关交流锻炼；加强同兄弟部委的沟通联系，积极协助审计署选派干部到南水北调工程建设一线挂职锻炼。组织各直属单位开展年度京外调干、接收高校应届毕业生计划、解决夫妻两地分居申报工作，严格按照国家政策和工作程序办理有关手续，解决各直属单位的人才需求和干部职工实际困难。

（二）强化干部管理监督

严密组织、严格程序、规范操作，完成 2013 年度办管干部考核工作，采用标准化考核表，采取集中公示全体办管干部工作总结和参加投票人员名单，专门设立举报电话和邮箱等手段扩大考核民主，提高考核效率，成效明显。为进一步加强干部管理，改进工作作风，优化事业环境，研究制定《国务院南水北调办领导干部问责办法（试行）》（国调办综〔2013〕23 号），规定国务院南水北调办管理的干部违反法律、法规、规章、政策和内部管理制度，不履行、不正确履行职责或履行职责不力，作风不正、纪律不严、形象不良等行为实施问责。组织开展直属单位年度干部选拔任用工作“一报告两评议”，了解直属单位选人用人群众满意度。按照中组部要求，配合做好中管干部有关个人事项报告工作，从严做好机关、直属事业单位处级以上领导干部和直属企业部门副职以上领导干部有关个人事项报告工作。加强与中纪委监察部、最高人民检察院的日常联系，探索建立南水北调工程预防和惩治腐败工作机制。

（三）扩大干部教育培训

认真贯彻落实《2013～2017 年全国干部

教育培训规划》和全国干部教育培训工作会议精神，根据南水北调工程建设实际和干部队伍建设需要开展干部教育培训。按照中央要求，举办十八大精神轮训班，分期对办机关、直属事业单位副处级以上及中线局部门正职以上干部（含交流锻炼干部）进行了集中轮训。整合各类培训资源，充分利用“一校五院”、干部网络学院等教育阵地，选派党员干部参加中组部干部调训、司局级干部选学、中央党校处级和青年干部培训班等；鼓励干部参加学历、学位继续教育；加强业务培训，贯彻落实中央八项规定，本着少而精的原则，压缩班次和经费，节约开支，减少浪费；有计划地选派业务骨干参加出国（境）培训，学习国外先进技术和管理经验。在干部教育培训中，从严加强学员管理，注重培训成果的运用，干部参加培训期间的表现、成绩，作为干部考核、选拔任用、专业技术职务评聘的重要依据。

（四）推进事业单位分类改革和专业技术人才工作

按照中央要求，指导督促所属事业单位对照事业单位分类指导目录，结合职责任务、经费来源等实际情况，慎重提出分类意见；经与中央国家机关所属事业单位分类工作小组沟通协商，均按“公益一类”进行申报。认真组织开展专业技术职务任职资格评审工作，通过自评及委托代评等形式，评定一批工程、会计专业系列具备高、中级专业技术任职资格的技术人员，进一步充实了专业技术人才队伍。同时及时为试用期满考核合格的新录用公务员认定专业技术职务资格。作为遴选部门，积极做好中国科学院、中国工程院院士候选人以及其他学术奖项人选的提名推荐工作。

（刘德莉　管玉卉）

人 事 任 免

2013 年 4 月 19 日，国务院南水北调办以办任〔2013〕1 号文件，任命王志民为综合司巡视员；李勇为投资计划司巡视员，免去其南水北调工程设计管理中心主任职务；井书光为建设管理司副巡视员；徐子恺为环境保护司巡视员，免去其环境保护司副司长职务；王松春为南水北调工程设计管理中心主任（试用期一年），免去其建设管理司巡视员兼副司长职务。

2013 年 4 月 24 日，国务院南水北调办以办党任〔2013〕2 号文件，任命刘杰同志为中共南水北调中线干线工程建设管理局党组副书记（试用期一年）。

2013 年 5 月 9 日，国务院南水北调办以办任〔2013〕2 号文件，任命范治晖为环境保护司副司长（试用期一年），免去其环境环保司副巡视员职务。

2013 年 5 月 16 日，国务院南水北调办以办任〔2013〕3 号文件，任命刘宪亮为南水北调中线干线工程建设管理局副局长。

2013 年 5 月 16 日，国务院南水北调办以办党任〔2013〕4 号文件，任命刘宪亮同志为中共南水北调中线干线工程建设管理局党组成员。

2013 年 6 月 20 日，国务院南水北调办以办任〔2013〕4 号文件，经任职试用期满考核合格，任命王平为投资计划司副司长；于合群为南水北调工程建设监管中心主任。

2013 年 7 月 22 日，国务院南水北调办以办任〔2013〕5 号文件，经任职试用期满考核合格，任命鞠连义为南水北调中线干线工程建设管理局副局长。

2013 年 8 月 26 日，国务院南水北调办以办任〔2013〕6 号文件，任命韩占峰为投资计划司副司长（试用期一年），免去其投资计划司副巡视员职务；任命袁其田为监督司副司长（试用期一年），免去其监督司副巡视员职务。

2013 年 9 月 12 日，国务院南水北调办以办党任〔2013〕6 号文件，免去韩连峰同志的中共南水北调中线干线工程建设管理局党组副书记、纪检组长职务；因干部到龄，按照国家有关政策，批准退休。

（刘德莉　管玉卉）

党的建设与精神文明建设

2013年，国务院南水北调办直属机关党建工作，在中央国家机关工委和办党组的领导下，在机关各司各单位的积极支持配合下，以科学发展观为指导，围绕“服务中心、建设队伍”两大核心任务，深入开展党的群众路线教育实践活动，着力加强党的思想、组织、作风、反腐倡廉和制度建设，着力建设学习型、服务型、创新型的机关基层党组织，为南水北调工程又好又快建设提供了有力的思想政治保证。

（一）深入开展党的群众路线教育实践活动

按照中央要求，2012年7月以来，在办党组的统一领导下，机关各级党组织认真参加了第一批党的群众路线教育实践活动，基本实现了预定目标，取得了良好的效果。主要开展了以下活动：

（1）深入动员部署，进行思想准备。中央党的群众路线工作会议召开后，办党组迅速传达习近平等中央领导同志的重要讲话和中央文件精神；成立教育实践活动领导小组，下设办公室，派出督导组；印发领导小组及其办公室工作规则；制定教育实践活动实施方案；召开动员大会进行层层动员和部署，坚持高起点、高标准、高质量，保障教育实践活动有序开展。

（2）认真组织学习，广泛听取意见。各级党组织采取个人自学和集体学习相结合的方式，认真学习中央教育实践活动历次会议精神，认真研读规定文件和学习材料，学习有关方面组织编辑的《论群众路线——重要论述摘编》、《党的群众路线教育实践活动学习文件选编》、《厉行节约、反对浪费——重要论述摘编》，开展理想信念、党性党风党纪和道德品行教育，开展中国特色社会主义宣传教育，开展马克思主义群众观点和党的群众路线教育，开展专题研讨，做到入脑入心，深化理解。采取走出去、请进来的办法，通过座谈会、问卷调查、网络征集、个别访谈、相互交流等方式，办党组征求了16个方面的意见建议600余条，经梳理归类为81条。

（3）深刻剖析检查，开展批评与自我批评。各级党组织深入开展谈心交心活动，在办党组领导同志带领下，各级领导班子和处级以上党员干部认真开展谈心活动，认真撰写对照检查材料。以整风精神召开领导干部专题民主生活会和党员专题组织生活会，积极开展批评与自我批评，统一了思想认识、增进了班子团结和谐，明确了下一步努力的方向。

（4）切实整改落实，建立长效机制。直属机关各单位在办党组领导下，针对作风方面存在的突出问题，制定和落实整改方案，对理论学习不够、调查研究重形式、决策脱离实际等11个方面的问题进行了整改，开展了整治文山会海、机关作风建设、控制“三公”经费等7个方面的专项治理，强化正风肃纪，注重从体制机制上解决问题，使贯彻党的群众路线成为党员干部的自觉行为。

（二）积极推进学习型党组织建设

采取集中学习、短期培训、专家辅导、学习讨论等多种形式，发挥办党组中心组学习的带动作用，以处级以上党员干部学习为重点，加强面上党员干部的理论学习，进一步提高党员干部的党性修养、政策理论水平和业务素质，增强中国特色社会主义的道路自信、理论自信和制度自信。

（1）加强政治理论和形势政策学习。组织党员干部深入学习党的十八大、十八届三中全会、全国“两会”等会议精神，学习习近平总书记等中央领导一系列重要讲话，学习中国特色社会主义理论体系，学习党的历史和马克思主义哲学，特别是学习中央“八项规定”、党的群众路线理论知识。邀请中央财经领导小组办公室副主任杨伟民作了“大力推进生态文明建设，建设美丽中国”专题讲座。邀请中央党史研究室副主任高永中作了群众路线专题辅导报告。组织干部职工观看了中国探月工程首席科学家欧阳自远的辅导报告视频《中国人的探月梦》、《周恩来的四个昼夜》教育片。

（2）加强工程建设业务知识学习。组织广大党员干部认真学习贯彻建委会第七次全会和南水北调系统工作会议精神，学习研究工程建设重大专题，总结工程建设和运行管理经验，促进南水北调工程又好又快建设。

（3）做好党员干部经常性培训教育。认真贯彻落实中央关于“加强党员经常性教育”的要求，2013 年，选派 3 名司局级、5 名处级党员干部到中央党校、井冈山干部学院、延安干部学院、中央国家机关党校学习；组织 11 名司局级干部参加了中组部组织的自主选学；组织党员干部参加历史文化讲座、部长形势报告会、“强素质、作表率”读书活动、青年名家知识讲座、中国干部网络学院和紫光阁论坛等学习，参观《永远的雷锋》等大型主题展览。

（4）引导党员干部自学。定期向各党支部发送《学习活页文选》、《党风廉政建设》、《紫光阁》、《党建研究及内参》等学习材料；为党员干部购置读书卡，推荐学习书目和网络在线教育，购买《中国特色社会主义学习读本》、《科学发展观学习纲要》、《习近平关于实现中华民族伟大复兴的中国梦论述摘编》、《2013 理论热点面对面》、《好支部是这样炼成的》、《领导干部从政道德启示录》等书籍，引导和督促党员干部好读书、读好书，加强理论修养。为鼓励学习，综合司为党员干部购置了《之江新语》，监管中心为党员干部购置了《甲申三百年祭》和《中国人史纲》等书籍。

（三）着力加强基层党组织建设

认真贯彻落实《中国共产党党和国家机关基层组织工作条例》，扎实推进机关党的组织建设，增强基层党组织的生机与活力，造就高素质的党员干部队伍。

（1）进行了机关党委换届选举。根据党章规定，经办党组同意并经中央国家机关工委批准，2013 年 12 月 24 日，召开了中共国务院南水北调办公室直属机关第二次代表大会，选举产生了办公室第三届直属机关委员会和纪律检查委员会。选举于幼军为直属机关党委书记、杜鸿礼为直属机关党委常务副书记、彭克加为直属机关党委副书记，石春先、由国文、刘杰、刘岩、刘远书、苏克敬、李勇、袁其田、袁松龄、熊中才为直属机关党委委员；选举彭克加为直属机关纪委书记、刘杰为直属机关纪委副书记，王平、王松春、井书光、陈曦川、谢义彬为直属机关纪委委员。

（2）积极组织开展主题党日活动。各党支部（党委）结合实际和业务工作特点，开展了丰富多彩的主题党日活动，例如经财司以“携手建设南水北调，共同营造美丽生态”为主题，组织党员干部参观白洋淀抗战纪念馆和冉庄地道战遗址，增强党员的党性观念，开展爱国主义教育。中线建管局以“走红色路线，传革命精神，以饱满热情献身南水北调”主题，分两批组织党员干部赴河南驻马店竹沟革命纪念馆及烈士陵园、河北西柏坡纪念馆及廉政纪念馆，进行革命传统教育和爱国主义教育，并在两地举行了党员宣誓仪式。稽察大队组织党员干部参观了淮河战役纪念馆，增强党员党性信仰。各司各单位积极组织党员干部到工程建设一线调研考察，增强党员干部的群众感情和了解、观察、分析解决实际问题的能力。

（3）加强基层党组织建设和管理。一是

根据办机关退休党员逐渐增多的情况，成立了退休干部党支部，健全了机关党的基层组织，更好地保障退休老同志“老有所教、老有所学、老有所乐、老有所为”。二是做好党建考核工作，修订完善直属机关党建考评办法，不断促进直属机关党建工作科学化。三是推荐总结“支部工作法”。根据工委关于总结践行党的群众路线典型工作法的通知要求，监管中心党支部等3个支部报送了践行群众路线支部工作法，投计司党支部等5个党支部报送了践行群众路线、解决民生问题的典型工作。四是认真开展党建课题研究，形成了《机关党建工作考评实践初探》研究成果。五是加强信息沟通和交流，办好党建工作简报，及时向中央国家机关工委上报思想动态反映和有关信息。六是坚持办好党建工作网上信箱，畅通民意渠道。

（4）做好日常组织管理工作。认真贯彻“坚持标准、保证质量、改善结构、慎重发展”的方针，积极稳妥地做好党员发展工作，共发展新党员9名，为党组织注入新鲜血液。及时办理党员组织关系接转手续。认真做好党内统计工作。党费收缴管理工作进一步规范化。积极健全和完善帮扶机制，在节假日走访慰问困难党员群众，送去党组织的关心。

（四）扎实推进反腐倡廉和作风建设

坚持把党风廉政建设放在机关党建的突出位置，与业务工作一同部署、一同落实、一同检查、一同考核，着力构建教育、制度和监督并重的惩治和预防腐败体系。

（1）深入学习贯彻第十八届中央纪委二次全会和国务院第一次廉政工作会议精神。组织党员干部认真学习十八届中纪委二次全会上习近平同志重要讲话和王岐山同志作的工作报告，学习国务院第一次廉政会议上李克强总理的重要讲话，学习《建立健全惩治和预防腐败体系2013～2017年工作规划》等文件。

（2）认真开展廉政文化建设和警示教育。以支部（党委）为单位组织观看了《忠诚与背叛》、《失德之害—领导干部从政警示录》等宣传教育片，增强广大党员干部的宗旨意识、忧患意识、大局意识和廉政意识，确保南水北调工程安全、资金安全、干部安全。

（3）认真落实党风廉政建设责任制。按照规定要求，年底组织各司各单位开展了《党风廉政建设责任书》执行情况的自查工作，严格执行责任追究制，加强廉政风险防控。同时，加强案件检查和信访工作，认真处理来信来访。

（4）切实加强机关作风建设。认真学习贯彻中央“八项规定”精神，深入开展强化“五种作风”建设活动，提倡求真务实、清正廉洁、联系群众、艰苦奋斗、勤思爱学，努力打造一支政治坚定、作风正派、求真务实、甘于奉献的干部队伍。继续推进机关干部“深入基层、服务工程”活动。鼓励机关干部下基层、接地气，引导党员干部积极开展“走出机关、服务工程”活动，采取在工程建设一线驻点调研等做法，真心诚意为工程建设一线服务，树立了办机关“走在前、作表率”的作风和形象；同时，为促进深入基层、调查研究工作，整理汇编了2012～2013年度机关干部调研报告文集。

（五）进一步健全党建工作规章制度

制度建设是机关党建的一项重要工作，为机关党建工作真正落到实处、发挥作用提供宏观指导和机制保障。一是结合党的群众路线教育实践活动，机关各级党组织系统梳理了规章制度和内部管理办法，认真做好“废、改、立”工作，积极稳妥地推进体制机制创新，勇于突破制约南水北调工程建设各项工作的制度束缚，促进了制度的进一步优化。二是协助党组修订完善了中心组学习制度，对建立学习台账、进行学情通报、严格学习考勤等内容作了明确规定。三是修订完善了机关党建工作考评办法，对考核内容作了适当的调整和充实，将贯彻落实中央八项规定、厉行节约反对浪费条例、反对“四风”等作为考核的内容，党建考评工作进一步科学化、规范化和制度化，形成了科学合理、公平公正、运行良好的党建考评体系。

（六）认真做好工青妇和精神文明创建工作

积极指导机关工、青、妇等群众组织依据各自章程、发挥各自特点，开展群众喜闻乐见，有益身心健康，增进交流和理解的各类活动，为南水北调工程建设提供强大的精神动力。

（1）充分发挥工青妇群众组织作用。机关工会关心职工权利和利益，组织劳动竞赛；开展文体活动，组织参加中央国家机关“公仆杯”象棋比赛、乒乓球联赛、羽毛球比赛，认真组织开展新春联谊活动；开展节日送温暖活动，及时慰问困难职工，为干部职工送上生日祝福等。机关妇工委关心女职工的权益和健康，坚持做好女职工专项体检工作；对在孕期、哺乳期的女职工给予生活、工作上的关心照顾；组织女职工观看《红色娘子军》芭蕾舞剧；重视职工子女的成长教育。机关团委组织青年学习贯彻党的十八大和十八届三中全会精神；开展“弘扬五四精神，共筑中国梦”青年主题活动；深入开展学习雷锋活动；深化青年文明号创建活动。

（2）深入开展精神文明创建工作。按照办党组统一部署，办直属机关开展了内容丰富、形式多样的精神文明创建活动。一是积极践行社会主义核心价值理念，繁荣发展南水北调文化，在全系统弘扬“负责、务实、求精、创新”的南水北调核心价值理念，营造工程建设良好文化氛围。二是“五一”劳动节前，组织全系统认真总结“创先争优保通水、岗位建功做贡献，向党的十八大献礼”劳动竞赛活动，推选先进集体和先进个人，激励和动员广大党员干部为如期实现东中线一期工程全线通水目标做贡献。三是加强文明机关、和谐机关建设，深入开展办公室文明处室、文明职工、文明家庭创建活动。四是召开退伍军人座谈会，召开机关职工群众座谈会，听取对加强机关建设的意见建议。五是为庆祝南水北调东线一期工程成功通水，举办了第七届职工文化艺术展。扎实开展普法和知法守法活动，认真贯彻计划生育基本国策，遵守交通法规。六是积极组织参加各类征文活动。组织参加中央国家机关工委开展的“我与十八大”主题征文活动，组织参加中央国家机关开展的“书香三八”等征文活动，认真做好《中国南水北调工程丛书》（文明创建卷）党建工作部分编写工作。

（3）做好新形势下的统战和维稳工作。关心重视民主党派和无党派人士的思想、工作和生活，引导他们用党的方针政策，特别是党的十八大和十八届三中全会精神统一思想，指导工作。认真做好维稳工作，配合行政部门，完善安全检查和报告制度，保证机关的安全稳定。

（七）获得荣誉

（1）党建研究课题《机关党建工作考评实践初探》（直属机关党委严丽娟同志执笔）一文在中央国家机关党建研究会2013年党建课题研究成果评选中获得二等奖。

（2）环境保护司李道峰同志的作品《生态文明建设与南水北调东线水源保护刍议》、中线建管局张存有和胡敏锐同志的作品《建好南水北调工程，推进生态文明建设》荣获中央国家机关工委“我与十八大”主题征文活动三等奖。

（3）经济与财务司孙卫同志的作品《最幸福的事》荣获中央国家机关妇工委“书香三八”征文活动三等奖。

（4）中线建管局陈晓楠同志荣获2013年度中央国家机关青年岗位能手。

（严丽娟）

党的群众路线教育实践活动

党的群众路线教育实践活动（以下简称

教育实践活动）开展以来，根据中央统一部署，在中央教育实践活动领导小组的领导下，在中央第31督导组的指导下，国务院南水北调办党组紧密结合实际，认真开展工作，切实加强全体党员群众观点教育，强化全心全意为人民服务的根本宗旨，把以人为本、执政为民的理念落实到具体工作中，有力地促进了南水北调工程又好又快建设。

（一）组织宣传工作

中央党的群众路线工作会议召开后，办党组迅速召开会议，认真传达学习习近平等中央领导同志的重要讲话和中央文件精神，积极开展动员部署，坚持高起点、高标准、高质量，保障教育实践活动有序开展。

办领导高度重视并身体力行。党组书记、主任鄂竟平多次听取办教育实践活动进展情况汇报，并做出具体安排部署，亲自主持召开座谈会听取意见和建议，带头学习讨论，带头剖析检查，带头谈心交心，带头开展批评和自我批评，带头整改落实，切实担负了一把手的责任。办党组成员、副主任张野、蒋旭光、于幼军按照分工及时指导教育实践活动的开展，并认真参加各项活动，起到了表率作用。

认真开展动员部署。一是建立健全活动领导机构。成立了教育实践活动领导小组，办党组书记、主任鄂竟平担任组长，其他党组成员为副组长，落实了领导责任；领导小组下设办公室，负责教育实践活动日常工作；领导小组派出督导组，负责督促检查活动开展情况。二是制定并印发了领导小组及其办公室工作规则，对工作职责、会议制度、公文审批、调查研究等方面做出了具体规定。三是按照中央要求，全面把握活动内容、步调，事先制定了教育实践活动实施方案，明确了活动的指导思想、目标要求、方法步骤和组织领导。四是进行深入动员，让每个党员领导干部对活动要求明了于心，2013年7月4日召开了动员大会，要求把教育实践活动作为头等大事和重要工作，加强组织领导，精心组织实施；按照办党组的要求，机关各单位都结合实际制定了本单位的具体方案，进行了再动员和再部署。

扎实做好宣传工作。为扩大活动的辐射范围，便于群众监督，及时发现经验和问题，在南水北调门户网站开辟活动专题，在中国南水北调报进行专门宣传，编印领导小组及其办公室活动简报、会议纪要，及时传达中央关于教育实践活动的重要会议、文件精神，反映办教育实践活动进展和成效，宣传各级党组织开展教育实践活动的经验和特点，加强交流，相互借鉴，通过正面宣传和舆论引导，为教育实践活动创造了良好的舆论环境和文化氛围。

（二）学习教育，听取意见环节工作

国务院南水北调办认真做好学习教育、听取意见环节的工作，积极主动开展学习讨论，深入广泛开展调查研究，多方面听取干部群众的意见建议。

坚持把学习贯穿教育实践活动始终。办党组带头学，基层单位党组织组织广大党员深入学，保障学习时间，保证学习内容。采取个人自学和集体学习相结合的方式，认真学习《中共中央关于在全党深入开展党的群众路线教育实践活动的意见》和习近平总书记一系列重要讲话、中央教育实践活动历次会议、党的十八届三中全会精神，认真研读教育实践活动的规定文件和学习材料，开展专题研讨，做到入脑入心，深化理解，增强宗旨意识和群众观念，自觉把思想和行动统一到中央部署要求上来。教育实践活动期间，党组中心组集中学习达17次，每次半天。

聚焦“四风”广泛听取意见建议。坚持开门纳谏，采取走出去、请进来的办法，党组成员以深入工程一线调研、到活动联系点参加学习、飞检以及召开不同层面座谈会、问卷调查、网络征集、个别访谈、相互交流等方式，围绕“四风”问题，广泛听取意见。

先后书面征求国务院南水北调工程建设委员会（以下简称建委会）部委成员单位意见，分别召开办机关各司、直属单位领导干部、党外同志、青年同志座谈会，面对面听取意见，深入到沿线省市南水北调、征地移民、治污环保机构，以及勘测、设计、施工、监理单位召开座谈会，听取意见和建议。活动开展以来，召开不同层面座谈会10余次，征求到16个方面的意见建议600余条，经梳理归类为81条。通过“回头看”，九成以上干部职工认为征集意见充分或基本充分。在做好对党组及党组成员意见建议征集的同时，各司各单位也认真开展了对本司本单位领导班子及班子成员的意见征集工作。按照办党组部署，各司各单位结合各自业务工作，深入基层一线调研，随时听取一线声音，为现场施工、监理单位解决实际问题，以实际行动践行党的群众路线。针对一线反映的资金紧张、会议检查多、设计变更慢等问题，专门开展了以“缺不缺、亏不亏、变不变、多不多、慢不慢、行不行”为主题的大调研。

（三）查摆问题，开展批评环节工作

在查摆问题、开展批评环节，办党组要求直面问题，不回避矛盾，务必找出产生问题的深层次原因。围绕为民务实清廉要求，通过群众提、自己找、上级点、互相帮，认真查摆“四风”方面的问题，进行党性分析和自我剖析，开展批评和自我批评。

深入开展谈心交心活动。党组主要负责同志与党组成员之间、党组成员相互之间、党组成员与分管部门负责同志之间深入开展谈心交心，既主动谈自己存在的“四风”问题，也诚恳地指出对方存在的“四风”问题。其中，党组成员之间先后进行了3轮集中谈心；党组成员共开展谈心58人次；党组书记鄂竟平与每名正司级以上干部都进行了谈心，共计谈心16次；有的党组成员直接谈心到副处级干部。机关各单位也积极开展谈心活动，力求谈深谈透，通过谈心交换看法、沟通思想，化解矛盾、增进团结，提高认识、正视问题。

深刻剖析检查并撰写对照检查材料。办机关处级以上干部在学习讨论、征集意见和深入谈心的基础上，紧密联系思想、工作和生活实际，联系成长进步经历，对照为民务实清廉，按照衡量尺子严、查摆问题准、原因分析深、整改措施实的要求，深刻剖析检查，研究提出整改落实、建章立制的思路措施，形成对照检查报告，并按要求进行了通报。办党组对照检查报告由党组书记鄂竟平主持起草；对照检查报告在报中央第31督导组审核前，党组集中讨论了3次；在报中央督导组审核后，按要求修改了3次；报中央教育实践活动领导小组办公室审核后，又按要求修改了1次；从初稿到定稿，先后修改了10余次。办党组成员的个人对照检查材料，均修改7次以上。

召开专题民主生活会和组织生活会。一是办党组带头召开领导班子专题民主生活会，认真贯彻整风精神，结合个人思想和工作实际，以对党、对自己、对同志、对工作负责的态度，以敢于揭短亮丑的勇气、触及灵魂的精神、纠偏改过的决心，开门见山、坦诚相见，进行了严肃认真、积极健康的批评和自我批评，相互批评所提意见数达20条，达到了红红脸、出出汗、治治病的预期效果。会后，及时进行了民主生活会情况通报。二是各司各直属单位按照要求召开了领导班子专题民主生活会和党员干部专题组织生活会，司局级民主生活会共计11个，组织生活会共计29个，部分党组成员参加了分管司局的民主生活会。处级以上党员领导干部都按要求写出书面检查材料，司局级领导干部除召开专题民主生活会外，还以普通党员身份参加了所在党支部的专题组织生活会并进行了点评，为进一步增进党性原则基础上的团结，着力加强党组班子自身建设、强化党员意识、提高党性修养奠定了基础。

组织群众评议。针对教育实践活动前两环节工作，教育实践活动办在机关全体公务员，直属事业单位、中线建管局机关全体干部职工范围内组织开展了“回头看”民主评议活动。民主评议结果显示，广大干部职工对教育实践活动效果基本满意，持肯定和比较肯定态度的达90%以上。

（四）整改落实，建章立制环节工作

国务院南水北调办认真做好整改落实、建章立制环节的工作，针对作风方面存在的问题，制定和落实整改方案，对一些突出问题进行专门治理，注重从体制机制上解决问题，使贯彻党的群众路线成为党员干部长期自觉的行为。

认真制定“两方案一计划”。对教育实践活动中查摆剖析出来的问题，特别是专题民主生活会查找出来的问题，进行了深入分析研究和归纳梳理，制定了党组整改方案、专项整治方案和制度建设计划，按轻重缓急和难易程度，分别提出整改落实的目标、方式和时限要求，明确分管领导、分管部门，责任到人，并在办公室内网进行公示，接受广大干部群众监督。

切实加强整改。边学边查边改，即知即改，立行立改，强化正风肃纪，下大力气杜绝沉疴顽疾，减少不必要的环节和程序，整改取得了积极成效。对理论学习不够、调查研究重形式、决策脱离实际等11个方面的问题进行了整改。开展了整治文山会海、机关作风建设、控制“三公”经费等7个方面的专项治理。其中，重点整改了以下几个方面：一是切实整治文山会海。精简会议活动和文件简报，严格控制会议数量和规模，减少发文数量，控制发文规格和文件篇幅，规范文件报送程序和格式。尤其是改进新闻报道和宣传，简化办领导出席会议、考察调研的新闻报道，进一步压缩新闻报道的数量、字数。活动开展以来，2013年7至12月较上年同期减少主任办公会22个。二是严控“三公”经费。重新修订办公室经费支出管理办法等制度，严格执行预算，严禁超预算或无预算安排支出；严格公务接待标准，不得报销任何超范围、超标准以及与相关公务无关的费用；对国内差旅作出明确规定，按规定标准安排交通工具和食宿；规范出国（境）管理，严格按照程序标准安排团组活动，节约办团。2013年“三公”经费支出在上一年压缩的基础上再减5%。三是积极推进节约型机关建设。开展绿色办公，完善节能减排措施，努力节水、节电、节油、节纸。双面用纸，信封、复印纸再利用，低碳出行，利用自然光照，人走灯灭，减少空调开放，开展光盘行动，树立“厉行节约、从我做起”的观念，营造“节约光荣、浪费可耻”的氛围。四是清理整顿表彰奖励活动。对各类达标、评比、表彰、评估和相关检查活动进行了清理整顿，取消表彰活动5项，进一步端正了工作作风，克服了形式主义，减轻了基层和群众的负担。五是开展公务用车问题专项治理。积极开展专项治理重点检查，探索公车管理机制，将历史遗留下来的2台超编车辆按程序移交至国管局资产管理司。六是进一步加强基层党建工作。建立健全了基层党的组织体系，切实关心基层党员干部的思想、工作和生活。七是独创性地实施了“飞检”。飞检是一种转变工作作风、打破常规的做法，事先不通知、不要求被检查单位事前准备、不要求被检查单位汇报，由国务院南水北调办自主安排检查。飞检不允许被检查单位迎来送往，不允许被检查单位安排车辆、伙食和住宿；事前工作安排完全保密，过程中发现的问题公开亮相给被检查单位，听取被检查单位不同意见的申诉，事后确定的事实严厉实行责任追究。飞检及时发现质量缺陷，及时查认责任，及时进行处理，务实高效，对南水北调工程建设质量保证起到了重要作用。

做好建章立制工作。充分运用学习调研和分析检查成果，积极稳妥地推进体制机制创新和制度建设，努力解决制度缺失和体制障碍等突出问题。一是做好现行规章制度的梳理。各司各单位根据自身职责和业务特点，认真梳理规章制度，共清理出规章制度和内部管理办法757个，维持不变的有630个，占83%；废止的有57个，占8%；修订完善的有70个，占9%；新制定有35个。二是重点做好反对“四风”的制度建设，推进改进工作作风、密切联系群众常态化长效化。根据中央八项规定精神和《党政机关厉行节约反对浪费条例》、《党政机关国内公务接待管理规定》等有关文件要求，制定了《国务院南水北调办机关行为准则》，就会议活动、文件简报、公务用车、办公用房、调查研究、因公出国（境）、资源节约等方面做出了详细规定，全面规范办机关工作人员行为；修订了党组工作制度、党组中心组学习制度、因公出国（境）管理规定、经费支出管理办法等一批制度，对反对“四风”的内容以制度形式固化下来，形成长效机制。

（五）积极探索经验，巩固活动成果

教育实践活动历时半年多，在办党组的直接领导下，南水北调办各级党组织高度重视、精心组织、周密安排，紧紧围绕南水北调工程建设的中心工作开展活动，认真查找“四风”方面的突出问题，深刻剖析自己，切实整改落实改进，取得积极成效。

教育实践活动的成效。实现了“党员干部受教育、工程建设上水平、人民群众得实惠”的总体目标。一是广大党员干部切实受到了一次党的群众路线的深刻洗礼。每位党员干部更加全面深刻地理解群众路线的内涵和外延，坚定了理想信念，增强了政治定力，强化了政治意识、责任意识、大局意识和宗旨意识，并积极在工作中践行，以最大的决心、最强的力度、最好的状态，积极推进工程优质高效又好又快建设。二是各级党组织的战斗堡垒作用进一步增强。党员干部充满生机活力，党组织的凝聚力和战斗力提高，增强了自我净化、自我完善、自我革新、自我提高的能力，形成了良好的组织基础。三是工作作风进一步改进，工作效率进一步提高。通过整治文山会海，控制三公经费，改进调查研究等措施，全办形成了人心思进、风清气正的氛围，进一步弘扬了求真务实、清正廉洁、联系群众、艰苦奋斗、勤思爱学五种作风，进一步弘扬了“负责、务实、求精、创新”的南水北调核心价值理念。四是进一步密切了党群干群关系，提高了群众工作的能力和水平。在工程建设中处处坚持以人为本，例如维护征地移民群众合法权益，节假日组织慰问一线建设者和移民群众，严肃查处补偿款不按标准及时足额发放问题，及时支付参加工程建设的农民工工资，关心一线职工等等，在治污环保、征地移民、质量监管等各个方面切实从群众的根本利益出发，切实建设惠民利民的南水北调工程。五是有力促进了南水北调工程建设。教育实践活动对南水北调工程建设起到了指导、保障、护航和推动作用，激发出广大党员干部前所未有的热情干劲和昂扬向上、奋发有为的精神状态，系统上下努力改进工作作风，少讲空话，多干实事，东线一期工程11月15日提前通水，12月25日中线主体工程基本完工，工程建设呈现持续向好的态势。

尽管教育实践活动整体上取得了积极成效，但也存在一些不足，主要是：个别党员干部思想认识不到位，没有学深学透；有的征求意见不深入不全面，查摆问题不聚焦不具体；有的自我批评不深不严，相互批评不痛不痒。这些都需要在今后的工作中切实加以改进。

教育实践活动的体会。对教育实践活动有以下体会：一是要始终坚持领导带头。南水北调办各级党组织在教育实践活动中，切实保障一把手是教育实践活动第一责任人，亲自抓、负总责，坚持领导带头学习讨论，带头自我检查，带头深刻剖析，带头撰写对照检查报告，带头开展批评与自我批评，身体力行，树立榜样，有力地推动了活动的开展。二是要始终把握正确的方向。以为民务实清廉为主要内容，以“照镜子、正衣冠、洗洗澡、治治病”为总要求，以贯彻落实中央八项规定为切入点，以加强作风建设、突出反对“四风”为聚焦点；坚持问题导向，坚持开门纳谏，坚持谈心交心，坚持开展批评和自我批评；把握好时代发展的脉搏，与学习习近平总书记一系列重要讲话、党的十八届三中全会精神、中央经济工作会议精神等紧密结合。三是要始终与业务工作紧密结合。把群众路线的要求具体转化为推进南水北调工程建设的坚强意志、维护群众利益和实现移民安稳致富的正确思路、促进防污治污和生态保护的政策措施、综合协调和加强管理的实际能力，在工程建设中反对“四风”，切实做到“转作风、摸实情、办实事、促建设”。

下一步的努力方向。“四风”具有顽固性、反复性，其形成“冰冻三尺，非一日之寒”，其根除也非一朝一夕之功，只有高举“准、狠、韧”利剑，锲而不舍、驰而不息地抓下去，才能力斩“四风”顽疾，保证教育实践活动善始善终、取信于民。2010 年以来，全系统发扬“负责、务实、求精、创新”的南水北调精神，经过不懈努力、艰苦奋战，实现了三年决战的完美收官：东线工程 2013 年 11 月 15 日提前通水，中线工程 12 月 25 日全线贯通。2014 年，东线保运行，中线保通水，运行管理摆上日程，工作中心由建设管理为主逐步转向运行管理为主，工作重心由内部组织为主逐步转向外部协调为主，工程建设与运行管理任务相互交叉，工程建设关键期、工作重心转折期相互叠加，南水北调工作进入了极为特殊的时期，工作任务更加繁重复杂。胜利实现通水大目标尚需付出艰苦的努力，为此，必须要有一支素质优良、作风过硬的队伍。国务院南水北调办将在党中央、国务院的正确领导下，把教育实践活动的成果以制度的形式固化下来、坚持下去，转变成广大党员干部的自觉意识，转化为党员干部增强党性修养、提高思想觉悟、转变工作作风的自觉行动，始终坚定不移地反对“四风”，时刻警惕“四风”变相反弹，形成推进南水北调工程又好又快建设的强大动力，精心组织促进度，高压监管保质量，深化治污保水质，强化帮扶稳移民，严控资金提效益，确保东、中线工程如期通水、有序调度、健康运行、永续北送，造福沿线群众，并不断推进东线二期、西线前期工作，争取早日开工建设，逐步形成“四横三纵”的调水大格局，为实现中华民族伟大复兴的中国梦做出更大的贡献。

（严丽娟）

有关省（直辖市）南水北调工程建设管理机构

北　京　市

人　事　管　理

2013 年，随着北京市南水北调办人员队伍的不断扩充，人事管理工作重点已从原先的增机构、扩编制，逐步向强化队伍建设、提高队伍素质转变。通过开展素质、能力双提升活动，规范工作制度，完善工作机制，拓宽选人渠道，激活用人机制，进一步提升干部人事工作的科学化水平。

（1）规范制度，强化管理。制定下发了《关于进一步加强机关事业单位借用人员管理的通知》，进一步规范了人员借用管理工作。结合工作实际，出台了《事业单位岗位设置及聘用管理办法》、《事业单位工作人员调入管理办法》、《事业单位工作人员调出管理办法》、《机关公务员休假请假暂行规定》等制度，并在办系统范围内执行。

（2）创新机制，注重实效。把干部素质、能力双提升活动与干部后备库建设工作相结合，通过年初、年底两次测评，衡量双提升工作开展成果以及干部素质能力变化情况，根据测评结果，选拔后备干部。年初，组织全系统科级及科级以下在编人员281人，进行了素质考试和能力测评，绘制个人能力测评分析栏状图，明确提升方向，发挥测评导向作用。同时，在干部考察工作中，坚持运用胜任力测评表，为选人用人决策提供真实可信的依据和科学有效的理论支持。2013年，完成对全系统所有处级和科级干部的胜任力测评，建立了一套完整的领导干部胜任力台账，为进一步加强干部队伍建设打下了良好基础。

（3）拓宽渠道，优化队伍。结合工作需要，在继续做好公务员公开招录和事业单位公开招聘的基础上，先后开展了公务员遴选、事业单位公开选调、退役大学生士兵安置等工作，多渠道、多途径吸纳优秀人才。全年共招录公务员2名，从区县遴选公务员1名，从区县转任处级干部2名，从办属事业单位调任处级干部3名；组织办属各事业单位安置退役大学生士兵2名，公开选调事业单位工作人员2名，分三批面向社会公开招聘工作人员103名。

（4）加强协调，完善机构。在北京市编办的指导下，完成了北京市南水北调办属事业单位分类工作，南干渠管理处、大宁办管理处、团城湖管理处三个单位第三批225名人员编制的审核下达工作，核增副处级领导职数1名。同时，结合工程管理需要，积极推进东干渠管理处等新单位设立工作。协调市人力社保局，调整完成了北京市南水北调办办属事业单位人员编制岗位设置方案，管理七、八级（科级）岗位数增至103个，专业技术高级岗位数增至34个，占岗位总量的比例达到23%，扩大了事业单位人员的晋升空间。

（杨　颖　樊　博）

机关党建

2013年，继续“围绕中心，服务大局”，加大工作力度，充分发挥各级党组织“一上一下”的作用，坚持分类指导，创新体制机制和方式方法，以深入开展党的群众路线教育实践活动为推手，在加强各级党组织建设、转变工作作风、服务中心工作和提高组织服务水平上取得了明显成效，机关党的建设明显提升。

（1）完善制度，狠抓落实。编辑制作了《北京市南水北调办公室党务工作制度汇编》和《北京市南水北调办公室党务工作手册》。通过规范支部生活记录本、定期召开工作汇报会、完善各级党组织制度等，全面提高机关党建工作制度化、规范化水平。

（2）健全组织，发挥作用。进一步完善党组织建设，先后完成了北京市南水北调建管中心党总支、北京市南水北调拆迁办党支部换届选举工作，选举成立了团城湖管理处党支部。北京市南水北调办机关和所属事业单位均成立了支部（总支），共有党支部14个，党员190名，党的工作实现全覆盖。

（3）突出教育，严把入口。认真贯彻落实《中国共产党党和国家机关基层组织工作条例》，进一步加强学习型党组织建设。结合业务工作，制定全年培训计划，确保党员参加培训、学习时间不少于24学时，其中，领导干部不少于40学时。以学习党的十八大精神和《党章》为重点，加强政治理论学习，组织全系统党员参加了十八大报告和《党章》测试，测试合格率100%。同时，严把党员入口关，两次召开发展党员工作培训会，进一步明确入党要求、发展程序，确保党员质量，提高党员队伍的整体素质。全年确定入党积极分子5名，预备党员9名，正式接纳党员15名。

（4）党建搭台，文化聚力。在北京市南水北调办系统开展创建“五个一”文明单位活动，进一步推动机关建设；邀请北京市直机关公务员宣讲团开展“我的中国梦”主题宣讲活动，组织开展“中国梦·调水情”征文活动，激发广大党员积极投身工程建设，为实现“中国梦”不懈奋斗的工作热情与创新活力；成立了摄影和文学协会，2013年以来组织开展了两次摄影活动、一次书法比赛活动，通过活动展现南水北调建设者的风采，提升机关文化建设的内涵。

（杨　颖　樊　博）

机关团建

2013年，坚持党建带团建、团建服务党建的总体原则，按照全力服务青年、引导教育青年、组织青年团员投身南水北调建设的工作目标，规范团组织和团干部队伍建设，丰富活动内容，创新活动载体，确保机关团建工作扎实有效推进。

（1）完善制度，加强引导。制定下发《关于进一步加强北京市南水北调办公室共青团工作的意见》，明确今后一段时期内机关团建工作的总体目标和主要内容，对规范团的建设、团干部待遇与管理提出具体要求。

（2）公推直选，建立组织。完成北京市南水北调拆迁办、信息中心、调水中心、质监站4个团支部的换届选举工作，选举成立南干渠团支部和建管中心团总支、大宁团总支；创新团干部选拔方式，推行公开竞选和公推直选的方式，选举产生了南干渠团支部书记和大宁团总支书记。

（3）创新活动，激发斗志。针对人员结构年轻化的特点，以活动为载体，加强对青年团员的组织、教育和引导，结合学雷锋日、五四青年节等特定节日，开展了“向雷锋致敬”主题周活动、“百名青年走水线，团结拼搏保通水”活动、“青春成就梦想”主题团课活动，进一步统一青年思想，凝聚青年力量，激发青年斗志。

（4）加强交流，展示形象。依托青年团员，组建北京市南水北调办志愿者服务队，先后组织老年服务、中小学服务、工程沿线社区服务等志愿活动10余次，参加人数100余人次。联合北京市水务局团委开展了“小水滴之旅”爱心活动，组织青年团员参加市直机关第一届青年技能大赛，获公务礼仪集体三等奖1名、优秀奖2名，公文写作二等奖1篇、三等奖3篇、优秀奖23篇，机关团委获参赛组织奖。

（杨　颖　侯　丁）

党的群众路线教育实践活动

自2013年7月15日启动党的群众路线教育实践活动以来，北京市南水北调办严格按照北京市委的工作部署和有关要求，在北京市委第九督导组的指导下，完成各项规定与自选动作，确保教育实践活动具有特色、富有成效、善始善终、善做善成。

（一）学习教育、听取意见环节

北京市南水北调办党组建立固定学习制度，每周固定时间组织处级以上领导干部进行集中学习。第一环节累计开展不同形式的集中学习活动25次。

在开展学习教育的同时，制定征求意见工作方案，通过请进来、走出去，充分征求北京市南水北调办系统及有关方面的意见和建议。第一环节共召开座谈会16次，发放调查问卷57份、征求意见表100份。

（二）查摆问题、开展批评环节

在广泛征求意见的基础上，北京市南水北调办领导班子及班子成员主动从理想信念、宗旨意识、政治纪律和党性修养等方面进行了深入剖析，从世界观、人生观、价值观、政绩观和权力观等方面深挖根源。据统计，领导班子共梳理出“四风”问题和有关意见建议176条。在认真查摆和深刻剖析的基础上，领导班子及班子成员按照衡量尺子严、查摆问题准、原因分析深、整改措施实的要求，认真撰写了对照检查材料，并先后开展了3轮、63次的谈心活动。

召开领导班子专题民主生活会，会上对领导班子提出的批评意见和建议共有18条，班子成员之间相互批评与自我批评的意见共有56条。

（三）整改落实、建章立制环节

12月17日召开专题交流会，集体进行“回头看”，逐条自查，充分交流参加活动的体会和收获。在广泛听取基层干部群众意见建议、认真查摆“四风”问题的基础上，北京市南水北调办党组提出了有针对性和可操作性的整改措施，其中，近期整改任务6项，限定1月底前完成整改；中长期整改任务13项，要求2014年1月底前制定整改计划。

此外，按照北京市委市政府的部署，重点做好全市八个方面专项整治任务的落实，完成了办公用房清理、“吃空饷”等人员情况自查、“三假一虚”自查、“三公”经费开支自查、治理“庸懒散”、严禁在公务活动中赠送或接受礼品、借公务之名旅游问题和“会所中的歪风”等专项整治的检查工作。

（樊　博　李　燕）

党风廉政建设

针对2013年南水北调工程建设战线长、投资数额大、建设工期紧、涉及层面多、质量标准高、制度要求严，在管理和建设方面都具有较大难度等特点，构建教育、制度、监督、管理并重的惩治和预防腐败体系，努力提高反腐倡廉建设科学化水平，构筑起了内外结合、上下联动的坚固屏障，从源头上预防和遏制可能发生的贪腐问题。

（一）严格落实党风廉政建设责任制

（1）加强组织领导，坚持双管齐下。制定《2013年党风廉政建设和反腐败工作要点》，将党风廉政建设和反腐败工作与南水北调业务工作同部署、同落实、同检查，形成工作合力。

（2）明确任务分工，层层落实责任。一是抓责任分解，坚持“谁主管、谁负责”的原则，下发《2013年党风廉政建设责任制分解》，细化工作任务，进一步明确“一把手”负总责，各级领导责任范围和相应任务。二是抓落实，领导干部层层签订《党风廉政建设责任书》，形成一级抓一级，层层抓落实的责任体系和齐抓共管的工作格局。

（3）开展专项检查，及时查漏补缺。及时拟制专项检查自查计划，分解细化检查内容，制定评分标准，成立检查小组；周密组织检查，领导班子成员分别带队开展自查工作，各单位间相互指问题、找差距、借鉴经验；检查结束后及时召开会议，认真分析总结自查情况，达成共识，找准问题。

（4）搞好建章立制，“按制度办事、用制度管人”。一是开展制度建设专项清理，现有制度376项，其中9项需废止、52项需修订，计划出台45项制度。二是细化相关制度，制定完善了《关于加强领导干部反腐倡廉教育实施办法》、《关于贯彻落实改进工作作风、密切联系群众有关规定的意见》、《厉行勤俭节约、加强预算管理经费压缩工作方案》等文件，使党风廉政建设责任制更具针对性和可操作性。

（二）创新教育形式

（1）突出警示教育，做到警钟长鸣。一

是“观”。组织党员干部赴市警示教育基地、明代反贪尚廉历史文化园等教育基地接受教育参观。二是“听”。组织处级以上党员领导干部，观摩职务犯罪庭审现场，进一步增强廉洁自律、拒腐防变的自觉性。

（2）强化日常教育，坚持“一把手”带头上廉政党课，积极开展学先评优活动。一是“带”。主要领导带头讲廉政党课，教育广大党员干部要堂堂正正做人、清清白白为官、踏踏实实干事，守住底线，自觉做到“为民、务实、清廉”。二是“学”。按照全市开展“勤廉之星”推荐活动的要求，确定13名机关及基层党员干部为办系统“勤廉之星”，其中崔嘉、张禄东为全市“勤廉之星”候选人，进一步树立了廉洁奉公、勤政为民的先进典型，激励党员干部廉洁从政。

（3）拓展特色教育，引领、创新廉政文化建设，加强队伍建设。一是“引”。坚持以“教育倡廉、活动兴廉、环境促廉、读书咏廉”为抓手，较好的把廉政文化建设与南水北调单位文化建设有机结合起来，引导广大党员干部立足本职、立志成才。二是“新”。积极指导办属各单位创新性开展廉政教育，使干部职工在潜移默化中接受廉洁洗礼，全面提升廉政文化环境。

（三）加强监督防范

（1）深入推进“三个体系”建设，加强廉政风险防控管理工作。一是推进权力结构科学化配置体系建设。在北京市南水北调办机关各处、所属各单位全面开展清理和确认涉权事项工作，按照“职权法定、权责一致”的原则，统一编制目录、列出清单，定岗、定责，确保按照法定权限和程序行使权力。全系统共编制职权目录287份，查找廉政风险点1620个，绘制工作流程图388张。二是推进权力运行规范化监督体系建设。针对工程建设、政府采购等腐败现象易发多发的领域以及征地拆迁、财政专项资金使用等领域，研究确定年度专项防控重点，突出抓好对重大项目和大额资金使用的监督、重点岗位和关键环节权力运行的监督，锁定关键岗位，以及权力运行中廉政风险集中的重点环节，研究制定防控措施，明确防控责任及监管职责。

（2）积极开展效能监察工作，打造廉洁高效工程。以北京市内配套工程东干渠项目为重点，围绕工程质量、进度、安全、资金使用和工作效率展开效能监察，有效推动了工程建设。

（3）推进配套工程建设，确保各项工作任务落实。进行招投标纪律监督8次，加大从源头上预防腐败力度；以落实《党政领导干部选拔任用工作条例》为重点，加强对干部选拔任用全过程的监督；监督开展工程建设、征地拆迁经济责任审计5次，离任审计1次。

（翟书旺　康　姁）

天　津　市

队　伍　建　设

坚持工程建设和队伍建设两手抓，扎实推进参建队伍建设，不断充实建设一线的管理人才和技术力量，结合工程建设新形势、新要求，围绕质量安全管理工作薄弱环节，对各参建单位质量安全人员开展有针对性的全员培训考核，实现持证上岗率100%，有效提高了技术和管理人员的业务水平和工作能力，千方百计满足工程建设需要。

2013年11月24日~12月14日，许光禄同志参加国务院南水北调办组织的赴法国资金管理培训班学习。

（刘丽敏）

党建工作和精神文明建设

2013年，天津市南水北调办深入贯彻落实中央八项规定，严格接待标准，合理控制公务外出考察，大幅压缩公用经费。切实改进文风会风，南水北调全市性会议和文件简报在规模和数量上明显减少。按照天津市水务局党委的统一部署，深入开展“服务年”活动，着力改作风、强服务、提效率，办领导带头到工程一线服务推动工程建设和征地拆迁等工作。深入开展党的群众路线教育实践活动，坚持高起步、高标准开好局，边学边改、立查立改、立整立改，全面纠正“四风”问题。局、处两级班子和领导干部带头学习带头查摆，多次向基层各单位征求意见，严格落实“五必谈”，层层制定整改方案，开展清卡、清车、清房和清理投资专项治理活动。印发了《关于加强市调水办机关工作作风建设的意见》，进一步改进工作作风，提高工作效率和服务水平。各参建单位也都按照天津市水务局党委和天津市南水北调办的部署，认真贯彻中央关于改进工作作风的八项规定，深入开展党的群众路线教育实践活动，并将其与南水北调工程建设有机地结合起来，认真查找“四风”方面存在的问题，梳理影响南水北调工作进展的主观原因，边学边改，即知即改。大力加强精神文明建设，鼓舞士气，凝聚力量，营造和谐融洽的工作氛围。不断加强廉政建设，坚持对干部职工开展经常性的廉政教育，积极配合市监察局派驻重点水利工程监察组工作，对关键岗位、关键环节加强监督，全年未发生违规违纪问题，未发生群访和越级上访。天津市南水北调办被国务院南水北调办评为2013年南水北调工程建设先进单位。

（刘丽敏）

河　北　省

人　事　管　理

2013年3月25日河北省委提名李洪卫同志任河北省南水北调工程建设委员会办公室任副主任。2013年7月1日河北南水北调办决定：李洪卫同志负责机关政务、事务、信访、信息网站、人事劳资工作。分管综合处、河北省南水北调工程建设管理中心。

（宋丽霞）

党　建　工　作

2013年，河北省南水北调办深入贯彻落实党的十八大和十八届三中全会精神，认真组织开展党的群众路线教育实践活动，不断探索党建工作的方法和途径，团结带领系统广大党员干部进一步解放思想，改革创新，全面加强党的思想建设、组织建设、作风建设，不断提高党建工作科学化水平，确保实现全年各项工作任务顺利完成提供了坚强思想保证。

一是学习贯彻落实党的十八大和十八届三中全会精神。认真组织学习《习近平总书记重要讲话精神材料汇编》，组织党员撰写心得体会，引导基层党组织和党员交流个人学习体会及感悟，营造浓厚的政治理论学习氛围。

二是深入开展党的群众路线教育实践活动。制定了《河北省南水北调办公室开展群众路线教育实践活动工作方案》，召开了动员大会，按照“照镜子、正衣冠、洗洗澡、治治病”的总体要求，围绕为民务实清廉，扎实开展好“学习教育、听取意见，查摆问题、开展批评，整改落实、建章立制”三个环节的群众路线教育实践活动，使基层党组织和党员受到了很好的群众观念和群众意识的教育。

三是严格执行中央“八项规定”。加大对党员干部职工纪律作风的督促检查力度，形成用制度管人、按制度办事的良好工作氛围。要求全体党员干部职工养成良好品行，进一步转变工作纪律和作风，促进各项工作顺利开展，进一步树立务实高效、勤政为民的良好作风。

四是加大党建工作力度，不断增强党组织的战斗力。圆满召开了第二次党员代表大会，顺利完成机关党委换届工作，选举产生新一届机关党委。加强与上级党组织沟通，抓好党组织班子建设。积极参加省委组织部、上级党组织安排的学习、培训、调研等活动，认真组织系统学习，提高政治素质；不断建立完善工作机制，定期召开专题会议研究部署党群工作，着力探索推动党群工作的新思路、细举措；贯彻民主集中制，促进班子团结，求真务实，开拓创新，增强基层党组织的凝聚力。

（宋丽霞）

廉 政 工 作

2013年，在河北省水利厅党组的正确领导下，河北省南水北调办全体干部职工深入贯彻落实河北省委、河北省纪委的有关要求，认真开展解放思想大讨论和党的群众路线教育实践活动，不断加强作风建设，扎实推进反腐倡廉工作，为河北省南水北调工作提供了坚强有力的纪律保障。

一是“四风”问题得到有效遏制。河北省南水北调办严格按照省委的部署要求，以“整风”精神扎实开展了党的群众路线教育实践活动。全体干部职工通过集中学习、个人自学、观看专题片、交流心得等形式，认真学习习近平总书记一系列的重要讲话和相关文件书籍，充分认识到了活动的重要性和必要性。以“十对照十整治”为主要内容开展正风肃纪专项行动，通过认真剖析自查、填报《领导班子正风肃纪专项行动对照自查表》和《领导干部个人正风肃纪专项行动对照自查表》等形式，及时发现存在问题和不足，制定了具体制度来规范从政行为。认真开展公务用车治理、按标准清理办公用房，规范了公务接待、财务报销等制度。进一步改进了会风文风。深入查找解决“四风”问题，全体干部职工的作风更加扎实、工作更加努力，精神面貌焕然一新。

二是党风廉政建设责任制进一步落实。年初召开了廉政工作会议，对河北省南水北调办2013年党风廉政建设工作进行安排部署，将具体工作任务分解到各相关处室，各处室主要负责同志对反腐倡廉工作认真负责、一丝不苟，确保了办党风廉政建设工作取得良好的效果。

三是预防腐败工作取得显著成效。组织全局党员干部收看了《贯彻党的十八大精神辅导讲座》，提高了党员干部的廉洁自律意识和拒腐防变的能力。按照把权力关进制度的笼子里的要求，新制定和完善了财务管理制度，筑牢预防腐败的第一道防线。把行政权力运行监控机制建设作为重点，对现有行政权力潜在的廉政风险进行了再梳理再排查，针对潜在的廉政风险，对容易出现腐败现象的重要岗位、关键环节加以规范和约束。

（宋丽霞）

江 苏 省

队 伍 建 设

2013年，江苏省南水北调办按照江苏省水利厅党组的要求，加强干部队伍建设，做好干部教育培训工作。定期组织干部职工参加政治学习和业务学习。做好人事和干部管理方面的相关工作，协调办理出国学习和考察人员的相关手续。

（王晓森）

党风廉政建设

一是扎实开展党的群众路线教育实践活动，扎实抓好各个环节的工作，取得重要阶段性成果，已进入整改落实阶段。二是始终坚持以落实党风廉政责任制为龙头、以加强思想教育为基础、以完善制度体系建设为抓手，全面落实党风廉政建设和反腐败斗争各项措施，在不断深化纪检监察工作现场派驻制度的基础上，充分发挥与省高检院预防职务犯罪工作机制，并持续开展监察检查、稽查监督、警示教育等活动，实现了“工程安全、资金安全、干部安全”。三是加强支部建设，充分发挥党组织和党员的作用，取长补短，共同进步。

（王晓森）

山 东 省

机 构 设 置

（一）山东省南水北调工程建设管理局（以下简称山东省南水北调建管局）

实有编制51名，2013年度共有人员49名，其中厅级干部5名，处级干部23名，主任科员以下人员21人。

（二）南水北调东线山东干线有限责任公司（以下简称山东干线公司）

设董事会和监事会，实行董事长领导下的总经理负责制。目前山东干线公司下设综合部、工程部、计划合同部、征地移民部、财务部、调度运行部、总工程师办公室、信息办、工会、韩庄运河段工程建管局、穿黄河工程南区建管局、济南至引黄济青段建管局、南四湖至东平湖段建管局、鲁北段工程建设管理局等14个部门。

（三）地方办事机构

随着工程建设的开展和续建配套工程的陆续建设，各有关地市、县级办事机构也逐渐完善，工程沿线济南、淄博、枣庄、济宁、泰安、德州、聊城、潍坊、东营、滨州、莱芜、临沂等市相继成立了领导机构，其中，济南、淄博、枣庄、济宁、泰安、德州、聊城、潍坊、东营、滨州、临沂等市成立了市南水北调工程建设管理局；淄博市高青县，枣庄市台儿庄区、滕州市，济宁市市中区、任城区、微山县、鱼台县、梁山县、嘉祥县、金乡县，泰安市东平县、宁阳县，德州市夏津县、武城县，聊城市东阿县、临清市、冠县、阳谷、高唐、茌平等多个县（市、区）成立了相应的县一级办事机构，具体负责辖区内的续建配套工程建设。各级办事机构的建立，为山东省南水北调工程建设提供了强有力的组织保证。

（隋勋斌）

干部人事管理

（一）全系统目标管理考评工作

认真做好了2013年度目标管理考评工作。根据山东省南水北调建管局《目标管理考核办法》和《目标管理考评实施细则》，在山东省南水北调建管局目标管理考核领导小组办公室的领导下，组织对各市南水北调局、山东省局机关和山东干线公司机关各部门、各现场建管局和局属单位2013年度工作任务目标完成情况进行了全面考核。考核工作采取定量定性考核、领导评价、民主评议三种形式组织实施。极大地调动了各单位各层次人员的工作积极性，促进了山东省南水北调工程建设全面发展；2013年4月，结合工程实际及时做好了目标管理考核部分考评指标的调整完善工作。在充分征求各考核部门和被考核单位的意见建议的基础上，组织对目标管理考核的责任主体、考核办法、考核项目及分值等内容进行了调整完善，为2013年度目标管理考评工作打好了基础。

（二）局领导班子和领导干部2013年度考核工作

根据山东省委组织的统一部署和要求，山东省南水北调建管局领导班子和领导干部2013年度考核工作时间短、内容多、标准高、要求严。为配合做好考核工作，认真准备了山东省南水北调建管局领导班子年度工作总结、领导干部述德述职述廉报告、组织人事工作民主评议表、领导班子和领导干部年度考核测评表等相关材料。较好地配合做好了考核公告张贴、总结述职、民主测评、个别谈话等相关工作，圆满完成了考核任务。

（三）“双向约谈”工作

认真研究制定工作计划，迅速启动了“双向约谈”工作。根据山东省委组织部《关于在全省组织系统建立“双向约谈”工作长效机制的意见》，认真研究制定了《省南水北调局党委关于开展“双向约谈”工作的实施意见》，明确了工作原则和要求，确定了约谈联系人和联系方式，并向全体党员干部人才发放了《致党员干部人才的一封信》，公布了接受约谈的办公电话、移动电话、电子信箱、通信地址等，确保了约谈渠道畅通和“双向约谈”工作的顺利开展。

（四）干部队伍调配工作

配合山东省委组织部及省水利厅组织了厅级干部民主推荐会议及个别谈话。山东省南水北调建管局机关2013年度3名副处级领导干部进行考核转正。

山东干线公司年初以来，根据工作需要，通过组织考察推荐、局党委研究审定、公示、任命等程序，对干线公司的干部进行了调整。对试用期满的1名中层正职干部进行了考核，明确了职务。

（五）工资、奖金发放工作

对山东省南水北调建管局机关符合晋级条件人员工资晋升了级别。对职务调整人员的工资及时进行了调整；对山东干线公司职称晋升人员、职务调整人员及考核进档等人员的工资进行了调整、发放，确保了人员工资及时足额到位，对取暖费标准进行了调整，对驾驶员的工资标准进行了调整。新招聘的泵站运行工晋升技能级别后，及时兑现工资。

（六）人事档案管理工作

根据山东省水利厅人事处的要求，在厅人事处的具体指导下，按时完成了山东省南水北调建管局机关处级以上人员的档案信息整理、资料建档归档等工作，同时将山东省南水北调建管局机关科以下人员的档案，及山东干线公司人员档案进行了整理。现根据山东省委组织部及山东省水利厅人事处的要求，按照新标准进行整理。

（七）外事工作

外事工作政策性强，社会关注度高，在

工作中坚持严格按照规定办理，同时积极争取省外办及厅科外处的支持与帮助，认真细致做好自组团及随团出国（境）报批、政审、安全教育、护照办理等工作，确保出国（境）团组的按时出行。2013 年度共办理 1 个出国培训团组，2 个出国（境）考察及 1 个随团团组的出国（境）手续。按要求申报了 2014 年度出国培训计划。

（八）泵站运行工技能鉴定工作

根据考试考核成绩，根据国家职业技能鉴定的规定（《水利行业职业技能鉴定实施办法》第四十一条“水利行业职业技能鉴定的理论知识考试和实际操作考核的成绩有效期为 2 年，两项成绩均及格即 60 分以上者为鉴定合格”）。新招聘的泵站运行工通过职业技能鉴定，由学校统一颁发人社部、水利部统一印制的中级工证书。

（九）专业技术职务评定工作

根据专业技术人员职称评定工作的相关政策规定，2013 年度共有 8 名同志申报正高专业技术职务，7 名同志申报副高专业技术职务，5 名同志申报中级专业技术职务。同时，还圆满组织完成了经济师、会计师等报名考试及职称外语考试、职称计算机考试的报名工作。

（十）起草山东干线公司人力资源管理方案初稿

为更好地适应工程进入运行管理后的人力资源管理工作，着手进行了山东干线公司人力资源整体管理方案的拟制工作，目前上半部分的初稿已经完成，待修改完善后报局领导审阅。

（十一）拟制完成《山东南水北调工程维修养护和二、三级管理机构后勤服务委托管理方案》

为规范工程进入运行管理后的维修养护和后勤服务管理等有关工作，拟制完成了相关工作方案，方案详尽阐述了山东南水北调工程维修养护和二、三级管理机构后勤服务的委托形式及运作模式，为该项工作的顺畅开展提供了依据。

（隋勋斌）

党建工作和精神文明建设

坚持以学习贯彻党的十八大和十八届三中全会精神为主线，以开展党的群众路线教育实践活动为动力，全面加强党的思想、组织、作风和反腐倡廉建设，着力提高党建工作科学化水平，为南水北调东线正式通水、进入运行管理期提供了强大精神动力和可靠组织保证。

（一）学习型党组织建设

始终坚持把建立学习型党组织作为党建工作重要内容，把不断加强学习作为提高党组织创造力和战斗力的主要途径。一是突出学习重点，把学习贯彻党的十八大、十八届三中全会和习近平总书记系列重要讲话精神作为首要政治任务来抓，专门部署安排。对党的新论断、新部署、新举措进行专题重点学习。采取座谈会、支部讨论、知识竞赛等形式抓好集体学习。健全了集体学习研讨、个人自学、专题调研、检查考核等制度，促进了干部学习工作常态化、经常化。

（二）开展党的群众路线教育实践活动

学习教育富有成效，听取意见广泛真实。查摆剖析问题全面深刻，批评与自我批评彻底。整改措施到位，长效机制初步建立。活动中，坚持边学边改、边查边改、边整边改，坚持把解决问题贯穿教育实践活动始终。做到能立即整改的、立即整改，需要解释的、当面做出解释说明，需要进一步调研解决的、拿出整改计划、明确工作时限，已整改落实能上升转化为制度规定的、建立制度形成长效机制。

（三）机关党建工作

一是抓好党员干部队伍建设。认真做好党员发展工作。在发展党员过程中，严格发展程序，按照发展党员标准和条件发展好党员，对入党材料进行严格审核把关。二是党费收缴全部按照有关规定负责管理，做到手续完备、结算及时，账目清晰。三是积极推进机关党建课题研究，不断推动理论创新，以理论创新推动机关党建工作创新发展。四是对先进基层党组织、优秀共产党员和优秀党务工作者进行了民主评选推荐。五是党内统计工作实行专岗专责，确保数据真实准确，日常及时维护、更新党内系统，使年底的党内信息统计工作顺利进行，按时上交统计报表。

（四）精神文明创建工作

文明创建工作深入开展。一是制定下发了《2013年省南水北调局学雷锋活动实施方案》，参加了全国文明单位网络文明传播志愿者小组。二是广泛普及志愿理念，大力弘扬志愿精神，在局副处级（含）以下人员中进行了招募志愿者的活动，总共有16名干部报名成为服务志愿者。三是深入开展社会主义核心价值体系教育，组织人员参加社会主义核心价值体系建设知识竞赛。

（王　洋）

党风廉政建设

2013年，山东省南水北调建管局坚持“工程建设与廉政建设”同部署、同落实、同考核的一贯要求，不断夯实工作基础，建立工作平台，落实工作责任，健全惩防制度体系，推进风险防控机制建设，党风廉政建设取得显著成效，为工程建设和运行管理提供了可靠保障。一是深入贯彻中央“八项规定”和山东省委“实施办法”，切实改进作风，厉行节约、反对浪费工作和“庸懒散”专项治理取得明显成效；二是严格落实党风廉政建设责任制，形成了纵到底、横到边的廉政建设责任体系和“党委统一领导，党政齐抓共管，纪委组织协调，部门各负其责，依靠群众支持和参与”的领导体制和工作机制；三是深入推进廉政风险防控长效机制建设，反腐倡廉教育、重点环节监督、各项专项治理形成常态，科学民主决策进一步加强，防控制度体系进一步健全，有效防范了廉政风险；四是预防职务犯罪工作不断向纵深开展，工程沿线各市县相继建立健全预防工作机构，初步形成多方联动、优势互补、全方位预防的工作局面。

2013年，为确保主体工程通水试运行和各项工作任务如期完成，将山东省南水北调建管局党委确定的年度重点工作目标分解为137个督办事项，逐项落实到责任单位和责任人，及时跟踪进度，每月呈报报告。认真抓好局务会、局长办公会、通水工作会确定事项和配套工程建设进展的督促落实，重点对主体工程扫尾和验收工作、通水准备工作和调度运行管理工作进行了跟踪督办，全年呈报督查报告52份，有力促进了山东省南水北调建管局党委决策部署和各项重点工作的贯彻落实。

（张慧清）

河　南　省

概　述

2013年，是河南省南水北调工程建设的决战决胜之年。河南省南水北调办加强干部队伍作风建设，努力打造一支识大体、顾大局，重实践、敢创新，讲团结、善协调，干实事、求实效，守纪律、严行为的干部队伍；

加强党风廉政建设，树立反腐倡廉的思想防线；强化内部监察审计，跟踪监督检查，确保干部和资金安全，为工程建设保驾护航；坚持用人标准和程序，选调高素质人员，不断优化干部队伍结构；做好机构改革中相关协调服务工作，使省南水北调工程建设管理体制机制进一步理顺和完善。

（贯金朋）

机构设置

河南省南水北调中线工程建设领导小组办公室（以下简称河南省南水北调办）成立于2003年11月，是河南省南水北调中线工程建设领导小组的办事机构。河南省南水北调中线工程建设管理局成立于2004年10月，与河南省南水北调中线工程建设领导小组办公室一个机构两块牌子。

2013年，河南省南水北调办（局）下设综合处、投资计划处、经济与财务处、环境与移民处、建设管理处、监督处6个处和南阳、平顶山、郑州、新乡、安阳5个南水北调工程建设管理处，内设监察审计室，受国务院南水北调办委托代管南水北调工程河南质量监督站；人员编制156名（其中：行政40名、事业100名、机关驾驶员编制12名、事业驾驶员编制4名）。

（贯金朋）

人事任免

2013年1月，河南省水利厅豫水组〔2013〕4号文件，任命邹志悝同志任河南省南水北调中线工程建设管理局总工程师（试用期一年），免去其郑州南水北调工程建设管理处副处长职务；胡国领同志任安阳南水北调工程建设管理处处长（试用期一年），免去其河南省南水北调中线工程建设领导小组办公室建设管理处副处长职务；禹建庄同志任河南省南水北调中线工程建设领导小组办公室建设管理处副处长；吴顶同志任河南省南水北调中线工程建设领导小组办公室综合处副调研员；免去雷淮平同志的安阳南水北调工程建设管理处处长职务。2013年5月，河南省调水办豫调办综〔2013〕7号文件，任命任娄瑾钊同志为安阳南水北调工程建设管理处综合科副科长职务。

（王笑寒）

纪检监察

南水北调工程在河南省不仅战线长、任务重、管理难度大，而且资金量大、资金流集中，廉政建设尤为重要。山东省南水北调办贯彻落实中央和省委、省纪委关于党风廉政建设的各项规定，把廉政建设融入工程建设的各项决策和业务管理，促进廉政理念向现实生产力的转变。

坚持一岗双责两手抓。按照一岗双责的要求，一把手作为廉政建设总责任人，负总责，其他班子成员按照“谁主管，谁负责”的原则，既抓好分管工作，又抓好分管业务范围内的党风廉政建设。面对工程建设领域易发腐败和商业贿赂行为的严峻形势，把党风廉政建设和反腐败工作摆上重要议程，纳入全年总体工作贯彻始终，统一部署、统一实施，统一考核，将反腐倡廉建设作为与工程建设进度、质量和安全并列的全年主要工作目标，纳入干部业绩考核评价体系。

紧绷廉政建设这根弦。一方面坚持经常性地组织全办人员学习中央和省廉洁从政党纪条规外，另一方面，对廉政建设，河南省南水北调办主要领导做到大会小会，逢会必强调，逢会必要求，把廉政建设作为事关党和国家形象、事关工程建设质量、事关个人前途乃至生命的大事要事，提醒大家要始终保持清醒头脑，要对自己负责、对岗位负责、对党和人民负责，要在招投标、现场建管等方面算好“经济账”、“亲情账”、“政治账”，认清什么是“高压线”碰不得，什么是“红灯”闯不得。

以制度管事管人。围绕管住、管好“权、钱、物、人”这四个重点部位，河南省南水北调办形成了一系列比较健全的规章制度。一是坚持每周召开一次主任办公（扩大）会议，对重大决策、重要干部任免、重大项目安排和重大设计变更等，坚持集体研究决定。二是实行阳光透明的招投标制度。对于涉及资金量较大、敏感度较高、容易产生腐败的工程招投标工作，始终坚持客观公平、阳光公正，严格按照程序进行，严禁暗箱操作。每次招投标，都坚持推行专家评审制、纪检监察部门监督制、河南省办监督处全程跟踪制、河南省建管局领导集体裁决制，整个招投标工作委托中介机构组织实施，招投标最终结果由局长（主任）办公会集体研究决定，确保一流建设队伍进入河南省南水北调工程建设主战场。三是推行廉政合同制度。在工程建设合同签订的同时，始终坚持签订廉政合同，对违反廉洁自律规定和有商业贿赂行为的单位严厉进行追究，直至驱除南水北调工程建设领域，使参建各方形成统一协调的廉政责任共保体系。

做好监督稽查。突出重点工作、重点环节，从监督层面构筑立体化、多层面的拒腐防变平台。一是对招投标工作全程进行跟踪监督，设立举报投诉信箱和电话，接受各方的监督投诉；二是成立南水北调工程建设廉洁效能监督预防机制联席会议办公室，对南水北调工程实施全程监督及时发现问题，及时督促整改，推动各项工作措施落到实处；三是公开接受社会的广泛监督，加大对重大项目安排、大额资金使用情况的监督，积极推动决策科学化、民主化、规范化；四是定期进行内部审计，办监察审计室对 1 万元以上的资金使用进行票前审核把关，每季度对财务管理工作进行一次内部审计，实行票前审核与票后内部审计相结合，仔细花好每一分钱，充分发挥资金使用效益。同时，综合处、财务处、办领导层层把关，相互制约，确保资金运行安全。

（贾金朋）

党建工作

2012 年 9 月成立河南省南水北调办机关党委，2013 年有 13 个党支部，98 名党员。根据人员变动情况，改选 2 个党支部的支部书记。根据中共中央办公厅《关于加强新形势下发展党员和党员管理工作的意见》（中办发〔2013〕4 号）精神，在各支部设置组织员 1 人，职责是组织建设和党员发展工作。

印发《中共河南省南水北调中线工程建设领导小组办公室机关委员会 2013 年工作要点》。各支部根据省南水北调办机关党委的安排开展工作，在思想建设、制度建设、自身建设和反腐倡廉建设方面，在党务工作科学化、制度化和规范化方面，在落实“三会一课”制度方面，在发挥党的领导核心作用和基层党组织的战斗堡垒作用、发挥党员的先锋模范作用方面，都取得明显成效。

印发《关于做好党的群众路线教育实践活动专题组织生活会的通知》，转发省水利厅机关党委《在党的群众路线教育实践活动中关于进一步加强党员干部理论学习的通知》，转发《中共河南省委关于认真学习贯彻党的十八届三中全会精神的决定》。参与河南省南水北调办党的群众路线教育实践活动群众评议督导组。

开展民主评议党员、民主评议党支部活动。组织所属党支部按照评议标准、开展民主评议党员、民主评议党支部的活动，在各支部推荐的基础上，经河南省南水北调办领导研究并报河南省水利厅机关党委同意，确定 3 个先进党组织和 15 名优秀共产党员。

评选表彰 2011～2012 年“五好”基层党组

织2个、优秀共产党员3名和优秀党务工作者1名。

安排机关各支部、各项目建管处支部每周组织学习十八大和十八届三中全会精神，并印发“学习党的十八大精神知识竞赛试题”答卷共190份。收回175份。组织参加厅机关党委举办的《学习践行社会主义核心价值观、“中国梦·我的梦”演讲比赛》活动。河南省南水北调办6人参加，许昌建管处刘金锋获二等奖，河南省南水北调办机关党委获优秀组织奖。按照河南省委省直工委和河南省水利厅机关党委的要求，组织机关各支部、各项目建管处支部参加《“六五普法”反邪教法制知识竞赛》网上答题活动。

（刘亚琪）

党的群众路线教育实践活动

开展以为民务实清廉为主要内容的党的群众路线教育实践活动，按照中央和河南省委的统一部署，在河南省水利厅党组的领导下，河南省南水北调办的活动开展取得实效。

（一）成立机构制定实施方案

在河南省南水北调办党的群众路线教育实践活动领导小组领导下，成立综合组、督办联络组、材料组，明确具体岗位职责和工作任务；印发《河南省南水北调办公室关于深入开展党的群众路线教育实践活动实施方案》、《河南省南水北调办公室厅级干部带头开展党的群众路线教育实践活动方案》和《河南省南水北调办公室机关各处室、各项目建管处第一环节“学习教育、征求意见”情况群众评价工作实施方案》等15项工作方案，做到各项活动均有方案可循；监察审计室和综合处支部一起按教育实践活动的各项要求制定党支部教育实践活动方案和党员干部个人活动方案。

（二）组织学习

编印《中国共产党党章》、《党的十八大报告和习近平总书记一系列重要讲话精神》、《郭庚茂书记，王小平厅长等领导干部的重要讲话内容》、《河南省南水北调办党的群众路线教育实践活动学习材料汇编》、《论群众路线—重要论述摘编》等辅导资料，并组织、督导、检查河南省南水北调办机关各处室、各项目建管处学习领会中央、河南省委领导指示精神；组织观看《焦裕禄》、《周恩来的四个昼夜》、《人生不能重来》电影、豫剧《焦裕禄》等影视资料，组织河南省南水北调办党员干部到红旗渠接受再教育；组织参加全省党的群众路线教育实践活动报告会暨全省党的十八大精神集中专题培训班第四场学习报告会，8月5日河南省水利厅厅长、河南省南水北调办主任王小平做《以“红旗渠精神”为引导，扎实推进群众路线教育实践活动》、9月3日中央党校教研室主任、博士生导师姜跃教授做《认真吸取苏共教训、努力践行党的宗旨》专题辅导。

（三）广开渠道征求意见

通过现场调研、设置征求意见箱、发放调查问卷等形式，面对面征求意见，背对背收集建议；开展谈心交心活动，收集意见建议。

（四）开展督导活动

按照《河南省南水北调办公室关于深入开展党的群众路线教育实践活动实施方案》和河南省南水北调办领导安排，带领督导组到教育实践活动各有关单位开展督导活动。检查规定动作完成情况，查看自选动作实施细节，初步评定各有关单位教育实践活动开展效果。

（五）组织专题生活会

拟定专题组织生活会方案，指导河南省南水北调办13个基层党支部在谈话谈心沟通交流的基础上，征求群众意见，听取主管领导和有关部门意见建议，撰写对照检查材料，结合部门工作实际各自召开专题组织生活会。

（六）组织群众三评检验活动

在河南省委第九联评组群众评价工作会

议上，河南省南水北调办“学习教育、听取意见”环节综合好评率超过98%；在河南省水利厅、河南省南水北调办、河南省政府移民办、河南省水文局参加的群众评议会议上，“查摆问题、开展批评”环节综合好评率为96%；在河南省水利厅、河南省南水北调办、河南省移民办、河南省水文局参加的群众评判会议上，“整改落实、建章立制”环节综合好评率为100%。

（王笑寒）

文明单位创建工作

2013年，河南省南水北调办精神文明建设工作进一步贴近实际、贴近生活、贴近群众，坚持高标准，严要求，以开展精神文明创建活动和文明工地建设、劳动竞赛、争创青年文明号等为载体，内强素质，外塑形象，取得明显成效。

（一）完善机制落实责任

河南省南水北调办把抓好精神文明建设作为贯彻落实党的路线、方针、政策的重要组织部分，把争创省级文明单位作为向社会各界展示南水北调干部队伍素质、工作水平和良好形象的重要方式。召开专题主任办公会研究部署，做到年初有规划部署、半年有小结、年终有考评，考评结果与年终评先评优挂钩，与干部综合考核及提拔任用相结合，使创建活动经常化、规范化、制度化。河南省南水北调办精神文明建设指导委员会与各处室签订精神文明创建责任书，各处室一把手为第一责任人，一级抓一级，层层抓落实。对基层单位精神文明建设工作进行经常性督促指导，形成文明创建工作的长效机制。

（二）开展读书学习活动

河南省南水北调办开展读书学习活动，制定读书学习方案、考核办法和推荐书目，要求每个干部职工制定读书计划，做好读书笔记和活动总结，保持坚持读书的良好习惯。

（三）开展学习道德模范和身边好人活动

根据河南省文明办、河南省直文明办指示精神，开展以向道德模范学习和向身边好人学习为主题的宣传教育活动，制定活动方案，倡导向南水北调先进人物学习，组织开展全国、全省道德模范网络投票工作，报送陈建国为省南水北调办第三届省直“十大道德模范”候选人，并在河南全省系统内组织学习陈建国先进事迹。

（四）开展文明有礼河南人活动

贯彻落实河南省文明办、河南省直文明办关于加强群众性精神文明创建工作的要求，弘扬中华传统美德，进一步巩固文明风尚建设成果，河南省南水北调办结合实际开展“做文明有礼的河南人”主题系列活动，制定文明有礼培养实施方案和文明有礼考核办法，参加文明交通志愿服务活动。

（五）开展学雷锋志愿服务活动

贯彻落实《中共中央办公厅关于深入开展学雷锋活动意见》，河南省南水北调办按照河南省文明办、河南省直文明办要求，印发《关于开展学雷锋精神活动方案的通知》，各处室、各项目建管处开展学雷锋活动，提升政治素养、业务能力、服务能力，为南水北调工程建设提供精神动力。

（六）组织开展文明评选活动

开展文明处室、文明职工和文明工地、青年文明号评选活动。在社会自觉遵守社会公德，讲文明、讲礼貌、公道无私、诚实厚重，带动身边人、带动社会人，带出良好的政风民风；在单位自觉践行职业操守，文明诚信、服务社会、服务沿线群众；在家庭做一个好成员，尊老爱幼、互谅互让，温馨和谐、美满幸福。加强环境综合整治和环保实践，坚持从小事做起，从点滴做起，养成良好的卫生和生活习惯；开展绿化、美化、净化环境活动，创造整洁优美的工作和生活环境。

（七）开展文明餐桌活动

根据南水北调工作性质和特点，修订完善加强节约型机关建设的各项制度，制定文明餐桌实施方案，设置文明餐桌宣传标语和海报，倡导“光盘”行动，培养人人节约、处处节约、事事节约的机关新风尚。

（八）开展“我们的节日”主题活动

春节、元宵节和端午节期间，河南省南水北调办组织开展“我们的节日”主题活动；各项目建管处结合工作实际组织各具特色的主题活动，开展跳绳、拔河、乒乓球、篮球、猜谜、下棋等寓教于乐的文体活动。

（九）开展帮扶活动

春节前夕，河南省南水北调办主任王小平，副主任刘正才、李颖、杨继成分别走访河南省南水北调中线工程各项目建管处，慰问一线建设者。机关党委书记、副主任刘正才和机关党委副书记刘亚琪到第二轮文明帮扶村南阳市新野县万庄村进行春节慰问，送去新春慰问品。2013 年按照省直文明办第三轮结对帮扶工作实施方案及时和南阳市卧龙区王村乡对接，了解郑岗村基本情况及帮扶需求，开展新一轮文明帮扶工作。

（十）开展道德讲堂活动

贯彻落实党的十八大精神和省九次党代会精神，实施《公民道德实施纲要》，推进社会主义核心价值体系建设，河南省南水北调办开展道德讲堂活动，制定道德讲堂实施方案，并结合党的群众路线教育实践活动，在河南电视台组织专场大讲谈，同时组织许昌等建管处开展道德讲堂活动。

（十一）参加省直文明办组织开展的各项活动

河南省水北调办参加河南省直文明办组织的植树、健步走、文明交通志愿者等活动。

（吴　顶）

湖　北　省

组　织　机　构

2013 年 2 月 18 日湖北省机构编制委员会印发《省编办关于设立省南水北调工程质量监督站的批复》（鄂编办文〔2013〕25 号），同意设立湖北省南水北调工程质量监督站，为湖北省南水北调管理局所属事业单位，并明确职责。

2013 年 12 月 27 日湖北省职称改革工作领导小组办公室发文《关于同意成立湖北省南水北调管理局职称改革工作领导小组及组建水利电力工程中级评审委员会的批复》（鄂职改办〔2013〕157 号），同意组建湖北省南水北调水利电力工程中级职务任职资格评审委员会，并明确评审范围。

（寇慧英）

队　伍　建　设

2013 年 7 月 19 日，中共湖北省委员会、湖北省人民政府发文鄂发干〔2013〕408 号、鄂政任〔2013〕109 号决定任命李静同志为省南水北调管理局（省南水北调工程领导小组办公室）党组成员、总工程师。

2013 年 5 月 15 日，湖北省委组织部发文鄂组干〔2013〕227 号，批准魏立成同志任湖北省南水北调管理局（湖北省南水北调工程领导小组办公室）副巡视员。

根据湖北省委省政府 2013 年军队转业安置政策，2013 年 12 月份，湖北省南水北调管理局（湖北省南水北调工程领导小组办公室）接收安排一名副师职、一名正团职、2 名团以下部队军转干部。

根据事业发展需求，结合单位岗位空缺，经湖北省人力资源和社会保障厅同意，面向社会公开招聘运行管理人员27人，到湖北省南水北调工程现场从事管理工作。

通过2013年湖北省公务员招录考试，经湖北省公务员局同意，湖北省南水北调管理局（湖北省南水北调工程领导小组办公室）录用2名工作人员（参照公务员法管理）。

（寇慧英）

党风廉政建设

（1）2013年4月7日上午，湖北省南水北调办（局）召开党风廉政建设专题会议，传达贯彻省纪委召开的省直纪检监察综合派出暨直接派驻改革工作会议精神，同时部署了2013年党风廉政工作。

（2）开展了“第十四个月党风廉政宣传教育月”活动。2013年4月28日上午，举办了规章制度知识竞赛，同时启动“第十四个党风廉政建设宣传教育月”活动。5月8日，湖北省南水北调办（局）正式启动了廉政文化进家庭活动。同机关干部一道参加了洪山监狱警示教育全过程，办（局）党组成员、副主任（副局长）虞志坚还同夫人段红一道敲响了廉政警示钟。向机关和直属单位正处级及以上干部发出了“廉政文化进家庭”的倡议和号召，办（局）机关党委编印了《廉政法规制度精编》、《我知晓、我参与、我监督·湖北省南水北调办（局）领导干部家属助廉倡议书》，得到了党员干部及家庭的积极响应。大家纷纷在倡议书上签字，表达我知晓、我参与、我监督的决心，争当“贤内助”和“廉内助”，做反腐倡廉的自觉推动者、廉政建设的积极实践者、廉洁奉公的有效监督者。

（3）2013年5月13日上午，由湖北省南水北调办（局）党组书记、主任（局长）郭志高同志主持举办了党风廉政教育专题讲座，邀请省纪委副书记陈洪波同志作了题为《反腐倡廉与依法行政》的专题辅导报告。

（4）2013年8月14日，湖北省南水北调办（局）在荆州召开了南水北调廉政阳光工程创建工作会议。湖北省南水北调办（局）党组成员、副主任（副局长）郭新明主持会议并讲话，湖北省纪委监察厅第一派出纪工委监察局局长高春海出席会议，并在会上作了讲话。

（5）湖北省南水北调办（局）于2月28日至3月1日，举办了处级以上干部（扩大到机关全体干部及直属单位党委委员和党支部书记）学习贯彻党的十八大精神集中培训班。湖北省纪委、监察厅派出纪工委书记张明军等出席学习活动。培训班邀请省监察厅副厅长马世永和省委党校教授分别作了《学习贯彻十八大精神，深入推进反腐倡廉建设》和《大力推进生态文明建设》专题辅导报告，同时安排10名处级干部交流了心得体会。

（寇慧英）

党的群众路线教育活动

按照湖北省委第一批党的群众路线教育实践活动的统一部署安排，在第14督导组的具体指导和帮助下，湖北省南水北调办（局）始终坚持把教育实践活动作为年度工作的重中之重来抓，着力在“认真”上下工夫，在“学习”上求深度，在“查摆”上求广度，在“批评”上见真情，在“立制”上做文章，在“整改”上见成效，精心组织，统筹安排，保质保量地完成了教育实践活动的各项任务，有力地促进了湖北省南水北调各项工作不断迈上新的台阶。

（一）切实强化组织领导，确保教育实践活动各项工作落到实处

一是高度重视，周密部署，认真做好宣传发动。立足于早计划、早安排、早启动，在全国党的群众教育实践活动工作会议后不

久，党组就先期研究成立了湖北省南水北调办（局）教育实践活动领导小组及办公室，及时开展了相关准备工作。湖北省第一批教育实践活动启动后，湖北省南水北调办（局）迅速召开党组会议学习中央和省委相关文件精神，专题研究部署教育实践活动工作；在督导组的具体指导下，认真召开了动员会议，在湖北省南水北调办（局）机关和直属单位全面迅速地展开教育实践活动。及时在湖北省南水北调网站和直属单位宣传橱窗均开辟了教育实践活动专栏，广泛宣传教育实践活动的主题、意义、目标和要求，全方位、多角度跟踪报道教育实践活动的进展和成效，在全系统迅速掀起了开展教育实践活动的高潮。

二是精心组织，认真制定工作方案。按照湖北省委的部署安排，根据南水北调工作实际，湖北省南水北调办（局）党组在制定总体实施方案的基础上，结合不同阶段的重点和特点，及时研究制定了学习教育听取意见、查摆问题开展批评、整改落实建章立制等阶段性工作方案，分别制定和细化了“门难进、脸难看、事难办”等4个专项整治、“建成支点、走在前列，争做好干部”活动、制度建设和整改措施实施及关于“四风”方面突出问题专项整治等5个专题工作方案，对教育实践活动中每一项任务、每一个环节、每一个步骤都提出了明确要求，做到了方案内容丰富详细、时间节点具体清晰、目标任务清楚可行，让党员干部便于学习、操作和执行。

三是不断强化过程管理，确保教育实践活动不偏不虚不空。2013年是汉江中下游治理工程建设的决战年，特别是下半年，工期紧而施工进度不理想、任务重而施工难度大的矛盾十分突出，为背水一战，确保年度目标任务全面完成，湖北省南水北调办（局）组织开展了“深化三抓一促、决战引江济汉”的劳动竞赛活动。在高密度、高强度、高压力的工程建设管理中，如何确保教育实践活动不走过场、不虚不空，始终考验和检验着党组领导班子。活动中，湖北省南水北调办（局）始终坚持活动内容不减少、活动标准不降低、活动效果不打折扣，突出重点、统筹安排、把握节奏，不断强化监督和检查，紧锣密鼓地有序推进活动开展。湖北省南水北调办（局）党组及领导小组办公室基本做到了定期开会分析形势、研究问题、解决难题，逢会必讲教育实践活动，安排工作必布置教育实践活动，下基层必检查教育实践活动；其间，为强化过程管理，湖北省南水北调办（局）组织了两次“回头看”工作，及时查漏补缺，“补课”、“加火”，确保了教育实践活动扎实有效。

（二）始终坚持把学习教育贯穿于教育实践活动的全过程，切实打牢了党员干部“为民务实清廉”的思想基础

一是坚持以湖北省南水北调办（局）党组中心组理论学习为引领，突出抓好集中学习教育。教育实践活动开展以来，湖北省南水北调办（局）党组先后8次组织集中式学习教育，带领党员干部原原本本学习文件，学习规定书目，邀请湖北省纪委领导和党校教授作专题辅导报告，系统学习了习近平总书记一系列重要讲话精神和省委关于教育实践活动的重要文件精神，组织观看了《周恩来的四个昼夜》、《苏联亡党亡国二十年祭》、《一心为民的好书记郑培民》、《思想溃堤后的堕落人生》等专题教育片，教育引导党员干部进一步树立群众观念，弘扬优良作风，保持清廉本色，以知促行，以行促知，知行合一，落实在行动上，体现在工作中。

二是充分发挥直属单位党委和机关党支部的组织作用，切实抓好学习教育的具体落实。为帮助党员干部学习提高，及时购置发放了《党的群众路线教育实践活动学习文件选编》、《论群众路线—重要论述摘编》、《厉行节约反对浪费—重要论述摘编》等3本必

读书目和其他学习辅导材料，统一印制发放了专用记录本。直属单位党委和机关党支部都分别组织了集中学习、自学和夜学，每个党员都能联系自己的思想实际、工作实际，边学习边思考边感悟，真正做到了真学真懂真信真用，机关每个党员干部都撰写学习笔记和心得体会 15 000 字以上。

三是创新学习形式，加强学习交流，不断提高学习教育质量和效果。为切实加强对党员干部学习教育情况的检查和效果的检验，进一步创新学习教育形式和方法，不断强化党员干部对学习教育的思想自觉和行动自觉，湖北省南水北调办（局）党组先后进行了 3 次学习交流活动和 4 次集中座谈讨论，摘选汇编和在网站上刊登心得体会文章 45 篇，通过一系列措施，进一步激发了党员干部的学习热情，促进了学习教育的层层深入、扎实推进，使党员干部思想觉悟进一步提高，工作作风进一步转变，为民务实清廉形象进一步树立。

（三）拓宽渠道，开门纳谏，广泛听取意见和查摆问题

按照“照镜子、正衣冠、洗洗澡、治治病”的总要求，湖北省南水北调办（局）党组始终坚持敞开大门，广纳谏言，通过群众提、自己找、上级点、互相帮，认真查找表现在形式主义、官僚主义、享乐主义和奢靡之风方面的突出问题。

一是坚持开门纳谏，不断扩大了听取意见的广度。分别向湖北省南水北调工程领导小组成员单位、有关县市区、施工单位和工作对象征求意见，共发放征求意见函 70 多份。在湖北省南水北调办（局）机关办公区域设置了征求意见箱，广泛征求来机关办事群众的意见，同时主动到工作联系单位上门征求意见。经初步统计，湖北省南水北调办（局）党组成员深入到基层单位、工程参建单位、新农村建设驻点村，召开专题征求意见座谈会，面对面吸取群众意见 300 余人次。切实做到了现场了解群众期盼，“接地气”查摆问题，立行立改转变作风。

二是坚持动真碰硬，不断强化了查摆问题的深度。湖北省南水北调办（局）党组一班人始终坚持聚焦“四风”，把自己摆进去，做局中人、明白人；与干部职工交流思想，交换看法，不回避矛盾，不空泛议论，分析问题找根源，透过现象看实质，从征求到的 69 条意见和建议中，分析归纳出表现在“四风”方面存在的突出问题 17 条，始终把握住了听取意见和查摆问题的目标要求和方向，确保了把问题找准、查深、摆透。

三是坚持边查边改，不断加大了回应群众意见的力度。结合汉江中下游治理工程运行管理的实际需要，湖北省南水北调办（局）办（局）领导多次与湖北省编办沟通协调，通过与湖北省编办领导联合调研和协商，初步解决了两个直属单位的运行人员编制问题。根据新农村建设定点帮扶村的生产建设情况，及时调整 60 万元，进一步完善了“三万”活动后续工作和强化了农村基础设施建设。及时调整和降低了业务用房建设和装修的标准，大大压缩了办公用房面积。针对干部职工反映文体活动单一的问题，想方设法利用社会资源，组织机关干部职工利用业余时间锻炼身体。为进一步压缩“三公”经费开支，及时召开专题办公会议研究落实，明确了单笔 2000 元以上招待费开支报销须经主要领导签字，新提拔的副厅级领导不安排固定用车，将已报经湖北省政府批准的出国验收发电机组设备及资料的人员和时间，由原来的 10 人 14 天调减压缩到 5 人 10 天，同时取消了已经过批准的原定赴南美的考察计划。通过一系列强有力的措施和不断加大边查边改的力度，确保了干部职工反映的问题“事事有回音、件件有落实”。

（四）开诚布公开展批评和自我批评，精心准备切实提高专题民主生活会质量

一是深入交心谈心，充分做好会前交流

沟通。在深入组织学习教育、听取意见和查摆问题的基础上，湖北省南水北调办（局）领导班子成员之间和领导班子成员与干部职工之间，广泛开展了交心谈心活动，利用到基层下工地督办的有利时机，通过集体谈话、个别谈话等形式，认真与基层干部和一线人员交流沟通，进一步增进了领导干部与职工群众的相互了解和感情。湖北省南水北调办（局）领导班子成员通过面对面、推心置腹地沟通思想和交换意见，达到了谈开、谈透、谈到位的效果，增进了了解，取得了共识。

二是深刻剖析思想根源，认真撰写对照检查材料。湖北省南水北调办（局）领导班子成员认真对照为民务实清廉要求，结合思想、工作、生活实际，和成长进步经历，自觉进行党性分析和自我剖析；对“四风”方面存在的突出问题，从理想信念、宗旨意识、党性修养、道德品行等方面认清实质，深挖根源，自己动手认真撰写对照检查材料。重点围绕遵守党的政治纪律和贯彻落实中央八项规定和省委六条意见及转变作风情况、“四风”方面存在的问题、产生的原因分析、今后努力方向和整改措施等四个方面展开，开门见山、直奔主题，聚焦“四风”、深刻剖析，触及灵魂，敞开心扉，毫无保留。湖北省南水北调办（局）党组和领导干部个人的对照检查材料均一次性获得督导组审查通过。

三是坚持以整风精神开展批评和自我批评。湖北省南水北调办（局）是湖北省委第14督导组所联系的7家省直单位中，第一个召开党组专题民主生活会的。对此，湖北省南水北调办（局）党组高度重视，及时与督导组就会议的时间、议题、内容和方式方法进行了认真沟通。专题民主生活会上，班子成员紧扣主题，触及问题，围绕“四风”，深挖思想根源，敢于自揭其短，不怕出丑，真正做到了红红脸、出出汗、排排毒，在思想和灵魂深处“爆发革命”。湖北省南水北调办（局）班子成员之间相互批评，敢于“唱黑脸”、“当包公”，既坚持原则、指出问题、真诚帮助提高，又相互包容、相互理解、主动担责，进一步沟通了思想、增进了感情，得到了督导组领导的充分肯定。专题民主生活会后及时将主要情况向干部职工进行了通报。在湖北省南水北调办（局）党组的具体指导下，直属单位党委和机关党支部也分别召开了党委专题民主生活会和专题组织生活会，达到了预期的效果和目的。

（五）紧密结合工作实际抓整改，着眼长效建制度，突出作风转变抓落实

一是聚焦“四风”抓整改。领导班子成员带头执行中央八项规定和省委六条意见，用实际行动杜绝“四风”，下基层和工地检查工作，做到了单车前往，不打招呼，不要陪同，就餐都在机关和工地食堂吃份饭。认真落实“三短一简”的要求，研究制定了《省南水北调办（局）节约型机关建设实施方案》，大力压缩公文篇幅和文件数量，文件同比减少21.5%，除工程建设管理专题会议外，湖北省内系统性会议一个也没开。在反对铺张浪费上，进一步规范财务管理制度，严格公务接待开支程序，全面推行公务卡结算制度，使部门预算和建管费接待性开支与去年同期相比减少35%。

二是围绕工程建设管理抓整改。及时解决群众反映的督办过杂、督办组之间相互通气不够、造成基层忙乱的问题，进一步修改完善了督办制度和奖惩措施，分片包干，责任落实到人，特别是针对个别标段进度滞后的问题，湖北省南水北调办（局）领导坚持盯在作业点跟踪督办，不解决问题不放手。通过强有力的措施和努力，有效地缓解了工程进度压力，实现了工程建设的进度、质量、安全协调推进。目前，兴隆水利枢纽第1台机组发电运行稳定，其余3台机组正在紧锣密鼓地安装调试，引江济汉渠道基本贯通。截至11月底，已累计完成投资96.4亿元，占下达计划的101%。

三是突出四个专项抓整治。深入开展了“门难进、脸难看、事难办”问题专项整治，进一步严肃了工作纪律，优化了服务环境；针对物价上涨造成施工单位经费普遍紧张的情况，在政策和规定允许的前提下，积极主动地为参建单位排忧解难；在整个建设管理过程中，没有出现过服务对象投诉的现象。认真进行了违规配备公务车清理工作，严格控制车辆编制和配备标准，明确区分了机关在编车辆和工程施工车辆，切实强化了公车管理，修订完善了《公务用车管理办法》，非公务需要，公配车辆一律停放在单位，杜绝了公车私用。认真进行了多占公有住房清查，完善了登记手续，机关干部没有多占住房的现象。切实抓好了违反财经纪律整治工作，结合工程后期资金结算、资金拨付较频繁的情况，进一步强化了资金三方监管制度的落实，确保了经费管理规范。扎实推进了会员卡清理工作，进一步严明了纪律，确保了全体党员干部“零持有”。

四是坚持领导带头抓整改。领导班子成员坚持从自身做起，带头转变工作作风，自觉落实整改方案的各项措施，研究建立了《办（局）党组成员联系服务群众工作制度》和领导干部领办实事工作方案，结合职责分工，班子成员深入联系点、深入基层一线，狠抓工程督办、质量安全管理、生态环境保护和对口协作工作落实。下半年，每个班子成员下基层、下工地的天数都在1/3以上，有的达到1/2以上；所领办的8件实事，都有了着落和成效。

五是坚持用制度巩固整改。着眼于长效建制度立规矩，对办（局）制定的72个规章制度进行了全面梳理，对8项不再适用的制度作了废止，对7项制度进行修订完善。为把教育实践活动中的经验做法用制度形式固定下来、坚持下去，努力实现民主决策、工程建设、廉政建设、作风建设、财务管理、机关管理的制度化、规范化、常态化，增加制定了13项规章制度，进一步强化了“三重一大”决策程序管理、工程建设征地拆迁管理和机关规范化管理，确保了务实管用，配套衔接，可执行、可监督、可检查、可问责。

（寇慧英）

精神文明建设

3月5日上午，湖北省南水北调办（局）学雷锋志愿者服务队成员，深入属地社区走访慰问困难职工群众。在困难职工家里，大家详细了解了帮扶对象的生活情况，鼓励他们战胜困难，乐观面对生活，同时送上了慰问品。

12月6日下午，在湖北省南水北调办（局）党组成员、副主任（副局长）郭新明同志的带领下，机关及质监站10多名干部职工参加了武汉市铁路市容环境整治活动。

12月26日，湖北省南水北调办（局）干部职工参加了由湖北省直机关工委和湖北省体育局在磨山风景区联合举办的“体育彩票杯湖北省第七届迎新春登东湖磨山暨全民健身自愿服务活动”，并以此纪念毛泽东同志诞辰120周年。

湖北省南水北调办（局）新农村建设工作队在湖北省南水北调办（局）副主任（副局长）郭新明的带领下于4月21日进驻弥市村。2013年度，驻点工作队紧紧围绕省委提出的“生产发展、生活宽裕、乡风文明、村容整洁、管理民主”主题，发扬艰苦奋斗、无私奉献的优良传统，帮助基层开展新农村建设。从解决农民群众最关心、最迫切、最需要的问题入手，完成了“治理一条污水渠、修建一条连心路、扶持兴建一个农村新社区、培植一个专业合作社、完善一套长效管理机制、开展一系列扶贫帮困公益活动”的“六个一”帮扶计划，有力地促进了驻点村的生产发展，改善驻点村农村基础设施，加快了驻点村公共事业发展，加强了基层民主和精神文明建设，在推动“三万”活动、加强和改进新时期群众工作、帮助指导农田水利基础建设、促进农村社会和谐稳定等方面都取得了突出成效。

（寇慧英）

项目法人单位

南水北调中线干线工程建设管理局

组织机构

2013年2月20日，南水北调中线干线工程建设管理局（以下简称中线建管局）印发《关于成立局属质量监控队伍的通知》（中线局人〔2013〕13号），决定成立局属关键工序考核队、质量巡查队和质量检测与技术咨询队，代表中线建管局专职实施现场质量监控工作，由质量安全部归口管理。

2013年4月2日，中线建管局印发《关于成立河南直管建管局人力资源处和财务资产处的批复》（中线局编〔2013〕1号），同意河南直管项目建设管理局成立人力资源处和财务资产处。人力资源处、财务资产处所占用编制在该局编制内调剂使用。

2013年5月15日，中线建管局印发《关于成立我局河北水质监测中心的通知》（中线局编〔2013〕2号），决定成立河北水质监测中心，负责南水北调中线干线工程河北段水质监测工作。

（杨君伟）

制度建设

2012年12月24日，中线建管局局长办公会审议通过《南水北调中线干线工程建设管理局局长奖励基金实施办法》（中线局人〔2013〕12号）。

2013年3月18日，中线建管局党组会审议通过《南水北调中线干线工程建设管理局干部岗位责任制年度考核办法》（中线局人〔2013〕20号）。

2013年7月26日，中线建管局党组会审议通过《南水北调中线干线工程建设管理局干部任职试用期满考核办法》（中线局人〔2013〕46号）。

（杨君伟）

队伍建设

2013年1月28日，经中线建管局党组研究决定：免去鞠连义河北直管项目建设管理部部长职务；戴占强兼任河北直管项目建设管理部部长，免去其河南直管项目建设管理局副局长、平顶山项目部部长职务；翟宜峰兼任河南直管项目建设管理局副局长（排郭永峰之前）。

2013年2月26日，因工作调动，免去李志勇党群工作部/监察部部长职务。

2013年3月18日，经中线建管局党组研究，决定聘任：陈志荣为党群工作部/监察部副部长（主持工作），免去其综合管理部副部长职务；孙永平为综合管理部副部长（排名杜元强之前），免去其宣传中心副主任职务。以上同志聘期三年。

2013年3月19日，经中线建管局党组研究，决定聘任：傅春光为河北直管项目建设管理部总工程师（试用期一年），免去其河北直管项目建设管理部合同管理处处长职务。聘期三年。

2013 年 5 月 10 日，经中线建管局党组研究，决定免去刘杰综合管理部部长职务；孙永平主持综合管理部工作。戴占强兼任中线建管局河北水质监测中心主任。

2013 年 5 月 16 日，经国务院南水北调办党组研究决定，任命刘宪亮为中线建管局党组成员、副局长。

2013 年 7 月 1 日，根据有关制度和工作安排，经中线建管局党组研究决定：免去马福照河南直管项目建设管理局局长助理兼安鹤项目部副部长（主持工作）职务，办理退休。

2013 年 7 月 22 日，经任职试用期满考核，国务院南水北调办任命：鞠连义为中线建管局副局长。

2013 年 7 月 26 日，经中线建管局党组研究，决定聘任：孙永平为综合管理部部长，免去其综合管理部副部长职务；陈志荣为党群工作部/监察部部长，免去其党群工作部/监察部副部长职务；边秋璞为工程管理部副部长，免去其工程管理部验收管理处处长职务；王小娥为财务与资产管理部副部长，免去其财务与资产管理部综合处处长职务；韩黎明为工程运行管理部副部长，免去其工程运行管理部综合与调度处处长职务；王江涛为河南直管建管局副局长，免去其河南直管建管局副总工程师职务。以上同志试用期一年，聘期三年。

2013 年 10 月 28 日，经任职试用期满考核合格，中线建管局党组研究，决定聘任：杜元强为综合管理部副部长；季茂祥为计划合同部副部长；傅又群为工程管理部副部长；台德伟为质量安全部副部长；秦颖为财务与资产管理部副部长；孙卫军为工程技术部副部长；侯纯辉为宣传中心主任；李静为信息工程建设管理部副部长；侯召成为信息工程建设管理部副部长；李耀忠为河北直管建管部副部长；李英杰为河北直管建管部副部长。黄磊为惠南庄建管部副部长；郭永峰为河南直管建管局副局长兼河南直管建管局郑焦项目部部长；尹延飞为河南直管建管局局长助理。

（杨君伟）

党的建设和精神文明建设

2013 年，在国务院南水北调办和中线建管局局党组的正确领导下，中线建管局各级党组织坚持以邓小平理论、“三个代表”重要思想和科学发展观为指导，深入学习贯彻党的十八大及十八届三中全会精神，在全面做好党建和精神文明建设各项工作的基础上，切实做到“重点突出，亮点频出”，取得了一定的成效，促进了南水北调中线干线工程建设和运行管理各项事业健康发展。

一是以党的群众路线教育实践活动为重点，思想建设有新成果。围绕大局和中心工作，制订理论学习计划，认真组织学习党的十八大及三中全会精神，开展向陈建国、兰辉同志学习活动，推进学习型党组织建设，切实抓好干部员工思想政治工作。特别是按照国务院南水北调办的统一部署和安排，高度重视、认真组织，扎实、规范地开展党的群众路线教育实践活动，历时半年顺利推进了“学习教育、听取意见”，“查摆问题、开展批评”，“整改落实、建章立制”三个环节的工作任务，切实做到了“学习深入、调研广泛、剖析深刻、措施明晰、整改务实”，以作风建设的新成效凝聚起推动工程建设和事业发展的强大力量。

二是以“一班、两会、三活动”为重点，组织建设有新进展。在制定落实《2013 年党建工作要点》、《机关党委工作规则》的基础上，通过组织一班（入党积极分子及党的发展对象培训班）、两会（党员领导干部专题民主生活会及党员专题组织生活会，机关第一次党员代表大会及党委纪委换届）、三活动（“两优一先”总结评比，纪念“七一”主题党日活动，广泛深入的党群工作调研）”，不断完善基层党组织建设，充分发挥党组织战斗堡垒和党员先锋模范作用。

三是以进一步加强党员干部行为规范为重点，廉政建设有新举措。通过召开局2013年廉政工作会，签订党风廉政建设责任书，做到责任落实；通过制订关于对违反中央八项规定行为进行责任追究的暂行办法，修改完善局党风廉政建设责任制实施办法等6项廉政规章制度，做到制度落实；通过认真学习贯彻习近平、王岐山同志在十八届中央纪委二次全会上的讲话精神，扎实开展反腐倡廉示范教育和警示教育；全面贯彻中央八项规定精神和中线建管局作风建设有关规定，做到措施落实，促使工程建设氛围不断优化，建设形势不断向好，创造出历史最好成绩。

四是以主题实践活动和职工建言献策活动为重点，群众工作有新气象。开展"五一劳动奖状（章）"、"青年文明号"、"三八红旗手"等劳动竞赛为载体的主题实践活动，圆满完成"创先争优保通水、岗位建功做贡献"劳动竞赛工作，并积极贯彻落实南水北调核心价值理念，评选典型人物和典型事迹。聘请专家进行了健康讲座，组织开展了北京国际园博园健步走和"中线干线杯"篮球赛、跳绳比赛及踢毽子比赛等一系列文体活动，提高凝聚力，促进了中线干线工程建设。深入开展职工建言献策活动，收集整理职工群众意见及合理化建议涉及企业管理与发展、工程建设与运行管理、队伍建设与职工诉求、党建与精神文明等4个方面22项内容。

（邓小聪）

评优评先

2013年1月22日，经中线建管局精神文明建设领导小组研究，决定对2012年度文明部门（单位）、文明员工、文明家庭予以表彰。

2013年1月30日，经中线建管局党组研究，决定戴占强、孙晓峰、蔡建平、程德虎、傅又群、刘德雄、李舜才、孙建峰、李英杰、庞敏为2012年度中线建管局"十大突出贡献人物"。

2013年1月30日，经中线建管局党组研究，决定对2012年度工程进度管理、质量管理、安全管理和通水工作中成绩突出的先进集体和先进个人予以表彰。

2013年6月18日，经中线建管局机关党委研究，决定对2012～2013年度先进基层党组织、优秀共产党员和优秀党务工作者予以表彰。

（杨君伟　刘世一）

外事工作管理

2013年，中线建管局先后组织25人参加了2个因公出国团组，分别是水利工程验收考察团和长距离调水工程运行管理及自动化系统建设培训团。另外，根据国务院南水北调办统一安排，选派2名同志参加了国务院南水北调办组织的资金管理培训团，学习借鉴工程建设资金管理方面的相关经验。

（杨晓丹　陈　婷）

南水北调中线水源有限责任公司

人事任免

2013年12月，水利部（部党任〔2013〕11号）任命胡甲均同志为中共南水北调中线水源有限责任公司临时委员会书记，免去贺平同志中共南水北调中线水源有限责任公司临时委员会书记职务。

人才队伍建设

一是以员工集中学习、网络自学等方式，组织员工学习政治理论和业务知识。

二是制定并落实了《2013年员工培训计划》。举办了工程档案管理等业务培训班。全年中线水源公司参加主管部门和行业组织的业务培训69人次，选派2人出国培训。

三是加强实践锻炼。通过现场管理、参加专题审查会、开展技术攻关和课题研究等，积累员工实践经验，拓宽工作思路，提高发现、分析和解决问题的能力。

（刘兆增）

党建工作

（一）党建工作

（1）加强理论学习。按照建立学习型党组织的要求，制定、落实了2013年党委中心组学习计划。重点学习了党的十八大、十八届三中全会、习总书记系列讲话、中纪委十八届二次全会和建委会七次全会精神，传达学习了水利部、国务院南水北调办、水利部长江水利委员会重要会议精神，开展了落实中央八项规定、群众路线教育实践活动、党风廉政建设等专题学习，进一步增强了全体党员干部贯彻落实党的路线方针政策和上级决策部署的自觉性。

（2）扎实开展群众路线教育实践活动。按照中央和水利部长江水利委员会党组的统一部署，围绕“为民务实清廉”的活动主题，按照“照镜子、正衣冠、洗洗澡、治治病”的总体要求，聚焦解决“四风”方面存在的突出问题，中线水源公司精心组织，周密实施，扎实推进，深入开展了党的群众路线教育实践活动。召开了动员大会，制定了活动实施方案，成立了组织机构。开展了专题学习，广泛征求了意见和建议。领导班子和成员均认真撰写了对照检查材料，组织召开了高质量的专题民主生活会，并召开了情况通报会。制定了活动整改方案、解决“四风”问题专项整治方案以及建章立制计划。活动自2013年7月启动，2014年2月召开了总结会，历时7个月，圆满完成了“学习教育、查摆问题、整改落实”三个环节的主要任务，取得了明显成效。

（二）群团活动

工会积极参与民主决策和民主监督。通过员工大会，对行政工作和涉及职工利益的事项进行审议。收集群众意见，为公司建言献策。深入推进“先进职工之家”创建活动，组织开展了形式多样的文体活动，增强了公司的凝聚力。

（班静东）

党风廉政建设

（一）加强学习

中线水源公司对党风廉政建设和反腐败工作高度重视，制定了2013年反腐倡廉工作计划。充分利用各种学习机会，宣传党风廉政的方针政策，先后学习了十八届中纪委二次会议精神、水利部长江水利委员会2013年反腐倡廉工作会议精神、《中国共产党党员领导干部廉洁从政若干准则》、《八项规定》、《党政机关厉行节约反对浪费条例》、《关于落实中央八项规定精神坚决刹住中秋国庆期间公款送礼等不正之风的通知》、《关于严禁公款购买印制寄送贺年卡等物品的通知》等文件精神。

（二）贯彻落实党风廉政建设责任制

高度重视党风廉政建设责任制工作，中线水源公司党委书记贺平、总经理王新友在公司2013年工作会上与公司领导班子成员签订了党风廉政建设责任书，公司分管领导与部门主任、部门主任与处长也都层层签订了党风廉政建设责任书，为党风廉政建设责任制的落实奠定了基础。

加强党风廉政建设责任制的考核，下发了考核通知，通过自评和群众测评，对16名中层干部进行了考核，考核结果均为优秀。

（三）加强宣传教育

2013年6月10日~7月9日，中线水源公司开展了以“密切联系群众，主动服务基层，争做清廉表率”为主题的党风廉政教育宣传月活动，通过公司主要领导上党课、召开专题党员干部组织生活会、组织职工收看反腐倡廉警示教育专题片、组织开展《中国共产党党员领导干部廉洁从政若干准则》的专题教育活动、更新廉政橱窗等形式，营造了崇廉尚廉、和谐发展的工作氛围。

中线水源公司组织参加了长江委举办的党内法规测试，39名党员全部参加了活动，及时上报了组织情况。开展了《中国共产党党员领导干部廉洁从政若干准则》专题教育活动。

（四）加强监督和检查

中线水源公司纪委按照确保工程安全、干部安全、资金安全的总体要求，认真履行监督检查职责，重点是对工程招投标、合同变更、索赔、合同结算等易发生腐败行为的关键环节进行重点的监督检查，先后开展了农民工工资专项检查、合同管理专项检查、未履行比价程序项目清理等工作；配合国务院南水北调办完成了对工程建设资金的专项审计；保证了工程建设的顺利进行。

中线水源公司下发了《关于做好2013年春节期间改进工作作风、廉洁自律的通知》、《关于严禁公款购买印制寄送贺年卡等的通知》开展了纪检监察干部清退会员卡的活动，上报了会员卡零持有报告。

（班静东）

南水北调东线江苏水源有限责任公司

人事外事管理

（一）完善公司组织架构

积极适应江苏省南水北调工程建设管理向运行管理转变需要，研究制订了公司二、三级机构的组建方案，对二、三级机构组建原则、职能职责、管理范围、分阶段实施提出了具体意见。年内进一步健全完善宿迁分公司，组建成立扬州分公司，组织招聘一批核心骨干人才并加强业务培训，具备了承担大型泵站运行管理能力，通过了东线工程全线试运行的实战考验。

（二）重视人才培养和员工队伍建设

一是进一步完善人力资源管理制度。贯彻落实党政干部管理条例，结合公司具体实际，研究修订《公司中层领导干部选拔任用工作暂行办法》、《公司科级干部选拔任用工作暂行办法》，进一步明确公司中层领导干部和科级干部培养的主要原则、资格、条件、程序、管理制度和工作纪律，努力调动全体员工的工作积极性和主观能动性，确保公司人才培养和队伍建设有制可依，有力有序有效开展。二是加大人才引进力度。为适应公司工程管理和经营发展要求，新进5名员工，其中3名中级职称、2名本科生，内部调配5人。首次公开招聘引进二、三级机构新员工56名，不断充实与优化员工队伍。三是加强人才培养。根据工作需要，培养提拔了1名中层正职，从社会公开招聘2名中层副职，增强了公司中层队伍的战斗力。组织部分职工参加相关专业知识培训，增强业务技能，定期组织职工围绕公司发展、部门发展、员工自身发展等主题进行专题交流培训，及时组织新录用人员开展岗前培训及两期泵站运行工升级培训班；对符合申报条件的10名员工组织了职称申报工作，对取得技术职称的员工按照规定完成了聘用工作，进一步改善了公司人才队伍结构，增强了公司经营发展的后劲和活力。目前，公司本科及以上学历占比为95%以上，硕士及以上学历占比为44%，中级及以上职称占比为73%，高级及以上职称占比为45%。

（三）及时落实好员工考评及薪酬福利待遇

一是加强工作目标和员工考核。对江苏水源公司全年工作实行目标管理，通过签订年度部门目标责任状，将全年重点工作细化分解到各部门，进一步明确各自职责，强化目标考核，确保目标任务落到实处；组织完成部门目标管理考核、中层干部述职述廉考核及员工考核工作，坚持考核结果与员工的薪酬待遇挂钩，有力保证了公司重要工作和节点工作的顺利完成。二是认真抓好薪酬管理。严格执行公司薪酬制度，根据规定要求认真开展员工薪酬的核算及调整工作。充分考虑二级机构及三级机构职能差异及员工岗位的不同特性，从有利于吸引人才、有利于留住人才、有利于管理好人才的角度出发，对二三级机构薪酬办法分开设计，研究制定出台了分公司和管理所薪酬办法，强化薪酬制度的贯彻执行，及时兑现基层员工的薪酬待遇，稳定了基层人才队伍。三是认真细致办好员工的福利待遇。在切实办好员工的医疗、养老等保障措施的基础上，进一步完善公司年金和补充医疗保险年度，及时完成年金和补充医疗保险年度核算及缴纳工作，特别是对公司一名癌症患者，在补充医疗基金中给予大病补助，缓解了该名职工的困难；完成2013年江苏水源公司员工缴纳公积金基数的调整工作；完成向江苏省社保中心申报江苏水源公司2013年度企业职工缴费工资总额和参保人数等相关工作及省市社会保险登记证的年检和劳动保障书面审查工作，保障了职工工作和生活待遇的落实，解决了职工的后顾之忧。

（四）加强公司外事管理工作

积极与国务院南水北调办、江苏省省国资委等相关组团单位加强联系，年内办理好赴美国培训1人、赴法国培训1人、赴香港1人等共3人次出国出境学习培训手续，为工程建设管理的顺利推进和江苏水源公司员工的综合素质的提升提供了有力的保障。

（林　亮）

党建工作

2013年江苏水源公司在党风廉政建设、精神文明建设、群团工作、文化建设等方面做了如下几项工作：

（一）精神文明

一是抓好文明创建工作。制定文明创建年度工作计划，江苏水源公司被中华全国总工会授予“全国五一劳动奖状”，被江苏省精神文明建设指导委员会授予“2010～2012年度江苏省文明单位”。江苏省南水北调洪泽站管理所、南水北调江苏水源公司泗洪船闸管理所被国务院南水北调办评为“南水北调系统青年文明号”。二是做好“六五”普法工作及信访工作。根据《公司法制宣传教育的第六个五年规划》，制定年度普法计划，积极开展法制宣传教育，逐级开展普法活动，积极组织参与江苏省第三届“万人学法”竞赛活动。2013年开展了以学习刑法关于经济犯罪、职务犯罪法律知识为重点的专题普法教育活动，并利用“世界水日”、“中国水周”、“12.4法制宣传日”等重大纪念日和安全生产活动月进行有针对性的宣传；根据新修订的信访工作办法，进一步加强江苏水源公司信访工作，提高信访工作水平。三是组织开展重点工程劳动竞赛活动。组织江苏省境内南水北调工程在建项目继续开展以“我为率先通水立新功”为主题的劳动竞赛活动，中国农林水工会副主席到工程现场检查考核江苏省南水北调工程劳动竞赛活动开展情况，对江苏水源公司开展的劳动竞赛情况给予了充分肯定。四是为配合东线工程通水，今年在全线持续不断地开展了“关爱南水北调、打造清水廊道”为主题的清水廊道志愿者服务活动，弘扬“奉献、友爱、互助、进步”的志愿者精神，公司本部、宝应站、淮安四站、金湖站等也已陆续组织开展“水质保护”、“交通协勤”、“环境整治”、“秩序维护”等主题志愿服务活动，全年共有300多人参与到该项活动中，调动社会各界共同关注南水北调江苏段清水廊道建设，保护水环境，节约水资源，向社会展现江苏南水北调的良好形象和精神风貌，为工程沿线水质稳定达标起到促进作用。五是组队参加系统各项文体活动及公益活动。组织参加江苏省部属企业羽毛球比赛，江苏省级机关乒乓球赛，排练节目参加江苏省水利厅新春联欢会演出，丰富员工文体生活；四川省雅安市发生7.0级大地震，组织江苏水源公司全体职工踊跃捐款，奉献爱心，共收到捐款近14000元，帮助灾区人民抗震救灾，共渡难关；高温期间，组织开展了“送清凉、送法律、送安全”等三送活动。

（二）事务工作

一是做好江苏水源公司行政后勤工作，加强江苏水源公司内部安全管理，健全了安全消防责任制，实行“谁主管、谁负责”的原则，实行逐级安全责任制，全年江苏水源公司内部没有发生安全事故；加强会议室及办公环境的管理，更新配置了折旧到期的固定资产，保证江苏水源公司日常办公的需要。二是加强江苏水源公司车辆管理。根据八项规定的要求，修订了《江苏水源公司车辆管理办法》，加强公务用车日常保养和调度运行管理，有效调配公务用车资源，保障公务出行，降低车辆成本全年安全行车72万km。三是组织完成领导小组会议，江苏省年度南水北调建管会会议及有关调研考察活动。

（吴丹华）

档案管理工作

2013年，江苏水源公司始终坚持高标准、严要求抓好档案工作。一是完成2013年度文书档案收集、整理与电脑录入工作，共计365件。二是采取到工程现场指导或集中培训的方式，开展在建工程档案管理培训工作，为下一阶段的档案专项验收做好准备。三是积极参加工程各阶段验收，确保工程建设与档案管理工作同步。四是组织开展档案专项验收工作。2013年完成皂河一站、皂河二站、泗阳站、高水河整治等工程档案专项验收。五是完成各设计单元工程档案管理登记，对各工程现场档案数量、库房及装器具情况进行统计。

（王永刚）

CHINA SOUTH-TO-NORTH WATER DIVERSION PROJECT CONSTRUCTION YEARBOOK

拾陆 统计资料

THE STATISTICAL INFORMATION

在建工程基建投资统计

概　　述

2013年，南水北调东线一期工程建成通水，中线一期工程主体工程完工。

截至2013年底，国务院南水北调办累计下达南水北调工程投资计划2448.6亿元，按投资来源分：中央预算内投资247.3亿元，中央预算内专项资金106.5亿元，南水北调工程基金196.5亿元，银行贷款478.5亿元，国家重大水利工程建设基金1419.8亿元。其中：工程建设安排投资2355.1亿元（中央预算内投资227.4亿元，中央预算内专项资金106.0亿元，南水北调工程基金196.5亿元，银行贷款477.1亿元，国家重大水利工程建设基金1348.1亿元）。

截至2013年底，南水北调工程建设项目（含丹江口库区移民安置工程）累计完成投资2434.1亿元，占在建设计单元工程总投资2493.4亿元的98%，其中东、中线一期工程分别累计完成投资314.0亿元和2058.6亿元，分别占东、中线在建设计单元工程总投资的96%和98%；过渡性资金融资利息60.6亿元，其他0.9亿元。

2013年南水北调工程建设安排投资295亿元，完成投资404.9亿元（其中，东线一期工程完成投资20.3亿元，中线一期主体工程完成投资340.1亿元，丹江口库区移民安置工程15.2亿元，过渡性资金融资利息29.3亿元）。

（马永征　王　熙）

东线一期在建工程建设进展情况

根据各项目法人单位报国务院南水北调办的2013年建设投资统计年报，截至2013年底，南水北调东线一期在建各主要设计单元工程建设进展情况如下：

（一）三阳河潼河宝应站工程

三阳河潼河宝应站工程于2002年12月开工建设，是南水北调首个开工工程，2005年9月基本建成。批复总投资97 922万元，已完成全部投资。完成土方挖填2713万m^3，石方5.95万m^3，混凝土浇筑13.4万m^3，金属结构237t。目前已通过完工验收，并移交运管单位。

（二）刘山站工程

工程批复总投资29 576万元，已完成全部投资。共完成土方196万m^3，石方3.65万m^3，混凝土4.69万m^3，金属结构660t，机电设备5台（套）。目前已通过完工验收，并移交运管单位。

（三）解台站工程

工程批复总投资为23 242万元，已完成全部投资。共完成土方110.9万m^3，石方6.17万m^3，混凝土3.88万m^3，金属结构460t，机电设备5台（套）。目前已通过完工验收，并移交运管单位。

（四）蔺家坝站工程

工程批复总投资为25 700万元，已完成全部投资。共完成土方121.99万m^3，石方0.4万m^3，混凝土3.49万m^3，金属结构457.04t，机电设备4台（套）。目前已移交运管单位。

（五）淮阴三站工程

淮阴三站工程于2005年10月28日正式开工建设，批复总投资29 145万元，已完成全部投资。共完成土方247万m^3，石方4.51万m^3，混凝土2.53万m^3，金属结构307t，机电设备17台（套）。目前淮阴三站工程已通过完工验收，并移交运管单位。

（六）淮安四站工程

工程批复总投资 18 476 万元，已完成全部投资。共完成土方 153.8 万 m^3，石方 2.35 万 m^3，混凝土 2.53 万 m^3，金属结构 460t，机电设备 4 台（套）。目前已通过完工验收，并移交运管单位。

（七）淮安四站输水河道工程

工程批复总投资 31 898 万元，已完成全部投资。共完成土方 412.51 万 m^3，石方 1.31 万 m^3，混凝土 2.42 万 m^3，金属结构 339.2t，机电设备 21 台（套）。

（八）江都站改造工程

工程批复总投资 30 302 万元，已完成全部投资。完成土方 64.46 万 m^3，石方 1.76 万 m^3，混凝土 2.56 万 m^3，金属结构 1000t，机电设备 17 台（套）。目前已通过完工验收，并移交运管单位。

（九）泗阳站工程

工程批复总投资 33 397 万元，已完成全部投资。累计完成土方 128.51 万 m^3，石方 3.88 万 m^3，混凝土浇筑 3.89 万 m^3，金属结构 292t，机电设备 6 台（套）。目前已移交运管单位。

（十）泗洪站工程

工程批复总投资 59 125 万元，已完成全部投资。累计完成土方 558.8 万 m^3，石方 7.31 万 m^3，混凝土浇筑 14.07 万 m^3，金属结构 1560t。目前已移交运管单位。

（十一）刘老涧二站工程

工程批复总投资 22 923 万元，已完成全部投资。累计完成土方 80.27 万 m^3，石方 2.8 万 m^3，混凝土浇筑 3.04 万 m^3，金属结构 285t，机电设备 4 台（套）。目前已移交管理单位。

（十二）皂河二站工程

工程批复总投资 29 268 万元，已完成全部投资。累计完成土方 172.71 万 m^3，石方 1.22 万 m^3，混凝土 4.38 万 m^3，金属结构 359.8t，机电设备 3 台（套）。目前已移交管理单位。

（十三）皂河一站工程

工程批复总投资 13 248 万元，已完成全部投资。累计完成土方 30.33 万 m^3，石方 0.46 万 m^3，混凝土 3.23 万 m^3，金属结构 130t，机电设备 1 台（套）。目前已移交管理单位。

（十四）金湖站工程

工程批复总投资 39 696 万元，已完成全部投资。累计完成土方 176 万 m^3，石方 5.31 万 m^3，混凝土 4.5 万 m^3，金属结构 885t，机电设备 5 台（套）。目前已移交管理单位。

（十五）金宝航道工程

工程批复总投资 101 183 万元，已完成全部投资。累计完成土方 859.4 万 m^3，石方 0.53 万 m^3，混凝土 12.35 万 m^3，金属结构 378.4t，机电设备 30 台（套）。目前已移交管理单位。

（十六）淮安二站改造工程

工程批复总投资 5335 万元，已完成全部投资。累计完成土方 3.52 万 m^3，石方 0.52 万 m^3，混凝土 0.11 万 m^3，金属结构 67t。机电设备 2 台（套）。目前已移交管理单位。

（十七）骆马湖以南中运河影响处理工程

工程批复总投资 12 524 万元，已完成全部投资。累计完成土方 38.75 万 m^3，石方 0.55 万 m^3，混凝土 1.45 万 m^3，金属结构 655.7t。陆续移交管理单位。

（十八）里下河水源调整工程

工程批复总投资 227 199 万元（南水北调工程分摊投资 177 092 万元），已完成全部投资。累计完成土方 2958.98 万 m^3，石方 11.63 万 m^3，混凝土 17.34 万 m^3，金属结构 5421t，机电设备 123 台（套）。

（十九）高水河整治工程

工程批复总投资 14 770 万元，已完成全部投资。累计完成土方 135 万 m^3，石方 40 万 m^3，混凝土 0.86 万 m^3。

（二十）睢宁二站工程

工程批复总投资25 169万元，已完成全部投资。累计完成土方115.5万m^3，石方1.51万m^3，混凝土5.18万m^3，金属结构118.9t，机电设备4台（套）。

（二十一）邳州站工程

工程批复总投资33 075万元，已完成全部投资。累计完成土方103.72万m^3，石方2.18万m^3，混凝土5.15万m^3，金属结构489.7t，机电设备4台（套）。目前已移交管理单位。

（二十二）洪泽站工程

工程批复总投资51 369万元，已完成全部投资。累计完成土方540.22万m^3，石方0.64万m^3，混凝土11万m^3，机电设备5台（套）。目前已移交管理单位。

（二十三）洪泽湖抬高蓄水位影响处理工程江苏省境内工程

工程批复总投资26 003万元，已完成全部投资。累计完成土方163.44万m^3，石方1.42万m^3，混凝土12.87万m^3，金属结构333.34t，机电设备65台（套）。

（二十四）徐洪河影响处理工程

工程批复总投资27 049万元，已完成全部投资。累计完成土方150.4万m^3，石方4.88万m^3，混凝土11.72万m^3，金属结构20t，机电设备5台（套）。

（二十五）沿运闸洞漏水处理工程

工程批复总投资12 252万元，已完成全部投资。累计完成土方79.5万m^3，石方4万m^3，混凝土1.7万m^3，金属结构433.67t，机电设备225台（套）。

（二十六）骆马湖水资源控制工程

工程批复总投资3081万元，工程已建成并移交管理单位。累计完成土方15.53万m^3，混凝土0.88万m^3，金属结构82.5t，机电设备4台（套）。

（二十七）姚楼河闸工程

工程批复总投资2232万元，已全部完工并移交管理单位。累计完成土方8.5万m^3，石方0.1万m^3，混凝土0.33万m^3，金属结构34t，机电设备6台（套）。

（二十八）杨官屯河闸工程

工程批复总投资5528万元，已全部完工并移交管理单位。累计完成土方5.3万m^3，石方0.2万m^3，混凝土1.24万m^3，金属结构111t，机电设备4台（套）。

（二十九）大沙河闸工程

工程批复总投资10 968万元，工程已全部完工并移交管理单位。累计完成土方46万m^3，石方1万m^3，混凝土2.4万m^3，金属结构396t，机电设备11台（套）。

（三十）东线江苏段专项工程

血吸虫北移防护、文物保护专项工程已经完工，分别完成投资4428万元、3362万元；调度运行管理系统工程基本完成骨干通信光缆线路建设，基本完成通水应急系统总集成系统、应急调度中心机房等通水应急相关工程的建设，本年完成投资8000万元，累计完成投资13 220万元；管理设施专项完成三级机构建设，本年完成投资8455万元，累计完成投资8655万元。

（三十一）南四湖下级湖抬高蓄水位影响处理工程

工程批复总投资22 765万元，目前已完成投资13 600万元。

（三十二）济平干渠工程

工程批复总投资149 055万元，投资全部下达并完成。累计完成土石方开挖1221.83万m^3，土方填筑725.46万m^3，钢筋制作安装19 094t；混凝土及钢筋混凝土浇筑53.32万m^3，机电设备安装581台（套），完成金属结构安装605.43t，渠道衬砌完成约86km，完成桥梁130座，倒虹39座，水闸33座，渡槽7座，排涝站2座，跌水1座，完成植树33.2万株。济平干渠工程已通过国家完工验收。

（三十三）万年闸泵站工程

工程批复总投资26 259万元，投资全部下达并完成。累计完成土方 168.5 万 m^3，石方 5.1 万 m^3，混凝土浇筑完成 37.9 万 m^3，金属结构制作安装 1228.14t。

（三十四）韩庄泵站工程

工程批复总投资 27 433 万元，投资全部下达，累计完成投资 30 905 万元。累计完成土方 152 万 m^3，石方 4.66 万 m^3，混凝土 37 900万 m^3。

（三十五）台儿庄泵站工程

台儿庄泵站工程总投资 26 611 万元，投资全部下达并完成。累计完成土方 128.6 万 m^3，石方 1052m^3，混凝土 53 700m^3，金属结构 804t。

（三十六）韩庄运河段水资源控制工程

工程批复总投资 2268 万元，投资全部下达并完成。累计完成土方 4.28 万 m^3，混凝土 2120 万 m^3。

（三十七）二级坝泵站工程

工程批复总投资 28 894 万元，投资计划已全部下达，累计完成投资 32 846 万元。累计完成土石方 234 万 m^3，混凝土浇筑 4.97 万 m^3。

（三十八）潘庄引河闸工程

工程批复总投资 1360 万元，已全部下达并完成。截至 2010 年底，潘庄引河闸工程已建设完成，水土保持、消防设施和档案等专项验收工作已完成。

（三十九）东线穿黄河工程

工程批复总投资 69 510 万元，已全部下达并完成。工程累计完成土石方 709 万 m^3、混凝土浇筑 22.1 万 m^3。永久征地 573 亩，生产安置 406 人，拆迁房屋 49 485m^2。

（四十）济南市区段工程

工程批复总投资 303 730 万元，投资计划已全部下达，累计完成投资 288 426 万元。截至 2012 年底，累计完成土石方 700.59 万 m^3、混凝土浇筑 89.49 万 m^3。

济洛路—洪家园桥段输水暗涵工程、京福高速路—二环西路段暗涵工程、二环西路—济洛路段暗涵工程和二环东路—洪家园桥下输水暗涵主体工程已完工；上游利用小清河输水段渠道已完成衬砌板铺设。

（四十一）东湖水库工程

工程批复总投资 98 870 万元，已全部下达，工程累计完成投资 101 036 万元。累计完成混凝土浇筑 7667m^3，砂垫层铺设 3.1m^3，复合土工膜铺设 38 万 m^2，碎石垫层 10.92m^3，围坝预制混凝土护坡板生产 54 341m^3，围坝预制混凝土护坡板铺设 19 万 m^2。

（四十二）双王城水库工程

工程批复总投资 83 489 万元，已全部下达，累计完成投资 85 646 万元。累计完成土方 989.8 万 m^3、混凝土浇筑 18.91 万 m^3。

（四十三）明渠段工程

工程批复总投资 258 769 万元，已全部下达，累计完成投资 264 320 万元。累计完成土石方 1872.5 万 m^3、混凝土浇筑 56.56 万 m^3。

（四十四）陈庄输水线路工程

工程批复总投资 30 481 万元，已全部下达，累计完成投资 31 873 万元。累计完成土方 241.71 万 m^3、混凝土 8.01 万 m^3。

（四十五）长沟泵站工程

工程批复总投资 29 320 万元，已全部下达，累计完成投资 30 238 万元。累计完成土石方 156.68 万 m^3、混凝土 7.54 万 m^3。

（四十六）邓楼泵站工程

工程批复总投资 27 020 万元，已全部下达。累计完成投资 28 685 万元。累计完成土石方 131.31 万 m^3、混凝土 5.74 万 m^3。

（四十七）八里湾泵站工程

工程批复总投资 27 301 万元，已全部下达，累计完成投资 28 128 万元。完成土石方开挖 35.73 万 m^3；土石方回填 50.47 万 m^3；混凝土浇筑 4.937 万 m^3；钢筋制作安装 3523.7t；主泵房浆砌石 226m^3；站区平台边坡深层搅拌桩 14 856m^3；新堤防、清污机桥水泥土搅拌桩 7150m^3；主泵房水泥粉煤灰碎石桩 8423.65m；公路桥混凝土灌注桩 456m；

副厂房混凝土灌注桩4171.8m；安装间混凝土灌注桩1017m；永久交通道路碎石填垫3.0万m^3。

（四十八）两湖段灌溉影响处理工程

工程批复总投资18 659万元，已全部下达，累计完成投资19 935万元。累计完成土石方215.39万m^3、混凝土浇筑5.37万m^3。

（四十九）梁济运河段工程

工程批复总投资73 216万元，已全部下达，累计完成投资78 618万元。累计完成土方767.3万m^3、混凝土浇筑25.45万m^3。

（五十）柳长河段工程

工程批复总投资48 611万元，已全部下达，累计完成投资51 145万元。累计完成土方690.43万m^3、混凝土浇筑10.29万m^3。

（五十一）南四湖湖内疏浚工程

工程批复总投资23 348万元，已全部下达，累计完成投资24 132万元。累计完成土方281万m^3。

（五十二）大屯水库工程

工程批复总投资123 817万元，已全部下达，累计完成投资124 860万元。累计完成土方2436.03万m^3、混凝土浇筑8.11万m^3。累计完成库底防渗铺膜501.3万m^3，累计完成水泥土搅拌桩25 363m，钢筋混凝土灌注桩5478m。

（五十三）小运河段工程

工程批复总投资240 139万元，已全部下达，累计完成投资244 086万元。累计完成土方开挖1366.62万m^3，土方回填536.18万m^3，混凝土浇筑52.30万m^3。

（五十四）七一、六五河工程

工程批复总投资62 470万元，已全部下达，累计完成投资64 316万元。累计完成土方582.82万m^3、混凝土浇筑7.18万m^3。

（五十五）鲁北灌区影响处理工程

工程批复总投资35 008万元，已全部下达，累计完成投资33 986万元。累计完成土石方开挖573万m^3，混凝土浇筑2.89万m^3。

（五十六）东平湖蓄水影响处理工程

工程批复总投资49 488万元，已全部下达，累计完成投资49 488万元。累计完成土方8.38万m^3、混凝土0.1万m^3，完成清淤76万m^3。

（五十七）南四湖下级湖抬高蓄水影响处理工程

工程批复总投资40 984万元，已全部下达，于2011年12月12日开工建设，累计完成投资40 984万元。

（五十八）东线山东段专项工程

包括文物专项、调度运行管理系统、管理设施专项3个设计单元工程。

南水北调东线山东段工程需保护地下文物62处，地面文物5处，建设资料整理基础8处。共计批复投资6776万元，已全部下达并完成。山东段调度运行管理系统工程批复总投资67 196万元，已全部下达，累计完成投资50 777万元。山东段管理设施专项批复总投资分别为57 521万元，已下达投资50 101万元，累计完成投资8695万元。

（五十九）洪泽湖抬高蓄水位影响处理工程安徽省境内工程

工程批复总投资37 493万元，投资已全部下达，累计完成投资35 340万元。累计完成土石方开挖410万m^3、土石方回填56.5万m^3、混凝土6.37万m^3。

（马永征　王　熙　万耀强）

中线一期在建工程建设进展情况

根据各项目法人单位报国务院南水北调办的2013年建设投资统计年报，截至2013年底，南水北调中线一期在建各主要设计单元工程建设进展情况如下：

（一）丹江口大坝加高工程

工程批复总投资28.56亿元，累计下达投资计划26.89亿元，累计完成投资26.85亿元，占工程概算总投资的94.01%。累计完成土石方开挖60.63万m^3，土石坝填筑404.67万m^3，混凝土浇筑114.43万m^3，混凝土拆除3.86万m^3，混凝土结合面凿毛13.42万m^2，键槽切割5317.25m，钢筋制作安装10 564.84t，锚筋26 390根，老坝体裂缝处理30 157.19m，帷幕灌浆32 457.59m。

丹江口大坝加高主体工程完工，并通过国务院南水北调办组织的蓄水验收。

（二）丹江口库区移民安置工程

移民安置工程（含库区移民试点、库区文物保护、前期初设编制）批复总投资497.77亿元。累计下达库区移民安置工程投资493.12亿元，库区文物保护5.40亿元，供水调度运行管理专项工程3525万元。累计完成丹江口库区移民安置工程493.32亿元，库区文物保护投资5.40亿元，调度运行管理专项300万元。

（三）京石段应急供水工程

京石段应急供水工程共19个设计单元工程，批复概算总投资220.26亿元，已基本全面完成了主体工程建设，目前正在进行第四次通水。共累计完成投资207.61亿元，占批复概算的94.26%。累计完成土方16 990万m^3，石方2535万m^3，混凝土502万m^3，金属结构7046t，钢筋制作安装30万t，机电设备612台（套）。除永久供电工程及北京段工程管理专题外，其他18个设计单元主体工程已经完工。

（四）磁县段工程

工程批复总投资369 655万元，下达投资计划363 465万元，累计完成投资363 473万元，占批复概算总投资的98%。累计完成土方2774万m^3，石方96万m^3，混凝土浇筑56万m^3，金属结构368t，累计完成机电设备61台（套）。目前，主体工程完成。

（五）邯郸市至邯郸县段工程

工程批复概算总投资219 099万元，下达投资计划212 731万元，累计完成投资216 609万元，占批复概算总投资的99%。累计完成土方1733万m^3，石方15万m^3，混凝土浇筑34万m^3，累计金属结构260t。

目前，正在进行渠道衬砌、截留沟、金属结构机电设备安装、路缘石、混凝土框格铺设、渣场水土保持等施工。

（六）永年县段工程

工程批复概算总投资144 069万元，下达投资计划141 127万元，累计完成投资143 247万元，占批复概算总投资的99%。累计完成土方1037万m^3，石方325万m^3，混凝土浇筑18万m^3。

目前，渠道开挖、填筑、衬砌已全部完成。

（七）洺河渡槽工程

工程批复概算总投资36 872万元，下达投资计划36 106万元，累计完成投资35 230万元，占批复概算总投资的96%。累计完成土方98万m^3，完成石方8万m^3，混凝土浇筑10万m^3，累计完成机电设备20台（套）。目前，主体工程完成。

（八）沙河市段工程

工程批复概算总投资186 866万元，下达投资计划183 918万元，累计完成投资182 195万元，占批复概算总投资的98%。累计完成土方1863万m^3，完成石方101万m^3，混凝土浇筑30万m^3。目前，主体工程完成。

（九）南沙河倒虹吸工程

工程批复概算总投资99 826万元，下达投资计划99 189万元，累计完成投资98 265万元，占批复概算总投资的98%。累计完成土方761万m^3，石方17万m^3，混凝土浇筑31万m^3，金属结构362t。目前，主体工程完成。

（十）邢台市段工程

工程批复概算总投资189 271万元，下达投资计划185 167万元，累计完成投资188 784万元，占批复概算总投资的99.74%。累计完成土方1564万m^3，石方126万m^3，混凝土浇筑30万m^3，金属结构271t。目前，主体工程完成。

（十一）邢台县和内丘县段工程

工程批复概算总投资278 967万元，下达投资计划273 325万元，累计完成投资169 713万元，占批复概算总投资的97%。累计完成土方1872万m^3，石方280万m^3，混凝土浇筑54万m^3，累计完成金属结构584t，累计完成机电设备30台（套）。

（十二）临城县段工程

工程批复概算总投资230 578万元，下达投资计划227 489万元，累计完成投资223 844万元，占批复概算总投资的97%。累计完成土方1621万m^3，石方475万m^3，混凝土浇筑40万m^3，累计完成金属结构33t，累计完成机电设备15台（套）。

目前，正在进行渠道开挖、填筑、衬砌混凝土和各类建筑物施工。渠道开挖成型23.74km，单边衬砌52.76km，渠底衬砌26.38km。完成建筑物22座。

（十三）高邑县至元氏县段工程

工程批复概算总投资306 231万元，下达投资计划303 885万元，累计完成投资301 469万元，占批复概算总投资的98%。累计完成土方2041万m^3，石方146万m^3，混凝土浇筑64万m^3，金属结构894t。

目前，正在进行渠道开挖、衬砌混凝土和各类建筑物混凝土浇筑施工，33个建筑物全部完工。

（十四）鹿泉市段工程

工程批复概算总投资123 938万元，下达投资计划122 279万元，累计完成投资118 876万元，占批复概算总投资的96%。累计完成土方767万m^3，混凝土浇筑28万m^3，金属结构763t。

目前，正在进行渠道开挖、填筑、衬砌均已全部完成，完成建筑物16座。

（十五）石家庄市区段工程

工程批复概算总投资187 631万元，下达投资计划184 355万元，累计完成投资199 751万元，占批复概算总投资的106%。累计完成土方1490万m^3，混凝土浇筑32万m^3，金属结构65t。

目前，渠道开挖、填筑、衬砌均已全部完成，完成建筑物5座。

（十六）穿漳河工程

工程批复概算总投资43 000万元，投资计划已全部下达，目前主体工程已基本完工。累计完成投资41 043万元，占批复概算的95.46%。累计完成土方180万m^3，混凝土11万m^3，钢筋制作安装10 000t，机电设备32台（套）。

（十七）温博段工程

工程批复概算总投资180 282万元，投资计划已全部下达，累计完成投资188 159万元，占批复概算总投资的104%。累计完成土方1451万m^3，石方8万m^3，混凝土浇筑47万m^3，金属结构699t，机电设备12台（套）。

温博段全长27.1km，衬砌已基本完成。6座大型河渠交叉建筑物、4座左岸排水建筑物、2座渠渠交叉建筑物、29座跨渠桥梁均已完成主体工程施工。

（十八）沁河渠道倒虹吸工程

工程批复概算总投资40 081万元，投资计划已全部下达。累计完成投资40 316万元，占批复概算总投资的101%。累计完成土方561万m^3，石方3万m^3，混凝土浇筑12万m^3，金属结构289t。目前沁河倒虹吸管身段主体结构已完工。

（十九）焦作1段工程

工程批复概算总投资253 200万元，投资计划已全部下达。累计完成投资298 947万元，占批复概算总投资的118%。累计完成土方1084万m^3，混凝土浇筑74万m^3，金属结构1376t。

焦作1段全长12.9km，目前渠道开挖填筑基本成型，渠道衬砌已全部完成。河渠交叉建筑物5座，全部完成主体工程施工，4座完成主体工程施工；跨渠桥梁11座，均已通车。

（二十）焦作2段工程

工程批复概算总投资411 329万元，投资计划已全部下达。累计完成投资406 474万元，占批复概算总投资的99%。累计完成土方3574万m^3，石方1161万m^3，混凝土浇筑64万m^3。

明渠总长23.8km，其中挖方渠段20.8km已完成开挖成型；填方渠段2.98km已完成填筑；渠道边坡混凝土衬砌、底板混凝土衬砌均已完成。3座河渠交叉建筑物、18座公路桥、8座生产桥、3座排水渡槽和2座分水口门已全部开工，其中17座公路桥、7座生产桥、3座排水渡槽和2座分水口门已完成主体混凝土浇筑。10座铁路交叉工程中5座已完成主体工程施工并通车。

（二十一）辉县段工程

批复概算总投资474 467万元，投资计划已全部下达。累计计完成投资465 921万元，占批复概算总投资的98%。累计完成土方4531万m^3，石方237万m^3，混凝土浇筑107万m^3，金属结构3124t，机电设备141台（套）。

目前，正在进行渠道开挖、填筑、衬砌已全部完成；河渠交叉建筑物7座、左岸排水建筑物18座、渠渠交叉建筑物2座、跨渠桥梁42座，已全部完成主体工程。

（二十二）石门河倒虹吸工程

工程批复概算总投资30 078万元，投资计划已全部下达，累计完成投资28 279万元，占批复概算总投资的94%。累计完成土方207万m^3，混凝土浇筑12万m^3，金属结构271t，机电设备18台（套）。目前倒虹吸主体工程已完工。

（二十三）膨胀岩（潞王坟）试验段工程

工程批复概算总投资30 568万元，投资计划已全部下达，累计完成投资29 121万元，占批复概算总投资的95%。累计完成土方145万m^3，石方332万m^3，混凝土浇筑3万m^3。目前，渠道衬砌全部完工，1座跨渠桥梁完成主体工程。

（二十四）新乡和卫辉段

工程批复概算总投资202 269万元，投资计划已全部下达，累计完成投资199 893万元，占批复概算总投资的99%。累计完成土方1801万m^3，石方259万m^3，混凝土浇筑52万m^3，金属结构11 209t，机电设备61台（套）。

截至目前新卫段总干渠全线渠道开挖回填基本成型，渠道衬砌完成，已累计完成边坡衬砌211.9km（单边）；129座建筑物已全部开工，12座大型河渠交叉建筑物、27座左岸排水建筑物、4座渠渠交叉建筑物已完成主体工程施工；74座跨渠桥梁，已完成主体工程施工。

（二十五）鹤壁段工程

工程批复概算总投资258 241万元，投资计划已全部下达，累计完成投资271 587万元，占批复概算总投资的106%。累计完成土方2198万m^3，石方721万m^3，混凝土浇筑58万m^3。

目前渠道基本成型，渠道衬砌全部完成。35座桥梁全部通车。4座河渠倒虹吸、14座左排主体完工、4座渠渠交叉完成主体工程施工。

（二十六）汤阴段工程

工程批复概算总投资196 626万元，投资计划已全部下达，累计完成投资198 328万元，占批复概算总投资的101%。累计完成土方800万m^3，石方866万m^3，混凝土浇筑39万m^3，金属结构432t。

汤阴段全长21.31km，目前渠道基本成型，渠道衬砌完成。3座大型河渠交叉建筑物、9座左岸排水建筑物、4座渠渠交叉建筑物已完成主体工程施工，19座跨渠桥梁均已通车。

（二十七）安阳段工程

工程批复概算总投资232 728万元，投资计划已全部下达，累计完成投资265 594万元，占批复概算总投资的 114%。累计完成土方 2288 万 m^3，石方 865 万 m^3，混凝土浇筑 62 万 m^3，金属结构 929t。

渠道开挖成型，渠道衬砌全部完成，各类交叉建筑物主体已基本完工。

（二十八）中线穿黄工程

工程批复概算总投资 336 324 万元（含工程管理专题 1545 万元），投资计划已全部下达，共累计完成投资 350 110 万元，占批复概算的 104.1%。累计完成土方 2156 万 m^3，石方 22 万 m^3，混凝土 54 万 m^3，金属结构 466t。

目前，穿黄隧洞内衬施工已完成。退水洞已贯通，并完成衬砌施工。

（二十九）沙河渡槽工程

工程批复概算总投资 295 188 万元，下达投资计划 288 231 万元，累计完成投资287 373 万元，占批复概算总投资的 97%。累计完成土方 461 万 m^3，石方 144 万 m^3，混凝土浇筑 126 万 m^3，金属结构 28t。目前 188 榀槽身预制架已全部完成。大浪河梁式渡槽、箱基渡槽及落地槽均完成主体施工。渠道衬砌全部完工。

（三十）鲁山北段工程

工程批复概算总投资 68 334 万元，下达投资计划 65 801 万元，累计完成投资 68 176 万元，占批复概算总投资的 100%。累计完成土方 320 万 m^3，石方 286 万 m^3，混凝土浇筑 13 万 m^3。

鲁山北段全长 7.7km，渠道基本成型，渠道衬砌全部完成。3 座渠渠交叉、10 座左岸排水已完成主体工程施工，跨渠桥梁建筑物 10 座均已通车。

（三十一）宝丰至郏县段工程

工程批复概算总投资 454 004 万元，下达投资计划 440 789 万元，累计完成投资443 444 万元，占批复概算总投资的 98%。累计完成土方 2280 万 m^3，石方 1061 万 m^3，混凝土浇筑 91 万 m^3，金属结构 1920t。

渠道基本成型，渠道衬砌已完成。8 座河渠交叉建筑物全部通水；左岸排水 16 座已全部完成；3 座分水口等建筑物完成主体工程施工；43 座跨渠桥梁，42 座具备通行条件，新增前石公路桥完成主体工程施工。

（三十二）北汝河倒虹吸工程

工程批复概算总投资 65 387 万元，下达投资计划 64 203 万元，累计完成投资 61 882 万元，占批复概算总投资的 95%。累计完成土方 188 万 m^3，石方 86 万 m^3，混凝土浇筑 21 万 m^3，金属结构 373t。目前主体工程 77 节倒虹吸管身段全部完工。

（三十三）禹州和长葛段工程

工程批复概算总投资 531 784 万元，下达投资计划 517 563 万元，累计完成投资515 104 万元，占批复概算总投资的 97%。累计完成土方 4119 万 m^3，石方 802 万 m^3，混凝土浇筑 95 万 m^3，金属结构 1392t。

渠道开挖、填筑、衬砌均已完成。5 座河渠交叉建筑物主体工程基本完成；2 座渠渠交叉建筑物均已恢复原渠道过流；4 座分水口门主体完成。58 座交通桥已全部实现临时通车。

（三十四）新郑南段工程

工程批复概算总投资 156 370 万元，下达投资计划 151 588 万元。累计完成投资152 178 万元，占批复概算总投资的 97%。累计完成土方 1181 万 m^3，混凝土浇筑 41 万 m^3，金属结构 269t，机电设备 2 台（套）。

渠道开挖、衬砌全部完成，各类建筑物已全部完工。

（三十五）双洎河渡槽工程

工程批复概算总投资 77 305 万元，下达投资计划 75 353 万元。累计完成投资 76 127 万元，占批复概算总投资的 98%。累计完成土方 348 万 m^3，石方 5 万 m^3，混凝土浇筑 30 万 m^3，钢筋制作安装 17 622t，金属结构 677t，机电设备 32 台（套）。

渡槽槽身段灌注桩施工全部完成，承台、墩身施工全部完成渡槽进口段、出口段、冯庄沟排水涵洞施工全部完成。吴庄西公路桥完成主体工程施工。

（三十六）郑州2段工程

工程批复概算总投资364 903万元，下达投资计划359 942万元。累计完成投资351 454万元，占批复概算总投资的96%。累计完成土方3837万m^3，混凝土浇筑63万m^3，金属结构1479t。

渠道开挖、衬砌全部完成。河渠交叉建筑物、控制性建筑物主体工程完工。35座跨渠桥梁已全部完工，22座桥梁已全部通车，13座桥梁主体工程完工。

（三十七）郑州1段工程

工程批复概算总投资157 169万元，下达投资计划152 348万元。累计完成投资151 145万元，占批复概算总投资的96%。累计完成土方1129万m^3，混凝土浇筑29万m^3，金属结构373t，机电设备4台（套）。

渠道开挖/衬砌已全部完成。3座大型河渠交叉建筑物、3座左排建筑物、15座跨渠桥梁、3座控制性建筑物已全部开工。

（三十八）荥阳段工程

工程批复概算总投资235 761万元，下达投资计划23 044万元。累计完成投资233 086万元，占批复概算总投资的99%。累计完成土方2091万m^3，混凝土浇筑47万m^3，金属结构308t。

荥阳段全长23.97km，渠道基本成型，渠道衬砌全部完工。2座大型河渠交叉建筑物已完成主体工程施工；左岸排水建筑物5座，已全部完成主体工程施工；跨渠桥梁26座，均已全部通车。

（三十九）潮河段工程

工程批复概算总投资505 562万元，下达投资计划487 489万元。累计完成投资496 977万元，占批复概算总投资的98%。累计完成土方3968万m^3，混凝土浇筑76万m^3，金属结构639t，机电设备4台（套）。

渠道开挖、填筑全部完成，渠道衬砌全部完成。5座大型河渠交叉建筑物、17座左排建筑物、4座控制性建筑物全部完工。

（四十）淅川县段工程

工程批复概算总投资821 321万元，投资计划已全部下达，累计完成投资809 874万元，占批复概算总投资的98.6%。累计完成土方8604万m^3，混凝土浇筑133万m^3，金属结构700t。

淅川段全长50.77km，渠道基本成型。渠道衬砌已全部完成。河渠交叉建筑物6座，全部完成主体工程施工；左岸排水建筑物16座，已全部完成主体工程施工；渠渠交叉建筑物3座全部完成主体工程施工，2座完成主体工程施工；跨渠桥梁59座（含下穿通道）已全部通车。

（四十一）湍河渡槽工程

工程批复概算总投资47 187万元，投资计划已全部下达，累计完成投资43 983万元，占批复概算总投资的93%。累计完成土方47万m^3，混凝土浇筑13万m^3。目前已全部完成混凝土浇筑。

（四十二）镇平县段工程

工程批复概算总投资372 326万元，投资计划已全部下达，累计完成投资362 324万元，占批复概算总投资的97%。累计完成土方2680万m^3，混凝土浇筑66万m^3，金属结构1128t。

目前，正在渠道土石方开挖、回填、衬砌全部完成，各类建筑物均已完成主体工程施工。

（四十三）南阳市段工程

工程批复概算总投资480 560万元，投资计划已全部下达，累计完成投资462 098万元，占批复概算总投资的96%。累计完成土方3157万m^3，混凝土浇筑93万m^3。

渠道开挖、填筑、衬砌均已完成，69座各类建筑物主体工均已施工完成。

（四十四）膨胀土（南阳）试验段工程

工程批复概算总投资18 579万元，投资计划已全部下达，累计完成投资 19 084 万元，占批复概算总投资的 103%。累计完成土方 225 万 m^3，石方 1 万 m^3，混凝土浇筑 5 万 m^3。

目前渠道开挖、填筑及建筑物施工均已完成。

（四十五）白河倒虹吸工程

工程批复概算总投资 53 528 万元，投资计划已全部下达，累计完成投资 49 618 万元，占批复概算总投资的 93%。累计完成土方 241 万 m^3，石方 4 万 m^3，混凝土浇筑 24 万 m^3。

目前白河倒虹吸工程管身段 77 节全部完成，其他主体工程均已施工完成。

（四十六）方城段工程

工程批复概算总投资 580 897 万元，下达投资计划 572 269 万元。累计完成投资564 270 万元，占批复概算总投资的 97%。累计完成土方 4835 万 m^3，混凝土浇筑 128 万 m^3。

渠道开挖、填筑、衬砌全部完成。107 座各类建筑物主体工程全部完成。

（四十七）叶县段工程

工程批复概算总投资 347 271 万元，下达投资计划 330 116 万元，累计完成投资339 225 万元，占批复概算总投资的 95%。累计完成土方 2990 万 m^3，石方 3 万 m^3，混凝土浇筑 54 万 m^3。

渠道基本成型，混凝土衬砌全部完工。大型河渠交叉建筑物 1 座，主体工程施工完成；左岸排水建筑物 17 座主体工程已完工；渠渠交叉建筑物 8 座主体工程已完工；跨渠桥梁 32 座全部临时通车。

（四十八）澧河渡槽工程

工程批复概算总投资 43 438 万元，下达投资计划 41 931 万元。累计完成投资 41 671 万元，占批复概算总投资的 96%。累计完成土方 94 万 m^3，混凝土浇筑 12 万 m^3，金属结构 434t。

澧河渡槽共计 14 跨槽身，已完成全部工程桩、槽墩和 14 跨槽身混凝土浇筑。土石方填筑全部完成，正在进行进口浆砌石护坡。

（四十九）鲁山南 1 段工程

工程批复概算总投资 128 997 万元，下达投资计划 121 956 万元，累计完成投资126 338 万元，占批复概算总投资的 98%。累计完成土方 818 万 m^3，石方 160 万 m^3，混凝土浇筑 24 万 m^3，金属结构 173t。

渠道基本成型，渠道衬砌全部完成。10 座渠渠交叉建筑物、6 座左岸排水建筑物、1 座大型河渠交叉建筑物已完成主体工程施工；跨渠桥梁 14 座全部通车。

（五十）鲁山南 2 段工程

工程批复概算总投资 91 818 万元，下达投资计划 88 241 万元。累计完成投资 29 280 万元，占批复概算总投资的 97%。累计完成土方 553 万 m^3，石方 90 万 m^3，混凝土浇筑 21 万 m^3。

渠道基本成型，渠道衬砌已全部完成。7 座渠渠交叉建筑物、3 座左排建筑物已全部完成主体工程施工，9 座跨渠桥梁已通车，2 座大型河渠交叉建筑物已完成主体工程施工。

（五十一）西黑山进口闸—有压箱涵段工程

工程批复概算总投资 83 865 万元，投资计划已全部下达，累计完成投资 81 925 万元，占批复概算总投资的 98%。累计完成土方 757 万 m^3，石方 3 万 m^3，混凝土浇筑 38 万 m^3，金属结构 295t，机电设备 93 台（套）。

主体工程已完工，通过合同验收、项目法人自查验收及通水技术性初步验收。

（五十二）保定市 1 段工程

工程批复概算总投资 285 065 万元，投资计划已全部下达，累计完成投资 28 3192 万元，占批复概算总投资的 99%。累计完成土方 1998 万 m^3，混凝土浇筑 142 万 m^3，金属结构 335t，机电设备 66 台（套）。

累计土方开挖成型 51 679m，混凝土垫层成型 45 249m，钢筋制作安装绑扎底板 3101 节、顶板 3101 节；混凝土箱涵成型底板 3101

节、顶板3101节。

（五十三）保定市2段工程

工程批复概算总投资93 445万元，投资计划已全部下达，累计完成投资88 333万元，占批复概算总投资的95%。累计完成土方721万m^3，混凝土浇筑46万m^3，机电设备9台（套）。

主体工程已完工，通过合同验收、项目法人自查验收及通水技术性初步验收。

（五十四）廊坊市段工程

工程批复概算总投资372 883万元，投资计划已全部下达，累计完成投资39 7226万元，占批复概算总投资的107%。累计完成土方2866万m^3，混凝土浇筑173万m^3，金属结构210t，机电设备72台（套）。

主体箱涵全部完工。

（五十五）天津市1段工程

工程批复概算总投资171 435万元，投资计划已全部下达，累计完成投资172 460万元，占批复概算总投资的101%。累计完成土方1196万m^3，混凝土浇筑62万m^3，金属结构319t，机电设备333台（套）。目前，主体工程已基本完工。

（五十六）天津市2段工程

批复概算总投资25 740万元，投资计划已全部下达，累计完成投资27 245万元，占批复概算总投资的106%。累计完成土方131万m^3，石方1万m^3，混凝土浇筑8万m^3，金属结构23t，机电设备5台（套）。

目前，箱涵主体已全部完工，箱涵浇筑全部完成。

（五十七）中线干线专项工程

批复概算总投资222 600万元，目前已完成180 800万元，占概算总投资的81.22%。

中线干线自动化调度与运行管理决策支持系统工程批复总投资149 832亿元，投资计划已全部下达，累计完成56 056万元，占批复概算总投资的37%，2013年完成50 537万元。

南水北调中线干线工程调度中心土建项目批复概算总投资22 684万元，投资计划已全部下达，累计完成投资22 684万元，占批复概算总投资的100%。

其他专题批复概算总投资41 025万元，下达投资计划43 425万元，累计完成投资42 091万元，占批复概算的103%；其中，中线干线施工测量控制网下达投资计划2400万元，累计完成3524万元；文物保护专项批复概算41 025万元，下达投资计划41 025万元，累计完成投资38 567万元。

临时通水运行设施批复概算投资9062万元，投资计划已全部下达，累计完成投资10 315万元，占批复概算的114%。

（五十八）陶岔渠首枢纽工程

工程批复总投资87 238万元，累计下达投资计划86 485万元。累计完成投资88 634万元，占总投资的101.6%。累计完成土方42.93万m^3，石方44.55万m^3，混凝土24.30万m^3。

大坝工程、上游引渠工程、下游引渠工程、固结灌浆和帷幕灌浆、安全监测工程、金属结构和启闭设备安装、机电设备安装全部完成。

（五十九）兴隆水利枢纽工程

工程批复总投资337 385万元，累计下达投资计划319 747万元。累计完成投资328 271万元。累计完成土方2606万m^3、石方131万m^3、混凝土70.5万m^3、金属结构22 083t、机电设备397t。

2013年4月8日顺利完成初步蓄水目标，4月10日船闸开始试通航。

（六十）引江济汉工程

工程批复总投资673 303万元，累计下达投资计划550 300万元，累计完成投资580 545万元。累计完成土方7838万m^3、石方24万m^3、混凝土110万m^3、金属结构622t。

进口段泵站与进水节制闸主体工程基本

完工，进入金属结构安装阶段；进口段荆江大堤防洪闸已基本完工；拾桥河枢纽、拾桥河左岸节制闸基本完成；西荆河枢纽、高石碑枢纽、输水渠道工程等标段基本完成。

（六十一）部分闸站改造工程

工程批复总投资 54 558 万元，投资计划已全部下达，累计完成投资 48 823 万元。累计完成土方 351 万 m^3、石方 1.32 万 m^3、混凝土 13.8 万 m^3、金属结构 1076t、机电设备 82t。

闸站项目施工已经基本完成。

（六十二）局部航道整治工程

工程批复总投资 46 142 万元，累计下达投资计划 361 420 万元，累计完成投资 41 729 万元，累计完成土方 118 万 m^3、石方 169 万 m^3，混凝土 2.9 万 m^3。目前，已招标项目正在施工。

（马永征　王　熙　万耀强）

在建工程投资计划统计表

南水北调东、中线一期工程在建设计单元工程投资情况表

截至 2013 年 12 月

序号	工程名称	在建设计单元工程总投资（亿元）	累计完成投资（亿元）	投资完成比例（%）	自年初累计完成投资（万元）
	总计	2494.37	2434.10	98	404 8736
	东线一期	327.85	314.00	96	203 418
	江苏水源公司	117.52	108.87	93	104 012
1	淮阴三站工程	2.91	2.91	100	4367.0
2	淮安四站工程	1.85	1.85	100	2505.0
3	淮安四站输水河道工程	3.19	3.19	100	3053.0
4	江都站改造工程	3.03	3.03	100	5293.0
5	三阳河、潼河河道工程 宝应站工程	9.79	9.79	100	6677.0
6	刘山泵站工程	2.96	2.96	100	5122.0
7	解台泵站工程	2.32	2.32	100	4235.0
8	淮安二站改造工程	0.53	0.53	100	12.0
9	金宝航道工程	10.12	10.12	100	3566.0
10	江苏省文物保护工程	0.34	0.34	100	782.0
11	高水河整治工程	1.48	1.48	100	116.0
12	里下河水源补偿工程	22.72	22.16	98	0.0
13	骆马湖以南中运河影响处理工程	1.25	1.25	100	1327.0
14	刘老涧二站工程	2.29	2.29	100	2201.0

续表

序号	工 程 名 称	在建设计单元工程总投资（亿元）	累计完成投资（亿元）	投资完成比例（%）	自年初累计完成投资（万元）
15	皂河二站工程	2.93	2.93	100	1952.0
16	泗阳站工程	3.34	3.34	100	2783.0
17	泗洪站工程	5.91	5.91	100	6824.0
18	皂河一站改造工程	1.32	1.32	100	1029.0
19	金湖站工程	3.97	3.97	100	1874.0
20	洪泽站工程	5.14	5.14	100	3972.0
21	邳州站工程	3.31	3.31	100	2191.0
22	睢宁二站工程	2.52	2.52	100	1987.0
23	南四湖下级湖抬高蓄水位影响处理工程（江苏）	2.28	2.48	109	11 174.0
24	东线江苏段管理设施专项工程	4.45	0.87		8455.0
25	东线江苏段调度运行管理系统工程	5.82	1.32		8000.0
26	血吸虫北移防护工程	0.44	0.44		0.0
27	浩运闸洞漏水处理工程	1.23	1.23		1486.0
28	徐洪河影响处理工程	2.70	2.70	100	2200.0
29	洪泽湖抬高蓄水位影响处理工程（江苏）	2.60	2.60	100	0.0
30	骆马湖水资源控制工程	0.31	0.31	100	114.0
31	蔺家坝站工程	2.57	2.57	100	3601.0
32	大沙河闸工程	0.68	0.68	99	898.0
33	姚楼河闸工程	0.12	0.12	100	238.0
34	杨官屯河闸工程	0.43	0.42	96	1238.0
	山东干线公司	204.76	200.97	98	92 175.0
1	济平干渠工程	14.91	14.66	98	1075.0
2	韩庄泵站工程	2.74	3.09	113	0.0
3	万年闸泵站工程	2.63	2.72	104	306.0
4	穿黄河工程	6.95	6.56	94	11 997.0
5	济南市区段工程	30.37	29.84	98	259.0
6	韩庄运河水资源控制工程	0.23	0.23	100	253.0
7	长沟泵站工程	2.93	3.02	103	235.0
8	邓楼泵站工程	2.70	2.87	106	2288.0
9	东湖水库工程	9.89	10.10	102	2964.0
10	双王城水库工程	8.35	8.56	103	39.0
11	两湖段引黄灌区影响处理工程	1.87	2.00	107	344.0
12	八里湾泵站工程	2.73	2.81	103	6808.0
13	大屯水库工程	12.38	12.49	101	0.0

续表

序号	工程名称	在建设计单元工程总投资（亿元）	累计完成投资（亿元）	投资完成比例（%）	自年初累计完成投资（万元）
14	东线山东省文物专项工程	0.68	0.68	100	1928.0
15	梁济运河段工程	7.32	7.86	107	1119.0
16	柳长河段工程	4.86	5.11	105	7336.0
17	小运河段工程	24.01	24.41	102	4390.0
18	明渠段工程	25.87	26.43	102	0.0
19	南四湖湖内疏浚工程	2.33	2.41	103	2195.0
20	七一、六五河段工程	6.25	6.43	103	27 005.0
21	东平湖输蓄水影响处理工程	4.95	4.95	100	12 000.0
22	东线山东段调度运行管理系统工程	6.72	5.08	76	3863.0
23	东线山东段管理设施专项工程	5.75	0.87	15	3780.0
24	南四湖下级湖抬高蓄水位影响处理工程（山东）	4.10	4.10	100	1537.0
25	鲁北段灌区影响处理工程	3.50	3.40	97	0.0
26	陈庄输水线路工程	3.08	3.19	104	454.0
27	二级坝泵站工程	2.89	3.28	114	0.0
28	台儿庄泵站工程	2.66	2.69	101	0.0
29	潘庄引河闸工程	0.15	0.14	91	0.0
30	大沙河闸工程	0.49	0.59	120	0.0
31	姚楼河闸工程	0.12	0.10	80	0.0
32	杨官屯河闸工程	0.17	0.29	177	0.0
33	洪泽湖抬高蓄水位影响处理工程（安徽）	3.75	3.53	94	953
	淮委沂沭泗水利管理局	1.83	0.63	34	6278
1	苏鲁省际工程调度运行管理系统	1.45	0.57	40	5737
2	苏鲁省际工程管理设施工程	0.38	0.05	14	541
	中线一期	1597.99	1559.89	98	3 400 555
	中线干线建管局	1448.74	1424.25	98	3 122 520.0
1	南水北调中线干线工程调度中心土建项目	2.27	2.27	100	
2	西四环暗涵工程	11.48	11.40	99	1940.0
3	北京市穿五棵松地铁工程	0.57	0.64	112	171.0
4	北京段铁路交叉工程	1.90	1.88	99	530.0
5	永定河倒虹吸工程	3.58	3.31	92	1984.0
6	京石段北京其他工程	43.04	44.23	103	20 574.0
7	惠南庄泵站工程	8.30	8.18	99	2612.0
8	北拒马河暗渠工程	1.53	1.48	97	583.0
9	漕河渡槽段工程	9.95	8.89	89	5096.0

续表

序号	工 程 名 称	在建设计单元工程总投资（亿元）	累计完成投资（亿元）	投资完成比例（%）	自年初累计完成投资（万元）
10	古运河枢纽工程	2.18	1.99	91	777.0
11	釜山隧洞工程	2.38	2.17	91	843.0
12	唐河倒虹吸工程	2.74	2.49	91	1099.0
13	京石段河北其他工程	111.45	106.07	95	46 994.0
14	北京永久供电工程	0.71	0.27		2657.0
15	滹沱河倒虹吸工程	6.47	6.09	94	2568.0
16	安阳段工程	23.27	26.56	114	43 220.0
17	膨胀土（潞王坟）试验段工程	3.06	2.91	95	3252.0
18	穿黄工程	33.63	35.01	104	80 194.0
19	河北段生产桥建设	3.67	3.67	100	6299.0
20	中线干线自动化调度与运行管理决策支持系统（京石应急段）	5.71	5.44	95	21 729.0
21	天津市境内1段工程	17.14	17.25	101	22 047.0
22	天津市境内2段工程	2.57	2.72	106	4489.0
23	河北段输变电迁建工程	0.77	0.76	99	
24	膨胀土（南阳）试验段工程	1.86	1.91	103	3680.0
25	京石段临时通水措施	0.91	1.03	114	
26	滹沱河等七条河流防洪处理工程	0.58	0.29		2877.0
27	河北段工程管理专项	0.87	0.59	68	1906.0
28	温博段工程	18.03	18.82	104	30 832.0
29	沁河渠道倒虹吸工程	4.01	4.03	101	5845.0
30	焦作1段工程	25.32	29.89	118	81 986.0
31	焦作2段工程	41.13	40.65	99	64 787.0
32	辉县段工程	47.45	46.59	98	78 819.0
33	石门河倒虹吸工程	3.01	2.83	94	6538.0
34	新乡和卫辉段工程	20.23	19.99	99	37 273.0
35	鹤壁段工程	25.82	27.26	106	48 419.0
36	汤阴段工程	19.66	19.83	101	30 731.0
37	穿漳河工程	4.30	4.10	95	5290.0
38	郑州2段工程	36.49	35.15	96	71 296.0
39	西黑山进口闸—有压箱涵段工程	8.39	8.19	98	7423.0
40	保定市境内2段工程	9.34	8.83	95	6176.0
41	廊坊市境内段工程	37.29	39.72	107	37 197.0
42	潮河段工程	50.56	49.70	98	150 595.0
43	保定市境内1段工程	28.51	28.32	99	22 706.0

续表

序号	工程名称	在建设计单元工程总投资（亿元）	累计完成投资（亿元）	投资完成比例（%）	自年初累计完成投资（万元）
44	磁县段工程	35.89	36.35	101	102 549.0
45	南沙河倒虹吸工程	9.98	9.83	98	17 642.0
46	邢台市段工程	18.93	18.88	100	38 991.0
47	邢台县和内丘县段工程	27.90	26.97	97	58 603.0
48	高邑县—元氏县段工程	30.41	30.15	99	60 432.0
49	鹿泉市段工程	12.39	11.89	96	23 401.0
50	石家庄市区段工程	18.76	19.98	106	38 734.0
51	电力专项设施迁建	3.28	2.81	86	1239.0
52	邯邢段压矿及有形资产补偿	2.71	2.61	96	289.0
53	沙河渡槽工程	29.52	28.74	97	93 229.0
54	北汝河倒虹吸工程	6.54	6.19	95	15 315.0
55	邯郸市和邯郸县段工程	21.01	21.66	103	62 177.0
56	永年县段工程	13.31	14.32	108	42 827.0
57	洺河渡槽工程	3.69	3.52	96	9829.0
58	沙河市段工程	18.69	18.22	98	29 516.0
59	临城县段工程	23.06	22.38	97	52 563.0
60	禹州和长葛段工程	53.18	51.51	97	146 123.0
61	白河倒虹吸工程	5.35	4.96	93	16 726.0
62	鲁山北段工程	6.83	6.82	100	16 701.0
63	宝丰—郏县段工程	45.40	44.34	98	154 474.0
64	新郑和中牟段工程	15.64	15.22	97	44 948.0
65	双洎河渡槽工程	7.73	7.61	98	25 065.0
66	中线干线自动化调度与运行管理决策支持系统工程（京石段以外）	14.98	5.61	37	50 537.0
67	其他专题	4.34	4.21	97	
68	淅川县段工程	82.13	80.99	99	251 081.0
69	荥阳段工程	23.58	23.31	99	67 160.0
70	澧河渡槽工程	4.34	4.17	96	8761.0
71	镇平县段工程	37.23	36.23	97	128 723.0
72	鲁山南1段工程	12.90	12.63	98	36 238.0
73	鲁山南2段工程	9.18	8.93	97	23 201.0
74	方城段工程	58.09	56.43	97	185 425.0
75	叶县段工程	34.73	33.92	98	107 563.0
76	湍河渡槽工程	4.72	4.40	93	17 185.0
77	南阳市段工程	48.06	46.21	96	157 272.0

续表

序号	工　程　名　称	在建设计单元工程总投资（亿元）	累计完成投资（亿元）	投资完成比例（%）	自年初累计完成投资（万元）
78	郑州1段工程	15.72	15.11	96	38 654.0
	中线水源有限公司	28.56	26.85	94	33 095.0
1	丹江口大坝加高工程	28.56	32.83	115	33 095.0
	湖北建管局	111.14	99.94	90	234 938.4
1	兴隆水利枢纽工程	33.74	32.83	97	32 624.0
2	引江济汉工程	67.33	58.05	86	155 023.0
3	汉江中下游部分闸站改造工程	5.46	4.88	89	24 762.4
4	汉江中下游局部航道整治工程	4.61	4.17	90	22 529.0
	淮委建管局	8.72	8.86	102	10 002.0
1	陶岔渠首枢纽工程	8.72	8.86	102	10 002
	丹江库区移民安置工程	503.17	498.73	99	151 570.0
	过渡性资金融资利息	64.02	60.62	95	293 193.0
	设管中心初设工作投资	0.96	0.85	89	

（马永征　王　熙　万耀强）

南水北调东、中线一期工程在建设计单元工程完成工程量表

截至2013年12月

序号	工程名称	总土石方量（万 m^3）	累计完成土石方（万 m^3）	土石方完成比例（%）	总混凝土（万 m^3）	累计完成混凝土（万 m^3）	完成混凝土占总混凝土的比例（%）
	总计	160 469	158 369	99	4196	4122	98
	东线一期	29 362	27 723	94	594	584	98
	江苏水源公司	11 089.05	10 451.29	94	163.59	158.72	97
1	淮阴三站工程	251.51	251.51	100	2.53	2.53	100
2	淮安四站工程	100.54	100.20	100	3.54	3.54	100
3	淮安四站输水河道工程	637.21	413.82	65	4.26	2.42	57
4	江都站改造工程	74.98	66.22	88	2.92	2.57	88
5	三阳河、潼河河道工程 宝应站工程	2718.95	2718.95	100	13.39	13.39	100
6	刘山站工程	199.65	199.65	100	4.69	4.69	100
7	解台站工程	116.78	117.07	100	3.68	3.88	105
8	淮安二站改造工程	4.03	4.04	100	0.11	0.11	100
9	金宝航道工程	889.47	859.93	97	13.06	12.35	95

续表

序号	工程名称	总土石方量（万 m^3）	累计完成土石方（万 m^3）	土石方完成比例（%）	总混凝土（万 m^3）	累计完成混凝土（万 m^3）	完成混凝土占总混凝土的比例（%）
10	江苏省文物保护工程						
11	高水河整治工程	184.60	175.00	95	0.86	0.86	100
12	里下河水源补偿工程	3020.46	2970.61	98	17.43	17.34	99
13	骆马湖以南中运河影响处理工程	51.40	39.30	76	2.43	1.45	60
14	刘老涧二站工程	89.24	83.07	93	3.13	3.04	97
15	皂河二站工程	173.93	173.93	100	4.63	4.38	94
16	泗阳站工程	142.81	132.39	93	3.90	3.89	100
17	泗洪站工程	571.91	566.11	99	14.07	14.07	100
18	皂河一站改造工程	53.87	30.79	57	3.23	3.23	100
19	金湖站工程	195.98	181.31	93	4.50	4.50	100
20	洪泽站工程	621.00	540.86	87	11.00	11.00	100
21	邳州站工程	106.74	105.90	99	5.15	5.15	100
22	睢宁二站工程	117.01	117.01	100	5.18	5.18	100
23	南四湖下级湖抬高蓄水位影响处理工程（江苏）						
24	东线江苏段管理设施专项工程						
25	东线江苏段调度运行管理系统工程						
26	血吸虫北移防护工程	7.73	1.36	18	5.71	4.54	80
27	沿运闸洞漏水处理工程	160.11	83.50	52	1.30	1.70	131
28	徐洪河影响处理工程	169.67	155.28	92	10.25	11.72	114
29	洪泽湖抬高蓄水位影响处理工程（江苏）	209.68	164.86	79	13.83	12.87	93
30	骆马湖水资源控制工程	15.53	15.53	100	0.88	0.88	100
31	蔺家坝站工程	141.20	121.99	86	3.90	3.49	90
32	大沙河闸工程	47.00	47.00	100	2.40	2.40	100
33	姚楼河闸工程	8.60	8.60	100	0.39	0.33	86
34	杨官屯河闸工程	7.46	5.50	74	1.24	1.24	100
	山东干线公司	17 730	16 729	94	423.85	418.81	99
1	济平干渠工程	2313	1947	84	53.32	53.32	100
2	韩庄泵站工程	160.16	160.16	100	3.90	3.79	97
3	万年闸泵站工程	170.83	168.48	99	6.47	5.06	78
4	穿黄工程	687.63	709.02	103	23.76	22.07	93
5	济南市区段工程	765.83	700.59	91	94.90	89.49	94

续表

序号	工程名称	总土石方量（万 m^3）	累计完成土石方（万 m^3）	土石方完成比例（%）	总混凝土（万 m^3）	累计完成混凝土（万 m^3）	完成混凝土占总混凝土的比例（%）
6	韩庄运河水资源控制工程	4.70	4.28	91	0.21	0.21	100
7	长沟泵站工程	156.67	156.67	100	7.54	7.54	100
8	邓楼泵站工程	130.99	131.31	100	6.62	5.74	87
9	东湖水库工程	1574.11	1574.11	100	15.53	15.16	98
10	双王城水库工程	989.80	989.80	100	19.52	19.43	100
11	两湖段引黄灌区影响处理工程	224.00	224.00	100	5.37	5.37	100
12	八里湾泵站工程	86.20	86.20	100	5.06	4.94	98
13	大屯水库工程	2442.41	2436.03	100	8.72	8.72	100
14	东线山东省文物专项工程						
15	梁济运河段工程	767.30	767.30	100	25.76	25.45	99
16	柳长河段工程	764.26	690.43	90	13.02	13.02	100
17	小运河段工程	2386.39	1902.80	80	40.01	52.30	131
18	明渠段工程	1872.50	1872.50	100	57.11	56.56	99
19	南四湖湖内疏浚工程	292.00	292	100			
20	七一、六五河段工程	589.00	582.82	99	7.18	7.18	100
21	东平湖输蓄水影响处理工程	102.00	101.49	100	0.29	0.23	79
22	东线山东段调度运行管理系统工程						
23	东线山东段管理设施专项工程						
24	南四湖下级湖抬高蓄水位影响处理工程（山东）						
25	鲁北段灌区影响处理工程	575.99	573.00	99	3.27	2.89	88
26	陈庄输水线路工程	242.23	242.31	100	8.01	8.01	100
27	二级坝泵站工程	248.96	234.00	94	5.77	4.97	86
28	台儿庄泵站工程	121.61	121.61	100	6.21	5.37	86
29	潘庄引河闸工程				4.10		0
30	大沙河闸工程	47.0	47.00	100	1.20	1.20	100
31	姚楼河闸工程	8.60	8.60	100	0.39	0.17	43
32	杨官屯河闸工程	5.50	5.50	100	0.62	0.62	100
33	洪泽湖抬高蓄水位影响处理工程（安徽）	542.69	542.60	100	6.37	6.37	100
	中线一期	131 107	130 646	100	3602	3538	98
	中线建管局	119 153	118 711	100	3214.8	3199.8	100
1	南水北调中线干线调度中心土建项目						

续表

序号	工程名称	总土石方量（万 m^3）	累计完成土石方（万 m^3）	土石方完成比例（%）	总混凝土（万 m^3）	累计完成混凝土（万 m^3）	完成混凝土占总混凝土的比例（%）
2	西四环暗涵工程	107.00	107.00	100	24.86	24.20	97
3	北京市穿五棵松地铁工程	1.00	1.00	100	0.46	0.41	90
4	北京段铁路交叉工程	11.00	11.00	100	2.84	2.82	99
5	永定河倒虹吸工程	270.00	267.00	99	14.13	13.90	98
6	京石段北京其他工程	3012.00	2952.00	98	49.60	49.60	100
7	惠南庄泵站工程	149.00	149.00	100	15.61	15.61	100
8	北拒马河工程	133.00	121.00	91	6.90	6.18	90
9	漕河渡槽段工程	396.00	396.00	100	36.61	36.61	100
10	古运河枢纽工程	142.00	126.00	89	7.60	7.60	100
11	釜山隧洞工程	74.00	73.00	99	7.20	7.20	100
12	唐河倒虹吸工程	278.00	278.00	100	11.00	11.00	100
13	京石段河北其他工程	14 299.00	14 299.00	100	304.80	293.70	96
14	北京段永久供电工程						
15	滹沱河倒虹吸工程	623.00	583.00	94	24.10	24.10	100
16	安阳段工程	3153.00	3153.00	100	62.28	62.28	100
17	膨胀土（潞王坟）试验段工程	477.00	477.00	100	3.01	3.01	100
18	穿黄工程	2178.00	2178.00	100	53.95	54.01	100
19	河北段生产桥建设	163.00	161.00	99	8.38	8.4	100
20	中线干线自动化调度与运行管理决策支持系统（京石应急段）						
21	天津市境内1段工程	1196.00	1196.00	100	62.21	62.21	100
22	天津市境内2段工程	145.00	132.00	91	8.26	7.93	96
23	河北段输变电迁建工程						
24	膨胀土（南阳）试验段工程	226.00	226.00	100	5.00	5.00	100
25	京石段临时通水措施	51.00	51.00	100	0.92	0.92	100
26	滹沱河等七条河流防洪处理工程						
27	河北段工程管理专项						
28	温博段工程	1459.00	1459.00	100	47.15	47.15	100
29	沁河渠道倒虹吸工程	564.00	564.00	100	11.84	11.84	100
30	焦作1段工程	1084.00	1084.00	100	73.51	73.51	100
31	焦作2段工程	4735.00	4735.00	100	64.41	64.41	100
32	辉县段工程	4768.00	4768.00	100	107.19	107.19	100
33	石门河倒虹吸工程	222.00	207.00	93	12.58	12.49	99
34	新乡和卫辉段工程	2060.00	2060.00	100	52.15	52.15	100

续表

序号	工程名称	总土石方量（万 m^3）	累计完成土石方（万 m^3）	土石方完成比例（%）	总混凝土（万 m^3）	累计完成混凝土（万 m^3）	完成混凝土占总混凝土的比例（%）
35	鹤壁段工程	3009.00	2919.00	97	57.92	57.92	100
36	汤阴段工程	1584.00	1666.00	105	38.67	38.67	100
37	穿漳河工程	180.00	180.00	100	10.56	10.56	100
38	郑州2段工程	3837.00	3837.00	100	62.83	62.83	100
39	西黑山进口闸—有压箱涵段工程	764.00	760.00	99	38.20	38.06	100
40	保定市境内2段工程	743.00	721.00	97	47.43	45.78	97
41	廊坊市境内段工程	2974.00	2866.00	96	175.30	173.26	99
42	潮河段境内工程	3927.00	3968.00	101	69.83	75.50	108
43	保定市境内1段工程	2007.00	1998.00	100	143.30	142.21	99
44	磁县段工程	2870.00	2870.00	100	55.84	55.84	100
45	南沙河倒虹吸工程	773.00	773.00	100	31.07	31.07	100
46	邢台市段工程	1690.00	1690.00	100	30.25	30.25	100
47	邢台县和内丘县段工程	2153.00	2152.00	100	54.43	54.43	100
48	高邑县—元氏县段工程	2187.00	2187.00	100	64.24	64.24	100
49	鹿泉市段工程	777.00	767.00	99	27.30	28.21	103
50	石家庄市区段工程	1451.00	1490.00	103	31.66	31.66	100
51	电力专项设施迁建						
52	邯邢段压矿及有形资产补偿						
53	沙河渡槽工程	603.00	605.00	100	126.49	125.40	99
54	北汝河倒虹吸工程	272.00	274.00	101	21.35	21.30	100
55	邯郸市和邯郸县段工程	1748.00	1748.00	100	34.38	34.38	100
56	永年县段工程	1362.00	1362.00	100	27.28	17.55	64
57	洺河渡槽工程	109.00	106.00	97	9.80	9.80	100
58	沙河市段工程	1964.00	1964.00	100	29.51	29.51	100
59	临城县段工程	2096.00	2096.00	100	39.60	39.60	100
60	禹州和长葛段工程	4921.00	4921.00	100	95.17	95.17	100
61	白河倒虹吸工程	262.00	245.00	94	24.01	24.01	100
62	鲁山北段工程	606.00	606.00	100	13.40	13.40	100
63	宝丰—郏县段工程	3357.00	3341.00	100	85.20	90.61	106
64	新郑和中牟段工程	1181.00	1181.00	100	41.39	41.39	100
65	双洎河渡槽工程	353.00	353.00	100	30.17	30.17	100
66	中线干线自动化调度与运行管理决策支持系统（京石段以外）						
67	其他专题						

续表

序号	工程名称	总土石方量（万 m^3）	累计完成土石方（万 m^3）	土石方完成比例（%）	总混凝土（万 m^3）	累计完成混凝土（万 m^3）	完成混凝土占总混凝土的比例（%）
68	淅川县段工程	8604.00	8604.00	100	132.53	132.53	100
69	荥阳段工程	2091.00	2091.00	100	47.20	47.20	100
70	澧河渡槽工程	94.00	94.00	100	12.22	12.22	100
71	镇平县段工程	2711.00	2680.00	99	66.49	66.49	100
72	鲁山南1段工程	998.00	978.00	98	24.07	24.00	100
73	鲁山南2段工程	683.00	643.00	94	24.20	21.42	89
74	方城段工程	4835.00	4835.00	100	128.30	128.30	100
75	叶县段工程	3068.00	2993.00	98	49.00	53.74	110
76	湍河渡槽工程	47.00	47.00	100	13.33	13.42	101
77	南阳市段工程	3157.00	3157.00	100	93.44	93.44	100
78	郑州1段工程	1129.00	1129.00	100	28.86	28.86	100
	中线水源公司	619.70	608.76	98	125.45	116.30	93
1	丹江口大坝加高工程	619.70	608.76	98	125.45	116.30	93
2	丹江口库区文物保护项目						
	湖北建管局	11 247	11 238.6	100	239.49	197.49	82
1	兴隆水利枢纽工程	2843.88	2736.89	96	70.49	70.49	100
2	引江济汉工程	7861.93	7861.93	100	149.57	110.23	74
3	汉江中下游部分闸站改造工程	352.49	352.49	100	13.54	13.86	102
4	汉江中下游局部航道整治工程	189.00	287.30	152	5.89	2.91	49
	淮委建管局	87.48	87.48	100	22.66	24.30	107
1	陶岔渠首枢纽工程	87.48	87.48	100	22.66	24.30	107
	丹江库区移民安置工程						
1	丹江口库区移民安置工程						

（马永征　王　熙　万耀强）

拾柒 大事记

MAJOR EVENTS

一　月

5日　南水北调工程建设稽察大队2012年度总结暨培训会议在北京召开。国务院南水北调办副主任蒋旭光出席会议并讲话。

9日　郑州铁路局对京广铁路因南水北调工程而改线的路段（薛店至新郑间）进行拨接施工，将京广铁路下行线由既有线段（老线）拨接至前期已经铺设好的改线段（新线）。至此，南水北调中线总干渠下穿京广铁路工程全部完成。

15～16日　2013年南水北调工程建设工作会议在山东济南召开，国务院南水北调办主任鄂竟平出席会议并讲话。国务院南水北调办副主任张野、蒋旭光、于幼军出席会议。

17日　国务院南水北调办与国家发改委稽察办召开南水北调工程建设稽察工作座谈会。国务院南水北调办副主任蒋旭光出席并讲话。

18日　2013年河南省南水北调工作会议。国务院南水北调办副主任张野，河南省委常委、副省长刘满仓出席会议并讲话。河南省人大副主任铁代生、省政协副主席靳绥东出席会议。会议由河南省委农村工作领导小组副组长何东成主持。

20～21日　国务院南水北调办在河南南阳组织召开工程建设进度（第八次）协调会。国务院南水北调办副主任张野主持会议并讲话。

21～22日　国务院南水北调办副主任张野赴南水北调中线河南段工程现场检查南水北调工程建设情况，并慰问奋战在一线的工程建设者。

31日　国务院南水北调办召开南水北调工程质量监管座谈会。国务院南水北调办副主任蒋旭光出席会议并讲话。

二　月

1日　中线建管局2013年工作会议在北京召开。国务院南水北调办主任鄂竟平出席会议并讲话，副主任张野出席会议。

1日　国务院南水北调办召开民主党派和党外干部代表迎新春座谈会，国务院南水北调办党组成员、副主任、直属机关党委书记于幼军出席。

1日　国务院南水北调办召开迎新春“送温暖”座谈会。国务院南水北调办副主任、直属机关党委书记于幼军出席座谈会并讲话。

4日　国务院南水北调办举办2013年“迎新春”职工文化活动。国务院南水北调办党组书记、主任鄂竟平，办党组成员、副主任张野、蒋旭光、于幼军与干部职工一起参加活动。

8日　国务院南水北调办印发《南水北调工程建设信用管理办法（试行）》，按季度对南水北调工程建设参建单位实施信用评价，公开发布信用评价结果。

21日　国务院南水北调工程建设委员会专家委员会在北京召开2013年工作会议。专家委主任陈厚群院士、国务院南水北调办主任鄂竟平出席会议并讲话，国务院南水北调办副主任、专家委副主任张野出席。

22日　水利部副部长矫勇实地察看南水北调中线水源丹江口大坝加高工程。

25日　国务院南水北调办安全生产领导小组和重特大事故应急处理领导小组召开第十二次全体会议。国务院南水北调办副主任、领导小组组长张野主持会议并讲话，领导小组全体成员参加会议。

25～28日　国务院南水北调办副主任蒋旭光赴河南省调研丹江口水库库底清理和移民村创新社会管理工作，并出席2013年丹江口库区移民进度商处会。

26～28日　国务院南水北调办张野副主任率队检查南水北调中线邯石段交叉工程建设，并召开座谈会。河北省政府特邀咨询张和陪同检查，并出席会议。

三　月

1日　国务院南水北调办举办党组中心组（扩大）学习报告会，邀请中央财经领导小组办公室副主任杨伟民以“大力推进生态文明建设，建设美丽中国”为题，就深入学习贯彻党的十八大精神作学习辅导报告。国务院南水北调办党组书记、主任鄂竟平，办党组成员、副主任张野、蒋旭光、于幼军参加学习。于幼军主持报告会。

4日　国务院南水北调办召开保密委员会全体会议，传达学习中央保密委全体会议和近期中央有关加强保密工作的文件精神，研究部署下一步保密工作。国务院南水北调办副主任蒋旭光出席会议并讲话。

8日　国务院南水北调办主任鄂竟平在北京就突出高压抓质量专题约谈139家参建单位主要负责人。国务院南水北调办副主任蒋旭光主持专题约谈会。

12日　国务院南水北调办主任鄂竟平主持会议研究部署国务院南水北调办定点扶贫工作。国务院南水北调办副主任、扶贫工作领导小组组长蒋旭光出席会议。

18日　国务院南水北调办学习贯彻党的十八大精神集中轮训在北京开班。国务院南水北调办副主任蒋旭光出席并做动员讲话。

19～21日　国务院南水北调办副主任张野督导南水北调中线黄河南段工程建设，并召开座谈会。河南省委农村工作领导小组副组长何东成参加督导。

18～22日　国务院南水北调办蒋旭光副主任率队对南水北调中线湖北境内工程建设进度进行督导，并分别召开丹江口大坝加高工程建设座谈会和汉江中下游治理工程建设座谈会。

21日　国务院南水北调办鄂竟平主任一行六人赴南水北调中线午河渡槽和安阳七标工程现场，突击进行“飞检式”质量检查。

22日　国务院南水北调办召开全体干部大会，集中深入学习党的十八大精神。国务院南水北调办主任鄂竟平作题为“南水北调与生态文明”的学习辅导报告。

26～28日　国务院南水北调办主任鄂竟平率队赴江苏、山东督导南水北调东线工程建设进度。

27～30日　国务院南水北调办副主任于幼军率队对南水北调中线黄河至石家庄段工程建设进度进行督导，并召开工程建设座谈会。

30～4月2日　国务院南水北调办副主任于幼军率国务院南水北调办环境保护司、南水北调中线水质保护中心负责同志，赴河南、湖北两省督导《丹江口库区及上游水污染防治和水土保持“十二五”规划》实施工作。

四　月

2日　国务院南水北调办召开节约能源资源工作会议。国务院南水北调办副主任蒋旭光主持会议并讲话。

12日　国务院南水北调办主任鄂竟平一行六人赴南水北调中线洺河渡槽、南水北调总干渠与青兰高速连接线交叉工程及SG1－2标邯钢公路桥工程施工现场，进行工程质量检查。国务院南水北调办综合司、监督司、建设监管中心负责同志参加检查。

17～19日　国务院南水北调办在河南许昌组织召开工程建设进度（第九次）协调会。国务院南水北调办副主任张野主持会议并讲话。

17～20日　国务院南水北调办副主任蒋旭光深入湖北省丹江口库区检查督导库底清理工作。

18日　国务院南水北调办主任鄂竟平一行六人到南水北调中线禹长7标、新郑南2标、新郑南3标、双洎河渡槽施工现场进行飞检式质量检查。

21日　江苏省省长李学勇赴高邮调研南水北调东线江苏段工程建设和水质达标情况。

24日　国务院南水北调办副主任于幼军主持会议，总结南水北调工程“创先争优保通水，岗位建功做贡献，向党的十八大献礼”劳动竞赛评选情况，并对下一步工作进行了研究部署。

25日　国务院南水北调办在河北邢台召开南水北调工程干线征迁安置工作商促会。国务院南水北调办副主任蒋旭光出席会议并讲话。

29日　由国务院南水北调办送播的南水北调公益宣传片《治污环保篇》在中央电视台各频道正式播出。该公益宣传片在中央电视台各频道每日滚动播出20余次，连续播出一个月。这是南水北调公益宣传片继《绿叶篇》、《建设者篇》后第三次登陆央视。

五　月

3日　国务院南水北调办、河北省政府在河北省石家庄市召开南水北调中线河北段工程建设进度第一次联席会议。国务院南水北调办副主任张野、河北省政府特邀咨询张和共同主持会议并讲话。

7日　国务院南水北调办主任鄂竟平一行六人到南水北调中线总干渠与青兰高速连接线交叉工程、磁县2标、磁县3标施工现场进行质量检查。

9日　国务院南水北调办召开全系统务虚及宣传工作会。国务院南水北调办主任鄂竟平主持会议并讲话。国务院南水北调办副主任张野、蒋旭光、于幼军出席会议。

10日　国务院南水北调办副主任蒋旭光带领检查组到南水北调中线干线河南段工程施工现场进行飞检式质量检查。

10～15日　国务院南水北调建委会专家委组织部分委员和参与制定《南水北调东线治污规划》的主要专家，在苏鲁两省对治污规划自查评估的基础上，对东线治污规划实施情况进行总体评估。6月13日，国务院南水北调办以国调办环保〔2013〕138号就南水北调东线工程治污规划完成情况向国务院专题报告。

11日　水利部副部长、国家防总秘书长刘宁率国家防总检查组检查南水北调中线穿黄工程防汛工作。

13～17日　中共中央书记处书记、全国政协副主席杜青林率领全国政协特邀常委视察团先后到河南、湖北考察丹江口水源地资源保护和利用情况。

17日　国务院南水北调办、河南省政府在河南省郑州市召开南水北调中线河南段工程建设进度第一次联席会议。国务院南水北调办副主任张野、河南省政府副省长王铁共同主持会议并讲话。

17日　国务院南水北调办副主任蒋旭光带领质量检查组到南水北调中线穿石太铁路暗涵工程、元氏段桥梁6标、石家庄市区段桥梁4标、SG12、SG13标、SG14标等施工现场进行飞检式质量检查。

20日　国务院南水北调办对南水北调中线干线渠道、建筑物、桥梁印发专项质量监管方案，确定重点监管项目，加强关键工序考核，实施再加高压抓质量各项措施。

20～22日　国务院南水北调办副主任蒋旭光率质量检查组对南水北调东线山东省境内工程开展试通水前质量专项检查。

21日　国务院南水北调办党组召开会议，党组书记鄂竟平主持集体学习《中共中央关于在全党深入开展党的群众路线教育实践活动的意见》。

21日　国务院南水北调办鄂竟平主任主持召开办公会，专题研究解决施工单位困难问题。国务院南水北调办有关司和中线建管局有关负责同志参加。

25日　北京市市长王安顺主持召开会议，专题研究推进南水北调工程有关工作。

28～30日　国务院南水北调办副主任蒋旭光率质量检查组赴南水北调中线郑州1段中原路跨渠桥、荥阳1标索河渡槽、双洎河渡槽、沙河渡槽等重点工程进行质量检查。

28日　国务院南水北调办在郑州召开南水北调工程监理专项整治工作会，动员部署“三清除一降级一吊销”监理整治行动，坚决遏制监理违规行为，促进南水北调工程质量稳定好转。国务院南水北调办副主任蒋旭光出席会议并讲话。

30日　国务院南水北调办和江苏省人民政府在江苏省江都水利枢纽召开南水北调东线一期工程江苏段试通水现场会。国务院南水北调办副主任张野、江苏省副省长徐鸣出席会议并讲话，会议由国务院南水北调办总工程师沈凤生主持。

31日　南水北调江苏水源公司负责同志向国务院南水北调办副主任张野报告试通水总体情况，张野宣布南水北调东线一期工程江苏段试通水结束，南水北调东线一期工程江苏段试通水圆满成功。

六　月

5日　国务院南水北调办主任鄂竟平率队对南水北调东线一期山东段在建工程进行突击质量飞检。

6日　南水北调工程建设安全生产工作会议在北京召开。国务院南水北调办副主任张野出席会议并讲话。

13日　国务院南水北调办总工程师沈凤生会见来访的香港工程师学会土木工程分部考察团一行。

14～17日　国务院南水北调办组织开展南水北调丹江口水库大坝加高工程建设征地补偿和移民安置蓄水前文物保护经验技术性初步验收。

18～21日　国务院南水北调办副主任蒋旭光深入河南省丹江口库区检查库底清理、验收工作并调研移民村创新社会管理。

20～22日　国务院南水北调办副主任张野率队检查南水北调中线黄河至漳河段工程防汛和安全生产工作。

21日　经国务院同意，国务院南水北调办、发展改革委、环境保护部、住房城乡建设部、水利部联合印发《丹江口库区及上游水污染防治和水土保持“十二五”规划实施考核办法》。

24日　国务院南水北调办党组书记、主任鄂竟平主持召开办党组（扩大）会议，传达贯彻中央党的群众路线教育实践活动工作会议精神。国务院南水北调办党组成员、副主任张野、于幼军，总工程师沈凤生出席会议。

24～28日　国务院南水北调办副主任于幼军率队调研南水北调东线一期工程水质监测工作。

25～27日　国务院南水北调办主任鄂竟平率队检查南水北调中线黄河南段工程防汛和安全生产工作并会商。

25～27日　国务院南水北调办副主任蒋旭光率队检查京石段工程防汛和安全生产工作。

6月27日　山东省副省长赵润田到东湖水库现场检查山东南水北调东线一期工程全线通水准备工作。

七　月

1日　国务院南水北调办党组书记、主任鄂竟平主持召开办党组中心组（扩大）会议，传达学习全国组织工作会议精神。办党组成员、副主任张野、蒋旭光、于幼军出席会议。

2～4日　国务院南水北调办副主任于幼军率队检查南水北调中线邯石段工程防汛和安全生产工作。

4日　国务院南水北调办召开党的群众路线教育实践活动动员大会。国务院南水北调办党组书记、主任，南水北调办党的群众路线教育实践活动领导小组组长鄂竟平主持会议并作动员讲话。

8~9日　国务院南水北调办副主任蒋旭光深入南水北调中线河南南阳段工程进行飞检，调研工程一线情况。

9~12日　国务院南水北调办副主任于幼军与环境保护部副部长翟青共同率领联合调研组，对南水北调东线通水前的水污染防治工作进行调研，并在山东济宁召开南水北调东线深化治污工作会议，部署深化治污保通水工作。

11日　国务院南水北调办主任鄂竟平一行五人对南水北调中线河南段工程进行质量飞检。

16~17日　国务院南水北调办在河南郑州组织召开工程建设进度（第十次）协调会。国务院南水北调办副主任张野主持会议并讲话。

16~18日　国务院南水北调办副主任蒋旭光赴湖北十堰丹江口、郧县等地，调研丹江口水库库底清理、验收和高切坡治理工作，并深入移民村及群众家中走访。

16日　国务院南水北调办党组书记、主任，办党的群众路线教育实践活动领导小组组长鄂竟平主持召开办党组中心组（扩大）会议，集中学习《党的群众路线教育实践活动学习文件选编》等材料，交流心得体会。

16~21日　国务院南水北调办组织开展南水北调丹江口水库大坝加高工程建设征地补偿和移民安置蓄水前移民搬迁安置终验技术性初步验收。

19日　国务院南水北调办副主任张野出席中线建设管理局2013年年中工作座谈会并讲话。

23日　国务院南水北调办副主任张野带领机关党委负责同志，到中线建管局与中层以下干部职工座谈，听取对办党组及本人、中线建管局领导班子加强作风建设和工程建设的意见。

24日　国务院南水北调办在武汉召开南水北调工程质量监管专项工作会议，集中部署质量监管再加高压的工作措施。国务院南水北调办副主任蒋旭光出席会议并讲话。

25日　国务院南水北调办副主任张野深入基层一线调研南水北调中线邯石段工程建设情况。

30日　国务院南水北调办副主任蒋旭光一行六人对南水北调中线河北段铁路和公路交叉工程进行飞检式质量检查。

八　月

1日　南水北调中线一期陶岔渠首枢纽工程通过蓄水验收，国务院南水北调办副主任、验收委员会主任张野主持验收会议。

1日　国务院南水北调办在天津召开南水北调工程干线征迁安置工作商促会，研究落实近期干线征迁安置重点工作。国务院南水北调办副主任蒋旭光出席会议并讲话。

5日　国务院南水北调办党组书记、主任，办党的群众路线教育实践活动领导小组组长鄂竟平主持召开办党组中心组（扩大）会议，中央第31督导组副组长傅雯娟，办党组成员、副主任，办党的群众路线教育实践活动领导小组副组长张野、蒋旭光、于幼军出席会议。

5~10日　国务院南水北调办组织开展南水北调丹江口水库大坝加高工程建设征地补偿和移民安置蓄水前库底清理终验技术性初步验收。

7~8日　国务院南水北调办副主任于幼军赴湖北省十堰市调研不达标河流“一河一策”治理情况。9日，于幼军一行抵武汉，与湖北省委书记李鸿忠、省长王国生商谈下一步丹江口水库水质保护有关工作。

8日　国务院南水北调办党组书记、主任，办党的群众路线教育实践活动领导小组组长鄂竟平带领国务院南水北调办综合司、投计司、建管司、中线建管局负责同志，赴郑州主持召开座谈会，征求河南直管建管局对办党组、党组成员及办公室各司局的意见。

12日　国务院南水北调办党组书记、主任鄂竟平会见国家开发银行党委书记、董事长胡怀邦一行，就南水北调工程投融资以及党的群众路线教育实践活动开展情况交换意见。副主任张野、蒋旭光，以及国家开发银行党委副书记、监事长姚中民参加会见。

14日　江苏省委书记罗志军现场察看南水北调东线江苏段工程建设运行情况，并慰问坚守在工程一线的干部职工。

14日　江苏省委副书记石泰峰在检查江苏省防旱抗旱期间，实地查看南水北调东线宝应站工程建设和运行情况。

15日　南水北调东线一期工程通过全线通水验收，工程具备通水条件。国务院南水北调办副主任、南水北调东线一期工程全线通水验收委员会主任张野在江苏徐州主持召开验收会议。

21~23日　湖北省委书记李鸿忠，省长王国生率领的湖北省党政代表团赴北京、天津和河北考察南水北调对口协作工作，并分别签署南水北调战略合作框架协议。

22日　国务院南水北调办组织召开南水北调丹江口水库大坝加高工程建设征地补偿和移民安置蓄水前终验会议。国务院南水北调办副主任、南水北调丹江口库区移民安置终验验收委员会主任蒋旭光宣布，南水北调丹江口库区移民安置验收通过蓄水前终验。

26日　国务院南水北调办党组成员、副主任、直属机关党委书记于幼军主持召开直属机关党委会议，听取反对“四风”的意见建议，研究部署机关党委换届工作。

28日　国务院南水北调办主任鄂竟平前往中线京石段工程现场检查自动化调度系统及管理用房建设情况。

28~29日　国务院南水北调办副主任蒋旭光一行结合群众路线教育实践活动，赴江苏省调研东线工程通水前征迁有关工作，深入徐州市沛县和铜山区的南四湖下级湖湖区了解有关抬高蓄水位的影响处理情况。

29日　南水北调中线丹江口大坝加高工程通过蓄水验收。国务院南水北调办副主任、验收委员会主任张野主持验收会议。

九　月

4~5日　国务院南水北调办主任鄂竟平赴河南省调研南水北调丹江口库区移民工作。

9~11日　国务院南水北调办副主任张野深入基层一线调研南水北调中线湖北境内工程建设情况。

12日　环境保护部办公厅、国务院南水北调办综合司联合印发《关于开展南水北调东线一期工程调水水质监测工作的通知》，以确东线一期工程调水水质监测和评价办法。

12日　南水北调中线一期工程天津干线天津段工程通过通水验收，工程全线具备通水条件。

12日　国务院南水北调办在郑州召开南水北调在建项目质量监管会议，进一步落实和强化项目法人、建管单位的质量职责，部署质量监管“回头看”集中整治活动。国务院南水北调办副主任蒋旭光出席会议并讲话。

18日　丹江口库区及上游地区对口协作工作协调小组第一次全体会议在北京召开。国务院南水北调办副主任于幼军出席并讲话。国家发展改革委副主任杜鹰做总结讲话。

22~24日　国务院南水北调办副主任蒋旭光一行赴山东省调研东线工程通水前征迁维稳工作。

23日　国务院南水北调办在北京召开南水北调配套工程建设座谈会。国务院南水北调办副主任张野出席会议并讲话。

23~28日　国务院南水北调工程建委会专家委员会开展南水北调中线工程质量检查

活动，29日，在北京召开质量检查活动总结汇报会。国务院南水北调办副主任张野出席并讲话。

25～26日　国务院南水北调办张野副主任率队检查督导南水北调中线邯石段工程建设。河北省政府特邀咨询张和陪同检查。

27日　国务院法制办在京组织召开专家论证会，对《南水北调工程供用水管理条例（草案）》进行咨询。国务院南水北调办副主任张野出席会议并讲话。

28日　河北省省长张庆伟到石家庄市考察南水北调中线工程建设情况。

28日　南水北调中线湍河渡槽第54榀槽身浇筑完成。至此，这一世界上规模最大的U型输水渡槽主体工程正式完工。

十　月

10日　国务院南水北调办召开办务扩大会议，系统总结2013年前三季度工作，安排部署第四季度各项工作。国务院南水北调办主任鄂竟平出席会议并讲话。国务院南水北调办副主任张野主持会议，副主任蒋旭光、于幼军出席会议。

10日　国务院南水北调办印发《关于规范使用南水北调工程标志标识的通知》（国调办综〔2013〕248号），要求沿线有关单位规范使用工程标志标识，展示南水北调工程良好形象，扩大工程在社会上的积极影响。

11日　由知名作家裔兆宏创作的南水北调环保治污题材长篇报告文学《美丽中国样本》，由中央文献出版社公开出版发行。12日，国务院南水北调办、中国作家协会和中央文献出版社联合举行《美丽中国样本》创作研讨会。中国作协副主席、中国报告文学学会会长何建明出席并讲话。

12日　国务院南水北调办蒋旭光副主任带队对南水北调中线焦作段铁路交叉和高填方渠道工程进行飞检式质量检查。

15～16日　国务院南水北调办副主任张野率队检查督导中线河南段工程建设。

16日　国务院南水北调办党组书记、主任，办教育实践活动领导小组组长鄂竟平主持召开主任专题办公会，听取南水北调工程稽察大队针对施工单位反映资金紧张、企业亏损、检查重复交叉、调研检查过多过频、变更较慢、外部环境不良等问题开展的专题调研情况汇报。办党组成员、副主任，办教育实践活动领导小组副组长蒋旭光出席会议。

17日　国务院南水北调办在河南郑州组织召开工程建设进度（第十一次）协调会。国务院南水北调办副主任张野主持会议并讲话。

23日　河南省省委书记郭庚茂赴南阳市察看南水北调中线南阳段工程建设进展情况。

23～24日　国务院南水北调办副主任蒋旭光对南水北调中线引江济汉工程进行飞检式质量检查。

24日　国务院南水北调办主任鄂竟平率队赴江苏查看南水北调东线一期工程试运行情况。

27日　江苏省省长李学勇到南水北调东线源头江都水利枢纽检查南水北调东线一期工程试运行情况。

28～30日　国务院南水北调办会同国家发展改革委、财政部、环境保护部、住房和城乡建设部与水利部组成考核组，由国务院南水北调办副主任于幼军带队，对陕西省2012年度《丹江口库区及上游水污染防治和水土保持“十二五”规划》实施情况进行考核。

29日　国务院南水北调办副主任蒋旭光赴江苏检查南水北调东线试运行工程质量和移民稳定情况。

29～30日　国务院南水北调办副主任张野赴河南对南水北调中线工程建设进行督导。

29日　南水北调中线兴隆水利枢纽首台机组在试运行72小时后获得成功，标志着兴隆水利枢组进入全面调试运行阶段。

30日　为宣传南水北调东线一期工程通水，中央电视台现场采访录制的系列专题纪录片《东线水事》自即日起分别播出。该纪录片共四集，题目分别是《水往高处流》、《源头治污》、《解困山东》、《湿地的功劳》。连播四周，每周播出一集。

31日　国务院南水北调办党组书记、主任，办教育实践活动领导小组组长鄂竟平主持召开党的群众路线教育实践活动专题民主生活会，按照“照镜子、正衣冠、洗洗澡、治治病”的总要求，以为民务实清廉为主题，聚焦“四风”，认真对照检查，深刻进行思想剖析，以整风精神开展批评与自我批评。中央第31督导组组长令狐安、副组长傅雯娟及督导组全体成员，中组部、中央国家机关工委有关同志到会指导。办党组成员、副主任张野、蒋旭光、于幼军参加会议。

十一　月

4～8日　国务院南水北调办会同国家发展改革委、财政部、环境保护部、住房和城乡建设部与水利部组成考核组，由国务院南水北调办副主任于幼军带队，对河南、湖北两省2012年度《丹江口库区及上游水污染防治和水土保持“十二五”规划》实施情况进行考核。

5日　国务院南水北调办鄂竟平主任赴河北对南水北调中线工程进行进度督导。

11～13日　国务院南水北调办副主任于幼军率队以暗访方式督导南水北调中线南阳段工程建设进度。

12日　国务院南水北调办在河南省新乡市召开南水北调工程征地移民维护稳定工作会。国务院南水北调办副主任蒋旭光、河南省人民政府副省长王铁出席会议并讲话。

14日　国务院南水北调办党组书记、主任鄂竟平主持召开党组（扩大）会议，传达学习党的十八届三中全会精神，并对国务院南水北调办深入学习贯彻会议精神提出要求。办党组成员、副主任张野、蒋旭光、于幼军出席会议。

14～15日　国务院南水北调办副主任蒋旭光率队以暗访方式督导南水北调中线郑州至安阳段工程建设进度。

15日　南水北调东线一期工程正式通水。习近平总书记、李克强总理、张高丽副总理等中央领导对南水北调东线一期工程通水做出重要指示。

18日　国务院南水北调工程建设委员会第七次全体会议在北京召开，中共中央政治局常委、国务院副总理、国务院南水北调工程建设委员会主任张高丽主持会议并作重要讲话。中共中央政治局委员、国务院副总理、国务院南水北调工程建设委员会副主任汪洋出席会议并讲话。

18～23日　国务院南水北调办副主任于幼军率队对南水北调东线一期工程水质保障工作进行调研。

19日　国务院南水北调办召开办务扩大会议，传达贯彻张高丽、汪洋同志在国务院南水北调建委会第七次会议上的重要讲话精神，安排部署有关工作。国务院南水北调办主任鄂竟平主持会议并讲话。国务院南水北调办副主任张野、蒋旭光传达国务院领导重要讲话精神。

19日　河南省省长谢伏瞻赴焦作调研南水北调中线焦作城区段工程。

20日　国务院南水北调办主任鄂竟平赴河北对南水北调中线工程进行督导。

21日　国务院南水北调办副主任蒋旭光对南水北调中线河北段工程进行飞检式质量检查。

25日　国务院南水北调办党组中心组（扩大）举行理论学习，专题学习党的十八届三中全会精神。学习由国务院南水北调办党组书记鄂竟平主持，办党组成员张野、蒋旭光、于幼军同志，办机关各司和各直属单位司局级领导干部参加学习。中央国家机关工委组织部副巡视员朱苹莅临指导。

26日　国务院南水北调办主任鄂竟平带队对南水北调中线引江济汉工程进行“飞检式”质量检查。这是鄂竟平主任2013年的第9次飞检。

26日　国务院南水北调办副主任蒋旭光赴河南对南水北调中线郑州至安阳段工程建设进度进行督导。

26日　河北省省长张庆伟主持召开河北省南水北调工程建设委员会第五次全体会议。河北省政府特邀咨询张和、省政府秘书长朱浩文出席会议。

26~27日　国务院南水北调办主任鄂竟平赴湖北省调研南水北调丹江口库区移民工作。

28日　河南省政府召开河南省南水北调中线工程建设领导小组全体会议，贯彻落实国务院南水北调工程建设委员会第七次全体会议精神，安排部署河南省下一步工作。河南省省长、省南水北调中线工程建设领导小组组长谢伏瞻，副省长、领导小组副组长赵建才、张维宁出席会议并讲话。副省长、领导小组常务副组长王铁主持会议。

29日　南水北调工程干线征迁安置工作商促会在江苏南京召开，贯彻南水北调建委会第七次全体会议精神，研究落实近期干线征迁安置重点工作。国务院南水北调办副主任蒋旭光出席会议并讲话。会议期间，蒋旭光会见了江苏省副省长徐鸣，并就有关问题交换了意见。

十二　月

4日　国务院南水北调办副主任蒋旭光出席南水北调东线一期工程质量评价意见交换会并讲话。建委会专家委主任委员陈厚群院士主持会议。会议期间，蒋旭光会见了山东省副省长赵润田，并就有关问题交换意见。

9日　随着南水北调石家庄至邯郸段工程主体完工，南水北调中线干线河北段主体工程全线贯通。

10~11日　国务院南水北调办副主任张野赴河南督导南水北调黄河以南段工程建设。

10~11日　国务院南水北调办副主任蒋旭光赴河南督导南水北调中线郑州至安阳段工程建设进度。

16日　国务院南水北调办召开党组（扩大）会议，传达学习中央经济工作会议及中央城镇化工作会议精神。国务院南水北调办党组书记、主任鄂竟平主持会议并讲话。办党组成员、副主任张野、蒋旭光、于幼军出席会议。

18日　国务院南水北调办党组中心组（扩大）举办生态文明建设专题学习。国务院南水北调办党组书记、主任鄂竟平主持学习并讲话，办党组成员、副主任张野、于幼军同志和办机关各司、各直属单位负责同志参加学习。

19~21日　国务院南水北调办副主任张野赴河南督导南水北调黄河以南段工程建设。

20日　国务院南水北调办副主任张野主持召开南水北调中线一期陶岔渠首枢纽工程通水验收会议。

24日　中共国务院南水北调办公室直属机关第二次代表大会会胜利召开。国务院南水北调办党组书记、主任鄂竟平出席大会作重要讲话。办党组成员、副主任、直属机关党委书记于幼军在会上作直属机关党委工作报告。办党组成员、副主任蒋旭光出席会议。办公室原党组成员、副主任李铁军、宁远出席会议。

24日　国务院南水北调办党组成员、副主任于幼军同志主持召开中共国务院南水北调办公室直属机关党委第一次全体会议。

25日　南水北调中线南阳宁西铁路暗涵内衬完成混凝土浇筑。至此，南水北调中线干线主体工程胜利完工，中线干线工程全线贯通，为2014年南水北调中线汛后通水奠定了基础。

28～29日　中国文联文艺志愿服务团赴南水北调中线工程河南湍河渡槽施工现场和湖北丹江口移民新村，开展以“我们的中国梦——送欢乐下基层”为主题的慰问活动。中国文联党组书记、副主席赵实，中国文联副主席刘大为，国务院南水北调办党组成员、副主任蒋旭光，河南省省委常委、宣传部部长赵素萍，河南省副省长王铁，湖北省副省长梁惠玲参加慰问活动。

Contents

Chapter One Inspection

Chapter Two Important Meeting

Chapter Three　Important Speeches

Chapter Four Policies, Laws and Regulations

Chapter Five Important Files

Chapter Six Visit and Inspection

Chapter Seven Work Conference on Specific Topic

Chapter Eight Important Event

Chapter Nine Article and Interview

Chapter Ten General Management

Chapter Eleven The Eastern Route Project of the SNWDP

Completed Project

Chapter Twelve The Middle Route Project of the SNWDP

Chapter Thirteen The Western Route Project of the SNWDP

Chapter Fourteen The Matching Projects

Chapter Fifteen Team Building

Chapter Sixteen The Statistical Information

Chapter Seventeen Major Events

南水北调系统有关单位规范名称

全　　称	简　称
国务院南水北调工程建设委员会	建委会
国务院南水北调工程建设委员会专家委员会	专家委员会
国务院南水北调工程建设委员会办公室	国务院南水北调办（南水北调办）
机关各司及直属事业单位	
国务院南水北调办综合司	综合司
国务院南水北调办投资计划司	投资计划司（投计司）
国务院南水北调办经济与财务司	经济与财务司（经财司）
国务院南水北调办建设管理司	建设管理司（建管司）
国务院南水北调办环境保护司	环境保护司（环保司）
国务院南水北调办征地移民司	征地移民司（征移司）
国务院南水北调办监督司	监督司
国务院南水北调办直属机关党委	机关党委
国务院南水北调工程建设委员会办公室政策及技术研究中心	政研中心
南水北调工程建设监管中心	监管中心
南水北调工程设计管理中心	设管中心
各省（直辖市）南水北调办（建管局）	
北京市南水北调工程建设委员会办公室	北京市南水北调办
天津市南水北调工程建设委员会办公室	天津市南水北调办
河北省南水北调工程建设委员会办公室	河北省南水北调办
江苏省南水北调工程建设领导小组办公室	江苏省南水北调办
山东省南水北调工程建设管理局	山东省南水北调建管局
河南省南水北调中线工程建设领导小组办公室	河南省南水北调办
湖北省南水北调工程领导小组办公室	湖北省南水北调办
项　目　法　人	
南水北调中线干线工程建设管理局	中线建管局
南水北调中线水源有限责任公司	中线水源公司
南水北调东线江苏水源有限责任公司	江苏水源公司
南水北调东线山东干线有限责任公司	山东干线公司
湖北省南水北调管理局	湖北省南水北调管理局
淮河水利委员会治淮工程建设管理局	淮委建设局
安徽省南水北调东线一期洪泽湖抬高蓄水位影响处理工程建设管理办公室	安徽省南水北调项目办
淮河水利委员会沂沭泗水利管理局	淮委沂沭泗管理局

续表

全　称	简　称
其他常用单位	
河北省南水北调工程建设管理局	河北省南水北调建管局
河南省南水北调中线工程建设管理局	河南省南水北调建管局
河南省人民政府移民工作领导小组办公室	河南省移民办
湖北省移民局	湖北省移民局
水利部水利水电规划设计总院	水规总院

注　淮委建设局、安徽省南水北调项目办、淮委沂沭泗管理局不具有项目法人身份，但承担相关工程建设任务，为方便行文统称为项目法人。

《中国南水北调工程建设年鉴 2014》编辑出版工作人员

终　　审　杨元峰

复　　审　杨伟国

责任编辑　姜　萍　安小丹　韩世韬

美术设计　王红柳　张俊霞

版式设计　赵姗姗

责任校对　黄　蓓　李　楠

出版印制　蔺义舟